西门子工业自动化技术丛书

西门子 SIMATIC WinCC 使用指南
上册

组　编　西门子工厂自动化工程有限公司
主　编　陈　华
副主编　雷　鸣　张占领　刘书智　房　丁

机械工业出版社

本书延续了第1版深入浅出的编写思路,以任务为导向,通过精准的理论说明和实际操作步骤,全面地介绍了SIMATIC WinCC V8的使用方法。

本书详细地介绍了WinCC的软件安装及入门指南,并针对WinCC的核心功能进行了详细的理论说明,使读者能够充分地了解WinCC的工作机制及原理。每章末均结合实际应用经验,通过逐步实现的方式,清晰地呈现任务实现的完整过程,从而帮助读者轻松掌握WinCC的各项功能。

同时,本书以条目ID的方式嵌入了基于西门子官方总结出的用户常见问题,并提供了官方相关FAQ链接,以方便读者查阅。

本书可以帮助工控行业用户中的新手快速入门,也可供具有相关WinCC使用经验的工程师借鉴和参考,以提高使用水平,还可用作大专院校相关专业师生的学习资料。

图书在版编目（CIP）数据

西门子SIMATIC WinCC使用指南. 上册 / 西门子工厂自动化工程有限公司组编；陈华主编. -- 北京：机械工业出版社，2025. 5. -- ISBN 978-7-111-78169-1

I . TM571.61-62

中国国家版本馆CIP数据核字第2025YW1800号

机械工业出版社（北京市百万庄大街22号　邮政编码100037）
策划编辑：杨　琼　　　　　责任编辑：杨　琼
责任校对：张　薇　李　婷　　封面设计：鞠　杨
责任印制：张　博
北京建宏印刷有限公司印刷
2025年5月第1版第1次印刷
184mm×260mm・26印张・674千字
标准书号：ISBN 978-7-111-78169-1
定价：249.00元

电话服务　　　　　　　　　网络服务
客服电话：010-88361066　　机　工　官　网：www.cmpbook.com
　　　　　010-88379833　　机　工　官　博：weibo.com/cmp1952
　　　　　010-68326294　　金　书　网：www.golden-book.com
封底无防伪标均为盗版　机工教育服务网：www.cmpedu.com

编委会成员

组　　编　西门子工厂自动化工程有限公司
主　　编　陈　华
副 主 编　雷　鸣　张占领　刘书智　房　丁
委　　员　朱飞翔　张　腾　刘震平　邓俊民
　　　　　胡世川　刘　巍　张发达

序

在当今瞬息万变的工业自动化领域，技术的创新与进步不仅是行业前行的驱动力，更是每一位企业客户追求高效、智能生产的核心支撑。西门子作为电气和电子解决方案领域的全球领军者，凭借其深厚的品牌底蕴、卓越的技术实力以及持续不懈的创新精神，始终站在工业技术发展的最前沿，引领着行业迈向更加辉煌的未来。

SIMATIC WinCC 作为西门子在工业自动化领域的璀璨明星，不仅承载着西门子品牌的卓越品质与信誉，更是西门子技术创新精神的集中体现。这款备受瞩目的 SCADA（监控与数据采集）软件，凭借其丰富且全面的强大功能、灵活多变的配置选项以及用户至上的友好界面设计，已成为全球众多工业用户不可或缺的伙伴，为他们提供了高效、精准、直观的工业自动化监控与管理解决方案。

我们深知，在快速变化的商业环境中，客户的需求是推动我们不断前行的动力源泉。因此，在编写本书时，我们特别注重将专家知识与客户的实际需求紧密结合。本书不仅详细解析了 SIMATIC WinCC 的各项功能、操作方法及最佳实践案例，更旨在通过深入浅出的讲解，帮助每一位读者充分理解并有效利用这款软件，以进一步提升其业务效率与竞争力。

我们坚信，通过这本指南，客户将能够更加深入地掌握 SIMATIC WinCC 的精髓，从而在日常的生产运营中更加得心应手。无论是实现远程监控、数据分析，还是优化工艺流程、提升设备性能，SIMATIC WinCC 都将成为客户最坚实的后盾，助力其在工业自动化领域不断攀登新的高峰。

最后，我们衷心希望本书能够成为每一位工业用户的宝贵财富，为他们的业务发展注入新的活力与动力。同时，我们也期待与广大客户携手共进，共同探索工业自动化领域的无限可能，共创美好未来。

Nicholas Hansen（韩三丰）
西门子（中国）有限公司
数字化工业集团工厂自动化部
战略和产品管理总监

前　言

在工厂生产中，如何提升生产效率、提高良品率、规范设备维护流程以及实现节能降碳，是许多工厂追求的核心目标。SIMATIC WinCC 是西门子的 SCADA（监控与数据采集）系统，也是西门子 TIA（全集成自动化）理念的核心产品之一，广泛应用于工厂生产领域及数据可视化相关的多种场合，旨在提升工厂"透明化运营"程度，提升生产效率，使设备维护更加便捷，并提供了有效的节能降碳解决方案。在众多的数字化转型项目中，借助使用 SIMATIC WinCC 往往能起到"事半功倍"的效果。

SIMATIC WinCC 也凭借其强大的功能、灵活的配置和友好的用户界面，赢得了广大工程师及用户的青睐，是目前中国市场乃至世界市场中应用最广泛的 SCADA 产品之一。

本书正是在这样的背景下应运而生，旨在为广大初学者及有一定基础的工程师提供一本实用、易懂的入门读物，帮助他们快速掌握 SIMATIC WinCC 的基本操作、项目构建及调试维护等关键技能。与第 1 版相比，本书在保留原有精华的基础上，结合最新的技术发展和用户反馈，进行了全面修订和升级，力求内容更加贴近实际、讲解更加深入浅出。

本书采用朴实的语言和大量的实例，将 SIMATIC WinCC 的基础知识和常用功能都讲解得明白、清楚。我们相信，通过本书的学习，即便是没有任何基础的读者，也能在短时间内建立起对 SIMATIC WinCC 的基本认识，并逐步掌握其精髓所在。

本书力求做到以下几点：

结构清晰：本书按照"由浅入深、由易到难"的原则，将内容划分为 17 章，每一章都围绕一个中心主题展开，便于读者理解和记忆。

实例丰富：书中穿插了大量的实际项目案例和操作步骤截图，通过这些实例的演示和分析，能够帮助读者更好地理解和掌握 SIMATIC WinCC 的应用技巧。

注重实践：在本书的最后部分，还特别设置了实践环节，引导读者亲自动手完成一些小型项目或实验，以加深理解和巩固所学知识。

并且，本书的主要作者陈华、雷鸣、张占领、刘书智、房丁、朱飞翔都来自于西门子（中国）有限公司客户服务部技术支持中心，均是从业十多年的资深专家，此次他们一如既往地将高质量的作品呈现至读者面前，对此深表感谢和敬意。同时，感谢编委会成员刘震平女士、邓俊民先生、刘巍先生和张发达先生在本书编写中给予的支持和鼓励，正是有了你们的帮助，本书才能以更好的状态呈现在读者面前。在本书的编写过程中，难免存在疏漏或不妥之处，望读者朋友们不吝赐教。

谨以此书献给不忘学习的你们。

胡世川

西门子（中国）有限公司

数字化工业集团工厂自动化部

SIMATIC WinCC 产品经理

2024 年 9 月

如何使用本书

本书首先对 WinCC 功能进行了描述，然后与实际组态操作过程相结合，便于读者理解 WinCC 功能后能够学以致用。

在相关描述的过程中，本书引用了一些西门子网站中的已有资源，便于读者通过西门子网站进一步阅读相关资料。并且可以充分利用网站资源学习、掌握更多的使用技巧以便查找西门子产品的相关信息。

在实际组态操作过程中，编者对步骤进行了许多详细的描述，并通过便于理解的图片将操作过程可视化。

1. 如何使用网站资源

在本书各章节中，读者可看到例如"条目 ID ××××××"的字样。可以访问"西门子1847 工业学习平台"网站，通过入口链接进入网站后输入条目 ID，即可查看详细的文档内容。

西门子 1847 工业学习平台网站链接：https://1847.siemens.com.cn。

网站主要包含：

（1）技术与服务

1）工业支持中心。

2）下载中心。

3）全球技术资源库。

4）官方技术支持。

5）售后服务。

（2）培训认证

（3）互动社区

1）技术论坛。

2）找答案。

如果希望搜索条目 ID，可在网站首页单击"全球技术资源库"进入"西门子 SiePortal"网页。在搜索框中输入该数字后单击搜索即可直接跳转到具体文档链接，如图 1 所示。

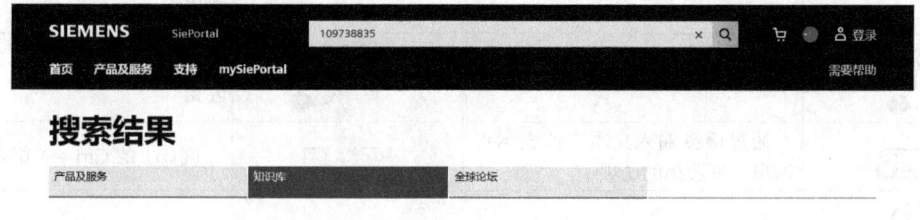

图 1　搜索数字条目 ID

单击搜索按钮后即可直接跳转到具体文档页面，搜索结果如图 2 所示。

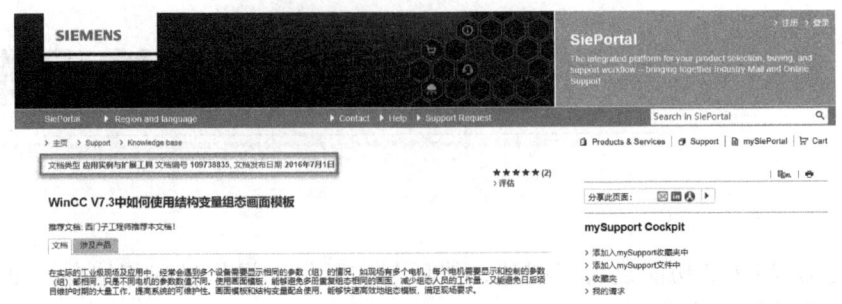

图 2　搜索结果

也可通过移动设备扫描图 3 中的二维码,访问"西门子工业支持中心"WAP 站点。还可从此入口进入"西门子 1847 工业学习平台"搜索观看视频及文档。

西门子 WinCC 专属网站链接:http://www.wincc.com.cn,也可通过移动设备扫描图 4 中的二维码,访问 WinCC 专属 WAP 站点。

图 3　支持中心 WAP 站点二维码　　　　图 4　WinCC WAP 站点二维码

通过该网站读者可以获取 WinCC 的相关信息。

2. 本书操作指示说明

为便于读者更好地理解操作过程,编者在具体操作过程的截图中使用了大量的操作指示。具体含义见表 1。

表 1　操作指示

图标	说明	图标	说明
	单击鼠标左键		按住鼠标右键拖拽
	单击鼠标右键		键盘上的 Ctrl 键 + 单击鼠标左键
	双击鼠标左键		键盘上的 Shift 键 + 单击鼠标左键
	通过键盘输入文本(或表示可编辑、可选择的选项)		键盘上的 Ctrl + A 组合键
	按住鼠标左键拖拽		

其中❶为步骤标识号,具体操作按照该步骤数顺序执行即可完成。

目录

序
前言
如何使用本书

第1章 SIMATIC WinCC 概述 ………… 1
1.1 简介 ………… 1
1.2 SIMATIC WinCC ………… 2
1.3 SIMATIC TIA 博途 WinCC ………… 5
1.4 SIMATIC TIA 博途 WinCC Unified ………… 6
1.5 SIMATIC WinCC OA ………… 7

第2章 软件安装 ………… 8
2.1 SIMATIC WinCC 兼容性 ………… 8
2.2 SIMATIC WinCC 安装要求 ………… 9
2.2.1 SIMATIC WinCC 交付组件范围 ………… 9
2.2.2 许可证 ………… 10
2.2.3 安装的硬件要求 ………… 11
2.2.4 安装的软件要求 ………… 12
2.2.5 操作系统中的访问权限 ………… 14
2.3 安装 WinCC ………… 14
2.3.1 如何安装微软消息队列 ………… 14
2.3.2 如何安装 WinCC ………… 15
2.3.3 WinCC 注意事项 ………… 20
2.3.4 如何卸载 WinCC ………… 21

第3章 入门指南 ………… 22
3.1 第一个 WinCC 项目 ………… 22
3.2 创建项目 ………… 23
3.3 组态通信 ………… 25
3.3.1 组态通信连接及外部变量 ………… 25
3.3.2 组态变量组及内部变量 ………… 27
3.4 组态报警消息 ………… 28
3.4.1 组态离散量消息 ………… 28
3.4.2 组态模拟量消息 ………… 30
3.5 组态过程值归档和组态归档变量 ………… 32
3.5.1 组态过程值归档 ………… 32
3.5.2 组态归档变量 ………… 32
3.6 组态用户管理 ………… 34
3.6.1 创建用户组 ………… 34
3.6.2 添加组权限 ………… 35
3.6.3 创建用户 ………… 35
3.7 组态过程画面 ………… 36
3.7.1 创建所需画面 ………… 36
3.7.2 组态主画面 ………… 37
3.7.3 组态流程画面 ………… 52
3.7.4 组态报警画面 ………… 62
3.7.5 组态趋势画面 ………… 63
3.8 激活测试 ………… 66
3.8.1 激活前工作 ………… 66
3.8.2 激活并测试项目 ………… 66

第4章 使用项目 ………… 68
4.1 项目类型 ………… 68
4.1.1 单用户项目 ………… 68
4.1.2 多用户项目 ………… 68
4.1.3 客户机项目 ………… 69
4.2 项目创建及配置 ………… 69
4.2.1 WinCC 项目管理器 ………… 69
4.2.2 创建项目前的准备 ………… 73
4.2.3 创建项目 ………… 73
4.2.4 设置计算机属性 ………… 75
4.2.5 设置全局设计 ………… 83
4.2.6 加载在线更改 ………… 87
4.3 项目运行 ………… 90
4.3.1 启动 WinCC 运行系统 ………… 90

4.3.2 设置自动启动 …………………… 91	5.6.5 变量状态诊断 ………………… 206
4.3.3 设置服务模式 …………………… 93	**第 6 章 WinCC 图形系统** ……………… 209
4.4 项目复制 …………………………………… 94	6.1 WinCC 图形组态系统 ………………… 209
4.4.1 另存项目 ………………………… 95	6.1.1 WinCC 项目管理器中的图形编
4.4.2 为冗余服务器复制项目 ………… 96	辑器 ……………………………… 209
4.5 任务实现 ………………………………… 96	6.1.2 图形编辑器 …………………… 213
4.6 扩展信息 ……………………………… 107	6.1.3 使用对象和控件 ……………… 222
4.6.1 系统托盘中的 WinCC 状态和选项 … 107	6.1.4 过程画面动态化 ……………… 228
4.6.2 常见问题 ………………………… 110	6.1.5 面板及画面窗口 ……………… 233
第 5 章 WinCC 过程数据通信 ………… 112	6.2 WinCC 图形运行系统 ………………… 235
5.1 WinCC 过程通信原理 ………………… 112	6.2.1 触控操作 ……………………… 235
5.2 WinCC 过程通信驱动 ………………… 115	6.2.2 菜单和工具栏 ………………… 235
5.2.1 西门子通信驱动 ………………… 116	6.2.3 虚拟键盘 ……………………… 237
5.2.2 第三方通信驱动 ………………… 131	6.3 图形系统应用示例 …………………… 238
5.2.3 OPC 通道 ……………………… 135	6.3.1 组态界面系统标题 …………… 238
5.2.4 "System Info" 通道 …………… 138	6.3.2 使用中央调色板颜色 ………… 241
5.3 WinCC 变量 …………………………… 139	6.3.3 通过控件实现监控系统所需的辅助
5.3.1 外部变量 ………………………… 139	功能 ……………………………… 241
5.3.2 内部变量 ………………………… 145	6.3.4 使用动画周期触发器 ………… 244
5.3.3 系统变量 ………………………… 145	6.3.5 使用面板 ……………………… 244
5.4 WinCC 变量组态 ……………………… 147	6.3.6 使用画面窗口 ………………… 250
5.4.1 变量命名规则 …………………… 147	6.3.7 显示 / 隐藏画面对象 ………… 253
5.4.2 WinCC Configuration Studio …… 148	**第 7 章 WinCC 消息系统** ……………… 259
5.4.3 变量组 …………………………… 151	7.1 WinCC 消息的生命周期 ……………… 259
5.4.4 结构类型和结构变量 …………… 152	7.1.1 消息系统的介绍 ……………… 259
5.4.5 变量的导出 / 导入 ……………… 155	7.1.2 消息经历的过程 ……………… 259
5.5 WinCC 过程通信应用示例 …………… 156	7.1.3 实时消息和归档消息 ………… 260
5.5.1 WinCC 与 SIMATIC S7-1500 通信的	7.2 WinCC 消息的触发 …………………… 261
组态 ……………………………… 156	7.2.1 离散量消息 …………………… 261
5.5.2 WinCC 与 SIMATIC S7-300 通信的	7.2.2 模拟量消息 …………………… 261
组态 ……………………………… 175	7.2.3 系统消息 ……………………… 264
5.5.3 WinCC "Modbus TCPIP" 通信的	7.2.4 AS 消息 ……………………… 265
组态 ……………………………… 180	7.2.5 OPC 消息 …………………… 267
5.5.4 WinCC "OPC UA" 通信的组态 …… 188	7.2.6 操作员消息 …………………… 274
5.6 WinCC 过程通信故障的诊断 ………… 198	7.3 WinCC 报警消息的状态 ……………… 274
5.6.1 驱动程序连接状态 ……………… 198	7.3.1 "确认到达"和"确认离开"的
5.6.2 WinCC "通道诊断" …………… 199	消息 ……………………………… 274
5.6.3 WinCC 系统诊断 ……………… 204	7.3.2 "确认到达"的消息 ………… 275
5.6.4 日志诊断 ………………………… 205	7.3.3 不带"确认到达"的消息 …… 276

7.3.4 "不带离开"的消息 …………………… 276
7.3.5 无"确认到达"并且"不带离开"
      的消息 …………………………… 277
7.4 WinCC 消息的显示及输出 ……………… 277
    7.4.1 消息视图 ………………………… 277
    7.4.2 在趋势控件中显示模拟量消息 … 287
    7.4.3 消息类别和消息类型 …………… 287
    7.4.4 消息组 …………………………… 293
    7.4.5 声音报警 ………………………… 294
    7.4.6 消息触发特定操作 ……………… 296
    7.4.7 消息报表 ………………………… 297
7.5 WinCC 消息归档 ……………………… 300
    7.5.1 消息归档原则 …………………… 300
    7.5.2 归档组态 ………………………… 301
    7.5.3 备份组态 ………………………… 301
    7.5.4 连接、断开备份归档 …………… 302
    7.5.5 ADO/OLE DB 访问消息归档数据 … 303
7.6 WinCC 消息应用示例 …………………… 303
    7.6.1 功能需求 ………………………… 304
    7.6.2 仿真程序 ………………………… 304
    7.6.3 组态步骤 ………………………… 306

第 8 章 过程值归档 ……………………… 330
8.1 过程值和变量 …………………………… 330
8.2 归档原理 ………………………………… 332
    8.2.1 周期和事件 ……………………… 332
    8.2.2 归档方法 ………………………… 333
    8.2.3 归档函数 ………………………… 334
    8.2.4 过程值的归档机制 ……………… 335
    8.2.5 归档的备份和恢复 ……………… 338
8.3 变量记录运行系统 ……………………… 342
    8.3.1 变量记录编辑器 ………………… 343
    8.3.2 定时器 …………………………… 343

8.3.3 组态归档 ………………………… 345
8.3.4 组态过程值归档变量 …………… 346
8.4 输出过程值归档 ………………………… 347
    8.4.1 在过程画面中输出过程值归档 … 348
    8.4.2 在报表中输出过程值归档 ……… 353
8.5 常用功能的实现 ………………………… 353
    8.5.1 周期连续归档 …………………… 354
    8.5.2 过程值归档的高效组态 ………… 360
    8.5.3 非周期归档 ……………………… 362
    8.5.4 周期可选择归档 ………………… 362
    8.5.5 非周期有变化时归档 …………… 364
    8.5.6 按需归档 ………………………… 364
    8.5.7 整点归档 ………………………… 365
    8.5.8 基于时序的归档 ………………… 366
    8.5.9 压缩归档 ………………………… 367
    8.5.10 旋转门归档 …………………… 368
    8.5.11 编辑归档数据 ………………… 371
    8.5.12 输出归档数据举例 …………… 372

第 9 章 报表系统 ………………………… 380
9.1 实现原理 ………………………………… 380
9.2 页面布局 ………………………………… 382
9.3 打印作业 ………………………………… 384
9.4 逐行打印 ………………………………… 386
9.5 功能实现 ………………………………… 389
    9.5.1 使用控件直接输出报表 ………… 389
    9.5.2 自定义报表打印变量记录 ……… 390
    9.5.3 消息顺序报表的打印输出 ……… 397
    9.5.4 自定义时间范围报表打印 ……… 399
    9.5.5 打印外部数据库中的数据 ……… 400
    9.5.6 报表中嵌入布局的使用 ………… 400
    9.5.7 使用硬拷贝直接打印页面 ……… 401
    9.5.8 输出 Excel 报表 ………………… 402

第1章 SIMATIC WinCC 概述

1.1 简介

SIMATIC WinCC——Windows Control Center 西门子视窗控制中心,它是一款基于 Windows 平台的 SCADA 系统软件。

西门子的自动化硬件和软件产品都极为丰富,就 SCADA 产品而言,西门子目前有以下四款产品:

1)SIMATIC WinCC(经典 WinCC)。

2)SIMATIC TIA 博途 WinCC(博途 WinCC)。

3)SIMATIC TIA 博途 WinCC Unified(博途 WinCC Unified)。

4)SIMATIC WinCC OA。

本书将介绍 SIMATIC WinCC(书中的 SIMATIC WinCC 特指经典 WinCC)。

SCADA 系统——Supervisory Control And Data Acquisition System,即监控与数据采集系统。其由硬件和软件两部分组成,硬件部分包括用于运行软件系统的处理器、数据存储单元、显示单元、输入单元以及连接现场控制设备的通信接口等构成的计算机。软件部分通常又分为两部分,即组态编辑软件和运行软件。

在自动化系统发展的过程中,首先是可编程序逻辑控制器(Programmable Logic Controller, PLC)得到了广泛应用,在 PLC 应用的初期,人们通常是通过安装在现场控制柜上的七段数码管来获取系统运行数据,通过控制柜上的按钮和电位器来发出控制指令。这使得人在参与生产过程中的工作效率极为低下。随着计算机技术的发展,随之而来的是计算机硬件和软件在工业领域的应用和普及。初期,为了能够通过计算机获取到 PLC 当中的系统运行数据,以及能够通过计算机显示器来对生产过程进行可视化,要通过高级语言编程。首先根据 PLC 的通信协议编写出能够连接并进行数据交换的通信驱动程序。在实现与 PLC 的数据交换之后,再通过高级语言编写出可供操作人员监视并控制 PLC 中生产数据的人机交互的可视化界面。但是这种方式每次都需要根据所使用的不同 PLC 和不同的通信协议进行重复性的开发,开发工作量大,而且一旦 PLC 程序发生变化将意味着更大量的开发工作以及验证工作。这种模式带来的结果就是开发周期长、灵活性低、不易进行功能扩展以及后期维护的困难。在这种情况下,一些自动化软件厂商意识到已开发过的同类 PLC 驱动程序具有可复用性,并且用于人机交互的可视化程序也具有很多的具有可复用的对象,因而开发出了能够让自动化工程师仅通过组态方式即可实现监控与数据采集的 SCADA 软件,通常被称之为组态软件。

组态软件,目的是通过配置、设定等方式将工程师从繁复的编程工作中解放出来,更为高效地完成监控系统的实施。SIMATIC WinCC 即是这样在 1996 年进入了世界工控组态软件市场,其不但具备了组态软件的入门简单、组态方便、运行高效等优势,而且多年来结合西门子全集成自动化(Totally Integrated Automation,TIA)的优势,WinCC 与西门子 PLC 编程软件紧密结合，使得 WinCC 的项目组态开发周期大大缩短，并且能够为用户提供高效的系统诊断功能，为实际生产中的故障排除和维护带来了极大的益处。

1.2 SIMATIC WinCC

SIMATIC WinCC 的发展经过了以下阶段：

- 1996 年，WinCC V1.0，仅用于特定的客户。
- 1996 年 8 月，WinCC V1.1，发布于欧洲市场，开始了广泛应用。
- 1997 年 3 月，WinCC V3.0 发布。
- 1997 年 6 月，WinCC V3.1 发布，可用于 Windows 95 和 Windows NT V4.0 操作系统。
- 1998 年 1 月，WinCC V4.0 发布，可用于 Windows 95 和 Windows NT V4.0 操作系统。
- 1998 年 7 月，WinCC V4.0 SP1 版本包含中文及韩语，功能与欧洲版相同。
- 1999 年 8 月，WinCC V5.0 发布，可用于 Windows NT V4.0 SP4 或 SP5。从 V5.0 开始 WinCC 可集成到 STEP7 中进行 TIA 全集成组态。
- 2001 年 10 月，WinCC V5.0 SP2 正式发布亚洲版，包含中文及韩语，可用于 Windows NT V4.0 SP5 或 SP6 及 Windows 2000 SP1 操作系统。
- 2002 年 2 月，WinCC V5.1 发布，可用于 Windows NT V4.0 SP6a 及 Windows 2000 SP2 操作系统。
- 2002 年 9 月，WinCC V5.1 亚洲版发布。
- 2003 年 11 月，WinCC V6.0 SP1 亚洲版发布，包含中文、韩语及日语，可用于 Windows 2000 Professional/Server SP2/SP3 及 Windows XP Professional SP1a。WinCC 运行系统除了支持 C 脚本语言以外，从该版本开始支持 VB 脚本语言。
- 2004 年 5 月，WinCC V5.1 SP2 发布，可用于 Windows NT V4.0 SP6a 及 Windows 2000 SP2/SP3/SP4 操作系统。
- 2004 年 8 月，WinCC V6.0 SP2 亚洲版发布，包含中文、韩语及日语，可用于 Windows 2000 Professional/Server SP3/SP4，Windows 2003 Server 及 Windows XP Professional SP1a 操作系统。
- 2005 年 9 月，WinCC V6.0 SP3 亚洲版发布，包含中文、韩语及日语，可用于 Windows 2000 Professional/Server SP3/SP4，Windows 2003 Server 及 Windows XP Professional SP1a/SP2 操作系统。
- 2006 年 1 月，WinCC V6.0 SP4 欧洲版发布，该版本未发布亚洲版。
- 2007 年 6 月，WinCC V6.2 亚洲版发布，包含中文、韩语及日语，可用于 Windows 2000 Professional SP4，Windows 2003 Server SP1/R2 及 Windows XP Professional SP2 操作系统。
- 2007 年 11 月，WinCC V6.2 SP2 亚洲版发布，包含中文、韩语及日语，可用于 Windows 2000 Professional SP4，Windows 2003 Server SP2/R2 SP2 及 Windows XP Professional SP2 操作系统。
- 2008 年 6 月，WinCC V7.0 欧洲版发布。
- 2009 年 3 月，WinCC V7.0 SP1 欧洲版、亚洲版同时发布，硬件授权（USB Dongle）开始应用在亚洲版上。

- 2009 年 5 月，WinCC V6.2 SP3 欧洲版、亚洲版同时发布，可用于 Windows 2000 Professional SP4，Windows 2003 Server SP2/R2 SP2 及 Windows XP Professional SP2/SP3 操作系统。
- 2010 年 10 月，WinCC V7.0 SP2 亚洲版发布。
- 2011 年 12 月，WinCC V7.0 SP3 欧洲版、亚洲版同时发布，WinCC 开始支持 64 位操作系统。例如 Windows 7 SP1 64 位及 Windows Server 2008 R2 SP1 64 位操作系统。
- 2013 年 3 月，WinCC V7.2 欧洲版、亚洲版同时发布，WinCC 开始支持 Unicode，新增 S7-1200/1500 通信通道（仅支持绝对寻址，暂不支持 CPU 报警消息），开始引入 OPC UA Server（DA，HDA）。
- 2014 年 10 月，WinCC V7.3 SE（第二版）欧洲版、亚洲版同时发布，WinCC Configuration Studio 完全取代了以前的独立组态编辑器，S7-1500 通信通道开始支持符号寻址和 CPU 报警消息。
- 2016 年 4 月，WinCC V7.4 欧洲版、亚洲版同时发布，开始支持 S7-1200/1500 系统诊断控件，利用该控件可实现对 S7-1200/1500 控制系统的高效可视化的系统诊断。
- 2017 年 3 月，WinCC V7.4 SP1 欧洲版、亚洲版同时发布。
- 2018 年 10 月，WinCC V7.5 欧洲版、亚洲版同时发布。
- 2019 年 11 月，WinCC V7.5 SP1 欧洲版、亚洲版同时发布。
- 2021 年 1 月，WinCC V7.5 SP2 欧洲版、亚洲版同时发布。
- 2023 年 3 月，WinCC V8.0 欧洲版、亚洲版同时发布。

经过 20 多年的发展历程，SIMATIC WinCC 不断地推陈出新，紧密结合着 Microsoft Windows 平台的发展不断创新，已经成为欧洲市场的领导者，也取得了在中国市场的巨大成功。

SIMATIC WinCC 产品的设计理念为按需配置，是一个模块化的自动化软件，其基本系统包含了传统 SCADA 系统软件的所有功能。当实际需求超出传统功能后，只需要根据需求选择 SIMATIC WinCC 的相应选件，随时可将已完成的系统功能进行扩展。

SIMATIC WinCC 的体系结构如图 1-1 所示。

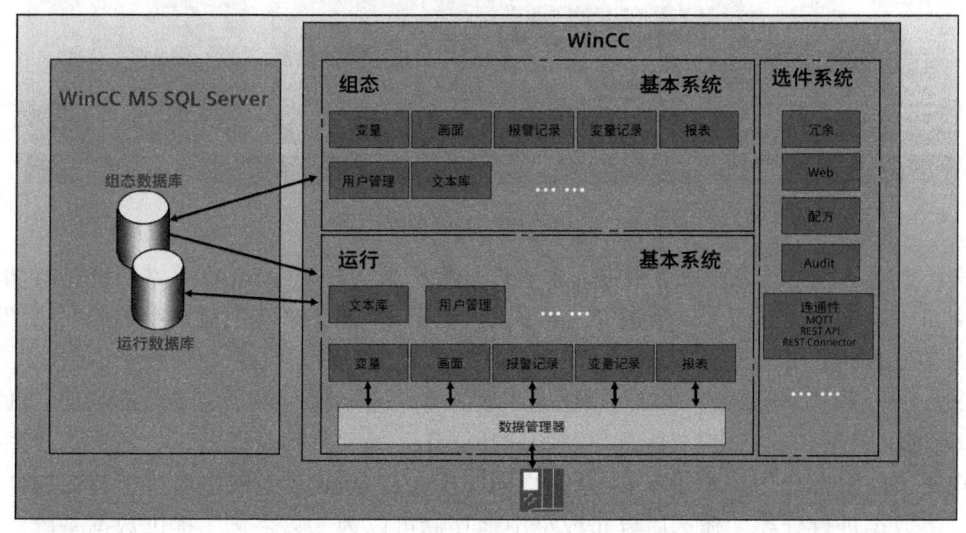

图 1-1　SIMATIC WinCC 的体系结构

SIMATIC WinCC 软件集成了 Microsoft SQL Server 软件,组态开发过程中的组态数据存储于后台的 SQL Server 组态数据库中,例如变量信息、画面信息等。当组态的 WinCC 项目激活运行后,WinCC 运行系统将会在 SQL Server 数据库中创建运行数据库,用于存储运行数据,例如报警归档、变量归档等。同时 WinCC 运行系统也会自动从 SQL Server 的组态数据库中获取运行时所需的数据,例如变量信息、文本库信息等。

SQL Server 中的运行数据库用于存储归档的历史数据,实时运行数据通过通信通道从 PLC 或其他数据源获取后,存储于计算机内存区域中的数据管理器中,并根据各个不同的模块所需按照相应周期进行更新后与各个模块进行数据交换。

SIMATIC WinCC 系统分为以下两部分:

1)组态系统:用于组态编辑所有 WinCC 项目所需的功能,例如管理通信通道和变量、组态绘制图形画面等。

2)运行系统:用于运行加载已组态的 WinCC 项目各项功能,例如建立通信连接和获取变量值、图形画面的加载等。

通过 WinCC 基本系统中的组态系统完成功能的组态后,运行系统即可实现常规 SCADA 系统中的数据采集和监控功能,并且也具备了对报警的响应、历史报警的分类过滤查询及历史过程数据的过滤查询等功能。

随着计算机技术的进步和发展,越来越多的功能需求被提出。此时,即可通过 WinCC 的选件模块进一步增强 SCADA 系统的功能。WinCC 提供了大量的选件模块以满足用户日益增长的需求。如图 1-2 所示,WinCC 根据需求提供了几大类选件模块。

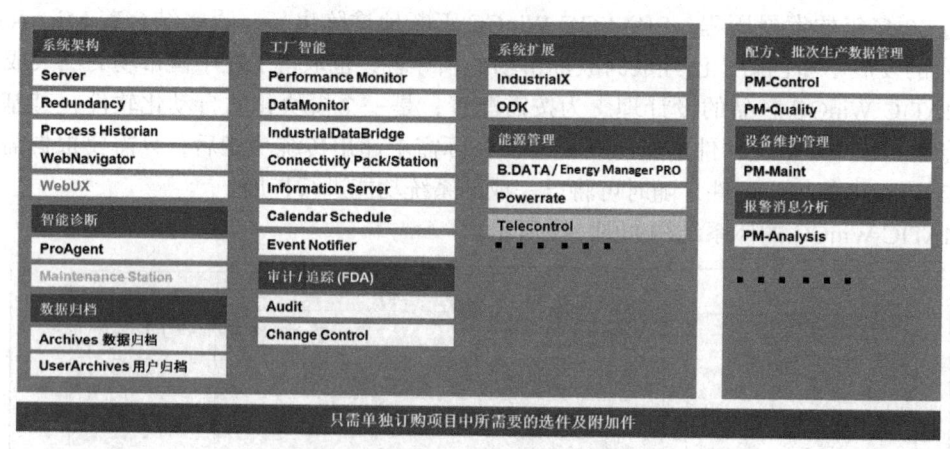

图 1-2 SIMATIC WinCC 选件模块

如图 1-2 所示各类选件模块可根据需求加以选择,以实现对 WinCC 基本系统进行功能上的扩展。例如在系统架构方面可以通过 Redundancy(冗余)选件来实现监控系统的冗余配置,以提高监控系统的容错性。通过 WebNavigator 或 WebUX 来实现监控系统的远程监控等。

"工业 4.0"和"中国制造 2025"等概念的提出,工业自动化发展有了新的趋势。随着"工业 4.0"而来的就是"数字化""信息化"和"智能化"等一系列新概念,如何将这一系列的概念变为现实,需要自动化系统加上 IT 系统协同实现。在 WinCC 系统中通过丰富的选件产品功能组合,将数据进行分类、筛选后分布或集中地存储可以为"数字化"提供数据基础。在大量有效数据存储的基础之上,可以在 WinCC 系统中使用不同的选件模块将数据进行分析以及呈现,形成有效的信息为"信息化"提供信息基础。WinCC 的相关选件模块还可以利用有效的信息反馈为生产过程提供依据,使得用户能够不断对生产过程进行优化,为"智能化"生产提供基础。

WinCC 作为自动化系统与 IT 系统之间的信息枢纽,结合着 TIA 的自身优势,TIA 系统结构如图 1-3 所示。通过结合各个选件模块的使用可以使得 WinCC 系统功能比传统理念中的 SCADA 功能更进一步向前迈进。

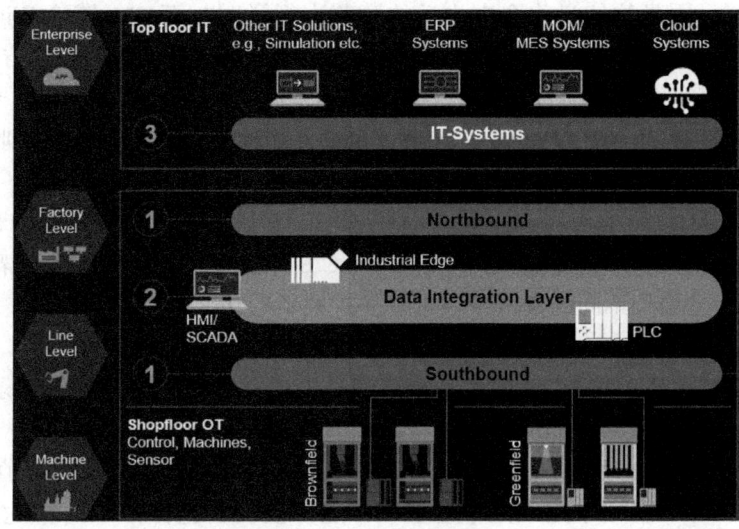

图 1-3 TIA 系统结构

1.3 SIMATIC TIA 博途 WinCC

SIMATIC TIA 博途 WinCC 第一个正式版本 V11 版本于 2011 年发布,其包含组态(ES)和运行(RT)两部分软件,这有别于 SIMATIC WinCC。其中 TIA 博途 WinCC 的组态(ES)软件又包含多个基于功能划分的版本,可以分为可组态西门子精简面板(Basic Panel)、可组态精智面板(Comfort Panel)、可组态 WinCC 高级版(WinCC Advanced)以及可组态 WinCC 专业版(WinCC Professional)的四个版本,如图 1-4 所示。

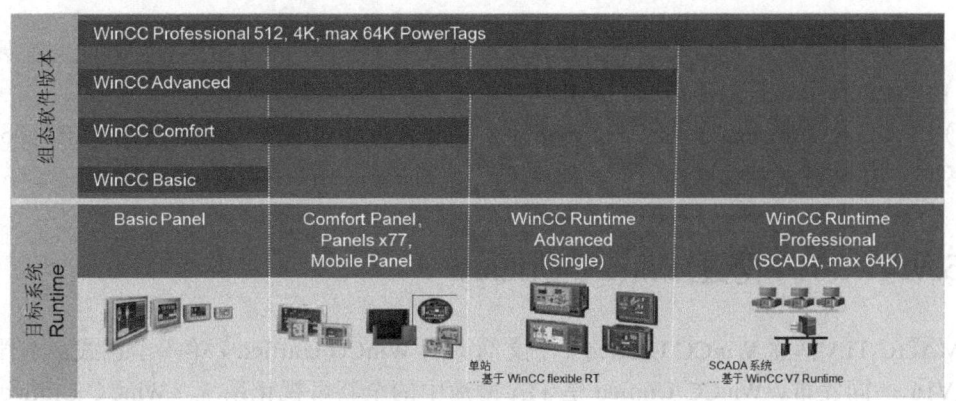

图 1-4 博途 WinCC 基于功能划分的版本

如图 1-4 所示，四个版本分别为：WinCC Basic、WinCC Comfort、WinCC Advanced 及 WinCC Professional，从功能而言所有版本都包含前一个版本的功能。例如能够组态 SCADA 运行系统的 WinCC Professional 即包含了前面三个版本的所有功能。

与经典 SIMATIC WinCC 最大的区别在于：经典 SIMATIC WinCC 无论选择了 RC 或 RT 版本软件，均可以进行项目的组态编辑和运行。RC 包含 RT，如果选择了 RC 即可以不受限制地进行项目的组态编辑和运行。如果选择了 RT，可以进行项目的组态编辑，但是会受到时间的限制，运行不受限制。更具体信息将会在之后的章节进行说明。而 TIA 博途 WinCC Professional（专业版）的 ES 版本只能用于项目的组态编辑，对于功能的验证只能是通过仿真系统进行。需要实际运行已完成组态编辑的项目时，必须安装 TIA 博途 WinCC Professional（专业版）的 RT 版本。但如果仅安装了 TIA 博途 WinCC Professional（专业版）的 RT 版本，则无法对项目进行组态编辑。

截至最新版本 V19 的 TIA 博途 WinCC 可实现的基本功能与经典 SIMATIC WinCC 相似，可实现单站监控系统、冗余以及客户机/服务器（C/S）架构中的多用户系统架构。此外，TIA 博途 WinCC 也可通过增加不同的选件模块进一步扩展新的功能。

TIA 博途 WinCC Professional 的选件包括以下产品：

1）TIA 博途 WinCC Recipes：用于创建和管理生产数据配方中的数据记录，经典 SIMATIC WinCC 中相应产品为 User Archive（用户归档）。

2）TIA 博途 WinCC Logging：用于增加基本系统中已包括的 500 个过程值归档的数量。

3）SIMATIC Logon，用于用户集中管理，该选件授权已包含在 TIA 博途 WinCC Runtime Professional 的基本软件包内。

4）TIA 博途 WinCC Server：用于建立 Client/Server（C/S）架构。

5）TIA 博途 WinCC Redundancy：用于实现两个单站或服务器的冗余工作。

6）TIA 博途 WinCC WebNavigator：用于实现通过 Internet、公司 Intranet 或 LAN 来远程监控生产过程。

7）TIA 博途 WinCC WebUX：用于实现可通过 Internet、公司内部网络或局域网进行不依赖于平台和浏览器的移动式操作监控。

8）TIA 博途 WinCC DataMonitor：用于通过 Microsoft Internet Explorer（旧版操作系统）/Edge 或 Chrome（新版操作系统）及 Microsoft Excel 等标准工具来显示和评估过程状态和历史数据。

9）TIA 博途 WinCC Industrial DataBridge：用于实现与 IT 环境相连接，双向交互数据。

10）SIMATIC Process Historian：用于实现长期的中央数据归档。

11）SIMATIC Information Server：用于访问归档的过程值和消息，实现基于 Web 的开放式报表系统，可进行交互式操作。

1.4 SIMATIC TIA 博途 WinCC Unified

SIMATIC TIA 博途 WinCC Unified（下文简称为 WinCC Unified）第一个正式版本伴随博途 WinCC V16 一同发布。WinCC Unified 是 TIA 博途中的全新可视化系统。WinCC Unified 既可实现机器级的可视化操作，又可以更好地实现自动化系统与 IT 系统的集成。不仅能满足当今的需求，还能适合未来的需求。WinCC Unified 可视化软件已经过全面的重新设计，它拥有令人惊叹的特性，采用了 HTML5、SVG 和 JavaScript 等原生 Web 技术；具有高度的开放性，便于进行数据交换；支持用户通过任何现代 Web 浏览器访问其可视化系统而无需额外安装插件。

博途 WinCC Unified 与博途 WinCC 类似，同样包含组态（ES）和运行（RT）两部分软件。其中 WinCC Unified 又包含基于功能划分的版本，目前分为 WinCC Unified Basic Engineering、WinCC Unified Comfort Engineering 以及 WinCC Unified PC Engineering。选择 WinCC Unified Basic Engineering 则可以组态 Unified 精简面板，同时也可以组态精简面板（Basic Panel）；选择 WinCC Unified Comfort Engineering 则可以组态 Unified 精简面板和 Unified 精智面板，同时也可以组态精简面板（Basic Panel）、精智面板（Comfort Panel）以及移动式面板；当选择 WinCC Unified PC Engineering 时，则可以组态 Unified 精简面板、Unified 精智面板以及 WinCC Unified PC，同时也可以组态精简面板（Basic Panel）、精智面板（Comfort Panel）、移动式面板以及 WinCC Runtime Advanced。

1.5 SIMATIC WinCC OA

SIMATIC WinCC OA 是 SIMATIC WinCC Open Architecture 的缩写，是西门子针对广域/分布式的开放式 SCADA 软件平台。前身为 PVSS，由奥地利 ETM 公司于 1985 年研发而成，是世界范围内第一个获得 SIL3 安全认证的 SCADA 软件。西门子于 2007 年收购 ETM，使之成为其全资子公司，并正式将其更名为 SIMATIC WinCC OA。

SIMATIC WinCC OA 软件完全实现跨平台设计，可以用于 Windows、Linux、UNIX、iOS 及 Android 系统。每个系统都可以组态为单机系统、冗余系统或支持灾备管理的分布式系统，系统可支持多达 2048 台服务器。每台服务器可支持 255 个客户端及上千万个变量。软件自带嵌入式实时数据库，并采用多线程的管理器模式，可同时处理大量数据。

SIMATIC WinCC OA 也为特定的行业需求提供各种可选功能，如以下所列：

1）WinCC OA Scheduler：通过简单组态实现的定时计划及事件计划。
2）WinCC OA VIDEO：本地集成的视频管理功能。
3）WinCC OA CommCenter：通过短信及电子邮件提供远程报警及远程信息传输。
4）WinCC OA GIS：地理信息系统（GIS）的标准化地图。
5）WinCC OA BACnet：集成 BACnet 符合楼宇自动化的在线/离线工程解决方案。
6）WinCC OA Maintenance：记录运行小时数、操作周期、报警处理及记事本功能。
7）WinCC OA AMS：对维护操作的高效规划、管理、执行和控制以及故障排除。
8）SmartSCADA：可评估关键绩效指标（KPI），并用数据挖掘、数据模型生成、机器自学习的方式进行模型优化。同时提供 R 语言的通用接口，可以用统计方式直接处理数据。

WinCC OA 这些特点使之可以满足最严苛的要求，适用于具有大尺寸地理域伸展和分布式需求的基础设施项目。为打造智慧城市提供统一的数据监控平台，从智慧地铁综合监控、智慧能源、智慧交通、智慧水务等再到欧洲核子研究中心 CERN，都可以看到 SIMATIC WinCC OA 的成功应用。

第 2 章 软件安装

本章包含 WinCC 兼容性、安装 WinCC 的硬件要求以及软件要求的介绍，以及 WinCC 的安装过程。

2.1 SIMATIC WinCC 兼容性

软件兼容性是指该软件能够在哪些操作系统之中与哪些相关软件稳定地协同工作而不会出现异常问题。SIMATIC WinCC 基于 Windows 操作系统开发，因此对应于不同版本的 Windows 操作系统都会有相应版本的 WinCC 与之对应。并且作为 SIMATIC 全集成自动化的一部分，WinCC 还需要与西门子众多的其他软件并行安装使用，因此在安装 WinCC 之前也需要明确与其他西门子软件的兼容性要求。

西门子产品家族中由于不同软件产品的不同特性，所以类似"软件 A 的哪个版本与软件 B 的哪个版本兼容"这样的问题会经常被提及。为了方便用户确定这样的软件兼容性问题，西门子服务与支持网站提供了一个免费的软件兼容性检查工具，任何有关软件产品的兼容性问题都可以应用这个工具来确定。兼容性检查工具的具体使用方法可参考条目 ID 64847781。

本书以 WinCC V8.0 版本进行介绍。表 2-1 所示兼容性关系节选自兼容性检查工具。该表显示了 WinCC V8.0 可以兼容于哪些操作系统以及哪些版本的 IE、Office 等。在进行软件安装时需严格按照该表进行所需软件版本的选择，更多的软件兼容信息请参考完整兼容性列表。

表 2-1 SIMATIC WinCC V8.0 兼容性列表节选

操作系统及相关软件	版本	WinCC V8.0
Microsoft Windows 10	Pro 22H2 (64 位)	√
	Pro 21H2 (64 位)	√
	Enterprise 22H2 (64 位)	√
	Enterprise LTSC 2021 21H2 (64 位)	√
Microsoft Windows 11	Pro 22H2 (64 位)	√
	Pro 21H2 (64 位)	√
	Enterprise 22H2 (64 位)	√
	Enterprise 21H2 (64 位)	√
Microsoft Windows Server	2022 Standard Edition (64 位)	√
	2022 Datacenter Edition (64 位)	√
	2019 Standard Edition (64 位)	√
	2019 Datacenter Edition (64 位)	√

（续）

操作系统及相关软件	版本	WinCC V8.0
Microsoft .NET	V4.8	√
Microsoft Office	Professional (64 位) 2019	√
	365 (64 位)	√
SIMATIC NET PC Software	V18.0	√
S7-PLCSIM	V17.0	√
SIMATIC S7-PLCSIM Advanced	V4.0 SP1	√

> **提示**
> 请严格遵守兼容性要求进行软件安装。因未按兼容性要求安装相关软件导致出现的异常问题，西门子官方不提供排查的技术支持。

2.2 SIMATIC WinCC 安装要求

在购买 WinCC 后，西门子将交付 WinCC 的相应安装组件供用户进行安装。在安装前需遵循相关硬件及软件要求准备好安装条件，以下将进行介绍。

2.2.1 SIMATIC WinCC 交付组件范围

当用户购买正版 SIMATIC WinCC 之后，西门子所交付的组件见表 2-2。

表 2-2 SIMATIC WinCC V8.0 交付的组件

组件	是否包含
WinCC V8.0 DVD： • WinCC V8.0 • WinCC/WebUX • WinCC/WebNavigator • WinCC/DataMonitor • WinCC/Connectivity Pack • WinCC/Connectivity Station • SQL Server 2019 for WinCC V8.0 • SIMATIC Logon V1.6 • Automation License Manager V6.0 SP11 • AS-OS-Engineering V9.0 SP7 Update 1	√
SIMATIC NET DVD： • Simatic Net V18	√
所需许可证	√
许可证的证书	√

SIMATIC WinCC V8.0 DVD 安装光盘如图 2-1 所示。

SIMATIC NET DVD 安装光盘如图 2-2 所示。

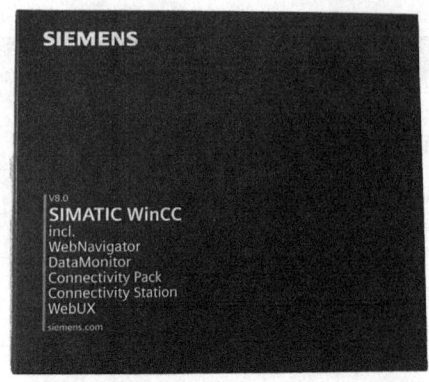

图 2-1　SIMATIC WinCC V8.0 DVD

图 2-2　SIMATIC NET DVD

SIMATIC WinCC 许可证如图 2-3 所示。

SIMATIC WinCC 许可证证书如图 2-4 所示。

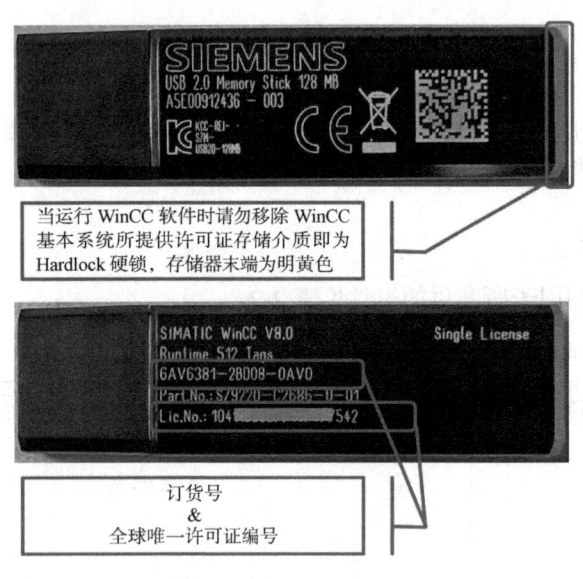

图 2-3　WinCC 许可证

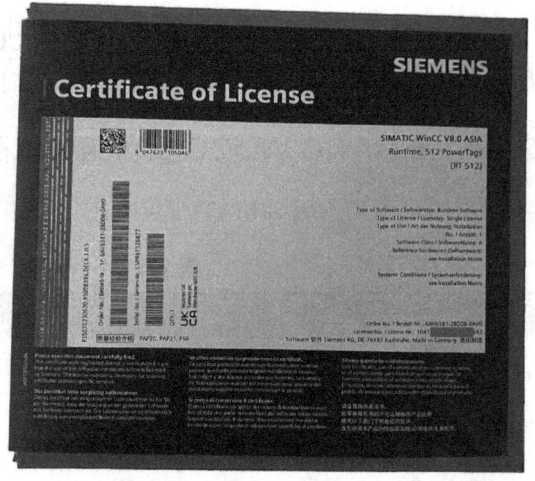

图 2-4　WinCC 许可证证书

2.2.2　许可证

SIMATIC WinCC 软件受法律保护，且只能在具有有效许可证的完整状态下使用。安装的每个软件以及所用的每个选件都需要获得有效的许可证，才能不受限制地使用 WinCC。

SIMATIC WinCC 许可证分为基本系统许可证：WinCC RT 和 WinCC RC（运行系统和组态）；选件许可证，选件许可证必须单独订购。

WinCC 基本系统除了区别 RT 许可证（运行系统）和 RC 许可证（运行系统和组态），还区分变量数目，变量数目仅计算外部变量，一个变量无论是布尔类型还是双整型均占用 1 个授权点数。

1）RT 许可证允许在运行系统中对 WinCC 进行无时间限制的操作。编辑器只能在演示模式下进行有时间限制的使用。

2）RC 许可证允许在运行系统中对 WinCC 进行无时间限制的操作，而且可在组态期间进行。

例如：在没有许可证或仅拥有 RT 许可证时，打开 WinCC 项目管理器时会收到缺少许可证的提示信息。在这种情况下用户仍然能够在功能上不受限制地处于演示模式对项目进行组态编辑。在演示模式下最多可以完整使用 WinCC 软件 1h。在此之后，继续操作 WinCC 的过程中，WinCC 项目管理器和编辑器将会被关闭。再次打开后将会每 10min 出现 1 次，直到重新启动操作系统后方可再次使用 WinCC 软件 1h。

WinCC（亚洲版）许可证包含两部分：软件许可证及硬件许可证。只有 WinCC 基本系统同时拥有两部分许可证。并且在交付时，软件许可证包括在硬件许可证存储介质"License Key USB Hardlock"中。选件系统仅拥有软件许可证。在使用 WinCC 软件期间请勿移除硬件许可证，如果从计算机中移除硬件许可证，WinCC 将切换为演示模式，直到重新将硬件许可证连接至计算机才会重新返回经许可的模式。

关于 WinCC 许可证更为详细的使用方法及常见问题处理的更多信息可参考条目 ID 75380544。

2.2.3 安装的硬件要求

WinCC 支持所有 IBM/AT 兼容的计算机平台。为了更好地使用 WinCC，请参考表 2-3 进行硬件选择。

表 2-3 SIMATIC WinCC V8.0 硬件要求（针对 64 位操作系统）

硬件	最低配置	推荐配置
CPU	单用户系统：双核 CPU 2.5GHz 客户端：双核 CPU 2.5GHz 服务器：双核 CPU 2.5GHz	单用户系统：多核 CPU 3.5GHz 客户端：多核 CPU 2.7GHz 服务器：多核 CPU 3.5GHz
工作存储器 /RAM	单用户系统：4GB 客户端：2GB 服务器：4GB	单用户系统：4GB 客户端：4GB 服务器：8GB
硬盘上的可用存储空间 - 用于安装 WinCC - 用于使用 WinCC[①②]	安装： • 客户端：1.5GB • 服务器：>1.5GB 使用 WinCC： • 客户端：1.5GB • 服务器：2GB	安装： • 客户端：>1.5GB • 服务器：2GB 使用 WinCC： • 客户端：>1.5GB • 服务器：10GB 归档数据库可能需要更多内存
虚拟工作存储器[③]	1.5 × RAM	1.5 × RAM
颜色深度 / 颜色质量	256	最高（32 位）
分辨率	800 × 600	1920 × 1080（全高清）

① 取决于项目大小及归档和数据包的大小。
② WinCC 项目不应存储在压缩的驱动器或目录中。
③ 虚拟工作存储器：检查适用于您所使用的 Windows 版本的 Microsoft 要求。
注："用于特定驱动器的交换文件大小"区域中的建议值是"用于所有驱动器的交换文件总的大小"的参考值。请在"开始大小"域及"最大值"域中都输入推荐的数值。

2.2.4 安装的软件要求

在软件方面除了上文提及的兼容性要求以外，要进行安装还需要满足操作系统和软件组态的某些要求。

1. 在域环境中使用 WinCC

WinCC 可以在域或工作组中进行操作。

注意：域组策略和域中的限制可能会阻止安装。在这种情况下，安装 Microsoft Message Queuing、Microsoft SQL Server 和 WinCC 之前先将计算机从域中删除。使用管理员权限从本地登录有关的计算机再执行安装。成功安装之后，WinCC 计算机可以再次注册到域中。如果域组策略和域限制不影响安装，安装期间无须将计算机从域中删除。但是请注意，域组策略和域中的限制可能还会阻碍操作。如果不能突破这些限制，请在工作组中操作 WinCC 计算机。如有必要，应联系域管理员。

2. 操作系统语言

WinCC 针对多种操作系统语言进行了发布。分别为德语、英语、法语、意大利语、西班牙语、简体中文、繁体中文、日语、韩语，也支持多语言操作系统（MUI 版本）。

3. 操作系统

使用多个 WinCC 服务器时，所有服务器必须使用统一的操作系统：Windows Server 2019 或 2022，对于每种情况都统一采用 Standard 或 Datacenter 版本。如果正在运行的客户端不超过三个，也可以在以下操作系统上操作 WinCC Runtime 服务器：

1）Windows 10。

2）Windows 11。

针对此组态的 WinCC ServiceMode（服务模式）尚未支持。

4. Windows 计算机名称

完成 WinCC 的安装后，请不要更改 Windows 计算机名称。

在计算机名称中不允许使用下列字符：

. , ; : ! ? " ' ^ ´ ` ~ _ + = / \ ¦ @ * # $ % & § ° ( ) [ ] { } < > 空格符

请注意以下事项：

1）只能用大写形式。

2）第一个字符必须是字母。

5. Microsoft 消息队列服务

WinCC 需要 Microsoft 消息队列服务，但是在 WinCC V8.0 安装前，已无须手动完成其安装，在 WinCC 安装过程中会自动进行安装。WinCC V8.0 之前版本需要手动完成 Microsoft 消息队列的安装。安装方法可参考 2.3.1 节。

6. Microsoft .NET Framework（仅针对 WinCC V8.0 之前版本）

请确保在安装 WinCC 之前已安装 Microsoft .NET Framework。具体版本要求参考表 2-4。

在较新的 Windows 系统中 Microsoft .NET Framework3.5 并未默认安装，因此需要在安装 WinCC 之前手动进行安装。以 Windows 10 为例，安装方式有以下两种。

在线安装：在计算机能够进行互联网访问的前提下，打开操作系统控制面板中的"程序和功能"，选择"启用或关闭 Windows 功能"，启用".NET Framework 3.5（包括 .NET 2.0 和 3.0）"即可进行在线安装。

表 2-4 Microsoft .NET Framework 要求

自 Windows 7 起	Microsoft .NET Framework 3.5 安装 SQL 服务器时需要该版本
Windows 8.1 / Windows Server 2012 R2	Microsoft .NET Framework 4.5
Windows 10 / Windows Server 2016	Microsoft .NET Framework 4.6

离线安装，操作步骤如下：

1）将 Windows 10 操作系统安装光盘放入光驱。

2）以管理员身份打开"命令提示符"窗口并输入命令"dism /online /enable-feature /featurename:NetFX3 /All /Source:E:\sources\sxs /LimitAccess"并回车开始进行安装。"E:"为光驱盘符。开始离线安装如图 2-5 所示。

图 2-5 开始离线安装

3）离线安装完成后结果如图 2-6 所示。

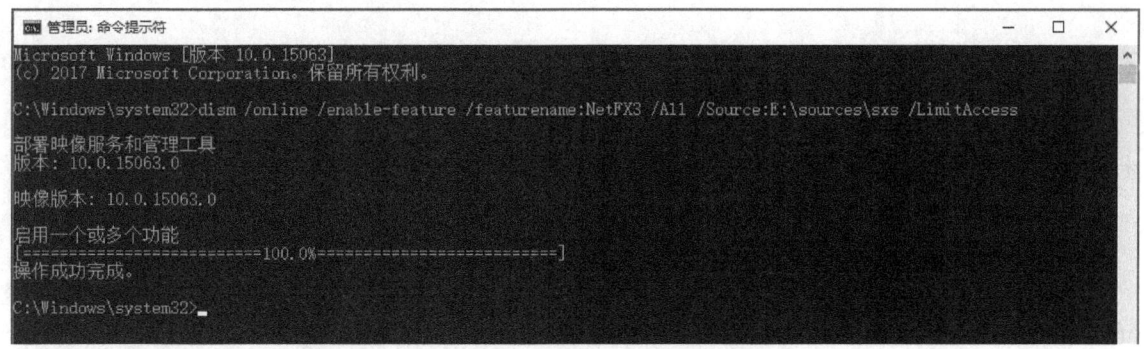

图 2-6 离线安装完成

7. Microsoft Internet 信息服务 (IIS)

在安装 WinCC 时，如果需要安装以下组件或选件，则需要 Microsoft Internet 信息服务（Internet Information Services，IIS），但是针对 WinCC V8.0 版本可不进行手动安装，在 WinCC 安装时也会自动安装（WinCC V8.0 之前版本需手动完成安装 Microsoft Internet 信息服务（IIS））：

1）WinCC OPC XML DA 服务器。

2）WinCC/DataMonitor。

3）WinCC/WebNavigator。

4）WinCC/WebUX。

8. Microsoft Office

WinCC 的一些选件会提供在 Microsoft Office 中的 Add-in（插件）以用于与 WinCC 的交互，例如 DataMonitor 选件中的"Excel Workbook Wizard"等。因此如果需要使用此类 WinCC 选件，请参考表 2-1，选择兼容的 Microsoft Office 版本先行安装。

9. SIMATIC NET PC Software

通常建议在 WinCC 服务器或 WinCC 的单站这种需要与西门子 PLC 进行通信的系统中，在安装 WinCC 之前，通过 WinCC 交付包装中的 SIMATIC NET DVD 将兼容的 SIMATIC NET PC Software 软件先行安装。

2.2.5 操作系统中的访问权限

安装 WinCC 之后，系统会自动在"Windows 用户和组管理"中建立以下本地组：

（1）"SIMATIC HMI"

如需使用 WinCC 进行组态及运行，则登录计算机的用户必须隶属于该用户组。默认情况下，执行 WinCC 安装的用户和本地管理员属于该组的成员。附加成员必须由管理员手动添加。

（2）"SIMATIC HMI Viewer"

隶属于该用户组的成员对 WinCC 数据库中的组态和运行系统数据仅具有读取权限。该用户组主要用于 Web 发布服务的账户，例如用于操作 WinCC WebNavigator 的 IIS（Internet 信息服务）账户。

2.3 安装 WinCC

2.3.1 如何安装微软消息队列

WinCC 将使用 Microsoft 的消息队列服务。它是操作系统的组件部分。但是，MS 消息队列未包括在标准 Windows 安装中，如有需要，则必须额外单独安装。

1. 在 Windows 11 中安装消息队列

步骤 1：转到"控制面板 > 程序和功能"（Control Panel > Programs and Features）。

步骤 2：单击左侧菜单栏上的"启用或关闭 Windows 功能"（Turn Windows features on or off）按钮。随即打开"Windows 功能"（Windows Features）对话框。

步骤 3：激活"Microsoft Message Queue（MSMQ Server）"组件。"Microsoft Message Queue（MSMQ）服务器核心"条目已选中。子组件仍被禁用。

步骤 4：单击"确定"（OK）按钮进行确认。

2. 在 Windows Server 2019 中安装消息队列

步骤 1：启动服务器管理器。

步骤 2：单击"添加角色和功能"（Add roles and features）按钮。"添加角色和功能向导"（Adding roles and features wizard）窗口打开。

步骤 3：在导航区域中单击"服务器选择"（Server selection）按钮。确保当前计算机已选中。

步骤 4：在导航区域中单击"功能"（Features）按钮。

步骤 5：激活"消息队列"（Message Queuing）选项，同时激活其下的"消息队列服务"（Message Queuing Services）和"消息队列服务器"（Message Queuing Server）选项。

步骤 6：单击"安装"（Install）按钮。

在 Windows Server 2019 安装 MSMQ 如图 2-7 所示。

图 2-7　在 Windows Server 2019 安装 MSMQ

2.3.2　如何安装 WinCC

安装期间涉及的安装图标见表 2-5。

表 2-5　安装图标

图标	含义
✔	已安装最新版程序
↗	程序将被更新
⚠	程序的安装条件不满足，单击该符号可获得更多详细信息
☐	可以选择程序
☑	已选择的待安装程序
▨	无法选择程序（由于依赖于其他程序）
☑	已选择的待安装程序（无法取消选择）

开始安装：WinCC 安装有以下两种模式。

1. 常规安装模式

在常规模式下安装 WinCC 时，安装过程中需要人为进行一些操作，例如接受许可证协议等，如果不加以确认，安装即会停止并等待操作。

2. 自动安装模式

在自动模式下安装 WinCC 时，安装过程中不需要人为进行操作，一旦安装过程启动，即可实现无人值守自动完成安装。

本节将对自动安装模式进行介绍，在介绍安装模式之前先明确 WinCC 的安装类型。

WinCC 的安装类型又分为两种。

（1）数据包安装

选用数据包安装类型时，在安装过程中只需要选择符合所需的安装数据包即可。可选数据包安装见表 2-6。

表 2-6 可选数据包安装

数据包	描述
WinCC Installation	包含： • WinCC RT • WinCC CS • SQL Server 2019 • Automation License Manager
WinCC incl. WebUX	包含： • WinCC RT • WinCC CS • WinCC WebUX • SQL Server 2019 • Automation License Manager
WinCC Client Installation	包含： • WinCC RT • WinCC CS • SQL Express 2019 • Automation License Manager
WinCC Client incl. WebServer	包含： • WinCC RT • WinCC CS • SQL Server 2019 • WebNavigator Server • Automation License Manager
WebNavigator Server	包含： • WebNavigator Server • WinCC RT • WinCC CS • SQL Server 2019 • Automation License Manager
WebNavigator Client	包含： • WebNavigator Client
DataMonitor Server	包含： • DataMonitor Server • WinCC RT • WinCC CS • SQL Server 2019 • Automation License Manager

（续）

数据包	描述
DataMonitor Client	包含： • DataMonitor Client
ConnectivityPack Server	包含： • ConnectivityPack Server • WinCC RT • WinCC CS • SQL Server 2019 • Automation License Manager
ConnectivityPack Client	包含： • ConnectivityPack Client

（2）自定义安装

选用自定义安装类型时，可以更为灵活地选择需要安装 WinCC 的数据包及组件。以下将以自定义安装类型进行介绍：

1）启动 WinCC 安装程序。

2）选择安装画面语言。

3）接受"许可证协议"和"开放源代码许可证协议"。

4）选择要安装的语言，英语为必选语言，勾选其他所需语言即可，也可以在后期安装其他所需语言。

5）选择"自定义安装"。选择安装目标路径，建议选择默认路径。

6）选择"WinCC V8.0 Expert mode"。

7）开始安装。

8）可在安装组件后传送产品许可证密钥。要执行此操作，请单击"传送许可证密钥"（Transfer License Key）。如果已传送许可证密钥或希望以后安装这些许可证密钥，可选择"下一步"。

9）重新启动计算机，以便结束安装。

明确了 WinCC 安装类型之后，接下来将介绍自动安装模式。

自动安装模式只支持选择的类型为数据包安装。操作流程是：首先记录安装过程，记录过程与实际安装过程相同，但并不真正执行安装，而只是将选择的安装数据包及用户配置记录保存到 ini 配置文件中。然后通过命令行方式执行安装，整个过程完全按照记录文件中记录的需求，自动完成安装，在该过程中无须人为参与。

这种安装方式的优点在于将使用者从安装过程中解放出来，大大缩短了使用者在安装过程中被占用的时间。通过这种方式还可以实现在多台计算机上进行集中安装。例如，在工业现场，可以将 WinCC V8.0 安装包文件存储在一个共享的网络存储位置中，同时将 ini 配置文件也存储在当中。多台需要执行相同安装过程的计算机即可通过网络互联的方式访问共享文件夹进行安装。

单机自动安装模式操作步骤如下所示：

① 将 WinCC V8.0 安装光盘放入光驱。

② 执行安装记录功能。在 Windows 开始菜单的"运行"（Run）域中输入以下命令：

"<安装包存储路径>\Setup.exe /record"（例如"e:\Setup.exe /record"），执行安装记录如图 2-8 所示。

③ 选择安装画面语言。

④ 激活记录功能，并选择 "Ra_Auto.ini" 控制文件的路径，如图 2-9 所示。

⑤ 选择符合需求的安装数据包，如图 2-10 所示。

⑥ 接受许可协议及接受对系统设置的更改。

⑦ 记录完成如图 2-11 所示。

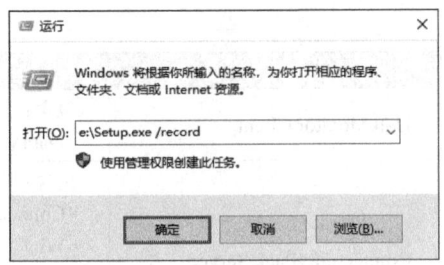

图 2-8　执行安装记录

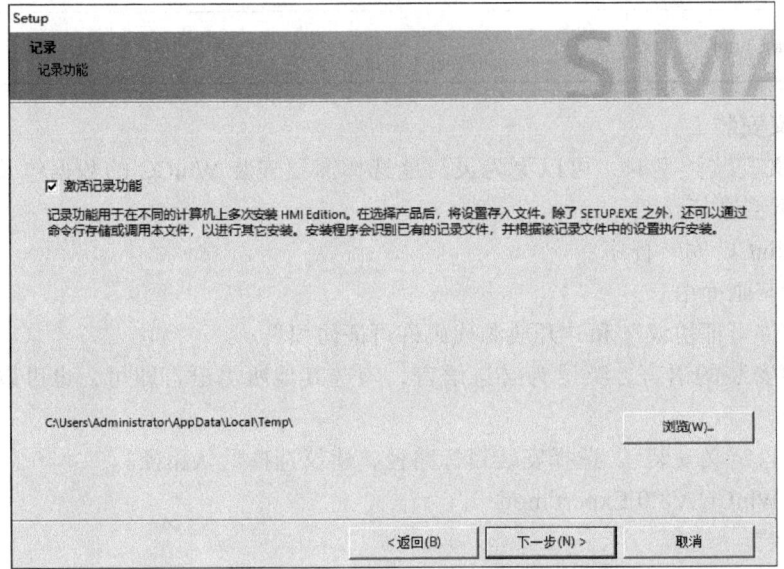

图 2-9　激活记录功能

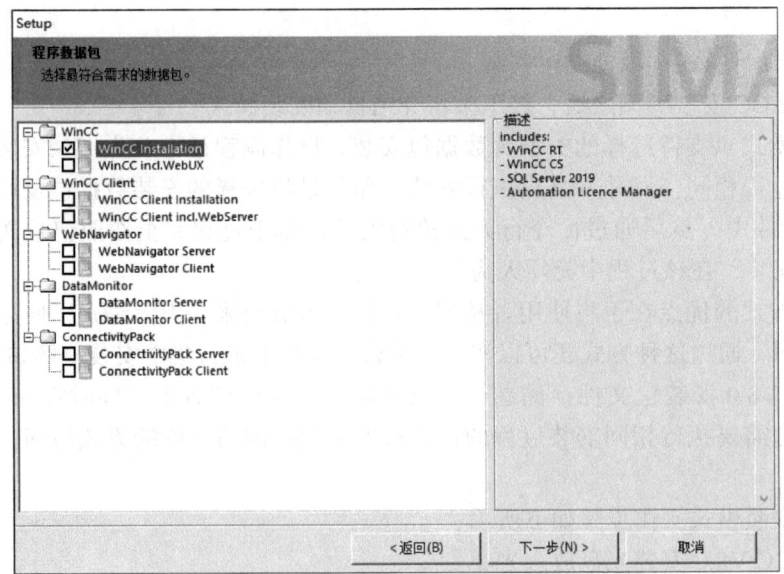

图 2-10　选择安装数据包

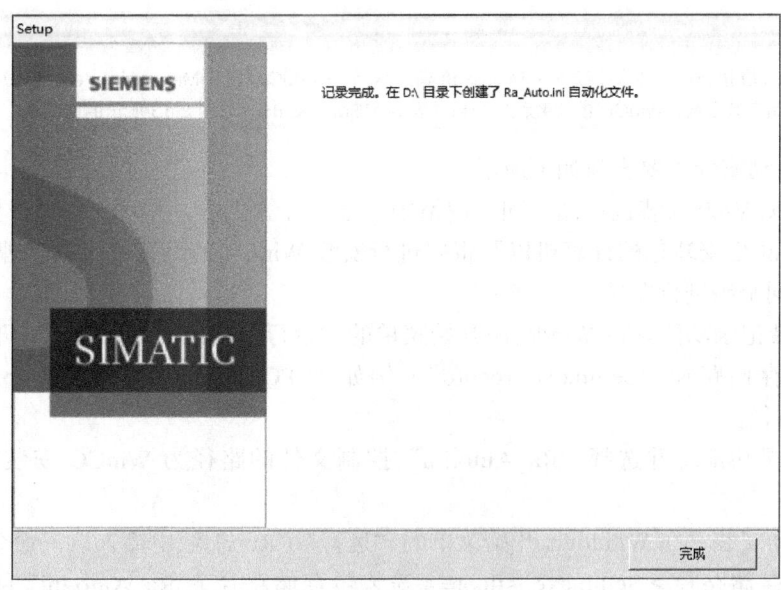

图 2-11　记录完成

⑧ 执行自动安装，在 Windows 开始菜单的"运行"（Run）域中输入以下命令：

"< 安装包存储路径 >\Setup.exe /silent=D:\Ra_Auto.ini"（例如 "e:\Setup.exe /silent=D:\Ra_Auto.ini"），执行自动安装如图 2-12 所示。

⑨ 安装过程自动进行，自动安装组件如图 2-13 所示，安装完成后系统将会自动重新启动。

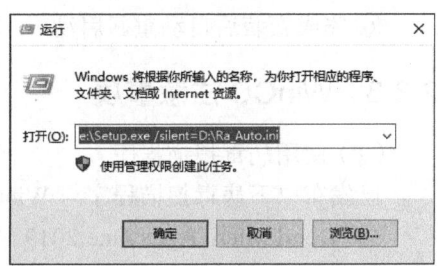

图 2-12　执行自动安装

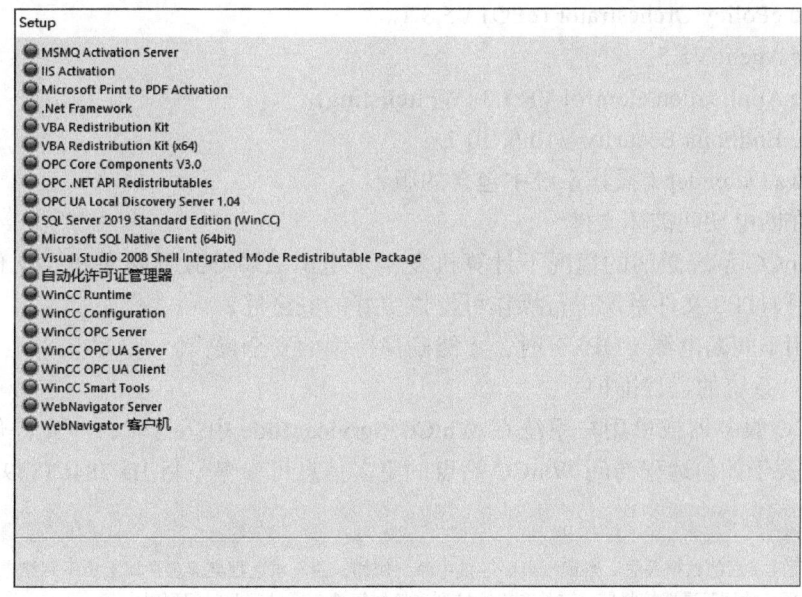

图 2-13　自动安装组件

> **提示**
> 以上自动安装步骤执行前,并未手动安装 Microsoft 消息队列(MSMQ)以及 Microsoft Internet 信息服务(IIS)。但是,在 WinCC 开始安装之前,WinCC 的安装程序会自动安装 MSMQ 及 IIS,如图 2-13 所示的前两项。

网络集中自动安装主要步骤如下所示:

① 将 WinCC V8.0 安装包存储于同一网络中的某一计算机中,并对文件夹设置进行共享。

② 存储 WinCC 安装包的计算机以及将要进行安装 WinCC 的计算机均以管理员 Administrator 身份使用相同密码进行登录。

③ 执行安装记录功能。在 Windows 开始菜单的"运行"(Run)域中输入以下命令:
"< 安装包存储路径 >\Setup.exe /record"(例如 "\\PC01\WinCCInstall\Setup.exe /record")。该路径为网络路径。

④ 激活记录功能,并选择 "Ra_Auto.ini" 控制文件的路径为 WinCC 安装包所处共享文件夹。

⑤ 执行自动安装,在 Windows 开始菜单的"运行"(Run)域中输入以下命令:
"< 安装包存储路径 >\Setup.exe /silent=< 安装包存储路径 >:\Ra_Auto.ini"(例如 "\\PC01\WinCCInstall\Setup.exe /silent=\\PC01\WinCCInstall\Ra_Auto.ini")。该路径为网络路径。

⑥ 完成安装后自动重新启动。

2.3.3 WinCC 注意事项

(1)使用病毒扫描程序

已发布以下病毒扫描程序与 WinCC V8.0 兼容:

1)Trend Micro Apex One 2019。
2)Symantec Endpoint Protection V14.3 (Norton Antivirus)。
3)McAfee VirusScan Enterprise V8.8。
4)McAfee ePolicy Orchestrator (ePO) V5.3.1。
5)McAfee Agent V5.5。
6)McAfee Application Control V8.3.3 (Whitelisting)。
7)McAfee Endpoint Security V10.6, 10.7。
8)Windows Defender(操作系统中包含的版本)。

(2)防止在断电期间破坏文件

如果在 WinCC 系统激活的情况下计算机发生了电源故障导致异常关机,文件可能会被破坏或丢失。使用 NTFS 文件系统进行操作可提供更好的安全性。

只有在使用不间断电源(UPS)时,才能确保持续的安全操作。

(3)WinCC 系统的远程维护

只在 WinCC 服务器或单用户系统在 WinCC ServiceMode 中运行时,才允许使用远程桌面协议(RDP)。关于如何远程访问 WinCC 站点的更多信息可参考条目 ID 78463889。

> **提示**
> 中断远程桌面连接后的数据丢失。当远程桌面连接中断(例如,由于从远程桌面客户端上拆下网络电缆),则归档和 OPC 服务器将不再从数据管理器接收值。该状态将维持到连接恢复或 35s 的超时时间到时。

（4）带 @ 前缀的变量

项目工程师不允许创建具有 @ 前缀的变量。不允许人为改变这些系统变量。默认的系统变量是必要的，这样产品才能正确运行。

（5）访问 SQL Server 主数据库时出错

如果服务器在运行期间发生意外故障（电源故障、电源插头连接断开），WinCC 安装可能会因此被破坏，而且 SQL Server 在重新启动后将无法再访问 SQL Server 主数据库。只有在重新安装 WinCC 后才能进行访问。

要重新安装 WinCC 实例，必须将 WinCC 和 SQL Server 卸载，然后重新安装。

2.3.4 如何卸载 WinCC

在已安装 WinCC 的计算机上卸载 WinCC 有以下两种方式：

（1）通过 WinCC 产品 DVD 卸载

步骤 1：启动 WinCC 产品 DVD 自动安装。

如果操作系统启用了自动运行功能，则光盘会自动启动。如果未激活自动运行功能，请启动 DVD 上的 Setup.exe 程序。

步骤 2：按照屏幕说明操作。

步骤 3：选择"删除"作为安装类型。

步骤 4：选择想要删除的组件。

（2）通过控制面板卸载

步骤 1：在"开始"菜单下打开 Windows "控制面板"。

步骤 2：单击"程序和功能"图标。

步骤 3：浏览"卸载或更改程序"列表。

步骤 4：选择所需的条目并单击"卸载"或"更改"。

已安装的 WinCC 组件的所有条目均以前缀"SIMATIC WinCC"开头。

如果已安装 WinCC 选件，请先卸载所有 WinCC 选件，然后卸载 WinCC。

关于 Microsoft SQL Server 2019

与 WinCC 安装的具有授权的 SQL Server 只能与 WinCC 一起使用。如果不使用 WinCC 程序而是使用第三方应用程序，或通过 SQL Server 使用用户自定义数据库，那么还需要额外的 SQL Server 许可证。否则卸载 WinCC 之后，还必须删除 WinCC SQL Server 数据库实例。选择"控制面板 > 程序和功能"，然后选择要卸载的"Microsoft SQL Server 2019"项。相关信息可参考条目 ID 23680533。

第3章 入门指南

本章介绍了一个 SIMATIC WinCC 的示例项目，采用 STEP BY STEP 的方式，展示了一个 WinCC 示例项目从头至尾的制作过程。通过对本章的学习，可以在 4h 之内，制作一个 SIMATIC WinCC 的入门项目，从而对 SIMATIC WinCC 有一个较为直观的了解。

3.1 第一个 WinCC 项目

通过对本章的学习，可以完成一个 WinCC 入门项目如图 3-1 所示。本示例项目模拟了某废水处理厂的化学净水流程的监控系统。在本监控系统中，可以对登录系统的用户进行分类。不同类别的用户具有不同的权限；可以对某些过程值进行实时监控，对某些关键过程值进行历史归档，这些历史数据可以以曲线的形式显示在画面上；当某些过程值超出了设定的上限后，将会触发报警，同时将这些报警信息记录在后台数据库中。

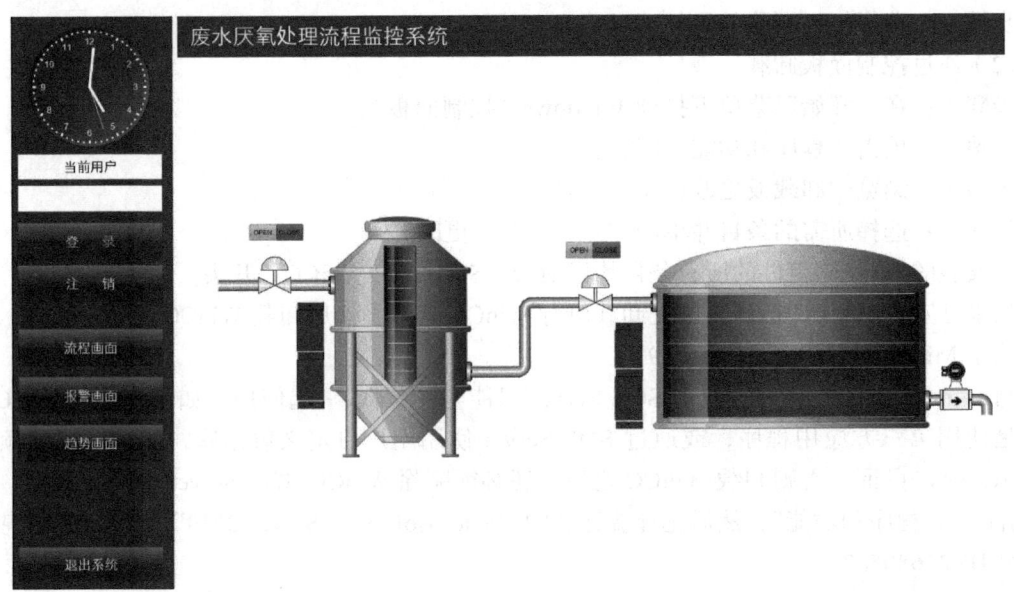

图 3-1　WinCC 入门项目

通过这个入门项目，可以了解到以下内容：
1）如何创建一个 WinCC 项目。
2）如何组态 WinCC 与 PLC 之间的通信。
3）如何组态变量。
4）如何创建过程画面。
5）如何进行过程值归档。

6）如何创建报警消息。

7）如何组态用户管理。

3.2 创建项目

项目是用户在 WinCC 中进行组态的基础。在项目中，将创建和编辑所需的所有对象，这些对象可以操作和监视被控系统。本节内容讲述了如何创建一个单用户项目。"单用户项目"仅在一台计算机上运行，其他计算机不能访问该项目，运行项目的计算机将用作进行数据处理的服务器和操作站。

创建项目的具体步骤如下：

步骤 1：双击计算机桌面上的 SIMATIC WinCC Explorer 图标，或在操作系统搜索栏中输入 WinCC Explorer 搜索应用，均能打开 WinCC 项目管理器，如图 3-2 所示。

图 3-2 打开 WinCC 项目管理器

步骤 2：如果是首次启动 WinCC 软件，可直接在弹出的对话框中单击"新建项目"项，然后选择创建"单用户项目"。在项目对话框中，输入项目名称，本例使用的项目名称为"WinC-CV80_QuickStart"，然后单击三个点的按钮 ，打开"选择文件夹"窗口，在窗口中选中要存放项目的路径，然后单击"选择文件夹"按钮，最后单击"创建"按钮创建项目，创建新项目方式一如图 3-3 所示。

如果是已经创建过项目的软件环境，可以通过 WinCC Explorer 项目管理器工具栏中的"文件"菜单创建新项目。如图 3-4 所示，选择"文件"菜单，然后单击"新建"，在弹出的对话框中选择"单用户项目"，然后单击"确定"按钮。在创建新项目的对话框中，首先输入项目名称，本例使用的项目名称为"WinCCV80_QuickDemo"，然后单击三个点的按钮 ，打开"浏览文件夹"窗口，在窗口中选中要存放项目的路径，然后单击"确定"按钮，回到创建新项目的画面后，单击"创建"按钮。

至此，项目创建完成，新建的项目将被显示在 WinCC 项目管理器中，项目文件所在路径也将显示在 WinCC 项目管理器标题栏中，创建的新项目如图 3-5 所示。

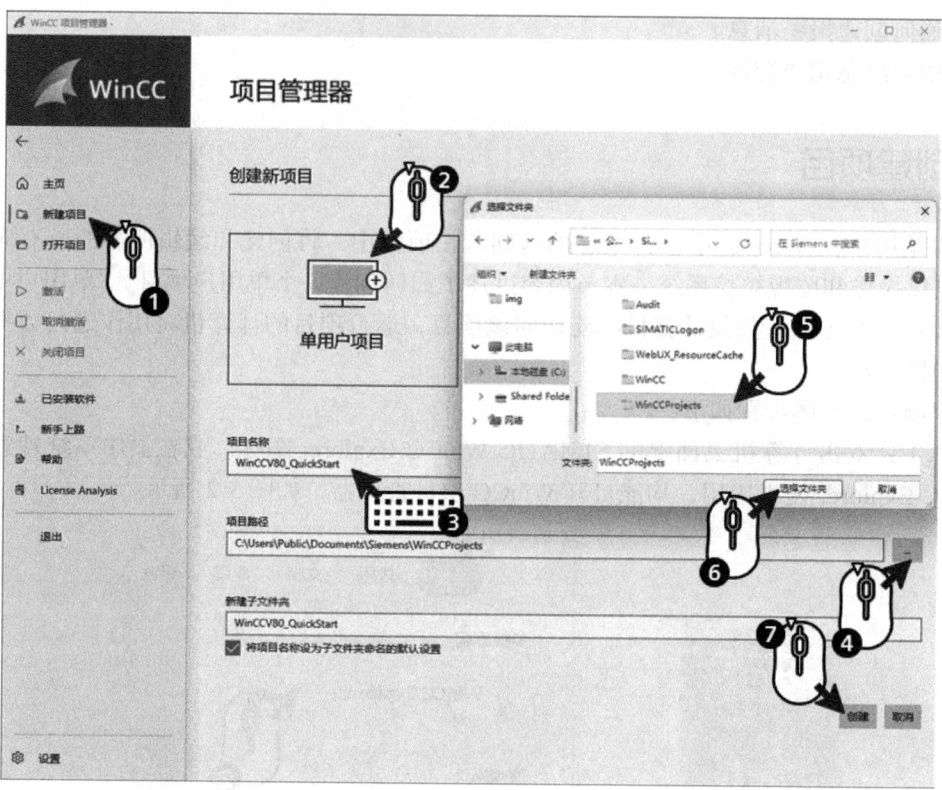

图 3-3　创建新项目方式一

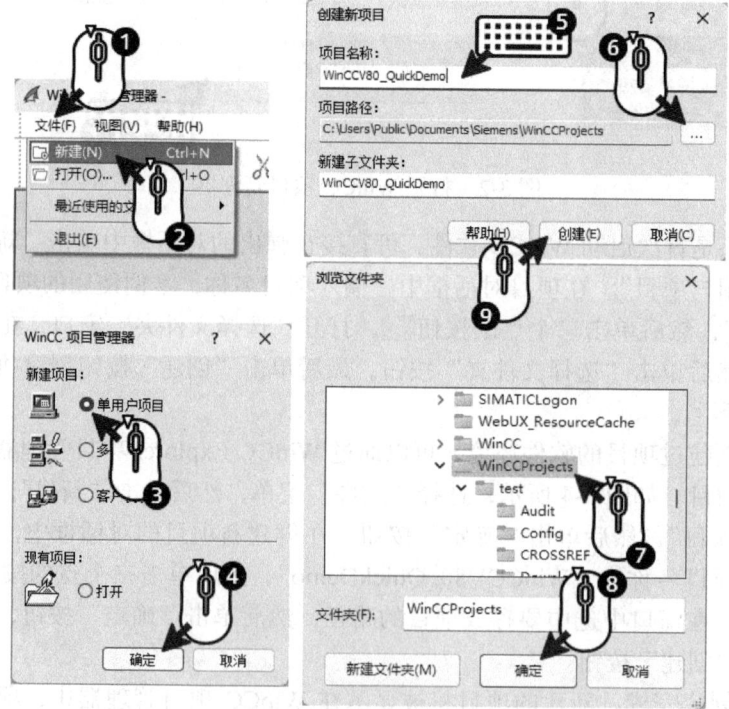

图 3-4　创建新项目方式二

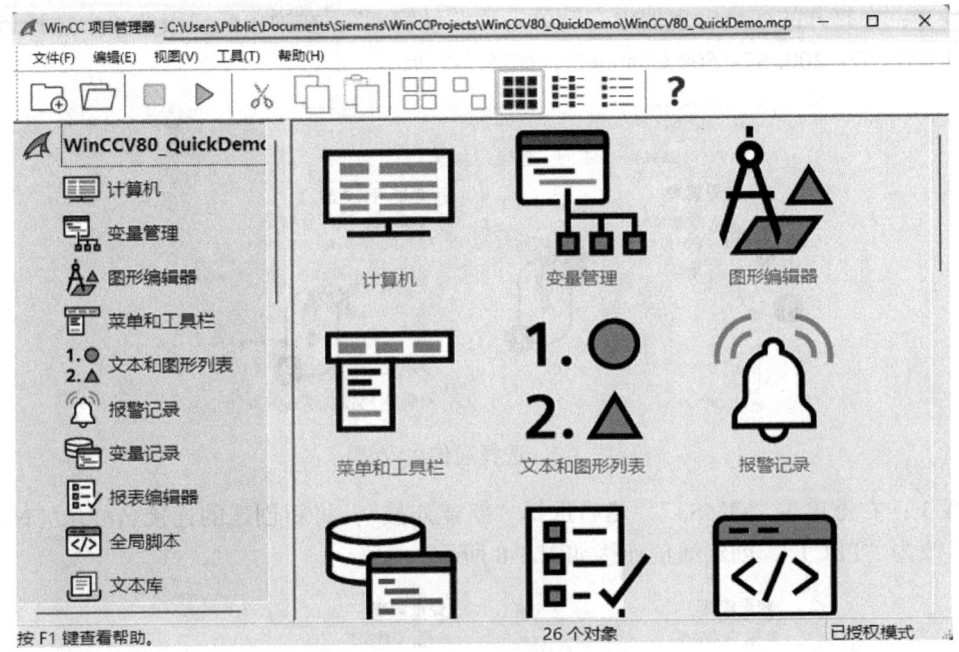

图 3-5 创建的新项目

3.3 组态通信

WinCC 如果要控制或显示控制器中的某些过程变量，必须要建立与控制器的通信连接。这里所谓的控制器，通常情况下是指 PLC，如 S7-300/400 系列和 S7-1200/1500 系列 PLC 等，也可以是某些第三方厂家的 PLC 或某些控制系统，如 SIMOTION。本节内容讲述了如何一步步创建一个与 S7-1500 PLC 的 TCP/IP 连接，并且在此连接下创建变量。

3.3.1 组态通信连接及外部变量

步骤 1：在 WinCC 项目管理器中，左键双击"变量管理"，如图 3-6 所示。

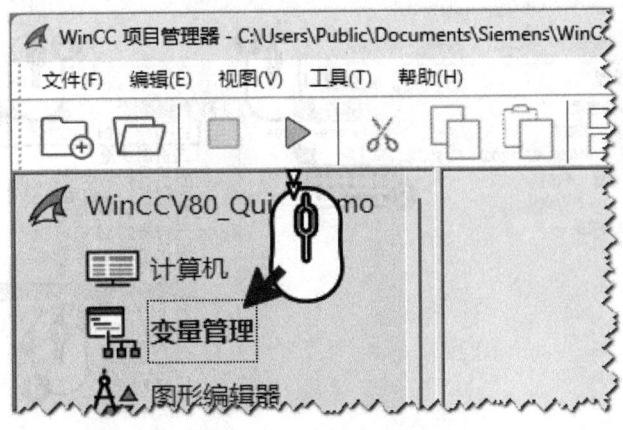

图 3-6 打开变量管理器

步骤 2：在打开的变量管理器中右键单击"变量管理"，在弹出的二级菜单中选择通信协议集"SIMATIC S7-1200, S7-1500 Channel"，如图 3-7 所示。

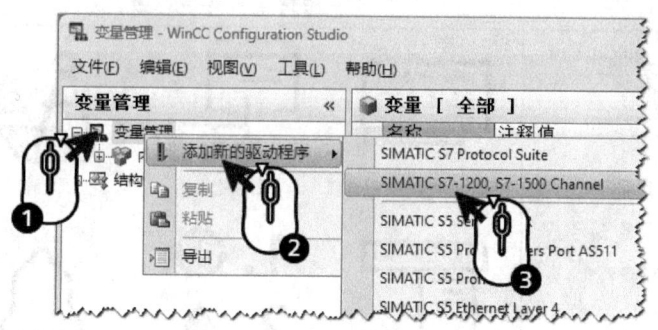

图 3-7　选择通信协议集

步骤 3：右键单击"OMS+"，然后选择"新建连接"。将新创建的连接名称从"New Connection"改为"PLC1"，创建通信连接如图 3-8 所示。

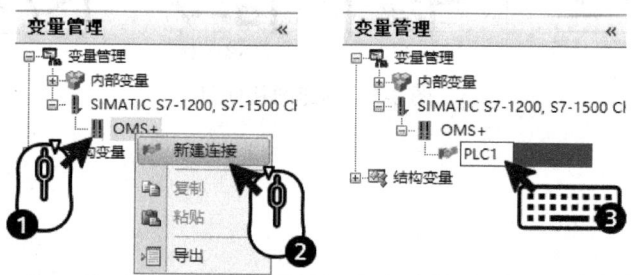

图 3-8　创建通信连接

> **提示**
> 在实际项目组态中，还需要对所选协议的系统参数进行配置，具体可参考本书第 5 章过程通信。

步骤 4：鼠标左键双击"名称"列下面的黄色米字图标，输入变量名称"ProcessValue"。单击"数据类型"列的下拉列表，在列表中选择"32-位浮点数 IEEE 754"，创建过程变量如图 3-9 所示。

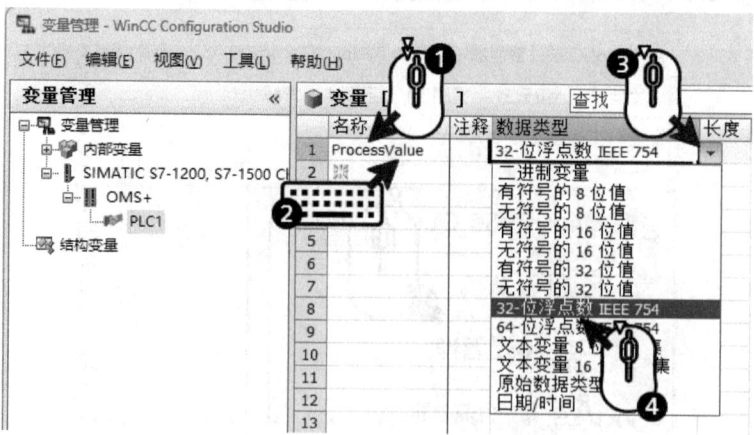

图 3-9　创建过程变量

步骤 5：左键单击"名称"，在"变量属性"菜单中单击"地址"属性右侧三个点的按钮，在弹出的"地址属性"对话框中选择"数据区域"及"地址"，然后单击"确定"按钮，设置变量地址如图 3-10 所示。至此，一个可以显示 PLC 过程值的变量就已创建完成。

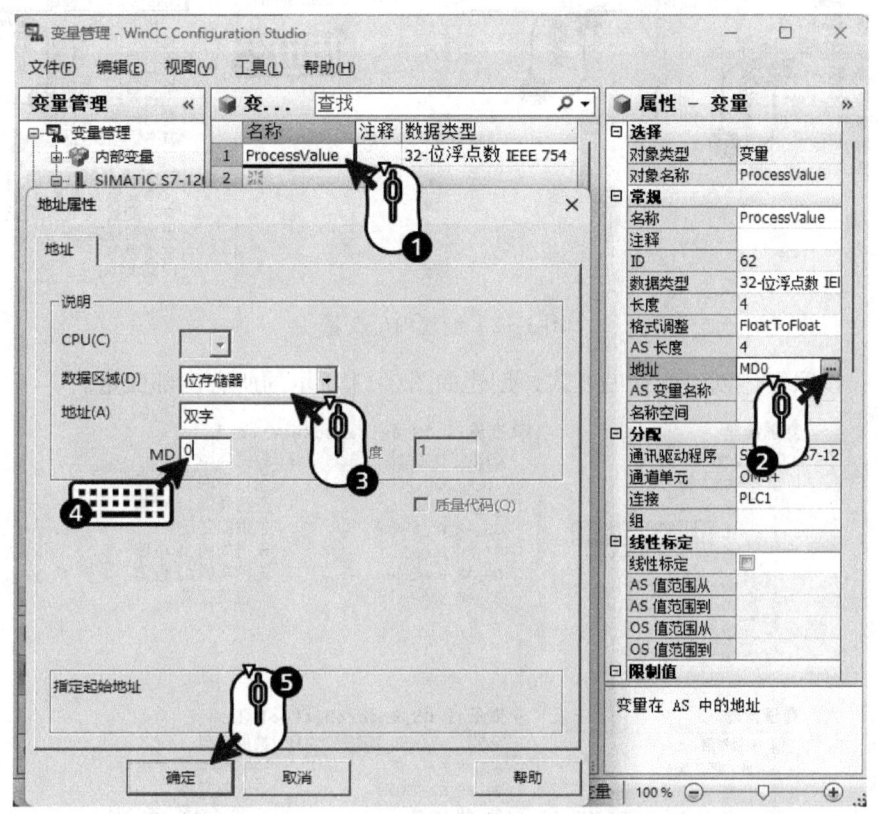

图 3-10 设置变量地址

3.3.2 组态变量组及内部变量

在实际的项目中，所有相关过程值的变量都需要组态在通信连接下，也就是带有地址的 PLC 变量。WinCC 中也提供不带地址的内部变量供 WinCC 使用。由于本示例项目不与 PLC 进行数据交互，为了演示项目效果，所以项目中的关键变量均采用内部变量的形式。同时为了区分不同内部变量所属的工艺段，本示例项目中为内部变量创建了"反应釜"变量组和"厌氧池"变量组，具体实现过程如下。

步骤 1：在变量管理中右键单击"内部变量"，选择"新建组"，然后将默认的组名从"NewGroup_1"改为"GS_AgitatedReactor"。使用同样的操作步骤再创建一个组"GS_AnaerobicPool"，创建变量组如图 3-11 所示。

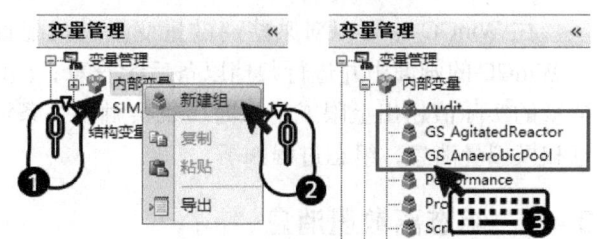

图 3-11 创建变量组

步骤 2：在内部变量下选中变量组"GS_AgitatedReactor"，左键双击名称下的黄色米字图标，输入变量名称"GS_AR_Concentration"，然后单击数据类型下的下拉列表,选择"无符号的 32 位值",创建内部变量如图 3-12 所示。

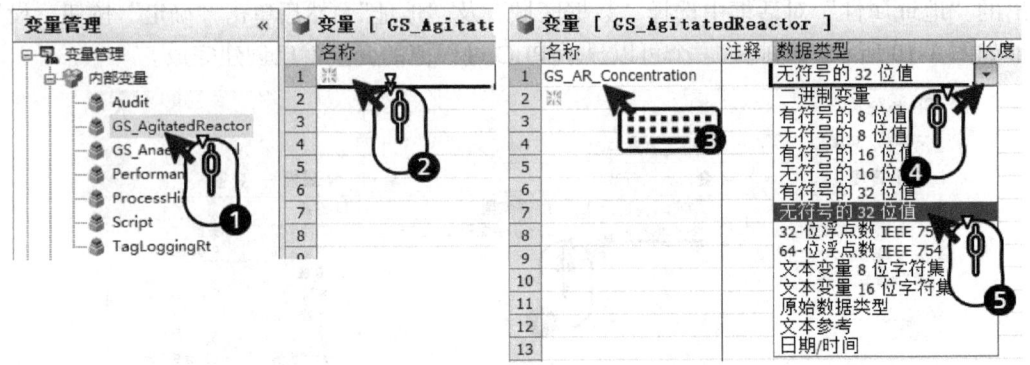

图 3-12　创建内部变量

步骤 3：按照上述创建变量的方式,创建如图 3-13 所示的所有内部变量。

图 3-13　所有内部变量

3.4　组态报警消息

在 WinCC 中可以对某些离散量变量进行配置,当该离散量为 1 或为 0 时,显示一条消息在 WinCC 的画面中并进行归档以备后续查看；同时也可以设置某些模拟量的上限或下限,当模拟量的实际值超出上限或下限时,也会触发一条消息。本节内容讲述了如何创建若干离散量消息和模拟量消息,组态过程如下。

3.4.1　组态离散量消息

步骤 1：在 WinCC 项目管理器中左键双击"报警记录",打开"报警记录"组态界面,如图 3-14 所示。

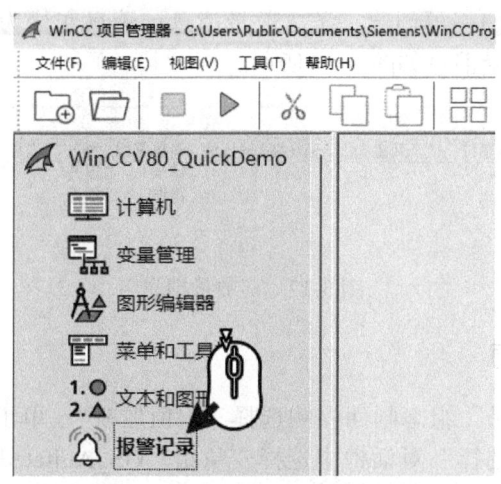

图 3-14 打开"报警记录"组态界面

步骤2：在"报警记录"的组态界面，单击"消息变量"下方的单元格，单击右侧三个点的按钮，在打开的变量选择对话框中单击"WinCC 变量"左侧的"+"，然后单击"内部变量"左侧的"+"，选择变量组"GS_AgitatedReactor"，选择变量"GS_AR_Valve"，单击"确定"按钮，选择消息变量如图 3-15 所示。

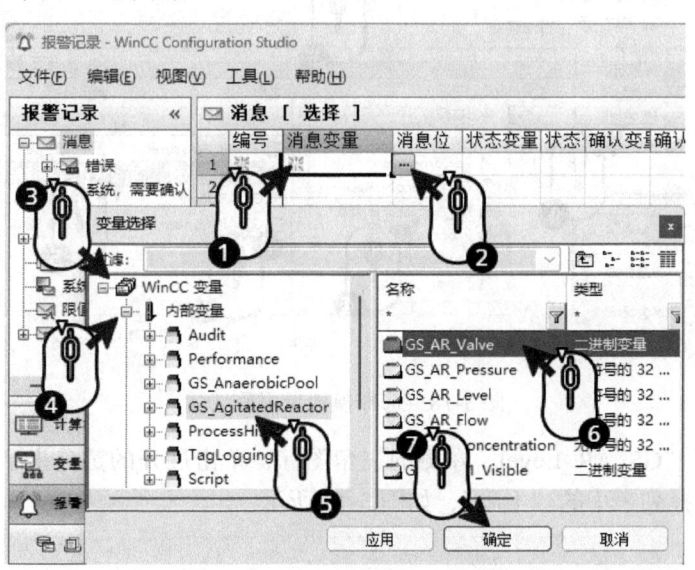

图 3-15 选择消息变量

步骤3：向右拖动滚动条，找到"消息文本"列，输入"进料阀打开"。消息位默认为 0。输入消息文本如图 3-16 所示。

图 3-16 输入消息文本

步骤 4：重复步骤 2、3，再创建一条离散量消息，消息变量为"GS_AP_Valve"，消息文本为"反应阀打开"，离散量消息如图 3-17 所示。

消息 [选择]										
编号	消息变量	消息位	状态变量	状态	确认变量	确认位	消息等级	消息类	消息组	优先级	消息文本
1	GS_AR_Valve	0		0		0	错误	报警		0	进料阀打开
2	GS_AP_Valve	0		0		0	错误	报警		0	反应阀打开
3											
4											

图 3-17 离散量消息

3.4.2 组态模拟量消息

步骤 1：在"报警记录"组态画面左侧选择"限值监视"。单击"变量"列下方的三个点的按钮。在打开的"变量选择"对话框中选择变量组"GS_AgitatedReactor"，选择变量"GS_AR_Level"，然后单击"确定"按钮。选择模拟量报警变量如图 3-18 所示。

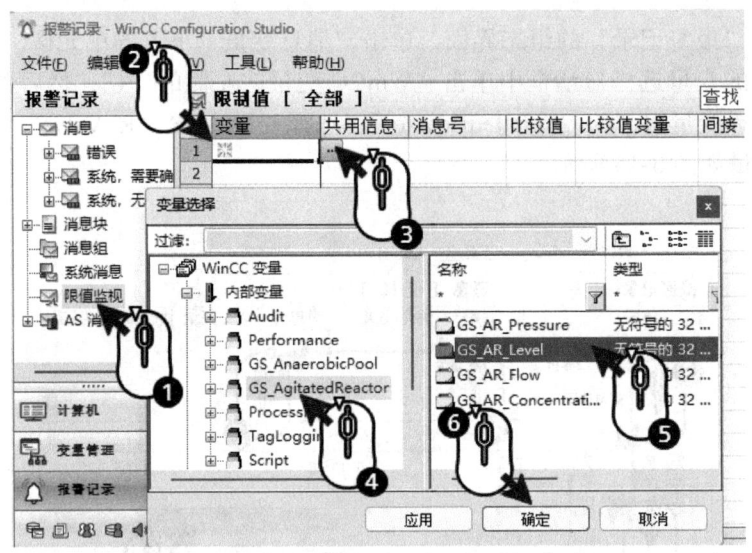

图 3-18 选择模拟量报警变量

步骤 2：选择"GS_AR_Level"左侧的三角图标，单击展开的黄色米字图标，然后单击右侧的下拉列表，选择列表中的"上限"，如图 3-19 所示。

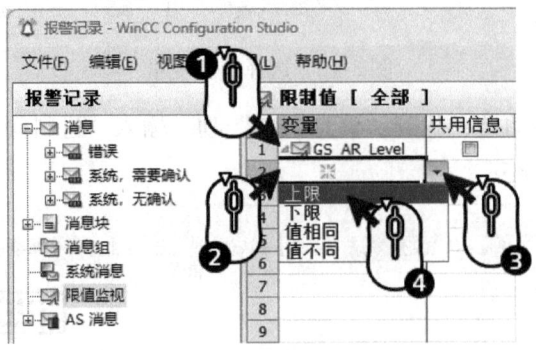

图 3-19 选择列表中"上限"

步骤 3：使用键盘输入"消息号"为 3，输入"比较值"为 100，设置消息号和比较值如图 3-20 所示。

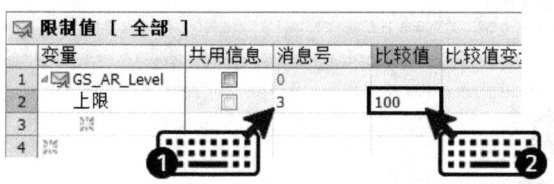

图 3-20　设置消息号和比较值

步骤 4：重复步骤 1 的操作，再添加一个模拟量报警变量"GS_AP_Level"，设置报警变量如图 3-21 所示。

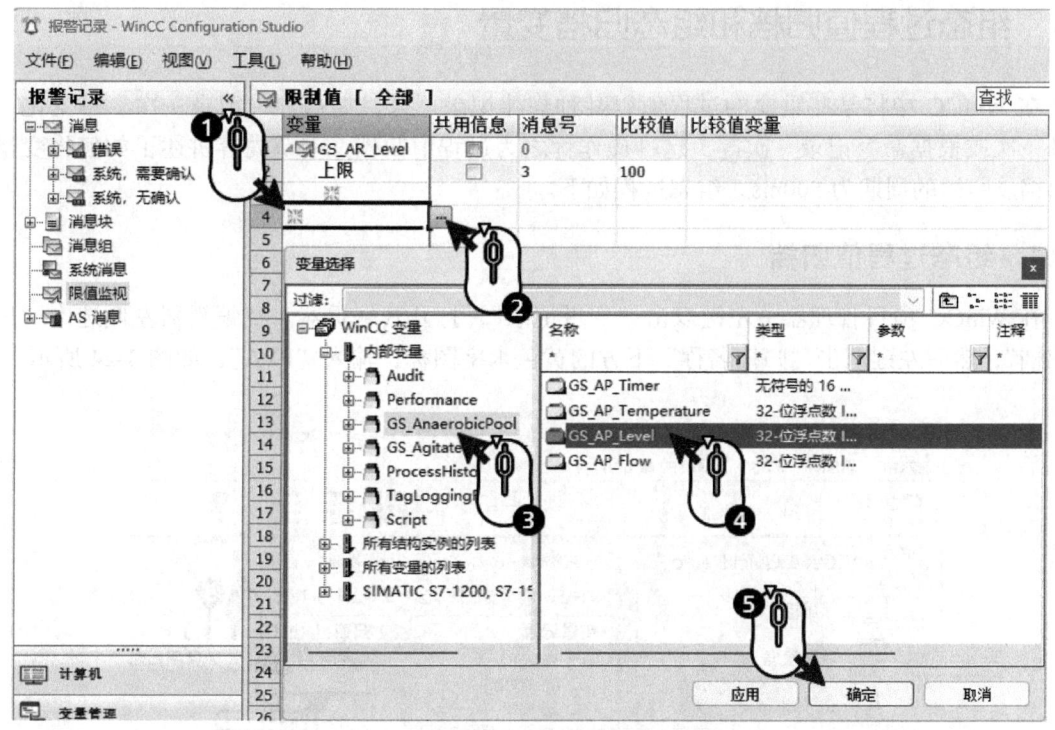

图 3-21　设置报警变量

步骤 5：设置"消息号"为 4，"比较值"为 100，如图 3-22 所示。

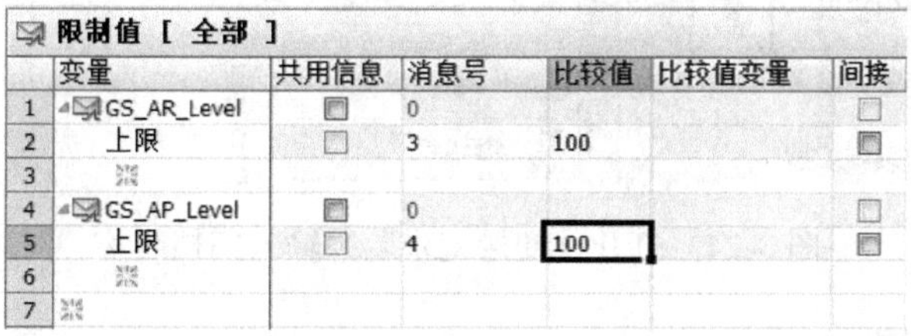

图 3-22　模拟量报警变量

步骤 6：单击画面下方的"消息"选项卡，查看创建好的模拟量报警，然后关闭"报警记录"组态界面，模拟量报警如图 3-23 所示。

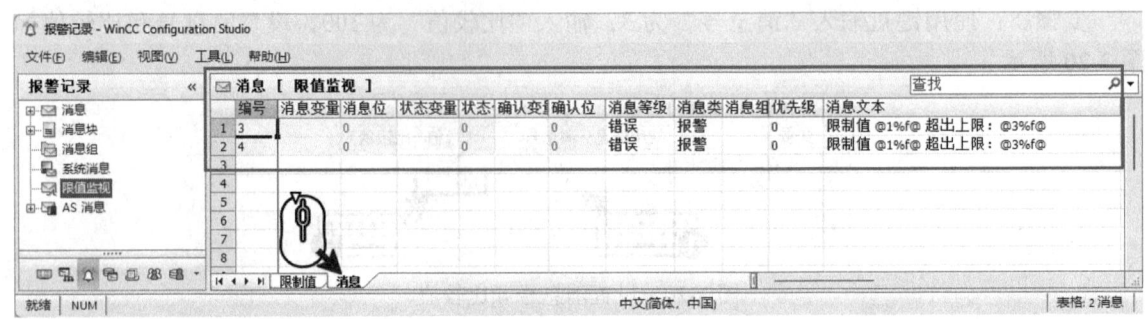

图 3-23　模拟量报警

3.5　组态过程值归档和组态归档变量

在 WinCC 中将某些重要的过程值以某种规律记录下来，如每分钟记录一次、每变化一次记录一次或根据命令记录一次等，这种操作称之为过程值归档。本节内容讲述了如何将变量进行归档。归档的周期为 500ms，组态过程如下。

3.5.1　组态过程值归档

在 WinCC 项目管理器中左键双击"变量记录"，打开其编辑器。在编辑器左侧选中"过程值归档"，然后左键双击"归档名称"下方的黄色米字图标，输入"PVA"，如图 3-24 所示。

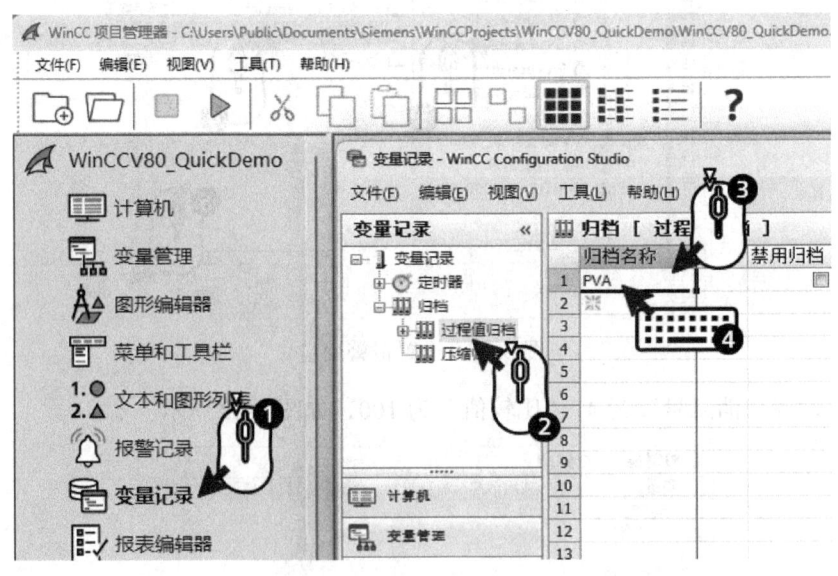

图 3-24　打开"变量记录"并输入归档名称

3.5.2　组态归档变量

步骤 1：选中"过程值归档"，然后单击其左侧的"+"图标，选中"PVA"。单击右侧单元格的黄色米字图标，单击其右侧的三个点的按钮，在弹出的"变量选择"对话框中单击变量组"GS_AnaerobicPool"。按住"Ctrl"键,使用鼠标左键依次单击变量"GS_AP_Temperature""GS_AP_Level"和"GS_AP_Flow",然后单击"确定"按钮,添加第一组归档变量如图 3-25 所示。

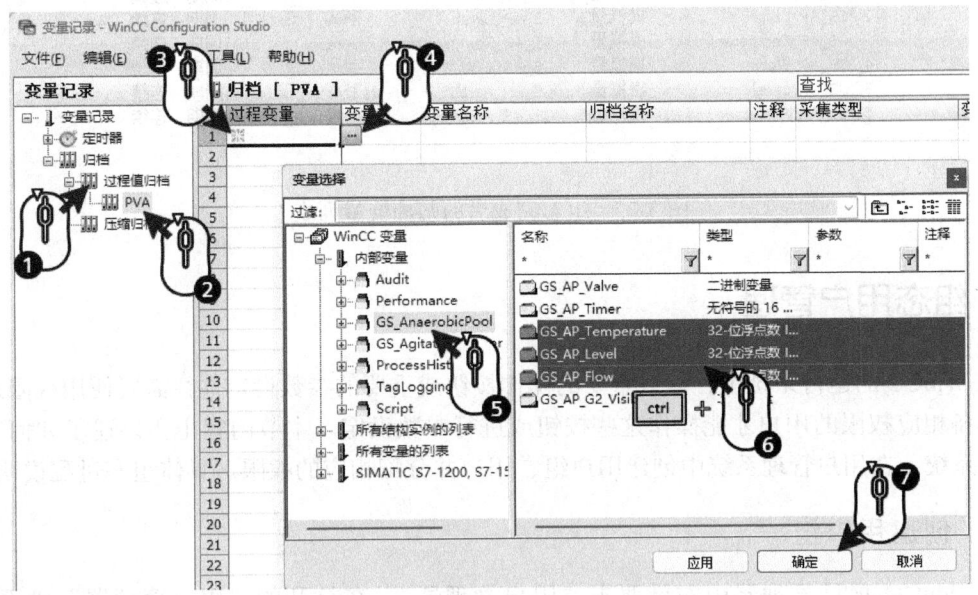

图 3-25　添加第一组归档变量

步骤 2:单击有黄色米字图标的单元格。然后单击其右侧的三个点的按钮,选中变量组"GS_AgitatedReactor"。按住"Ctrl"键,使用鼠标左键依次单击变量"GS_AR_Pressure""GS_AR_Level"和"GS_AR_Flow",然后单击"确定"按钮。添加第二组归档变量如图 3-26 所示。

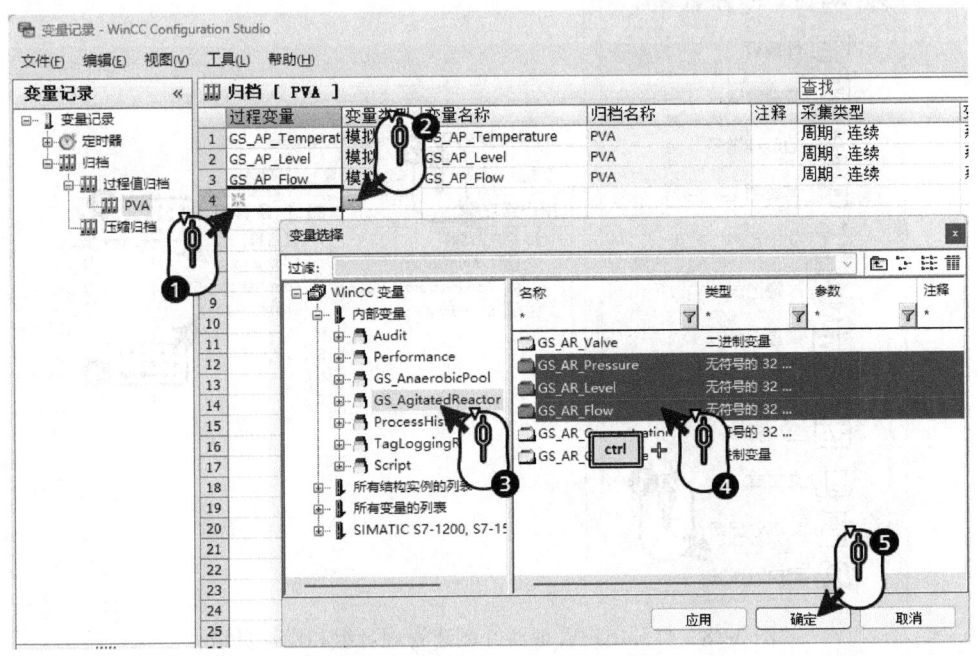

图 3-26　添加第二组归档变量

组态完成后的归档变量列表如图 3-27 所示。

归档 [PVA]

	过程变量	变量类型	变量名称	归档名称	注释	采集类型
1	GS_AP_Flow	模拟量	GS_AP_Flow	PVA		周期 - 连续
2	GS_AP_Level	模拟量	GS_AP_Level	PVA		周期 - 连续
3	GS_AP_Temperature	模拟量	GS_AP_Temperature	PVA		周期 - 连续
4	GS_AR_Flow	模拟量	GS_AR_Flow	PVA		周期 - 连续
5	GS_AR_Level	模拟量	GS_AR_Level	PVA		周期 - 连续
6	GS_AR_Pressure	模拟量	GS_AR_Pressure	PVA		周期 - 连续
7						
8						

图 3-27　组态完成后的归档变量列表

3.6　组态用户管理

在 WinCC 的运行系统中，某些重要的操作按钮或重要的参数设定往往需要使用权限进行保护。具备相应权限的用户才能操作这些按钮或进行参数设定。本节内容主要讲述了如何组态用户管理系统，在用户管理系统中创建用户组、用户并分配相应的权限。具体组态过程说明如下。

3.6.1　创建用户组

在 WinCC 项目管理器中左键双击“用户管理器”。在打开的“用户管理器”画面左侧，左键单击“用户管理器”。在默认的“Administrator-Group”下方的单元格中输入用户组名“AdminGroup”和“OperatorGroup”，打开用户管理器并创建管理员组和操作员组如图 3-28 所示。

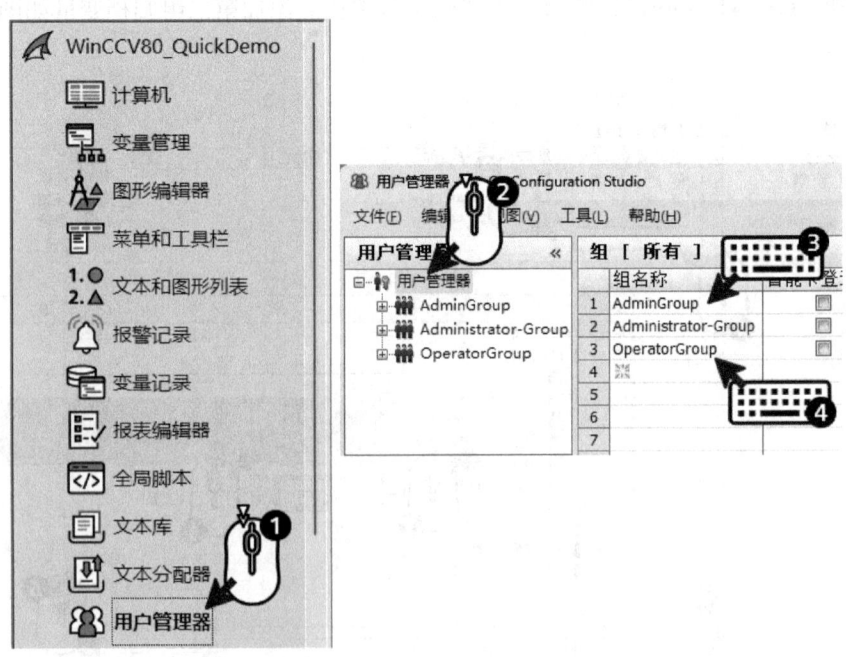

图 3-28　打开用户管理器并创建管理员组和操作员组

3.6.2 添加组权限

步骤1：选择左侧创建好的用户组"AdminGroup"，选择下方的"权限"选项卡，然后勾选权限"用户管理"和"改变画面"，添加管理员权限如图3-29所示。

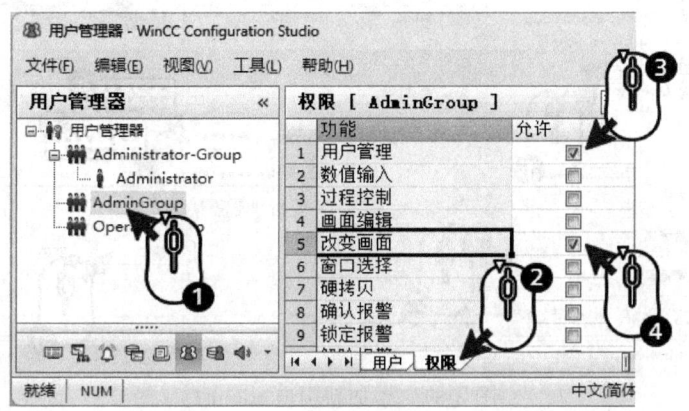

图3-29 添加管理员权限

步骤2：选择左侧创建好的用户组"OperatorGroup"，选择下方的"权限"选项卡，然后勾选权限"改变画面"。添加操作员权限如图3-30所示。

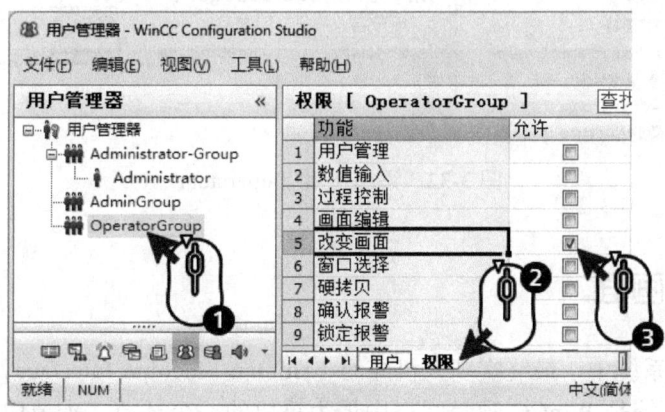

图3-30 添加操作员权限

3.6.3 创建用户

步骤1：选中左侧的用户组"AdminGroup"。单击下方的"用户"选项卡。在"用户名"下方的单元格中输入新用户"admin1"。单击"密码"列下方的单元格，单击其右侧三个点的按钮。在弹出的"更改密码"对话框中输入新密码"admin1"，然后输入验证密码"admin1"，单击"确定"按钮。添加新用户admin1如图3-31所示。

步骤2：重复步骤1的操作，在用户组"OperatorGroup"下添加新用户"operator1"，密码为"operator1"，添加新用户operator1如图3-32所示。

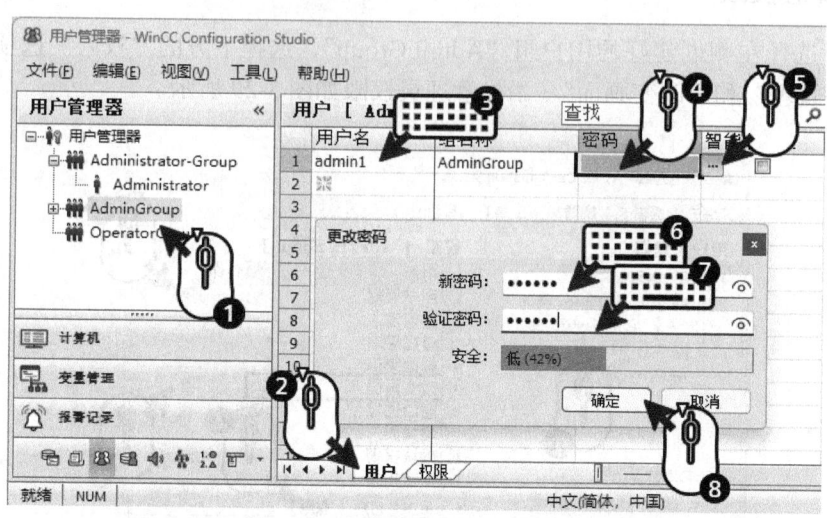

图 3-31　添加新用户 admin1

图 3-32　添加新用户 operator1

3.7　组态过程画面

在 WinCC 运行系统中，最终实现人机界面（Human Machine Interface，HMI）交互功能的是图形系统。图形系统是 WinCC 项目组态中最为重要的一个环节。本节内容讲述了在 WinCC 的示例项目中组态一个主画面、一个流程画面、一个报警画面及一个趋势画面。具体组态过程如下。

3.7.1　创建所需画面

步骤 1：在 WinCC 项目管理器中右键单击"图形编辑器"。在弹出的菜单中选择"新建画面"。右键单击新建的画面"NewPdl0.Pdl"，在弹出的菜单中选择"重命名画面或文件夹"。然后将画面"NewPdl0.Pdl"改名为"GS_Main.Pdl"，新建 WinCC 画面如图 3-33 所示。

步骤 2：重复步骤 1，分别创建画面"GS_Alarm.Pdl""GS_Trend.Pdl"和"GS_WasteWater.Pdl"，创建所需画面如图 3-34 所示。

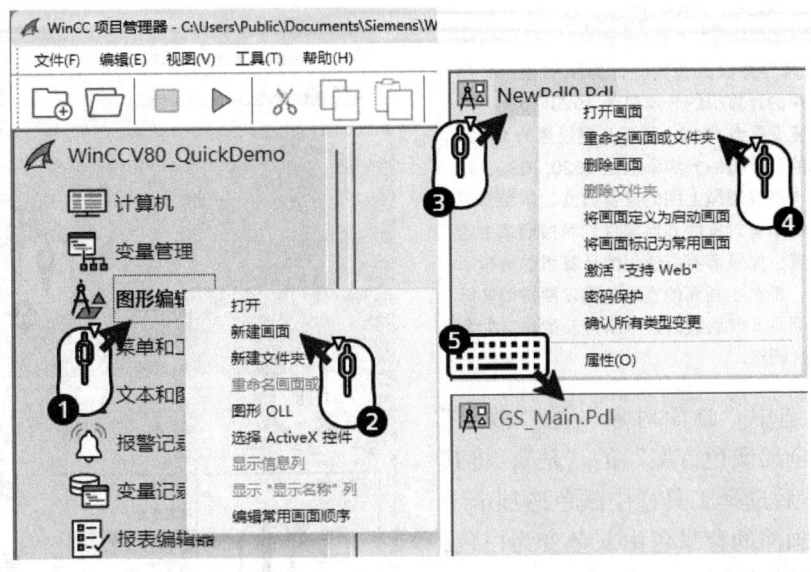

图 3-33　新建 WinCC 画面

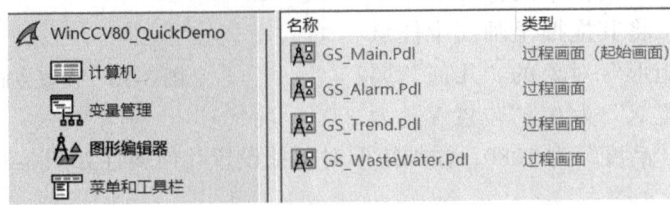

图 3-34　创建所需画面

3.7.2　组态主画面

步骤 1：右键单击新建的画面"GS_Main.Pdl"。在弹出的菜单中选择"将画面定义为启动画面"，然后左键双击"GS_Main.Pdl"，打开主画面，设置启动画面并打开主画面如图 3-35 所示。

步骤 2：左键单击画面空白位置。在屏幕下方的"对象属性"窗口中单击"属性"。在"画面对象"下单击"几何"。将右侧"画面宽度"属性的静态值改为 1920，将"画面高度"属性的静态值改为 1080，设置主画面尺寸如图 3-36 所示。

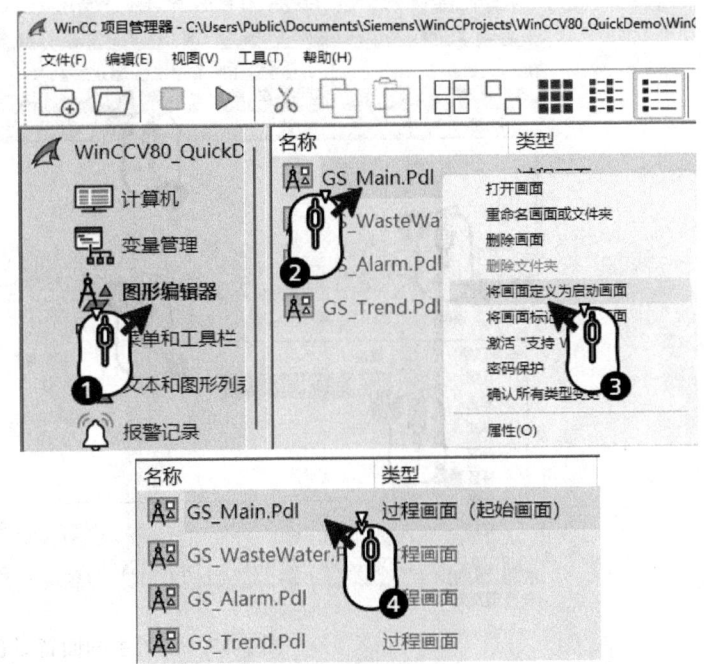

图 3-35　设置启动画面并打开主画面

> **提示**
>
> 画面的尺寸属性要设置为实际计算机的显示分辨率。由于作者使用的计算机的分辨率为 1920*1080，所以这里的画面宽度设置为 1920，画面高度设置为 1080。如果读者所使用的计算机的分辨率也是 1920*1080，那么主画面的宽度与高度遵循上图的设置方式。本章节后续内容中所涉及的所有对象的几何属性均可按照本书给出的数字进行设置。如果读者所使用的计算机的分辨率并非 1920*1080，那么主画面的宽度与高度要按照实际分辨率去设置，而且本章后续内容中所涉及的所有对象的几何属性要适当调整。

步骤 3：选中"画面对象"的"效果"属性。双击"全局颜色方案"的"是"，将其变为"否"。然后选择工具栏中颜色选项卡中的白色，此时画面的背景色由灰色变为白色，设置主画面背景色如图 3-37 所示。

步骤 4：在右侧工具栏中的标准对象中找到"矩形"对象，将其拖拽至画面中任意位置。然后选择"矩形"对象的"几何"属性，分别设置"位置 X"为 0、"位置 Y"为 0、"宽度"为 300、"高度"为 1080，添加矩形对象并设置几何属性如图 3-38 所示。

图 3-36 设置主画面尺寸

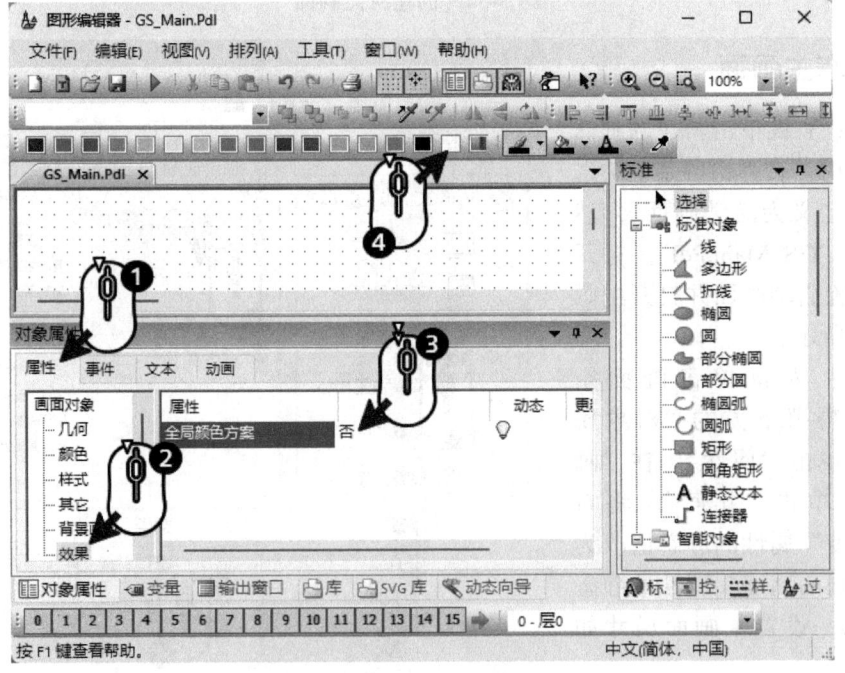

图 3-37 设置主画面背景色

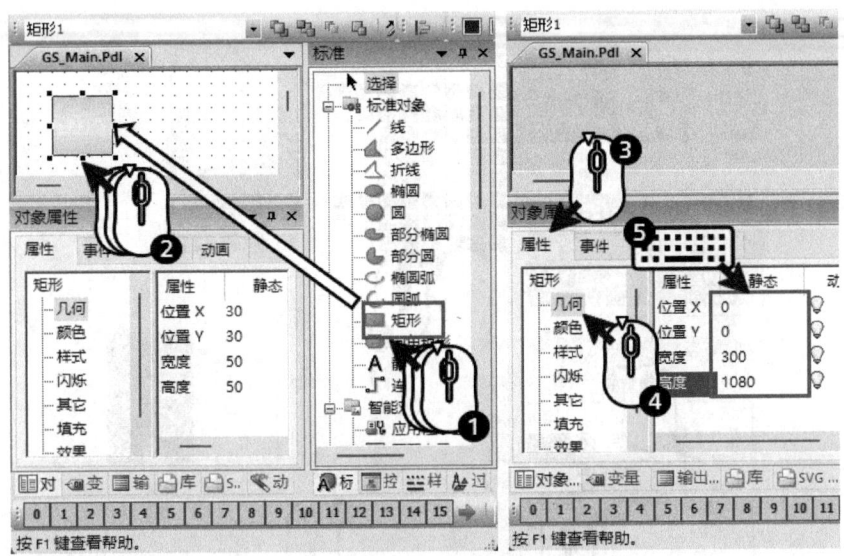

图 3-38 添加矩形对象并设置几何属性

步骤 5：选择"矩形"对象的"效果"属性。在右侧双击"全局颜色方案"，将其改为"否"。选择"矩形"对象的"样式"属性。在右侧双击"线宽"，在弹出的"线宽"对话框中，单击向下的三角按钮，将"线宽"的值改为 0，或直接将"线宽"的值设置为 0，然后单击"确定"按钮，设置矩形全局颜色方案以及线宽属性如图 3-39 所示。

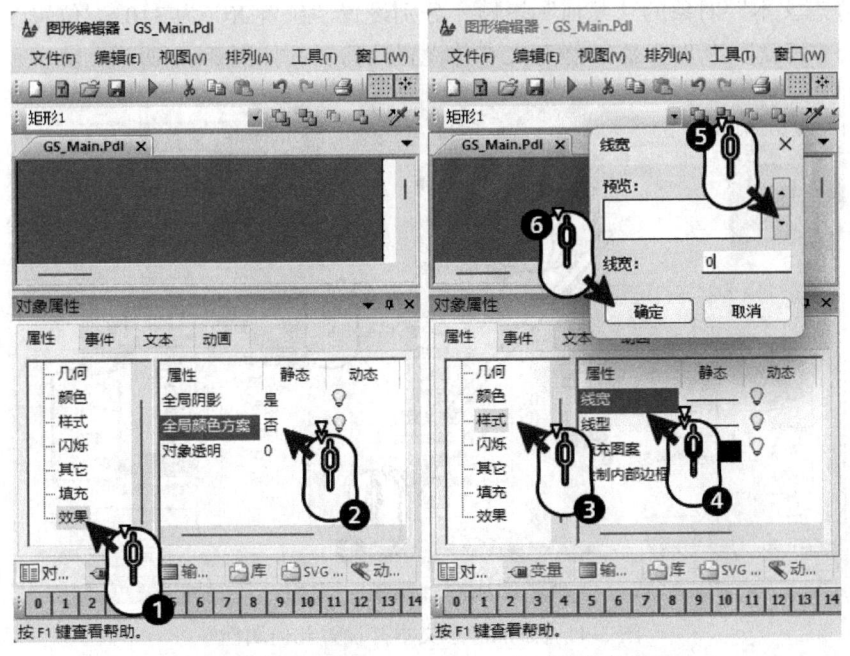

图 3-39 设置矩形全局颜色方案以及线宽属性

步骤 6：选择"矩形"对象的"颜色"属性。左键双击"背景颜色"，在弹出的"颜色选择"对话框中选择灰黑色，或者分别将红色、绿色和蓝色均设置为 73，然后单击"确定"按钮，设置矩形背景颜色如图 3-40 所示。

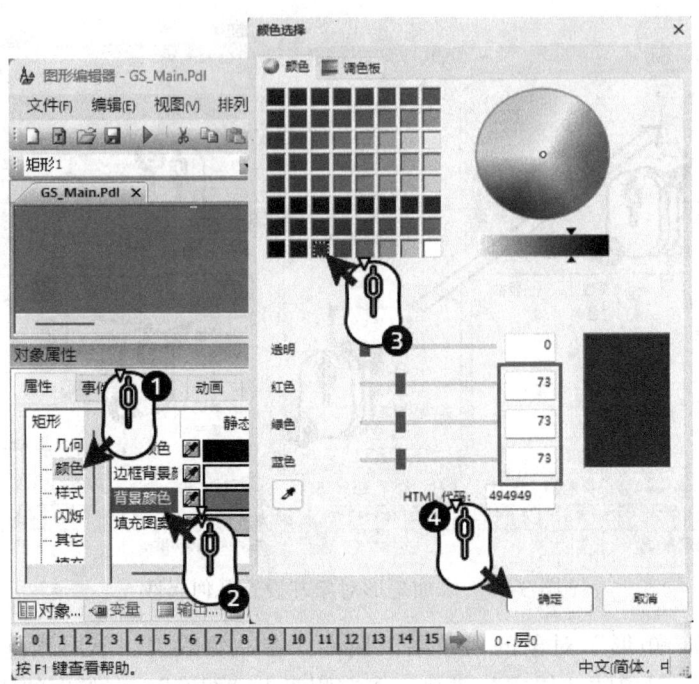

图 3-40 设置矩形背景颜色

步骤 7：在右侧工具栏中的标准对象中找到"静态文本"对象，将其拖拽至画面中任意位置。选择"静态文本"对象的"几何"属性，分别设置"位置 X"为 310、"位置 Y"为 0、"宽度"为 1620、"高度"为 80，添加静态文本并设置几何属性如图 3-41 所示。

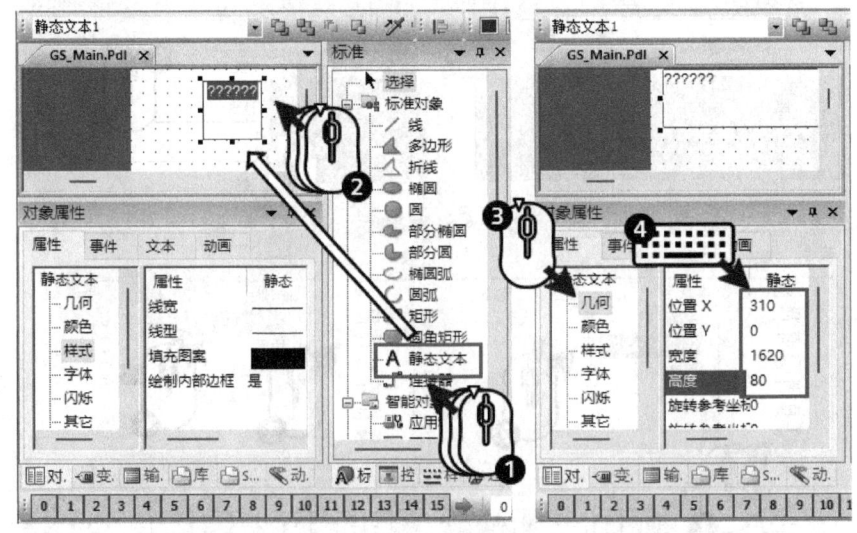

图 3-41 添加静态文本并设置几何属性

步骤 8：选择"静态文本"对象的"字体"属性。将"文本"改为"废水厌氧处理流程监控系统"，将"字体大小"改为 40。左键双击"Y 对齐"的静态内容，从下拉列表中选择"居中"。选择"静态文本"对象的"效果"属性，在右侧双击"全局颜色方案"，将其改为"否"，设置静态文本的文本/字体/全局颜色方案如图 3-42 所示。

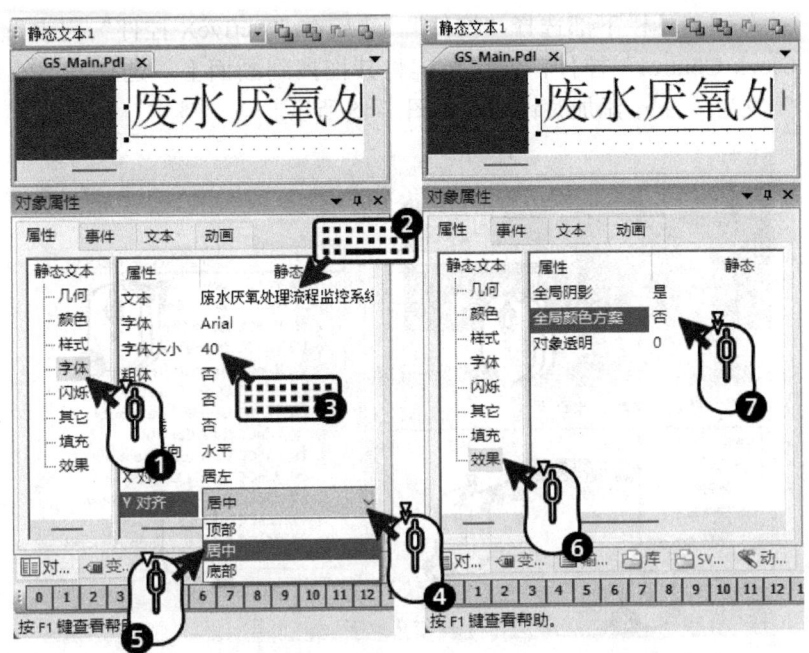

图 3-42 设置静态文本的文本/字体/全局颜色方案

步骤 9：选择"静态文本"对象的"样式"属性。在右侧双击"线宽"，在弹出的"线宽"对话框中，单击向下的三角按钮，将线宽的值改为 0，或直接将线宽的值设置为 0，然后单击"确定"按钮，设置静态文本线宽如图 3-43 所示。

步骤 10：设置"静态文本"对象的"背景颜色"为灰黑色，设置"字体颜色"为白色。设置静态文本背景颜色以及字体颜色如图 3-44 所示。

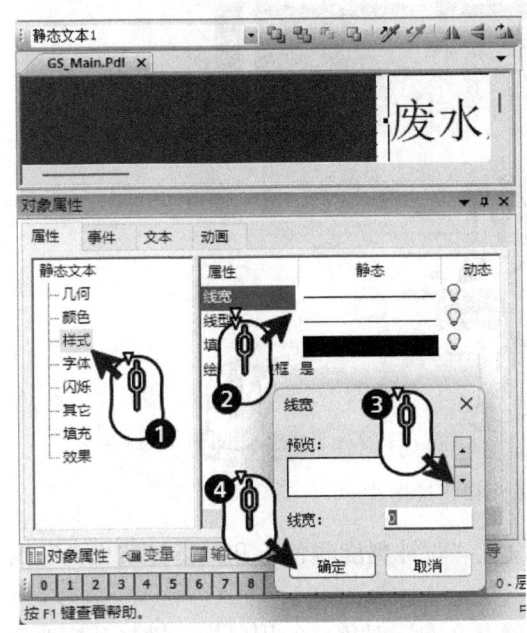

图 3-43 设置静态文本线宽

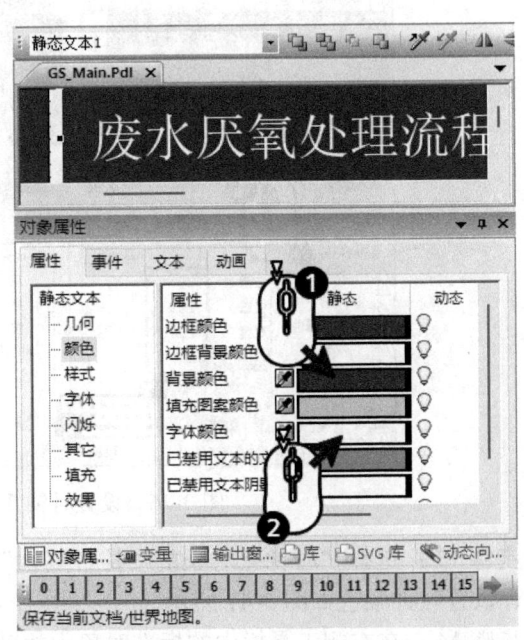

图 3-44 设置静态文本背景颜色以及字体颜色

步骤 11：在右侧工具栏下部选择"控件"。然后在"ActiveX 控件"列表下找到"WinCC Digital/Analog Clock Control"控件，使用左键将其拖拽到画面上。选择其"效果"属性，将"全局颜色方案"改为"否"，添加时钟对象如图 3-45 所示。

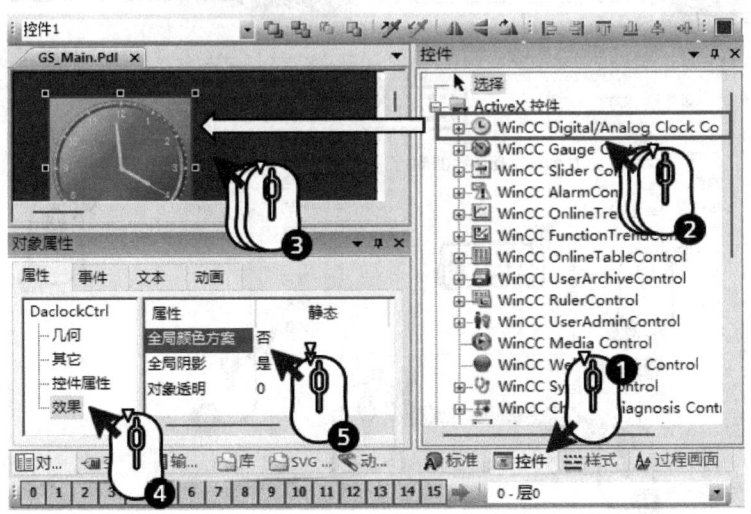

图 3-45　添加时钟对象

步骤 12：选择"时钟"对象的"几何"属性。分别设置"位置 X"为 30、"位置 Y"为 20、"宽度"为 230、"高度"为 230；选择"时钟"对象的"控件属性"，双击"背景样式"，在弹出的选择列表中选择"Frame Transparent - 1"，设置时钟几何属性和背景样式如图 3-46 所示。

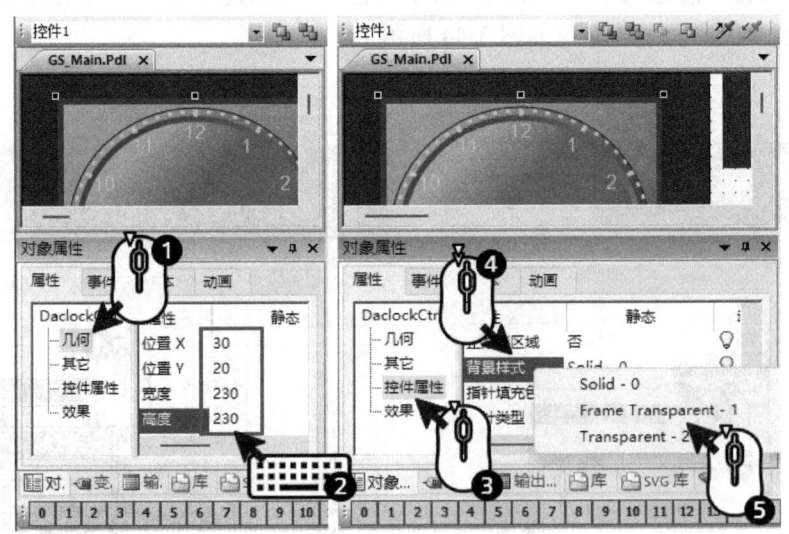

图 3-46　设置时钟几何属性和背景样式

步骤 13：选择"时钟"对象的"控件属性"。设置"时钟刻度颜色"和"指针填充色"为白色，设置时钟颜色如图 3-47 所示。

步骤 14：在右侧工具栏中的标准对象中找到"静态文本"对象，使用鼠标左键将其拖拽至画面中任意位置，创建静态文本如图 3-48 所示。

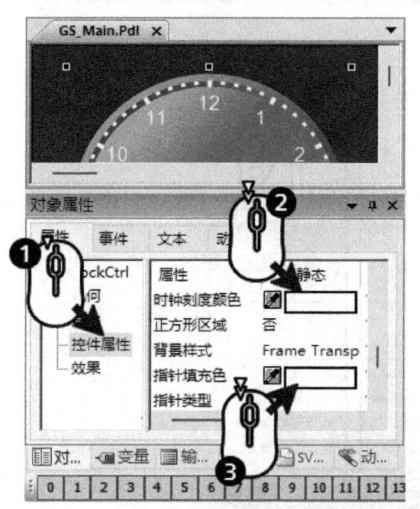

图 3-47 设置时钟颜色

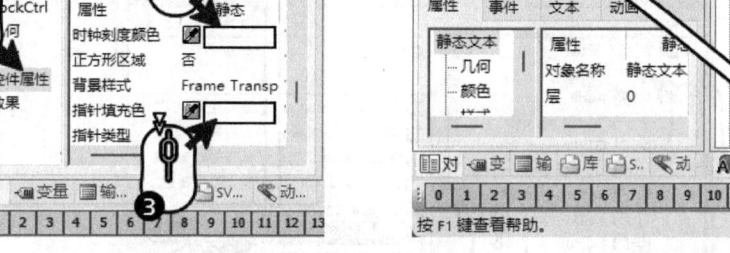

图 3-48 创建静态文本

步骤 15：选中"静态文本"对象的"几何"属性。分别设置"位置 X"为 10、"位置 Y"为 260、"宽度"为 270、"高度"为 50。然后选中"字体"属性，设置文本为"当前用户"，字体大小为 25。左键双击"X 对齐"，选择"居中"，同样设置"Y 对齐"也为"居中"，设置静态文本几何属性和字体属性如图 3-49 所示。

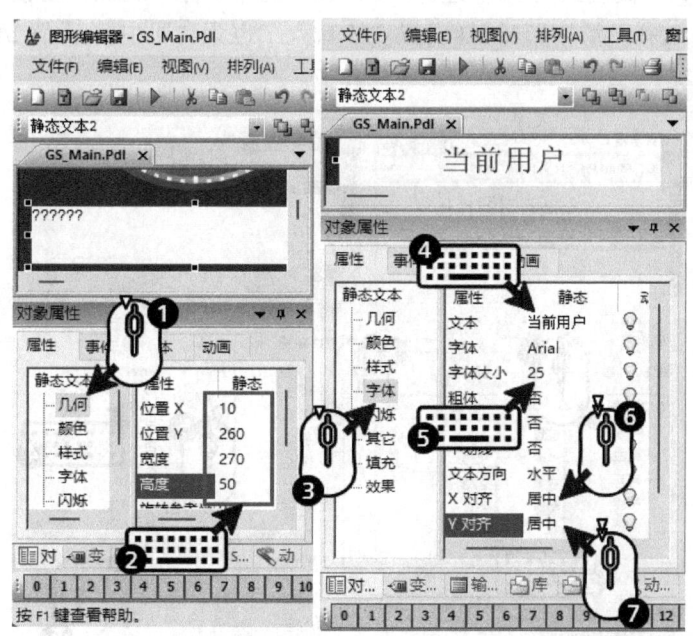

图 3-49 设置静态文本几何属性和字体属性

步骤 16：在左下侧工具栏中选择"变量"选项，展开后选中"内部变量"。在右边的变量列表中找到"@CurrentUser"变量。使用鼠标左键将其拖拽到画面中。拖拽完成后系统会自动生成"I/O 域"对象，并关联此变量，添加 I/O 域如图 3-50 所示。

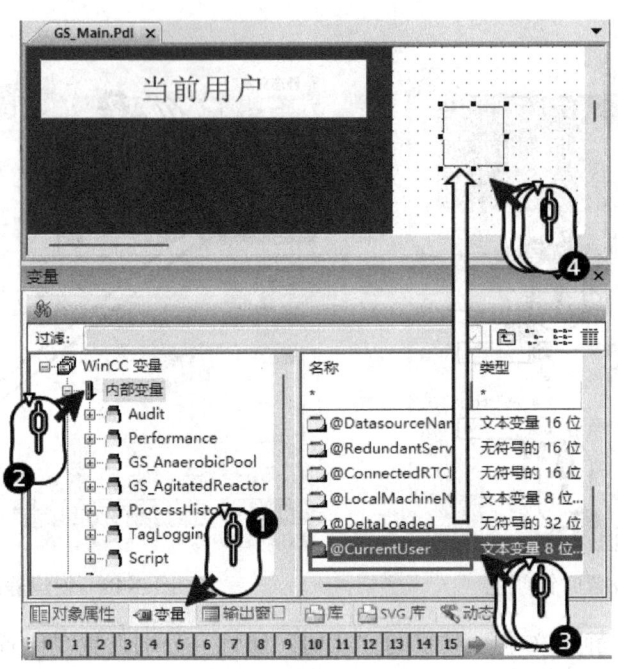

图 3-50 添加 I/O 域

步骤 17：选择 "I/O 域"对象的"几何"属性。分别设置"位置 X"为 10、"位置 Y"为 320、"宽度"为 270、"高度"为 50。选择 "I/O 域"的"字体"属性，设置字体大小为 25。左键双击"X 对齐"，选择"居中"，同样设置"Y 对齐"也为"居中"，设置 I/O 域几何属性和字体属性如图 3-51 所示。

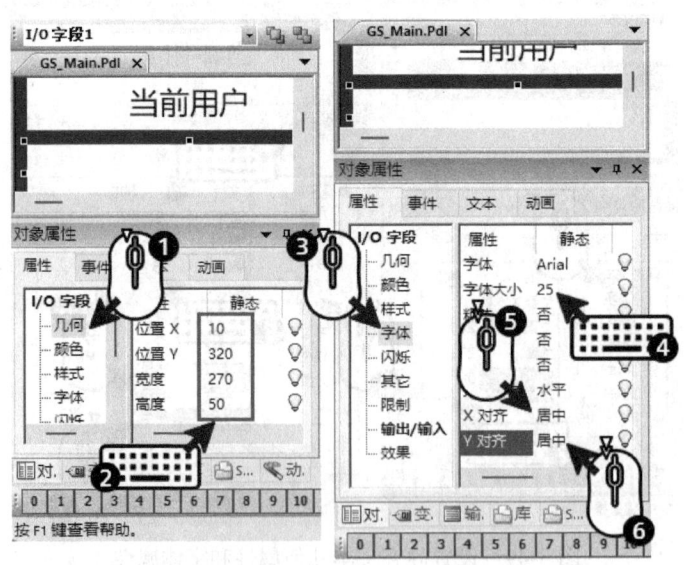

图 3-51 设置 I/O 域几何属性和字体属性

步骤 18：选择 "I/O 域"对象的"输出/输入"属性。左键双击"域类型"的静态内容，将其改为"输出"，设置 I/O 域类型如图 3-52 所示。

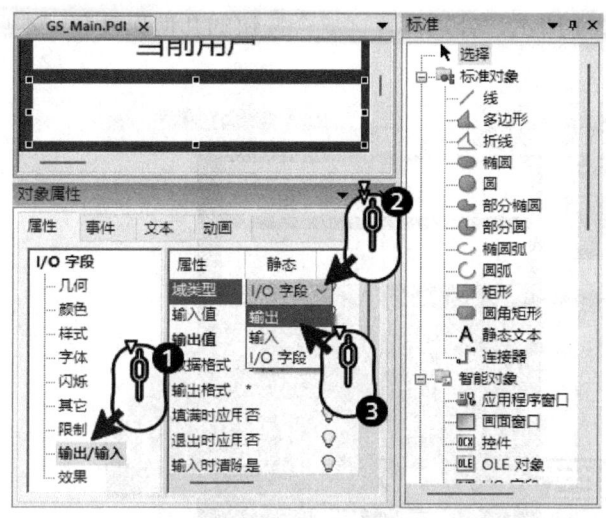

图 3-52 设置 I/O 域类型

步骤 19：在右侧工具栏中的"窗口对象"下找到"按钮"，使用左键将其拖拽到画面上。在弹出的"按钮组态"对话框中，设置按钮的文本为"登录"。选中"按钮"对象的"几何"属性，分别设置"位置 X"为 10、"位置 Y"为 390、"宽度"为 270、"高度"为 70，添加按钮并设置几何属性如图 3-53 所示。

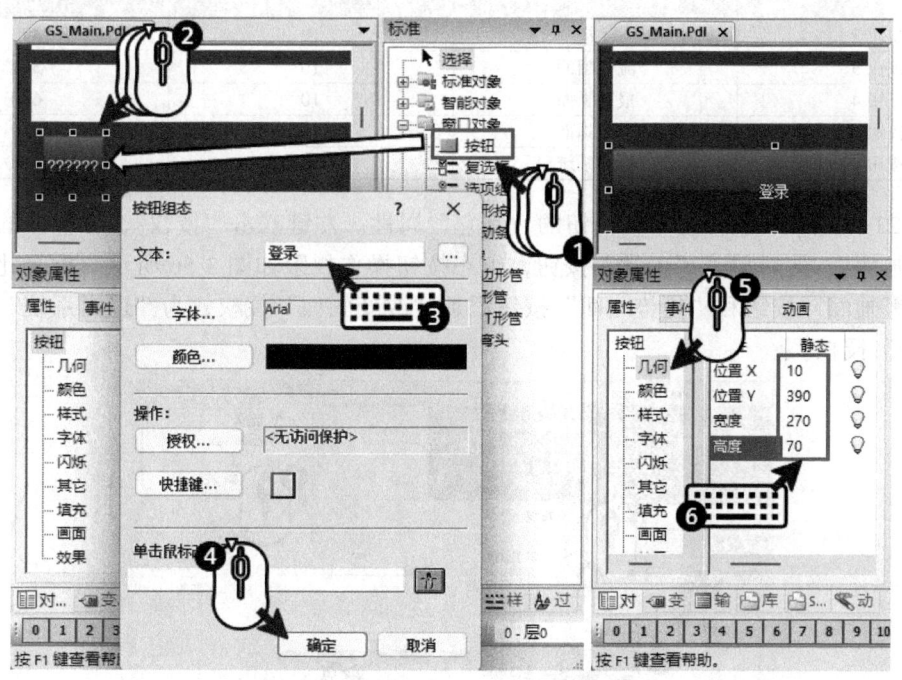

图 3-53 添加按钮并设置几何属性

步骤 20：选中"登录"按钮的"字体"属性，设置"字体大小"为 25。继续选中此按钮，按下键盘上的"Ctrl+C"键，然后按 5 次"Ctrl+V"键，复制出 5 个新按钮，设置按钮字体大小并复制按钮如图 3-54 所示。

步骤 21：按照表 3-1 所示，分别设置这 5 个按钮的几何属性和文本属性，设置完成按钮布局如图 3-55 所示。

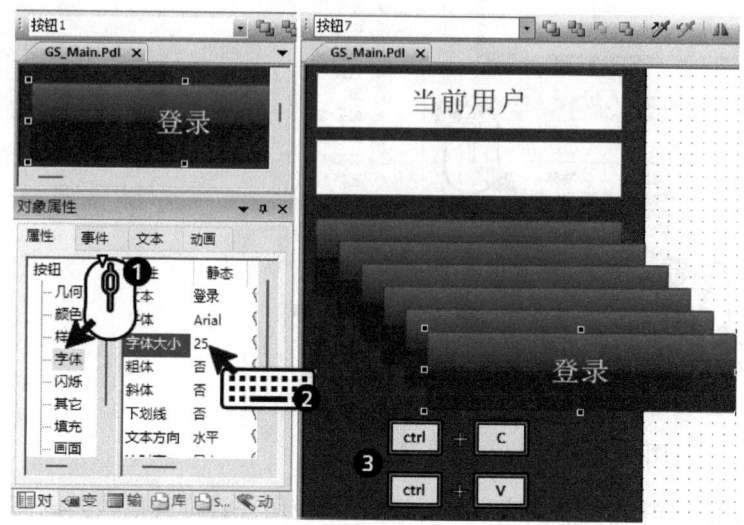

图 3-54 设置按钮字体大小并复制按钮　　　　图 3-55 按钮布局

表 3-1 按钮的几何及文本属性

按钮	文本	位置 X	位置 Y
按钮 2	注销	10	470
按钮 3	流程画面	10	590
按钮 4	报警画面	10	680
按钮 5	趋势画面	10	770
按钮 6	退出系统	10	1000

步骤 22：选中"流程画面"按钮的"其它"属性。左键双击"授权"，在弹出的窗口中选择"改变画面"，然后单击"正常"按钮，组态按钮操作权限如图 3-56 所示。重复此步骤，分别为"报警画面"按钮和"趋势画面"按钮添加"改变画面"授权，为"退出系统"按钮添加"用户管理"授权。

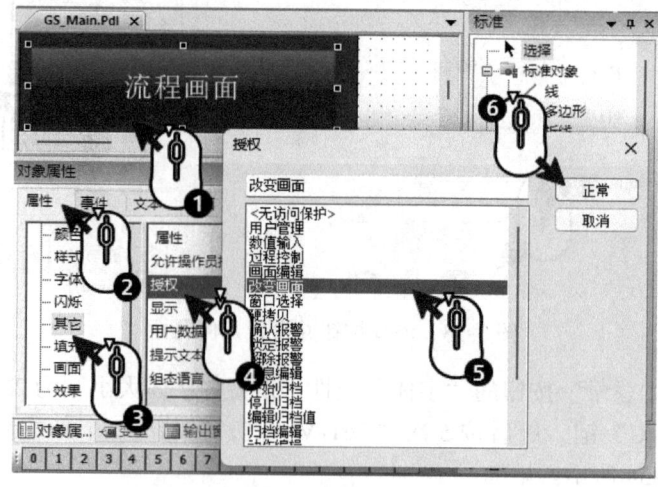

图 3-56 组态按钮操作权限

步骤 23：选中"登录"按钮。单击"事件"选项卡，选择"鼠标"事件。右键单击"按左键"后的闪电图标，在弹出的菜单中选择"C 动作…(C)"，为按钮添加登录脚本如图 3-57 所示。

图 3-57　为按钮添加登录脚本

步骤 24：在弹出的"编辑操作"窗口中，删除两个大括号之间的内容，然后输入如下脚本。输入完成后单击工具栏上的编译按钮。在窗口左下角可以看到"0 Error(s), 0 Warning(s)"，然后单击"确定"按钮。这时闪电图标将变为绿色带 C 的闪电图标，登录脚本如图 3-58 所示。

```
#pragma code ("useadmin.dll")
#include "PWRT_api.h"
#pragma code()
PWRTLogin('c');
```

图 3-58　登录脚本

步骤 25：同理选中注销按钮，为其添加如下 C 脚本，注销脚本如图 3-59 所示。

```
#pragma code ("useadmin.dll")
```

```
#include "PWRT_api.h"
#pragma code()
PWRTLogout();
```

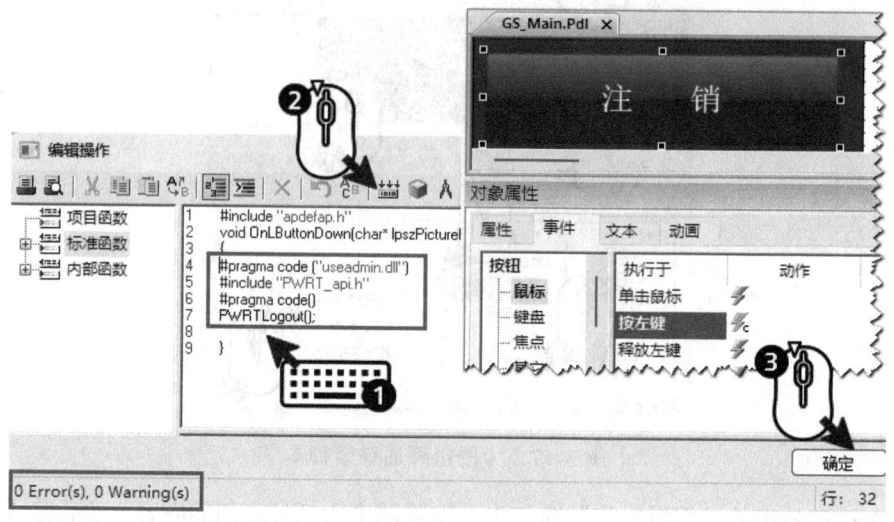

图 3-59 注销脚本

步骤 26：在右侧工具栏的"智能对象"中找到"画面窗口"对象，将其拖拽到画面上。选择"属性"选项卡，单击"几何"属性。设置"画面窗口"对象的"位置 X"为 310、"位置 Y"为 80、"窗口宽度"为 1620、"窗口高度"为 1000，设置画面窗口几何属性如图 3-60 所示。

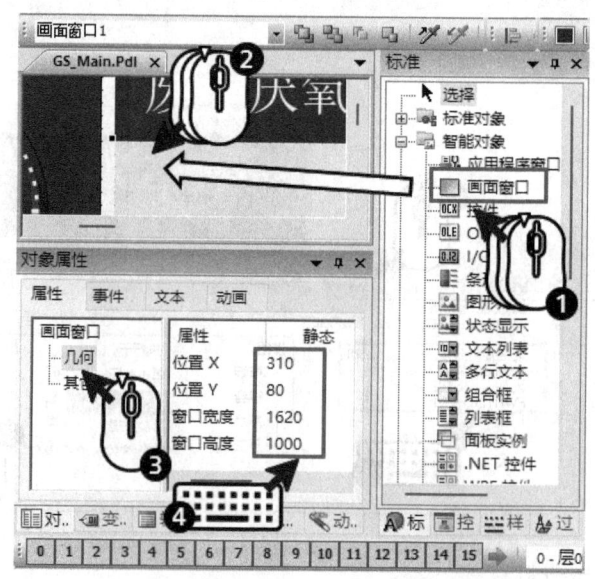

图 3-60 设置画面窗口几何属性

步骤 27：选中"画面窗口"对象的"其它"属性。左键双击"画面名称"，在弹出的"画面选择"对话框中选择"GS_WasteWater.Pdl"，然后单击"确定"按钮，设置画面窗口默认画面如图 3-61 所示。

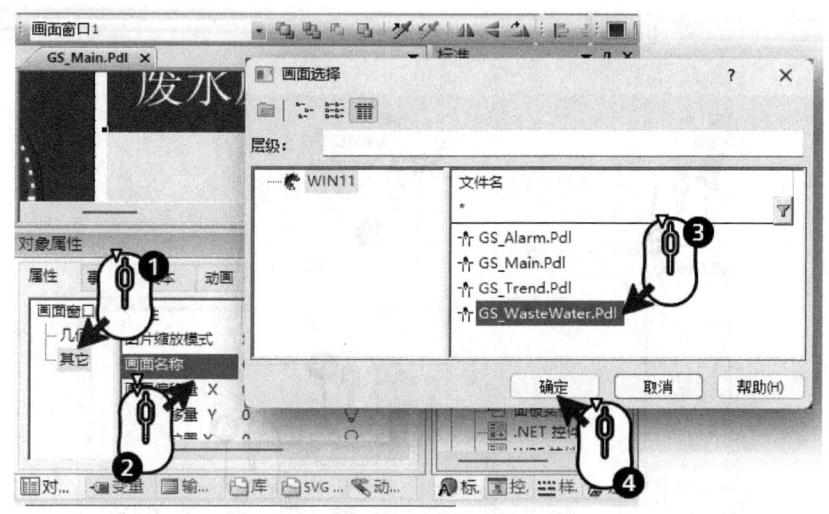

图 3-61 设置画面窗口默认画面

步骤 28：在画面上左键单击"流程画面"按钮。在下方选择"事件"，然后选择"鼠标"。右键单击"按左键"右侧的白色闪电，在弹出的菜单栏中选择"直接连接 (D)…"，设置按钮直接连接如图 3-62 所示。

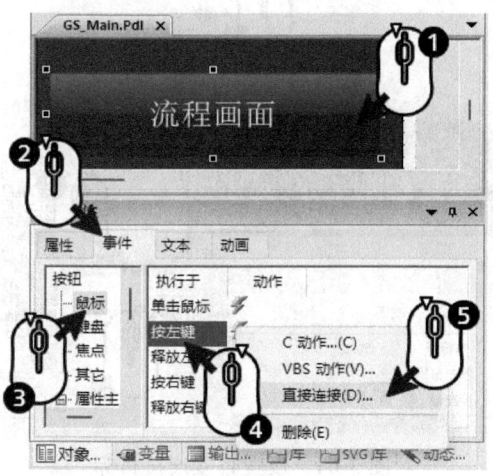

图 3-62 设置按钮直接连接

步骤 29：在弹出的"直接连接"组态界面中，在"来源"区域选择"常数"。然后单击右侧的选择画面按钮。在弹出的画面选择对话框中选择"GS_WasteWater.Pdl"，然后单击"确定"按钮，设置直接连接来源如图 3-63 所示。

步骤 30：在"直接连接"组态界面的"目标"区域，选择"画面中的对象"，选择"对象"列表中的"画面窗口 1"，在"属性"列表中选择"画面名称"，然后单击"确定"按钮。此时"按左键"右侧的白色闪电图标变为蓝色闪电图标，设置直接连接目标如图 3-64 所示。

步骤 31：重复步骤 28~步骤 30，为"报警画面"按钮添加"直接连接"事件，来源选择"GS_Alarm.Pdl"；为"趋势画面"按钮添加"直接连接"事件，来源选择"GS_Trend.Pdl"。目标区域组态不变。

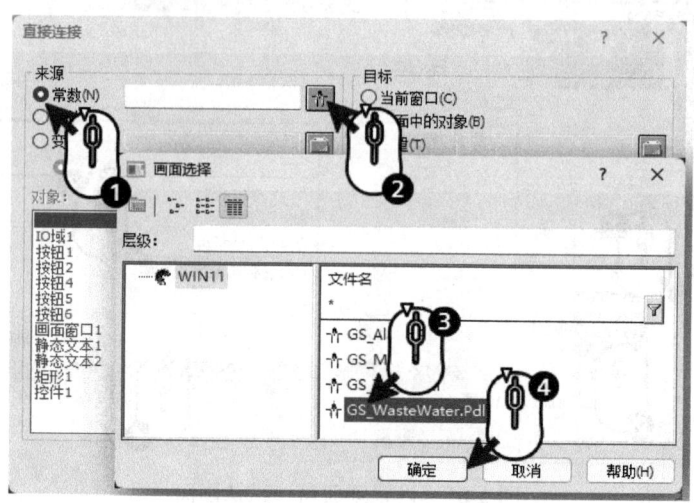

图 3-63　设置直接连接来源

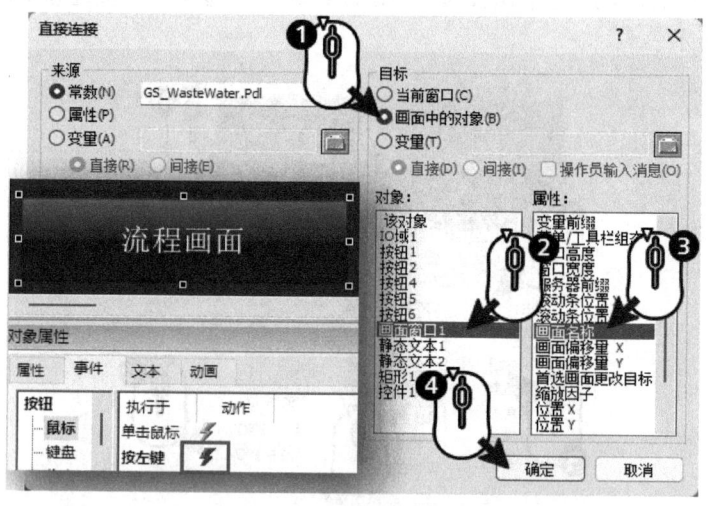

图 3-64　设置直接连接目标

步骤 32：在画面上单击"退出系统"按钮。在画面下方选择"动态向导"，然后选择"系统函数"选项卡。使用左键双击"退出 WinCC 运行系统"，在弹出的"欢迎来到动态向导"对话框中单击"下一步"按钮，设置按钮动态向导的系统函数如图 3-65 所示。

步骤 33：选择"鼠标左键"，单击"下一步"按钮，然后单击"完成"按钮，设置按钮动态向导的触发器选项如图 3-66 所示。

步骤 34：选择"退出系统"按钮的"事件"，选择"鼠标"。双击"按左键"右侧的绿色闪电图标，可以看到 C 动作编辑器中多出一行"DeactivateRTProject ();"，确认无误后单击"确定"按钮关闭对话框，退出系统 C 脚本如图 3-67 所示。

步骤 35：以上组态全部完成后，单击图形编辑器工具栏上的"保存"按钮，关闭 GS_Main.Pdl 画面编辑页，保存并关闭画面如图 3-68 所示。

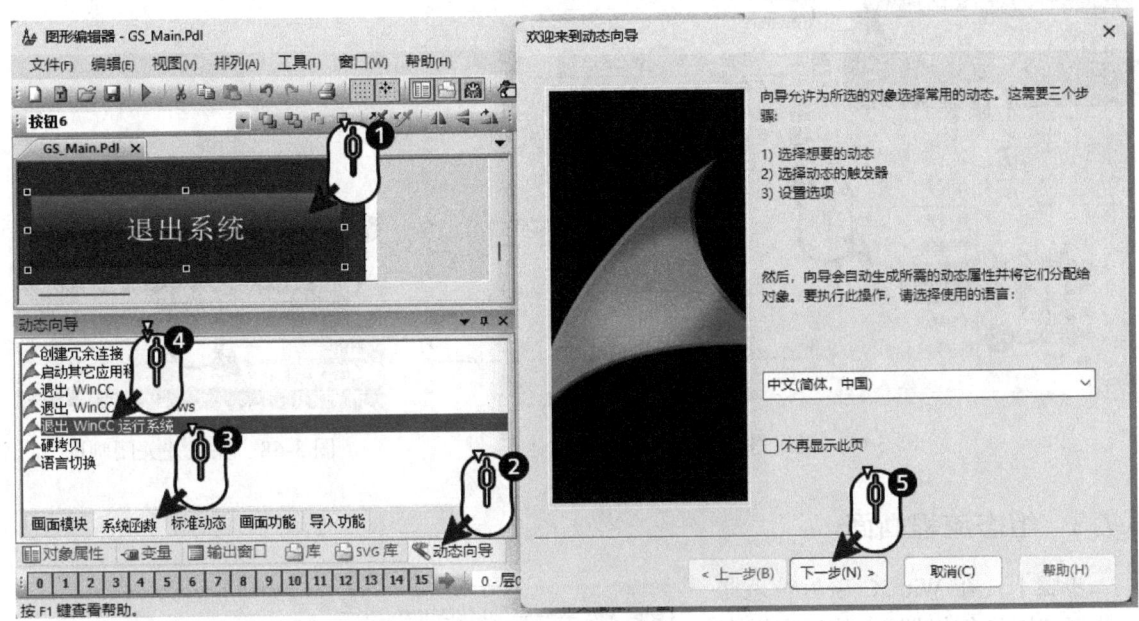

图 3-65　设置按钮动态向导的系统函数

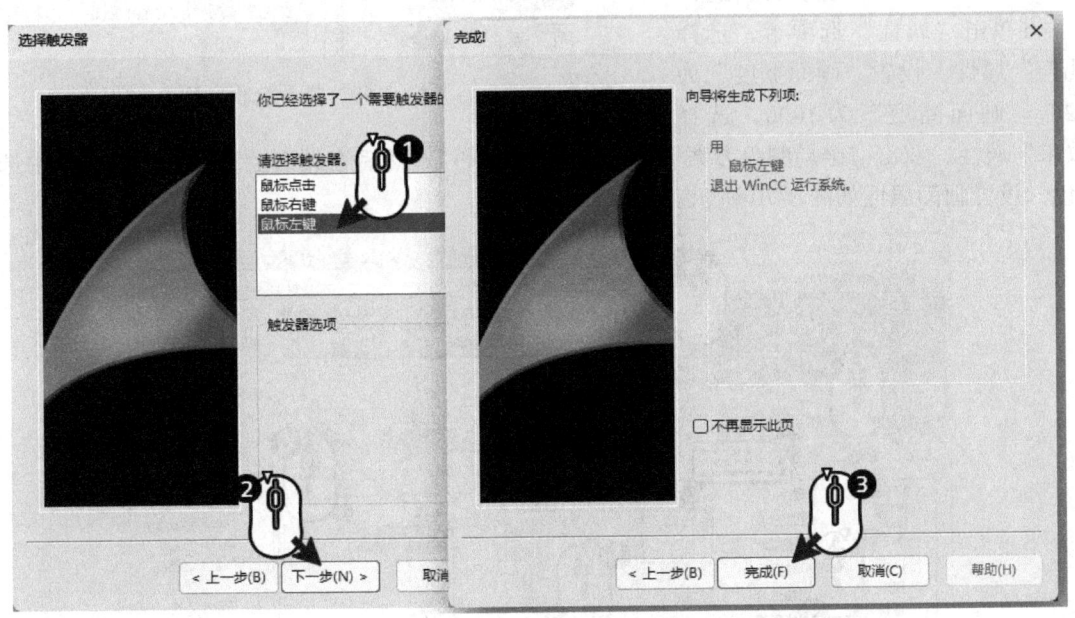

图 3-66　设置按钮动态向导的触发器选项

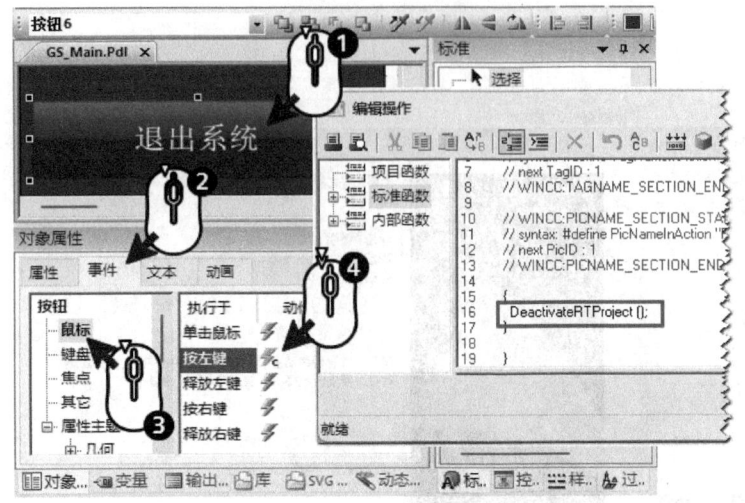

图 3-67 退出系统 C 脚本　　　　　　　图 3-68 保存并关闭画面

3.7.3 组态流程画面

步骤1：在 WinCC 项目管理器中选择"图形编辑器"，然后左键双击"GS_WasteWater.Pdl"，打开流程画面，如图 3-69 所示。

步骤2：单击画面空白的位置。在下方单击"属性"选项卡，选择"几何"属性。设置"画面宽度"为 1620、"画面高度"为 1000。选择"效果"属性，双击"全局颜色方案"，将其设置为"否"，然后在画面上方的颜色调色板中选择白色，设置画面属性如图 3-70 所示。

图 3-69 打开流程画面

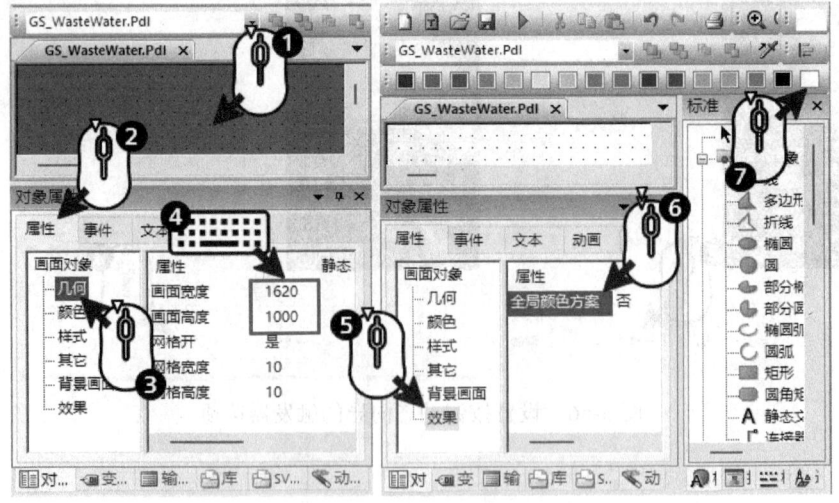

图 3-70 设置画面属性

步骤 3：在画面下方选择"库"选项卡，然后双击"全局库"。单击"Siemens HMI Symbol Library 1.4.1"左侧的"+"。单击上方的超大图标按钮和预览按钮，打开库对象如图 3-71 所示。

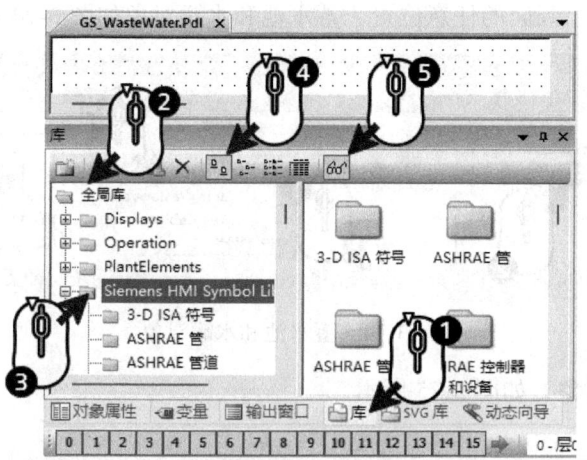

图 3-71　打开库对象

步骤 4：在左侧的树形结构中选择"管道"，依次将需要的管道对象拖拽至画面中任意位置。需要拖拽 1 个"90 度弯曲 1"（左上弯管）、1 个"90 度弯曲 2"（右上弯管）、1 个"90 度弯曲 4"（右下弯管）、1 个"短垂直管"、6 个"短水平管"、2 个"左边带螺钉的法兰"和 2 个"右边带螺钉的法兰"，管道对象如图 3-72 所示。

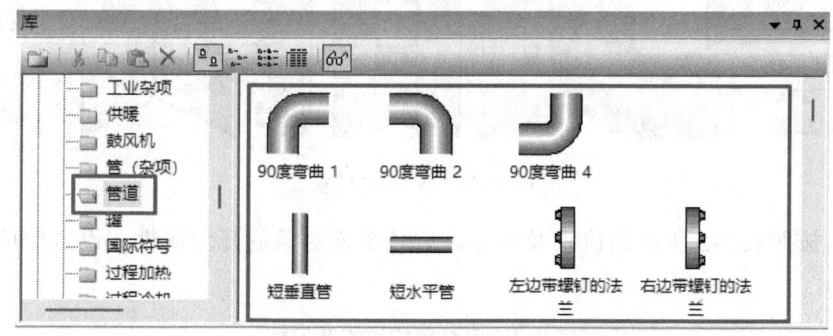

图 3-72　管道对象

步骤 5：在左侧的树形结构中选择"阀"。拖拽 2 个"3-D 阀"至画面任意的位置；选择"流量计"。拖拽 1 个"磁流测量计 2"（磁流量计）至画面的任意位置，阀对象和流量计对象如图 3-73 所示。

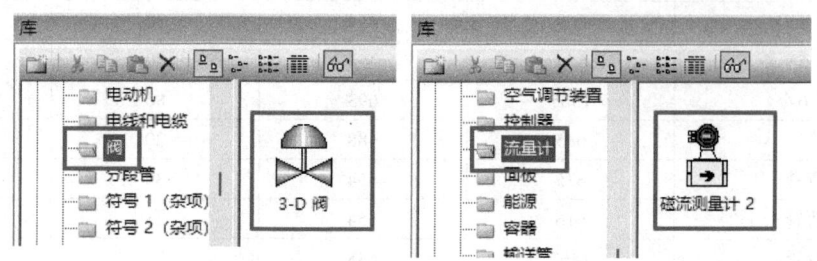

图 3-73　阀对象和流量计对象

步骤 6：在画面下方选择"SVG 库"选项卡，展开"SVG 全局库"中的"IndustryGraphicLibraryV2.0"选项。选择"Water_Wastewater"，拖拽 1 个"WaterReservoir"（蓄水池）、1 个"WaterTank1"（水罐）至画面的任意位置，蓄水池和水罐对象如图 3-74 所示。

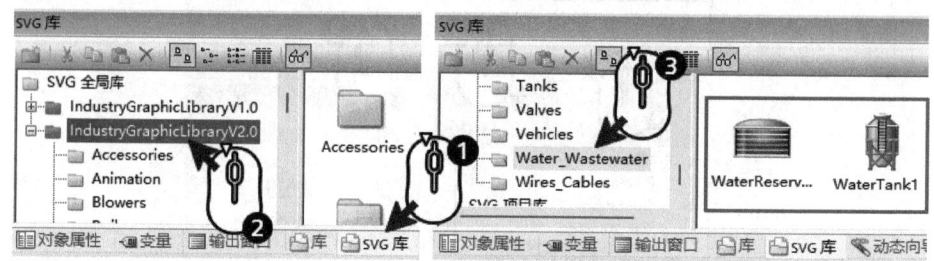

图 3-74 蓄水池和水罐对象

以上拖拽出的库对象，如图 3-75 所示。

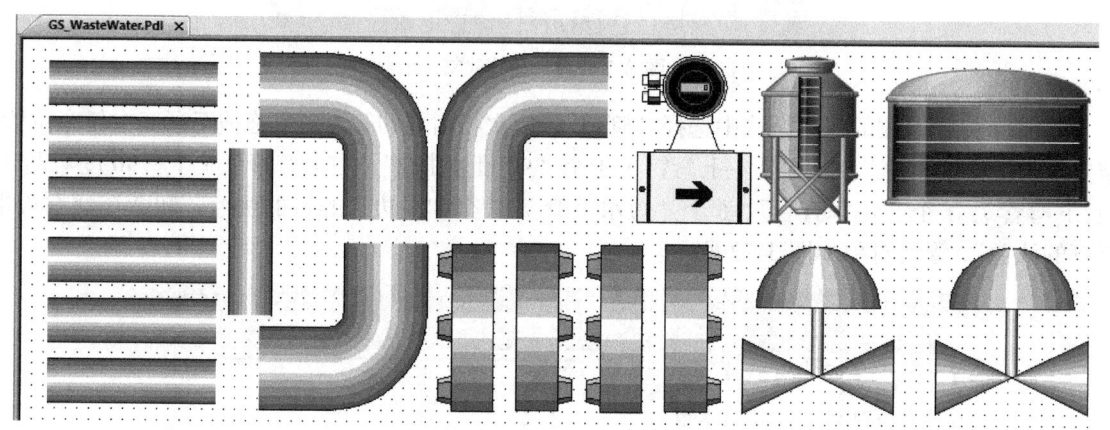

图 3-75 所需库对象

步骤 7：按照表 3-2 所示的位置及尺寸设置各个库对象的几何属性，设置完成的画面对象如图 3-76 所示。

表 3-2 库对象的位置及尺寸

对象	位置 X	位置 Y	宽度	高度
横管 1	73	419	80	20
横管 2	208	419	80	20
横管 3	540	583	80	20
横管 4	669	454	80	20
横管 5	804	454	80	20
横管 6	1385	693	80	20
竖管	635	488	20	80
右下弯管	635	454	38	38
左上弯管	616	654	38	38
左下弯管	1467	638	38	38

（续）

对象	位置X	位置Y	宽度	高度
左边带螺钉的法兰1	932	571	36	36
左边带螺钉的法兰2	865	446	36	36
右边带螺钉的法兰1	522	574	36	36
右边带螺钉的法兰2	1368	631	36	36
蓄水池	881	355	510	347
水罐	283	300	262	454
磁流量计	1394	577	90	90
3-D 阀1	145	375	70	70
3-D 阀2	741	410	70	70

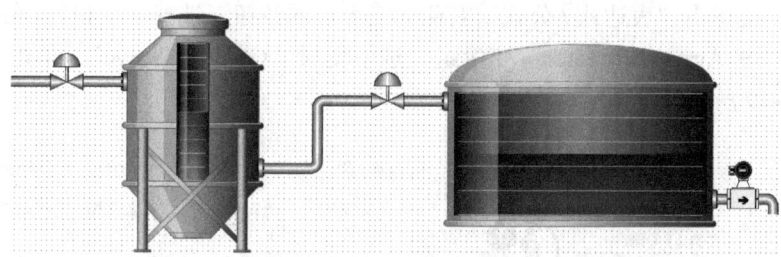

图 3-76　设置完成的画面对象

步骤 8：在画面中单击化学进料器的 3-D 阀，在"属性"列表中选择"控件属性"。左键双击"符号外观"，在弹出的快捷菜单中选择"阴影 -1"；右键单击"前景色"右侧的白色灯泡图标，在弹出的快捷菜单中选择"动态对话框"，设置阀门外观以及组态前景色如图 3-77 所示。

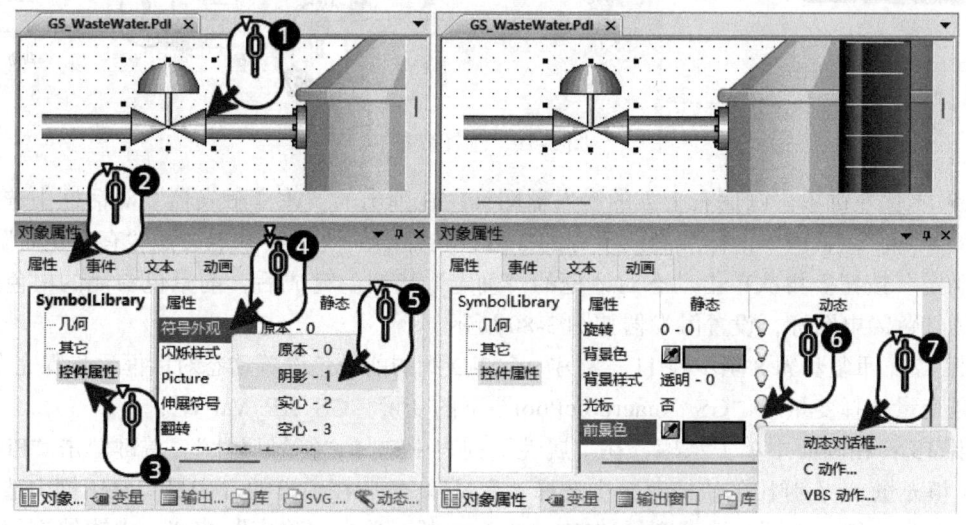

图 3-77　设置阀门外观以及组态前景色

步骤 9：在弹出的"动态对话框"中选择"数据类型"为"布尔型"。左键双击"是 / 真"的前景色，选为绿色，左键双击"否 / 假"的前景色，选为红色，前景色属性动态化如图 3-78 所示。

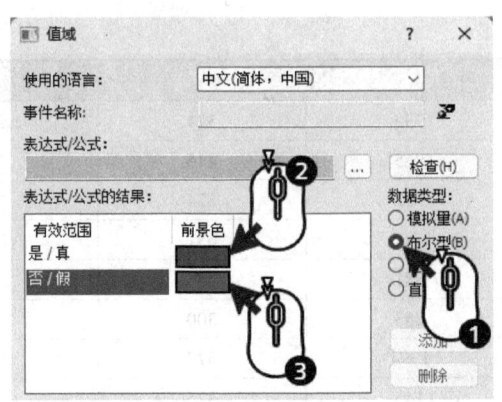

图 3-78 前景色属性动态化

步骤 10：左键单击"表达式/公式"右侧的三个点的按钮，选择"变量"。在打开的"变量"对话框中选中"GS_AgitatedReactor"变量组，选中变量"GS_AR_Valve"，单击"确定"按钮，选择变量如图 3-79 所示。

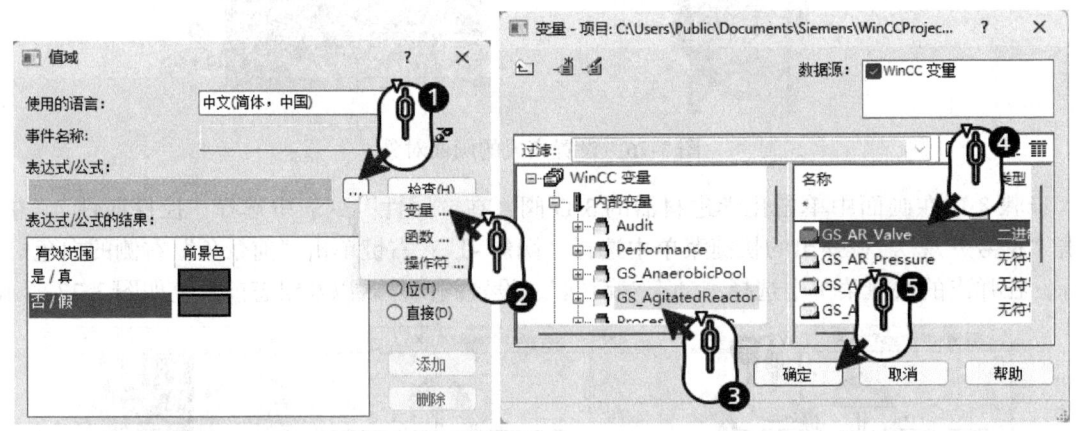

图 3-79 选择变量

步骤 11：左键单击画面右上方的触发器图标。在弹出的"改变触发器"对话框中选中变量"GS_AR_Valve"，右键单击标准周期下方的 2 秒，在弹出的快捷菜单中选择"有变化时"，然后单击"确定"按钮。再次单击动态对话框的"确定"按钮。完成后，前景色右侧的白色灯泡图标将变为红色闪电图标，设置触发器如图 3-80 所示。

步骤 12：重复步骤 8 至步骤 11，为另一个 3-D 阀的前景色设置动态对话框，步骤完全一致。不同的是变量选择变量组"GS_AnaerobicPool"下的变量"GS_AP_Valve"。

步骤 13：在画面中单击水罐，在"属性"列表中选择"符号属性"。右键单击"FillLevel-Value"（填充量），在弹出的快捷菜单中选择"变量"。然后在弹出的"变量"对话框中选中变量组"GS_AgitatedReactor"，选择变量"GS_AR_Level"，单击"确定"按钮，水罐填充值量关联变量如图 3-81 所示。

步骤 14：左键双击属性中变量的更新周期，选择"有变化时"，设置变量更新周期如图 3-82 所示。

第 3 章 入门指南

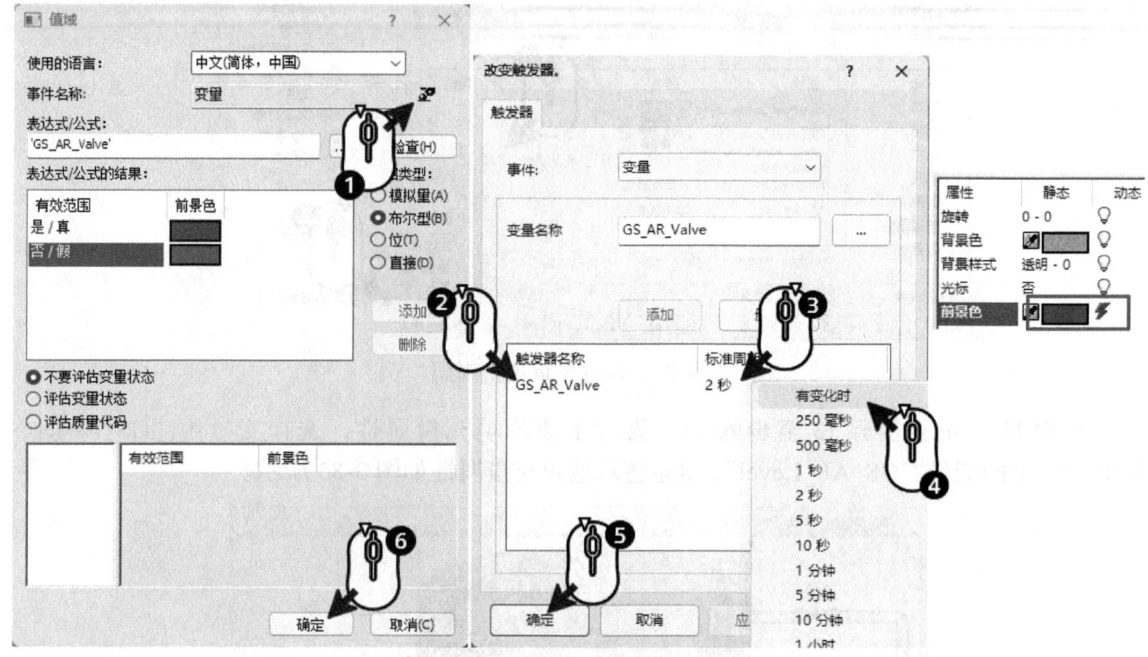

图 3-80 设置触发器

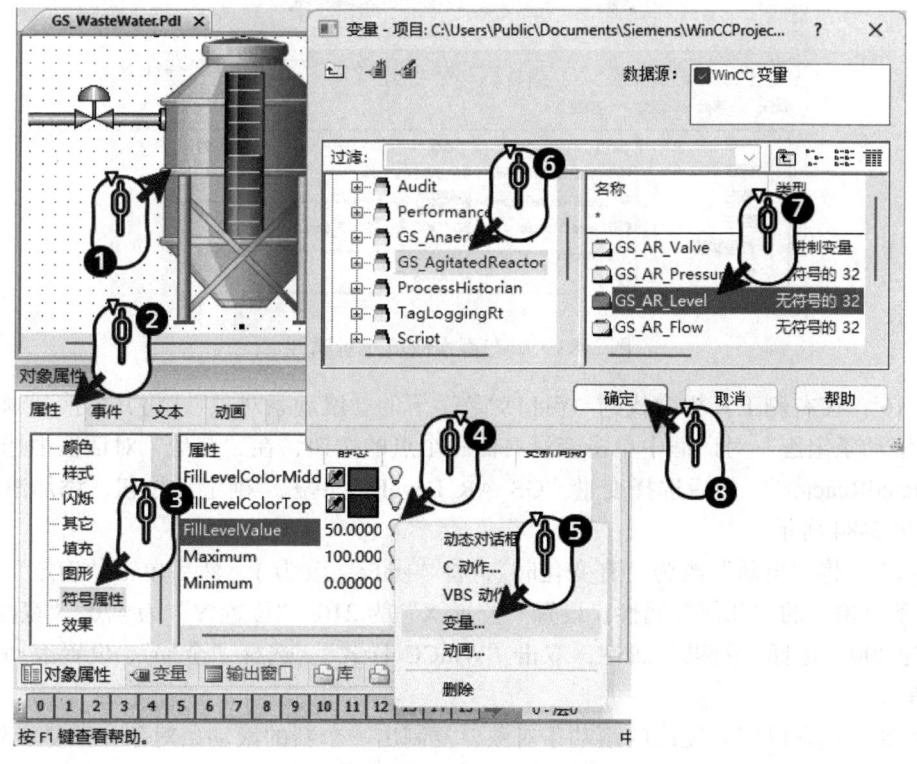

图 3-81 水罐填充值量关联变量

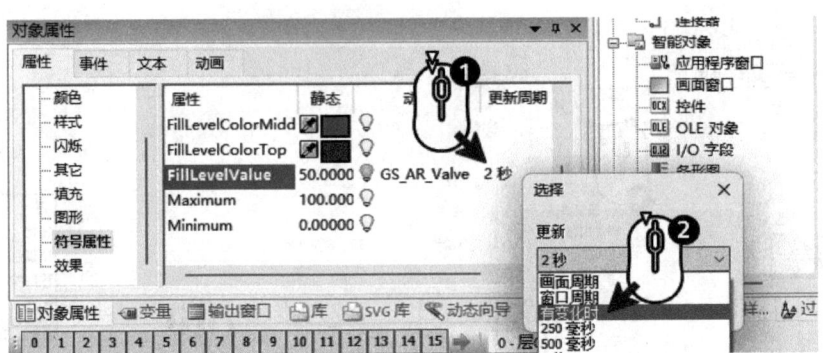

图 3-82 设置变量更新周期

步骤 15：重复步骤 13 至步骤 14，为蓄水池的填充量属性，选择变量组"GS_AnaerobicPool"下的变量"GS_AP_Level"，组态蓄水池填充量属性如图 3-83 所示。

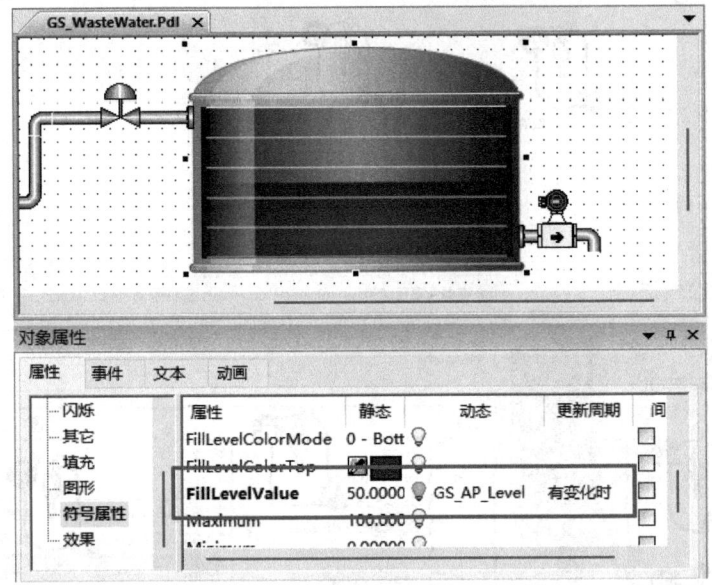

图 3-83 组态蓄水池填充量属性

步骤 16：在右侧工具栏中找到"窗口对象"下的"滚动条对象"，将其拖拽到画面上。在弹出的"滚动条组态"对话框中单击变量右侧三个点的按钮，在"变量"对话框中选中变量组"GS_AgitatedReactor"，然后选择变量"GS_AR_Level"，单击"确定"按钮，添加滚动条并关联变量如图 3-84 所示。

步骤 17：将"更新"改为"有变化时"，将"步长"改为 1，然后单击"确定"按钮。选择"滚动条对象"的"几何"属性。设置"位置 X"为 210、"位置 Y"为 470、"宽度"为 50、"高度"为 200。选择"效果"属性，双击"WinCC 样式"，选择"全局"，设置滚动条属性如图 3-85 所示。

步骤 18：选择已组态完成的滚动条对象，复制出一个新的滚动条对象。重复步骤 16 至步骤 17，为新滚动条对象选择变量组"GS_AnaerobicPool"下的变量"GS_AP_Level"，"几何"属性中的"位置 X"设置为 811、"位置 Y"设置为 500。

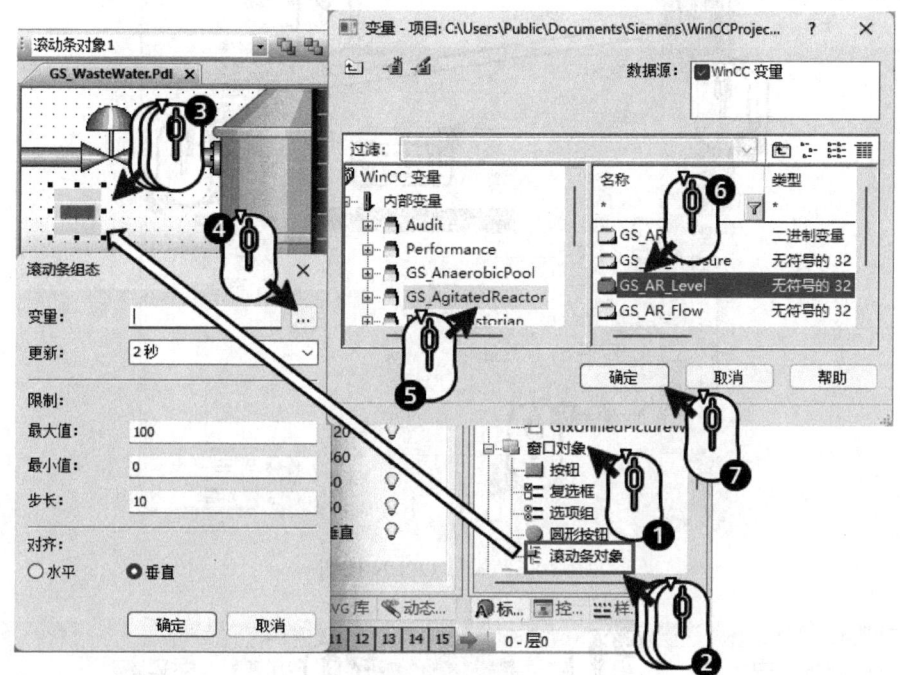

图 3-84 添加滚动条并关联变量

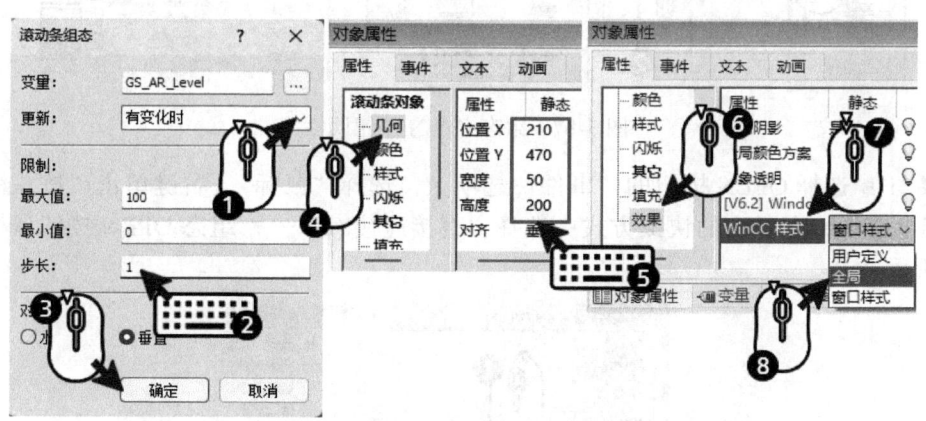

图 3-85 设置滚动条属性

步骤 19：在右侧工具栏中找到"窗口对象"下的"按钮"，将其拖拽到画面上。在弹出的"按钮组态"对话框中将文本改为"OPEN"，然后单击"确定"按钮，添加 OPEN 按钮如图 3-86 所示。

步骤 20：选择 OPEN 按钮的"效果"属性。双击"全局颜色方案"，将其改为"否"。选择"几何"属性，设置"位置 X"为 133、"位置 Y"为 314、"宽度"为 50、"高度"为 30。选择"颜色"属性，左键双击"背景颜色"，设置背景颜色为绿色。组态 OPEN 按钮属性如图 3-87 所示。

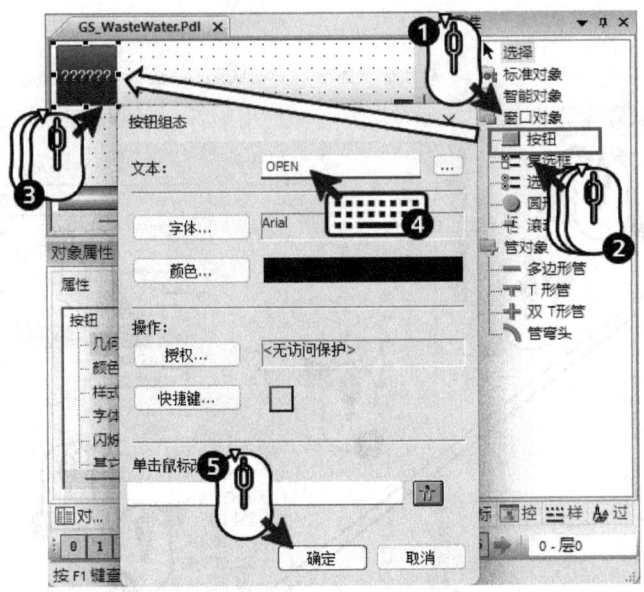

图 3-86　添加 OPEN 按钮

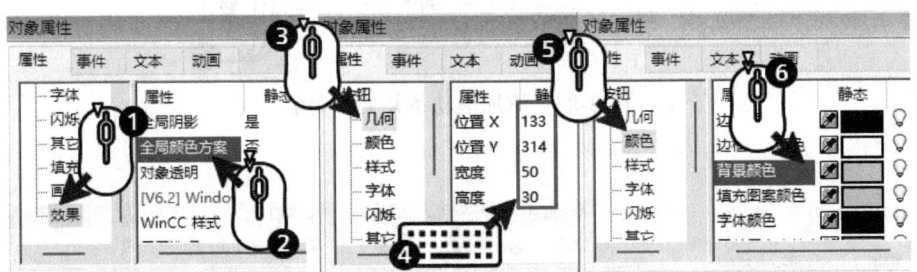

图 3-87　组态 OPEN 按钮属性

步骤 21：选择 OPEN 按钮的"事件"选项卡，选择"鼠标"。右键单击"按左键"右侧的白色闪电图标，在弹出的快捷方式中选择"直接连接(D)…"，组态 OPEN 按钮鼠标事件如图 3-88 所示。

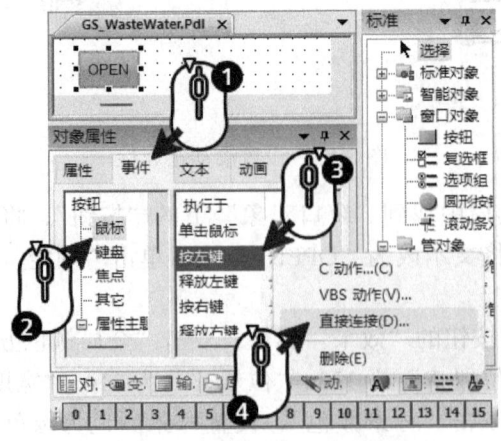

图 3-88　组态 OPEN 按钮鼠标事件

步骤22：在弹出的直接连接组态对话框中，来源选择"常数"，然后填写数字1。在目标侧选择"变量"，单击其右侧文件夹图标，选中变量组"GS_AgitatedReactor"中的变量"GS_AR_Valve"。单击"确定"按钮，再单击"直接连接"组态对话框的"确定"按钮，组态OPEN按钮直接连接如图3-89所示。

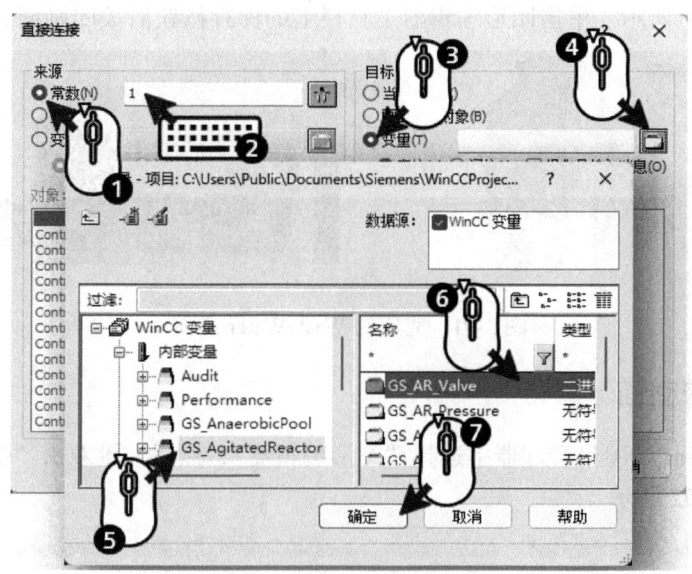

图3-89 组态OPEN按钮直接连接

步骤23：选择OPEN按钮，复制一个新按钮。将新的按钮"几何"属性按如下方式设置："位置X"为245、"位置Y"为310、"宽度"为50、"高度"为30；在"字体"属性中将"文本"设置为"CLOSE"；在"颜色"属性中，将"背景颜色"设置为红色；在"事件"中的"鼠标"中双击"按左键"右侧的蓝色闪电，将"常数"设置为0。然后单击"确定"按钮，组态CLOSE按钮如图3-90所示。

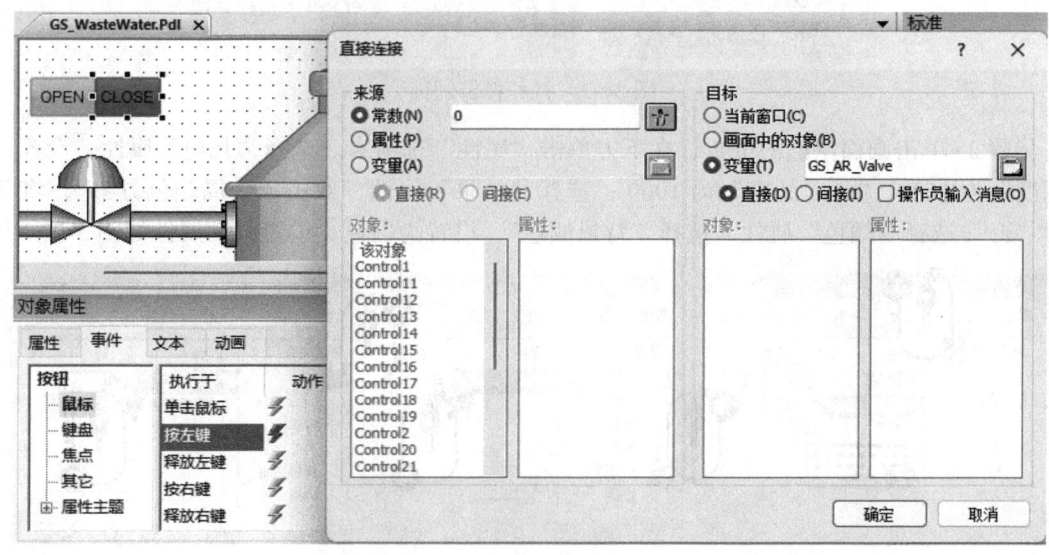

图3-90 组态CLOSE按钮

步骤 24：按下"Shift"键同时选中"OPEN 按钮"和"CLOSE 按钮"，按下键盘"Ctrl+C"进行复制，然后按下键盘"Ctrl+V"进行粘贴。设置新"OPEN 按钮"的"位置 X"为 721、"位置 Y"为 349，"直接连接"事件的变量为"GS_AP_Valve"；设置新"CLOSE 按钮"的"位置 X"为 771、"位置 Y"为 349，"直接连接"事件的变量为"GS_AP_Valve"，完成的 WasteWater 画面如图 3-91 所示。单击图形编辑器工具栏上的保存按钮后关闭画面。

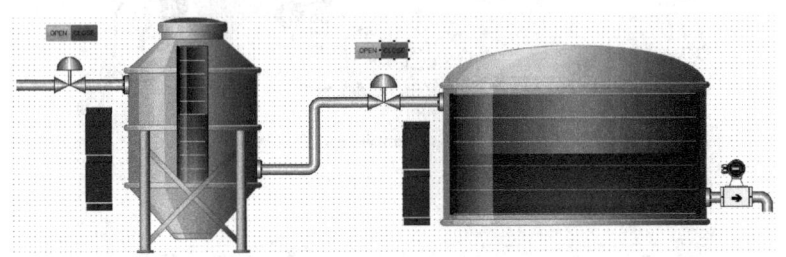

图 3-91　完成的 WasteWater 画面

3.7.4　组态报警画面

步骤 1：在 WinCC 项目管理器中选择"图形编辑器"，然后左键双击"GS_Alarm.Pdl"，打开报警画面如图 3-92 所示。

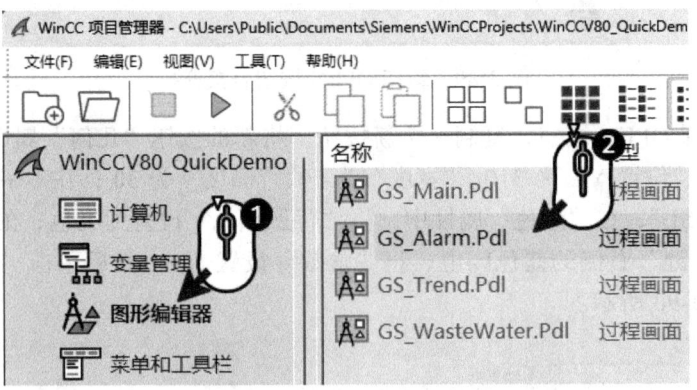

图 3-92　打开报警画面

步骤 2：单击画面空白的位置，在下方单击"属性"选项卡。选择"几何"属性，设置"画面宽度"为 1620，"画面高度"为 1000；选择"效果"属性，双击"全局颜色方案"，将其设置为"否"；选择"颜色"属性，选择"背景颜色"，设置为白色，设置画面属性如图 3-93 所示。

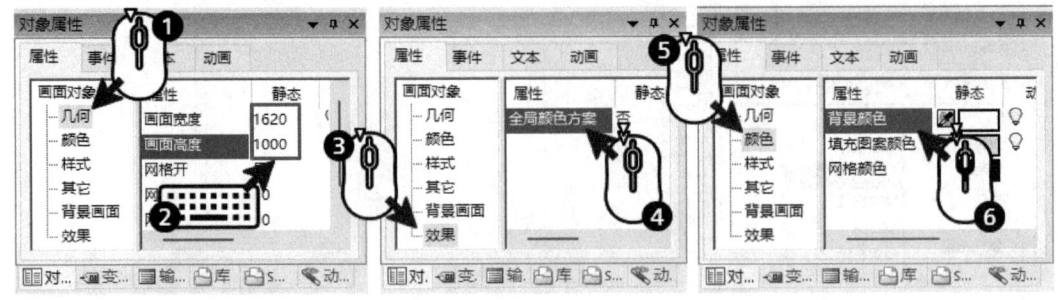

图 3-93　设置画面属性

步骤 3：在画面右侧的工具栏中选择"控件"选项卡。在"ActiveX 控件"中找到"WinCC AlarmControl"，将其拖拽到画面上。在弹出的"WinCC AlarmControl 属性"对话框中选择"消息列表"选项卡。在"可用的消息块"中选择"消息文本"。单击下方的向右单箭头按钮，将其挪动至"选定消息块"，然后单击"确定"按钮，添加报警控件如图 3-94 所示。

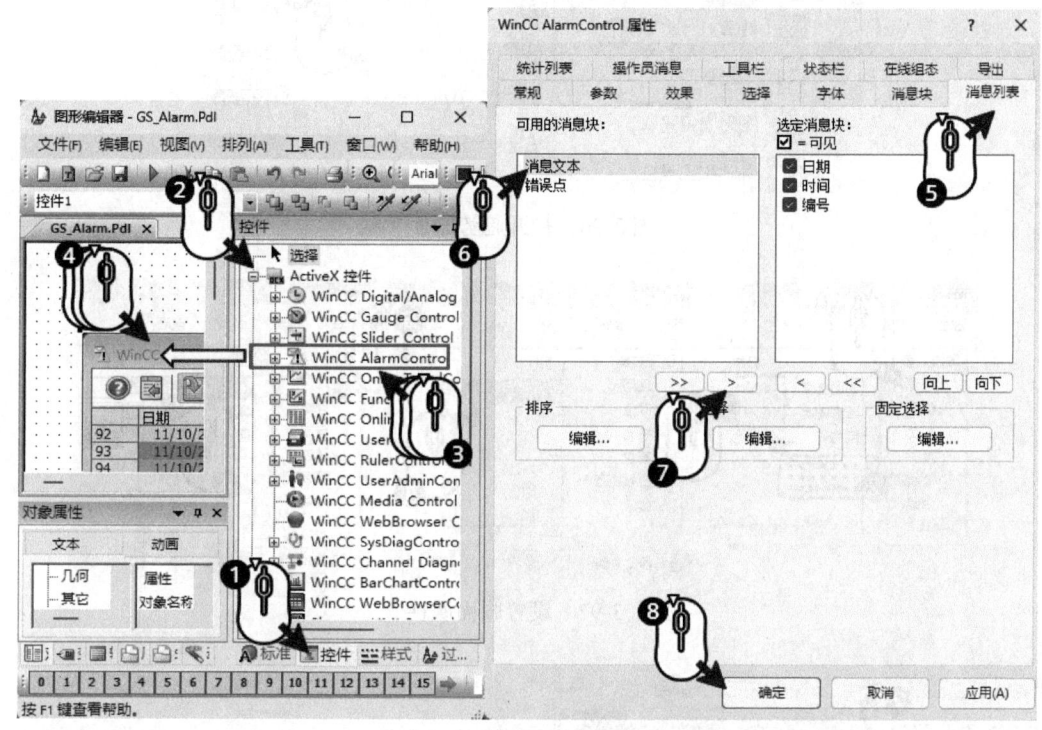

图 3-94 添加报警控件

步骤 4：选中"报警控件"。在"几何"属性中，设置"位置 X"为 10、"位置 Y"为 10、"宽度"为 1600、"高度"为 980，设置报警控件几何属性如图 3-95 所示。单击图形编辑器工具栏上的保存按钮后关闭画面。

3.7.5 组态趋势画面

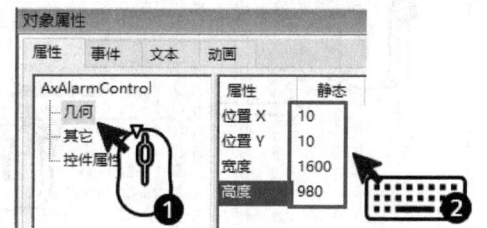

图 3-95 设置报警控件几何属性

步骤 1：在 WinCC 项目管理器中选择"图形编辑器"，然后左键双击"GS_Trend.Pdl"，打开趋势画面如图 3-96 所示。

步骤 2：单击界面空白的位置，在下方单击"属性"选项卡，选择"几何"属性。设置"画面宽度"为 1620、"画面高度"为 1000；选择"效果"属性，双击"全局颜色方案"，将其设置为"否"；选择"颜色"属性，选择"背景颜色"，设置为白色，设置画面属性如图 3-97 所示。

步骤 3：在画面右侧的工具栏中选择"控件"选项卡。在"ActiveX 控件"中找到"WinCC OnlineTrendControl"，将其拖拽到画面上。在弹出的"WinCC OnlineTrendControl 属性"对话框的"趋势"选项卡中，单击"新建"按钮添加趋势，然后将两个趋势的对象名称分别修改为"GS_AR_Level"和"GS_AP_Level"，添加趋势控件如图 3-98 所示。

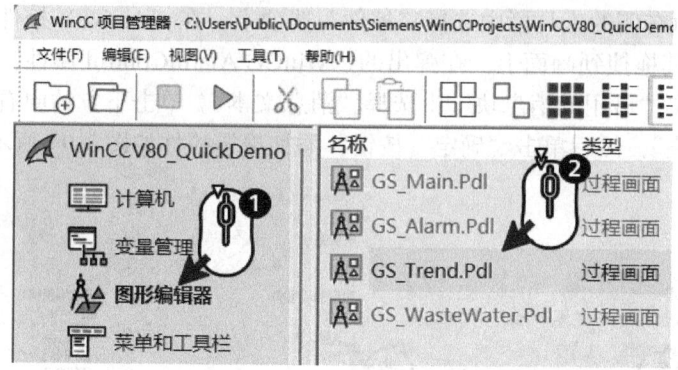

图 3-96 打开趋势画面

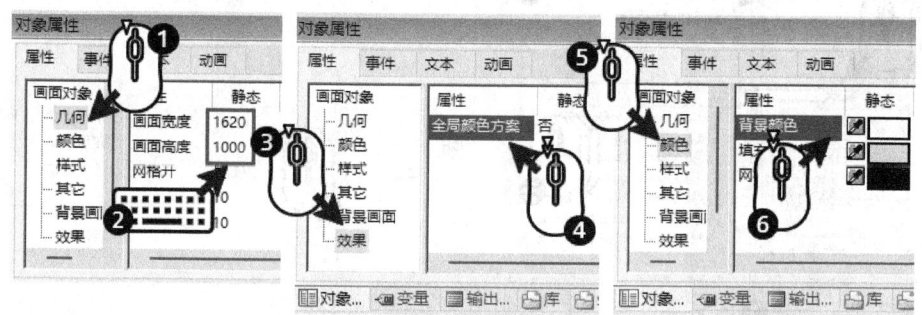

图 3-97 设置画面属性

图 3-98 添加趋势控件

步骤 4：选择"GS_AR_Level"趋势。单击"变量名称"右侧的文件夹图标。在弹出的归档选择对话框中选择归档变量"GS_AR_Level"，然后单击"确定"按钮，选择归档变量如图 3-99 所示。同样的操作选择"GS_AP_Level"趋势的变量为"GS_AP_Level"。

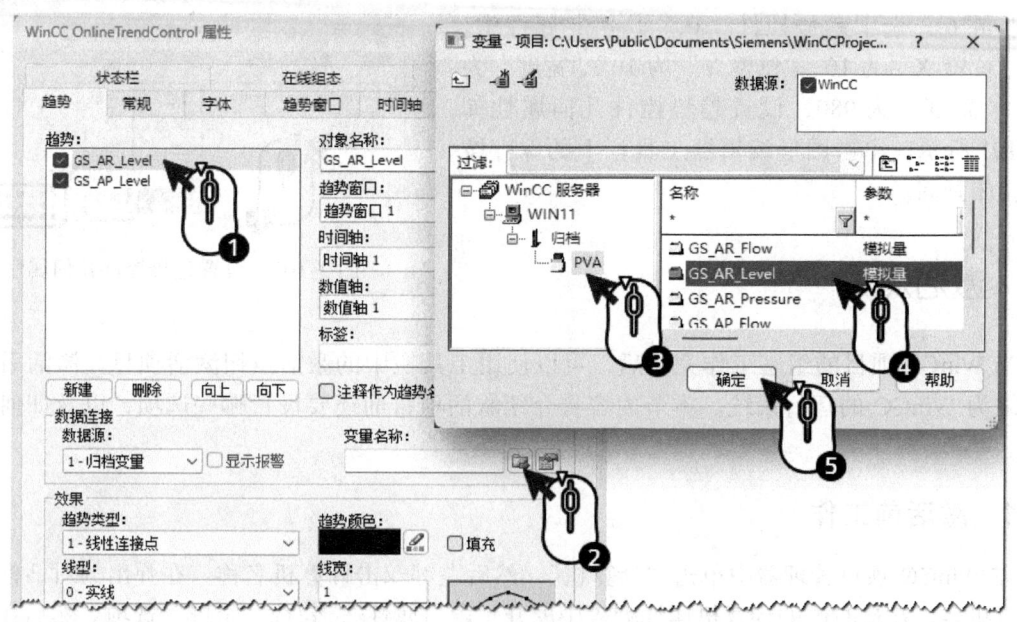

图 3-99 选择归档变量

步骤 5：选择"数值轴"选项卡。取消"自动"复选框，将范围改为 0~100，然后单击"确定"按钮，设置趋势控件属性如图 3-100 所示。

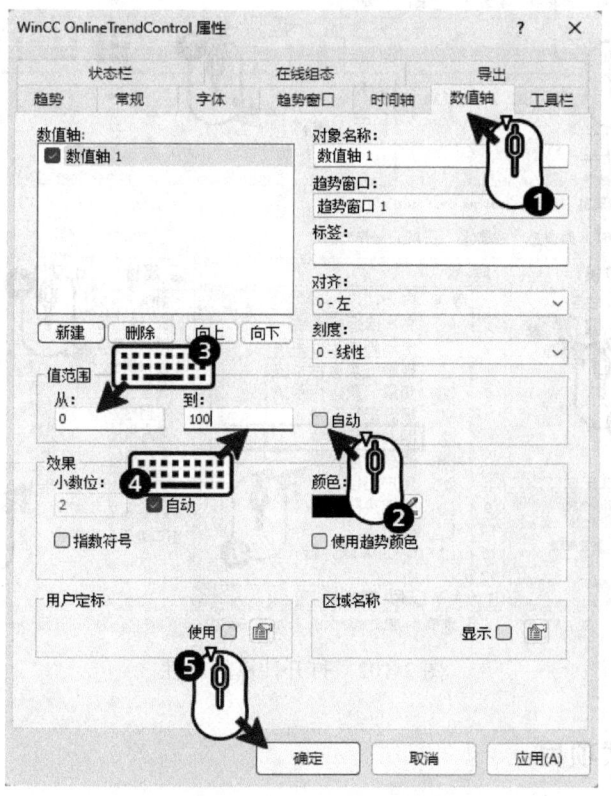

图 3-100 设置趋势控件属性

步骤6：选中趋势控件。在"几何"属性中，设置"位置 X"为 10、"位置 Y"为 10、"宽度"为 1600、"高度"为 980，设置趋势控件几何属性如图 3-101 所示。单击图形编辑器工具栏上的保存按钮后关闭画面。

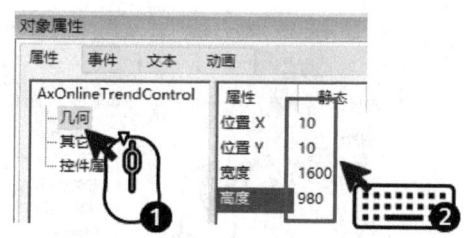

图 3-101 设置趋势控件几何属性

3.8 激活测试

当 WinCC 项目的组态工作完成后，可以使用工具栏中的激活按钮激活项目。激活后的项目称之为 WinCC 的运行系统。本节内容将介绍激活项目前还要设置哪些选项，以及如何激活项目。

3.8.1 激活前工作

在 WinCC 项目管理器中单击"计算机"，然后左键双击计算机名称。在弹出的对话框中选中计算机名。在最右侧的计算机属性列表中展开"窗口属性"，勾选"全屏"选项。然后在启动列表中勾选"报警记录运行系统"和"变量记录运行系统"，"图形运行系统"为默认勾选，打开计算机属性如图 3-102 所示。

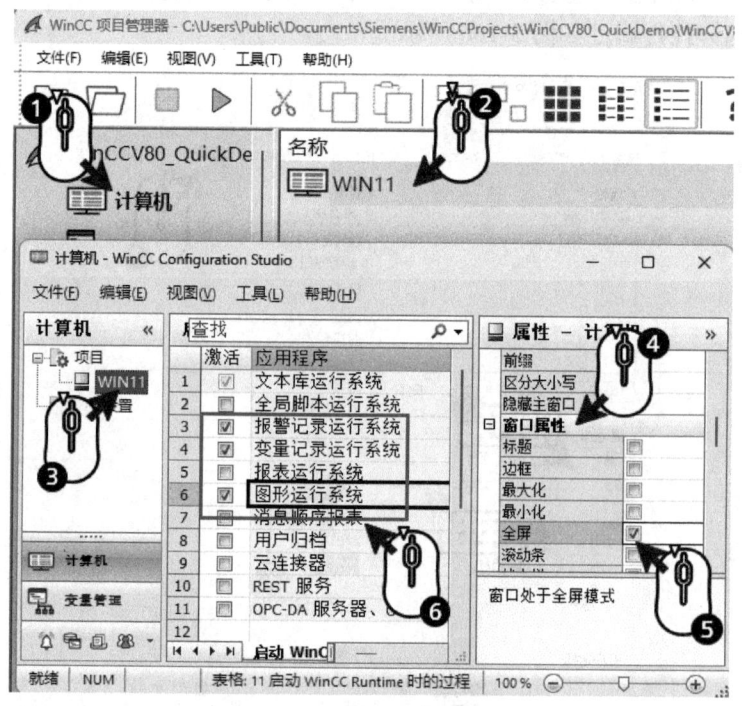

图 3-102 打开计算机属性

3.8.2 激活并测试项目

步骤 1：单击 WinCC 项目管理器上方工具栏中的三角形按钮，可以看到项目的激活过程，激活项目如图 3-103 所示。

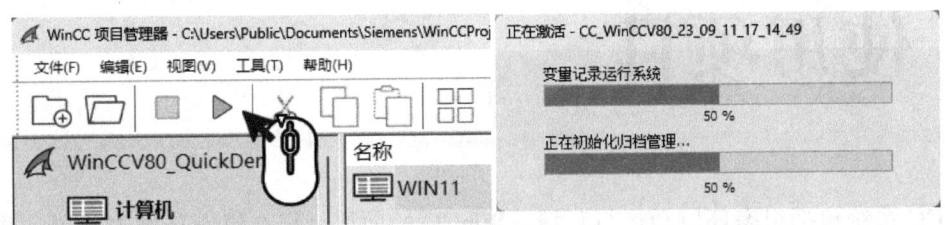

图 3-103　激活项目

步骤 2：单击"登录"按钮，输入 3.6.3 节中创建的用户名及密码，测试项目如图 3-104 所示。

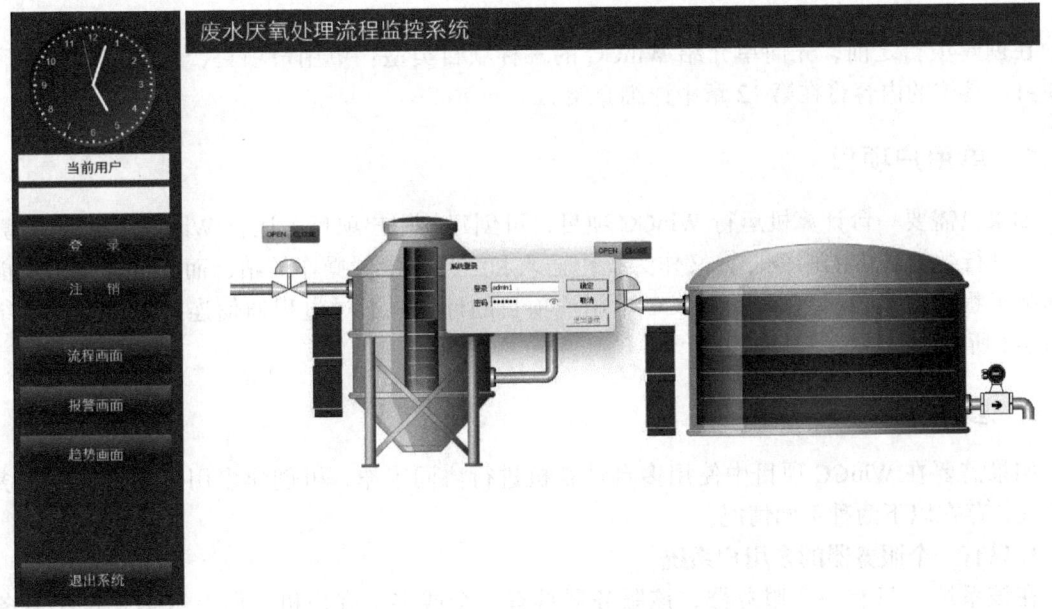

图 3-104　测试项目

步骤 3：单击左侧的切换画面按钮，测试画面切换效果；单击"OPEN"和"CLOSE"按钮，查看是否分别可以将阀门改变为绿色和红色；上下拖动滑块，查看液位效果；切换至报警画面，查看报警信息；切换至趋势画面，查看曲线状态。

第4章 使用项目

WinCC 系统包括组态环境和运行环境。WinCC 的项目是指在组态环境中配置，并在运行环境中执行的工程文件，包括组态文件和运行数据。

4.1 项目类型

在创建项目之前，先简单介绍 WinCC 的三种项目类型：单用户项目，多用户项目和客户机项目。具体的内容将在第 12 章中详细介绍。

4.1.1 单用户项目

如果只需要一台计算机运行 WinCC 项目，可创建单用户项目。运行 WinCC 项目的计算机既作为进行数据处理的服务器，又作为操作输入和结果输出的操作员站，而其他计算机不能通过网络远程组态该项目。运行 WinCC 单用户项目的计算机通过过程通信连接 PLC，系统结构如图 4-1 所示。

4.1.2 多用户项目

如果需要在 WinCC 项目中使用多台计算机进行协同工作，可创建多用户项目。对于多用户系统，存在以下两种不同情况。

1. 只有一个服务器的多用户系统

在该系统中只有一个服务器，该服务器具有一个或多个客户机，所有数据均位于服务器上。只有一个服务器的多用户系统如图 4-2 所示。

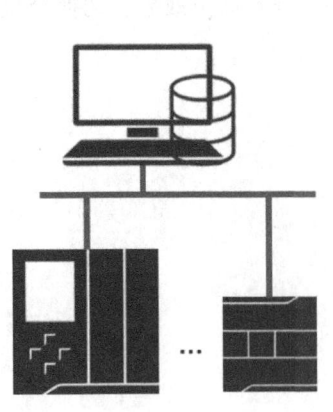

图 4-1　系统结构

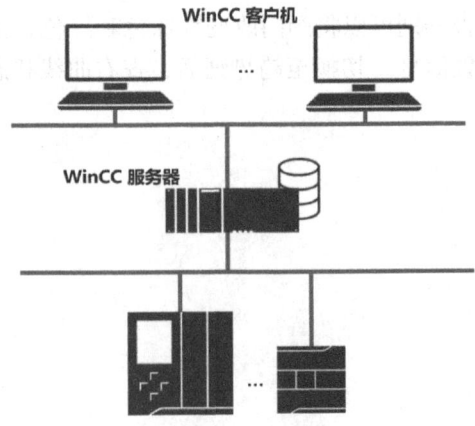

图 4-2　只有一个服务器的多用户系统

2. 具有多个服务器的多用户系统

在该系统中具有多个服务器，多个服务器同时向一个或多个客户机提供数据，即一个客户机可访问一个或多个服务器。运行系统数据分布于不同服务器上，而组态数据位于服务器和客户机上。具有多个服务器的多用户系统如图 4-3 所示。

在多用户项目中，可在服务器上组态对服务器进行访问的客户机，然后在相关计算机上创建所需要的客户机项目。

4.1.3 客户机项目

如果已经创建了多用户项目，随后则需要创建对服务器进行访问的客户机，并在作为客户机的计算机上创建一个客户机项目。

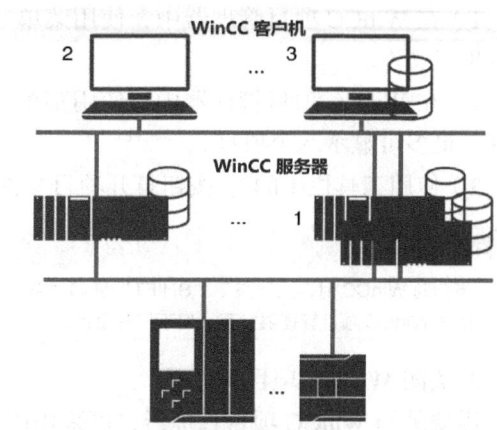

图 4-3 具有多个服务器的多用户系统
1—WinCC 冗余服务器 2—仅访问一个服务器的客户机
3—访问一个或多个服务器的客户机

对于 WinCC 客户机而言，存在以下两种不同情况。

1. 只有一个服务器的多用户系统

客户机访问一个服务器。所有数据均位于服务器上，并在客户机上进行引用。系统架构如图 4-2 所示。组态只有一个服务器的多用户系统，不需要在 WinCC 客户机上创建客户机项目，这样的客户机也称为无项目的客户机。

2. 具有一个或多个服务器的分布式系统

客户机访问多个服务器。运行系统数据分布于不同服务器上，多用户项目中的组态数据位于相关服务器上。客户机上的客户机项目中可创建本机的组态数据：画面、脚本和内部变量等。多个服务器的多用户系统如图 4-3 所示。组态具有多个服务器的分布式系统，则必须在每个客户机上创建客户机项目。

4.2 项目创建及配置

WinCC 项目的创建及配置都是在 WinCC 项目管理器中进行的。

4.2.1 WinCC 项目管理器

WinCC 项目管理器是单实例应用程序，在操作系统中只能打开一次。

1. 打开 WinCC 项目管理器

采用下列方式均可打开 WinCC 项目管理器以及相应项目（.mcp 文件）：

1）可在 Windows 开始菜单的"Siemens Automation"中选择"WinCC Explorer"条目。

2）使用 Windows 桌面上的 WinCC 快捷方式 。

3）在 Windows 资源管理器中打开 <项目>.mcp 文件。

首次启动 WinCC 时，将打开没有项目的 WinCC 项目管理器。每当再次启动 WinCC 时，上次最后打开的项目将再次打开。如果需要打开其他项目，可采用以下方式：

1）在 WinCC 项目管理器中，使用菜单"文件 > 打开"命令，浏览文件夹找到项目文件并打开项目文件。

2）在 WinCC 项目管理器中，使用菜单"文件 > 最近使用的文件"命令打开以前所打开的文件。最多可显示八个项目。

3）使用工具栏中的 ☐ 按钮打开项目文件。

> **提示**
> 当启动 WinCC 时，同时按下"SHIFT"键和"ALT"键并保持按下状态，直到出现 WinCC 项目管理器窗口时再松开，此时 WinCC 项目管理器打开，但不打开项目。

2. 关闭 WinCC 项目管理器

需要关闭 WinCC 项目管理器，可采用以下方式：

1）使用菜单"文件 > 退出"命令可关闭 WinCC 项目管理器。"退出 WinCC 项目管理器"对话框将打开，如图 4-4 所示。

图 4-4　退出 WinCC 项目管理器

> **提示**
> 未选择"退出时关闭项目"时，则只关闭 WinCC 项目管理器。如果项目已经激活，则项目将仍然处于打开和激活状态，打开的 WinCC 编辑器也保持打开。选择"退出时关闭项目"时，如果项目处于激活状态，则取消激活并关闭项目，WinCC 项目管理器以及所有打开的 WinCC 编辑器均将关闭。

2）使用菜单"文件 > 关闭"命令，关闭当前项目以及所有打开的编辑器，而 WinCC 项目管理器不会关闭。

3）单击 WinCC 项目管理器窗口右上角的 ✕ 按钮可退出 WinCC 项目管理器。

4）当退出 Windows 时，WinCC 将完全关闭。

3. 项目管理器组件

当启动 WinCC 时，WinCC 项目管理器将打开。使用 WinCC 项目管理器，可以实现如下功能：

1）创建项目。
2）打开项目。
3）管理项目数据和归档。
4）打开组件编辑器。
5）激活或取消激活项目。

打开 WinCC 项目管理器如图 4-5 所示，可浏览项目组件。

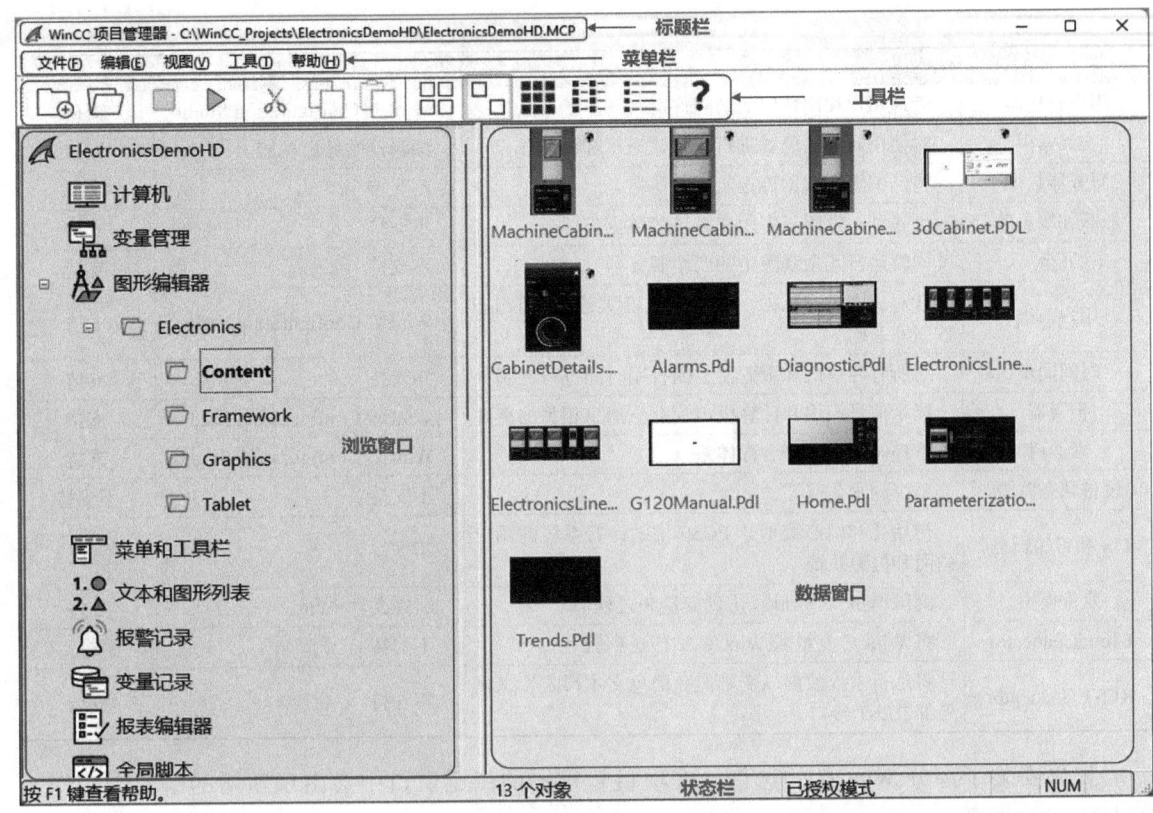

图 4-5 WinCC 项目管理器

浏览窗口包含 WinCC 项目管理器中的编辑器的列表。通过双击编辑器，可打开导航窗口中的对象。也可使用鼠标右键打开快捷菜单，通过"打开"命令打开相应的对象。

单击浏览窗口中的编辑器，数据窗口将显示属于编辑器的组件。所显示的组件信息将随编辑器的不同而变化，双击数据窗口中的组件以便将其打开。

WinCC 项目管理器的浏览窗口中的编辑器和组件的功能见表 4-1。

表 4-1 编辑器和组件的功能

编辑器	功能用途	导入/导出工具	在线组态
计算机	计算机名称和属性、项目属性（客户机和服务器）	WinCC Configuration Studio	支持
变量管理	• 创建和编辑变量与通信驱动程序 • 创建和编辑结构类型与结构变量	WinCC Configuration Studio	支持
图形编辑器	创建和编辑过程画面	编辑器的导出功能	支持
菜单和工具栏	为过程画面组态用户定义的菜单和工具栏	组态文件 *.mtl	支持
报警记录	组态消息和归档事件	WinCC Configuration Studio	支持
变量记录	记录和归档变量	WinCC Configuration Studio	支持
报表编辑器	组态报表和报表布局	不支持	支持
全局脚本	使用 C 函数和动作或 VB 脚本使项目动态化	编辑器的导出功能	支持
文本库	创建和编辑与语言有关的用户文本	WinCC Configuration Studio	支持
文本分配器	导出和导入与语言相关的文本	编辑器的导出和导入功能	支持

（续）

编辑器	功能用途	导入/导出工具	在线组态
用户管理器	管理用户和用户组的访问许可	WinCC Configuration Studio	支持
交叉索引	对使用对象的位置进行定位、显示和再连接	编辑器的导出功能	支持
服务器数据	将已编辑的数据传送给操作员站	不支持	支持
加载在线更改	创建和编辑用于多用户系统的数据包	不支持	支持
冗余	同时运行冗余系统中的两个服务器	不支持	支持
用户归档	针对技术过程数据，例如配方和设定值的可组态数据库系统	WinCC Configuration Studio	支持
时间同步	对所有客户机和服务器上的日期时间进行同步	不支持	支持
报警器	指示信号模块和计算机声卡上与消息相关的事件	WinCC Configuration Studio	支持
画面树	管理画面体系和名称体系	WinCC Configuration Studio	支持
设备状态监视	系统的永久监控	不支持	不支持
OS 项目编辑器	初始化和组态类似于 PCS7 中的运行系统的用户画面和报警系统	不支持	不支持
变量模拟	测试 WinCC 项目：仿真变量和过程值	组态文件 *.sim	支持
CloudConnector	将 WinCC 变量从 WinCC 站传送到云	不支持	支持
REST Connector	将运行系统数据以变量值和消息文本形式发送到外部 REST 接口	不支持	支持

如果安装了部分 WinCC 的选件，在项目管理器的浏览窗口中会出现新增的编辑器，例如 Web Navigator 等。

> **提示**
> 在 WinCC 项目管理器的标题栏中，可右键单击快捷菜单并选择"将项目路径复制到剪贴板"将项目路径复制到剪贴板以备后续之用，或选择"打开项目路径"直接打开当前项目路径，如图 4-6 所示。

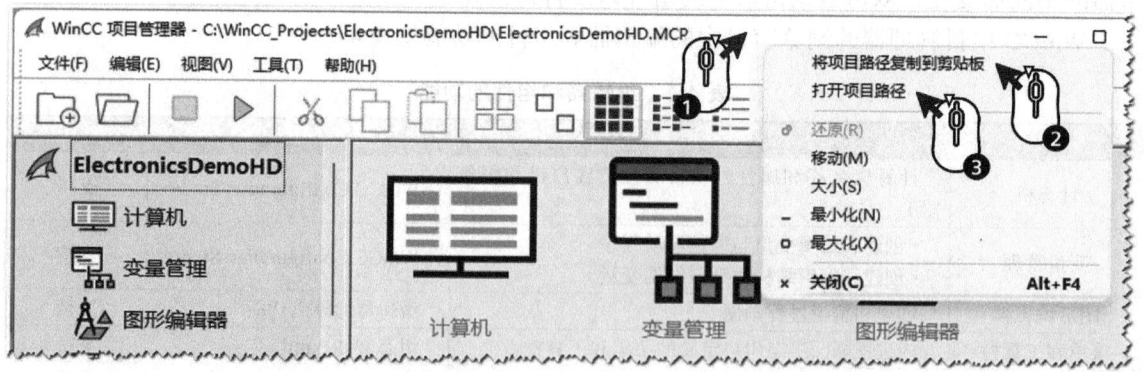

图 4-6 将项目路径复制到剪贴板或打开项目路径

> **提示**
> 在 WinCC 项目管理器的浏览窗口中选择"图形编辑器"或其相应子目录，在工具栏上选择 ，可以显示画面预览，图形编辑器的画面预览如图 4-7 所示。

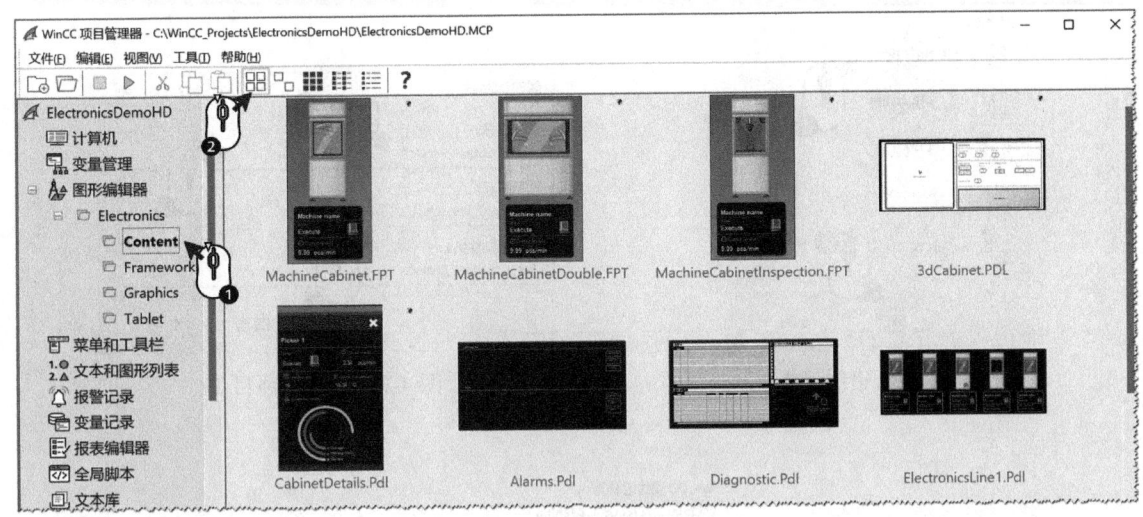

图 4-7　图形编辑器的画面预览

4.2.2　创建项目前的准备

为了更有效地创建 WinCC 项目，需要先行考虑项目的结构类型和存储路径。

在开始规划和创建项目之前，应该确认是需要单用户系统，还是多用户系统。如果正在规划一个具有 WinCC 客户机或 Web 客户机的项目，则需要确认影响系统性能的因素，具体性能数据参考第 12 章相关内容。

不建议在系统分区或安装 WinCC 的分区里创建 WinCC 项目。当选择存储 WinCC 项目的分区时，请选择独立的分区并确保该分区有足够的可用空间。独立的分区还可确保在操作系统崩溃时，WinCC 项目及其包含的所有数据都不会丢失。

> **提示**
>
> 在 WinCC 的项目名称和存储路径中不要包含以下非法字符
> . , ; : ! ? " ' + = / \ @ * [ ] { } <> 和空格符，且区分大小写英文字母。
> 不要将 WinCC 项目保存到压缩驱动器或目录中。

4.2.3　创建项目

打开 WinCC 项目管理器时，通过菜单"文件 > 新建"，设置项目的类型，新建项目 1 如图 4-8 所示。

输入项目名称，选择项目路径，创建新项目 1 如图 4-9 所示。

> **提示**
>
> 默认情况下，输入的项目名称即为项目文件夹的名称。如果希望项目文件夹名称与项目名称不同，在"新建子文件夹"中输入所需的文件夹名称。

在打开 WinCC 项目管理器后，也可以通过工具栏"新建"按钮创建 WinCC 项目 2，如图 4-10 所示。

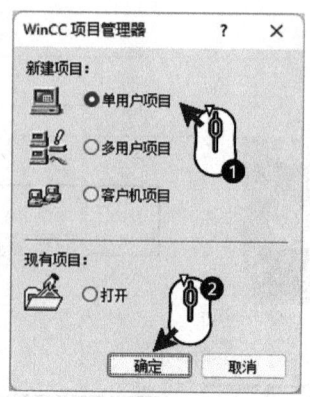
图 4-8　新建项目 1

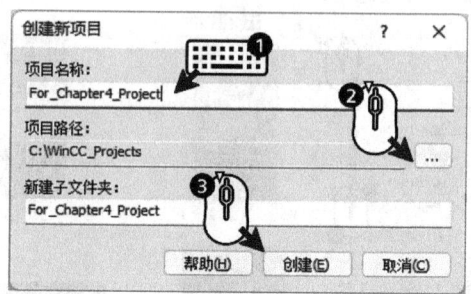
图 4-9　创建新项目 1

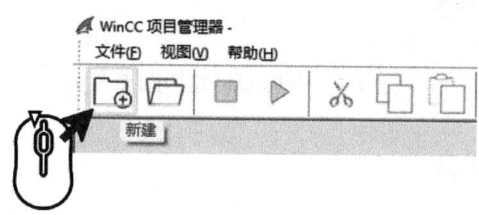
图 4-10　创建 WinCC 项目 2

与上述图 4-8 和图 4-9 相同，需要设置项目的类型，输入项目名称，选择项目路径，创建新项目 2，如图 4-11 所示。

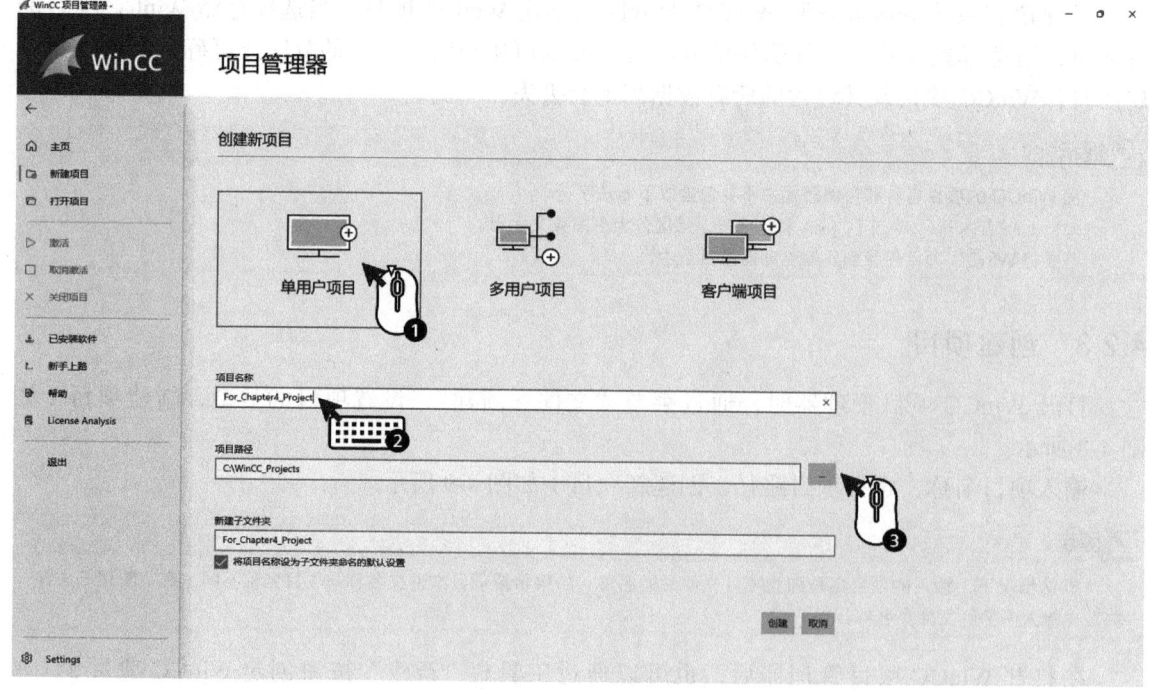
图 4-11　创建新项目 2

> **提示**
> 默认情况下，输入的项目名称即为项目文件夹的名称。如果希望项目文件夹名称与项目名称不同，取消"将项目名称设为子文件夹命名的默认设置"，在"新建子文件夹"中输入所需的文件夹名称。

4.2.4 设置计算机属性

当项目组态完毕，启动 WinCC 运行系统时，需遵循在"计算机属性"对话框中指定的设置。

WinCC 将在每个项目中都采用运行系统的默认设置，而有一些设置必须根据项目的实际需要进行修改。

可随时更改运行系统的相关设置。如果某个项目正在运行系统中运行，在修改了设置后，则必须退出运行系统，然后重新启动，这样所做的修改才会应用到运行系统中。

在 WinCC 项目管理器的浏览窗口中单击"计算机"组件，在数据窗口中显示的计算机列表中选择计算机，然后双击或在快捷菜单中单击"属性"命令，打开"计算机属性"对话框，如图 4-12 所示。

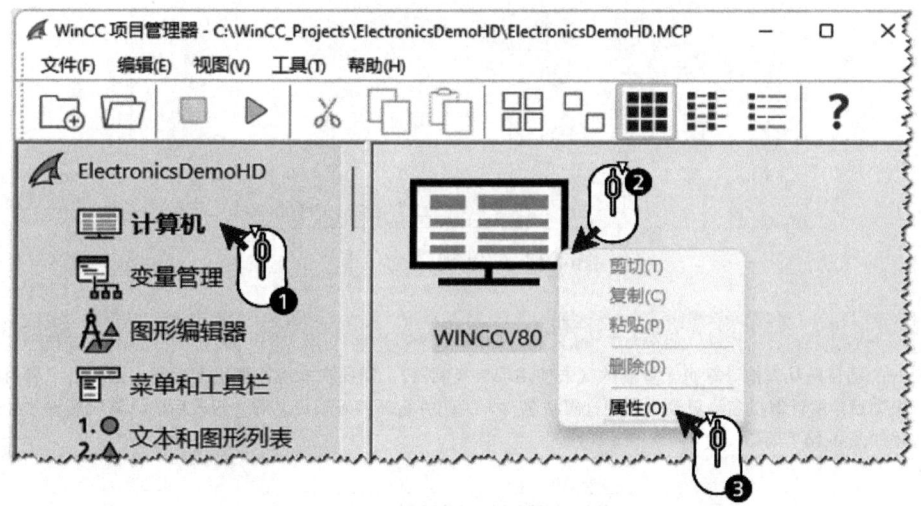

图 4-12 打开"计算机属性"对话框

> **提示**
> 除上述的"计算机属性"对话框外，也可以在 WinCC Configuration Studio 中设置计算机属性，具体的操作参见 4.5 节任务实现中的步骤 17、18。

在激活项目前，可在"计算机属性"对话框中定义下列设置（仅介绍主要的常用选项）。

1."常规"选项卡

在"常规"选项卡（见图 4-13）中，显示项目运行的计算机名称和类型。

检查"计算机名称"输入框中是否输入了正确的计算机名称，"计算机类型"区域会显示将此计算机计划用作服务器还是客户机。

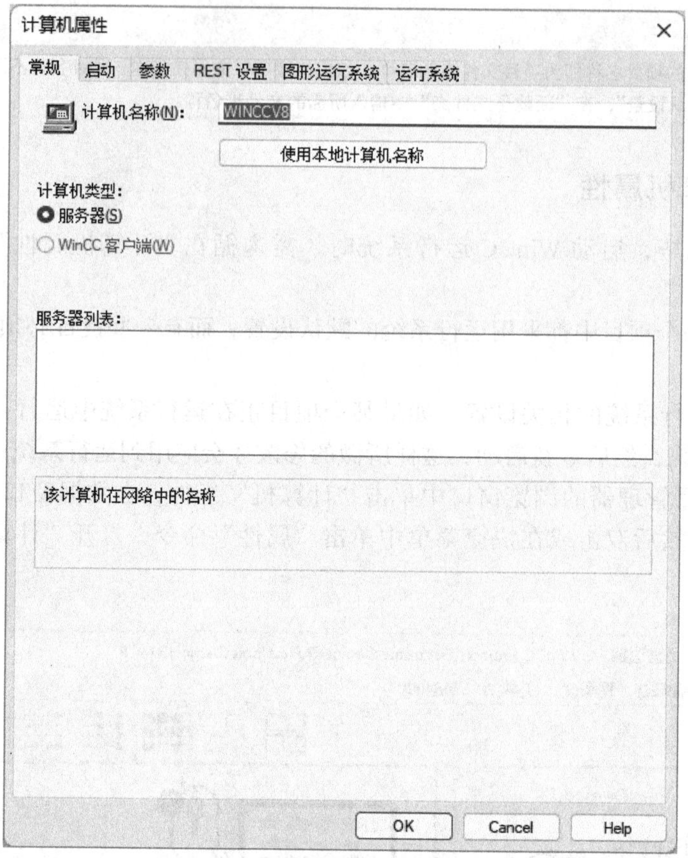

图 4-13 "常规"选项卡

> **提示**
> 如果打开的项目是从其他计算机上复制的（未使用项目复制器），需要在本地计算机上运行，则单击"启用本地服务器"按钮，将项目中的计算机名称更改为本地计算机名称。关闭并重新打开项目之后，修改后的计算机名称才会生效，启动本地服务器如图 4-14 所示。

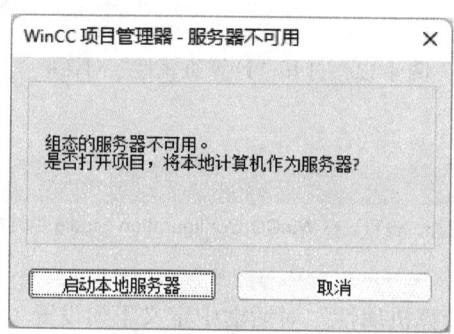

图 4-14 启动本地服务器

2. "启动"选项卡

在"启动"选项卡中，可设置项目运行时的启动列表。在启动列表中，可指定激活项目时将要启动的应用程序，同时还将装载附加的应用程序。

根据组态，WinCC 会自动勾选相应的组件。默认情况下，将始终启动并激活"图形运行系统"，"启动"选项卡如图 4-15 所示。

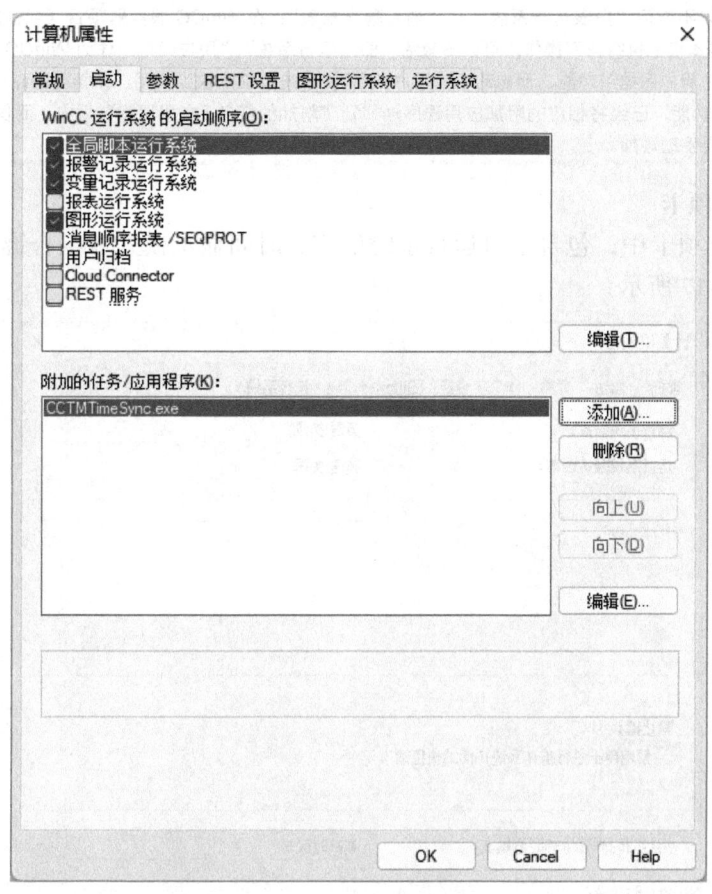

图 4-15 "启动"选项卡

在"WinCC 运行系统的启动顺序"列表框中，启用运行系统启动时要装载的应用程序。激活的模块通过列表条目前的复选标记进行标识。如果组态了编辑器组件的功能，但没有启用相应的应用程序，该功能将不会执行。例如，虽然在变量记录中组态了过程值归档，但没有启用"变量记录运行系统"，则不会有过程值进行数据归档。

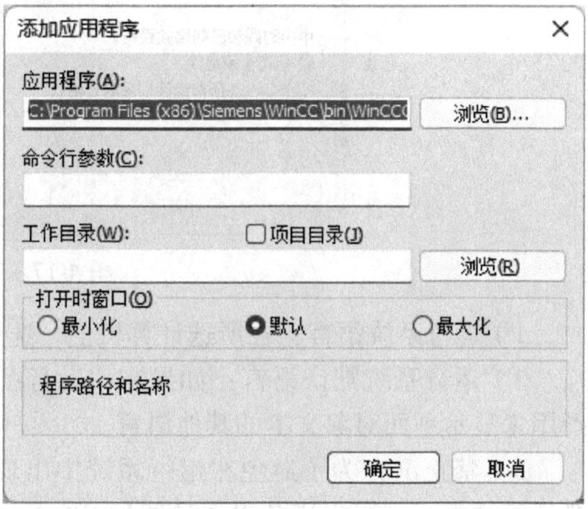

如果希望在启动运行系统时打开附加的应用程序，单击"添加"按钮。打开"添加应用程序"对话框，添加应用程序如图 4-16 所示。

在"应用程序"输入框中输入或单击"浏览 (B)..."按钮导航所需要的应用程序及其完整路径，选择应用程序的命令行参数、工作目录以及窗口属性。

图 4-16 添加应用程序

> **提示**
>
> 为了获得更好的计算机系统性能，应只启动 WinCC 运行系统中实际需要的应用程序。例如，在 WinCC 项目中未组态"报表"功能，可以不激活"报表运行系统"和"消息顺序报表"；在 WinCC 服务器项目（包括服务模式）中，一般无须在 WinCC 服务器本机上执行画面操作，可以不激活"图形运行系统"；"用户归档"作为 WinCC 的选件需要额外的许可证，如果没有组态"用户归档"功能，而启动了"用户归档"，系统会提示缺少"用户归档"的许可证。在默认情况下，WinCC 根据所组态的功能，已经将相应的附加应用程序添加到"附加的任务/应用程序"框中，而仅当需要 WinCC 启动其他应用程序时才需要手动添加。

3. "参数"选项卡

在"参数"选项卡中，包含了对运行系统语言、时间显示模式和组合键的默认设置，"参数"选项卡如图 4-17 所示。

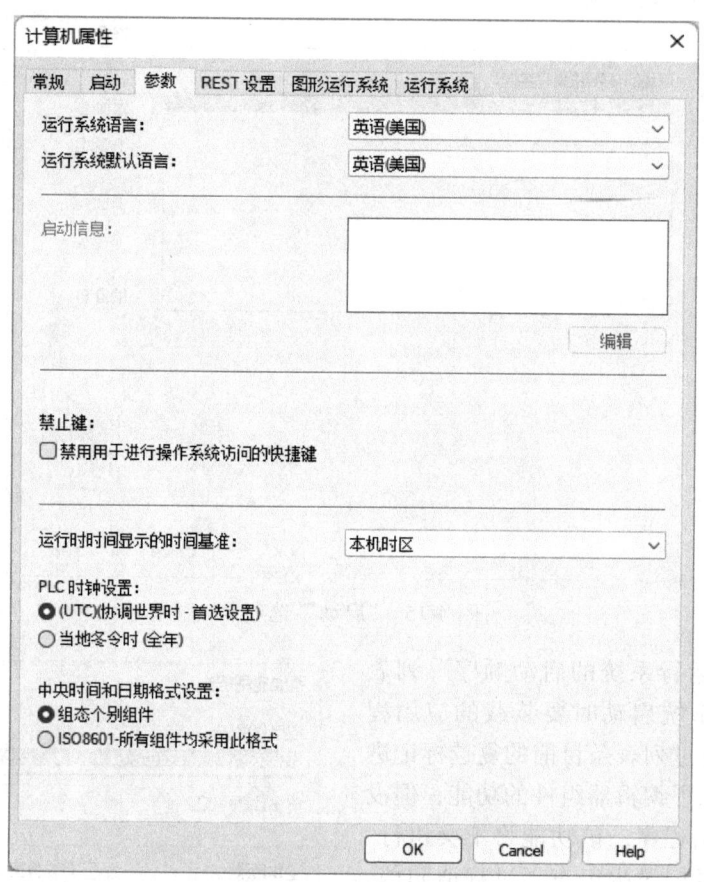

图 4-17 "参数"选项卡

1）运行系统语言：在所选计算机上，选择系统运行时激活项目所应使用的语言。

2）运行系统默认语言：如果在"运行系统语言"中指定语言的相应文本不存在，那么选择用来显示画面对象文本的其他语言。

3）禁止键：为了避免在运行系统中出现操作错误，可锁定 Windows 系统典型的组合键。激活复选框，就可以避免操作员通过 Windows 系统典型的组合键（例如"Windows + R"键或"Ctrl + ESC"键等）脱离 WinCC 运行系统而操作其他应用程序。

4）运行时时间显示的时间基准：选择运行系统和报表系统中的时间显示模式。可以选择：

"本机时区""协调世界时（UTC）"和"服务器的时区",时间基准的含义参见表4-2。

表4-2 时间基准的含义

选项	含义
本机时区	在运行期间，时间信息以客户机或服务器的当地时区进行显示，即将协调世界时(UTC)转换为当地时区。创建新项目时，默认值为本机时区。项目中的单个对象使用默认设置"应用项目设置"
协调世界时（UTC）	在运行期间，时间信息显示协调世界时。协调世界时(UTC)对应于格林尼治标准时间，与时区无关，不存在夏令时
服务器的时区	在运行系统中，显示服务器的当地时区。在单用户系统中，该时间对应于当地时区的时间。以 ISO 8601 格式显示当地时区时，与协调世界时一致

4. "REST 设置"选项卡

在"REST 设置"选项卡中，包含了使用的主机名称、本地端口和端口证书以及服务 URL 等默认设置，"REST 设置"选项卡如图 4-18 所示。

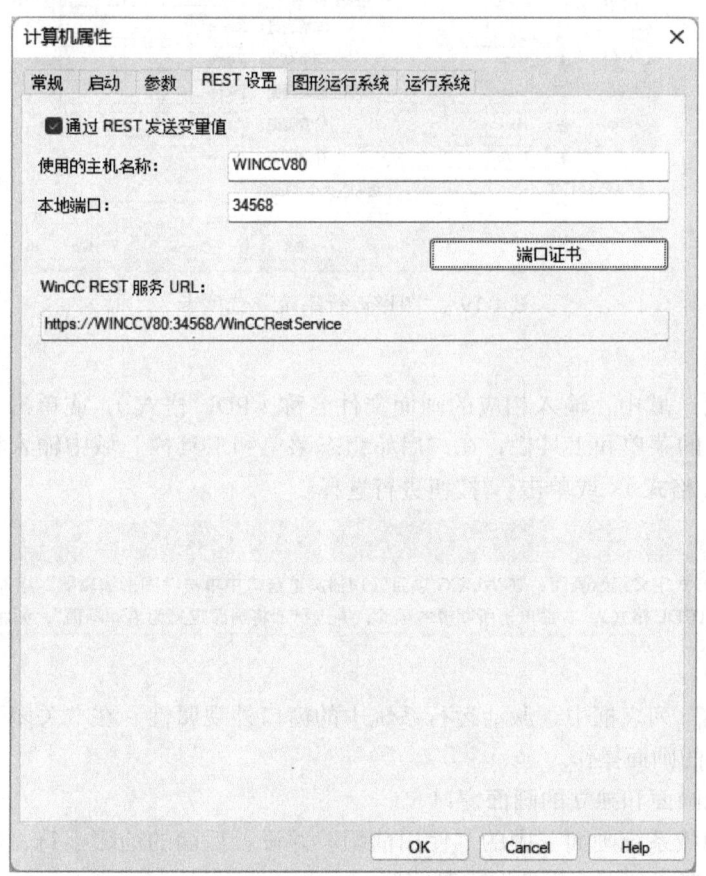

图 4-18 "REST 设置"选项卡

5. "图形运行系统"选项卡

在"图形运行系统"选项卡中，包含了画面和热键的默认设置，"图形运行系统"选项卡如图 4-19 所示。

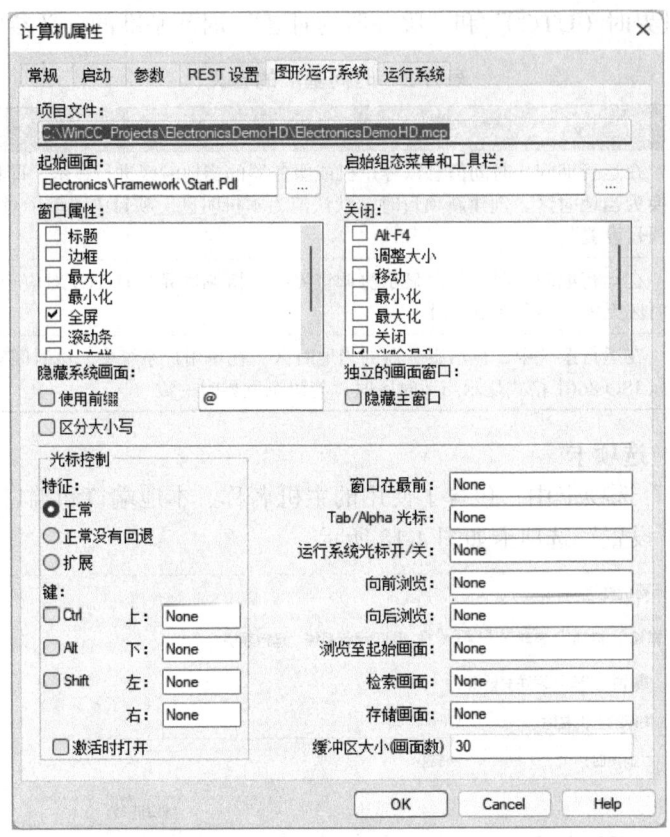

图 4-19 "图形运行系统"选项卡

（1）起始画面

在"起始画面"域中，输入相应的画面文件名称（PDL 格式），或单击 按钮进行选择。如果组态了自定义的菜单和工具栏，在"启始组态菜单和工具栏"域中输入相应的菜单和工具栏文件名称（MTL 格式），或单击 按钮进行选择。

> **提示**
>
> 也可以通过如下方式定义起始画面：在 WinCC 项目管理器浏览窗口中单击"图形编辑器"组件，数据窗口中将显示当前项目的所有画面（PDL 格式），右键单击所期望的画面，并选择"将画面定义为启动画面"，如图 4-20 所示。

（2）窗口属性

在"窗口属性"列表框中，激活运行系统中的窗口外观属性。在"关闭"列表框中，选择关闭占用大量内存的画面操作。

（3）隐藏系统画面和独立的画面窗口

如果激活"隐藏系统画面"中的"使用前缀"并设置后面的前缀字符，则所有以该前缀字符作为前缀的画面在"画面编辑器"中都将隐藏。

如果激活"隐藏主窗口"，则可使画面窗口在 WinCC 运行系统中以独立窗口的形式呈现。

（4）光标控制

在按表格形式排列对象的过程画面中，可定义光标控制光标和快捷键的行为，便于在没有鼠标的情况下通过键盘在对象之间进行切换。

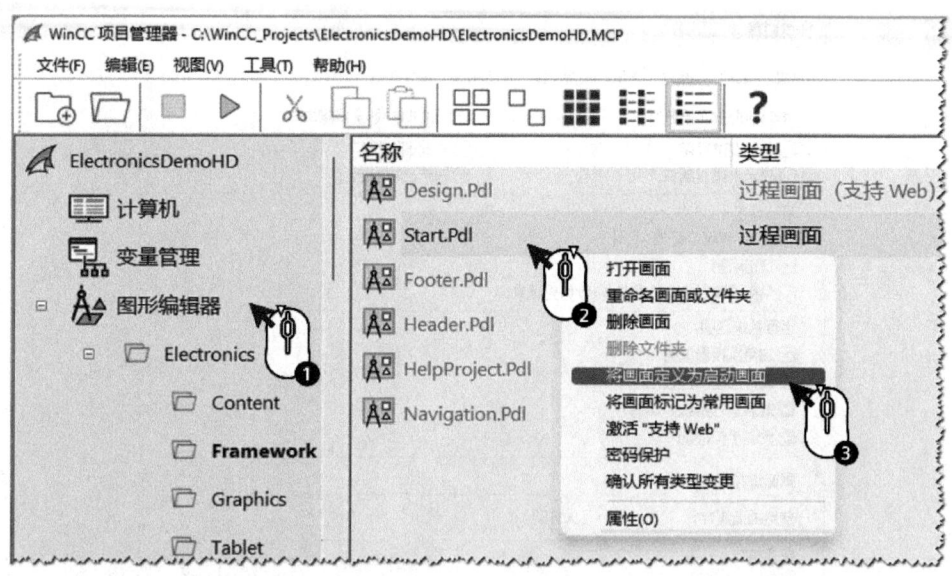

图 4-20 定义启动画面

（5）画面浏览热键

在某些情况下，无法使用鼠标控制 WinCC 运行时的过程画面和对象，这样就需要定义组合键，通过键盘对其进行操作。

1）窗口在最前：定义快捷键用于在主画面上的多个画面窗口之间进行切换，快捷键可激活下一画面窗口以便操作。

2）Tab 或 Alpha 光标：切换"光标模式"属性。该快捷键用于切换 Tab 顺序和 Alpha 光标，操作过程画面中的多个对象，这需要为画面对象组态两种类型的光标顺序。

> **提示**
> 在画面编辑器中，通过菜单"编辑 >TAB 顺序→ Alpha 光标 / Tab 顺序"分别设定两种不同的对象切换顺序。

6."运行系统"选项卡

在"运行系统"选项卡（见图 4-21）中对运行系统进行某些特定的附加功能的设置。

（1）VB 脚本的调试选项

如果激活"启动调试程序"功能，则在运行系统中启动第一个 VB 脚本时，调试程序将启动。在项目调试阶段，该功能会加快故障排除的速度。

如果激活"显示出错对话框"功能，当 VB 脚本出错时将显示带有相关错误信息的警告对话框。可使用出错对话框中的按钮启动调试程序。

> **提示**
> 如果需要调试程序和排除故障，就必须安装 Visual Basic 的调试程序。具体的信息请参考第 14 章。在运行系统中激活调试程序时，会显示警告信息，但不会影响脚本执行。

（2）设计设置

设计设置要求使用建议的计算机硬件设备。通过关闭全局设计的部分功能，可以缩短计算机的响应时间。

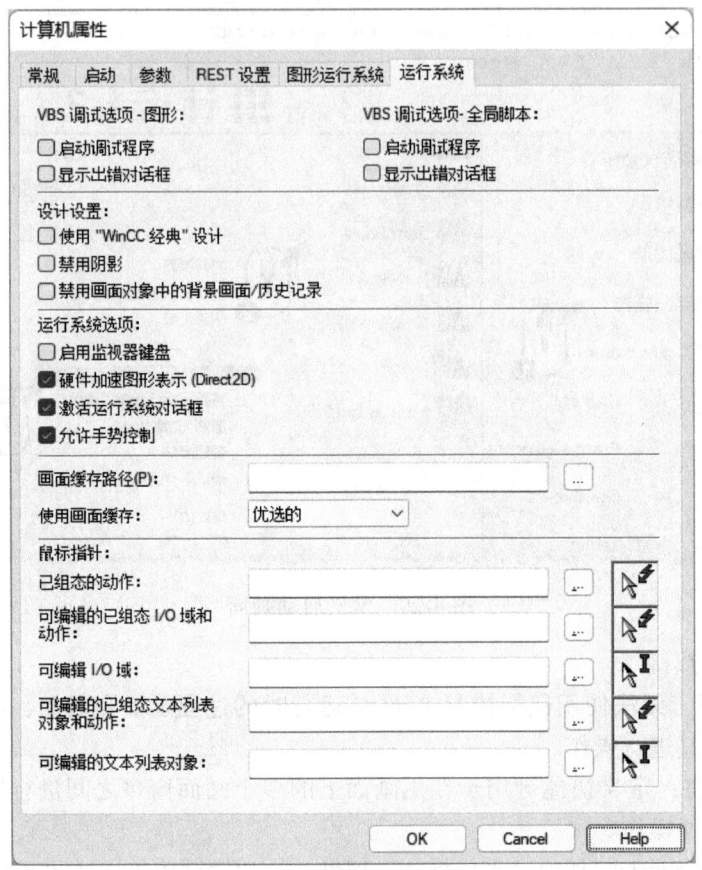

图 4-21 "运行系统"选项卡

1)使用"WinCC 经典"设计：无论在项目属性中的设置如何，WinCC 运行系统均以 WinCC 经典设计形式显示。并非所有 WinCC 画面中的对象都能用于 WinCC 经典设计中。

2)禁用阴影：在过程画面中，关闭对象的阴影效果。

3)禁用画面对象中的背景画面/历史记录：关闭背景画面和颜色渐进效果。

（3）运行系统选项

1)启用监视器键盘：激活"启用监视器键盘"复选框会在启动 WinCC 运行系统的同时激活虚拟键盘。

2)硬件加速图形表示（Direct2D）：Direct2D 用于显示图形效果和阴影，随着计算机硬件技术的不断提高，建议选择激活此选项。

3)激活运行系统对话框：可在运行系统中通过系统对话框快速切换画面和语言。

4)允许手势控制：可在运行系统中启用所有手势，其中包括"向左"、"向右"和"向下"等触控操作的滑动手势。

（4）画面缓存

为了显示运行系统画面，WinCC 客户机通常会访问 WinCC 服务器，并从中调用当前画面。为了降低 WinCC 服务器和网络负荷，可以使用"画面缓存"将 WinCC 服务器的画面存储在 WinCC 客户机上。该选项只对与 WinCC 服务器相连的 WinCC 客户机有意义，WinCC 客户机无须每次都加载 WinCC 服务器画面上的对象，而只是刷新这些对象中的数据。

"使用画面缓存"选项（见表 4-3）字段提供以下选项。

表 4-3 "使用画面缓存"选项

选项	功能
从不触发	不使用画面高速缓存
优选的	从服务器读取更改的画面，从画面高速缓存读取未更改的画面
总是	始终从画面高速缓存读取画面

（5）鼠标指针

使用"鼠标指针"组态操作 WinCC 运行系统的光标显示样式。使用 ▬ 按钮打开文件选择对话框，浏览并选择相应的光标。默认的鼠标指针已经显示在 ▬ 按钮的右侧。

4.2.5 设置全局设计

当项目组态完毕，启动 WinCC 运行系统时，除了"计算机属性"对话框中指定的设置外，还需遵循"项目属性"对话框中指定的设置。

在 WinCC 项目管理器的浏览窗口中右键单击项目名称，打开"项目属性"对话框，如图 4-22 所示。

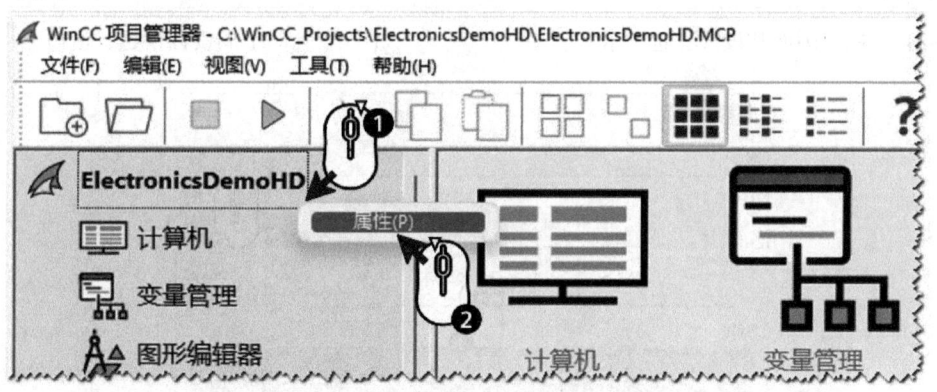

图 4-22 打开"项目属性"对话框

切换到"用户画面和设计"选项卡中，如图 4-23 所示。

为方便用户在 WinCC 项目运行时的对象以统一的风格样式显示所有对象，系统提供了许多用于更改项目在运行系统中的显示方式的选项。可以从一系列预定义和自定义的设计方案中选择，所有设计方案均包含颜色、图案和其他光学效果。

单击"激活设计"的"编辑"按钮，打开"全局设计设置"窗口，如图 4-24 所示。

WinCC 为项目提供了七种默认设计（图标右上角有锁型标志），不能修改。除了系统提供的设计之外，可创建、编辑、重命名和删除自定义的设计。

1. 创建和编辑设计

可预先选择某种系统设计，再单击 ▬ 按钮添加新设计，新设计即以该系统设计作为模板，该设计的对象预览效果显示在"预览"框中，创建设计如图 4-25 所示。

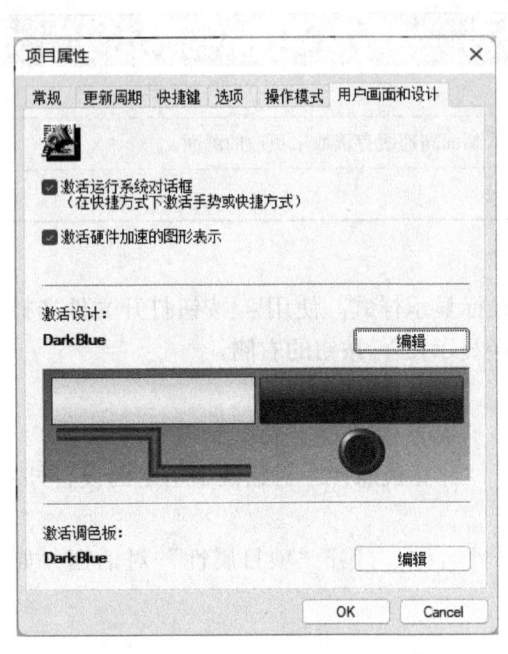

图 4-23 "用户画面和设计"选项卡

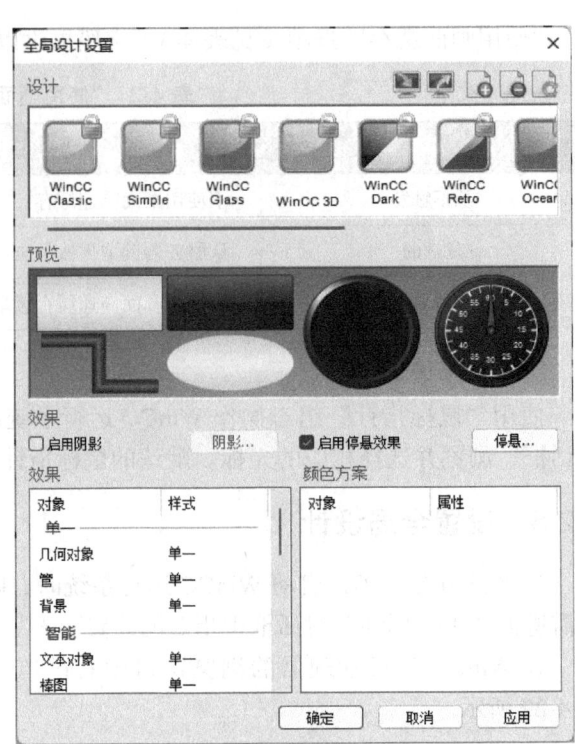

图 4-24 "全局设计设置"窗口

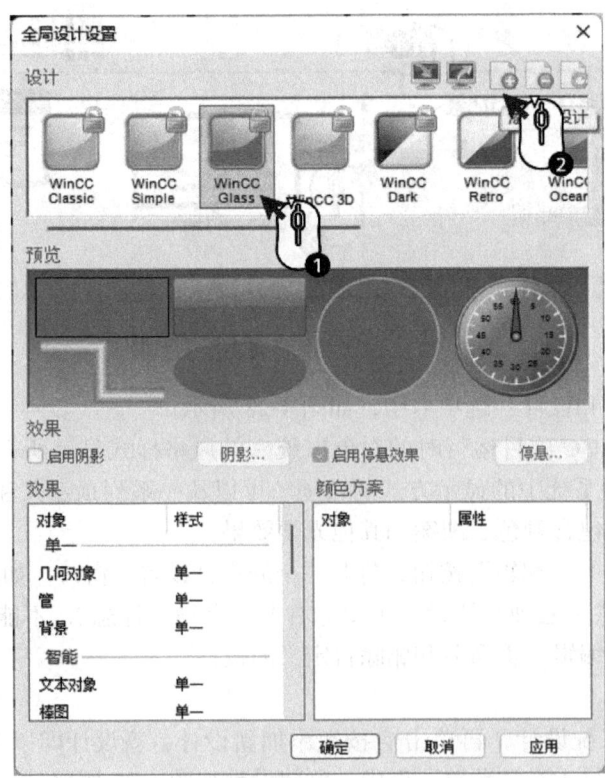

图 4-25 创建设计

(1) 阴影效果

新建设计后,激活"启用阴影",然后单击"阴影"按钮,打开"阴影设置"对话框,设置阴影偏移量和阴影颜色,如图 4-26 所示。

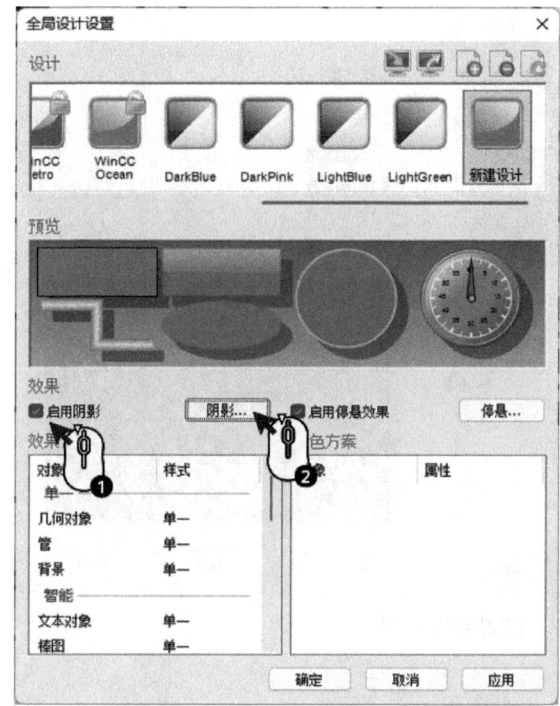
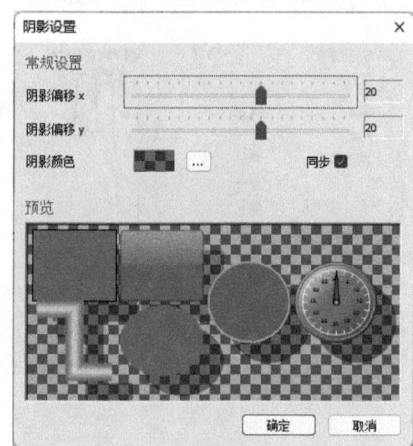

图 4-26　设置阴影偏移量和阴影颜色

选中"同步"复选框时,x 轴和 y 轴方向上的偏移量始终保持相同。

(2) 悬停效果

悬停效果是指鼠标指针停留在对象上方时,对象所临时改变的显示状态。激活"启用停悬效果",然后单击"停悬"按钮,打开"停悬效果设置"对话框,设置所需悬停效果,如图 4-27 所示。

1) 增加亮度:当鼠标指针移到对象上方时,整个对象会变得更明亮。
2) 内部发光:当鼠标指针移到对象上方时,对象内部以选定颜色发光。
3) 外部发光:当鼠标指针移到对象上方时,对象边缘以选定颜色发光。

(3) 画面对象的样式和颜色方案

在"效果"列表中为不同的对象选择相应的样式,并在"颜色方案"列表中为不同的对象选择相应的颜色(输入透明度的百分比和 RGB 的数值)和填充图案,设置对象的样式和颜色如图 4-28 所示和设置对象的样式和填充图案如图 4-29 所示。

> **提示**
>
> 画面对象的属性默认为全局设计设置。如果通过全局设计设置了某个属性,例如图 4-29 中"效果 > 单一 > 几何对象"的"颜色方案"的填充颜色为红色,则即使将画面中的"矩形"对象的填充颜色改为绿色(静态),或设置值为 RGB 数值的变量(动态),而在运行时画面中"矩形"的填充颜色依然保持全局设计设置的红色。为启用所组态对象的静态和动态属性,可以在画面编辑器中的对象属性中禁用对象的全局阴影和全局颜色方案,如图 4-30 所示。

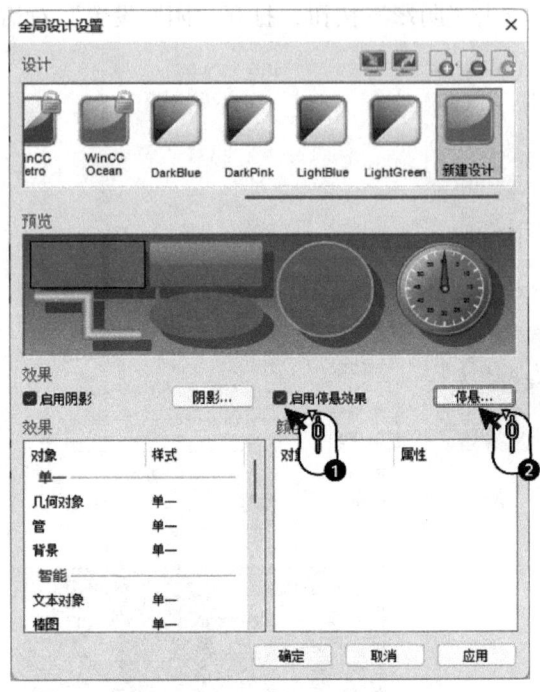
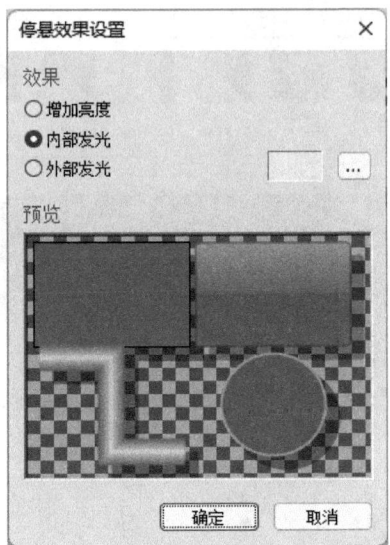

图 4-27　设置悬停效果

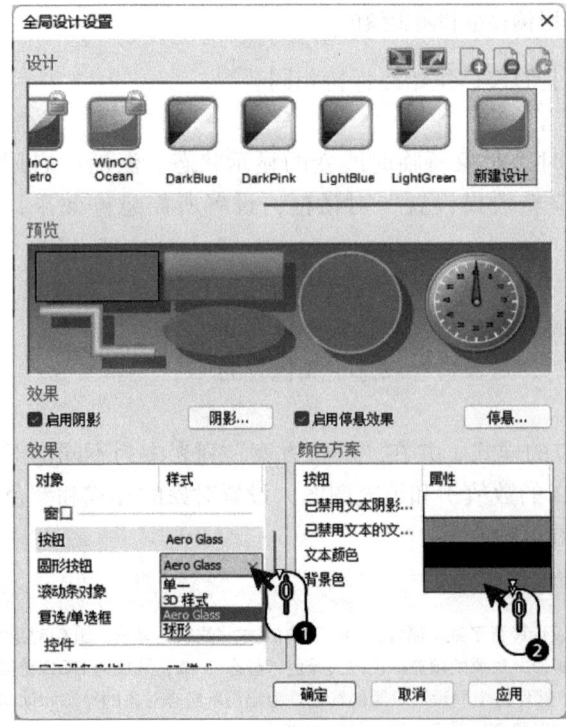
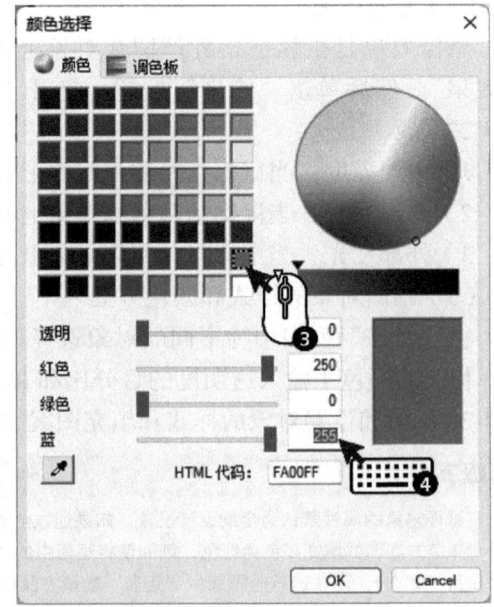

图 4-28　设置对象的样式和颜色

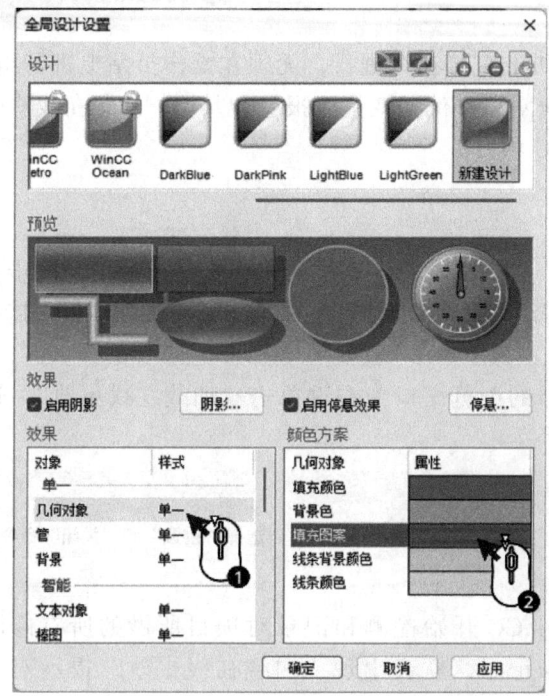
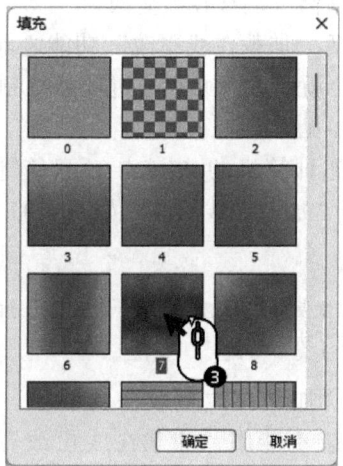

图 4-29 设置对象的样式和填充图案

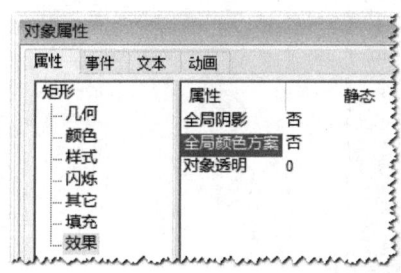

图 4-30 禁用对象的全局阴影和全局颜色方案

2. 导出和导入设计

单击 ![] 按钮导出相应的设计，以供其他项目使用。

单击 ![] 按钮导入相应的设计。

4.2.6 加载在线更改

1. 概述

在项目实施的某些阶段，例如前期调试或后期维护期间，通常会发现需要对现有的 WinCC 项目进行在线修改，也就是在不退出项目运行的情况下，在激活的项目中立即应用所做的修改。为了简化组态过程和缩短停机时间，需要事先将一台或多台计算机上运行的 WinCC 项目集中复制到一台计算机上统一进行修改。组态和测试完毕后将修改结果同步更新到一台或多台计算机上运行的项目中，这就需要使用"加载在线更改"功能。在之后的描述中，用于集中进行 WinCC 组态的计算机被称作组态计算机（即工程师站），用于在其上激活 WinCC 运行系统的计算机被称作操作员站。

对于项目的所有修改都在组态计算机上直接在线进行,无须在操作员站上进行组态修改。在线修改包括添加、编辑和删除运行系统对象,例如变量、报警和归档,加载在线修改的过程中并不需要取消激活操作员站上的 WinCC 项目。

2. 基本操作

(1) 激活"加载在线更改"

在激活"加载在线更改"功能之前,必须将组态计算机和操作员站上的项目同步到同一项目状态,也就是说,必须通过项目复制将组态计算机和操作员站上的 WinCC 项目保持一致,具体的步骤参见 4.4 节。

在组态计算机的 WinCC 项目管理器的浏览窗口中右键单击"加载在线更改",选择"打开",打开"加载在线更改"如图 4-31 所示。

> **提示**
> 如果首次使用"加载在线更改"功能,上述的"打开"命令可能不可用,可以选择"重置"和"关闭"命令取消"加载在线更改"功能,再选择"打开"命令。

激活"加载在线更改"功能后,WinCC 开始检测和记录对项目所做的所有修改。如果所做的修改不能用"加载在线更改"来记录,就会出现"加载在线更改"提示对话框,如图 4-32 所示。

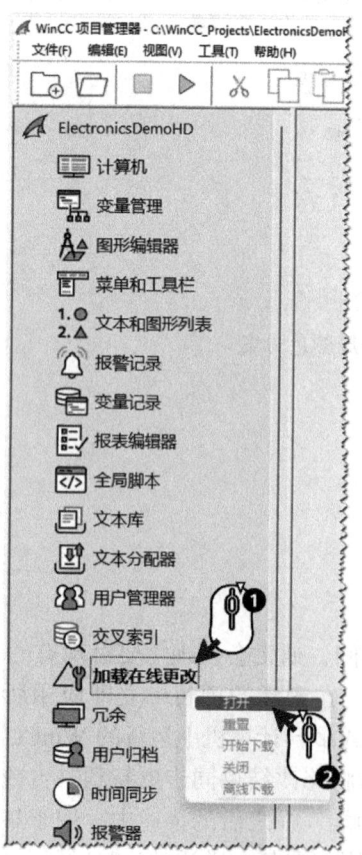
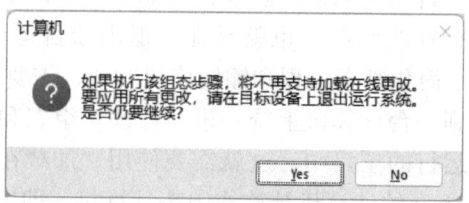

图 4-31 打开"加载在线更改"　　　　图 4-32 "加载在线更改"提示对话框

此时，如果需要保留已有在线修改的组态，则选择"No"放弃该组态步骤，然后执行下载"加载在线更改"；否则选择"Yes"，在没有"加载在线更改"功能的情况下继续修改组态，这样一来，为使修改的组态生效，需要停止操作员站上的 WinCC 项目的运行，将组态计算机上的项目复制到操作员站之后再重新运行。

（2）下载"加载在线更改"

在下载"加载在线更改"前，必须在组态计算机上测试修改后的项目，确保该项目能够正常运行。同时必须关闭组态计算机上的所有 WinCC 编辑器。

如果需要在操作员站上运行的项目中应用"加载在线更改"功能所记录的组态修改，在组态计算机上的 WinCC 项目管理器的浏览窗口中右键单击"加载在线更改"，选择"开始下载"，下载"在线更改"如图 4-33 所示。

然后在"加载在线更改"对话框中通过单击  按钮导航或直接输入操作员站的计算机名称，"加载在线更改"的输入对话框如图 4-34 所示。

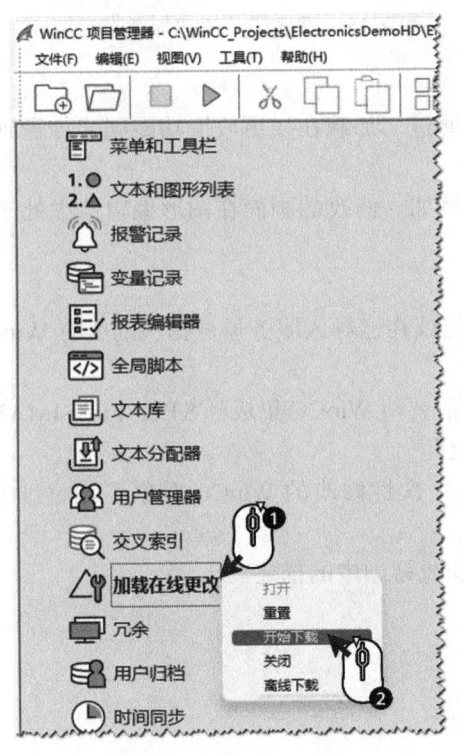

图 4-33 下载"在线更改"

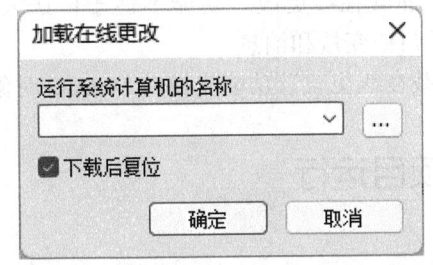

图 4-34 "加载在线更改"的输入对话框

单击"确定"按钮后启动下载。在弹出的"加载在线更改"的进程对话框中包含两个进度条，分别反映整个下载的进度和当前操作的进度。如果之前已选中"下载后复位"复选框，则在"加载在线更改"之后进行复位，即删除之前所有记录的组态修改。下载完毕后，单击"确定"按钮，关闭该进程对话框。

> 提示
>
> 如果修改的项目是多用户项目，在下载"加载在线更改"之后，操作员站上会重新生成服务器数据包，客户机利用服务器数据包自动更新功能将所做的更改作为数据包导入和加载。如果要下载"加载在线更改"到多个操作员站，需要禁用"下载后复位"复选框。

这样就将修改后的组态信息从组态计算机传送到操作员站，操作员站的 WinCC 项目将在运行系统中进行更新。

（3）复位"加载在线更改"

以下两种方式均可复位"加载在线更改"功能：

1）重置：删除该功能记录的全部组态修改，这样可以避免将不需要的组态传送给操作员站。

2）关闭：删除该功能记录的全部组态修改后，关闭"加载在线更改"功能。

在组态计算机上的 WinCC 项目管理器的浏览窗口中右键单击"加载在线更改"，选择"重置"或"关闭"。单击"是"进行确认。所有记录的组态修改在"加载在线更改"功能中均将删除，不能再下载到操作员站，重置或关闭"加载在线更改"如图 4-35 所示。

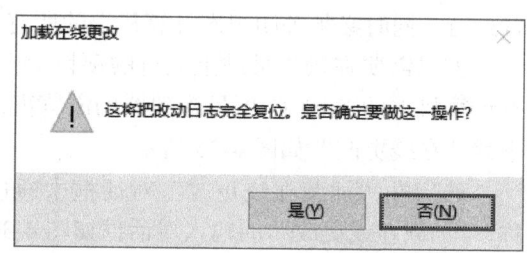

图 4-35　重置或关闭"加载在线更改"

3. 使用限制

并非所有的对于项目的修改都可以从组态计算机通过"加载在线更改"功能同步传送到操作员站。基本限制如下：

1）"加载在线更改"不能传送任何打开的文件。例如，修改的画面在图形编辑器中处于打开状态。

2）组态计算机上的项目不能处于运行状态。

3）对于操作员站上运行的 WinCC 服务器项目，建议在已导入服务器数据包的所有 WinCC 客户机上打开相应的 WinCC 服务器项目。

4）在 WinCC 冗余系统中使用"加载在线更改"，需要将 WinCC 集成到 STEP 7 的 SIMATIC 管理器中，且仅需对主服务器启动下载"加载在线更改"。

5）"加载在线更改"功能不适于传送大量数据，一次性修改的 WinCC 对象不能超过 500 个变量、归档变量和消息。

"加载在线更改"功能支持的 WinCC 对象请参考在线帮助中的描述。

4.3　项目运行

4.3.1　启动 WinCC 运行系统

激活 WinCC 项目，就是按照之前设置的计算机属性和项目属性启动 WinCC 运行系统。启动 WinCC 运行系统有以下几种方式。

1. WinCC 项目管理器的工具栏

在 WinCC 项目管理器中打开所需的项目，单击工具栏按钮 ▶，"激活"对话框随即打开，显示将要启动的应用程序。

2. WinCC 项目管理器的菜单栏

打开 WinCC 项目管理器的菜单栏中的"文件 > 激活"命令，之后"激活"命令旁显示复选标记。

3. 打开 WinCC 项目管理器

如果已经激活了 WinCC 项目，在关闭 WinCC 项目管理器之前，未取消激活该 WinCC 项目，则再次打开 WinCC 项目管理器时，原项目将在 WinCC 运行系统中再次激活。

> **提示**
> 为避免上述情况发生，当启动 WinCC 时，同时按下"CTRL + SHIFT"组合键，并保持按下状态不动，直到在 WinCC 项目管理器中完全打开和显示项目。如果在启动 WinCC 时同时按下"ALT + SHIFT"组合键，既不会打开任何项目，也不会启动 WinCC 运行系统。

4. 图形编辑器

在"图形编辑器"中直接运行当前打开的画面，也可以启动 WinCC 运行系统。如果 WinCC 运行系统已经打开，则该画面将取代当前正在显示的 WinCC 运行系统画面。

可使用菜单"文件 > 激活运行系统"命令或单击工具栏 ▶ 按钮以启动 WinCC 运行系统。

4.3.2 设置自动启动

在 WinCC 项目投入运行之后，可以设置在操作系统启动并登录后，直接进入 WinCC 运行系统。无须打开 WinCC 项目编辑器，从而避免操作员在组态环境下的误操作。

在 Windows 开始菜单的"Siemens Automation>AutoStart"，打开"AutoStart 组态"对话框。系统默认显示本地计算机的自动启动设置，自动启动组态如图 4-36 所示。

图 4-36 自动启动组态

> **提示**
> 除上述的"AutoStart 组态"对话框外,也可以在 WinCC Configuration Studio 中设置计算机的自动启动,具体的操作参见 4.5 节任务实现中的步骤 19。

1. 选择计算机和 WinCC 项目

如果设置本地计算机上的 WinCC 项目的自动启动,则单击"本地计算机"按钮;如果设置其他计算机上的 WinCC 项目的自动启动,则输入计算机名称,或单击 ... 按钮选择网络路径中的计算机。可单击"读取组态"显示已选计算机的当前已组态的 WinCC 项目的自动启动信息。

单击"WinCC 项目"框旁的 ... 按钮,选择所需要的项目,项目文件及其完整路径将输入框中,项目类型将显示在路径下。

2. 组态自动启动设置

组态自动启动的设置,自动启动选项的描述见表 4-4。

表 4-4 自动启动选项

自动启动设置	Windows 系统启动时的动作
自动启动激活	• WinCC 启动 • 在 WinCC 项目管理器中打开项目 • 如果上次退出时已激活项目,则 WinCC 运行系统启动
启动时激活项目	• WinCC 启动 • WinCC 项目管理器不打开 • 在 WinCC 运行系统中启动项目 如果在客户机的自动启动组态选中复选框"启动时激活项目",而同时该服务器在网络中存在且可用,则将先激活该服务器项目,随后再激活客户机项目
激活时允许"取消"	如果项目已在 WinCC 运行系统中启动,则可以使用"取消"按钮将其取消激活
禁止在启动时访问操作系统	Windows 系统启动后,会立即显示 WinCC 欢迎屏幕,Windows 桌面不可见。只有激活 WinCC 项目后,才能与 PC 交互 如果在启动列表中禁用了"图形运行系统"组件,则激活 WinCC 运行系统后,起始画面将隐藏,并显示 Windows 桌面 可选择用户自定义的图像作为 WinCC 欢迎屏幕的背景画面 要求: • 图像格式:*.PNG • 文件名称和建议大小: "SplashBackground.png"(1680×1050 像素) 将图像文件复制到以下文件夹: • PC 特定: < 安装路径 >\WinCC\bin\AutoStartSplash • 项目特定: < 项目路径 >\GraCS\AutoStartSplash
不含自身项目的客户端登录/密码	• WinCC 启动 • 打开 WinCC 项目时,应用"多用户项目"中的系统设置 • 使用相应的 WinCC 用户和密码自动登录 • 指定的用户需要具备 WinCC 系统的"远程组态"权限才能在自身没有项目的客户端上自动启动

（续）

自动启动设置	Windows 系统启动时的动作
Windows 用户自动登录	• WinCC 启动 • 打开 WinCC 项目时，应用"多用户项目"中的系统设置 • 使用相应的 Windows 用户自动登录
备选/冗余项目	如果希望以自动启动的方式启动有冗余服务器的客户端，则也需要将备选/冗余项目输入到自动启动组态中 • 如果主服务器不可用，则备用服务器项目将随后启动 • 如果使用冗余服务器，会交替寻址主服务器和备用服务器，直至连接已激活的服务器项目 在冗余伙伴上复制项目之后，需要调整目标计算机上的自动启动组态。"项目复制器"在复制时传送源计算机的计算机名称和设置

3. 取消自动启动设置

取消激活"自动启动激活"和"启动时激活项目"选项。WinCC 项目将从自动启动中删除，但项目路径仍然在"WinCC 项目"框中保留。单击"删除输入字段"按钮，完全移除 WinCC 项目的自动启动设置。

4.3.3 设置服务模式

从 WinCC 项目在操作系统中运行的方式上看，可将 WinCC 项目组态为标准项目或服务项目。

1. 标准项目

标准项目是指用户必须先在计算机上登录，才能够运行 WinCC 运行系统。即在运行系统中可进行交互式用户操作。这也是实际项目中常规的组态方式。

标准项目的启动步骤是用户先登录到操作系统，通过手动或自动的方式启动 WinCC 运行系统，然后 WinCC 运行系统将保持激活状态，直到用户退出 WinCC 运行系统或从操作系统注销，此后 WinCC 运行系统终止。

2. 服务项目

服务项目是指在没有用户登录到计算机时，也可以在计算机上以服务的方式运行 WinCC 运行系统。在装有 Windows Server 操作系统的 WinCC 服务器上，WinCC 运行系统可作为服务项目运行。而在具有或不含自身项目的 WinCC 客户机上，进行对服务器项目的用户交互式操作。

例如，WinCC 服务器项目部署在无人值守的服务器计算机上。在操作系统正常启动后，或在服务器计算机因故障宕机而重新启动操作系统后，用户不登录操作系统的情况下，WinCC 服务器项目作为操作系统的后台服务开始运行。对于项目的操作，由操作员在 WinCC 客户机上进行。

> **提示**
> 服务项目的启动需要在 WinCC 自动启动中设置。

对于服务项目，WinCC 运行系统将作为服务的启动过程，如图 4-37 所示。

在项目属性中指定该项目作为服务项目运行，默认设置为作为标准项目运行。在 WinCC 项目管理器的浏览窗口中右键单击项目名称，并在快捷菜单中选择"属性"(Properties) 打开"项目属性"对话框，如图 4-22 所示。

切换到"操作模式"选项卡，如图 4-38 所示。

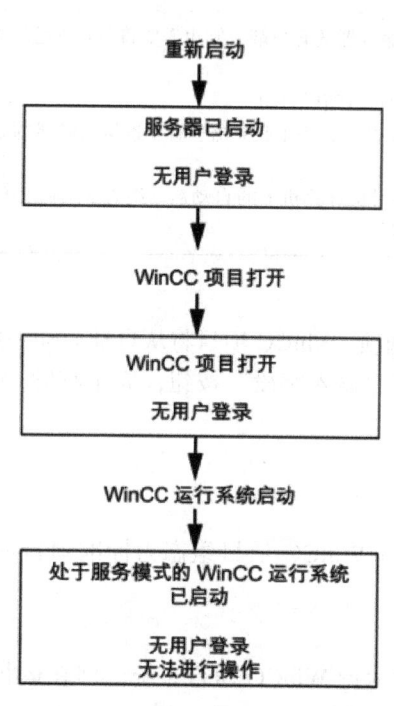

图 4-37　服务项目的启动过程

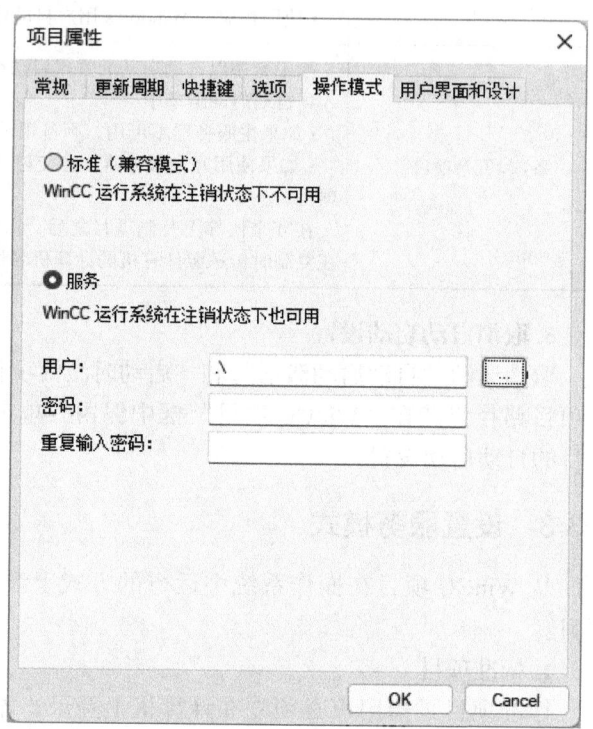

图 4-38　操作模式

启用"服务"选项，输入操作系统的用户和相应的密码。该用户必须是网络中所有 WinCC 系统相关计算机上的本地"SIMATIC HMI"用户组的成员，且该用户的密码在所有计算机上都必须相同。为保证 WinCC 服务项目的无中断运行，已组态的操作系统用户的密码不可更改且不能过期。这需要在设置操作系统用户属性时激活选项"用户不能更改密码"和"密码永不过期"，否则需要在"操作模式"中重新设置用户密码。

> **提示**
> 对于服务项目，在 C 脚本和 VB 脚本中不能调用需要交互操作的输入和消息框，也不能手动添加附加程序和任务到启动列表。

4.4　项目复制

使用项目复制器可以将项目复制到本地或另一个计算机上。

在 Windows 开始菜单的"Siemens Automation > Project Duplicator"，打开"WinCC 项目复制器"组态对话框，如图 4-39 所示。

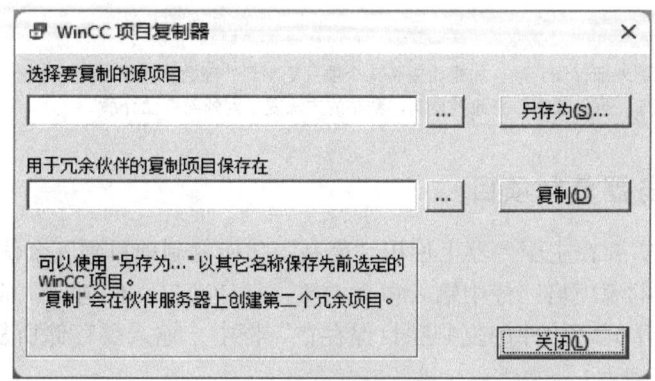

图 4-39 "WinCC 项目复制器"组态对话框

复制前必须先关闭要复制的源项目，且当前操作系统用户对项目复制的目标文件夹具有写访问的权限。

4.4.1 另存项目

在下列情况下，可以使用"另存为 ..."功能复制项目。
1）希望在多台计算机上编辑同一项目。
2）希望在多台计算机上的多用户系统中运行项目。
3）希望编辑项目并使用下载在线更改功能。
4）希望将项目进行备份归档。

在"选择要复制的源项目"域中输入包含完整路径的项目文件名称，或单击 按钮搜索所需项目文件。单击"另存为 ..."按钮，打开"保存一个 WinCC 项目"对话框，如图 4-40 所示。

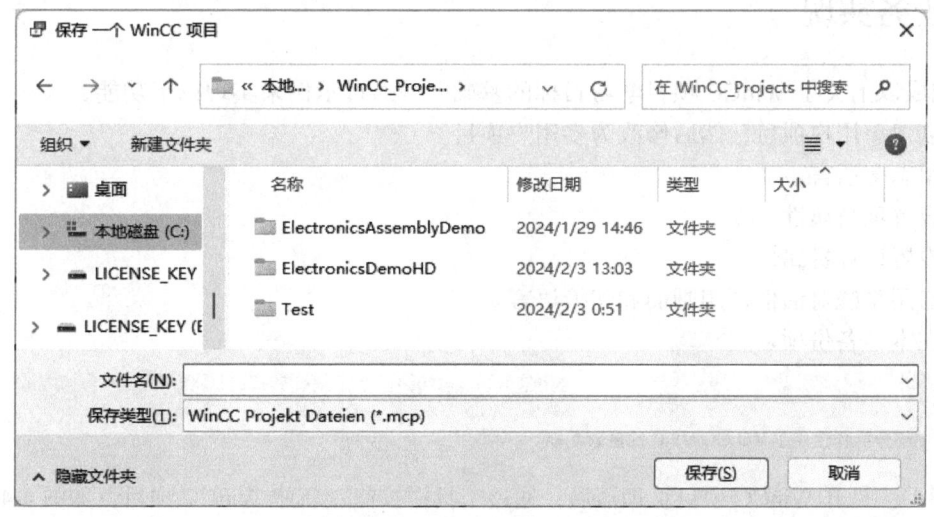

图 4-40 "保存一个 WinCC 项目"对话框

选择项目复制目标文件夹，在"文件名"域中输入项目名称。"另存"功能仅复制 WinCC 项目的组态数据，不包括之前运行的历史数据。如果需要在线备份 WinCC 项目的运行历史数据，需要使用 WinCC 的附加件 PM-Addon CopyProject 实现。

> **提示**
> 不能直接将项目复制到外部存储介质。如果希望将某个项目复制到外部数据介质上进行备份，则应先使用项目复制器将该项目另存到本地文件夹，再将该文件夹通过复制、粘贴的方法复制到外部存储介质。

4.4.2 为冗余服务器复制项目

对于冗余项目，需要在主服务器上使用"复制"功能复制项目到冗余伙伴服务器。

在"选择要复制的源项目"框中输入包含完整路径的项目文件名称，或单击 按钮搜索所需项目文件。在"用于冗余伙伴的复制项目保存在"框中，输入要存储所复制项目的路径，或通过单击 按钮进行搜索。

复制后，"项目复制器说明"窗口将打开，WinCC 提示仍需检查的设置。

如果编辑冗余项目，某些组态不能用"加载在线更改"功能来保存和同步，这就需要使用项目复制器将项目复制到冗余服务器，从而实现在项目运行和操作期间对冗余服务器上的项目进行更新。

下面介绍如何在具有两个服务器 Server1 和 Server2 的冗余系统中使用该功能。

步骤 1：在 Server1 上退出运行系统，并关闭项目。

步骤 2：在 Server2 上于运行期间进行组态更改，并保存这些更改。

步骤 3：在 Server2 上启动项目复制器，使用"复制"按钮，将 Server2 上的项目复制到 Server1 项目的目标文件夹，并将源项目覆盖。

步骤 4：在 Server1 上打开项目，检查之前在 Server2 上进行的组态更改。启动运行系统，等待进行冗余同步。

4.5 任务实现

在完成以上关于 WinCC 项目学习目标的基础上，通过示例来实现以下功能：

1）创建单用户项目，然后修改为多用户项目。
2）组态多语言。
3）设置项目属性。
4）设置计算机属性。
5）启用系统对话框调用画面和切换语言。
6）在本地备份项目。

> **提示**
> 示例中部分操作使用了 WinCC V8.0 的更新功能。

步骤 1：打开 WinCC 项目管理器后，通过工具栏按钮 新建 WinCC 项目，如图 4-41 所示。

步骤 2：设置项目的类型为"单用户项目"，输入项目名称，选择项目路径，创建新项目如图 4-42 所示。

步骤 3：在 WinCC 项目管理器中打开"文本库"编辑器。右键单击"文本库"，在快捷菜单中选择"添加语言"（见图 4-43）或"删除语言"（见图 4-44），添加或删除相应的语言，使得文本语言仅包含"英语"和"中文"。

第 4 章 使用项目 | 97

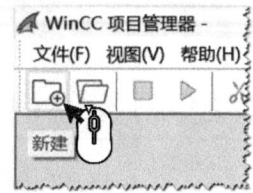

图 4-41 新建 WinCC 项目

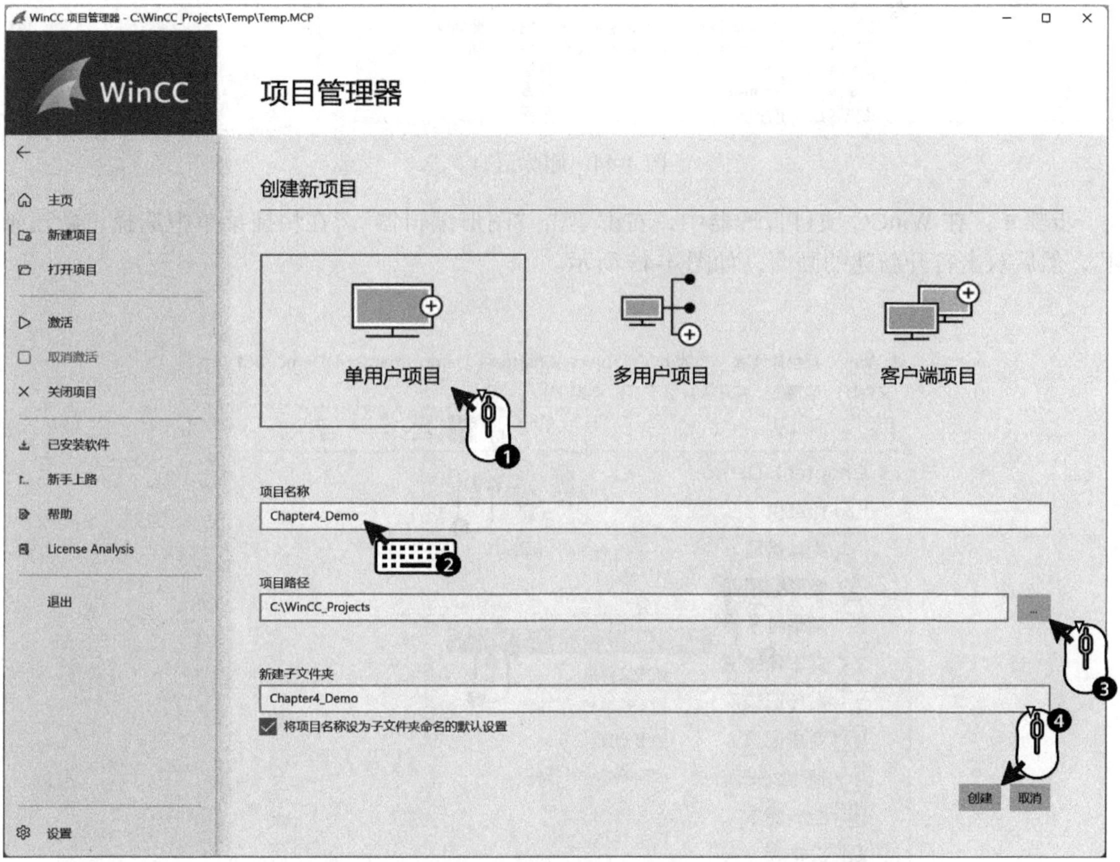

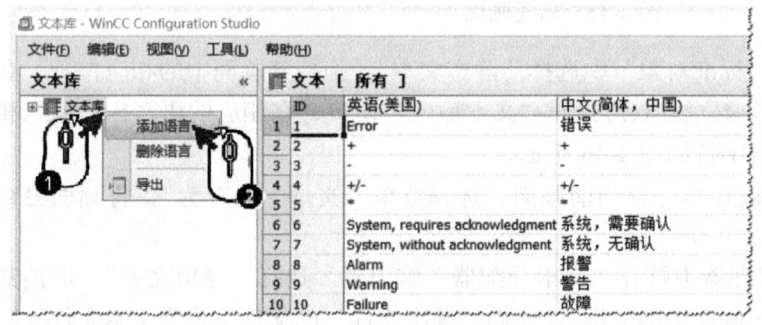

图 4-42 创建新项目

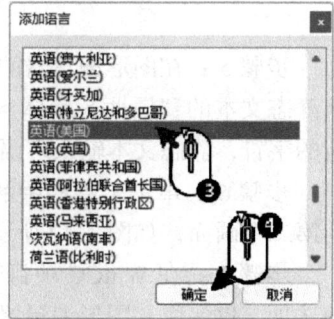

图 4-43 添加语言

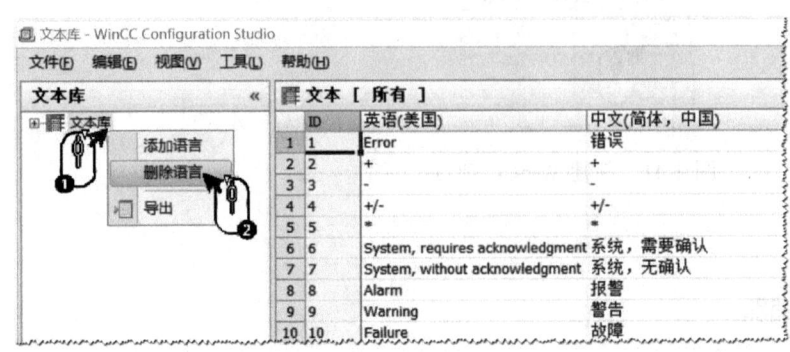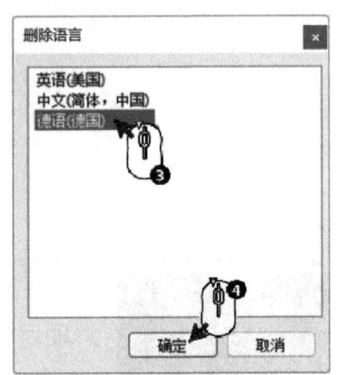

图 4-44 删除语言

步骤 4：在 WinCC 项目管理器中，右键单击"图形编辑器"。在快捷菜单中选择"新建画面"，然后双击打开新建的画面，如图 4-45 所示。

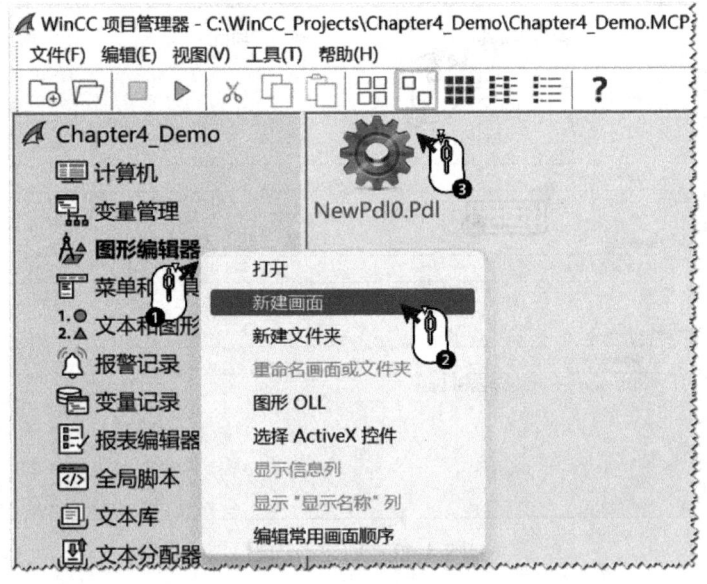

图 4-45 新建画面

步骤 5：在图形编辑器的"标准对象"中选择"静态文本"，拖拽到画面中的相应位置。在该静态文本的"属性 > 字体 > 文本"上双击打开"文本输入"窗口，在相应的语言栏中输入相应的字符，静态文本输入多语言字符如图 4-46 所示。

步骤 6：单击工具栏中的 ■ 按钮保存当前画面。选择菜单"文件 > 另存为"，将画面另存为第二个画面，如图 4-47 所示。

步骤 7：在 WinCC 项目管理器中打开"文本分配器"编辑器。选择"导出文本"，取消其他选项，仅保留"图形编辑器 > 画面中的文本"。选择"导出文件"的文件格式为文本文件，导出文本如图 4-48 所示。

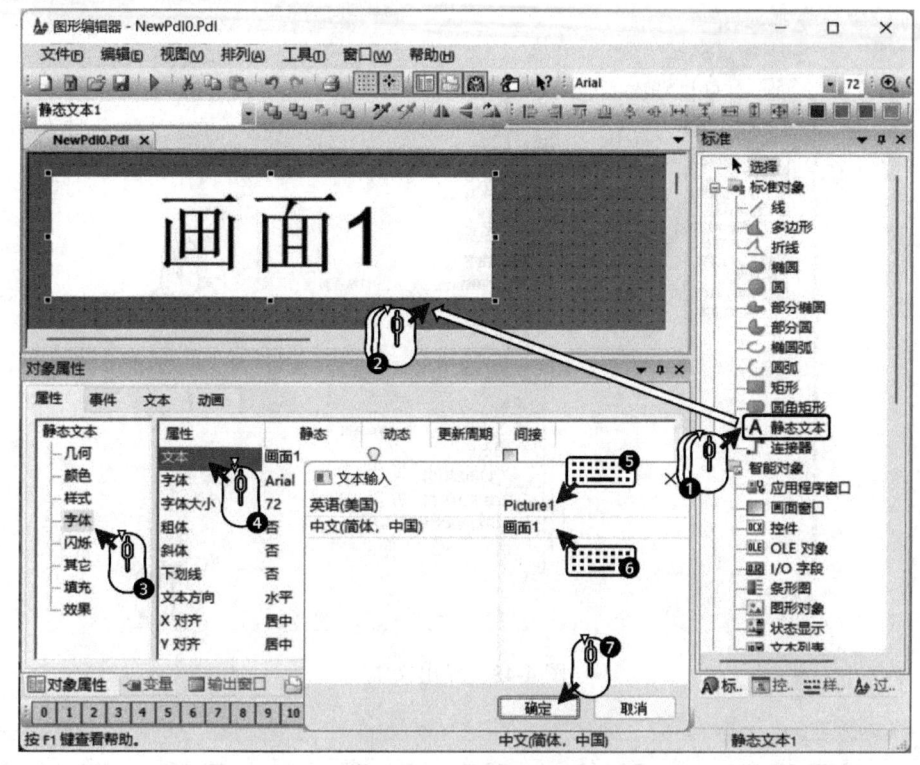

图 4-46 静态文本输入多语言字符

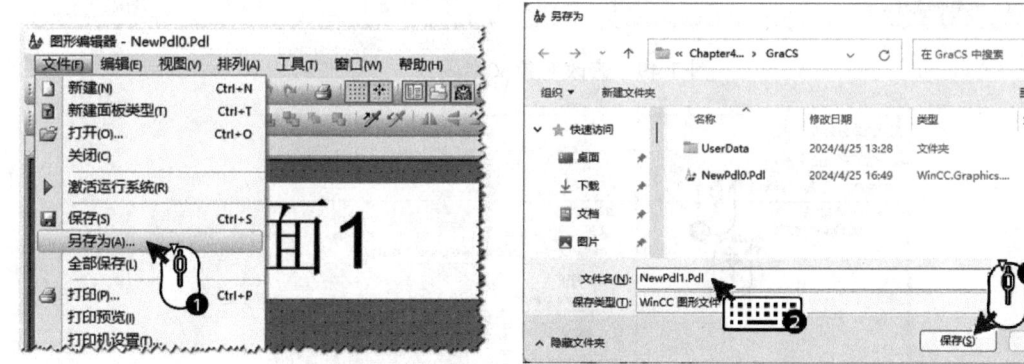

图 4-47 画面另存为第二个画面

> **提示**
>
> 导出的文件格式还可以选择 CSV 文件，以便在 Excel 中分列后进行编辑。如果需要导出的画面数量固定，则可以激活"选择画面"，选择相应的画面；如果需要导出的画面对象过多，则可以激活"每个画面一个文件"。如果并非编辑导出的所有语言，则可以激活"选择语言"，选择相应的语言。

步骤 8：使用 Excel 打开导出的文件 <项目>_GraphicsDesigner.txt，修改另存画面中的静态文本的多语言字符和字体等信息，修改对象文本属性如图 4-49 所示。

步骤 9：在 WinCC 项目管理器中打开"文本分配器"编辑器。选择"导入文本"，选择"导入文件"的"文件格式"为文本文件，选择"图形编辑器 > 画面中的文本"，如图 4-50 所示。

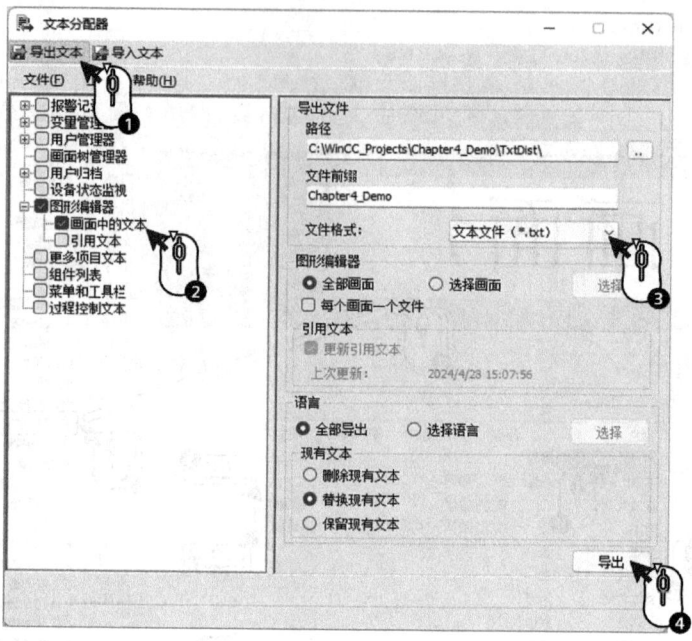

图 4-48 导出文本

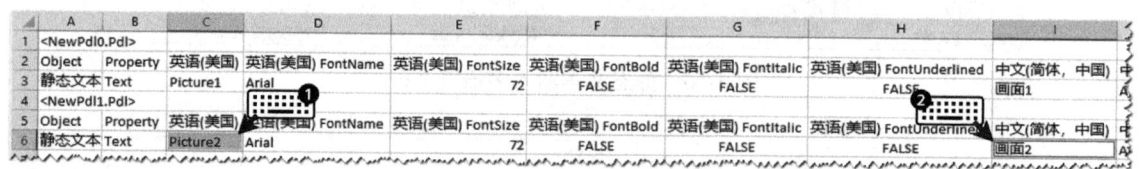

图 4-49 修改对象文本属性

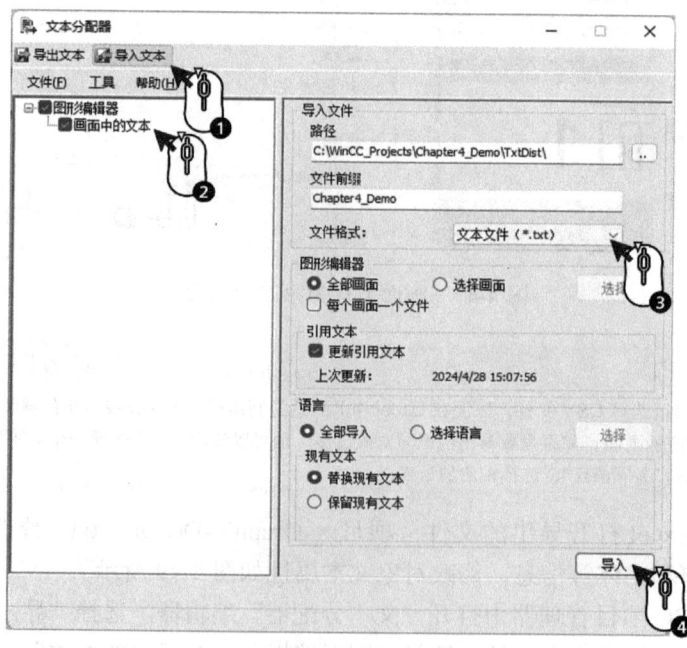

图 4-50 图形编辑器 > 画面中的文本

步骤 10：在 WinCC 项目管理器的浏览窗口中单击"图形编辑器"组件，在工具栏上单击 按钮，在数据窗口中将以超大图标显示当前项目的所有画面（PDL 格式）的预览状态，鼠标右键单击所期望的画面，并选择"将画面定义为启动画面"，如图 4-51 所示。

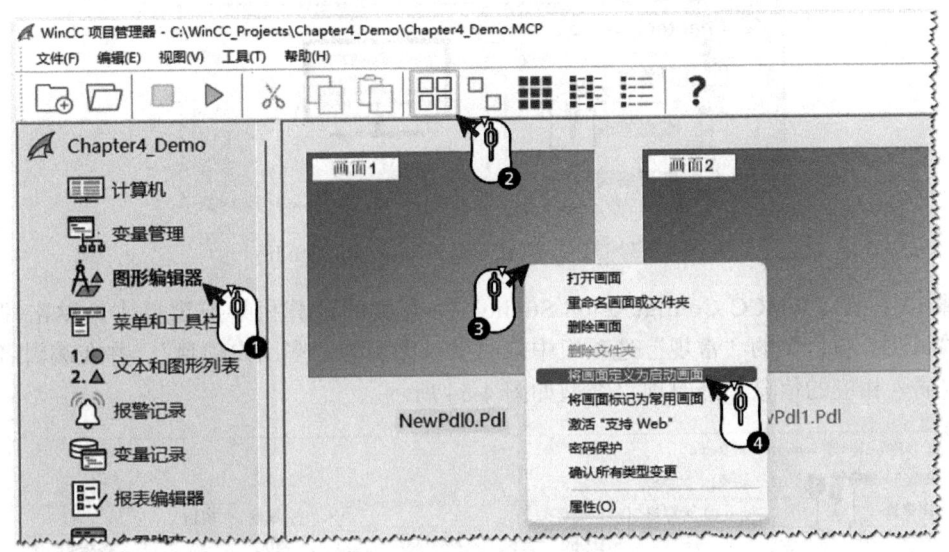

图 4-51　定义启动画面

步骤 11：在工具栏上单击 按钮，在数据窗口中将显示当前项目的所有画面（PDL 格式）的详细信息。选择所有画面并右键单击，在快捷菜单中选择"将画面标记为常用画面"，如图 4-52 所示。

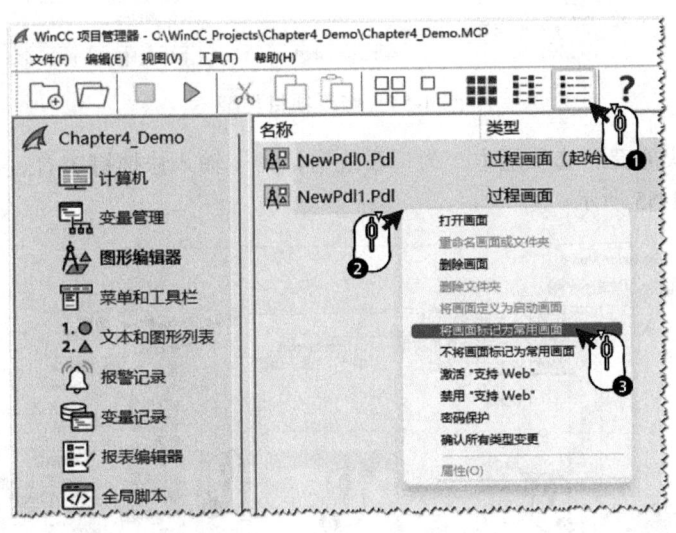

图 4-52　标记常用画面

步骤 12：在 WinCC 项目管理器的浏览窗口中双击"计算机"，打开"WinCC Configuration Studio"，如图 4-53 所示。

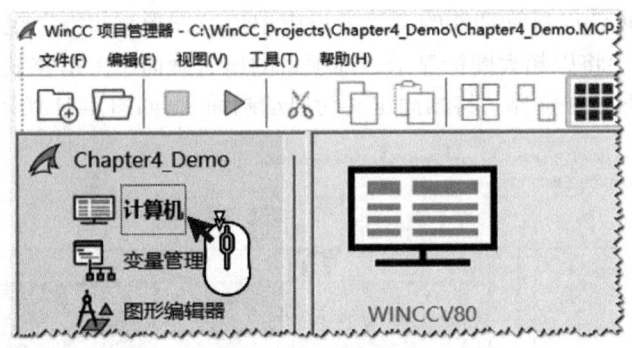

图 4-53　打开 WinCC Configuration Studio

步骤 13：在"WinCC Configuration Studio"中左侧的计算机导航窗口中，单击"项目"。在右侧"属性–项目"的"常规"选项组中修改项目类型为"多用户项目"，并在编辑者、版本和注释中输入相应的信息，修改项目类型如图 4-54 所示。

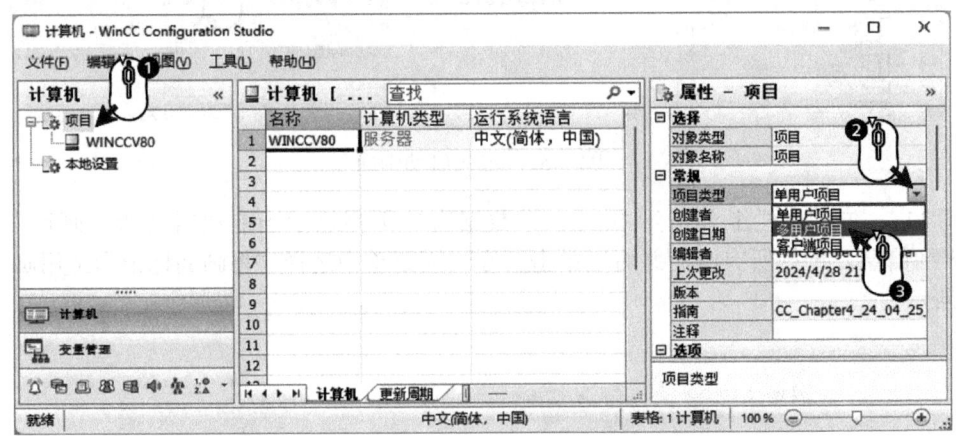

图 4-54　修改项目类型

步骤 14：在"快捷键"选项组中，为"系统对话框"输入快捷键组合，分配"系统对话框"的快捷组合键如图 4-55 所示。

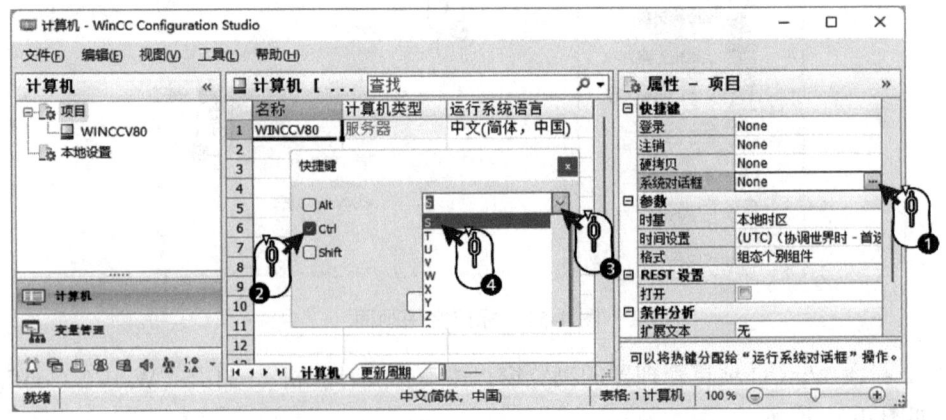

图 4-55　分配"系统对话框"的快捷组合键

在"快捷键"的动作中可以为以下操作设置快捷键:

1)登录:将打开一个窗口,用于运行系统中用户登录。

2)注销:用于在运行系统中注销当前用户。

3)硬拷贝:将打开一个对话框,用于在运行系统中打印当前的 WinCC 画面。

4)系统对话框:在运行系统中打开"系统对话框",用于切换画面和语言。

步骤 15:在 WinCC 项目管理器的浏览窗口中右键单击项目名称,打开"项目属性"对话框,激活运行系统对话框如图 4-22 所示。在"用户画面和设计"选项卡中,选择"激活运行系统对话框"。单击"激活设计"的"编辑"按钮,如图 4-56 所示。

步骤 16:在打开的"全局设计设置"窗口中,选择全局设计,如图 4-57 所示。

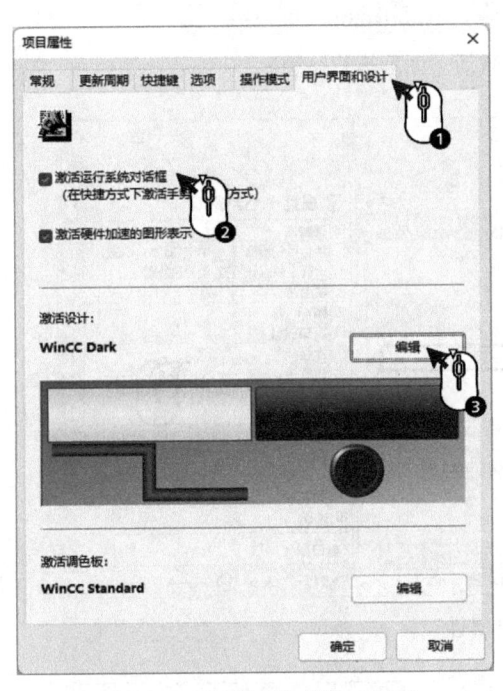

图 4-56 激活运行系统对话框

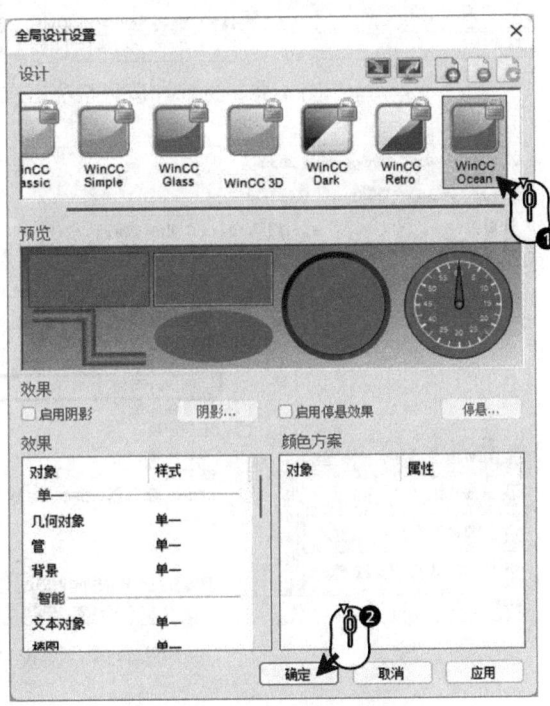

图 4-57 选择全局设计

步骤 17:在 WinCC Configuration Studio 中左侧的计算机导航窗口中,单击"项目"下的计算机名称。在右侧的"属性 – 计算机"区域的"参数"选项组中,为"运行系统语言"和"运行系统默认语言"选择相应的语言;在"启动 WinCC Runtime 时的过程"选项卡的"应用程序"列表中,选择激活"图形运行系统",如图 4-58 所示。

> **提示**
> 与图 4-15 所示的"计算机属性"的"启动"选项卡相比,上述 WinCC Runtime 应用程序列表也可以实现相同功能,而且多了"OPC-DA 服务器、OPC-A&E 服务器、OPC-HDA 服务器"的激活选项。

步骤 18:在"窗口属性"选项组中,选择相应的窗口属性,如图 4-59 所示。

步骤 19:在"WinCC Configuration Studio"中左侧的计算机导航窗口中,单击"本地设置"。在中间"自动启动"区域中,选择需要配置的计算机和 WinCC 项目。在右侧的"属性 – 自动启动"区域的"自动启动"选项组中,选择相应的自动启动选项,如图 4-60 所示。

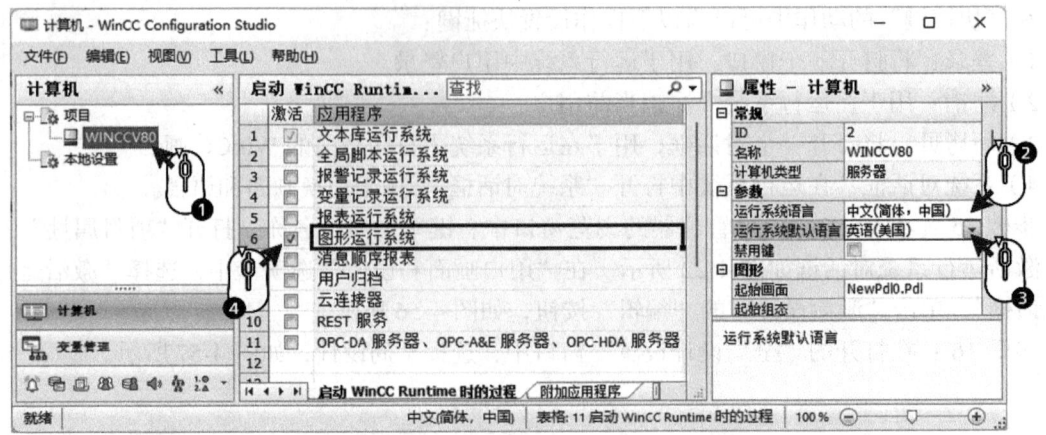

图 4-58 选择"运行系统语言"和激活"图形运行系统"

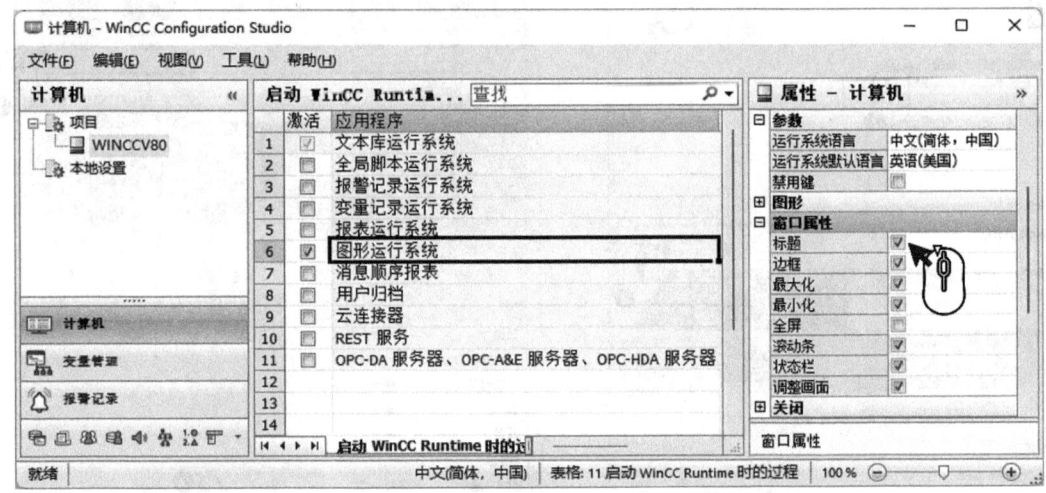

图 4-59 设置"窗口属性"

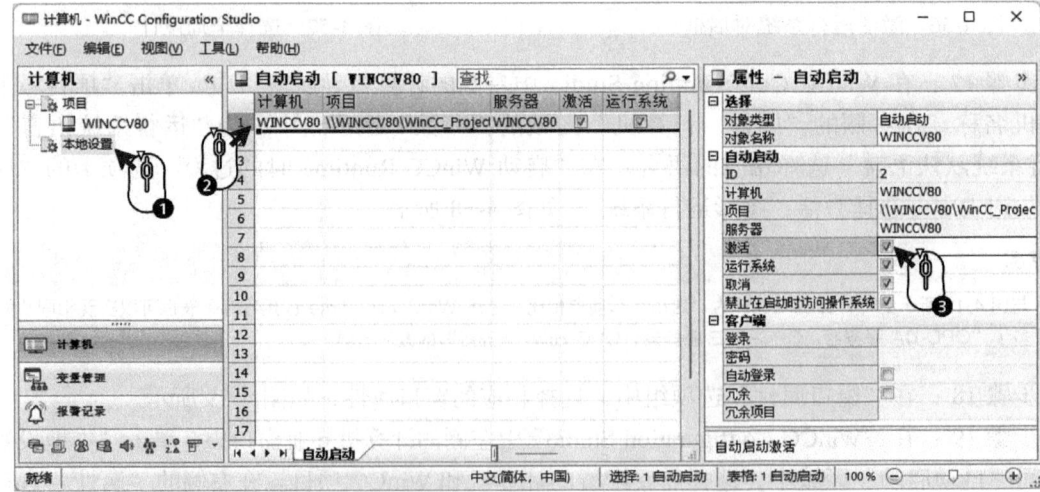

图 4-60 自动启动选项

> **提示**
> 与4.3.2节中通过"Autostart组态"工具设置自动启动相比,在WinCC Configuration Studio中可以实现相同功能。

步骤20:在WinCC项目管理器中,单击工具栏按钮 ▷ 激活项目。项目运行后显示起始画面。按下快捷组合键,打开"WinCC运行系统"对话框,如图4-61所示。

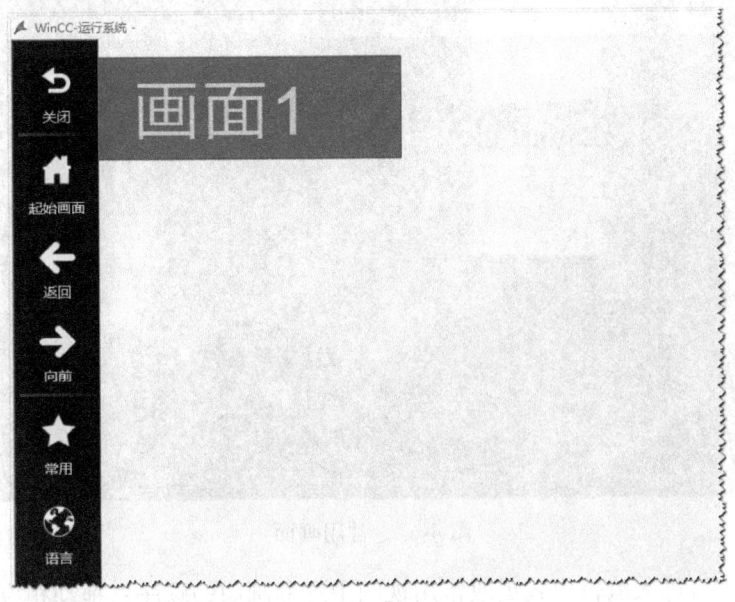

图4-61 打开运行系统对话框

"WinCC运行系统"对话框包括以下过程画面导航选项,"WinCC运行系统"对话框导航选项见表4-5。

表4-5 "WinCC运行系统"对话框导航选项

按钮	描述
关闭	"关闭":退出运行系统对话框
起始画面	"起始画面":调用定义为起始画面的过程画面
返回	"返回":导航至之前调用的过程画面
向前	"向前":导航至下一个过程画面
常用	"常用":显示已标记为常用画面的一组过程画面
语言	"语言":显示多语言切换

步骤 21：单击"WinCC 运行系统"对话框的图标★后，通过图标▦和🎲，可在 2D 和 3D 视图间进行切换。在画面的缩略图上单击切换到相应的画面，常用画面如图 4-62 所示。

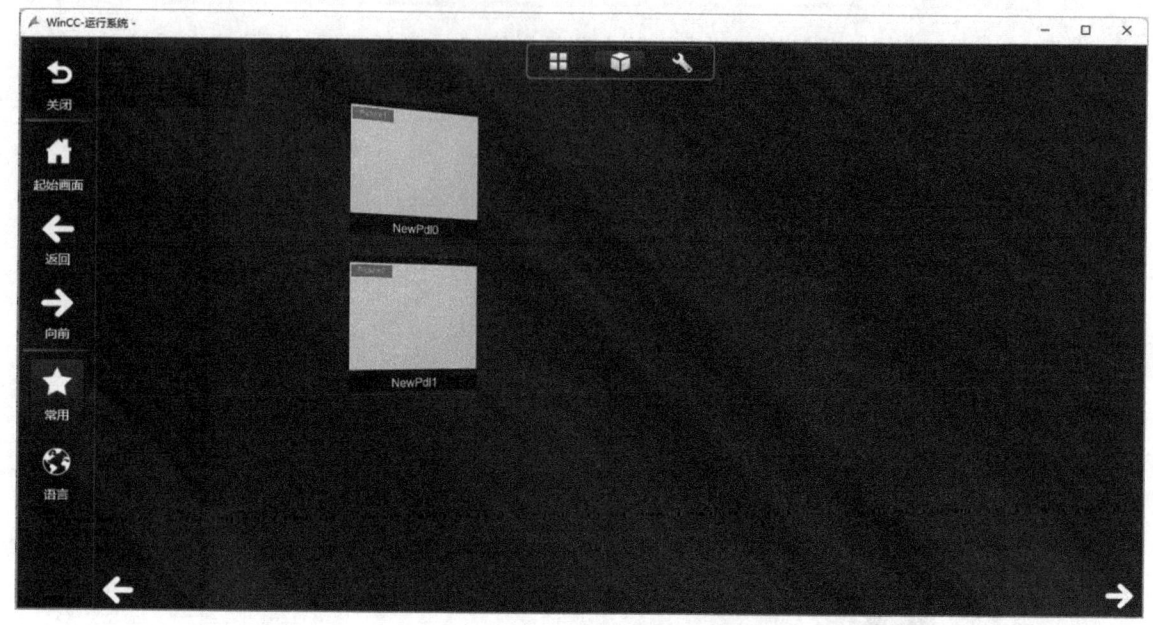

图 4-62　常用画面

单击图标🔧，可进入编辑模式更改常用视图中过程画面的顺序：拖动相应的过程画面到期望的位置；如果要将画面从常用画面中移除，可单击画面缩略图右上角的"X"。

步骤 22：单击"WinCC 运行系统"对话框的图标🌐后，可以直接在项目组态的多语言之间进行切换，多语言切换如图 4-63 所示。

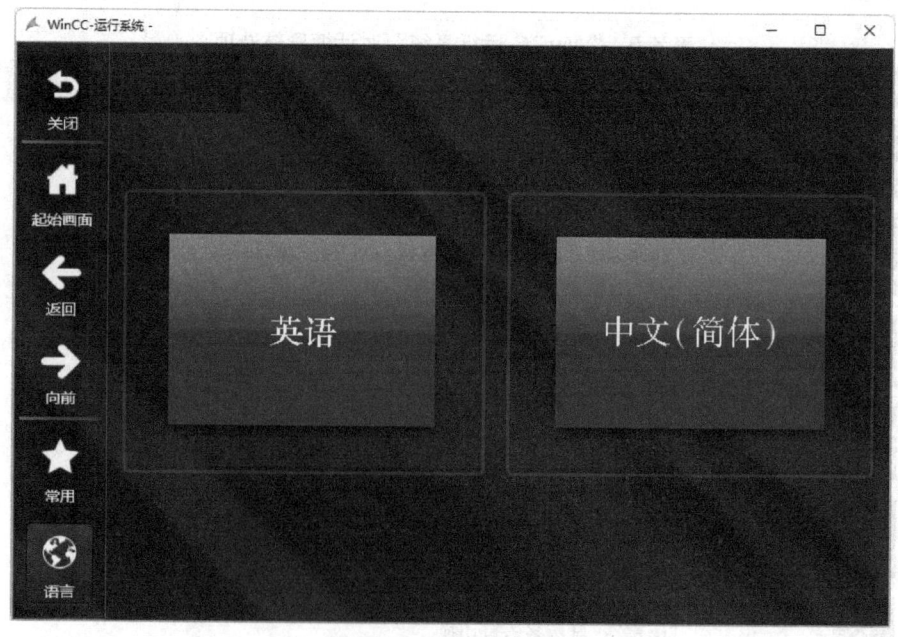

图 4-63　多语言切换

步骤 23：单击 WinCC 项目管理器的菜单栏中的 ■ 按钮退出运行系统，并选择菜单"文件 >
退出"关闭 WinCC 项目管理器。

步骤 24：在 Windows 开始菜单的"Siemens Automation > Project Duplicator"，打开"项目
复制器"组态对话框。在"选择要复制的源项目"栏中，通过单击 ■ 按钮搜索项目路径下 < 项
目 >.MCP 文件，单击"另存为"按钮，WinCC 项目复制器如图 4-64 所示。

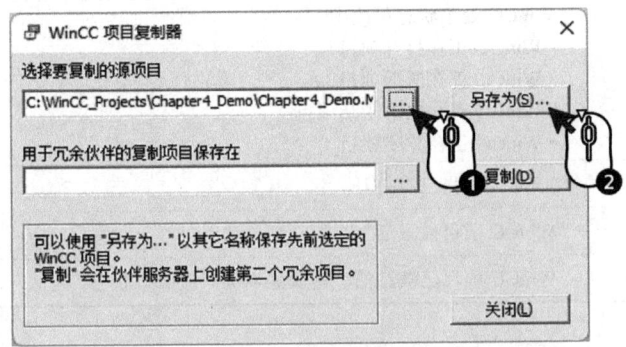

图 4-64　WinCC 项目复制器

步骤 25：在"保存一个 WinCC 项目"对话框中，选择要备份的路径。可以输入需要改变
的项目名称，单击"保存"按钮，完成项目备份如图 4-65 所示。

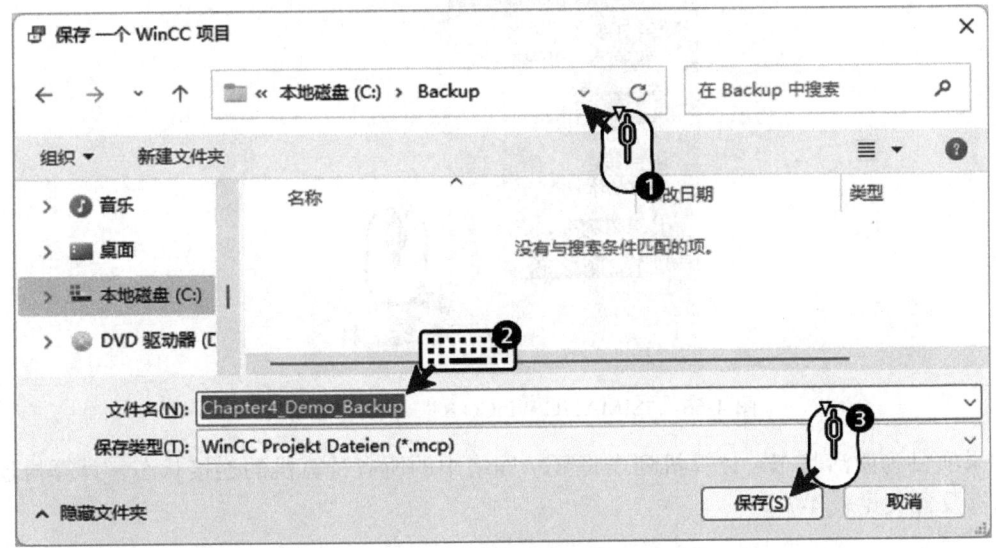

图 4-65　完成项目备份

4.6　扩展信息

4.6.1　系统托盘中的 WinCC 状态和选项

WinCC 在任务栏通知区（即系统托盘区）中显示 ■ "SIMATIC WinCC RT"图标，该图标
提供了有关项目状态的信息。WinCC 项目可以通过该图标的快捷菜单激活和禁用。不同项目状

态下的"SIMATIC WinCC RT"图标显示样式不同，见表4-6。

表4-6 "SIMATIC WinCC RT"图标

SIMATIC WinCC RT 图标	状态
	• WinCC 未激活 • WinCC 未打开项目
	WinCC 处于状态更改中： • WinCC 正在打开项目 • WinCC 正在激活项目 • WinCC 正在取消激活项目 • WinCC 正在关闭项目
	WinCC 项目已经打开
	WinCC 项目被激活
	WinCC 项目已被激活，但服务器为"故障"状态

1. 状态显示

单击"SIMATIC WinCC RT"图标，可以显示当前WinCC的项目名称、类型、当前所处状态和项目的计算机列表，"SIMATIC WinCC RT"图标状态信息如图4-66所示。

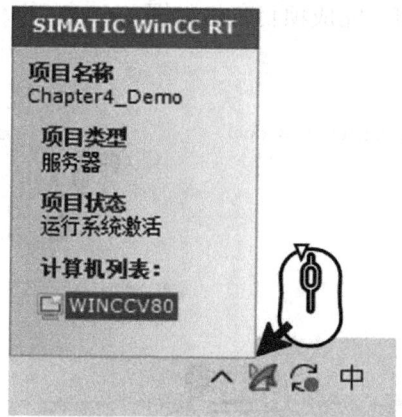

图4-66 "SIMATIC WinCC RT"图标状态信息

如果项目为激活状态，计算机列表将显示网络中的所有计算机的连接状态。计算机连接状态的图标及含义见表4-7。

表4-7 计算机连接状态的图标及含义

图标	状态
	• 无连接 • 连接已断开
	• 本地计算机 • 冗余伙伴服务器
	• 与备用服务器连接正常 • 与主服务器连接正常，但备用服务器为首选服务器
	• 与主服务器连接正常 • 与备用服务器连接正常，但备用服务器作为首选服务器

2. 控制选项

可以根据已打开项目的状态对其进行控制。右键单击"SIMATIC WinCC RT"图标控制选项如图 4-67 所示，显示快捷菜单。

图 4-67　右键单击"SIMATIC WinCC RT"图标控制选项

根据项目实际状态可以执行以下控制选项：

1）打开/关闭项目。

2）启动/禁用运行系统。

3）启动/退出图形运行系统。

4）打开诊断窗口。

5）运行系统启动选项。

6）WinCC 许可证分析。

（1）打开"WinCC 诊断"窗口

"WinCC 诊断"窗口提供了有关本地计算机和所连接服务器的诊断信息。"WinCC 诊断"窗口显示了本地计算机和所连接服务器的 WinCC 无效许可证的消息。有关消息的详细信息，可通过双击相应的消息获得，"WinCC 诊断"窗口及详细信息如图 4-68 所示。

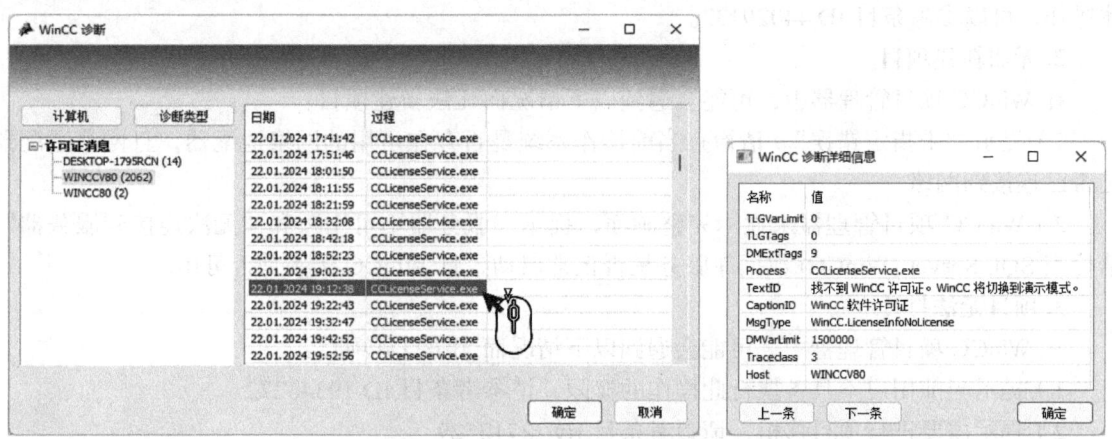

图 4-68　"WinCC 诊断"窗口及详细信息

（2）运行系统启动选项

设置运行系统自动选项，参考 4.3.2 节。

（3）WinCC 许可证分析

如果 WinCC 项目在运行时缺失相应的许可证，则提示信息将显示在一个需要确认的对话框中。相关计算机的名称列出在括号 [ ] 中。使用"详细资料"按钮可以浏览到更多缺失许可证的信息，WinCC 许可证分析如图 4-69 所示。

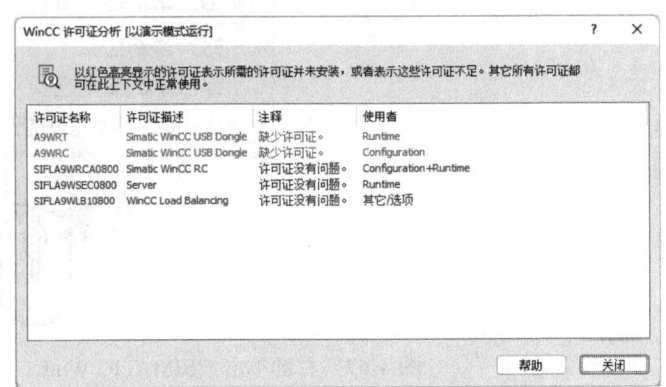

图 4-69　WinCC 许可证分析

> **提示**
> 如果出现上述提示，请根据"许可证描述"列中的信息在 Automation License Manager（自动化许可证管理器）中查找相应的许可证。一般情况下，相应的许可证已缺失或损坏。

4.6.2　常见问题

1. 项目移植和转换

在 WinCC 当前版本中，对于 WinCC 先前版本创建的项目的升级存在移植和转换两种情况。

当 WinCC 源项目版本低于或等于 V7.0 时，需要执行项目的移植；而当 WinCC 源项目版本大于或等于 V7.2 时，仅需要执行项目的转换。关于较低版本 WinCC 项目的移植和转换的具体操作，可以参考条目 ID 44029132。

2. 无法新建项目

在 WinCC 项目管理器中，可能会遇到以下情况而无法新建项目：

1）提示"未指定错误"。请检查当前操作系统是否存在可用的网络适配器，且网络适配器是否已连接到网络。

2）WinCC 项目管理器未显示完整画面，提示"服务器不可用"和"无法连接到服务器"。请检查 SQL Server (WinCC) 数据库服务是否正常启动，且 WinCC 实例是否可用。

3. 项目无法打开

在 WinCC 项目管理器中，可能会遇到以下情况而无法打开项目：

1）提示当前用户不具备执行此操作的权限，请参考条目 ID 19346272。

2）提示需要进行项目移植，请参考条目 ID 23712529。

3）提示访问当前项目受限，请参考条目 ID 21922674。

4）其他包含 HResult Error 0x800XXXXX 错误代码的提示，请参考条目 ID 6836122。

4. 项目复制器复制项目异常

在复制过程结束时，目标计算机的 WinCC 项目被立即删除，请参考条目 ID 109779279。

5. 项目自动启动异常

由于计算机操作系统启动后，除自动启动的 WinCC 运行系统外，可能还会自动启动其他的应用程序，例如 SIMATIC NET，这样可能会导致 WinCC 的自动启动异常。

1）在 SIMATIC NET 中设置 WinCC 运行系统的自动启动，请参考条目 ID 23061262。

2）通过批处理文件延时运行 WinCC 运行系统的自动启动，请参考条目 ID 19249315。

6. WinCC 项目管理器或运行系统长时间无响应

以管理员身份运行"命令提示符"，输入"reset_wincc.vbs"，所有 WinCC 相关的进程都被终止。之后建议重新启动操作系统，否则如果重新启动 WinCC 项目管理器或运行系统，系统可能会显示 WinCC 的某些进程异常。

7. 如何获取演示项目

WinCC 的演示项目随着 WinCC 每一个新版本的发布而更新，请参考条目 ID 109823232。

第 5 章 WinCC 过程数据通信

本章包含 WinCC 与 Siemens PLC 以及第三方 PLC 数据通信的原理及组态介绍，以及 WinCC 的 OPC UA 通信组态步骤。并介绍了 WinCC 过程通信故障的诊断方法。

本章学习完成之后除了能够理解 WinCC 的通信过程及原理外，还能够掌握以下的通信组态以及诊断方法：

1）实现 WinCC 与 S7-300/400 PLC 的通信。
2）实现 WinCC 与 S7-1200/S7-1500 PLC 的通信。
3）实现 WinCC 的 Modbus TCP 通信。
4）实现 WinCC 的 OPC UA 通信。
5）WinCC 过程通信故障的诊断及排除。

5.1 WinCC 过程通信原理

通信是指在两个通信伙伴之间进行数据交换。本章中的"通信"特指 WinCC 与控制器（PLC）之间的通信。

在 WinCC 中，通信主要有如下用途：

1）控制生产过程（控制）。
2）监视生产过程数据（监视）。
3）指示生产过程中的异常状态（报警）。
4）为归档提供生产过程数据（归档）。

WinCC 提供多种通信驱动程序和现场的控制系统进行过程通信。WinCC 中把通信驱动称为通道。

WinCC 通信驱动程序向控制器发送请求报文，而控制器则在相应的响应报文中将所请求的过程值发送回 WinCC。

WinCC 应用程序包括很多组件，如图形运行系统、报警运行系统、变量记录运行系统等。这些组件用到的变量由变量管理器统一管理。变量管理器有自己的变量缓冲区（变量的过程映像），向 PLC 发起读写请求。在 WinCC 中使用变量管理器来集中管理其变量。

下面以 WinCC 和 S7-400 通信为例来说明 WinCC 和 PLC 之间的通信过程，如图 5-1 所示。

1. 工作方式

在运行系统执行过程中，WinCC 变量管理器对 WinCC 变量进行管理。各种 WinCC 应用程序向变量管理器提出变量请求。随后，变量管理器使用集成在每个 WinCC 项目中的通信驱动程序，从 PLC 中获取所需的变量值。

WinCC 不同应用程序请求数据的机制不同。

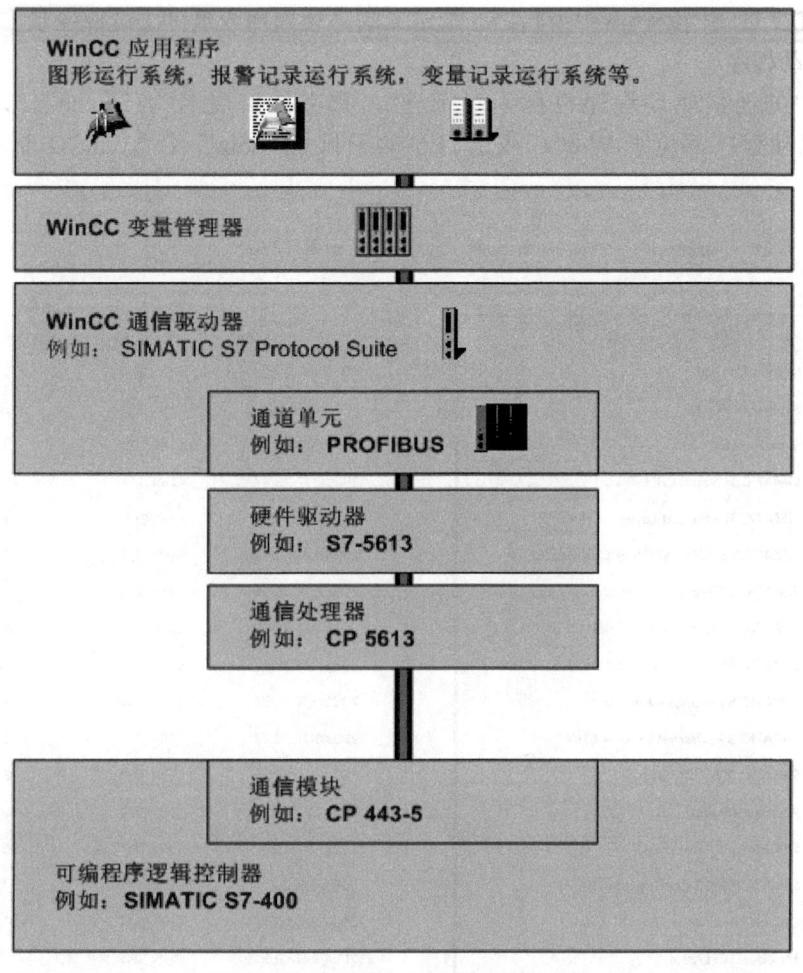

图 5-1 WinCC 和 PLC 的通信过程

图形运行系统请求数据的机制为：

1）画面打开时把画面中用到的外部变量及其周期注册到变量管理器，开始循环读取变量。

2）画面关闭时相应的变量从变量管理器中注销。

3）画面上所使用变量的周期是在使用变量的对象中定义的（最小 100ms）。

报警记录系统请求数据的机制为：

1）项目激活时，所有的报警消息变量会被注册到变量管理器，并开始循环读取。

2）项目取消激活时，消息变量从变量管理器注销。

3）外部消息变量的循环读取周期默认为 1s。

提示

消息变量的默认更新时间可以在注册表中修改。关于如何更改 WinCC 消息记录的采集周期的详细组态步骤请参考条目 ID 22269712。

变量归档系统：

1）项目激活时，所有的归档变量会被注册到变量管理器，并开始循环读取。

2）项目取消激活时，归档变量从变量管理器注销。

3）按照在变量归档编辑器中为归档变量定义的采集周期或事件去读取变量。

2. 通信驱动程序

WinCC 中的通信驱动程序也称为"通道"，其文件扩展名为"*.chn"。计算机中安装的所有通信驱动程序都位于 WinCC 安装目录的子目录"\bin"中。WinCC 驱动程序文件如图 5-2 所示。

名称	修改日期	类型	大小
WinCC Unified Channel.chn	2024/6/18 16:18	CHN 文件	297 KB
System Info.chn	2023/3/7 10:55	CHN 文件	164 KB
SinumerikNC.chn	2024/6/18 16:18	CHN 文件	304 KB
Simotion.chn	2023/3/7 10:57	CHN 文件	377 KB
SIMATIC TI Serial.CHN	2023/3/7 13:37	CHN 文件	144 KB
SIMATIC TI Ethernet Layer 4.CHN	2023/3/7 13:37	CHN 文件	144 KB
SIMATIC S7-1200, S7-1500 Channel.chn	2024/6/18 16:18	CHN 文件	8,297 KB
SIMATIC S7 Protocol Suite.chn	2023/3/7 10:56	CHN 文件	385 KB
SIMATIC S5 Serial 3964R.CHN	2023/3/7 13:37	CHN 文件	144 KB
SIMATIC S5 Programmers Port AS511.CHN	2023/3/7 13:37	CHN 文件	144 KB
SIMATIC S5 Profibus FDL.chn	2023/3/7 10:57	CHN 文件	241 KB
SIMATIC S5 Ethernet Layer 4.CHN	2023/3/7 13:37	CHN 文件	144 KB
SIMATIC 505 TCPIP.chn	2023/3/7 10:56	CHN 文件	288 KB
Profibus DP.chn	2023/3/7 10:55	CHN 文件	208 KB
OPC.chn	2023/3/7 10:55	CHN 文件	555 KB
OPC UA WinCC Channel x64.chn	2024/6/3 2:26	CHN 文件	1,432 KB
Omron Ethernet-IP.chn	2024/6/18 16:18	CHN 文件	169 KB
Modbus TCPIP.chn	2024/6/18 16:18	CHN 文件	152 KB
Mitsubishi Ethernet.chn	2024/6/18 16:18	CHN 文件	257 KB
Allen Bradley - Ethernet IP.chn	2024/6/18 16:18	CHN 文件	185 KB
Simatic TI Serial.chb	2023/3/7 10:58	CHB 文件	217 KB

图 5-2　WinCC 驱动程序文件

WinCC 驱动程序负责把过程数据传送到变量缓冲区（过程映像）中。其他应用程序（画面、归档、报警…）从变量缓冲区获取数据。

一个通信驱动程序针对不同通信网络会有不同的通道单元，如图 5-3 中的"SIMATIC S7 Protocol Suite"通道下就包括多个单元。

3. 通道单元

每个通道单元相当于计算机上的一个通信处理器的接口。因此，每个被使用的通道单元必须指定各自的通信处理器。

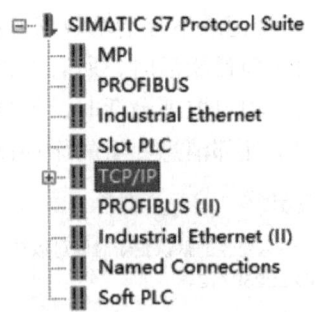

图 5-3　SIMATIC S7 Protocol Suite

例如，图 5-4 是为"SIMATIC S7 Protocol Suite"通道下的 TCP/IP 通信单元指定通信网卡。

图 5-4　为 TCP/IP 通信单元指定通信网卡

5.2　WinCC 过程通信驱动

目前 WinCC V8.0 提供的驱动程序如图 5-5 所示。

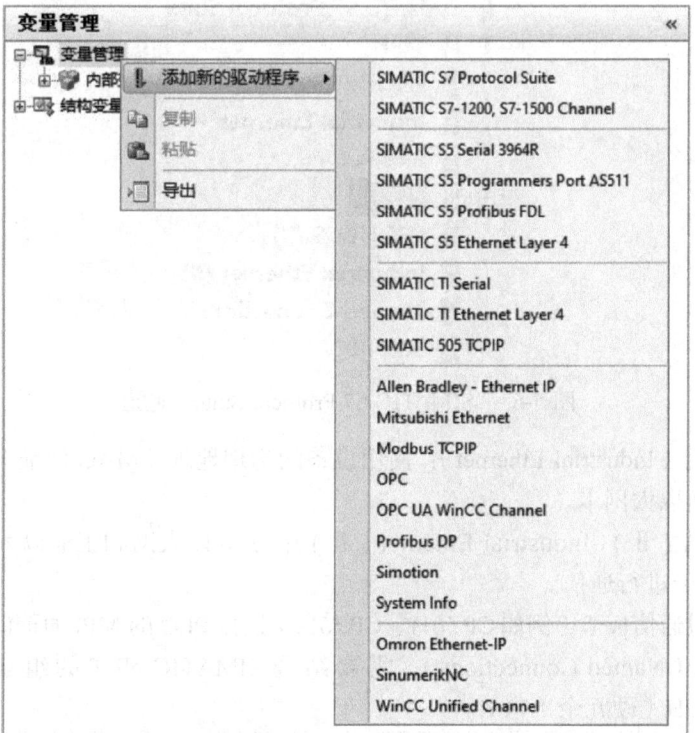

图 5-5　WinCC 通信驱动程序

针对西门子控制器产品，WinCC 提供如下通信驱动程序：S7-300/400 通道、S7-1200/1500 通道、Simotion（西门子运动控制系统）通道、"SinumerikNC"通道和"WinCC Unified Channel"通道。

针对第三方 PLC，WinCC 提供如下驱动程序（只支持以太网）：

1）Modbus TCPIP（施耐德 PLC）通道。

2）Mitsubishi Ethernet（三菱 PLC）通道。

3）Allen Bradley-Ethernet IP（罗克韦尔 PLC）通道。

4）Omron Ethernet-IP（欧姆龙 PLC）通道。

对于 WinCC 没有提供直接驱动的设备，可以使用 WinCC 的 OPC 通道去连接设备的 OPC 服务器，从而实现 WinCC 和设备之间的通信。

5.2.1 西门子通信驱动

WinCC V8.0 不仅支持西门子最新的控制器 S7-1200/1500，也支持早期的 SIMATIC S5 和 TI 505 控制器。WinCC 的西门子通信驱动程序除了支持和 PLC 之间进行基本的变量读写通信外，还可以进行批量数据的传送。

1."SIMATIC S7 Protocol Suite"通道

通过"SIMATIC S7 Protocol Suite"通道，WinCC 可以使用不同的接口去连接 SIMATIC S7-300 和 S7-400 系列的 PLC。

根据所用的通信硬件，"SIMATIC S7 Protocol Suite"通道支持如图 5-6 所示的通道单元。

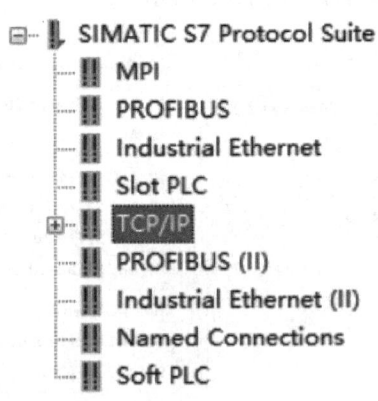

图 5-6 "SIMATIC S7 Protocol Suite"通道

1）工业以太网（Industrial Ethernet）：使用设备的物理地址（MAC 地址）与 PLC 进行通信。支持 CP1623、普通以太网卡。

2）工业以太网（Ⅱ）(Industrial Ethernet（Ⅱ）)：工业以太网和工业以太网（Ⅱ）可以各自使用不同的通信网卡进行通信。

3）MPI：通过通信板卡（例如 CP 5611、CP 5613）连接 PLC 的 MPI 通信口，进行 MPI 通信。

4）命名连接（Named Connections）：需要结合 SIMATIC NET 的组态使用，一般用于 WinCC 连接 S7-400H（硬冗余）PLC。

5）PROFIBUS：使用通信板卡（例如 CP 5611、CP 5613）通过 SIMATIC NET PROFIBUS 网络与 PLC 进行通信。

6）PROFIBUS（Ⅱ）：PROFIBUS 和 PROFIBUS（Ⅱ）可以各自使用不同的通信板卡进行通信。

7）Slot PLC：与 Slot PLC（例如 WinAC Pro）进行通信，这种 PLC 作为 PC 卡安装在 WinCC 计算机上。

8）Soft PLC：与 Software PLC（例如 WinAC Basis）进行通信，这种 PLC 作为应用程序安装在 WinCC 计算机上。

9）TCP/IP：使用 TCP/IP 与 PLC 进行 S7 通信。

使用"SIMATIC S7 Protocol Suite"通道下的每个通道单元进行通信时都需要设置其系统参数。

（1）系统参数

如图 5-7 所示，为"SIMATIC S7 Protocol Suite"通道下"TCP/IP"的系统参数。在系统参数下可以设置变量的周期管理、计算机使用的通信接口以及写优先等内容。

 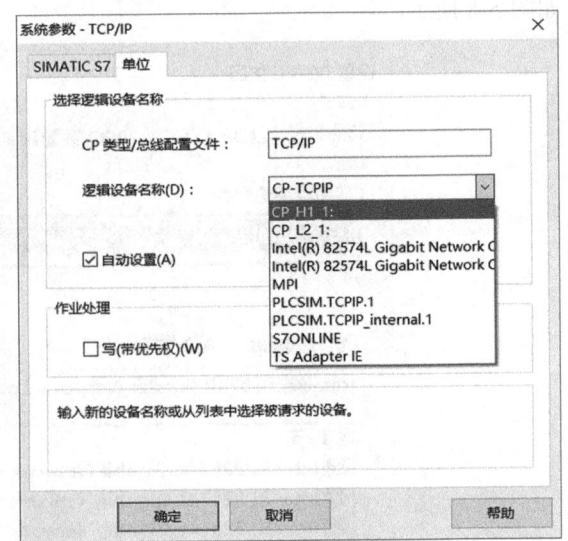

图 5-7　系统参数

1）周期管理。

"通过 PLC"选项决定 PLC 是否使用"循环读取服务"功能上传数据给 WinCC。

WinCC 第一次读取数据时会注册变量信息，PLC 按照请求的周期主动发送数据给 WinCC，这叫循环读取服务。

激活"通过 PLC"选项，PLC 提供的是循环读取服务。

取消"通过 PLC"选项，PLC 提供的是非循环读取服务，即 WinCC 和 PLC 按照一问一答的方式进行数据交换。WinCC 周期性地去请求数据，PLC 返回请求的数据。

如果激活"通过 PLC"选项的同时也激活了"更改驱动的传输"选项，则 PLC 只发送有变化的数据。

建议同时激活"通过 PLC"和"更改驱动的传输"选项，这样会使通信数据量最小化。

周期性读取服务的数目取决于 S7-PLC 中可用的资源。对于 S7-300，最多有 4 个周期性服务可用，对于 S7-416 或 417，则最多为 32 个。该数目适用于与 PLC 进行通信的所有成员，也就是说，如果有多个 WinCC 系统与 S7-PLC 进行通信，则它们必须共享可用的资源。如果超过资源的最大数目，则更多的周期性读取服务访问将被拒绝。

2) CPU 停机监控。

如果激活 "CPU 停机监控" 选项，当 PLC 处于 "STOP" 状态时，WinCC 的连接会变成故障状态。

如果取消了 "CPU 停机监控" 选项，当 PLC 处于 "STOP" 状态时，WinCC 的连接不会变成故障状态。

3) 逻辑设备名称。

"SIMATIC S7 Protocol Suite" 通信程序通过逻辑设备名称指定的接口与 PLC 进行通信。

在逻辑设备名称列表中选择访问点名称（例如 "CP-TCPIP" "S7ONLINE" 等），也可以直接选择接口（例如 "<网卡名称>.TCPIP.1"）。

如果选择的是访问点，还需要在计算机的 "设置 PG/PC 接口" 程序中为访问点指定接口，如图 5-8 所示。

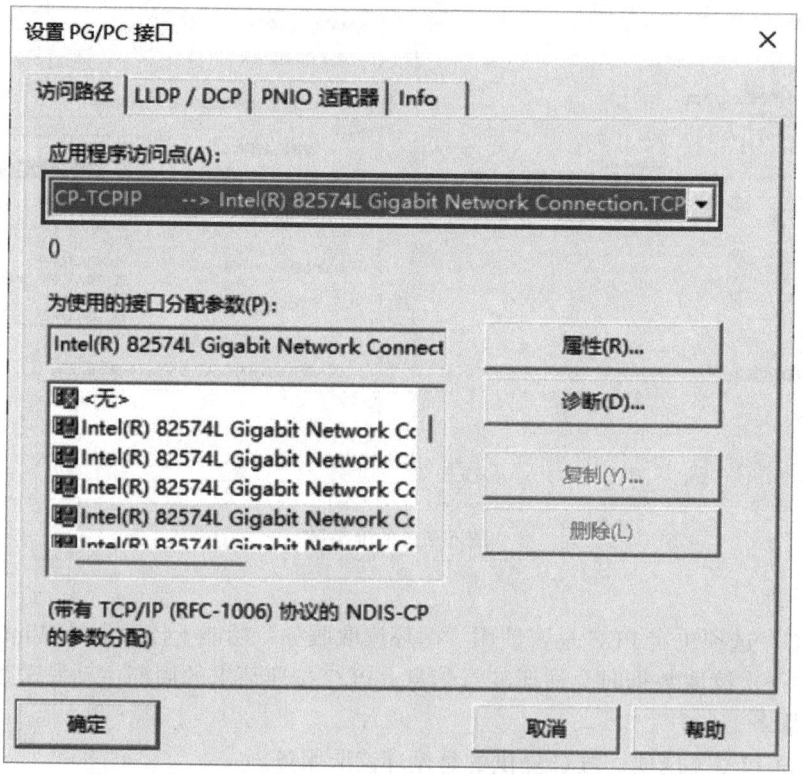

图 5-8　设置 PG/PC 接口

> **提示**
> 有时在 "单元" 下 "逻辑设备名称" 列表中没有直接接口的选项。此时可选择手动输入自定义访问点名称，然后在 "设置 PG/PC 接口" 中添加相同访问点名称并指定接口。

如果计算机上只安装了 WinCC 运行环境，而没有安装 WinCC 开发环境。这种情况下，就需要在组态项目时，在逻辑设备名称中选择访问点名称而不是直接选择接口。这是因为组态计算机和运行计算机的接口设备名称（例如网卡名称）可能会不同，而在只安装了 WinCC 运行环境的计算机上是无法修改逻辑设备名称的。

4）写优先。

如果激活"写（带优先权）"选项，则 WinCC 的写请求的处理要优先于读请求的处理。这种情况下，如果变量写请求过多，WinCC 会优先处理写请求，而不去读取变量。这时 WinCC 变量的状态将不再是 GOOD，变量的数值也可能会和 PLC 中的数值不同。

（2）连接参数

连接参数中设置 PLC 的 IP 地址、机架号及插槽号，如图 5-9 所示。

图 5-9 设置 PLC 的 IP 地址、机架号及插槽号

1）IP 地址。此处填写 WinCC 所连接的 PLC 通信端口的 IP 地址。

2）机架号和插槽号。

输入 PLC CPU 所在的机架号和插槽号。

① 如果连接的是 S7-300 或 S7-400 CPU 本身的通信端口，可以不用输入 CPU 的机架号和插槽号。

② 如果连接的是 S7-300 或 S7-400 CPU 的外部通信模块（例如 CP343-1），则必须输入 CPU 的机架号和插槽号。

3）发送 / 接收原始数据块。

这个选项只有在使用原始数据类型中的"BSEND/BRCV"功能时才需要激活。关于"BSEND/BRCV"功能的详细使用信息请参考条目 ID 79551652。

（3）从 TIA 博途文件中导入 PLC 变量

需要用到 TIA 博途的导出工具"SIMATIC SCADA Export"。这个导出工具的安装文件可以在条目 ID 109748955 中下载。SIMATIC SCADA Export 安装过程如图 5-10 所示。

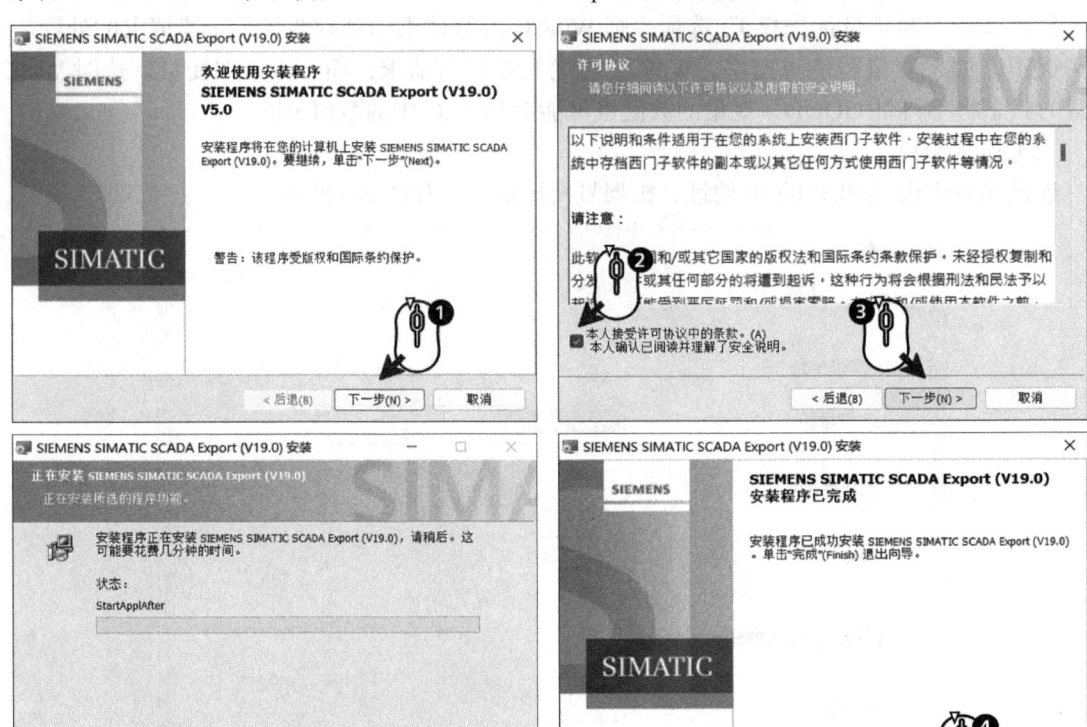

图 5-10　SIMATIC SCADA Export 安装过程

在 TIA 博途软件中右键单击 PLC，在弹出菜单中选择"Export to SIMATIC SCADA"，然后导出类型为 .zip 的文件，TIA 博途中导出 AS 符号如图 5-11 所示。

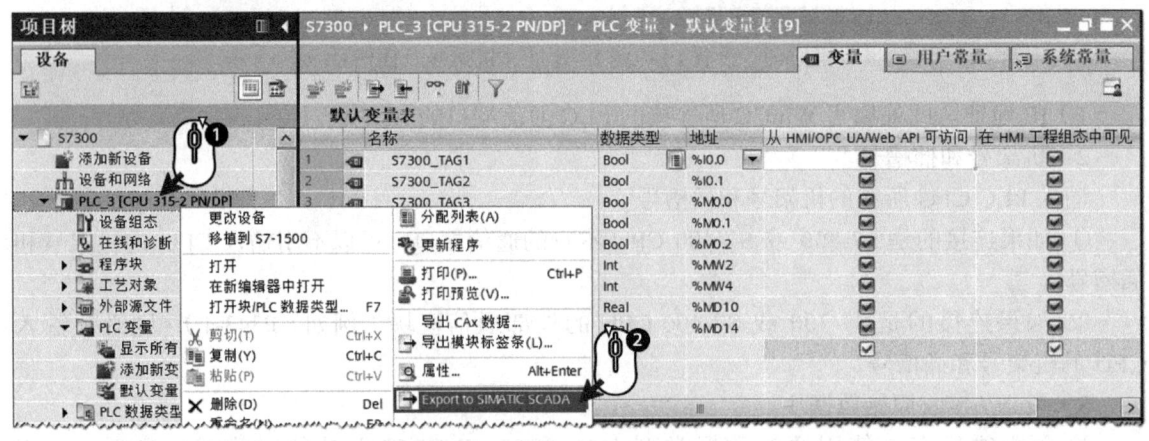

图 5-11　TIA 博途中导出 AS 符号

在 WinCC 中，选择通信连接名称并单击鼠标右键，在弹出菜单中选择"AS 符号 > 从文件中加载"，如图 5-12 所示。选择从 TIA STEP7 中导出的 PLC 数据文件。

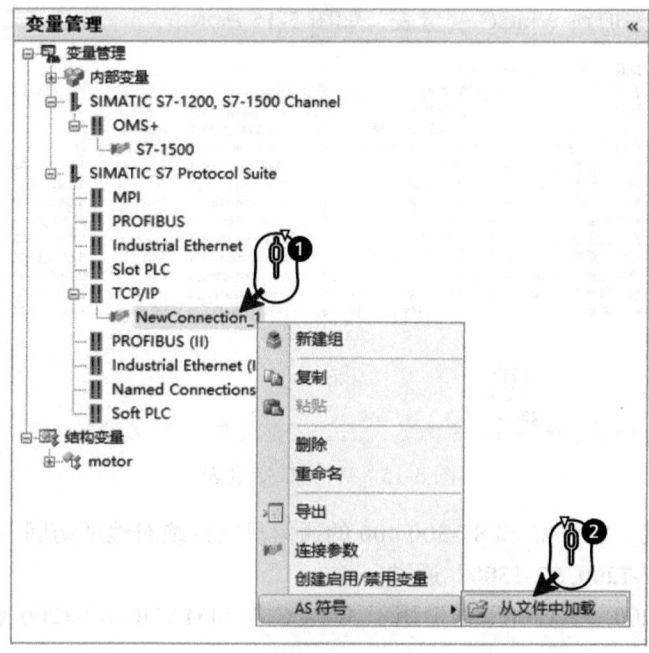

图 5-12　离线加载 AS 符号

PLC 的符号（DB 和变量表）会加载到 WinCC 中，通过在"访问"列打勾来选择需要的变量即可，如图 5-13 和图 5-14 所示。

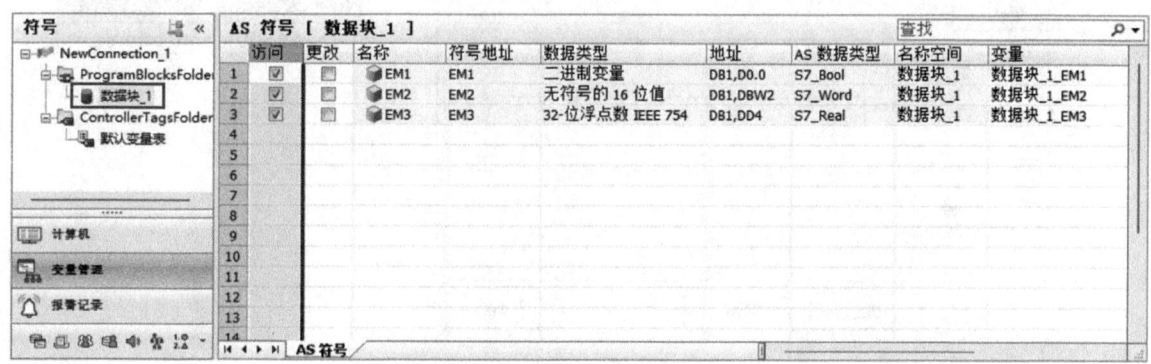

图 5-13　变量表符号

图 5-14　DB 中的符号

最终所选变量会添加到 WinCC 变量表，如图 5-15 所示。

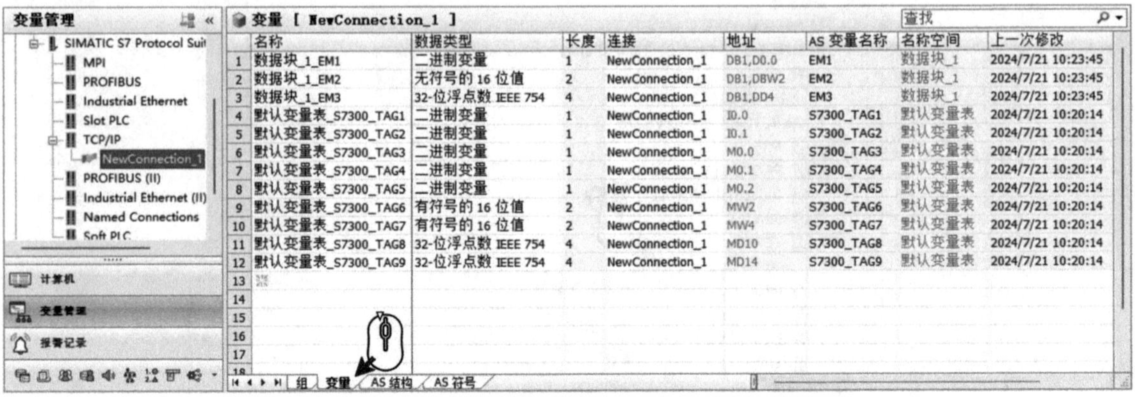

图 5-15　WinCC 变量表

从图 5-15 中可见，WinCC 和 S7-300/400 的通信只支持绝对地址访问。

2. "SIMATIC S7-1200, S7-1500" 通道

"SIMATIC S7-1200, S7-1500" 通道用于 WinCC 与 SIMATIC S7-1200 和 S7-1500 系列 PLC 之间的以太网通信。

具有以下特点：

1）通过访问点连接 PLC，访问点可自定义（如图 5-16 中的 "CP-TCPIP"），也可以选择已经存在的访问点。

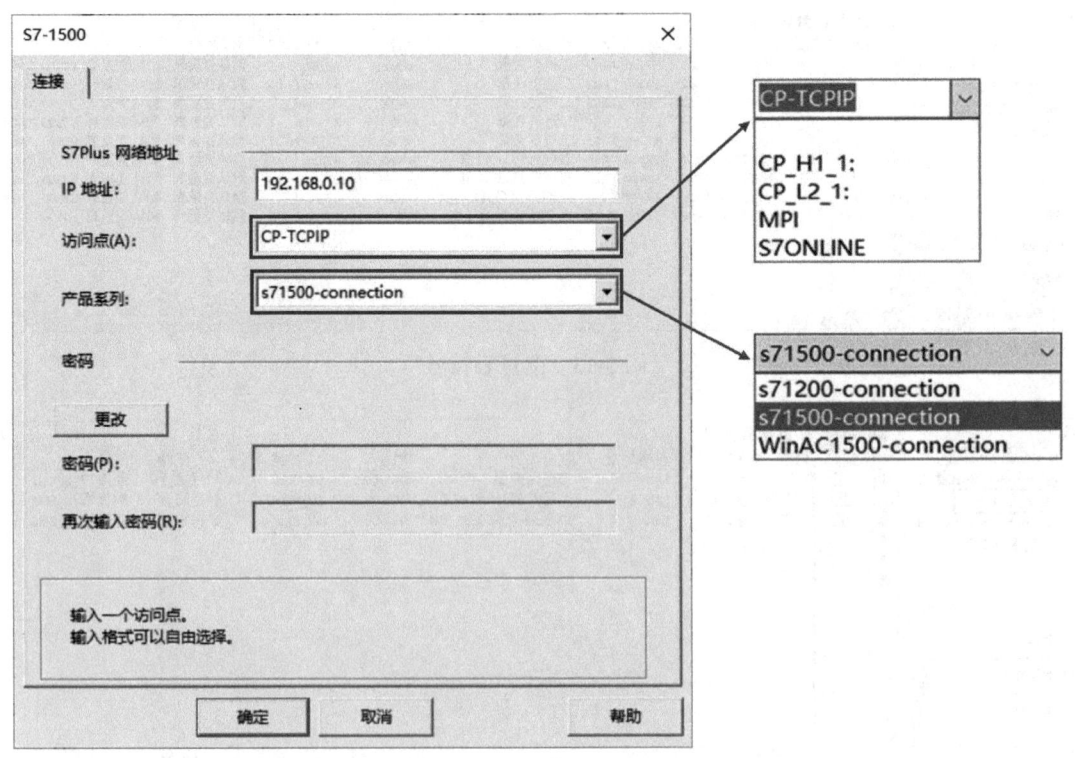

图 5-16　S7-1500 连接参数

2）可以在 WinCC 中创建相应的系统变量来断开或恢复 SIMATIC S7-1200/1500 PLC 的通信连接。

3）WinCC V7.5 SP2 Update4 之前的版本只能与 S7-1200/S7-1500 进行非安全通信。

4）WinCC V7.5 SP2 Update4 及以上版本支持与 S7-1200 V4.5/S7-1500 V2.9 及以上版本的 PLC 之间进行安全通信。

5）支持对 SIMATIC S7-1200 和 S7-1500 PLC 的绝对地址访问和符号访问。

6）支持 S7-1500 软 PLC（WinAC 1500）。

7）可以直接从 PLC 读取变量列表并导入到 WinCC 的变量管理器中。

8）可以直接读取 S7-1500 PLC 的报警并导入到 WinCC 的报警记录中。

（1）基于证书的安全通信

WinCC 支持与 S7-1200/1500 基于 TLS（Transport Layer Security）协议的安全通信。对于固件 ≥ V2.9 的 S7-1500 以及对于固件 ≥ V4.5 的 S7-1200，该协议可以在 TIA 博途 V17 及更高版本中进行组态，如图 5-17 所示。

图 5-17 PLC 的连接机制

WinCC 从 V7.5 SP2 Update4 开始支持与 S7-1200/1500 的安全通信。

WinCC 软件版本 ≥ 7.2 与固件版本 <V2.9 的 S7-1500 或固件版本 <V4.5 的 S7-1200 进行通信，所建立的连接均为非安全通信连接。

WinCC 软件版本 ≥ V7.5 SP2 Update4 与固件版本 ≥ V2.9 的 S7-1500 或固件版本 ≥ V4.5 的 S7-1200，所建立的连接为安全通信连接，且只能是安全通信连接。

WinCC 软件版本 <V7.5 SP2 Update4 与固件版本 ≥ V2.9 的 S7-1500 或固件版本 ≥ V4.5 的 S7-1200 进行通信所建立的连接为非安全通信连接。PLC 硬件组态中需要取消"仅支持 PG/PC

和 HMI 安全通信"选项，否则 WinCC 无法成功建立通信连接。

不同版本的 WinCC 对安全通信的支持情况，请参考不同版本的 WinCC 和 S7-1500 的通信（见表 5-1）和不同版本的 WinCC 和 S7-1200 的通信（见表 5-2）。

表 5-1 不同版本的 WinCC 和 S7-1500 的通信

	WinCC V7.5 SP2 Updated 以下	WinCC V7.5 SP2 Updated 及以上
S7-1500 固件版本 < V2.9	仅非安全通信	仅非安全通信
S7-1500 固件版本 ≥ V2.9 未激活"仅支持 PG/PC 和 HMI 安全通信"	仅非安全通信	仅安全通信
S7-1500 固件版本 ≥ V2.9 激活"仅支持 PG/PC 和 HMI 安全通信"	无法通信	仅安全通信

表 5-2 不同版本的 WinCC 和 S7-1200 的通信

	WinCC V7.5 SP2 Updated 以下	WinCC V7.5 SP2 Updated 及以上
S7-1200 固件版本 < V4.5	仅非安全通信	仅非安全通信
S7-1200 固件版本 ≥ V4.5 未激活"仅支持 PG/PC 和 IIMI 安全通信"	仅非安全通信	仅安全通信
S7-1200 固件版本 ≥ V4.5 激活"仅支持 PG/PC 和 HMI 安全通信"	无法通信	仅安全通信

1）通信证书的加载。

需要把 PLC 使用的安全证书导入到 WinCC 项目中才能正确建立安全通信连接。

在 TIA STEP7 项目树中选择 PLC 设备并单击鼠标右键，在弹出的菜单中选择"Export to SIMATIC SCADA"导出 PLC 数据到文件，如图 5-18 所示。

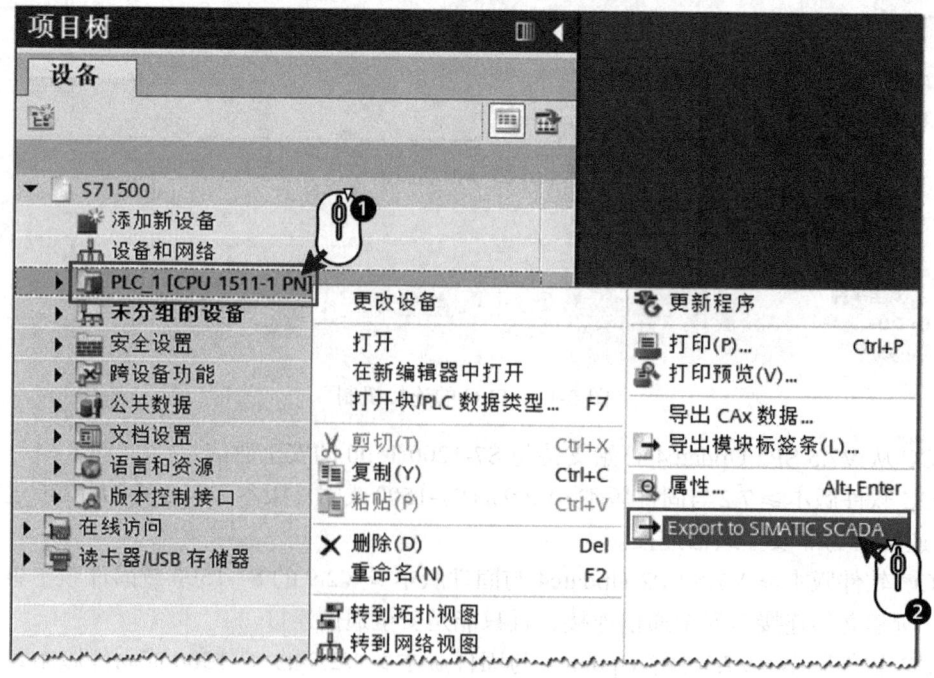

图 5-18 导出 PLC 数据到文件

> **提示**
> "Export to SIMATIC SCADA"需要单独安装,安装之后才能在博途中的属性菜单中看到"Export to SIMATIC SCADA"选项,可以在条目 ID 109748955 中下载。

在"SIMATIC S7-1200,S7-1500 Channel"通信通道下选择所需的连接并单击鼠标右键,在弹出菜单中选择"AS 符号>从文件中加载"项,然后选择从博途中导出的文件,之后需要的安全证书也在此过程中传送到 WinCC 项目中。WinCC 从文件中加载过程如图 5-19 所示。

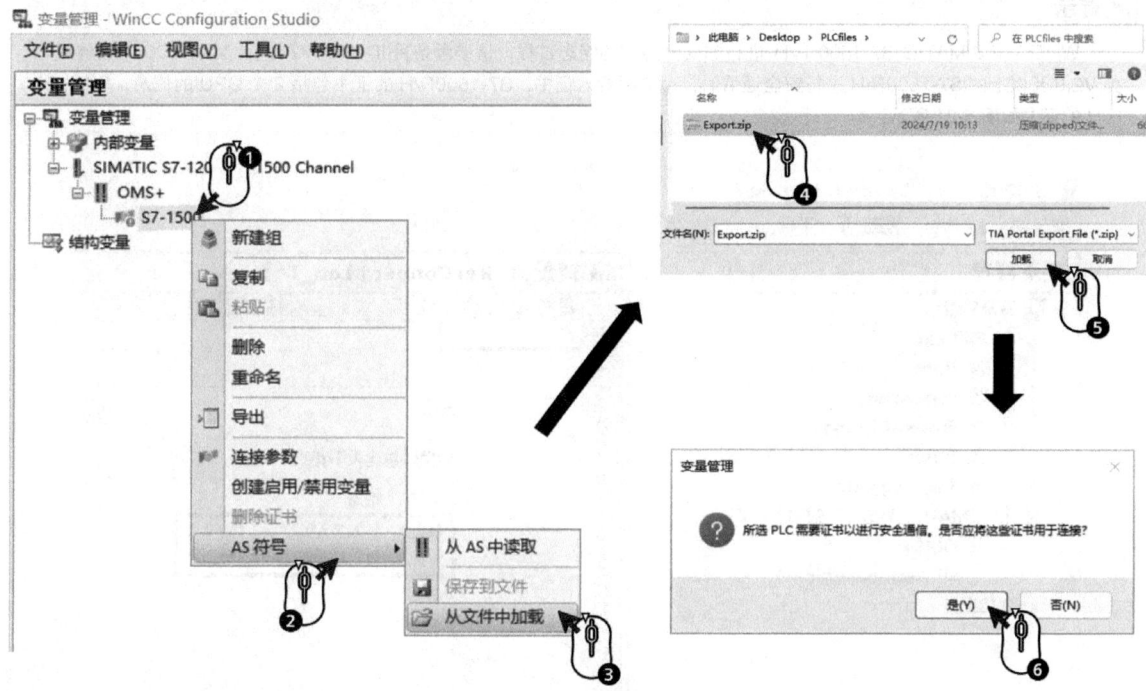

图 5-19　WinCC 从文件中加载过程

2)通信证书的更新。

S7-1200/1500 中使用的安全证书是有有效期的,默认使用的证书的有效期为 13 年,PLC 证书有效期如图 5-20 所示。

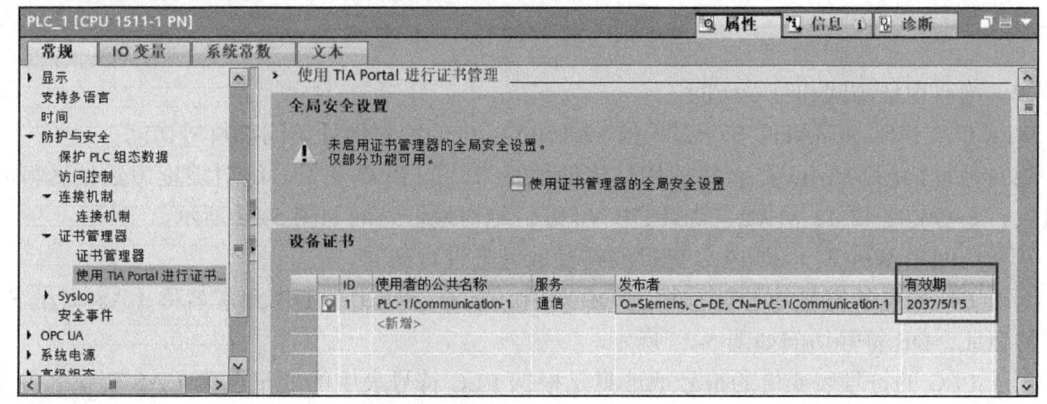

图 5-20　PLC 证书有效期

当证书到期后，必须对 PLC 和 WinCC 的安全通信证书进行更新，否则一旦重新启动 WinCC，那么通信将再无法建立。

可以在不退出 WinCC 运行的情况下管理证书。在设备继续运行时更新 PLC 的证书后，使用"SIMATIC SCADA Export"工具从 TIA 博途项目导出当前证书，然后通过 WinCC 通信连接的"AS 符号 > 从文件中加载"菜单来更新 WinCC 的证书，导入的证书将在下次启动运行时应用。

> **提示**
> WinCC 与 SIMATIC S7-1500 R/H 进行非安全通信的组态过程，请参考条目 ID 109777594。当 WinCC 与固件版本为 V2.9 及以上的 S7-1500R/H 进行安全通信时，也需要导入证书，S7-1500R/H 的证书包括 2 个 CPU 的信息，S7-1500 R/H 的证书如图 5-21 所示。

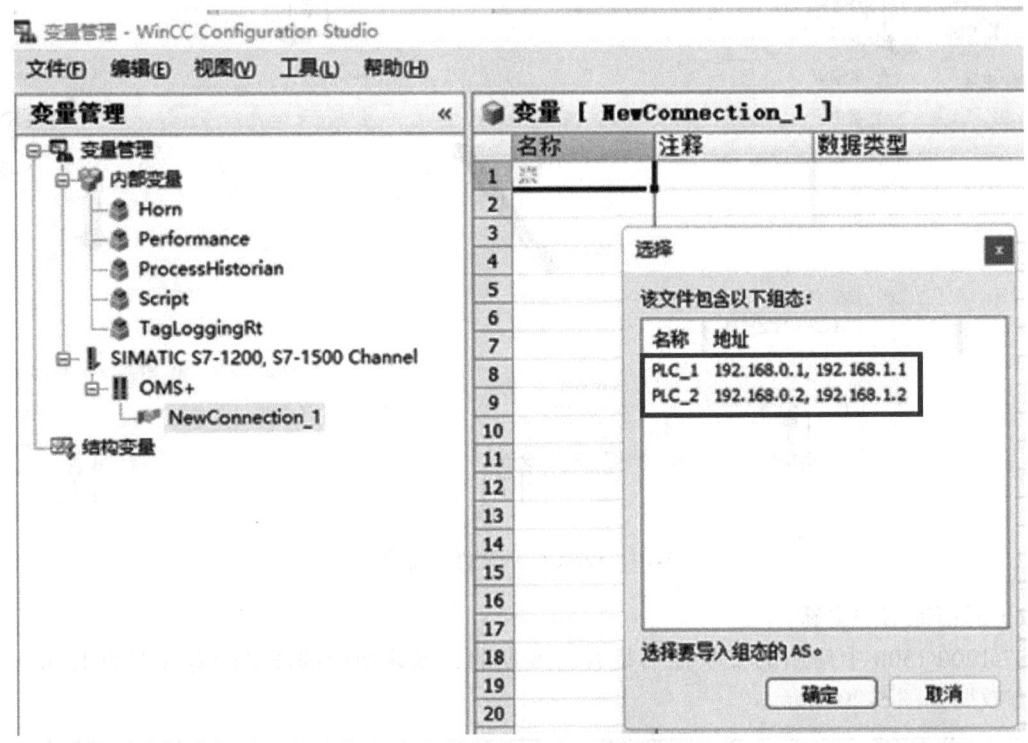

图 5-21　S7-1500 R/H 的证书

（2）绝对地址访问和符号访问

WinCC 支持对 SIMATIC S7-1200 和 S7-1500 PLC 的绝对地址访问和符号访问。

绝对地址访问是 WinCC 直接使用具体的地址来访问 PLC 变量。绝对地址由数据区域和地址组成，如 Q0.0、I2.0、MW2、DB1.DBW0 等，绝对地址访问如图 5-22 所示。

符号访问是 WinCC 根据 PLC 提供的符号地址来进行访问。

对于 DB 变量的符号地址就是根据 DB 名称（名称空间）和 DB 元素名称（AS 变量名称）生成的地址，DB 符号访问如图 5-23 所示。

对于 PLC 的符号表变量的符号地址只是根据 PLC 符号表中的变量名称（AS 变量名称）来生成的地址，如图 5-24 所示。

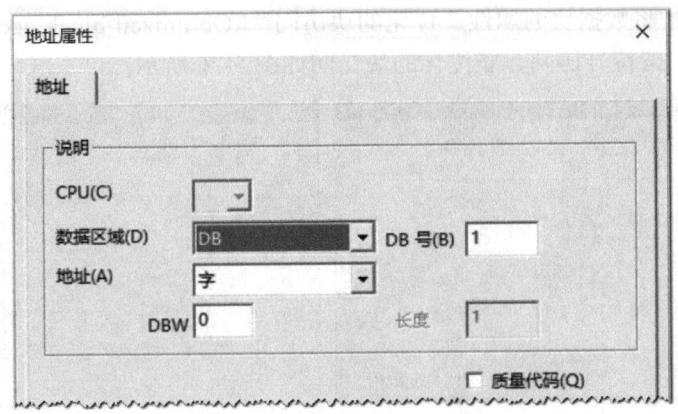

图 5-22　绝对地址访问

	名称	数据类型	长度	连接	地址	AS 变量名称	名称空间
12	Motor2.comd	二进制变量	1	S7-1500	0001:TS:0:8A0E0003.227C8420.E.9	motor1.comd	DB3
13	Motor2.speed	32-位浮点数 IEEE 754	4	S7-1500	0001:TS:10:8A0E0003.497F4355.E.C	motor1.speed	DB3
14	Motor2.speed_set	32-位浮点数 IEEE 754	4	S7-1500	0001:TS:10:8A0E0003.7787C831.E.E	motor1.speed_set	DB3
15	Motor2.state	二进制变量	1	S7-1500	0001:TS:0:8A0E0003.34B782F4.E.A	motor1.state	DB3
16	Motor3.comd	二进制变量	1	S7-1500	0001:TS:0:8A0E0004.227C8420.E.9	motor1.comd	DB4
17	Motor3.speed	32-位浮点数 IEEE 754	4	S7-1500	0001:TS:10:8A0E0004.497F4355.E.C	motor1.speed	DB4
18	Motor3.speed_set	32-位浮点数 IEEE 754	4	S7-1500	0001:TS:10:8A0E0004.7787C831.E.E	motor1.speed_set	DB4
19	Motor3.state	二进制变量	1	S7-1500	0001:TS:0:8A0E0004.34B782F4.E.A	motor1.state	DB4

图 5-23　DB 符号访问

	名称	数据类型	长度	连接	地址	AS 变量名称	名称空间
20	real1	32-位浮点数 IEEE 754	4	S7-1500	0001:TS:10:52.67615A75.14	real1	
21	symb1	二进制变量	1	S7-1500	0001:TS:0:50.FE29A5A6.A	symb1	
22	symb3	二进制变量	1	S7-1500	0001:TS:0:52.7F163683.9	symb3	
23	symb4	二进制变量	1	S7-1500	0001:TS:0:52.CB13E0B3.A	symb4	

图 5-24　符号表变量符号地址

在 TIA 博途中将数据块的属性"优化的块访问"(Optimized block access) 激活时，只支持符号访问。符号表变量符号访问如图 5-25 所示。

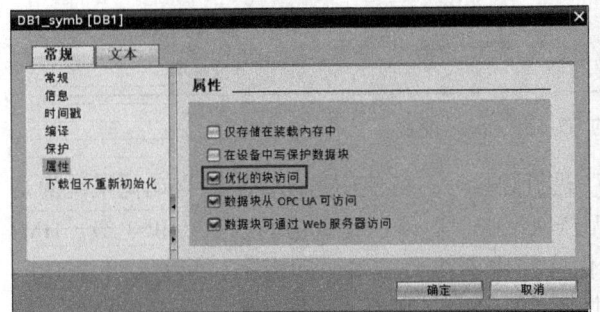 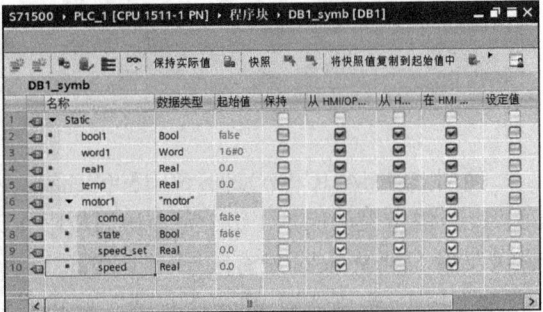

图 5-25　符号表变量符号访问

当在 TIA 博途中将数据块的属性"优化的块访问"（Optimized block access）取消时，既支持绝对地址访问也支持符号访问，非优化的块访问如图 5-26 所示。

图 5-26　非优化的块访问

（3）使用密码保护的连接

S7-1200/1500 具有访问保护的功能。对于固件版本 V3.0 及以下的 S7-1500 CPU（对于 S7-1200，最高 V4.6），只能通过密码控制访问。传统的 S7-1500 密码设置如图 5-27 所示。

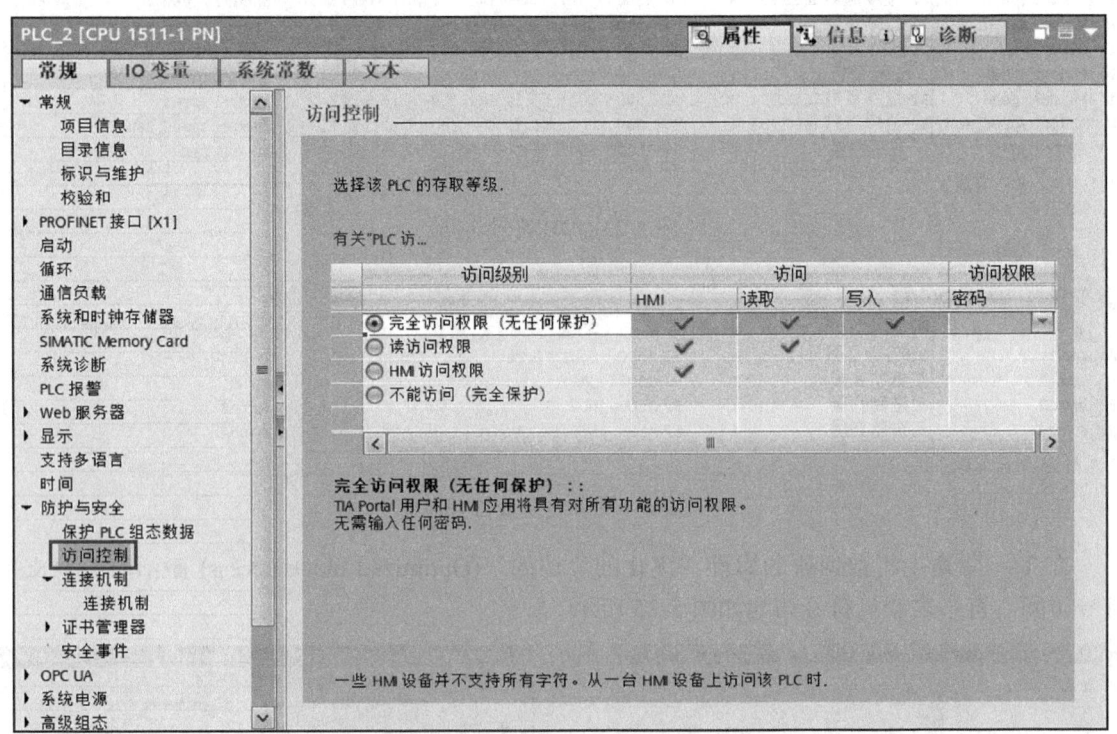

图 5-27　传统的 S7-1500 密码设置

使用"SIMATIC S7-1200, S7-1500 Channel"进行连接时，可使用密码保护对自动化系统的访问。PLC 中定义的保护 1 级 [完全访问权限（无任何保护）]、2 级（读访问权限）和 3 级（HMI 访问权限）对 WinCC 没有限制，在 WinCC 通信连接中不需要输入访问密码。只有"不能访问（完全保护）"级别才对 WinCC 有效。当 PLC 中定义的保护级别为"不能访问（完全保护）"时，需要在 WinCC 连接中输入访问密码。S7-1200/1500 驱动中的密码设置如图 5-28 所示。

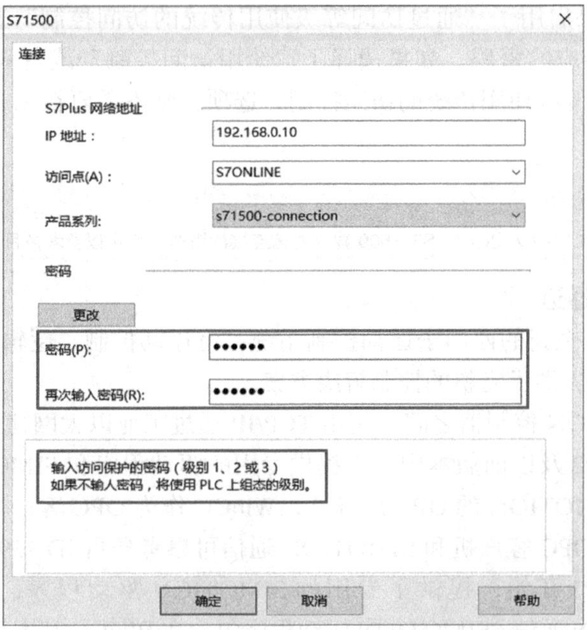

图 5-28　S7-1200/1500 驱动中的密码设置

对于固件版本 V3.1 及以上的 S7-1500，若要进行访问控制，可创建具有必要功能权限的相应用户和角色。访问级别和相关功能权限之间的分配基于已知的访问级别。但对于 WinCC 使用 "SIMATIC S7-1200, S7-1500 Channel" 连接 V3.1 的 S7-1500 时，支持 "通过访问等级使用传统的访问控制" 的访问控制方式，S7-1500 V3.1 访问控制设置如图 5-29 所示。

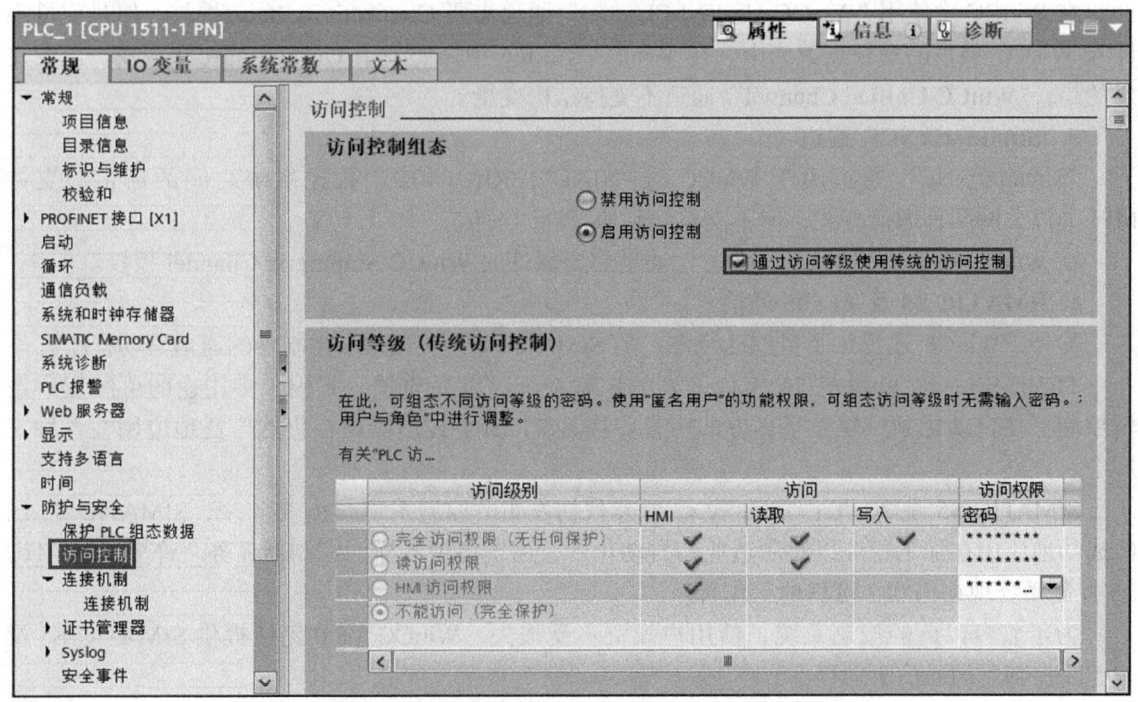

图 5-29　S7-1500 V3.1 访问控制设置

在图 5-29 中，如果启用了"通过访问等级使用传统的访问控制"选项，则需要在 WinCC 通信连接参数中输入相应的密码。如果选择了"禁用访问控制"或者只选择"启用访问控制"但没有启用"通过访问等级使用传统的访问控制"选项，则不需要在 WinCC 通信连接参数中输入相应的密码。

> **提示**
> 关于 WinCC 与固件版本 V3.1 及以上的 S7-1500 建立通信连接的组态，也可以参考条目 ID 109955142。

3. "SIMOTION"通道

SIMOTION 是一个全新的西门子运动控制系统，将运动控制、逻辑控制及工艺控制功能集成于一身，为生产机械提供了完整的控制解决方案。

WinCC 与 SIMOTION 控制器之间，使用 TCP/IP 通过工业以太网建立连接。

在 WinCC V7.0 SP2 及以前版本中，未提供专用的驱动程序和 SIMOTION 通信。只能通过 SIMATIC NET 建立 SIMOTION 的 OPC 服务器，WinCC 作为 OPC 客户机和 SIMOTION 通信。

关于 WinCC 作为 OPC 客户机和 SIMOTION 通信可参考条目 ID 73984307。

从 WinCC V7.0 SP3 开始，提供了专用的 SIMOTION 驱动程序，可以通过工业以太网（TCP/IP）和 SIMOTION 通信。SIMOTION 驱动程序包含在 WinCC 基本系统中，无需单独购买。WinCC 和 SIMOTION SCOUT（SIMOTION 的组态软件）也无需集成。

关于如何实现 WinCC 和 SIMOTION 的工业以太网通信可参考条目 ID 74930232。

4. "WinCC Unified Channel"通道

"WinCC Unified Channel"通道是实现 WinCC 与 WinCC Unified 之间协作通信的驱动程序。可以使用这些共享的变量来实现 WinCC 中的画面动画，参与脚本运算以及触发报警。

在 WinCC 中使用"WinCC Unified Channel"通道需要 Connectivity Pack 授权。但是变量不计入 WinCC 项目的变量点数当中。在 WinCC Unified 中需要一个 Unified 的协作授权。需要注意的是，"WinCC Unified Channel"通道不支持结构变量。

5. "SinumerikNC"通道

"SinumerikNC"通道用于 WinCC 与"SINUMERIK 840D"数控系统之间的通信，支持 MPI 和以太网两种通信方式，但不支持两种协议同时通信。

在 WinCC 中使用"SinumerikNC"通道需要额外的 WinCC/Sinumerik Channel 授权。

6. SIMATIC S5 及 TI 505 通信

另外，WinCC 还提供了目前已经停产的 SIMATIC S5 和 TI 505 控制器的通信驱动程序。

TI 505 是一款 20 世纪 70 年代开发的控制系统，以高质量、坚固、多用途的可编程序逻辑控制器在自动化领域建立了良好的声誉。许多 TI 505 控制器现在仍然广泛地应用在各种工厂中。

SIMATIC S5 是 20 世纪 70 年代末 80 年代初发布的控制系统。30 多年来，SIMATIC S5 已经成功地应用在加工行业以及制造业的自动化中，用于各种各样的控制器任务。许多 SIMATIC S5 控制系统现在仍然在可靠地工作着。

为了兼容以前的控制系统，使用户投资不受损失，WinCC V8.0 仍然提供 SIMATIC S5 及 TI 505 控制器的通信驱动程序。

SIMATIC S5 及 TI 505 通信本书不涉及，如需了解请参考 WinCC 的帮助。

7. 连接数量

WinCC 能连接的 S7 PLC 的数量见表 5-3。

表 5-3　WinCC 能连接的 S7 PLC 的数量

WinCC 中的通信通道		MPI/Profibus		工业以太网	
		Soft-Net	Hard-Net	Soft-Net	Hard-Net
SIMATIC S7 Protocol Suite	MPI	8	44	---	---
	Soft-PLC	1	---	---	---
	Slot-PLC	1	---	---	---
	Profibus (1)	8	44	---	---
	Profibus (2)	8	44	---	---
	指定连接	---	---	64	60
	Industrial Ethernet ISO L4 (1)	---	---	64	60
	Industrial Ethernet ISO L4 (2)	---	---	64	60
	Industrial Ethernet TCP/IP	---	---	64	60
SIMATIC S7-1200		128			
SIMATIC S7-1500		128			

注：Soft-Net 为 CP5611，CP5612，普通网卡。Hard-Net 为 CP5613，CP1613 A2，CP1623。

超过 8 个连接需要单独购买 Softnet-S7 或 Hardnet-S7 的授权。

5.2.2　第三方通信驱动

对于使用比较广泛的第三方厂家的 PLC，例如施耐德 PLC、三菱 PLC、Allen-Bradley PLC 和欧姆龙 PLC，WinCC 也提供了专门的通信驱动程序。

1. "Modbus TCPIP" 通道

"Modbus TCPIP" 通道用于 WinCC 与施耐德 PLC 之间通过以太网进行通信。Modbus TCPIP 驱动如图 5-30 所示。

"Modbus TCPIP" 通道支持下列类型的施耐德控制器：

1）Modicon 984：984 是原 Modicon（莫迪康）公司 20 世纪 80 年代的产品，目前已经停产。

2）Modicon Compact、Quantum 和 Momentum：原 Modicon 旗下的产品，属于中高端产品。

3）Modicon Premium 和 Modicon Micro：原 TE 旗下的产品，属于中低端产品。

（1）施耐德 PLC 之间的区别

不同类型的施耐德 PLC 存在以下两点区别：

1）双字、字、位之间的排列关系不同。

2）字中位的起始编号不同。有的从 0 开始编号，有的从 1 开始编号。

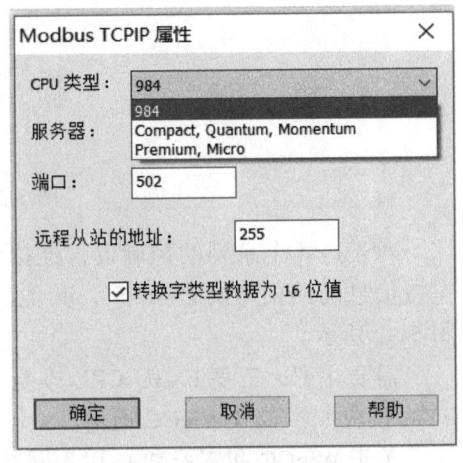

图 5-30　Modbus TCPIP 驱动

当在连接参数中没有选择"Swap words in 32-bit values"时，不同 CPU 类型的双字、字、位之间的关系见表 5-4 和表 5-5。

表 5-4　"984"和"Compact，Quantum，Momentum"双字、字、位之间的关系

双字	400100					
字	400100			400101		
位	400100.1	…	400100.16	400101.1	…	400101.16

表 5-5　"Premium，Micro"双字、字、位之间的关系

双字	400100（%mw99）					
字	400101			400100		
位	400101.15	…	400101.0	400100.15	…	400100.0

WinCC"Modbus TCPIP"通信驱动程序将按照表 5-4 或表 5-5 所示的关系来处理读到的字和位。

当在连接参数中选择"Swap words in 32-bit values"时，WinCC 会相应交换高字和低字的顺序之后再赋值给对应的双字变量（包括浮点数）。

（2）WinCC 和第三方 Modbus 设备通信

WinCC 官方只测试过通过"Modbus TCPIP"通道与施耐德 PLC 通信。如果第三方设备使用的 Modbus TCPIP 和施耐德 PLC 完全相同，那么也可以和 WinCC 通过"Modbus TCPIP"通道通信。但需要根据实际情况去选择使用"Modbus TCPIP"通道中的哪种类型的 CPU。

2."Mitsubishi Ethernet"通道

WinCC"Mitsubishi Ethernet"通道用于 WinCC 与三菱 PLC 之间通过 MELSEC 通信协议（MC 协议）进行通信。图 5-31 所示为 WinCC 的 Mitsubishi 以太网驱动。

图 5-31　Mitsubishi 以太网驱动

对于这 4 个系列的控制器，连接和变量的组态步骤基本相同。区别是只有 FX3U 系列不支持信息的路由（网络编号），其他三种类型的 PLC 都需要设置网络编号。三菱网络编号如图 5-32 所示。

需要注意，三菱 FX3U CPU 本身不带以太网口，需要扩展以太网模块（例如，FX3U-ENET-L 模块）才能和 WinCC 通信。

关于 WinCC 和三菱 PLC 以太网通信的详细信息可参考条目 ID 75379198。

3."Allen Bradley - Ethernet IP"通道

"Allen Bradley - Ethernet IP"通道用于 WinCC 和 Allen-Bradley 系列 PLC 使用 Ethernet IP 进行通信。Allen Bradley - Ethernet IP 驱动如图 5-33 所示。

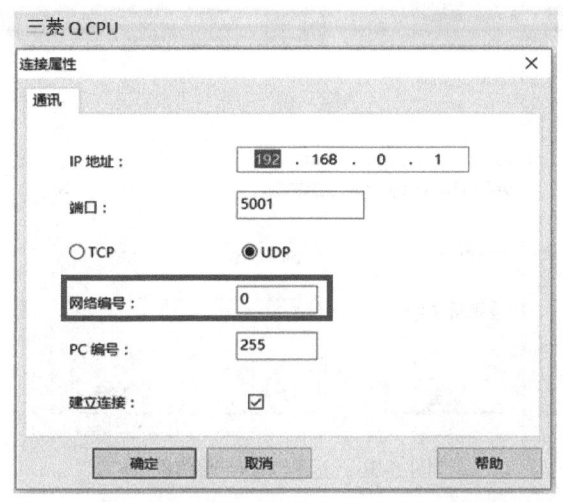
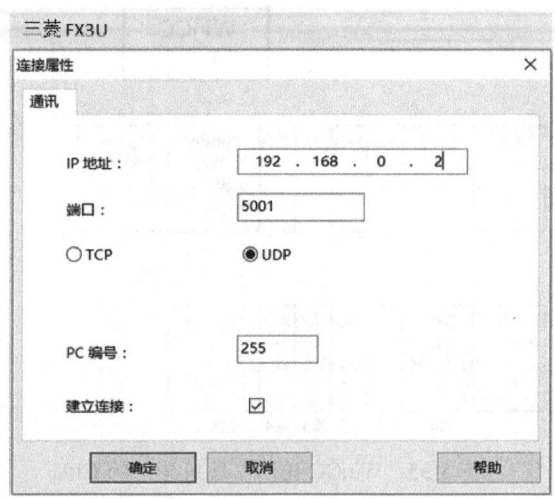

图 5-32　三菱网络编号

从 WinCC V7.0 SP1 开始，WinCC 增加了"Allen Bradley - Ethernet IP"驱动。可以通过以太网与 Allen-Bradley 的 PLC 进行通信。

其中：

"Allen Bradley E/IP ControlLogix"通道单元用于和 ControlLogix5500、CompactLogix5300 系列 PLC 通信。

"Allen Bradley E/IP PLC5"通道单元用于和 PLC5 系列 PLC 通信。

"Allen Bradley E/IP SLC50x"通道单元用于和 SLC500 和 MicroLogix 系列 PLC 通信。

对于"Allen Bradley E/IP"的连接，除了指定 PLC 的 IP 地址，还需要指定通信路径，"Allen Bradley E/IP"的连接参数如图 5-34 所示。

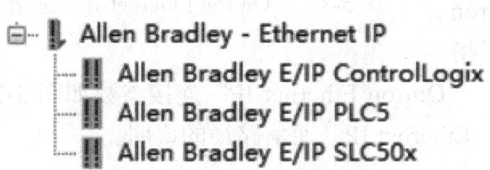

图 5-33　Allen Bradley - Ethernet IP 驱动

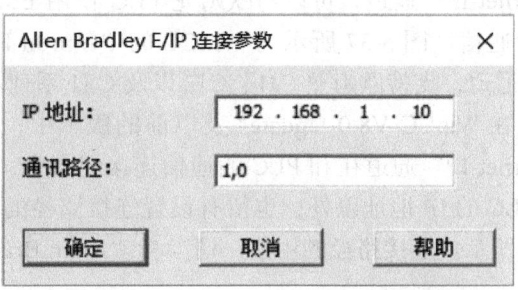

图 5-34　"Allen Bradley E/IP"的连接参数

关于"通信路径"的说明：

连接本地机架上的 CPU（CPU 和以太网模块在同一机架），通信路径为"1,x"，x 代表 CPU 所在插槽。

连接远程机架上的 CPU（CPU 和以太网模块不在同一机架，但本地机架和远程机架通过网络相连），图 5-35 所示系统为 WinCC 访问本地机架上的 CPU。

此时，WinCC 访问远程机架上的 CPU2 的通信路径写法为"1,5,2,3,1,0"，远程 CPU 通信路径如图 5-36 所示。

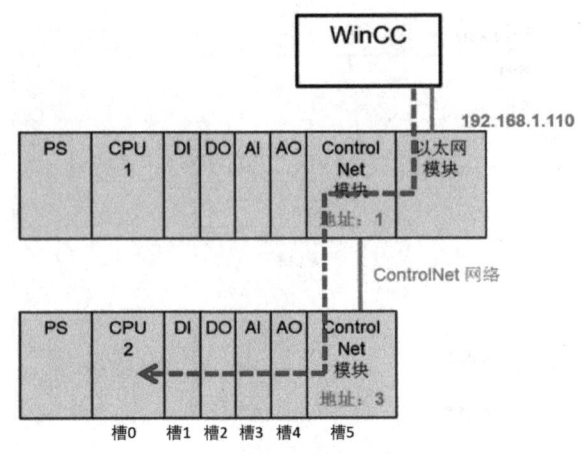

图 5-35　WinCC 访问本地机架上的 CPU

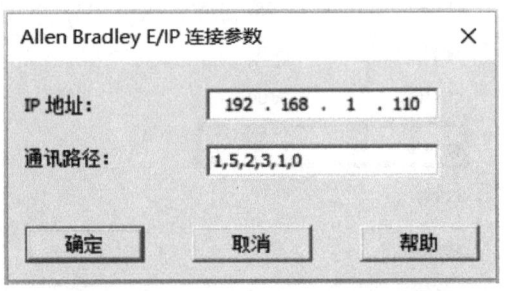

图 5-36　远程 CPU 通信路径

其中：
1—背板连接。
5—本地机架上网络模块插槽（例子 ControlNet 模块位于 5 槽）。
2—网络连接。
3—远程模块网络地址（远程 ControlNet 模块地址为 3）。
1—远程机架的背板连接。
0—远程机架 CPU 槽号。

关于 WinCC 和 Allen-Bradley ControlLogix 通信的详细信息可参考条目 ID 91455991。

4. "Omron Ethernet - IP" 通道

从 WinCC V8.0 开始，WinCC 增加了 "Omron Ethernet-IP" 通道，可以与欧姆龙 PLC 使用 Ethernet IP 进行通信。图 5-37 所示为 WinCC 的 "Omron Ethernet-IP" 通道，支持欧姆龙 CJ1、CJ2 以及 CS1 系列 PLC。

在 WinCC V8.0 Update4 及以前的版本中，"Omron Ethernet-IP" 通道在和 PLC 的通信连接组态中，除了指

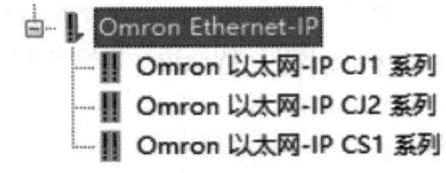

图 5-37　"Omron Ethernet-IP" 通道

定 PLC 的 IP 地址以外，也留有设置连接路径的接口，"Omron Ethernet-IP" 连接参数如图 5-38 左侧所示。连接路径的用法，请参考 "Allen Bradley - Ethernet IP" 通信路径的说明。

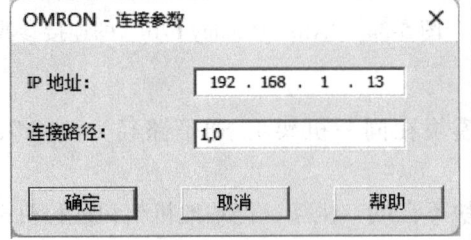 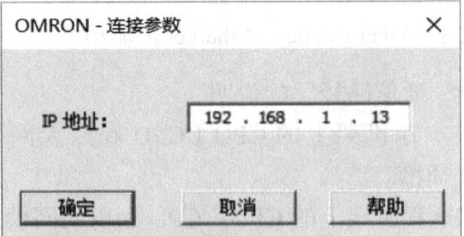

图 5-38　"Omron Ethernet-IP" 连接参数

WinCC V8.0 Update5 及以后的版本中，"Omron Ethernet-IP" 通信连接不需要设定连接路径参数，只需要设置 PLC 的 IP 地址即可，如图 5-38 右侧所示。

5. 连接数量

WinCC 第三方驱动及接下来要讲述的 OPC 连接的数量和计算机性能有关，即如果计算机性能足够强大的情况下，WinCC 第三方驱动及 OPC 连接数是没有限制的。

5.2.3 OPC 通道

OPC 是一个工业标准，所属国际组织是 OPC 基金会。现有会员包括世界上所有主要的自动化控制系统、仪器仪表及过程控制系统的公司。

经典 OPC 规范基于微软 Windows 系统的 COM/DCOM 技术，用于软件之间进行数据交换。OPC 规范定义了以下几种不同的，用于访问过程数据、报警信息以及历史数据的规范：

1）OPC 实时数据访问规范（OPC DA）定义了包括数据值、更新时间与数据品质信息的相关标准。

2）OPC 历史数据访问规范（OPC HDA）定义了查询、分析历史数据和含有时标数据的方法。

3）OPC 报警事件访问规范（OPC A&E）定义了报警与时间类型的消息类信息以及状态变化管理等相关标准。

4）OPC XML DA 规范是在 OPC DA 3.0 版本中引入的关键技术。在 OPC XML DA 规范中，数据交换基于 XML 格式。XML（Extensible Markup Language）是一种用于标记数据的语言，具有良好的跨平台通用性，且很容易穿透防火墙。通过 OPC XML DA 规范，可以比较简单地实现数据在不同平台间进行传送。

OPC UA（Unified Architecture）是新一代技术，提供安全、可靠的数据传输方式。与传统 OPC 规范相比，OPC UA 具有以下特点：

（1）访问统一性

OPC UA 有效地将现有的 OPC 规范（DA、A&E、HDA、命令、复杂数据和对象类型）集成进来，成为现在新的 OPC UA 规范。

（2）可靠性、冗余性

OPC UA 的开发含有高度可靠性和冗余性的设计。可调试的逾时设置，错误发现和自动纠正等新特征，都使得符合 OPC UA 规范的软件产品可以很自如地处理通信错误和失败。OPC UA 的标准冗余模型也使得来自不同厂商的软件应用可以同时被采纳并彼此兼容。

（3）标准安全模型

OPC UA 访问规范明确提出了标准安全模型，每个 OPC UA 应用都必须执行 OPC UA 安全协议，这在提高互通性的同时降低了维护和额外配置费用。用于 OPC UA 应用程序之间传递消息的底层通信技术提供了加密功能和标记技术，保证了消息的完整性，也防止信息的泄漏。

（4）平台无关

OPC UA 规范不再基于 COM/DCOM 技术。因此 OPC UA 不仅能在 Windows 平台上使用，更可以在 Linux、UNIX、Mac 等各种其他平台中使用。

WinCC V8.0 的 OPC 客户端驱动包括 OPC 通道和 OPC UA 通道两种，WinCC OPC 驱动如图 5-39 所示。

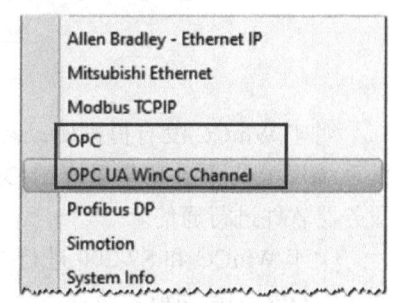

图 5-39 WinCC OPC 驱动

1. WinCC OPC 通道

OPC 通信驱动程序可用作 OPC DA 客户端,如图 5-40 所示,OPC XML DA 客户端如图 5-41 所示。

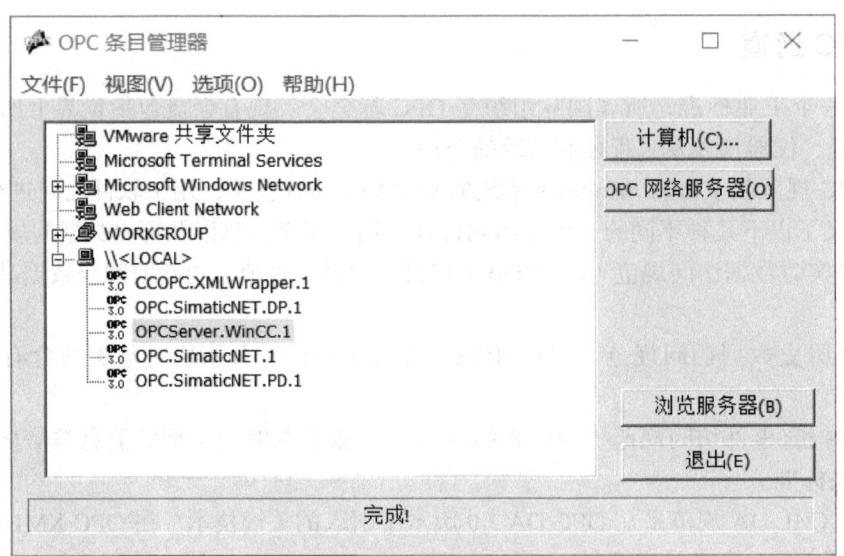

图 5-40　OPC DA 客户端

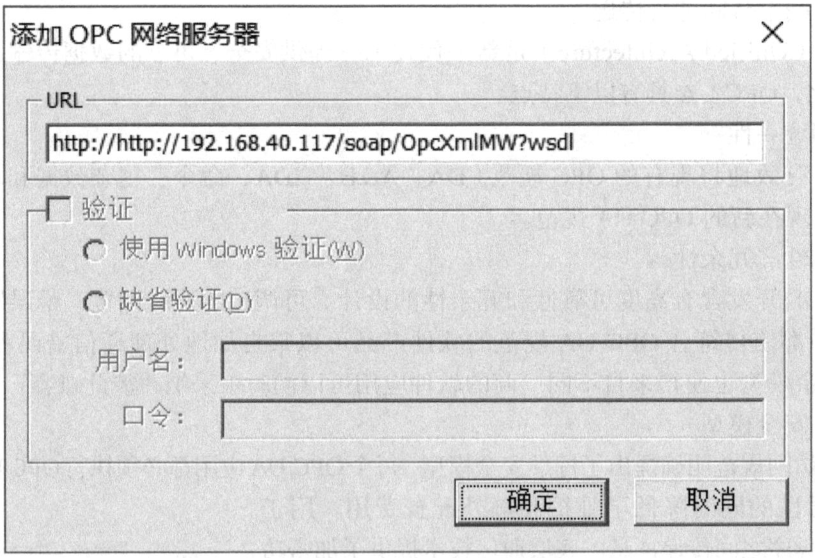

图 5-41　OPC XML DA 客户端

对于 WinCC 没有提供驱动程序的自动化系统,可以通过 OPC 协议进行通信。需要向自动化系统厂家购买自动化系统的 OPC 服务器软件,WinCC 通过 OPC 通道和自动化系统的 OPC 服务器软件进行通信。

关于 WinCC 和 S7-200 进行 OPC 通信的具体信息请参考条目 ID 109752188。

2. OPC UA 通道

WinCC V8.0 可以作为 OPC UA 服务器为第三方客户端提供数据,也可以作为 OPC UA 客户端来连接其他厂家的 OPC UA 服务器，OPC UA 客户端如图 5-42 所示。

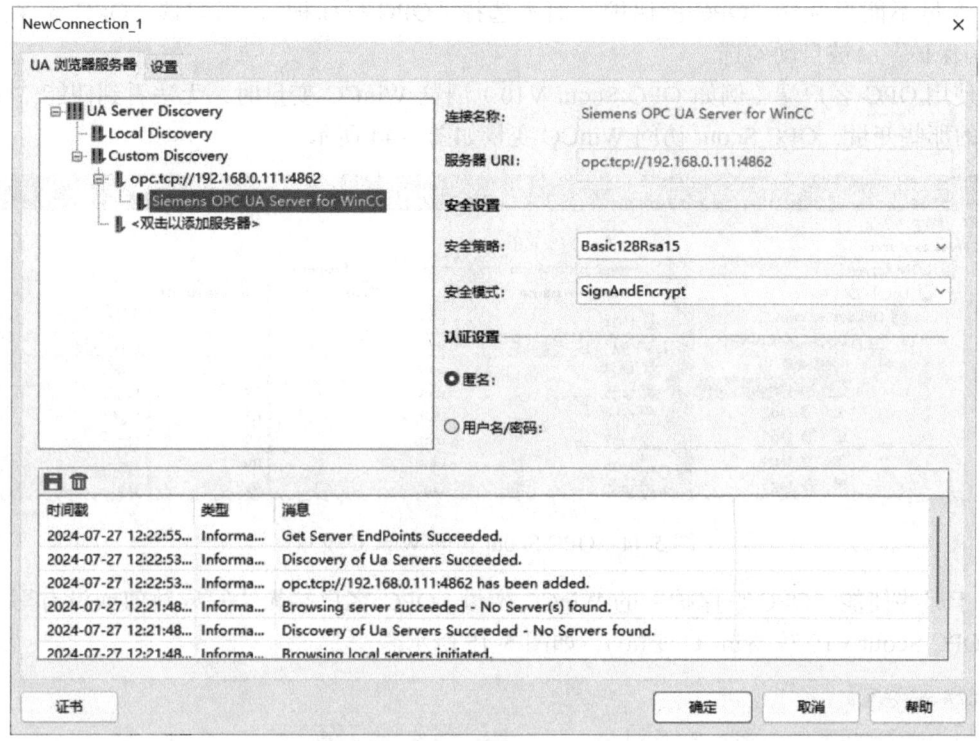

图 5-42 OPC UA 客户端

3. OPC 变量访问权限

为了实现更高的设备安全性，从 WinCC V7.5 开始可以更详细地规定通过 OPC 接口对 WinCC 变量的访问权限。对每个 WinCC 变量进行单独的 OPC 客户端访问配置，即单独规定每个变量是否为写保护或读保护，WinCC OPC 变量访问权限如图 5-43 所示。

图 5-43 WinCC OPC 变量访问权限

OPC 客户端无法访问"OPC 读保护"的变量，无法对"OPC 写保护"的变量进行写操作。WinCC 变量不能只选择"OPC 读保护"而不选择"OPC 写保护"，当勾选"OPC 读保护"时"OPC 写保护"会被自动勾选。

当使用 OPC 客户端（例如 OPC Scout V10）浏览 WinCC 变量时，无法看到使能"OPC 读保护"的那些变量，OPC Scout 访问 WinCC 变量如图 5-44 所示。

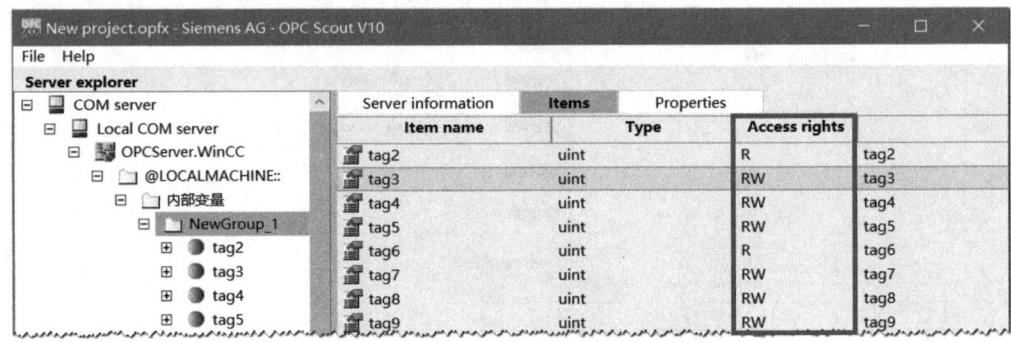

图 5-44　OPC Scout 访问 WinCC 变量

对于那些使能"OPC 写保护"的 WinCC 变量，OPC 客户端无法写入数值或没有写入接口（例如 OPC Scout V10 写 WinCC 变量），如图 5-45 所示。

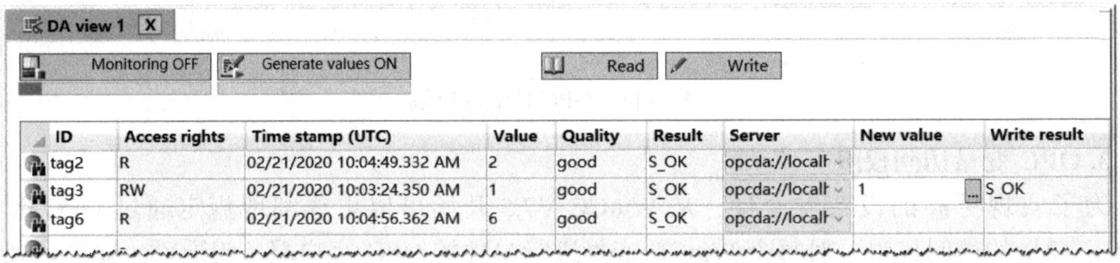

图 5-45　OPC Scout 写 WinCC 变量

5.2.4　"System Info"通道

"System Info"通道用于获取计算系统信息，如时间、日期、磁盘容量，并提供定时器和计数器等功能。WinCC"System Info"通道如图 5-46 所示。

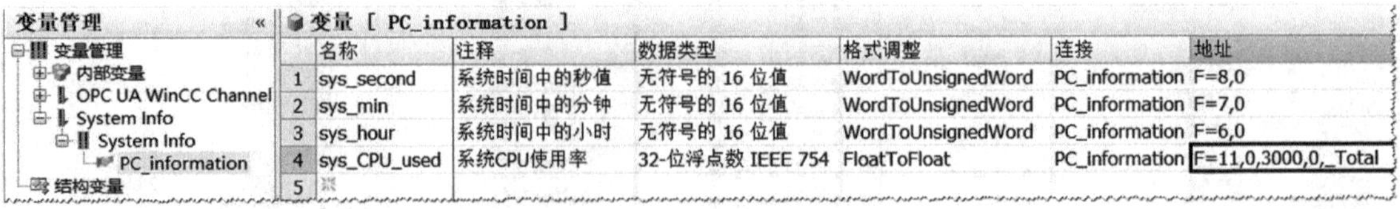

图 5-46　WinCC"System Info"通道

可能的应用如下：

1）在过程画面中显示时间、日期和星期。
2）通过在脚本中判断系统信息来触发事件。
3）在趋势图中显示 CPU 负载。

4）显示和监视客户端系统中不同服务器上可用的驱动器空间。

5）监视可用磁盘容量并触发消息。

6）显示 C/S 多用户系统架构中多个服务器的系统信息。

> **提示**
> "System Info"通道下的变量不算在授权变量计数中。

使用时，需要在变量管理下添加"System Info"通道，并创建连接。

然后在连接下创建变量并为变量选择信息。WinCC"System Info"变量信息如图 5-47 所示。

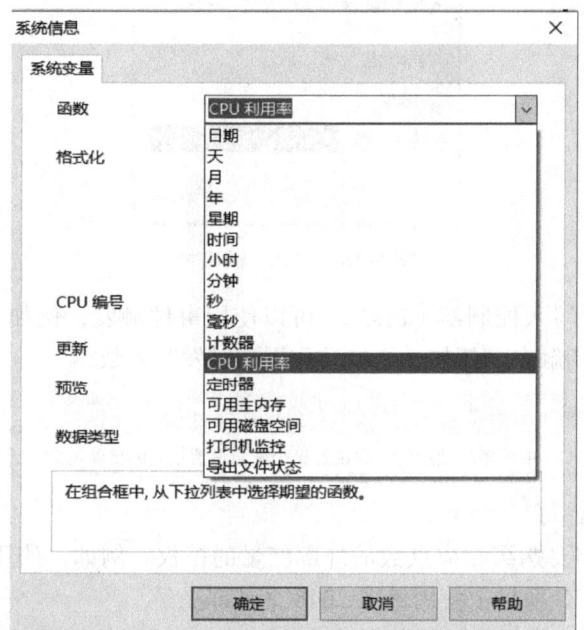

图 5-47　WinCC "System Info" 变量信息

5.3　WinCC 变量

WinCC 使用以下三种类型的变量：

1）外部变量（也叫"过程变量"）。

2）内部变量。

3）系统变量。

5.3.1　外部变量

外部变量用于 WinCC 与控制器（PLC）之间的通信，对应的是控制器中的地址或符号。

WinCC 外部变量的属性取决于所使用的通信驱动程序。因此，在变量管理器中所创建的外部变量是位于相应的通信驱动程序连接下的。

1. 外部变量的更新

对于 WinCC 外部变量而言，在其属性下需要定义对应的 PLC 中的地址（例如，DB1.

DBD0）。但其更新周期不是在变量属性下定义，而是在使用这个变量的对象中定义，例如图 5-48 所示的输入/输出域。

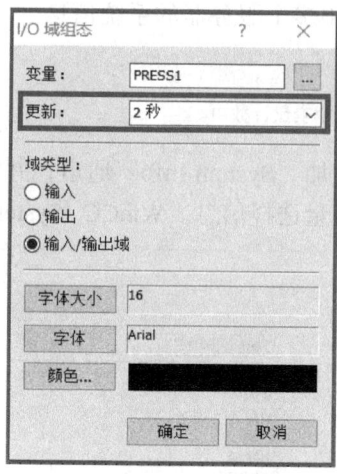

图 5-48　输入/输出域

WinCC 也可将数据写入控制器（PLC）。可以使用事件触发，例如，按下按钮立刻触发写入数据。也可以使用周期触发，例如，全局动作周期触发写入数据。

当同一个外部变量在 WinCC 中被多次使用时，建议对这个变量设置相同的更新周期。否则会增加通信负载。

2. 外部变量的授权许可

使用 WinCC 时，需要购买相应点数的外部变量的授权。例如，使用包含 2048 个授权变量的授权，就能够在 WinCC 项目中使用最多 2048 个外部变量。

已许可的和已组态的外部变量的数目将会在 WinCC 项目管理器的状态栏中显示，WinCC 状态栏如图 5-49 所示。

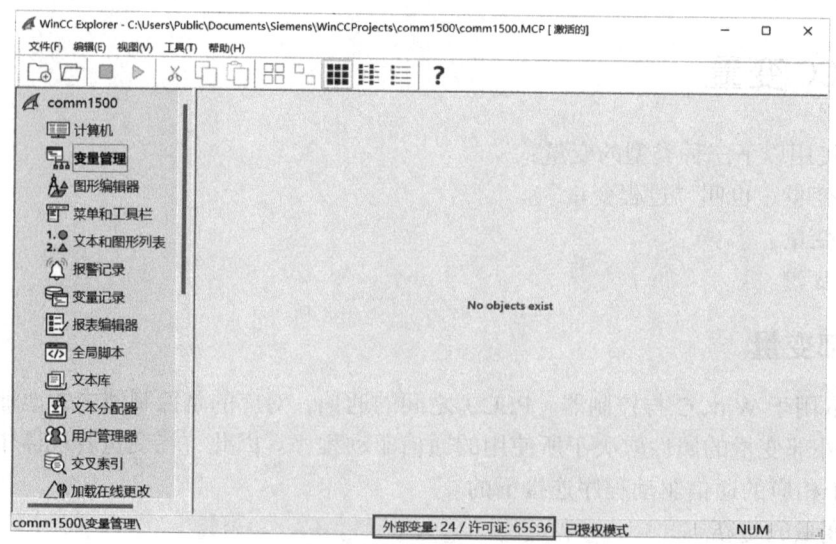

图 5-49　WinCC 状态栏

WinCC 的基本授权许可证分为下列两种类型：

1）"RC"：完全版授权，用于特定数目外部变量的组态和运行系统。例如"2048 PowerTags (RC 2048)"的许可证允许在 WinCC 组态和运行系统中使用 2048 个外部变量。

2）"RT"：运行版授权，仅用于特定数目外部变量的运行系统。例如"2048 PowerTags (RT 2048)"的许可证只允许在 WinCC 运行系统中使用 2048 个外部变量。

关于 WinCC 授权使用的详细信息请参考条目 ID 75380544。

3. 外部变量的创建

外部变量需要在相应的通信连接下创建。单击空白行中黄色星号所在的单元格即可创建新变量（输入新变量名称），创建变量如图 5-50 所示。

图 5-50　创建变量

变量属性窗口中列出了变量所有的属性。选中某一属性，在窗口下方会出现这个属性的说明。外部变量的详细属性如图 5-51 所示。

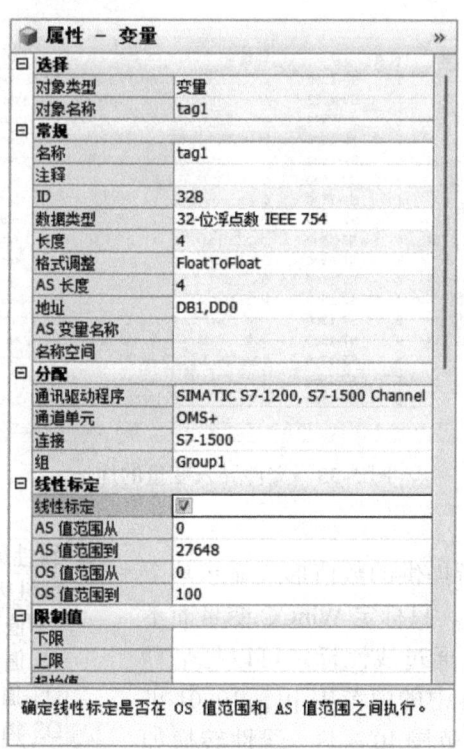

图 5-51　外部变量的详细属性

4. 外部变量的地址

每个 WinCC 外部变量都需要对应 PLC 中的某个地址。手动创建变量的地址如图 5-52 所示。

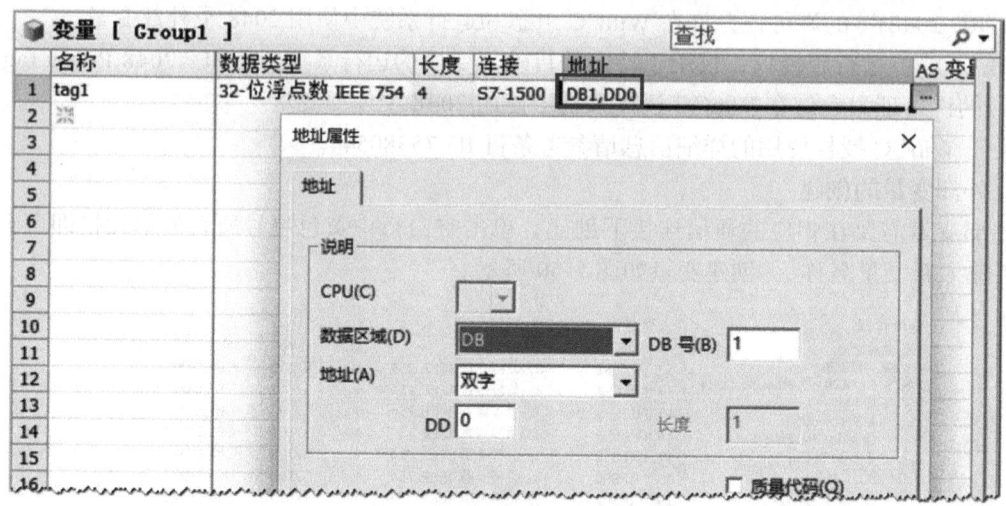

图 5-52　手动创建变量的地址

不同数据类型的变量、不同通信驱动连接下的变量，地址都是不同的。

对于手动创建的变量，其地址是允许修改的，如图 5-52 所示。对于从 PLC 上传或从 "Export to SIMATIC SCADA" 导出的文件导入的变量地址是无法直接修改的。如图 5-53 所示是从文件导入的变量，其地址列是灰色的，无法直接修改。

	名称	数据类型	长度	连接	地址	AS 变量名称	名称空间	上一次修改
1	DB1_symb_bool1	二进制变量	1	S7-1500	0001:TS:0:8A0E0001.A2293E12.9	bool1	DB1_symb	2024/7/19 11:37:49
2	DB1_symb_motor1.control	二进制变量	1	S7-1500	0001:TS:0:8A0E0001.4CB4FE9E.E.9	motor1.control	DB1_symb	2024/7/19 11:37:51
3	DB1_symb_motor1.speed	32-位浮点数 IEEE 754	4	S7-1500	0001:TS:10:8A0E0001.497F4355.E.C	motor1.speed	DB1_symb	2024/7/19 11:37:51
4	DB1_symb_motor1.status	二进制变量	1	S7-1500	0001:TS:0:8A0E0001.65E25563.E.A	motor1.status	DB1_symb	2024/7/19 11:37:51
5	DB1_symb_real1	32-位浮点数 IEEE 754	4	S7-1500	0001:TS:10:8A0E0001.67615A75.C	real1	DB1_symb	2024/7/19 11:37:50
6	DB1_symb_word1	无符号的 16 位值	2	S7-1500	0001:TS:37:8A0E0001.528F57AF.F	word1	DB1_symb	2024/7/19 11:37:49
7	DB2_addr_bool2	二进制变量	1	S7-1500	DB2,D0.0	bool2	DB2_addr	2024/7/19 11:28:58
8	DB2_addr_motor2.control	二进制变量	1	S7-1500	DB2,D12.0	motor2.control	DB2_addr	2024/7/19 11:36:44
9	DB2_addr_motor2.speed	32-位浮点数 IEEE 754	4	S7-1500	DB2,DD14	motor2.speed	DB2_addr	2024/7/19 11:36:44
10	DB2_addr_motor2.status	二进制变量	1	S7-1500	DB2,D12.1	motor2.status	DB2_addr	2024/7/19 11:36:44
11	DB2_addr_real2	32-位浮点数 IEEE 754	4	S7-1500	DB2,DD4	real2	DB2_addr	2024/7/19 11:28:59
12	DB2_addr_word2	无符号的 16 位值	2	S7-1500	DB2,DBW2	word2	DB2_addr	2024/7/19 11:28:59
13	int1	有符号的 16 位值	2	S7-1500	0001:TS:7:52.8798A214.15	int1		2024/7/19 11:02:31
14	real1	32-位浮点数 IEEE 754	4	S7-1500	0001:TS:10:52.67615A75.14	real1		2024/7/19 11:02:31
15	symb1	二进制变量	1	S7-1500	0001:TS:0:50.FE29A5A6.A	symb1		2024/7/19 11:02:31
16	symb3	二进制变量	1	S7-1500	0001:TS:0:52.7F163683.9	symb3		2024/7/19 11:02:31
17	symb4	二进制变量	1	S7-1500	0001:TS:0:52.CB13E0B3.A	symb4		2024/7/19 11:02:31

图 5-53　文件导入变量的地址

5. 线性标定

当希望以不同于 PLC 所提供的数值形式显示某个过程值时，可使用线性标定。只标定 WinCC 变量而不会修改过程值本身。例如，通过线性标定可以把毫秒显示转换为秒来显示，过程中的值范围 [0 ~ 1000] 可以转换为 WinCC 变量的值范围 [0 ~ 1]。线性转换如图 5-54 所示。

线性标定	
线性标定	☑
AS 值范围从	0
AS 值范围到	1000
OS 值范围从	0
OS 值范围到	1

图 5-54　线性转换

> **提示**
> 如果希望把 PLC 中 0~27648 的整型线性标定成 0 ~ 100.00 浮点数，可以创建 "32 位浮点数" 变量，变量的 "调整格式" 设为 "FloatToUnsignedWord"，然后变量地址就可以选择 Word 类型的地址，再进行线性转换设置即可。

6. 调整格式

组态变量时，有时需要根据 PLC 中的数据格式来定义数据类型和类型转换。

例如，当 WinCC 需要显示 S7-300 的 S5#TIME 格式的时间变量时，就需要使用调整格式。

S5#TIME 为无符号 16 位 S5 时间数据类型，由 3 位 BCD 码时间值 (0 ~ 999) 和时基组成，S5#TIME 格式如图 5-55 所示。

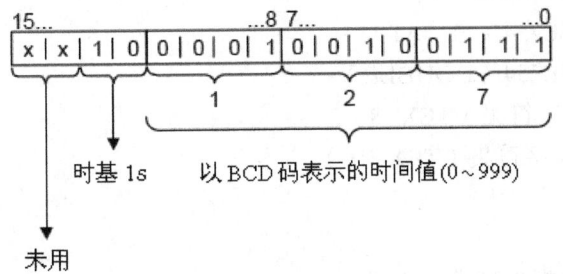

图 5-55　S5#TIME 格式

时间基准定义将时间值递减一个单位所用的时间间隔。最小的时间基准是 10ms；最大的时间基准是 10s，S5#TIME 时间基准见表 5-6。

表 5-6　S5#TIME 时间基准

时间基准	时间基准的二进制编码
10ms	00
100ms	01
1ms	10
10s	11

此时在 WinCC 中新建数据类型为 "32- 位浮点数 IEEE 754" 的变量，格式调整选 "FloatToSimaticBCDTimer"，如图 5-56 所示。

名称	数据类型	长度	格式调整	连接	地址	线
1 Timer1	32-位浮点数 IEEE 754	4	FloatToSimaticBCDTimer	S7300	DB3,DBW0	

图 5-56　格式调整

可以看到虽然创建的是浮点数变量，但经过 "FloatToSimaticBCDTimer" 格式调整后对应的 PLC 的地址为 Word 类型。

这样在 WinCC 就可以直接监控 S5#TIME 的时间了。

此时还是以 ms（毫秒）单位来显示时间的。如果要以其他单位（例如秒）来显示，需要进行线性标定。

关于如何在 WinCC 项目中监控 S7-300/400 PLC 中的定时器的信息可参考条目 ID 79552957。

7. 数据类型

WinCC 变量支持以下数据类型：

1）二进制变量（BIT）。
2）有符号 8 位数（CHAR）。
3）无符号 8 位数（BYTE）。
4）有符号 16 位数（SHORT）。
5）无符号 16 位数（WORD）。
6）有符号 32 位数（LONG）。
7）无符号 32 位数（DWORD）。
8）浮点数 32 位 IEEE754（FLOAT）。
9）浮点数 64 位 IEEE754（DOUBLE）。
10）文本变量，8 位字符集（TEXT8）。
11）文本变量，16 位字符集（TEXT16）。
12）原始数据类型。
13）日期 / 时间。

接下来对其中几种数据类型进行介绍。

（1）文本变量

对于"SIMATIC S7-1200, S7-1500 Channel"中的 8 位文本变量，WinCC 仅支持 S7 字符串类型。该类型由一个控制字和用户字符串组成：控制字的第一个字节包含字符串自定义的最大长度，第二个字节包含实际长度。

WinCC 中 8 位文本变量的地址对应控制字的第一个字节。

在进行读操作时，控制字将和用户数据一起被读取，并将判断第二个字节中的当前长度。只有长度与第二控制字节中包含的当前长度一致的用户字符串才传送到 WinCC 的 8 位文本变量。

在进行写操作时，字符串的实际长度和用户输入的字符串一起发送给 PLC。

（2）原始数据类型

WinCC 支持 Rawdata（原始数据）类型的变量，可以实现和 PLC 的批量数据交换。例如 WinCC 原始数据类型的变量可以一次读取 DB1.DBB0~DB1.DBB99 的 100 个字节的数据。这个变量无法直接在画面中使用，需要用脚本处理字节数组的方式来访问它。原始数据类型如图 5-57 所示。

"发送 / 接收块"（Send/Receive）：PLC 侧不需要编程，只需在 WinCC 定义 Rawdata 类型的变量即可。发送数据量受 PDU（Protocol Data Unit：每一个循环读取服务所能处理的数据大小）尺寸的限制。S7 PLC 的 PDU 大小见表 5-7。

S7-1200/S7-1500 也支持"发送 / 接收块"（Send/Receive）原始数据类型，能传送的数据量最大为 8KB。

"BSEND/BRCV"：需要 PLC 端调用 FB 功能块，主动将最大 16KB 的数据发到 WinCC 的 Rawdata 变量（S7-1500 不支持）。

"事件"：PLC 主动发送报警数据到 WinCC。

"归档数据链接"：需要 PLC 端调用 AR_SEND(SFB37) 功能块，把 PLC 中的数据传送到 WinCC 变量归档。AR_SEND(SFB37) 只适用于 S7-400 系列 PLC，S7-300 PLC 不支持。

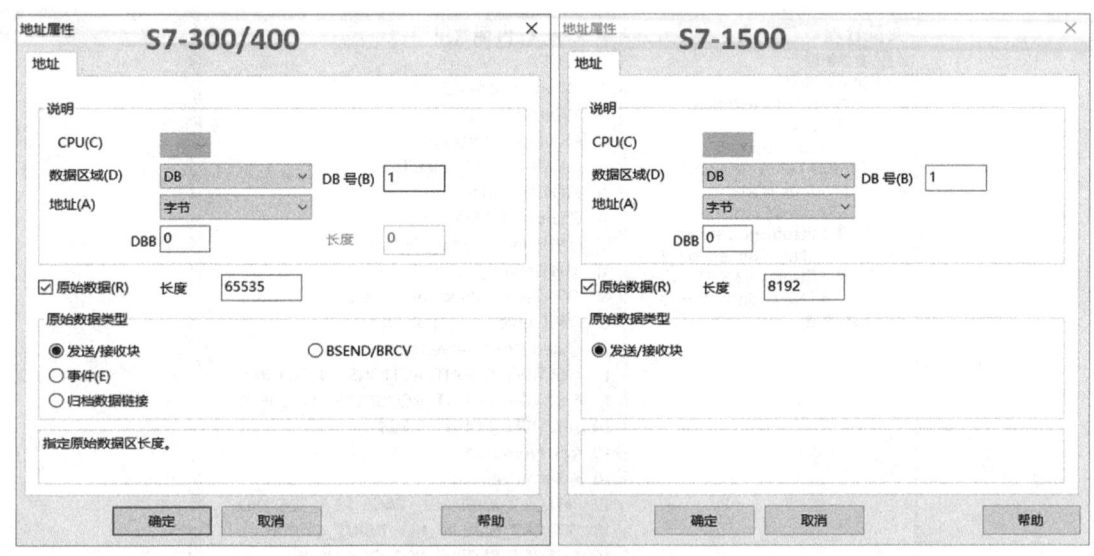

图 5-57 原始数据类型

表 5-7 S7 PLC 的 PDU 大小

编号	协议	PDU 大小
1	S7-300/400 的 MPI 和 Profibus 协议	240B
2	S7-300 的以太网协议	240B
3	S7-400 的以太网协议	480B

关于 S7-300/400/1500 和 WinCC 之间批量交换数据的详细的组态步骤请参考条目 ID 37873547。

关于 S7-400 AR_SEND 的详细的使用步骤请参考条目 ID 79544473。

5.3.2 内部变量

内部变量是不直接连接到控制器（PLC）的变量。

内部变量不占用 WinCC 变量授权点数。在 C 或 VB 脚本之间传送数据或者存储显示运算结果时可以使用内部变量。

通过"运行系统保持"属性的设置，可以设置关闭运行系统时内部变量是否保持。保持的值用作重启运行系统的起始值，运行系统保持如图 5-58 所示。

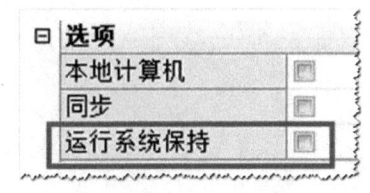

图 5-58 运行系统保持

5.3.3 系统变量

系统变量是 WinCC 创建的具有特殊含义的一些变量，这些变量的名称均以"@"字符开头，如图 5-59 所示。

例如可以使用系统变量"@CurrentUserName"来获取当前登录的用户名称，"@LocalMachineName"获取 WinCC 所在计算机的名称。

WinCC 的通信连接的启用/禁用变量也是以"@"字符开头，这些系统变量可以在相应通信连接上单击右键，在弹出菜单中选择创建"创建启用/禁用变量"，如图 5-60 所示。

图 5-59 系统变量

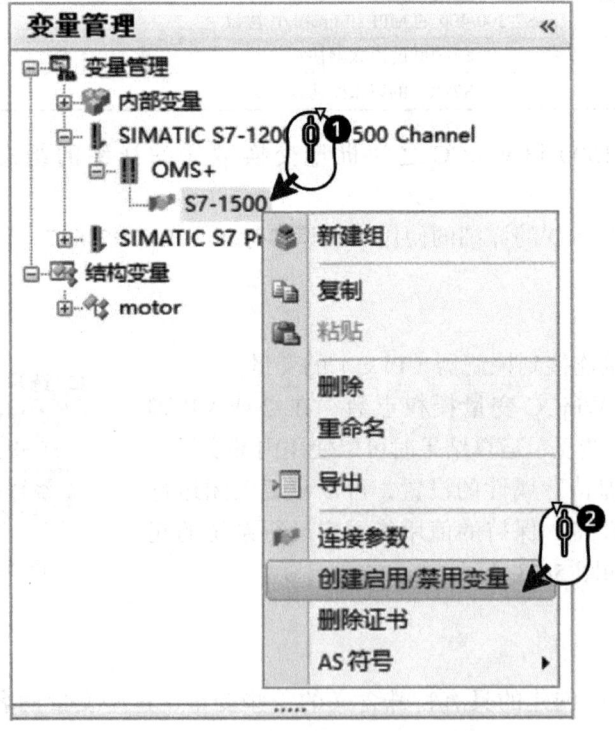

图 5-60 创建启用/禁用变量

最终会在内部变量下创建"ConnectionStates"变量组,并自动创建两个系统变量"@<连接名称>@ConnectionStateEx"和"@<连接名称>@ForceConnectionStateEx",WinCC 连接的启用/禁用变量如图 5-61 所示。

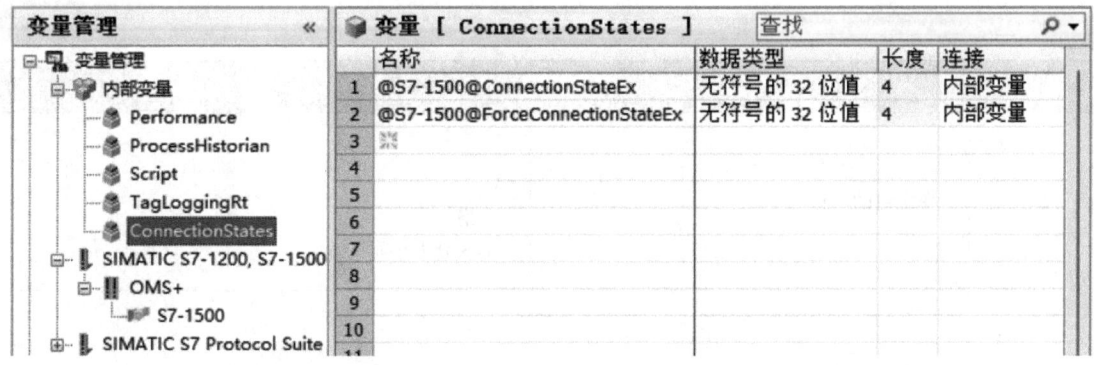

图 5-61　WinCC 连接的启用 / 禁用变量

"@< 连接名称 >@ForceConnectionStateEx"用来建立 / 终止连接。设置为 1，建立连接；设置为 0，断开连接。此变量建议设置起始值为 1。

"@< 连接名称 >@ConnectionStateEx"用来反馈连接状态。值为 1 时代表连接已经建立，值为 0 时代表连接已经断开。

5.4　WinCC 变量组态

在 WinCC 项目中是通过变量进行数据交换的。例如，画面中显示的是变量的值，报警消息是由消息变量来触发的。因此需要在 WinCC 项目中创建各种类型的变量。

5.4.1　变量命名规则

在 WinCC 中命名变量时，必须遵守以下规则：

1）变量名称在整个项目中必须唯一。

2）WinCC 变量名称不区分大小写（"TAG1"和"tag1"被认为是同一个变量），所以无法创建仅名称大小写不同的变量。

3）变量名称不能超过 128 个字符。对于结构变量元素，此限制适用于整个表达式"结构变量名称 + 点 + 结构类型元素名称"。

4）在变量名中不得使用某些特定的字符。参考 WinCC 信息系统中的"使用 WinCC > 使用项目 > 附录 > 非法的字符"。非法字符表见表 5-8。

表 5-8　非法字符表

编号	组件	非法字符
1	变量名	: ? " ' \ * % 空格 不区分大小写 "@"只用于系统变量 句点用作结构变量中的分隔符

（续）

编号	组件	非法字符
2	变量组的名称	' \ 空格 不区分大小写
3	结构类型、结构元素、结构实例的名称	.:?' \ * % 空格 结构变量的名称不能为"EventState"

5.4.2 WinCC Configuration Studio

WinCC Configuration Studio 使得 WinCC 项目批量组态数据更为简单且高效。

WinCC Configuration Studio 的用户画面划分为三个区域：类似于 Microsoft Outlook 的导航区域、Microsoft Excel 的数据区域以及属性区域。用户既可为 WinCC 项目组态批量数据，同时也可保留电子表格程序的操作优势。WinCC Configuration Studio 如图 5-62 所示。

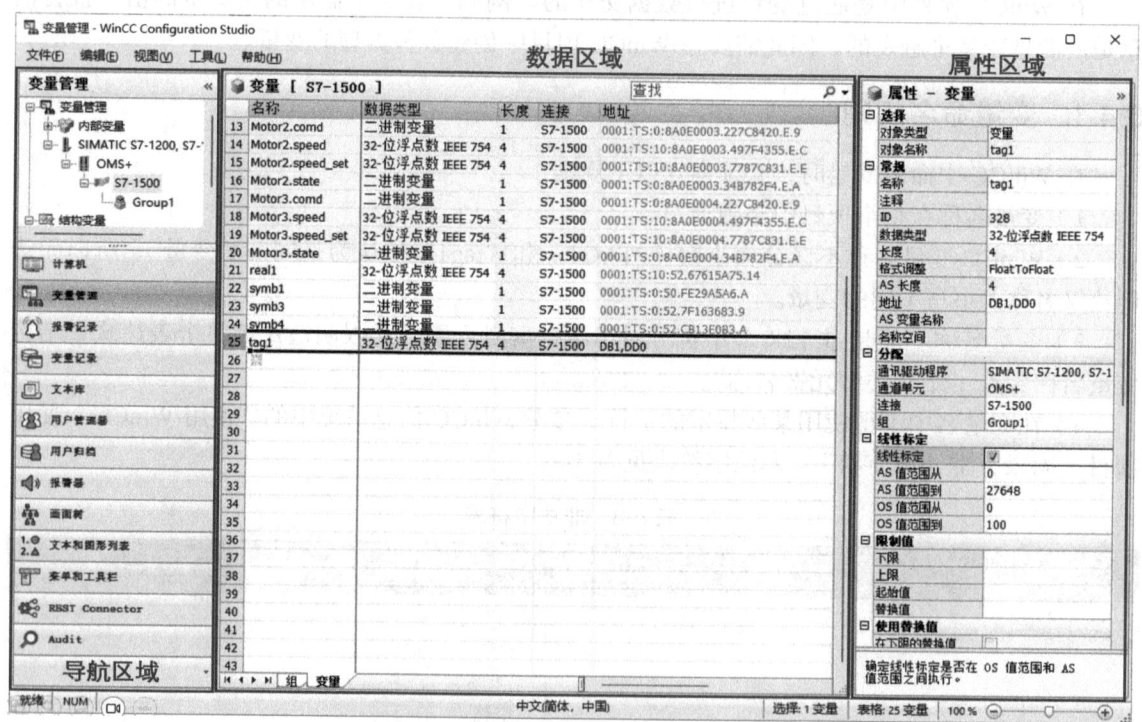

图 5-62 WinCC Configuration Studio

WinCC Configuration Studio 包括下列编辑器和功能：
1) 计算机属性和自动启动。

2)变量管理。
3)报警记录。
4)变量记录。
5)文本库。
6)用户管理器。
7)用户归档。
8)报警器。
9)画面树。
10)文本和图形列表。
11)菜单和工具栏。
12)REST 连接器。
13)Audit。

其中,变量管理器将对项目所使用的变量和通信驱动程序进行管理。WinCC Configuration Studio 中的变量管理器具有以下特点。

(1)直接监视变量值

在 WinCC 运行时,WinCC 变量管理器可以直接显示变量的实时数值。数值列默认为隐藏,需要把它显示出来(右键单击任一列标题,选择"取消隐藏")。显示相应的列如图 5-63 所示。

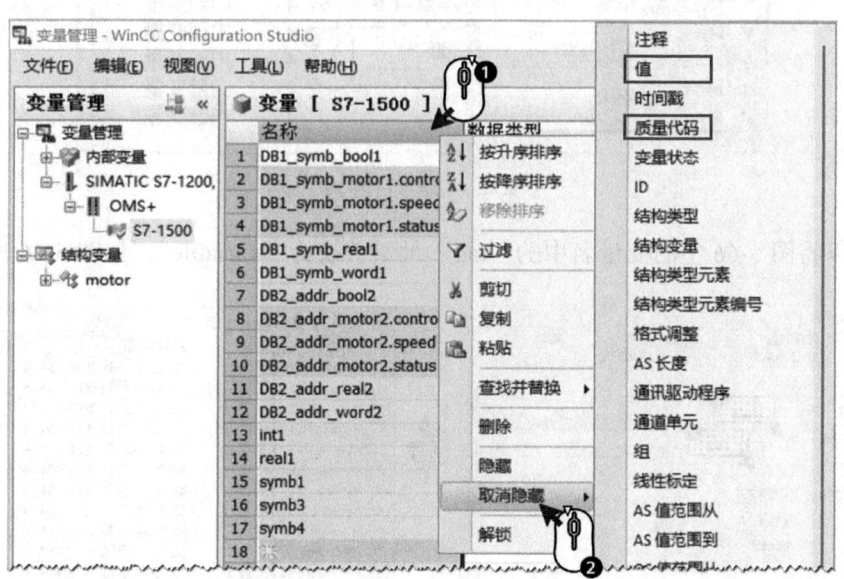

图 5-63 显示相应的列

这样在变量管理器表中就可以直接监视变量数值(不能修改)。直接监视变量如图 5-64 所示。

(2)设置变量注释

在 WinCC Configuration Studio 中可以为变量设置注释,如图 5-65 中的"注释"列。

(3)方便管理数据

可以进行类似 Microsoft Excel 的查找、替换、复制、粘贴等操作。

1)在变量管理器中选择相应内容,然后单击鼠标右键,即可调出操作菜单,变量管理如图 5-65 所示。

图 5-64 直接监视变量

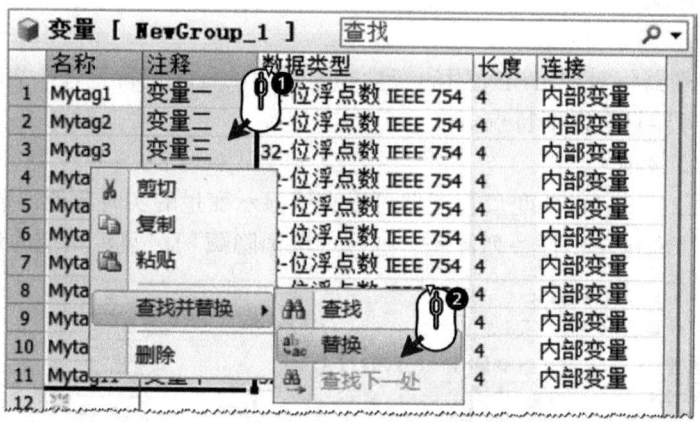

图 5-65 变量管理

例如可以将图 5-66 中的变量名中的"tag"批量替换为"variable",如图 5-66 所示。

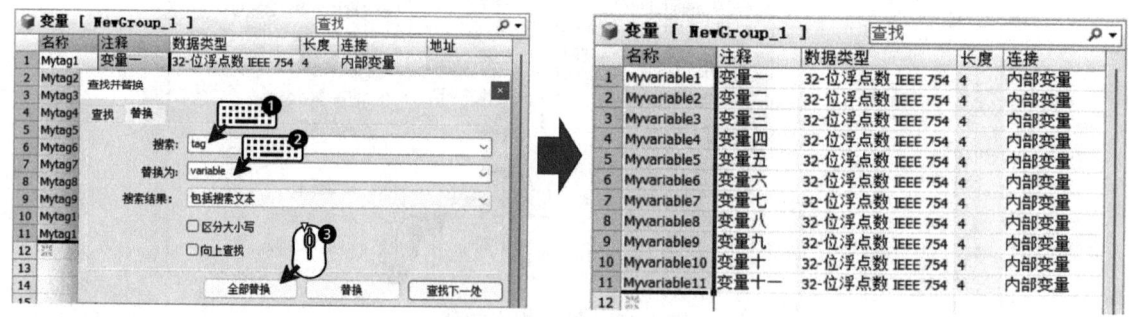

图 5-66 变量替换

2）可实现大数据量组态,类似 Excel 的拖拽功能。

选中一行中需要拖拽的内容,移动鼠标到选中框的右下方,当出现"+"时按住左键进行拖拽,如图 5-67 所示。

（4）方便快捷地在不同项目间复制数据

在一个项目的 WinCC Configuration Studio 中选择数据,直接复制并粘贴到 Excel。然后打开另一个项目的 WinCC Configuration Studio 并粘贴到相应的位置即可。

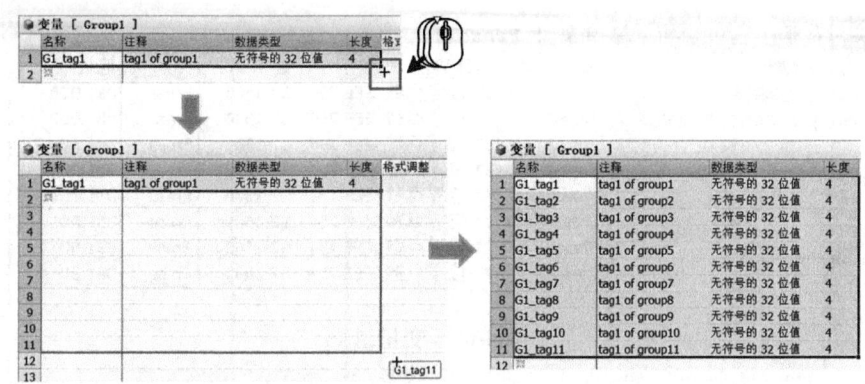

图 5-67　变量表格拖拽功能

（5）直接修改结构类型

WinCC Configuration Studio 可以直接修改结构类型，其对应的结构变量自动进行更改。

例如，原来的结构类型包含"comd""state""speed"及"speed_set"四个结构元素，现在需要新添加一个结构元素。

这种情况下可以在 WinCC Configuration Studio 中直接为结构变量添加新元素"temp"。此时可以看到对应的结构变量"Motor1""Motor2"及"Motor3"下分别自动增加了一个"MotorX.temp"变量，修改结构类型如图 5-68 所示。

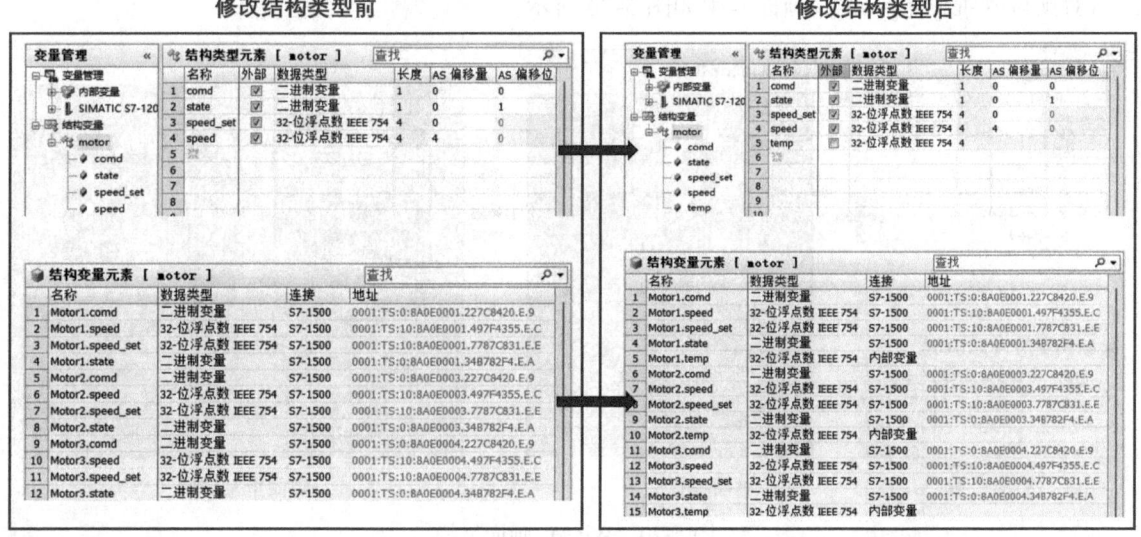

图 5-68　修改结构类型

5.4.3　变量组

当在项目中创建了大量变量时，可根据主题（工艺、使用的位置或参数类型）将这些变量进行分组。

例如，在项目中创建一个"Press"的变量组。将所有压力变量创建到这个变量组中，如图 5-69 所示。这样可使 WinCC 分配和检索变量更容易。

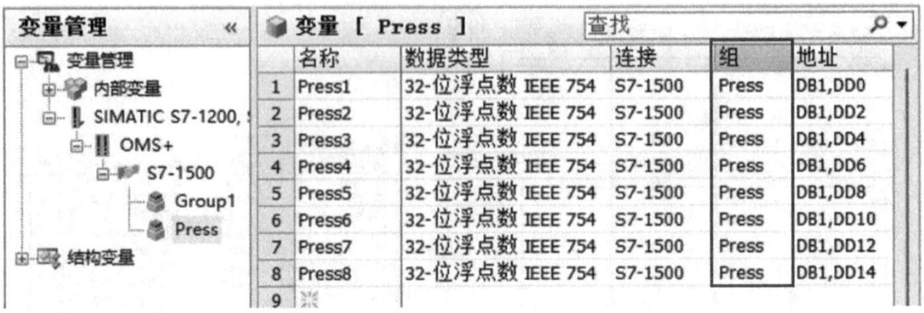

图 5-69　变量组

5.4.4　结构类型和结构变量

在实际项目中，经常会遇到多个设备具有相同的参数（组）的情况，例如现场有多个电动机，每个电动机需要实现如下相同的功能：

1）显示状态（运行/停止/故障）。
2）显示实际转速。
3）控制启停。
4）设定转速。

这时结合使用画面模板（或者 Faceplate）和结构变量，可以减少大量的组态工作，并方便以后对项目的维护。WinCC 画面复用如图 5-70 所示。

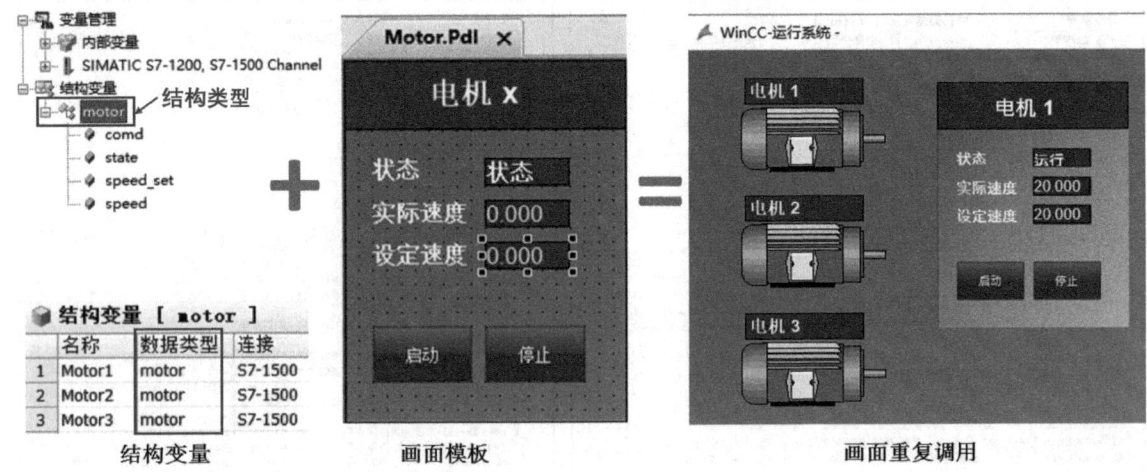

图 5-70　WinCC 画面复用

1. 结构类型

WinCC 结构类型可以简化创建具有相同属性的多个变量的过程。

结构类型至少包含一个结构元素。上例中为所有电机创建的 "motor" 结构类型，包括 state, comd, speed, speed_set 四个结构元素。

绝对地址访问和符号访问两种方式在创建结构变量类型时有一些区别。绝对地址访问的结构变量类型需要手动指定每个元素的偏移量和偏移位，而符号访问的结构变量类型是从外部导入时自动创建的。

对于绝对地址访问的结构类型变量需要在导航区域的"结构变量"(Structure tags) 的文件夹中创建和显示。需要为结构类型中的每个元素设定属性,包括变量类型(内部变量/外部变量)以及数据类型。如果是外部变量需要为每个元素指定地址偏移量(字节)以及偏移位。

对于符号访问的结构类型变量,需要通过"从 AS 中读取"或"从文件中加载"的方式从 PLC 中直接导入,具体可以参考 5.5.1 节示例部分。

绝对地址访问的结构类型如图 5-71 所示。

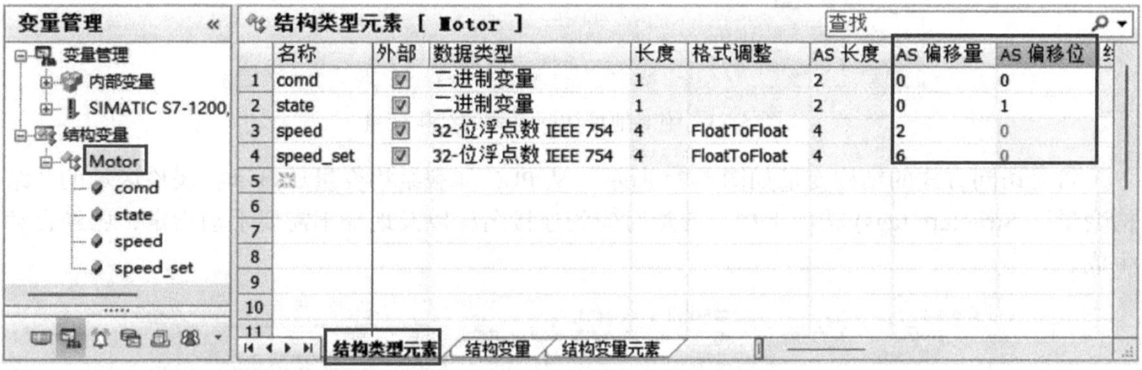

图 5-71 绝对地址访问的结构类型

符号访问的结构类型如图 5-72 所示。

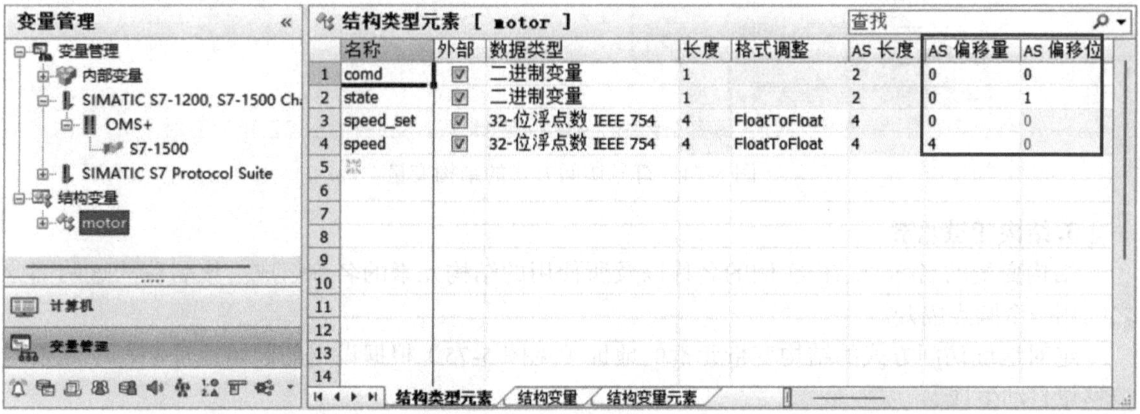

图 5-72 符号访问的结构类型

可在同一结构类型中定义内部变量和外部变量的结构元素。在通信驱动程序的连接下创建结构变量元素后,在结构类型中定义的外部变量也将创建在该连接下。内部变量则创建于变量管理的"内部变量"(Internal tags)下。

2. 结构变量

结构变量是借助结构类型所创建的一种变量。结构变量的模板是结构元素。上例中为每个电机创建的"Motor1""Motor2""Motor3"就是结构类型为"Motor"的结构变量。

绝对地址访问方式的结构变量如图 5-73 所示。需要在表格区域的"结构变量"(Structure tags)选项卡中手动创建和显示。创建结构变量时需要指定通信驱动程序的连接名称以及起始地址。

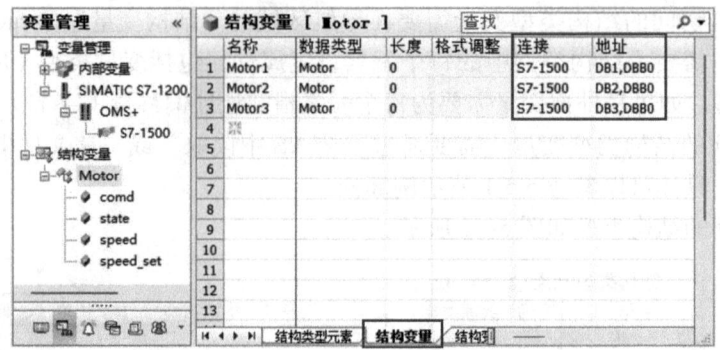

图 5-73　绝对地址访问方式的结构变量

符号访问方式的结构变量如图 5-74 所示。从 PLC 加载结构变量后显示在表格区域的“结构变量”(Structure tags) 选项卡中，变量对应的连接名称以及地址不需要手动指定，已经自动生成。

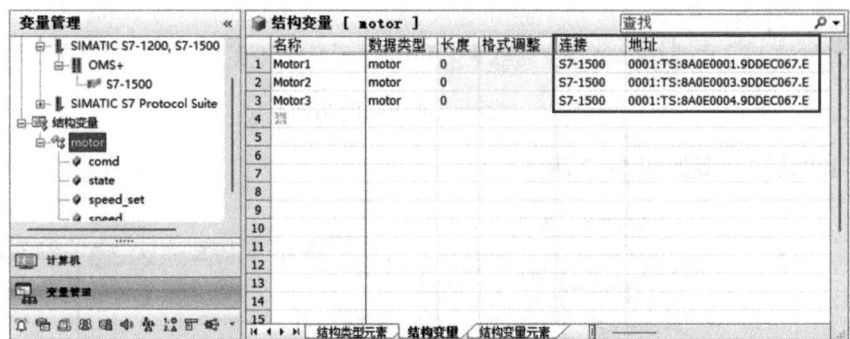

图 5-74　符号访问方式的结构变量

3. 结构变量元素

结构变量的名称由结构实例的名称以及所使用的结构元素的名称组成。该名称的这两部分之间用一个圆点隔开。

绝对地址访问方式的结构变量元素的地址（见图 5-75）根据设定的起始地址和每个元素的偏移量自动生成。

结构变量元素 [Motor]

	名称	数据类型	长度	格式调整	连接	地址
1	Motor1.comd	二进制变量	1		S7-1500	DB1,D0.0
2	Motor1.speed	32-位浮点数 IEEE 754	4	FloatToFloat	S7-1500	DB1,DD2
3	Motor1.speed_set	32-位浮点数 IEEE 754	4	FloatToFloat	S7-1500	DB1,DD6
4	Motor1.state	二进制变量	1		S7-1500	DB1,D0.1
5	Motor2.comd	二进制变量	1		S7-1500	DB2,D0.0
6	Motor2.speed	32-位浮点数 IEEE 754	4	FloatToFloat	S7-1500	DB2,DD2
7	Motor2.speed_set	32-位浮点数 IEEE 754	4	FloatToFloat	S7-1500	DB2,DD6
8	Motor2.state	二进制变量	1		S7-1500	DB2,D0.1
9	Motor3.comd	二进制变量	1		S7-1500	DB3,D0.0
10	Motor3.speed	32-位浮点数 IEEE 754	4	FloatToFloat	S7-1500	DB3,DD2
11	Motor3.speed_set	32-位浮点数 IEEE 754	4	FloatToFloat	S7-1500	DB3,DD6
12	Motor3.state	二进制变量	1		S7-1500	DB3,D0.1

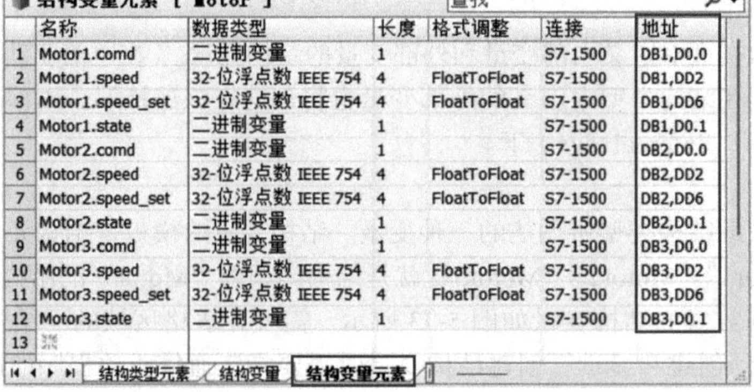

图 5-75　绝对地址访问方式的结构变量元素的地址

符号访问方式的结构变量元素的地址也会自动生成，如图 5-76 所示。

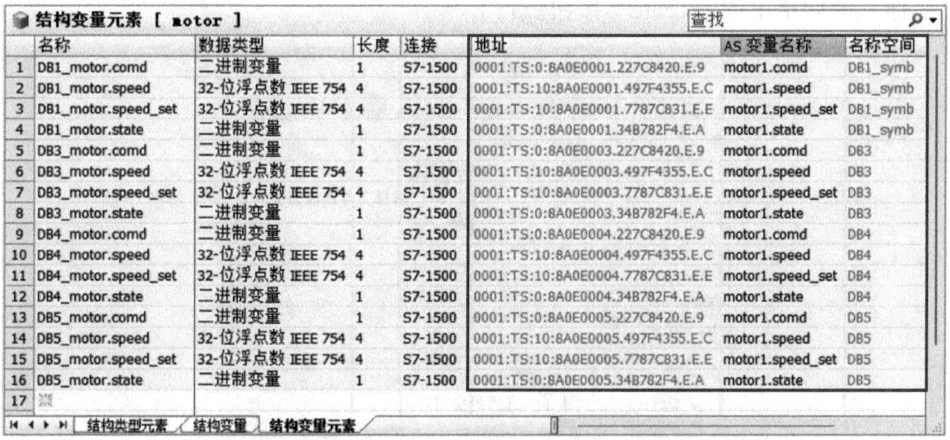

结构变量元素 [motor]　查找

	名称	数据类型	长度	连接	地址	AS 变量名称	名称空间
1	DB1_motor.comd	二进制变量	1	S7-1500	0001:TS:0:8A0E0001.227C8420.E.9	motor1.comd	DB1_symb
2	DB1_motor.speed	32-位浮点数 IEEE 754	4	S7-1500	0001:TS:10:8A0E0001.497F4355.E.C	motor1.speed	DB1_symb
3	DB1_motor.speed_set	32-位浮点数 IEEE 754	4	S7-1500	0001:TS:10:8A0E0001.7787C831.E.E	motor1.speed_set	DB1_symb
4	DB1_motor.state	二进制变量	1	S7-1500	0001:TS:0:8A0E0001.34B782F4.E.A	motor1.state	DB1_symb
5	DB3_motor.comd	二进制变量	1	S7-1500	0001:TS:0:8A0E0003.227C8420.E.9	motor1.comd	DB3
6	DB3_motor.speed	32-位浮点数 IEEE 754	4	S7-1500	0001:TS:10:8A0E0003.497F4355.E.C	motor1.speed	DB3
7	DB3_motor.speed_set	32-位浮点数 IEEE 754	4	S7-1500	0001:TS:10:8A0E0003.7787C831.E.E	motor1.speed_set	DB3
8	DB3_motor.state	二进制变量	1	S7-1500	0001:TS:0:8A0E0003.34B782F4.E.A	motor1.state	DB3
9	DB4_motor.comd	二进制变量	1	S7-1500	0001:TS:0:8A0E0004.227C8420.E.9	motor1.comd	DB4
10	DB4_motor.speed	32-位浮点数 IEEE 754	4	S7-1500	0001:TS:10:8A0E0004.497F4355.E.C	motor1.speed	DB4
11	DB4_motor.speed_set	32-位浮点数 IEEE 754	4	S7-1500	0001:TS:10:8A0E0004.7787C831.E.E	motor1.speed_set	DB4
12	DB4_motor.state	二进制变量	1	S7-1500	0001:TS:0:8A0E0004.34B782F4.E.A	motor1.state	DB4
13	DB5_motor.comd	二进制变量	1	S7-1500	0001:TS:0:8A0E0005.227C8420.E.9	motor1.comd	DB5
14	DB5_motor.speed	32-位浮点数 IEEE 754	4	S7-1500	0001:TS:10:8A0E0005.497F4355.E.C	motor1.speed	DB5
15	DB5_motor.speed_set	32-位浮点数 IEEE 754	4	S7-1500	0001:TS:10:8A0E0005.7787C831.E.E	motor1.speed_set	DB5
16	DB5_motor.state	二进制变量	1	S7-1500	0001:TS:0:8A0E0005.34B782F4.E.A	motor1.state	DB5
17							

结构类型元素　结构变量　结构变量元素

图 5-76　符号访问方式的结构变量元素的地址

关于 WinCC 如何结合使用结构变量和 Faceplate，可参考条目 ID 109766590。

关于 WinCC 如何使用结构变量组态界面模板，可参考条目 ID 109738835。

5.4.5　变量的导出 / 导入

变量的导出 / 导入功能可以把 WinCC 变量导出到 Microsoft Excel 中，在 Excel 中修改后再导入到 WinCC 项目中。WinCC V8.0 提供两种方法来实现变量的导出 / 导入功能。

1. 使用 WinCC “Tag Export Import” 工具

“Tag Export Import” 是 WinCC 提供的专门用来导出 / 导入变量的工具，可以导出变量到 csv 文件。

在 WinCC 安装路径下的 uTools 文件夹下找到 “Var_Exim.exe” 文件（默认路径为 “C:\Program Files (x86)\SIEMENS\WinCC\uTools\Var_Exim.exe”），双击就可以打开 WinCC “Tag Export Import” 工具，如图 5-77 所示。

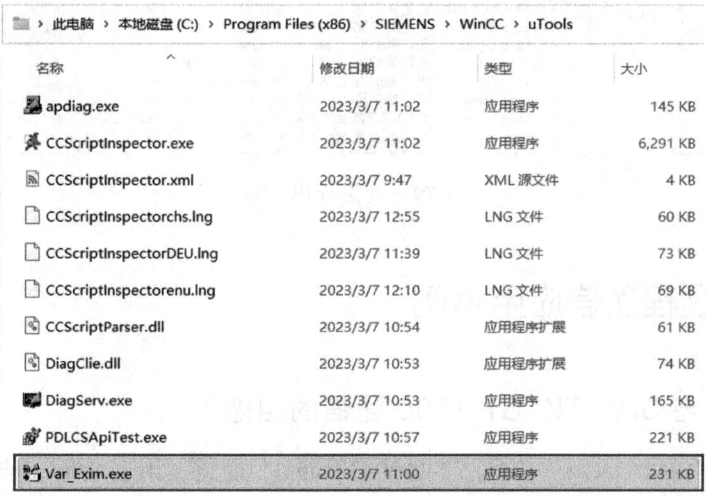

› 此电脑 › 本地磁盘 (C:) › Program Files (x86) › SIEMENS › WinCC › uTools

名称	修改日期	类型	大小
apdiag.exe	2023/3/7 11:02	应用程序	145 KB
CCScriptInspector.exe	2023/3/7 11:02	应用程序	6,291 KB
CCScriptInspector.xml	2023/3/7 9:47	XML 源文件	4 KB
CCScriptInspectorchs.lng	2023/3/7 12:55	LNG 文件	60 KB
CCScriptInspectorDEU.lng	2023/3/7 11:39	LNG 文件	73 KB
CCScriptInspectorenu.lng	2023/3/7 12:10	LNG 文件	69 KB
CCScriptParser.dll	2023/3/7 10:54	应用程序扩展	61 KB
DiagClie.dll	2023/3/7 10:53	应用程序扩展	74 KB
DiagServ.exe	2023/3/7 10:53	应用程序	165 KB
PDLCSApiTest.exe	2023/3/7 10:57	应用程序	221 KB
Var_Exim.exe	2023/3/7 11:00	应用程序	231 KB

图 5-77　Tag Export Import 路径

在 WinCC "Tag Export Import"（见图 5-78）工具中设置路径及文件名，并选择是进行导入还是导出操作，然后单击 "Execute" 按钮执行。

图 5-78　Tag Export Import

2. 直接从 WinCC Configuration Studio 导出 / 导入

在 WinCC Configuration Studio 选择需要导出的变量，通过 "编辑" 菜单下的 "导出" 功能导出变量到 Txt 或 Excel 文件。修改后，再通过 "导入" 功能导入变量。变量导出 / 导入如图 5-79 所示。

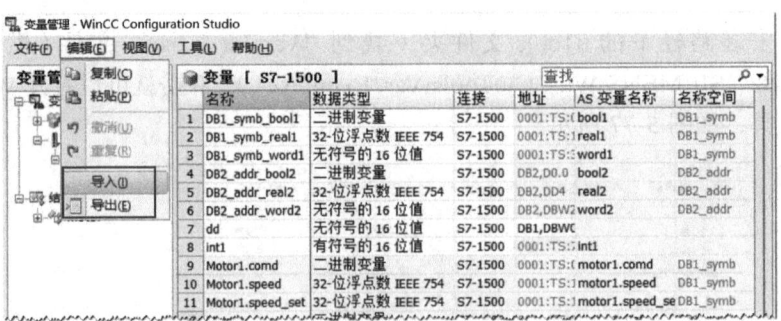

图 5-79　变量导出 / 导入

5.5　WinCC 过程通信应用示例

5.5.1　WinCC 与 SIMATIC S7-1500 通信的组态

WinCC 提供 "SIMATIC S7-1200, S7-1500 Channel" 通道，用于 WinCC 与 S7-1200/S7-1500 PLC 之间的以太网通信。WinCC V7.5 SP2 Updated4 及以上版本支持与 S7-1200 V4.5/S7-1500

V2.9 及以上版本的 PLC 之间进行安全通信。

本节以 CPU 1511-1PN V3.1 为例来说明 WinCC V8.0 Update5 与 S7-1500 的安全通信组态步骤。组态 PLC 使用的软件版本为 TIA 博途 STEP7 V19。

1. PLC 通信参数组态

步骤 1：在 STEP7 V19 中插入版本为 V3.1 的 CPU1511-1PN，添加 PLC 如图 5-80 所示。

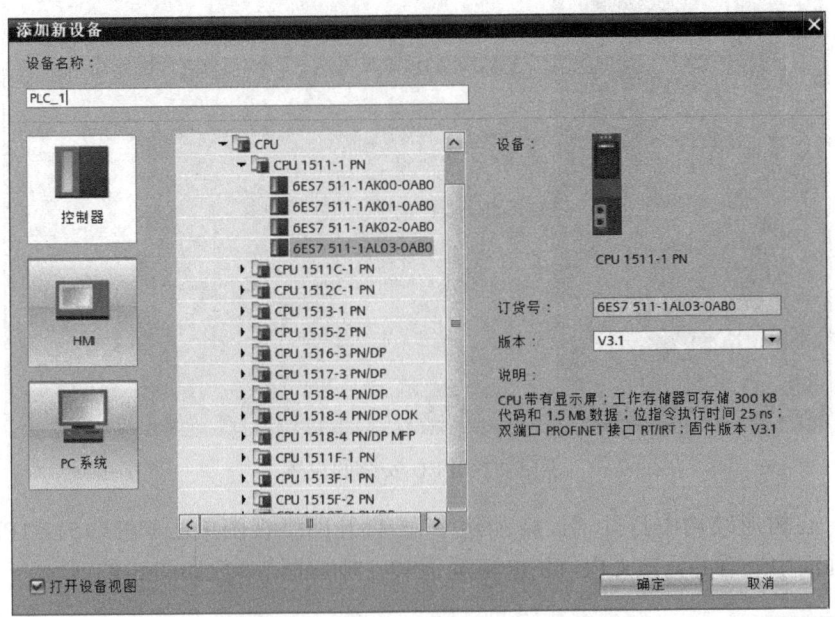

图 5-80　添加 PLC

步骤 2：在"PG/PC 和 HMI 的通信模式"中启用"仅支持 PG/PC 和 HMI 安全通信"，通信模式的设置如图 5-81 所示。

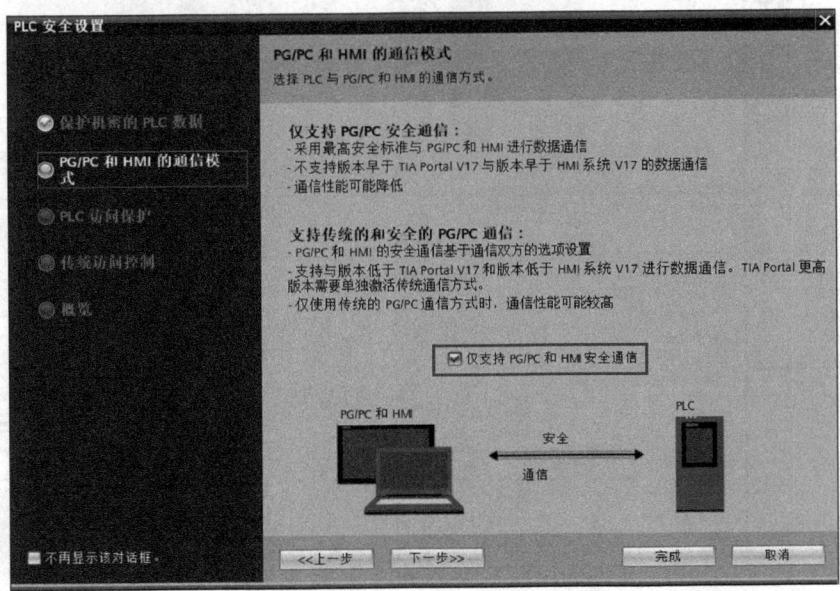

图 5-81　通信模式的设置

PLC 安全的设置如图 5-82 所示。启用了传统 PLC 访问保护方式，并设置了密码，在 WinCC 通信连接参数中需要输入密码。

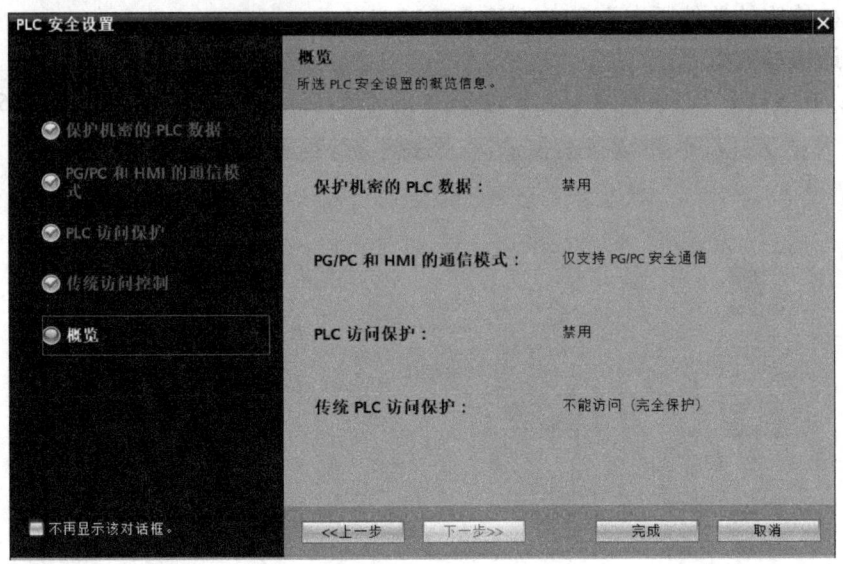

图 5-82　PLC 安全的设置

步骤 3：在树形结构中打开"设备和网络"。打开网络视图单击 CPU 1511-1PN 通信端口，在"属性"画面中查看并修改 CPU 的 IP 地址，S7-1500 通信参数如图 5-83 所示。

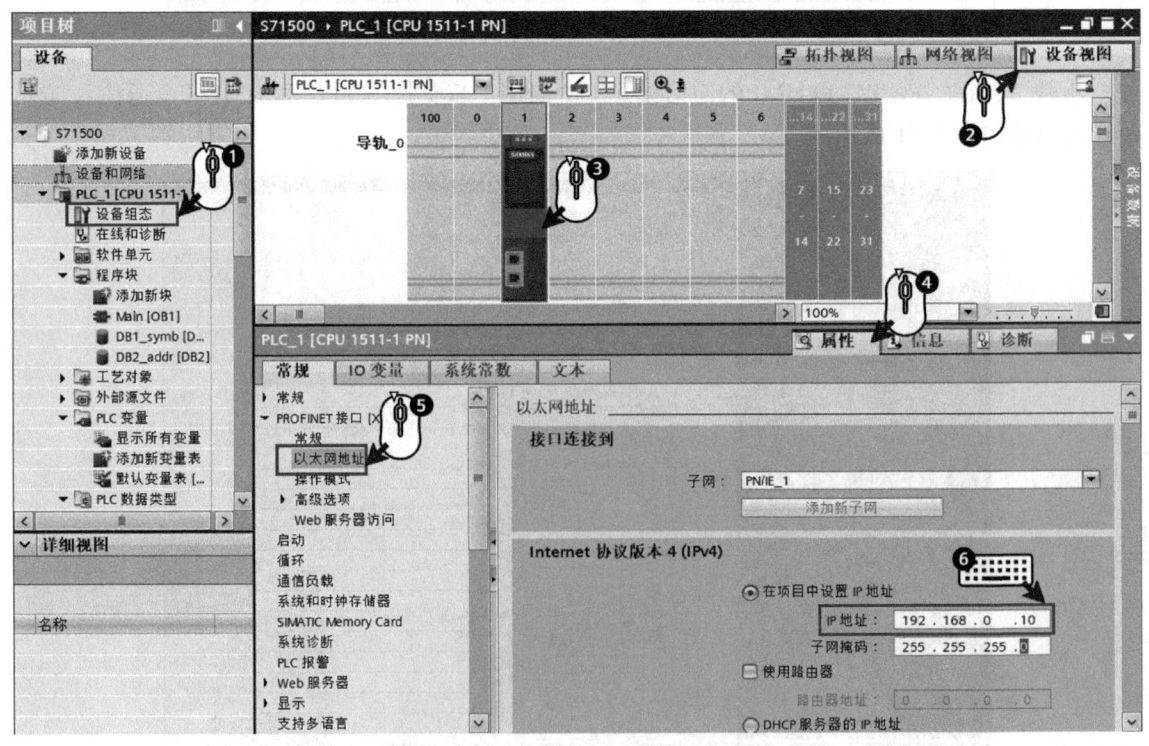

图 5-83　S7-1500 通信参数

继续在"防护与安全"属性下的"连接机制"中查看"仅支持 PG/PC 和 HMI 安全通信"是否启用，连接机制如图 5-84 所示。

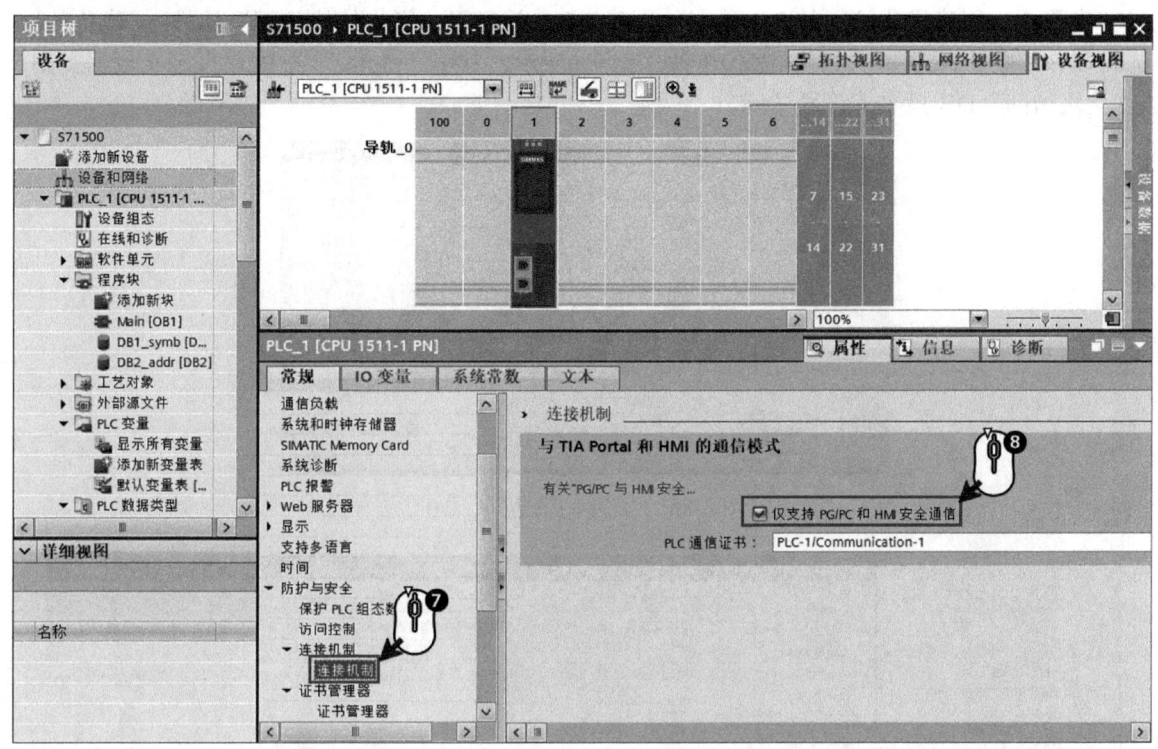

图 5-84 连接机制

接下来在 PLC 中创建需要的数据和变量。

步骤 4：本示例首先在变量表中创建符号变量，PLC 变量的可访问性如图 5-85 所示。

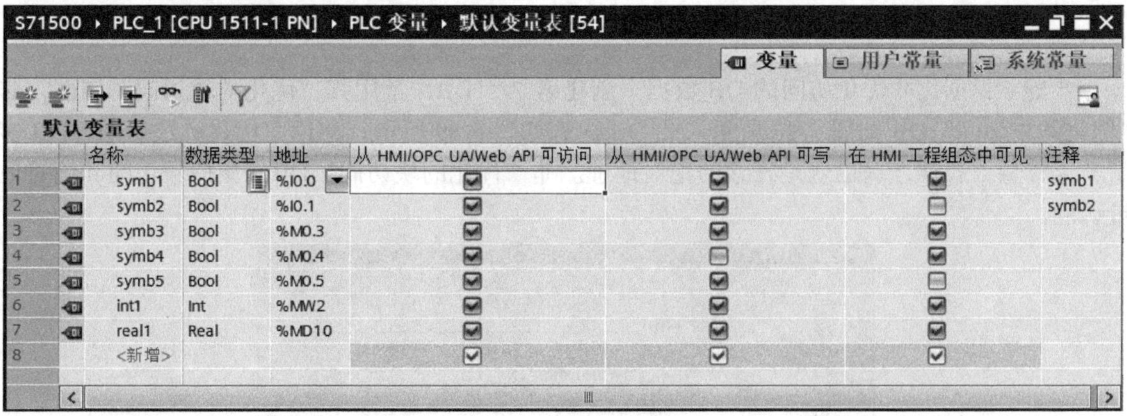

图 5-85 PLC 变量的可访问性

变量表中只有选择了"从 HMI/OPC UA/Web API 可访问"属性的变量才支持 WinCC 的符号访问，否则只能进行绝对地址的访问。启用"从 HMI/OPC UA/Web API 可写"属性的变量可以在 WinCC 中对其进行写操作。只有启用"在 HMI 工程组态中可见"属性的变量在 WinCC 中浏览变量时才会显示出来。

需要注意的是，只有启用了"从 HMI/OPC UA/Web API 可访问"属性之后才可以选择"从 HMI/OPC UA/Web API 可写"和"在 HMI 工程组态中可见"属性。

步骤 5：创建优化访问的 DB 数据。创建 DB，并启用"优化的块访问"属性，"优化的块访问"DB 如图 5-86 所示。优化的块访问如图 5-87 所示，其中"motor"为 PLC 自定义数据类型。"优化块访问"DB 只支持符号访问。

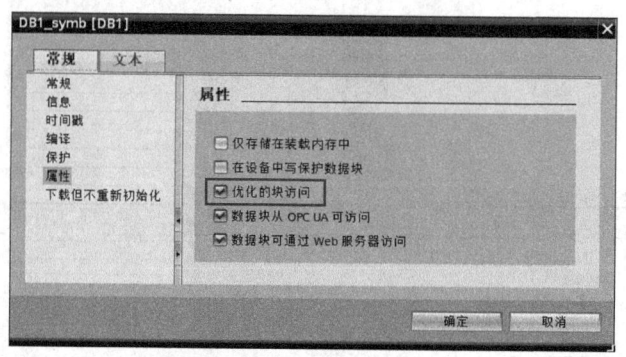

图 5-86 "优化的块访问"DB

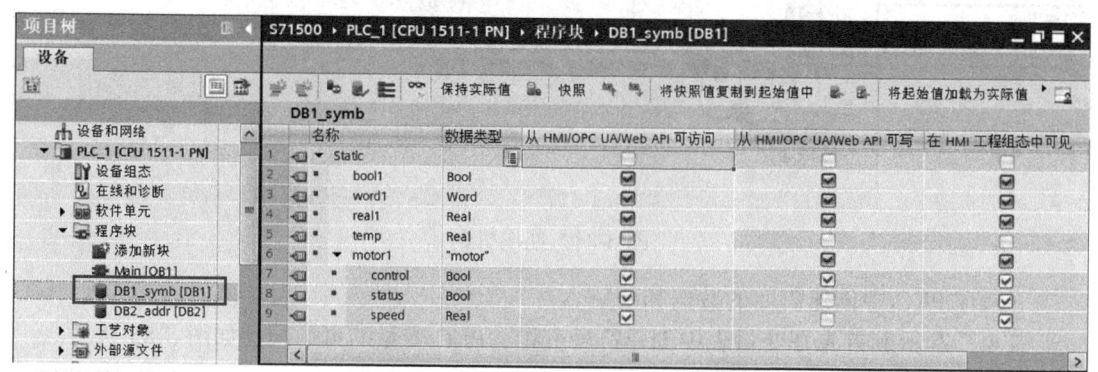

图 5-87 优化的块访问

步骤 6：创建非优化访问的 DB 数据。创建第二个 DB，禁用其"优化的块访问"属性，非"优化的块访问"DB 如图 5-88 所示。此 DB 内容如图 5-89 所示，相比"优化的块访问"DB 多了"偏移量"属性，这也就是元素的绝对地址。非"优化的块访问"DB，支持号访问和绝对地址访问。

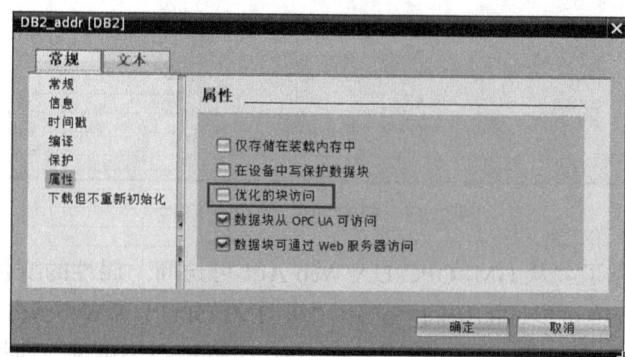

图 5-88 非"优化的块访问"DB

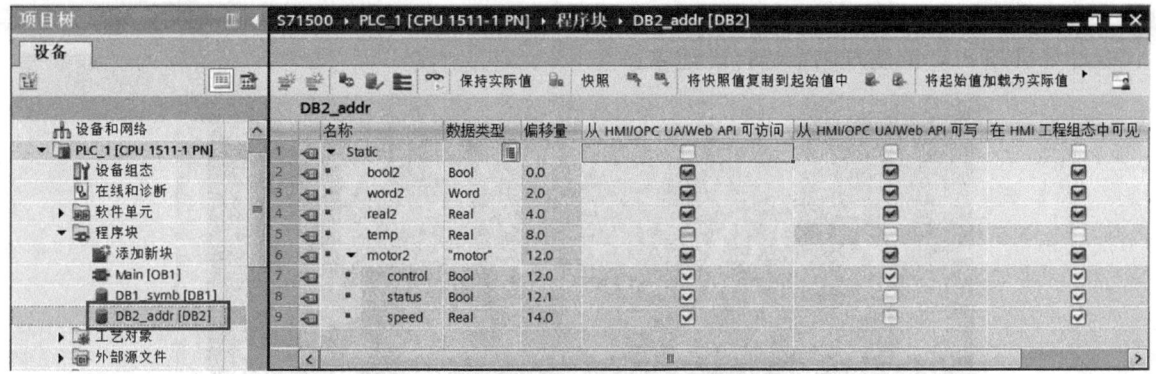

图 5-89 非"优化的块访问"DB 内容

步骤 7：在项目树中选择设备并单击鼠标右键。在弹出的菜单中选择"Export to SIMATIC SCADA"导出 PLC 数据到文件，如图 5-90 和图 5-91 所示。

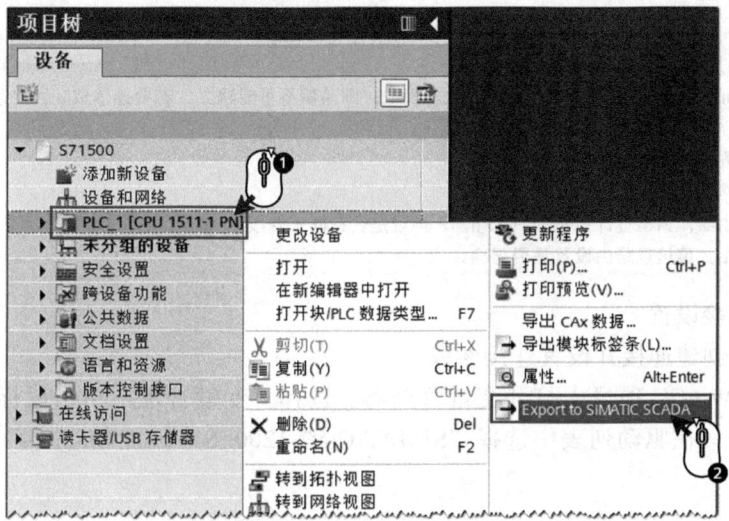

图 5-90 导出 PLC 数据到文件

图 5-91 文件路径

2. 检测计算机与 PLC 的连接状态

可以通过 ping 命令来检测 WinCC 所在计算机与 PLC 的连接状态。

通过 Windows "程序 > 运行"键入"CMD"进入 DOS 画面，使用网络命令 ping 测试以太网连接是否建立。

ping 命令如下：ping 目标 IP 地址 – 参数。例如 ping 192.168.0.10，返回结果如图 5-92 所示，代表计算机和 PLC 的物理网络连接已建立。

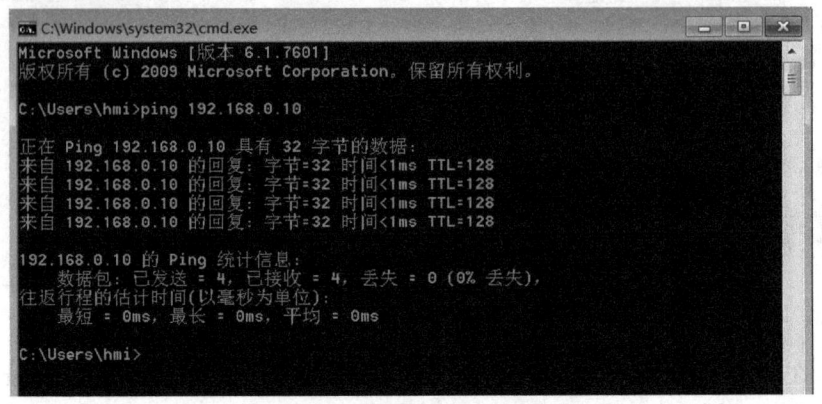

图 5-92　测试物理连接

> **提示**
> 　　如果此处不能 ping 通 PLC 的 PN 端口或者以太网模块，则通信不可能建立。若要通信成功，必须保证实际的物理以太网通信保持正常。
> 　　如果不能 ping 通 PLC，应进行以下操作：
> 　　1）检查或测试网线接线。
> 　　2）如果没有路由器，请检查计算机和 PLC 的 IP 地址是否在同一网段。
> 　　3）如果经过路由，请检查路由设置是否正确。

3. WinCC 连接设置

在 WinCC 中创建连接并设置连接参数。

步骤 1：在 WinCC 项目中打开变量管理器。选择"变量管理"单击鼠标右键，选择"添加新的驱动程序"，在驱动列表中选择"SIMATIC S7-1200, S7-1500 Channel"驱动。添加驱动如图 5-93 所示。

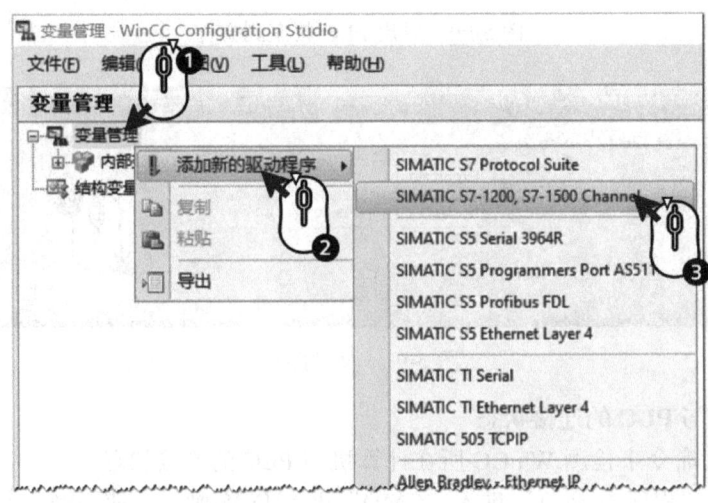

图 5-93　添加驱动

步骤 2：鼠标右键单击"SIMATIC S7-1200, S7-1500 Channel"驱动下的"OMS+"选项，选择"新建连接"。新建与 S7-1500 PLC 的连接。

步骤 3：右键单击连接名称，选择"连接参数"，如图 5-94 所示。

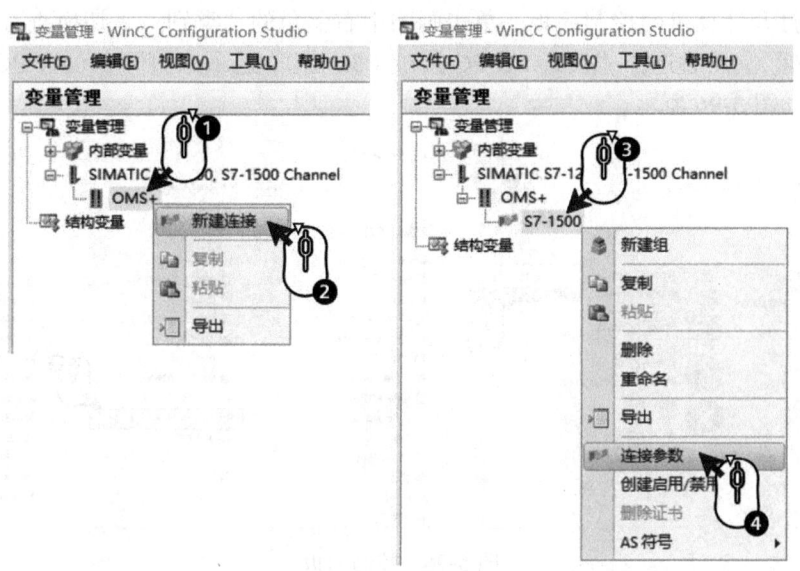

图 5-94　连接参数

步骤 4：连接参数中，"IP 地址"填写 S7-1500 通信端口的 IP 地址。"访问点"输入自定义名称"CP-TCPIP"（需要在"设置 PG/PC 接口"中对应网卡），"产品系列"选择"s71500-connection"，如图 5-95 所示。

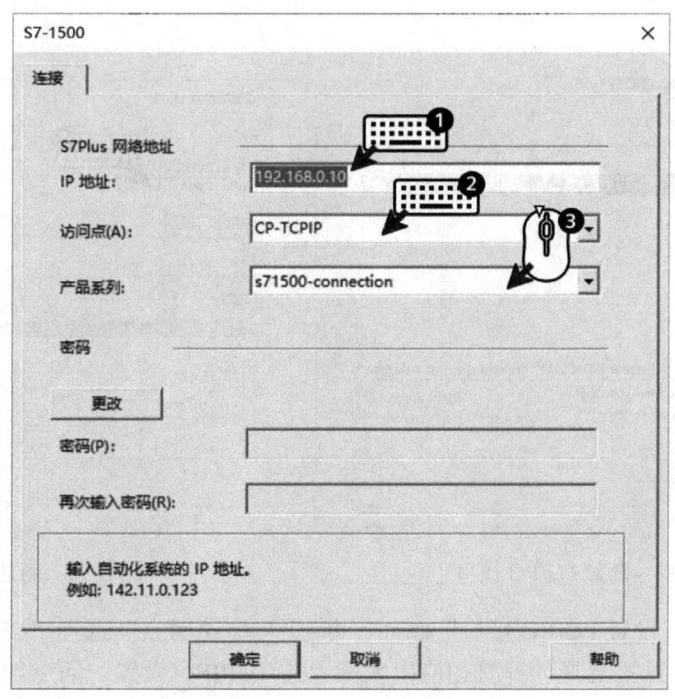

图 5-95　选择"s71500-connection"

4. 设置 PG/PC 接口

WinCC 中的 "SIMATIC S7-1200, S7-1500 Channel" 连接的访问点不能直接选择网卡，需要在 "设置 PG/PC 接口" 中为使用的访问点分配网卡。

步骤 1：打开计算机的控制面板。单击画面中右上角的"类别"来切换查看方式为"大图标"或"小图标"。然后选择"设置 PG/PC 接口（32 位）"选项来打开"设置 PG/PC 接口"窗口，控制面板如图 5-96 所示。

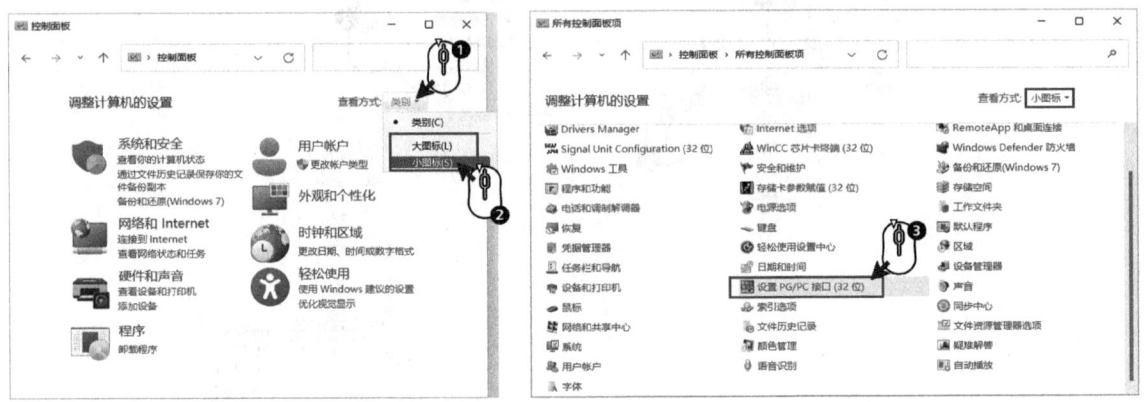

图 5-96　控制面板

步骤 2：在图 5-97 中"设置 PG/PC 接口"窗口中单击"应用程序访问点"下拉列表，选择"< 添加 / 删除 >"来新建访问点。

在弹出框中"新建访问点"处填写"CP-TCPIP"，单击"添加"按钮添加访问点，如图 5-98 所示，完成后关闭对话框。

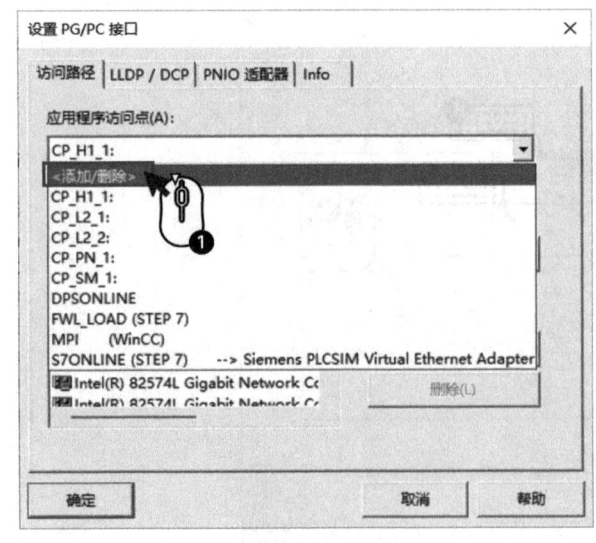

图 5-97　设置 PG/PC 接口

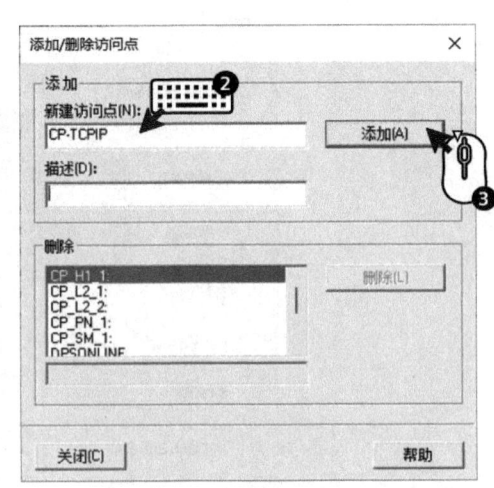

图 5-98　新建访问点

步骤 3：返回"设置 PG/PC 接口"画面，"应用程序访问点"选择"CP-TCPIP"。"为使用的接口分配参数："这里选择计算机相应以太网卡的 TCPIP，设置访问点如图 5-99 所示。完成后单击"确定"按钮退出。

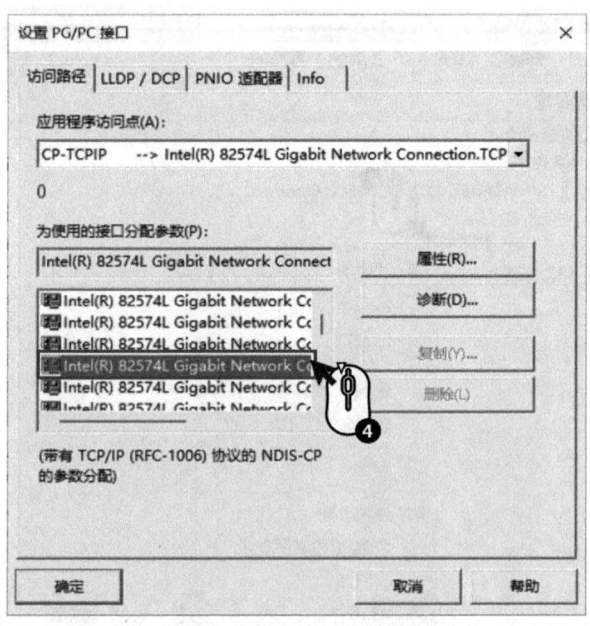

图 5-99 设置访问点

> **提示**
> 1）请确保所选条目为当前正在连接 PLC 的计算机上的以太网卡的名称。
> 2）本节使用的应用程序访问名称为"CP-TCPIP",也可以使用其他名称。

5. 导入证书

如果是非安全通信,那么此时通信应该已经建立。

但是对于安全通信来说,还需要导入 PLC 的安全证书才能建立通信。未导入证书前的通信状态如图 5-100 所示,通信此时为断开连接状态。

图 5-100 未导入证书前的通信状态

需要通过加载 PLC 数据文件的方式来加载 PLC 的证书。

右键单击连接名称,选择"AS 符号 -> 从文件中加载",导入证书如图 5-101 所示。

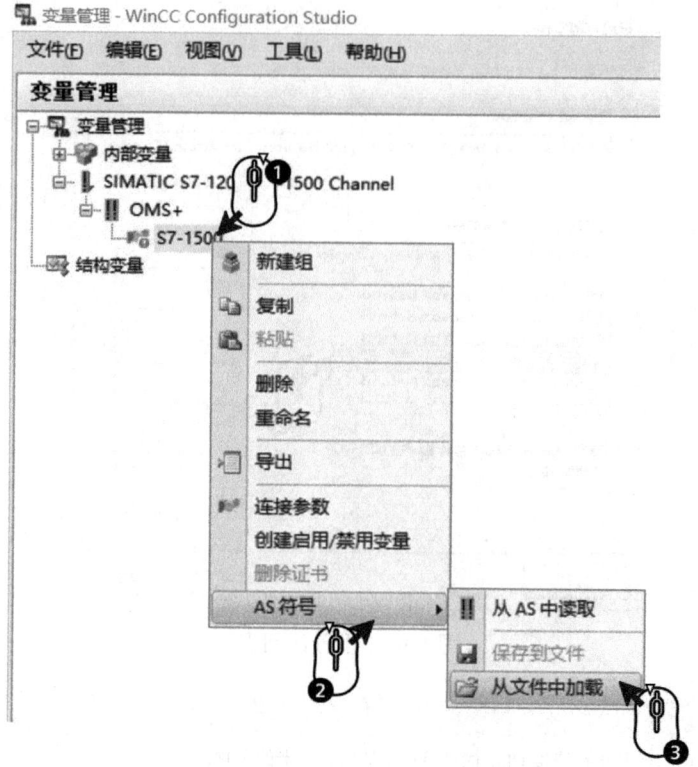

图 5-101　导入证书

在弹出的选择文件对话框中，选择在前面图 5-91 中导出的文件，单击"加载"按钮来加载证书，如图 5-102 所示。

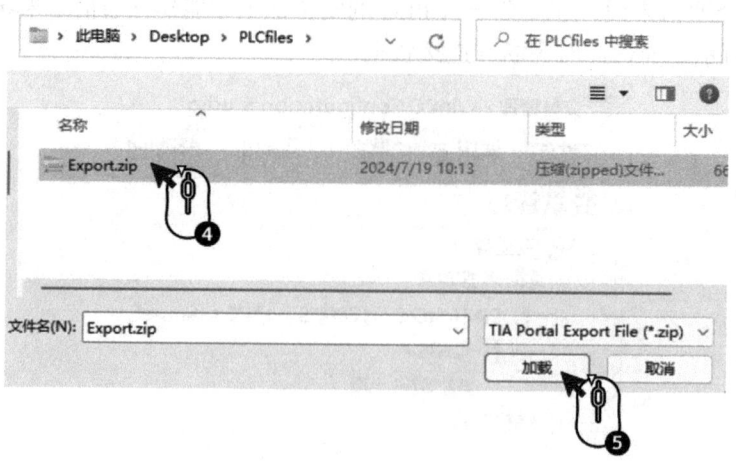

图 5-102　加载证书

弹出的窗口中，单击"是"按钮，完成证书加载，导入证书的提示信息如图 5-103 所示。

接着就会打开符号选择画面，视图切换如图 5-104 左侧所示，可以选择 PLC 变量加载到 WinCC 中。通过 按钮可以在符号视图和变量管理画面之间进行切换。此时，切换到"变量管理"画面可以看到通信已经建立，如图 5-104 右侧所示。

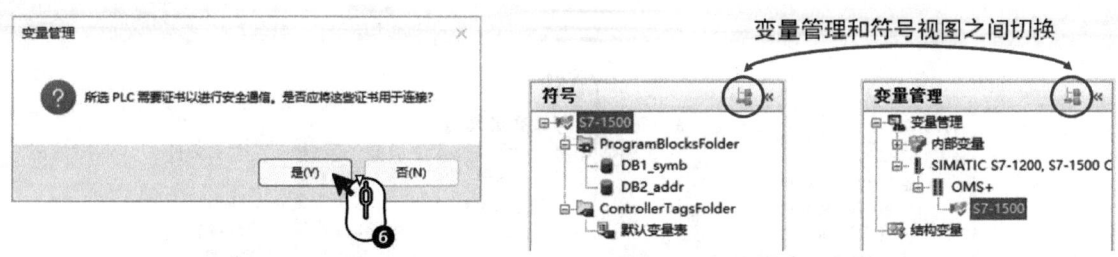

图 5-103　导入证书的提示信息

图 5-104　视图切换

WinCC V8.0 可以从 S7-1200/1500 导出的数据文件中读取 PLC 变量。可以直接从 S7-1200/1500 中在线读取 PLC 的变量后，选择需要导入到 WinCC 中的变量，从而节省大量的组态时间。

当然，WinCC 也支持手动创建变量。手动创建的变量只支持通过绝对地址的方式来访问 PLC 变量。

6. 通过“从文件加载”来创建

在符号视图中只能看到在 PLC 中选择了“在 HMI 工程组态中可见”属性的变量，本实例中在 WinCC 符号视图中看到的内容，如图 5-105 所示。

	访问	更改	名称	注释	类型	符号地址	数据类型	地址	AS 数据类型
1			int1		变量	int1	有符号的 16 位值	0001:TS:7:52.8798A214.15	S7PLUS_Int
2			real1		变量	real1	32-位浮点数 IEEE 754	0001:TS:10:52.67615A75.14	S7PLUS_Real
3			symb1	symb1	变量	symb1	二进制变量	0001:TS:0:50.FE29A5A6.A	S7PLUS_Bool
4			symb3		变量	symb3	二进制变量	0001:TS:0:52.7F163683.9	S7PLUS_Bool
5			symb4		变量	symb4	二进制变量	0001:TS:0:52.CB13E0B3.A	S7PLUS_Bool
6									

	访问	更改	名称	类型	符号地址	数据类型	地址	AS 数据类型	名称空间
1			bool1	变量	bool1	二进制变量	0001:TS:0:8A0E0001.A2293E	S7PLUS_Bool	DB1_symb
2			word1	变量	word1	无符号的 16 位值	0001:TS:37:8A0E0001.528F5	S7PLUS_Word	DB1_symb
3			real1	变量	real1	32-位浮点数 IEEE 754	0001:TS:10:8A0E0001.67615	S7PLUS_Real	DB1_symb
4			motor1	结构变量	motor1		0001:TS:8A0E0001.9DDEC067		DB1_symb
5			control	成员变量	motor1.control	二进制变量	0001:TS:0:8A0E0001.4CB4FE	S7PLUS_Bool	DB1_symb
6			status	成员变量	motor1.status	二进制变量	0001:TS:0:8A0E0001.65E255	S7PLUS_Bool	DB1_symb
7			speed	成员变量	motor1.speed	32-位浮点数 IEEE 754	0001:TS:10:8A0E0001.497F4	S7PLUS_Real	DB1_symb
8									

	访问	更改	名称	类型	符号地址	数据类型	地址	AS 数据类型	名称空间
1			bool2	变量	bool2	二进制变量	0001:CL:%DB2.%D0.0	S7PLUS_Bool	DB2_addr
2			word2	变量	word2	无符号的 16 位值	0001:CL:%DB2.%DW2	S7PLUS_Word	DB2_addr
3			real2	变量	real2	32-位浮点数 IEEE 754	0001:CL:%DB2.%DD4	S7PLUS_Real	DB2_addr
4			motor2	结构变量	motor2		0001:CL:%DB2,%DBB12		DB2_addr
5			control	成员变量	motor2.control	二进制变量	0001:CL:%DB2.%D12.0	S7PLUS_Bool	DB2_addr
6			status	成员变量	motor2.status	二进制变量	0001:CL:%DB2.%D12.1	S7PLUS_Bool	DB2_addr
7			speed	成员变量	motor2.speed	32-位浮点数 IEEE 754	0001:CL:%DB2.%DD14	S7PLUS_Real	DB2_addr

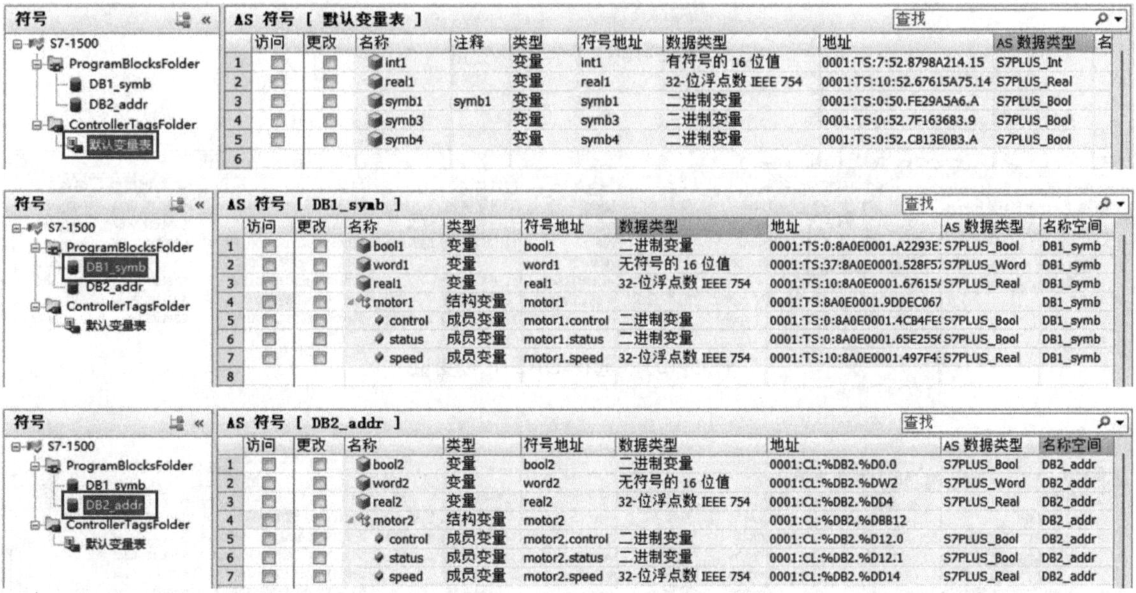

图 5-105　“从文件加载”的变量

如果需要选择变量，可以在“访问”列标题上单击鼠标右键，在弹出菜单中选择“全选”来选择全部的 PLC 变量。“全选”变量如图 5-106 所示，选择 PLC 默认变量表中所有的变量。

也可以通过选择变量前的“访问”选项选择单个 PLC 变量。选择 DB2 中的变量如图 5-107 所示。

可以切换到“变量管理”视图，选择“AS 符号”栏，查看已经选择的 PLC 变量，如图 5-108 所示。

切换到“变量”栏查看 WinCC 中生成的变量，导入 WinCC 的变量如图 5-109 所示。

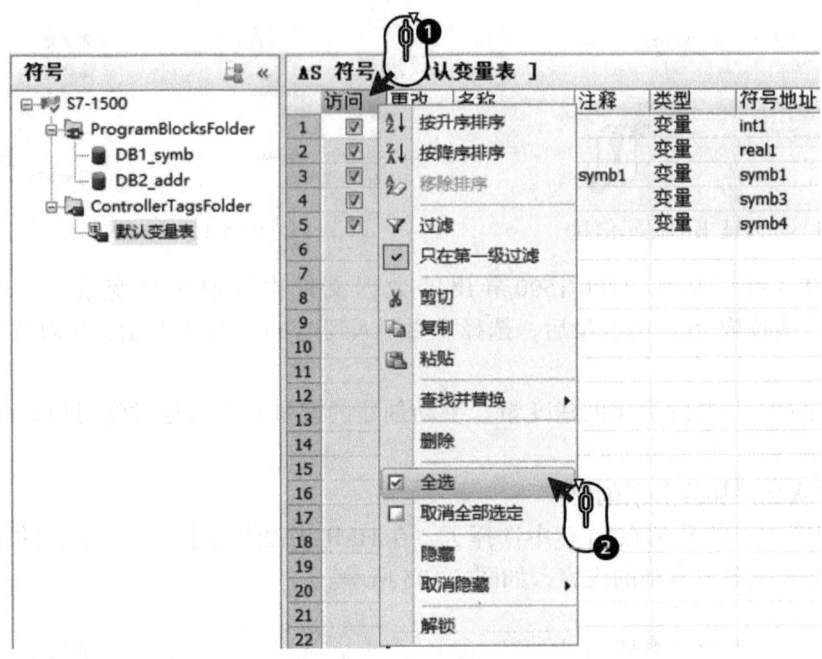

图 5-106 "全选"变量

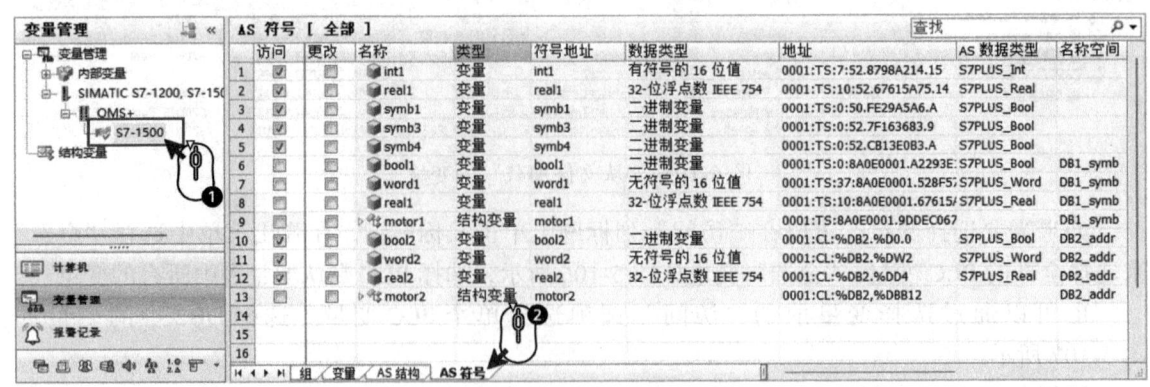

图 5-107 选择 DB2 中的变量

图 5-108 选择"AS 符号"栏

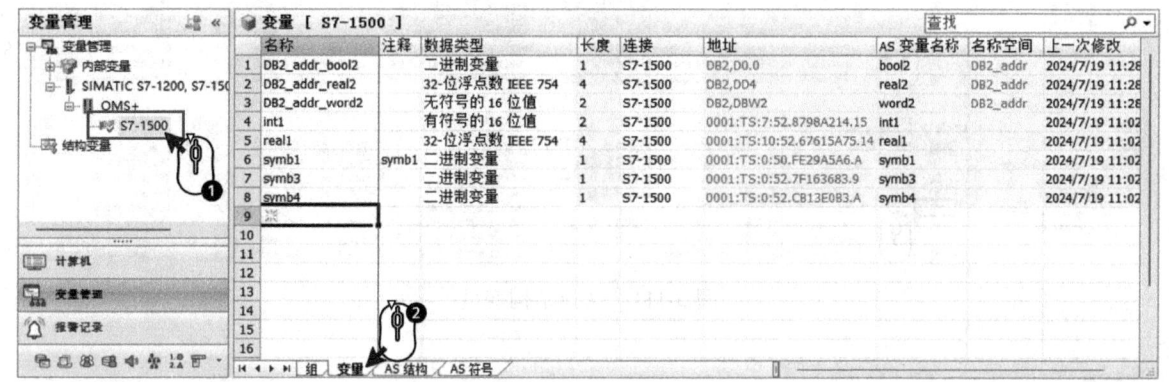

图 5-109　导入 WinCC 的变量

如果要导入 PLC 中的自定义数据类型变量到 WinCC 中，需要首先在 WinCC 创建对应的结构变量类型。在"变量管理"视图中，选择"AS 结构"栏，可以看到 PLC 中存在的自定义数据类型。选择对应行，单击鼠标右键，在弹出菜单中选择"创建结构"，就可以在 WinCC 创建对应的结构变量类型。创建结构如图 5-110 所示。

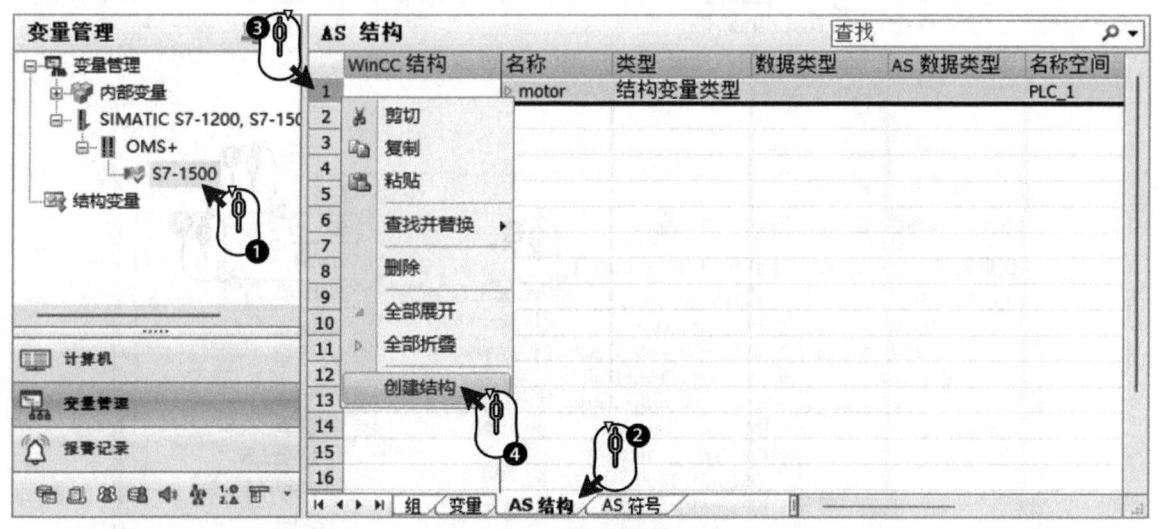

图 5-110　创建结构

切换到"AS 符号"视图，选择 PLC 的自定义数据类型变量，选择结构变量如图 5-111 所示。

切换到变量管理下的"变量"栏，可以查看导入到 WinCC 中的变量，导入结果如图 5-112 所示。

WinCC 变量管理器可以直接显示变量的实时数值。变量表的数值列默认为隐藏，需要按图 5-113 所示步骤把它显示出来（右键单击任一列标题，选择"取消隐藏"）。

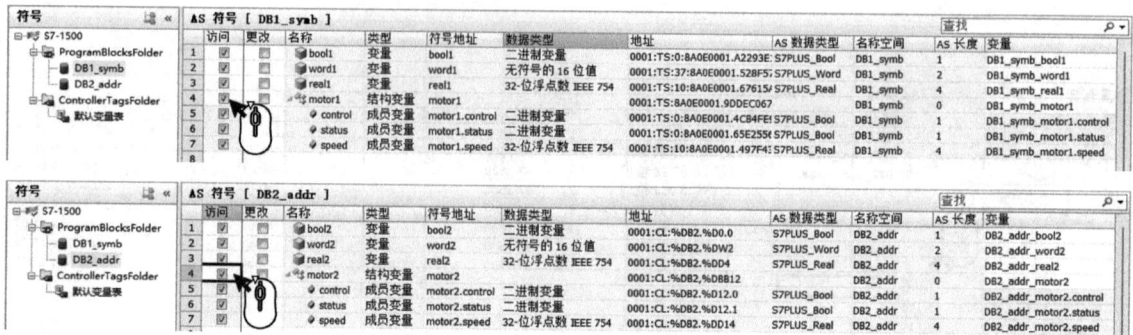

图 5-111　选择结构变量

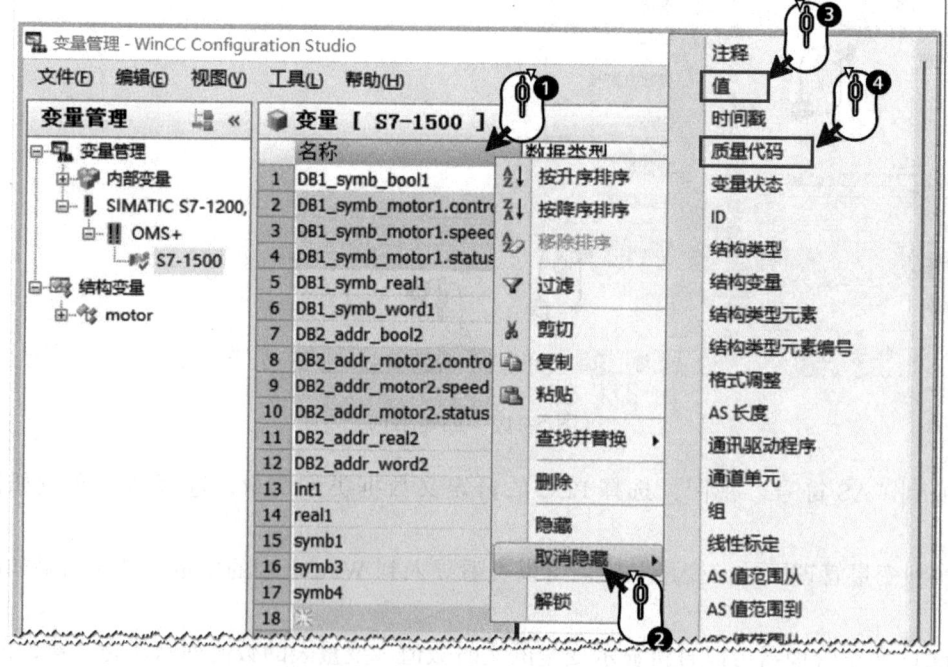

图 5-112　导入结果

图 5-113　显示相应列

于是在变量表中可以直接监视变量数值和质量代码。变量表监视如图 5-114 所示。

名称	值	质量代码	数据类型	长度	连接	地址	AS 变量名称	名称空间
1 DB1_symb_bool1	0	0x80 - good - ok	二进制变量	1	S7-1500	0001:TS:0:8A0E0001.A2293E12.9	bool1	DB1_symb
2 DB1_symb_motor1.control	0	0x80 - good - ok	二进制变量	1	S7-1500	0001:TS:0:8A0E0001.4CB4FE9E.E.9	motor1.control	DB1_symb
3 DB1_symb_motor1.speed	0	0x80 - good - ok	32-位浮点数 IEEE 754	4	S7-1500	0001:TS:10:8A0E0001.497F4355.E.C	motor1.speed	DB1_symb
4 DB1_symb_motor1.status	0	0x80 - good - ok	二进制变量	1	S7-1500	0001:TS:0:8A0E0001.65E25563.E.A	motor1.status	DB1_symb
5 DB1_symb_real1	0	0x80 - good - ok	32-位浮点数 IEEE 754	4	S7-1500	0001:TS:10:8A0E0001.67615A75.C	real1	DB1_symb
6 DB1_symb_word1	0	0x80 - good - ok	无符号的 16 位值	2	S7-1500	0001:TS:37:8A0E0001.528F57AF.F	word1	DB1_symb
7 DB2_addr_bool2	0	0x80 - good - ok	二进制变量	1	S7-1500	DB2,D0.0	bool2	DB2_addr
8 DB2_addr_motor2.control	0	0x80 - good - ok	二进制变量	1	S7-1500	DB2,D12.0	motor2.control	DB2_addr
9 DB2_addr_motor2.speed	0	0x80 - good - ok	32-位浮点数 IEEE 754	4	S7-1500	DB2,DD14	motor2.speed	DB2_addr
10 DB2_addr_motor2.status	0	0x80 - good - ok	二进制变量	1	S7-1500	DB2,D12.1	motor2.status	DB2_addr
11 DB2_addr_real2	0	0x80 - good - ok	32-位浮点数 IEEE 754	4	S7-1500	DB2,DD4	real2	DB2_addr
12 DB2_addr_word2	0	0x80 - good - ok	无符号的 16 位值	2	S7-1500	DB2,DBW2	word2	DB2_addr
13 int1	0	0x80 - good - ok	有符号的 16 位值	2	S7-1500	0001:TS:7:52.8798A214.15	int1	
14 real1	0	0x80 - good - ok	32-位浮点数 IEEE 754	4	S7-1500	0001:TS:10:52.67615A75.14	real1	
15 symb1	0	0x80 - good - ok	二进制变量	1	S7-1500	0001:TS:0:50.FE29A5A6.A	symb1	
16 symb3	0	0x80 - good - ok	二进制变量	1	S7-1500	0001:TS:0:52.7F163683.9	symb3	
17 symb4	0	0x80 - good - ok	二进制变量	1	S7-1500	0001:TS:0:52.CB13E083.A	symb4	

图 5-114　变量表监视

7. 创建变量 - "从 AS 读取"

为了介绍使用"从 AS 读取"方法创建 WinCC 变量,首先删除之前创建的变量,如图 5-115 所示为删除所有变量后的变量表。

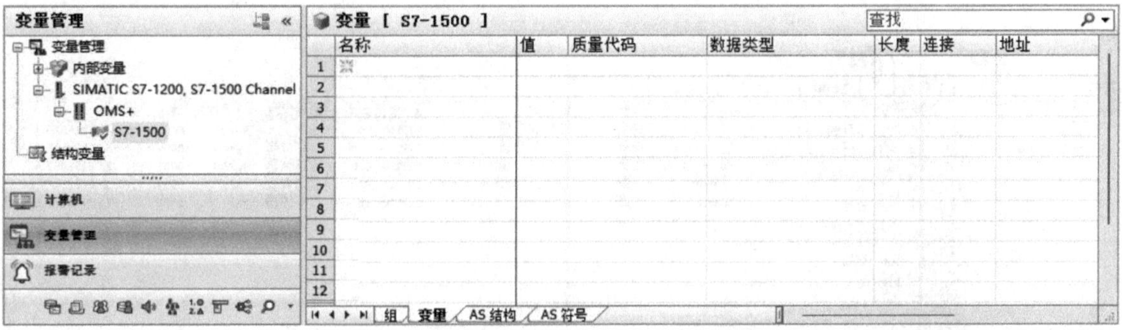

图 5-115　删除所有变量后的变量表

当 WinCC 和 S7-1500 正常通信之后,即可以从 WinCC 直接读取 PLC 中的变量。

步骤 1：鼠标右键单击通信连接名称,选择"AS 符号",然后选择"从 AS 中读取"。直接从 S7-1500 读取变量如图 5-116 所示。

步骤 2：在"AS 符号"表中列出了所有"在 HMI 工程组态中可见"的 PLC 变量。在"访问"列中选择 WinCC 需要的变量。

单击连接名称,查看 PLC 变量表中的变量。可以选择单个变量,也可以右键单击"访问"列,选择"全选"来全选变量,从 S7-1500 读取的变量如图 5-117 所示。

单击相应 DB,查看 DB 中的变量,如图 5-118 所示。可以选择单个变量,也可以按照图 5-117 所示的方法全选变量。

同样,如果 PLC 中存在自定义数据类型变量,也需要先在 WinCC 中创建结构类型,才能选择 PLC 的自定义数据类型变量。

图 5-116 直接从 S7-1500 读取变量

图 5-117 从 S7-1500 读取的变量

图 5-118 DB 中的变量

切换到变量管理视图，单击连接名称，选择"AS 结构"栏。在表中选择相应的自定义数据类型，右键单击，在弹出菜单中选择"创建结构"，就可以在 WinCC 中创建相应的结构类型（见图 5-119）和结构类型名称（见图 5-120）。

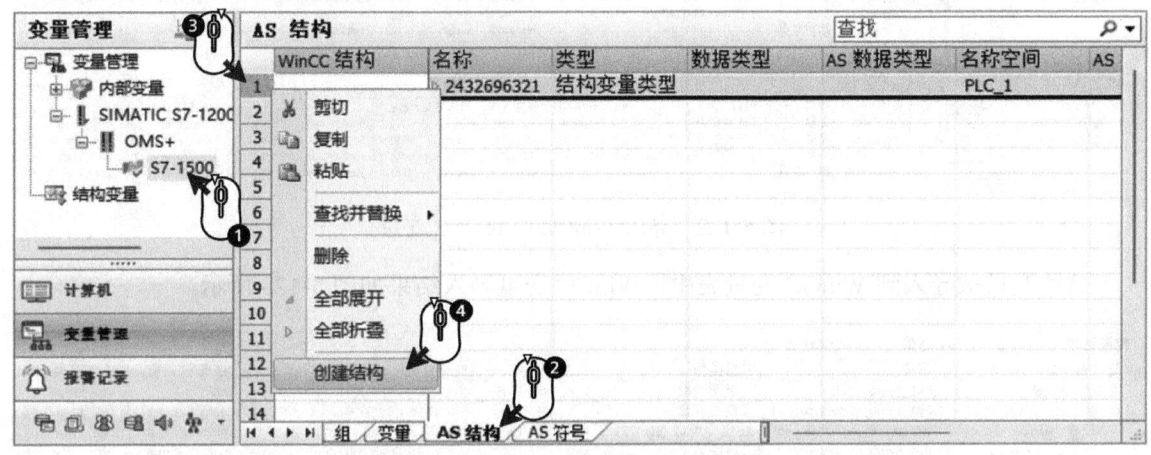

图 5-119　创建结构类型

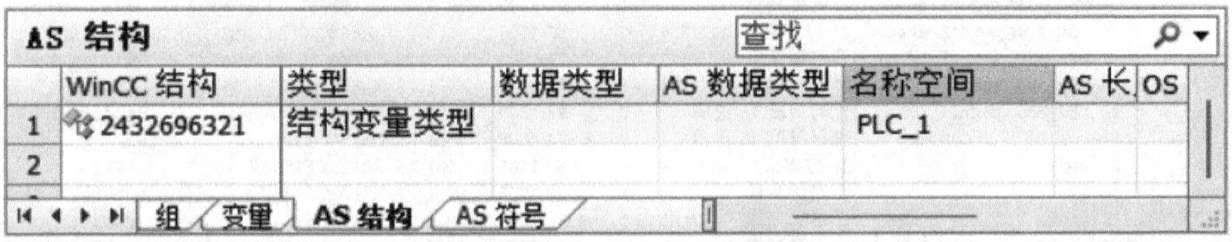

图 5-120　结构类型名称

结构类型名称可以修改。在变量管理视图中"结构变量"下找到刚创建的结构类型，右键单击，选择"重命名"，就可修改结构类型名称。重命名结构类型如图 5-121 所示。

图 5-121　重命名结构类型

接着切换回"AS 符号"视图，选择需要导入 WinCC 中的 PLC 变量，如图 5-122 所示。

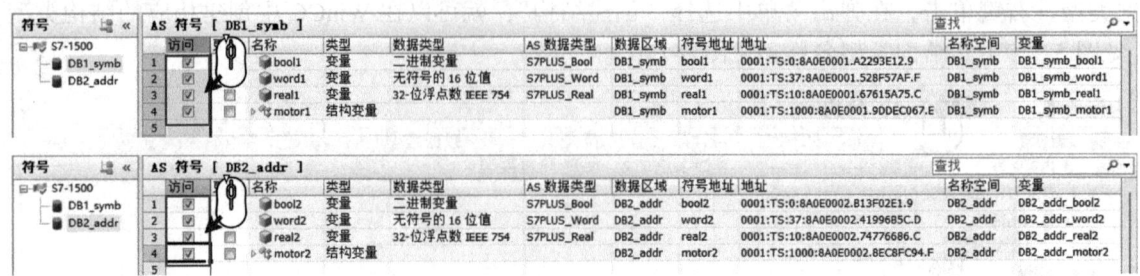

图 5-122　导入 WinCC 中的 PLC 变量

这些变量被导入到 WinCC 变量表中，WinCC 变量导入结果如图 5-123 所示。

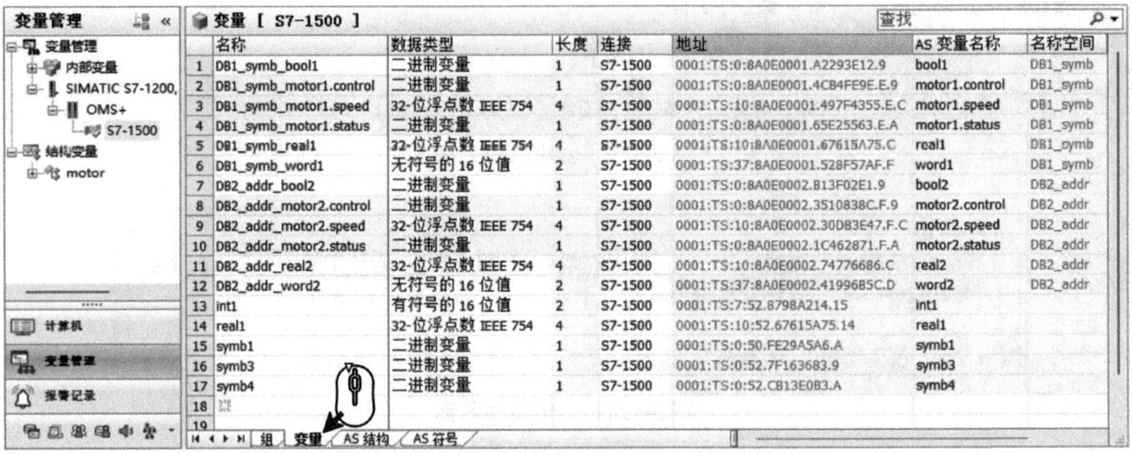

图 5-123　WinCC 变量导入结果

8. 绝对地址访问

本实例中，只有 DB2 没有选择"优化的块访问"属性。因此通过绝对地址方式只能访问 DB2 中的数据。选中 WinCC 通信连接，在其右侧变量表格中按照图 5-124 所示步骤创建变量。

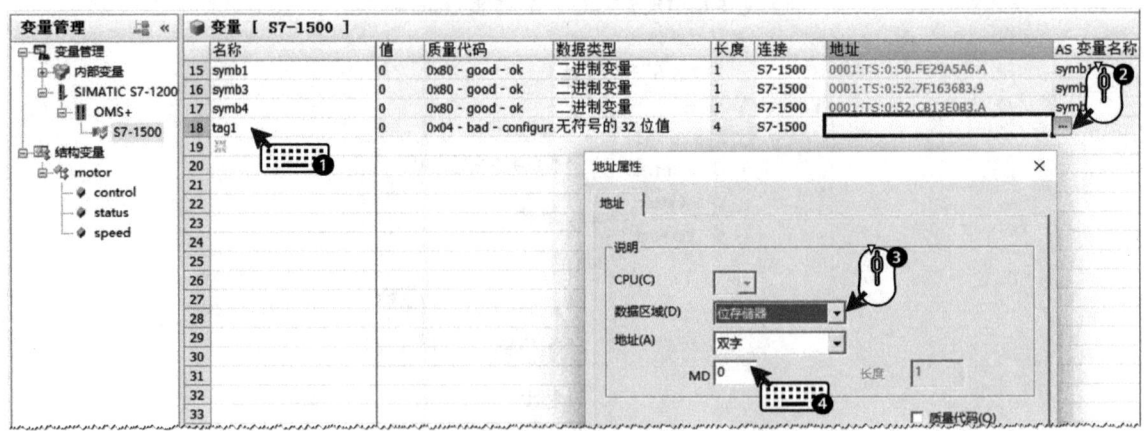

图 5-124　创建变量

可以看到当存在从 PLC 导入的变量的前提下，手动创建的变量，其地址会显示红色，提示信息为"无法找到分配给变量的 AS 符号"，变量地址提示如图 5-125 所示。

图 5-125 变量地址提示

这个问题在重启变量管理之后可以恢复正常状态，如图 5-126 所示。

图 5-126 正常状态

5.5.2 WinCC 与 SIMATIC S7-300 通信的组态

本节以 CPU 315-2PN/DP 为例，介绍 WinCC V8.0 使用"SIMATIC S7 Protocol Suite"通信驱动通过以太网卡连接 S7-300 的步骤。组态 PLC 使用的软件版本为 STEP7 V5.7。

1. 查看 STEP7 组态

目的是在 STEP7 项目中查看 PLC 的 IP 地址。

打开硬件组态，双击"PN-IO"，可以查看 CPU 的 IP 地址。STEP7 硬件组态如图 5-127 所示。

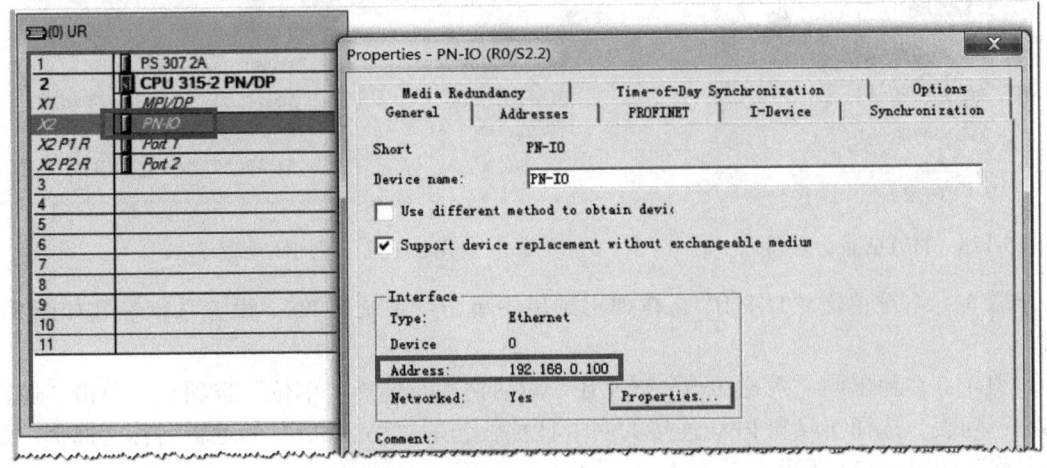

图 5-127 STEP7 硬件组态

如果 WinCC 连接的是 S7-300 的 CP343-1 模块，那么需要双击 CP343-1 来查看 CP343-1 的 IP 地址。

2. 检测计算机与 PLC 的连接状态

可以通过 ping 命令来检测 WinCC 所在计算机与 PLC 的连接状态。

通过在 Windows 的"程序 > 运行"中键入 CMD 进入 DOS 画面，使用网络命令 ping 测试以太网连接是否建立。

ping 命令如下：ping 目标 IP 地址 – 参数。例如 ping 192.168.0.100。

> **提示**
> 如果此处不能 ping 通 PLC 的 PN 端口或者以太网模块，则通信不可能建立。若要通信成功，必须保证实际的物理以太网通信保持正常。

如果不能 ping 通 PLC，请进行以下操作：
1）检查或测试网线接线。
2）如果没有路由器，请检查计算机和 PLC 的 IP 地址是否在同一网段。
3）如果经过路由，请检查路由设置是否正确。

3. 添加驱动程序并设置系统参数

步骤 1：打开 WinCC 项目管理器。右键单击"变量管理"，选择"打开"，打开变量管理器如图 5-128 所示。

步骤 2：在变量管理器中，右键单击"变量管理"，选择"添加新的驱动程序"，添加"SIMATIC S7 Protocol Suite"。添加驱动程序如图 5-129 所示。

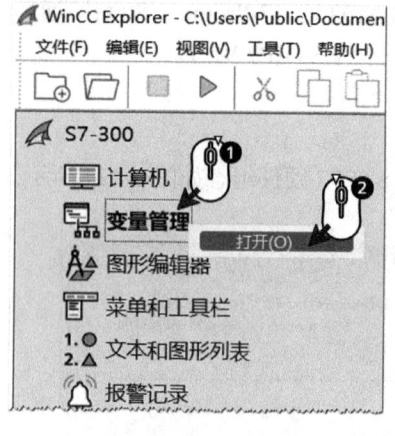

图 5-128　打开变量管理器

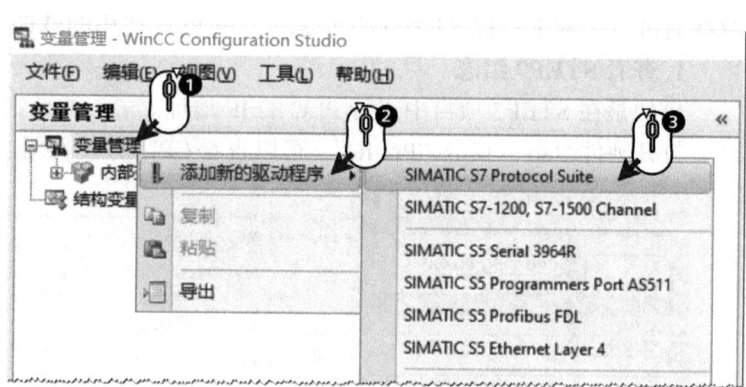

图 5-129　添加驱动程序

步骤 3：右键单击"TCP/IP"，在弹出菜单中单击"系统参数"，设置系统参数如图 5-130 所示。

步骤 4：在弹出的"系统参数 - TCP/IP"对话框中，选择"单位"选项卡，单击"逻辑设备名称"列表，选择实际和 PLC 连接的网卡且扩展名是".TCPIP.1"的逻辑名称。选择"逻辑设备名称"如图 5-131 所示。

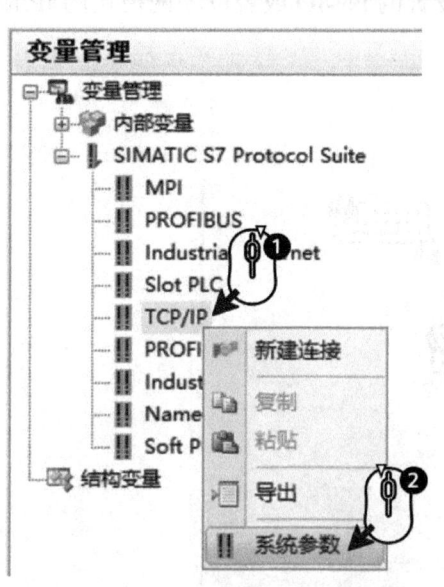
图 5-130 设置系统参数

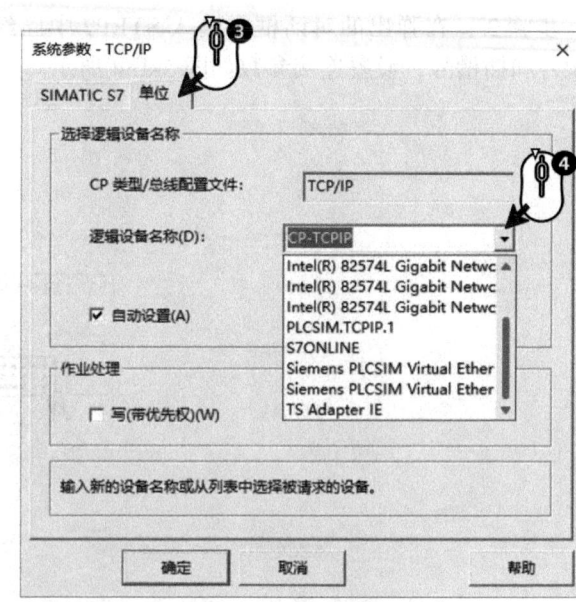
图 5-131 选择"逻辑设备名称"

> **提示**
> 逻辑设备名称也可以选择访问点名称,例如"CP-TCPIP"或"S7ONLINE"。如果选择的是访问点,需要在"设置 PG/PC 接口"中把访问点和网卡对应。请参考本书 5.5.1 节。

4. 连接设置

步骤 1:右键单击"TCP/IP",选择"新建连接",如图 5-132 所示,并为新建的连接命名。

步骤 2:右键单击新建的连接,选择"连接参数",如图 5-133 所示。

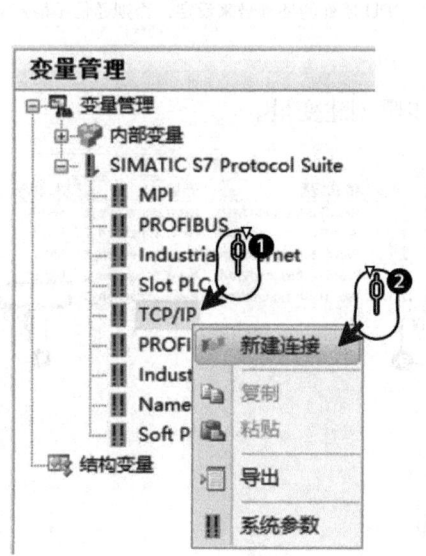
图 5-132 新建连接

图 5-133 连接参数

步骤3：在弹出的对话框中输入STEP7中已经设置的PN-IO或者以太网模块的IP地址、机架号和插槽号，设置连接参数如图5-134所示。

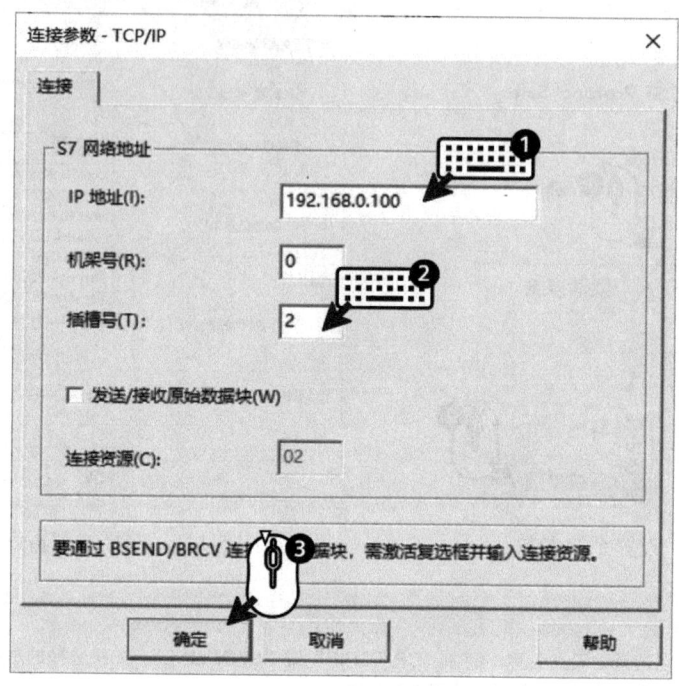

图5-134　设置连接参数

IP地址：CPU或通信模块的IP地址。

机架号：CPU所处机架号。除特殊复杂使用的情况下（例如S7-400H），一般填入0。

插槽号：CPU所处的插槽号。S7-300的CPU，插槽号固定为2。

> **提示**
> 如果是S7-400的PLC，那么此处要根据STEP7项目中硬件组态中CPU所处的插槽号来设定，否则通信不能建立。

5. 创建变量

选中连接，在其右侧变量表格中按照图5-135所示步骤创建变量。

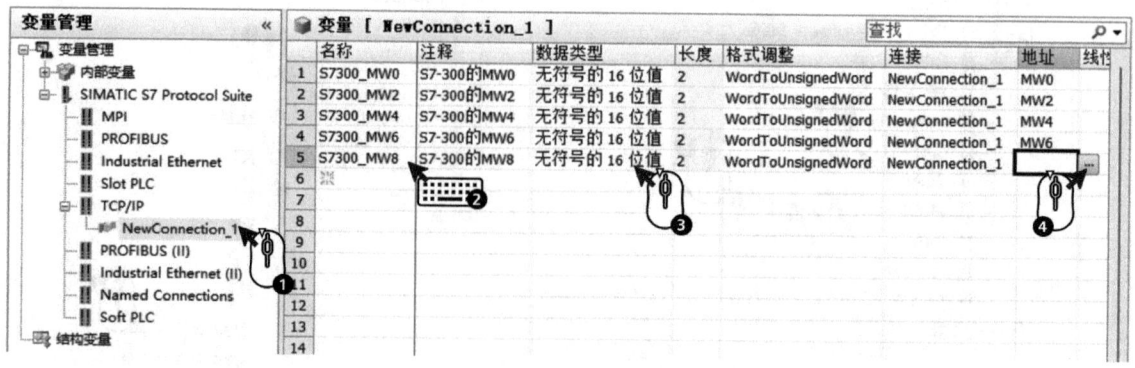

图5-135　创建变量

为变量设定地址，如图5-136所示。

6. 通信测试

步骤 1：右键单击"图形编辑器"，选择"打开"，打开图形编辑器。新建画面如图 5-137 所示。

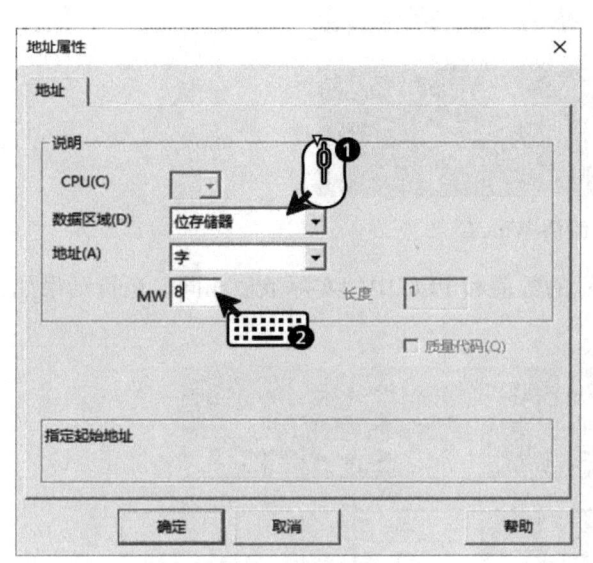
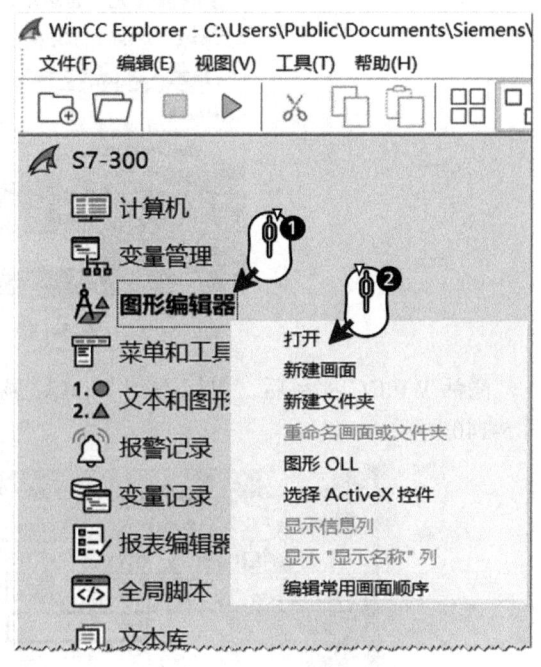

图 5-136　变量设定地址　　　　　　　　图 5-137　新建画面

步骤 2：在图形编辑器中，从右侧的智能对象下选择"输入/输出域"拖拽到画面中，在弹出的对话框中选择变量。也可以直接拖拽变量到画面中，变量显示如图 5-138 所示。

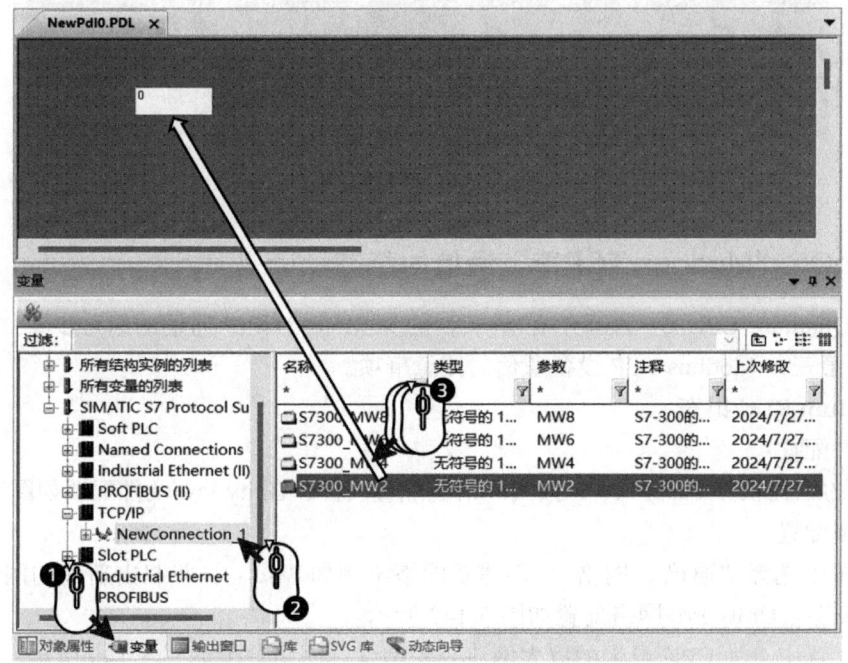

图 5-138　变量显示

步骤3：在图形编辑器中，保存画面后，单击"激活运行系统"按钮，激活 WinCC 项目，如图 5-139 所示。

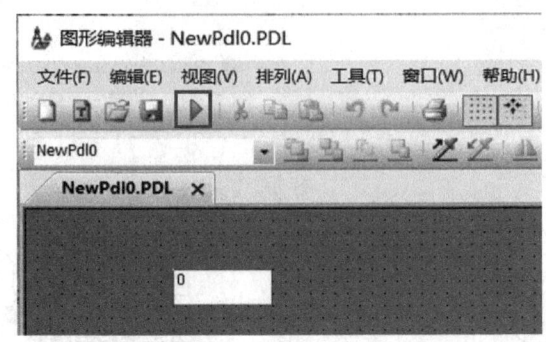

图 5-139　激活 WinCC

激活 WinCC 项目后，可以看到 WinCC 显示的数值和 PLC 中的实际数值相同。运行结果如图 5-140 所示。

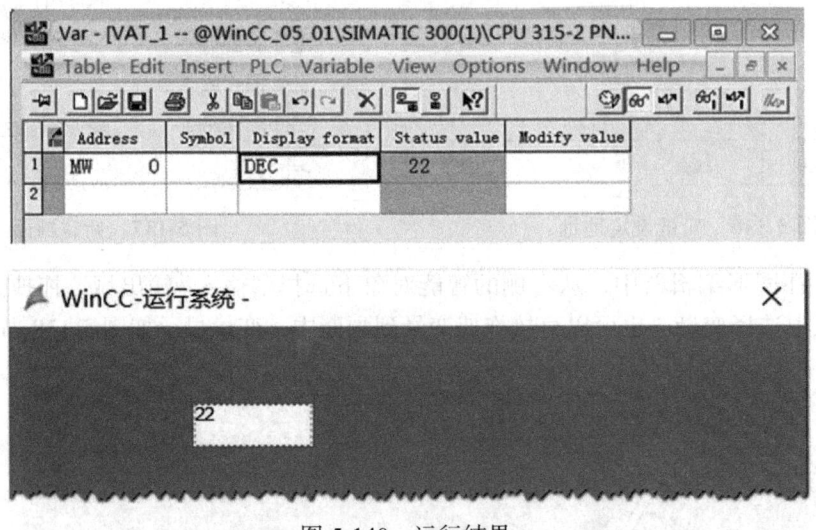

图 5-140　运行结果

5.5.3　WinCC "Modbus TCPIP" 通信的组态

本节以 Quantum CPU651 为例介绍 WinCC 的 Modbus TCPIP 通信的组态步骤。并在最后列出 WinCC 和第三方 Modbus TCP 设备通信的注意事项。

1. Quantum PLC 组态

（1）硬件配置

在 PLC 的编程软件 Unity Pro 中按实际情况配置硬件，Unity Pro 硬件配置如图 5-141 所示。

（2）网络配置

在项目树中选择"通讯 > 网络"，创建新网络（例如"dd"）。并双击新建的网络，配置 IP 地址及网络类型。Unity Pro 网络配置如图 5-142 所示。

在硬件配置中，为 CPU 自带的以太网口分配网络。网络分配如图 5-143 所示。

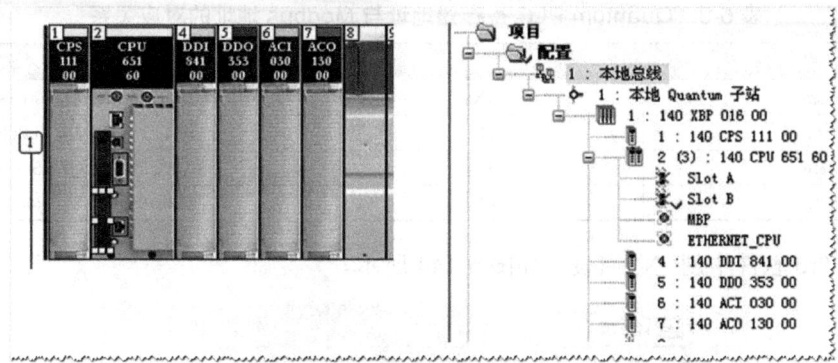

图 5-141　Unity Pro 硬件配置

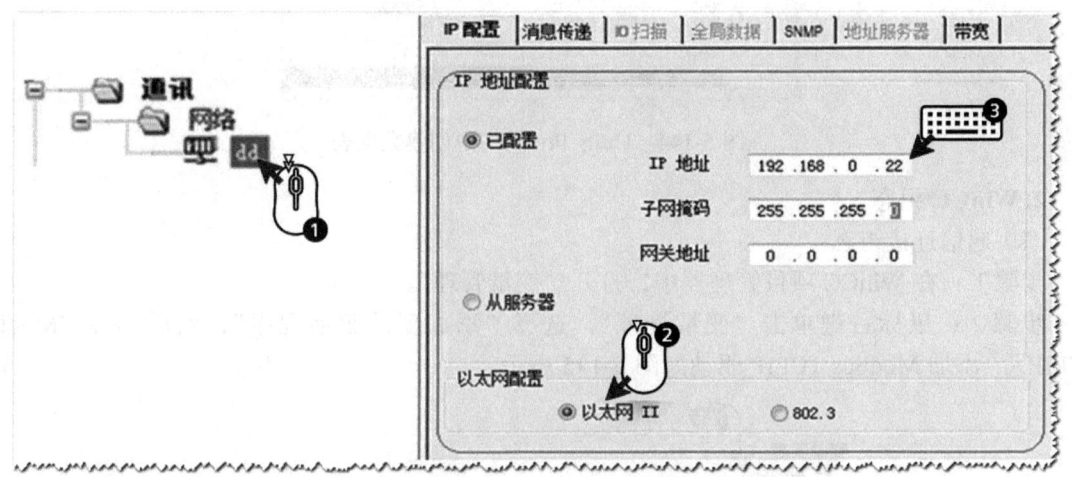

图 5-142　Unity Pro 网络配置

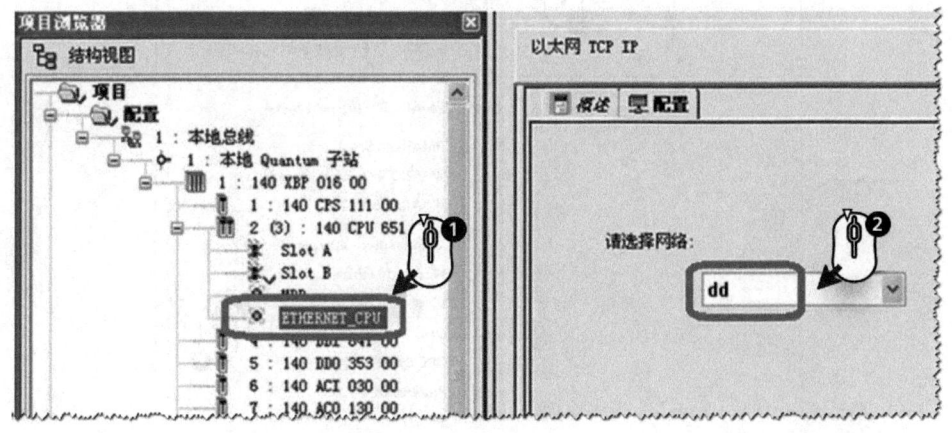

图 5-143　网络分配

（3）创建数据表

Quantum PLC 寄存器编址从 1 开始。Quantum PLC 寄存器地址与 Modbus 地址的对应关系见表 5-9。

表 5-9　Quantum PLC 寄存器地址与 Modbus 地址的对应关系

Quantum PLC 寄存器地址	Modbus 地址	示例
%m	0X	例如，%m1 对应 000001
%i	1X	例如，%i1 对应 100001
%iw	3X	例如，%iw1 对应 300001
%mw	4X	例如，%mw1 对应 400001

在 Unity Pro 软件中创建数据表，如图 5-144 所示。

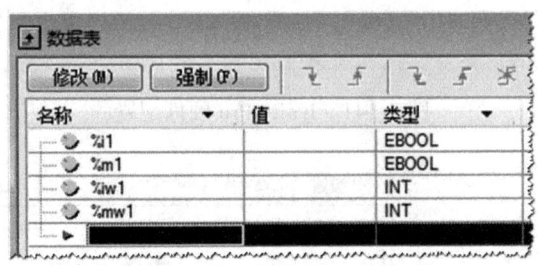

图 5-144　Unity Pro 软件中创建数据表

2. WinCC 组态

（1）通信连接组态

步骤 1：在 WinCC 项目管理器中，打开"变量管理"。

步骤 2：鼠标右键单击"变量管理"，选择"添加新的驱动程序"，然后选择"Modbus TCPIP"。添加 Modbus TCPIP 驱动如图 5-145 所示。

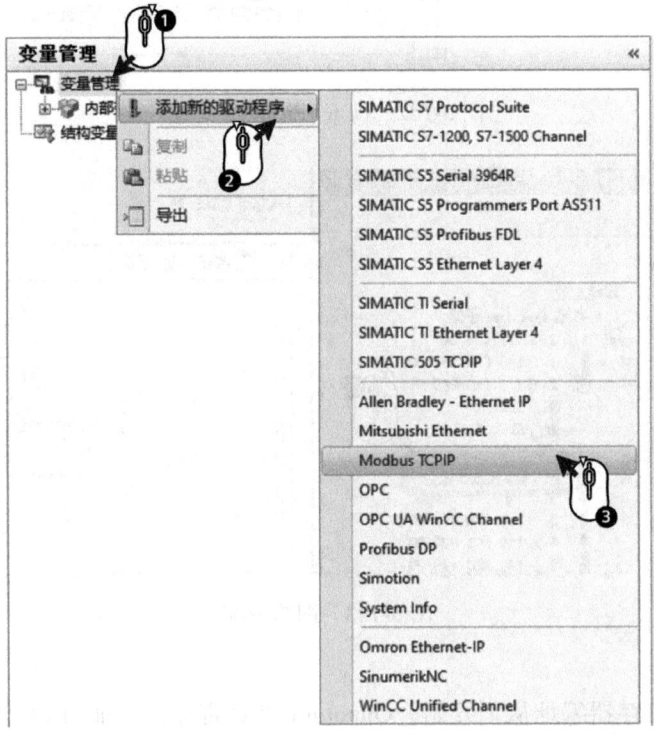

图 5-145　添加 Modbus TCPIP 驱动

步骤 3：右键单击 "Modbus TCP/IP 单元 #1" 选择 "新建连接" 如图 5-146 所示。

步骤 4：为新建的连接命名（例如 "Quantum_PLC"），并在新建的连接上单击鼠标右键选择 "连接参数"，如图 5-147 所示。

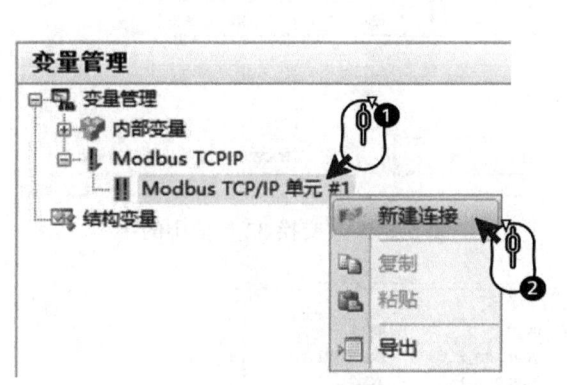

图 5-146　新建连接

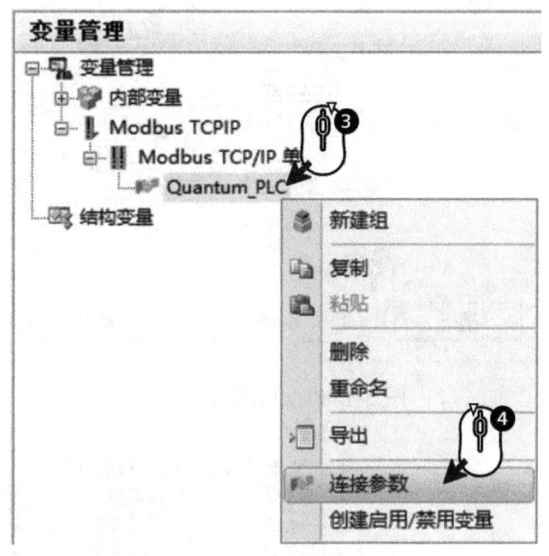

图 5-147　连接参数

步骤 5：在弹出的 "Modbus TCPIP" 对话框中，设置连接参数如图 5-148 所示。

CPU 类型：不同 CPU 的字和位的关系、寄存器起始地址存在不同，所以选择不同的 CPU 类型，WinCC 变量地址设定及数据处理会有些不同。

这里选择 "Compact，Quantum，Momentum"。

服务器：PLC 作为 Modbus TCP 通信的服务器，WinCC 作为客户机。这里输入 PLC 的以太网 IP 地址。

端口：Modbus TCP 通信默认端口为 502。

远程从站的地址：使用桥接器（例如 MB+ 到 Modbus TCPIP）时，此处输入远程控制器的从站地址。如果未使用桥接器，则必须输入默认值 255 或 0 作为地址。

转换字类型数据为 16 位值：此处的翻译不准确，应该为 "交换 32 位值中的字"（Swap words in 32-bit values），"交换 32 位值中的字" 如图 5-149 所示。

此选择只影响 "有符号 32 位数" "无符号 32 位数" 和 "浮点数 32 位 IEEE 754" 三种数据类型。连接施耐德 PLC 时，此处不要选择。

（2）创建变量

"Modbus TCPIP" 通道支持以下数据类型：二进制变量、有符号 16 位数、无符号 16 位数、有符号 32 位数、无符号 32 位数、浮点数 32 位 IEEE 754、文本变量 8 位字符集及文本变量 16 位字符集。

在 "Quantum_PLC" 连接下创建变量，如图 5-150 所示。

其中 "tag_i01" 地址为 %I1，对应 modbus 地址 100001。1x 离散量输入如图 5-151 所示。

"tag_m1" 地址为 %M1，对应 modbus 地址 000001。0x 线圈输出如图 5-152 所示。

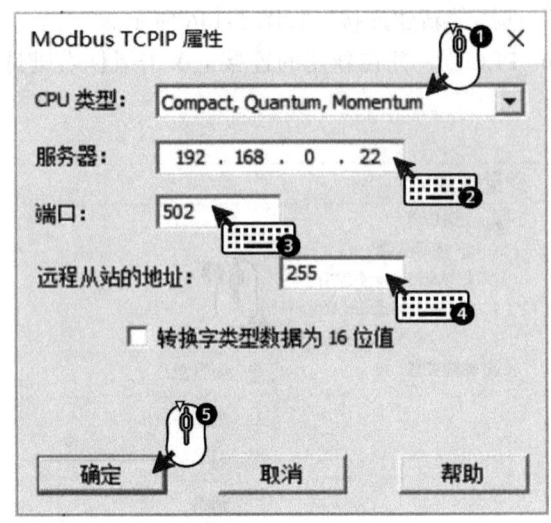

图 5-148　设置连接参数　　　　　　　图 5-149　"交换 32 位值中的字"

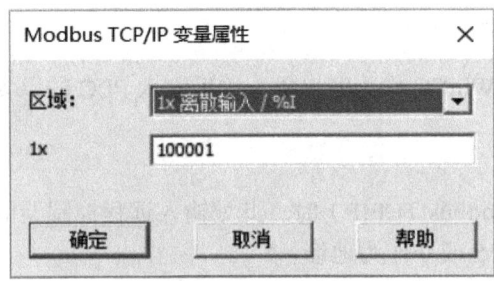

图 5-150　创建变量

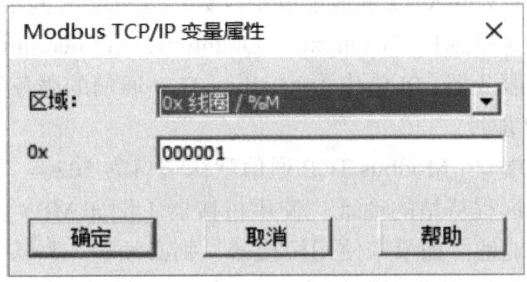

图 5-151　1x 离散量输入　　　　　　　图 5-152　0x 线圈输出

"tag_iw1"地址为 %IW1，对应 modbus 地址 300001。3x 输入寄存器如图 5-153 所示。
"tag_mw1"地址为 %MW1，对应 modbus 地址 400001。4x 保持寄存器如图 5-154 所示。

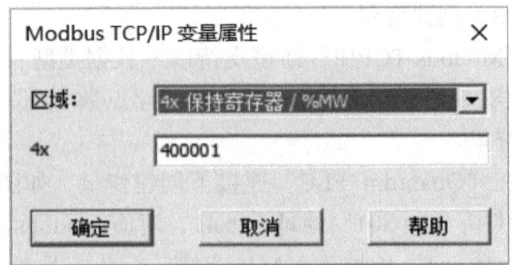

图 5-153　3x 输入寄存器　　　　　　　图 5-154　4x 保持寄存器

（3）运行结果

下载项目到 PLC，打开 Unity Pro 项目中的数据表，在线监视 PLC 变量的值，Unity Pro 数据表如图 5-155 所示。

运行 WinCC，可以看到 PLC 的数据正确的显示在 WinCC 画面中。运行结果如图 5-156 所示。

图 5-155 Unity Pro 数据表

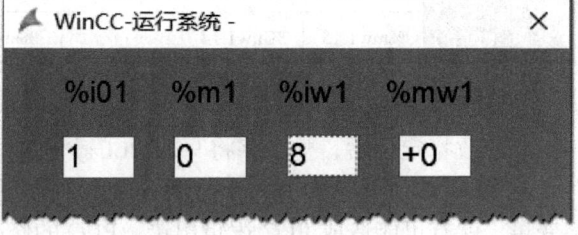

图 5-156 运行结果

在 WinCC 画面中修改变量 %mw1 的值，修改数值如图 5-157 所示。PLC 的数值跟着发生相应的变化。Unity Pro 数据表监视如图 5-158 所示。

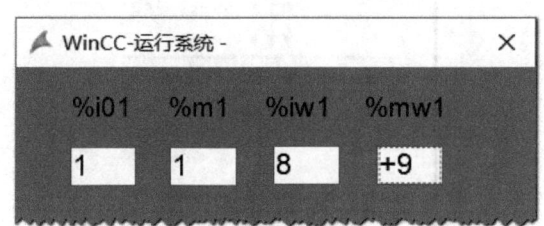

图 5-157 修改数值

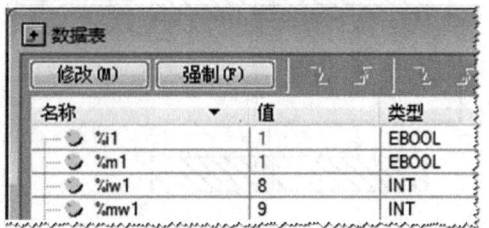

图 5-158 Unity Pro 数据表监视

（4）按位访问字寄存器

WinCC 二进制变量地址可以设置为 4x（或者 3x）的某一位，例如，访问 400001 寄存器的第 2 位，按位访问字寄存器如图 5-159 所示。

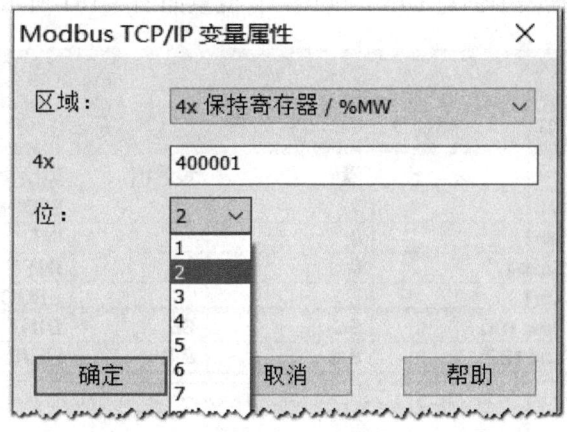

图 5-159 按位访问字寄存器

关于这种访问方式，有两点需要注意：

① 位与字的关系

Quantum PLC、WinCC Modbus 中的位与字的对应关系见表 5-10。

表 5-10 位与字的对应关系

位（Modbus）	400001.1	400001.2	……	400100.8	400100.9	400100.10	……	400100.16
字	400001（%mw1）							
位（Quantum）	%mw1.15	%mw1.14	……	%mw1.8	%mw1.7	%mw1.6	…	%mw1.0

② 对于写操作

在更改指定位后，整个字将写回 PLC。但期间并不检查字中的其他位是否已改变。

在 WinCC 读取字和写入字之间，PLC 修改了这个字变量，后续 WinCC 将会重新修改这个字变量，就有可能造成 PLC 逻辑出错。PLC 的修改操作被 WinCC 覆盖如图 5-160 所示。

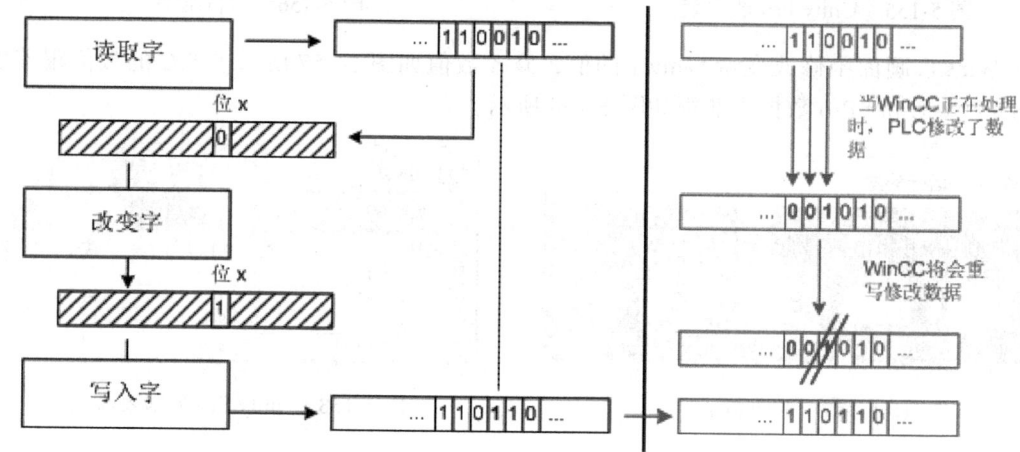

图 5-160 PLC 的修改操作被 WinCC 覆盖

（5）浮点数和 32 位整数变量

步骤 1：在 PLC 数据表中创建 DINT 和 REAL 变量如图 5-161 所示。

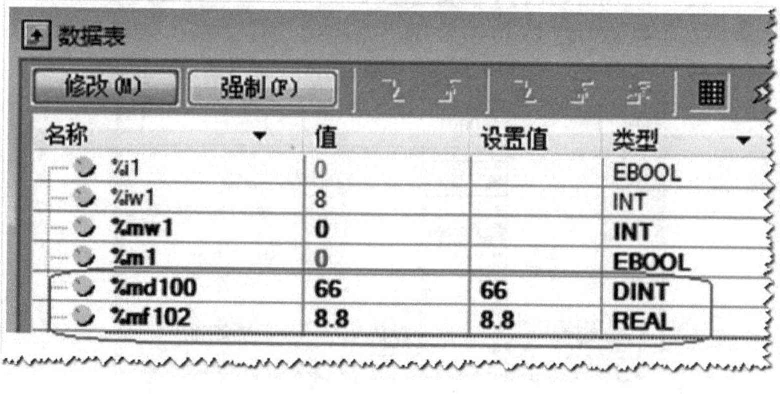

图 5-161 DINT 和 REAL 变量

步骤 2：在 WinCC 中创建相应变量。WinCC 变量如图 5-162 所示。

	变量 [Quantum_PLC]				
	名称	数据类型	长度	连接	地址
1	tag_i01	二进制变量	1	Quantum_PLC	1x100001.1
2	tag_m1	二进制变量	1	Quantum_PLC	0x1.1
3	tag_iw1	无符号的 16 位值	2	Quantum_PLC	2x300001
4	tag_mw1	有符号的 16 位值	2	Quantum_PLC	3x400001
5	tag_md100	无符号的 32 位值	4	Quantum_PLC	3x400100
6	tag_mf102	32-位浮点数 IEEE 7!	4	Quantum_PLC	3x400102
7					

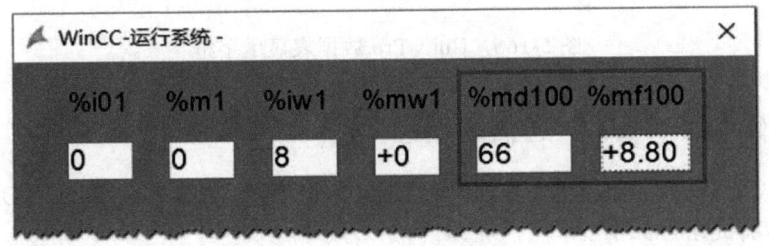

图 5-162　WinCC 变量

步骤 3：运行 WinCC，结果如图 5-163 所示。

图 5-163　运行结果

（6）Modbus TCPIP 字符串变量

步骤 1：在 WinCC 中创建字符串变量如图 5-164 所示。

	变量 [Quantum_PLC]				
	名称	数据类型	长度	连接	地址
1	tag_i01	二进制变量	1	Quantum_PLC	1x100001.1
2	tag_m1	二进制变量	1	Quantum_PLC	0x1.1
3	tag_iw1	无符号的 16 位值	2	Quantum_PLC	2x300001
4	tag_mw1	有符号的 16 位值	2	Quantum_PLC	3x400001
5	tag_md100	无符号的 32 位值	4	Quantum_PLC	3x400100
6	tag_mf102	32-位浮点数 IEEE 754	4	Quantum_PLC	3x400102
7	tag_string	文本变量 8 位字符集	10	Quantum_PLC	3x400104
8					

图 5-164　字符串变量

步骤 2：运行 WinCC，字符串变量显示如图 5-165 所示。

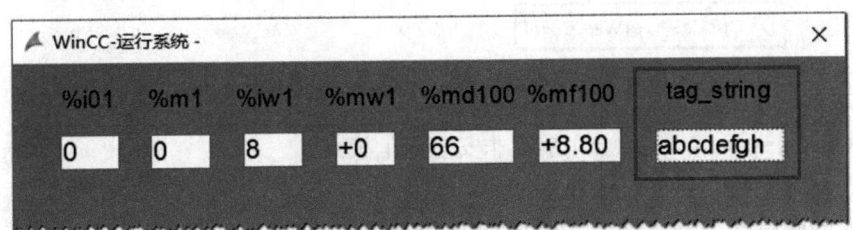

图 5-165　字符串变量显示

在 Unity Pro 数据表中监视（需要把显示格式改为 ASCII），可以看到 WinCC 字符串数值和 PLC 一致。Unity Pro 数据表显示字符如图 5-166 所示。

图 5-166　Unity Pro 数据表显示字符

5.5.4　WinCC "OPC UA" 通信的组态

本节以 WinCC V8.0 通过 OPC UA 读取自己的内部变量为例来介绍 WinCC OPC UA 的使用。需要满足的前提条件如下：

1）WinCC V8.0 作为 OPC UA Server 需要 WinCC 基本授权及 USB Dongle（硬件狗）外加 WinCC/Connectivity Pack 的授权。

2）通信不得被防火墙拦截。OPC UA 服务器的端口号必须激活（端口号可以在服务器端配置）。

3）能够从 WinCC 计算机通过 IP 地址访问 OPC UA 服务器计算机。

1. WinCC 作为 OPC UA 服务器的组态

WinCC OPC UA 服务器使用组态文件 "OpcUaServerWinCC.xml" 进行组态。

项目特定的组态文件 "OpcUaServerWinCC.xml" 存储在 WinCC 项目文件夹下，路径为："<WinCC 项目文件夹>\OPC\UAServer"。OpcUaServerWinCC.xml 配置文件如图 5-167 所示。

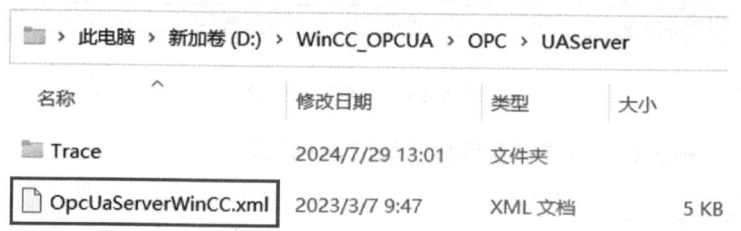

图 5-167　OpcUaServerWinCC.xml 配置文件

可以在 OpcUaServerWinCC.xml 禁用非安全通信模式。

步骤 1：鼠标右键单击 "OpcUaServerWinCC.xml"，选择 "在记事本中编辑"，或在打开方式中选择合适的应用程序将其打开，打开 OpcUaServerWinCC.xml 文件如图 5-168 所示。

默认内容如图 5-169 所示，支持 "None" "Basic128Rsa15" "Basic256" "Basic256Sha256" "Aes128 Sha256 RsaOaep" 和 "Aes256 Sha256 RsaPss" 六种安全策略。默认配置下，在客户端可以选择这六种安全策略，Security Policy（安全策略）如图 5-170。

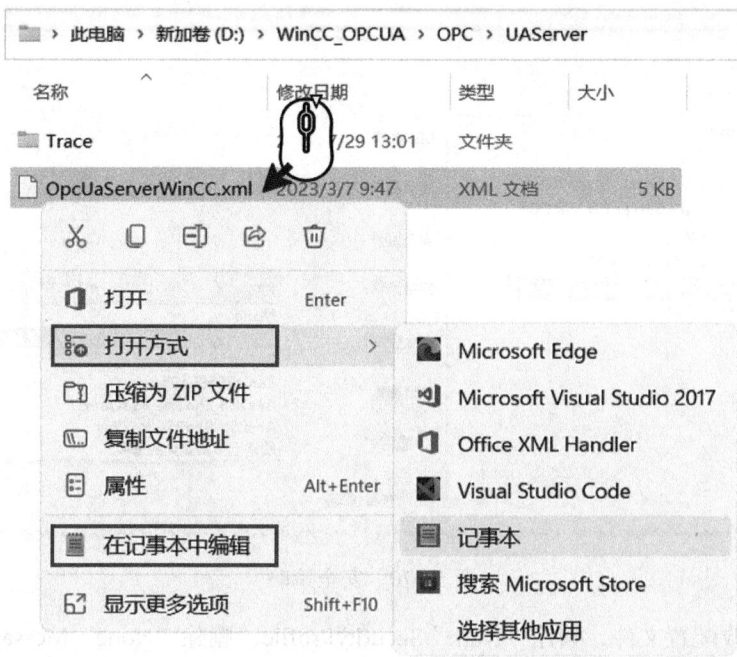

图 5-168　打开 OpcUaServerWinCC.xml 文件

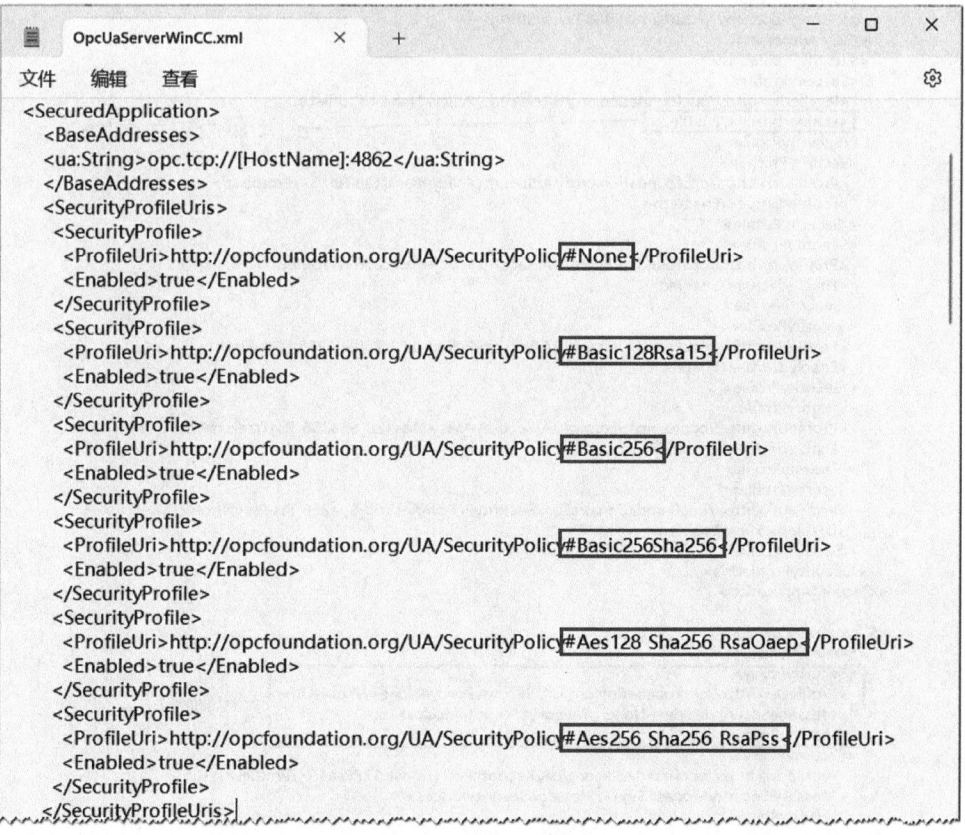

图 5-169　默认内容

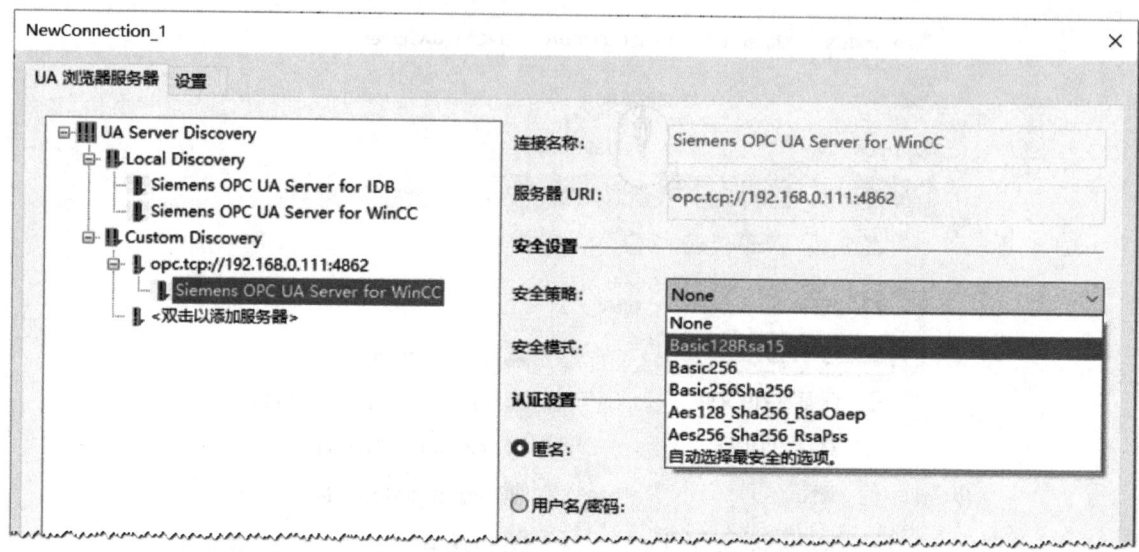

图 5-170　安全策略

步骤 2：修改配置文件，禁用"None"SecurityProfile，删除"None"MessageSecurityModes，修改"OpcUaServerWinCC.xml"文件如图 5-171 所示。

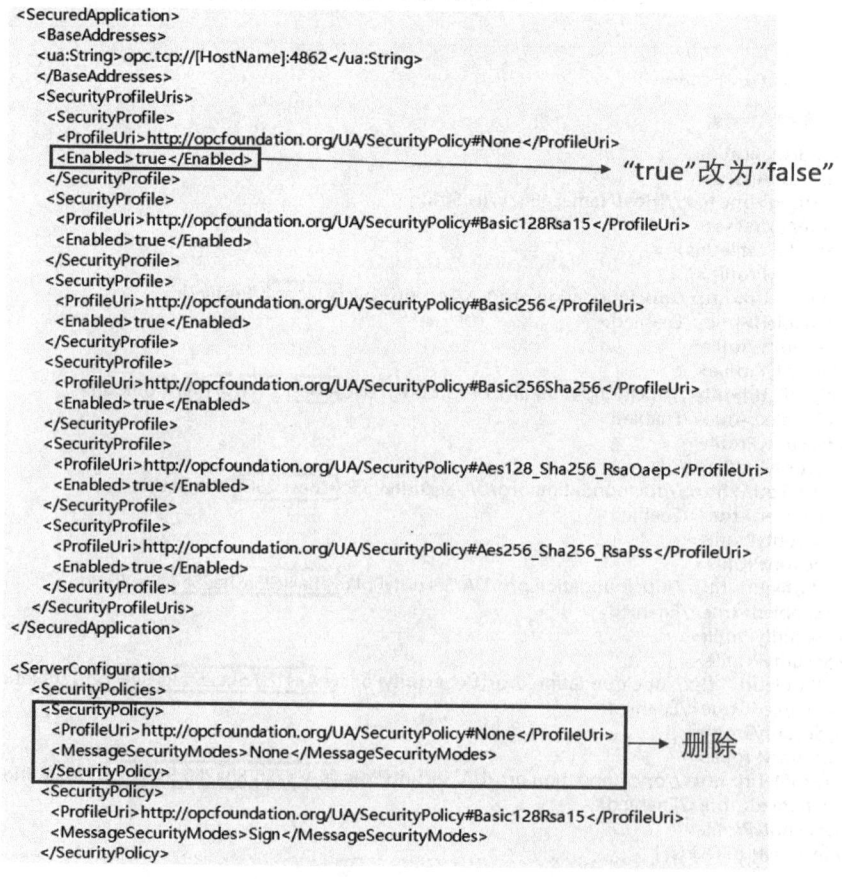

图 5-171　修改"OpcUaServerWinCC.xml"文件

修改后，在 OPC UA 客户端无法选择"None"安全策略，Security Policy 变化如图 5-172 所示。

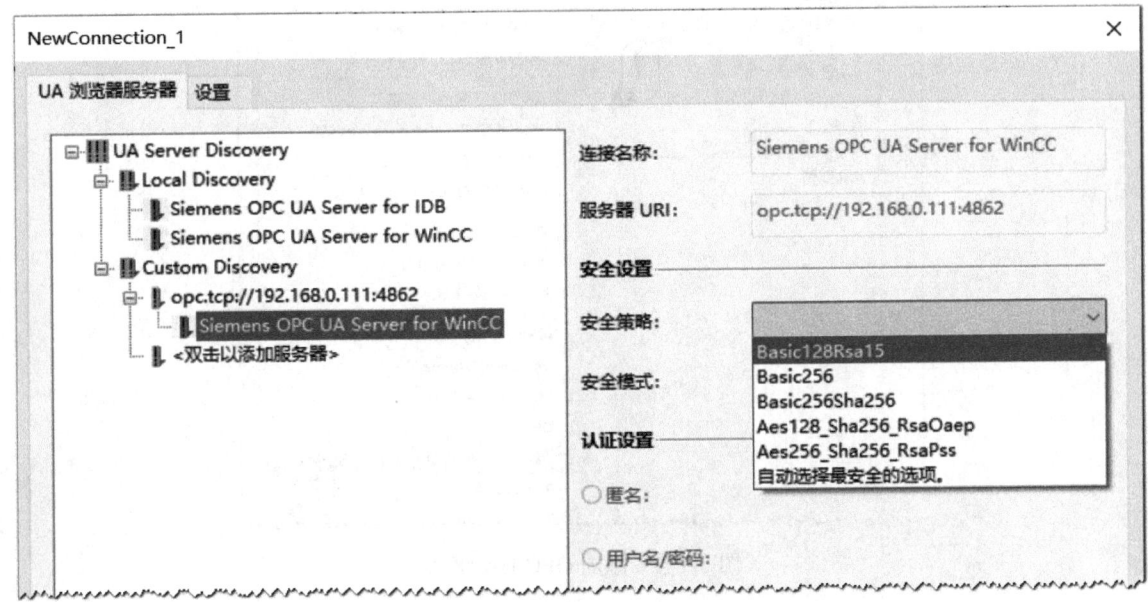

图 5-172　Security Policy 变化

此时通信连接并不会马上建立，这是因为服务器客户机之间还没有建立可信任的连接。建立连接还需要使用证书。证书区分客户端和服务器证书。仅当客户端和服务器能识别对方的证书时，才能进行安全通信。

2. WinCC 作为 OPC UA 客户端的组态

（1）打开 WinCC 变量管理器。在内部变量下创建变量组 forOPC，并在新建的变量组下创建 WinCC 内部变量如图 5-173 所示的内部变量。

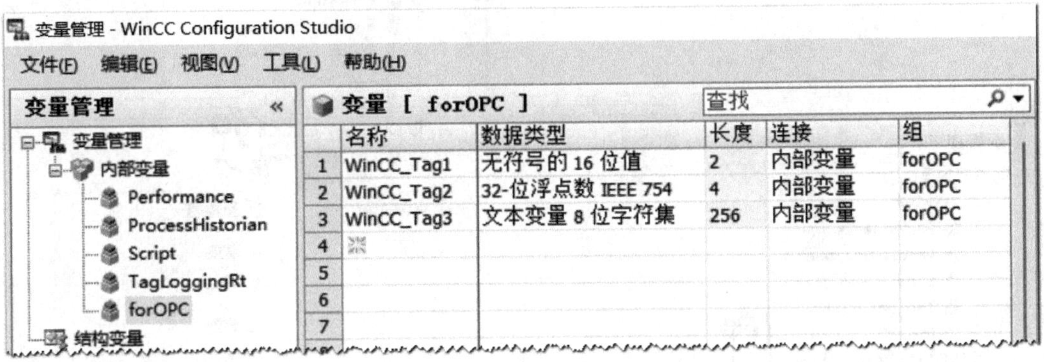

图 5-173　创建 WinCC 内部变量

（2）激活 WinCC 项目。

（3）创建 OPC UA 连接

步骤 1：在"变量管理"上右键单击，选择"添加新的驱动程序"，然后选择"OPC UA WinCC Channel"，从而为 WinCC 添加 OPC UA 驱动，如图 5-174 所示。

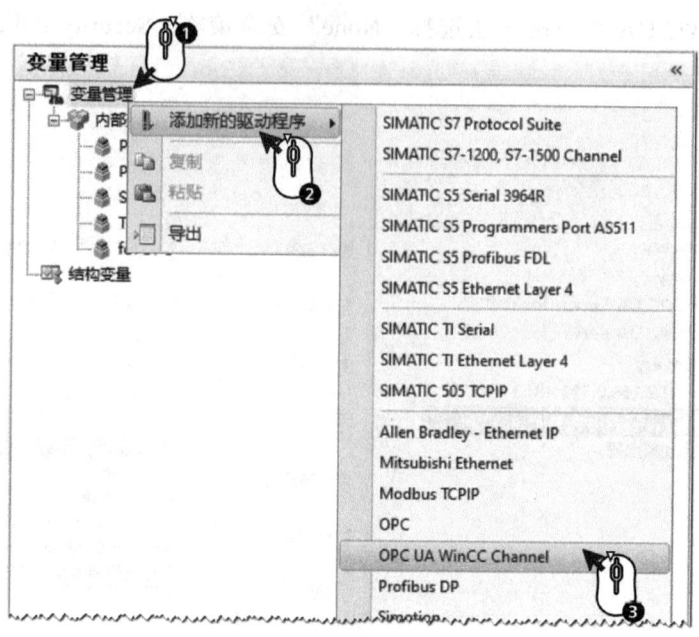

图 5-174　添加 OPC UA 驱动

步骤 2：添加"OPC UA WinCC Channel"后，选择"OPC UA Connections"并右键单击，选择"新建连接"，如图 5-175 所示。并为新建的连接命名，例如"fromwincc"。

步骤 3：激活 WinCC 运行系统。

步骤 4：右键单击新建的连接"fromwincc"，选择"连接参数"，设置 OPC UA 的连接参数，如图 5-176 所示。

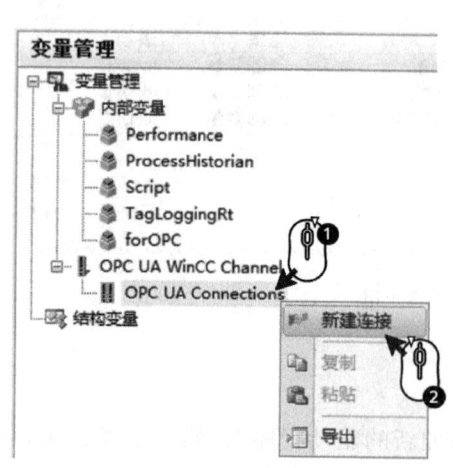

图 5-175　新建连接

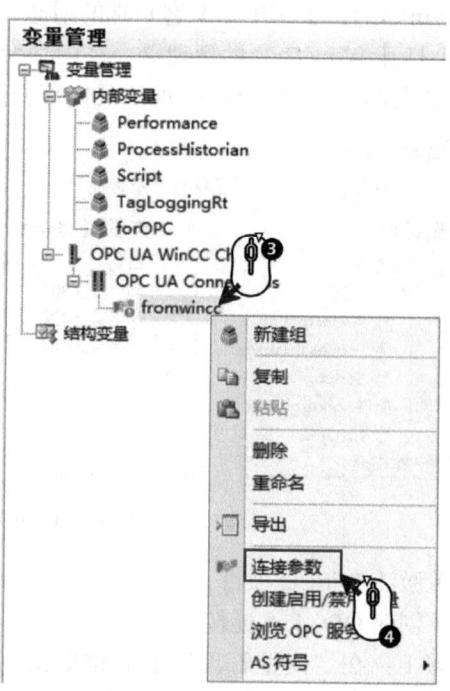

图 5-176　设置 OPC UA 的连接参数

步骤 5：在连接参数属性窗口中，双击"< 双击以添加服务器 >"添加 OPC UA Server。然后在弹出对话框中输入"opc.tcp://192.168.0.111:4862"（格式为：opc.tcp://< 服务器 IP 地址或计算机名称 >:4862，其中 4862 为 OPC UA 使用的端口号。此端口号不得被防火墙拦截）。浏览或手动添加 UA Server 如图 5-177 所示。

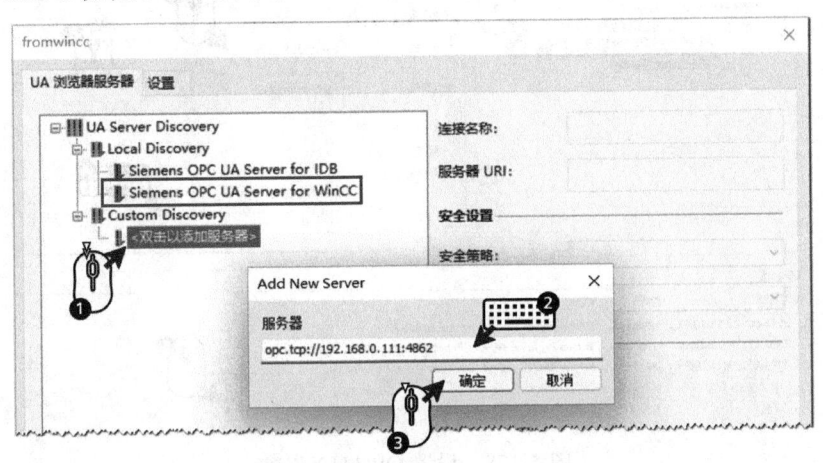

图 5-177　浏览或手动添加 UA Server

Local Discovery 列出了本地计算机中的所有 OPC UA Server。这些服务器已注册到 Local Discovery Server (LDS)。

Custom Discovery 可用于通过连接名称手动指定特定 OPC UA Server。这适用于 OPC UA Server 位于远程计算机中的情况。

如果 OPC UA Server 未注册到 Discovery Server，则采用以下格式输入所需 OPC UA Server 的 Discovery 地址：opc.tcp:// <Discovery 服务器地址 >:< 端口号 >。

步骤 6：设置连接参数

选择新添加服务器下的"Siemens OPC UA Server for WinCC"，设置"Security Policy"（安全策略）和"Security mode"（安全模式）以及"Authentication settings"（认证设置），设置 OPC UA 参数如图 5-178 所示。

安全策略

选择 OPC UA 服务器提供的其中一个安全策略。

1）无

2）Basic128Rsa15

3）Basic256

4）Basic256Sha256

5）Aes128_Sha256_RsaOaep

6）Aes256_Sha256_RsaPss

7）自动选择最安全的选项

安全模式

1）无：不安全通信。

2）Sign：选择"签名"，安全通信，消息将使用 OPC UA 客户端证书关联的私钥进行签名。签名信息可以允许接收方检测信息是否被第三方所操纵。

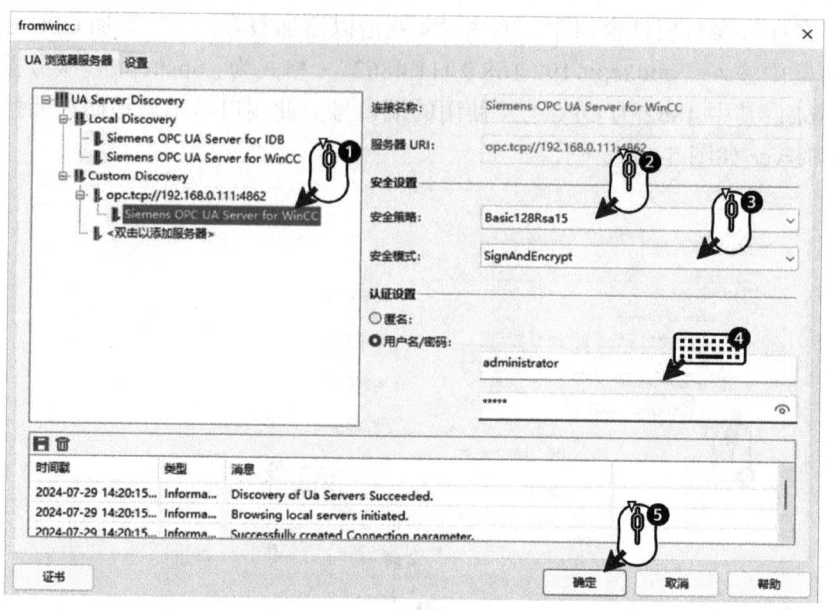

图 5-178　设置 OPC UA 参数

3）SignAndEncrypt：选择"签名并加密"，安全通信，则消息还会被服务器证书的公钥加密。加密消息可以阻止第三方读取客户机和服务器之间交换的信息内容。

用户登录

选择连接是否需要用户 ID 或是否允许匿名访问。

如果已设置用户标识，则在"User Name"和"Password"输入 WinCC OPC UA 客户端可以访问 OPC UA 服务器的用户名和密码。

本例可按如下设置。

"Security Policy"：Basic128Rsa15

"Security mode"：SignAndEncrypt

"Authentication settings"：User name/Password

> **提示**
> 如果安全配置文件及消息的安全模式都选择为 None 的话可以直接成功连接，但这是非安全通信，不建议使用。正常使用时还是选择加密的通信。

3. OPC UA 的证书

此时激活 WinCC 项目，可以看到连接并没有建立。这是因为 OPC UA 的服务器和客户机之间还没有建立可信任的连接。建立连接还需要使用证书。OPC UA Server 会检查 OPC UA Client 的证书。只有 OPC UA Server 将 OPC UA Client 证书识别为可信时，此客户端才能连接至该服务器。

如果服务器未将客户端证书识别为可信，则该连接会被拒绝并以红色标记。

对于 WinCC OPC UA，证书存储在 WinCC 安装路径的以下文件夹中。

WinCC OPC UA 服务器：<WinCC 安装路径 >\opc\UAServer\PKI\CA。

WinCC OPC UA 客户端：<WinCC 安装路径 >\opc\UAClient\PKI。

被拒绝的证书存储在相应路径的"Rejected\Certs"文件夹中。

要指定证书受信,将该证书移至"Trusted\Certs"文件夹中。

(1) WinCC 作为 OPC UA Client 时对证书进行的操作

步骤 1:打开"<WinCC 安装路径 >\opc\UAClient\PKI\Rejected\certs"文件夹(在图 5-178 中单击"证书"按钮也可以打开 PKI 文件夹),可以看到被拒绝的服务器证书,如图 5-179 所示。

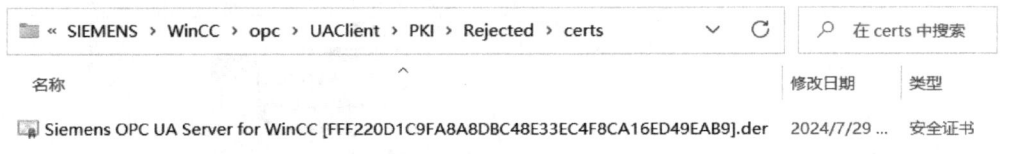

图 5-179　被拒绝的服务器证书

步骤 2:将证书复制到"<WinCC 安装路径 >\opc\UAClient\PKI\Trusted\Certs"文件夹,复制证书如图 5-180 所示。

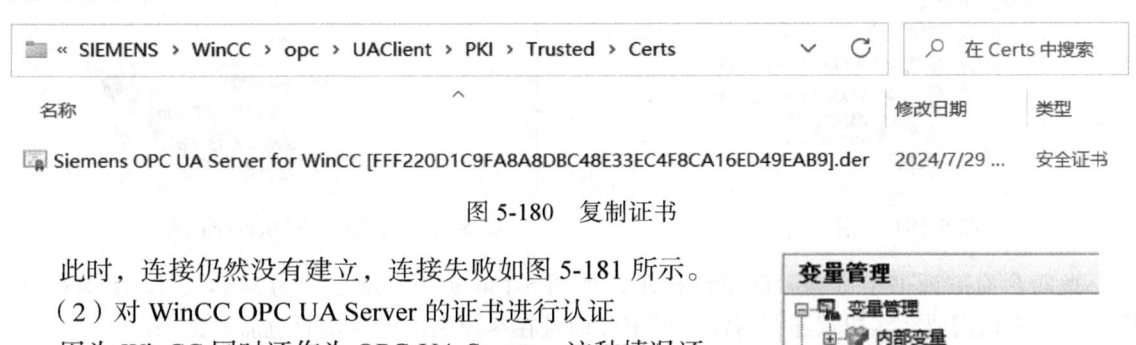

图 5-180　复制证书

此时,连接仍然没有建立,连接失败如图 5-181 所示。

(2) 对 WinCC OPC UA Server 的证书进行认证

因为 WinCC 同时还作为 OPC UA Server,这种情况还需要对 WinCC OPC UA Client 的证书进行认证。

步骤 1:找到"<WinCC 安装路径 >\opc\UAServer\PKI\CA\rejected\certs"文件夹,看到被拒绝的客户端证书如图 5-182 所示。

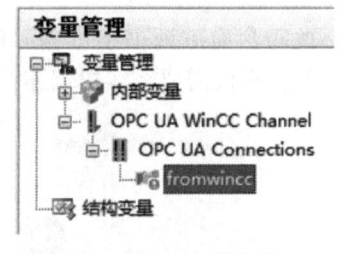

图 5-181　连接失败

图 5-182　被拒绝的客户端证书

步骤 2:将证书复制到"<WinCC 安装路径 >\opc\UAServer\PKI\CA\certs"文件夹,复制证书如图 5-183 所示。

图 5-183　复制证书

此时连接建立（绿色状态），如图 5-184 所示。接下来就可以浏览变量。

步骤 3：鼠标右键单击 OPC UA 连接，选择"浏览 OPC 服务器"，浏览 OPC Server 的变量，如图 5-185 所示。

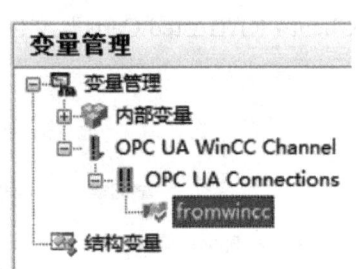

图 5-184　连接建立

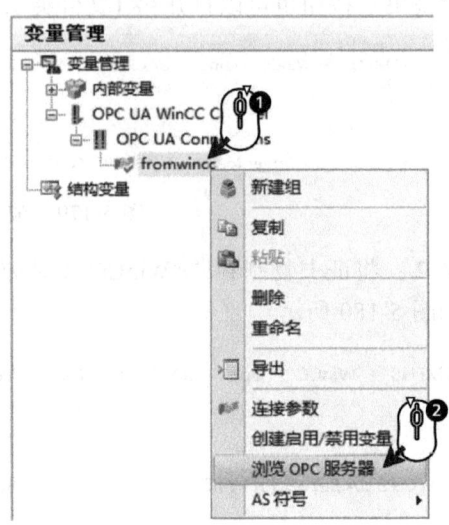

图 5-185　浏览 OPC Server 的变量

此时会有"证书不可靠"的错误提示，如图 5-186 所示。这是因为 WinCC 作为 OPC UA 服务器，不仅需要在客户端连接时需要证书，而且在客户端浏览变量时也需要证书。

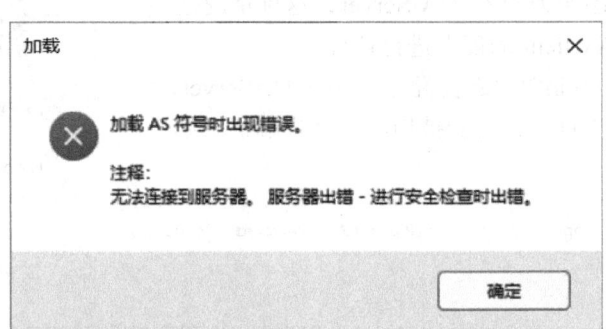

图 5-186　"证书不可靠"的错误提示

步骤 4：找到浏览变量的拒绝证书。

拒绝证书位于"<WinCC 安装路径 >\opc\UAServer\PKI\CA\rejected\certs"文件夹下，如图 5-187 所示。

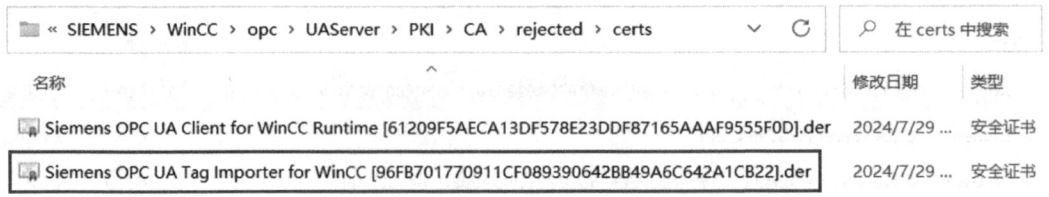

图 5-187　拒绝证书

步骤 5：将证书复制到"<WinCC 安装路径>\opc\UAServer\PKI\CA\certs"文件夹，如图 5-188 所示。

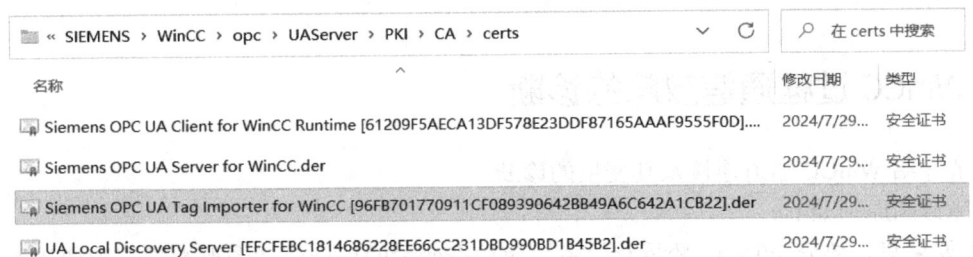

图 5-188　复制证书

此时，WinCC OPC UA 客户端可以正常浏览 OPC UA 服务器变量。

步骤 6：选择变量组"forOPC"下的内部变量。浏览并选择变量如图 5-189 所示。

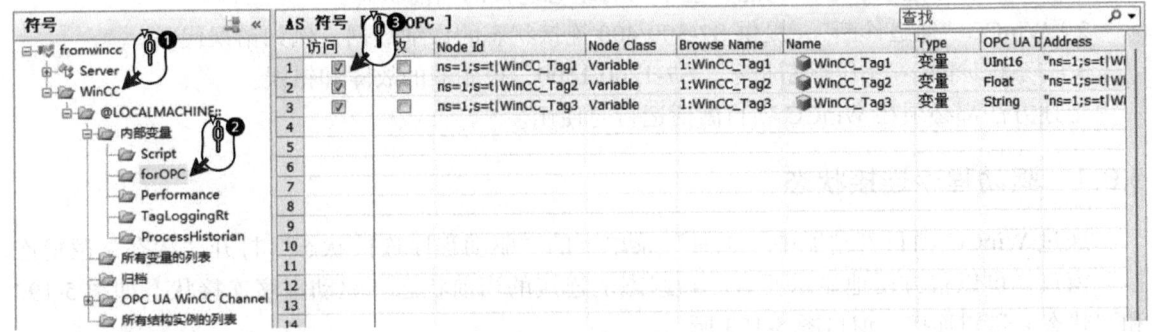

图 5-189　浏览并选择变量

选中的变量将会出现在 OPC UA 连接下的变量列表中，如图 5-190 所示。

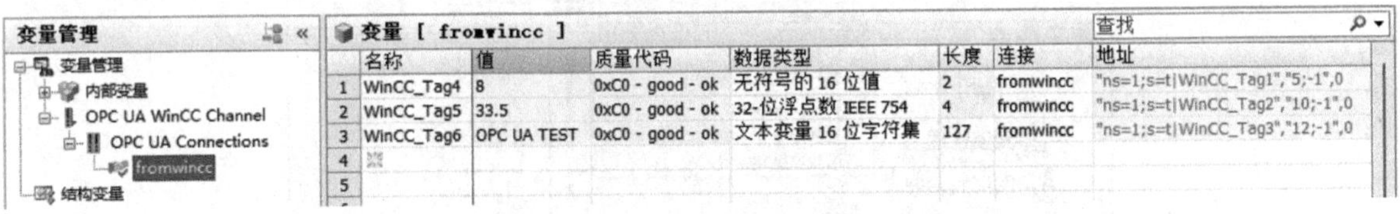

图 5-190　OPC UA 变量

步骤 7：在 WinCC 画面中显示内部变量和 OPC UA 变量，运行结果如图 5-191 所示。

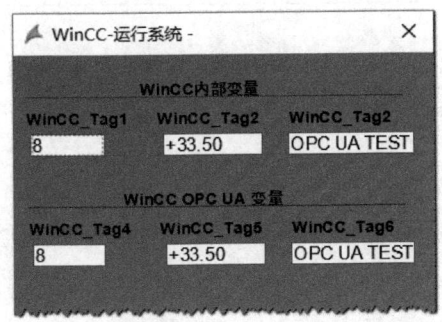

图 5-191　运行结果

> **提示**
> 将 WinCC 项目移动或复制到其他计算机后,需要重复证书复制过程。

5.6 WinCC 过程通信故障的诊断

本节介绍 WinCC 通道连接及其变量的诊断。

故障诊断原则如下:

1) 如果只是部分 WinCC 变量有故障,应检查变量的地址或者图形编辑器中使用的变量名称拼写是否正确。

2) 如果 WinCC 连接下的所有变量都有故障,就表示通信连接本身发生故障。

连接诊断有下面几种诊断方法:

1) "驱动程序连接状态"功能:显示所有组态连接的当前状态。

2) WinCC "通道诊断":提供 S7-300/400 连接状态的详细数据,例如错误代码。

3) "系统诊断":系统诊断指示"S7-1200/1500"控制器的故障和错误。

上述方法都必须在 WinCC 项目激活运行时使用。

5.6.1 驱动程序连接状态

通过 WinCC 项目管理器中"工具"菜单下的"驱动程序连接状态"打开"状态 - 逻辑连接"窗口,可以很方便地显示所有已经组态的连接的当前状态。驱动程序连接状态如图 5-192 和"状态 – 逻辑连接"窗口图 5-193 所示。

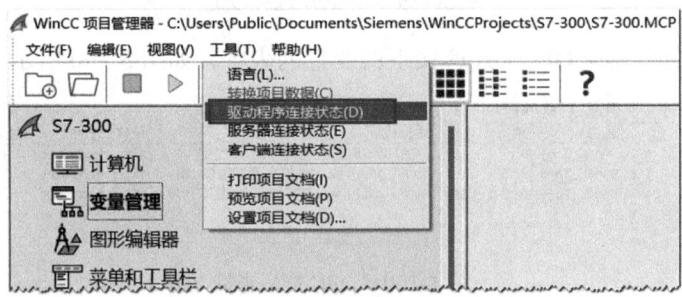

图 5-192 驱动程序连接状态

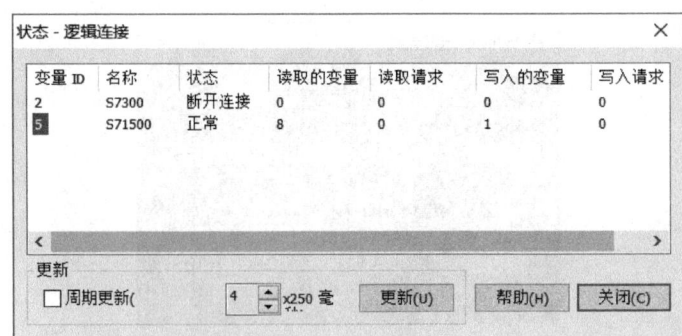

图 5-193 "状态 – 逻辑连接"窗口

图 5-193 中需要关注的是"读取请求"和"写入请求"。

如果请求数量一直增加，说明请求无法及时处理。这种情况基本上是由脚本堵塞引起的。例如，在 WinCC 周期为 1s 的脚本动作中为大量的外部变量赋值，而 PLC 在 1s 内无法处理这么多的写请求，这时"写入请求"数量就会越来越大，WinCC 中外部变量的刷新就会越来越慢。

当"写入请求"一直增加时，变量的读取会受到影响。此时 WinCC 读到的变量值是之前正常时读取到的数值。这时变量的质量代码不是 GOOD。

5.6.2 WinCC"通道诊断"

WinCC 项目激活运行后，使用 WinCC"Channel Diagnosis"（通道诊断）工具，可以检测通信是否成功建立。"通道诊断"路径如图 5-194 所示（不同操作系统的路径会有所不同）。

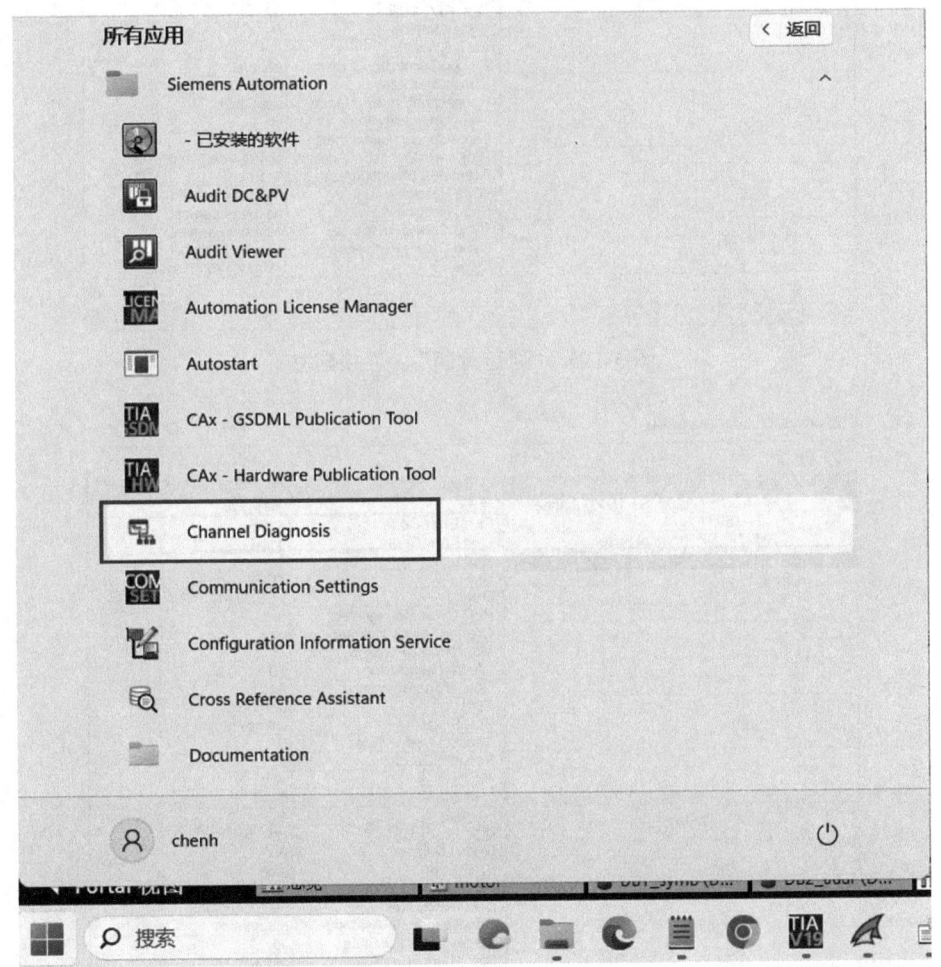

图 5-194 "通道诊断"路径

对于不同的通信驱动，"Channel Diagnosis"的作用是有所区别的。

1. "SIMATIC S7 Protocol Suite"通道

绿色的"√"表示通信已经成功建立。"通道诊断"– 连接建立如图 5-195 所示。

红色的"×"表示通信已断开或故障。"通道诊断"– 连接失败如图 5-196 所示。

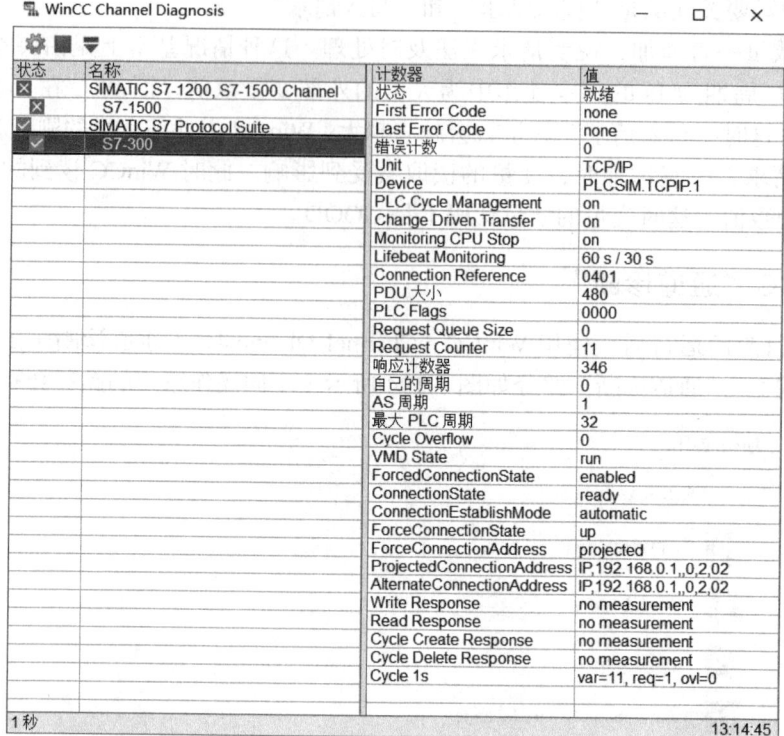

图 5-195 "通道诊断" – 连接建立

图 5-196 "通道诊断" – 连接失败

当通信故障时，通过错误代码（First Error Code、Last Error Code）可以方便快捷地找到故障原因。

WinCC 通信故障的错误代码的含义可以从 WinCC 安装路径下的 bin 文件夹下的"S7CHNCHS.chm"文件中获得如图 5-197 所示。

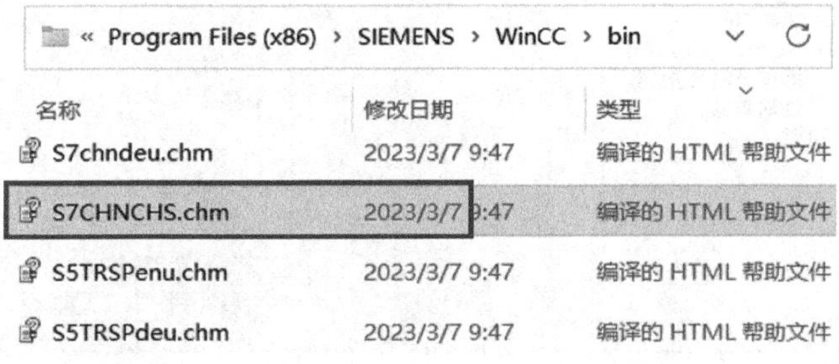

图 5-197 "S7CHNCHS.chm"文件路径

例如当错误代码为 4116 时，打开"S7CHNCHS.chm"文件后，可以按图 5-198 中的步骤获取产生错误代码 4116 的原因。错误代码信息如图 5-199 所示。

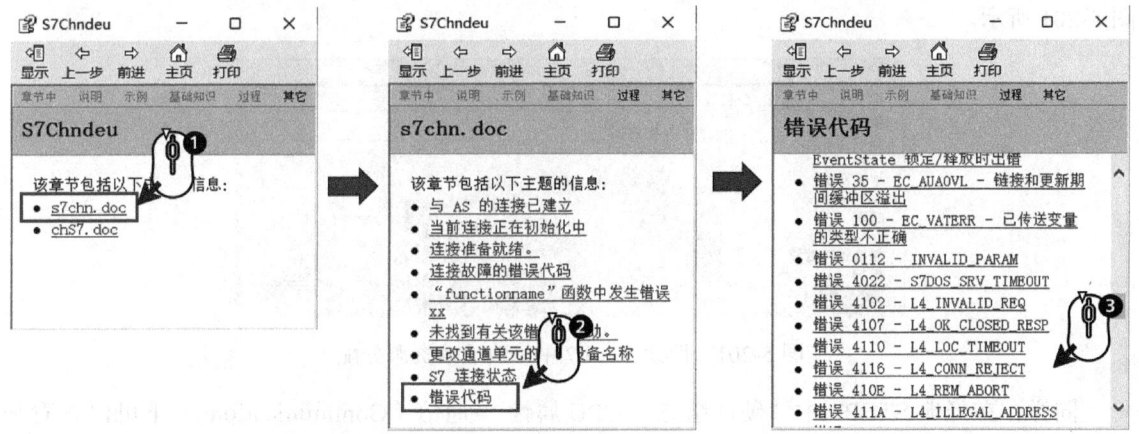

图 5-198 "S7CHNCHS.chm"文件内容

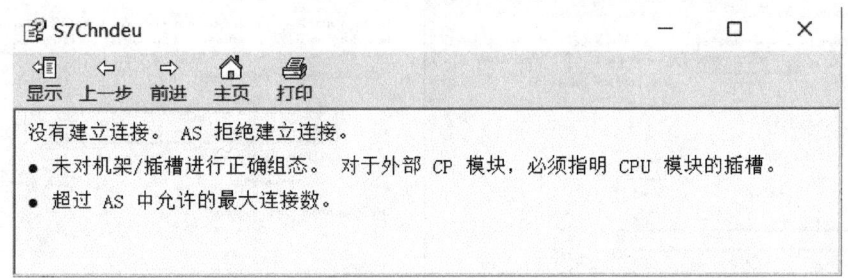

图 5-199 错误代码信息

对于 4116 的错误代码，除了要检查 WinCC 连接中的机架号和插槽号是否正确外，还需要检查 PLC 连接资源的分配情况。其中 WinCC 通信用到的是 OP 连接资源。

在博途 STEP7 中的"在线访问 > 诊断 > 通信"可以看到 OP 通信资源分配及占用情况，如图 5-200 所示。

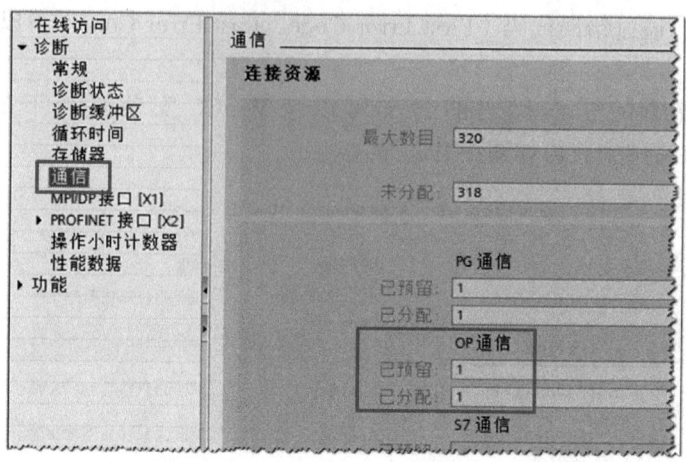

图 5-200　查看 OP 通信资源分配及占用情况

如果分配的 OP 资源都被占用,而 WinCC 没有和 PLC 通信成功,这时就要增加 OP 通信连接数。"Web 服务器 > 连接资源",增加 OP 通信连接数。博途 STEP7 中修改通信资源分配如图 5-201 所示。

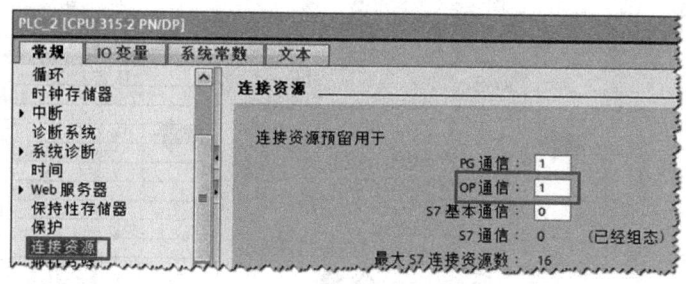

图 5-201　博途 STEP7 中修改通信资源分配

同样,在经典 STEP7 中"硬件组态 > CPU 属性 > 通信(Communication)"下可以查看和修改 OP 通信连接数。经典 STEP7 中的通信资源分配如图 5-202 所示。

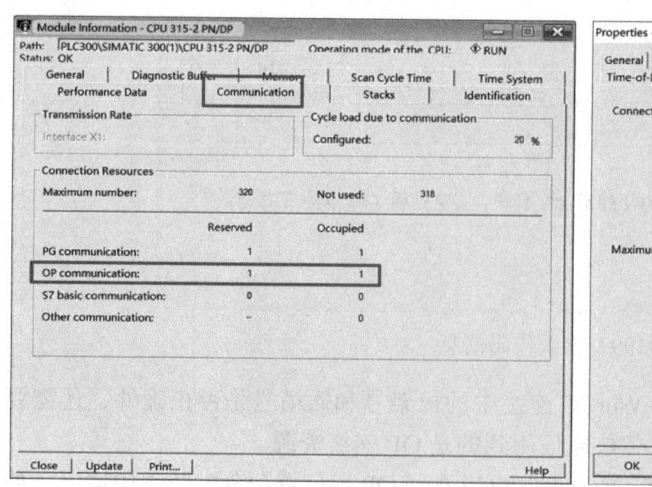
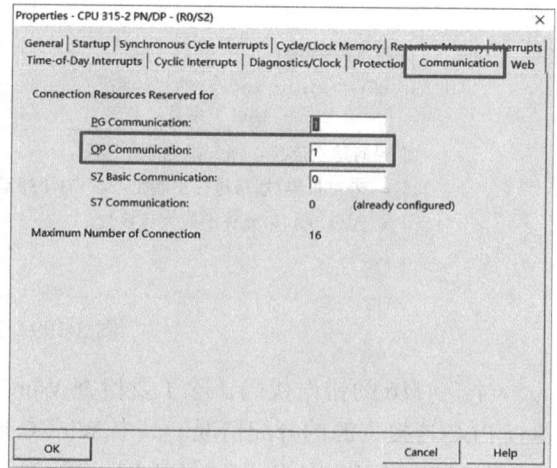

图 5-202　经典 STEP7 中的通信资源分配

下面列出了常见错误代码的解释：

1）4116：无法建立连接，自动化系统拒绝建立连接。可能的原因：

机架/插槽未被正确组态。为外部 CP 模块指定 CPU 模块的插槽。

超出在自动化系统上最大允许的连接数目。

2）4104：没有可用的驱动资源。可能的原因：

没有安装兼容版本的 STEP 7 或 SIMATIC NET（WinCC 安装盘中附带的 SIMATIC NET 安装软件）。

3）D801：至少一个变量的地址无效。

如果 WinCC 访问了 PLC 中不存在的地址，如超出 PLC 存储区域范围，或 PLC 中不存在的 DB 块地址，都可能导致该问题。对于该问题可以考虑将相应通道系统参数窗口中的"通过 PLC"取消激活来尝试解决，但根本上还是应该考虑解决变量的非法地址问题。有以下方法来查找具有非法地址的变量：

① 一般情况下诊断文件 SIMATIC_S7_Protocol_Suite_x.LOG 中会列出拥有非法地址的变量名称。

② 激活 WinCC 后，将鼠标放于变量管理器中相应的变量上，具有非法地址的变量会出现"寻址错误"的提示。

4）42C2：没有在注册表内定义逻辑设备。可能的原因：

① 未安装通信驱动程序。

② 在注册表中的条目损坏或删除。

③ 用"设置 PG/PC 接口"程序检查逻辑设备名称的设置。

④ 在"系统参数设备"表格上检查逻辑设备名称设置。

2. "SIMATIC S7-1200, S7-1500 Channel"通道

在"SIMATIC S7-1200, S7-1500 Channel"的通道诊断中会显示所连接 PLC 的性能以及当前占用情况，如图 5-203 所示。

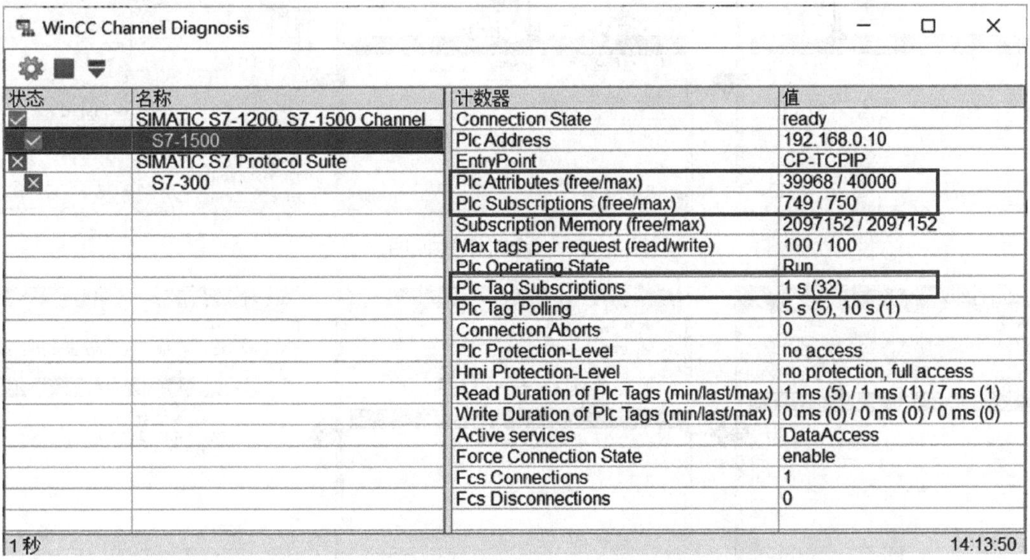

图 5-203 "SIMATIC S7-1200, S7-1500 Channel"通道诊断

例如：

1）"Plc Attributes (free/max)"：PLC 能接受的最大订阅的变量数目（max）以及目前没被占用的数量（free）。在"Attributes Max"内的变量，采取订阅读取服务，即只有当变量变化时 PLC 才按照周期发送数据。

关于 S7-1200/1500 的"Plc Attributes"数据请参考条目 ID 98699910。

2）"Plc Subscriptions (free/max)"：PLC 最大能处理的订阅周期的数量（max），以及目前没被占用的数量（free）。

3）"Plc Tag Subscriptions"：显示当前每个刷新周期包括的变量个数。

5.6.3 WinCC 系统诊断

WinCC 系统诊断视图控件（WinCC SysDiagControl），如图 5-204 所示，可以指示 S7-1200/1500 控制器的故障和错误。

系统诊断视图具有以下作用：

1）诊断总览。

显示所有可用的 S7-1200/S7-1500 控制器的当前状态的信息。诊断概述视图如图 5-205 所示。

2）详细视图。

双击诊断概述视图中的设备，可以打开此设备的详细视图。详细视图给出了关于所选控制器的详细信息视图，如图 5-206 所示。

图 5-204 系统诊断视图控件

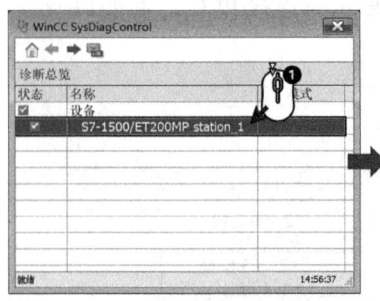
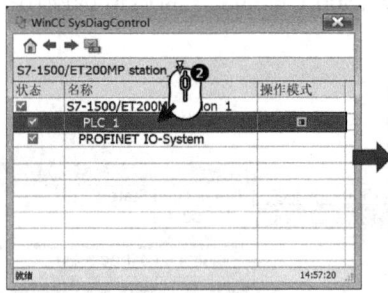
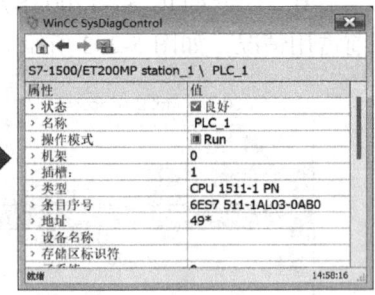

图 5-205 诊断概述视图

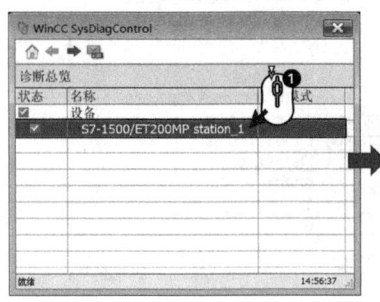
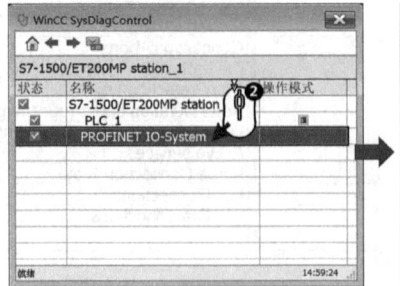
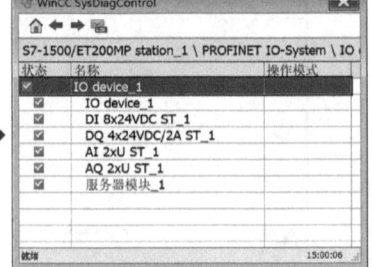

图 5-206 详细信息视图

3）诊断缓冲区视图。

在诊断总览视图中单击工具栏上的 图标，可以进入诊断缓冲区视图。

诊断缓冲区视图显示了控制器诊断缓冲区中的信息，诊断缓冲区视图如图 5-207 所示。仅可以在诊断总览中调用诊断缓冲区视图。要使用诊断视图显示诊断缓冲区必须将控制器中的消息和文本列表条目加载到 WinCC 运行系统中。

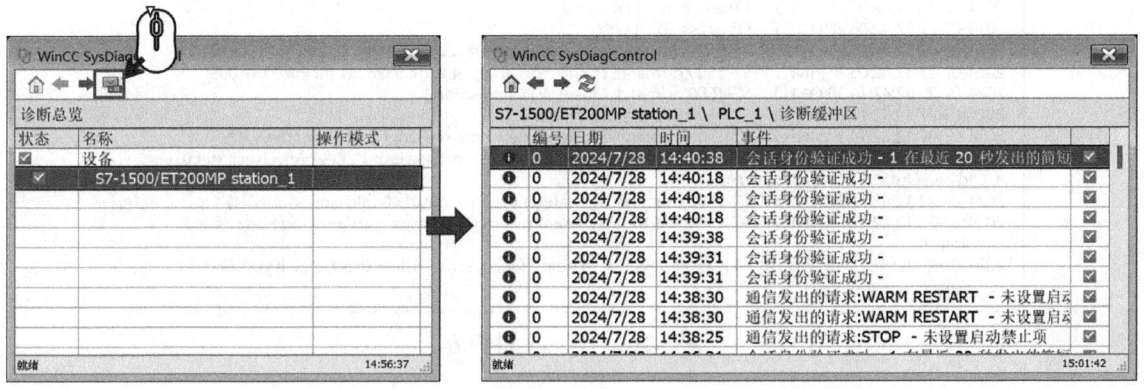

图 5-207　诊断缓冲区视图

5.6.4　日志诊断

在 WinCC 安装目录下的 diagnose 文件夹下存储了多种诊断日志文件，其中就包括通信诊断日志。诊断日志文件如图 5-208 所示。

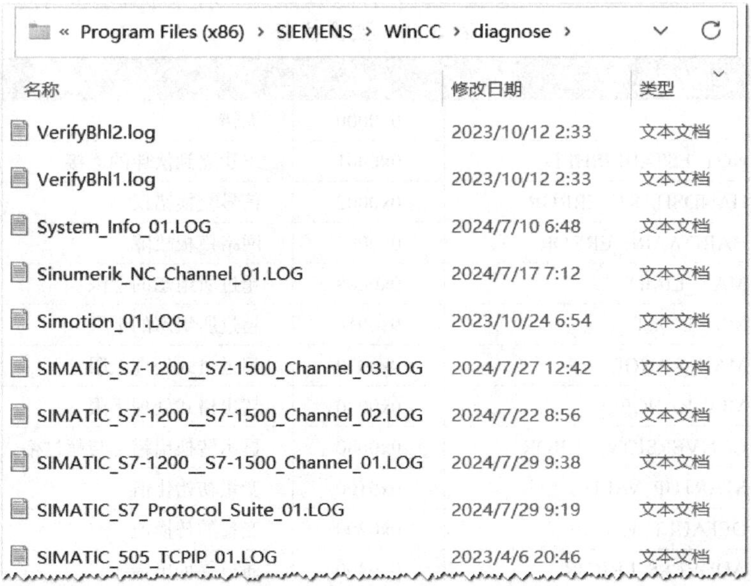

图 5-208　诊断日志文件

每种通信类型生成一个日志文件，例如"SIMATIC_S7_Protocol_Suite_xx.LOG"。
在日志文件中可以查到通信状态及相应时间。日志文件内容如图 5-209 所示。

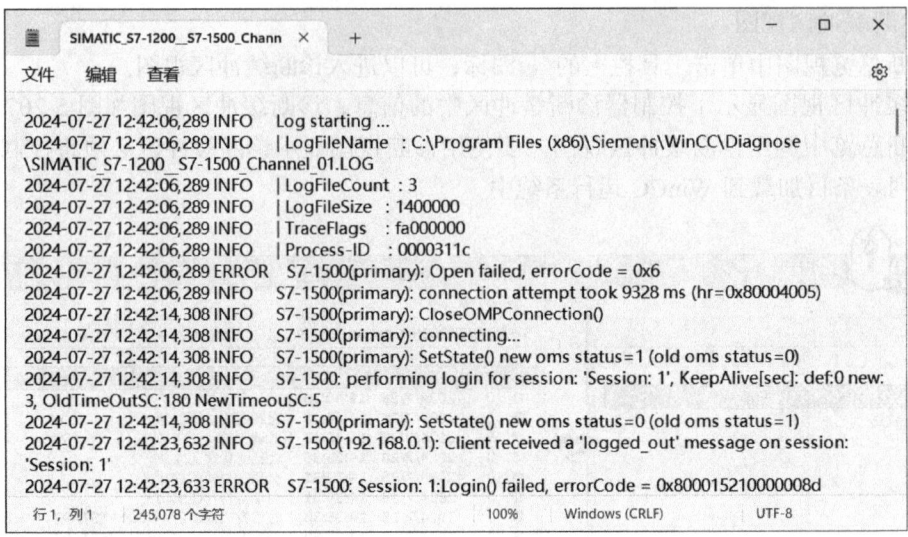

图 5-209　日志文件内容

5.6.5　变量状态诊断

在 WinCC 中，有两个质量指标用来评估变量质量。这两个指标为变量状态和质量代码。

1. 变量状态

在运行系统中，可以监视各个 WinCC 变量的状态。变量状态包含已组态的测量范围超限信息以及 WinCC 和自动化设备之间的连接状态见表 5-11。

表 5-11　变量状态

标记名称	数值	描述
	0x0000	无错
DM_VARSTATE_NOT_ESTABLISHED	0x0001	未建立到伙伴的连接
DM_VARSTATE_HANDSHAKE_ERROR	0x0002	信号交换错误
DM_VARSTATE_HARDWARE_ERROR	0x0004	网络模板故障
DM_VARSTATE_MAX_LIMIT	0x0008	超过所组态的上限
DM_VARSTATE_MIN_LIMIT	0x0010	超过所组态的下限
DM_VARSTATE_MAX_RANGE	0x0020	超过格式处理上限
DM_VARSTATE_MIN_RANGE	0x0040	超出格式处理下限
DM_VARSTATE_CONVERSION_ERROR	0x0080	显示转换出错（与超过格式限制 xxx 有关）
DM_VARSTATE_STARTUP_VALUE	0x0100	变量初始化值
DM_VARSTATE_DEFAULT_VALUE	0x0200	变量的替换值
DM_VARSTATE_ADDRESS_ERROR	0x0400	通道寻址出错
DM_VARSTATE_INVALID_KEY	0x0800	没有找到变量 / 不可用
DM_VARSTATE_ACCESS_FAULT	0x1000	不允许访问变量
DM_VARSTATE_TIMEOUT	0x2000	超时 / 没有来自通道的回查消息
DM_VARSTATE_SERVERDOWN	0x4000	服务器不可用

可以通过监视变量状态来监视对应的通信连接的状态。有两种方法：动态对话框和脚本。
（1）动态对话框
激活"评估变量状态"，并为不同状态分配相应的文本。变量状态评估如图 5-210 所示。

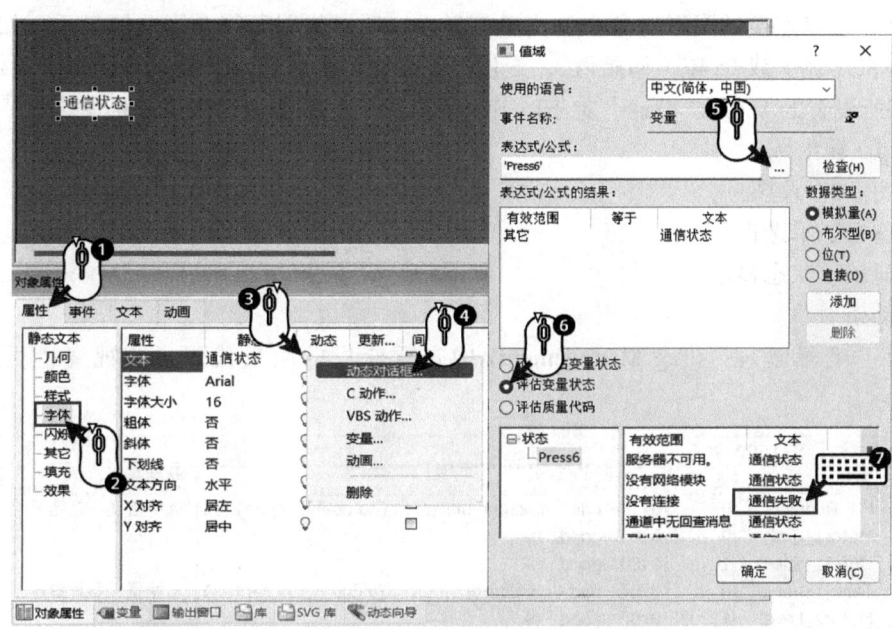

图 5-210　变量状态评估

（2）脚本
根据使用的变量类型，使用函数"GetTagxxxState"（变量类型决定 xxx 内容，例如使用的"有符号 32 位"变量，则使用"GetTagSWordState"函数）获取变量的状态。脚本如下（全局 C 动作，读取变量"Var_01"的状态，并判断获取到的状态值给变量"Connection_Error"进行赋值。即可根据变量"Connection_Error"的值判断连接是否正常，值为 0 表示连接正常，值为 1 表示连接错误。）：

```
#include "apdefap.h"
int gscAction(void)
{
  DWORD dwState = 0;
  GetTagSWordState("Var_01",&dwState);//"Var_01"为有符号 32 位变量。
  if (dwState == 0)
  SetTagBit("Connection_Error",FALSE);// 连接正常
  else
  SetTagBit("Connection_Error",TRUE);// 连接错误
  return 0;
}
```

2. 变量的质量代码
质量代码代表了整个数值传送和各个变量的数值处理的质量。
常见的质量代码如下：

1）0x4C：当前值为初始值。
2）0x48：当前值为替换值。
3）0x80：好 – 没有错误。

对于具有过程连接的图形对象中的变量值显示，质量代码可能会影响该显示。如果质量代码的值为 0x80（优）或 0x4C（初始值），变量值不会显示为灰色。所有其他值都会显示为灰色。此外，根据所设置的 WinCC 设计，对于以下对象将显示一个黄色警告三角标志 01 ：

1）输入 / 输出域。
2）棒图、3D 棒图。
3）复选框、单选框。
4）组显示、状态显示。
5）滚动条对象。

可以在"变量管理"(Tag Management) 中查看变量的质量代码。监视变量质量代码如图 5-211 所示。

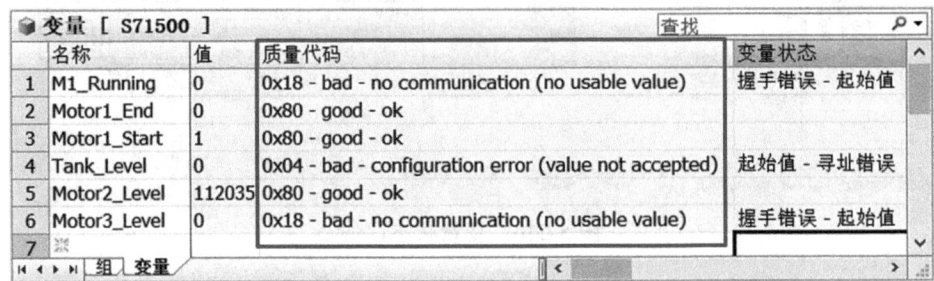

图 5-211　监视变量质量代码

第6章 WinCC 图形系统

本章将介绍 WinCC 图形系统以及 WinCC 图形系统中一些实用组态的实现过程。

图形系统是 SCADA 系统中的重要组成部分，人机界面（Human Machine Interface，HMI）交互功能的实现主要依赖于图形系统。因此，一个完善的 SCADA 系统应该画面简洁明了，结构简单清晰，且易于操作。WinCC 图形系统包括 WinCC 图形组态系统及 WinCC 图形运行系统两大部分。

通过对本章的学习，最终能够掌握图形组态系统的设置和使用，并且能够掌握一些实用图形画面组态方法，具体如下：

1) 运行系统画面标题。
2) 使用中央调色板颜色。
3) 通过第三方控件实现监控系统所需的辅助功能（例如对 PDF 设备手册的查阅、视频监视画面的嵌入）。
4) 使用动画周期触发器。
5) 使用面板（Faceplate）。
6) 使用画面窗口。
7) 显示/隐藏画面对象。

6.1 WinCC 图形组态系统

WinCC 图形组态系统用于组态编辑图形画面以实现画面监控功能。有效合理地利用 WinCC 图形组态系统将能够大大提高组态编辑图形界面的效率，可为构建一个良好的 WinCC 图形运行系统奠定基础。

6.1.1 WinCC 项目管理器中的图形编辑器

WinCC 图形编辑器是用于组态编辑 WinCC 运行画面的应用程序，可以在 WinCC 项目管理器中启动图形编辑器。在 WinCC 项目管理器中也可通过快捷菜单对图形编辑器或图形进行操作。WinCC 项目管理器中的图形编辑器的快捷菜单如图 6-1 所示。

在快捷菜单中单击"打开"即可打开图形编辑器。图形编辑器打开后将会自动加载一个新画面并可直接进行编辑。也可在快捷菜单中按照设计思路多次单击"新建画面"来添加项目中所需数量的画面，之后可再次通过快捷菜单逐一对新增画面按照规划的命名规则重新命名。快捷菜单中的"显示'显示名称'列"可增加数据窗口中的显示名称列。

在项目管理器浏览窗口的项目树中选择了"图形编辑器"后，右侧的数据窗口中将会列出项目中的所有画面。数据窗口中的各个列可以标识出过程画面的特定属性，例如是否支持 Web（WebUX）、是否为启动画面或是否被密码保护等。如设置了相关属性则该列会标识"X"。

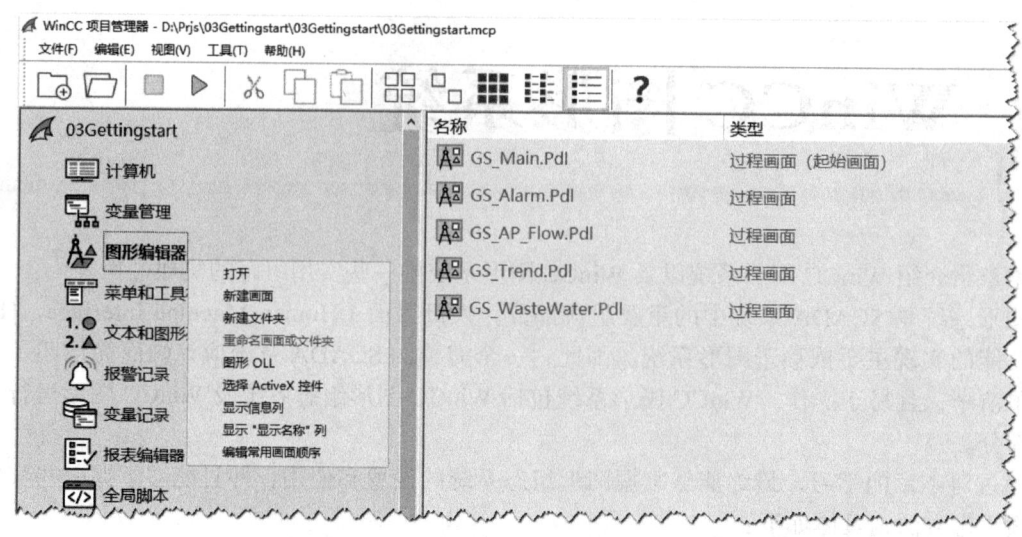

图 6-1 WinCC 项目管理器中的图形编辑器的快捷菜单

在画面编辑器的数据窗口中有多种方式显示所有画面，常用的方式有两种：①详细资料的显示方式；②超大图标的显示方式。通过这两种显示方式能够便于组态工程师更好地获取到相关信息。

1. 详细资料的显示方式

当选择该方式显示时，在数据窗口中将会显示出所有画面的名称、类型、上一次修改时间及显示名称，详细资料的显示方式如图 6-2 所示。

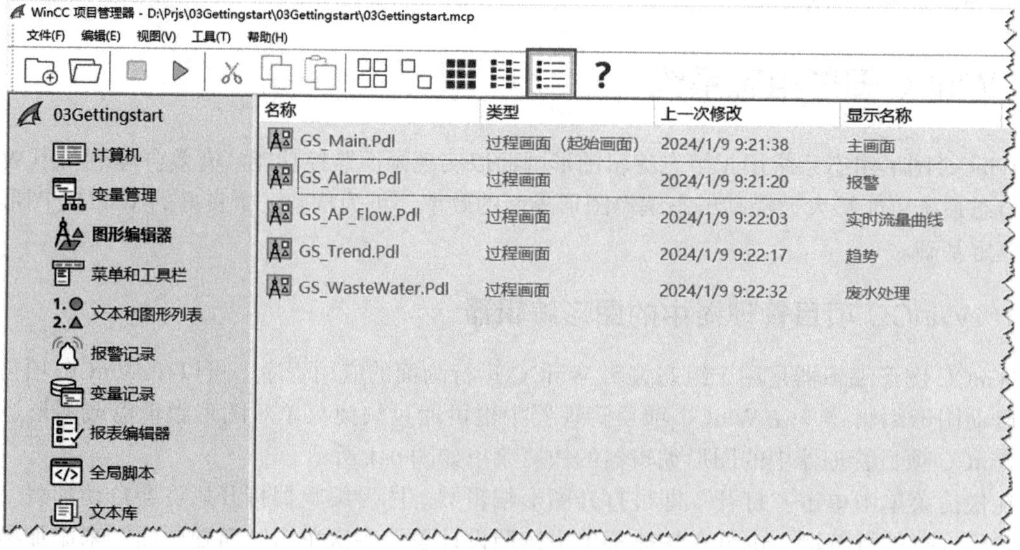

图 6-2 详细资料的显示方式

通过这种显示方式，可以清晰掌握所有画面的基本信息，尤其显示名称便于开发人员能够快速识别相应画面。通常建议画面名称使用英文字符加数字的命名方式，显示名称则可使用中文。显示名称定义是在画面编辑器中打开画面，在画面属性窗口中的"其它"项中进行编辑，编辑显示名称如图 6-3 所示。

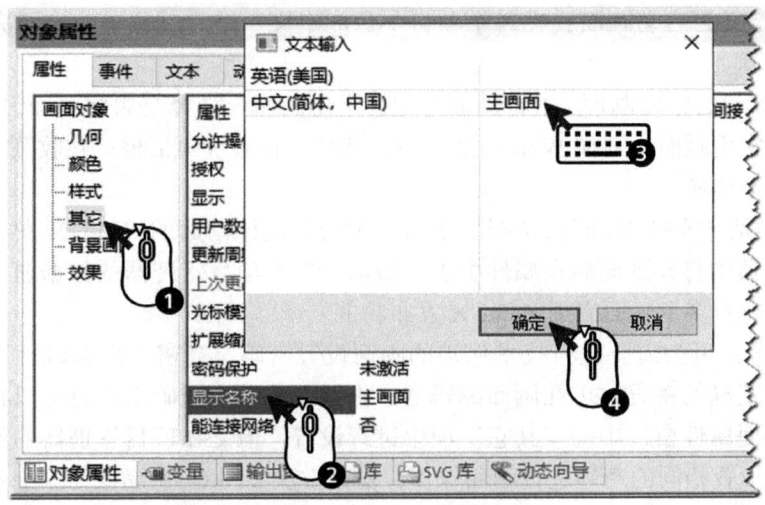

图 6-3　编辑显示名称

2. 超大图标的显示方式

当选择该显示方式时，在数据窗口中将会显示出所有画面的预览，此时画面名称及显示名称会同时显示。并且通过预览开发人员也可以快速识别相应画面。超大图标的显示方式及快捷菜单如图 6-4 所示。

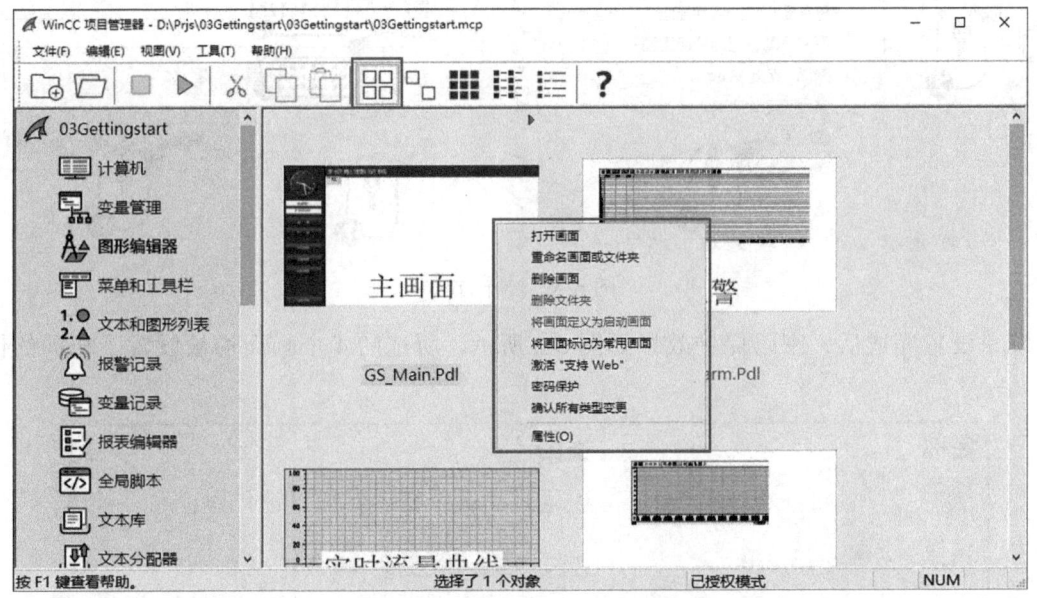

图 6-4　超大图标的显示方式及快捷菜单

在右侧数据窗口中选择某一画面后右键单击会弹出快捷菜单，如图 6-4 所示。菜单项的具体说明如下：

1）打开界面：选择该命令则会将所选画面在画面编辑器中打开。

2）重命名画面或文件夹：可以在不打开画面编辑器的情况下更改所选画面的画面名称，或更改文件夹的名称。

3）将画面定义为启动画面：在每个项目中只能定义一个启动画面，选择完成后会增加标识▶。

4）将画面标记为常用画面/不将画面标记为常用画面：选择是否将画面设置为常用画面。如果选择设置为常用画面，则在 WinCC 激活后，调出运行系统对话框。在收藏夹中即可浏览到该画面并进行快速切换。

5）禁用/激活"支持 Web"：选择"激活"则会启用该画面的 WebUX 发布功能。此功能也可在画面编辑器中打开画面后在属性中进行激活。但在项目管理器的数据窗口中可以通过选中多个画面，同时对多个画面启用 WebUX 发布功能。

6）密码保护：可为需要进行技术保护的画面设置密码。当密码设置成功后，每次打开该画面都需要输入正确的密码才可在画面编辑器中查看及编辑。密码设置也可以在画面编辑器打开画面后，在画面属性窗口中的"其它"项中进行设置。但是在项目管理器的数据窗口中可以同时为多个画面设置相同的密码进行画面保护，操作方法如图 6-5 所示。

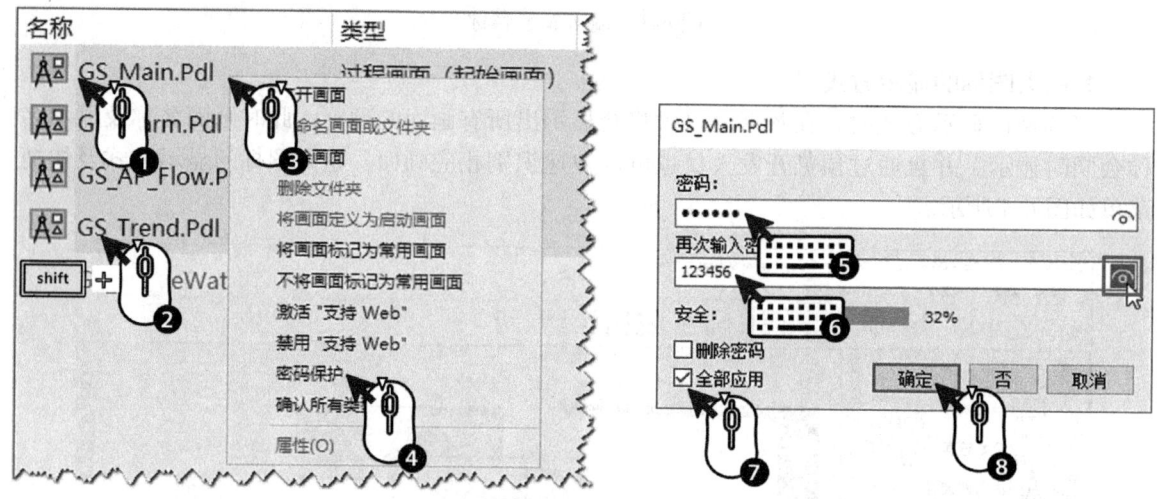

图 6-5　操作方法

统一设置完成后，密码保护效果如图 6-6 所示，所选的 4 个画面均被设置了相同的保护密码。

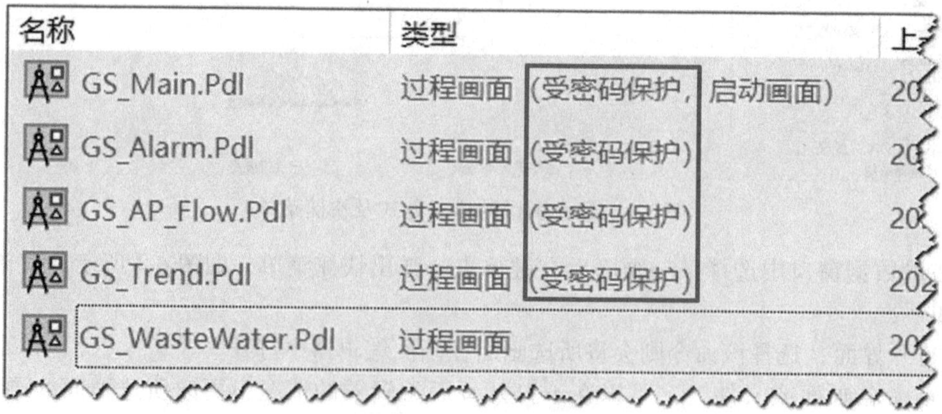

图 6-6　密码保护效果

7）确认所有类型变更：当所选画面中包含面板实例（Faceplate Instance）所关联的面板类型（Faceplate Type）发生变更后，通过该命令可将该画面中的实例更新。

8）属性：提供画面的预览及最重要的属性和设置的总览，画面属性窗口如图 6-7 所示。

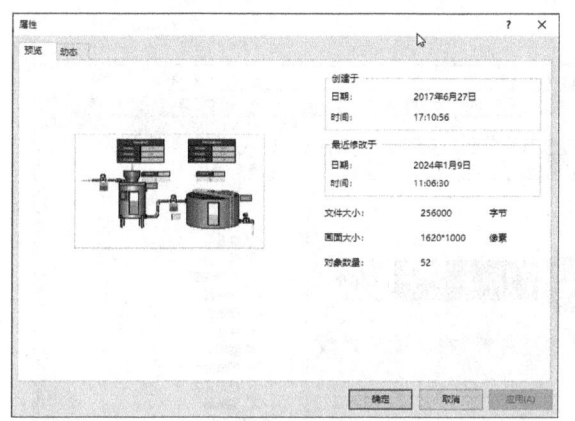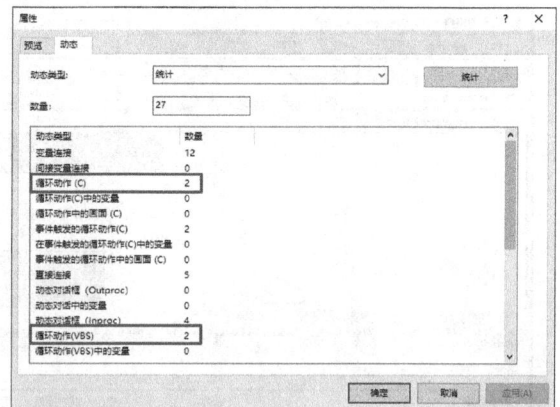

图 6-7　画面属性窗口

如图 6-7 中所示，左侧为所选画面的预览，右侧则为该画面中的动态信息统计。例如该画面中组态了多少变量连接，组态了多少直接连接等。

在实际应用中，有许多开发人员为了实现某些功能，时常会在画面中组态编写一些脚本循环动作。当循环周期组态不合理时，常常会引起 WinCC 画面响应变慢甚至影响整个 WinCC 系统的正常运行。此时，即可通过画面属性中的动态信息统计快速获取画面中所组态的循环动作个数及循环周期，从而可以进行合理组态避免由此导致的性能的下降。循环动作统计信息如图 6-8 所示，通过鼠标双击"循环动作（VBS）"，即可看到循环动作（VBS）的具体触发类型以及触发周期 / 变量。可看到其中有一个以"1 秒"为周期执行 VBS 动作，此时需要充分考虑 VBS 动作执行所需的时长应该小于 1 秒。否则即会导致脚本队列的累积，直至最终堵塞整个脚本运行系统的执行，导致 WinCC 运行系统性能的下降。

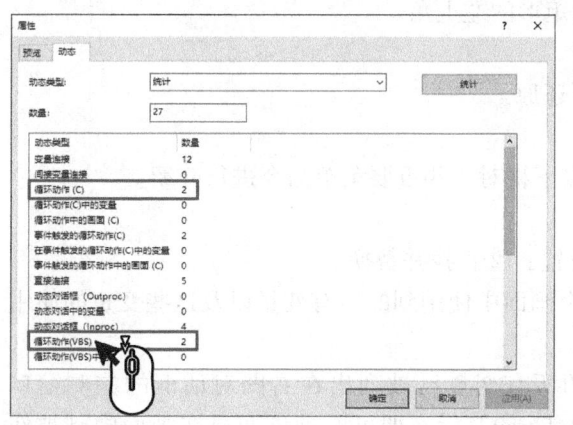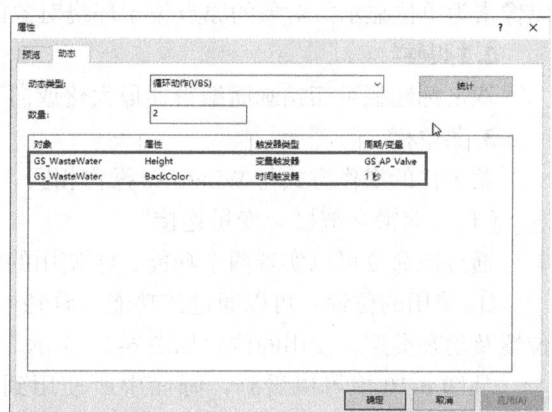

图 6-8　循环动作统计信息

6.1.2　图形编辑器

图形编辑器是画面组态程序，其提供了用于组态工艺过程画面的各种工具及控件。图形编辑器基于 Windows 标准，具有创建和编辑过程画面的功能。Windows 标准风格的程序画面可以让用户快速掌握并用其开发复杂的运行画面。

图形编辑器的布局构成如图 6-9 所示。

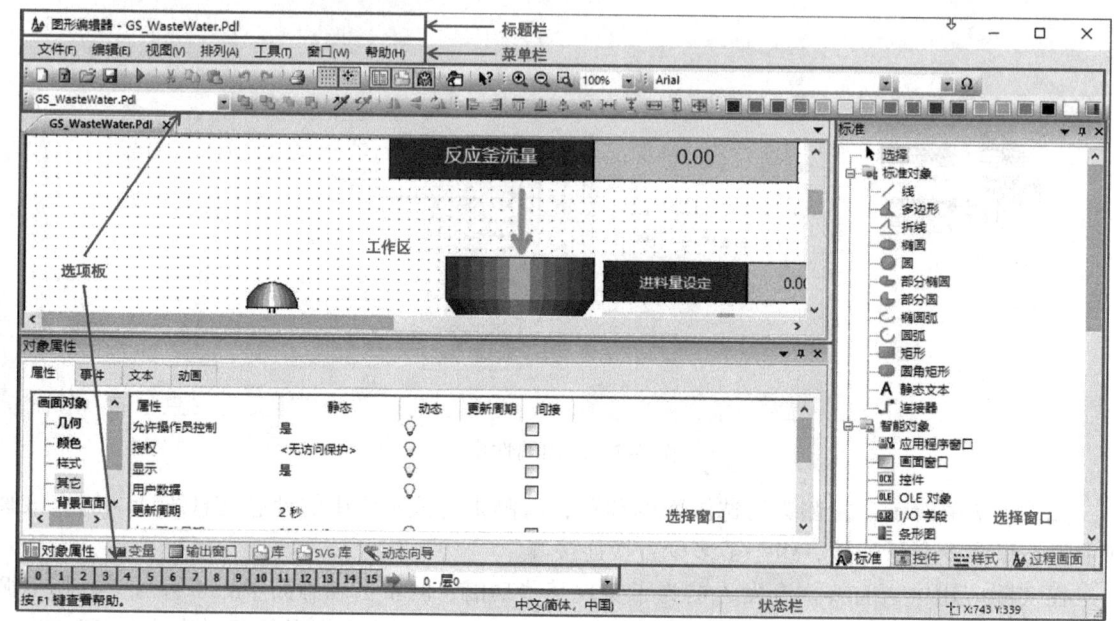

图 6-9　图形编辑器的布局构成

图形编辑器由多个区域组成。以下进行详细介绍。

1. 工作区

工作区位于图形编辑器的中央，画面的图形绘制组态工作完全在该区域中进行。在图形编辑器中，设置位置和指定大小的基础是二维坐标系统。坐标系统的两个坐标轴 X 坐标轴和 Y 坐标轴互相垂直，在坐标原点处相交。坐标原点在画面的左上角，其坐标为（$X = 0/Y = 0$）。坐标以像素为单位显示。对象的原点位于环绕对象的矩形的左上角。

2. 标题栏

双击标题栏可切换画面编辑器最大化或向下还原。

3. 菜单栏

菜单栏的操作方式与 Windows 操作相同。以下将对一些重要菜单命令进行介绍。

（1）"编辑 > 链接 > 变量连接"

通过该命令可以实现两个功能：①使用的位置；②查找并替换。

① 使用的位置：可以通过该功能查看到一个画面中使用到的所有变量以及这些变量的使用位置及动态类型。使用的位置如图 6-10 所示。

从图 6-10 中可以看到，画面中所使用到的所有变量已被列出在右图对话框的左侧窗口中。并且如图 6-10 中所示，选中变量 "GS_AR_Level" 后，即可看到该变量在画面中已被使用两次，关联该变量的分别是 "输入/输出域 2" 的输出值和 "条形图 1" 的 "过程驱动器连接"属性。通过该功能，开发人员可以轻松地掌握每个画面中使用变量的情况以及变量使用的位置。

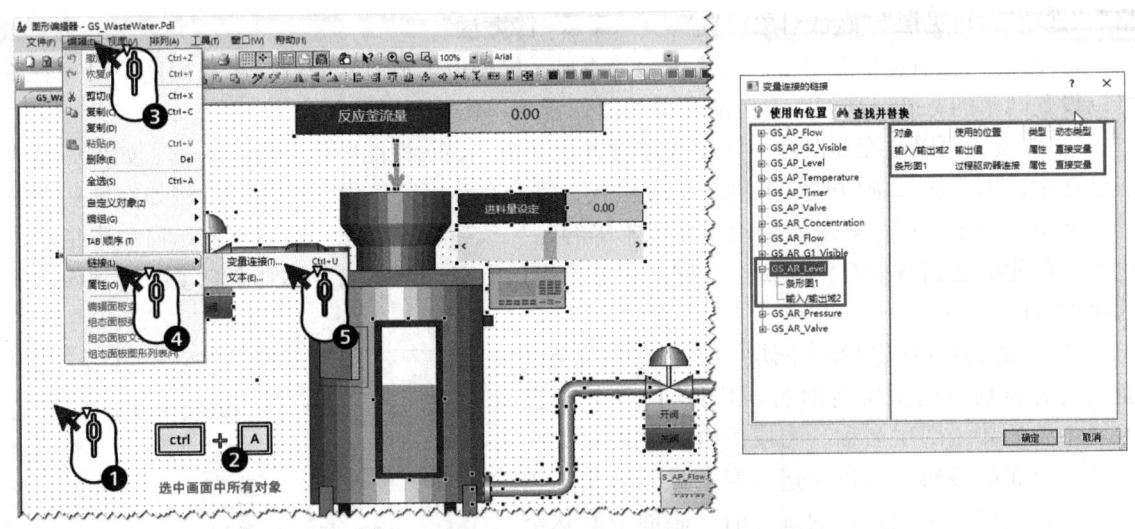

图 6-10 使用的位置

② 查找并替换：在画面中很多对象都会关联变量，往往在项目组态过程中，有些已被关联到画面中的变量的名称需要被重新调整，在这种情况下即可以使用查找并替换功能来统一将画面中关联的旧变量名替换为新变量名。查找并替换的具体操作步骤如图 6-11 所示。

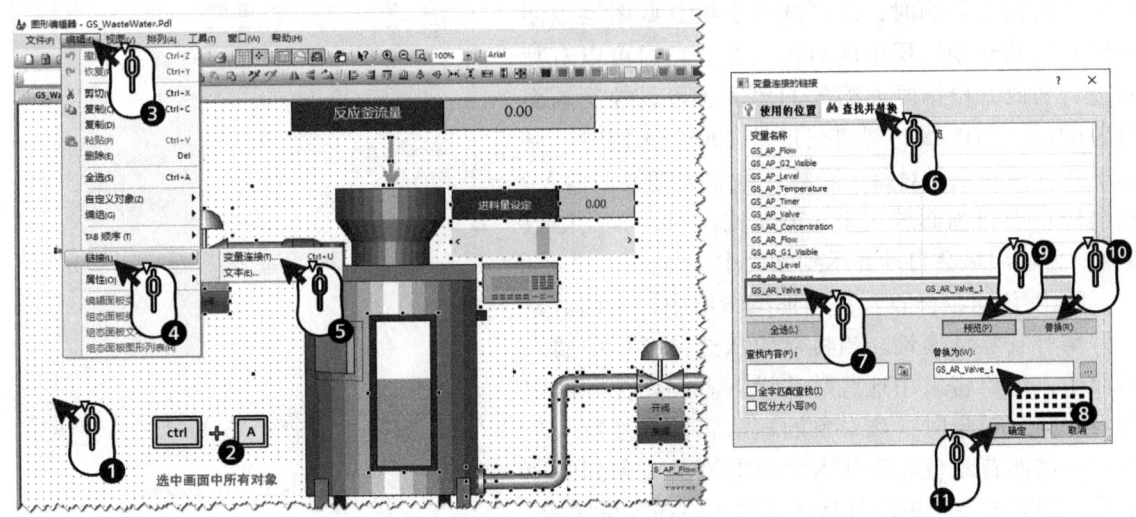

图 6-11 查找并替换的具体操作步骤

从图 6-11 中可看到，当变量"GS_AR_Valve"被重新命名为"GS_AR_Valve_1"后，通过该功能则可以一次性将一个画面中所有关联到变量"GS_AR_Valve"的属性连接替换为"GS_AR_Valve_1"。

（2）"视图 > 工具栏 > 重置"

通过该命令会将图形编辑器的布局恢复到初始状态。由于 WinCC 图形编辑器布局可以灵活调整以适应不同开发人员的习惯，因此有时需要恢复到初始状态。

（3）"工具 > 设置"

通过该命令可以打开画面编辑器的设置窗口。在设置窗口中包含 5 个选项卡，分别为"网格""选项""可见层""默认对象设置"及"显示/隐藏层"。

① 网格：在该选项页中可以设置画面是否显示网格以及放置对象时是否启用网格对齐。还可以设置网格的宽度及高度，设置的数值均以像素为单位。

② 选项：可以改变和保存不同的程序设置。其中"显示性能警告"建议勾选。如果该复选框已选中，则当保存画面时如果出现系统超载，将会在输出窗口中输出警告。例如在某些对象的属性中进行了周期循环触发的动态化脚本等容易导致超载的组态，则会在输出窗口中指示出包含了可能引起超载的对象和属性名称，在输出窗口中双击该对象名称则会自动跳转到该对象的属性窗口。

③ 可见层：可以为各个图层设置名称（每个画面具有各自独立的图层名称），如图 6-12 所示，设置了主要的 4 个图层名称。图层的合理使用将大大有助于画面的编辑组态以及运行时的显示效果。当绘制一个大型且工艺复杂的画面时，画面上必然会存在许多表示生产过程的对象，例如主设备对象、辅助设备对象、管道等多种对象，并且对象之间还会有交叠。这时，即可以按照类别分别将不同的对象设置到不同的图层中。在编辑组态的过程中，当对象之间相互影响时，即可选择隐藏某些图层以便于组态当前活动图层中的对象。在运行时可以对画面进行缩放，根据画面缩放的比例还可以控制画面对象的显示与隐藏。例如在正常 100% 比例时，显示工艺过程的主要对象，隐藏一些非关键数据输入/输出域；当将画面放大至 150% 比例时，非关键数据输入/输出域会自动显示到画面中。

④ 默认对象设置：在图形编辑器中，不同对象类型均有其默认属性。当将对象从选择窗口中插入画面中，对象将采用这些默认设置。例如往画面中插入"圆"对象时，该对象的默认属性将被带入画面中，例如背景色。当插入大量的该类对象到画面中后，则需要逐一更改其默认属性以适应实际需求。

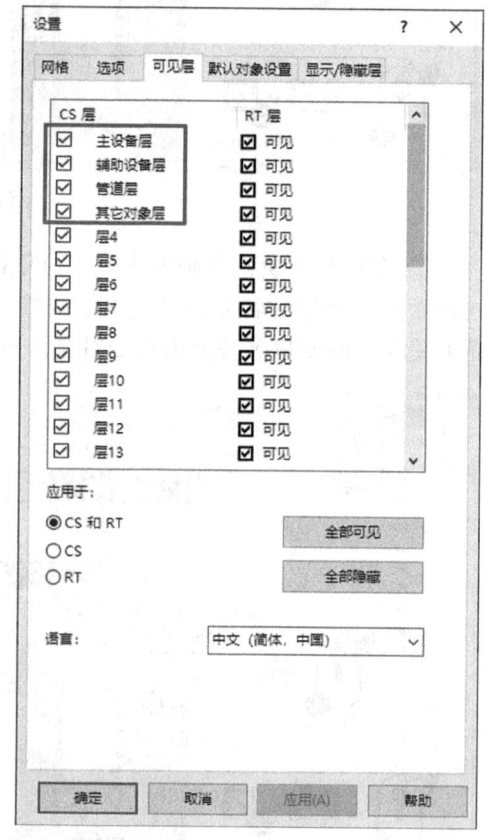

图 6-12 可见层

在这种情况下，可以更改选择窗口中对象的默认属性。更改完成后默认设置将保存在"默认对象设置"选项页中指定的 PDD 文件中，该文件也可用于其他项目。以对象"圆"的默认属性为例，默认对象设置如图 6-13 所示。

如图 6-13 中所示，对象"圆"的默认属性设置完成后，再次添加"圆"对象时将不会再使用全局颜色方案，且背景颜色为绿色。

图 6-13 右图中设置了默认触发器为"1 秒"，则每次在画面中添加动态时的更新周期则为"1 秒"，而 WinCC 默认设置为"2 秒"。例如，再次在画面中添加输入/输出域时，该域的更新周期则为"1 秒"。

⑤ 显示/隐藏层：是否显示或隐藏图层和对象，可使其随当前缩放因子而决定。

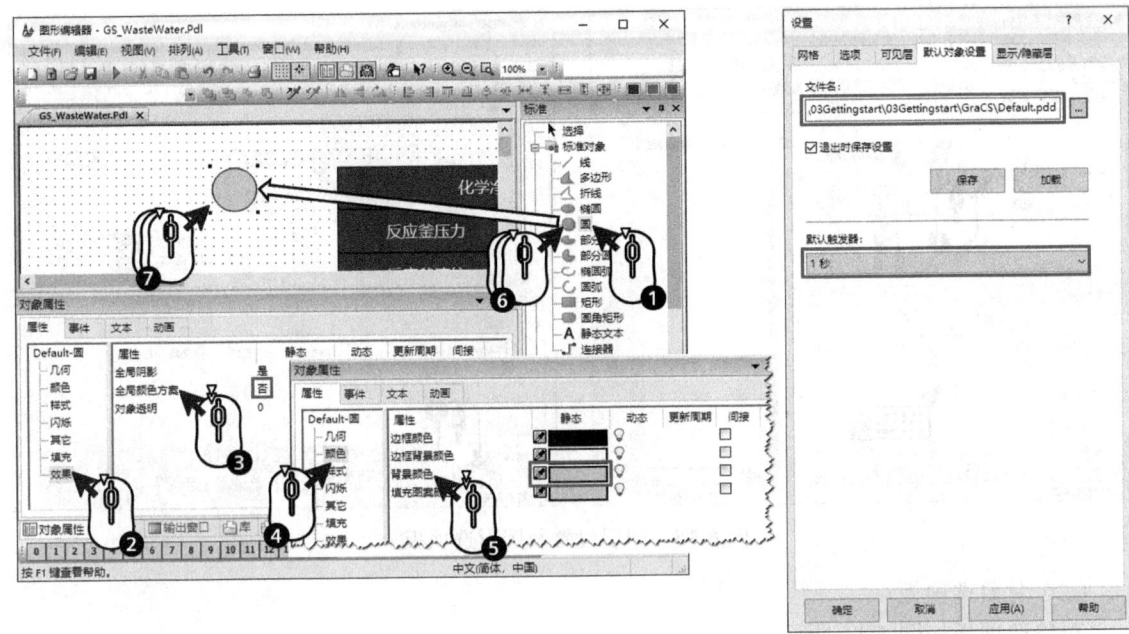

图 6-13 默认对象设置

（4）"工具 > 激活调色板"

通过该命令可以打开中央调色板设置对话框。在 WinCC 中提供了中央调色板，在中央调色板中可以添加 10 个新的颜色范围。每个颜色范围可以包含 20 种颜色，每一个颜色对应一个索引号，因此索引号范围为 0～199。中央调色板设置颜色的操作如图 6-14 所示。

如图 6-14 所示，为索引号 17 分配了"绿色"，并将该索引号命名为"IO 域背景颜色"。在中央调色板设置窗口中，可以通过按钮 ![] 来添加颜色范围，按钮 ![] 来删除颜色范围，按钮 ![] 来重命名颜色范围。

中央调色板组态完成后，即可在图形编辑器中为对象设置颜色时使用中央调色板中的颜色。

4. 选项板

选项板包括图层选项板、对象选项板、对齐选项板等。是否显示相应的选项板可以通过菜单栏的"视图 > 工具栏"进行设置。下面将对一些重要的选项板进行介绍。

（1）图层选项板

图层设置及图形选项板如图 6-15 所示。

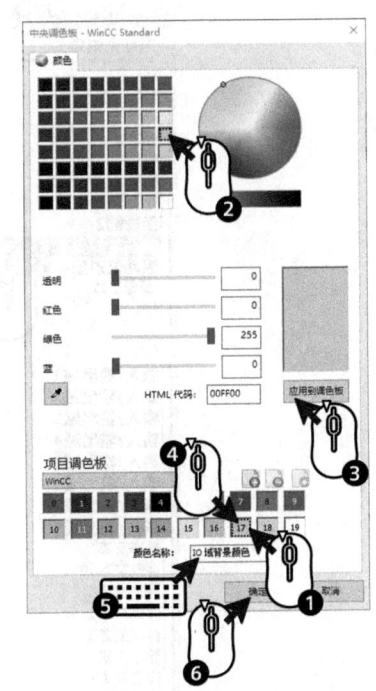

图 6-14 中央调色板设置颜色的操作

如图 6-15 所示，将管道对象的图层设置为管道层数值 2。通过鼠标单击即可切换图层的显示和隐藏。如图 6-15 右图所示，当图层 2 按钮未被激活时，所有管道层 2 的对象将会被隐藏。当前活动层为 0- 主设备层，当前活动层不可隐藏。

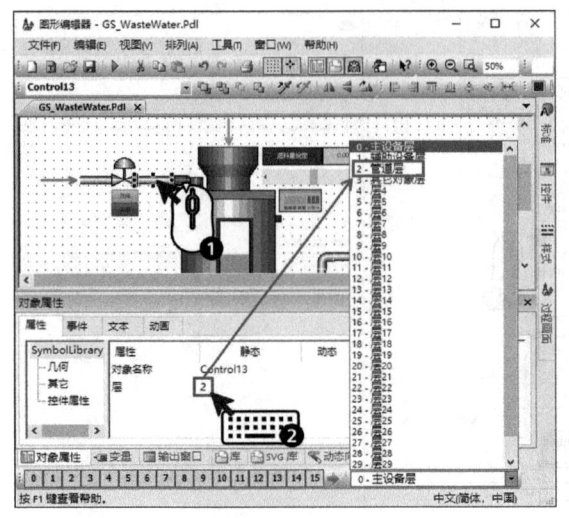 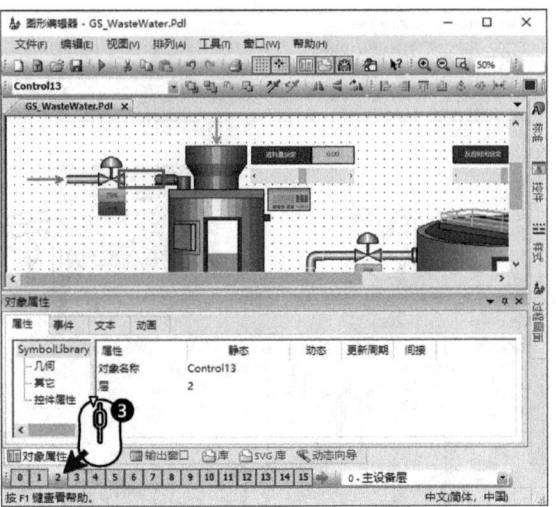

图 6-15　图层设置及图形选项板

（2）对象选项板

对象选项板如图 6-16 所示。

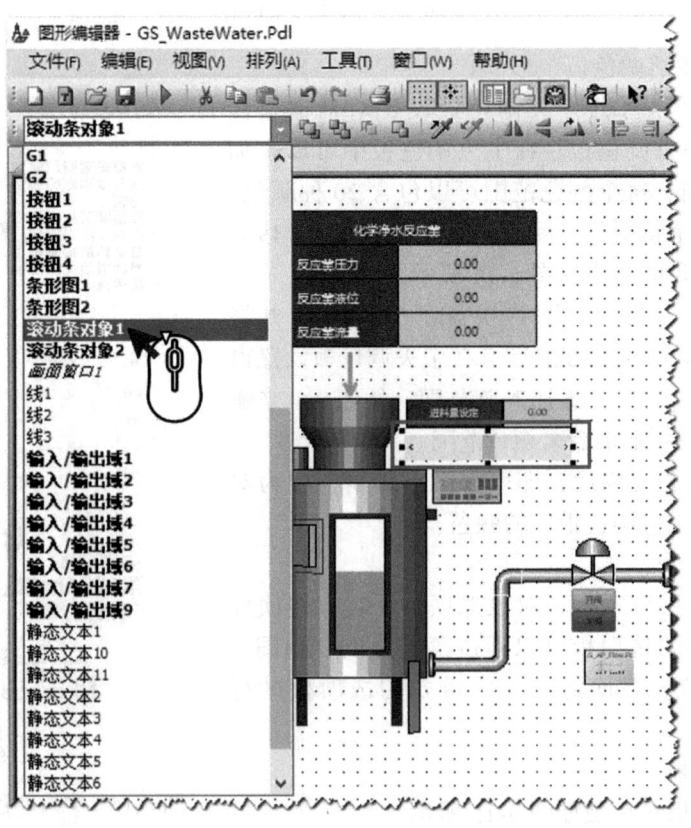

图 6-16　对象选项板

如图 6-16 所示，对象选项板中将会列出当前画面中的所有对象。通过鼠标在列表单击选择后，在画面中会自动定位该对象并选中。还可以看到，在对象选项板中有些对象为加粗字体，表明这些对象关联了变量存在动态化。对象名称为斜体字则表明该对象有其他对象对其设置了动态化。

(3) 对齐选项板

对齐选项板的功能可用于同时处理多个对象,例如设置对齐方式及调整宽度和高度等。其使用方法与其他 Windows 应用程序相类似,例如 Office。

5. 状态栏

状态栏包含的信息有:当前设置的语言、活动对象的名称、激活的对象在画面中的位置、键盘设置。状态栏如图 6-17 所示。

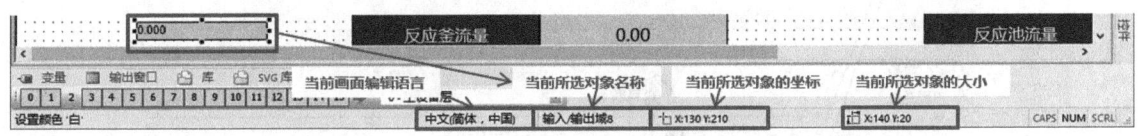

图 6-17　状态栏

如图 6-17 所示,当前画面编辑语言为"中文",当前所选对象名称为"输入/输出域 8",在状态栏中即可直接获取到该对象的坐标及大小。

6. 选择窗口

WinCC 图形编辑器中包含多个选择窗口,各个选择窗口具有不同的功能,选择窗口默认布局如图 6-18 所示。

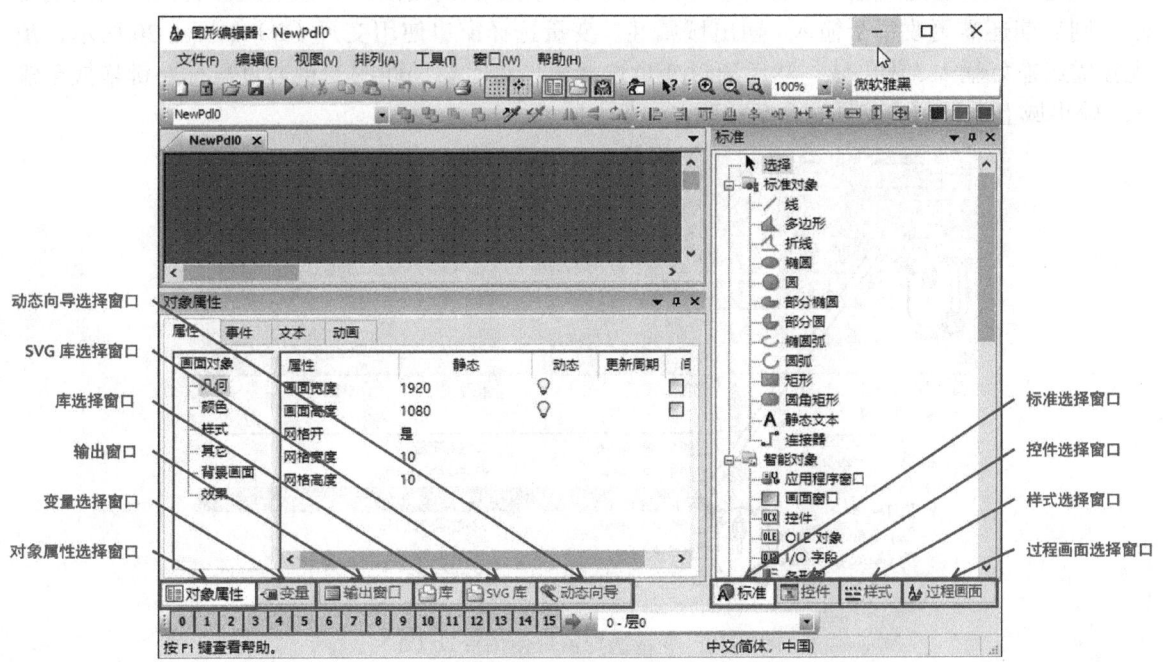

图 6-18　选择窗口默认布局

下面将对一些选择窗口进行介绍。

(1) 变量选择窗口

借助变量选择窗口可以快速地将过程变量连接到对象,或创建对象并自动连接到对象。

通过变量选择窗口创建输入/输出域并将变量自动连接到该对象，变量选择窗口使用变量（1）如图 6-19 所示。可以通过"Shift"键加鼠标左键选中多个变量，然后按住鼠标左键将变量拖拽至画面后松开鼠标左键，此时将会自动创建多个输入/输出域并自动关联所选变量。

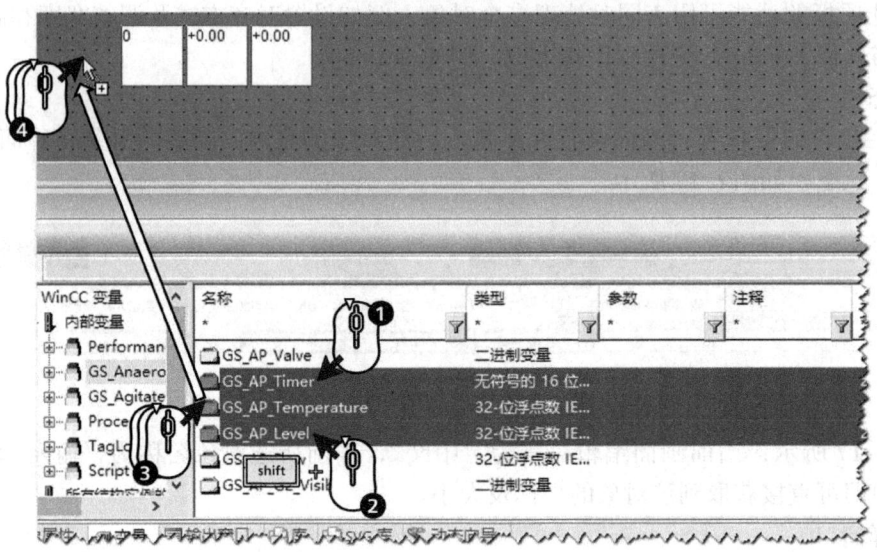

图 6-19　变量选择窗口使用变量（1）

通过该方式创建的输入/输出域都将以默认属性添加到画面中。如果默认属性无法满足要求，则后期还需更改每个输入/输出域属性。变量选择窗口使用变量（2）如图 6-20 所示，预先按需组态好输入/输出域，然后通过变量选择窗口将需要关联的变量通过鼠标左键拖拽至输入/输出域上也可完成变量的自动关联。

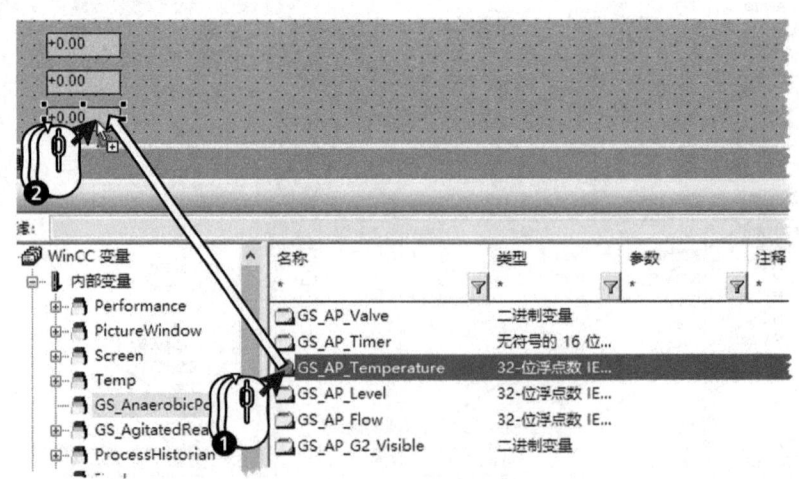

图 6-20　变量选择窗口使用变量（2）

还可以在变量选择窗口中选中多个变量后，按住鼠标右键将变量拖拽至画面后松开鼠标右键，变量选择窗口使用变量（3）如图 6-21 所示。此时即可通过鼠标选择相应的操作，例如"插入 OnlineTrendControl"。选择完成后将会在画面中自动添加在线趋势控件，并将自动添加多条曲线关联所选变量。这种操作方式的效率远远高于常规的在线趋势控件组态方式。

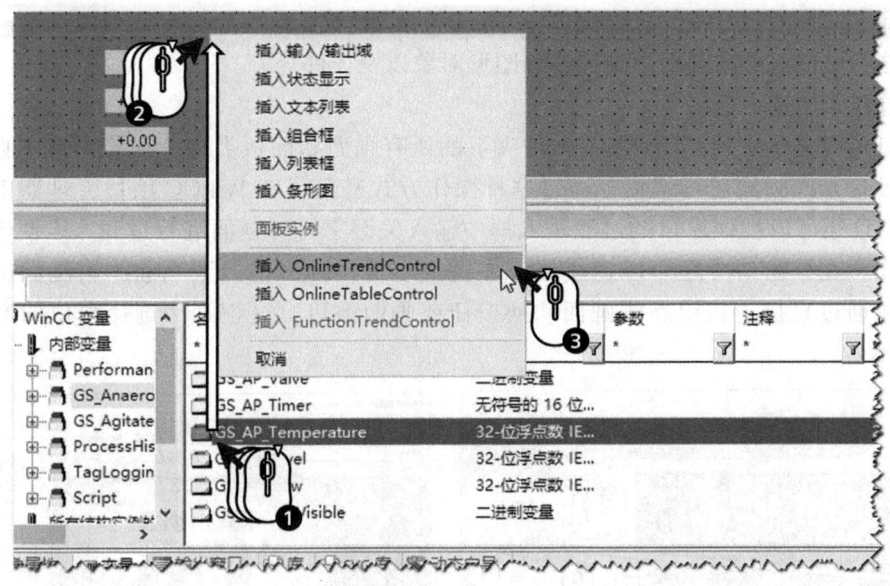

图 6-21 变量选择窗口使用变量（3）

（2）输出窗口

输出窗口在保存画面时显示与组态有关的信息、错误和警告。例如，当启用了画面的"能连接网络"功能进行了 WebUX 的发布，此时如果画面中包含 WebUX 不支持的 C 脚本时（从 WinCC V8.0 开始，WebUX 可以支持标准 WinCC C 脚本，基本过程控制（BPC）的脚本函数除外），在输出窗口中即会列出使用了 C 脚本的对象。当鼠标双击该信息后即会自动跳转到该对象。当保存画面时输出窗口中还会列出可能导致系统超载的组态事项。

（3）库选择窗口

图形编辑器的符号库是用于对创建过程画面所使用的图形对象进行保存和管理的工具。该库分为全局库及项目库。在全局库中，提供了多种预定义的图形对象，这些对象可直接插入画面中，并根据需要进行组态。如果希望修改这些库对象的静态颜色或希望在运行系统中控制这些库对象的动态颜色，那么将这些对象属性中的"符号外观"更改为"阴影 - 1"后方可进行调整。在项目库中，可创建自己的文件夹，然后可将画面中自行组态的常用对象通过鼠标拖拽的方式存入项目库中。也可以在全局库中创建自己的文件夹用于存放自行组态的对象。两者的区别在于，项目库文件存储于项目文件夹下，而全局库文件存储于 WinCC 安装文件夹下，项目库中的对象只在本项目中可见，而全局库中的对象在同一台计算机中的所有项目中都可见。

（4）SVG 库选择窗口

SVG 库是一种用于对创建过程画面所使用的 SVG 对象进行保存和管理的工具。与符号库类似，SVG 库也分为全局库和项目库。全局库中包含带有预制 SVG 图形的只读 SVG 库。库中的 SVG 对象可通过拖拽方式添加到组态界面中。

从 WinCC V7.5 开始提供了一个具有可动态化的 SVG 对象的新库（IndustryGraphicLibraryV2.0），这样可以更方便地根据过程值更改 SVG 的动态显示。

从 WinCC V8.0 开始，在这个库中又新增了像 DashBoard_Widgets、Production_Line_Station、Symbols、Robots 及 Water_Wastewater 这样的动态 SVG 库对象供用户直接使用。

（5）标准选择窗口、控件选择窗口

通过这两个窗口可向画面中添加各种图形对象以及控件等。

（6）过程画面选择窗口

该窗口可以显示项目"GraCS"文件夹下的所有画面和面板类型。在该窗口中直接双击所选画面即可打开该画面进行编辑，通过这种操作方式避免了在 WinCC 项目管理器中查找画面的不便。而且还可以在该窗口的过滤输入框中输入关键字符对画面进行过滤，以便于快速找到期望的画面。在该窗口中还可以通过鼠标左键或右键将画面拖拽至当前编辑画面中，拖拽可以自动创建通过直接连接组态的画面切换按钮或画面窗口。过程画面选择窗口的操作方法如图 6-22 所示。

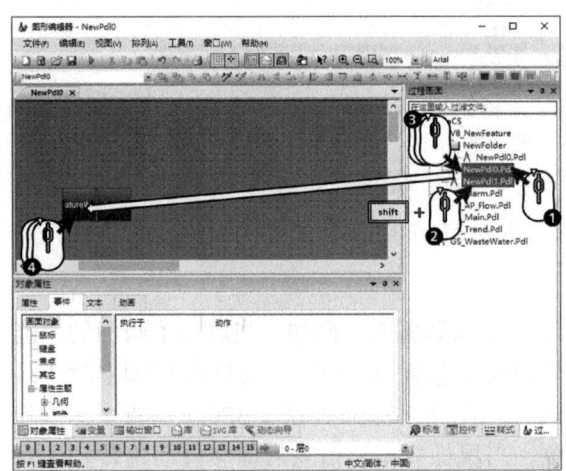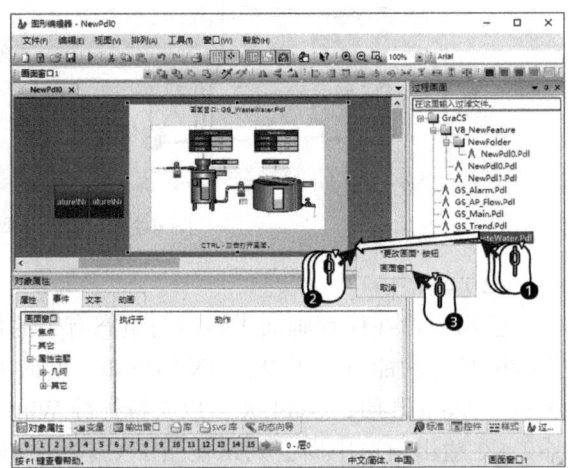

图 6-22　过程画面选择窗口的操作方法

在 WinCC V8.0 中，该窗口中的功能进一步增强。鼠标右键菜单新增命令：新建画面、新建文件夹、重命名画面或文件夹、删除画面、删除文件夹、全部展开、全部折叠。通过这些命令可以更为便捷地在图形编辑器中规划整个项目的画面存储结构，画面的存储位置调整可以简单地通过鼠标拖放来实现。

6.1.3　使用对象和控件

在图形编辑器中，画面是一张绘图纸形式的文件。通过添加并编辑组态界面中的对象来完成最终的运行画面。所有画面文件都以"Pdl"扩展名保存在项目文件夹的"GraCS"下。如果保存过程画面，系统将在"GraCS"文件夹中创建"*.sav"文件扩展名的备份。当画面文件"*.Pdl"扩展名文件丢失或出现损坏时，可将备份文件从"*.sav"文件扩展名更改为"*.Pdl"即可恢复画面文件。画面的大小可以设置，在项目规划时应考虑好画面大小的设置。应将每个主画面都组态为目标计算机上显示分辨率的大小，或者至少是相同比例分辨率的大小（当前主流的分辨率多为 16:9 或 16:10）。画面创建完成并设置好大小后，即可开始通过添加各种对象来完成画面的组态。本节将对一些常用对象进行说明。

标准选择窗口中包含以下几类对象。

1）标准对象。

2）智能对象。

3）窗口对象。

4）管对象。

控件选择窗口中包含以下几类对象。

1）ActiveX 控件。

2）.NET 控件。

3）WPF 控件。

4）Prodiag 控件。

5）Web 控件。

所有对象插入画面当中后都具有各自的属性，例如形状、外观、可见性和过程连接等。这些属性都可以在编辑状态下设置静态值或设置运行时动态化。

1. 标准对象

静态文本：该对象通常用于画面中的文字说明，既可以预置静态文本也可以设置运行时根据变量或各种条件的动态化文本。通过鼠标在标准对象选择窗口中选择"静态文本"后，将鼠标移至画面中，鼠标指针将变成一个带有对象符号的十字准线，单击画面后拖动矩形到所需大小，释放鼠标左键后静态文本对象将被插入。对象成功插入后即可通过属性选择窗口进行静态或动态的属性设置，静态文本属性设置如图 6-23 所示。

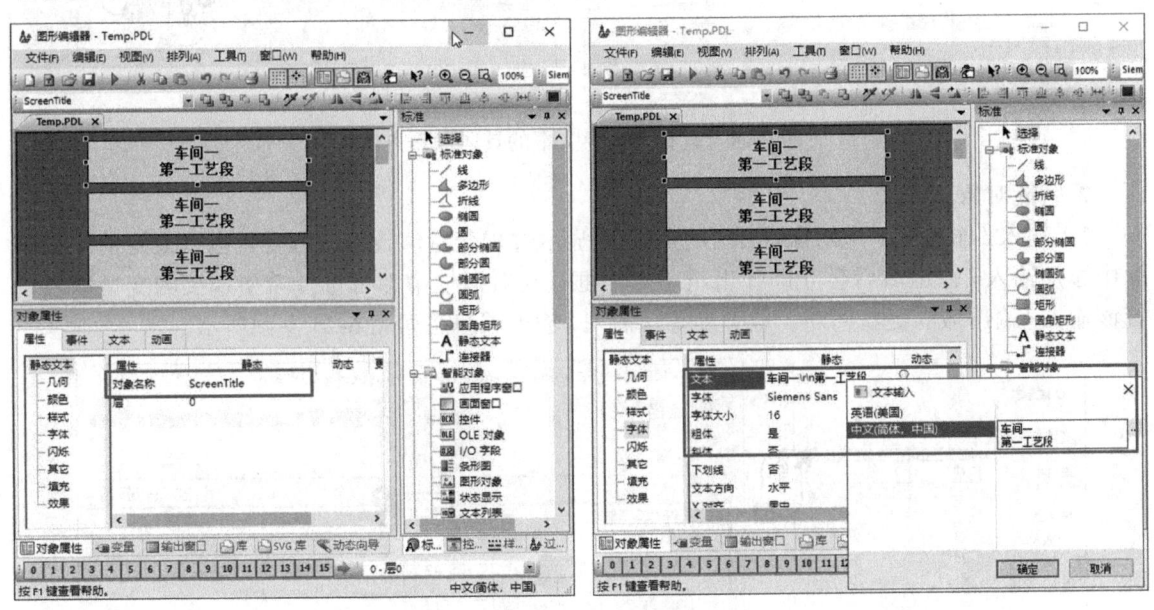

图 6-23　静态文本属性设置

如图 6-23 左图所示，对于某些对象的名称，合理分配尤为重要。因为当通过脚本或直接连接动态设置对象属性时需要引用对象名称，所以建议分配便于识别的英文字符和数字作为对象名称。对于静态文本，有些文本域需要多行文本显示，如图 6-23 右图所示，可在属性选择窗口中双击"文本"属性，在弹出的文本输入窗口中进行输入。可通过组合键"Shift+Enter"或"Ctrl+M"进行回车换行。如果组态的项目为多语言项目时，则可在弹出的文本输入窗口中为多种语言输入相应文本。

通常在画面中会使用许多相同文本内容的静态文本，例如用于描述设备状态的文本"启动"等。但有些项目在最终用户使用时可能会希望使用"运行"来表示设备的状态,那么此时就需要大量地修改画面中的静态文本。在 WinCC 图形编辑器中提供了查找并替换文本的功能,具体操作方法如图 6-24 所示。操作完成后,原有 3 个静态文本的文本将全部从"启动"变为"运行"。

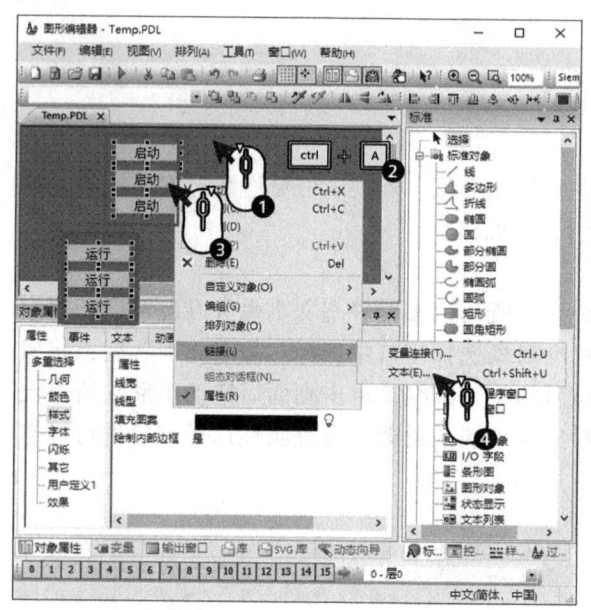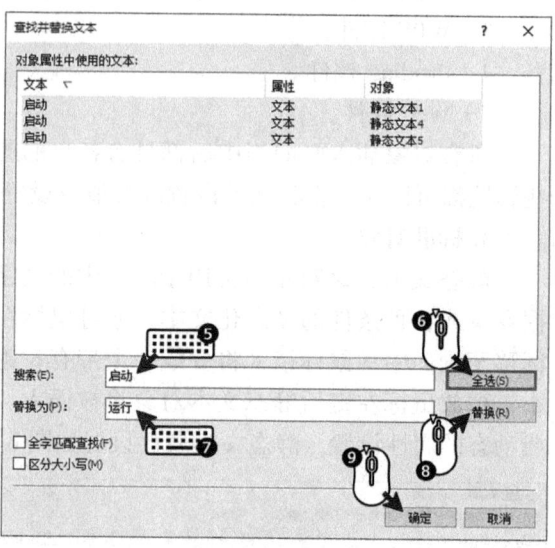

图 6-24　查找并替换文本的具体操作方法

2. 智能对象

1）输入 / 输出域：该对象通常用于画面中显示过程变量值或为过程变量输入设定值。在画面中添加输入 / 输出域后会立即弹出组态对话框。在对话框中即可选择希望连接的变量以及设置该输入 / 输出域的更新周期、域类型等。输入 / 输出域组态如图 6-25 左图所示。

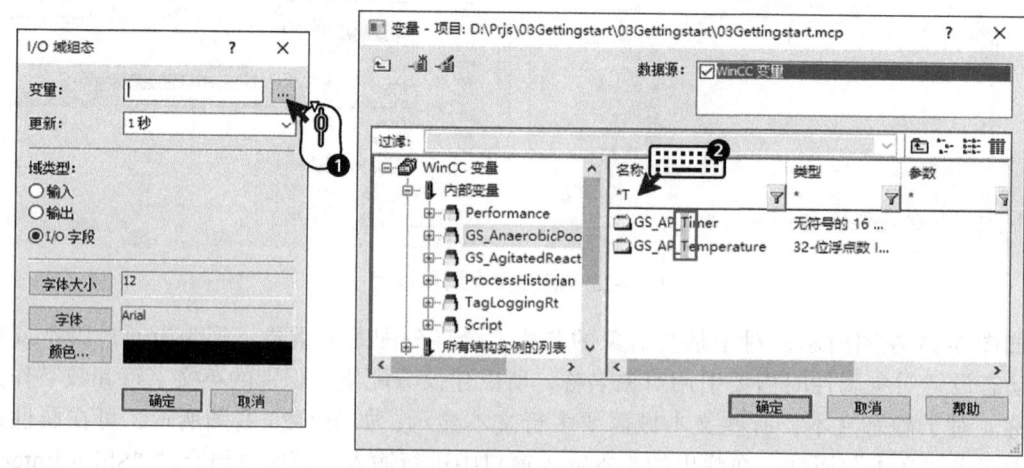

图 6-25　输入 / 输出域组态

如图 6-25 左图所示，单击 按钮即可在变量选择框中选择变量。如果变量创建时遵循了良好的命名规则，则可在过滤条件中输入过滤条件以便于快速找到期望的变量。如图 6-25 右图所示，在右侧列表框的"名称"列输入过滤条件"*T"后，只有变量名中包含"T"字符的变量会被显示出来供选择。也可以通过"类型""注释"等方式进行过滤。

输入/输出域具有许多的属性可供设置，以方便用户的操作。例如，可为输入/输出域设置提示文本。尤其是输入域，设置了提示文本后，在运行系统中将鼠标悬停于已设置了提示文本的输入/输出域上时，提示文本将会自动浮现。输入/输出域属性设置如图 6-26 左图所示。

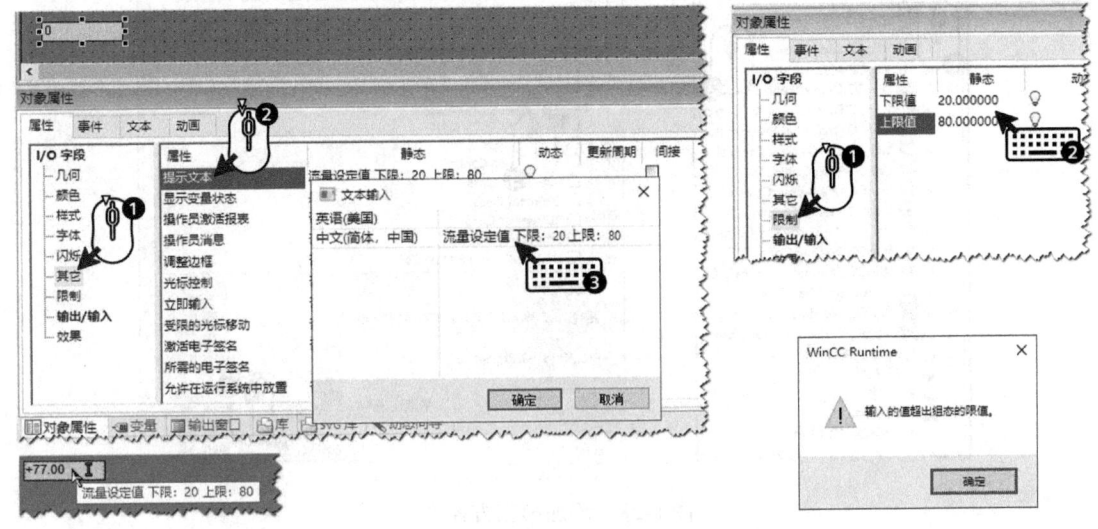

图 6-26 输入/输出域属性设置

有些重要参数的设置，为了避免用户错误地将值设置为允许范围以外的值，可为输入/输出域设置上/下限值，如图 6-26 右图所示。当在运行系统中设置的值超出范围时，将会弹出警告文本，并且所设置的错误值不会被写入变量中。

2) 添加智能对象或窗口对象的快捷方式：有些对象需要对应多个或一个多行文本，例如静态文本、组合框、列表框、多行文本、复选框及选项组。按照之前介绍静态文本和输入/输出域的方法在画面中添加亦可。但是这些对象的特点都是包括多个或多行文本，在画面中逐一组态效率相对较低。WinCC 提供了更为便捷的方式，可以通过 Excel 将多个文本进行输入，然后通过鼠标右键拖拽的方式即可快速地在 WinCC 画面当中添加以上对象，大大提高了组态效率，对象快捷添加如图 6-27 所示。

3) ActiveX 控件：ActiveX 控件中包括 WinCC 自带的控件，这些控件均以 WinCC 开头。例如 WinCC 报警控件、

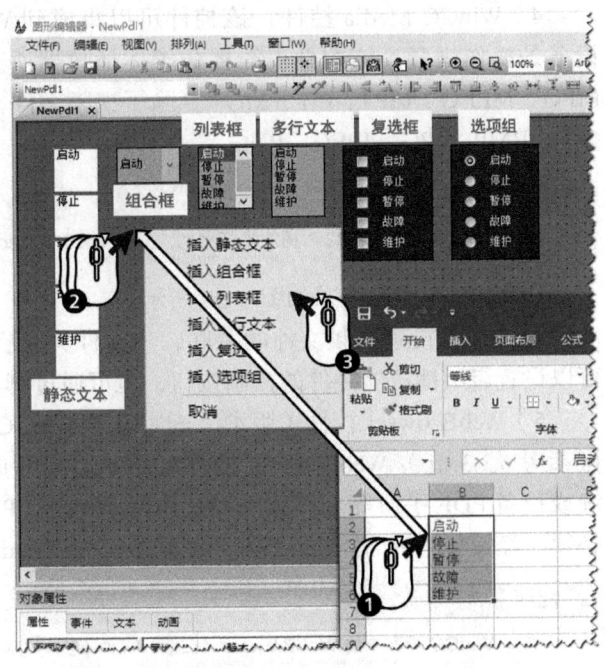

图 6-27 对象快捷添加

WinCC 在线表格控件、WinCC 在线趋势控件等。有些控件是当 WinCC 的某些选件安装后才可使用，例如 WinCC PerformanceView 控件等。还可以添加第三方的控件用于 WinCC 画面。

添加第三方控件如图 6-28 所示。

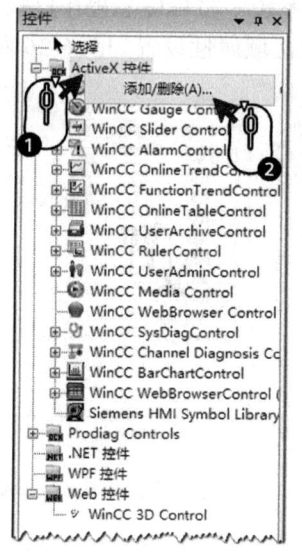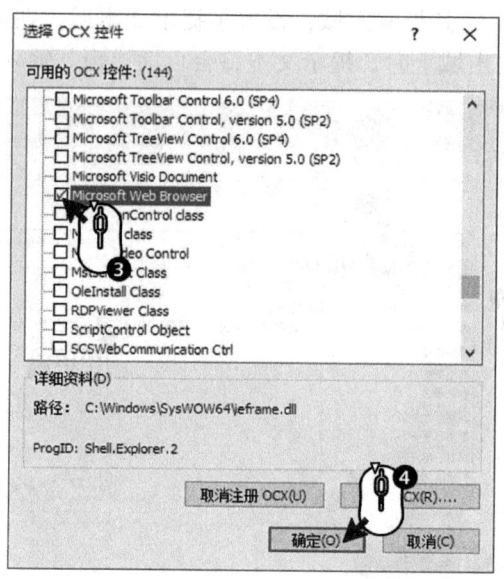

图 6-28　添加第三方控件

> **提示**
> 使用来自第三方供应商的 ActiveX 控件可能会导致错误、降低性能或阻塞系统。本软件的用户负责自行解决因采用外部 ActiveX 控件所引起的问题。建议在执行前进行安全操作测试。

4）WinCC Media 控件：该控件可以集成到 WinCC 画面当中用于播放多媒体文件，例如设备的操作视频。该控件仅能播放媒体播放器所支持的格式，格式包括：ASF、WMV、AVI、MPG、MPEG、MP4、QT、MOV。除了视频文件，该控件也可用于显示图形文件，格式包括：GIF、BMP、JPG、JPEG、PNG。

> **提示**
> 要在 Windows 2012 R2 中播放视频文件，需要安装 Microsoft "桌面体验"（Desktop Experience）功能。

MediaPlay 控件组态如图 6-29 所示。

该控件可设置视频文件的关联，当文件关联后会被复制到项目文件夹的 GraCS 文件夹中。可以设置启用播放器控件的控制按钮，也可通过脚本来控制视频的播放及停止等。

5）WebBrowser 控件（版本大于或等于 WinCC V8.0 时可采用新版 WebBrowser 控件，用法可参考 6.3.3 节）：WebBrowser 控件可用于访问网页或 PDF 文档等信息，例如连接视频监控系统或设备 PDF 手册等。旧版的 WebBrowser 访问 PDF 文档的前提是安装了 WinCC 的计算机上必须已经安装 PDF 文档阅读器，例如 Acrobat Reader。

> **提示**
> 嵌入 WinCC 画面中的 WebBrowser（旧版）控件不支持带脚本功能的画面。

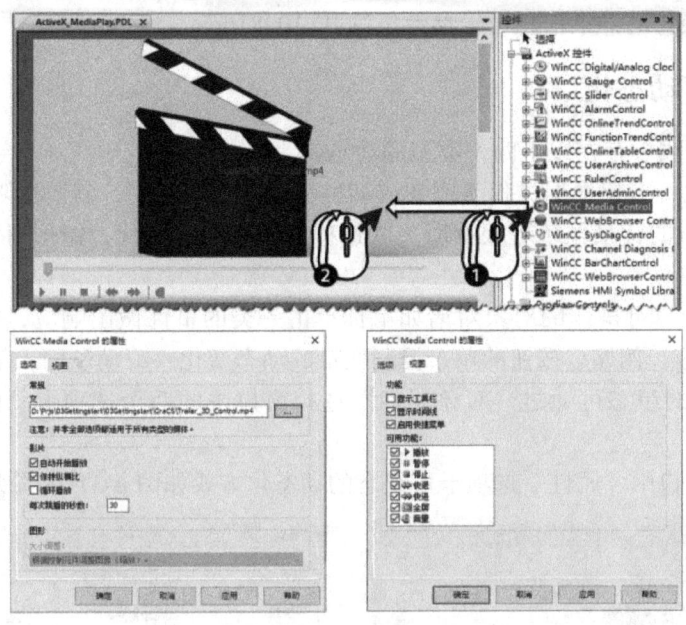

图 6-29　MediaPlay 控件组态

6）Web 控件：自 WinCC V8.0 起，WinCC 开始支持在画面中使用自定义 Web 控件。自定义 Web 控件是指与运行系统连接的独立 Web 画面。利用自定义 Web 控件，用户可选择将自有元素添加到已提供的可视化元素中。因此，自定义 Web 控件扩展了可用性和功能性，可实现最佳可视化效果。

自定义 Web 控件在 Web 客户端上运行，并在运行系统中托管。自定义 Web 控件可作为独立 Web 画面显示在任何浏览器中以及任何移动设备上。可在 WinCC Runtime、WinCC/Web-Navigator 和 WinCC/WebUX 中使用自定义 Web 控件。关于自定义 Web 控件的开发可以参考 WinCC 在线帮助系统"自定义 Web 控件"章节，也可以参考条目 ID 109779176。

自 WinCC V8.0 起，WinCC 还提供 3D 控件，可通过各种方式对其进行组态和动态化。3D Web 控件显示 3D 图形如图 6-30 所示。

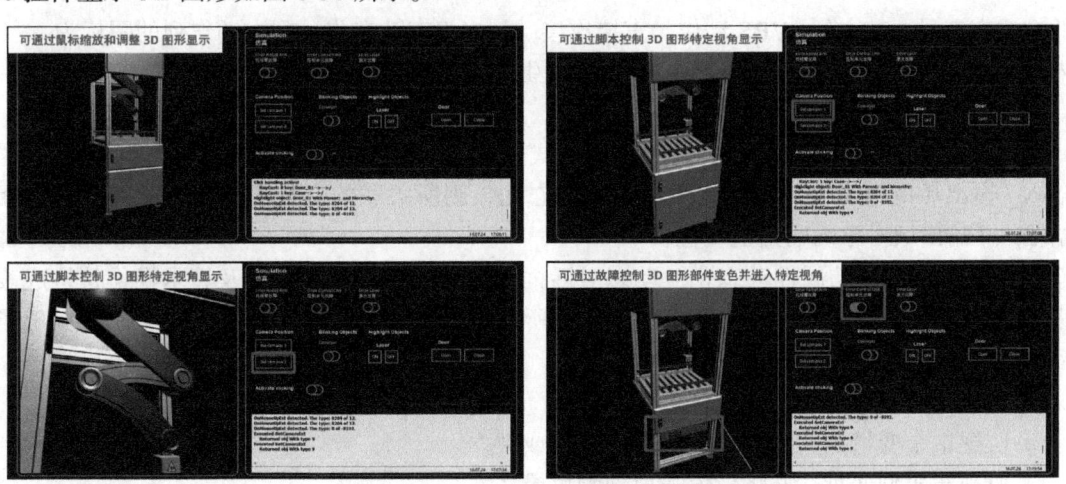

图 6-30　3D Web 控件显示 3D 图形

有关组态 3D 控件的详细信息可以参考条目 ID 109816692。

6.1.4 过程画面动态化

在 WinCC 画面当中存在以下两种类型的动态化：

1）属性动态化：对象根据过程值改变或某种逻辑条件的改变，其属性随之发生动态改变。例如，输入/输出域的背景颜色可根据所关联过程值发生动态变化，矩形对象根据过程值改变其大小或位置等。

2）事件动态化：可操作的对象对诸如鼠标单击一类的事件做出响应，或对对象自身某些属性的改变做出响应。例如，按钮的单击控制变量的动态变化，滚动条输入某些过程参数。

这两种动态化的组态可通过"对象属性"选择窗口中的两个选项卡（即"属性"和"事件"）进行。

"对象属性"窗口中"属性"选项卡可组态的动态化方式如图 6-31 左图所示。

 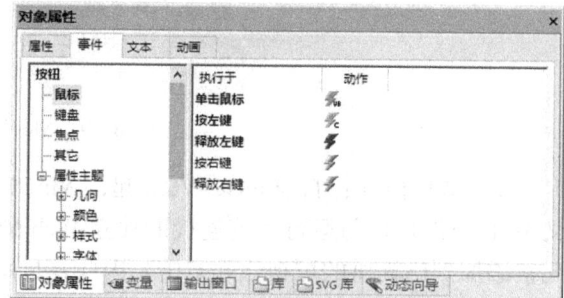

图 6-31 "对象属性"窗口

如图 6-31 左图所示，对象属性包含静态及动态部分，静态值即为对象属性的初始值。如未组态动态化，则在动态列的图标为 ♀（白色灯泡），在运行系统中会始终保持不变。可为对象属性组态动态化的方式有五种：动态对话框、C 动作、VBS 动作、变量及动画。对应已组态的不同方式会有不同图标加以标识，如图 6-31 左图所示。

"对象属性"窗口中"事件"选项卡可组态的动态化方式如图 6-31 右图所示。可组态动态化的方式有三种：C 动作、VBS 动作、直接连接。如未组态动态化，则在动作列的图标为 ⚡（灰色闪电），在运行系统中对应事件发生时不会产生任何动态。

可组态动态化方式及图标见表 6-1。

通过变量连接的属性动态化：这种组态方式是直接将变量值以数值形式赋值给属性。例如，将输入/输出域的输出值组态为变量连接的动态化，则所关联的变量值将以指定的更新周期赋值给输入/输出域对象的输出值属性。

通过动态对话框的属性动态化：动态对话框可以使用变量、函数以及算术操作符构成表达式来实现属性的动态化，还可以通过表达式内所使用的变量的质量代码或变量状态来实现属性的动态化。动态对话框可用于实现下列目的：

① 将变量的数值范围映射到颜色。

② 监视单个变量位，并将位值映射到颜色或文本。

③ 监视布尔型变量，并将位值映射到颜色或文本。

④ 监视变量状态。

表 6-1 可组态动态化方式及图标

组态方式	属性	图标	事件	图标
通过变量连接动态化	√	💡		
通过直接连接动态化			√	⚡
通过动态对话框动态化	√	⚡		
通过 VBS 动作动态化	√	⚡VB	√	⚡VB
通过 C 动作动态化	√	⚡C	√	⚡C
通过动态向导动态化	√	⚡C	√	⚡C
通过动画选项页组态动态化	√	⚡		

⑤ 监视变量的质量代码。

例如，根据变量值范围映射到输入/输出域的背景颜色。动态对话框组态如图 6-32 所示。

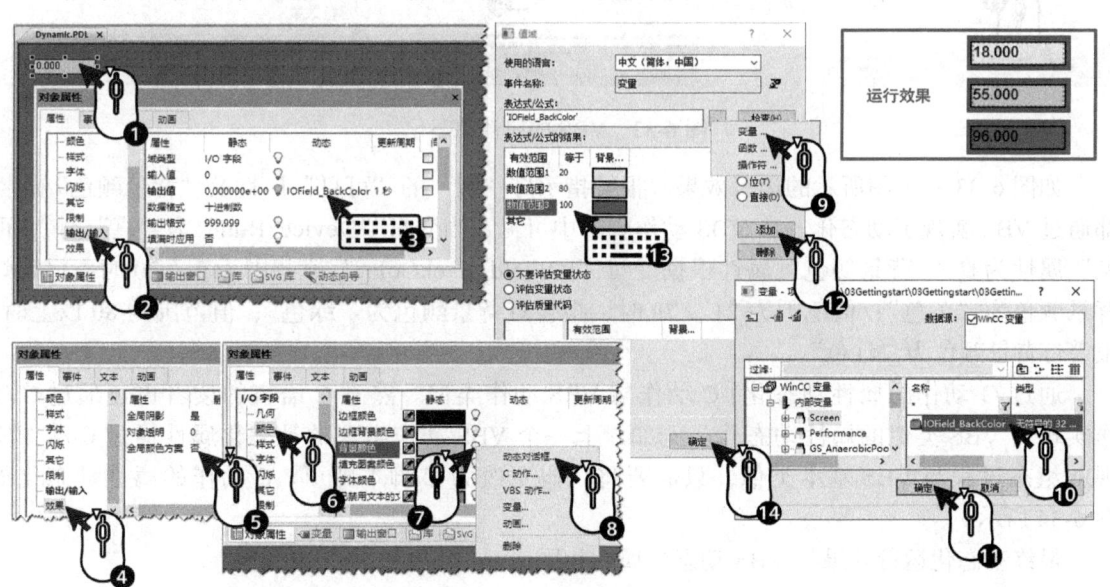

图 6-32 动态对话框组态

通过以上组态即可实现当过程值范围为 0～20 时，输入/输出域背景颜色为"黄色"；范围为 21～80 时，背景颜色为"绿色"；范围为 81～100 时，背景颜色为"红色"，运行效果如图 6-32 右上图所示。该组态仅连接了一个过程变量。在很多情况下所需映射的属性会是多个变量的计算结果或逻辑运算结果，因此也可以选择"函数"或"操作符"进行多个变量值的处理。例如，在动态对话框中怎样按逻辑连接两个变量到一个结果的方法可参考条目 ID 19338191。

通过 VBS 动作的属性动态化：VBS 动作可用于对象属性的动态化。如果想要在一个动作中处理多个输入参数，或要执行条件指令（if…then…），则可使用 VBS 动作。例如，当设备处于运行状态，设备的某个过程值处于报警范围时，可通过 VBS 动作控制报警灯的显示/隐藏以及报警灯的颜色。VBS 的属性动态化如图 6-33 所示。

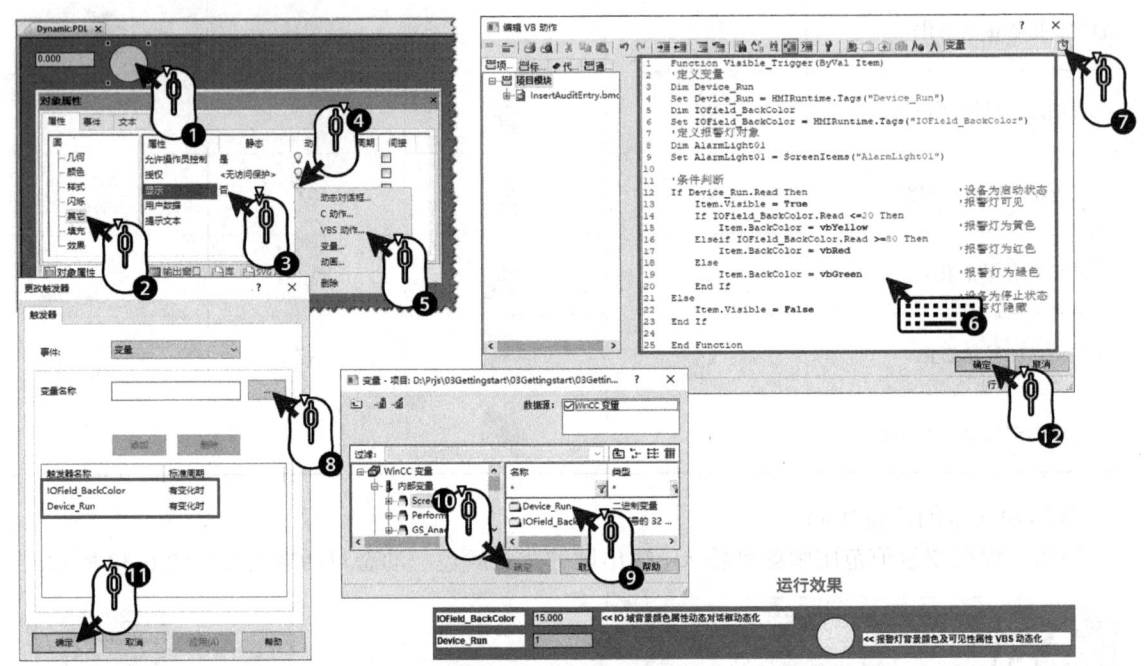

图 6-33　VBS 的属性动态化

如图 6-33 右下图所示的运行效果，报警指示灯"圆"的"可见"属性及"背景颜色"属性都通过 VBS 实现了动态化。从 VBS 动作脚本中可见，当变量"Device_Run"为"真"时，"可见"属性为真。"背景颜色"属性根据变量"IOField_BackColor"值范围为 0~20 时，报警灯背景颜色为"黄色"；值范围为 21~79 时，报警灯背景颜色为"绿色"；值范围为 80 以上时，报警灯背景颜色为"红色"。

通过 C 动作的属性动态化：C 动作与 VBS 动作类似。熟悉 C 语言的读者也可通过 C 动作实现与 VBS 类似的属性动态化。例如，上一个 VBS 动作实现的动态化属性通过 C 动作实现的组态过程与 VBS 基本类似，只需要将代码更改为 C 脚本即可。C 动作的属性动态化如图 6-34 所示。

最终动态化运行效果与 VBS 动态化属性相同。

通过动态向导的属性动态化：可以通过动态向导使对象属性动态化，当动态向导执行完成后，实际会自动在需要动态化的属性中创建 C 动作。例如，可以根据过程变量值使得对象的位置（X，Y 坐标值）随之发生线性变化。通过动态向导的属性动态化如图 6-35 所示。

通过动画选项页组态动态化：在动画选项页中可以便捷地通过关联变量或变量表达式组态一个或多个属性的动态化。例如，通过关联一个设备运行状态反馈变量，同时控制按钮的字体颜色、背景颜色以及按钮文本属性动态化。通过动画选项页组态动态化如图 6-36 所示。

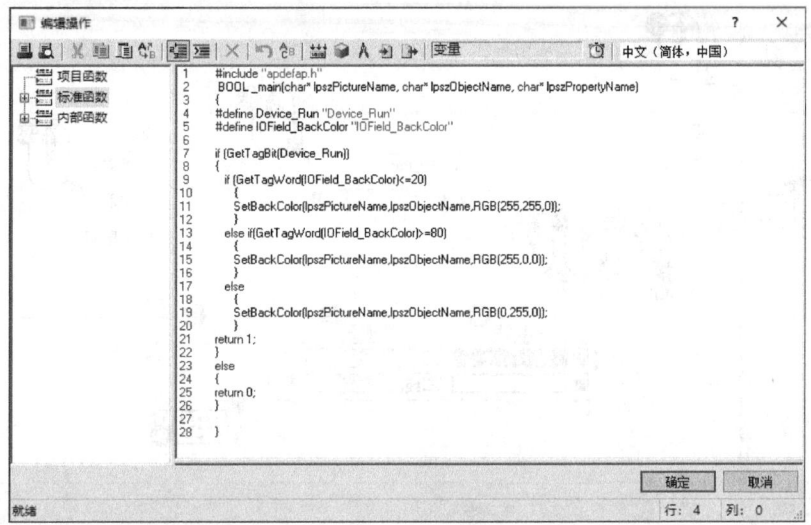

图 6-34 C 动作的属性动态化

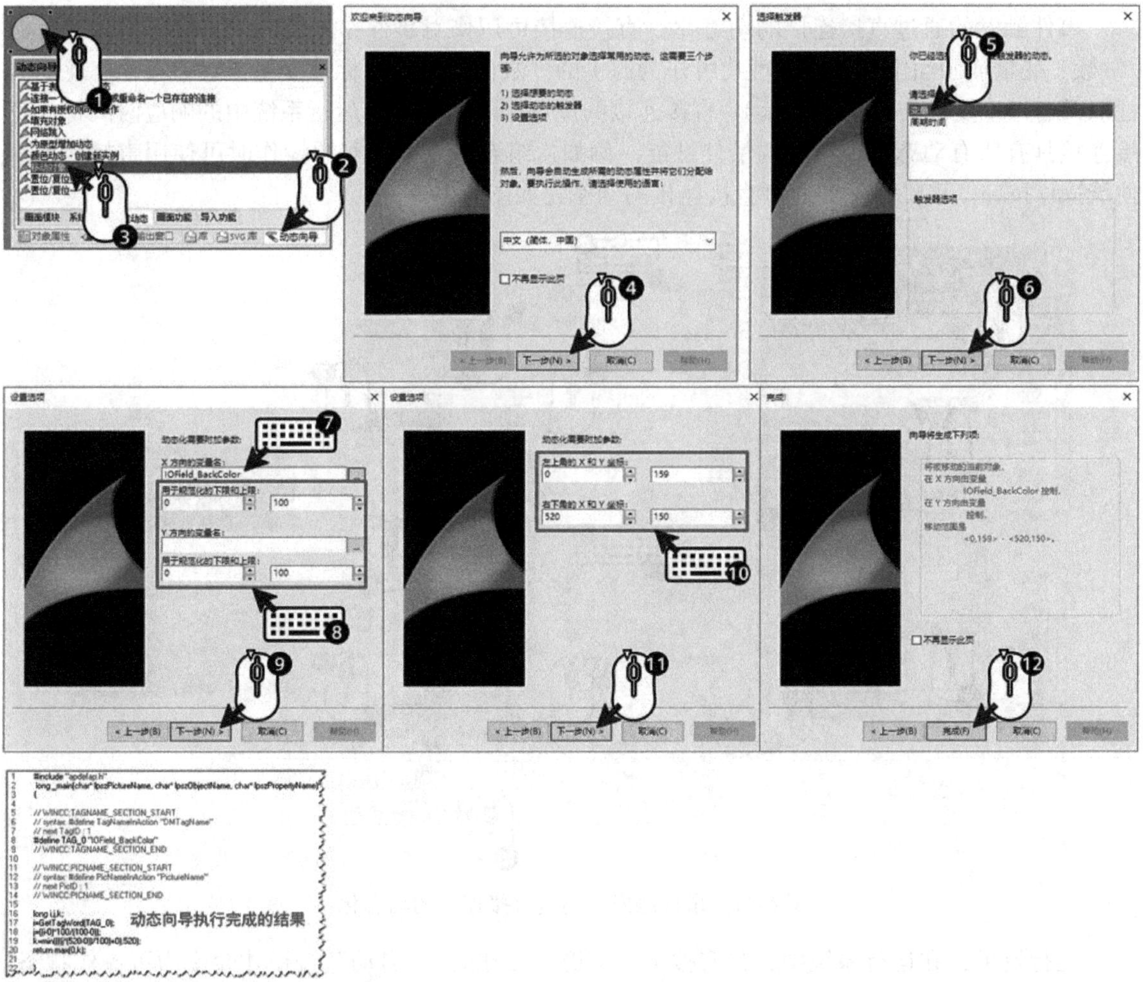

图 6-35 通过动态向导的属性动态化

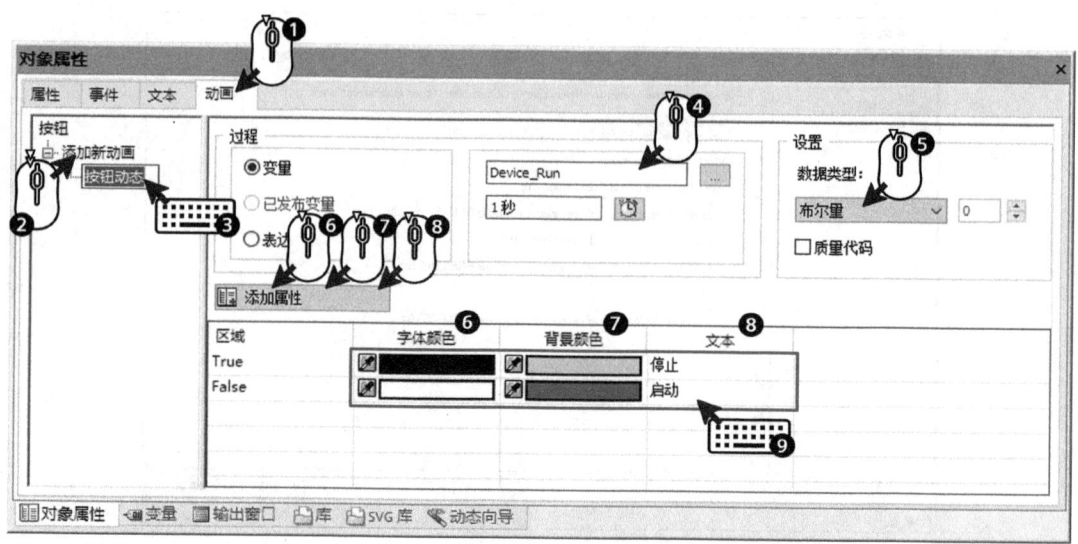

图 6-36 通过动画选项页组态动态化

事件触发的通过直接连接的动态化：直接连接可用作对事件作出反应。直接连接即可将源（常数、变量或画面中对象的属性均可作为源）的"数值"赋予目标（变量或对象可动态化的属性以及窗口或变量均可作为目标）。直接连接的优点是组态简单，运行系统中的响应时间快。直接连接具有所有动态化类型中的最佳性能。例如，组态多点触控双手操作时可使用直接连接来使能操作按钮。事件触发的通过直接连接的动态化如图 6-37 所示。

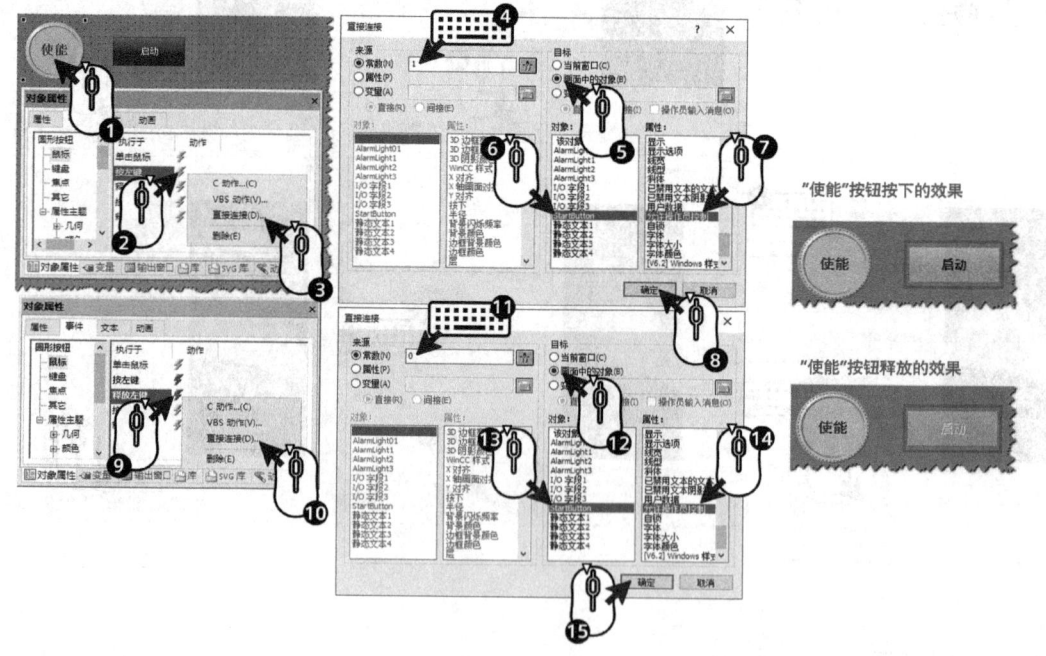

图 6-37 事件触发的通过直接连接的动态化

运行效果：在运行系统中，只有按下"使能"按钮时，"启动"按钮才会变为可操作状态。一旦释放"使能"按钮后，"启动"按钮即为不可操作状态。这种方式可用于多点触控的触摸显示器，可有效防止对设备的误操作。

触发器类型：在以上介绍的属性动态化的各种组态方式中都需要触发器才能够在运行系统中执行动作。触发器类型有：变量触发器、周期性触发器、动画触发器及事件驱动的触发器。只有设置了合理的触发器才能有效合理地进行动态化。值得注意的是，周期性触发器对项目的性能会产生较大的影响。画面的所有动作都必须在其周期时间内完成，否则将会导致 WinCC 运行系统性能的逐渐下降。

动画周期触发器：从 WinCC V7.0 起，动画周期触发器类型可用于通过 VBS 动态化对象。动画周期允许在运行系统中开启和关闭动作，以及更改执行触发器的时间。

6.1.5 面板及画面窗口

在实际项目组态过程当中，往往有许多同类设备需要放置在画面当中。如果通过常规的组态方式进行组态则会需要大量的重复性工作，并且容易出现错误。在这种情况下则可以通过使用面板或画面窗口加载模板画面的方式组态，可以大量节省组态时间并降低错误率。

（1）面板

面板是用户在项目中作为类型而集中创建的标准化画面对象。WinCC 将面板类型保存为 fpt 文件。然后，对于同一类设备用户可将面板类型作为面板实例插入过程画面中。当需要更改时，仅需针对面板类型进行更改，通过更新即可让所有实例接受新的改变。可以在图形编辑器中编辑面板实例，其操作与编辑对象选项板中的单个对象相似。

面板类型中的单个对象具有以下两种属性及事件。

1）类型特定属性及事件。

这些属性及事件只能在面板类型中更改。一旦更改，所有面板实例在更新后均会随之更改。类型特定属性及事件是针对单个对象的属性和事件，其不能在面板实例中进行组态。

2）实例特定属性及事件。

在面板类型中开放出来的属性及事件，可在面板实例中组态这些属性及事件，各个面板实例可以有不同的组态。

图 6-38 显示了类型特定属性和实例特定属性在面板实例中的使用。

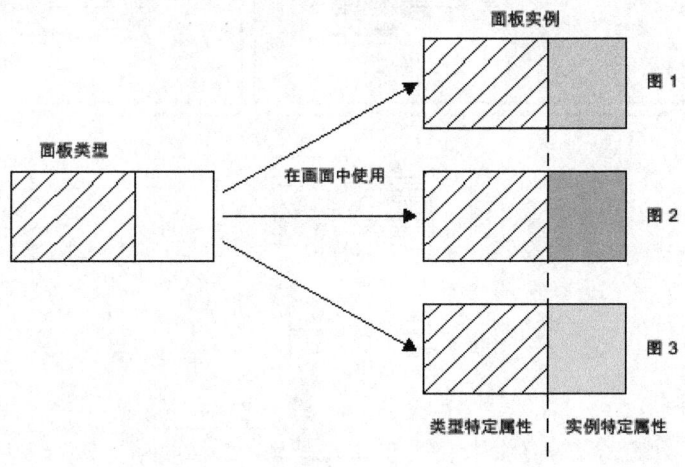

图 6-38 类型特定属性和实例特定属性在面板实例中的使用

面板类型中不可以使用以下对象：

1）自定义对象。

2）标准对象：连接器。

3）智能对象：应用程序窗口、画面窗口、OLE 对象、面板实例。

4）WinCC 控件以及"控件"选择窗口中的其他对象。

5）Siemens HMI 符号库中的符号。

并且面板类型仅支持 VB 脚本以及连接至面板变量的属性动态化。该功能将在后面章节以实例进行说明。

（2）画面窗口

画面窗口可用于在一个画面中加载另一个画面实现画面嵌套的功能，也可以通过独立画面窗口实现多显示器的 WinCC 画面分屏显示。例如，在主工艺画面中可通过画面窗口加载某些工艺设备的工艺参数子画面。

画面窗口是智能对象，必须在画面中添加。在画面中添加的画面窗口有两种使用方法：固定加载画面及动态加载画面。

1）固定加载界面：其中一种使用场景与使用面板类似。多用于在一个主工艺画面中有多个同类设备的情况下，通过组态一个工艺设备的模板画面，然后再通过画面窗口进行多次固定加载以在主工艺画面中同时显示多个同类设备。另外一种使用场景为在一个主工艺画面中有多个区域，则可以通过多个画面窗口固定加载多个区域的子画面加以实现。

在第一种场景下与面板相比而言优势在于，模板画面中可以支持所有的对象以及对象属性动态化方式。劣势在于，模板画面仅具有类型特定的静态属性而不具备实例特定的静态属性。

2）动态加载界面：其使用场景多见于在主工艺画面中分别显示多个同类设备的子画面。在主工艺画面中分别显示多个同类设备子画面的效果如图 6-39 所示。

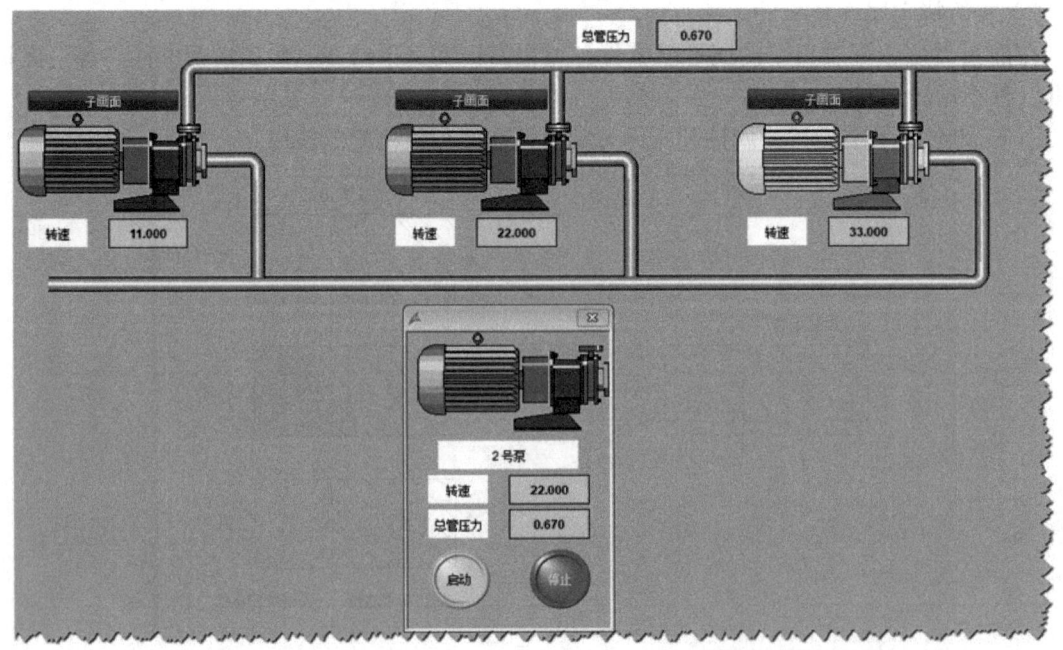

图 6-39 在主工艺画面中分别显示多个同类设备子画面的效果

在主工艺画面中，通过一个画面窗口可以动态地加载同类设备的子画面。通过"子画面"按钮为画面窗口赋予不同的变量前缀，即可实现同一个模板画面在画面窗口中分别显示不同设备的工艺参数。

6.2 WinCC 图形运行系统

WinCC 图形运行系统用于运行加载已组态的图形画面以实现画面监控功能。可在 WinCC 项目管理器工具栏上单击 ▷ 图标激活 WinCC 运行系统，此时 WinCC 图形运行系统将加载预定义的起始画面。也可以在图形编辑器工具栏上单击 ▷ 图标激活，此时 WinCC 图形运行系统将加载正在画面编辑器中打开的当前画面。可以在 WinCC 项目管理器工具栏中单击 ■ 图标停止 WinCC 运行系统，或者通过组态停止运行系统按钮来停止。

> **提示**
> 在 WinCC 图形运行系统中，如果希望获取当前运行画面和图形对象的名称，可以按住"Shift+Ctrl+Alt"并将鼠标指针移至画面中的图形对象上，将会出现浮动的工具提示显示出画面名称和图形对象名称。但是无法获取 ActiveX 控件的名称。

6.2.1 触控操作

在以往 WinCC 的应用当中，WinCC 图形运行系统显示在普通显示器上。对画面和画面中的图形对象操作是通过鼠标和键盘来完成的。但随着计算机硬件的发展，目前多点触控的显示器在很多地方替代了传统显示器加鼠标键盘的操作模式。配合多点触控显示器，WinCC 图形运行系统支持常规的触控操作，例如：

1）通过滑动操作切换画面。
2）通过指尖拖拽实现画面缩放。
3）长按对象实现右键单击功能。

6.2.2 菜单和工具栏

WinCC 图形运行系统支持使用类似于 Windows 风格的自定义菜单和工具栏。通过自定义菜单和工具栏可以在 WinCC 图形运行系统中进行主画面或者画面窗口中的画面切换，也可以执行通过 VBS 定义的过程动作。

自定义菜单和工具栏既可以分配给主画面也可以分配给某个画面窗口，最多可以同时加载 20 个菜单和工具栏。

1. 创建菜单

在 WinCC 项目管理器中鼠标双击或右键打开"菜单和工具栏"编辑器。在编辑器中左侧选择"菜单"选项即可编辑组态自定义菜单。创建菜单的组态过程如图 6-40 所示，组态完成后单击"文件 > 保存"菜单命令，存储为"Sub.mtl"。

按照图 6-40 所示的组态，该菜单将用于主画面中的画面窗口进行子画面切换。组态了两个子画面切换的菜单命令"子画面 01"和"子画面 02"。菜单命令调用脚本"ActivateScreen"，并通过"用户数据"将要切换的画面名称传递给脚本。图中所示的脚本"ActivateScreen"需要在自行定义的 VBS 模块中编写。这个模块可以专门用于存放菜单和工具栏需要调用的过程。菜单和工具栏 VBS 模块及过程如图 6-41 所示。

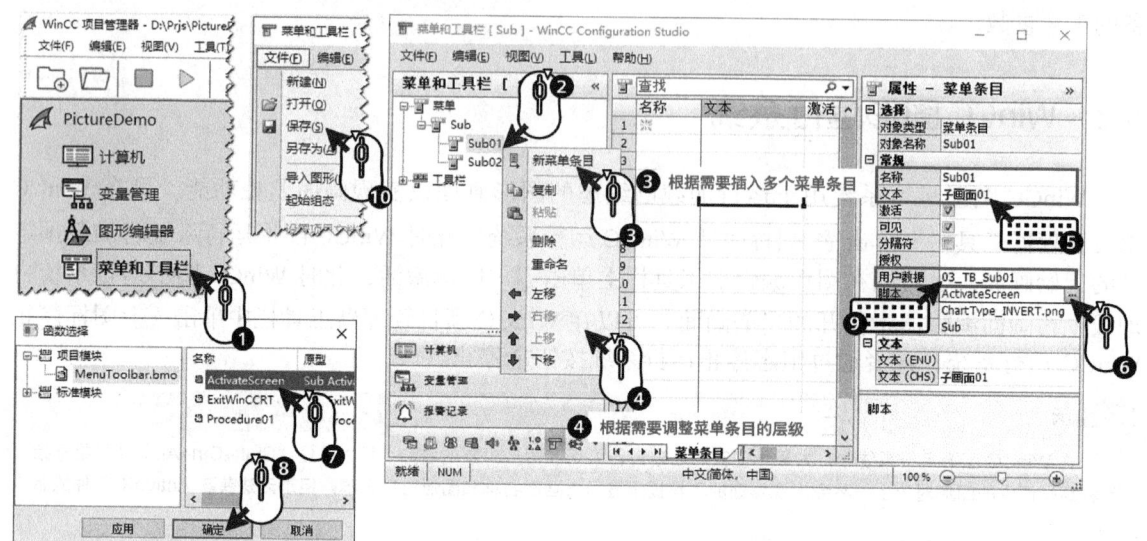

图 6-40 创建菜单的组态过程

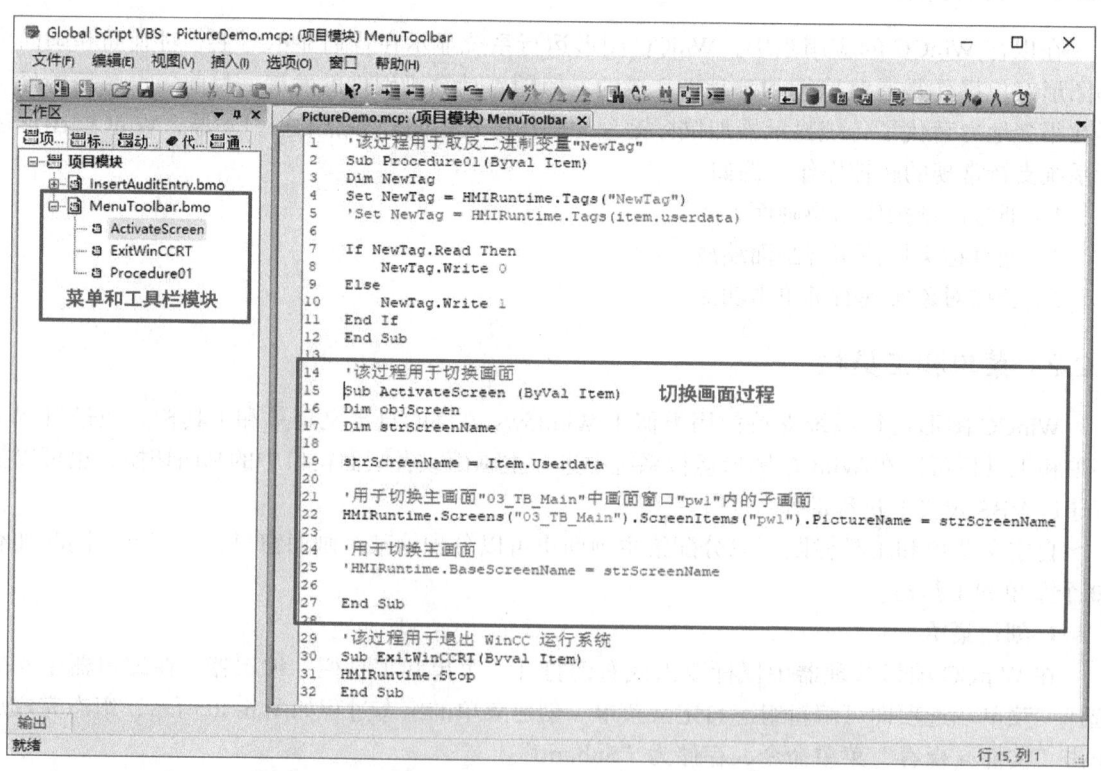

图 6-41 菜单和工具栏 VBS 模块及过程

如图 6-41 所示，该模块中编写了 3 个过程，分别用于操作变量、切换画面以及退出 WinCC 运行系统。

2. 创建工具栏

在"菜单和工具栏"编辑器中选择"工具栏"选项即可编辑组态自定义工具栏。创建工具栏的组态过程如图 6-42 所示。

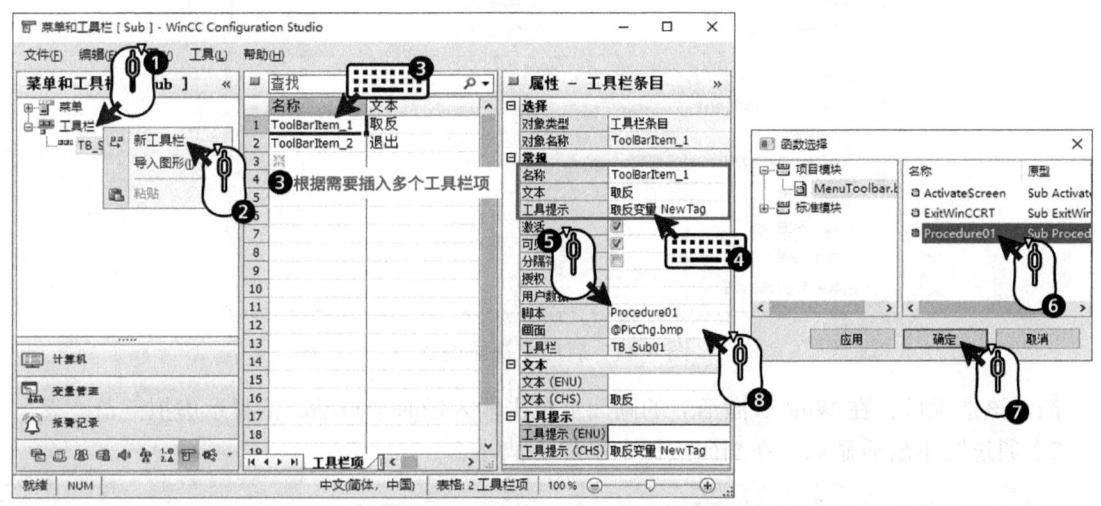

图 6-42　创建工具栏的组态过程

按照图 6-42 所示的组态，该工具栏将用于控制变量"NewTag"的取反切换和退出 WinCC 运行系统。两个工具栏项分别调用脚本过程"Procedure01"和"ExitWinCCRT"。

菜单和工具栏组态完成后，在 WinCC 图形编辑器中组态界面窗口加载菜单和工具栏，然后激活 WinCC 运行系统即可在画面窗口中使用菜单和工具栏。加载菜单工具栏和运行效果如图 6-43 所示。

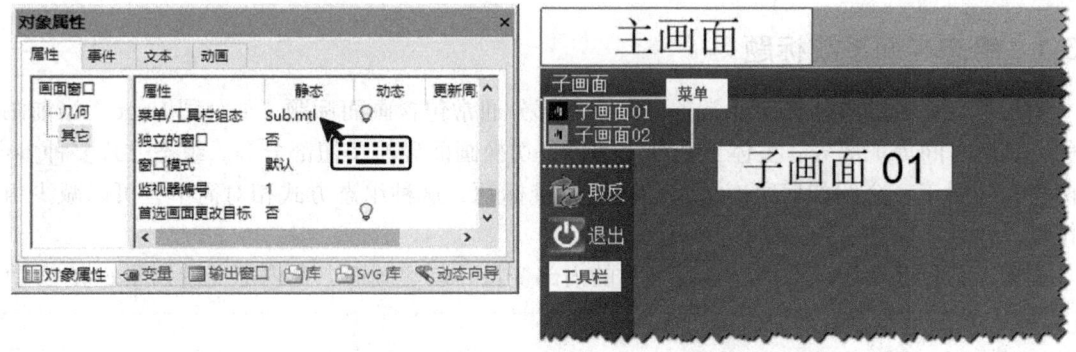

图 6-43　加载菜单工具栏和运行效果

6.2.3　虚拟键盘

在一些场合下，用户不希望通过常规键盘进行画面的操作和输入。针对当下较为流行的多点触控显示器的使用，则可以通过监视器虚拟键盘来完成画面的操作和输入。有两种方式可以激活显示虚拟键盘：单击输入域时自动显示和通过脚本激活显示。

1）单击输入域时自动显示：在 WinCC 计算机属性中进行设置，启用监视器键盘如图 6-44 所示。

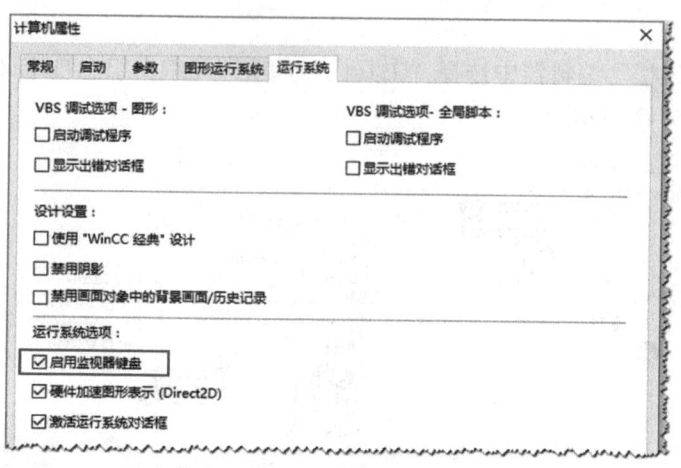

图 6-44 启用监视器键盘

激活该选项后，在 WinCC 激活后的画面上单击输入域时会自动激活显示虚拟键盘。
2) 通过脚本激活显示：在画面按钮中添加 C 脚本。

```
ProgramExecute("C:\\Program Files (x86)\\Common
Files\\Siemens\\Bin\\CCOnScreenKeyboard.exe");
```

单击该按钮后虚拟键盘将激活显示。

6.3 图形系统应用示例

本节将介绍一些应用示例的组态过程，以便进一步理解 WinCC 图形运行系统。

6.3.1 组态界面系统标题

图形运行系统的整体框架非常重要，画面部分通常包含画面标题（如公司 Logo、当前画面名称、日期时间等）部分、主体工艺画面部分、切换画面导航按钮部分等。组态方式多种多样。本例将抛砖引玉，介绍如何组态公共的画面系统标题。这种组态方式相对简单，可以减少组态工作量，并且后期修改较为简单。

步骤 1：创建用于获取画面显示名称的内部变量，创建画面名称内部变量如图 6-45 所示。

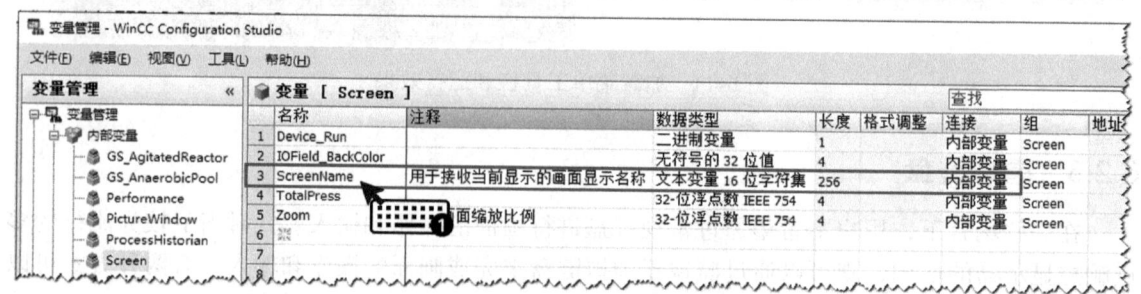

图 6-45 创建画面名称内部变量

创建数据类型为"文本变量 16 位字符集"的内部变量"ScreenName"。

步骤 2：创建系统标题画面"Title.PDL"，如图 6-46 所示。

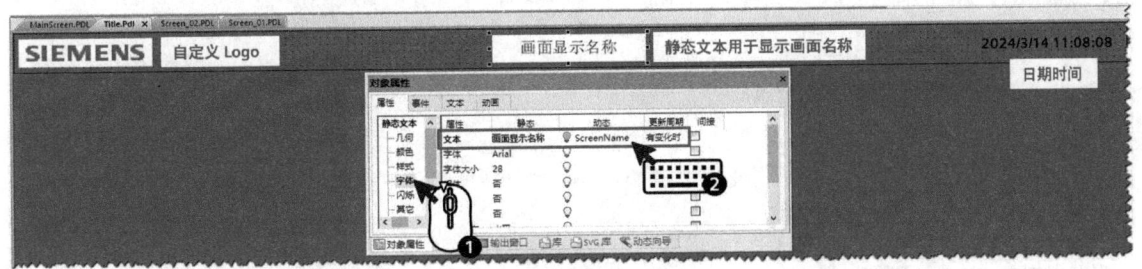

图 6-46　创建系统标题画面"Title.PDL"

如图 6-46 所示，创建画面后，可根据需要设置画面高度和宽度，添加所需 Logo 图标，添加日期时间显示。在画面中部添加静态文本，并将静态文本的"文本"属性直接关联变量"ScreenName"，更新周期设置为"有变化时"。

步骤 3：创建工艺画面"Screen_01.PDL""Screen_02.PDL"，如图 6-47 所示。

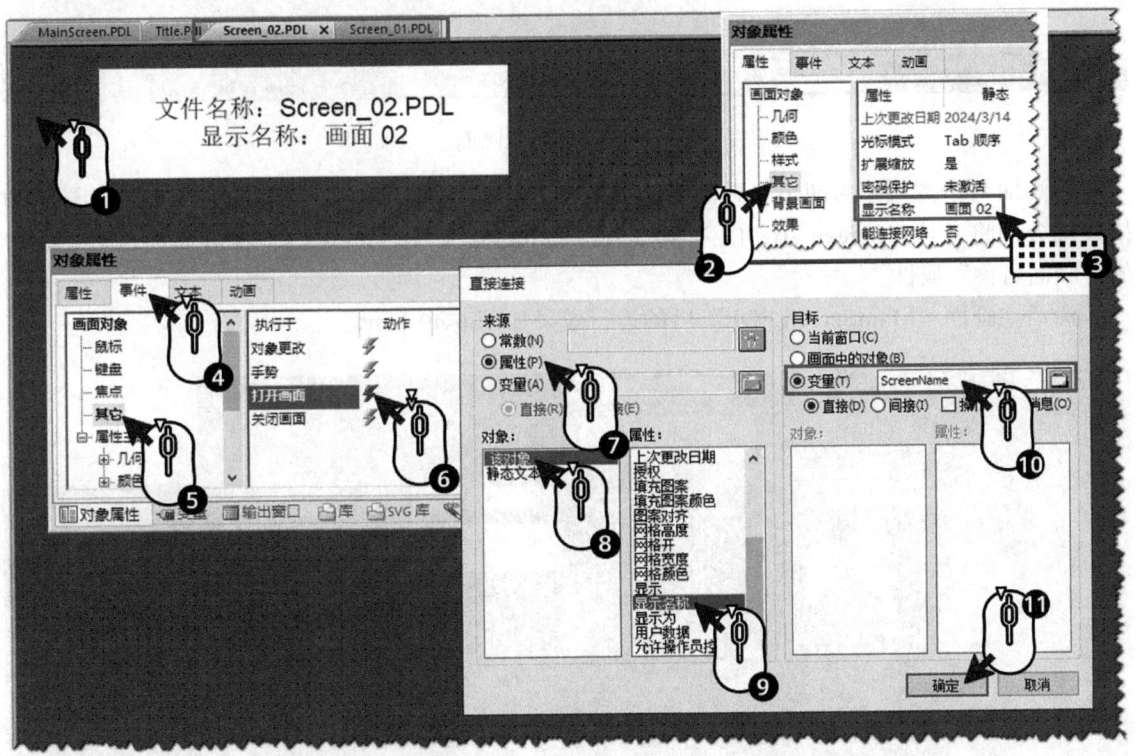

图 6-47　创建工艺画面"Screen_01.PDL""Screen_02.PDL"

如图 6-47 所示，两个画面分别定义"显示名称"静态属性值为"画面 01"和"画面 02"。在画面"打开画面"事件中通过"直接连接"将画面的"显示名称"属性值作为源赋给目标变量"ScreenName"。

步骤 4：创建主画面"MainScreen.PDL"，如图 6-48 所示。

如图 6-48 所示，主画面添加两个画面窗口，分别命名为"Title"和"Screen"，并分别设置其"画面名称"属性值为"Title.PDL"和"Screen_01.PDL"。

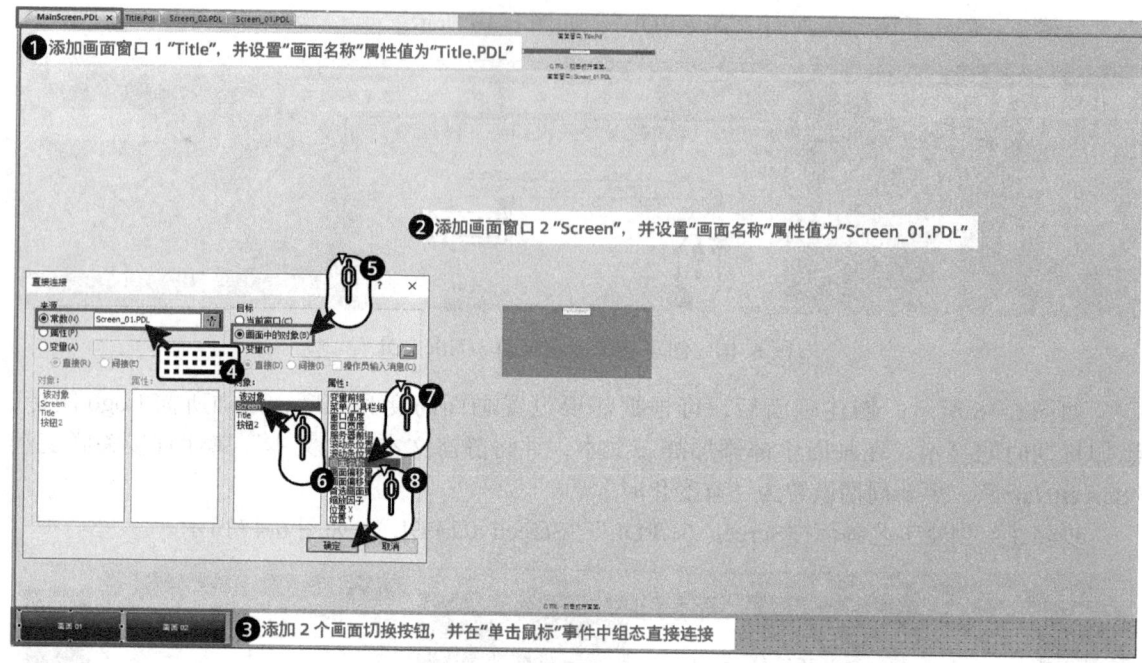

图 6-48 创建主画面

再添加两个按钮作为两个工艺画面切换的按钮。在按钮的鼠标"单击鼠标"事件中添加直接连接分别将常数"Screen_01.PDL"和"Screen_02.PDL"作为源赋给目标画面窗口"Screen"的"画面名称"属性。

激活主画面"MainScreen.PDL"后的运行效果如图 6-49 所示。

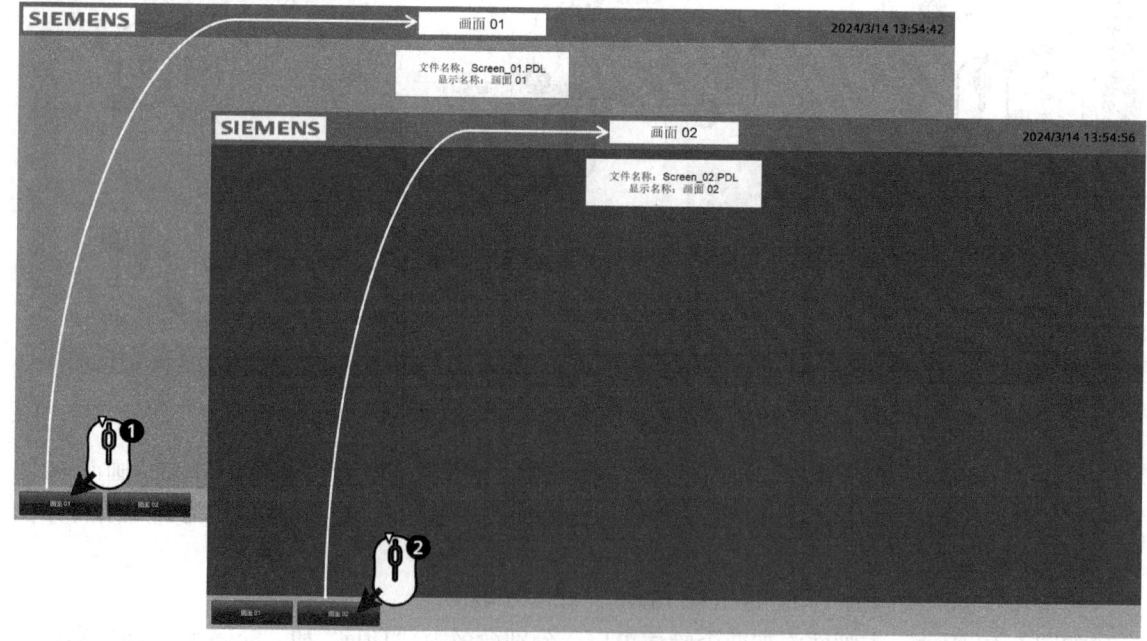

图 6-49 运行效果

如图 6-49 所示，当单击"画面 01"按钮后，"Screen"画面窗口将会加载"Screen_01.PDL"画面。当"Screen_01.PDL"加载后会将其显示名称"画面 01"赋予变量"ScreenName"，而当变量"ScreenName"发生变化时，该变量值将会显示在画面标题上。

6.3.2 使用中央调色板颜色

在画面中插入了多个输入/输出域，在为输入/输出域分配背景颜色时即可使用中央调色板颜色，操作方法如图 6-50 所示。

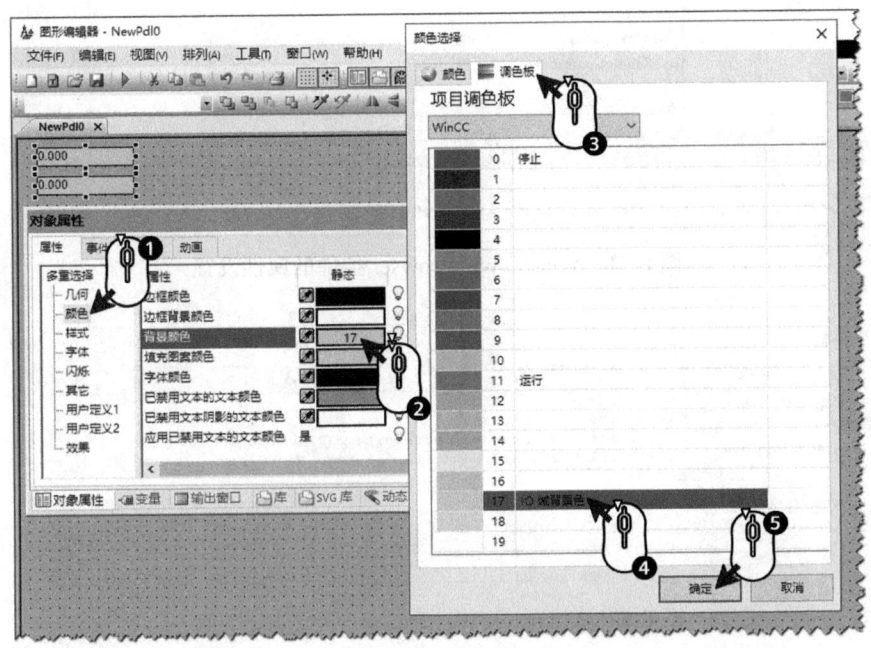

图 6-50　使用中央调色板颜色的操作方法

如图 6-50 所示，画面中的输入/输出域使用了中央调色板中索引号为 17，颜色名称为"IO 域背景色"的颜色。这样相对于直接为对象分配为绿色的优势在于后期如果希望统一更改同类对象的颜色时，无需针对每一个对象进行更改，只需要打开中央调色板将索引号为 17 的颜色更改为期望的新颜色，即可一次性将所有使用了索引号 17 颜色的对象进行更改。

6.3.3 通过控件实现监控系统所需的辅助功能

在许多监控系统中，用户希望能够在画面中查看设备或者操作的相关说明文档，也有需要将视频监控系统的视频画面显示在 WinCC 画面当中。针对这些需求，在 WinCC 中可通过 WebBrowser 控件加以实现。

1. WinCC V7.4/7.5 的实现方法

WinCC WebBrowser 控件的属性设置如图 6-51 所示。

属性"MyPage"可输入静态地址，也可通过关联变量或脚本控制在运行系统中进行动态赋值。并且可设置是否显示导航栏等属性。

Microsoft WebBrowser 的使用方法与 WinCC WebBrowser 不同，其需要在运行期间通过脚本赋予访问地址。Microsoft WebBrowser 浏览地址赋值如图 6-52 所示。

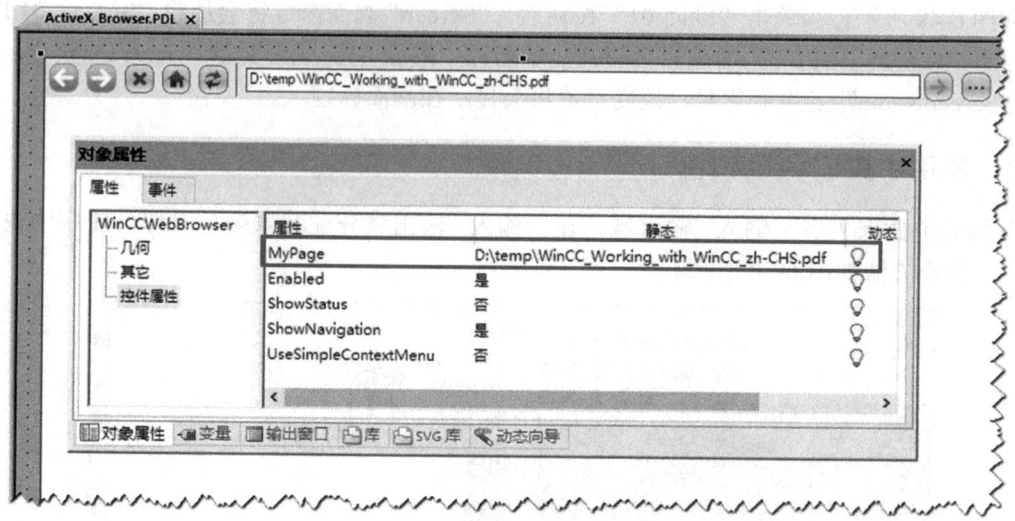

图 6-51　WinCC WebBrowser 控件的属性设置

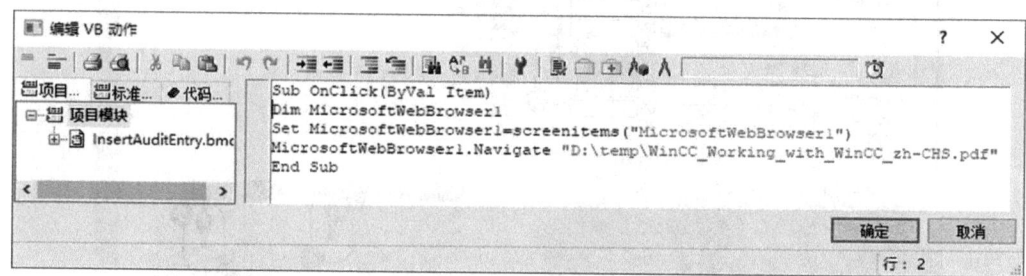

图 6-52　Microsoft WebBrowser 浏览地址赋值

两种控件赋予相同地址加载 PDF 文档效果如图 6-53 所示（在使用该功能前需要安装 PDF Reader，否则会出现文件下载的提示而无法显示 PDF 文档）。

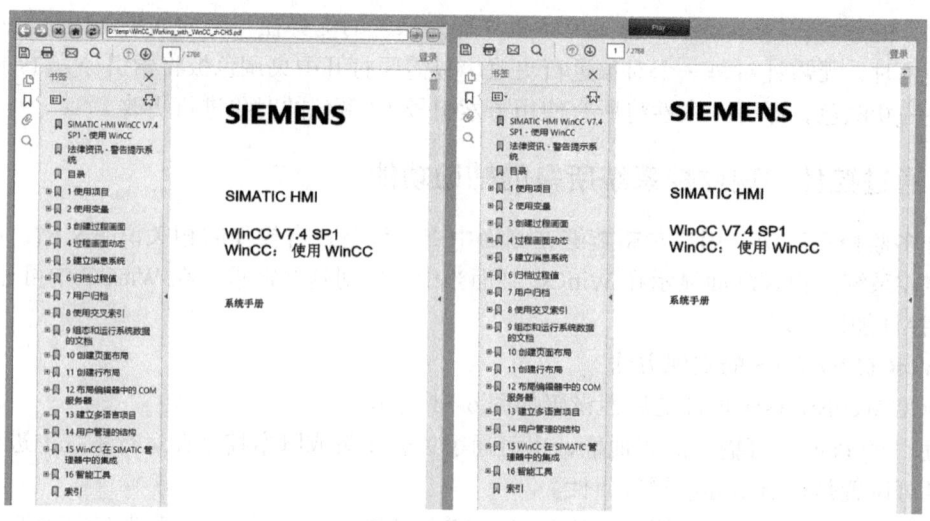

图 6-53　WebBrowser 加载 PDF 文档效果

通过 WebBrowser 实现与视频监控系统的连接，从而可以在 WinCC 画面中监视网络摄像头的视频信息。具体组态方法可参考条目 ID 58074046。

2. WinCC V8.0 的实现方法

在 WinCC V8.0 中，新增了 WinCC WebBrowserControl（Chromium）控件。该控件基于 Chromium 引擎使用 WebKit 内核，相比原有的基于 IE 内核的 Web 浏览器控件有了质的提升。该控件可以兼容 HTML5 网页，而不会像原有的浏览器控件出现网页浏览时的错误。通过该控件还可以在运行系统画面中显示 PDF 文档、显示 IP 摄像机网站、播放视频文件以及浏览文件。

WinCC WebBrowserControl（Chromium）控件的属性设置如图 6-54 所示。

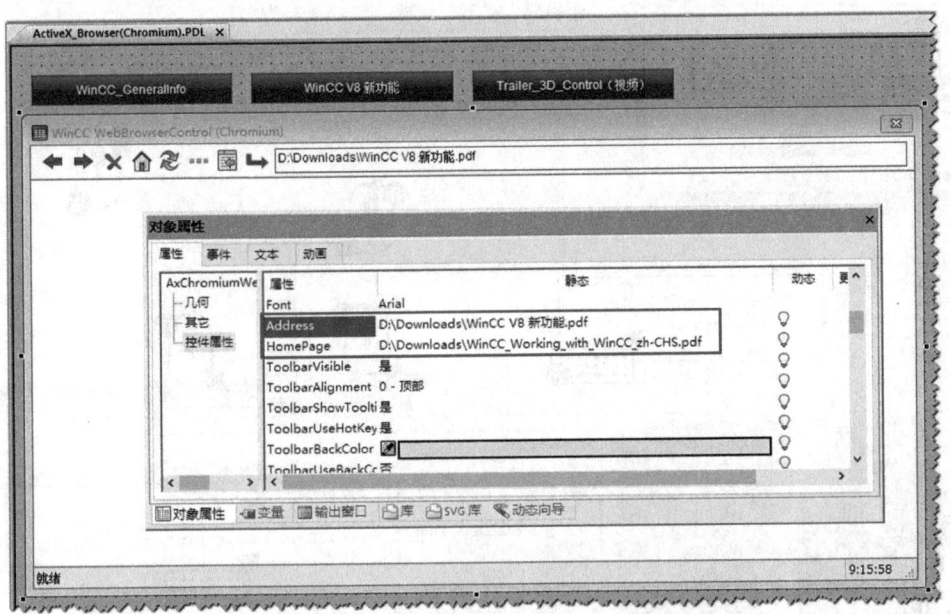

图 6-54　WinCC WebBrowserControl（Chromium）控件的属性设置

属性"Address"可输入静态地址，也可通过关联变量或脚本控制在运行系统中进行动态赋值。当画面激活时，该控件将显示属性"Address"所指向的画面或文件。属性"HomePage"也可输入静态地址，在画面运行的情况下，单击该控件的"选择主页"按钮，将显示属性"HomePage"所指向的画面或文件。并且可以根据需要设置其他相关属性，例如是否显示导航栏等属性。

在运行期间可通过脚本动态调整该控件的显示内容，通过脚本更改"Address"属性值进行该控件内容显示切换的脚本如图 6-55 所示。

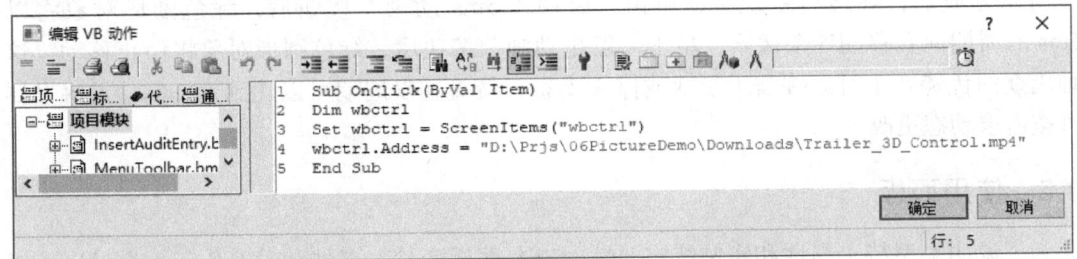

图 6-55　WinCC WebBrowserControl（Chromium）浏览地址赋值

6.3.4 使用动画周期触发器

组态动画触发器的使用方法如图 6-56 所示。

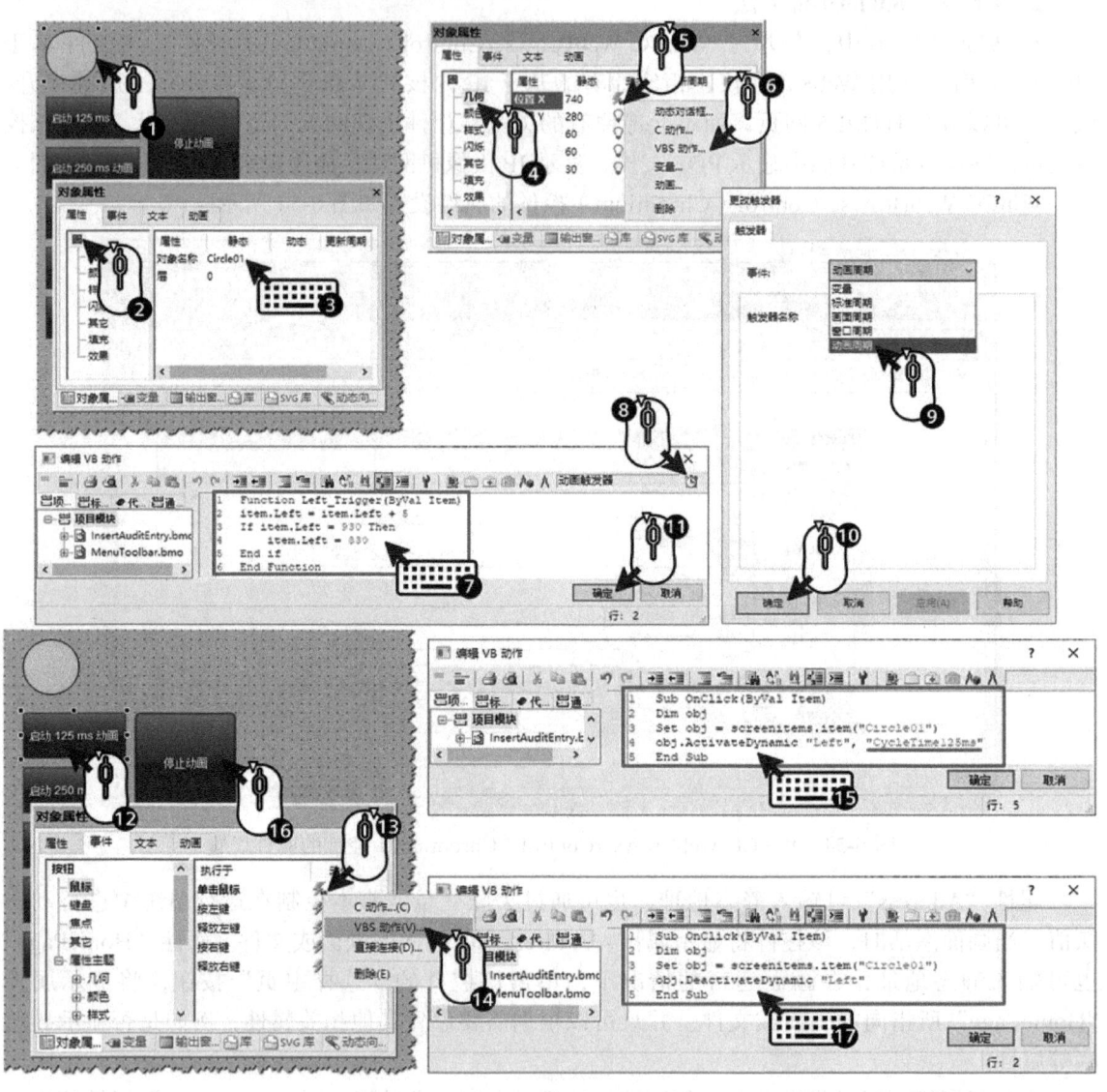

图 6-56　组态动画触发器的使用方法

组态完成后，在运行系统中，单击"启动 125ms 动画"按钮后，绿色圆形对象将以每 125ms 的周期向右移动 5 个像素。单击"停止动画"按钮后，绿色圆形对象将停止移动。这种动画周期的优势在于可以按需求激活或停止动态，最短触发周期可以达到 125ms，且触发器时间可按需求动态更改。

6.3.5 使用面板

为了说明类型特定属性和实例特定属性，以及面板变量、事件和动态化，可通过以下组态过程学习。

步骤1：创建对应面板类型的结构变量，创建面板类型对应的结构变量如图6-57所示。

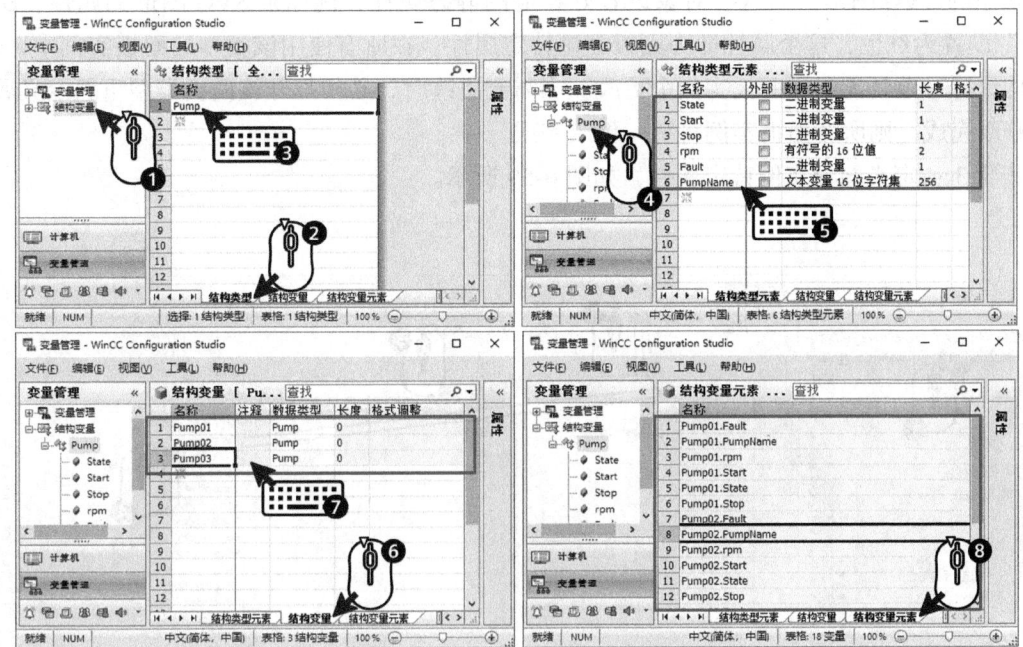

图 6-57　创建面板类型对应的结构变量

根据实际需要创建结构类型之后，即可创建并定义结构类型元素。然后基于该结构类型即可快速地根据设备数量创建出对应的结构变量，最终得到对应个数的结构变量元素。

步骤2：创建面板类型及定义面板类型特定属性，如图6-58所示。

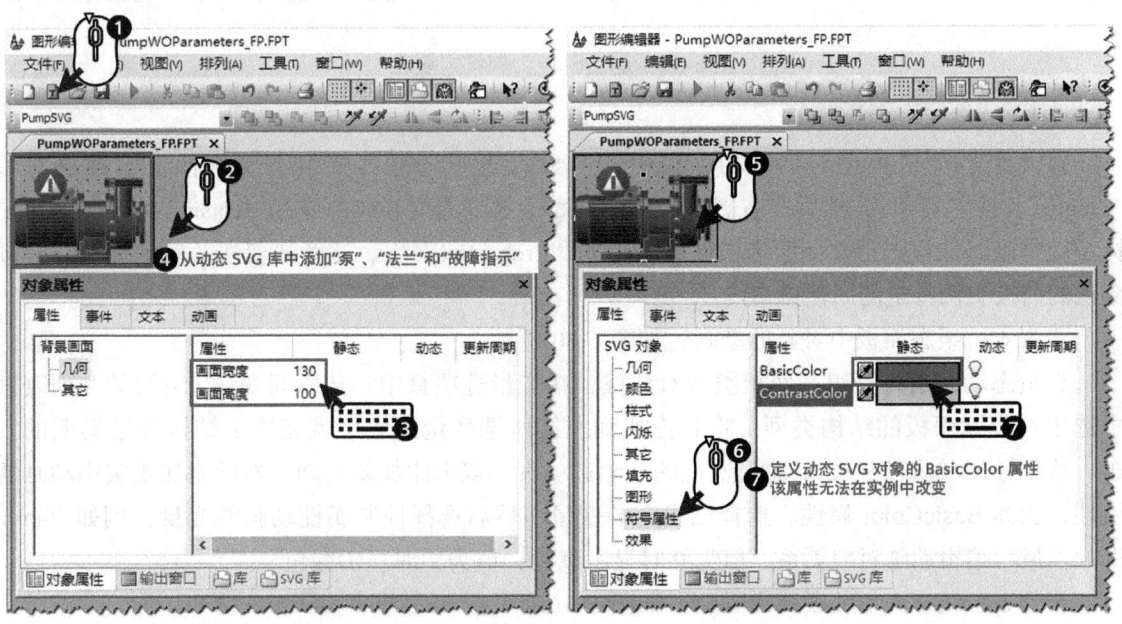

图 6-58　创建面板类型及定义面板类型特定属性

在该面板类型中添加了 1 个泵的动态 SVG 图形、1 个法兰 SVG 图形以及 1 个用于标识泵故障状态的 SVG 图形。为这些对象设置好相应的静态属性，例如泵 SVG 图形的属性"BasicColor"设置为红色，这个属性即为面板类型特定属性。在所有使用该类型的面板实例中，这个属性均保持一致且无法在面板实例中更改。当需要更改时，必须打开该面板类型重新定义属性。一旦修改完成，则所有面板实例将统一更改完成。

步骤 3：定义面板实例特定属性，如图 6-59 所示。

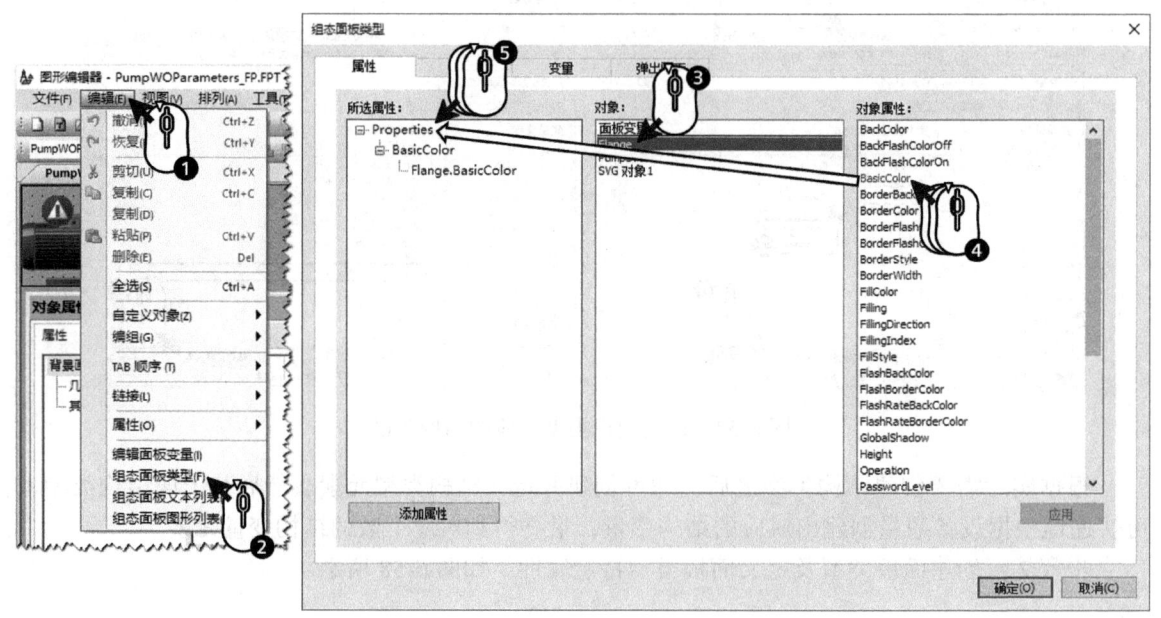

图 6-59　定义面板实例特定属性

打开组态面板类型对话框后，在中间对象列表中选择需要组态实例特定属性的对象"Flange"（法兰对象），然后在右侧对象属性列表中找到需要开放的属性"BasicColor"。通过鼠标左键将该属性拖拽至左侧所选属性列表中的"Properties"下，这意味着法兰对象拥有了基础颜色的面板实例特定的属性接口。

步骤 4：组态面板中对象的动画，如图 6-60 所示。

在组态动画前打开组态面板类型对话框，在变量选项页中，从中间变量/结构类型列表框中选中对应该面板的结构类型，将其拖拽到左侧所选变量列表中就完成了结构变量类型的发布。然后打开泵动态 SVG 对象属性框的动画选项页，双击添加新动画，然后添加要实现动画的属性，例如 BasicColor 属性。选择已发布的变量，然后选择控制属性动画的变量，例如 Pump.State。最后编辑动画对应关系，值为 0 时显示红色，值为 1 时显示绿色。

步骤 5：组态面板关联弹出画面，如图 6-61 所示。

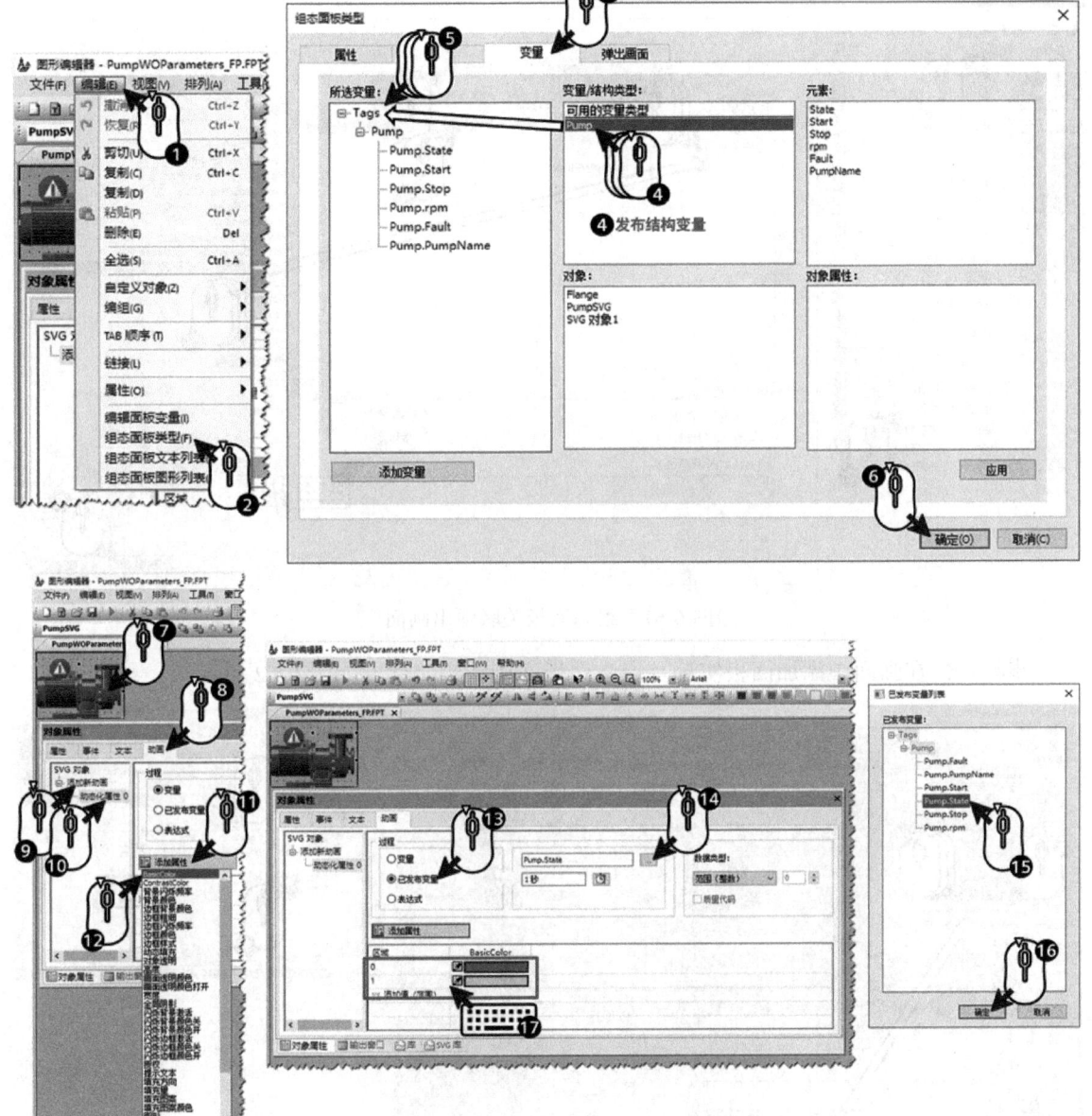

图 6-60 组态面板中对象的动画

为面板类型组态弹出画面的前提是该面板类型对应的设备已组态相应的画面。该画面通常展示比面板更多的设备相关信息，例如展示泵的转速、故障状态显示以及泵的启/停控制按钮等。在 WinCC V8.0 版本中，通过面板弹出画面的组态，无需手动在画面中添加画面窗口对象及编写弹出画面窗口的程序。打开组态面板类型对话框，切换到弹出画面选项页。在右侧画面列表中找到已完成组态对应该面板的弹出画面，通过鼠标左键拖拽至左侧所选变量 Pump 结构类型下。然后根据需要设置弹出窗口参数。"相对偏移量 X"指的是弹出窗口相对于画面中该面板实例的中心点向右的坐标，"相对偏移量 Y"则是弹出窗口相对于画面中该面板实例的中心点向下的坐标。

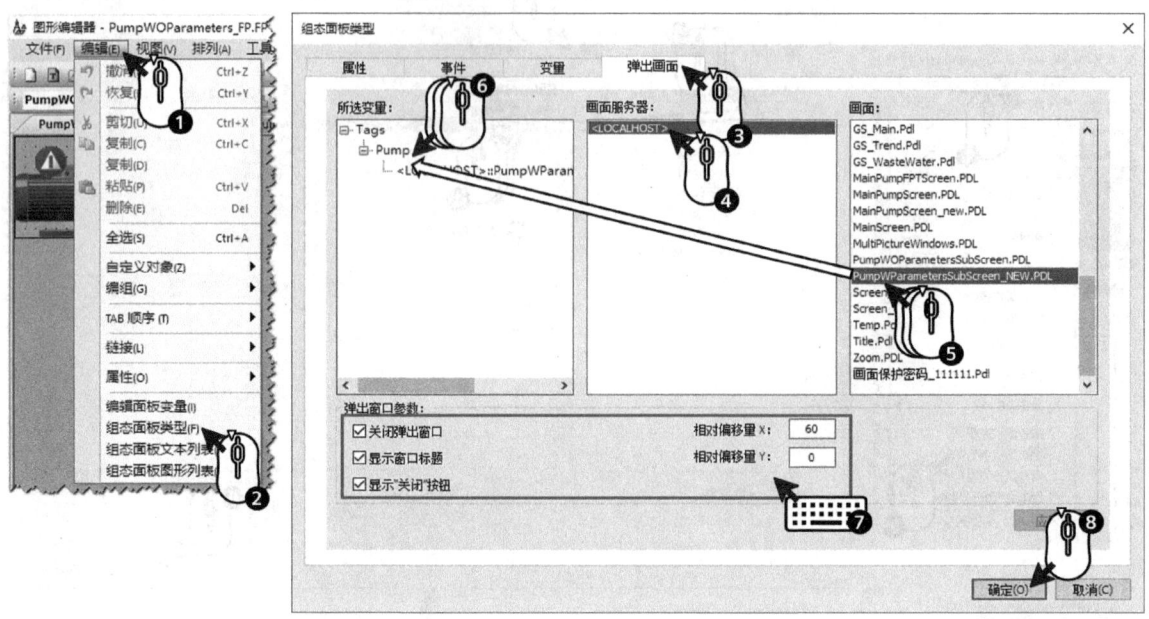

图 6-61 组态面板关联弹出画面

步骤 6：在画面中添加面板实例及定义面板实例特定属性，如图 6-62 所示。

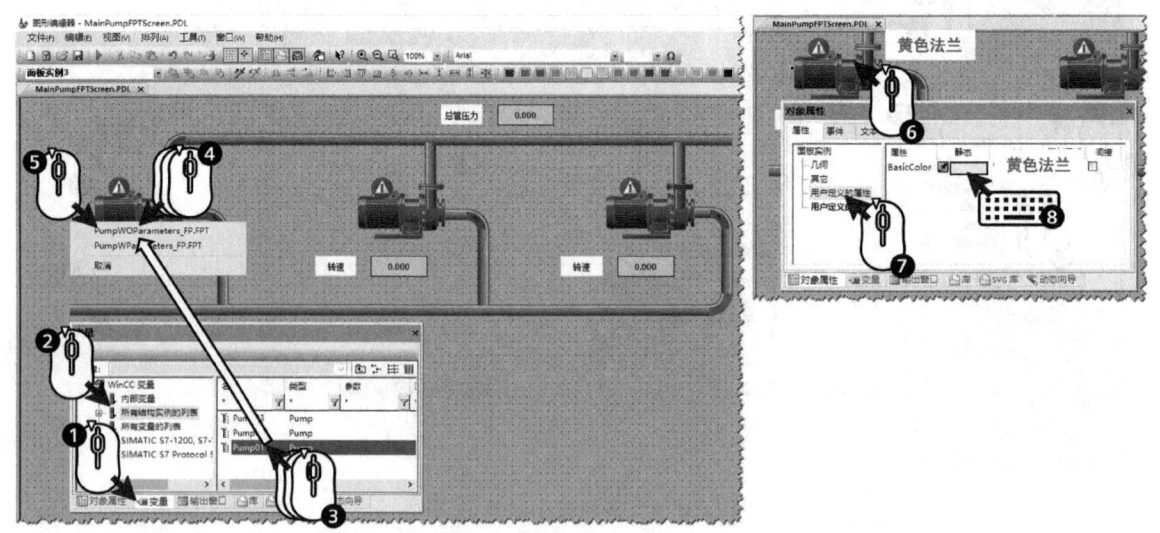

图 6-62 添加面板实例及定义面板实例特定属性

在画面编辑器中的属性窗口切换到变量选项页，从所有结构实例的列表中找到结构变量。通过鼠标左键将其拖拽到画面中，在弹出的下拉列表中选择所需的面板类型即可创建出对应的面板实例。然后打开该面板实例的属性设置，即可为其设置实例特定的属性值，例如该实例中法兰的颜色设置为黄色。这并不是添加面板实例的唯一方式，但是通过这种方式创建的面板实例具有一定的优势。例如面板实例添加后会自动关联被拖拽的结构变量，并且会自动生成打开弹出窗口的 VB 脚本，如图 6-63 所示。

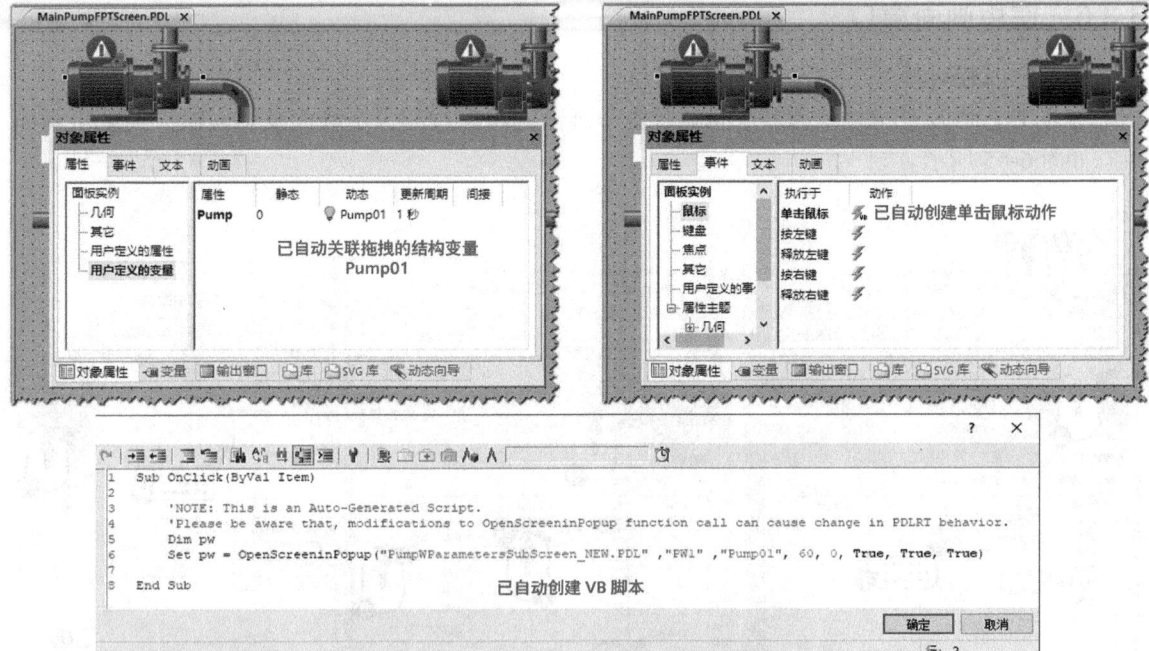

图 6-63 自动生成打开弹出窗口的 VB 脚本

面板实例加弹出窗口的运行效果如图 6-64 所示。

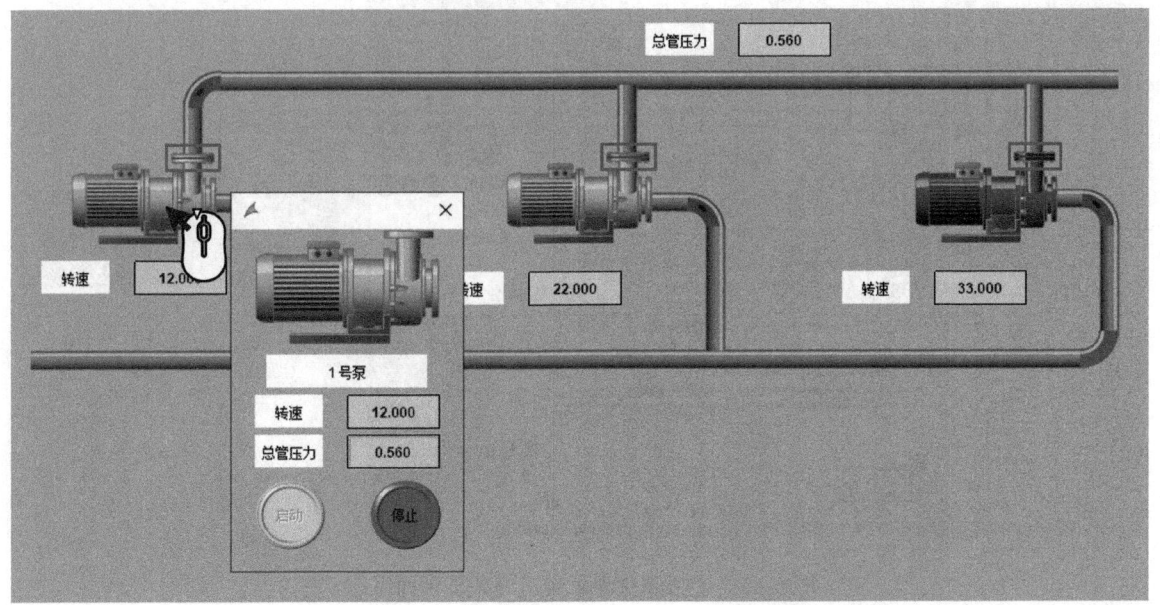

图 6-64 面板实例加弹出窗口的运行效果

当包含多个面板实例的画面运行后，可以看到各个面板实例的法兰具有各自面板实例特定的颜色属性值。并且单击某个面板实例后，会弹出对应的画面窗口加载其对应的详细信息子画面。

6.3.6 使用画面窗口

1. 固定加载画面

在主工艺画面中同时显示多个同类设备子画面的组态过程，子画面及画面窗口加载子画面组态如图 6-65 所示。

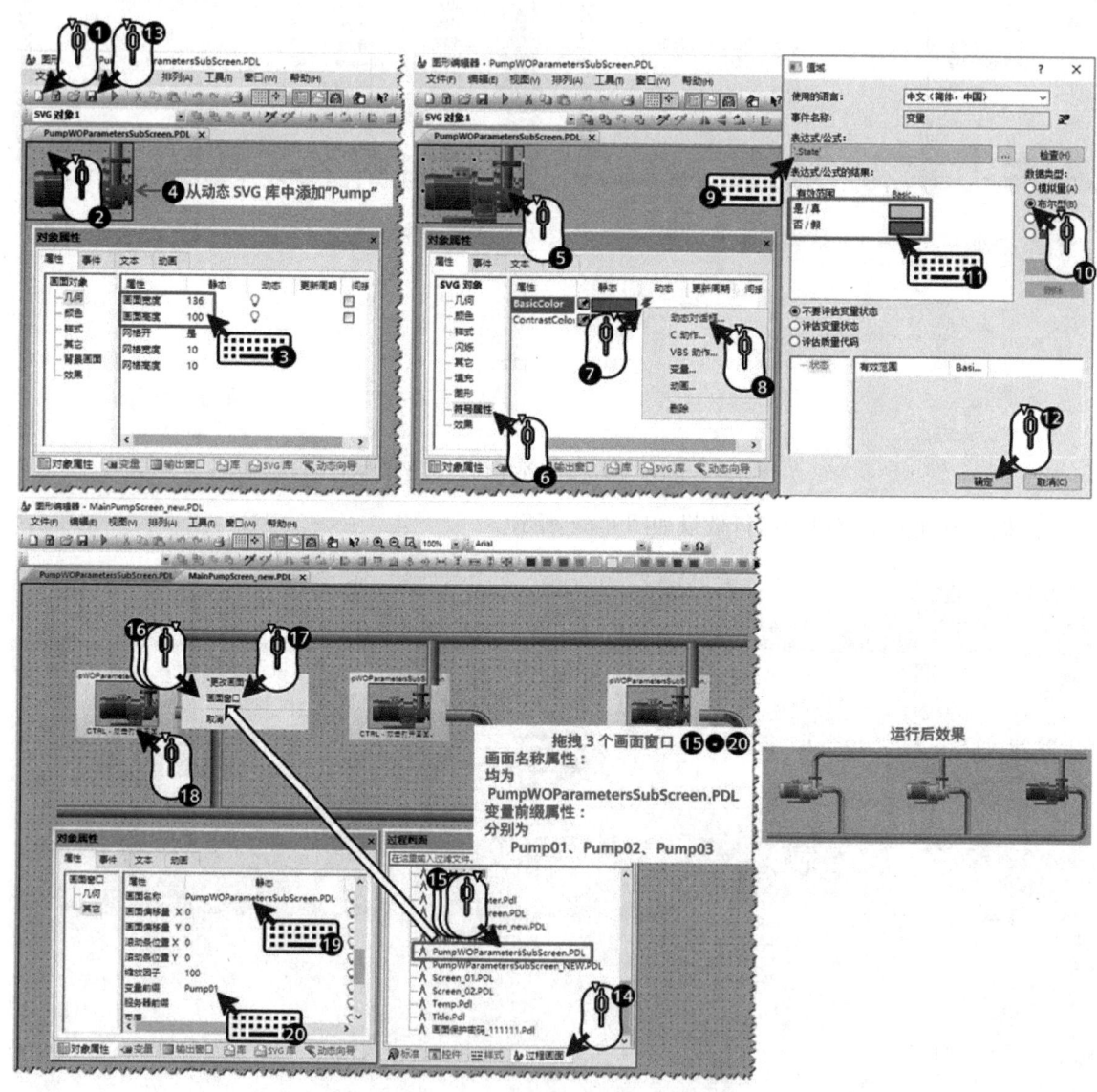

图 6-65 子画面及画面窗口加载子画面组态

通过这种组态方式只需要在主工艺画面中组态管道，通过画面窗口即可加载固定的子画面模板。当前版本的 WinCC 中的画面窗口具有预览子画面的功能，如图 6-65 所示，并且可以通过按住"Ctrl"键后鼠标左键双击画面窗口即可直接打开画面窗口中所加载的子画面进行编辑。子画面可以做成标准化模板，尤其适用于具有大量同类设备的画面。

2. 动态加载画面

其使用场景多见于在主工艺画面中分别显示多个同类设备的子画面。在主工艺画面中分别显示多个同类设备子画面的效果如图 6-66 所示。

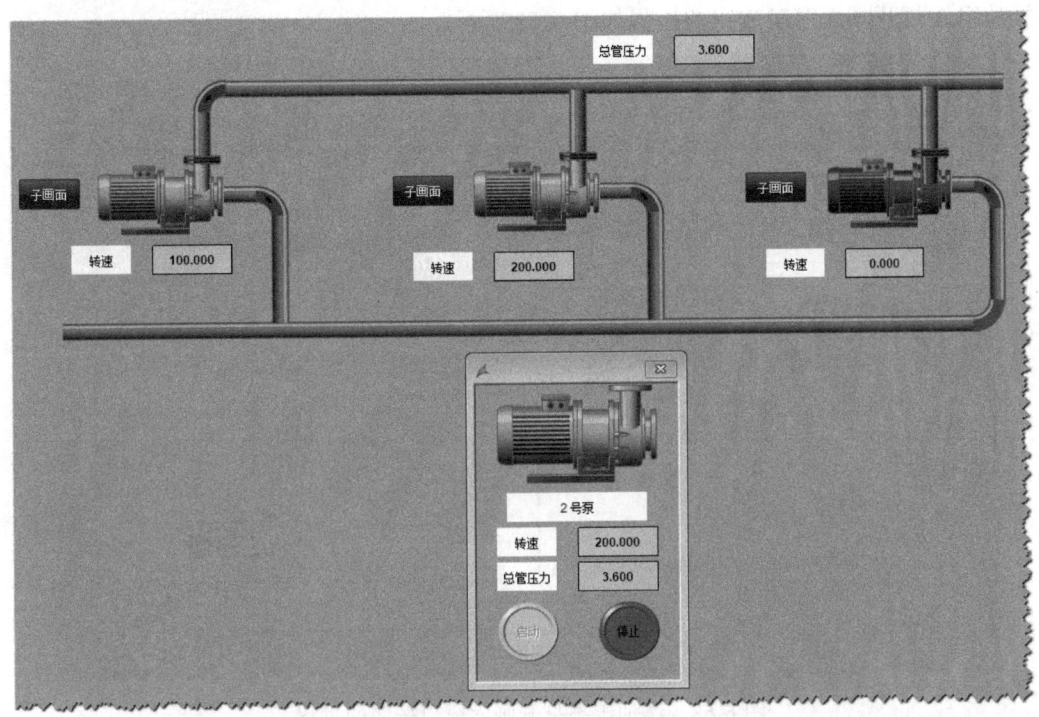

图 6-66 在主工艺画面中分别显示多个同类设备子画面的效果

在主工艺画面中通过一个画面窗口可以动态地加载同类设备的子画面，通过"子画面"按钮为画面窗口赋予不同的变量前缀，即可实现同一个模板画面在画面窗口中分别显示不同设备的工艺参数。

添加画面窗口组态过程如图 6-67 所示。

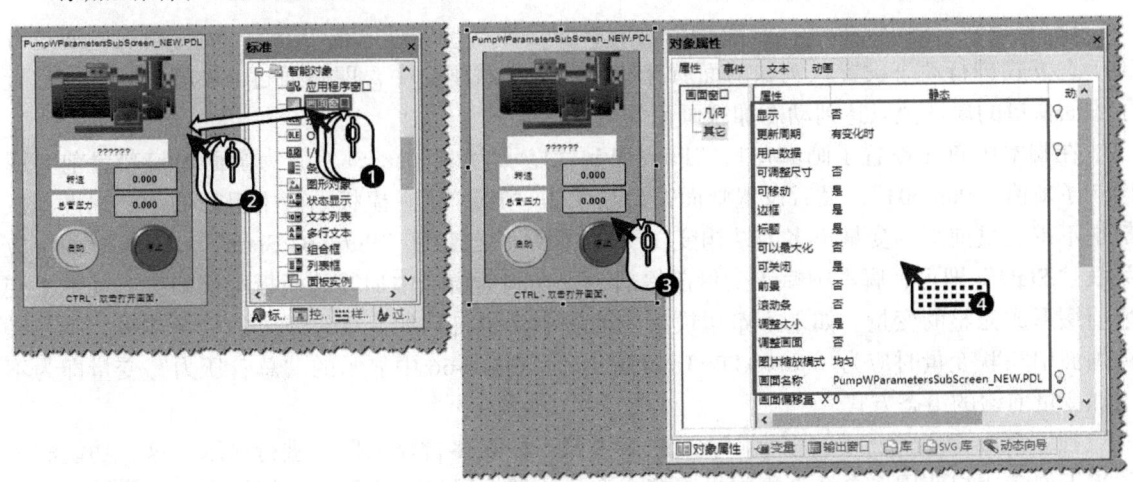

图 6-67 添加画面窗口组态过程

如图 6-67 所示，从智能对象中选择"画面窗口"添加到画面中，并且组态其相关属性。例如"显示"设置为否，"可移动""标题"等设置为是，"画面名称"设置为泵的子画面 PumpW-ParametersSubScreen_NEW.PDL。

添加组态打开画面窗口按钮的过程如图 6-68 所示。

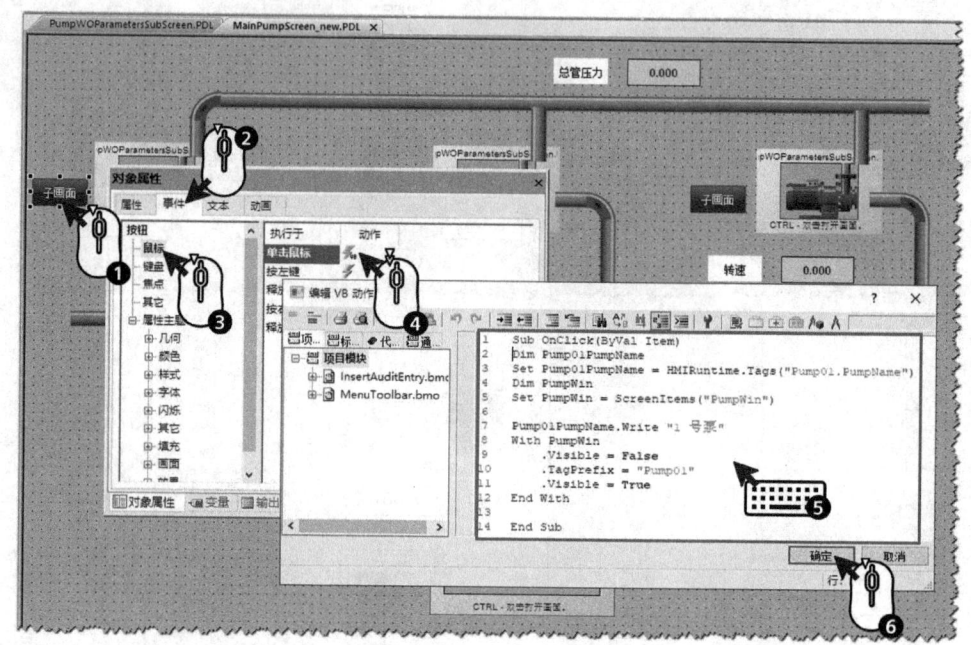

图 6-68 添加组态打开画面窗口按钮的过程

如图 6-68 所示，在画面中添加多个按钮，分别在按钮中编写打开画面窗口脚本，分别对应不同的变量前缀。运行效果如图 6-66 所示，单击不同泵的"子画面"按钮，可分别加载不同泵的状态信息以及参数数据。

画面窗口的重要属性：显示（Visible）、调整大小、画面名称（PictureName）、变量前缀（TagPrefix）、独立的窗口、监视器编号。

以上所涉及的属性都可以设置静态值用于固定加载，也可以在 WinCC 运行系统中通过各种动态方式进行动态设置。例如前面所介绍的动态加载画面中，即是通过 VB 脚本动态地设置了画面窗口的属性值以达到动态加载画面的效果。

在脚本中首先设置了画面窗口"PumpWin"显示为"False"，然后为画面窗口变量前缀属性赋予新值"Pump01"，最后设置画面窗口显示为"True"。在模板画面中组态的动态属性连接都是不带变量前缀的变量（多为结构变量），例如泵状态变量"Pump01.State"在模板画面中应关联".State"即可，脚本中赋予变量前缀后，则在画面窗口中加载的模板画面即会自动加上变量前缀形成完整的变量。如果不希望模板画面中的变量自动加上动态赋予的变量前缀，则在模板画面中关联变量时应为"@NOTP::TotalPress"，如图 6-66 中显示的"总管压力"变量即为不添加变量前缀的组态方式。

独立窗口：WinCC 支持多个画面窗口，并且可以在多台显示器上进行显示。这一功能满足了当下许多用户使用一台计算机主机连接多个显示器分屏显示的需求。例如当一台计算机主机通过扩展桌面形式连接 4 台显示器时，则可以在 WinCC 的主画面中添加 4 个画面窗口加载不同的画面，并对画面窗口设置相应属性即可实现分屏画面显示。独立画面窗口多屏显示组态如图 6-69 所示。

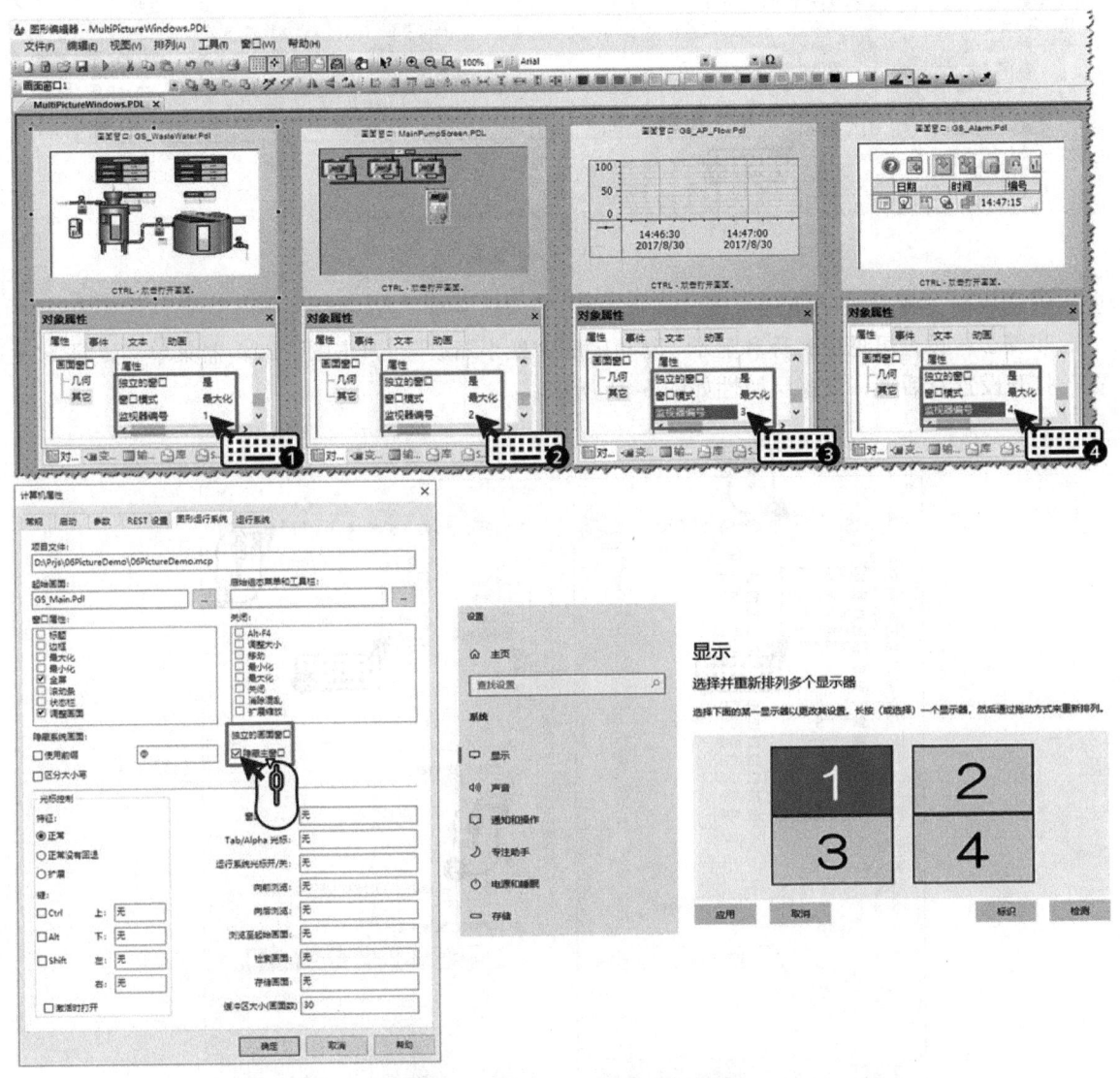

图 6-69　独立画面窗口多屏显示组态

分别为 4 个画面窗口设置加载不同的画面，并将"独立的窗口"属性设置为"是"，"窗口模式"设置为"最大化"，"监视器编号"分别对应图中计算机显示器编号进行分配。然后在 WinCC 项目管理器中的计算机属性"图形运行系统"中使能"隐藏主窗口"。系统激活运行后，WinCC 将会自动在 4 个扩展桌面上分别显示 4 个画面窗口所加载的画面。

6.3.7　显示 / 隐藏画面对象

1. 通过缩放控制层对象的显示 / 隐藏

步骤 1：创建用于获取画面缩放比例的内部变量，添加变量如图 6-70 所示。

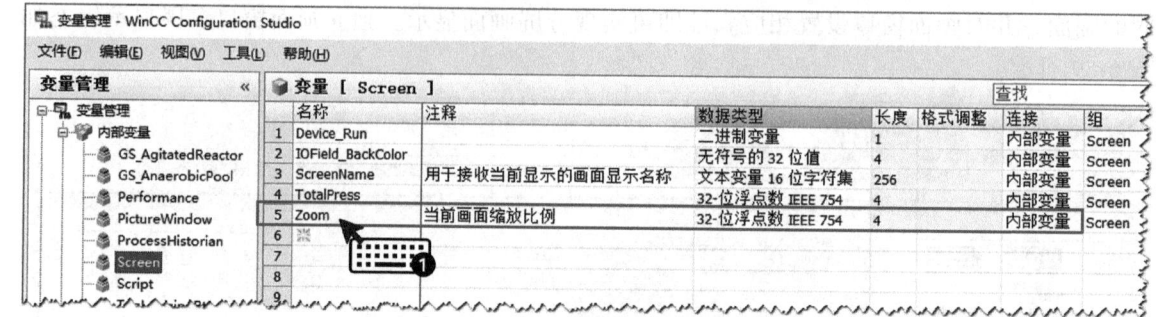

图 6-70 添加变量

创建数据类型为 "32-位浮点数 IEEE 754" 的内部变量 "Zoom"。

步骤2：设置可见层名称和显示/隐藏层的 "最小缩放"。单击图形编辑器菜单 "工具 > 设置" 打开设置对话框，设置层属性如图 6-71 所示。

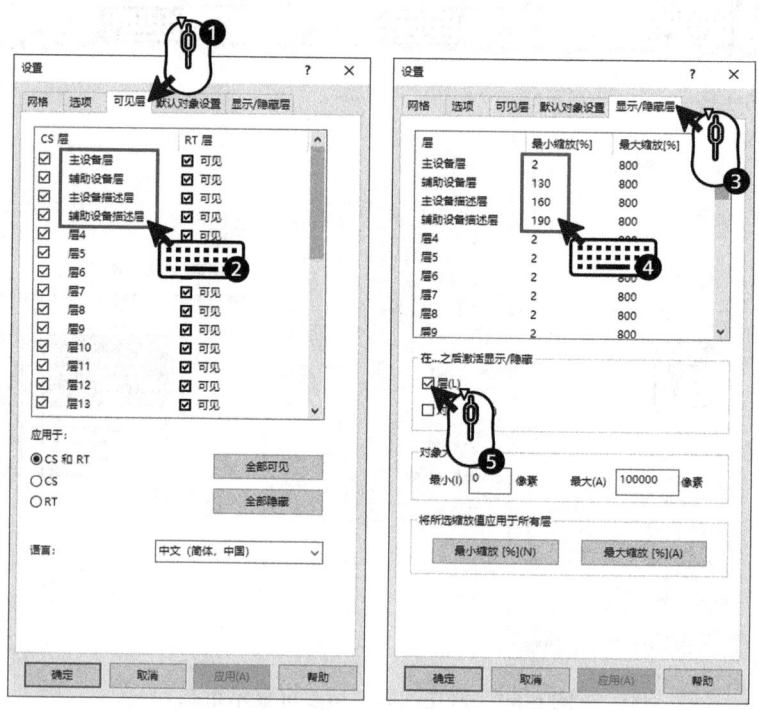

图 6-71 设置层属性

如图 6-71 所示，为前 4 层分配了层名称，并设置了 "最小缩放" 分别为 2、130、160 和 190，并将 "在…之后激活显示/隐藏" 选择为 "层"。

步骤3：添加画面对象并分配隶属层，如图 6-72 所示。

如图 6-72 所示，分别添加 4 个 "静态文本"，并分配为层 0~3。

步骤4：添加可控制画面缩放的按钮，如图 6-73 所示。

如图 6-73 所示，添加 1 个 "输入/输出域" 关联变量 "Zoom" 用于显示当前画面显示比例。添加 3 个按钮用于控制画面显示比例的缩放，例如 "缩小 10%" 按钮，并为按钮编写 VB 脚本。

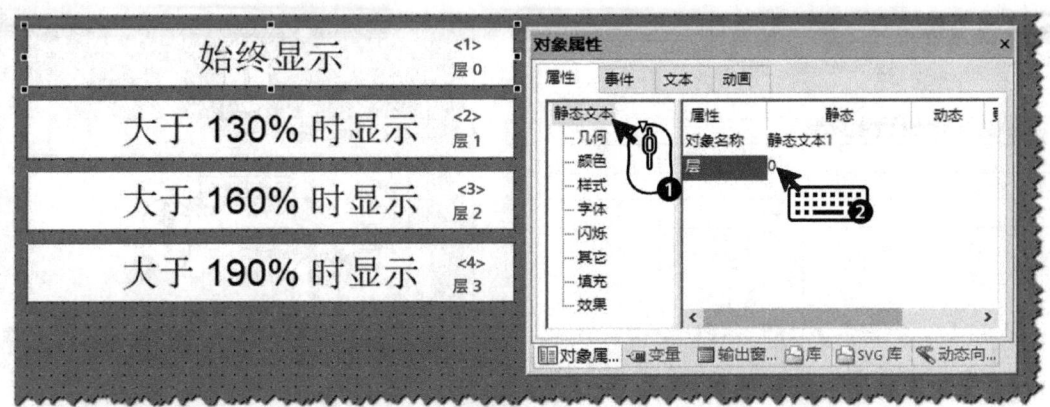

图 6-72 添加画面对象并分配隶属层

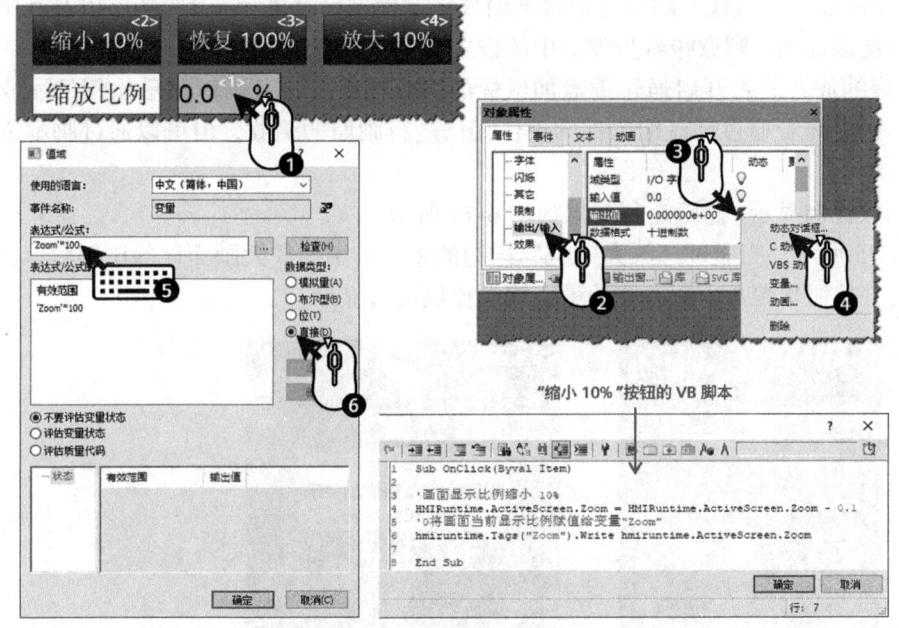

图 6-73 添加可控制画面缩放的按钮

"放大 10%"按钮代码为：

```
HMIRuntime.ActiveScreen.Zoom = HMIRuntime.ActiveScreen.Zoom + 0.1
HMIRuntime.Tags("Zoom").Write HMIRuntime.ActiveScreen.Zoom
```

"恢复 100%"按钮代码为：

```
HMIRuntime.ActiveScreen.Zoom = 1
HMIRuntime.Tags("Zoom").Write HMIRuntime.ActiveScreen.Zoom
```

步骤 5：设置计算机属性和画面属性，如图 6-74 所示。

如图 6-74 所示，在项目管理器中打开计算机属性设置窗口。取消"调整画面"选项，取消"消除混乱"和"扩展缩放"选项的选择（默认情况下这两个选项为选中状态）。并且在允许进行画面显示比例缩放的画面属性中，将"扩展缩放"属性值设置为"是"。

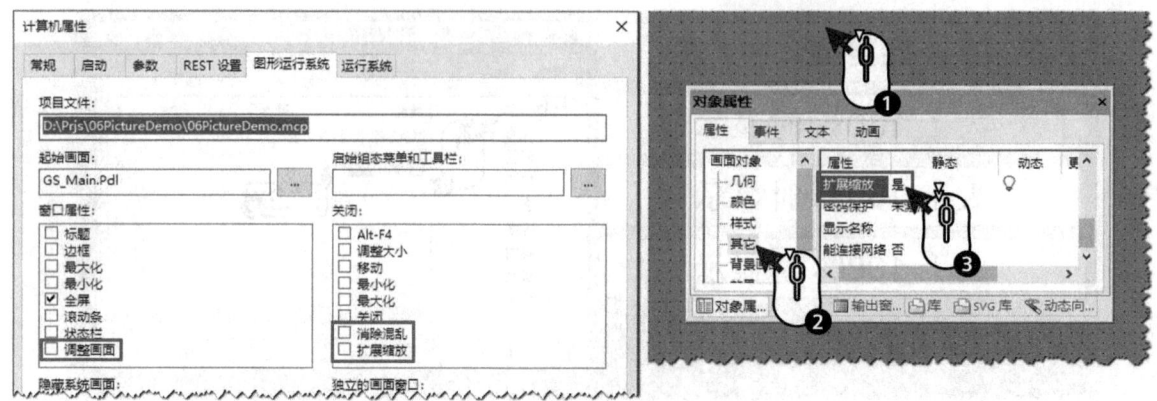

图 6-74 设置计算机属性和画面属性

1)消除混乱:开启或关闭通过缩放画面显示比例过程时显示/隐藏各层以及其中存储的对象。如果勾选该选项,则意味着步骤 2 中的设置无效。

2)扩展缩放:是否开启通过键盘加鼠标的组合操作来进行画面显示比例的缩放。如果勾选该选项,则意味着通过键盘加鼠标的操作无法进行画面的缩放,但可以通过脚本进行画面的缩放。

按钮缩放控制显示/隐藏运行效果如图 6-75 所示。

如图 6-75 所示,当通过"放大 10%"按钮的单击,不断放大画面显示比例后,已组态的静态文本域将会按照步骤 2 中所设置的最小缩放比例进行显示。

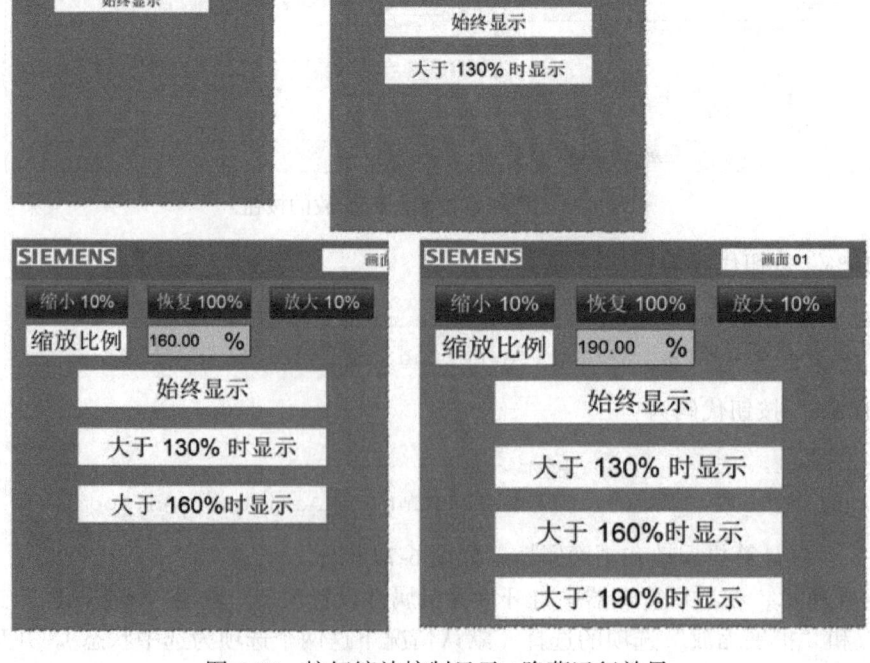

图 6-75 按钮缩放控制显示/隐藏运行效果

除了通过单击已组态的按钮进行缩放之外，还可以通过键盘加鼠标的组合操作完成，如图 6-76 所示。

如果使用的为支持多点触控的显示器和系统，则在画面上通过触摸手势也可进行画面显示比例的缩放。已组态的静态文本域同样会按照步骤 2 中所设置的最小缩放比例进行显示。缩放手势如图 6-77 所示。

图 6-76　键盘加鼠标的组合操作　　　　图 6-77　缩放手势

2. 通过脚本控制层对象的显示 / 隐藏

除了通过缩放控制层对象的显示 / 隐藏之外，在画面不进行缩放的情况下也可以通过脚本来控制层的显示 / 隐藏。控制显示 / 隐藏的按钮组态如图 6-78 所示。

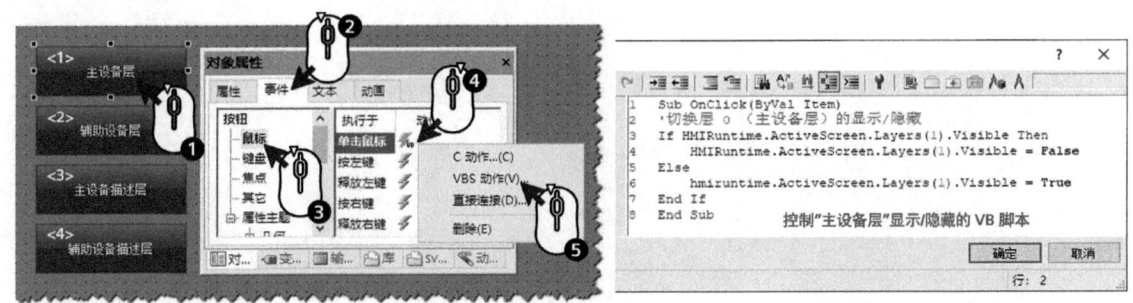

图 6-78　控制显示 / 隐藏的按钮组态

如图 6-78 所示，添加 4 个按钮分别用于控制 "主设备层"（层 0）、"辅助设备层"（层 1）、"主设备描述层"（层 2）和 "辅助设备描述层"（层 3）的显示和隐藏。在 "主设备层" 按钮的 "单击鼠标" 事件中添加以下 VB 脚本。

```
If HMIRuntime.ActiveScreen.Layers(1).Visible Then
   HMIRuntime.ActiveScreen.Layers(1).Visible = False
Else
   HMIRuntime.ActiveScreen.Layers(1).Visible = True
End If
```

其中，Layers(1) 代表 "主设备层"（层 0），其他按钮更改脚本中的数字即可。

组态完成后激活画面运行效果，按钮控制显示 / 隐藏效果如图 6-79 所示。

图 6-79 按钮控制显示/隐藏效果

单击相应的按钮即可切换相应层和隶属于该层的对象显示及隐藏。例如单击"辅助设备层"按钮后,"大于 130% 时显示"静态文本被隐藏。

> **提示**
> 以上所描述的通过缩放控制层对象的显示/隐藏与通过脚本控制层对象的显示/隐藏两种方式只能选择其中一种,两种方法不能同时使用。如果希望通过缩放进行控制时,则图 6-71 设置层属性的步骤 5 选项需要勾选。如果希望通过脚本进行控制时,则图 6-71 设置层属性的步骤 5 选项不能勾选。

第7章 WinCC 消息系统

WinCC 消息系统用于处理并显示在生产过程中发生的报警和事件。它能够快速定位生产设备（参数）的故障以及控制器（PLC）本身的错误，从而能够快速地排除故障。另外，对于重要的报警消息可以进行归档，方便以后查询。

生产过程中会产生很多的报警消息，因此需要更好地管理辨识这些报警消息。WinCC 消息系统能够很方便地对消息进行分类，不同类型的消息可以具有不同的确认机制、显示颜色等属性。并可以根据要求对显示在画面上的报警消息进行过滤。

WinCC 还具有声音报警的功能，当有报警发生时可以通过声音的形式提醒操作人员注意。

通过本章的学习，除了能够理解 WinCC 消息系统处理消息的过程及原理外，还能够掌握如下组态操作：

1）组态离散量报警。
2）组态模拟量报警。
3）组态 AS 报警。
4）组态 OPC 报警。
5）组态报警归档。
6）组态报警显示及过滤。
7）组态声音报警。

7.1 WinCC 消息的生命周期

WinCC 消息系统负责消息整个生命周期的管理。

7.1.1 消息系统的介绍

当生产过程出现异常时（例如电机故障、液位高过限制值），WinCC 消息系统可以把这些异常信息以不同的颜色和方式（闪烁）显示在 WinCC 画面中，并触发报警声音，以提醒相关操作人员。操作人员根据报警信息和不同的声音可以快速定位到报警源，以尽快解决故障。也可以查询出相关报警消息记录，用来分析故障原因。

WinCC 主动监视生产过程中的数据（二进制变量及模拟量变量）并与设定的触发条件相比较，满足设定条件则触发报警消息。PLC 也可以把监视到的报警消息传送到 WinCC 消息系统。这些报警消息可以显示在 WinCC 消息视图中，也可以通过报表打印报警消息。同时一些重要的消息可以存储在 WinCC 后台数据库中，方便以后查询。

7.1.2 消息经历的过程

WinCC 消息的整个生命周期包括以下几个阶段。

1. 消息的触发

WinCC 项目启动后，消息系统中使用到的变量（消息变量）就会被注册到 WinCC 数据管理器中。变量管理器通过相应的通信驱动程序，从过程控制器（PLC）中读取这些变量的值，消息变量的读取如图 7-1 所示。

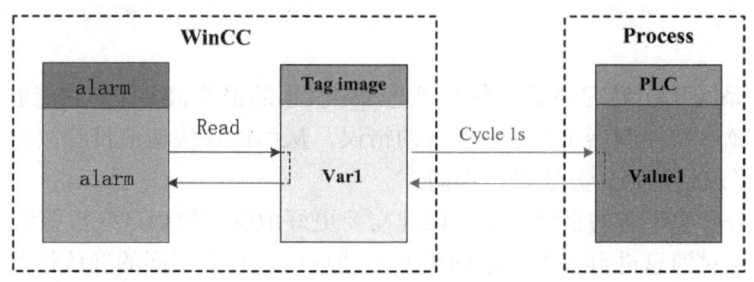

图 7-1　消息变量的读取

WinCC 报警运行系统会监视对应变量的变化，并比较新值和旧值。当满足组态的报警条件（离散量的上升沿或下降沿，模拟量的上下限值）时，则触发报警消息。

2. 消息的输出

触发的报警消息会在画面的消息视图（WinCC 消息视图）中显示出来，如图 7-2 所示，以提醒操作人员注意。

	日期	时间	编号	状态	消息文本	类别	类型	泵转速	当前用户名
1	25/05/18	11:13:00 下午	104		液位低低报警，限制值液位报警		超限故障		
2	25/05/18	11:24:40 下午	1		泵漏液报警	开关量报警	泵	0	operater1
3	25/05/18	11:27:40 下午	101		液位高高报警，限制值液位报警		超限故障		
4	25/05/18	11:28:54 下午	2		泵振动大报警	开关量报警	泵	410	operater1
5	25/05/18	11:28:54 下午	3		泵卡死报警	开关量报警	泵	410	operater1
6									

图 7-2　消息视图

同时，报警消息可以触发声音输出设备，进行声音报警。

3. 消息的确认

操作人员可以通过报警控件或变量来确认消息。消息被确认后，相应的闪烁提示和报警声音将会停止。

4. 消息的归档

如果消息使能"被归档"属性，那么这条消息将被存储到后台数据库中，方便以后查询。

7.1.3　实时消息和归档消息

当前被激活的消息称为实时消息。实时消息可以在 WinCC 消息视图中的消息列表中显示出来，也可以触发声音报警。

单个消息归档如图 7-3 所示，创建的消息默认激活"被归档"属性。激活此属性，这条消息将被保存在 WinCC 后台数据库中，成为归档消息。归档消息显示在 WinCC 消息视图中的归档消息列表中。

图 7-3　单个消息归档

7.2 WinCC 消息的触发

WinCC 中的消息包括离散量消息、模拟量消息、系统消息、AS 消息、OPC 消息和操作员消息六种类型，每种类型的消息的触发方式都不同。

7.2.1 离散量消息

在 WinCC 中由二进制变量或者无符号整型变量（无符号 8 位、无符号 16 位、无符号 32 位）中的某一位触发的消息称为离散量消息。离散量消息的变量选择如图 7-4 所示。可以为离散量消息指定是在信号的上升沿还是下降沿触发离散量消息，下降沿触发离散量消息如图 7-5 所示。

图 7-4　离散量消息的变量选择　　　图 7-5　下降沿触发离散量消息

> **提示**
> 消息系统的消息变量、确认变量和过程值变量的默认更新时间是 1s，这个更新时间可以在注册表中修改。关于如何更改 WinCC 消息记录的采集周期的详细组态步骤请参考条目 ID 22269712。需要注意的是，加快更新频率会导致系统负担增加。

当使用具有绝对地址的 PLC 变量触发离散量报警时需要注意，S7 PLC 中字中的字节高低顺序是交换的。字节顺序如图 7-6 所示，消息变量"alarm_tag"的地址为 MW0，消息位为 8，则这条消息在 M0.0 为 1 时被触发，因为 MW0 的第 8 位为 M0.0。

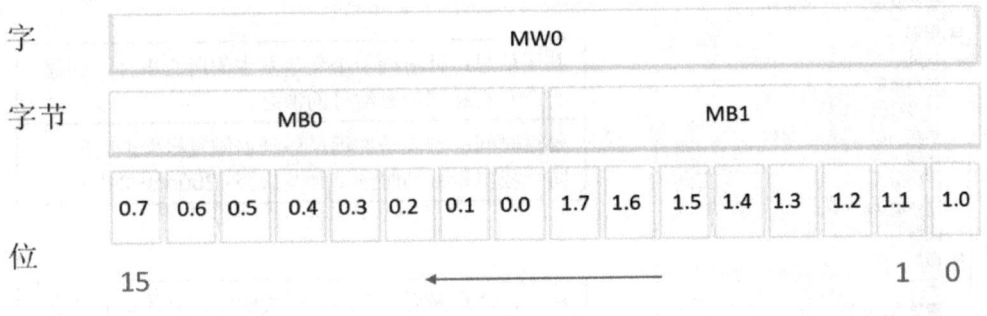

图 7-6　字节顺序

7.2.2 模拟量消息

由 WinCC 模拟量触发的超过限制值、值相同以及值不同的消息称为模拟量消息。

在 WinCC 报警记录编辑器中的"限值监视"下选择需要监视的模拟量变量，然后在监视的变量下去选择消息触发方式。模拟量消息如图 7-7 所示。

报警记录	«	限制值 [全部]					
			变量	共用信息	消息号	比较值	比较值变量	间接
消息		1	press1	☐	0			☐
消息块		2	上限	☐	100	90		☐
消息组		3	下限	☐	101	10		☐
系统消息		4						
限值监视		5	press2	☐	0			☐
AS 消息		6	上限	☐	102	0	press2_high	☑
		7	下限	☐	103	1	press2_low	☑
		8						
		9	state_value	☐	0			☐
		10	值相同	☐	104	3		☐
		11	值不同 ▼	☐	105	0		☐
		12	上限					
		13	下限					
		14	值相同					
		15	值不同					

图 7-7 模拟量消息

WinCC 模拟量报警有四种比较方法：上限、下限、值相同、值不同。比较值支持常数和变量。

模拟量消息号（消息编号）需手动输入，并且消息号需要唯一。如图 7-7 中的"消息号"列。

> **提示**
>
> 消息编号中不得包含字母、空格和特殊字符。离散量消息和模拟量消息的消息编号可使用以下范围内的数字：
> 1 ~ 999999、1020000 ~ 1899999、3000000 ~ 3999999、5000000 ~ 12508140 以及 12508142 ~ 536870911。其他范围的数字是为 WinCC 系统消息、其他组件和 WinCC 选项预留的。

模拟量限制值属性如图 7-8 所示，模拟量消息可以设定延迟触发时间、触发滞后量以及变量状态不正常时是否触发消息。

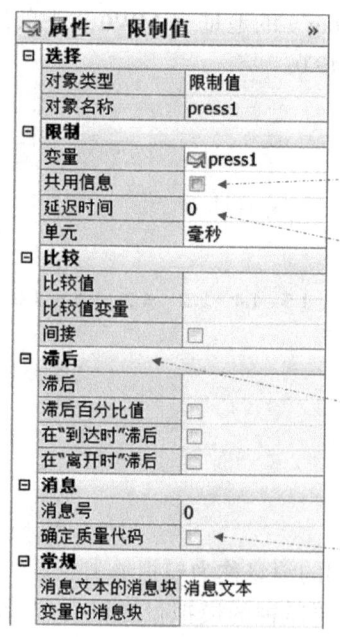

共用信息：针对同一个变量发生的所有事件，创建一个具有相同消息编号的消息。

延迟时间：触发条件满足后延迟触发报警的时间，防止模拟量波动时频繁触发报警（250ms~24h）。

滞后：消息滞后一个滞后量被触发，具体请参考表 7-1 和表 7-2。

确定质量代码：当此选项被选中时，只有质量代码为"GOOD"时检查变量的值更改是否超出限值。如果与 PLC 连接存在问题，则不会创建消息。

图 7-8 模拟量限制值属性

其中,滞后分为绝对滞后和相对滞后。

1)绝对滞后:取消"滞后百分比",在"滞后"条目下设置滞后量。绝对滞后的举例见表 7-1。

表 7-1 绝对滞后的举例

	变量:Tag,上限:100,绝对滞后:10		
编号	带有"已到达"的滞后	带有"已离开"的滞后	结果
1	√	×	Tag >(100+10)触发消息,Tag < 100 消息离开
2	√	√	Tag >(100+10)触发消息,Tag <(100−10)消息离开
3	×	√	Tag > 100 触发消息,Tag <(100−10)消息离开

2)相对滞后:选择"滞后百分比",在"滞后"条目下设置滞后量。相对滞后的举例见表 7-2。

表 7-2 相对滞后的举例

	变量:Tag,上限:100,相对滞后:10%		
编号	带有"已到达"的滞后	带有"已离开"的滞后	结果
1	√	×	Tag >(100+100*10%)触发消息,Tag < 100 消息离开
2	√	√	Tag >(100+100*10%)触发消息,Tag <(100−100*10%)消息离开
3	×	√	Tag > 100 触发消息,Tag <(100−100*10%)消息离开

模拟量消息如图 7-9 所示,组态限制值后,切换到"消息"选项卡,组态其他信息。

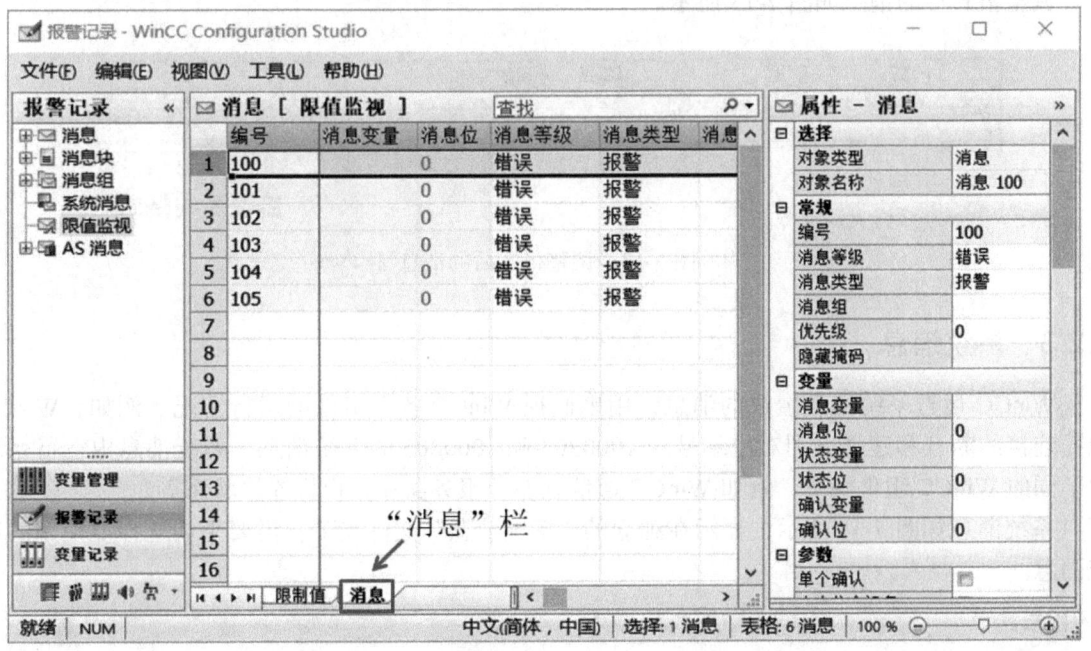

图 7-9 模拟量消息

模拟量消息的组态信息中会包含消息的限制值、滞后值和触发数值,这三个数值可以在消息的消息文本中调用。

例如，当 WinCC 模拟报警的触发变量为浮点数，模拟量消息文本设置如图 7-10 所示（@1@：限制值，@2@：滞后值，@3@：触发数值）。

图 7-10　模拟量消息文本设置

消息文本显示如图 7-11 所示。

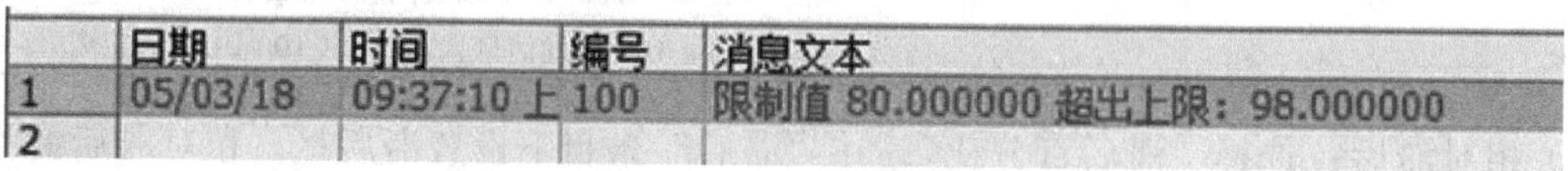

	日期	时间	编号	消息文本
1	05/03/18	09:37:10 上午	100	限制值 80.000000 超出上限：98.000000
2				

图 7-11　消息文本显示

调整格式如图 7-12 所示，调整过程值小数点的个数，在消息文本中加入"3.1"（表示显示 2 位整数，1 位小数）。

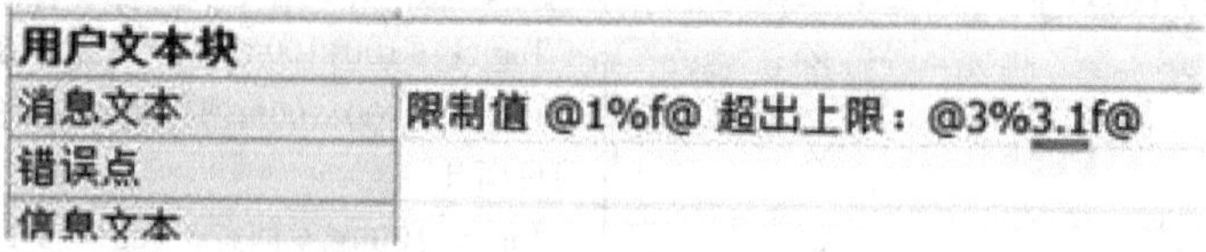

用户文本块	
消息文本	限制值 @1%f@ 超出上限：@3%3.1f@
错误点	
信息文本	

图 7-12　调整格式

调整格式后的消息如图 7-13 所示。

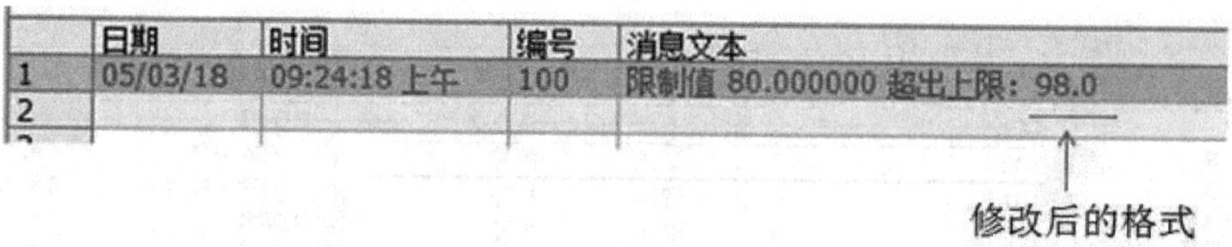

	日期	时间	编号	消息文本
1	05/03/18	09:24:18 上午	100	限制值 80.000000 超出上限：98.0
2				
3				↑ 修改后的格式

图 7-13　调整格式后的消息

7.2.3　系统消息

WinCC 运行系统本身生成的消息，用来监视 WinCC 各个组件的运行情况。例如，WinCC 通信连接的断开和建立分别对应编号为 1000204 和 1000205 的系统消息。系统消息由运行系统中不同的 WinCC 组件触发，例如 WinCC 通信状态、服务器和客户机连接状态等。

系统消息如图 7-14 所示，显示在独立的"系统消息"文件夹下，需要手动选择要使用的系统消息。

> **提示**
> 可以在"已使用"列标题上右键单击，选择"全选"，来选择所有的系统消息。

切换到"消息"选项卡，可以看到已经选择的系统消息，WinCC 中的系统消息如图 7-15 所示。

图 7-14 系统消息

图 7-15 WinCC 中的系统消息

7.2.4 AS 消息

AS 消息是指直接从 PLC 上传到 WinCC 的报警消息，这些报警消息带的是 PLC 的时间戳。AS 消息的优点有以下两点：

1）PLC 基于事件主动上发消息，总线通信负载占用少。

2）消息使用 PLC 时间戳或自定义时间戳，具有更准确和更高的时间精度。

PLC 可以把本身的故障信息（AS 系统消息）上传到 WinCC（例如远程子站掉站、IO 模块故障），也可以把程序中一些关键的变量的报警信息（AS 编程报警）上传到 WinCC。

下面分别介绍两种用法的组态。

1. WinCC 读取 AS 系统消息

当 WinCC 和 S7-1500 建立通信后，在 WinCC 报警记录中通过“从 AS 加载”来读取 S7-1500 系统报警，从 AS 加载消息如图 7-16 所示。

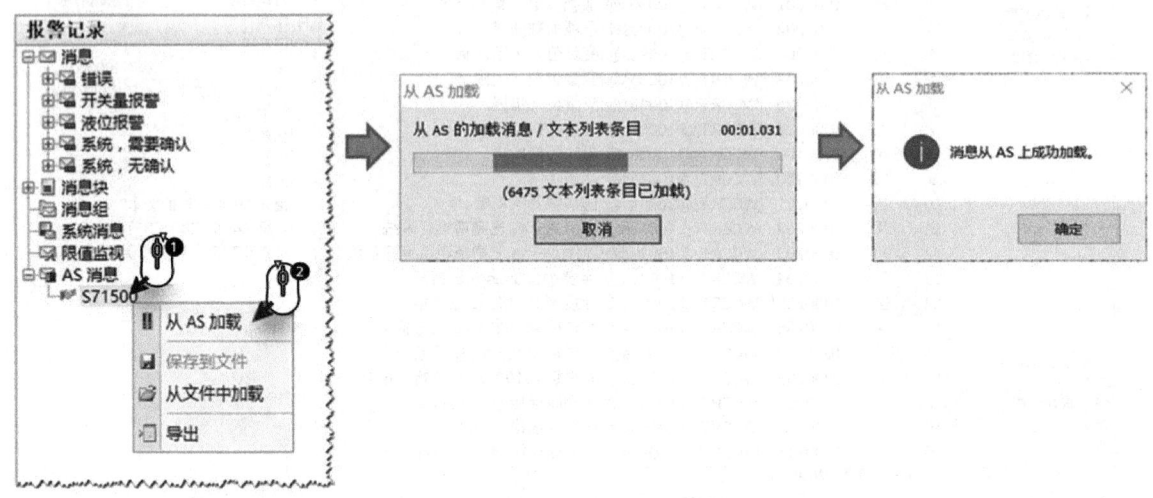

图 7-16 从 AS 加载消息

从如图 7-17 中选择需要的 AS 消息。在“已使用”列标题上右键，然后在弹出菜单上选择“全选”，来选中所有消息。为了完整地显示消息，还需要在图 7-17 切换到“AS 文本列表”栏，选择相应的 AS 文本列表。

AS 消息 [可用的]　查找

	已使用	AS 中的编号	消息块	消息文本 (CHS)
1	☐	1	Info Report AP	简称：@6W%t#260K@ 订货号：@6W%t#265K@
2	☐	2	Info Report AP	简称：@6W%t#260K@ 订货号：@6W%t#265K@
3	☐	3	Info Report AP	简称：@6W%t#260K@ 订货号：@6W%t#265K@
4	☐	4	Info Report AP	简称：@6W%t#260K@ 订货号：@6W%t#265K@
5	☐	5	Info Report AP	简称：@6W%t#260K@ 订货号：@6W%t#265K@
6	☐	6	Info Report AP	简称：@6W%t#260K@ 订货号：@6W%t#265K@
7	☐	7	Info Report AP	简称：@6W%t#260K@ 订货号：@6W%t#265K@
8	☐	8	Info Report AP	简称：@6W%t#260K@ 订货号：@6W%t#265K@
9	☐	9	Info Report AP	简称：@6W%t#260K@ 订货号：@6W%t#265K@
10	☐	10	Info Report AP	简称：@6W%t#260K@ 订货号：@6W%t#265K@
11	☐	11	Info Report AP	简称：@6W%t#260K@ 订货号：@6W%t#265K@
12	☐	12	Info Report AP	简称：@6W%t#260K@ 订货号：@6W%t#265K@
13	☐	13	Info Report AP	简称：@6W%t#260K@ 订货号：@6W%t#265K@
14	☐	14	Info Report AP	简称：@6W%t#260K@ 订货号：@6W%t#265K@
15	☐	15	Info Report AP	简称：@6W%t#260K@ 订货号：@6W%t#265K@
16	☐	16	Info Report AP	简称：@6W%t#260K@ 订货号：@6W%t#265K@
17	☐	17	Info Report AP	简称：@6W%t#260K@ 订货号：@6W%t#265K@
18	☐	18	Info Report AP	简称：@6W%t#260K@ 订货号：@6W%t#265K@
19	☐	19	Info Report AP	简称：@6W%t#260K@ 订货号：@6W%t#265K@
20	☐	20	Info Report AP	简称：@6W%t#260K@ 订货号：@6W%t#265K@
21	☐	21	Info Report AP	简称：@6W%t#260K@ 订货号：@6W%t#265K@

AS 消息 / AS 文本列表 / 消息 / 文本列表

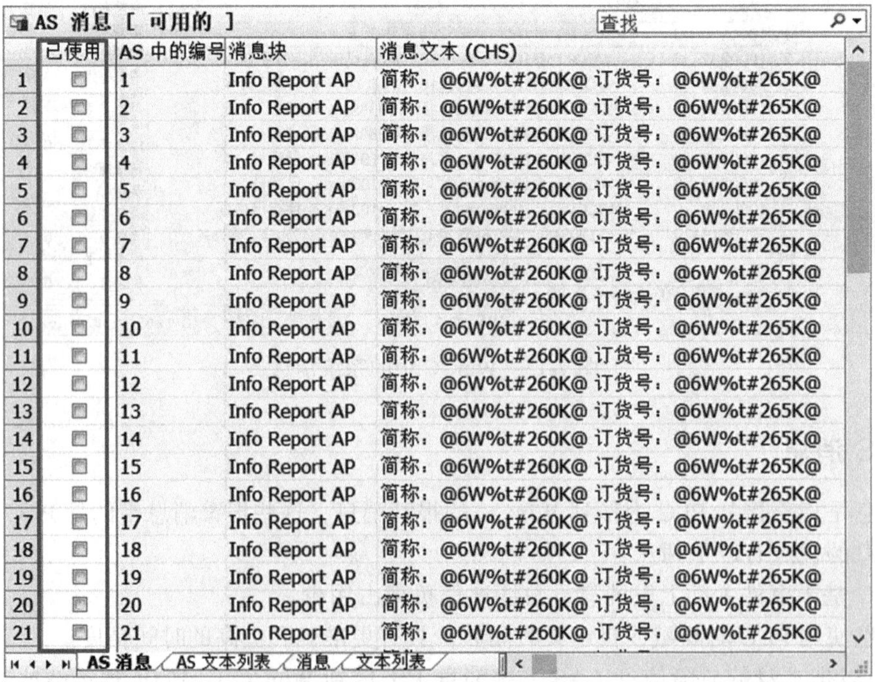

图 7-17 选择需要的 AS 消息

> **提示**
> S7-300/400 使用 RSE 功能上传 PLC 系统消息。详细的组态步骤请参考条目 ID 80958803。

2. AS 编程报警

S7-1500 使用 Program_Alarm 块上传单个消息到 WinCC。Program_Alarm 块调用结果如图 7-18 所示。

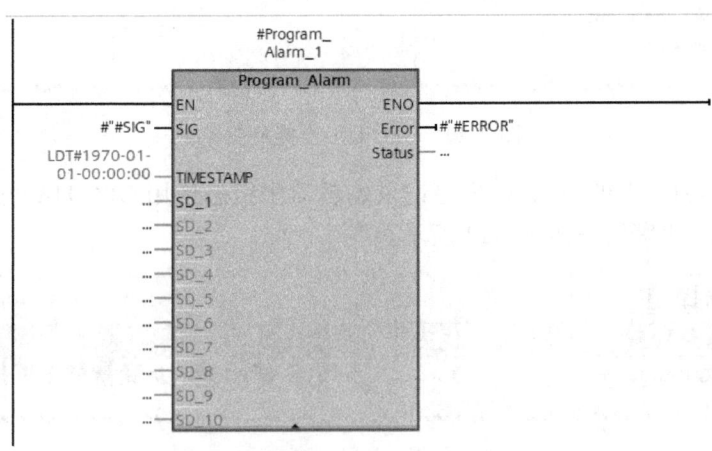

图 7-18　Program_Alarm 块调用结果

S7-1500 中消息的属性可以在"PLC 监控和报警"中进行设置,PLC 监控和报警如图 7-19 所示。

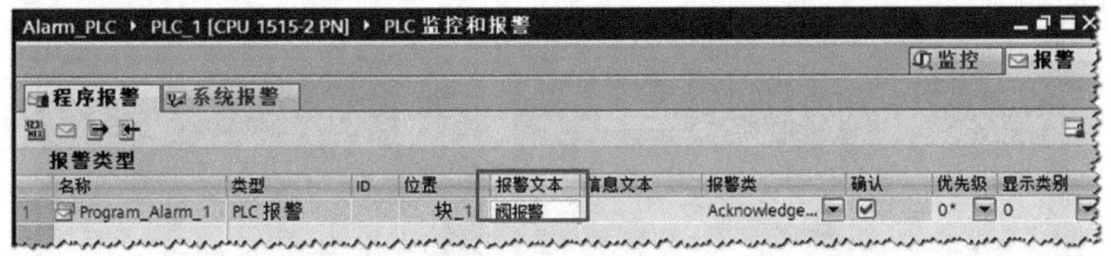

图 7-19　PLC 监控和报警

S7-1500 使用 Program_Alarm 上传消息的详细步骤请参考本章的应用示例。

> **提示**
> S7-1200 不支持 Program_Alarm 块。关于 S7-300/400 编程上传消息的详细组态步骤请参考条目 ID 23730649。

7.2.5　OPC 消息

本节主要介绍 WinCC 报警消息和 OPC UA 通信相关的内容,主要包括使用 WinCC OPC UA 变量触发报警,以及直接通过 OPC UA 接口读取 OPC UA 服务器中的报警。

1. 使用 WinCC OPC UA 变量触发报警

使用 WinCC OPC UA 变量触发的报警消息,消息的时间戳是 OPC UA 变量的时间戳(来自服务器的时间)。例如,在计算机"Serv1"上的 WinCC 项目中创建了名为"fromServ2"的

OPC UA 通信连接到计算机 "Serv2" 上的 WinCC OPC UA 服务器，并创建了 OPC UA 的变量 "alarmtag"，如图 7-20 所示。

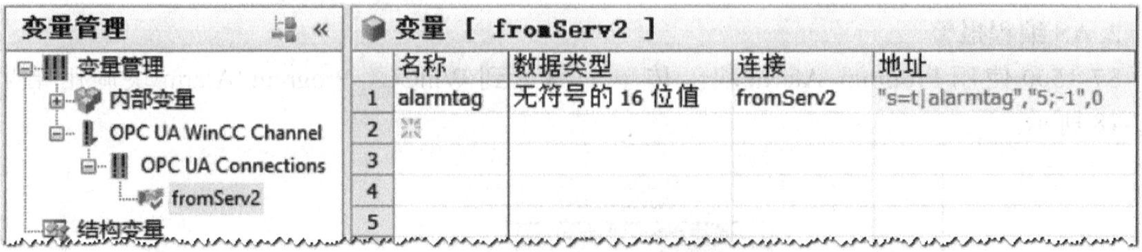

图 7-20 OPC UA 连接及变量

然后，在 "Serv1" 上的 WinCC 报警记录编辑器中组态使用 OPC UA 变量 "alarmtag" 触发离散量报警消息，报警组态如图 7-21 所示。

图 7-21 报警组态

最后，在计算机 "Serv1" 上的 WinCC 项目中修改变量值来触发报警，可以看到 "Serv1" 上的报警消息的时间戳使用的是 "Serv2" 的系统时间，OPC 变量触发的报警的时间戳如图 7-22 所示。

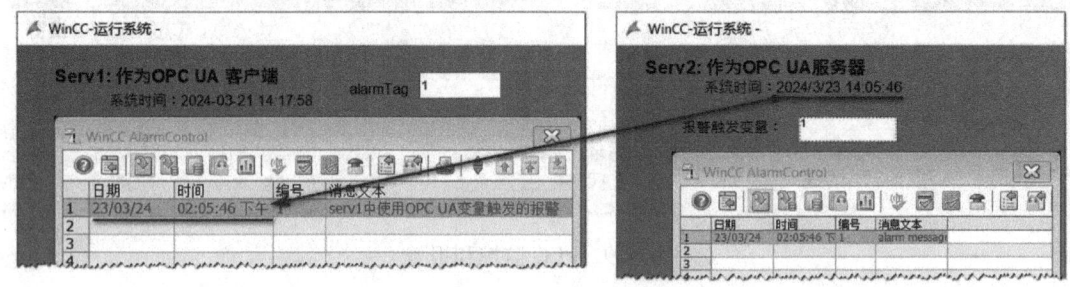

图 7-22 OPC 变量触发的报警的时间戳

2. 通过 OPC UA 接口读取 OPC UA 服务器中的报警

从 WinCC 7.5 开始支持直接通过 OPC UA 接口读取 OPC UA 服务器中的报警信息。在 WinCC 报警编辑器下的 OPC 消息中可以直接创建过滤器，OPC UA 服务器中满足条件的报警和事件消息就会被读取到 WinCC 报警系统中。OPC 消息的过滤器组态如图 7-23 所示。

过滤器主要是根据报警和事件的消息号、优先级、来源和事件类型来进行过滤，因此，过滤器的创建要依据 OPC UA 服务器中报警的组态内容。例如，在 "Serv2" 上创建 WinCC 项目作为 OPC UA 服务器，并在项目中组态用于读取的报警。报警消息组态如图 7-24 所示。

需要注意：WinCC 消息系统通过 OPC UA 读取消息时，只支持英文语言下的报警文本，因此需要检查一下英文报警文本是否符合实际要求。在 "视图→输入语言" 菜单下选择 "英语（美国）" 后可以查看或修改英文报警文本。报警文本语言如图 7-25 所示。

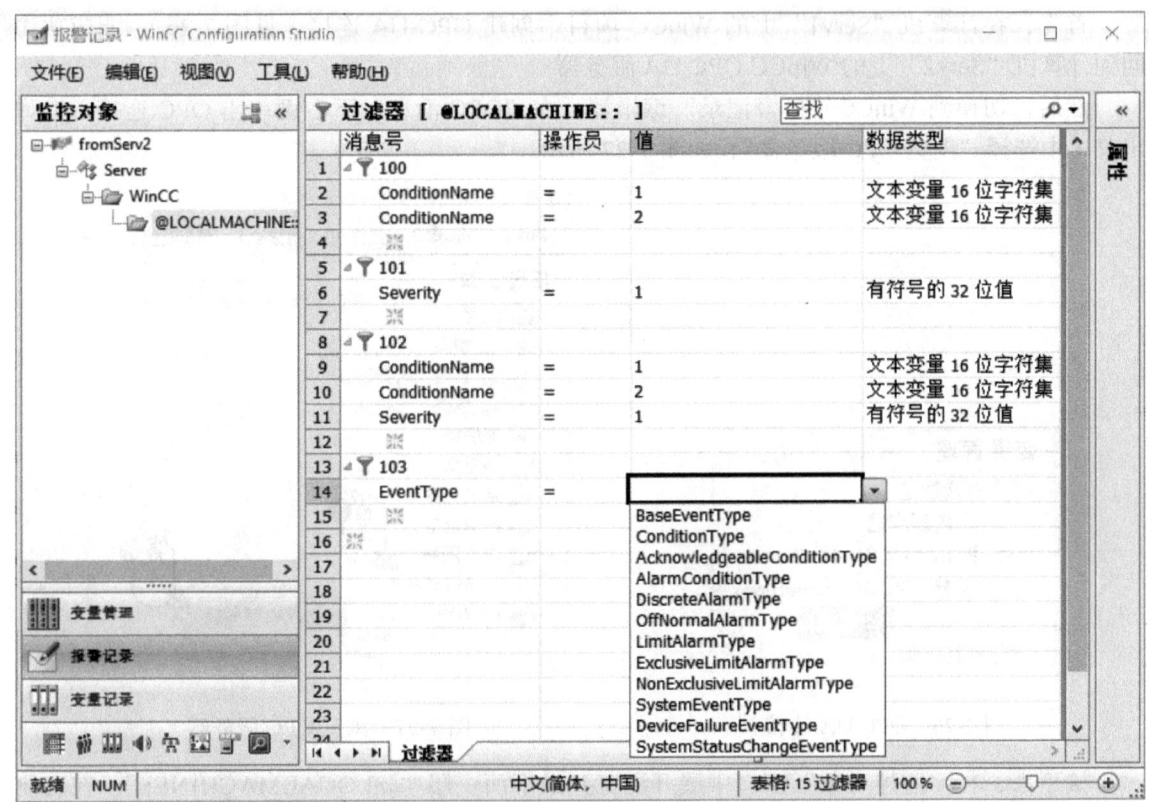

图 7-23 OPC 消息的过滤器组态

图 7-24 报警消息组态

图 7-25 报警文本语言

下面介绍如何在计算机"Serv1"上的 WinCC 项目中,直接通过 OPC UA 接口读取"Serv2"中的报警。

首先，在计算机"Serv1"上的 WinCC 项目中创建 OPC UA 连接（见图 7-26），能成功访问到计算机"Serv2"上的 WinCC OPC UA 服务器。

然后，切换到 WinCC"报警记录"编辑器，在"OPC 消息"下右键单击 OPC 连接，在弹出菜单中选择"浏览 OPC 服务器"，如图 7-27 所示。

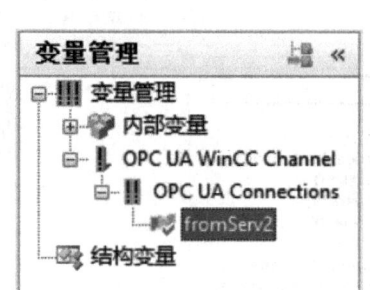

图 7-26　OPC UA 连接

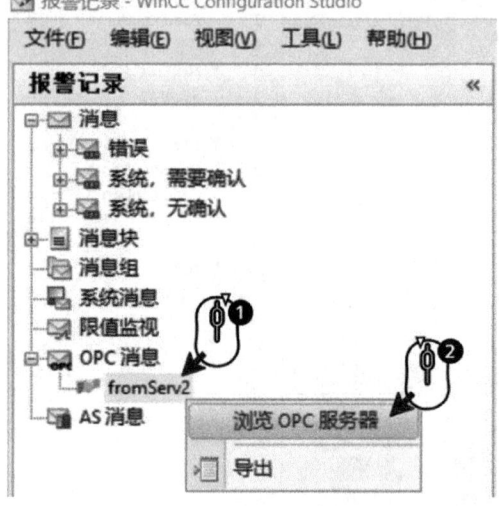

图 7-27　浏览 OPC 服务器

接下来，在"监控对象"窗口中展开浏览到最下面一层"@LOCALMACHINE::"。在右侧"过滤器"窗口下可以创建报警过滤器。监控对象视图如图 7-28 所示。

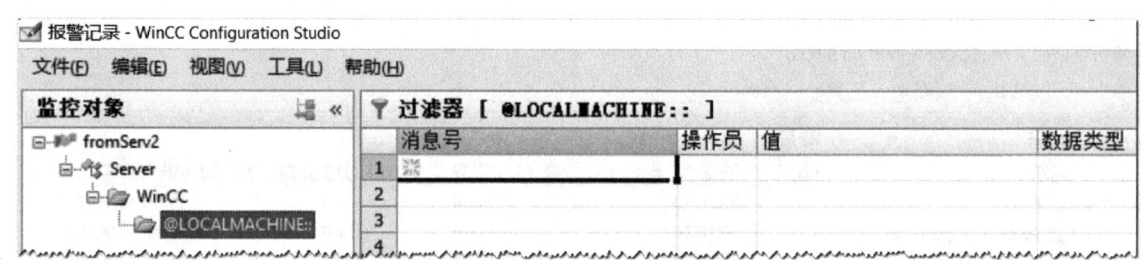

图 7-28　监控对象视图

创建过滤器时，首先需要输入一个消息号，然后展开消息号，在下面添加过滤条件。过滤器的组态如图 7-29 所示。

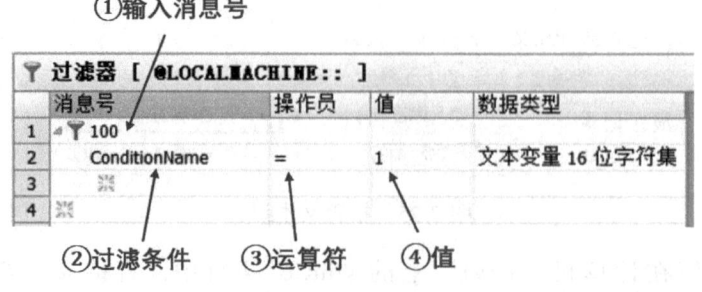

图 7-29　过滤器的组态

消息号可以自定义，但不能和已经存在的报警号冲突。

过滤条件支持报警号（ConditionName）、优先级（Severity）、来源（SourceName）和事件类型（EventType）。过滤器各参数的具体说明见表 7-3。

表 7-3　过滤器各参数的具体说明

过滤条件	运算符		说明
EventType	=		类型：下拉列表 “BaseEventType”值：返回所有 OPC UA 报警或 OPC UA 事件（无过滤）
ConditionName SourceName	= contains		类型：文本输入（必须注意大小写） 运算符“contains”： • 包含输入的文本 • 不使用占位符
Severity	=	等于	类型：数值输入（值范围：1 ~ 1000） WinCC 消息中的映射： • 优先级 0 = Severity 1 • 优先级 1 ~ 15 = 在 0 ~ 1000 之间线性插值 • 优先级 16 = Severity 1000 示例“between”：100, 200
	!=	不等于	
	>	大于	
	<	小于	
	> =	大于或等于	
	< =	小于或等于	
	between	范围跨度	

另外，对于组合过滤条件，也就是在一个消息号下创建多个过滤条件，此时需要注意：

1）不同的过滤条件通过“AND”连接。

2）相同的过滤条件通过“OR”连接。

3）过滤器无层级。输入的过滤条件的顺序对过滤器应用无影响。

例如在图 7-30 中，从 AS 加载消息，在消息号 102 下创建了 3 个过滤条件，其中两个使用“ConditionName”，一个使用“Severity”。

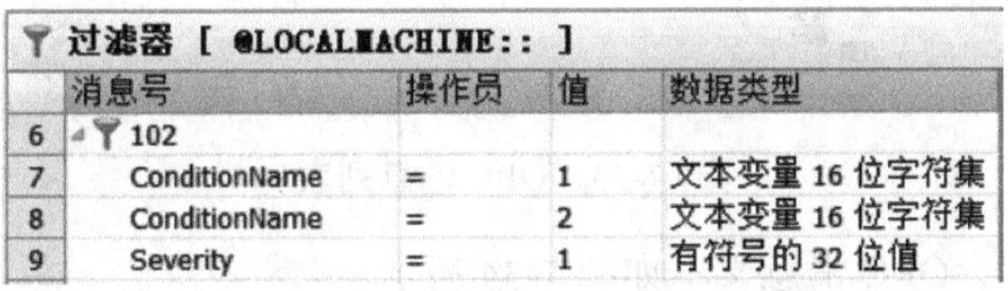

过滤器 [@LOCALMACHINE::]

	消息号	操作员	值	数据类型
6	102			
7	ConditionName	=	1	文本变量 16 位字符集
8	ConditionName	=	2	文本变量 16 位字符集
9	Severity	=	1	有符号的 32 位值

图 7-30　从 AS 加载消息

其对应的逻辑为 (ConditionName=1 OR ConditionName=2) AND Severity=1。也可以创建多个条件，过滤器组态结果如图 7-31 所示，这也是本节最终创建的过滤条件。

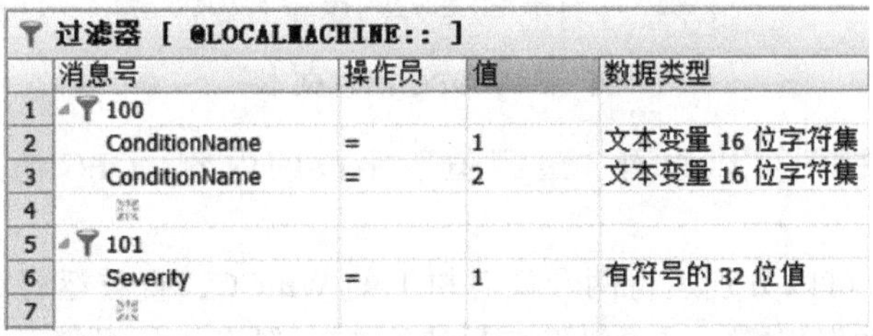

过滤器 [@LOCALMACHINE::]

	消息号	操作员	值	数据类型
1	100			
2	ConditionName	=	1	文本变量 16 位字符集
3	ConditionName	=	2	文本变量 16 位字符集
4				
5	101			
6	Severity	=	1	有符号的 32 位值
7				

图 7-31　过滤器组态结果

过滤条件配置完成之后，也可以查看或修改这些报警的其他配置。可以按图 7-32 所示，切换到普通报警组态视图。

图 7-32　切换到普通报警组态视图

然后选择"OPC 消息"，在中间窗口下侧选择"消息"，就可以看到报警的完整配置，OPC 消息列表如图 7-33 所示。

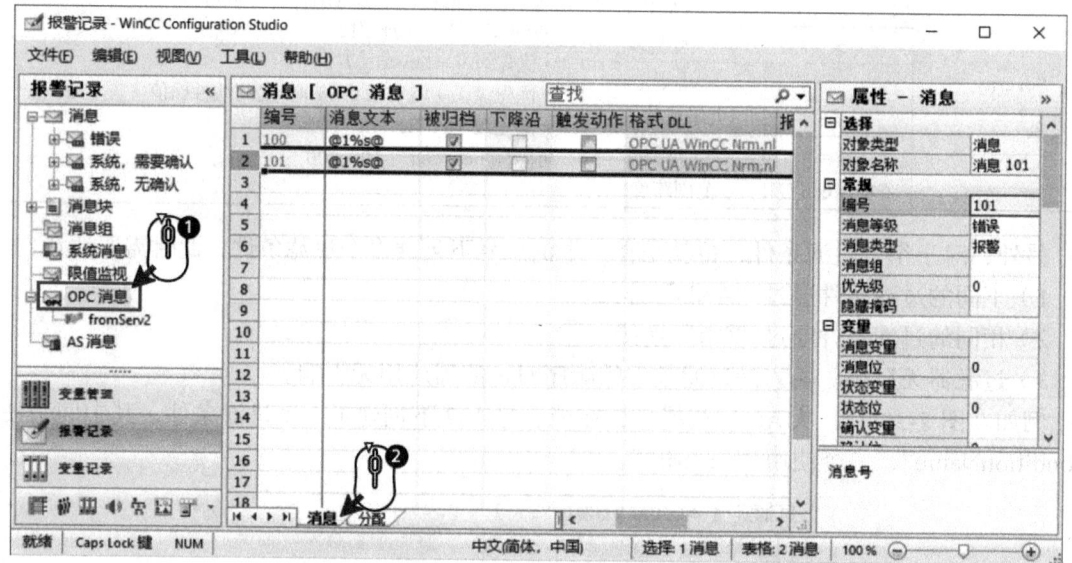

图 7-33　OPC 消息列表

可以修改消息文本，OPC 消息文本如图 7-34 所示。

消息 [OPC 消息]	
编号	消息文本
1　100	来自Serv2的报警：@1%s@
2　101	来自Serv2的报警：@1%s@

图 7-34　OPC 消息文本

切换到"分配"视图可以查看"过程值"字段的内容，OPC 消息的"分配"视图如图 7-35 所示。

配置完成之后，就可以分别运行两台计算机上的 WinCC，查看运行结果。在作为 OPC UA 服务器的"Serv2"上触发报警，设置触发变量值为 15，触发 4 条报警，OPC UA 服务器触发消息如图 7-36 所示。

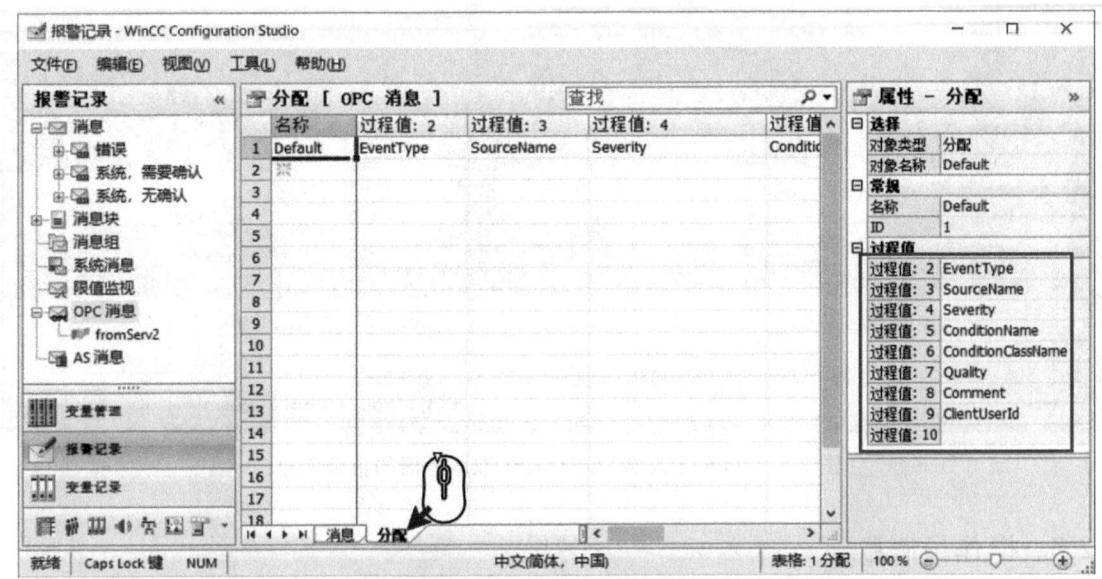

图 7-35 OPC 消息的 "分配" 视图

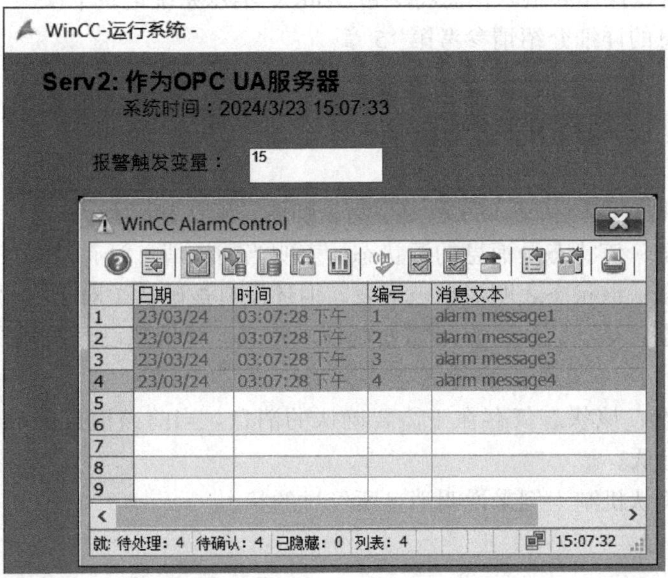

图 7-36 OPC UA 服务器触发消息

在作为 OPC UA 客户端的 "Serv1" 上可以看到 "Serv2" 上的报警直接被显示在报警视图中，OPC UA 客户端直接读取服务器的报警消息如图 7-37 所示，报警消息的时间和消息文本都来源于 OPC UA 服务器。

🔲 说明

对比图中最终配置的过滤器，报警 100 读取的是 OPC UA 服务器中编号为 1 和 2 的报警消息，报警 101 读取的是 OPC UA 服务器中优先级为 0 的所有报警消息。在 OPC UA 服务器中，编号为 1~4 的报警优先级都是 0，但是图中报警 101 只显示了 OPC UA 服务器中编号为 3 和 4 的报警消息，这说明已经分配给前面过滤器的报警不会重复分配给后面其他过滤器。

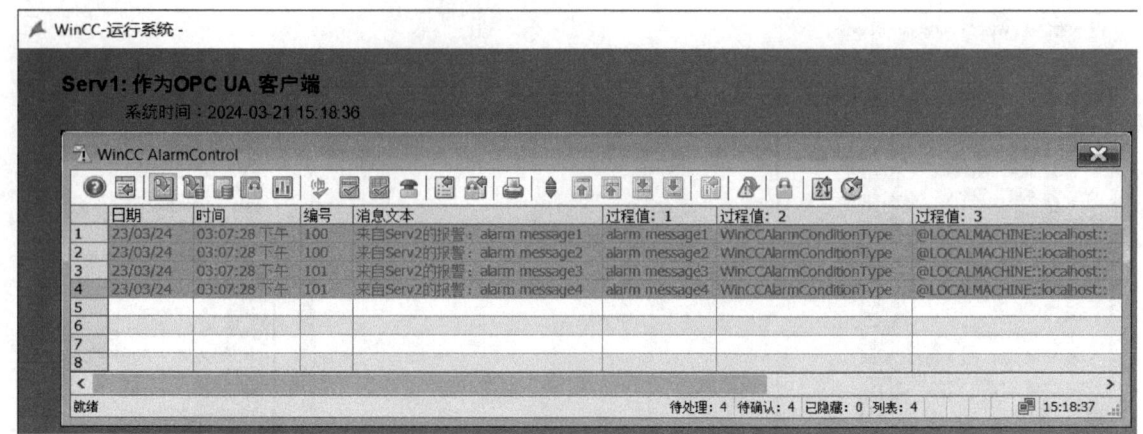

图 7-37 OPC UA 客户端直接读取服务器的报警消息

7.2.6 操作员消息

生产过程中有一些重要的设备和数据，在操作这些对象时，需要操作人员在操作过程中输入操作消息，并且这些操作和输入消息将会被 WinCC 消息系统记录下来。

关于操作员消息的详细介绍请参考第 15 章。

7.3 WinCC 报警消息的状态

WinCC 报警消息有四种状态，分别为空闲、到达、确认和离开。

1）"空闲"状态：该状态是消息的源状态，表明当前该消息没有被触发。

2）"到达"状态：该状态表明消息被触发，但还没有被确认（对于需要确认的消息）。

3）"确认"状态：该状态仅存在于需要确认的消息。该消息已经被触发并且已经被确认的状态。

4）"离开"状态：该状态仅存在于需要确认的消息。当前该消息的触发条件已经不存在，并且消息还没有被确认。

下面以不同的确认机制为例来说明消息所经过的状态。

提示

消息的确认机制是在消息类型属性中来设定的。请参考后面消息类型的介绍。

7.3.1 "确认到达"和"确认离开"的消息

如果同时选择了消息中的"确认'已进入'"和"确认'已离开'"选项，"确认到达"和"确认离开"如图 7-38 所示。这种情况下消息的到达和离开状态都需要确认之后，消息才能在消息列表中消除。

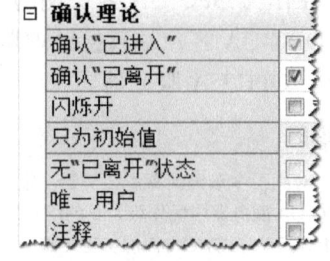

图 7-38 "确认到达"和"确认离开"

"确认到达"和"确认离开"的消息状态如图 7-39 所示。

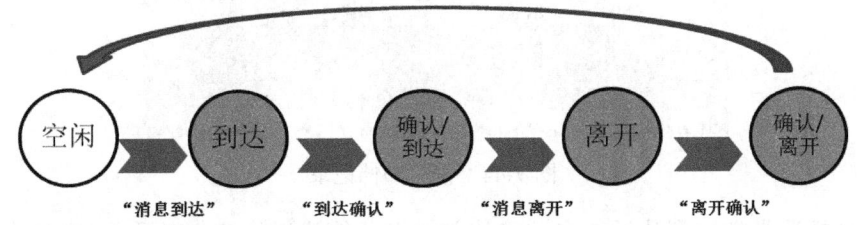

图 7-39 "确认到达"和"确认离开"的消息状态

对应的消息归档记录如图 7-40 所示。

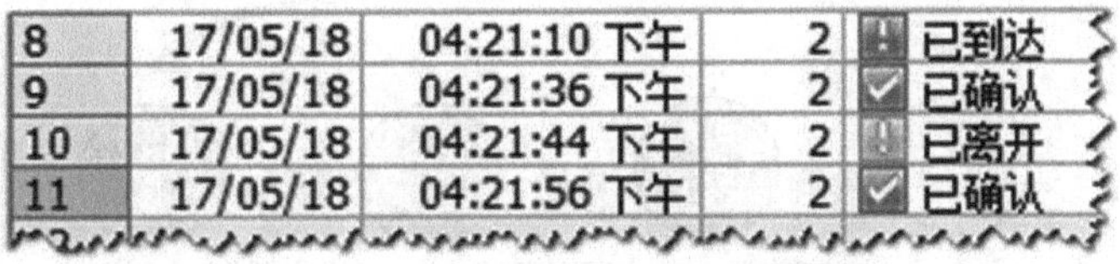

8	17/05/18	04:21:10 下午	2	已到达
9	17/05/18	04:21:36 下午	2	已确认
10	17/05/18	04:21:44 下午	2	已离开
11	17/05/18	04:21:56 下午	2	已确认

图 7-40 消息归档记录

也可以同时确认"到达"和"离开",如图 7-41 所示。

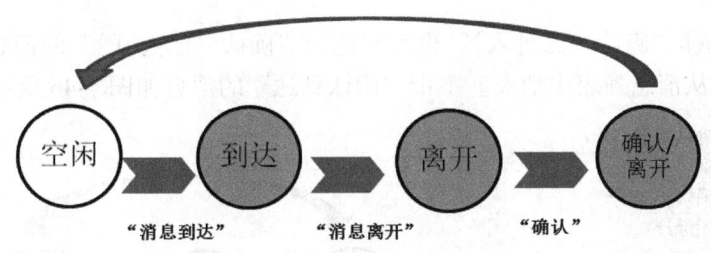

图 7-41 同时确认"到达"和"离开"

7.3.2 "确认到达"的消息

如果只选择了消息中的"确认'已进入'"选项,"确认到达"如图 7-42 所示。这种情况下消息到达后需要确认,之后消息才能在消息列表中消除。

消息经过的状态"确认到达"如图 7-43 所示。

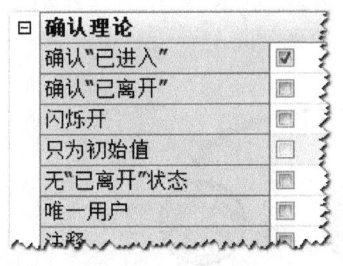

图 7-42 "确认到达"

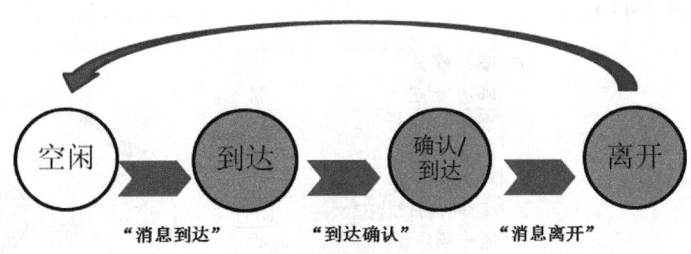

图 7-43 消息经过的状态"确认到达"

对应的消息归档记录如图 7-44 所示。

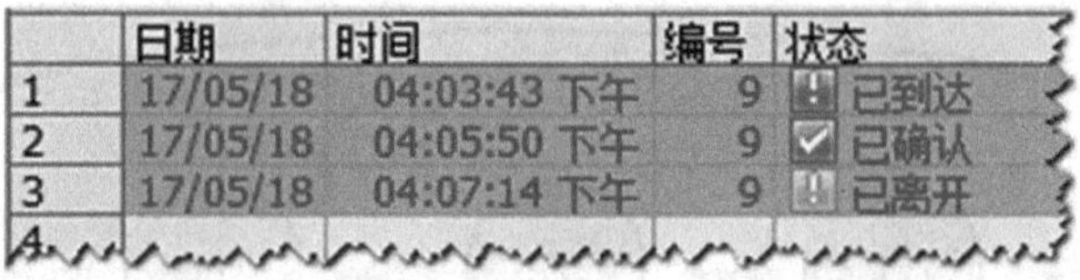

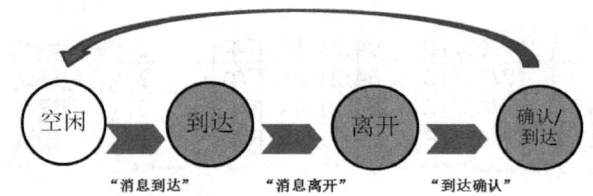

图 7-44　消息归档记录

还有一种情况是消息到达后，在被确认前触发条件就消除了（离开），这时消息的状态是"已到达/已离开"。这种情况下，消息变成离开状态后，同样也需要对到达状态进行确认，之后消息才能从消息列表中消失。"到达确认"如图 7-45 所示。

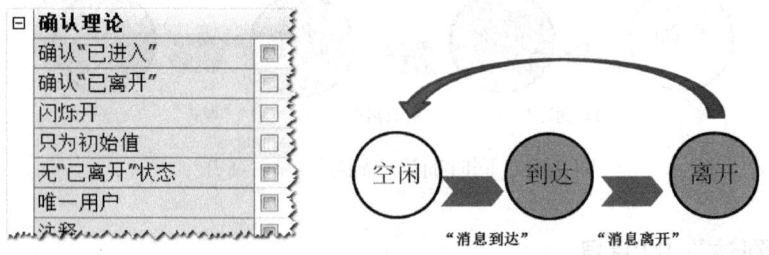

图 7-45　"到达确认"

7.3.3　不带"确认到达"的消息

对于既没有选择"确认'已进入'"也没有选择"确认'已离开'"的消息，当触发条件消除之后消息就直接从消息列表中消失。不带"确认到达"的消息如图 7-46 所示。

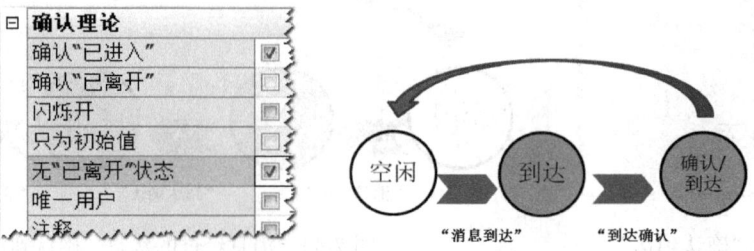

图 7-46　不带"确认到达"的消息

7.3.4　"不带离开"的消息

如果消息不带离开状态，那么消息的"离开"事件不会被记录下来。"不带离开"的消息如图 7-47 所示。

图 7-47　"不带离开"的消息

消息归档中不记录"离开"事件如图 7-48 所示。

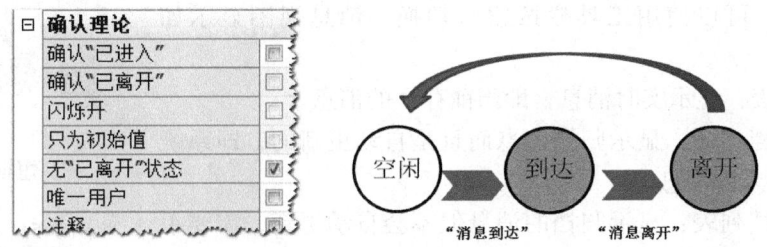

图 7-48　消息归档中不记录"离开"事件

7.3.5　无"确认到达"并且"不带离开"的消息

如果只选择了消息中的"无'已离开'状态"选项，取消"确认到达"+"不带离开"如图 7-49 所示。这种情况下，消息不会显示在消息列表中，只能在消息归档中查看。

图 7-49　取消"确认到达"+"不带离开"

7.4　WinCC 消息的显示及输出

WinCC 消息可以显示在画面中的消息视图中，也可以输出到报表中。其中模拟量消息还可以显示在对应模拟量的实时曲线上。同时，WinCC 消息还可以声音报警的方式提醒操作人员注意。

> **提示**
>
> 本书中提到的"消息视图""报警视图""报警控件"以及"WinCC 消息视图"是指同一个对象。

7.4.1　消息视图

使用消息视图可以在 WinCC 运行系统中显示报警消息，WinCC 消息视图如图 7-50 所示。

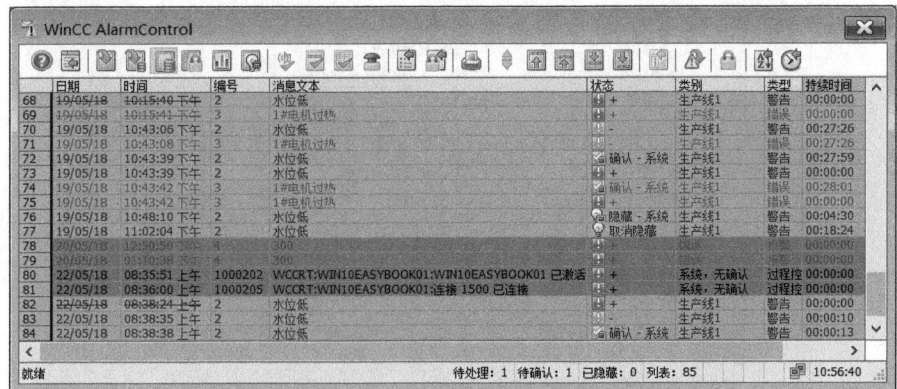

图 7-50　WinCC 消息视图

WinCC 消息视图具有以下作用：
1）显示消息列表（实时报警消息）。
2）显示短期/长期消息归档。
3）导出消息到文件。
4）确认报警消息。
5）过滤报警消息。
6）统计报警消息。

1. 消息显示

WinCC 消息视图包括三种视图：消息列表、短期归档列表、长期归档列表。可以使用工具栏按钮来切换，消息视图显示如图 7-51 所示。

1）消息列表：显示实时消息，即当前存在的消息。
2）短期归档列表：显示归档消息而且是自动更新的，即系统会立即更新新进入的消息。
3）长期归档列表：显示归档的消息但不会自动更新，需要手动更新新进入的消息。

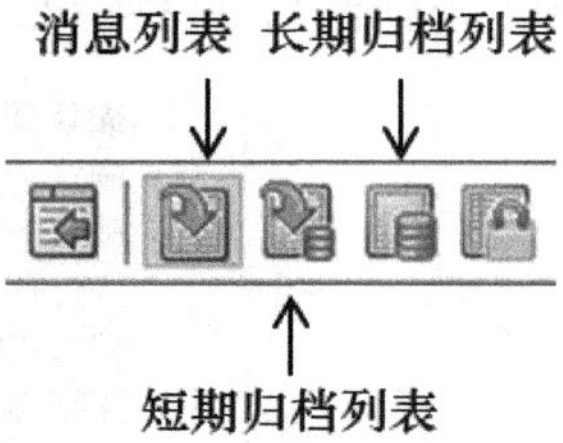

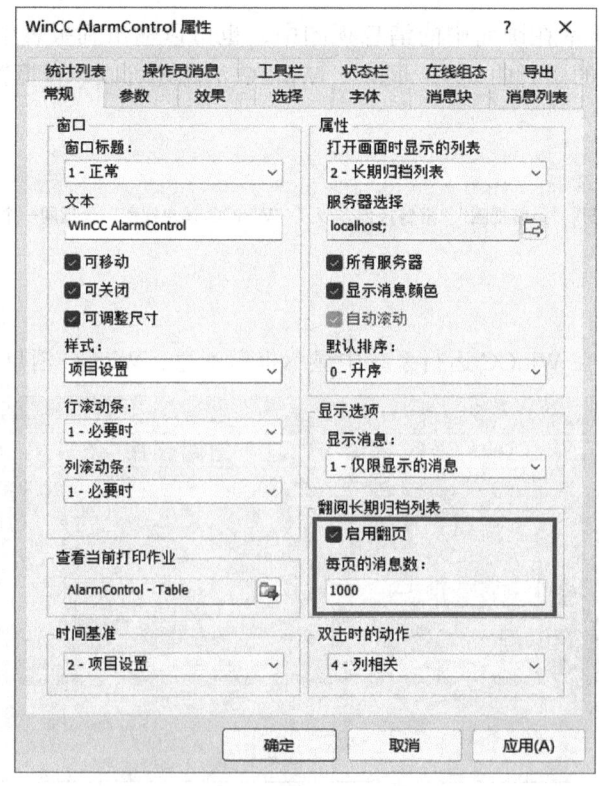

图 7-51　消息视图显示

2. 每页显示的消息数

在 WinCC 消息视图的属性窗口"常规"选项卡下，可以设置每页显示的消息数（每页最多为 1000 条），以及是否启用翻页功能。消息视图的"常规"选项卡如图 7-52 所示。

图 7-52　消息视图的"常规"选项卡

> **提示**
> 每个 WinCC 服务器或者单机最多可以组态 15 万条报警消息。

在默认情况下，翻页按钮是不显示在工具栏中的，需要手动选择，翻页按钮如图 7-53 所示。

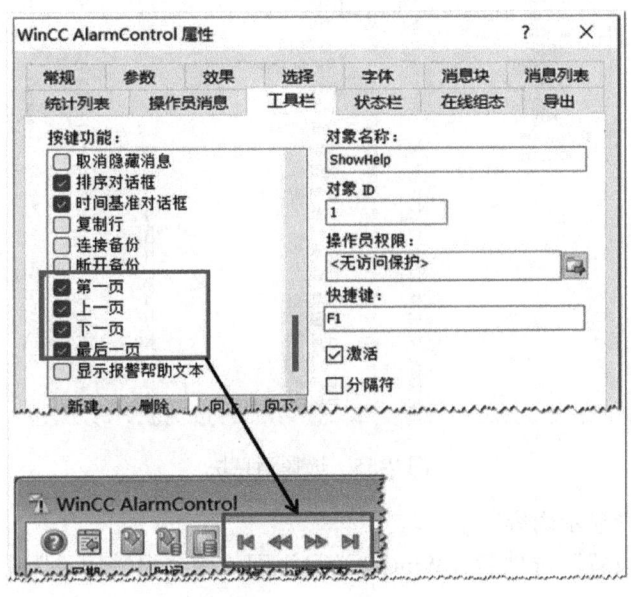

图 7-53 翻页按钮

3. 显示内容

（1）单条消息的结构

WinCC 消息视图是以表格的形式分行显示消息，表格中的每一行代表一条消息，每一列代表一个消息块。每一条消息都是由多个消息块组成的。

消息块包括三种：系统块、用户文本块及过程值块，消息块如图 7-54 所示。

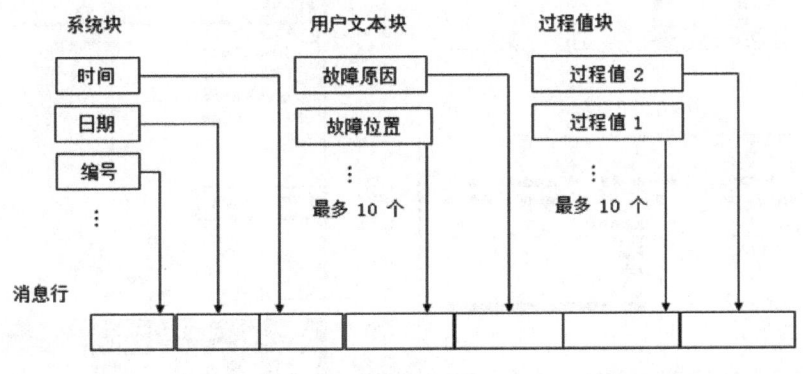

图 7-54 消息块

1）系统块：提供系统信息，如消息编号、当前时间、消息状态和信息文本等。

2）用户文本块：提供消息文本、信息文本和其他便于识别此消息的文本，以提供此消息的更多相关信息，例如故障原因和故障位置（最多支持 10 个用户文本块）。

3）过程值块：显示消息关联变量的数值，每条消息最多关联 10 个过程变量。

在报警记录编辑器中可以选择需要的消息块，选择消息块如图 7-55 所示，没有选择的消息块默认不会被显示出来。

图 7-55　选择消息块

（2）消息视图选择显示内容

使能"应用项目设置"选项后，WinCC 消息视图使用"报警记录"中的组态数据且无法修改，如图 7-56 中的①。

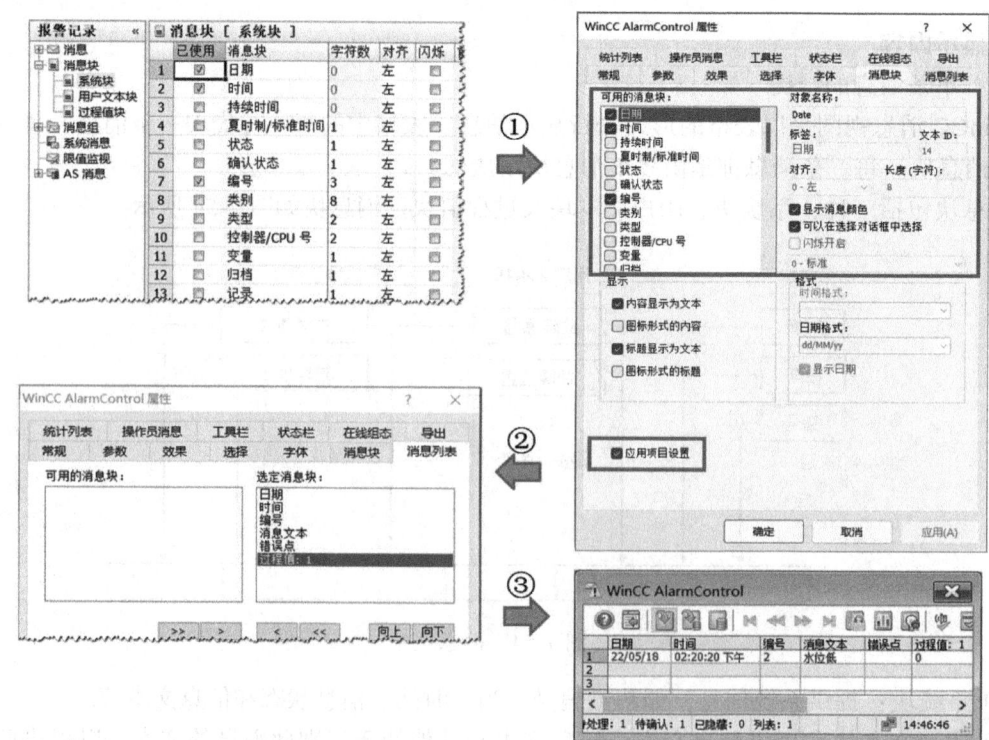

图 7-56　"应用项目设置"

然后在"消息列表"中选择需要显示的内容（见图 7-56 中的②），最后结果如图 7-56 中的③。

如果需要自定义 WinCC 报警视图的消息块，则可以取消"应用项目设置"选项。

例如，取消"应用项目设置"后，可以自定义消息块长度。修改块长度如图 7-57 所示，把"状态"消息块长度由"1"改为"5"。

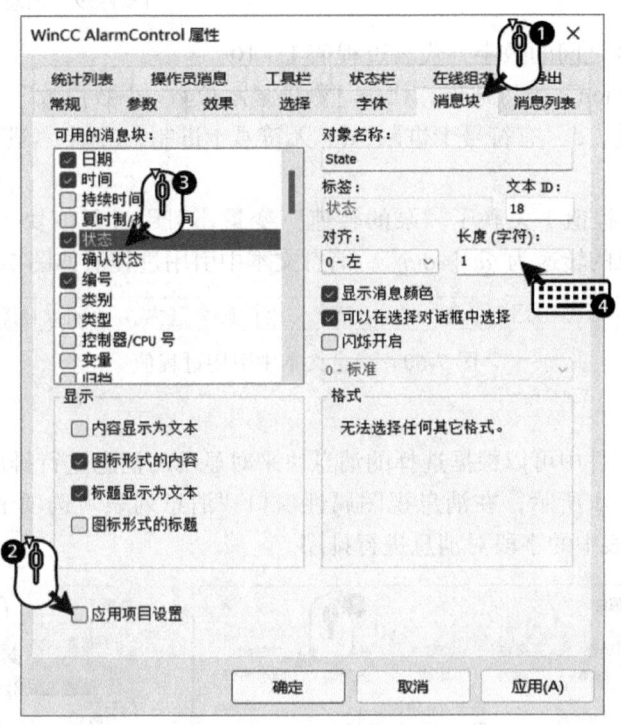

图 7-57　修改块长度

WinCC 报警视图中相应列的宽度也会相应地调整，如图 7-58 所示。

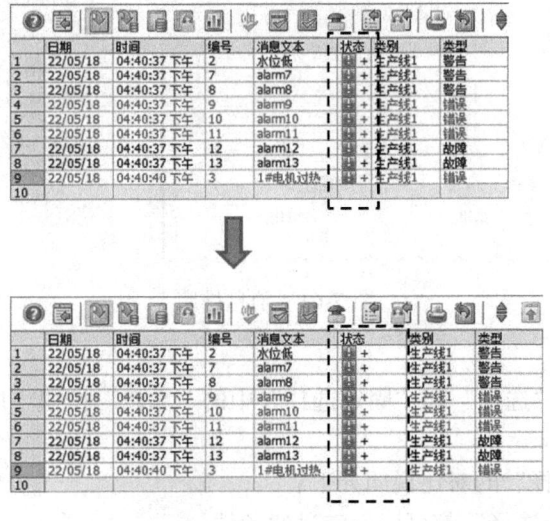

图 7-58　列宽调整

(3) 在消息文本中显示消息过程值

在消息属性中,可以为消息关联过程变量,如图 7-59 所示。

过程值块可以在消息文本中引用。格式指令的结构始终为"@x%(Width.Precision)y@"。其中:

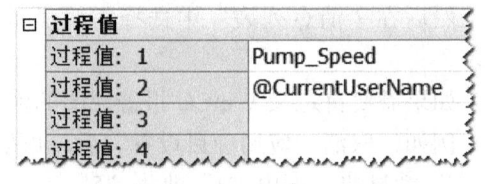

图 7-59　消息关联过程变量

1)"x"是 1~10 之间的数字,代表过程值 1~10。

2)"Width.Precision"为可选项,代表"数值显示位数.小数位数"。

3)"y"代表格式。d:有符号十进制;u:无符号十进制;x:十六进制;f:有符号浮点数;s:字符串。

例如,消息的过程值 1 关联了"泵的转速"变量,引用过程值块 1 的消息文本可以写为"泵振动过大,当前泵的转速为 @1%d@"。消息文本中引用过程值如图 7-60 所示。

| 29/05/18 | 01:45:34 下午 | 2 | | 泵振动过大,当前泵的转速为410 |

图 7-60　消息文本中引用过程值

4. 消息排序

在 WinCC 报警控件中可以根据选择的消息块来对显示的消息进行排序。

消息排序如图 7-61 所示,在消息视图属性窗口"消息列表"选项卡下,单击"编辑"按钮,可以按照消息列表中的字段对消息进行排序。

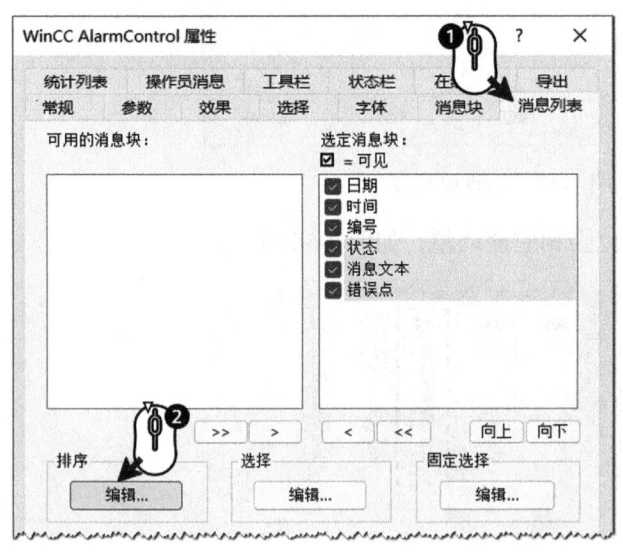
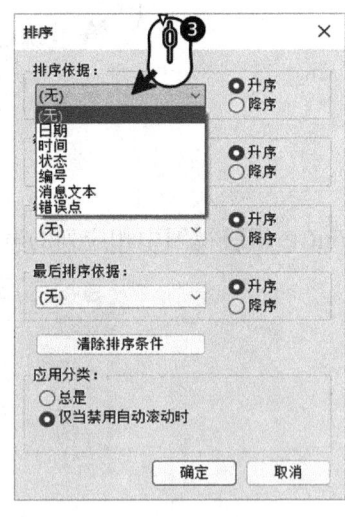

图 7-61　消息排序

5. 消息过滤

在图 7-61 中,单击"选择"和"固定选择"中的"编辑"按钮可以对消息视图的显示消息进行过滤。

"选择"和"固定选择"的对比说明如下:

1)"选择"和"固定选择"都可以设定过滤条件。

2)"选择"设定的过滤条件,可以在运行系统中选择/取消。

3)"固定选择"设定的过滤条件,无法在运行系统中取消。

(1) 编辑过滤条件

可以根据已经选择的消息块来进行过滤,如图 7-62 所示,是使用"日期/时间"来进行过滤的。

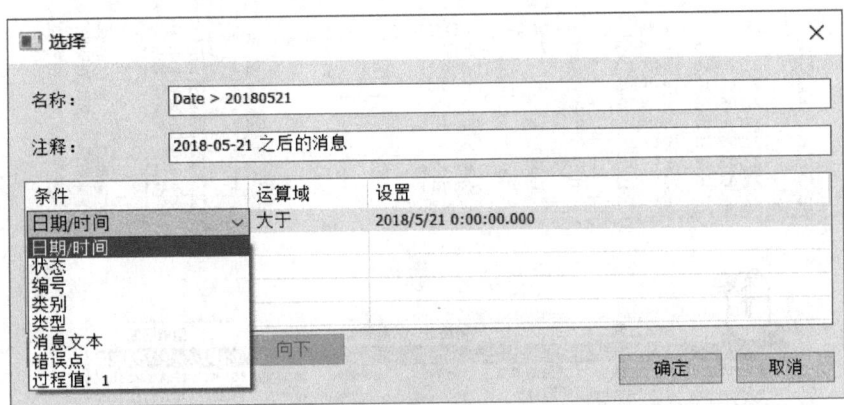

图 7-62 过滤

也可以使用不同的消息块创建多个过滤条件,如图 7-63 所示。

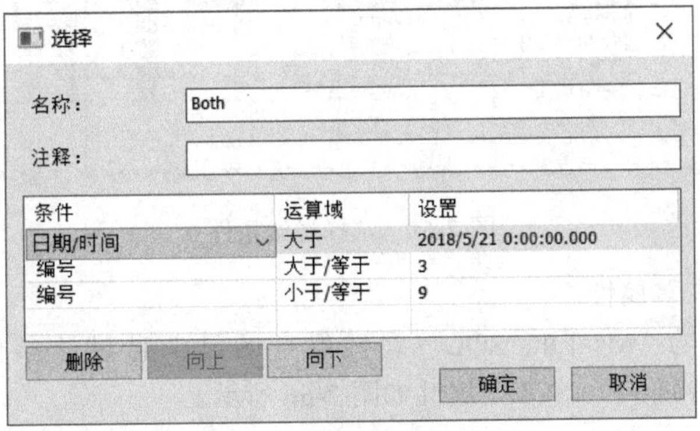

图 7-63 多个过滤条件

创建过滤条件列表如图 7-64 所示。

图 7-64 创建过滤条件列表

在 WinCC 运行系统中可以在消息视图中使用"选择对话框"来选择过滤条件，可以选择一个或多个过滤条件，如图 7-65 所示。

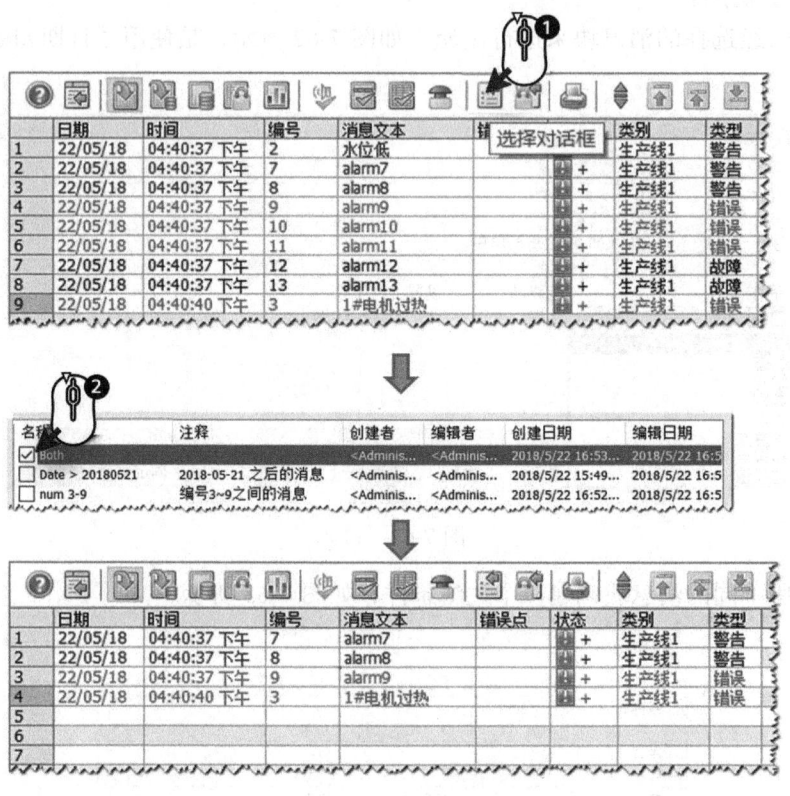

图 7-65　选择过滤条件

（2）"MsgFilterSQL"属性

WinCC 消息视图的"MsgFilterSQL"属性保存的是消息过滤条件，比如选择上面的"Both"过滤条件后，"MsgFilterSQL"属性如图 7-66 所示。

图 7-66　"MsgFilterSQL"属性

表 7-4 中列出了"MsgFilterSQL"可用的过滤关键字。

这样就可以在脚本中设置消息视图的"MsgFilterSQL"属性，从而过滤显示的消息。

例如，根据消息类别过滤消息的 C 脚本如图 7-67 所示。

关于如何使用 WinCC 消息视图的"MsgFilterSQL"属性执行来过滤显示消息的详细信息请参考条目 ID 5668269。

表 7-4 "MsgFilterSQL" 可用的过滤关键字

名称	SQL 名称	类型	数据	实例
日期/时间	DATETIME	日期	'YYYY-MM-DD hh:mm:ss.msmsms'	DATETIME >= '2007-05-03 16:00:00.000' 输出自 2007/05/03 16:00 后的消息
编号	MSGNR	整型	报警编号	MSGNR >= 10 AND MSGNR <= 12 输出消息号为 10~12 的消息
类别/类型	CLASS IN AND TYPE IN	整型	• 消息类别 ID 1~16 和系统消息类别 17+18 • 消息类型 ID 1~256 和系统消息类型 257、258、273、274	CLASS IN (1) AND TYPE IN (2) 输出消息类别 1、消息类型 2 的消息
状态	STATE	整型	值 "ALARM_STATE_xx" 仅允许操作符 "=" 和 "IN(...)"	STATE IN(1,2,3) 输出所有已进入、离开和确认的消息
			ALARM_STATE_1	1 = 进入的消息
			ALARM_STATE_2	2 = 离开的消息
			ALARM_STATE_3	3 = 确认的消息
			ALARM_STATE_4	4 = 锁定的消息
			ALARM_STATE_10	10 = 隐藏的消息
			ALARM_STATE_11	11 = 显示的消息
			ALARM_STATE_16	16 = 由系统确认的消息
			ALARM_STATE_17	17 = 紧急确认的消息
优先级	PRIORITY	整型	消息优先级 0~16	PRIORITY >= 1 AND PRIORITY =< 5 输出优先级介于 1~5 之间的消息
AS 编号	AGNR	整型	AS 编号	AGNR >= 2 AND AGNR <= 2 输出 AG 编号为 2 的消息
CPU 编号	AGSUBNR	整型	AG 子编号	AGSUBNR >= 5 AND AGSUBNR <= 5 输出 AG 子编号为 5 的消息
实例	实例	文本	实例	—
块:1 ⋮ 块:10	TEXTxx	文本	Text1~Text10 的搜索文本	TEXT2 = "Error" 输出其 Text2 对应文本 "Error" 的消息
				TEXT2 IN ('Error','Fault') 输出其 Text2 对应文本 "Error" 或 "Fault" 的消息
				TEXT2 LIKE 'Error' 输出其 Text2 包含文本 "Error" 的消息
过程值:1 ⋮ 过程值:10	PVALUExx	双精度型	PVALUE1~PVALUE10 的搜索值	PVALUE1 >= 0 AND PVALUE1 <= 50 输出具有起始值 0 和终止值 50 的过程值 1

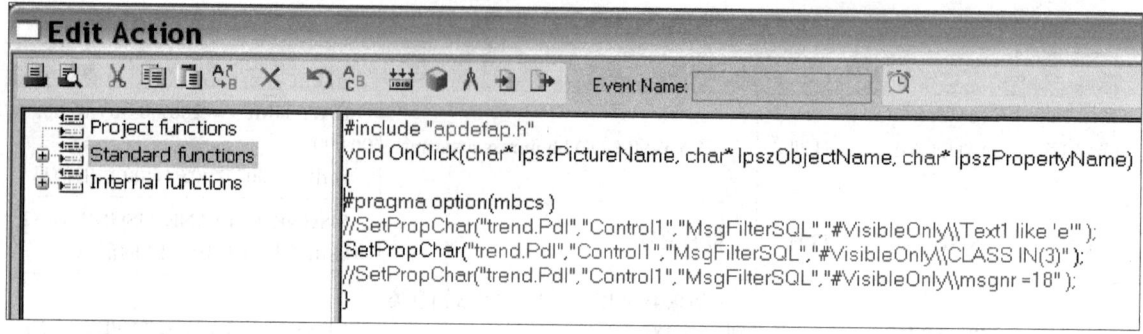

图 7-67　过滤消息的 C 脚本

6. 确认消息

消息视图工具栏中的"单个确认"和"组确认"都是用来确认消息的，确认按钮如图 7-68 所示。

图 7-68　确认按钮

"单个确认"可以确认选中的单个消息。"组确认"可以确认消息窗口中所有需要确认的可见消息，除非这些消息需要单独确认。

如果消息使能"单个确认"选项，如图 7-69 所示，则必须使用"单个确认"按钮来单独确认该消息，无法使用"组确认"按钮进行确认。

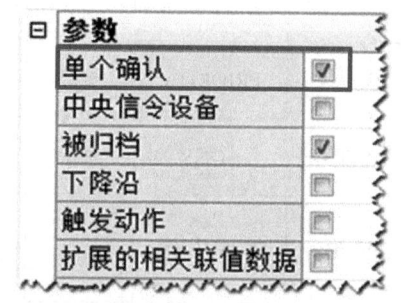

7. 导出消息

可以通过消息视图上的"导出"工具将 WinCC 消息视图中显示的消息导出到文件，导出支持 csv 文件格式。消息导出如图 7-70 所示。

图 7-69　消息使能"单个确认"选项

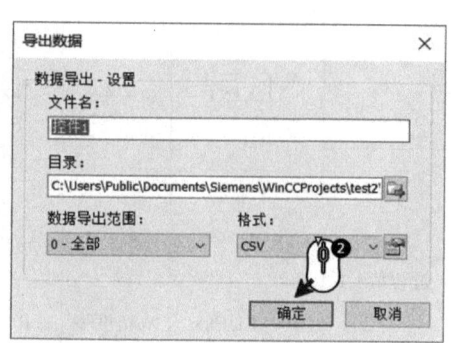

图 7-70　消息导出

7.4.2 在趋势控件中显示模拟量消息

在 WinCC V7.4 SP1 及以后的版本中，可以在在线趋势控件（WinCC OnlineTrendControl）的实时趋势中显示对应的模拟量消息。趋势控件的数据源选择"在线变量"并使能"显示报警"，在线趋势显示报警消息的组态如图 7-71 所示。

图 7-71 在线趋势显示报警消息的组态

这样就可以在趋势曲线上显示"在线变量"的模拟量报警消息，如图 7-72 所示。

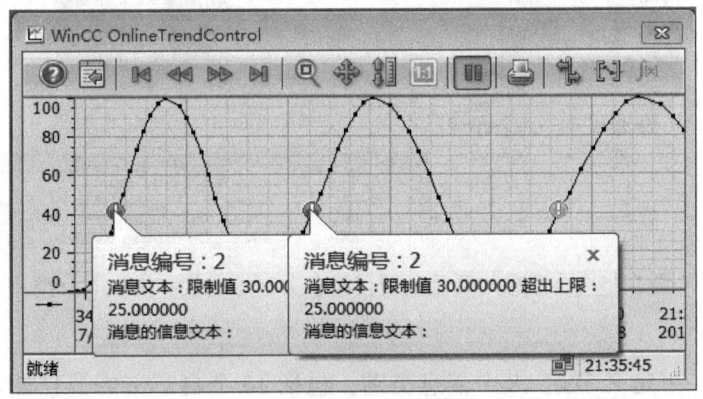

图 7-72 "在线变量"的模拟量报警消息

7.4.3 消息类别和消息类型

如果要对 WinCC 消息进行分类，例如以不同颜色显示不同类型的消息或只显示一种类型的消息时，就需要设置消息类别和消息类型，如图 7-73 所示。

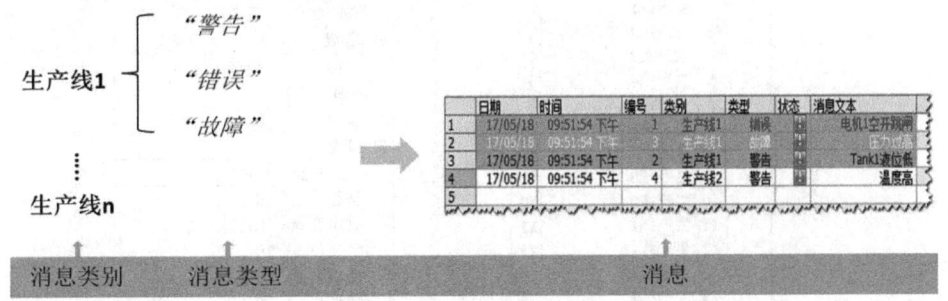

图 7-73 消息类别和消息类型

消息类别和消息类型用于对 WinCC 中的消息进行分类。读者可以根据实际需要来对消息进行分类，例如，图 7-74 是按设备和消息的严重级别（报警、警告和故障）分类，图 7-75 是按消息的严重级别和消息类型（电气和机械）分类。

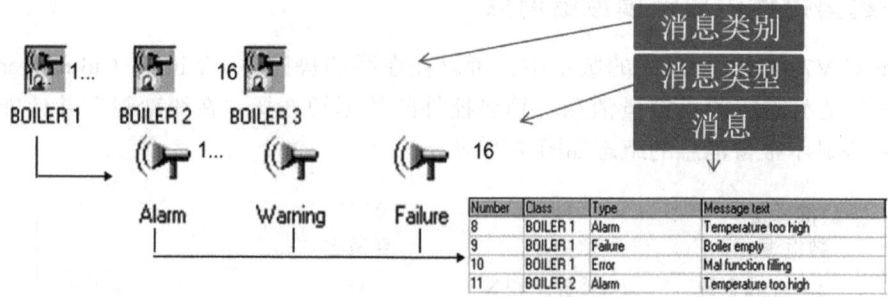

图 7-74 按设备和消息的严重级别（报警、警告和故障）分类

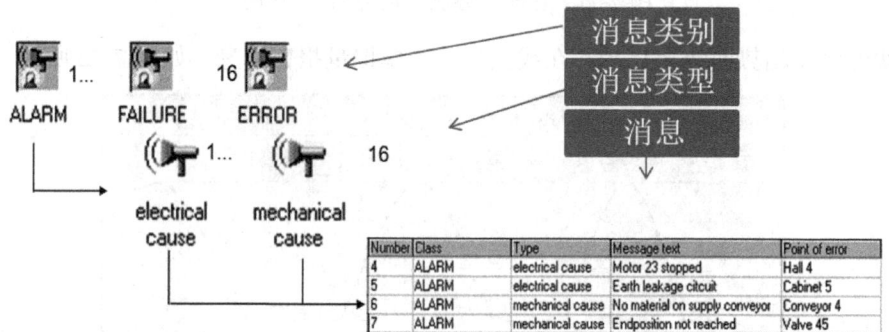

图 7-75 按消息的严重级别和消息类型（电气和机械）分类

1. 消息类别

在 WinCC 中，可定义多达 18 个消息类别，包括 16 个自定义的消息类别和两个无法删除的系统预设的消息类别（"系统，需要确认"及"系统，无确认"）。

消息类别有对应的"状态变量""锁定变量"和"确认变量"，消息类别如图 7-76 所示。关于这些变量的作用请参考下面消息类型中的介绍。

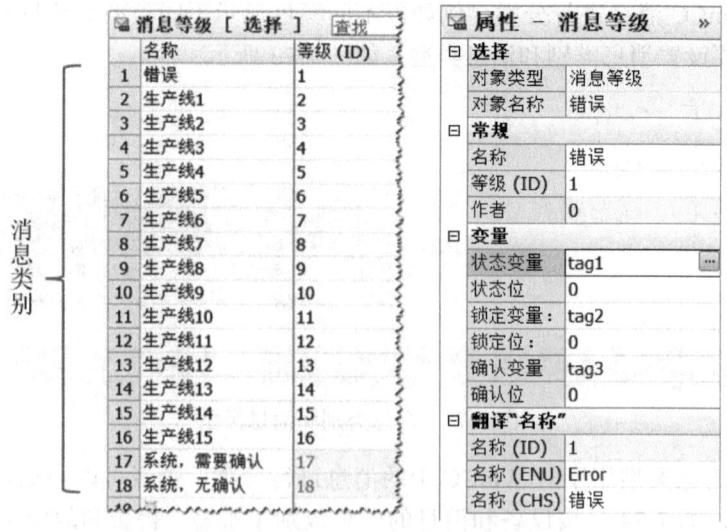

图 7-76 消息类别

2. 消息类型

消息类型是消息类别的子组，在 WinCC 中可针对每个消息类别创建多达 16 个消息类型。

在消息类型属性中可以定义报警的颜色、状态文本、确认状态等内容。消息类型的属性如图 7-77 所示。

> **提示**
> "等级 (ID)"不是优先级的意思，只是消息类别（消息等级）的编号。

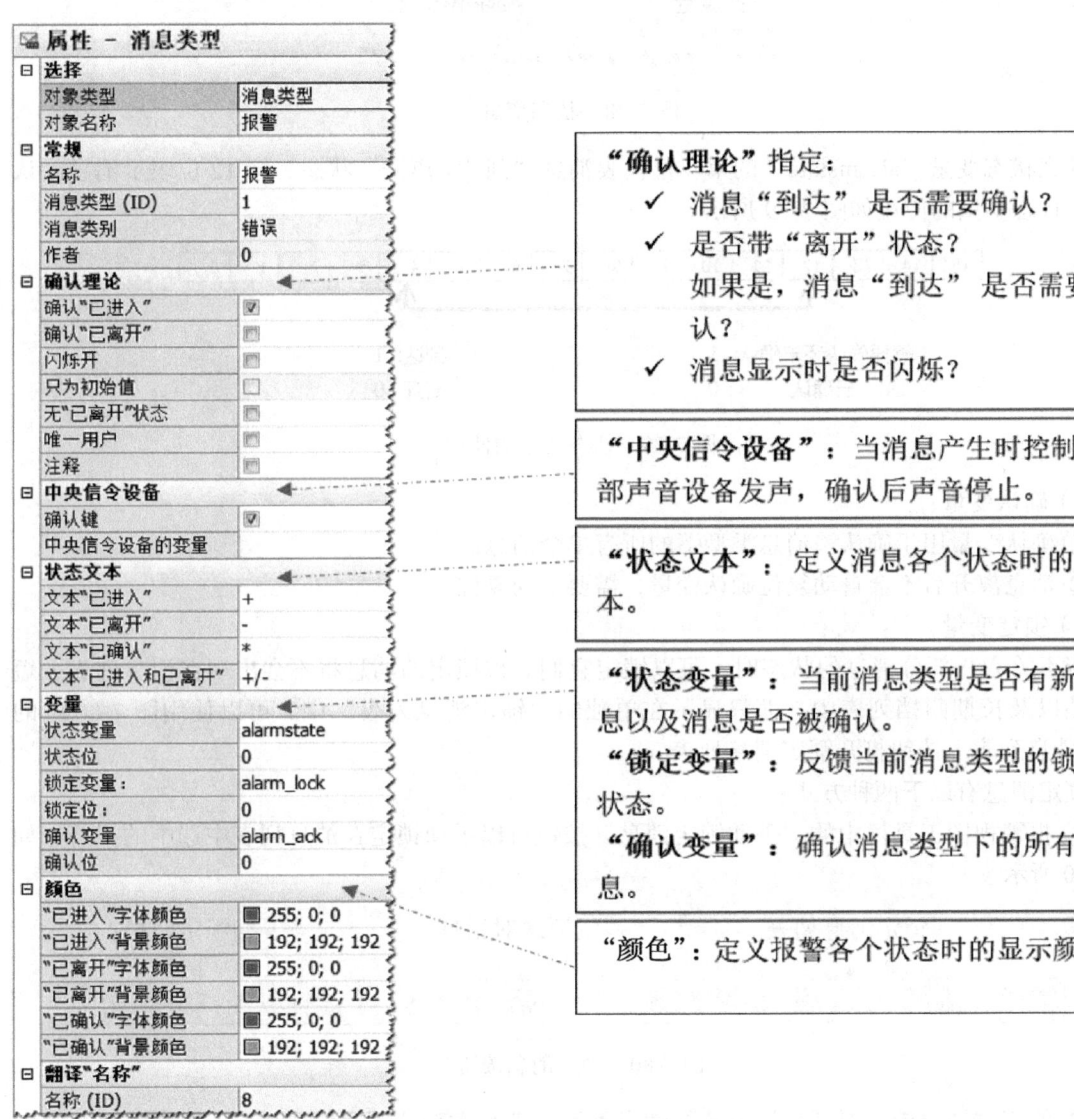

图 7-77 消息类型的属性

（1）确认理论

同一消息类型的所有消息都使用相同的确认原则。

1）确认离开和离开无状态不能同时激活。

2）激活确认离开，确认到达必须激活。

（2）变量

1）状态变量。

每条单个消息在状态变量中占用两位，低位表示"到达/离开"，高位表示确认状态。低位由状态位指定，高位 = 低位 + 状态变量位数 /2。

例如，图 7-78 中使用的状态变量"alarmstate"为无符号 16 位整数，状态位为 4。

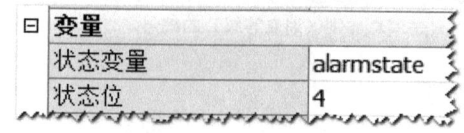

图 7-78　状态变量

那么状态变量"alarmstate"的第 4 位代表消息"到达/离开"状态，第 12 位表示消息确认状态。状态变量的使用如图 7-79 所示。

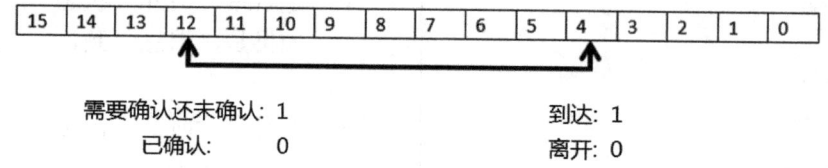

图 7-79　状态变量的使用

2）确认变量：

① 确认变量用于确认该消息类型下的所有单个消息。

② 消息离开后不会自动复位确认变量，需要手动复位。

3）锁定变量。

当不关心一部分消息的状态时，可以锁定它们。被锁定的消息将不会出现在消息列表、短期归档以及长期归档列表中，而只显示在单独的"锁定消息列表"中。可以使用图 7-80 中的"锁定消息列表"按钮打开锁定消息列表。

锁定消息有以下两种方式：

① 报警视图工具栏中的"手动锁定消息"按钮可以手动锁定在消息列表中选中的报警。如图 7-80 所示。

图 7-80　锁定消息按钮

② 使用"锁定消息对话框"按钮按消息类别、消息类型或消息组来锁定/解锁消息。锁定消息对话框如图 7-81 所示。

被锁定的消息，不进行消息判断。因此，解锁后消息的日期时间有删除线显示，解锁后的消息如图 7-82 所示。代表日期时间和当前消息的状态不是对应的。

如果使用"锁定消息对话框"锁定了消息类型，则消息类型的锁定变量的指定位会被置位。

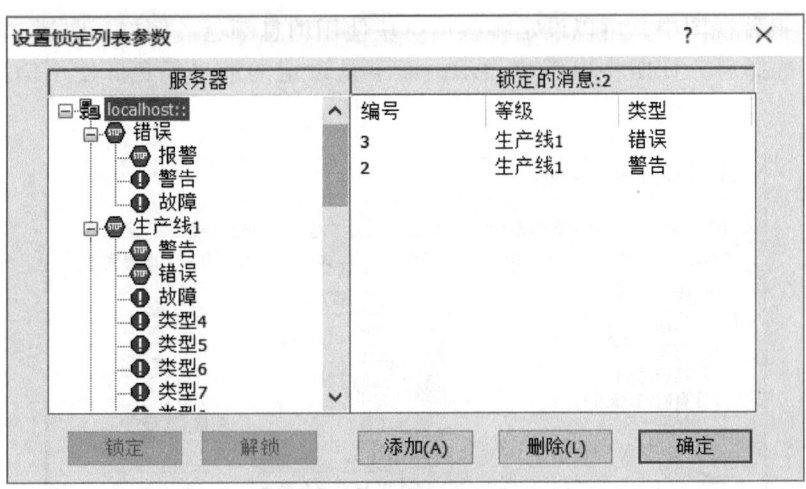

图 7-81　锁定消息对话框

图 7-82　解锁后的消息

使用锁定变量只可以反馈消息类型（或消息组）的锁定状态，而不能控制消息的锁定。

（3）报警颜色

报警消息的显示颜色是在消息所属的消息类型中定义的。图 7-83 所示为两个属于不同消息类型的消息显示不同颜色的组态。

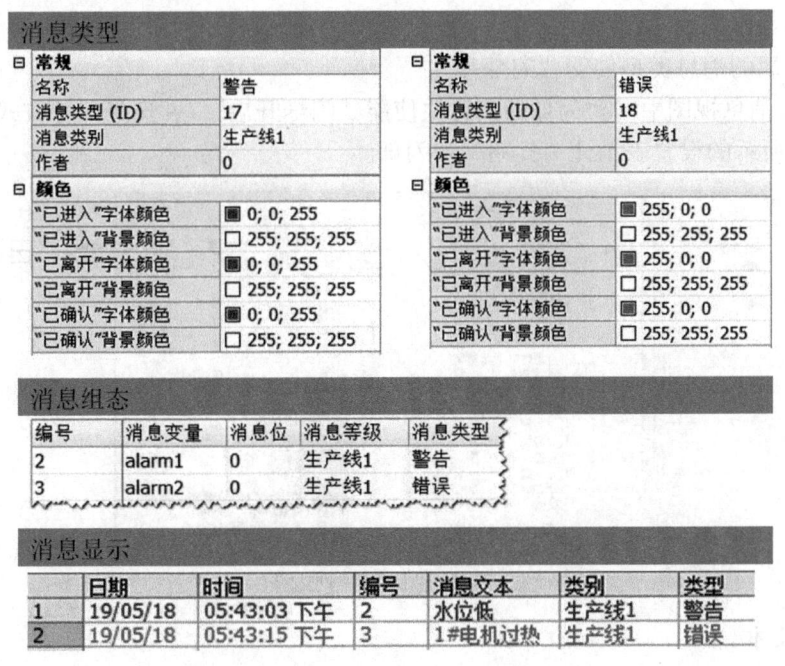

图 7-83　不同颜色的组态

在 WinCC 报警视图中,可以设定哪些消息块使用消息颜色。例如,取消"日期"的"显示消息颜色"选择后,日期将以黑色显示,而不是设定的消息颜色。使用消息类型颜色如图 7-84 所示。

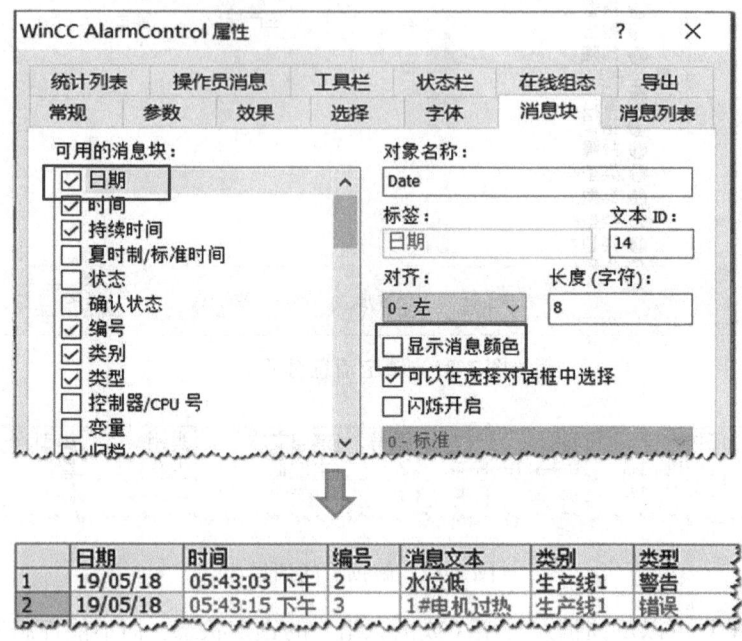

图 7-84 使用消息类型颜色

(4)消息的闪烁

对于一些重要的报警消息,当消息到达时可以闪烁的方式提醒操作人员注意。消息闪烁的条件如下:

1)消息所属的消息类型使能"闪烁开"。

2)WinCC 消息视图中需要闪烁的消息块使能"闪烁开启",并选择闪烁方式。

如图 7-85 所示的设置表示让"日期"列闪烁。

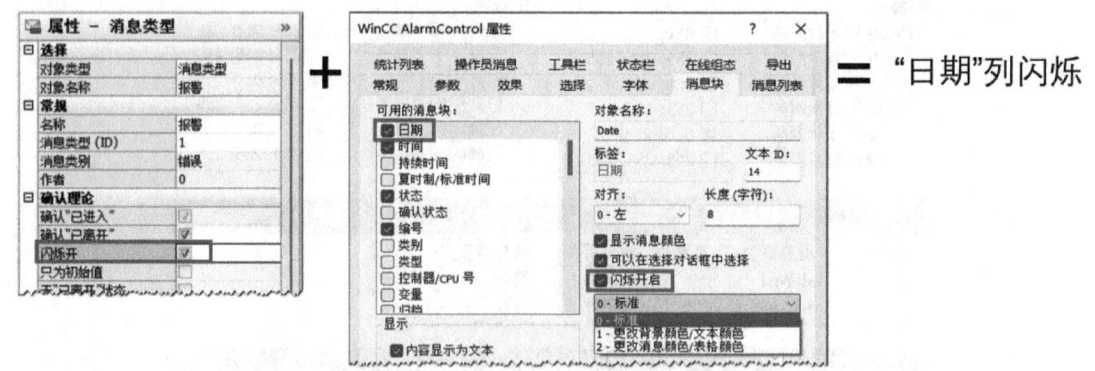

图 7-85 "日期"列闪烁

(5)状态文本

消息的状态文本是在消息所属的消息类型中定义的。

WinCC 消息视图中可以选择显示消息状态的方式，以图标或文本显示，或者两者同时显示。状态文本如图 7-86 所示。

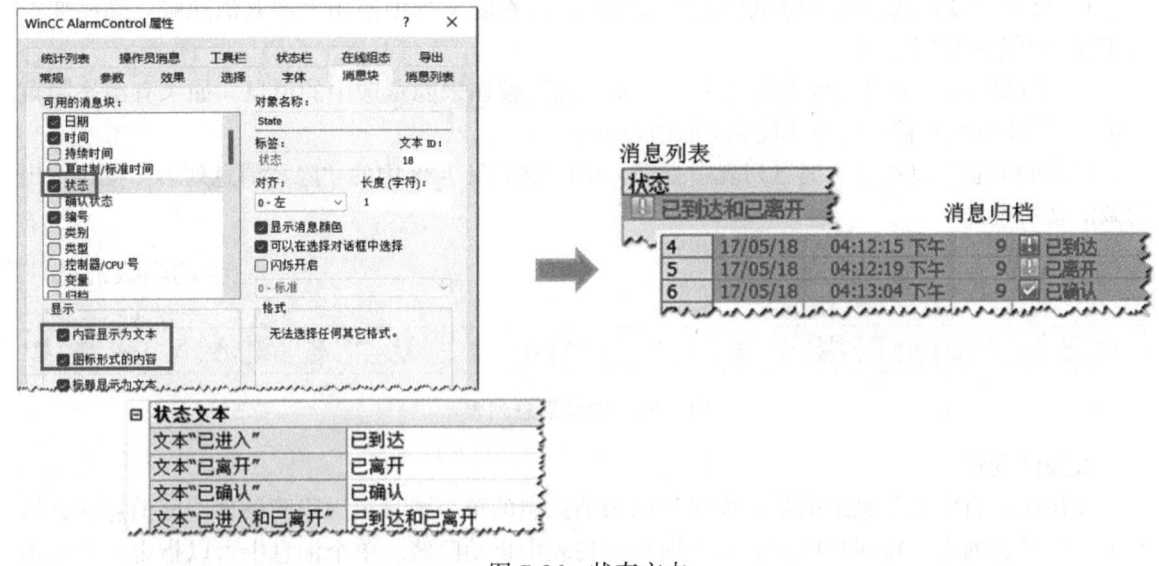

图 7-86　状态文本

7.4.4　消息组

单条消息除了属于消息类别和消息类型外，还可以属于某个消息组。使用消息组可以更方便地管理消息。

消息组可以定义状态变量、确认变量、锁定变量和隐藏变量。消息组如图 7-87 所示。其中状态变量、确认变量和锁定变量的使用方法与消息类别和消息类型中对应的变量相同，而隐藏变量仅存在于用户自定义的消息组中。

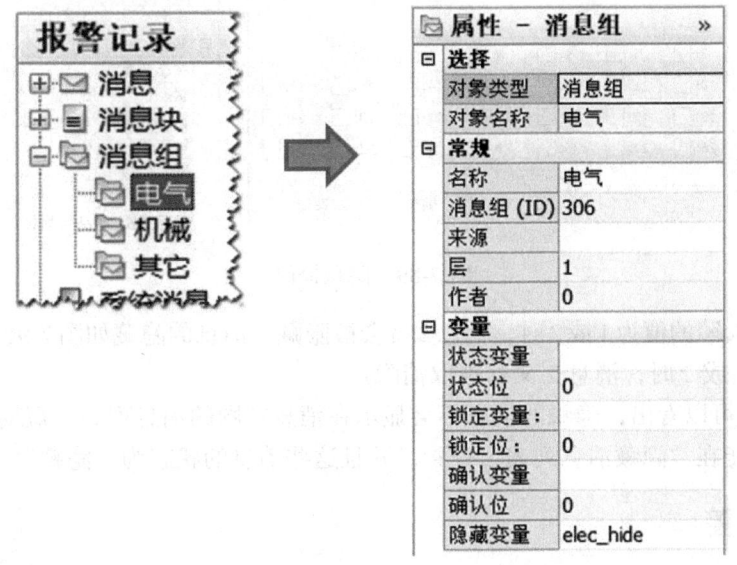

图 7-87　消息组

1. 消息的隐藏

有以下两种方法可以隐藏消息：

1）自动隐藏：通过设置隐藏掩码隐藏消息，可在隐藏列中使用手动取消隐藏。隐藏变量等于设定的掩码值时隐藏。

2）手动隐藏：通过控件上的"手动隐藏消息"按钮来隐藏选中的消息。如果有组态隐藏变量，可置位/复位隐藏变量来隐藏/取消隐藏消息。

隐藏的消息可以在隐藏消息列表中查看。可以使用图 7-88 中的"隐藏消息列表"按钮调出隐藏消息列表。

图 7-88 隐藏消息列表

2. 隐藏变量

使用用户自定义消息组的隐藏变量可以为消息组的单个消息定义隐藏条件，即消息什么情况下会在消息列表、短期归档列表和长期归档列表中自动隐藏。单个消息中可以指定一个或多个隐藏掩码，其中有一个隐藏掩码与隐藏变量的值相同时，这个消息就会被隐藏。

例如，图 7-89 中定义编号为 2 的消息的隐藏掩码为"1;2"，并隶属于"电气"消息组。"电气"消息组的隐藏变量为"elec_hide"。

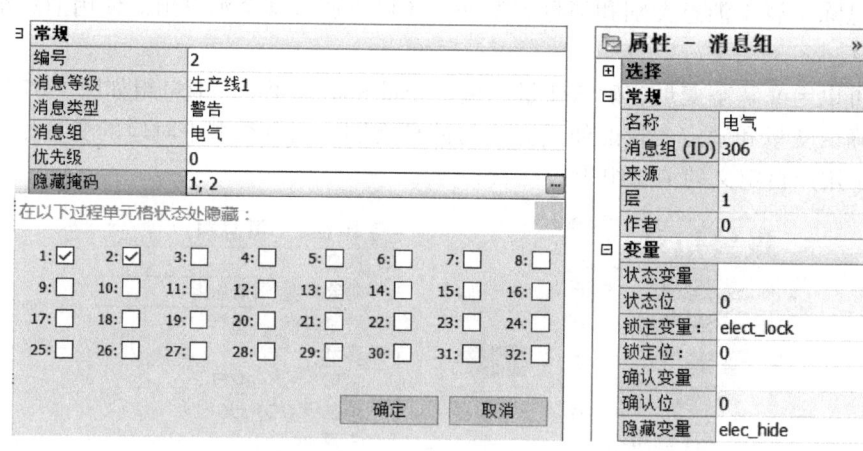

图 7-89 隐藏掩码

当"elec_hide"的值为 1 或 2 时，消息 2 将会被隐藏。消息的隐藏如图 7-90 所示。当"elec_hide"的值不为 1 或 2 时，消息 2 又会被取消隐藏。

从图 7-90 中可以看出，隐藏的消息不会显示在消息视图的消息列表、短期归档列表和长期归档列表中，只能在"隐藏消息列表"查看，并且这些消息的状态为"隐藏"。

7.4.5 声音报警

WinCC 提供了多种方法来触发声音报警。

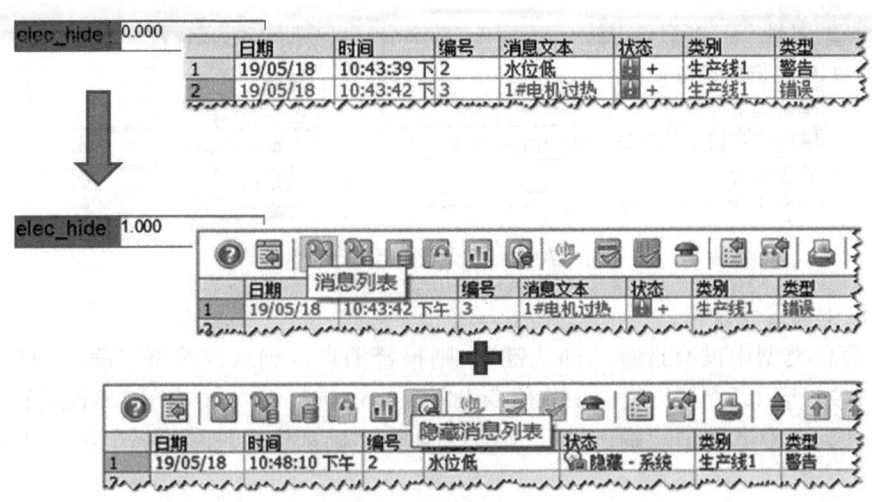

图 7-90 消息的隐藏

1. 报警器（Horn）

WinCC 报警器组件可以监视指定的消息类别是否存在未确认的消息。如果有，则播放声音文件，进行声音报警。报警器编辑画面包括以下两个部分：

1）消息分配：指定消息类别及其对应的二进制变量。当消息类别中存在未确认的消息时，对应的二进制变量将被置位，消息分配如图 7-91 所示。

2）信号分配（见图 7-92）：指定二进制变量及其对应的 .wav 格式的声音文件。当变量为 1 时，将会播放声音文件。

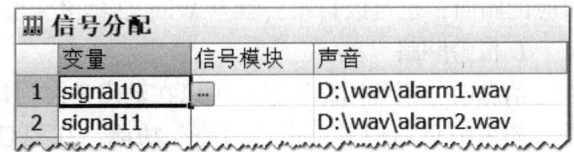

图 7-91 消息分配　　　　　　　图 7-92 信号分配

> **提示**
> 声音报警器在每次激活报警系统后 30s 启动，在此期间产生的报警不能激活声音报警。

2. 编程播放声音文件

在 WinCC 中实现声音报警的另外一种方法是使用 Windows API 函数 PlaySoundA 来播放声音文件（*.wav 文件）。关于 PlaySoundA 函数的详细信息请参考条目 ID 748844。

3. 中央信令设备

中央信令设备是连接到 PLC 的声响设备。WinCC 可以通过一个二进制变量来控制这个设备。

在消息类型属性中激活"确认键"选项并设置中央信令设备的变量（二进制变量）。在单个消息属性中选择是否使用中央信令设备。中央信令设备设置如图 7-93 所示。

（1）置位中央信令设备

如果消息选择使用中央信令设备，则此消息到达后，中央信令设备变量被置 1（centralsignal=1），声响设备将进行声音报警。

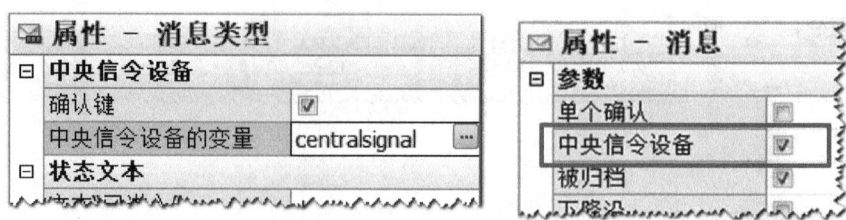

图 7-93 中央信令设备设置

（2）复位中央信令设备

如果在消息类型中没有选择"确认键"，则报警消息被确认或按下"确认中央信令设备"按钮，如图 7-94 所示，都可以复位中央信令设备（centralsignal=0），停止声音报警。

如果消息类型中选择了"确认键"，则必须使用"确认中央信令设备"按钮才能复位中央信令设备。

图 7-94 确认中央信令设备

7.4.6 消息触发特定操作

当消息被触发时，可以进行一些特定的操作。例如，在 WinCC 消息视图中直接打开消息对应的画面，也可以自动去触发 WinCC 标准函数 GMsgFunction。

1. 报警回路

消息的"报警回路"属性可以在输出消息时启动一个 WinCC 函数。

如果消息启用了"报警回路"功能，在消息被触发时通过消息视图上的"报警回路"按钮，可以触发一个 WinCC 函数。这个函数的名称及函数的参数分别在消息的"函数名称"和"函数参数"属性中设定。报警回路如图 7-95 所示，当这条消息被触发时，使用报警回路按钮即可打开"Alarm.pdl"画面。

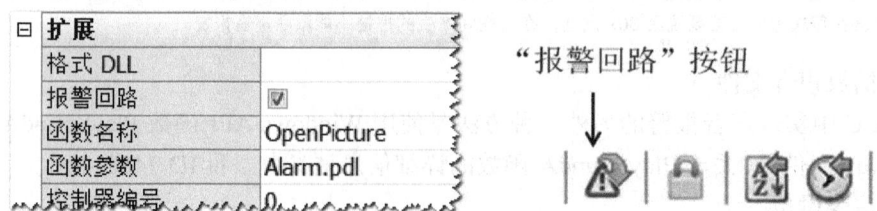

图 7-95 报警回路

2. 消息触发动作

在 WinCC 项目中，使能了"触发动作"功能的消息被触发时（也就是消息状态改变，例如到达、离开、被确认…），将会触发 WinCC 标准 C 函数 GMsgFunction，"触发动作"属性如图 7-96 所示。

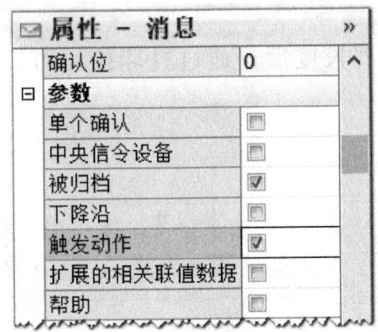

图 7-96 "触发动作"属性

GMsgFunction 函数的传入参数提供了一系列消息数据,包括消息状态、消息号及时间戳等。GMsgFunction 函数如图 7-97 所示。

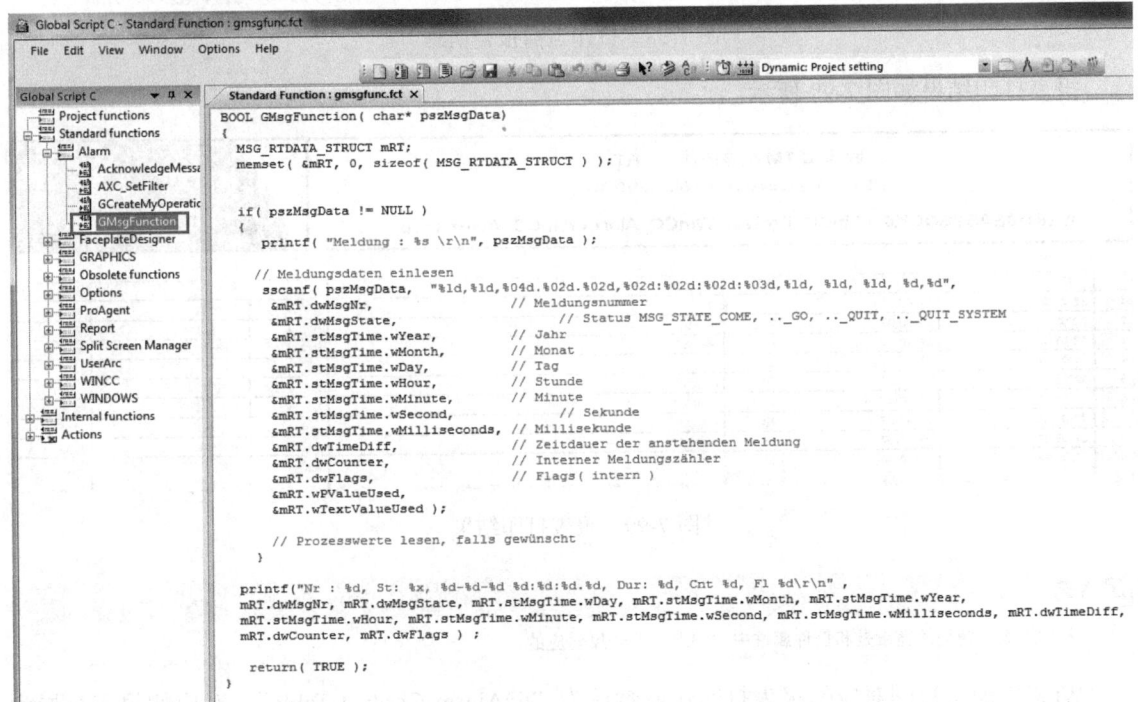

图 7-97 GMsgFunction 函数

GMsgFunction 函数可以在全局 C 脚本编辑器中的"Standard functions > Alarm >GMsgFunction"中找到。

可以修改 GMsgFunction 函数内容以实现自定义的功能。关于 GMsgFunction 函数的详细信息请参考条目 ID 15350783。

7.4.7 消息报表

WinCC 消息视图对应一个默认的报表,可以把消息视图中的内容输出到报表中。另外,WinCC 消息系统还提供了把每条消息都自动输出到行式打印机的功能。

1. 默认消息报表

WinCC 消息视图设置好每列长度后，通过打印按钮可以打印当前报警消息，如图 7-98 所示。

图 7-98　打印当前报警消息

报表打印结果如图 7-99 所示。

图 7-99　报表打印结果

> **提示**
> 打印报表中每列的宽度是和控件属性中"消息块"长度对应的。

WinCC 消息视图对应的报表打印作业默认为"@Alarm Control-Table"，对应的报表布局为"@Alarm Control-Table.RPL"。默认打印作业及布局如图 7-100 所示。

图 7-100　默认打印作业及布局

在报表布局中使用"WinCC 控制运行系统打印提供程序.表格"来连接到当前的消息视图，默认布局如图 7-101 所示。

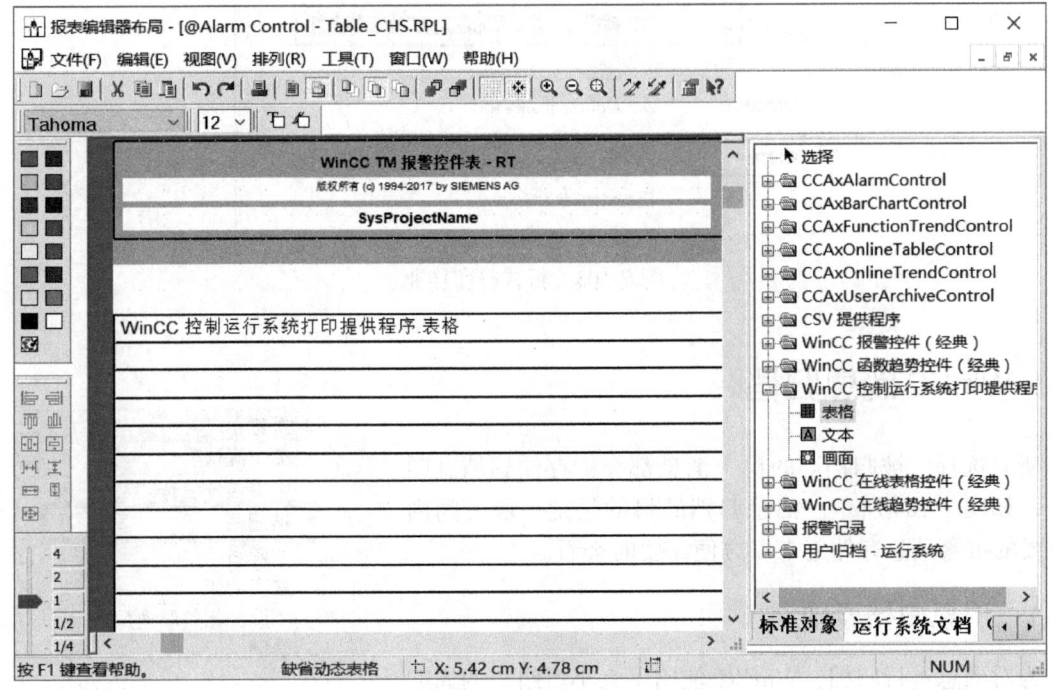

图 7-101　默认布局

2. 消息顺序报表

有些场合下，每产生一条消息都需要输出到打印机。在 WinCC 中，"顺序报表"功能可以实现这个功能。前提条件是使用行式打印机（通常是 LPT 接口），并在 WinCC 启动列表中选择"消息顺序报表 /SEQPROT"，如图 7-102 所示。

图 7-102　消息顺序报表 /SEQPROT

消息顺序报表对应的报表打印作业为 "Report Alarm Logging RT Message sequence"，对应的报表布局为 "@CCAlgRtSequence.RP1"（.RP1 代表是行式打印布局）。行式打印作业如图 7-103 所示。

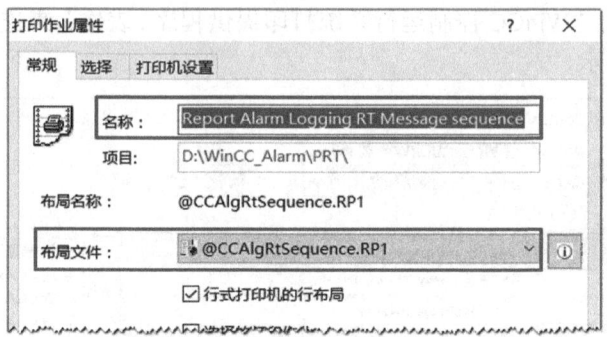

图 7-103　行式打印作业

7.5　WinCC 消息归档

所有选择"被归档"的单个消息都会被存储到消息归档中，如图 7-104 所示。消息归档的目的是把一段时间内的重要的报警消息存储起来以方便需要时查看。

7.5.1　消息归档原则

为对消息进行归档，WinCC 使用了大小可组态的周期性循环归档，如图 7-105 所示。

1）每个分段都是一个归档文件，总的分段数是在归档组态时进行设置的。

2）当总的分段数达到设定数值后，再创建新的分段时会删除最旧的分段。

WinCC 归档文件总是存储在本地计算机上的 WinCC 项目文件夹中，如图 7-106 所示。

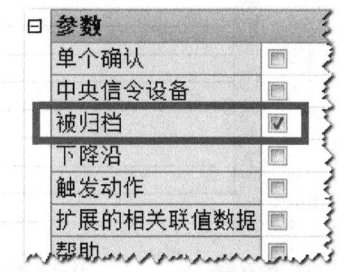

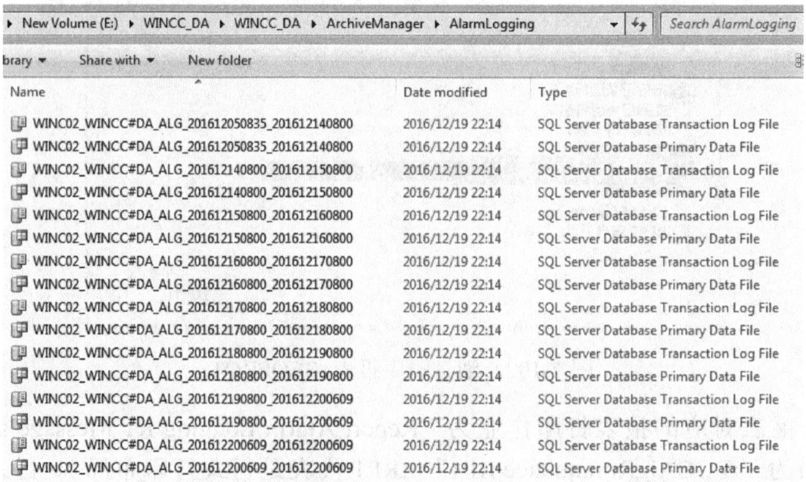

图 7-104　消息归档

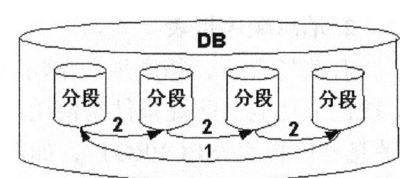

图 7-105　周期性循环归档

图 7-106　消息归档文件

> **提示**
> 归档中存储的时间为 UTC 时间（世界标准时间）。

7.5.2 归档组态

WinCC 消息归档包含多个片段。在 WinCC 中可对消息归档的大小/时间以及单个片段的大小/时间进行组态，归档组态如图 7-107 所示。

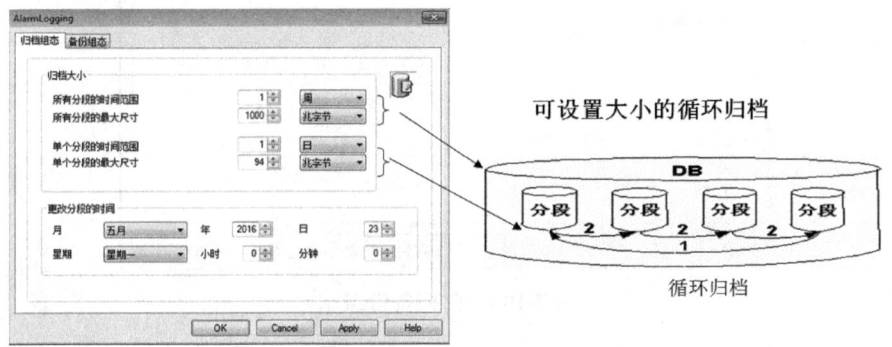

图 7-107 归档组态

如果超出"所有分段的时间范围"或"所有分段的最大尺寸"中的任意一个标准，则启动新的分段并删除最旧的分段。

如果超出"单个分段的时间范围"或"单个分段的最大尺寸"中的任意一个标准，则将启动一个新的单个分段。

"更改分段的时间"定义产生新分段的时间。以图 7-107 中的组态为例，单个分段时间范围为 1 日，更改分段时间是"小时 0 分钟 0"，即在每天的零分零秒创建新的分段。

> **提示**
> 归档（报警归档、快速归档、慢速归档）不能多于 200 个分段！详细信息请参考条目 ID 34473263。

7.5.3 备份组态

在做项目时，早期的历史报警没必要连接到 WinCC 运行数据库里，可以放到备份文件夹下。这是基于以下两点考虑：

1）当 WinCC 运行系统加载的归档数据过多时，会影响 WinCC 的运行速度。

2）早期的历史报警用到的概率比较小，使用到时再去连接备份归档。

（1）"备份到两个路径"

WinCC 的归档可以备份到两个文件夹下（激活"备份到两个路径"）。这两个文件夹同时保存 WinCC 归档数据，以提高可靠性。归档备份组态如图 7-108 所示。

归档分段文件完成 15min 后或达到分段最大尺寸，归档文件将被复制到备份文件夹。

（2）"签署激活"

选中"签署激活"复选框。与 WinCC 重新连接时，通过签名可使得系统能确定在交换后是否修改了归档备份文件。

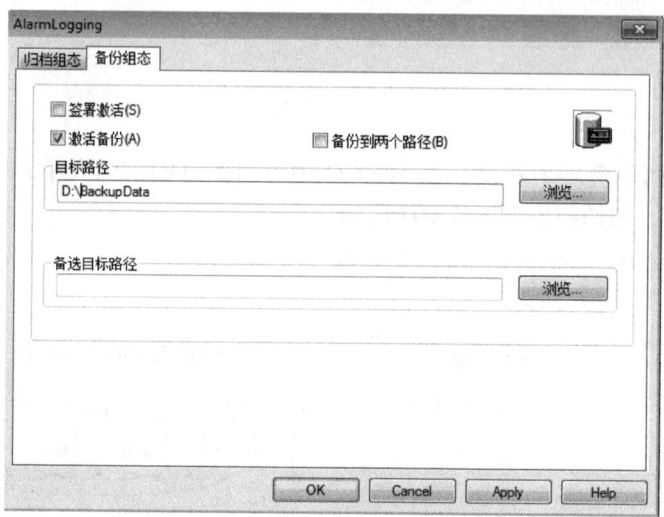

图 7-108　归档备份组态

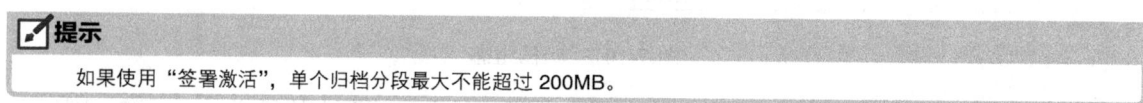

提示

如果使用"签署激活",单个归档分段最大不能超过 200MB。

7.5.4　连接、断开备份归档

在 WinCC 运行系统中可以使用以下方法连接、断开备份归档。

1. 在报警记录中连接归档

当 WinCC 项目激活时,在"报警记录"编辑器中,可以使用"链接归档"或"断开与归档的连接"菜单命令来连接 / 断开备份归档文件,如图 7-109 所示。

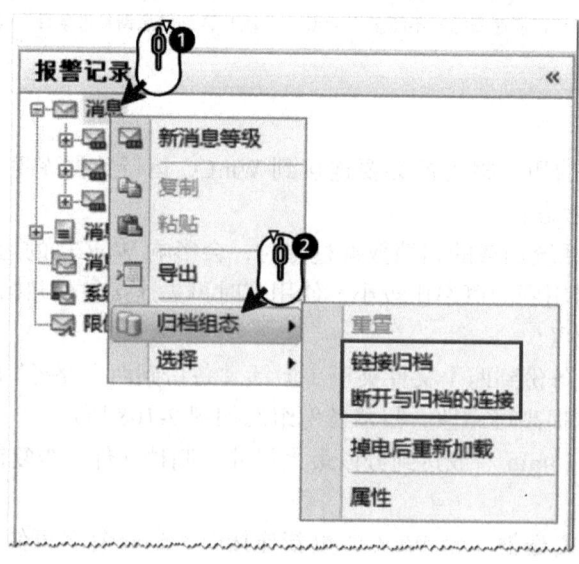

图 7-109　连接 / 断开备份归档文件

2. 使用 WinCC 报警视图工具栏上的"连接备份"或"断开备份"工具

可以使用 WinCC 报警视图工具栏上的按钮来"连接备份"或"断开备份",消息视图工具栏如图 7-110 所示。

图 7-110 消息视图工具栏

3. 通过 VBS 编程连接归档

在 WinCC 的 VB 脚本中使用 HMIRuntime.Logging.Restore 或 HMIRuntime.Logging.Remove 方法可以连接或断开备份归档。

使用方法如下:

```
HMIRuntime.Logging.Restore [SourcePath] [TimeFrom] [TimeTo] [TimeOut] [ServerPrefix]
HMIRuntime.Logging.Remove [TimeFrom] [TimeTo] [TimeOut] [ServerPrefix]
```

其中的参数含义如下:

1) SourcePath:备份归档文件路径。
2) TimeFrom 和 TimeTo:UTC 时间范围。
3) TimeOut:超时时间,单位为 ms。当设为"-1"时,会一直等待;当设为"0"时,没有等待时间。
4) ServerPrefix:服务器前缀。

例如:

```
HMIRuntime.Logging.Restore("D:\Backup","2018-05-14","",-1)
```

可以把"D:\Backup"下 2018-05-14 以后的归档文件重新连接到 WinCC。

```
HMIRuntime.Logging.Remove("2018-05-22","2018-05-23",-1)
```

可以把从 2018-05-22 到 2018-05-23 所占用的归档文件从 WinCC 断开连接。

7.5.5 ADO/OLE DB 访问消息归档数据

连通性软件包(Connectivity Pack)包含 WinCC OLE DB 接口,使用 WinCC OLE DB 接口可以直接访问 WinCC 消息归档数据。详细信息请参考本书第 16 章。

7.6 WinCC 消息应用示例

本例演示了离散量消息、模拟量消息、AS 消息以及消息归档的组态。

7.6.1 功能需求

图 7-111 所示为 WinCC 液位控制系统，在此系统中实现如下的消息报警功能：

1）液位 >90 及液位 <10 时报警。报警底色为灰色，字体颜色为红色，需要确认到达。
2）液位 >80 及液位 <20 时报警。报警底色为灰色，字体颜色为黄色，不需要确认。
3）泵的三种故障（漏液、振动大、卡死），报警底色为白色，字体颜色为红色，需要确认到达和离开，并闪烁，要求报警信息记录泵的转速和当前用户名。
4）阀故障时，报警底色为白色，字体颜色为蓝色，要求报警时间为 S7-1500 的时间戳。
5）需要显示 WinCC 系统报警和 S7-1500 系统报警。
6）按时间或对象来过滤消息显示（使用脚本和组态两种方式）。

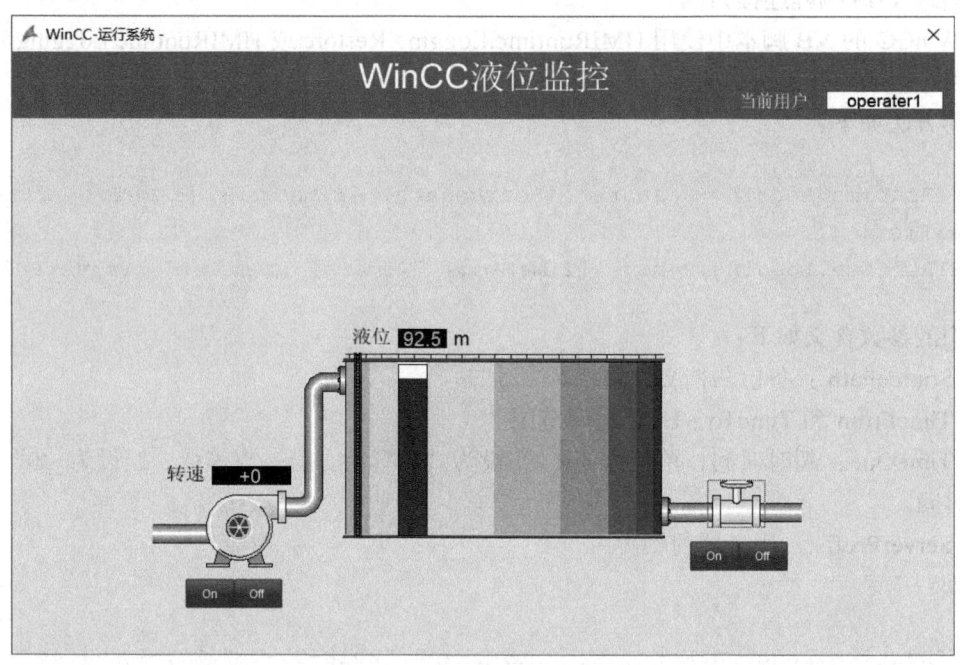

图 7-111　WinCC 液位控制系统

7.6.2 仿真程序

1. PLC 仿真程序

本例程的液位是由 S7-1500 仿真程序来控制的，液位控制程序如图 7-112 所示。

PLC 程序中 M1.2 为 1 时代表泵卡死，另外 M1.0 为 1 时代表泵漏液，M1.1 为 1 时代表泵振动大。本演示 PLC 程序中大部分变量采用绝对地址，只有阀的报警变量使用符号寻址，具体使用的是"AlarmDB" DB 块（见图 7-113）中 Word 类型变量"ValAlarm"的第一位，其地址写法为""AlarmDB".ValAlarm.%X0"。

2. WinCC 项目

基本的 WinCC 项目也已经组态，但缺少报警消息的组态。

WinCC 对应的变量如图 7-114 所示。阀报警变量"AlarmDB_ValAlarm"为符号访问，其余变量为绝对地址访问。

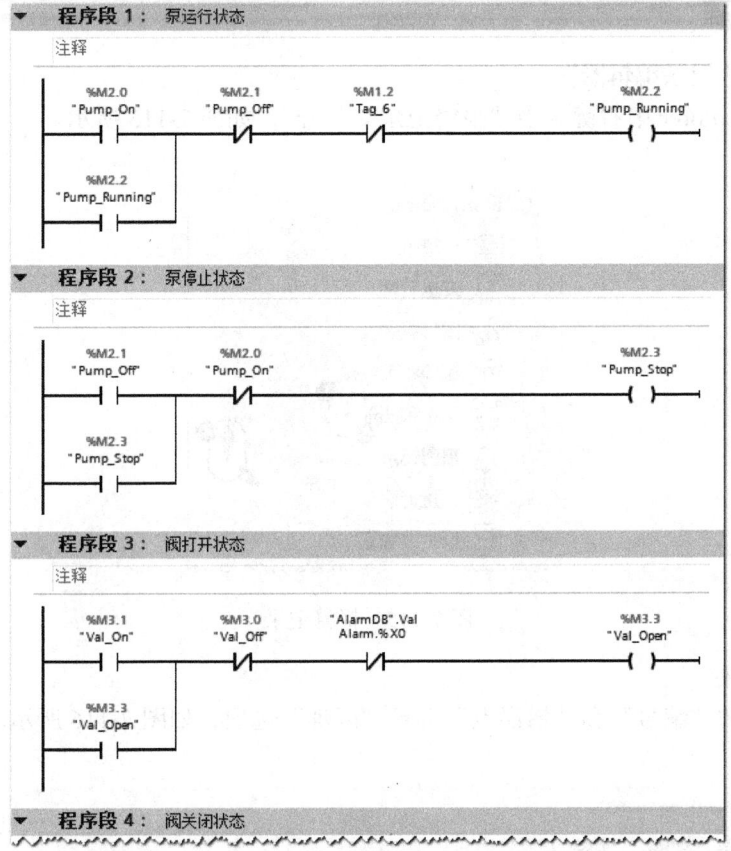

图 7-112　液位控制程序

图 7-113　液位控制程序块

图 7-114　WinCC 对应的变量

7.6.3 组态步骤

1. 打开"报警记录编辑器"

在 WinCC Explorer 中右键选中"报警记录 > 打开",如图 7-115 所示。

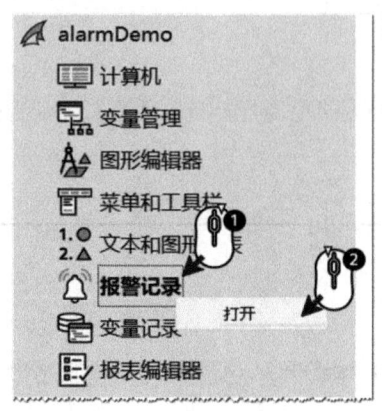

图 7-115 报警记录

2. 组态消息块

为消息块下的"编号"和"错误点"选择"闪烁"选项,如图 7-116 所示。

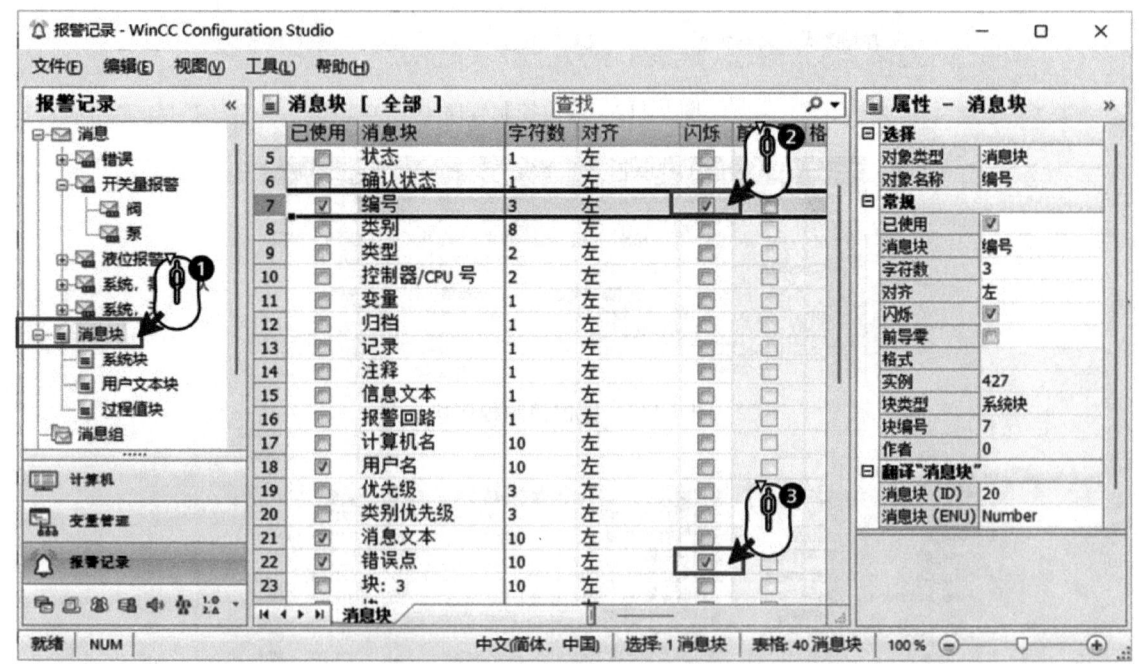

图 7-116 消息块"闪烁"选项

在过程值块中选择"过程值 9"和"过程值 10"并修改名称为"泵转速"和"当前用户名",分别用来关联泵的转速和当前用户名。过程值块如图 7-117 所示。

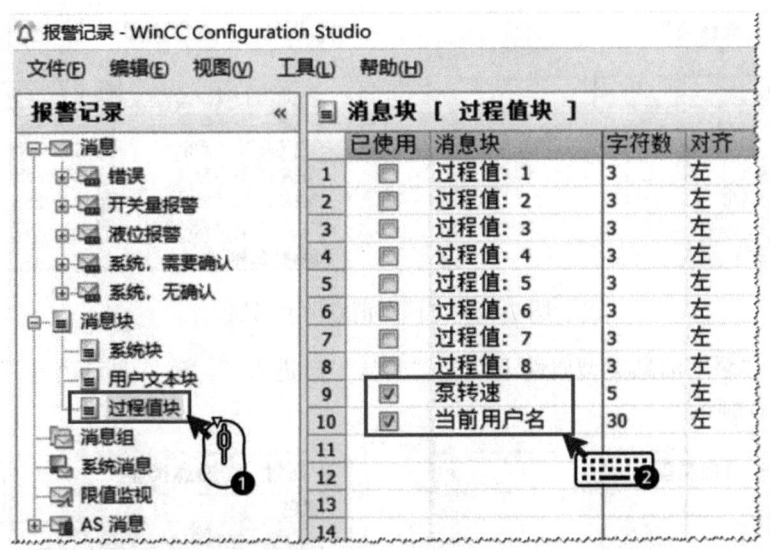

图 7-117 过程值块

3. 创建消息类别

右键选中"消息 > 新消息等级",分别创建"开关量报警"及"液位报警"两个消息类别,如图 7-118 所示。

4. 创建消息类型

在消息类型中定义泵报警、液位报警的颜色和确认机制。

步骤 1:在"开关量报警"下创建"阀"和"泵"消息类型,创建消息类型过程如图 7-119 所示。然后在"液位报警"下创建"超限警告"和"超限错误"消息类型。

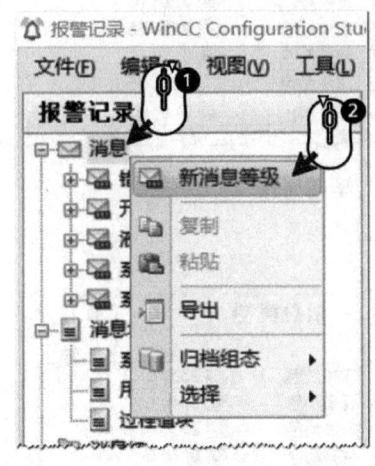

图 7-118 创建消息类别

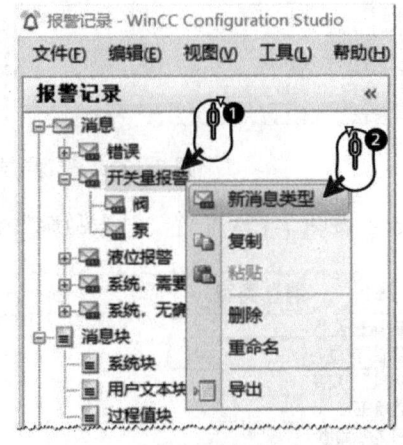

图 7-119 创建消息类型过程

步骤 2:在"阀"消息类型属性下使能"确认'已进入'",并按图 7-120 配置颜色。

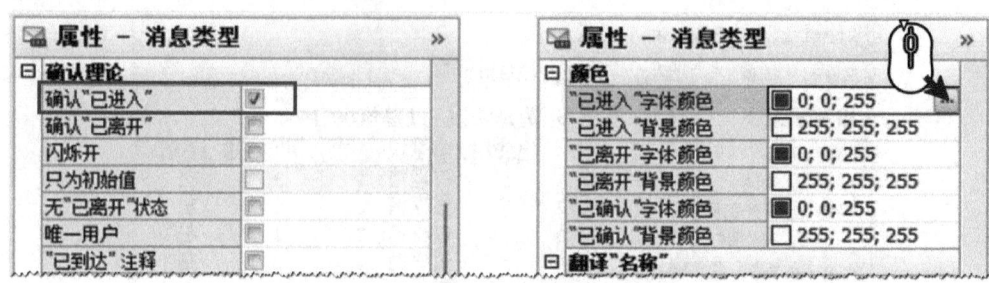

图 7-120 "阀"消息类型属性

步骤 3：在"泵"消息类型属性下使能"确认'已进入'""确认'已离开'"和"闪烁开"，并按图 7-121 配置颜色。

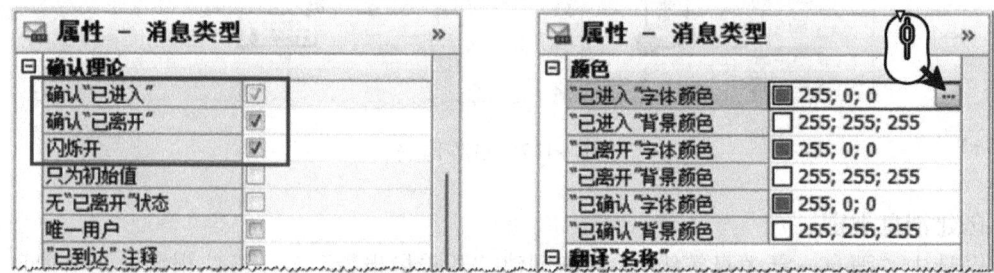

图 7-121 配置颜色

步骤 4：按图 7-122 配置"越限警告"消息类型的属性。

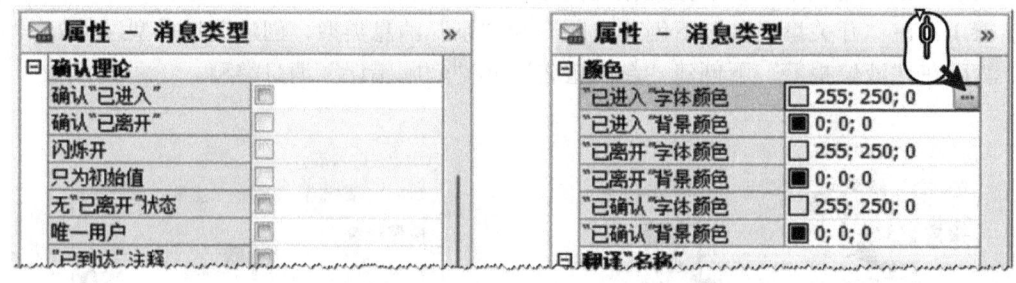

图 7-122 配置"越限警告"消息类型的属性

步骤 5：按图 7-123 配置"越限故障"消息类型的属性。

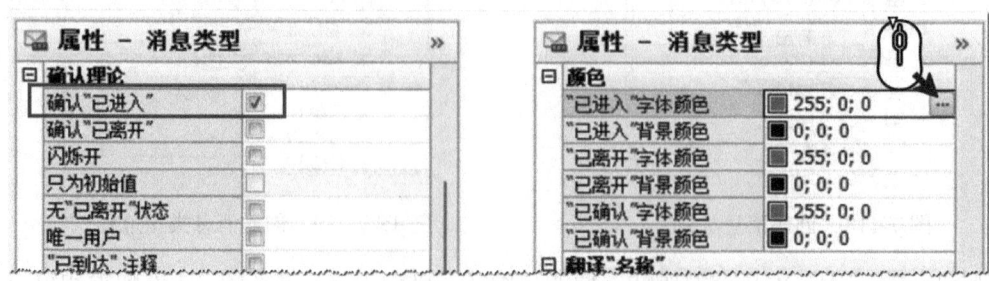

图 7-123 配置"越限故障"消息类型的属性

5. 组态离散量消息

S7-1500 程序中 M1.0=1 时代表泵漏液报警，M1.1=1 时代表泵振动大，M1.2=1 时代表泵卡死。WinCC 中泵的报警变量"Pump_Alarm"是采用绝对地址寻址方式（地址：MW0）。由于在西门子 S7 PLC 中字中的高低字节是按照大端模式来排序的，因此 WinCC 中的报警变量"Pump_Alarm"的第 0 位是 M1.0，第 1 位是 M1.1，第 2 位是 M1.2。MW0 的字节顺序如图 7-124 所示。

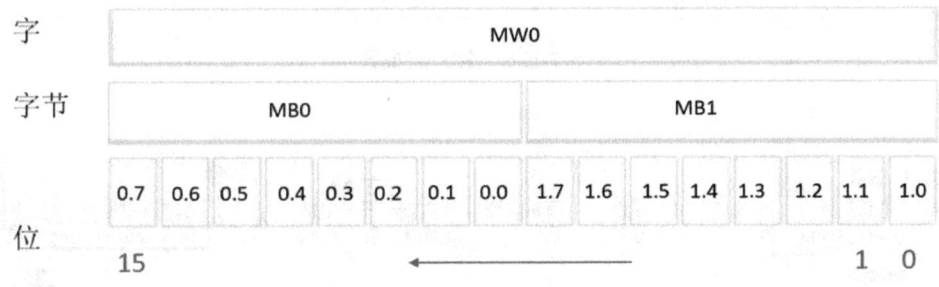

图 7-124　MW0 的字节顺序

阀的报警变量"AlarmDB_ValAlarm"采用的是符号寻址方式，则不存在高低字节颠倒的问题，可以直接使用 WinCC 变量"AlarmDB_ValAlarm"的第 0 位来触发阀的报警信息。

步骤 1：在报警记录编辑器中单击"消息"，在右侧表格区域中单击"消息变量"列下的"变量选择"按钮，选择消息触发变量，如图 7-125 所示。

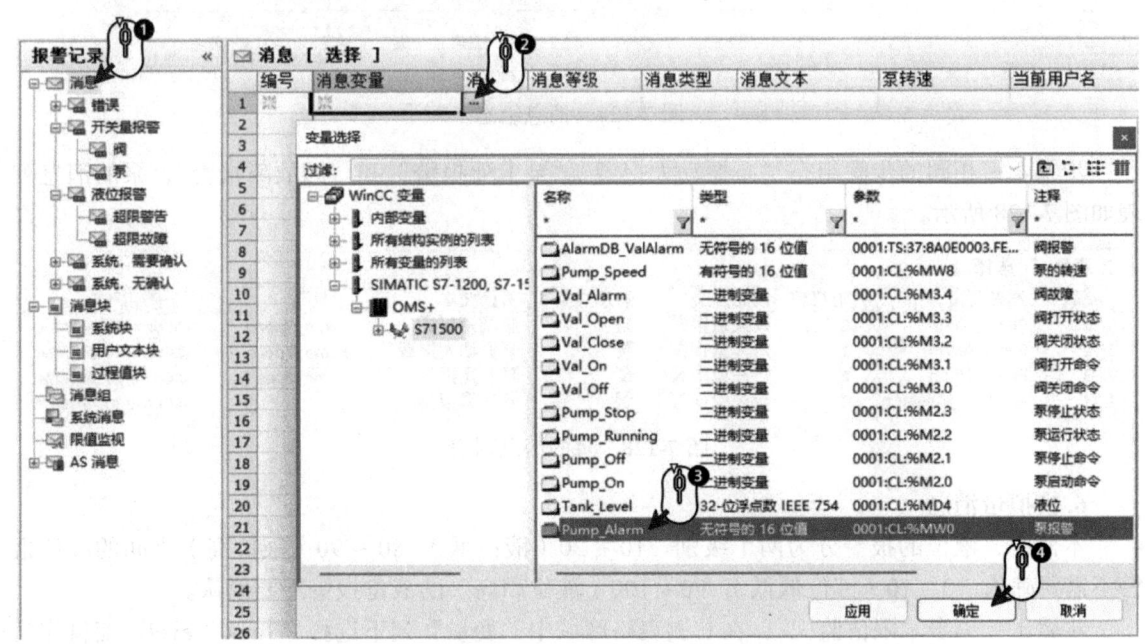

图 7-125　选择消息触发变量

步骤 2：第一个离散量消息是泵漏液报警，"Pump_Alarm"的第 0 位，消息等级（消息类别）选择"开关量报警"，消息类型选择"泵"。泵漏液报警如图 7-126 所示。

步骤 3：设置消息文本为"泵漏液报警"。为过程值"泵转速"分配变量"Pump_Speed"，同样为过程值"当前用户名"分配系统变量"@CurrentUserName"。消息组态如图 7-127 所示。

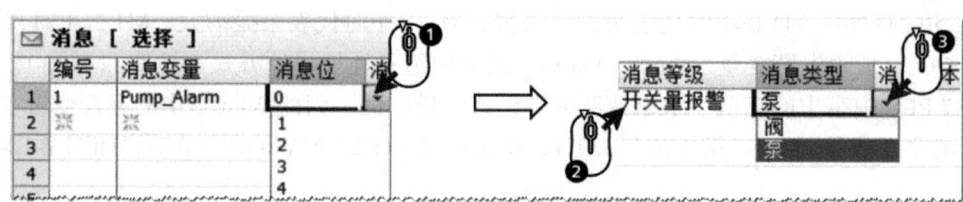

图 7-126　泵漏液报警

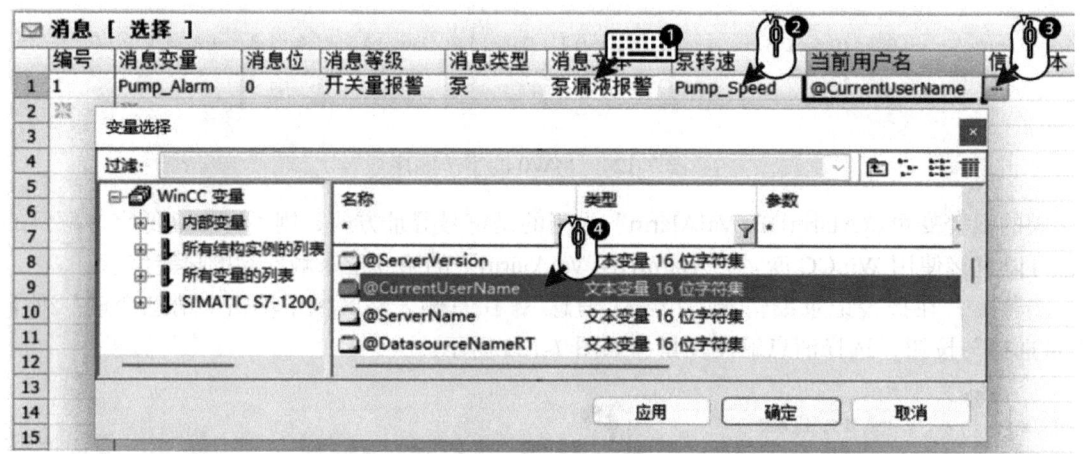

图 7-127　消息组态

步骤 4：相同的步骤组态"泵振动大报警""泵卡死报警"和"阀故障报警",泵的消息列表如图 7-128 所示。

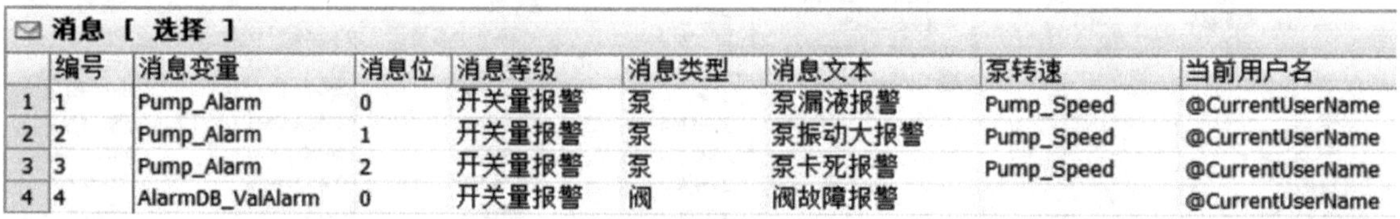

编号	消息变量	消息位	消息等级	消息类型	消息文本	泵转速	当前用户名
1	Pump_Alarm	0	开关量报警	泵	泵漏液报警	Pump_Speed	@CurrentUserName
2	Pump_Alarm	1	开关量报警	泵	泵振动大报警	Pump_Speed	@CurrentUserName
3	Pump_Alarm	2	开关量报警	泵	泵卡死报警	Pump_Speed	@CurrentUserName
4	AlarmDB_ValAlarm	0	开关量报警	阀	阀故障报警		@CurrentUserName

图 7-128　泵的消息列表

6. 模拟量消息

本例中,液位的报警分为两个级别。10～20（液位低）,80～90（液位高）之间的液位报警不需要确认。0～10（液位低低）,90～100（液位高高）的液位报警需要确认。

步骤 1：单击"限值监视",在右侧表格区域中"变量"列下选择"Tank_Level"变量作为监视变量。选择监视变量如图 7-129 所示。

步骤 2：展开变量"Tank_Level",选择"上限",为"消息号"输入 101,"比较值"输入 90（高高限）。上限报警如图 7-130 所示。

步骤 3：设置结果如图 7-131 所示。

步骤 4：单击"消息"切换到"消息"视图,如图 7-132 所示。

第 7 章 WinCC 消息系统 | 311

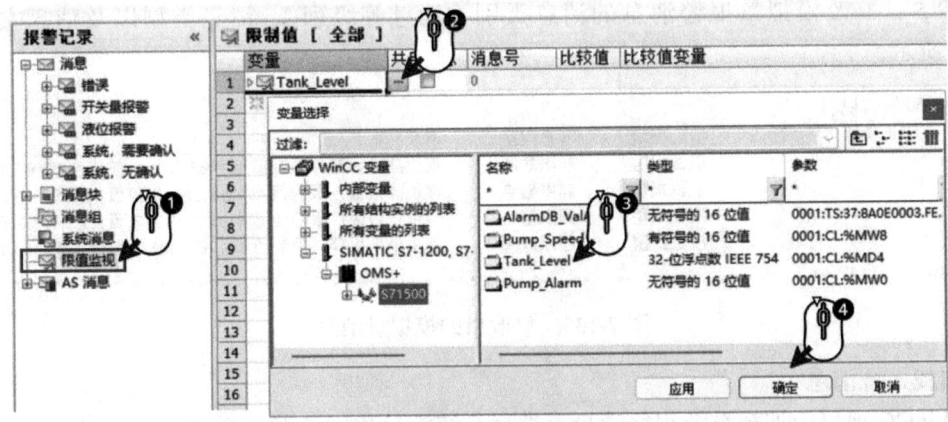

图 7-129　选择监视变量

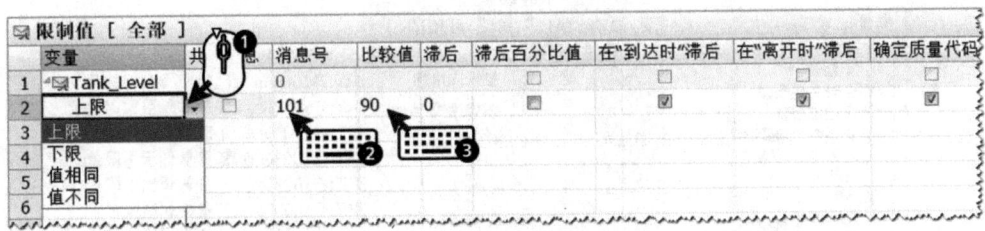

图 7-130　上限报警

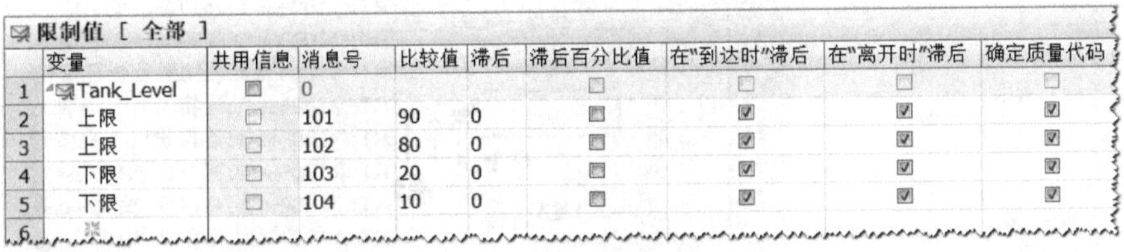

变量	共用信息	消息号	比较值	滞后	滞后百分比值	在"到达时"滞后	在"高开时"滞后	确定质量代码
▲Tank_Level	□	0						
上限	□	101	90	0		✓	✓	✓
上限	□	102	80	0		✓	✓	✓
下限	□	103	20	0		✓	✓	✓
下限	□	104	10	0		✓	✓	✓

图 7-131　设置结果

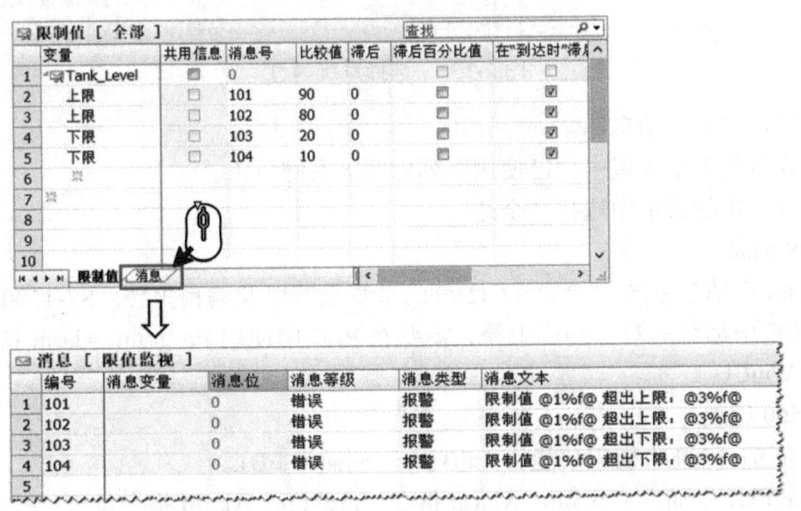

图 7-132　消息视图

步骤 5：修改模拟量报警消息的消息类别（消息等级列）、消息类型以及消息文本，如图 7-133 所示。

	编号	消息变量	消息位	消息等级	消息类型	消息文本
1	101		0	液位报警	超限故障	液位高高报警；限制值 @1%3.1f@ 当前值：@3%3.1f@
2	102		0	液位报警	超限警告	液位高报警；限制值 @1%3.1f@ 当前值：@3%3.1f@
3	103		0	液位报警	超限警告	液位低报警；限制值 @1%3.1f@ 当前值：@3%3.1f@
4	104		0	液位报警	超限故障	液位低低报警；限制值 @1%3.1f@ 当前值：@3%3.1f@
5						

图 7-133 修改后的模拟量消息

7. 加载系统消息

在 WinCC 项目中加载系统报警消息，选择系统消息如图 7-134 所示。

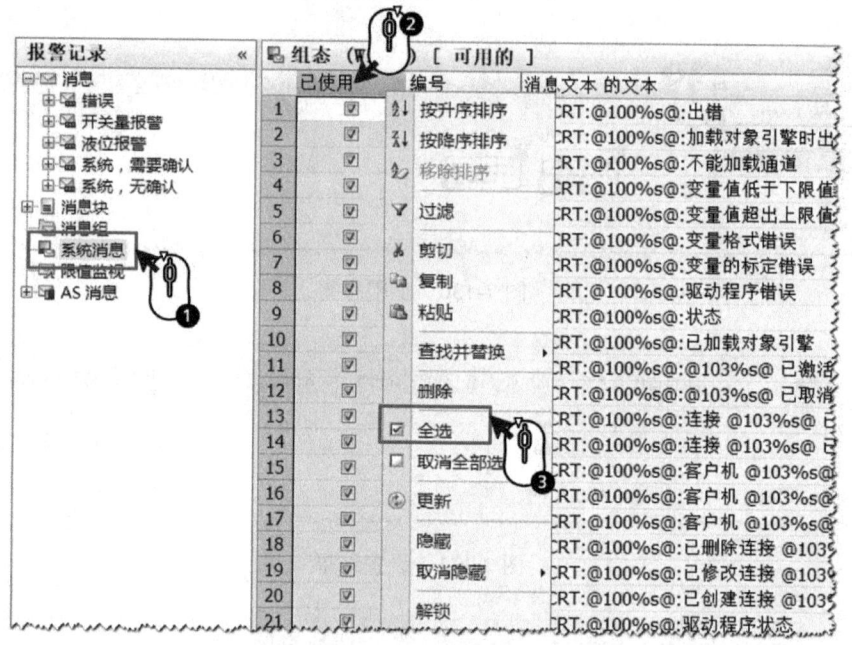

图 7-134 选择系统消息

步骤 1：单击"系统消息"。
步骤 2：在右侧表格区域中"已使用"列标题上右键单击。
步骤 3：在弹出的菜单中选择"全选"。

8. 加载 AS 消息

可以在 WinCC 消息系统中加载 S7-1500 的系统报警以及编程报警。S7-1500 的系统报警可以直接在 WinCC 中加载。对于编程报警，需要在 PLC 中使用 Program_Alarm 指令把需要的报警消息上传到 WinCC。

（1）S7-1500 编程

步骤 1：在 S7-1500 中插入功能块（FB），本例插入 FB1。
步骤 2：在 FB1 中加入 Program_Alarm 指令。Program_Alarm 指令位于"扩展指令 > 报警"目录下。Program_Alarm 指令如图 7-135 所示。

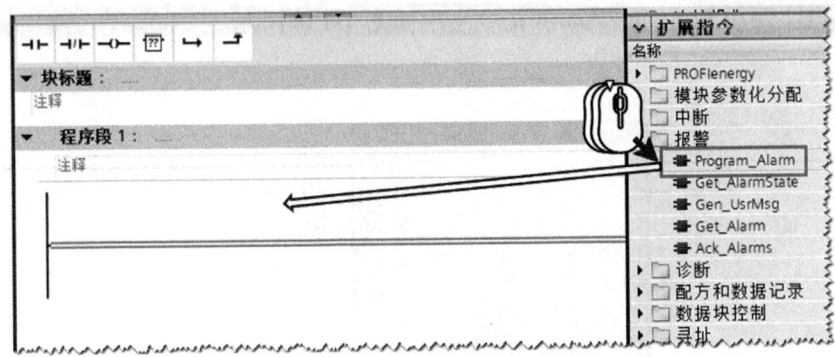

图 7-135　Program_Alarm 指令

步骤 3：在弹出的对话框中设置 Program_Alarm 指令的多重背景接口参数的名称，本例使用默认名称。Program_Alarm 接口如图 7-136 所示。

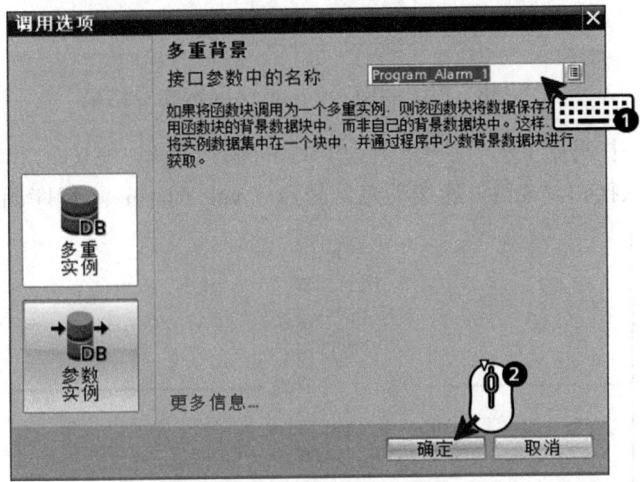

图 7-136　Program_Alarm 接口

步骤 4：为 FB1 添加输入参数 "SIG" 和输出参数 "ERROR"。FB 参数如图 7-137 所示。

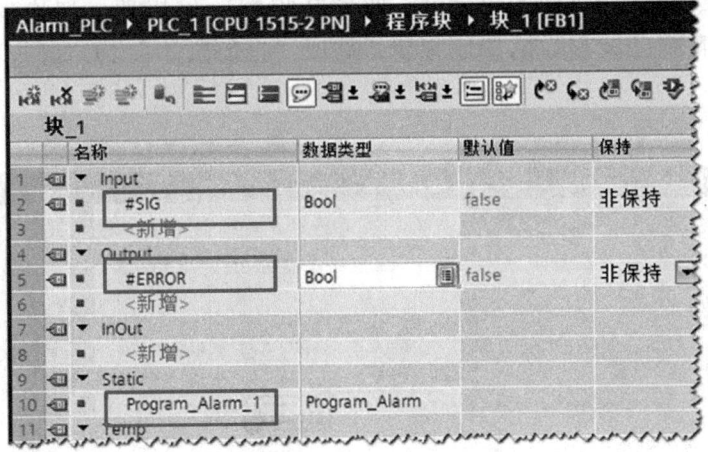

图 7-137　FB 参数

步骤 5：FB1 调用 Program_Alarm 指令结果如图 7-138 所示。

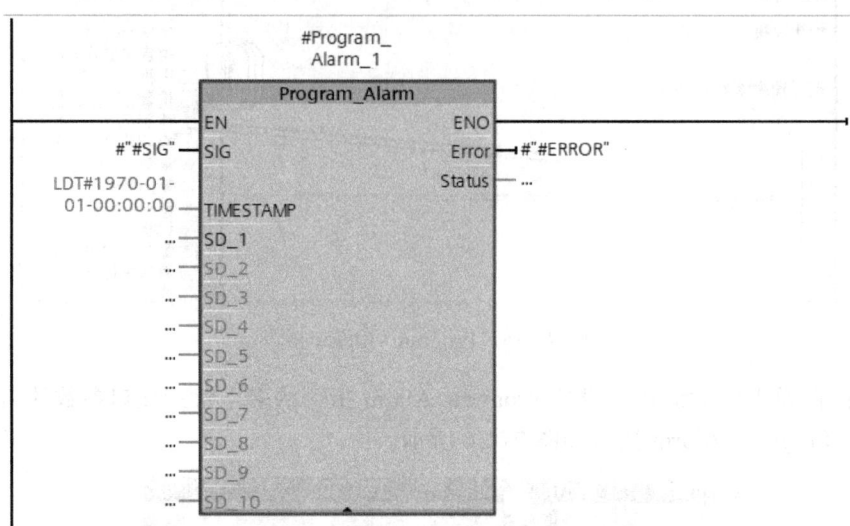

图 7-138　FB1 调用 Program_Alarm 指令结果

步骤 6：在 OB1 中调用 FB1，并分别为 FB1 的输入接口"SIG"和输出接口"ERROR"分配信号。其中的输入接口"SIG"连接消息信号点"Val_Alarm"。程序调用如图 7-139 所示。

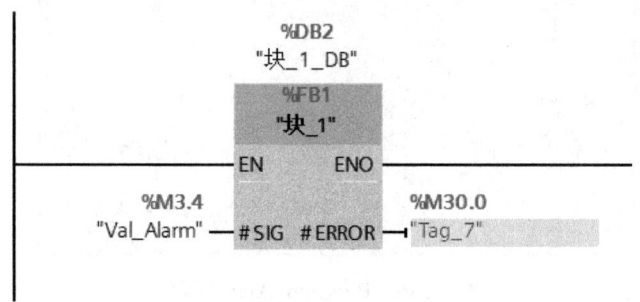

图 7-139　程序调用

步骤 7：在博途 STEP7 中打开"PLC 监控和报警"编辑器，切换到"报警>程序报警"视图，可以看到已经存在的程序报警，修改"报警文本"为"阀报警"。程序报警如图 7-140 所示。

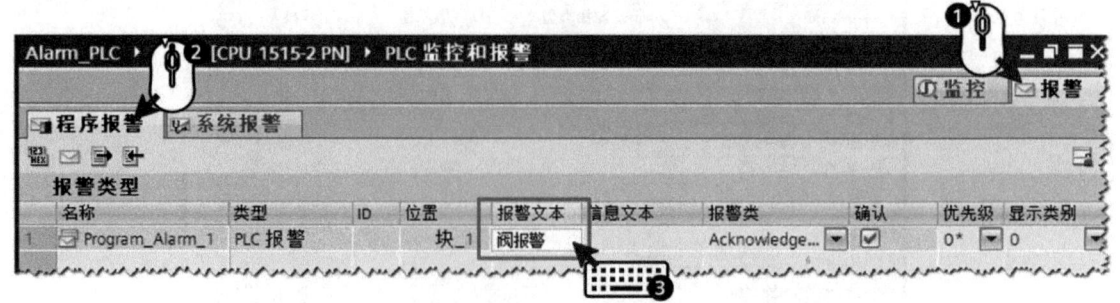

图 7-140　程序报警

(2) 在 WinCC 中加载 S7-1500 的报警

步骤 1：在 WinCC 报警记录编辑器中，展开"AS 消息"，右键单击 S7-1500 的连接名称，在弹出菜单中选择"从 AS 加载"。加载 AS 消息如图 7-141 所示。

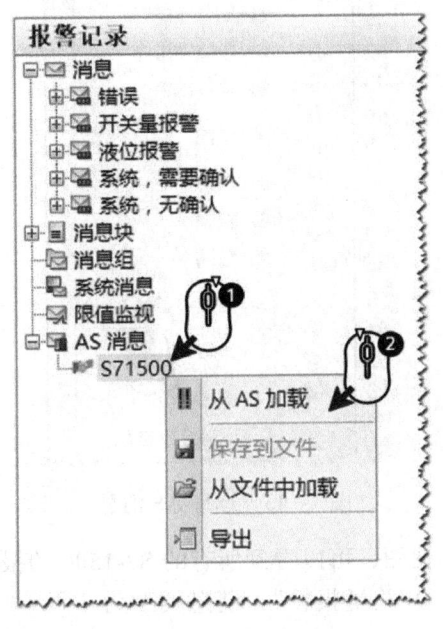

图 7-141　加载 AS 消息

S7-1500 中的系统报警（不同 S7-1500 项目的系统报警可能会不同）和编程报警都会被加载，加载的 AS 消息如图 7-142 所示。

	已使用	更改	名称	AS 中的编号	消息块	消息文本 (CHS)	消息
41	☐	☐		41	Notify AP	简称：@6W%t#260K@ 订货号：@6W%t#26	
42	☐	☐		42	Notify AP	简称：@6W%t#260K@ 订货号：@6W%t#26	
43	☐	☐		43	Notify AP	简称：@6W%t#260K@ 订货号：@6W%t#26	
44	☐	☐		44	Notify AP	简称：@6W%t#260K@ 订货号：@6W%t#26	
45	☐	☐		45	Notify AP	简称：@6W%t#260K@ 订货号：@6W%t#26	
46	☐	☐		46	Notify AP	简称：@6W%t#260K@ 订货号：@6W%t#26	
47	☐	☐		47	Notify AP	简称：@6W%t#260K@ 订货号：@6W%t#26	
48	☐	☐		48	Notify AP	简称：@6W%t#260K@ 订货号：@6W%t#26	
49	☐	☐		49	Notify AP	简称：@6W%t#260K@ 订货号：@6W%t#26	
50	☐	☐		50	Notify AP	简称：@6W%t#260K@ 订货号：@6W%t#26	
51	☐	☐		51	Notify AP	简称：@6W%t#260K@ 订货号：@6W%t#26	
52	☐	☐		52	Notify AP	简称：@6W%t#260K@ 订货号：@6W%t#26	
53	☐	☐		53	Alarm AP	阀报警	
54							
55							

图 7-142　加载的 AS 消息

步骤 2：在"已使用"列标题上右键单击，选择"全选"。选择 AS 消息如图 7-143 所示。

图 7-143 选择 AS 消息

步骤 3：切换到"消息"视图，可以看到所有的 S7-1500 的报警都被加载到 WinCC 中。修改"阀报警"的消息等级为"开关量报警"，消息类型为"阀"。修改 AS 消息属性如图 7-144 所示。

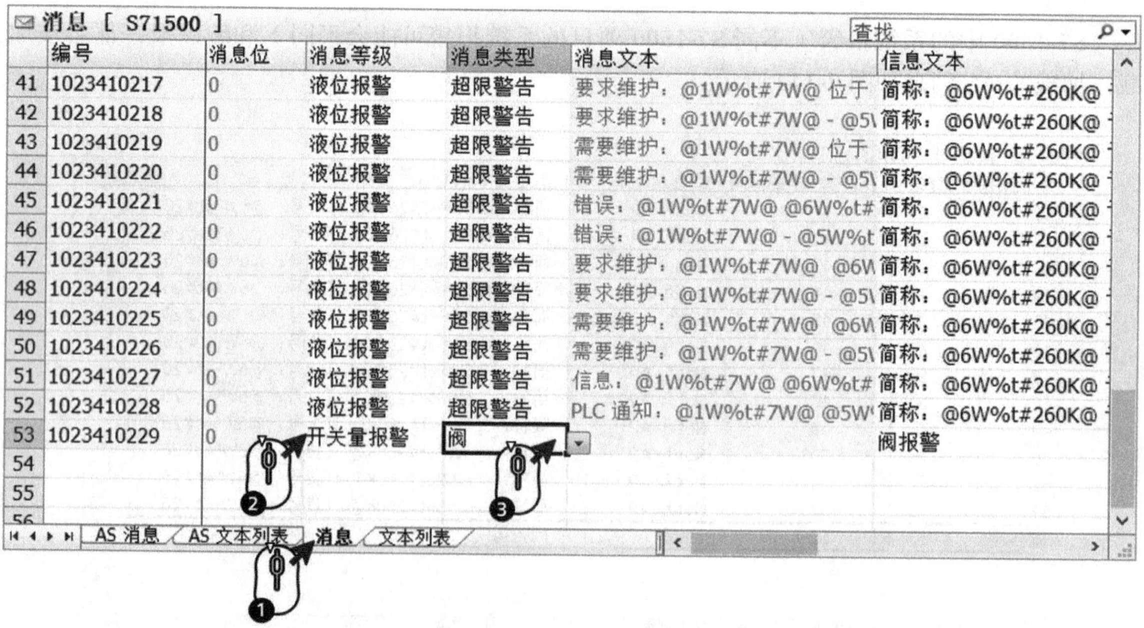

图 7-144 修改 AS 消息属性

9. 组态报警记录

步骤 1：右键单击"消息"，选择"归档组态 > 属性"。消息归档如图 7-145 所示。

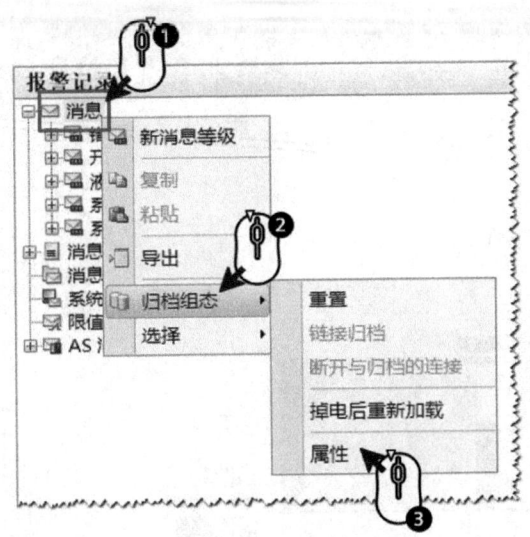

图 7-145　消息归档

步骤 2：归档组态如图 7-146 所示，可按此图设置归档大小。

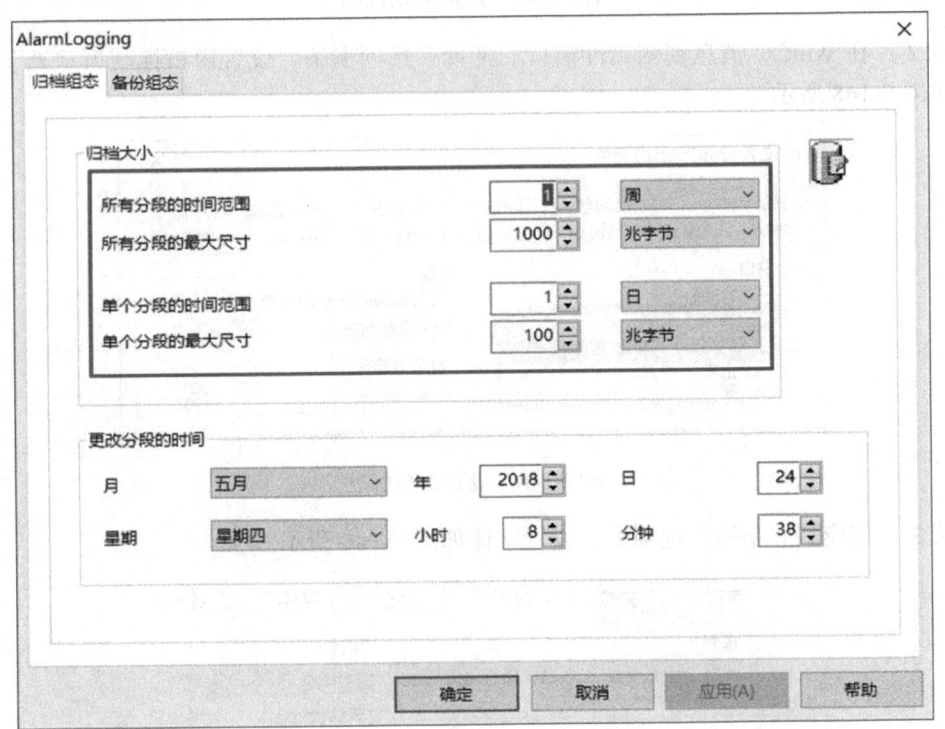

图 7-146　归档组态

10. 报警显示

接下来，在 WinCC 画面中添加消息视图控件（WinCC 消息视图）并设置控件的属性。

步骤 1：打开项目中的"alarm_pic.PDL"画面，把"WinCC AlarmControl"控件拖放到画面合适的位置。添加消息视图如图 7-147 所示。

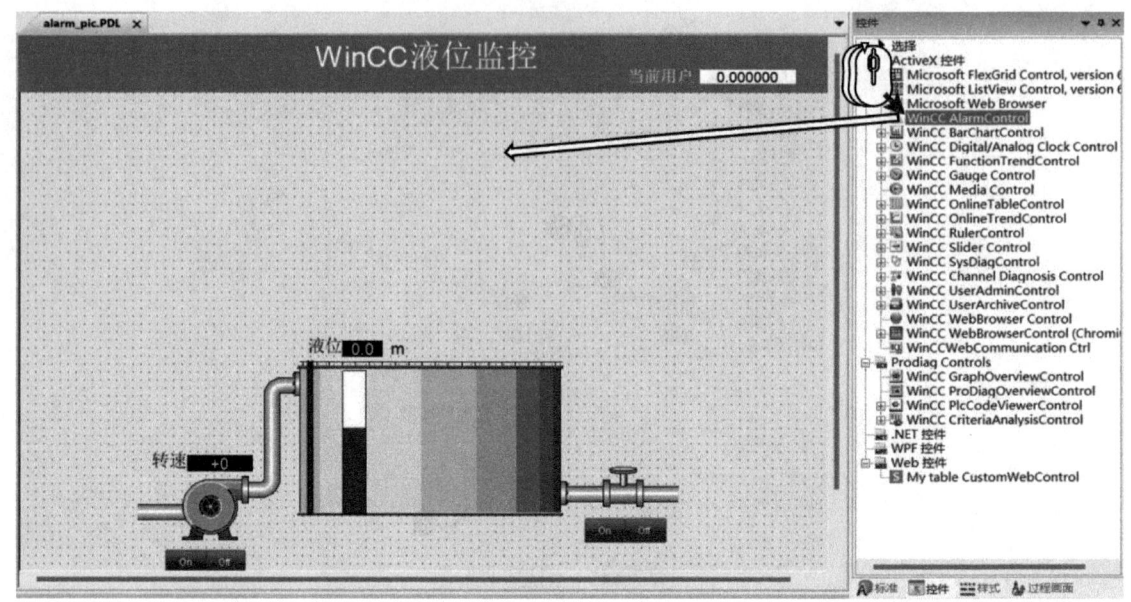

图 7-147 添加消息视图

步骤 2：在 WinCC 消息视图属性窗口"常规"选项卡下，设置窗口标题为"无"。设置窗口标题如图 7-148 所示。

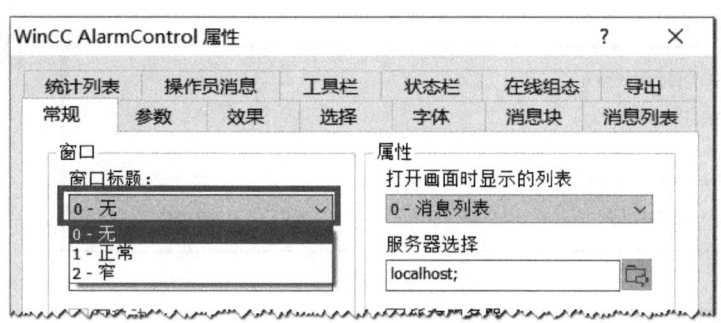

图 7-148 设置窗口标题

步骤 3：切换到"字体"选项卡，设置字体如图 7-149 所示。

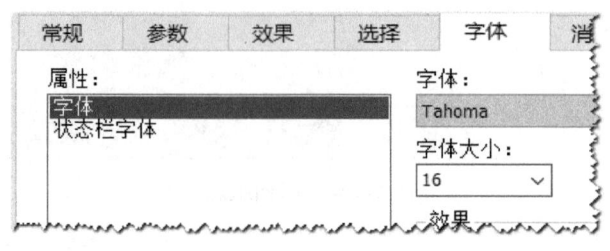

图 7-149 设置字体

步骤 4：消息块设置

切换到"消息块"选项卡，设置消息块的长度及闪烁属性。消息块属性如图 7-150 所示。

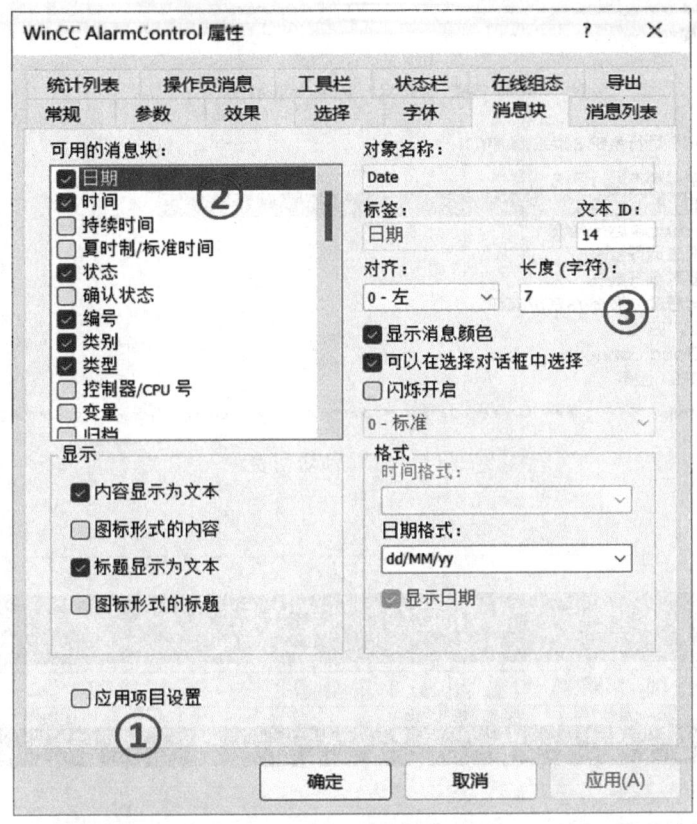

图 7-150 消息块属性

首先，取消"应用项目设置"（见图 7-150 中的①）。然后，在"可用的消息块"下选择"日期""时间""状态""编号""消息文本"，以及"类别""类型""泵转速"和"当前用户名"（见图 7-150 中的②）。最后，按照表 7-5 设置消息块长度及闪烁属性（见图 7-150 中的③）。

表 7-5 消息块设置

消息块 内容	日期	时间	状态	编号	消息文本	类别	类型	泵转速	当前用户名
长度	7	10	1	11	50	10	10	10	10
闪烁	否	否	否	是	是	否	否	否	否

11. 项目运行

接下来，激活 WinCC 项目，并触发各种报警消息。

步骤 1：激活 WinCC 项目。

在 WinCC 项目的启动列表中选择"报警记录运行系统"和"图形运行系统"。启动列表如图 7-151 所示。然后，激活 WinCC 项目。

步骤 2：用户登录。

激活 WinCC 项目，按下快捷键"CTRL+A"调出登录对话框。登录用户名为 operator1，密码为 operator1。此时液位高度为 92.4m，液位高报警和高高报警被触发。液位超限报警如图 7-152 所示。

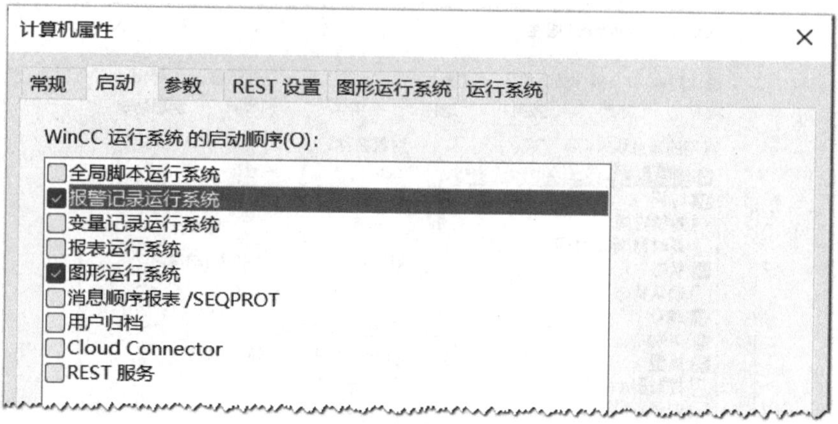

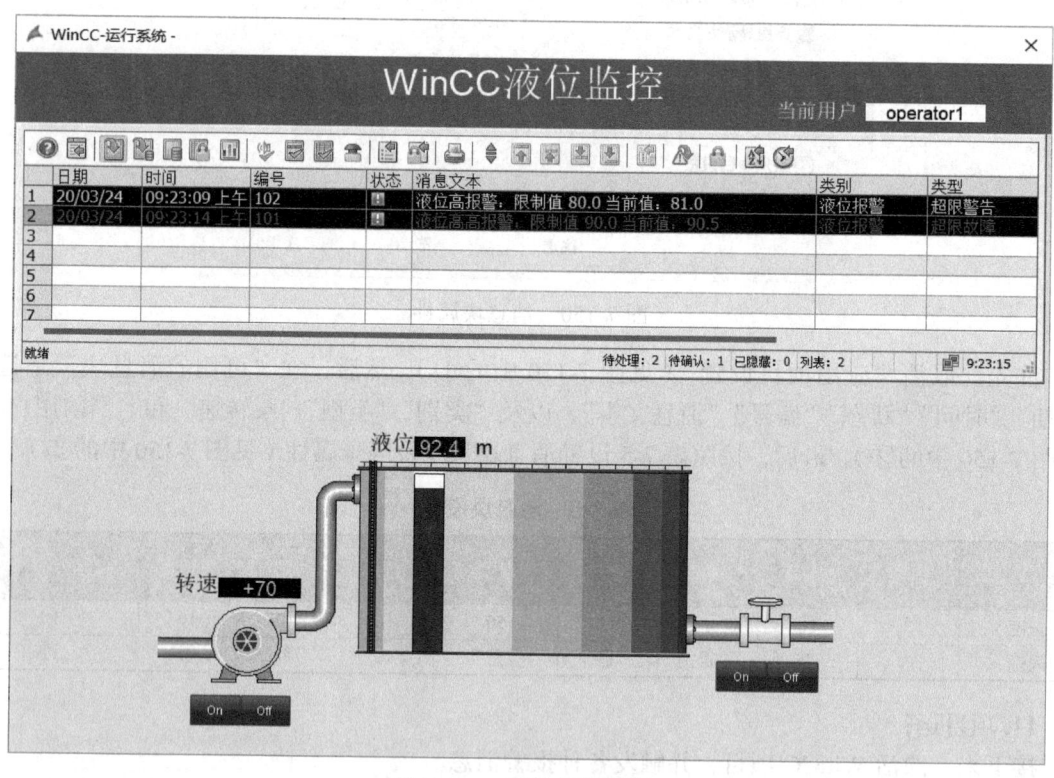

图 7-151 启动列表

图 7-152 液位超限报警

步骤 3：降低液位。

关闭泵，打开阀，降低液位。

当液位降到 90m 以下时，高高报警（编号 101）的状态会变成"离开"。因为这条消息需要"确认到达"，所以此时这条消息不会从消息列表中消失。

当液位继续降到 80m 以下时，因为高报警（编号 102）消息不需要被确认，所以此时这条消息会直接从消息列表中消失。液位低限报警如图 7-153 所示。

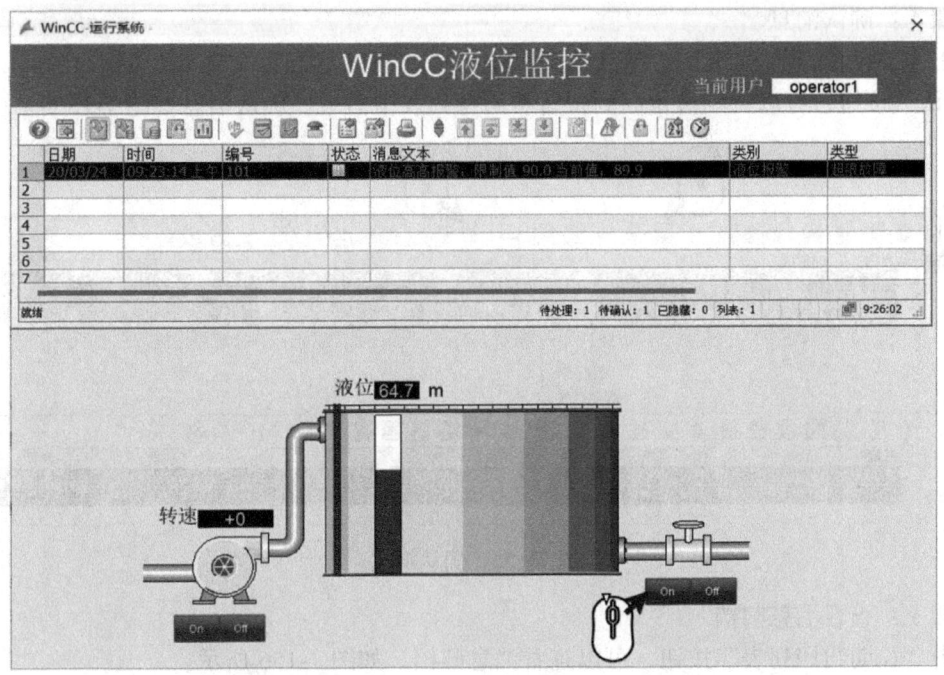

图 7-153 液位低限报警

当液位继续下降,液位低报警(编号 103)和低低报警(编号 104)将被触发。液位低低限报警如图 7-154 所示。

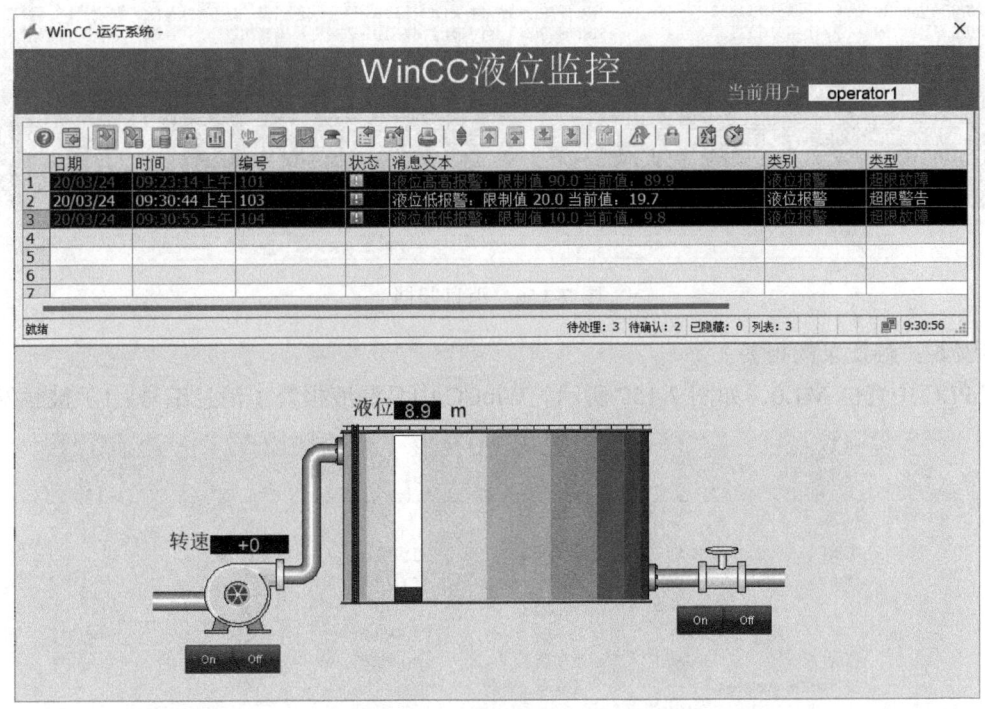

图 7-154 液位低低限报警

步骤 4：确认消息。

单击"自动滚动"按钮，选择液位高高报警（此时的状态为"离开"但未被确认），单击"单个确认"按钮，可以看到液位高高报警从消息列表中消失。确认消息如图 7-155 所示。

图 7-155 确认消息

步骤 5：查看消息归档。

单击"长期归档列表"按钮，可以查看消息归档，如图 7-156 所示。

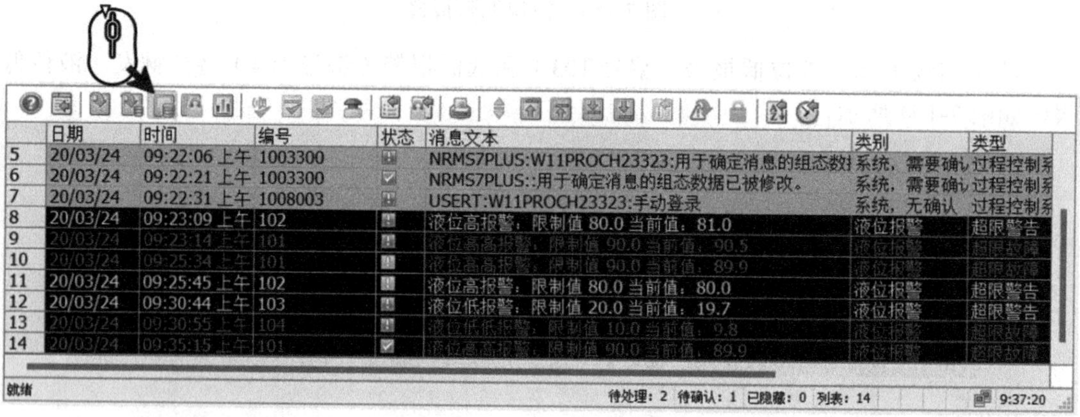

图 7-156 消息归档

步骤 6：触发泵的报警。

在 PLC 中置位 M1.0，如图 7-157 所示。WinCC 中泵漏液报警（消息编号：1）被触发。

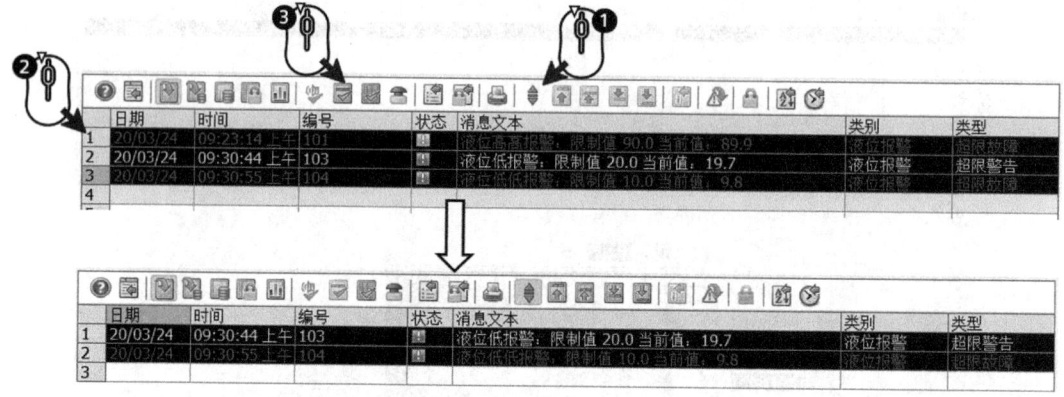

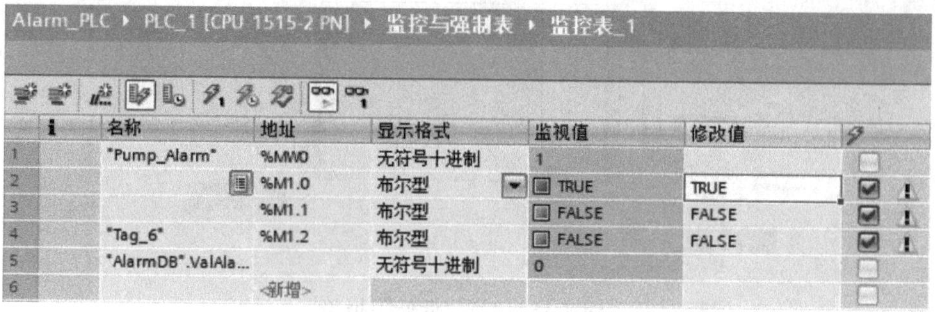

图 7-157 在 PLC 中置位 M1.0

此时，泵的报警消息中的编号和消息文本将会闪烁。泵漏液报警如图 7-158 所示。

	日期	时间	编号	状态	消息文本	类别	类型	泵转速	当前用户名
1	20/03/24	10:07:23 上午	104		液位低低报警：限制值 10.0 当前值：0.8	液位报警	超限故障		
2	20/03/24	10:07:23 上午	103		液位低报警：限制值 20.0 当前值：0.8	液位报警	超限警告		
3	20/03/24	10:17:56 上午	1		泵漏液报警	开关量报警	泵	0	operator1
4									

图 7-158　泵漏液报警

同样，在 PLC 中置位 M1.1 和 M1.2，泵振动大和卡死报警会被触发。泵报警消息如图 7-159 所示。

	日期	时间	编号	状态	消息文本	类别	类型	泵转速	当前用户名
1	20/03/24	10:07:23 上午	104		液位低低报警：限制值 10.0 当前值：10.3	液位报警	超限故障		
2	20/03/24	10:17:56 上午	1		泵漏液报警	开关量报警	泵	0	operator1
3	20/03/24	10:20:55 上午	2		泵振动大报警	开关量报警	泵	840	operator1
4	20/03/24	10:20:55 上午	3		泵卡死报警	开关量报警	泵	840	operator1

图 7-159　泵报警消息

泵报警消息也需要被确认，确认过程和液位报警消息相同。

步骤 7：触发阀的报警。

阀报警是 PLC 的“AlarmDB”DB 块中的“ValAlarm”变量的第 0 位触发。因此在 PLC 中为“AlarmDB.ValAlarm”赋值 1，其第 0 位被置位。在 PLC 中为消息变量赋值如图 7-160 所示。

Alarm_PLC ▸ PLC_1 [CPU 1515-2 PN] ▸ 监控与强制表 ▸ 监控表_1

	i	名称	地址	显示格式	监视值	修改值	
1		"Pump_Alarm"	%MW0	无符号十进制	0		
2			%M1.0	布尔型	FALSE		
3			%M1.1	布尔型	FALSE		
4		"Tag_6"	%M1.2	布尔型	FALSE		
5		"AlarmDB".ValAlarm		无符号十进制	1	1	
6		"AlarmDB".ValAlarm		二进制	2#0000_0000_0000_0001		
7			<新增>				

图 7-160　在 PLC 中为消息变量赋值

WinCC 中阀故障报警消息（消息编号：4）被触发，泵漏液报警如图 7-161 所示。

	日期	时间	编号	状态	消息文本	类别	类型
1	20/03/24	10:07:23 上午	104		液位低低报警：限制值 10.0 当前值：10.3	液位报警	超限故障
2	20/03/24	10:27:18 上午	4		阀故障报警	开关量报警	阀

图 7-161　泵漏液报警

步骤 8：触发 AS 报警。

首先，触发 AS 的编程报警。

在 S7-1500 中置位 M3.4，如图 7-162 所示。S7-1500 通过 Program_Alarm 指令把这条报警信息上传给 WinCC。

在博途 STEP7 中，切换到诊断视图，选择“报警显示”以及所要连接的 PLC。PLC 中的报警显示如图 7-163 所示，可以看到，PLC 报警已经被触发，并且报警消息中的时间戳是使用的 PLC 的系统时间。

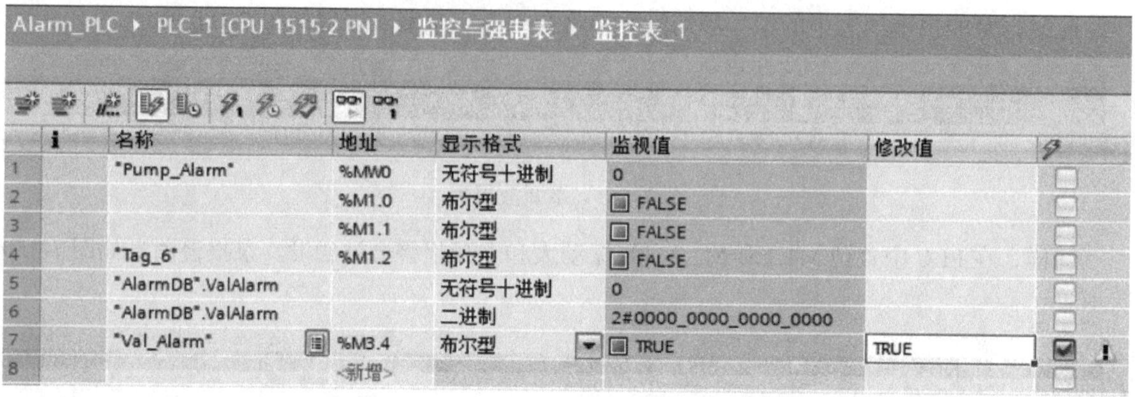

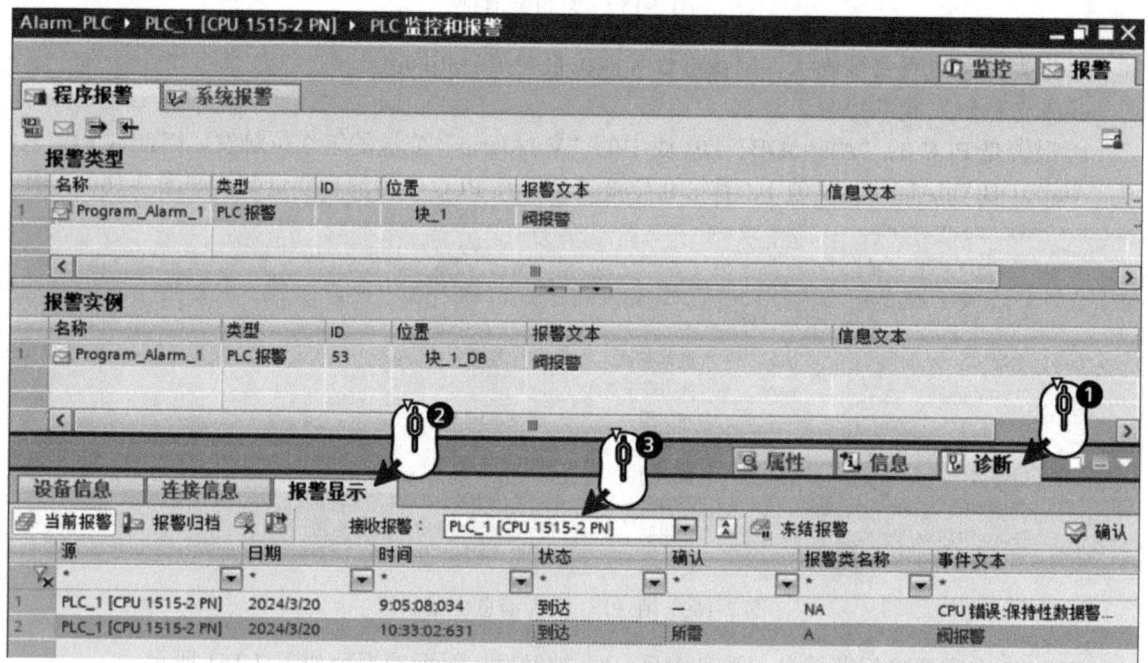

图 7-162 置位 M3.4

图 7-163 PLC 中的报警显示

同时，在 WinCC 中也会显示 S7-1500 触发的报警消息，并且 WinCC 中的阀报警消息的时间戳和 S7-1500 中的时间戳是一致的。Program_Alarm 上传的消息如图 7-164 所示。

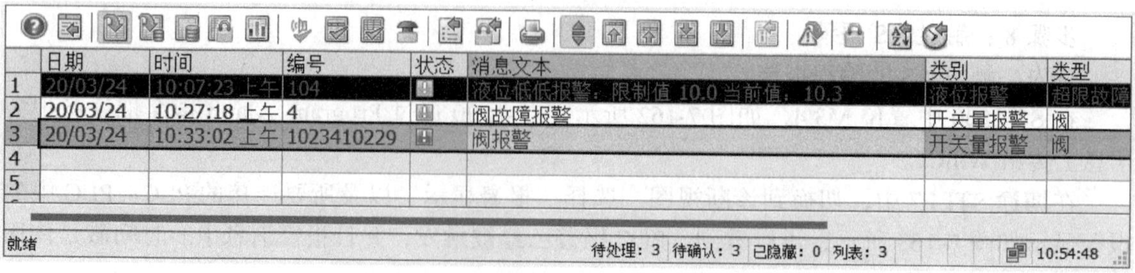

图 7-164 Program_Alarm 上传的消息

接着，触发 AS 的系统报警。

把 S7-1500 设置到 STOP 模式，可以在 WinCC 中看到 S7-1500 模式改变的报警消息。AS 系统报警如图 7-165 所示。

图 7-165　AS 系统报警

步骤 9：消息过滤的组态。

① 组态过滤条件

WinCC 组态环境下，在 WinCC 消息视图属性窗口"消息列表"选项卡下，单击"选择"下的"编辑"按钮，创建过滤条件，如图 7-166 所示。

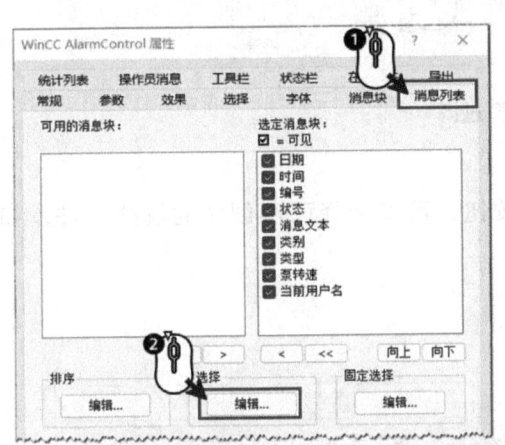
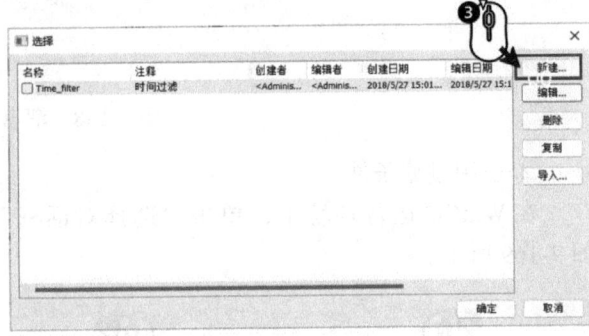

图 7-166　创建过滤条件

可以设置多个过滤条件，在运行时通过"选择对话框"按钮来选择这些过滤条件。

创建按时间过滤的条件，时间过滤如图 7-167 所示。

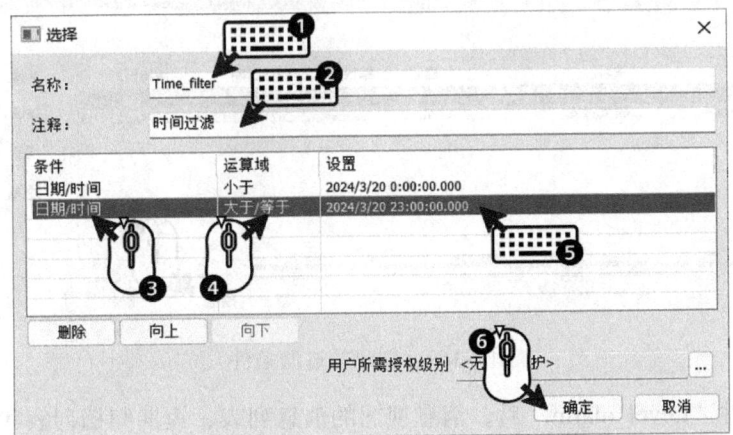

图 7-167　时间过滤

创建按消息类型过滤的条件，消息类型过滤如图 7-168 所示。

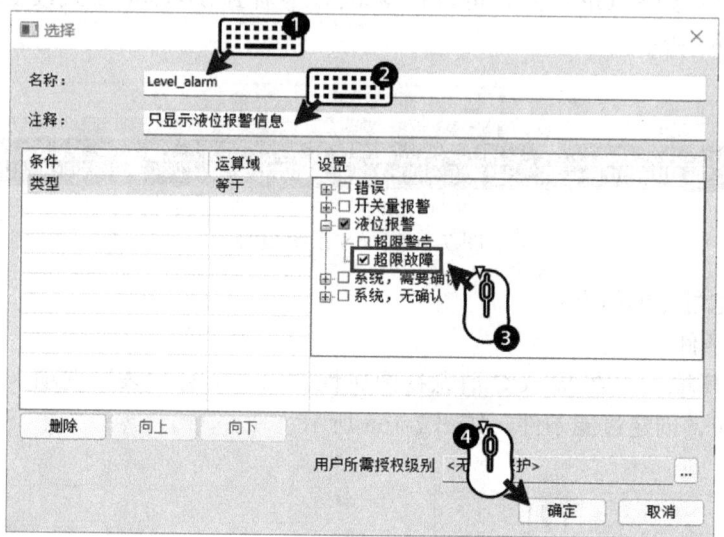

图 7-168　消息类型过滤

② 使用过滤条件

在 WinCC 运行环境下，单击"选择对话框"按钮，可以选择已经创建的过滤条件，如图 7-169 所示。

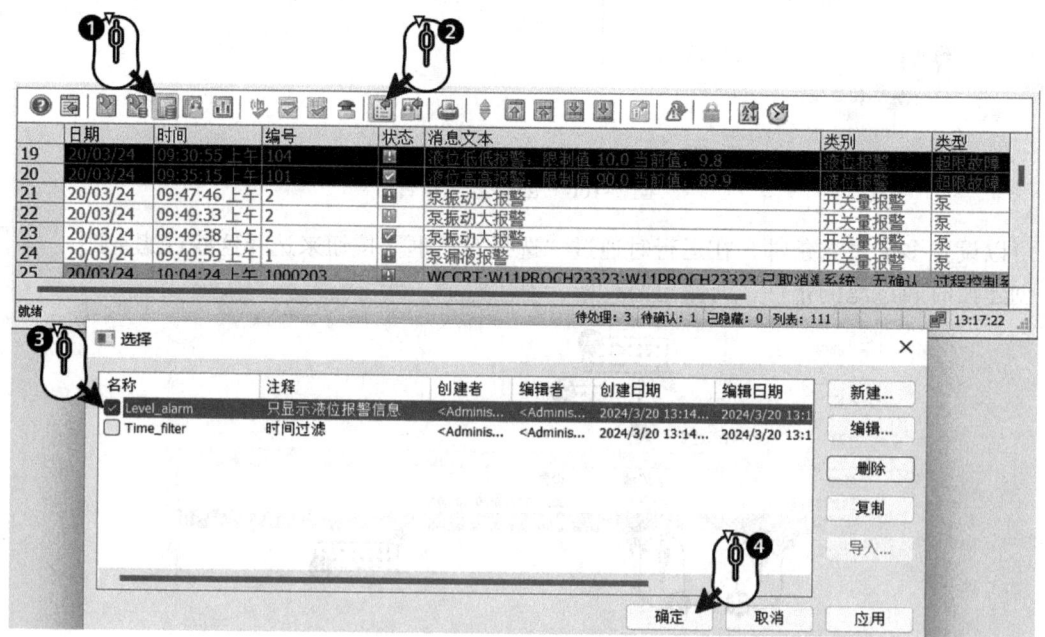

图 7-169　创建的过滤条件

应用过滤条件"Level_alarm"后，消息视图的消息列表、短期归档列表和长期归档列表中就只显示消息类型为"超限故障"的消息。使用过滤条件如图 7-170 所示。

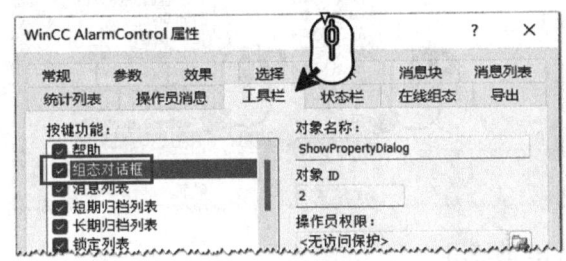

图 7-170　使用过滤条件

在"工具栏"选项卡下选择"组态对话框",并在"在线组态"选项卡下选择"永久保留"。这样在 WinCC 运行环境下创建的过滤条件,也可以被保存下来。永久保留组态如图 7-171 所示。

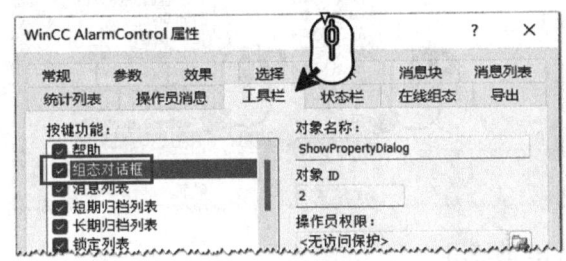
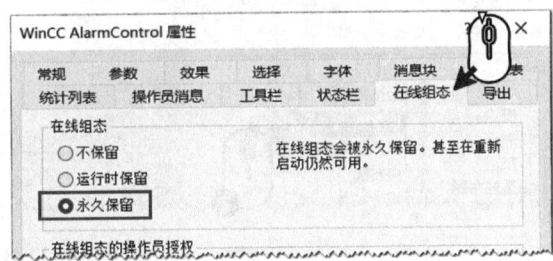

图 7-171　永久保留组态

③ 外部按钮调用过滤条件

WinCC 消息视图的每一个按键都对应唯一的"对象 ID",其中"选择对话框"按钮对应的 ID 为 13。对象 ID 如图 7-172 所示。

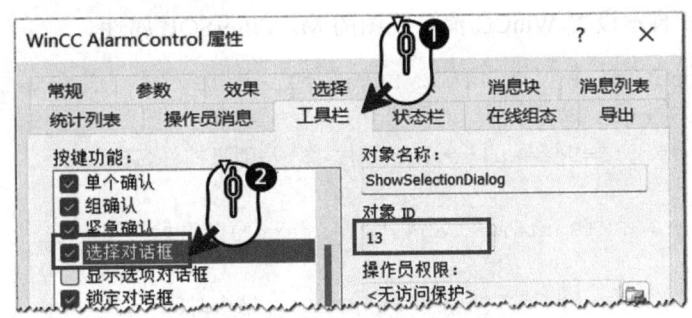

图 7-172　对象 ID

外部按钮(非 WinCC 消息视图的工具栏按键)可以按图 7-173 的方法调用 WinCC 消息视图的"选择对话框"。对象 ID 的使用如图 7-173 所示。

④ 使用脚本过滤消息

使用脚本设置 WinCC 消息视图的 MsgFilterSQL 属性也可以进行消息的过滤。下面以按时间范围为例来进行说明。

在 WinCC 中创建内部字符串变量,内部变量如图 7-174 所示,用来设置时间范围。

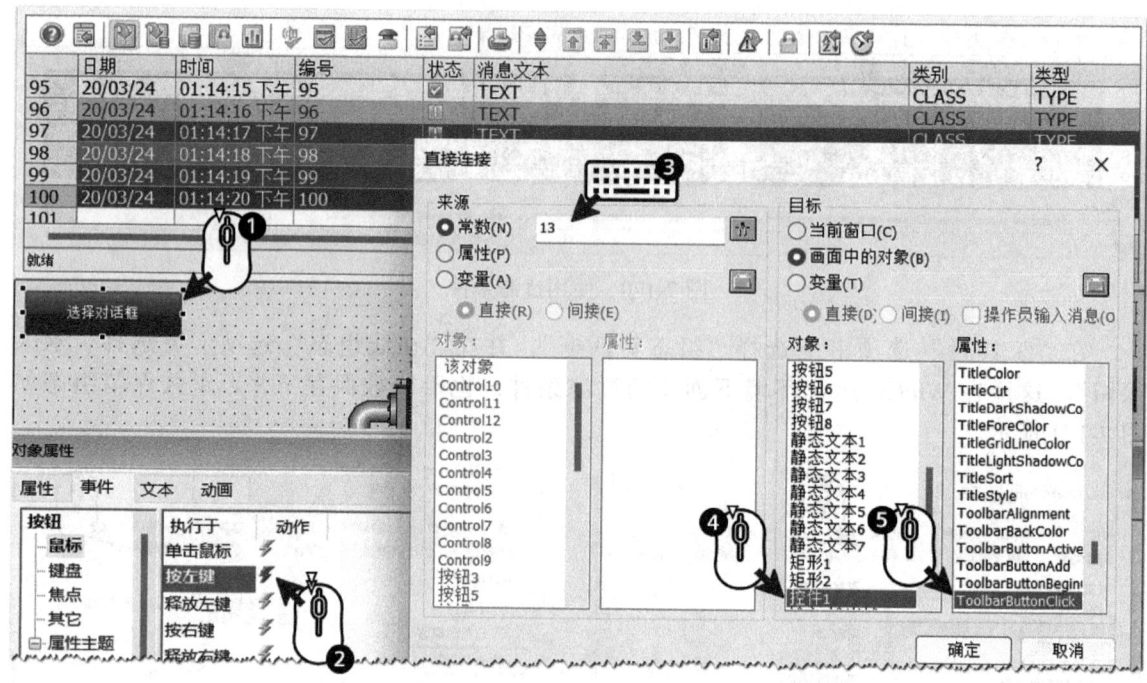

图 7-173 对象 ID 的使用

| Dt_end | 查询结束时间 | 文本变量 8 位字符集 | 255 | 内部变量 |
| Dt_start | 查询开始时间 | 文本变量 8 位字符集 | 255 | 内部变量 |

图 7-174 内部变量

使用如下的 VB 脚本设置 WinCC 消息视图的 MsgFilterSQL 属性。

```
Sub OnLButtonDown(ByVal Item, ByVal Flags, ByVal x, ByVal y)
Dim alarmcontrol1
Set alarmcontrol1=ScreenItems("控件1") '消息控件名称
Dim Dt_start
Set Dt_start = HMIRuntime.Tags("Dt_start") '开始时间
Dim Dt_end
Set Dt_end = HMIRuntime.Tags("Dt_end") '结束时间
Dim filter_string
Dt_start.Read
Dt_end.Read
'过滤语句
filter_string = "DATETIME >= '" &dt_start.Value& ".000' and DATETIME <= '" &dt_end.Value& ".000' "
alarmcontrol1.MsgFilterSQL = filter_string
End Sub
```

设置时间范围后，单击"查询"按钮可以过滤出需要的消息归档。查询结果如图 7-175 所示。

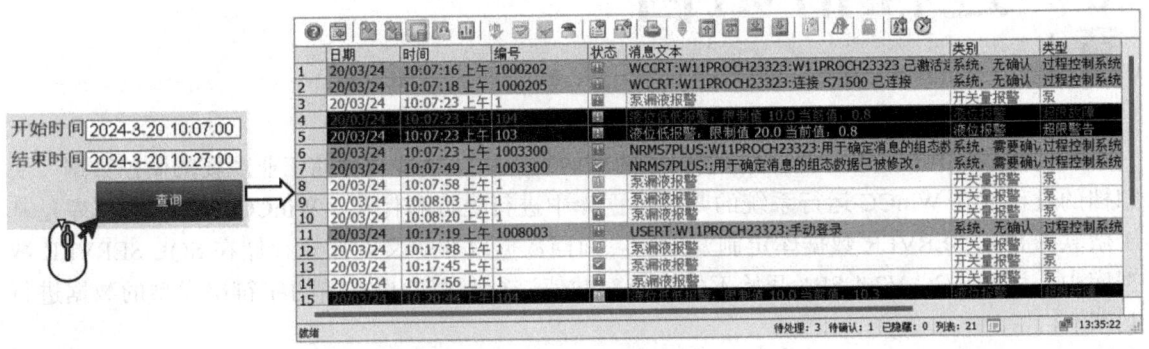

图 7-175 查询结果

第8章 过程值归档

归档即数据存储。WinCC 过程值归档的目的是采集、处理和存储工业现场的监控数据。要归档的过程值在 WinCC 运行系统的归档数据库中进行处理和保存。WinCC 的归档数据库是基于微软的 SQL SERVER 数据库定制开发的。归档数据以非明文的形式存储在 SQL SERVER 数据库中。从 WinCC V7.4 SP1 开始不但支持对数值进行归档，也支持对字符串类型的数据进行归档。

WinCC 中通过"变量记录"编辑器组态归档。在运行系统中，可通过多种形式输出当前过程值和已归档的过程值，例如以表格或趋势的形式输出，以条形图形式输出等。此外，也支持将所归档的过程值数据作为报表打印输出。

本章将主要介绍过程值归档的基础、如何组态过程值归档以及如何输出归档的过程值。通过对本章的学习，读者将能够创建一个具有过程值归档功能的 WinCC 项目，并能够使用以下几种常见的方法实现过程值的归档和显示。

1）周期连续归档。
2）非周期归档。
3）周期可选择归档。
4）非周期有变化时归档。
5）按需归档。
6）整点归档。
7）基于时序的归档。
8）压缩归档。
9）旋转门归档。
10）编辑归档数据。
11）显示归档数据举例。

8.1 过程值和变量

WinCC 归档系统中主要是对过程变量的数值（过程值）进行存储。WinCC 中的过程值通常是指存储在所连接对象（例如 PLC、OPC SERVER 等）内存中的数据。过程值一般用来表示现场被检测对象的状态，例如温度、液位或压力等）。要使用过程值，必须在 WinCC 中定义过程变量。因此，所谓的过程值可以简单地理解为 WinCC 中过程变量的数值。

WinCC 和外部系统之间的数据交互通常由过程变量来实现。过程变量通常又被称为外部变量，从外部系统内存中读出过程值即为过程变量的数值。反之，过程值也可回写到外部系统内存中。最常见的应用是和自动化系统（如 PLC）进行数据交互，过程变量和过程值如图 8-1 所示。

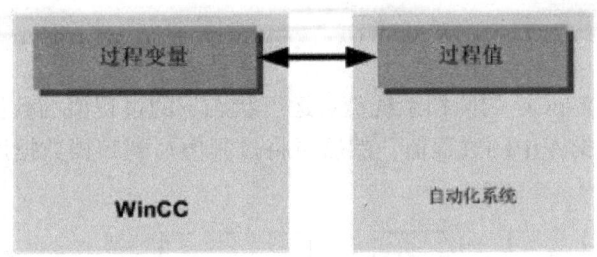

图 8-1 过程变量和过程值

WinCC 中的内部变量虽然没有过程连接，不占用 WinCC 的外部变量许可证点数，但是外部变量和内部变量的数值都可进行归档存储，都占用归档变量的许可证点数。

本章中如无特殊说明，归档变量统指所有需要归档的变量。既包含内部变量也包含外部变量。过程值统指 WinCC 项目中所有变量的数值。

在 WinCC 中创建一个归档变量就记为一个归档变量数。归档许可证点数和数据类型无关，默认带 512 点的归档许可证。如果项目中组态的过程值归档的变量数超过了 512，那么需要购买额外的归档许可证。从 WinCC V7.4 SP1 开始，归档的许可证点数是可累加的。例如，购买了两个 1500 点数的归档许可证，那么系统中最多可组态 3000 个归档变量，系统自带的 512 点的归档许可证并不计入累加。在购买授权的情况下，每个单用户站/服务器的项目中最大归档变量数为 80000。

归档变量数是在 WinCC 项目中"变量记录 > 归档 > 过程值归档"中创建的"过程变量"数的总和。如图 8-2 所示，其中过程值归档"MyPVA"中的归档变量数为 18 个。如果过程归档"Line1PVA"中的归档变量数为 100 个，那么系统中归档变量总数即为 118 个。

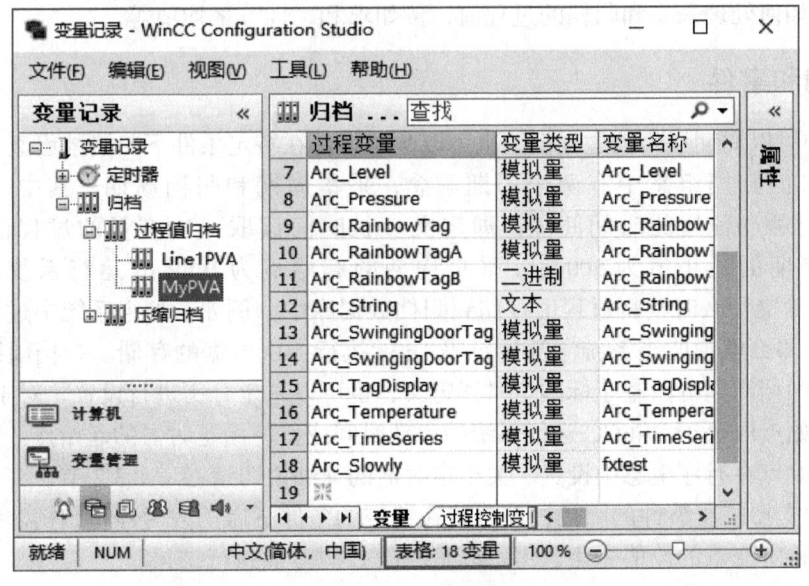

图 8-2 归档变量数

> **提示**
> 压缩归档变量不占用归档点数的许可证。

8.2 归档原理

归档即数据存储。WinCC 的归档系统负责运行状态下的过程值的数据存储。归档系统首先处理缓存于运行系统数据库中的过程值,然后再将过程值写到归档数据库中。归档的工作原理如图 8-3 所示。

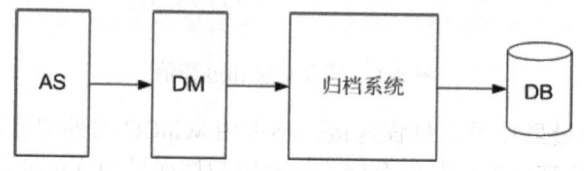

图 8-3 归档的工作原理

因此,过程值归档涉及下列 WinCC 子系统:

1) 自动化系统(AS):存储通过通信驱动程序传送到 WinCC 的过程值。例如,通过 SIMATIC S7 Protocol Suite 读取的西门子 PLC 存储器地址中的数据。

2) 数据管理器(DM):是后台运行的程序。用于处理过程值,然后通过过程变量将其传送到归档系统。

3) 归档系统:处理采集到的过程值,例如计算平均值、总和等。处理方法取决于组态归档的方式。

4) 运行系统数据库(DB):保存要归档的过程值。

就归档的组态而言,涉及周期和事件、归档方法以及归档函数等概念。其中,周期和事件用于定义在什么条件下执行归档;归档方法是周期和事件可实现的各种组合方式的总称;归档函数用于定义如何处理采集和归档的过程值,例如求和、计算平均值等。

8.2.1 周期和事件

WinCC 中可以周期性归档过程值,也可以基于事件在特定条件下归档过程值。

在 WinCC 的归档组态中有两个周期概念,采集周期和归档周期。其中,采集周期用于定义读取变量过程值的时间间隔,即定义多长时间读取一次变量的过程值。在默认情况下,采集周期的最小值为 500ms。采集周期的起始点为 WinCC 运行系统的启动时间。归档周期用于确定什么时刻将过程值存储到归档数据库中。例如,如果系统中过程值的归档周期设定为 1h,那么就说明当系统激活后每隔 1h 就执行一次数据的存储。归档周期总是采集周期的整数倍。归档周期可以基于标准定时器定义,也可以基于日历进行设置。对于标准定时器,归档周期的起始点取决于 WinCC 运行系统的启动时间或所使用定时器的起始点。对于基于日历的定时器,起始点在时序组态中设置。关于定时器的详细说明请参考 8.3.2 节。

WinCC 中支持基于事件的归档,即支持在特定的条件下启动或者停止归档。触发事件的条件可以是某个特定变量的数值变化,也可以是一段 C 脚本的执行结果。

当项目组态时,需要在过程变量的属性画面中设定周期和事件参数。过程变量属性如图 8-4 所示。

属性画面中一些重要参数的详细介绍如下:

1) 采集周期:确定何时从通信对象中读取过程变量的数值。

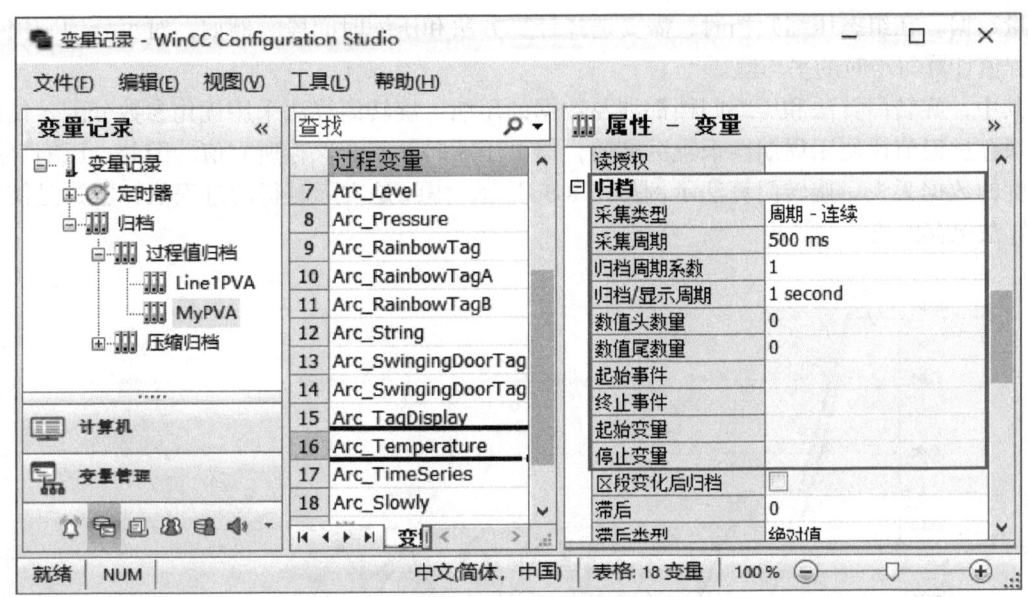

图 8-4 过程变量属性

2) 归档/显示周期：确定何时在归档数据库中保存所处理的过程值。

3) 起始事件：发生特定事件时（例如启动设备），启动过程值归档。

4) 终止事件：发生特定事件时（例如关闭设备），停止过程值归档。

因此，是否以及何时采集和归档过程值取决于过程变量的参数设置情况，而可以设置哪些参数组合则取决于所使用的归档方法。

8.2.2 归档方法

过程值的归档既可以使用周期控制也可以使用事件触发，当然周期和事件也可以组合使用。因此，在 WinCC 运行系统中可用的归档方法有以下多种组合方式：

1) 周期性连续过程值归档：连续的过程值归档，用于持续监视过程值。例如，每秒钟归档一次现场检测的温度值。

2) 周期性选择过程值归档：事件驱动的连续过程值归档，用于在特定时间段内监视某变量的过程值。例如，设备运行时每分钟归档一次现场检测的压力值。设备停止时则停止归档。

3) 非周期性的过程值归档：特定事件驱动的过程值归档，例如，用于在超出临界值（上限、下限等）时，对当前过程值进行归档。

4) 每次更改后归档过程值：仅当变量的过程值发生更改时才进行归档。

5) 按需归档过程值：从 WinCC V7.5 开始增加的一种归档方式。适用于 1h 及以上周期的长时间定时归档应用。WinCC 激活运行系统时开始归档，取消激活时停止归档。如果在定时器中设置了开始时间，则在开始时间启动归档。

6) 过程控制的过程值归档：对多个过程变量或快速变化的过程值进行归档。需要结合特定的 PLC 来实现。

7) 旋转门算法：在原有过程值的基础上，通过线性内插变量值压缩归档值。

8) 压缩归档：压缩归档是对过程值归档数据的二次处理，用于压缩来自过程值归档的归档变量数据。在组态压缩归档时，需要选择计算方法和压缩时间段。例如，对每分钟归档一次的过程值计算每小时的平均值。

其中，旋转门算法和压缩归档都涉及数据的压缩。旋转门算法采用优化参数分配，使用此算法保存过程值比使用周期性采集更高效，但是压缩时并不会保存所有值。因此，压缩存在一定程度的数据丢失。旋转门算法示例如图 8-5 所示，虚线是实际测得的过程值，实线是使用旋转门算法保存的值。

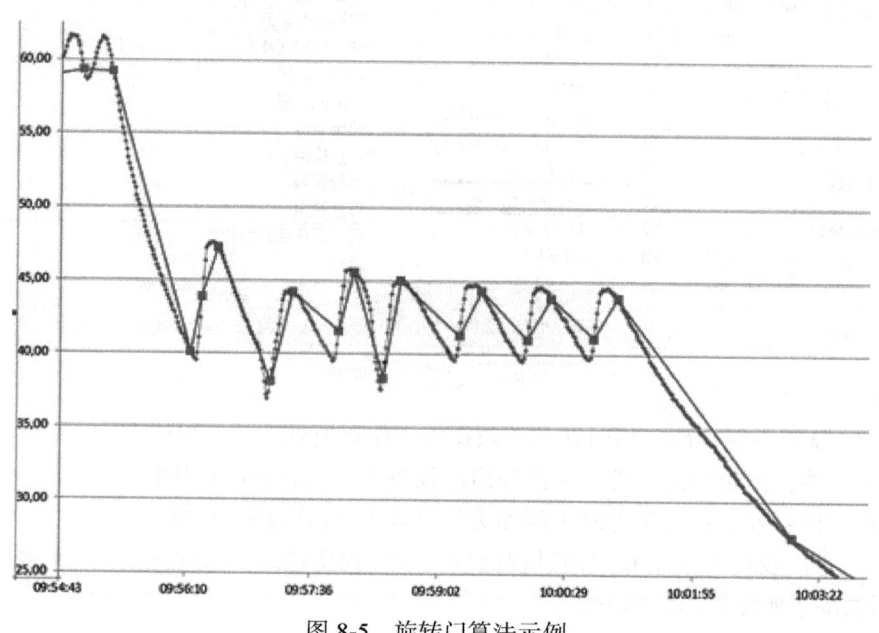

图 8-5　旋转门算法示例

压缩归档用于压缩来自过程值归档的归档变量。为了减少归档数据库中的数据量，可对指定时期内的归档变量进行压缩。因此，需创建一个压缩归档，将归档变量存储在压缩变量中。在组态压缩归档时，需要选择计算方法和压缩时间段。归档过程值在压缩后会如何处理则取决于所使用的压缩方式，例如复制、移动或删除等。

8.2.3　归档函数

归档函数的作用是对采集和归档的过程值进行处理，例如求和、计算平均值等。归档系统存储的数据是经过归档函数处理后的过程值。归档函数在过程变量的属性画面中进行组态，如图 8-6 所示。

在过程值归档中支持使用的归档函数如下所示：

1) 当前值：保存所采集的最后一个实际过程值。
2) 总和：保存所有采集到的过程值的总和。
3) 最大值：保存所有采集到的过程值的最大值。
4) 最小值：保存所有采集到的过程值的最小值。
5) 平均值：保存所有采集到的过程值的平均值。
6) 差值：保存两个归档周期过程值之间的差值。
7) 动作：采集到的过程值由全局脚本中创建的 C 函数进行计算。

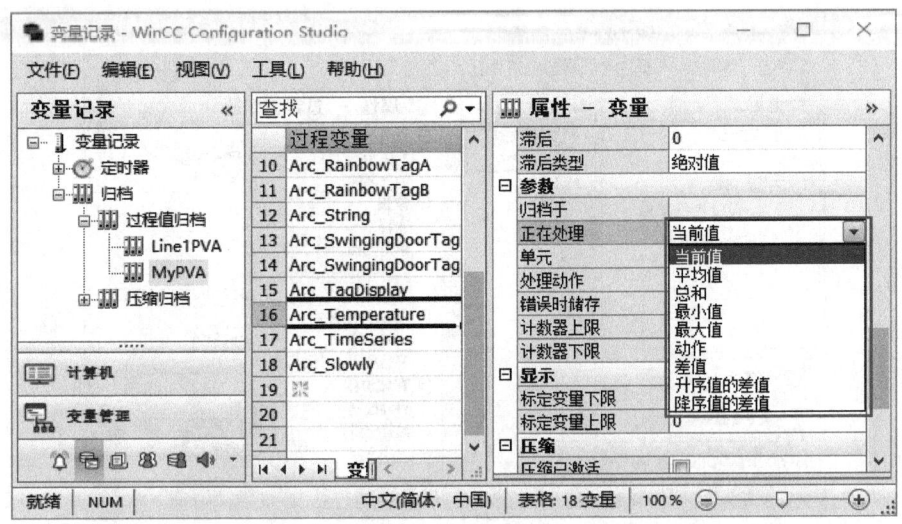

图 8-6 归档函数

如图 8-4 和图 8-6 所示，对于过程变量 Arc_Temperature 而言，采集周期是 500ms，归档 / 显示周期为 1 second。如果"正在处理"中设置的参数是"平均值"，那么它的含义就是系统激活后 1s 采集两次 Arc_Temperature 的过程值，每秒钟把采集到的两个过程值的平均值保存下来。

8.2.4 过程值的归档机制

在 WinCC 项目中通过创建"过程值归档"来存储归档变量中的过程值。在组态"过程值归档"时，选择需要归档的过程变量和归档数据的存储位置。

1. 存储位置

过程值的存储位置可以是硬盘也可以是主内存。如果选择存储位置为硬盘，则过程值会存储到归档数据库中，并以数据库文件的形式存储在归档数据库所在计算机的硬盘上。通常 WinCC 中归档数据的目的就是保存一定时间范围内的历史数据，因此存储位置需要设置为硬盘。

如果存储位置选择主内存，在主内存中归档的过程值仅在 WinCC 项目激活时驻留在系统内存里。存储在主内存中的优点是可以快速地写入和读出数值，但是存储在主内存中的过程值无法备份。WinCC 项目一旦取消激活，数据就会自动消失。通过"变量记录>归档>过程值归档"选中相应的归档名称，在"属性–过程值归档"画面中定义"存储位置"，如图 8-7 所示。

2. 存储方法

根据不同的归档参数设置，WinCC 系统中会将需要存储的数据自动分成两种类型的过程值归档，即快速变量记录和慢速变量记录。

两种类型的归档分别由两个独立的循环归档程序实现数据存储。这两个循环归档程序执行的机制是相同的。循环归档如图 8-8 所示。循环归档由数目可组态的数据缓冲区（图中的分段）组成。数据缓冲区根据大小（以 MB 计）和时间周期定义。后台执行原理为：过程值被连续写入首个数据缓冲区中。如果达到数据缓冲区所组态的大小或超出时间范围，则系统切换到下一个数据缓冲区。当所有数据缓冲区满时，第一个数据缓冲区中存储的数据将会被自动覆盖。从而实现数据的循环存储。

图 8-7 存储位置

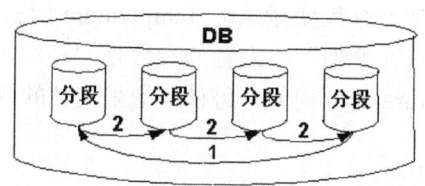

图 8-8 循环归档

由此可见，WinCC 中的归档会包含多个片段。具体的参数配置在 WinCC 的归档组态中实现。

在快速变量记录 / 慢速变量记录的属性中设置总的归档存储的大小 / 时间以及单个分段的大小 / 时间。其中"所有分段的时间范围"和"所有分段的最大尺寸"，定义了归档数据库的大小。如果超出"所有分段的时间范围"或"所有分段的最大尺寸"中的任意一个条件，则启动新的分段并删除最旧的分段。"单个分段的时间范围"和"单个分段的最大尺寸"，决定单个数据库分段的大小。如果超出"单个分段的时间范围"或"单个分段的最大尺寸"中的任意一个条件，则将启动一个新的单个分段。"更改分段的时间"定义产生新分段的时间。归档属性对话框如图 8-9 所示，单个分段时间范围为 1 月，更改分段时间是"日：7，小时：0，分钟：0"，也就是在每月的 7 日 0 时 0 分创建新的分段（前提是在 7 日 0 时 0 分前分段大小没有超过"单个分段的最大尺寸"）。

此外，在归档组态中，需要保证所有单个归档（包括快速归档、慢速归档和报警归档）片段的总数不超过某一个固定值。目前 WinCC 中的 SQL SERVER 数据库所能连接的归档片段最大数量为 200 个。归档片段个数不能过多地超过这个数量，否则会影响系统运行性能。详细说明请参考条目 ID 34473263。

3. 存储内容

两种类型归档存储的内容有所不同。可以在"快速变量记录"的属性中进行设置。通过图 8-10 所示的方法打开"快速变量记录"的属性画面。切换到"归档内容"选项页，可以查看默认情况下快速归档的存储内容设置。快速变量记录的归档内容如图 8-11 所示。

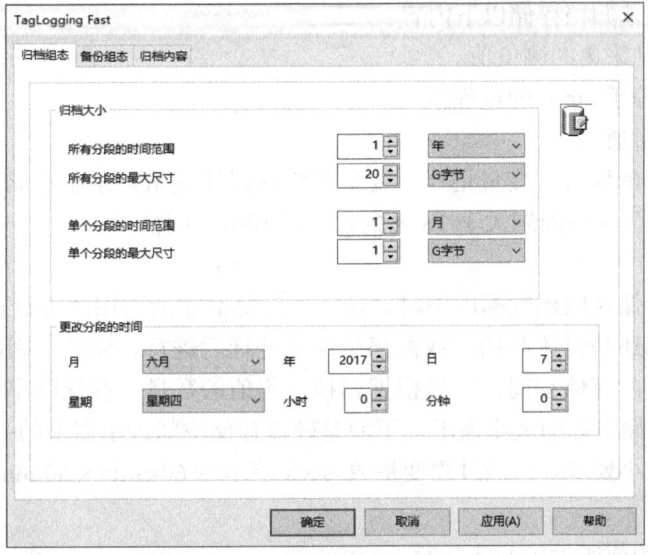

图 8-9 归档属性对话框

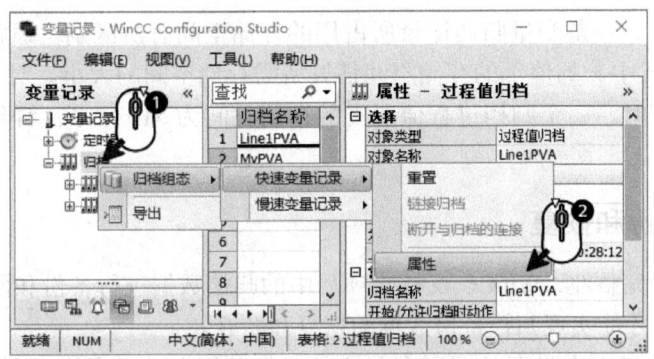

图 8-10 打开归档属性

图 8-11 快速变量记录的归档内容

默认情况下，快速归档存储以下内容：
1）通过事件驱动采集的测量值。
2）周期小于或等于 1min 的过程值。
3）过程控制测量值。

不满足上述条件的所有"变量记录"变量都将在慢速变量记录中存储。默认情况下，慢速变量记录中存储的多为采集周期大于 1min 的过程值和压缩归档。

4. 存储空间

当选择过程值存储在归档数据库中时，还需要计算数据所占用的硬盘存储空间。在 WinCC 中，无论是快速归档还是慢速归档，数据都是经过处理后进行存储的。因此不能简单地通过数据类型计算数据所需的存储空间。需要根据归档过程值的数量、存储频率和要存储数据的时间长度等参数，计算存储空间的大小需求。下面是硬盘存储空间大小需求的一般计算公式：

硬盘存储空间大小要求 = 归档过程变量数 $/s \times x$ 字节 $\times 60s/min \times 60min/h \times 24h/$天 $\times 31$ 天$/$月 $\times y$ 个月

$x \triangleq$ 每个归档过程值所占用的字节数

$y \triangleq$ 时间段（月）

不同的归档方式，一条变量归档记录所占用的存储空间有所区别。通常建议按照每个过程值需要 16 字节（公式中 x 的值）的存储空间估算所需存储空间的大小。对于字符串归档，当字符串长度为 255 字节时，一个归档过程值所占的存储空间为 510 字节。详细的计算方法请参考条目 ID 79552284。

8.2.5 归档的备份和恢复

为了保证数据的完整性，WinCC 支持对项目中的归档数据进行备份和恢复。只有在 WinCC 激活项目的情况下，才能实现归档备份数据的恢复和断开。

如果超出了归档组态中设置的"所有分段的时间范围"或"所有分段的最大尺寸"，早期归档的变量记录将不会在运行系统中加载。如果不组态备份，最早的归档分段数据将会被删除。为了不丢失数据，可以在归档的备份组态中激活备份。归档备份的数据以单个分段的形式存储在指定的备份路径中，备份路径需要在项目组态时由用户设定。

1. 备份归档

备份归档数据需要明确以下两点内容：
1）执行备份的条件。
2）归档数据备份的路径。

在 WinCC 项目中只有当数据归档片段发生切换大约 15min 后，才开始执行备份数据。在项目运行过程中，下面的任意一个条件满足都会触发数据归档片段的切换。
1）达到单个片段的最大尺寸或者单个数据片段的时间范围。
2）达到所有数据片段的最大尺寸或者所有数据片段的最大时间周期。
3）达到项目中首次更改分段的时间。

因此，是否开始执行归档备份取决于快速归档和慢速归档属性画面"归档组态"选项页上各参数的设置，如图 8-9 所示。

项目中是否要创建归档备份以及备份存储的位置，需要在快速归档或者慢速归档属性画面的"备份组态"选项卡中设置。如果使能"激活备份"项并组态了"目标路径",那么数据就会备份到指定的路径下。如果使能"备份到两个路径"并且组态了"目标路径"和"备选目标路径",那么数据可以同时备份到两个不同的路径下。备份组态如图 8-12 所示。

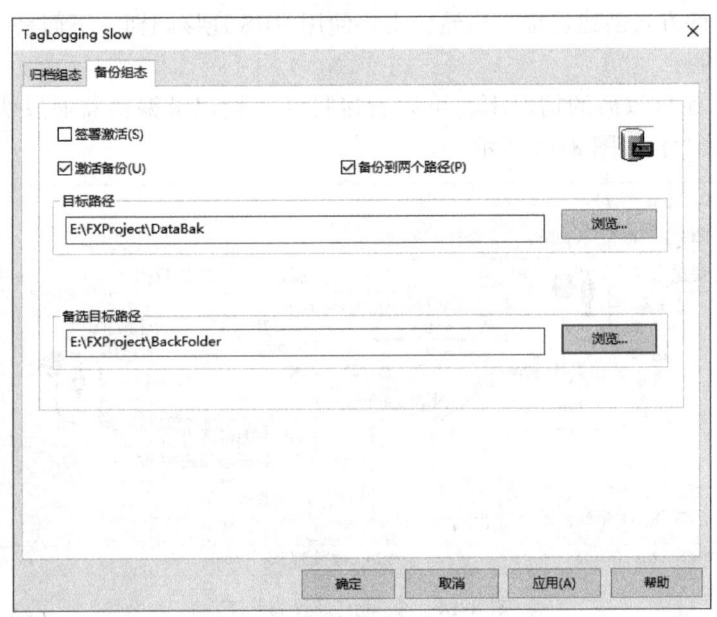

图 8-12　备份组态

归档备份包括两个文件,其扩展名为 LDF 和 MDF。文件名组成如下:

"<Computername>_<Projectname>_<Type>_<Period_from>_<Period_until>"。其中"Type"由归档类型定义如下:

1)TLG_F:"快速变量记录"过程值归档。

2)TLG_S:"慢速变量记录"过程值归档。

将使用以下格式来指定时间段:yyyymmddhhmm,例如 201709072303(表示 UTC 时间 2017年 9 月 7 日 23 点 3 分)。项目名称中如果有下划线("_")将显示为"#"。备份文件如图 8-13 所示。

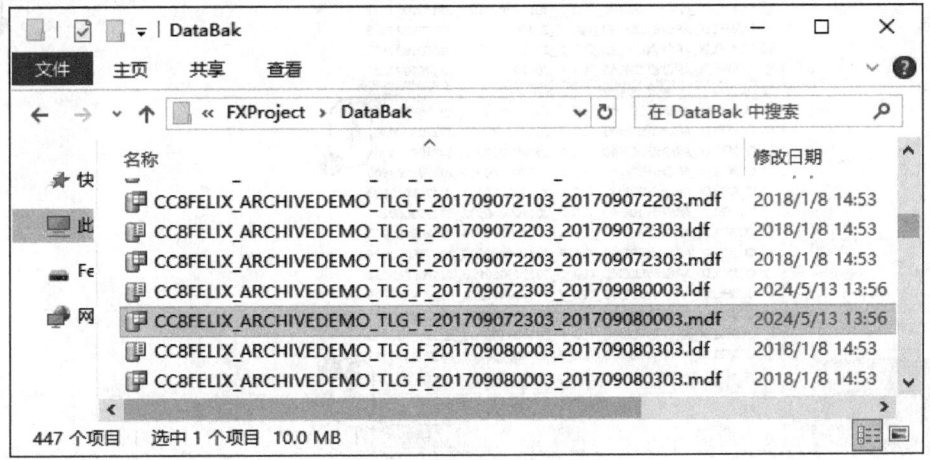

图 8-13　备份文件

2. 恢复归档

连接归档用于再次将备份的数据库文件与项目相连，以便访问运行系统中归档备份的数据。在 WinCC 的基本项目中，用户可以使用变量记录编辑器或 WinCC 中的控件手动连接归档，也支持通过复制文件方式创建连接，当然也支持使用 VBS 连接归档。下面是一些恢复归档关键组态步骤的简要说明。

1）在 WinCC 项目激活的情况下，可以直接打开变量记录编辑器通过快捷菜单"连接归档"。变量记录连接归档如图 8-14 所示。

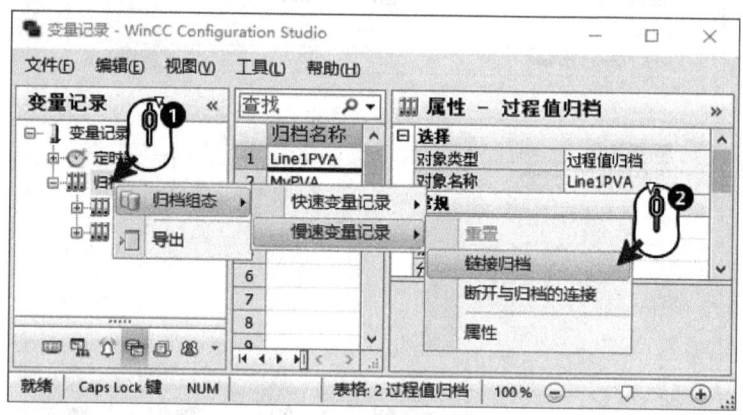

图 8-14　变量记录连接归档

2）在 WinCC 的一些控件中，通过单击控件工具栏上的 也可以连接归档。图 8-15 是以 WinCC 在线趋势控件为例加以说明。

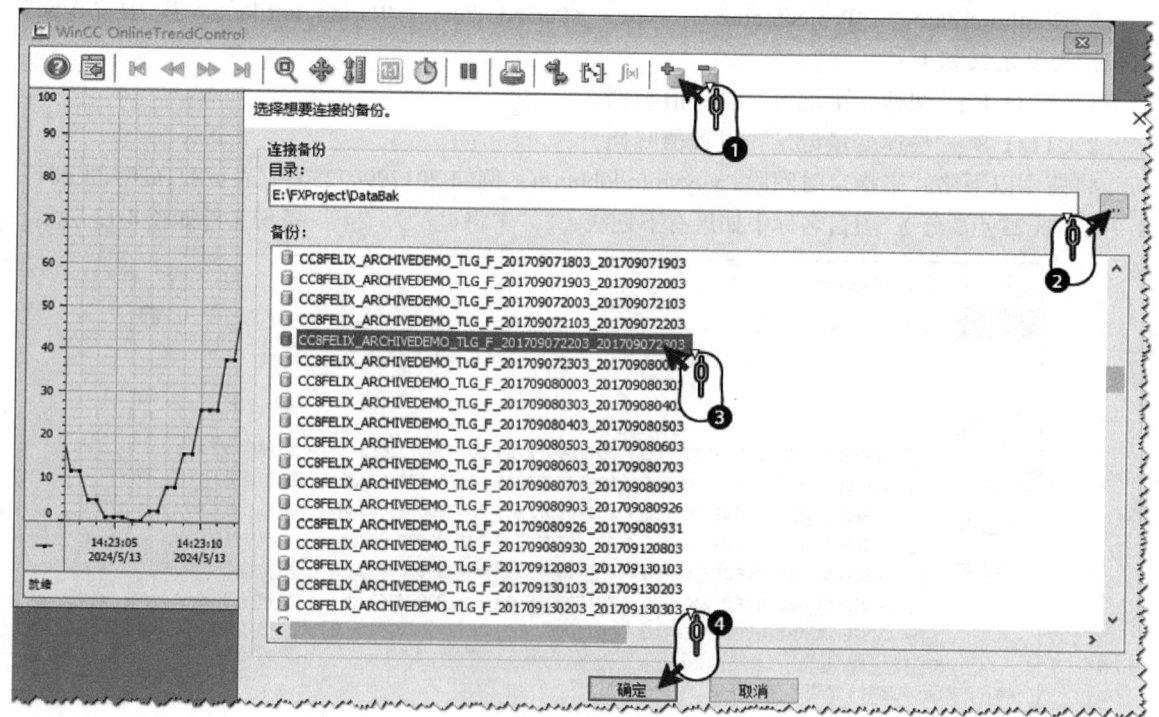

图 8-15　控件连接归档

> **提示**
> 这两个按钮默认不显示。单击控件左上方的"组态对话框"按钮。在弹出窗口中，选择"工具栏"页签，勾选"连接备份"及"断开备份"即可显示出来。

3）将归档备份文件复制到项目文件夹下的"CommonArchiving"路径下。在 WinCC 激活运行时，过程值归档将会自动连接到项目。"CommonArchiving"的路径如图 8-16 所示。

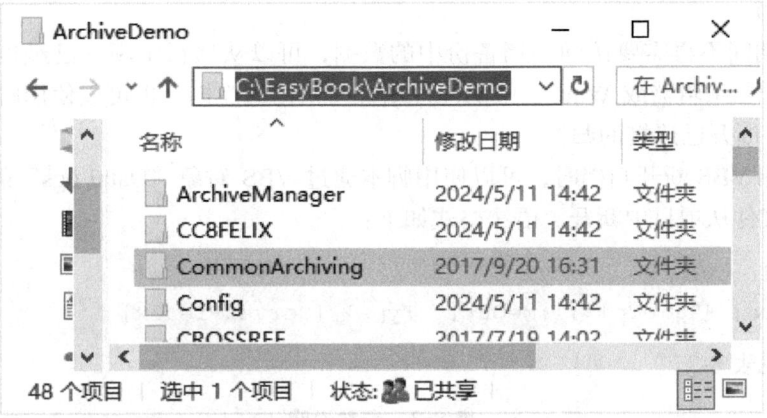

图 8-16 "CommonArchiving"的路径

4）使用 VBS 链接归档时，可以使用脚本通过 VBS 对象"DataLogs"将归档备份文件连接到 WinCC 项目。使用"DataLogs"的"Restore"方法可以将归档分段连接到运行系统项目的通用归档目录。语法格式如下：

```
Expression.Restore [SourcePath]
[TimeFrom] [TimeTo] [TimeOut] [Type][ServerPrefix]
```

Restore 的参数说明见表 8-1。

表 8-1 Restore 的参数说明

参数	含义
Expression	表示返回的 DataLogs 对象类型是报警记录还是变量记录。其中 Logging 为所有的归档备份，DataLogs 为变量记录，AlarmLogs 为报警记录
SourcePath	归档数据的备份路径
TimeFrom	连接归档数据的起始时间。为 UTC 时间，格式为 YYYY-MM-DD hh:mm:ss
TimeTo	连接归档数据的结束时间。如果此参数为空，将连接从 TimeFrom 开始所有的数据。格式为 YYYY-MM-DD hh:mm:ss
TimeOut	以 ms 为单位定义程序执行的等待时间。-1 表示一直等待连接
Type	表示归档类型。其中 1 表示快速归档；2 表示慢速归档；3 表示所有归档
ServerPrefix	预留参数，暂时无需设定

连接归档备份如图 8-17 所示的脚本，表示从"E:\FXProject\DataBak"文件夹中连接从"2017-09-07"开始的所有变量记录的备份数据。

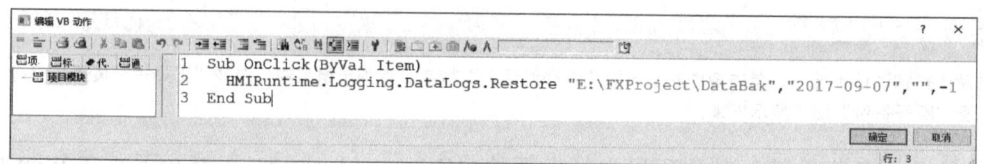

图 8-17　连接归档备份

3. 断开归档

如果运行期间不再需要访问归档备份中的数据，可以从项目中断开已经连接的归档文件。可以使用变量记录编辑器或 WinCC 中的控件断开与归档的连接，也可以使用脚本通过 VBS 对象"DataLogs"断开已连接的归档。

其中，使用 VBS 断开归档时，可以使用脚本通过 VBS 对象"DataLogs"的"Remove"方法将归档备份文件从项目中断开。语法格式如下：

```
Expression.Remove
[TimeFrom] [TimeTo] [TimeOut] [Type] [ServerPrefix]
```

参数说明见表 8-2。

表 8-2　参数说明

参数	含义
Expression	表示返回的 DataLogs 对象类型是报警记录还是变量记录。其中 Logging 为所有的归档备份，DataLogs 为变量记录，AlarmLogs 为报警记录
TimeFrom	断开归档数据的起始时间。为 UTC 时间，格式为 YYYY-MM-DD hh:mm:ss
TimeTo	断开归档数据的结束时间。如果此参数为空，将连接从 TimeFrom 开始所有的数据。格式为 YYYY-MM-DD hh:mm:ss
TimeOut	以 ms 为单位定义程序执行的等待时间。-1 表示一直等待断开
Type	表示归档类型。其中 1 表示快速归档；2 表示慢速归档；3 表示所有归档
ServerPrefix	预留参数，暂时无需设定

如图 8-18 所示的脚本，表示从项目中断开所有连接的变量记录备份数据。

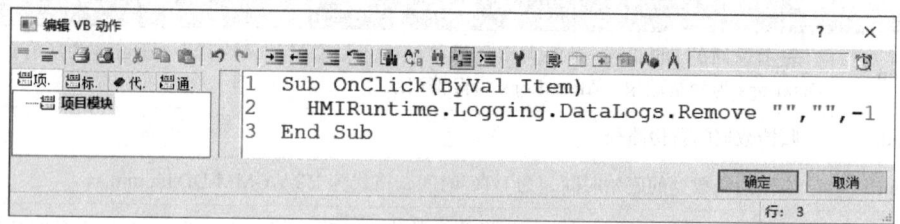

图 8-18　断开归档

关于恢复 / 断开归档内容的详细介绍和组态步骤，请参考条目 ID 40347325。

8.3　变量记录运行系统

在变量记录编辑器中组态过程值归档，指定在何时对哪些过程值进行归档。在变量记录编辑器中，也可以对要归档的过程值以及采集和归档周期进行组态，还可以组态归档的存储位置以及归档的备份路径。

8.3.1 变量记录编辑器

在 WinCC 项目管理器中，双击"变量记录"可启动编辑器。变量记录编辑器画面如图 8-19 所示。

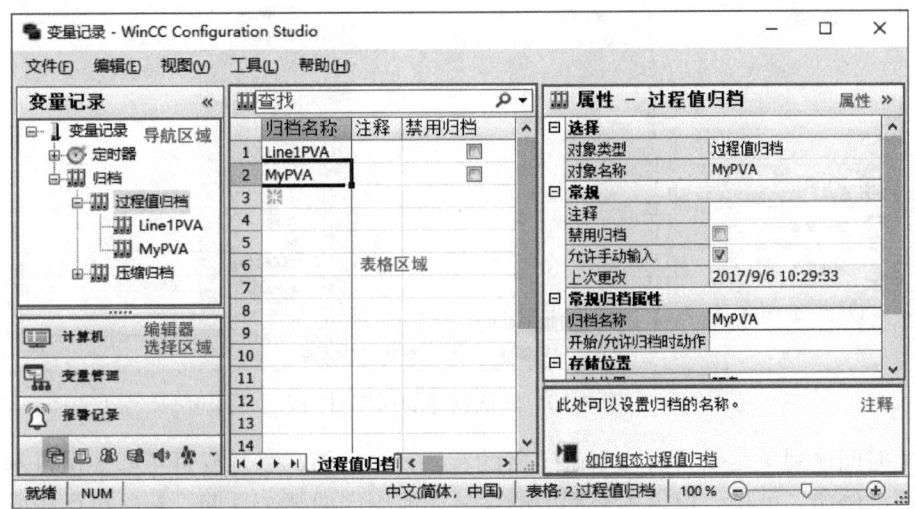

图 8-19 变量记录编辑器画面

其中：

1）导航区域：屏幕左侧的树形视图。该视图中显示定时器和归档。选中项（例如周期时间、归档、变量等）包含的对象的详细信息会在右侧的表格区域显示。

2）编辑器选择区域：用于在编辑器之间进行切换。通过这里，可以访问其他的 WinCC 编辑器（例如变量管理、报警记录等）。

3）表格区域：表格区域会显示分配给树形视图中所选择的对象，用于创建和编辑对象。

4）属性：在属性画面中显示和组态对象的属性参数。

5）注释：显示所选属性的说明。

8.3.2 定时器

WinCC"变量记录"中的"定时器"中包含"周期时间"和"时序"（时间序列）。变量记录中的采集和归档周期基于项目中预先组态的"周期时间"和"时序"。当创建新项目时，WinCC 已预定义了常用的"周期时间"，即图 8-20 中所示的定时器名称。用户也可以根据需要自行在此处创建周期时间。系统中最多可组态并使用 96 个周期时间。基于周期时间的过程值采集和归档将在项目激活后周期性地运行。

"周期时间"和"时序"中创建的对象均为定时器。项目中可以直接使用系统中标准的定时器，也支持创建新的定时器。要创建新的定时器，可以单击表格区域中有可编辑图标标识的单元格。在表格区域的"定时器名称"列输入名称，将创建新的定时器。在"属性"区域编辑定时器的属性。新的时间周期按"时间基准"乘以"时间系数"来计算：周期时间 = 时间系数 × 时间基准。例如图 8-20 中所示 1 day 的周期时间为 1 天 ×1=1 天。

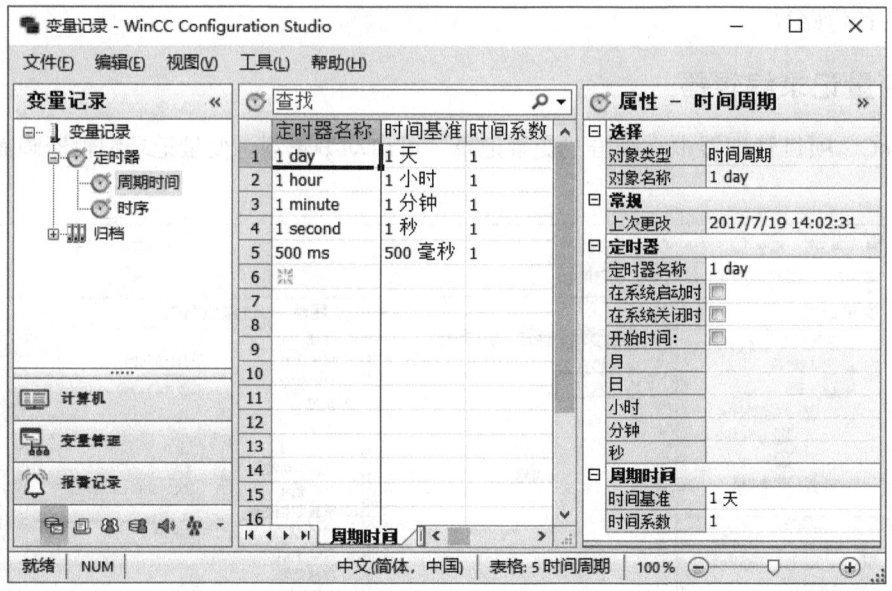

图 8-20　默认创建的周期时间

时序（时间序列）是以日历为基础定义的。每天、每周、每月或每年都会执行基于时序的采集和归档。例如，可将天指定为一周中的某一天或固定的某个日期，然后执行相应天中的采集和归档时间。也可以根据系统启动时间确定。过程值变量的采集和归档动作会根据所选定时器的日历定期执行。时序画面如图 8-21 所示。

图 8-21　时序画面

在变量记录编辑器的导航区域，选择"定时器"项下的"时序"项。所有组态的时序都显示在表格区域，可以使用这些时序组态采集和归档周期。要创建新的定时器，可以在表格区域中单击可编辑图标所在的单元格。在表格区域的"定时器名称"列输入名称，将创建新的定时器。在属性区域编辑定时器的属性即可。

8.3.3 组态归档

组态归档相当于组态一个存储数据的容器。在 WinCC 的归档中包含"过程值归档"和"压缩归档"。

1）过程值归档可存储归档变量中的过程值。在组态过程值归档时，选择要归档的过程变量和存储位置。

2）压缩归档可压缩来自过程值归档的归档变量。在组态压缩归档时，选择计算方法和压缩时间段。

1. 组态过程值归档

在变量记录编辑器的导航区域，选择"过程值归档"项。单击表格区域"归档名称"列中有可编辑图标标识的单元格，然后输入归档名称。在导航区域选择该归档项，可以编辑它的归档属性。可编辑的归档属性如下所示：

1）归档开始/允许归档时的动作。

2）存储位置（硬盘/主内存）。

3）数据记录大小。

新创建的过程值归档"MyPVA"的组态如图 8-22 所示。

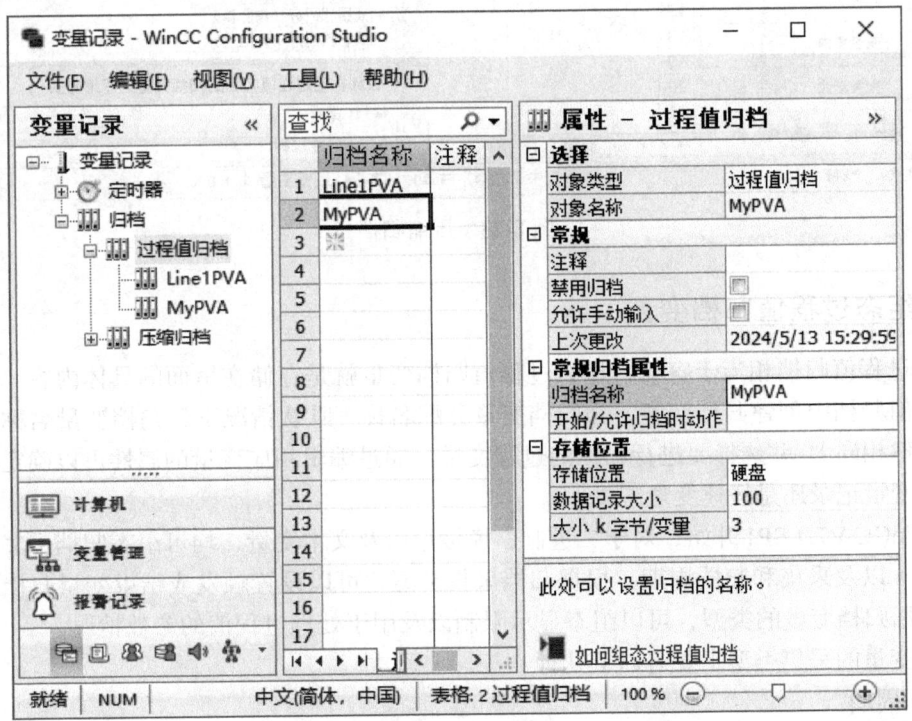

图 8-22　过程值归档"MyPVA"的组态

对于过程值归档，可指定存储位置是在硬盘上还是在主内存中。如果选择"主内存"作为存储位置，还必须设置数据缓冲区的"数据记录大小"参数。

2. 组态压缩归档

为了减少归档数据库中的数据量，可对指定时期内的归档变量进行压缩。为此，需要创建一个压缩归档，将归档变量存储在压缩归档中。压缩归档和过程值归档是以相同的方式存储在归档数据库中的。创建压缩归档时需要选择"处理方法"和"压缩时间段"，压缩归档如图 8-23 所示。创建完压缩归档的过程值归档变量依然保留。

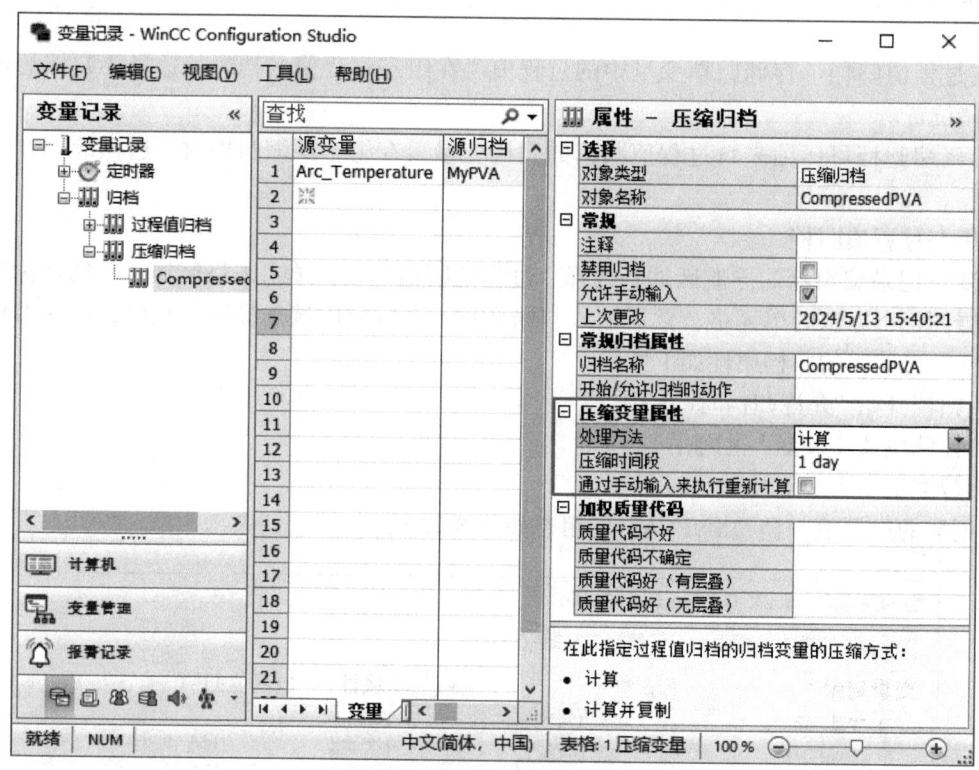

图 8-23　压缩归档

8.3.4　组态过程值归档变量

如果过程值归档相当于容器，那么过程值归档变量就是存储在里面的具体内容。因此，需要在过程值归档中创建归档变量，为归档变量分配名称（默认情况下，归档变量名称和过程值变量的名称相同），并选择要进行归档的过程变量。通过编辑相应变量的属性可以确定归档的类型是快速变量记录还是慢速变量记录。

从 WinCC V7.4 SP1 开始，对于二进制、模拟量以及文本变量，均可组态归档采集类型（例如周期性）以及采集和归档周期。根据归档采集类型，可以设置触发或结束变量归档的事件和动作。根据归档变量的类型，可以组态显示限制以及用于处理过程值的参数情况。

过程变量的采集类型主要有以下几种：
1）非周期。
2）周期 – 连续。

3）周期 – 可选择。

4）非周期有变化时。

5）根据需要。

根据选择的采集类型不同，变量的一些属性在此可能不相关，因此无法编辑。过程变量属性画面如图 8-24 所示。

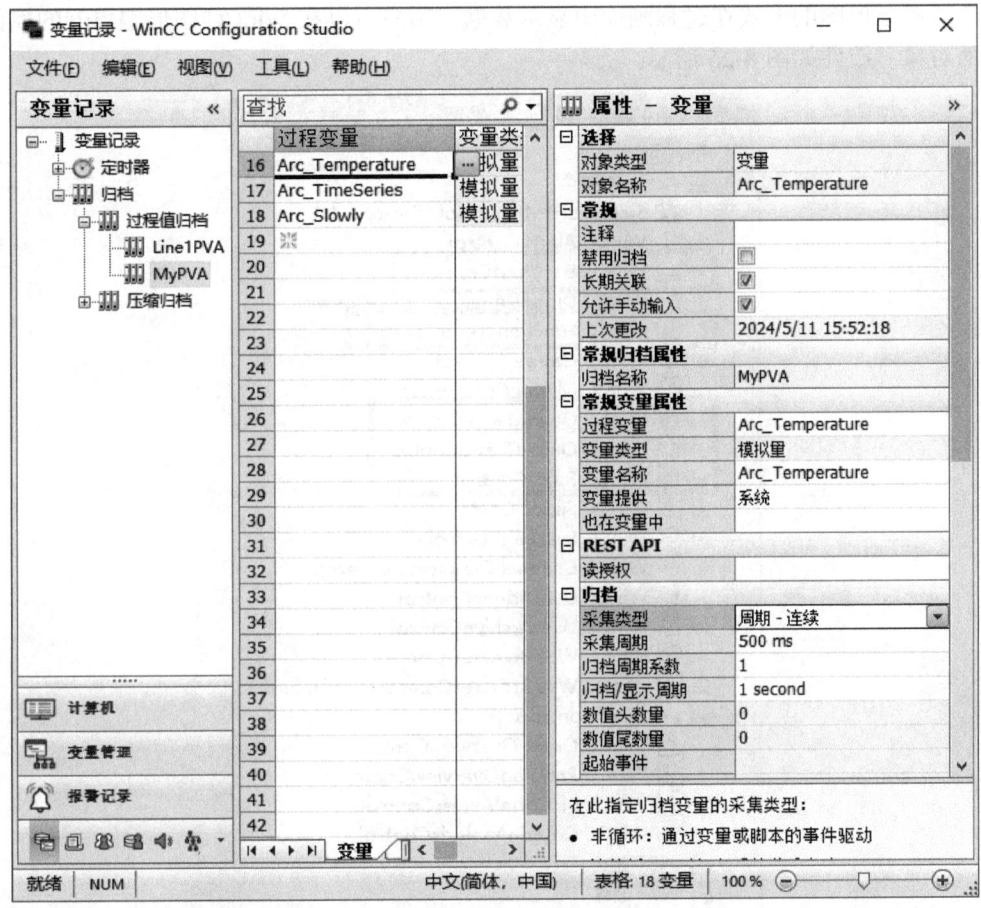

图 8-24　过程变量属性画面

> **提示**
> 在变量记录中，如果删除过程变量后，又重新创建了和已经删除的过程变量同名的过程变量，则已经删除的过程变量的值将无法被访问，即已经删除的过程变量的数据无法显示和读取。原因是新创建的过程变量会重新分配新的 ID，已删除过程变量的 ID 不能访问。在 WinCC 系统后台，数据的访问是基于变量的 ID 实现的。

8.4　输出过程值归档

在运行系统中，可以通过以下方式输出过程值：

1）把归档的过程值输出到过程画面。

2）在报表中输出归档的过程值。

3）第三方程序通过访问 WinCC 归档数据库获取过程值。

其中最常用的就是把归档的过程值输出到过程画面上。接下来将分别进行介绍。

8.4.1 在过程画面中输出过程值归档

可在运行系统中显示归档过程值和当前过程值。因此可在 WinCC 中使用 ActiveX 控件，以表格、趋势或条形图的形式在过程画面中显示数据。用户可以在 WinCC 图形编辑器的控件中找到相应的对象。控件如图 8-25 所示。

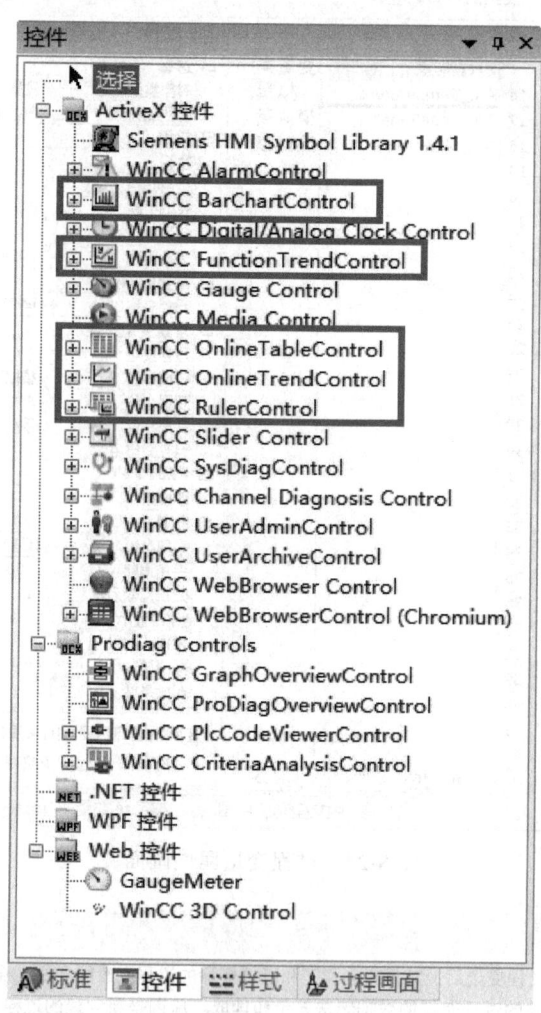

图 8-25　控件

1. 表格中的过程值归档输出

要在运行系统中以表格形式显示过程值，需要使用 WinCC 在线表格控件（WinCC OnlineTableControl）。WinCC 在线表格控件可以显示实时的过程值数据，也支持显示历史的过程值归档数据，并支持查询历史数据。默认情况下，WinCC 在线表格控件处于实时刷新状态。如果要显示历史数据，需要先停止数据刷新，然后选择时间范围查询历史数据。WinCC 在线表格控件如图 8-26 所示。

	时间列 1	数值列 1	数值列 2	数值列 3
109	2024/5/13 16:35:31	10	56.27	100
110	2024/5/13 16:35:32	10	56.27	100
111	2024/5/13 16:35:32	10	56.27	100
112	2024/5/13 16:35:33	11	43.73	123
113	2024/5/13 16:35:33	11	43.73	123
114	2024/5/13 16:35:34	12	31.59	110
115	2024/5/13 16:35:34	12	31.59	110
116	2024/5/13 16:35:35	13	20.61	53
117	2024/5/13 16:35:35	13	20.61	53
118	2024/5/13 16:35:36	14	11.47	197
119	2024/5/13 16:35:36	14	11.47	197
120	2024/5/13 16:35:37	15	4.76	88
121	2024/5/13 16:35:37	15	4.76	88

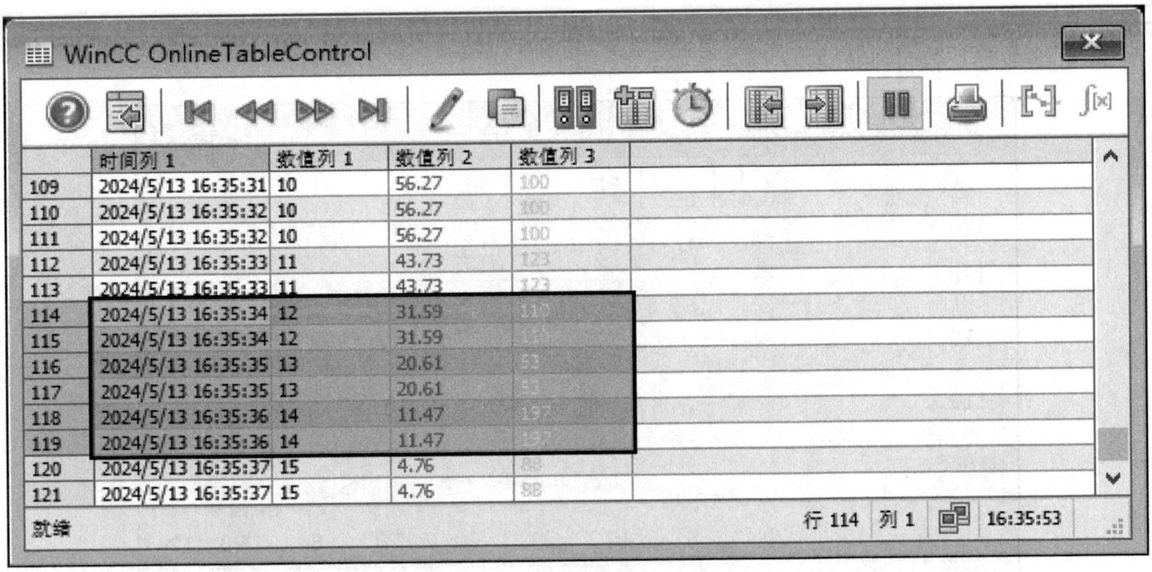

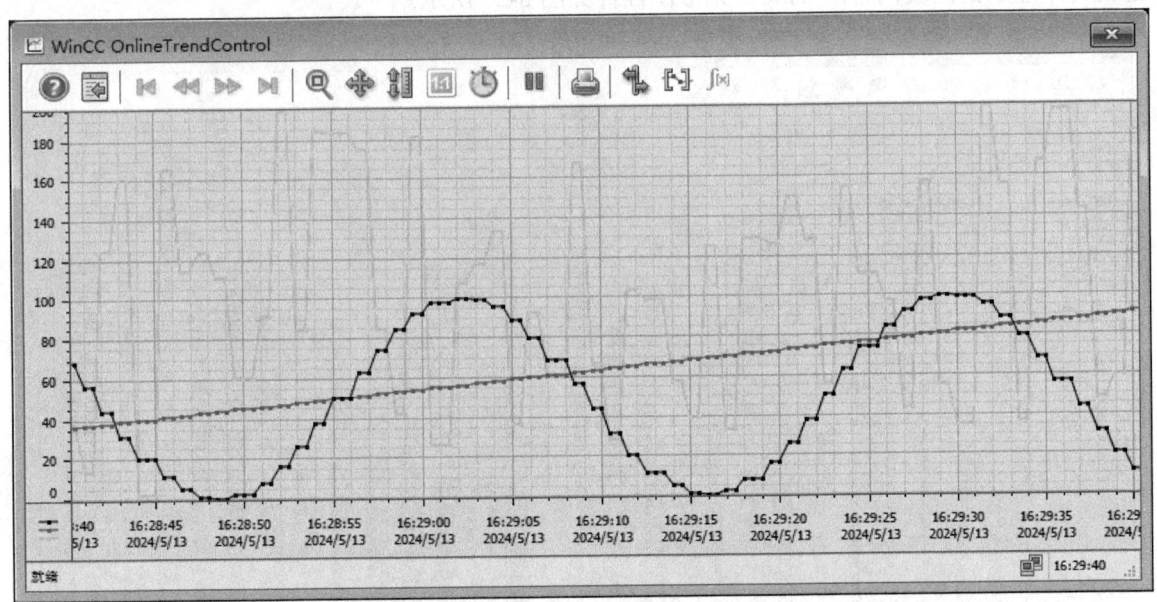

图 8-26　WinCC 在线表格控件

2. 趋势中的过程值输出

要在运行系统中以趋势曲线形式显示过程值，需要使用 WinCC 在线趋势控件（WinCC OnlineTrendControl）。可以将趋势的数据源与归档变量或过程变量相连接。在 WinCC 在线趋势控件中，可在一个或多个查询历史趋势窗口中显示多个趋势，建议最多同时显示 8 条趋势曲线。WinCC 在线趋势控件如图 8-27 所示。

图 8-27　WinCC 在线趋势控件

3. 函数趋势输出

如果需要在趋势中显示两个过程值的关系，例如显示项目中温度和压力的趋势关系，可以使用 WinCC 函数趋势控件（WinCC FunctionTrendControl）。在控件中分别定义 X 轴为温度，Y 轴为压力，并关联相应的过程变量。在控件中就可以绘制出两个过程值之间的关系图形，WinCC 函数趋势控件如图 8-28 所示。

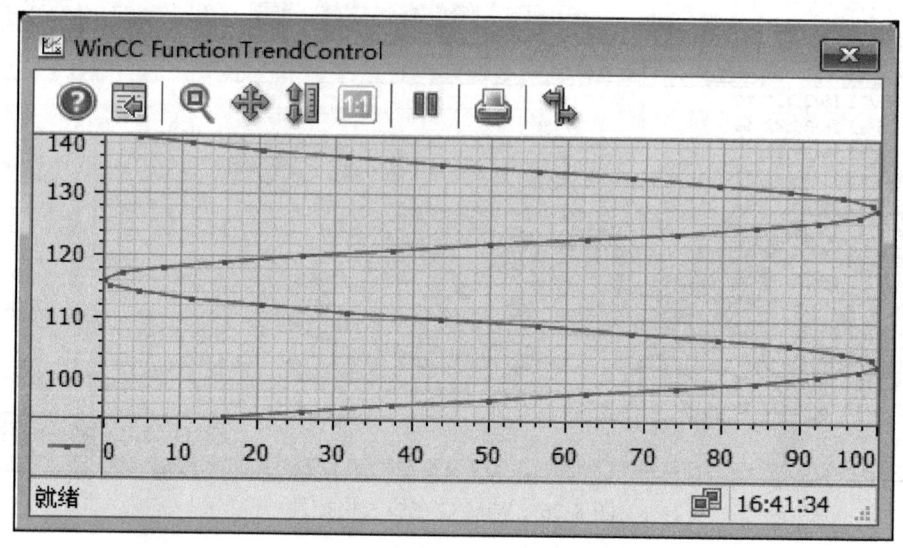

图 8-28　WinCC 函数趋势控件

4. 以条形图形式输出过程值

要在运行系统中以条形图形式显示归档的过程值，需要使用 WinCC 条形图控件（WinCC BarChartControl）。在 WinCC 条形图控件中可显示一个或几个图表窗口，用户可以根据需要组态控件中显示的图表内容。WinCC 条形图控件如图 8-29 所示。

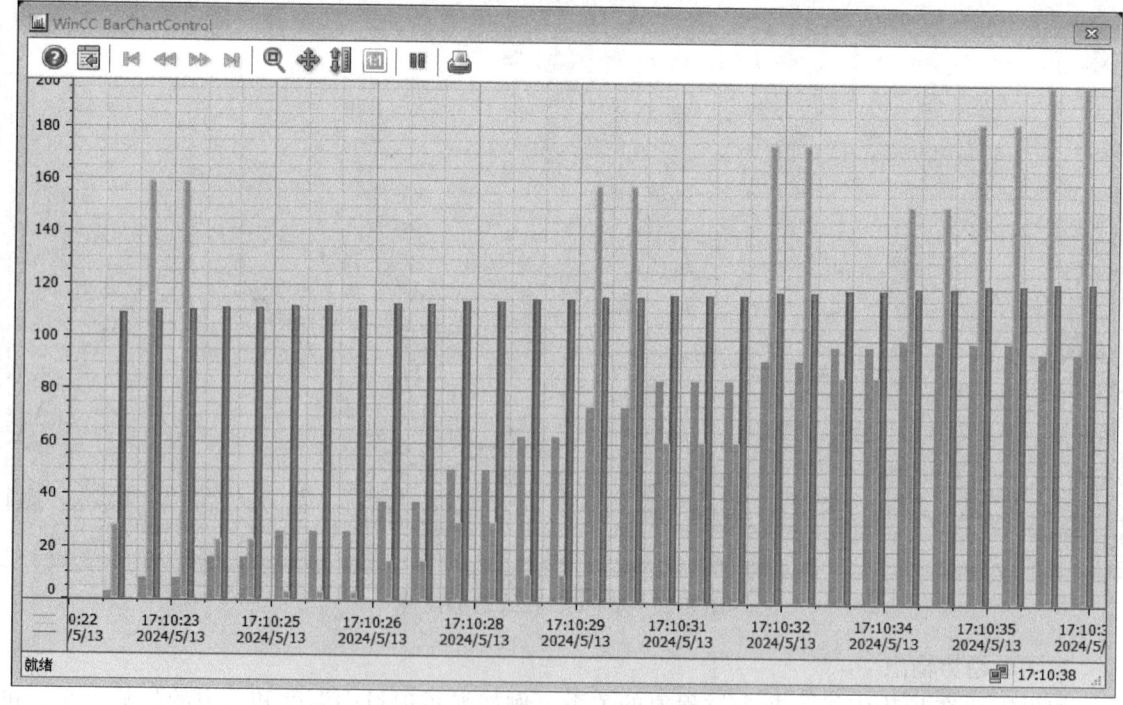

图 8-29　WinCC 条形图控件

5. 输出中使用标尺控件

使用 WinCC 标尺控件（WinCC RulerControl）可以实现基于控件中数据的统计分析功能。标尺控件的数据来源可以是同一画面中的 WinCC 在线表格控件、WinCC 在线趋势控件或者 WinCC 函数趋势控件。当标尺控件和这些控件建立关联后，WinCC 标尺控件属性如图 8-30 所示。就会根据请求自动分析所关联控件中的数据。WinCC 标尺控件如图 8-31 所示。

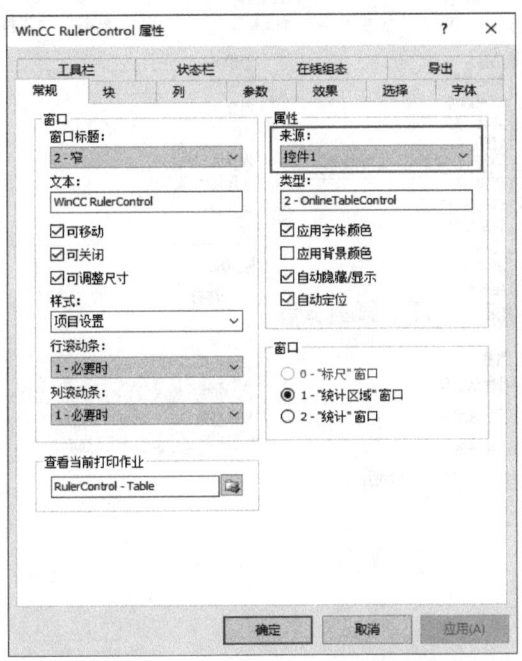

图 8-30　WinCC 标尺控件属性

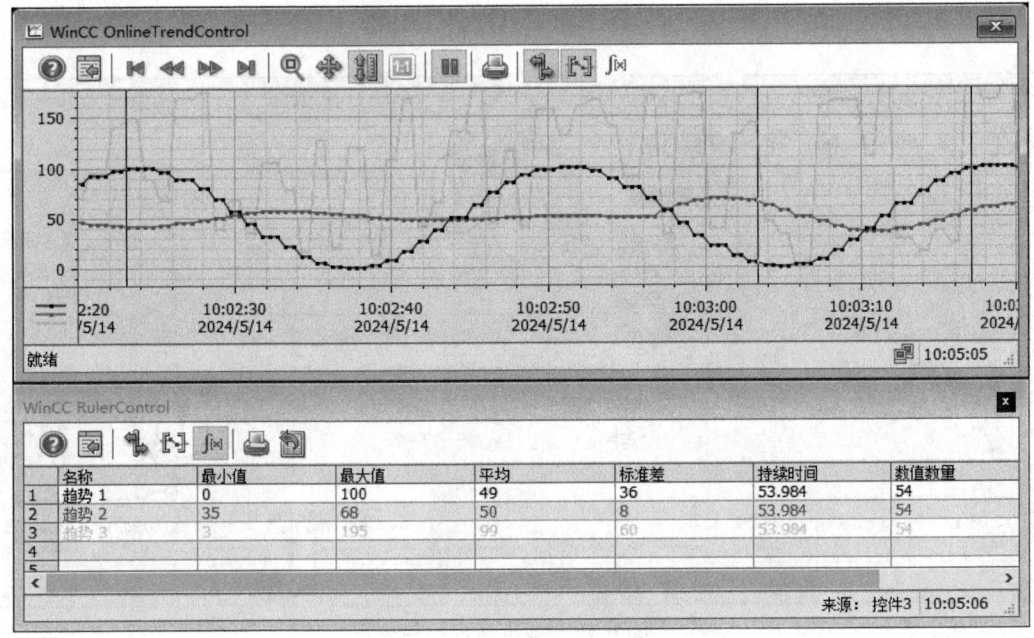

图 8-31　WinCC 标尺控件

并且以上控件都支持导出数据功能。当激活工具栏的导出功能后，在项目运行状态下，单击"导出数据"按钮，就可以把当前控件中加载的数据导出成 CSV 文件，如图 8-32 和图 8-33 所示。

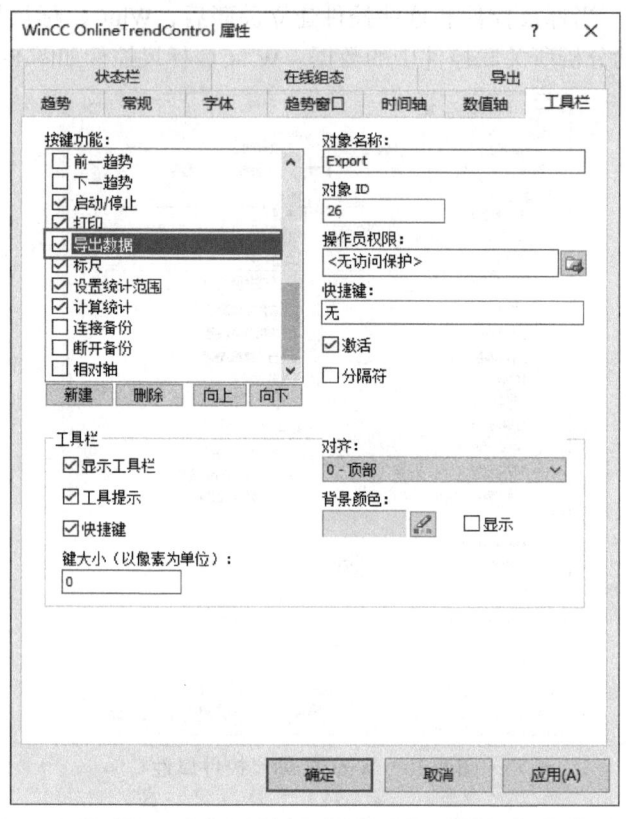

图 8-32　激活"导出"功能键

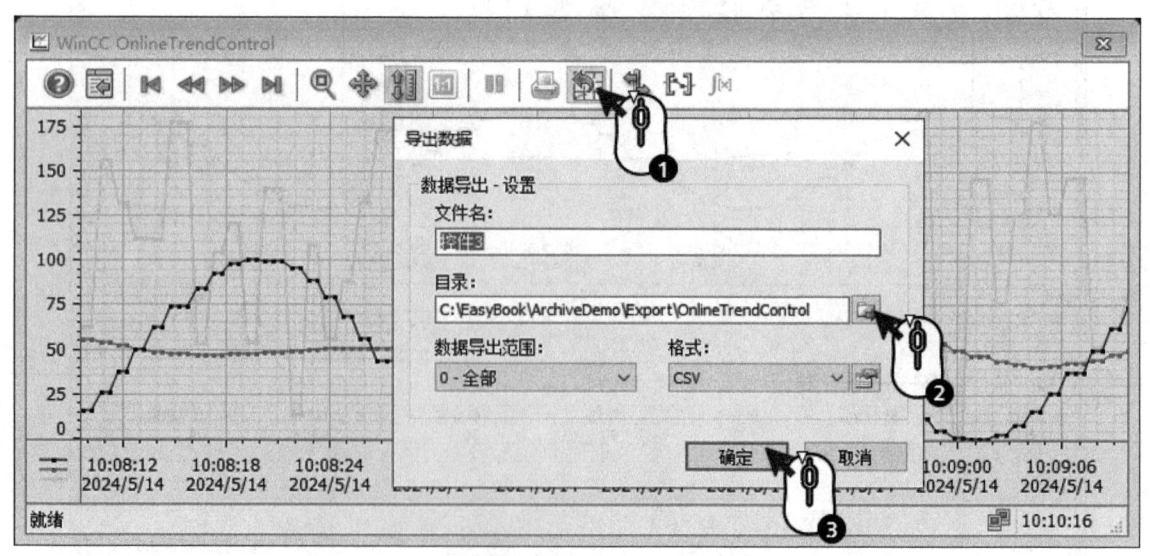

图 8-33　导出数据画面

8.4.2 在报表中输出过程值归档

WinCC 的布局模板提供了预设的布局。预设的布局和运行系统中的控件已经建立了关联，因此支持以报表形式输出运行系统控件中的过程值数据。其中，常用控件和布局的对应关系如下所示：

1）@Online Table Control - Picture.RPL 和 @Online Table Control-Table.RPL：是基于 WinCC 在线表格控件的过程值输出。

2）@Online Trend Control - Picture.RPL：是基于 WinCC 在线趋势控件的过程值输出。

3）@Function Trend Control-Picture.RPL：是基于 WinCC 函数趋势控件的过程值输出。

报表编辑器还支持创建新的打印作业和布局，定制化输出过程值归档数据。详细内容参见第 9 章。报表编辑器如图 8-34 所示。

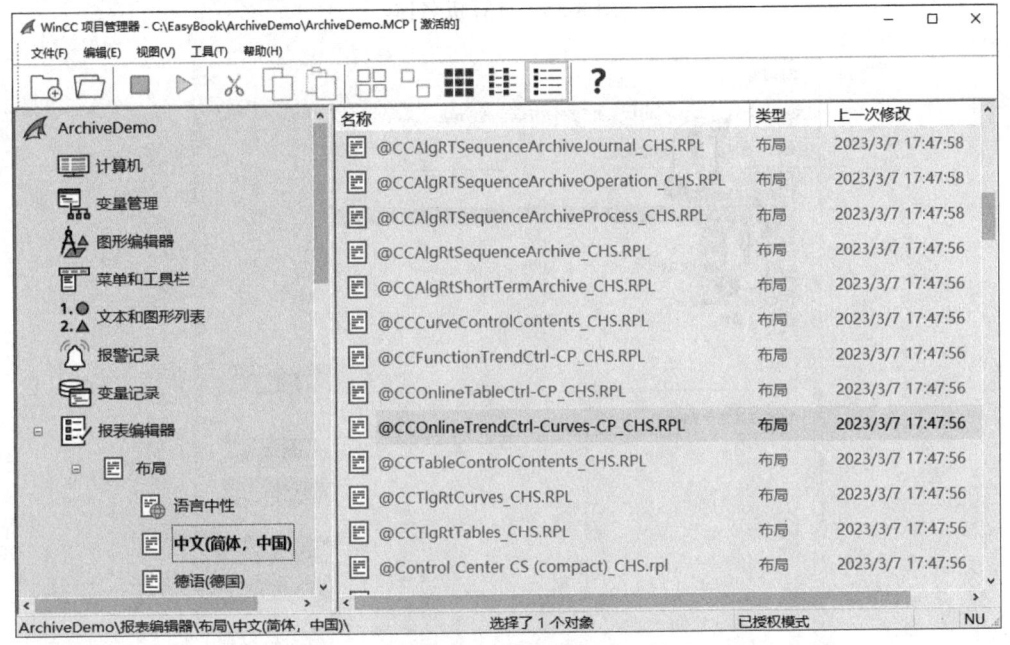

图 8-34 报表编辑器

此外，WinCC 还支持对过程值归档数据库的访问功能。第三方程序可以使用 ADO/OLE DB、OPC 或者 C-API/ODK 等方式访问 WinCC 过程值归档数据库。条目 ID 35840700 的链接中提供了详细的文档和例程。在第 16 章中会提供详细的介绍。

8.5 常用功能的实现

本节将介绍几种常见过程值归档的实现和显示方法。

为了实现过程值归档，需要先激活"变量记录运行系统"。先单击项目树中的"计算机"，然后通过右键单击 WinCC 项目中的计算机名称（此处为"CC8FELIX"），打开计算机属性对话框。在"启动"选项卡下激活该选项。计算机名称如图 8-35 所示，激活变量记录运行系统如图 8-36 所示。

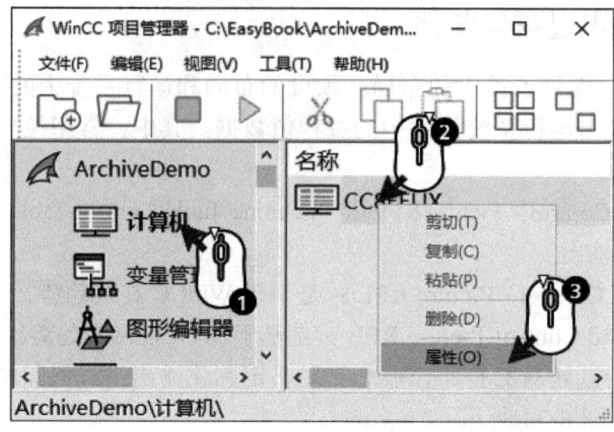

图 8-35　计算机名称

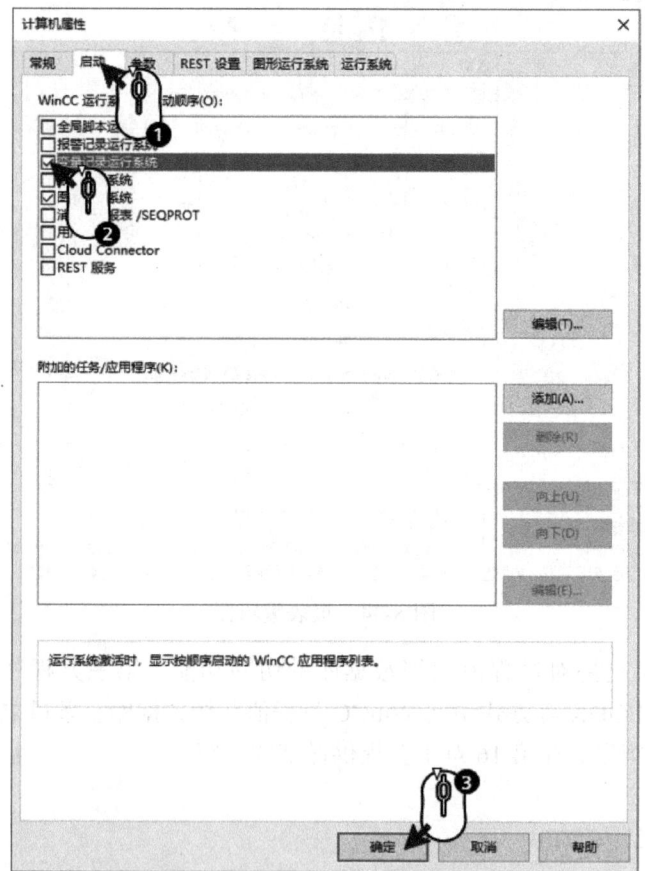

图 8-36　激活变量记录运行系统

8.5.1　周期连续归档

目标是创建一个周期连续的过程值归档,每秒钟归档一次过程变量的实际值,并以曲线的形式显示。详细步骤如下:

步骤1：打开WinCC变量记录。双击项目树中的"变量记录"，打开变量记录编辑器。WinCC项目管理器如图8-37所示。

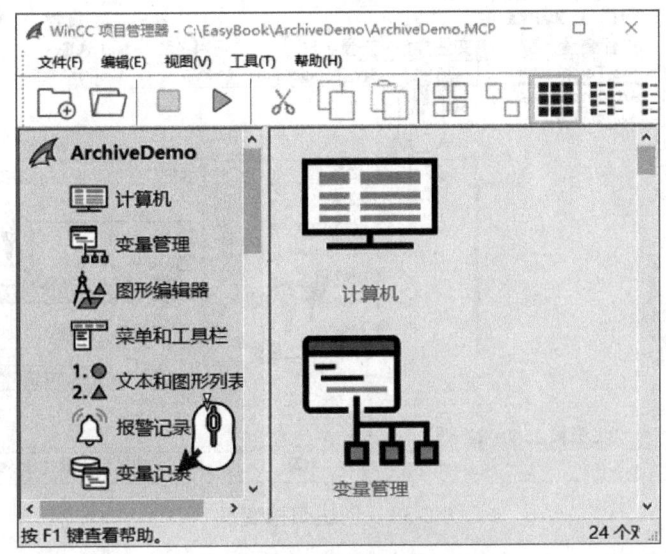

图8-37　WinCC项目管理器

步骤2：创建过程值归档。在表格区域有可编辑图标标识的单元格中输入归档名称。此处创建的过程值归档的名称为"MyPVA"，并设置归档存储位置为硬盘。创建过程值归档如图8-38所示。

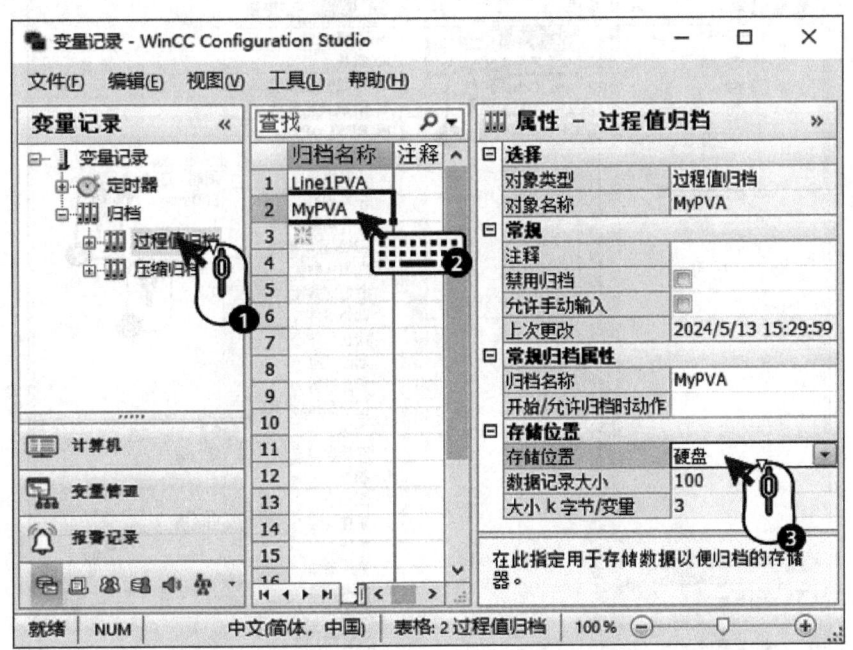

图8-38　创建过程值归档

步骤3：选择过程变量。选择新建的过程值归档，单击有可编辑图标标识的单元格。在弹出的变量选择画面中选择需要归档的过程变量。创建归档变量如图8-39所示。

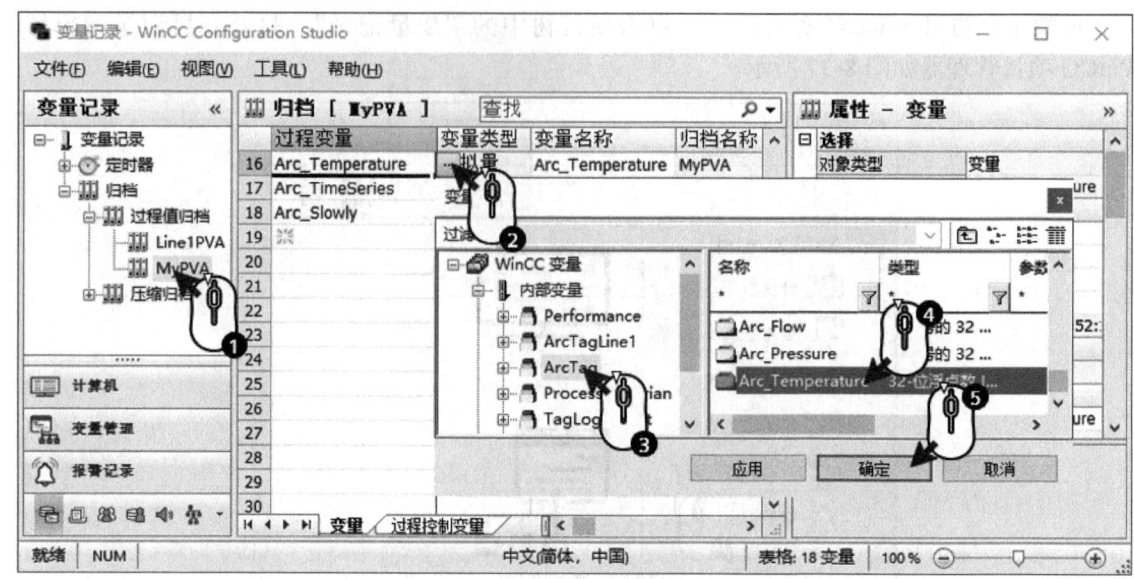

图 8-39　创建归档变量

步骤 4：设置过程变量属性。采集类型为"周期 – 连续"，归档/显示周期为"1 second"。正在处理为"当前值"。创建过程值归档如图 8-40 所示。

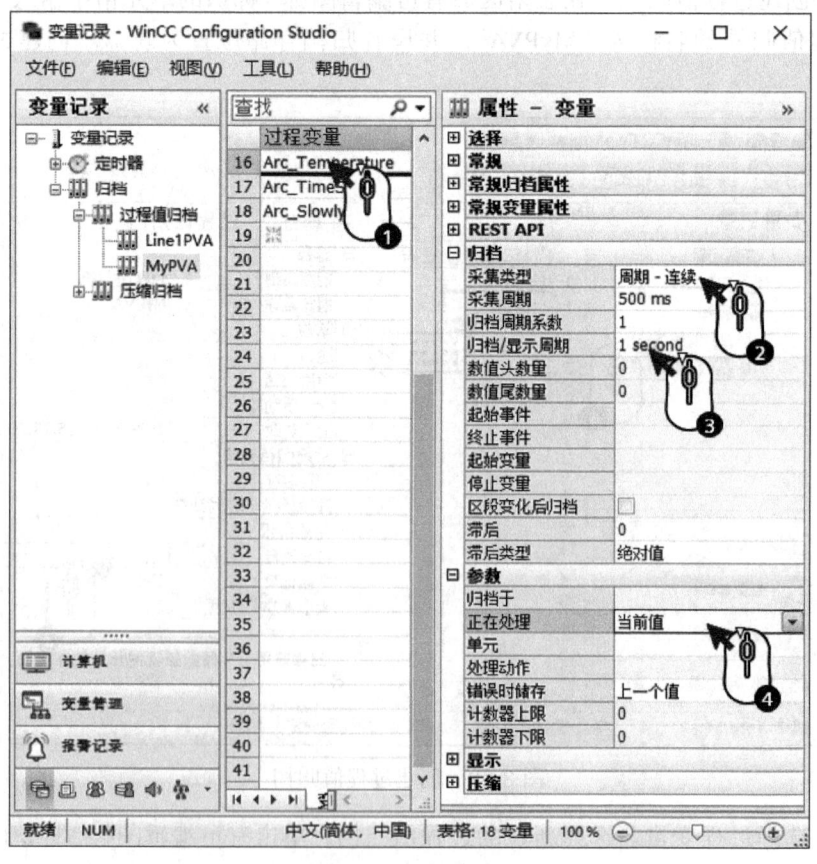

图 8-40　创建过程值归档

> **提示**
> 此处的"1 second"是系统自带的定时器,也可以根据需要创建自定义的定时器。

步骤 5:在画面中添加趋势控件。从控件中拖拽"WinCC OnlineTrendControl"控件到画面。添加趋势控件如图 8-41 所示。

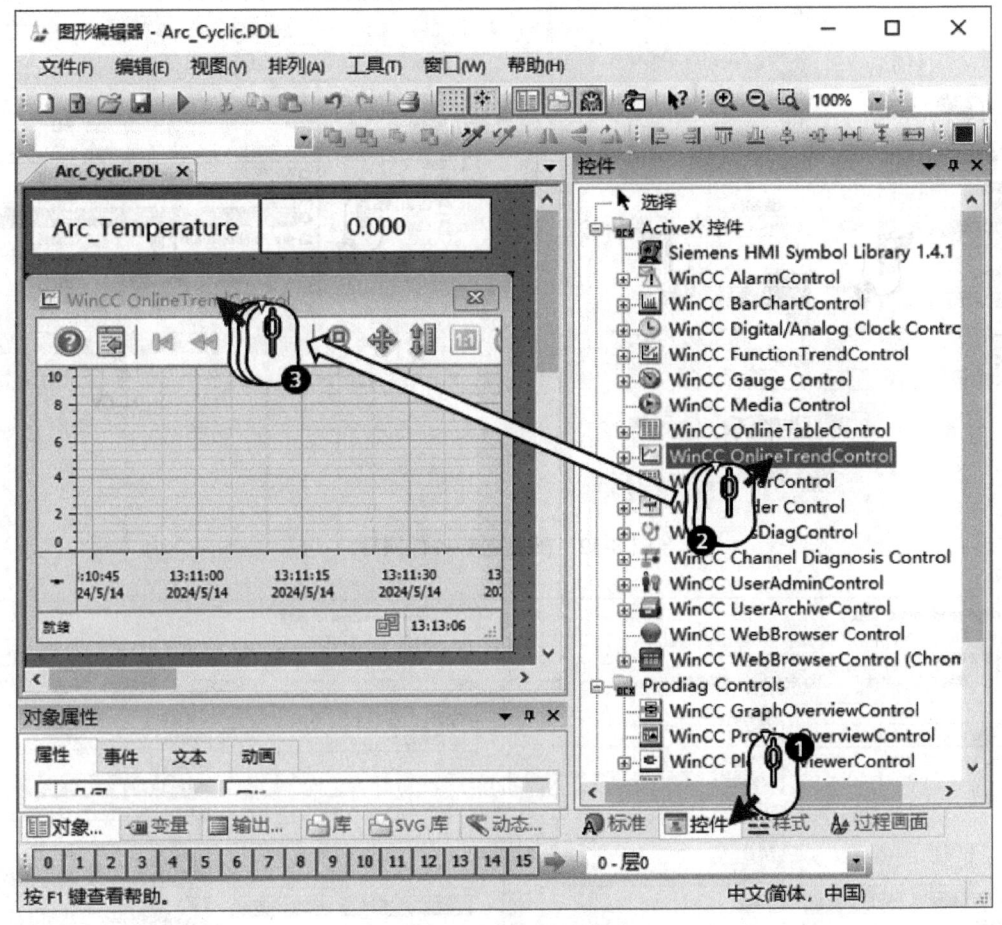

图 8-41 添加趋势控件

步骤 6:配置趋势控件属性。打开趋势控件的属性对话框,切换到"趋势"选项卡,新建趋势。此处数据源选择归档变量。默认情况下,控件中会自动创建一个时间轴和数值轴。此处使用默认设置,当然也可根据需要自行调整相关的参数。配置趋势控件属性如图 8-42 所示,趋势控件属性如图 8-43 所示。

步骤 7:切换到"工具栏"选项卡,在趋势控件的属性中激活趋势控件的查询功能。配置趋势控件属性如图 8-44 所示。

步骤 8:激活项目验证结果。项目运行后,默认情况下,会自动刷新当前 1min 的趋势。要查询历史数据,首先需要停止曲线刷新,然后单击工具栏上的"选择时间范围"按钮,在弹出的对话框中设置查询条件,单击"确定"后就执行查询功能。查询历史曲线如图 8-45 所示。

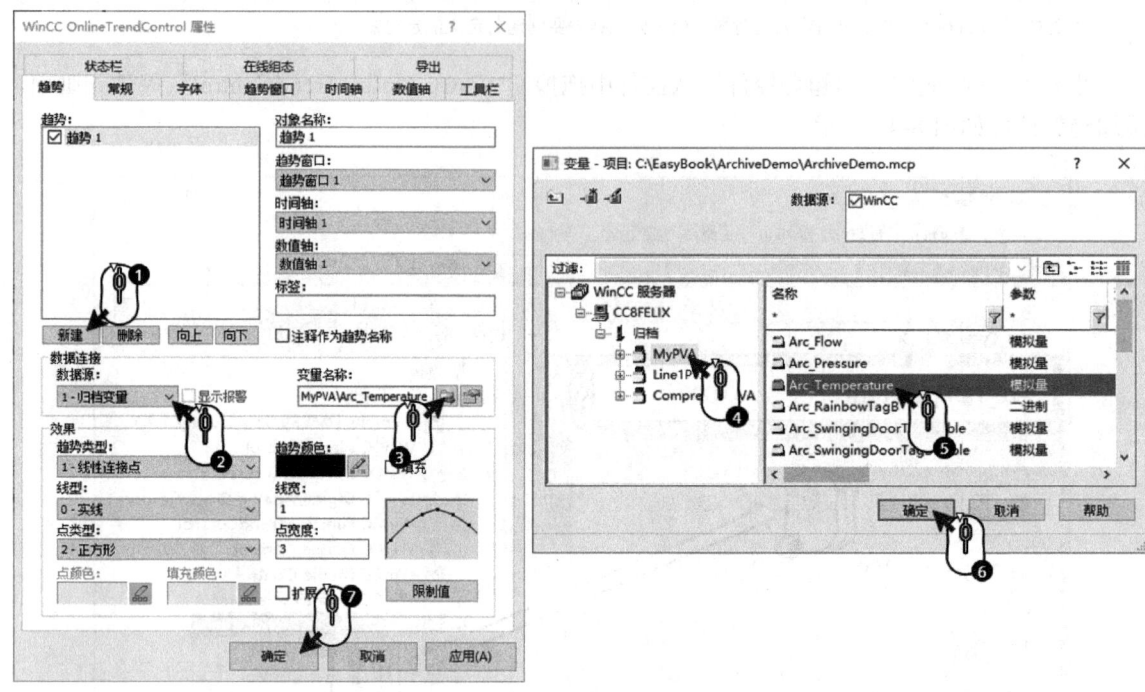

图 8-42　配置趋势控件属性

图 8-43　趋势控件属性

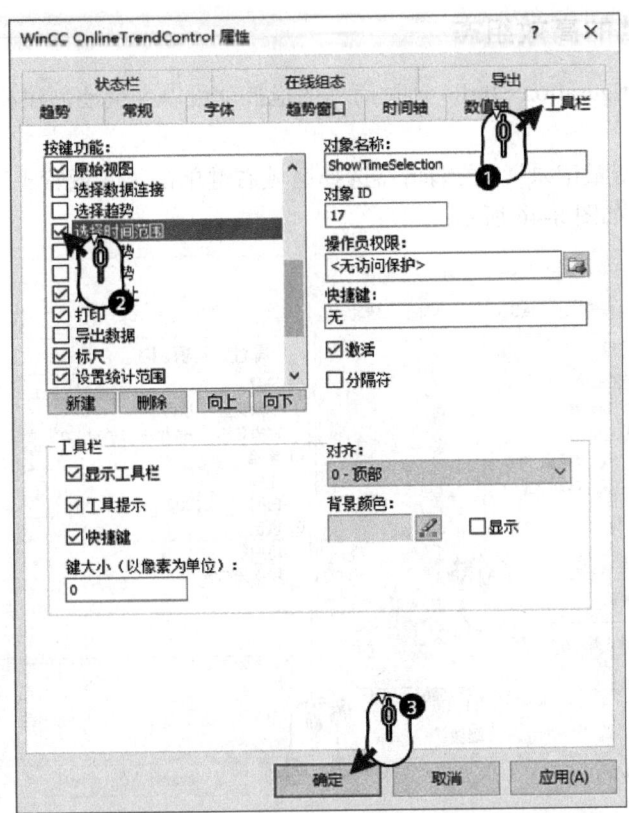

图 8-44 配置趋势控件属性

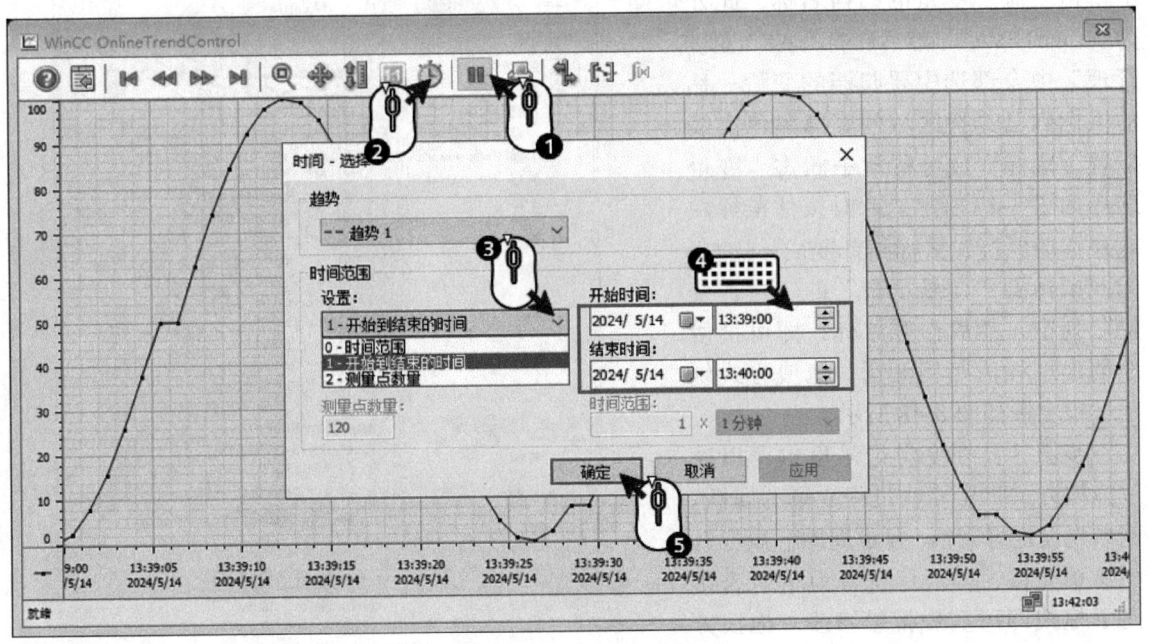

图 8-45 查询历史曲线

8.5.2 过程值归档的高效组态

使用 WinCC Configuration Studio 通过简单的拖拽就可以大量地创建和编辑过程值归档。详细步骤如下：

步骤1：打开"变量记录"。在编辑器选择区域右键单击"变量管理"，然后选择"在新窗口下打开"。快捷菜单如图 8-46 所示。

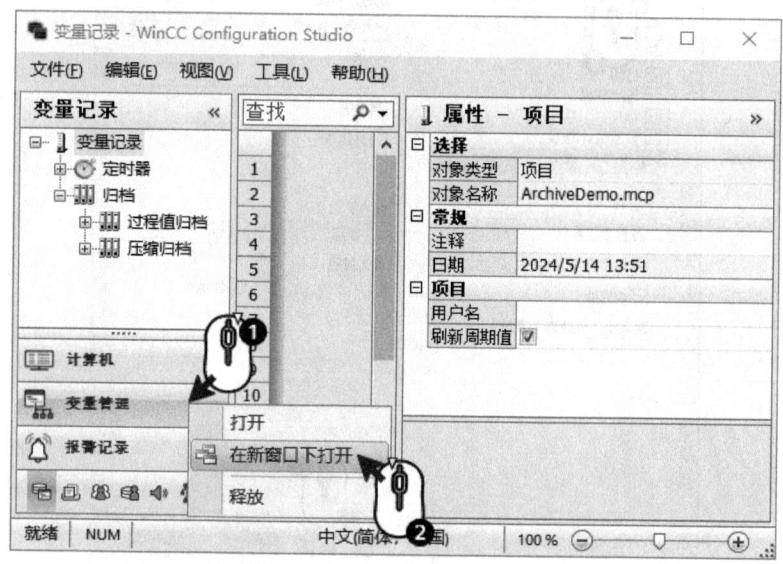

图 8-46　快捷菜单

步骤2：首先在打开的"变量记录"中单击要添加变量的归档名称，此处为"Line1PVA"。然后在打开的"变量管理"中全部选中要归档的变量。移动鼠标到已选择区域的底部黑色实线位置，鼠标变成可移动✣状态。变量选择如图 8-47 所示。此时按住鼠标左键并移动鼠标，鼠标指针变成🗞状态。拖拽鼠标到"变量记录"的"过程变量"列中，然后松开鼠标，即可批量地创建过程值归档变量。拖拽方式创建过程变量如图 8-48 所示。

步骤3：在变量记录里也可以通过拖拽方式批量修改过程变量的属性。例如先设定好归档/显示周期，鼠标选中该单元格，当鼠标符号为十时直接向下拖拽即可实现批量修改。拖拽方式编辑过程变量属性如图 8-49 所示。

图 8-47　变量选择

第 8 章 过程值归档 | 361

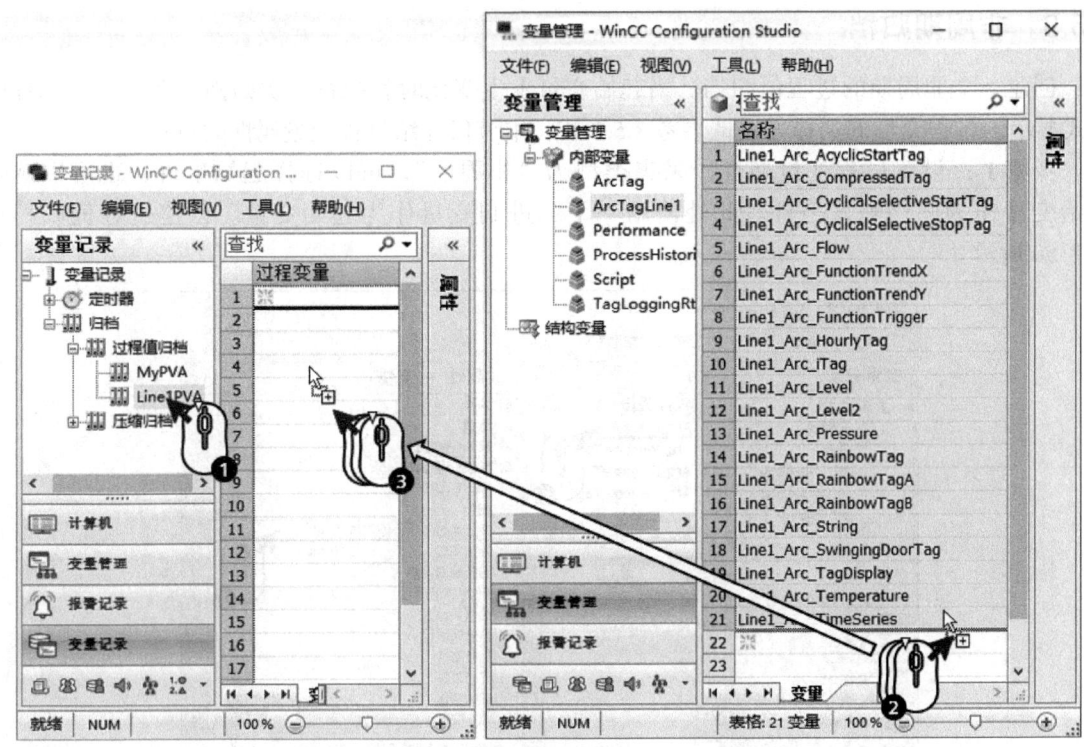

图 8-48 拖拽方式创建过程变量

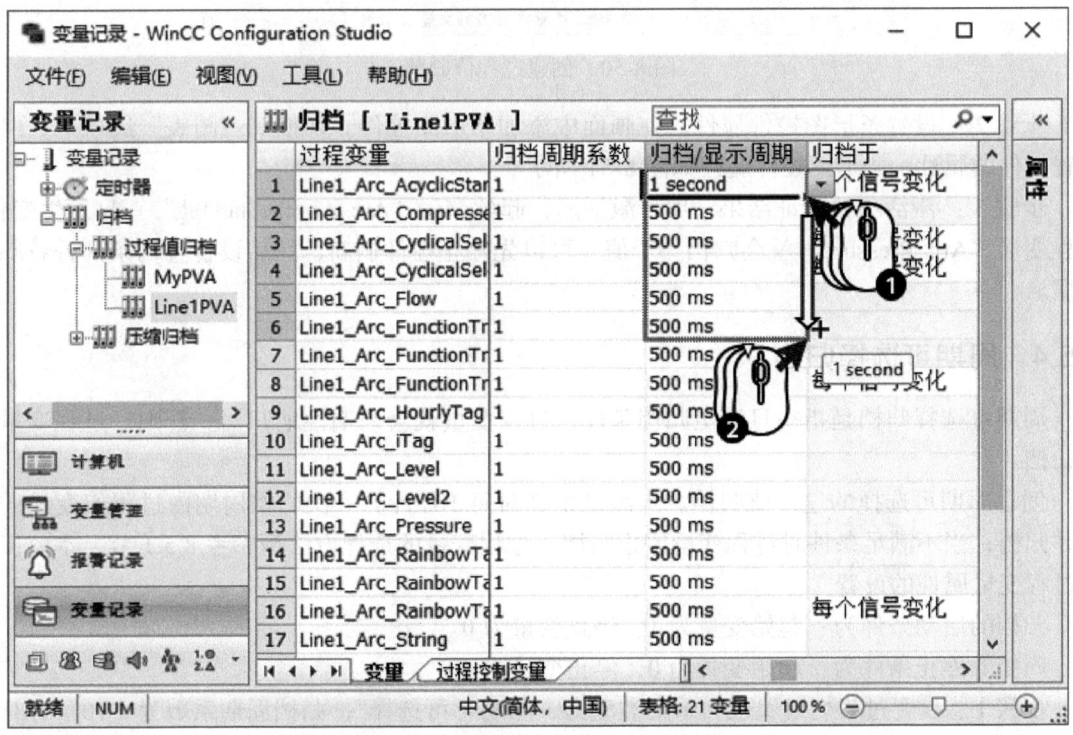

图 8-49 拖拽方式编辑过程变量属性

8.5.3 非周期归档

创建一个非周期的过程值归档。当起始变量发生变化时就执行一次归档，在画面上以棒图形式显示。过程变量的选择方法请参考 8.5.1 节，本节仅介绍过程变量属性的设置。

步骤 1：设置过程变量属性。采集类型为"非周期"，可以选择起始事件，也可以选择起始变量作为归档触发条件。此处使用一个二进制变量作为起始变量。创建过程值归档如图 8-50 所示。

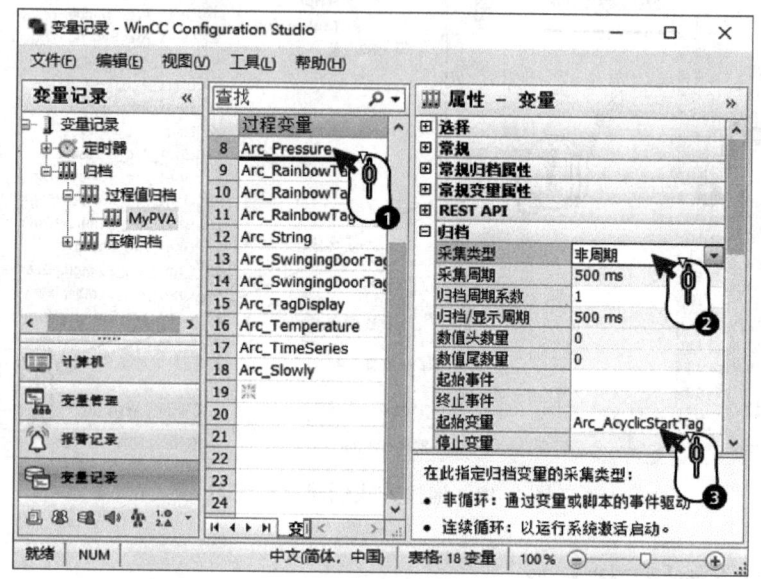

图 8-50　创建过程值归档

步骤 2：设置条形图控件属性。在画面中添加条形图控件，切换到"图表"选项卡，然后设置控件的属性。条形图控件属性如图 8-51 所示。

步骤 3：激活项目验证结果。项目激活后，起始变量"Arc_AcyclicStartTag"一旦发生变化，过程变量"Arc_Pressure"就会归档一个值。可以先停止控件刷新，然后设置查询条件查看归档数据。

8.5.4 周期可选择归档

周期可选择归档是指一旦满足归档条件，过程变量就会周期性地归档。否则，过程变量不做归档。

创建周期可选择的过程值归档。当满足条件时每 10s 计算一次归档周期内过程值变量的总和并归档；当不满足条件时过程变量停止归档。过程变量的选择方法请参考 8.5.1 节，本节仅介绍过程变量属性的设置。

归档的启动条件为：起始变量为 1，停止变量为 0。

归档的停止条件为：起始变量为 0，停止变量为 1。

步骤 1：设置过程变量属性。采集类型为"周期 - 可选择"，归档周期系数为"10"，归档/显示周期为"1 second"。分别为起始变量和停止变量组态相应的二进制变量（当然也可以选择事件归档触发条件）。正在处理的参数设置为"总和"。过程值变量属性如图 8-52 所示。

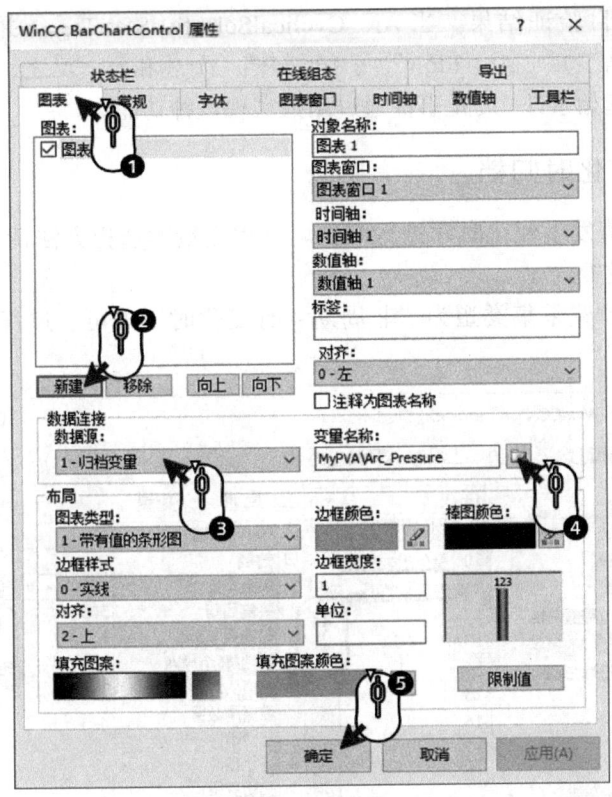

图 8-51 条形图控件属性

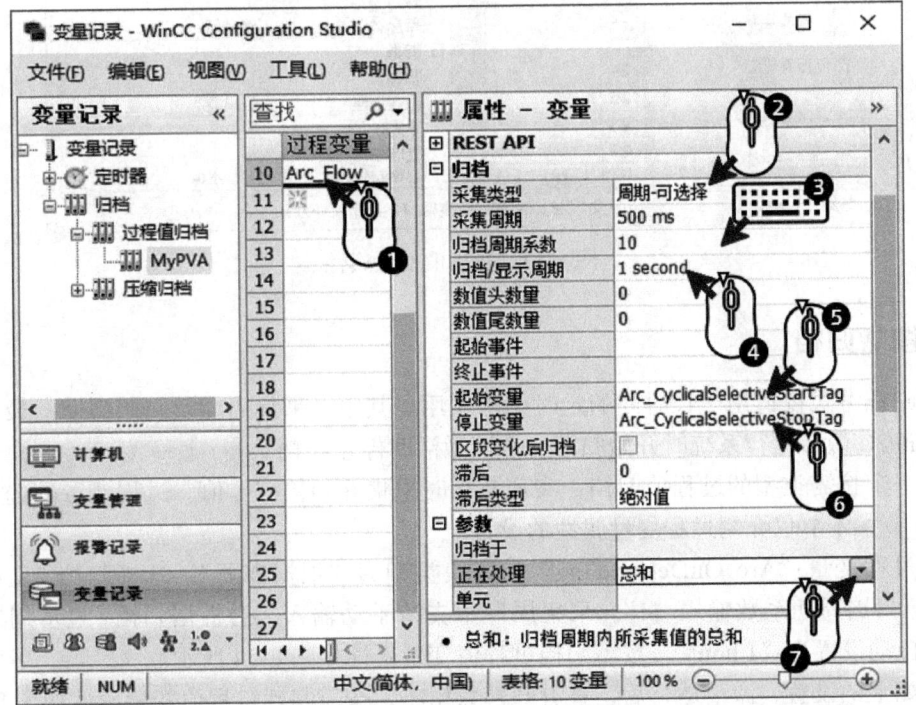

图 8-52 过程值变量属性

步骤 2：激活项目验证结果。当 Arc_CyclicalSelectiveStartTag=1 并且 Arc_CyclicalSelectiveStopTag=0 时，过程变量"Arc_Flow"每 10s 归档一个总和值。反之，归档会停止。

此处也可以使用起始事件/终止事件通过函数实现该种功能。

8.5.5　非周期有变化时归档

只有过程变量的值发生变化时才进行归档。过程变量的选择方法请参考 8.5.1 节，本节仅介绍过程变量属性的设置。

过程变量属性中设置采集类型为"非周期 – 有变化时"即可。过程值变量属性如图 8-53 所示。

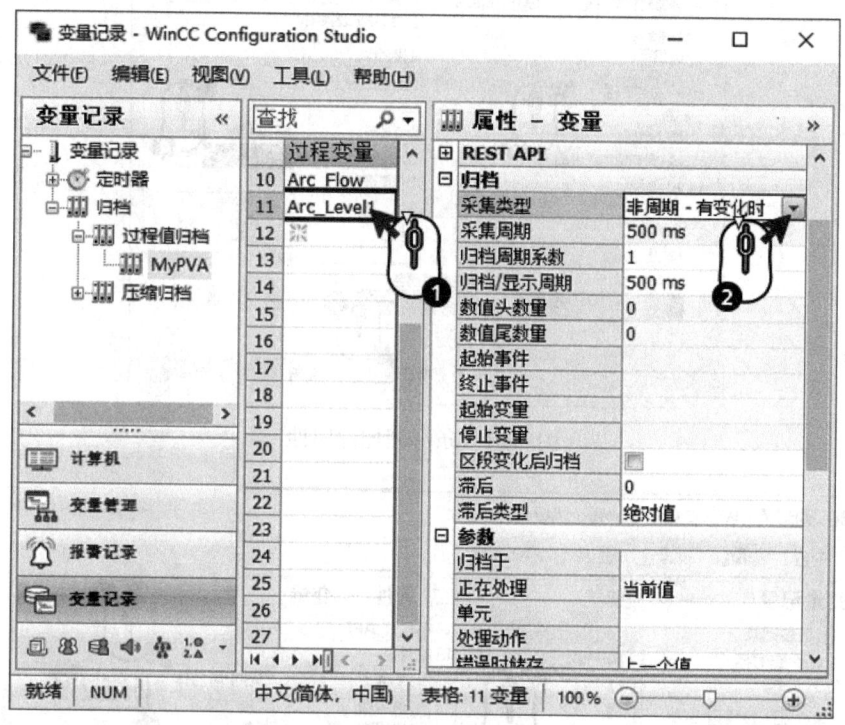

图 8-53　过程值变量属性

8.5.6　按需归档

这种归档方式仅适用于长时间的定时归档应用。其中，采集周期及归档周期的最小值皆为 1h。在 WinCC 激活运行系统时开始归档，取消激活时停止归档。

创建一个按需类型的过程值归档，实现每小时采集并归档一个值。过程变量的选择方法请参考 8.5.1 节，本节仅介绍过程变量属性的设置。

设置过程变量"Arc_OnDemandTag"的采集类型为"根据需要"，选择归档/显示周期为"1 hour"，归档周期系数输入"1"。采集周期不支持手动输入，会根据归档/显示周期自动设置，此处自动设置为"1 hour"。按需归档过程值变量属性如图 8-54 所示。

对于如上的设置，激活运行后，查看归档数据时，按需归档过程值变量属性如图 8-55 所示的效果。

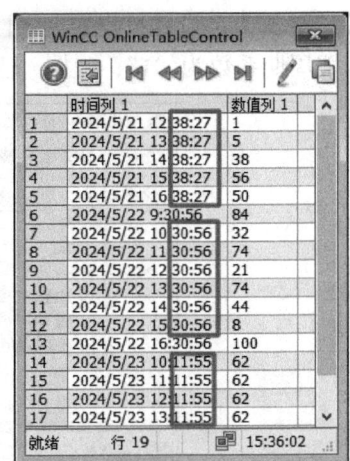

图 8-54 按需归档过程值变量属性　　　　图 8-55 按需归档过程值变量属性

每天重新激活后,开始归档的分钟及秒都会不同。5 月 21 日是在 38 分 27 秒归档,5 月 22 日是在 30 分 56 秒归档,5 月 23 日是在 11 分 55 秒归档。如果希望每次归档的分钟和秒值是固定的,那么需要在定时器中设置开始时间。定时器开始时间的设置方法请参考 8.5.7 节。

8.5.7 整点归档

创建一个过程值归档。实现每小时的 0 分 0 秒归档一个值。过程变量的选择方法请参考 8.5.1 节,本节仅介绍过程变量属性的设置。

步骤 1:组态定时器。在"周期时间"中选择"1 hour"定时器,激活"开始时间"项,并设定定时器的起始时间为 0 分 0 秒。设置定时器属性如图 8-56 所示。

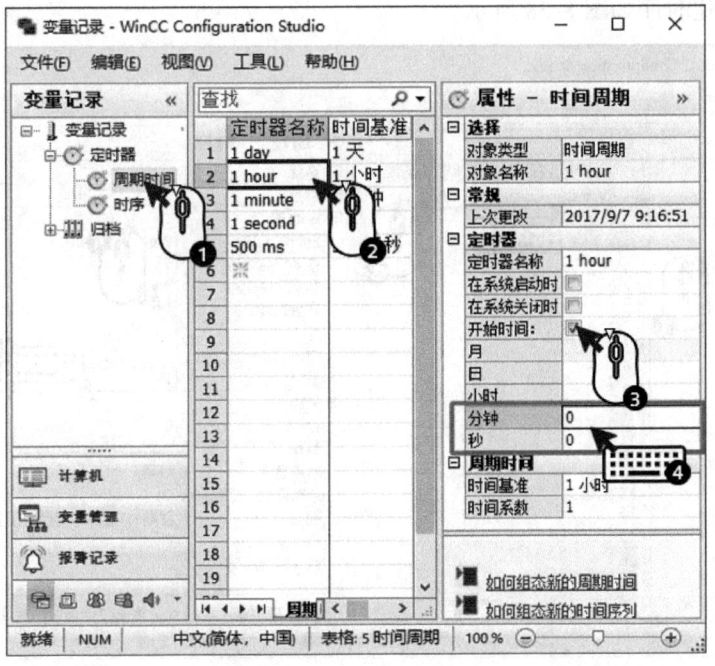

图 8-56 设置定时器属性

步骤 2：设置过程变量属性。设置过程变量"Arc_HourlyTag"的采集类型为"周期 – 连续"，归档周期系数为"1"，归档/显示周期为"1 hour"。过程值变量属性如图 8-57 所示。

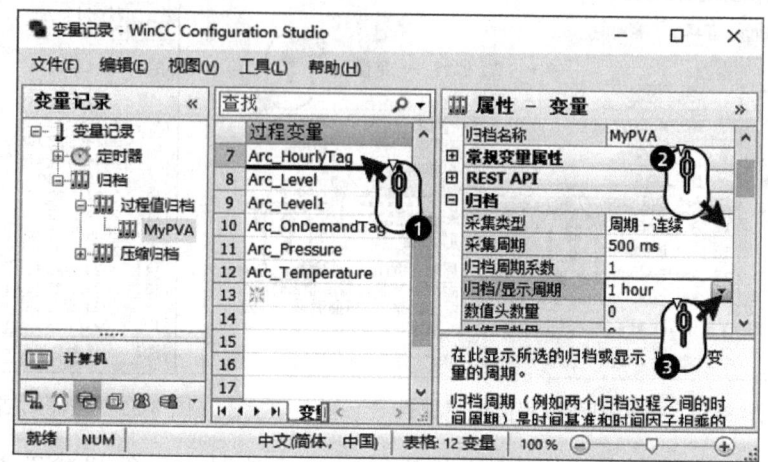

图 8-57　过程值变量属性

步骤 3：激活项目。停止控件刷新，设置查询条件，验证运行结果。

8.5.8　基于时序的归档

创建一个过程值归档，实现每周一到周五的每天的 11 点归档一次过程值的总和。过程变量的选择方法请参考 8.5.1 节，本节仅介绍过程变量属性的设置。

步骤 1：通过"变量记录 > 定时器 > 时序"创建定时器"Weekly_Calculate"。激活此定时器的"开始时间"，并设置小时为 11，分钟为 0，秒为 0。时序基准为"每周"，星期为"星期一到星期五"。创建时序如图 8-58 所示。

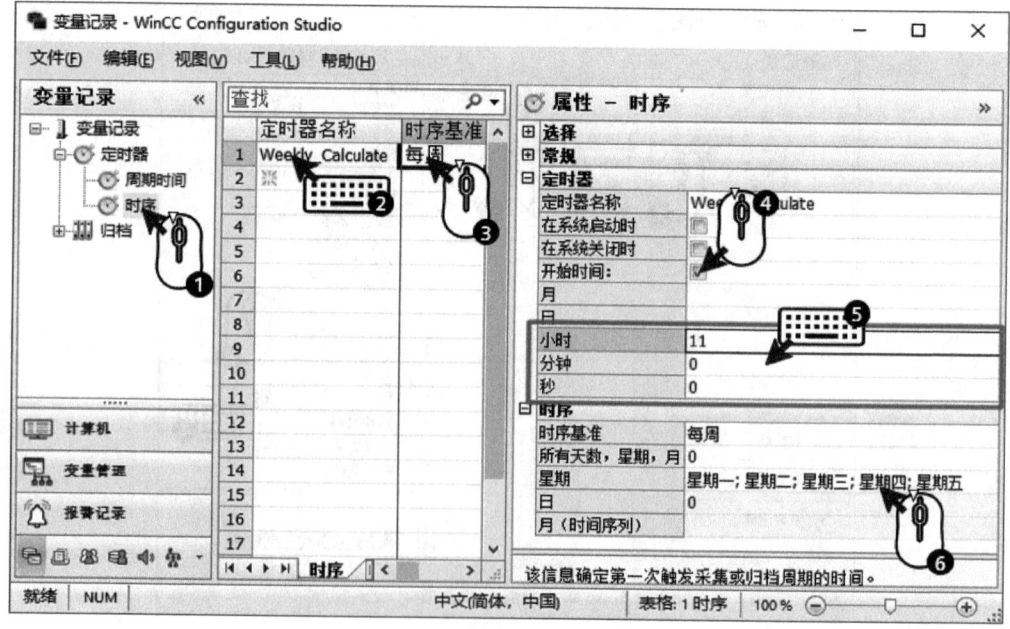

图 8-58　创建时序

步骤 2：创建过程变量。采集类型为"周期－连续"，归档/显示周期选择定时器"Weekly_Calculate"，正在处理选择"总和"。设置过程值属性如图 8-59 所示。

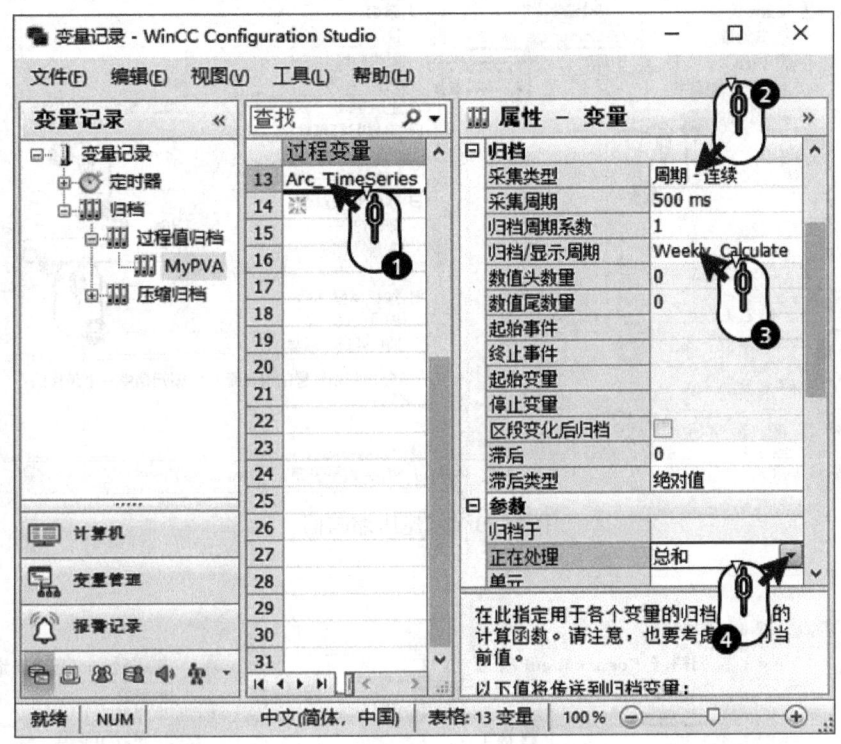

图 8-59　设置过程值属性

运行结果为每周一到周五的 11 点都会记录一条过程变量"Arc_TimeSeries"的总和数据，此处的总和为所有采集数据的总和。同样的方法，可以设置基于每日、每月和每年的时序定时器。

8.5.9　压缩归档

在过程值变量归档的基础上，创建一个压缩归档。实现每小时计算一次归档变量的平均值，该平均值为此时间段内所选归档过程值的平均值。过程变量的选择方法请参考 8.5.1 节，本节仅介绍压缩归档的设置。

步骤 1：创建压缩归档。通过"变量记录＞归档＞压缩归档"，新建归档"CompressedPVA"，并设置"CompressedPVA"属性。处理方法选择"计算"，压缩时间段设置为"1 hour"。创建压缩归档如图 8-60 所示。

步骤 2：创建压缩归档变量。选择"CompressedPVA"，单击表格区域中有可编辑图标标识的单元格，在弹出的对话框中选择过程值归档下面的过程变量，并设置压缩归档变量的属性。设置压缩归档变量属性如图 8-61 所示。

步骤 3：激活项目。验证运行结果。压缩归档的查询方法和过程值归档类似。

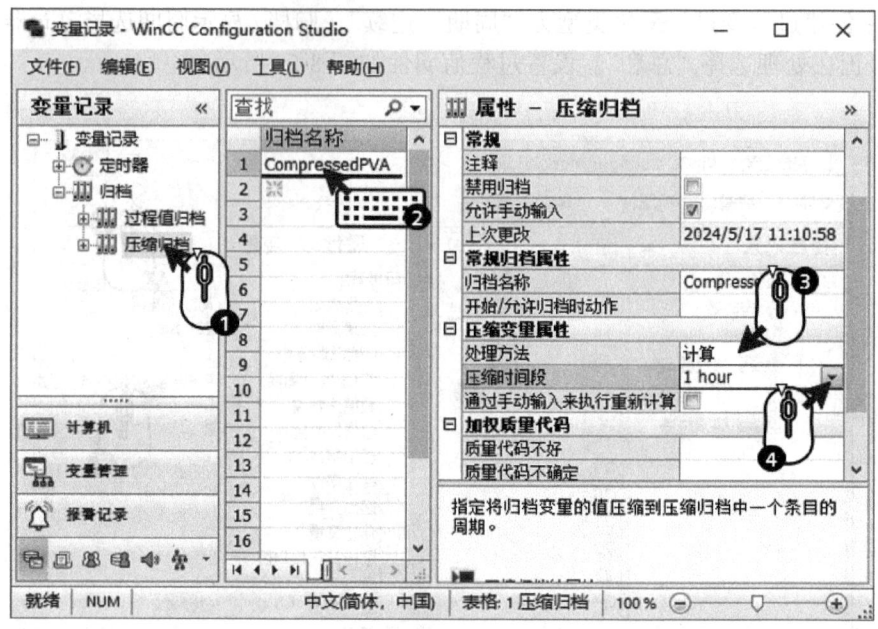

图 8-60　创建压缩归档

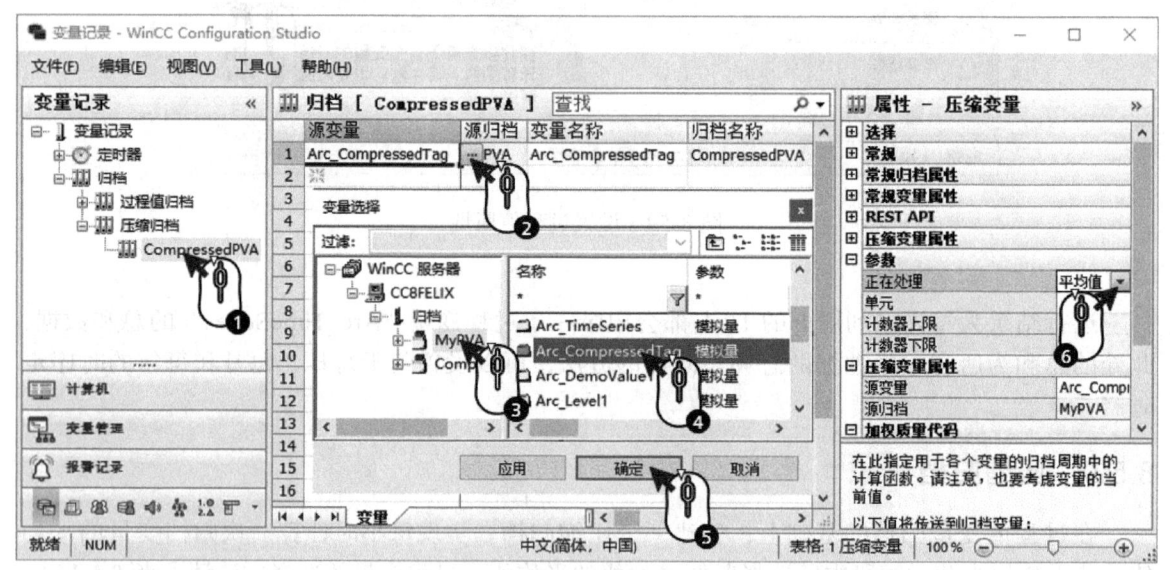

图 8-61　设置压缩归档变量属性

8.5.10　旋转门归档

旋转门算法采用优化参数分配，使用此方法保存过程值比使用周期性采集更高效。归档时并不会保存所有值，实际保存的值是根据算法优化后的相关值，未保存的值是处于计算限值中的指定时间间隔范围内的值。通过指定最小时间 Tmin 和最大时间 Tmax，用户可根据值的采样率调整归档精度。如果在指定的最小时间内测量到多个值，那么只会考虑最后一个值。值总是在最大时间过后保存。

本例中使用同一个过程变量"Arc_SwingingDoorTag"。采用两种不同的归档方法，来比较普通归档和旋转门归档的区别。过程变量的选择方法请参考 8.5.1 节，本节仅介绍旋转门归档相关的设置。

步骤 1：创建过程值归档，变量名称为"Arc_SwingingDoorTagEnable"。激活"压缩已激活"选项。设置"Tmin（毫秒）"为 10000，"Tmax（毫秒）"为 120000，"上限"为 50，"下限"为 10。创建旋转门归档如图 8-62 所示。

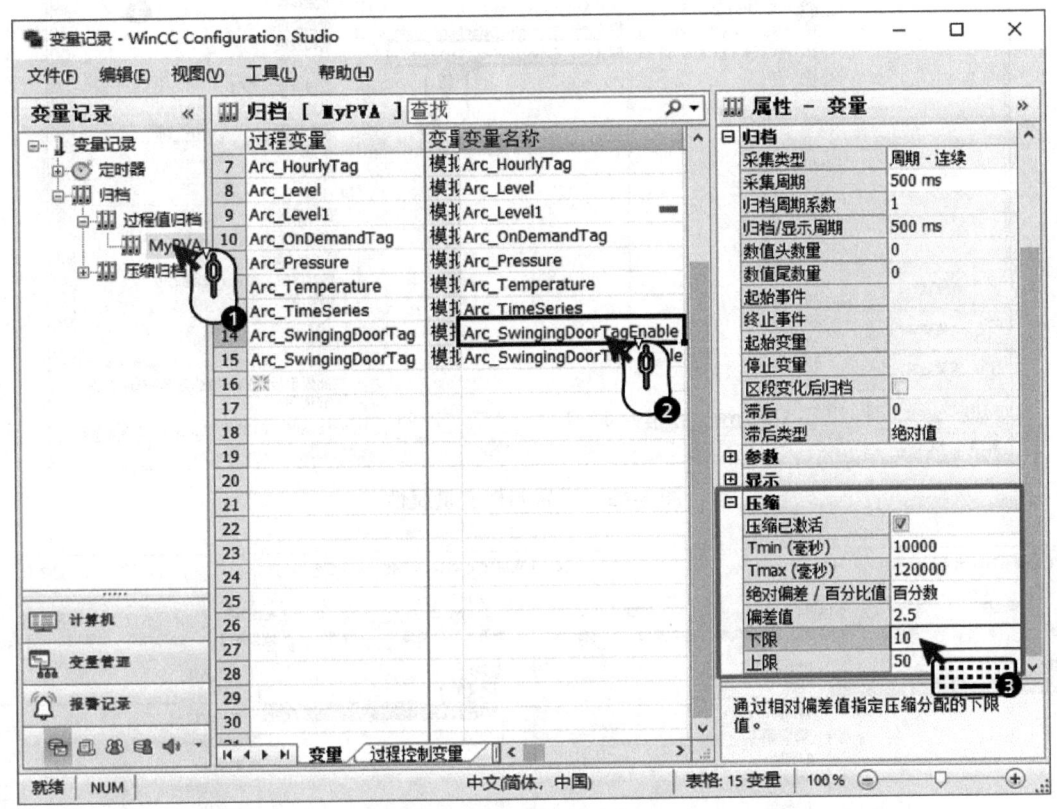

图 8-62　创建旋转门归档

各参数的主要含义如下：

1）Tmin：被忽略的时间段。从最后一次采集的值开始，在此时间段内的值既不会保存也不会用于计算值范围。

2）Tmax：两个归档值之间的最大时间段。从最后一次保存的值开始，此时间过后，将始终归档后面的值。该值用作计算当前值范围的起始值。

3）偏差值：计算值范围时允许的绝对或相对偏差值，计算的基础值是最后保存的过程值。

步骤 2：创建一个新的归档变量"Arc_SwingingDoorTagDisable"，但不激活"压缩已激活"项。该归档变量的过程变量和上一步中使用的过程变量相同。设置归档变量属性如图 8-63 所示。

步骤 3：在画面上添加趋势控件。添加两个趋势，一个用于显示普通的归档，另一个用于显示旋转门归档。新建趋势如图 8-64 所示。

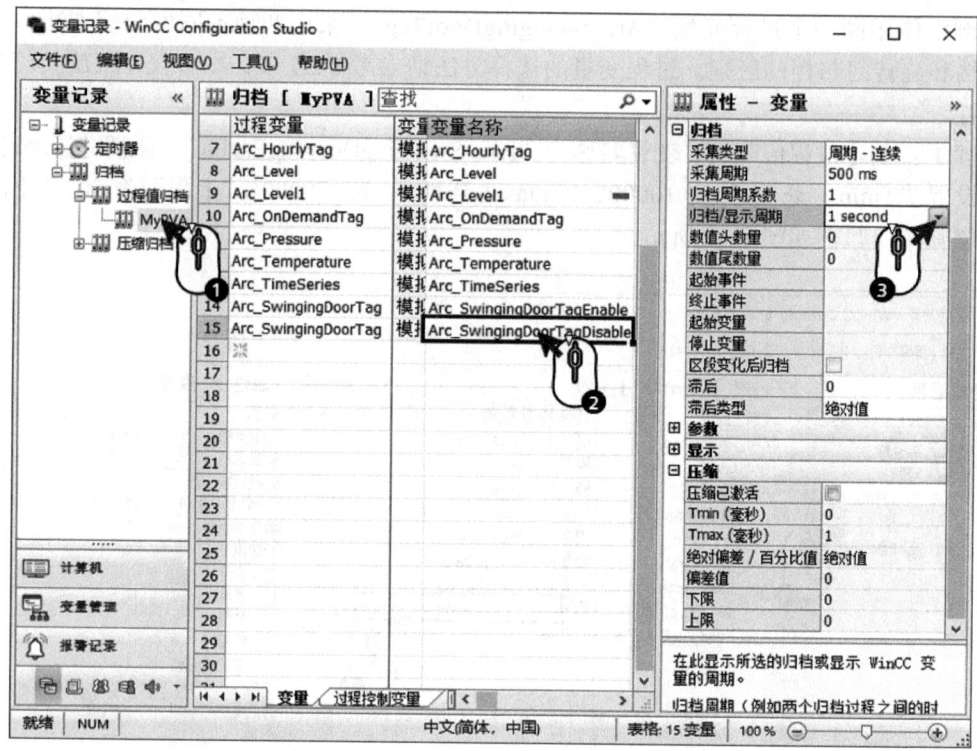

图 8-63 设置归档变量属性

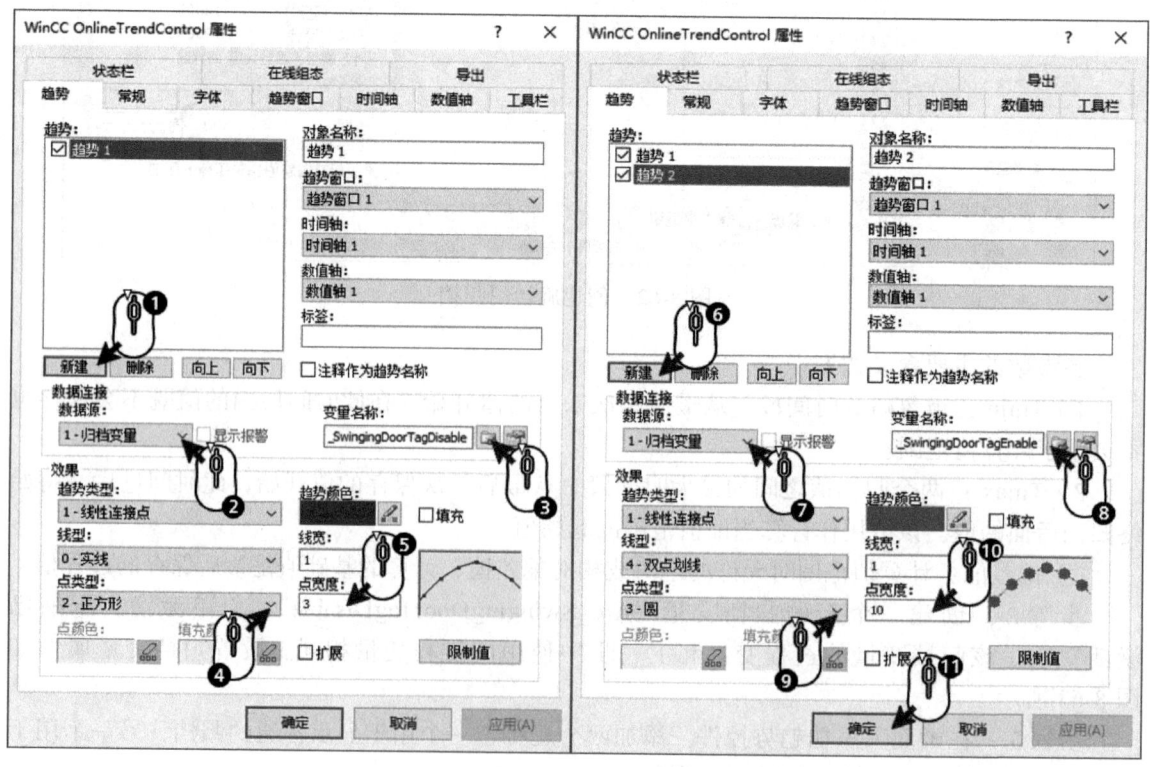

图 8-64 新建趋势

步骤 4：激活项目验证，运行结果如图 8-65 所示。其中圆点连接的趋势为旋转门归档对应的曲线，比较平滑的趋势是普通归档数据对应的曲线。

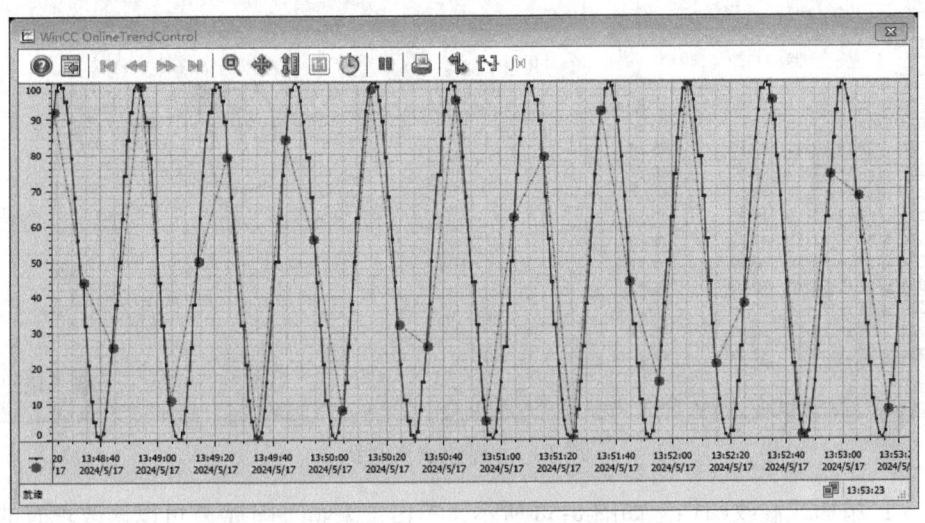

图 8-65　运行结果

8.5.11　编辑归档数据

使用 WinCC 在线表格控件可以编辑连接到项目的归档数据。详细步骤如下：

步骤 1：激活控件工具栏。打开 WinCC 在线表格控件属性对话框，切换到"工具栏"页，激活"编辑"和"创建归档值"等功能键。激活控件功能如图 8-66 所示。

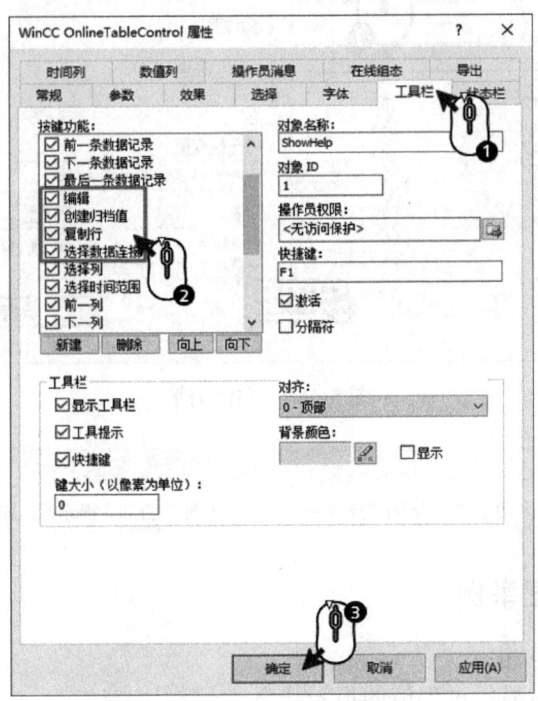

图 8-66　激活控件功能

步骤 2：项目运行后，停止表格刷新，如图 8-67 所示。

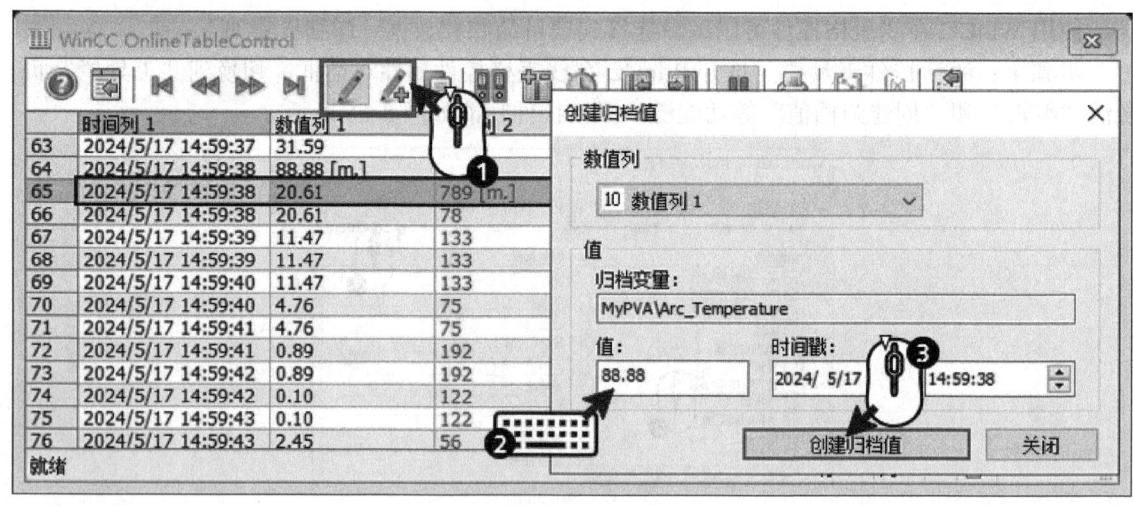

图 8-67 停止表格刷新

步骤 3：添加或修改归档。如图 8-68 所示，单击"编辑"图标 ✎ 可以修改现有的归档值，如图中数值列 2 的 789[m.]；单击"创建归档值"图标 ✎ 可以添加新的归档值，如图中数值列 1 的 88.88[m.]。被修改和编辑的变量在显示时会增加一个 [m.] 的后缀，表明该数值是手动输入的。该后缀无法取消。

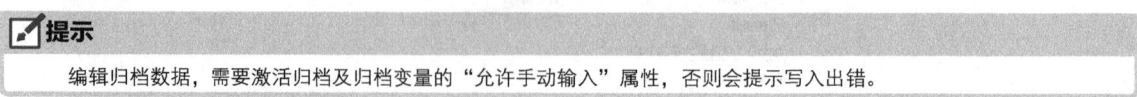

图 8-68 新建归档

> **提示**
> 编辑归档数据，需要激活归档及归档变量的"允许手动输入"属性，否则会提示写入出错。

8.5.12 输出归档数据举例

本程序主要实现以下功能：
1）在趋势曲线上实时显示过程值的报警状态。
2）使用脚本触发过程值归档。当条件满足时开始归档，条件不满足时停止归档。

3）组态类似彩虹图的显示效果。

详细步骤如下：

步骤1：组态模拟量报警。为变量"Arc_DemoValue1"组态上限和下限报警。上限为80，下限为20，消息号分别为100和200。并设置"消息文本"和"信息文本"内容。限制值报警如图8-69所示，报警文本如图8-70所示。详细的报警组态方法请参考第7章。

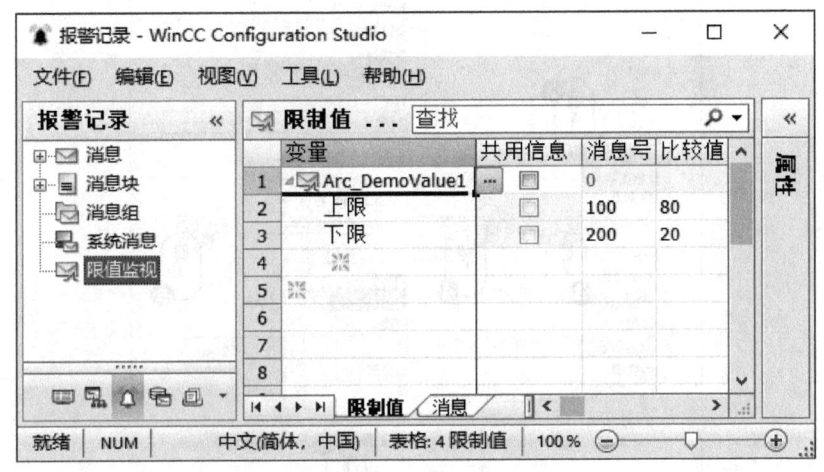

图 8-69 限制值报警

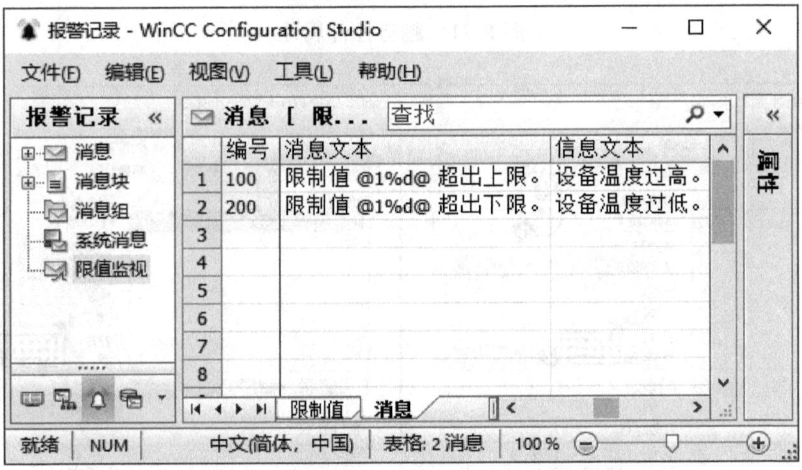

图 8-70 报警文本

步骤2：在画面上添加趋势控件。打开属性对话框，切换到"趋势"选项卡，设置数据源为"在线变量"。激活"显示报警"，选择上一步中组态报警的变量"Arc_DemoValue1"。趋势控件属性如图8-71所示。

步骤3：切换到"时间轴"选项卡。设置时间标签为"时间"，显示数据的"时间范围"为3分钟。切换到"数值轴"选项卡，设置数值标签为"温度"，其"值范围"为0~100。趋势控件时间轴和数值轴设置如图8-72所示。

步骤4：激活项目后，在趋势曲线上会显示报警点。鼠标单击相应的报警点，会弹出报警信息。运行效果如图8-73所示。

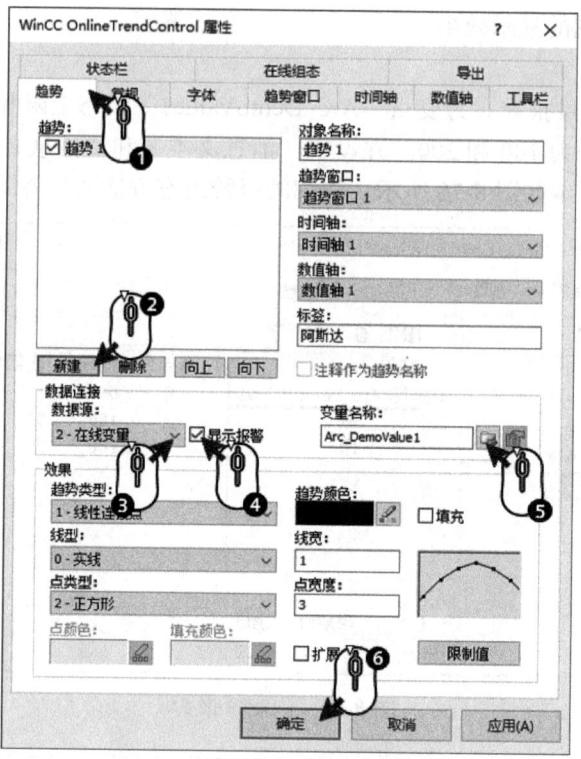

图 8-71　趋势控件属性

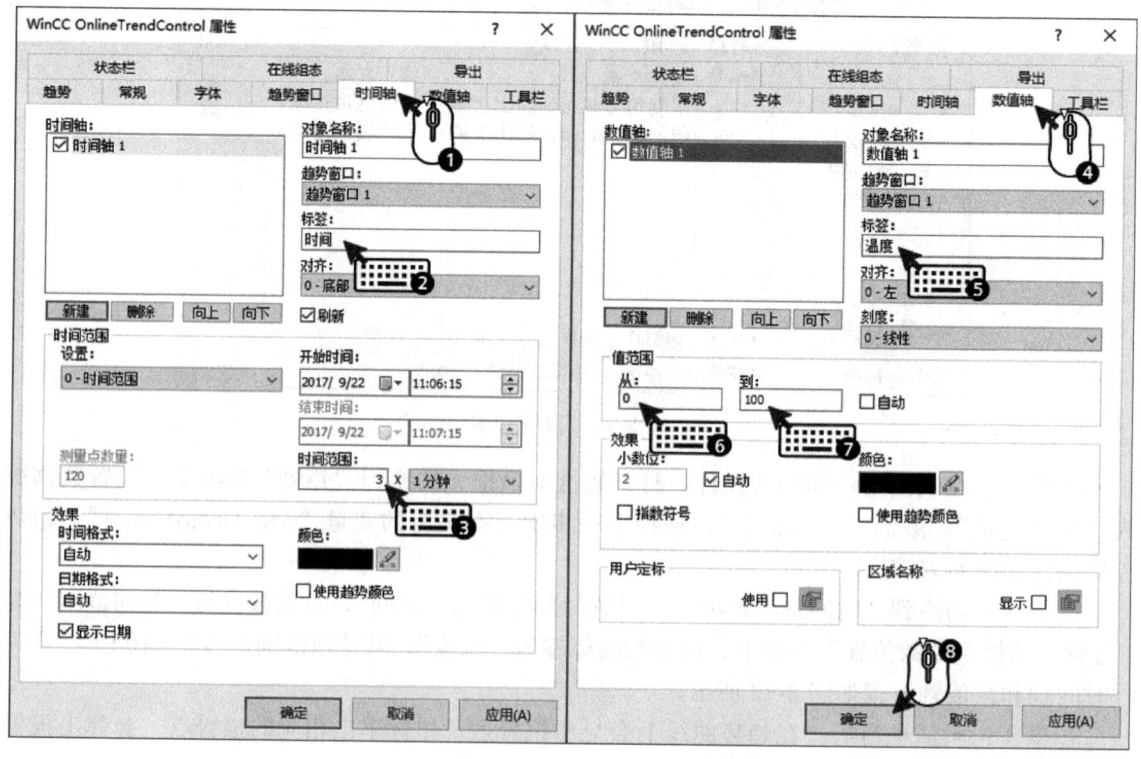

图 8-72　趋势控件时间轴和数值轴设置

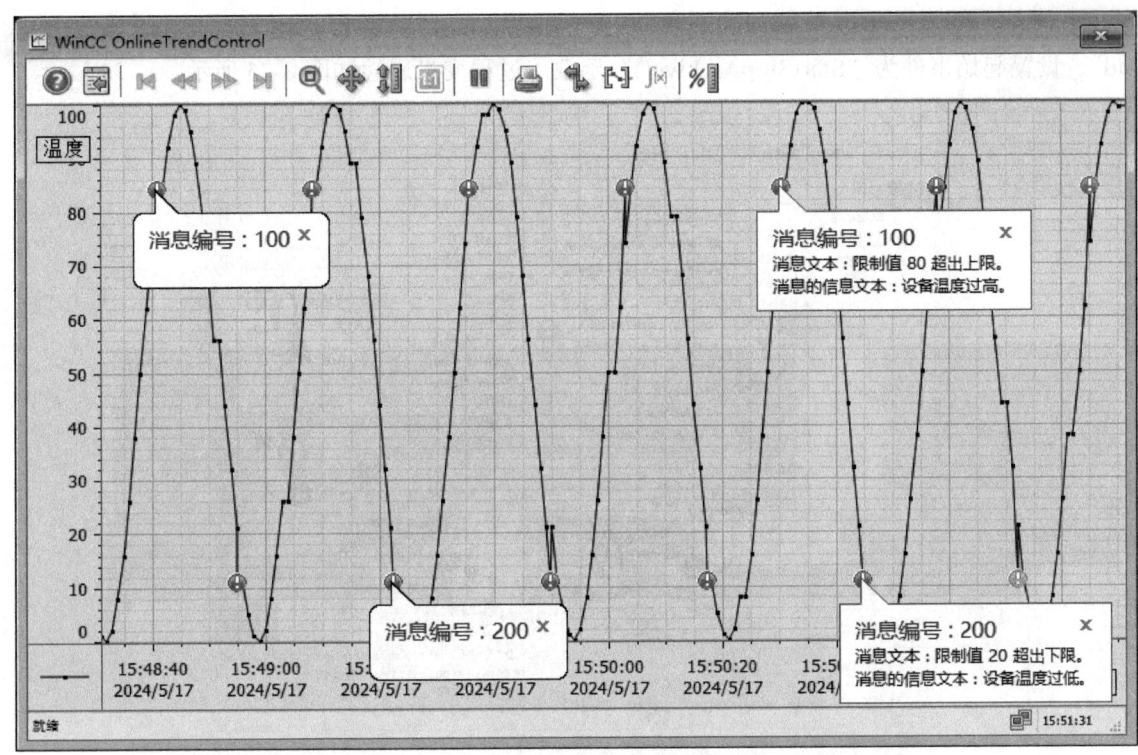

图 8-73 运行效果

接下来在现有项目的基础上,增加归档数据显示的功能。使用脚本触发过程值归档,当条件满足时开始归档,条件不满足时停止归档。

步骤 5:创建控制归档的 C 函数。打开"全局脚本 >C-Editor> 项目函数",新建 BOOL 型项目函数 StartStopArchive(),此处脚本返回二进制变量"Arc_DemoTrigger"的值。归档控制事件如图 8-74 所示。详细的脚本组态方法请参考第 14 章。

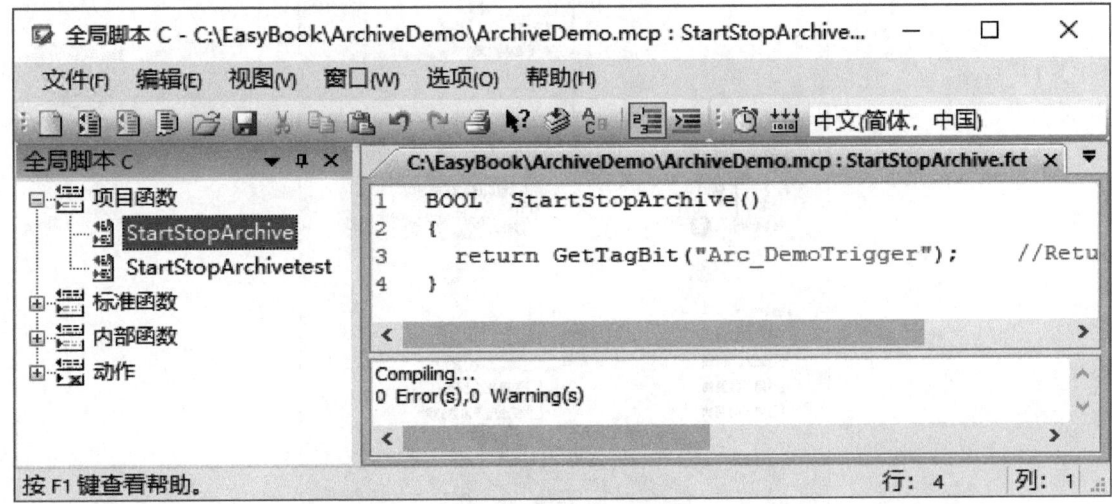

图 8-74 归档控制事件

步骤 6：设置过程变量属性。选择"Arc_DemoValue1"，设置归档/显示周期为"1 second"，设置起始事件为"StartStopArchive()"函数。过程变量属性如图 8-75 所示。

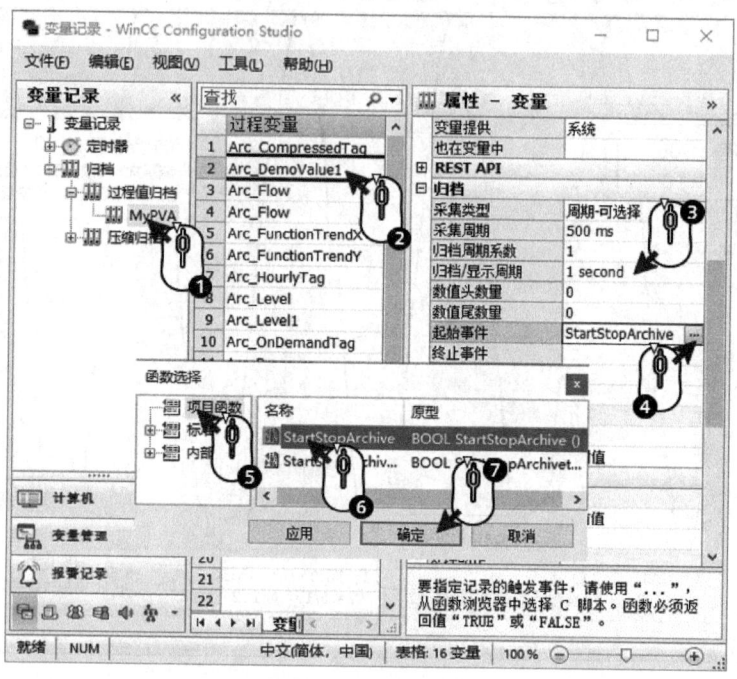

图 8-75　过程变量属性

步骤 7：设置趋势控件属性。切换到"趋势窗口"页，新建"趋势窗口 2"，如图 8-76 所示。

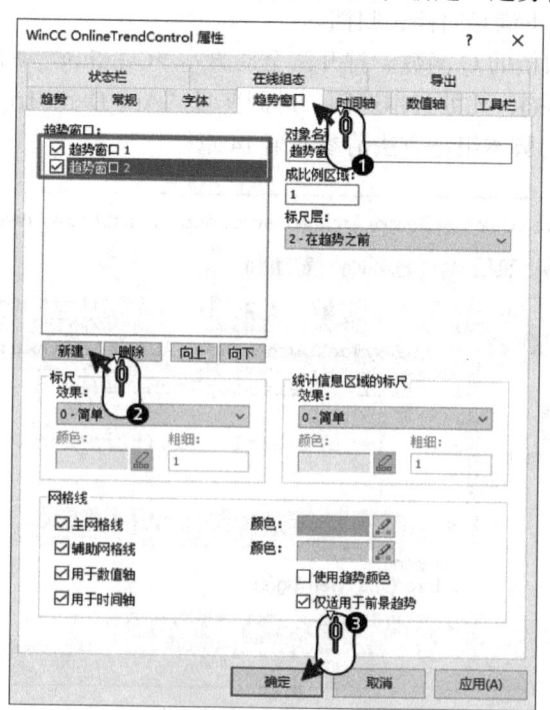

图 8-76　趋势窗口

步骤 8：在趋势控件上分别添加"时间轴 2"和"数值轴 2"，并设置相应的参数。添加"时间轴"和"数值轴"如图 8-77 所示。

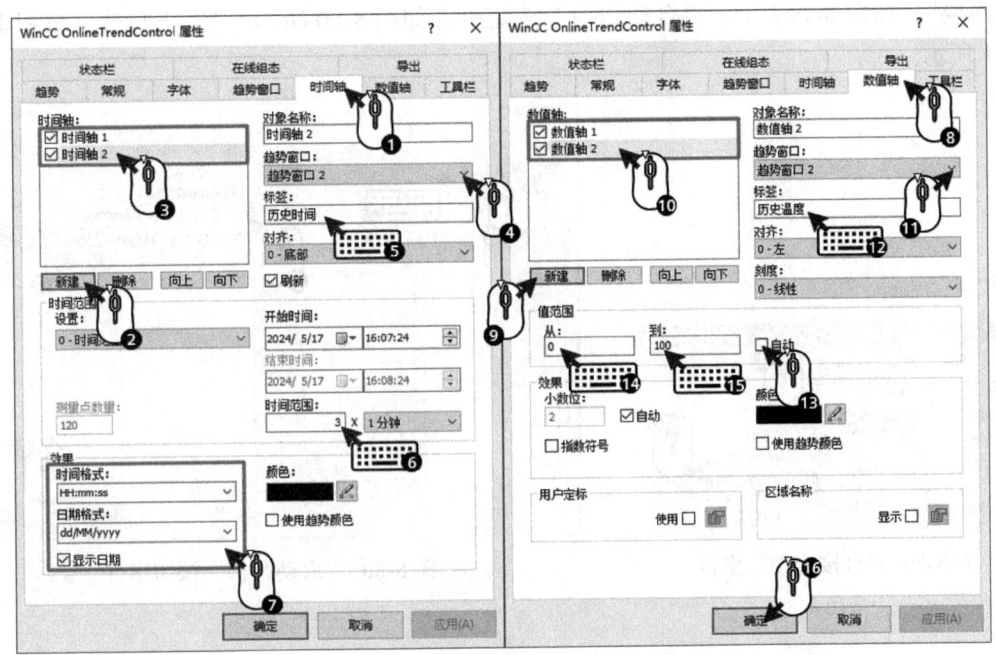

图 8-77　添加"时间轴"和"数值轴"

步骤 9：切换到"趋势"选项卡。在趋势控件上添加新的趋势"趋势 2"，数据源选择"归档变量"，并设置详细的参数。新添加趋势如图 8-78 所示。

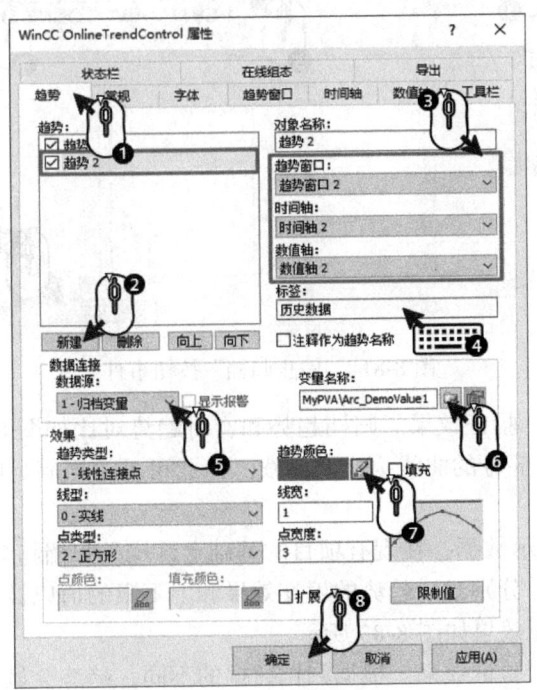

图 8-78　新添加趋势

步骤10：画面上创建"启动归档"和"停止归档"两个按钮分别控制归档的启动和停止。打开按钮属性对话框，鼠标右击"事件 > 鼠标 > 单击鼠标"，在弹出的快捷菜单中选择"直接连接"，如图8-79所示。"启动归档"按钮事件如图8-80所示，"停止归档"按钮事件如图8-81所示。

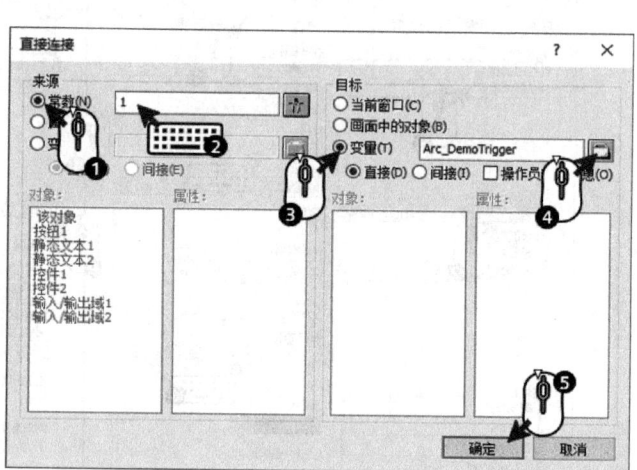

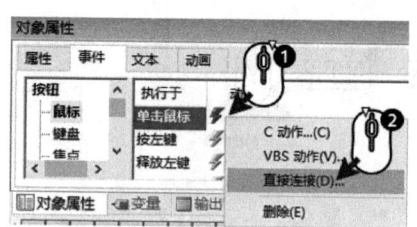

图8-79 "直接连接"事件　　　　　　图8-80 "启动归档"按钮事件

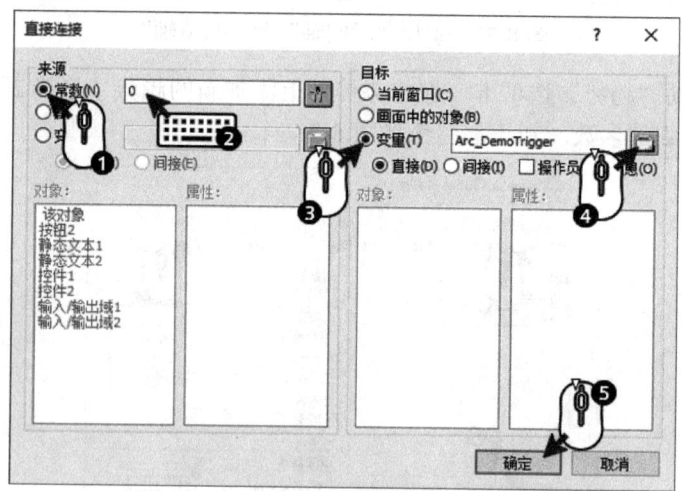

图8-81 "停止归档"按钮事件

步骤11：激活项目，验证效果。归档趋势和实时趋势对比如图8-82所示。图像上半部分的曲线为归档曲线，下半部分的曲线为实时曲线。由此可见，当满足归档条件时，才进行过程值的归档。

为了更好地区分和显示数据，在现有项目的基础上，定义归档趋势的填充颜色。

步骤12：选择趋势，分别激活趋势的填充效果和上下限的值以及填充颜色。此处以"趋势2"为例，激活趋势的填充效果如图8-83所示。

步骤13：激活项目，验证效果。根据归档数据的不同，趋势会显示不同的颜色效果。趋势填充效果如图8-84所示。

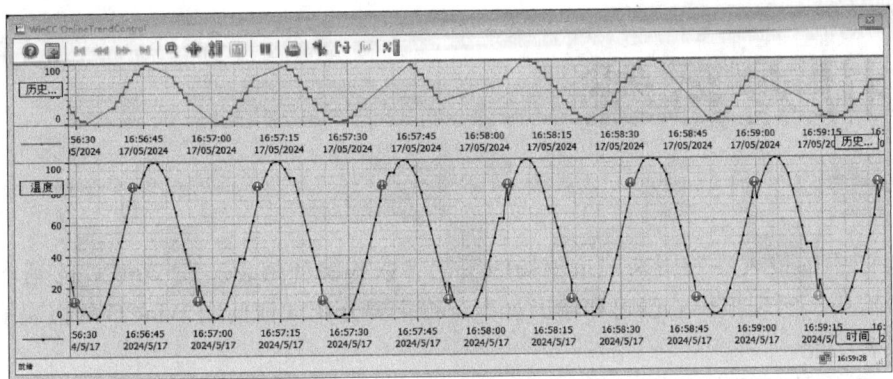

图 8-82　归档趋势和实时趋势对比

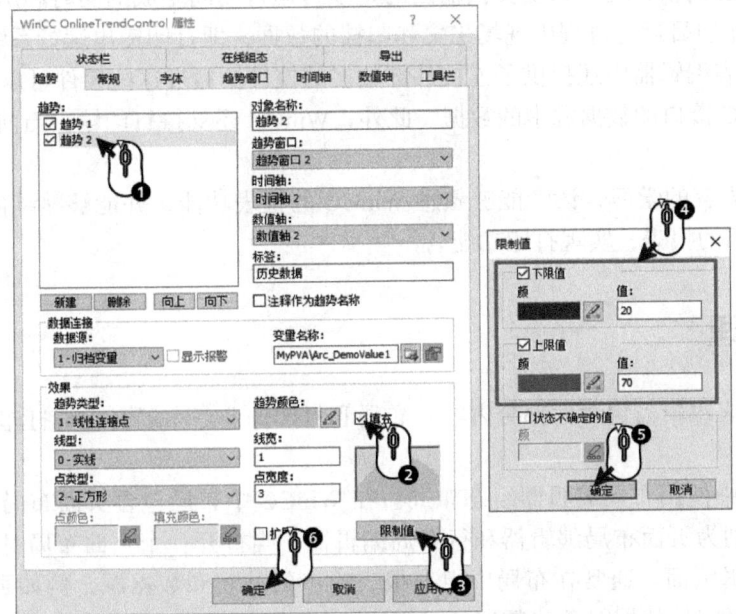

图 8-83　激活趋势的填充效果

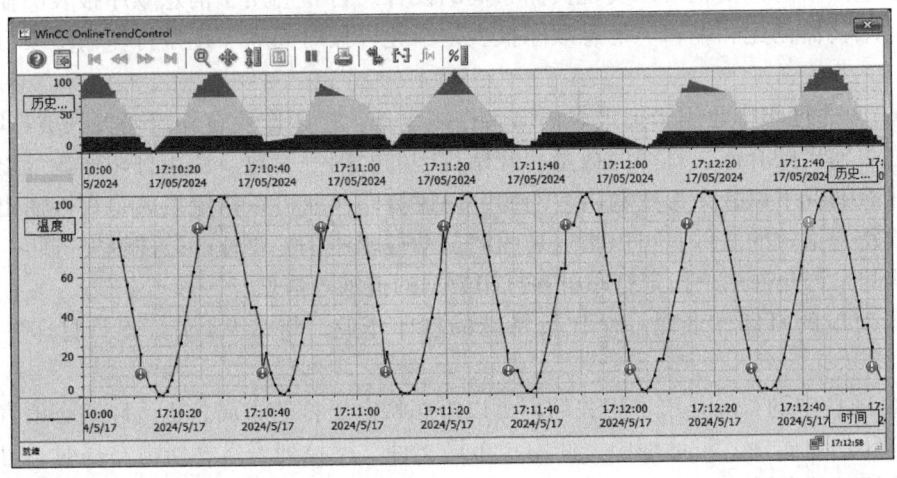

图 8-84　趋势填充效果

第9章 报表系统

工业生产中的报表一般用来记录现场的工艺参数和统计信息。在 WinCC 的基本包中提供了报表编辑器用于实现报表的创建和输出。本章将主要介绍如何使用 WinCC 的报表编辑器实现项目中的报表功能。

WinCC 中支持输出的报表包括：项目文档和运行系统文档。其中，项目文档输出的是 WinCC 项目的组态数据，运行系统文档输出的是项目运行期间生成的实时和历史数据。通常的报表需求多为打印项目运行过程中现场采集和归档的数据，即打印输出运行系统文档。

WinCC 的报表编辑器中还提供了连接外部数据的控件。通过这些控件可以打印外部的 CSV 文件和具有 ODBC 接口的数据源中的数据。此外，WinCC 还支持打印输出当前运行项目的页面等功能。

通过对本章内容的学习，读者能够熟悉 WinCC 的报表功能，并能够熟练使用 WinCC 的报表编辑器组态常用的报表，实现打印功能。

9.1 实现原理

WinCC 的报表编辑器包含两部分内容：布局和打印作业。布局必须与打印作业关联后才能最终输出成报表。

WinCC 项目中使用布局编辑器组态布局。在 WinCC 中布局包含页面布局和行布局。它们对应的编辑器分别为页面布局编辑器和行布局编辑器。当打开一个页面布局时，就打开了页面布局编辑器的编辑页面。通常在布局中组态报表输出的外观和数据源，例如页面的纸张大小、页眉页脚、需要打印的数据对象和数据的呈现形式等。组态页面布局时有很多的对象和控件可供选择。通过简单的拖拽就可以实现页面布局的设计。行布局用于消息顺序报表的输出，需要使用行布局编辑器创建和编辑。消息顺序报表是指允许按时间顺序逐条打印输出项目中产生的消息。

WinCC 中的打印作业用于把报表输出到打印设备。打印作业首先需要关联被打印的布局，其次组态报表输出的介质、打印的数量和开始打印的时间等参数。使用打印作业可以灵活地决定报表在什么情况下以什么形式输出。例如：通过打印作业可以指定报表是直接输出到打印机还是输出成特定格式的文件；可以指定是周期自动打印还是需要外部条件触发打印；还可以指定在打印期间是否允许用户指定打印机和打印数据的范围等信息。

行布局对应的打印作业是一个比较特殊的打印作业，将在 9.4 节 "逐行打印" 部分予以介绍。

WinCC 项目中的布局是语言相关的，可以组态特定语言的布局，也可以组态语言无关的布局。在 "打印作业属性" 对话框中，使用 "布局文件" 下拉列表选择所需布局时，可以看到会有不同符号标识的布局。页面布局标识和语言的关系见表 9-1。

表 9-1 页面布局标识和语言的关系

页面布局标识	布局和语言的关系
	布局与语言相关 布局文件支持所有运行系统语言，不存在语言无关的布局文件
	布局与语言相关 布局文件不支持所有运行系统语言，但可以使用该布局 如果切换到某运行系统语言，但没有该语言形式的布局文件，将使用英语布局文件
	布局与语言无关 在运行系统中，始终打印与语言无关的布局，无论是否还存在特定语言的布局文件 例如：系统中存在三个布局，分别是 a.rpl、a_CHS.rpl 和 a_ENU.rpl。当执行打印作业时将会首选打印 a.rpl。如果没有 a.rpl，才会根据运行系统语言打印相关的布局。中文情况下打印 a_CHS.rpl，英文情况下打印 a_ENU.rpl

通过"WinCC 项目管理器 > 报表编辑器 > 布局"，选择相应的语言就可以看到该语言中的报表布局，如图 9-1 所示。此处文件名中的"_CHS"代表报表的语言为中文简体。

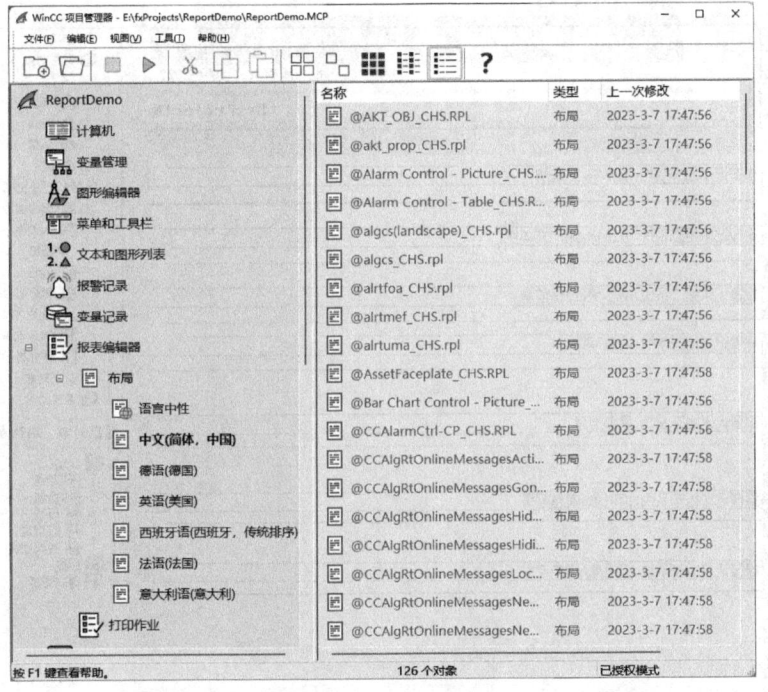

图 9-1 报表布局

WinCC 项目中提供了很多预定义的布局和打印作业，即系统布局和系统打印作业。它们在项目中的名称以 @ 开头作为标识，如图 9-1 所示。这些系统对象均已经与特定的 WinCC 应用相关联。在不了解其详细功能的情况下不建议编辑这些对象，也不建议删除。同时，也不要使用 @ 符号命名自定义的布局和打印作业。

在 WinCC 中实现自定义的报表功能，通常建议通过新建布局和新建打印作业的方式实现。主要步骤如下：

步骤 1：新创建一个布局。组态要打印的内容和显示形式。
步骤 2：新创建一个打印作业。关联要打印的布局并设置打印输出的方式。

步骤 3：定义打印作业的触发条件，周期执行还是事件触发。如需手动输出报表，则需要调用打印函数触发相应的打印作业。

9.2 页面布局

页面布局编辑器作为报表编辑器的组件，用于创建和动态化报表输出的页面布局。它提供了许多用于创建页面布局的对象和工具。页面布局编辑器具有工作区、工具栏、菜单栏、状态栏和各种不同的选项板，"报表编辑器布局"默认窗口如图 9-2 所示。可以类比图形编辑器来理解页面布局编辑器各项工作区的功能。打开页面布局编辑器后，将出现默认设置的工作环境，也可根据个人喜好排列选项板和工具栏或隐藏它们。

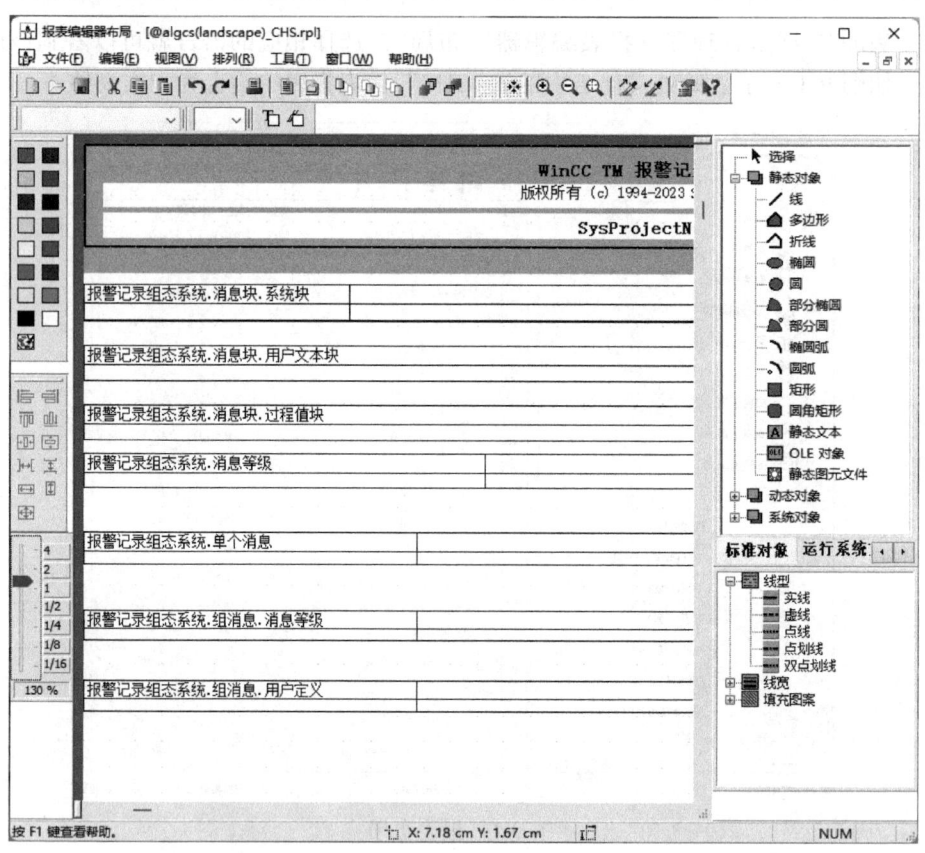

图 9-2 "报表编辑器布局"默认窗口

每个页面布局由三个页面组成：封面、报表内容和封底。封面和封底的创建和输出都是可选的。在默认状态下，将输出封面，而不输出封底。可在页面的属性中设置是否输出封面或者封底，布局的"其它"属性如图 9-3 所示。

页面布局在几何上分割为多个不同的区域，页面布局区域划分如图 9-4 所示。对于布局中要打印内容

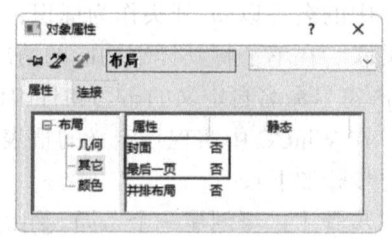

图 9-3 布局的"其它"属性

的组态，通常的操作是：首先组态页眉、页脚和可打印区域的页边距。然后对用于报表数据输出的其余可打印区域进行组态，这些区域称为"页面主体"。页面主体中组态的内容为报表打印的主要内容。页面范围对应于布局的整个区域，可通过属性页面为该区域定义打印页边距、纸张大小等。"布局"的"几何"属性如图 9-5 所示。

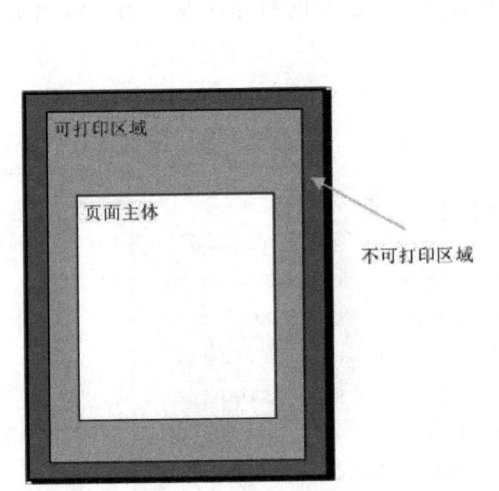

图 9-4 页面布局区域划分

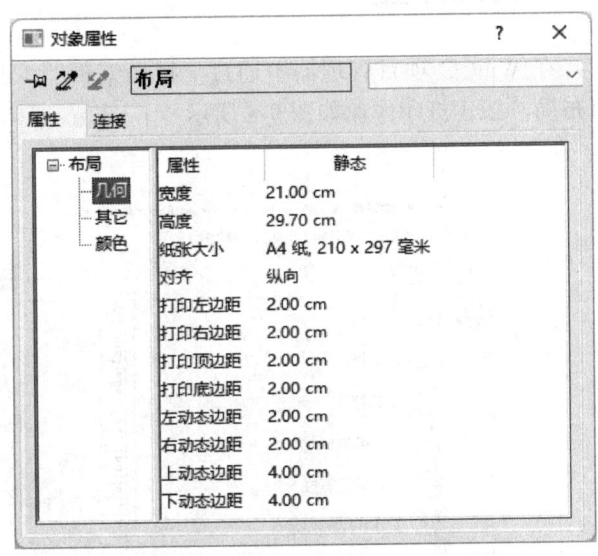

图 9-5 "布局"的"几何"属性

页面布局包括静态部分和动态部分，可以通过菜单栏"视图 > 静态部分 / 动态部分"进行切换。"静态部分"和"动态部分"切换如图 9-6 所示。静态部分包括布局的页眉和页脚，通常用于输出公司名称、公司标志、项目名称、布局名称、页码、时间等信息。动态部分包括输出组态信息和运行系统数据的动态对象。静态对象、系统对象和动态对象中的变量可插入静态部分，静态对象和动态对象均可插入动态部分，但是具有固定位置的对象必须插入布局的静态部分。在报表编辑器的"对象"选项卡中列出了系统中可用的"静态对象""动态对象"和"系统对象"。对象选项卡如图 9-7 所示。

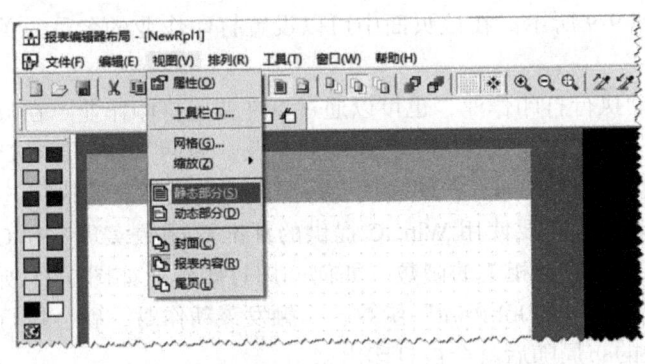

图 9-6 "静态部分"和"动态部分"切换

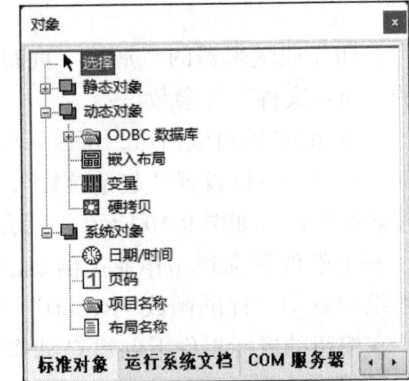

图 9-7 对象选项卡

动态对象插入页面布局的动态部分。使用动态对象，可设置来自不同数据源的数据。插入页面布局动态部分中的对象可动态扩展（例如：运行系统文档中的 WinCC 在线表格控件会根据显示数据量的多少自动扩展控件的大小），动态对象中的变量既可以用在动态部分，也可以用在静态部分。

9.3 打印作业

在 WinCC 项目管理器中通过"报表编辑器 > 打印作业"创建新的打印作业，用于输出页面布局。新建打印作业如图 9-8 所示。

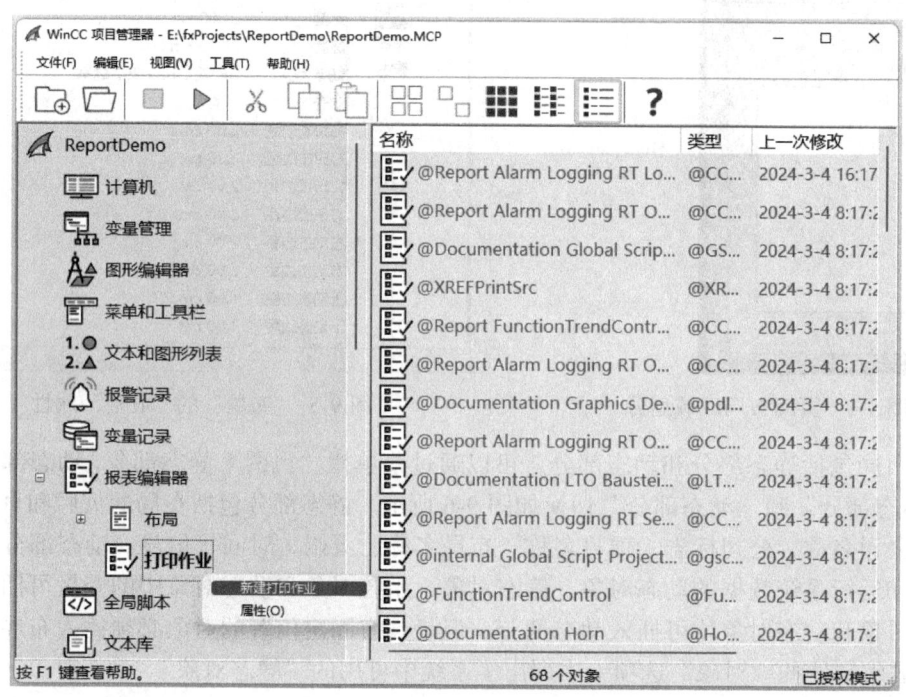

图 9-8　新建打印作业

打印作业编辑器的"常规"页面如图 9-9 所示。在该页面中可以设置打印作业的名称、关联的"布局文件"等参数。

当 WinCC 项目激活后，可以后台自动执行打印作业，也可以通过事件调用打印作业。在打印机的属性中可以设置"起始参数"，包括打印作业执行的"开始时间"及"周期"等参数。打印作业参数设置如图 9-10 所示。如果设置了周期，那么打印作业会按照设定的周期自动执行。

基于事件触发打印作业（例如鼠标动作）需要使用 WinCC 提供的标准 C 函数实现。在 C 脚本编辑器中"标准函数 >Report"下就可以找到相关的函数。如何调用打印作业如图 9-11 所示，在按钮的鼠标事件下创建 C 动作，调用"RPTJobPrint"函数。当触发该动作时，就会执行"打印作业 001"。"打印作业 001"中关联的布局随后就会被打印出来。

在"打印作业属性"的"打印机设置"选项卡中可以配置打印机和输出文件的路径。报表可以直接输出到计算机的默认打印机，也能够同时保存成 emf 和 PDF 的文件，还支持在"托盘"中定义输出文件的名称。打印机设置如图 9-12 所示。

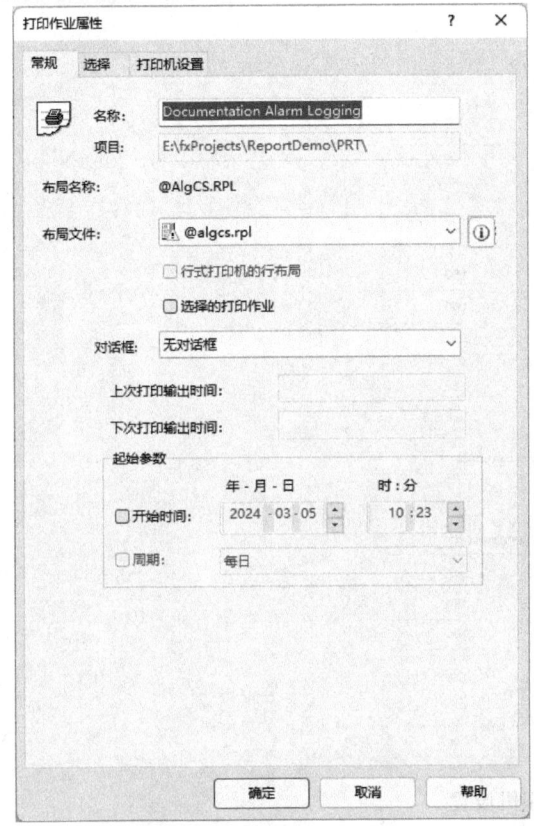

图 9-9 打印作业编辑器的"常规"页面

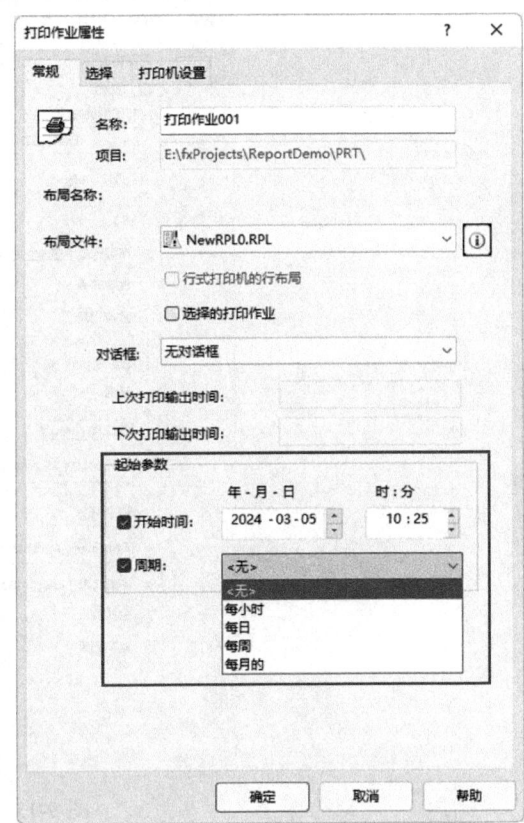

图 9-10 打印作业参数设置

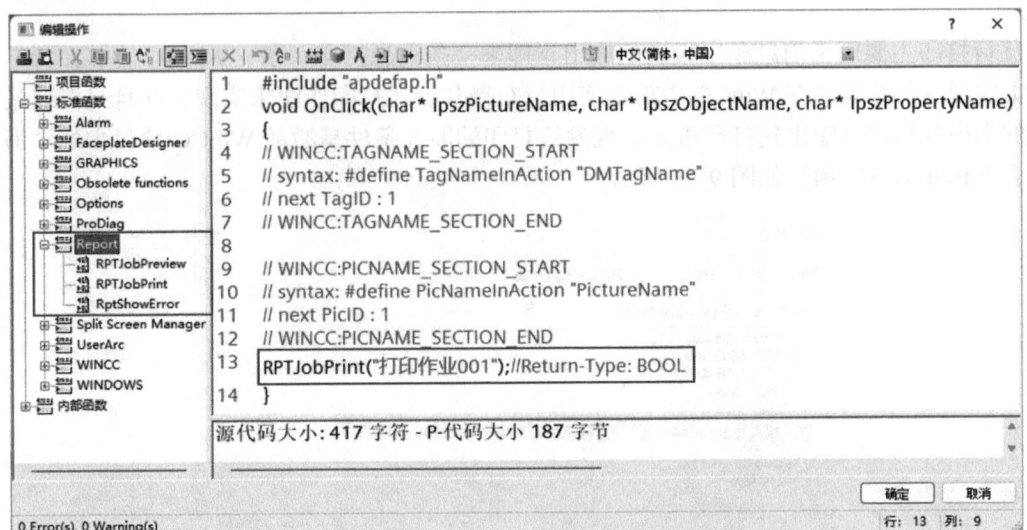

图 9-11 如何调用打印作业

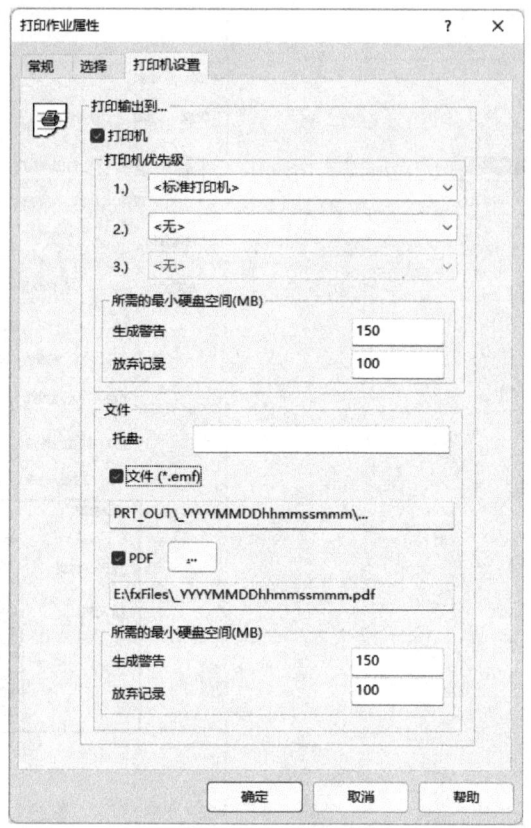

图 9-12　打印机设置

9.4　逐行打印

逐行打印主要用于消息顺序报表的输出，即来一条消息打印一条。WinCC 能够在特定的打印机上实现逐行打印。在 WinCC 中需要使用行布局和行式打印作业来实现，并且只能通过计算机上的本地并行接口输出到打印机。实现逐行打印的前提条件是激活 WinCC 项目中的"消息顺序报表 /SEQPROT"项，如图 9-13 所示。

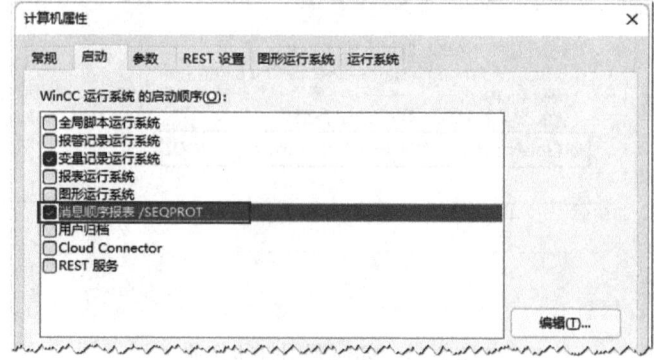

图 9-13　消息顺序报表 /SEQPROT

在 WinCC 中通过行布局编辑器创建行布局并使之动态化，以用于消息顺序报表的输出。每个行布局包含一个连接到 WinCC 消息系统的动态表。该动态表中可以设置过滤条件，来选择需要打印的消息内容。其他的对象不能添加到行布局中。在 WinCC 报表编辑器空白处右键单击，在弹出的菜单中选择"打开行布局编辑器"，如图 9-14 所示。

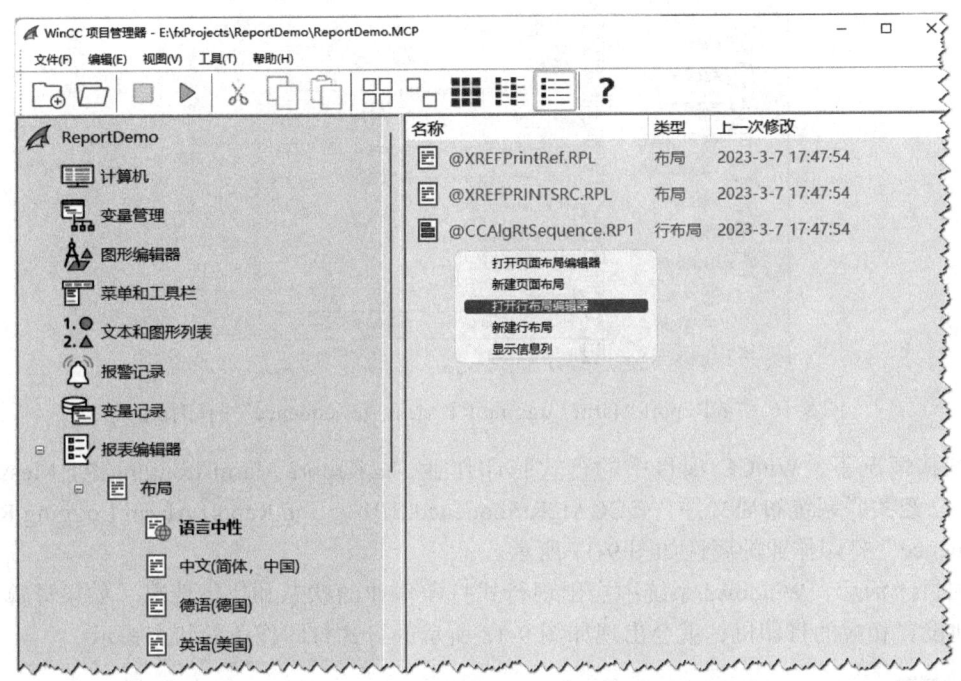

图 9-14 选择"打开行布局编辑器"

行布局也包括静态部分和动态部分。其中，静态部分包括页眉和页脚，以纯文本的形式输出公司名称、项目名称和布局名称等；动态部分包括用于输出报警记录消息的动态表。首次打开时，"行布局编辑器"默认设置如图 9-15 所示。

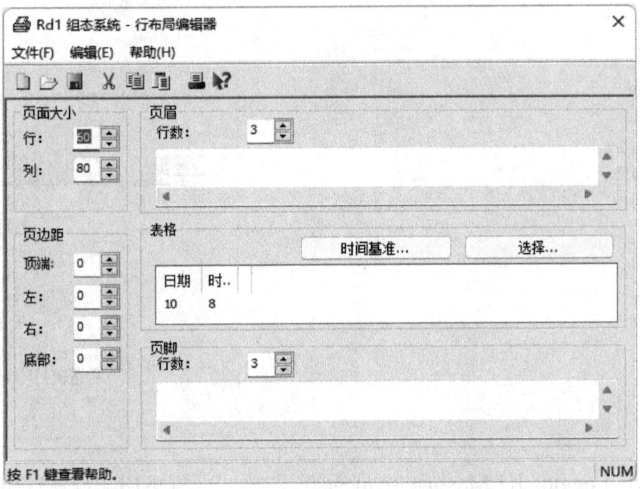

图 9-15 "行布局编辑器"默认设置

WinCC 为输出行布局提供了特殊的"@Report Alarm Logging RT Message sequence"打印作业，如图 9-16 所示。行布局只能使用该打印作业输出，并且不能为行布局创建新的打印作业。

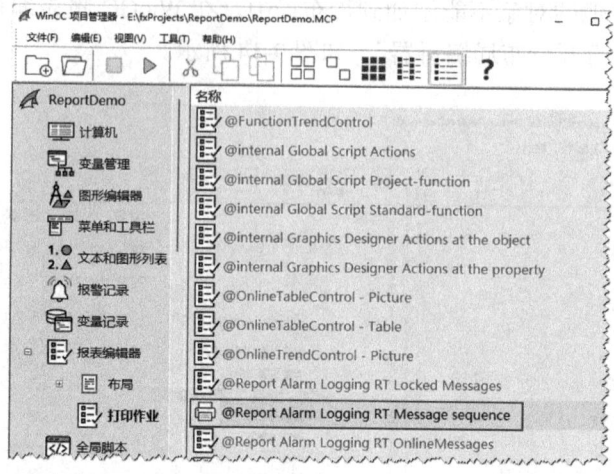

图 9-16　"@Report Alarm Logging RT Message sequence"打印作业

在默认情况下，WinCC 项目中的行式打印作业"@Report Alarm Logging RT Message sequence"已经关联系统布局文件"@CCAlgRtSequence.RP1"。"@Report Alarm Logging RT Message sequence"打印作业的属性如图 9-17 所示。

当项目激活后，Windows 系统中会出现行式打印作业的状态和执行情况。如果计算机上没有正确地设置相应的打印机，就会出现如图 9-18 所示的行式打印作业的状态提示。

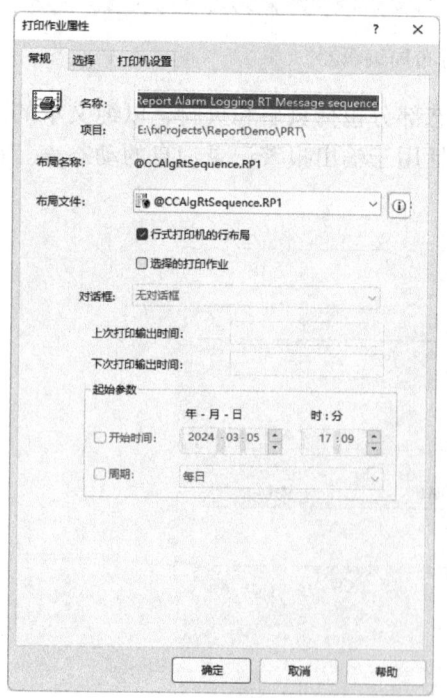

图 9-17　"@Report Alarm Logging RT Message sequence"
打印作业的属性

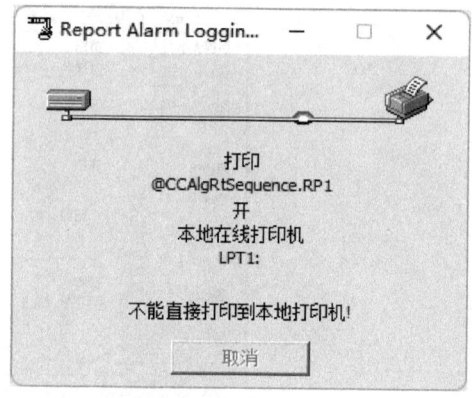

图 9-18　行式打印作业的状态提示

如果项目中不需要此功能或者计算机没有组态行式打印机，则需要取消图 9-13 启动列表中的"消息顺序报表 /SEQPROT"。

9.5 功能实现

本节将主要介绍如何使用 WinCC 的基本报表功能制作常见的报表。关于 WinCC 中组态报表打印的常规步骤可参考西门子 1847 工业学习平台网站上的《SIMATIC WinCC V7.5 SP2 报表系统的使用》以及《WinCC 报表功能》视频。下面将介绍几种常见的应用。

9.5.1 使用控件直接输出报表

WinCC 中的很多控件已经集成了打印功能，使用控件的打印按钮 可以直接打印报表，例如 WinCC OnlineTableControl 控件的打印功能。使用该功能可以调用系统预定义的页面布局"@Online Table Control - Table.RPL"，实现变量记录数据的表格打印。WinCC OnlineTableControl 页面如图 9-19 所示。

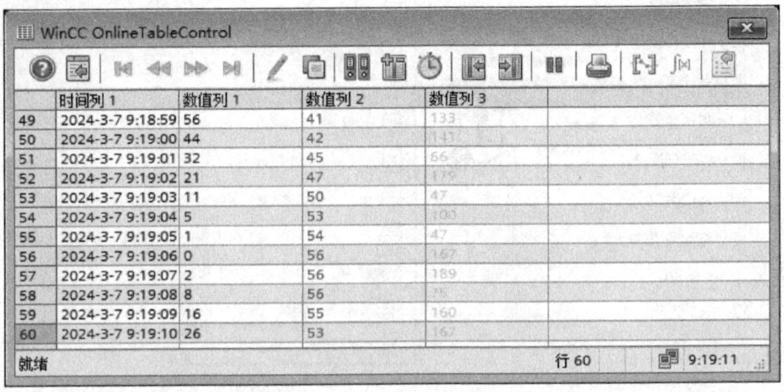

图 9-19　WinCC OnlineTableControl 页面

WinCC OnlineTrendControl 控件也自带打印功能，使用该功能可以调用系统预定义的页面布局"@OnlineTrendControl - Picture.RPL"，实现变量记录数据的趋势打印。WinCC OnlineTrendControl 页面如图 9-20 所示。

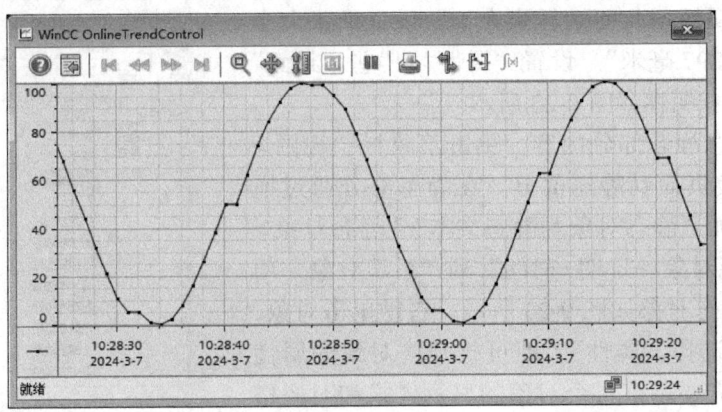

图 9-20　WinCC OnlineTrendControl 页面

以上两个控件都可以直接单击 按钮，打印出当前控件显示的内容，也可以先单击 按钮暂停控件刷新，设置好控件的过滤条件后，再单击 按钮打印出过滤后的数据。

9.5.2 自定义报表打印变量记录

本例中，组态一个带页眉和页脚的用户自定义布局，实现变量记录的报表输出。

前提条件是：项目中已经组态好了变量记录，并且项目中有历史数据可供打印输出。关于变量记录的组态方法，请参考第 8 章。报表组态的详细步骤如下。

步骤 1：新建页面布局如图 9-21 所示，命名为 NewRPL0_chs.RPL。

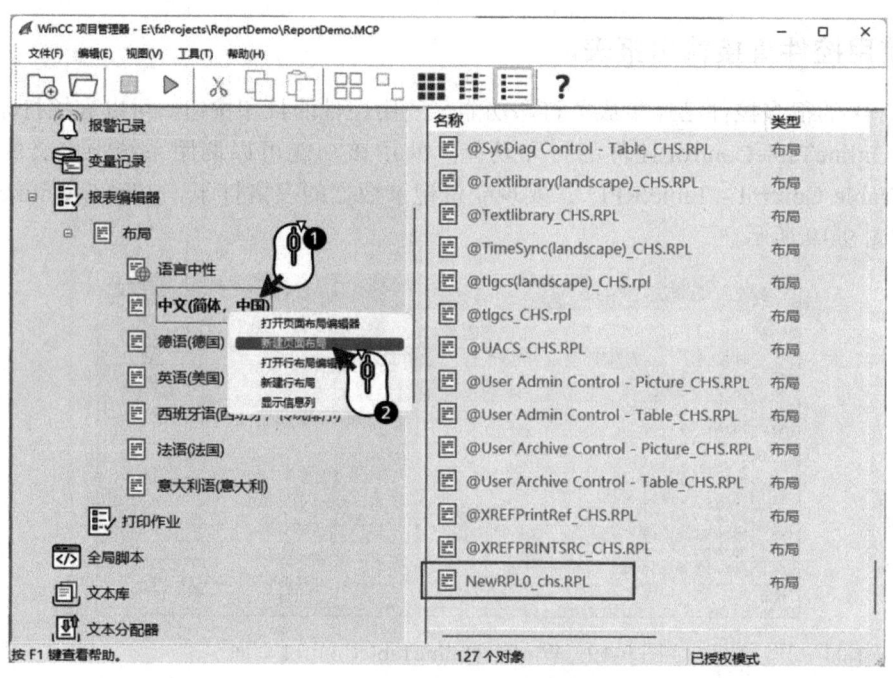

图 9-21 新建页面布局

步骤 2：打开页面布局编辑器。双击"NewRPL0_chs.RPL"打开页面布局编辑器。右键单击页面空白处，在弹出的菜单中选择"属性"，打开属性对话框。通过"属性 > 几何 > 纸张大小"设置纸张大小为"A4 纸, 210 × 297 毫米"。设置"属性 > 其它 > 封面"为"否"。布局对象属性如图 9-22 所示。

步骤 3：组态静态部分内容。单击菜单栏"视图 > 静态部分"，切换页面到静态部分。在静态部分通过拖拽的方式分别添加"静态对象 > 静态文本""静态对象 > OLE 对象""系统对象 > 日期 / 时间"和"系统对象 > 项目名称"。添加静态对象如图 9-23 所示。右键单击对象，在弹出的菜单中选择"属性"，即可打开该对象的属性页面。可以根据需要调整每个对象的显示样式和对齐格式等。

图 9-22 布局对象属性

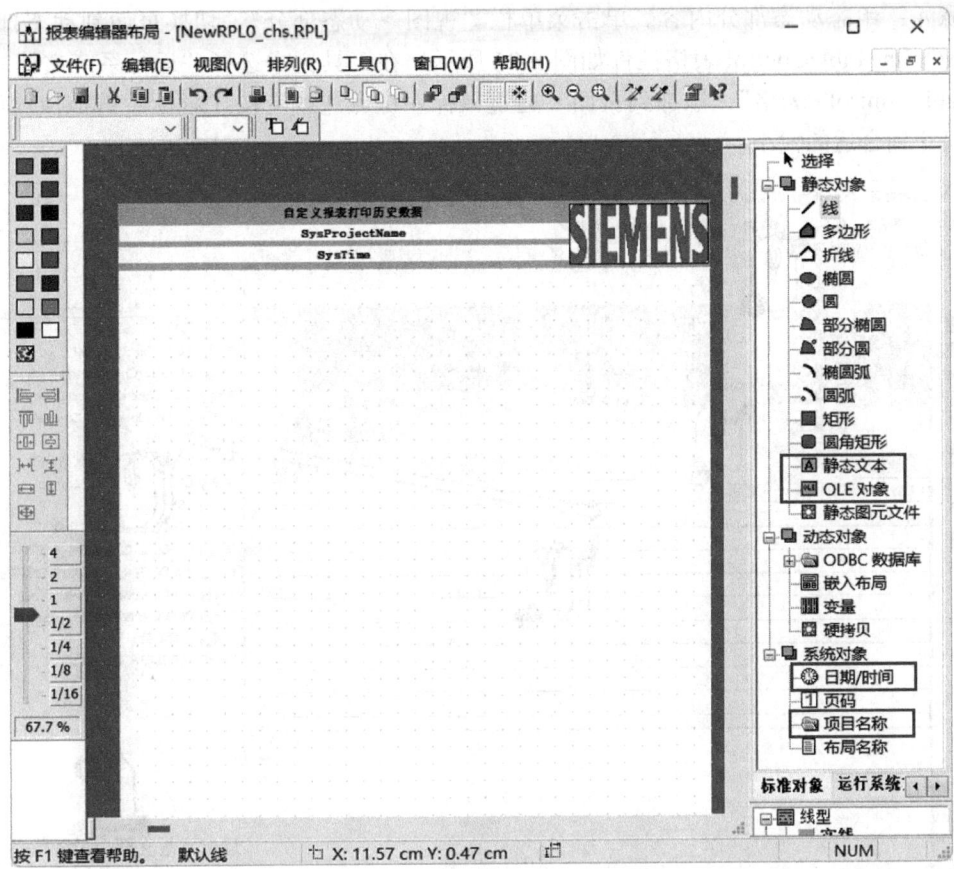

图 9-23 添加静态对象

添加 OLE 对象用于显示图片，图片的格式为 BMP。插入对象时选择"由文件创建"，然后浏览相应的图片。插入"OLE 对象"如图 9-24 所示。确定后，通过拖拽的方式，可以调整对象的大小。

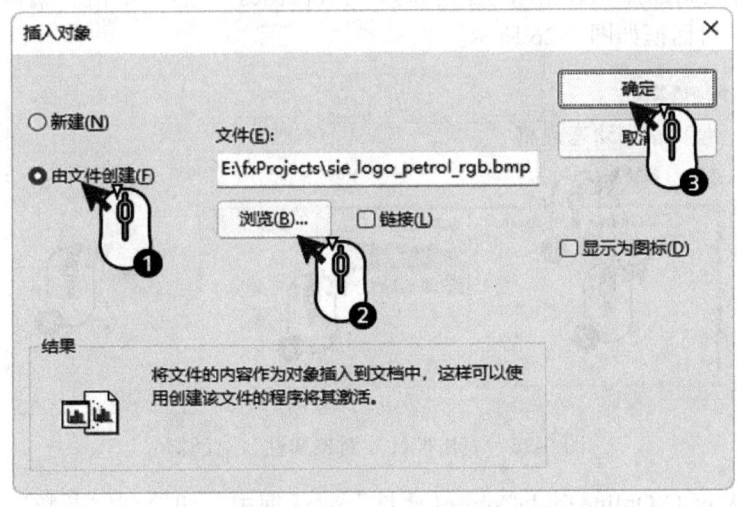

图 9-24 插入"OLE 对象"

步骤 4：组态动态部分内容。单击菜单栏"视图 > 动态部分"，切换页面到动态部分，添加 CCAxOnlineTableControl 表格控件如图 9-25 所示。在工具栏中选择"运行系统文档 >CCAx-OnlineTableControl> 表格"，添加到页面。通过鼠标左键点选或者按住鼠标左键拖拽均可实现，并调整尺寸到合适的大小。

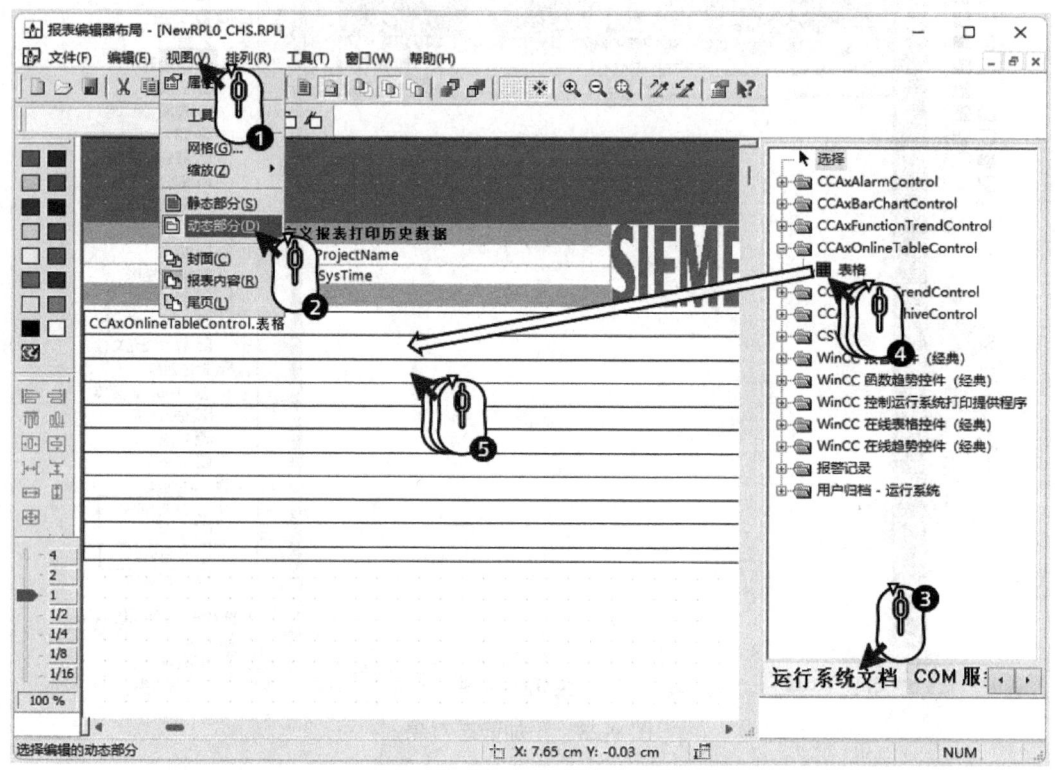

图 9-25　添加 CCAxOnlineTableControl 表格控件

双击 CCAxOnlineTableControl 控件，打开"对象属性"对话框，选择"连接"选项卡。在"连接"选项卡的左侧选择"表格"，右侧选择"Properties"，然后单击"编辑 ..."按钮。表格控件"对象属性"对话框如图 9-26 所示。

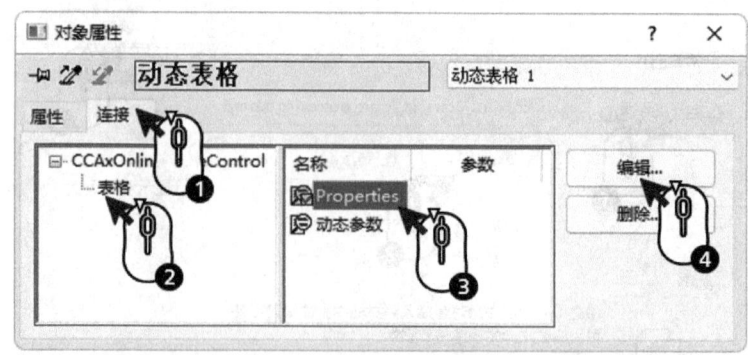

图 9-26　表格控件"对象属性"对话框

在弹出的"WinCC OnlineTableControl 属性"对话框中，切换到"参数"选项卡。根据需要设置列标题、行标签以及表格内容等项的显示样式。表格控件"参数"设置如图 9-27 所示。

切换到"时间列"选项卡,新建"时间列",根据需要设置数据的显示格式和时间范围。表格控件"时间列"设置如图9-28所示。

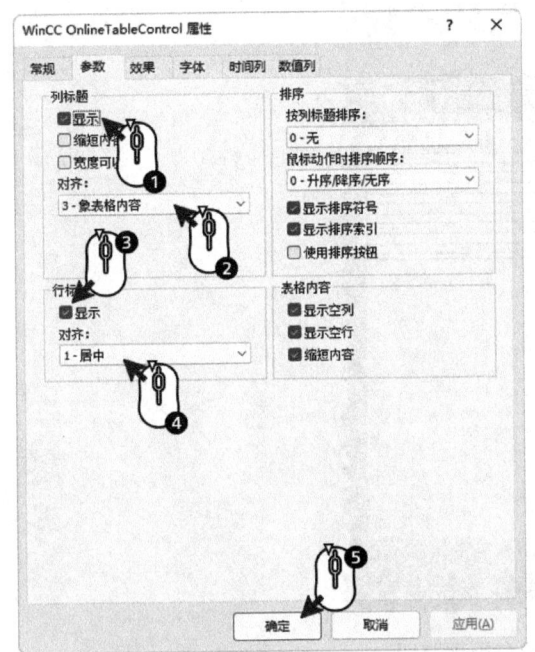

图 9-27 表格控件"参数"设置

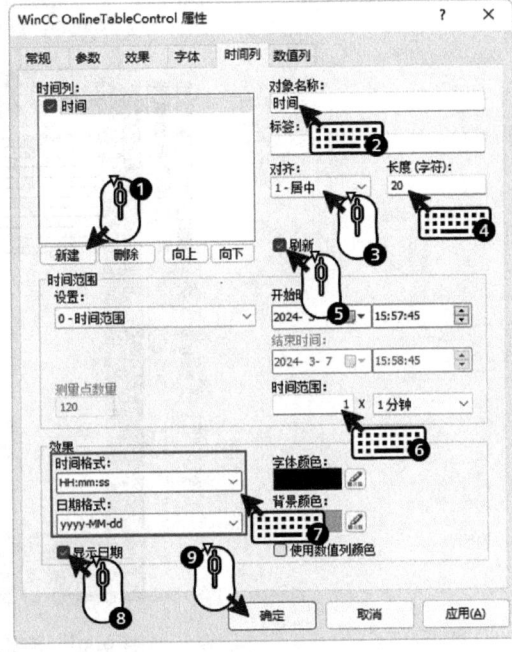

图 9-28 表格控件"时间列"设置

切换到后面的"数值列"选项卡,根据需要添加需要显示的归档数据。表格控件的"数值列"设置如图9-29所示。

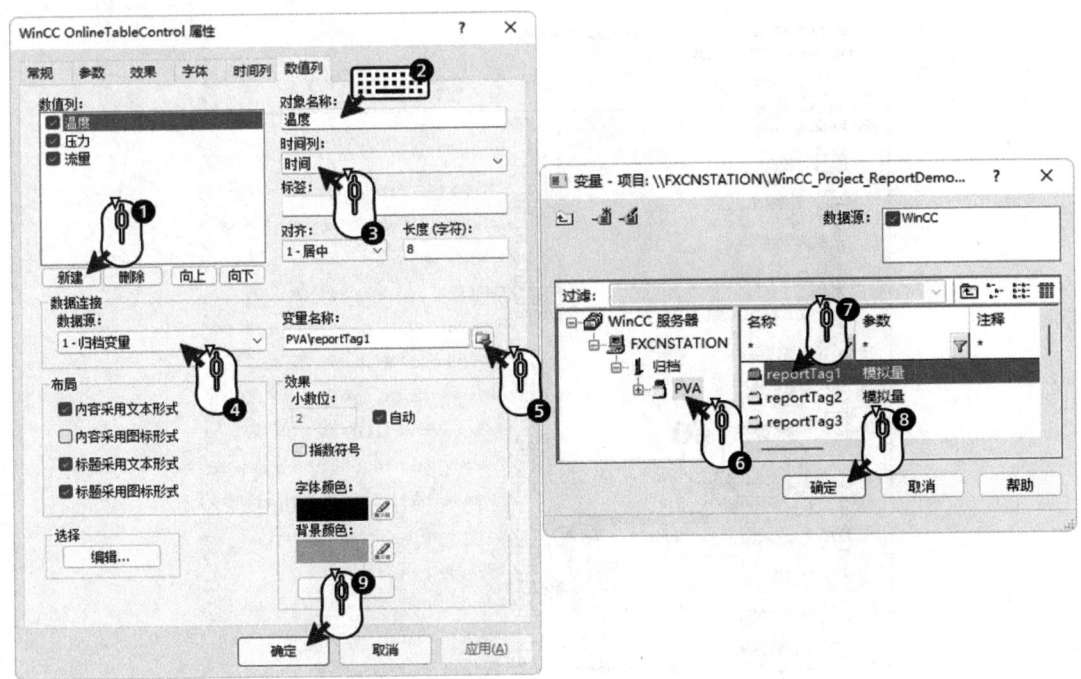

图 9-29 表格控件的"数值列"设置

编辑后的布局预览图如图 9-30 所示。

图 9-30　编辑后的布局预览图

然后单击保存,关闭报表编辑器布局。

步骤 5：创建打印作业。选择"WinCC 项目管理器 > 报表编辑器 > 打印作业",右键单击"打印作业",在弹出的菜单中选择"新建打印作业",如图 9-31 所示。

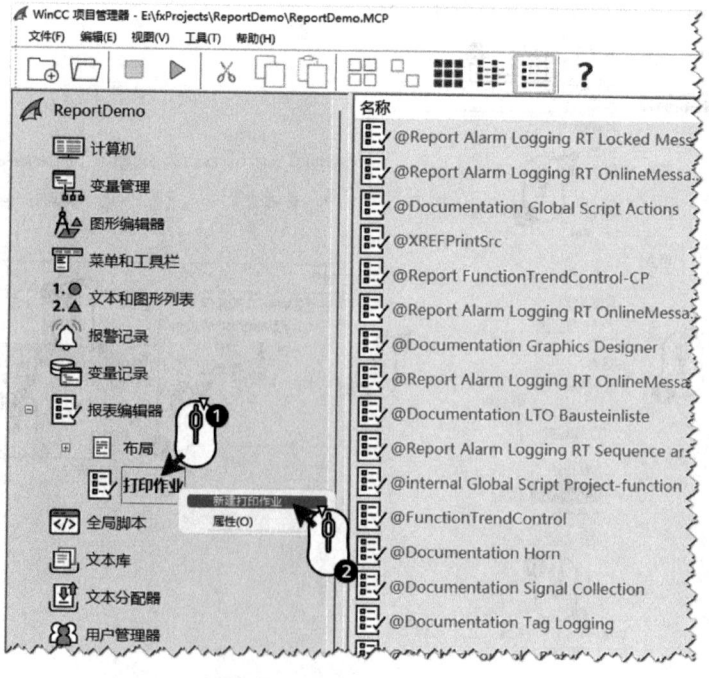

图 9-31　新建打印作业

双击新建的打印作业"打印作业001",选择布局文件为"NewRPL0.RPL"。打印机常规属性如图9-32所示。

切换到"打印机设置",从下拉列表中选择打印机设置,如图9-33所示。

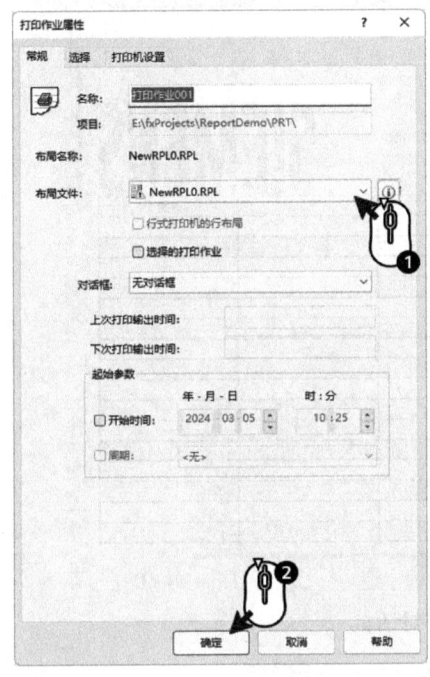

图9-32 打印机常规属性

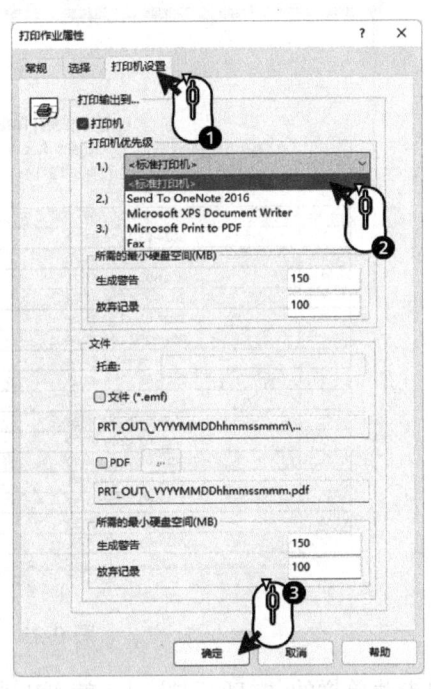

图9-33 打印机设置

步骤6:预览打印作业。激活项目后,右键单击前述创建的打印作业"打印作业001"。在快捷菜单中选择"预览打印作业"菜单项,如图9-34所示。

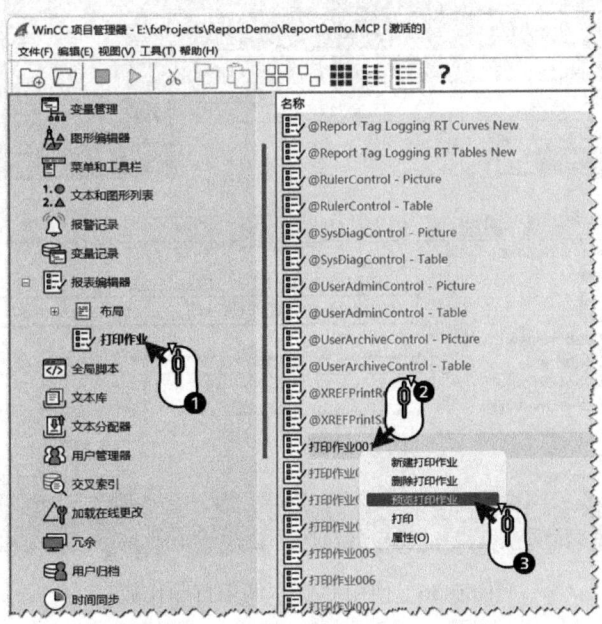

图9-34 "预览打印作业"菜单项

在预览窗口中可以预览“打印预览”对话框，如图 9-35 所示。

	时间	温度	压力	流量
1	2024-03-12 14:41:19	62	49	115
2	2024-03-12 14:41:20	74	47	46
3	2024-03-12 14:41:21	84	47	145
4	2024-03-12 14:41:22	92	47	91
5	2024-03-12 14:41:23	98	47	75
6	2024-03-12 14:41:24	100	48	121
7	2024-03-12 14:41:25	99	49	94
8	2024-03-12 14:41:26	95	49	21
9	2024-03-12 14:41:27	89	50	58
10	2024-03-12 14:41:28	79	50	108
11	2024-03-12 14:41:29	68	51	142
12	2024-03-12 14:41:30	56	51	3
13	2024-03-12 14:41:31	56	51	3
14	2024-03-12 14:41:32	44	50	81
15	2024-03-12 14:41:33	32	50	102
16	2024-03-12 14:41:34	21	50	63

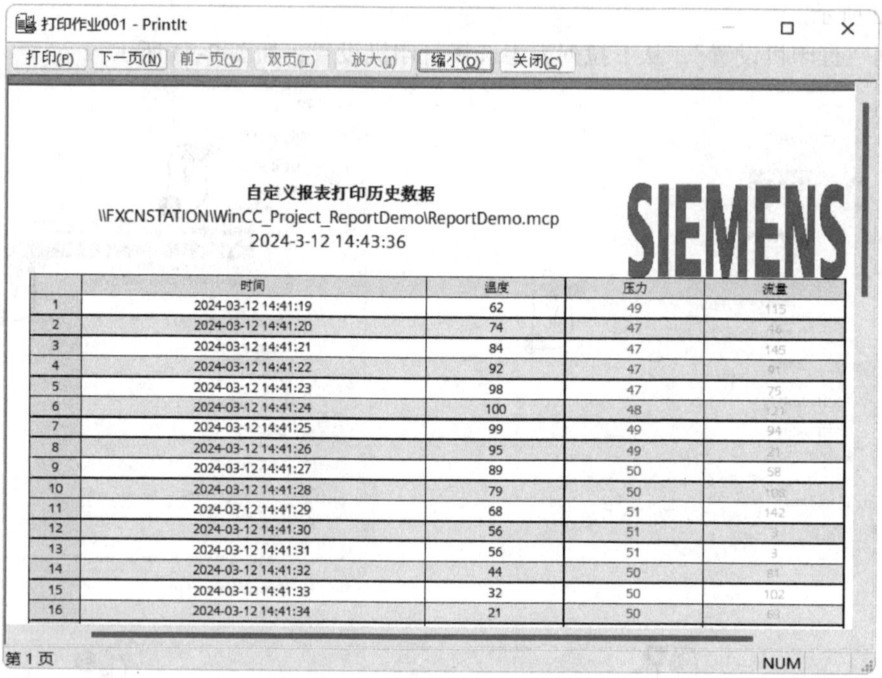

图 9-35 “打印预览”对话框

单击菜单栏的“打印”按钮，就可以直接打印输出。

通常会在页面上创建按钮，通过调用 C 函数触发打印任务。使用 C 脚本调用打印作业如图 9-36 所示。

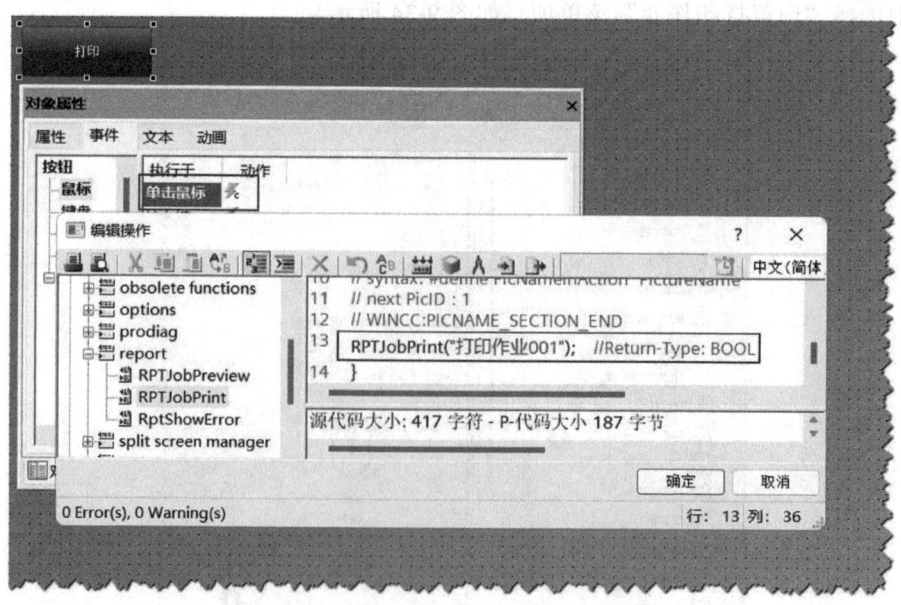

图 9-36 使用 C 脚本调用打印作业

当项目激活后，单击“打印”按钮，就可以打印输出报表。

9.5.3 消息顺序报表的打印输出

消息顺序报表允许按时间顺序逐条打印在项目中产生的消息。WinCC 消息顺序报表可以通过并口的针式打印机逐行打印，也可以通过常规打印机逐页输出。如果使用行式打印机进行输出，则必须将行式打印机与执行的计算机进行本地连接，并且必须选择打印作业中的"行式打印机的行布局"复选框。如果以页面布局形式输出消息顺序报表，当进入的消息填满一个页面或者启动打印输出时，将执行一次打印作业。

本例中介绍如何实现消息填满一个页面后，执行打印功能。详细步骤如下：

步骤 1：创建页面布局，并设置相关的参数。详细的方法参见 9.5.2 节的"步骤 1"和"步骤 2"。新的页面布局命名为 NewRPL1_chs.RPL。

步骤 2：编辑页面布局。首先将页面切换到"动态部分"，然后通过拖拽的方式，把"运行系统文档>报警记录>消息报表"添加到页面的动态部分，通过鼠标左键点选或者按住鼠标左键拖拽均可实现。添加"消息报表"对象如图 9-37 所示。

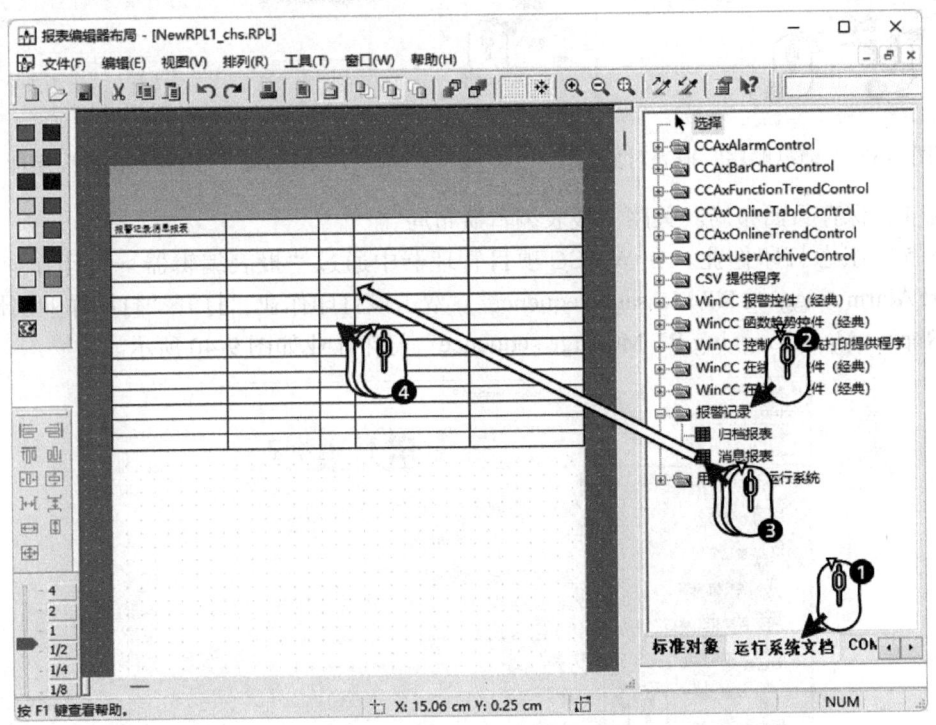

图 9-37　添加"消息报表"对象

步骤 3：配置"消息报表"对象的属性。双击控件，在弹出的"对象属性"对话框中切换到"连接"页，通过"选择>编辑…"打开"表格列选择对话框"。图 9-38 所示为"消息顺序"报表对象属性。在打开的对话框中，可以设置将要打印的报表列的内容。选中相应的列，可以单击右侧的"属性"按钮设置列属性。设置完成后，单击确定退出相应的对话框。"表格列选择"属性如图 9-39 所示。

> **提示**
> 图 9-39 中通过单击"选择…"按钮可以设置"报警输出的过滤标准"，从而只打印符合特定条件的消息内容。

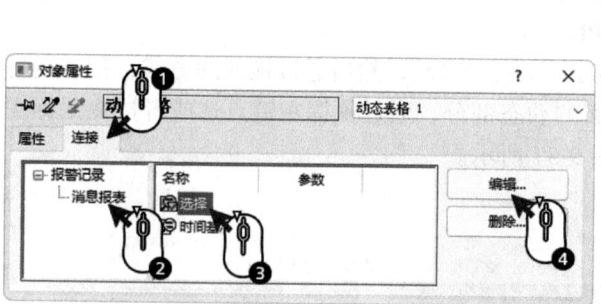
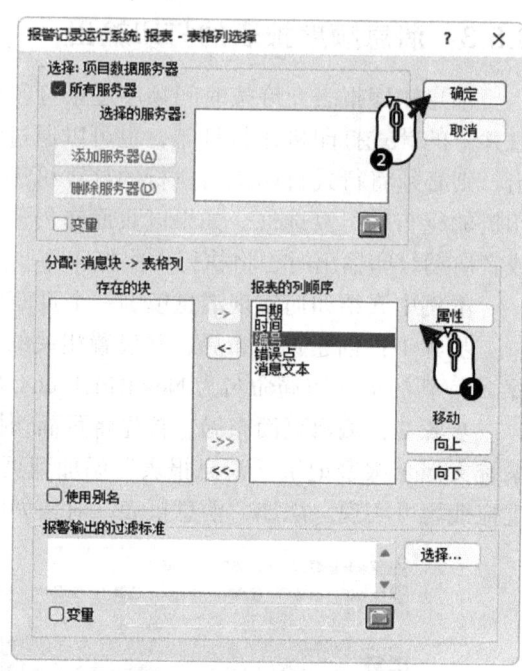

图 9-38 "消息顺序"报表对象属性　　　　图 9-39 "表格列选择"属性

步骤4：保存页面布局。关闭"报表编辑器布局"。

步骤5：组态打印作业。在 WinCC 项目管理器中通过"报表编辑器 > 打印作业"，找到"@Report Alarm Logging RT Message sequence"。双击该打印作业，打开"打印作业属性"对话框。"@Report Alarm Logging RT Message sequence"打印作业如图 9-40 所示。

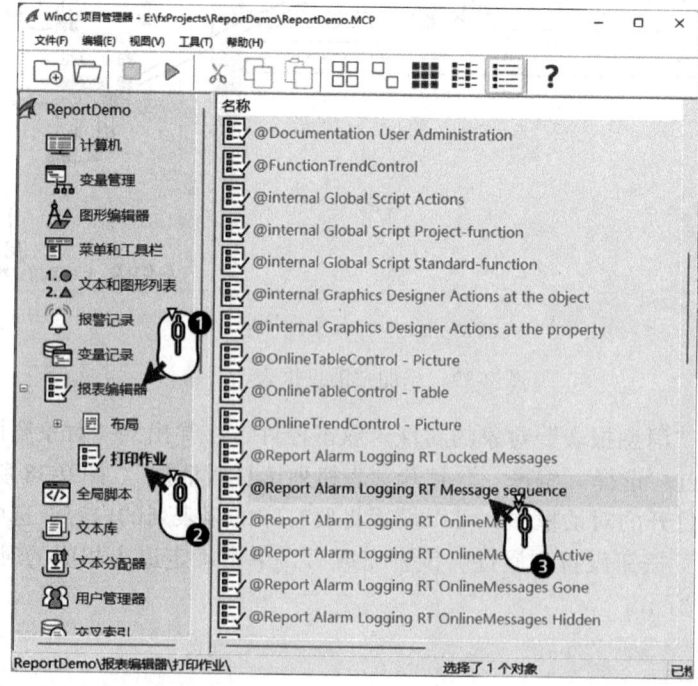

图 9-40 "@Report Alarm Logging RT Message sequence"打印作业

在"打印作业属性"中，通过下拉列表选择"NewRPL1.RPL"布局，并取消"行式打印机的行布局"选项。然后切换到"打印机设置"选项卡，从下拉列表中选择默认的打印机。单击"确定"按钮关闭对话框。打印作业属性如图 9-41 所示。当设置完成后，在报表编辑器的打印作业中，该打印作业的图标会由原来的 ⊟ 变更为 ⊟ 样式。

步骤 6：启动"消息顺序报表/SEQPROT"。在 WinCC 项目名称下双击计算机名称，打开"计算机属性"对话框，切换到"启动"选项卡，激活"消息顺序报表/SEQPROT"选项。"计算机属性"对话框如图 9-42 所示。

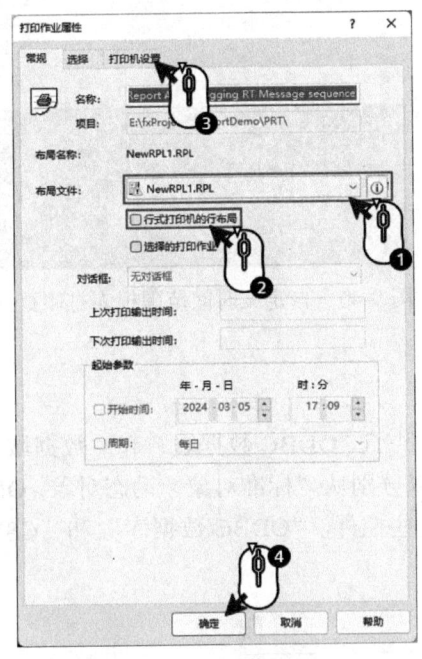

图 9-41 打印作业属性

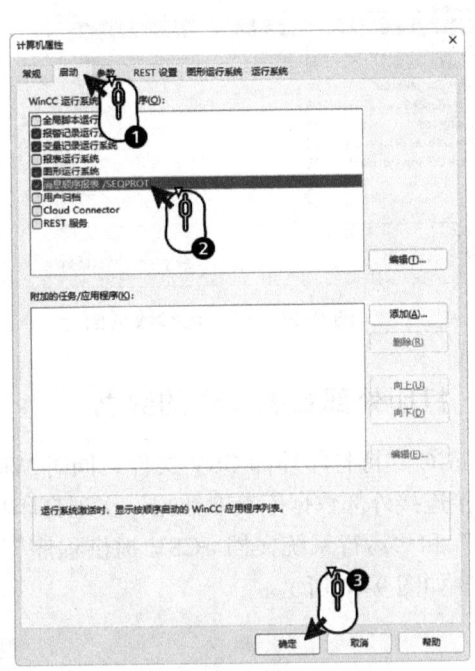

图 9-42 "计算机属性"对话框

上述组态完成后，当项目中有消息触发后，打印作业就可以接收到该消息触发的打印任务。关于报警的组态请参考第 7 章。

步骤 7：激活 WinCC 项目，验证运行结果。当系统中触发的报警条数达到整页时，项目会自动发送打印作业到打印机，实现逐页打印功能，并且会显示打印作业的执行情况。打印作业执行页面如图 9-43 所示。

9.5.4 自定义时间范围报表打印

WinCC 中可以实现自定义时间范围的报表打印功能。支持用户在页面上输入起始时间和结束时间，然

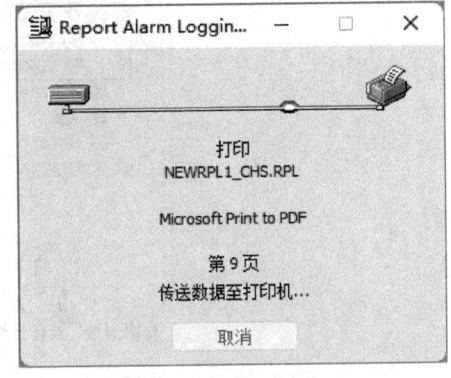

图 9-43 打印作业执行页面

后根据时间范围过滤相应的归档和报警历史数据，实现特定时间范围内的打印报表。该功能首先需要配置控件的"动态参数"，然后在程序运行时给相应的参数赋值即可，例如 WinCC 在线表格控件的动态参数"BeginTime"和"EndTime"。动态化参数页面如图 9-44 所示。自定义时间范围报表打印页面如图 9-45 所示。

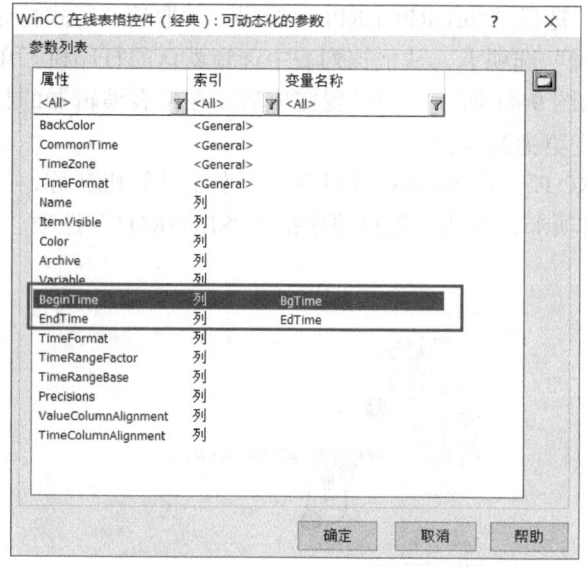
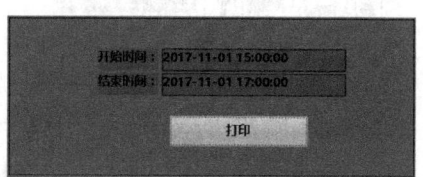

图 9-44　动态化参数页面　　　　　图 9-45　自定义时间范围报表打印页面

9.5.5　打印外部数据库中的数据

WinCC 支持打印外部 CSV 文件，同时 WinCC 也提供了"ODBC 数据表"和"数据域"控件来直接连接外部数据库获取数据，实现打印功能。可以分别从"标准对象 > 动态对象 >ODBC 数据库"和"运行系统文档 >CSV 提供程序"下找到这些控件。"ODBC 数据库"和"CSV 提供程序"如图 9-46 所示。

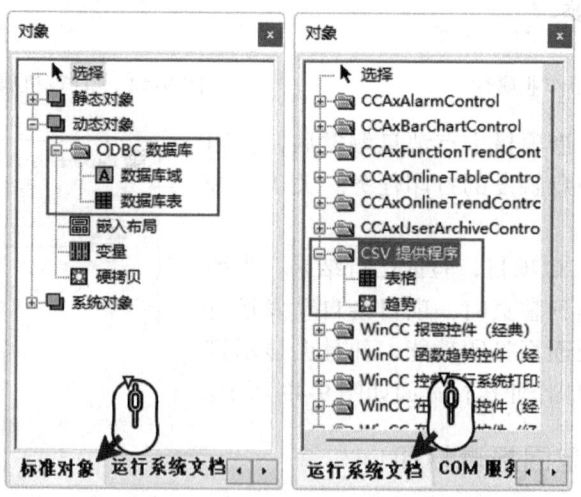

图 9-46　"ODBC 数据库"和"CSV 提供程序"

9.5.6　报表中嵌入布局的使用

在 WinCC 中支持在布局中嵌入其他布局的功能。这种情况下，需要用到"嵌入布局"控件。可以在"标准对象 > 动态对象"中找到"嵌入布局"对象，如图 9-47 所示。

双击"嵌入布局",在弹出的属性对话框中通过"属性>其它>布局文件"设置需要加载的布局。"嵌入布局"属性设置如图 9-48 所示。

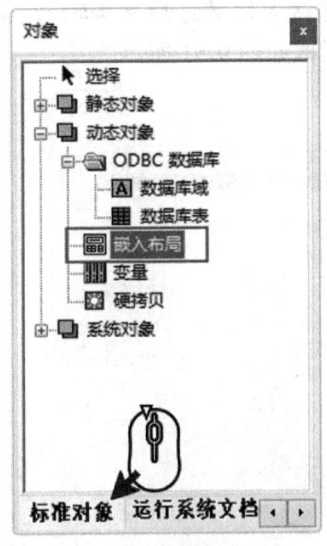

图 9-47 "嵌入布局"

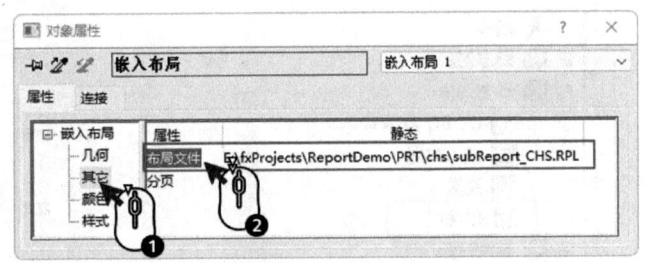

图 9-48 "嵌入布局"属性设置

9.5.7 使用硬拷贝直接打印页面

WinCC 中除了可以打印数据外,也支持打印页面的功能。如果需要打印当前激活的整个运行页面,可以为"项目属性 > 快捷键 > 硬拷贝"分配快捷键。

"硬拷贝"快捷键如图 9-49 所示。第 3、4 步的操作方法是,在键盘上按下执行打印的组合键(例如 Ctrl+p),然后单击"分配"按钮分配快捷键,最后单击"确定"退出组态对话框即可。至此,当项目激活后,按下相应的组合键,就可以把当前页面输出给计算机的默认打印机。

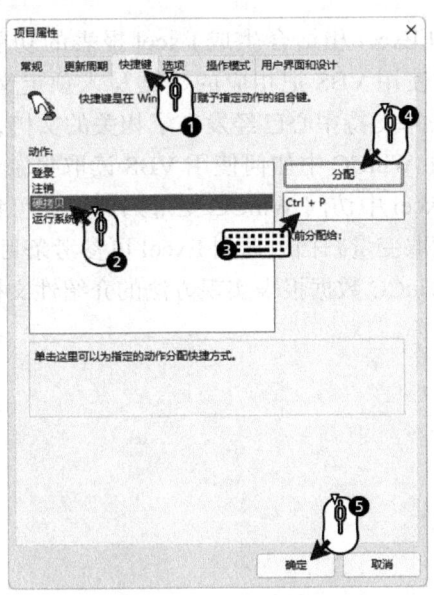

图 9-49 "硬拷贝"快捷键

WinCC 的报表编辑器中也提供了"硬拷贝"对象用于打印页面。可以在"标准对象 > 动态对象"中找到"硬拷贝"对象，如图 9-50 所示。

双击"硬拷贝"对象，在弹出的对象属性对话框中通过"连接 > 区域选择 > 编辑"，就可以打开"区域选择"对话框，设置必要的参数。"区域选择"对话框如图 9-51 所示。

图 9-50 "硬拷贝"对象

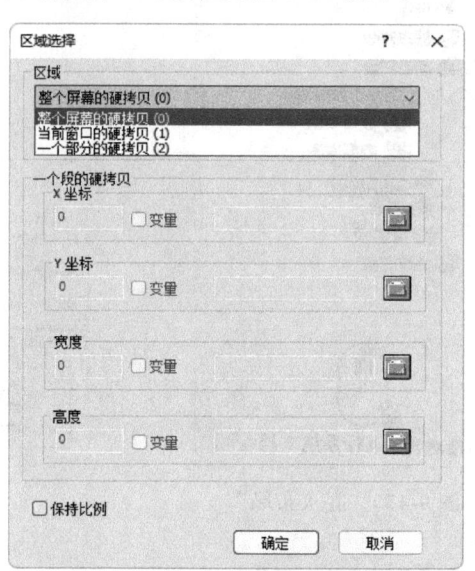

图 9-51 "区域选择"对话框

关于如何创建硬拷贝打印输出的设置请参考条目 ID 22060332。此外，也可以通过脚本形式实现定制化的页面打印输出，请参考条目 ID 21606152。关于如何使用 WinCC 以横向格式打印硬拷贝可参考条目 ID 22055343。

9.5.8 输出 Excel 报表

WinCC 支持使用 VBS 和 Excel 相结合生成 Excel 报表的功能。首先使用 Excel 设计好报表的模板，然后在 WinCC 中使用 VBS 把相应的数据写入预定义的表格中，并保存为新的文件。针对这种需求，西门子技术支持中心已经发布了相关的文档，这些文档可以从西门子技术支持网站获取。其中，关于在 WinCC 中如何使用 VBS 读取报警记录数据到 Excel 可参考条目 ID 77938393；关于如何在 Excel 中访问 WinCC 变量归档数据可参考条目 ID 71676391；关于在 WinCC 中如何使用 VBS 读取变量归档数据到 Excel 可参考条目 ID 77940055。另外，在西门子技术支持网站上也发布了 WinCC 数据报表实现方法的介绍性文档，可参考条目 ID 78668993。

西门子工业自动化技术丛书

西门子 SIMATIC WinCC 使用指南
下册

组　编　西门子工厂自动化工程有限公司
主　编　陈　华
副主编　雷　鸣　张占领　刘书智　房　丁

机械工业出版社

本书延续了第 1 版深入浅出的编写思路，以任务为导向，通过精准的理论说明和实际操作步骤，全面地介绍了 SIMATIC WinCC V8 的使用方法。

本书详细地介绍了 WinCC 的软件安装及入门指南，并针对 WinCC 的核心功能进行了详细的理论说明，使读者能够充分地了解 WinCC 的工作机制及原理。每章末均结合实际应用经验，通过逐步实现的方式，清晰地呈现任务实现的完整过程，从而帮助读者轻松掌握 WinCC 的各项功能。

同时，本书以条目 ID 的方式嵌入了基于西门子官方总结出的用户常见问题，并提供了官方相关 FAQ 链接，以方便读者查阅。

本书可以帮助工控行业用户中的新手快速入门，也可供具有相关 WinCC 使用经验的工程师借鉴和参考，以提高使用水平，还可用作大专院校相关专业师生的学习资料。

图书在版编目（CIP）数据

西门子 SIMATIC WinCC 使用指南. 下册 / 西门子工厂自动化工程有限公司组编；陈华主编. -- 北京：机械工业出版社，2025. 5. -- ISBN 978-7-111-78169-1

Ⅰ. TM571.61-62

中国国家版本馆 CIP 数据核字第 20259UW212 号

机械工业出版社（北京市百万庄大街 22 号　邮政编码 100037）
策划编辑：杨　琼　　　　　　责任编辑：杨　琼
责任校对：韩佳欣　陈　越　　封面设计：鞠　杨
责任印制：张　博
北京建宏印刷有限公司印刷
2025 年 5 月第 1 版第 1 次印刷
184mm×260mm ・ 28 印张 ・ 727 千字
标准书号：ISBN 978-7-111-78169-1
定价：249.00 元

电话服务　　　　　　　　　　网络服务
客服电话：010-88361066　　机　工　官　网：www.cmpbook.com
　　　　　010-88379833　　机　工　官　博：weibo.com/cmp1952
　　　　　010-68326294　　金　书　网：www.golden-book.com
封底无防伪标均为盗版　　机工教育服务网：www.cmpedu.com

编委会成员

组　　编　西门子工厂自动化工程有限公司
主　　编　陈　华
副 主 编　雷　鸣　　张占领　　刘书智　　房　丁
委　　员　朱飞翔　　张　腾　　刘震平　　邓俊民
　　　　　胡世川　　刘　巍　　张发达

序

在当今瞬息万变的工业自动化领域，技术的创新与进步不仅是行业前行的驱动力，更是每一位企业客户追求高效、智能生产的核心支撑。西门子作为电气和电子解决方案领域的全球领军者，凭借其深厚的品牌底蕴、卓越的技术实力以及持续不懈的创新精神，始终站在工业技术发展的最前沿，引领着行业迈向更加辉煌的未来。

SIMATIC WinCC 作为西门子在工业自动化领域的璀璨明星，不仅承载着西门子品牌的卓越品质与信誉，更是西门子技术创新精神的集中体现。这款备受瞩目的 SCADA（监控与数据采集）软件，凭借其丰富且全面的强大功能、灵活多变的配置选项以及用户至上的友好界面设计，已成为全球众多工业用户不可或缺的伙伴，为他们提供了高效、精准、直观的工业自动化监控与管理解决方案。

我们深知，在快速变化的商业环境中，客户的需求是推动我们不断前行的动力源泉。因此，在编写本书时，我们特别注重将专家知识与客户的实际需求紧密结合。本书不仅详细解析了 SIMATIC WinCC 的各项功能、操作方法及最佳实践案例，更旨在通过深入浅出的讲解，帮助每一位读者充分理解并有效利用这款软件，以进一步提升其业务效率与竞争力。

我们坚信，通过这本指南，客户将能够更加深入地掌握 SIMATIC WinCC 的精髓，从而在日常的生产运营中更加得心应手。无论是实现远程监控、数据分析，还是优化工艺流程、提升设备性能，SIMATIC WinCC 都将成为客户最坚实的后盾，助力其在工业自动化领域不断攀登新的高峰。

最后，我们衷心希望本书能够成为每一位工业用户的宝贵财富，为他们的业务发展注入新的活力与动力。同时，我们也期待与广大客户携手共进，共同探索工业自动化领域的无限可能，共创美好未来。

Nicholas Hansen（韩三丰）
西门子（中国）有限公司
数字化工业集团工厂自动化部
战略和产品管理总监

前 言

在工厂生产中,如何提升生产效率、提高良品率、规范设备维护流程以及实现节能降碳,是许多工厂追求的核心目标。SIMATIC WinCC 是西门子的 SCADA(监控与数据采集)系统,也是西门子 TIA(全集成自动化)理念的核心产品之一,广泛应用于工厂生产领域及数据可视化相关的多种场合,旨在提升工厂"透明化运营"程度,提升生产效率,使设备维护更加便捷,并提供了有效的节能降碳解决方案。在众多的数字化转型项目中,借助使用 SIMATIC WinCC 往往能起到"事半功倍"的效果。

SIMATIC WinCC 也凭借其强大的功能、灵活的配置和友好的用户界面,赢得了广大工程师及用户的青睐,是目前中国市场乃至世界市场中应用最广泛的 SCADA 产品之一。

本书正是在这样的背景下应运而生,旨在为广大初学者及有一定基础的工程师提供一本实用、易懂的入门读物,帮助他们快速掌握 SIMATIC WinCC 的基本操作、项目构建及调试维护等关键技能。与第 1 版相比,本书在保留原有精华的基础上,结合最新的技术发展和用户反馈,进行了全面修订和升级,力求内容更加贴近实际、讲解更加深入浅出。

本书采用朴实的语言和大量的实例,将 SIMATIC WinCC 的基础知识和常用功能都讲解得明白、清楚。我们相信,通过本书的学习,即便是没有任何基础的读者,也能在短时间内建立起对 SIMATIC WinCC 的基本认识,并逐步掌握其精髓所在。

本书力求做到以下几点:

结构清晰:本书按照"由浅入深、由易到难"的原则,将内容划分为 17 章,每一章都围绕一个中心主题展开,便于读者理解和记忆。

实例丰富:书中穿插了大量的实际项目案例和操作步骤截图,通过这些实例的演示和分析,能够帮助读者更好地理解和掌握 SIMATIC WinCC 的应用技巧。

注重实践:在本书的最后部分,还特别设置了实践环节,引导读者亲自动手完成一些小型项目或实验,以加深理解和巩固所学知识。

并且,本书的主要作者陈华、雷鸣、张占领、刘书智、房丁、朱飞翔都来自于西门子(中国)有限公司客户服务部技术支持中心,均是从业十多年的资深专家,此次他们一如既往地将高质量的作品呈现至读者面前,对此深表感谢和敬意。同时,感谢编委会成员刘震平女士、邓俊民先生、刘巍先生和张发达先生在本书编写中给予的支持和鼓励,正是有了你们的帮助,本书才能以更好的状态呈现在读者面前。在本书的编写过程中，难免存在疏漏或不妥之处，望读者朋友们不吝赐教。

谨以此书献给不忘学习的你们。

胡世川

西门子（中国）有限公司

数字化工业集团工厂自动化部

SIMATIC WinCC 产品经理

2024 年 9 月

如何使用本书

本书首先对 WinCC 功能进行了描述，然后与实际组态操作过程相结合，便于读者理解 WinCC 功能后能够学以致用。

在相关描述的过程中，本书引用了一些西门子网站中的已有资源，便于读者通过西门子网站进一步阅读相关资料。并且可以充分利用网站资源学习、掌握更多的使用技巧以便查找西门子产品的相关信息。

在实际组态操作过程中，编者对步骤进行了许多详细的描述，并通过便于理解的图片将操作过程可视化。

1. 如何使用网站资源

在本书各章节中，读者可看到例如"条目 ID ××××××"的字样。可以访问"西门子 1847 工业学习平台"网站，通过入口链接进入网站后输入条目 ID，即可查看详细的文档内容。

西门子 1847 工业学习平台网站链接：https://1847.siemens.com.cn。

网站主要包含：

（1）技术与服务

1）工业支持中心。

2）下载中心。

3）全球技术资源库。

4）官方技术支持。

5）售后服务。

（2）培训认证

（3）互动社区

1）技术论坛。

2）找答案。

如果希望搜索条目 ID，可在网站首页单击"全球技术资源库"进入"西门子 SiePortal"网页。在搜索框中输入该数字后单击搜索即可直接跳转到具体文档链接，如图 1 所示。

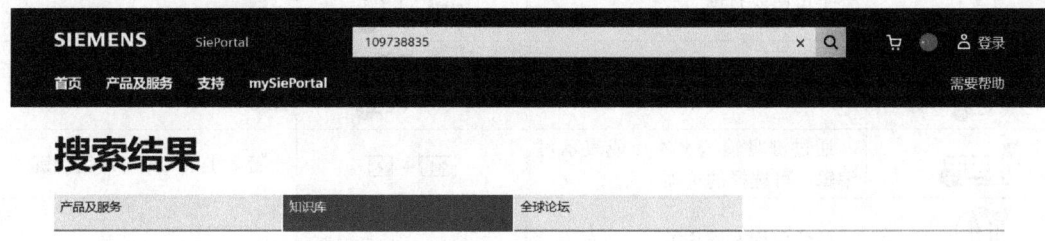

图 1　搜索数字条目 ID

单击搜索按钮后即可直接跳转到具体文档页面，搜索结果如图 2 所示。

图 2　搜索结果

也可通过移动设备扫描图 3 中的二维码，访问"西门子工业支持中心"WAP 站点。还可从此入口进入"西门子 1847 工业学习平台"搜索观看视频及文档。

西门子 WinCC 专属网站链接：http://www.wincc.com.cn，也可通过移动设备扫描图 4 中的二维码，访问 WinCC 专属 WAP 站点。

图 3　支持中心 WAP 站点二维码　　　　　图 4　WinCC WAP 站点二维码

通过该网站读者可以获取 WinCC 的相关信息。

2. 本书操作指示说明

为便于读者更好地理解操作过程，编者在具体操作过程的截图中使用了大量的操作指示。具体含义见表 1。

表 1　操作指示

图标	说明	图标	说明
	单击鼠标左键		按住鼠标右键拖拽
	单击鼠标右键	Ctrl +	键盘上的 Ctrl 键 + 单击鼠标左键
	双击鼠标左键	Shift +	键盘上的 Shift 键 + 单击鼠标左键
	通过键盘输入文本（或表示可编辑、可选择的选项）	Ctrl + A	键盘上的 Ctrl + A 组合键
	按住鼠标左键拖拽		

其中❶为步骤标识号，具体操作按照该步骤数顺序执行即可完成。

目 录

序
前言
如何使用本书

第 10 章　用户归档 ………………………… 403
　10.1　WinCC 用户归档的介绍 ……………… 403
　　10.1.1　用户归档和变量归档的区别 …… 403
　　10.1.2　用户归档的相关概念 …………… 404
　10.2　WinCC 用户归档的组态 ……………… 405
　　10.2.1　用户归档编辑器 ………………… 405
　　10.2.2　用于组态用户归档的标准函数 … 409
　　10.2.3　组态数据的导入/导出 ………… 413
　10.3　访问 WinCC 用户归档的运行数据 … 414
　　10.3.1　用户归档控件 …………………… 414
　　10.3.2　控制变量 ………………………… 416
　　10.3.3　原始数据类型变量 ……………… 417
　　10.3.4　运行系统中操作归档的标准函数 … 421
　　10.3.5　数据库访问脚本 ………………… 425
　　10.3.6　运行数据的导入/导出 ………… 425
　10.4　使用 WinCC 用户归档的注意事项 … 426
　　10.4.1　用户归档中的时间 ……………… 426
　　10.4.2　用户归档中的权限 ……………… 427
　　10.4.3　用户归档的使用限制 …………… 427
　10.5　WinCC 用户归档应用示例 …………… 428
　　10.5.1　配方数据记录的手动/自动下载 … 428
　　10.5.2　配方数据记录运行时的导出/
　　　　　　导入 ………………………………… 436
　　10.5.3　配方视图的使用 ………………… 438
　　10.5.4　批次生产数据的自动记录 ……… 441

第 11 章　用户管理 ………………………… 444
　11.1　用户管理器 …………………………… 444
　　11.1.1　管理权限 ………………………… 445
　　11.1.2　管理用户 ………………………… 446

　11.2　用户的登录和注销 …………………… 448
　　11.2.1　使用快捷键实现 ………………… 448
　　11.2.2　使用脚本实现 …………………… 448
　　11.2.3　使用变量实现 …………………… 450
　　11.2.4　登录用户的显示 ………………… 451
　11.3　任务实现 ……………………………… 452

第 12 章　系统架构 ………………………… 465
　12.1　系统架构介绍 ………………………… 465
　　12.1.1　单站系统架构 …………………… 466
　　12.1.2　C/S 多用户系统架构 …………… 466
　　12.1.3　C/S 分布式系统架构 …………… 470
　　12.1.4　WinCC 客户机/冗余服务器
　　　　　　系统架构 …………………………… 473
　12.2　系统架构应用示例 …………………… 477
　　12.2.1　C/S 多用户系统架构的实现 …… 477
　　12.2.2　C/S 分布式系统架构的实现 …… 485
　　12.2.3　客户机/冗余服务器系统架构
　　　　　　的实现 ……………………………… 490
　12.3　系统架构性能数据 …………………… 493

第 13 章　浏览器/服务器系统架构 ……… 495
　13.1　功能介绍 ……………………………… 495
　　13.1.1　WebNavigator 介绍 …………… 496
　　13.1.2　WebUX 介绍 …………………… 500
　　13.1.3　DataMonitor 介绍 ……………… 501
　13.2　证书介绍 ……………………………… 501
　　13.2.1　概述 ………………………………… 502
　　13.2.2　证书管理器 ……………………… 503
　　13.2.3　创建证书 ………………………… 504
　　13.2.4　证书存放位置 …………………… 508

13.3	服务端安装及配置 509	15.1.2	SIMATIC WinCC Audit 介绍 643
	13.3.1 安装 510	15.1.3	SIMATIC WinCC Audit 安装及授权 644
	13.3.2 组态 513		
	13.3.3 附加信息 525	15.1.4	SIMATIC WinCC Audit 支持的系统架构 649
13.4	许可证 528		
	13.4.1 WebNavigator 许可证 528	15.2	SIMATIC Logon 652
	13.4.2 WebUX 许可证 528		15.2.1 SIMATIC Logon 概述 652
	13.4.3 DataMonitor 许可证 529		15.2.2 使用 SIMATIC Logon 实现集中用户管理 653
13.5	客户端配置 530		
	13.5.1 WebNavigator 客户端 530	15.3	SIMATIC WinCC Audit 功能组态 656
	13.5.2 WebUX 客户端 545		15.3.1 Audit Editor 介绍 656
	13.5.3 DataMonitor 客户端 548		15.3.2 Audit 数据库创建与设置 658
第 14 章 脚本系统	**576**		15.3.3 Audit 组态设置 661
14.1	脚本系统概述 576		15.3.4 Audit 运行设置 662
14.2	C 脚本 577		15.3.5 电子签名 669
	14.2.1 C 脚本系统介绍 577	15.4	Change Control 676
	14.2.2 C 函数 579		15.4.1 文档控制 677
	14.2.3 C 动作 585		15.4.2 标签功能 686
14.3	VB 脚本 591		15.4.3 项目版本管理 687
	14.3.1 VB 脚本系统介绍 592	15.5	Audit 日志查看器 688
	14.3.2 VB 脚本的过程和模块 595		15.5.1 查看 Audit 日志 689
	14.3.3 VB 脚本的动作 598		15.5.2 查看 Audit 文件 692
14.4	VBA 605		15.5.3 Audit 日志的过滤与校验 693
	14.4.1 VBA 的介绍 605		15.5.4 打印 Audit 日志 694
	14.4.2 图形编辑器中的 VBA 605	15.6	应用示例 695
	14.4.3 在 Configuration Studio 中应用 VBA 613		15.6.1 创建基础项目 695
			15.6.2 Audit 功能组态 695
14.5	脚本调试和诊断 614		15.6.3 激活测试项目 709
	14.5.1 使用 GSC 调试和诊断 614	**第 16 章 数据开放性**	**710**
	14.5.2 ApDiag 620	16.1	WinCC 开放性介绍 710
	14.5.3 VB 脚本的调试和诊断 625	16.2	REST API 710
14.6	应用示例 630		16.2.1 WinCC 的 REST API 服务器接口 711
	14.6.1 变量异步/同步读写的分析和示例 630		16.2.2 WinCC REST 连接器 733
	14.6.2 调用 DLL 的函数 632	16.3	云连接器 737
	14.6.3 VBA 示例 634	16.4	工业数据桥 742
第 15 章 审计追踪	**641**		16.4.1 基本概念 742
15.1	SIMATIC WinCC Audit 642		16.4.2 组态与运行 747
	15.1.1 相关法规 642	16.5	连通性软件包 749
			16.5.1 安装 749

16.5.2　WinCC OLE DB 接口 ……………750	17.6.1　概述 ……………………………824
16.5.3　WinCC OLE DB 语法 ……………751	17.6.2　优势和功能 ……………………825
16.5.4　其他接口及功能 …………………757	17.7　WinCC/Event Notifier ……………826
16.6　开放性应用示例 …………………………758	17.7.1　概述 ……………………………826
16.6.1　WinCC 画面中使用 Web 浏览器控件（对比新老两种浏览器）……758	17.7.2　优势和功能 ……………………826
	17.8　WinCC/ODK ………………………828
16.6.2　WinCC 数据通过 REST 接口与 ECharts 结合应用 ………………763	17.8.1　概述 ……………………………828
	17.8.2　优势和功能 ……………………828
16.6.3　WinCC 数据传送到华为云 ………774	17.9　ProDiag ……………………………829
16.6.4　使用 IDB 传送 WinCC 数据到 Excel …………………………801	17.9.1　概述 ……………………………829
	17.9.2　优势和功能 ……………………829
16.6.5　使用连通性软件包读取 WinCC 数据到 Excel ……………………813	17.10　Energy Manager …………………830
	17.10.1　概述 …………………………830
第 17 章　选件及附加件介绍 ………………817	17.10.2　优势和功能 …………………830
17.1　SIMATIC Process Historian …………817	17.11　PM-CONTROL ……………………831
17.1.1　概述 ……………………………817	17.11.1　概述 …………………………831
17.1.2　优势和功能 ……………………817	17.11.2　优势和功能 …………………831
17.2　SIMATIC Information Server ………819	17.12　PM-QUALITY ……………………832
17.2.1　概述 ……………………………819	17.12.1　概述 …………………………832
17.2.2　优势和功能 ……………………820	17.12.2　优势和功能 …………………832
17.3　WinCC/ProAgent …………………821	17.13　PM-MAINT ………………………834
17.3.1　概述 ……………………………821	17.13.1　概述 …………………………834
17.3.2　优势和功能 ……………………821	17.13.2　优势和功能 …………………834
17.4　WinCC/PerformanceMonitor ………822	17.14　PM-ANALYZE ……………………835
17.4.1　概述 ……………………………822	17.14.1　概述 …………………………835
17.4.2　优势和功能 ……………………822	17.14.2　优势和功能 …………………835
17.5　WinCC/TeleControl …………………823	17.15　PM-LOGON ………………………836
17.5.1　概述 ……………………………823	17.15.1　概述 …………………………836
17.5.2　优势和功能 ……………………824	17.15.2　优势和功能 …………………836
17.6　WinCC/Calendar Scheduler …………824	

第10章 用户归档

本章将介绍 WinCC 用户归档，还将介绍用户归档的一些实例的组态过程。

用户归档（User Archive）是 WinCC 的一个选件，其安装程序包含在 WinCC 基本安装包当中，安装 WinCC 时即可选择其进行安装。要使用用户归档功能，需单独订购用户归档授权。用户归档可用于参数化配方的编辑组态和归档管理。在生产需要时将配方数据向控制器（PLC）进行批量的下载，或者将控制器中的控制参数上传用于更新或生成新的配方记录。也可使用用户归档按生产批次来进行生产数据或产品质量数据的归档管理，便于后期对批次数据进行分析。

通过对本章的学习，可充分理解用户归档的使用方法，并能使用其实现各种功能。这些功能包括以下几个方面：

1）配方数据记录的手动/自动下载、上传更新或生成新配方数据记录。
2）配方数据记录运行时的导出/导入。
3）配方视图的使用。
4）批次生产数据的自动记录。

10.1 WinCC 用户归档的介绍

10.1.1 用户归档和变量归档的区别

可以简单地将 WinCC 用户归档认为是一张数据库中自定义的表。表的结构可在用户归档编辑器中定义或使用脚本进行定义（并指定和 PLC 的通信方式），表的内容可以在组态时创建，也可以在运行时创建。用户归档视图如图 10-1 所示。读者可以选定某一行（即一条数据记录），把数据传送给 PLC，也可以从 PLC 读取数据传送给用户归档。

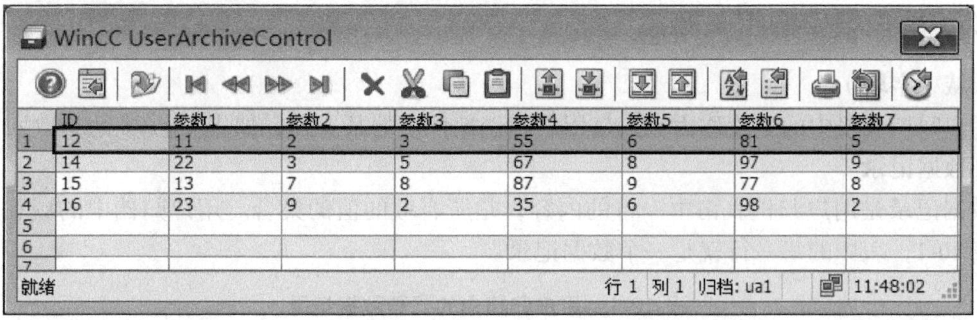

图 10-1 用户归档视图

WinCC 的用户归档可以理解为关系型的数据记录，即数据记录中的所有参数都对应同一个 ID。可以实现基于批次的数据报表，批次记录如图 10-2 所示。

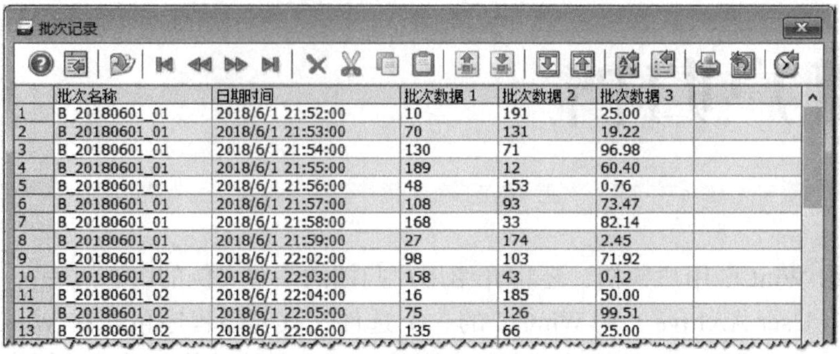

	批次名称	日期时间	批次数据 1	批次数据 2	批次数据 3
1	B_20180601_01	2018/6/1 21:52:00	10	191	25.00
2	B_20180601_01	2018/6/1 21:53:00	70	131	19.22
3	B_20180601_01	2018/6/1 21:54:00	130	71	96.98
4	B_20180601_01	2018/6/1 21:55:00	189	12	60.40
5	B_20180601_01	2018/6/1 21:56:00	48	153	0.76
6	B_20180601_01	2018/6/1 21:57:00	108	93	73.47
7	B_20180601_01	2018/6/1 21:58:00	168	33	82.14
8	B_20180601_01	2018/6/1 21:59:00	27	174	2.45
9	B_20180601_02	2018/6/1 22:02:00	98	103	71.92
10	B_20180601_02	2018/6/1 22:03:00	158	43	0.12
11	B_20180601_02	2018/6/1 22:04:00	16	185	50.00
12	B_20180601_02	2018/6/1 22:05:00	75	126	99.51
13	B_20180601_02	2018/6/1 22:06:00	135	66	25.00

图 10-2　批次记录

而变量归档是 WinCC 运行系统自动把归档变量按照设定的周期将变量值和对应的时间戳记录下来。归档变量之间并不存在关系，变量归档如图 10-3 所示。

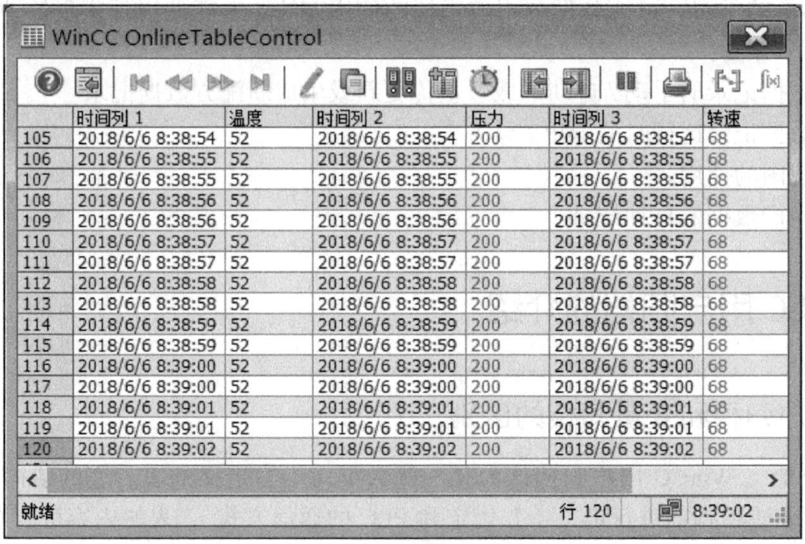

	时间列 1	温度	时间列 2	压力	时间列 3	转速
105	2018/6/6 8:38:54	52	2018/6/6 8:38:54	200	2018/6/6 8:38:54	68
106	2018/6/6 8:38:55	52	2018/6/6 8:38:55	200	2018/6/6 8:38:55	68
107	2018/6/6 8:38:55	52	2018/6/6 8:38:55	200	2018/6/6 8:38:55	68
108	2018/6/6 8:38:56	52	2018/6/6 8:38:56	200	2018/6/6 8:38:56	68
109	2018/6/6 8:38:56	52	2018/6/6 8:38:56	200	2018/6/6 8:38:56	68
110	2018/6/6 8:38:57	52	2018/6/6 8:38:57	200	2018/6/6 8:38:57	68
111	2018/6/6 8:38:57	52	2018/6/6 8:38:57	200	2018/6/6 8:38:57	68
112	2018/6/6 8:38:58	52	2018/6/6 8:38:58	200	2018/6/6 8:38:58	68
113	2018/6/6 8:38:58	52	2018/6/6 8:38:58	200	2018/6/6 8:38:58	68
114	2018/6/6 8:38:59	52	2018/6/6 8:38:59	200	2018/6/6 8:38:59	68
115	2018/6/6 8:38:59	52	2018/6/6 8:38:59	200	2018/6/6 8:38:59	68
116	2018/6/6 8:39:00	52	2018/6/6 8:39:00	200	2018/6/6 8:39:00	68
117	2018/6/6 8:39:00	52	2018/6/6 8:39:00	200	2018/6/6 8:39:00	68
118	2018/6/6 8:39:01	52	2018/6/6 8:39:01	200	2018/6/6 8:39:01	68
119	2018/6/6 8:39:01	52	2018/6/6 8:39:01	200	2018/6/6 8:39:01	68
120	2018/6/6 8:39:02	52	2018/6/6 8:39:02	200	2018/6/6 8:39:02	68

图 10-3　变量归档

10.1.2　用户归档的相关概念

1. 域（字段）

用户归档表格中的字段称为域，是用户归档控件中的某一列，如表 10-1 中的参数列。

2. 数据记录

数据记录是用户归档表格中一行的内容，是所有域的值的集合。用户归档中的域和数据记录见表 10-1，表中的每一行就是一个数据记录。

表 10-1　用户归档中的域和数据记录

	域 1	域 2	域 3
数据记录 1			
数据记录 2			
数据记录 3			

3. 视图

视图能够汇总来自不同用户归档的数据域。例如图 10-4 视图和归档中用户归档 "Customers" 下保存客户信息，包括客户编号、公司名称、地址、电话及传真。另一个用户归档 "Jobs" 下保存的是订单信息，包括客户编号、货物名称、数量及价格。在订单信息里只有客户编号，如果要想在订单信息里显示详细的客户信息就需要用到视图。图中视图 "Orders" 的作用是汇总了 "Jobs" 归档和 "Customers" 归档中的信息。两个归档中客户编号相同的数据记录被整合到一起，这种整合规则在视图中的定义为 "关系"（"Customers.Cust.No.=Jobs.Cust.No."）。

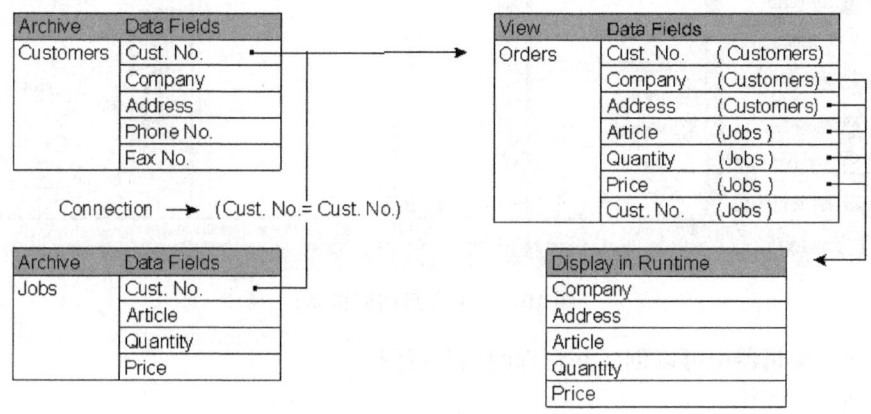

图 10-4　视图和归档

一个视图可以关联两个或两个以上的归档。

4. 原始数据

WinCC 通过原始数据类型变量可以批量读取 S7 PLC 中连续地址区中的数据，例如批量读取 DB1.DBB0～DB1.DBB99 总共 100 个字节的数据。原始数据类型变量无法直接在 WinCC 画面中使用，必须使用 GetTagRaw 函数按字节解析这些数据。但用户归档可以直接使用原始数据类型的变量。

10.2　WinCC 用户归档的组态

用户归档的组态就是定义用户归档的结构，包括归档及其域的属性。

可以通过用户归档编辑器或 WinCC 用户归档的标准函数来组态用户归档，同时用户归档的组态数据也支持导出导入功能。

10.2.1　用户归档编辑器

在 WinCC 项目管理器中双击用户归档，打开用户归档编辑器，如图 10-5 所示。

用户归档编辑器提供了友好的画面，能够轻松地创建和编辑用户归档。用户归档编辑器分为以下三个区：

1) 导航区：以树状文件夹形式显示各种对象，并可以在各编辑器之间进行切换。
2) 数据区：用于创建和编辑用户对象，例如归档、视图、域和数据记录。
3) 属性区：显示所选对象的属性，并可在此对其进行编辑。

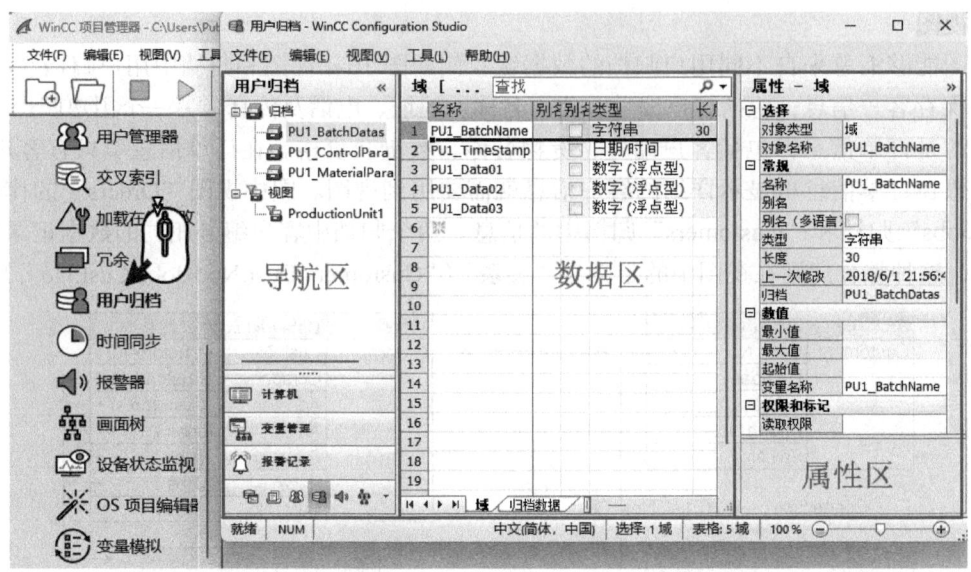

图 10-5　用户归档编辑器

在用户归档编辑器中可以创建并管理归档和视图。

（1）归档

可在用户归档编辑器的数据区创建用户归档。归档名称中只能包含数字、字母和下划线"_"字符。第一个字符必须是字母，并且不可以使用 SQL 中的关键字或保留字作为用户归档名称。

图 10-6 所示为用户归档及其属性。

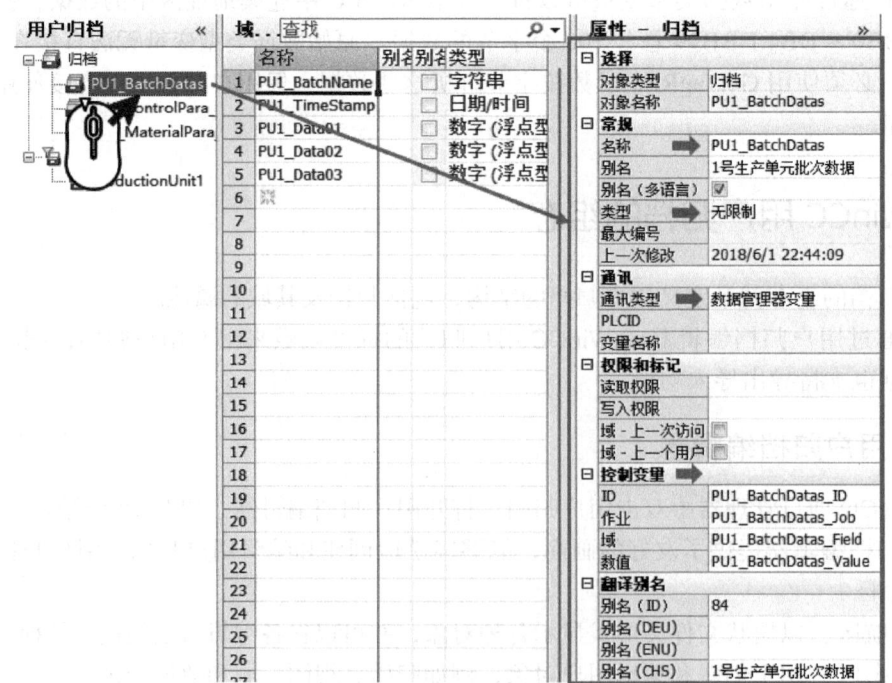

图 10-6　用户归档及其属性

1)类型:指定归档中的数据记录的数量是否有限制。

选项包括"无限制"和"有限制"。如果选择了"有限制",并为归档设置了限制值,那么只能保存有限数量的数据记录。达到限制值之后无法再插入记录,也不会自动删除以前的记录,必须手动删除之后再添加新纪录。

2)通信类型:指定用户归档数据的来源。

通信类型如图 10-7 所示,选项包括"无""原始数据变量"和"数据管理器变量"。

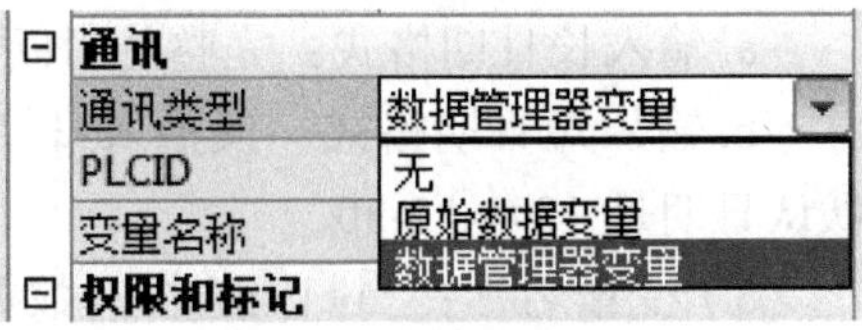

① "无":用户归档的数据不连接变量(PLC),只是用来存储/显示数据。

图 10-7 通信类型

② "原始数据变量":通过原始数据变量和 PLC 进行数据交换。这种方式使用用户归档自定义的报文来和 PLC 进行通信。

③ "数据管理器变量":用户归档的每个域都对应 WinCC 的变量。

3)控制变量:包括 ID、Job、Field、Value 四个控制变量。

可实现对指定数据记录的读、写、删除及添加操作(Job=6,读;Job=7,写;Job=8,删除)。

(2)域

用户归档的域如图 10-8 所示,域是用户归档的字段。WinCC V8.0 中最多可以为每个用户归档创建 500 个字段。

域的属性如图 10-9 所示,选择条目后在最下方会有属性条目的说明。

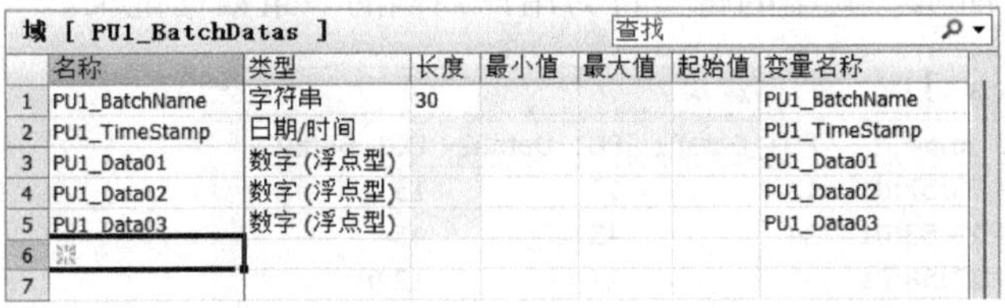

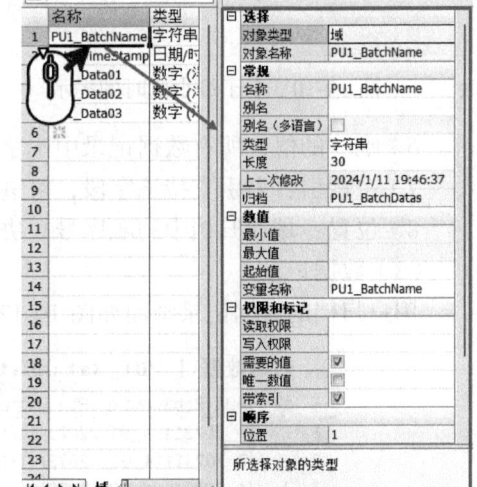

图 10-8 用户归档的域　　　　　　　　　图 10-9 域的属性

1)名称:域的名称不能使用中文。别名支持中文,并且用户归档控件默认是以别名作为域标题。

2)类型:域的数据类型。用户归档支持五种数据类型,每种数据类型对应不同类型的 WinCC 变量。

① 数字(整型):对应 WinCC "有符号的 32 位值"变量。

② 数字(浮点型):对应 WinCC "32 位浮点数 IEEE 754"变量。

③ 数字（双精度）：对应 WinCC "64 位浮点数 IEEE 754" 变量。

④ 字符串：对应 WinCC "文本变量，8 位字符集" 变量。

⑤ 日期/时间：对应 WinCC "日期/时间" 变量。用来输入日期/时间，支持长日期格式和短日期格式。

a. 输入长日期格式：完整的时间写入数据库。

b. 输入短日期格式：仅输入日期，数据库中默认时间是 00:00:00。仅输入时间，数据库中默认日期是 1899-12-30。

3）变量名称：当归档选择"数据管理器变量"时，此处选择域对应的 WinCC 变量名。

4）最大值和最小值：如果该字段为"数字"类型，则可以设置最大值和最小值。当在用户归档控件中为本字段输入的数值超过设定的范围时，输入值不会被接受并且有小于最小值时的提示，如图 10-10 所示。

5）需要的值：勾选"需要的值"属性后，此字段不能为空，否则会有字段为空时报错，如图 10-11 所示。

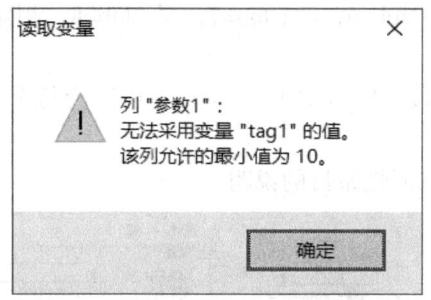

图 10-10 小于最小值时的提示

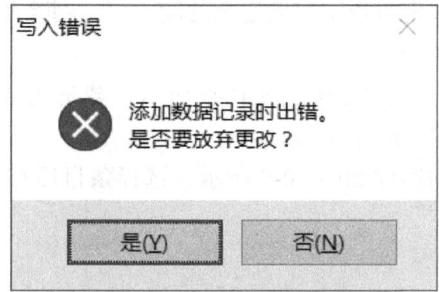

图 10-11 字段为空时报错

6）唯一的值：所有数据记录中本字段的数值不能有相同的，必须是唯一的值。

7）带索引：索引支持该字段，可进行快速搜索。索引仅支持某些字段。

8）位置：域在归档中的顺序号。决定域在运行系统中的显示顺序。

（3）数据记录

用户归档的数据记录画面如图 10-12 所示。其中的每一行为用户归档的一条数据记录。

ID	PU1_BatchName	PU1_TimeStamp	PU1_Data01	PU1_Data02	PU1_Data03
1	A_20231114_01	2023/11/14 23:57:01	12	13	15
2	B_20231114_01	2023/11/14 23:58:01	34	45	45
3	A_20231114_02	2023/11/14 23:58:01	45	27	12.9
4	B_20231114_02	2023/11/14 23:58:01	23	13	56.99
5	A_20231114_03	2023/11/14 23:58:01	18	55	34.777
6	B_20231114_03	2023/11/14 23:59:01	16	31	23.4
7	A_20231114_01	2023/11/15 0:00:01	51	75	15
8	A_20231114_01	2023/11/15 0:01:01	12	13	15

图 10-12 数据记录画面

（4）视图

视图可以通过设定"关系"来关联多个归档。视图的属性如图 10-13 所示。

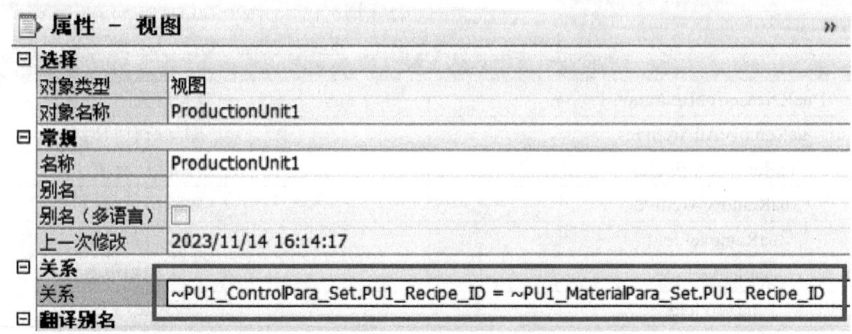

图 10-13 视图的属性

"关系"的格式为：~归档名 1. 域 = ~归档名 2. 域。

"关系"支持多个条件，多个条件之间是"与（and）"/"或（or）"关系。

视图的内容是由"列"和"视图数据"组成的。视图的内容如图 10-14 所示，"列"连接指定的用户归档中的某一个域。"视图数据"保存的是视图的数据记录。

图 10-14 视图的内容

10.2.2 用于组态用户归档的标准函数

WinCC 提供了一组标准函数，可以用于组态用户归档，见表 10-2。这些函数位于 C 脚本下的"标准函数>userarc"下。函数的使用说明请参考 WinCC 帮助"选件>用户归档>用户归档函数"。

表 10-2 用于组态用户归档的标准函数

函数	描述
uaAddArchive	添加新的用户归档
uaAddField	添加新的域
uaGetArchive	读取归档组态
uaGetField	读取域组态
uaGetNumArchives	读取已创建的归档数
uaGetNumFields	读取域数
UaQueryConfiguration	建立与用户归档组态的连接

（续）

函数	描述
uaReleaseConfiguration	组态后关闭连接
uaRemoveAllArchives	删除所有归档
uaRemoveAllFields	删除所有域
uaRemoveArchive	删除特定归档
uaRemoveField	删除特定域
uaSetArchive	写入归档组态
uaSetField	写入域组态

其中的 uaAddArchive 函数用于添加一个用户归档，语法如下：

```
LONG uaAddArchive (UAHCONFIG hConfig, UACONFIGARCHIVE* pArchive)
```

该函数返回该归档的索引，如有错误则返回 –1。

参数 hConfig 是用户归档组态的句柄。使用 "uaQueryConfiguration"（连接用户归档组态系统）函数设置该句柄。

参数 pArchive 是个结构体，存储用户归档的所有属性。pArchive 结构体定义如下：

```
typedef struct tagUACONFIGARCHIVE
{
LONG lArchiveId; //用户归档的唯一 ID
LONG lPosition; //用户归档的位置
CHAR szName[UA_MAXLEN_NAME+1]; // 归档名称最多可以有 20 个字符
CHAR szAlias[UA_MAXLEN_ALIAS+1]; // 别名最多可以有 50 个字符
LONG lType;UA_ARCHIVETYPE_UNLIMITED //归档类型 " 无限 "
UA_ARCHIVETYPE_LIMITED //归档类型 " 有限 "
LONG lNumRecs; // 数据集的最大数量
LONG lCommType;
UA_COMMTYPE_NONE // 无通信
UA_COMMTYPE_RAW // 通过原始数据进行通信
UA_COMMTYPE_DIRECT // 通过数据管理器变量进行通信
CHAR szPLCID[UA_MAXLEN_PLCID+1];// 原始数据变量的 PLCID
CHAR szDMVarName[UA_MAXLEN_DMVARNAME+1]; // 原始数据变量的名称
CHAR szIDVar[UA_MAXLEN_DMVARNAME+1]; // 控制变量 "ID"
CHAR szJobVar[UA_MAXLEN_DMVARNAME+1]; // 控制变量 " 作业 "
CHAR szFieldVar[UA_MAXLEN_DMVARNAME+1]; // 控制变量 " 字段 "
CHAR szValueVar[UA_MAXLEN_DMVARNAME+1]; // 控制变量 " 值 "
DWORD dwReadRight; // 读访问权限
DWORD dwWriteRight; // 写访问权限
DWORD dwFlags; UA_ARCHIVEFLAG_ACCESS //" 上次访问 " 标记
UA_ARCHIVEFLAG_USER //" 上个用户 " 标记
} UACONFIGARCHIVE;
```

uaAddField 函数用于在指定的归档中添加一个域，语法如下：

```
LONG uaAddField (UAHCONFIG hConfig, long lArchive, UACONFIGFIELD* pField)
```

该函数返回新域的索引，为（域总数 –1）。

参数 hConfig 是用户归档组态的句柄。使用"uaQueryConfiguration"（连接用户归档组态系统）函数设置该句柄。

参数 lArchive 是归档的索引。lArchive=（归档的位置 –1）。

结构体 UACONFIGFIELD 的定义：

pField 是个结构体，存储用户归档域的所有属性。pField 结构体定义如下：

```
typedef struct tagUACONFIGFIELD
{
LONG lArchiveId; //用户归档的唯一 ID
LONG lFieldId; //数据字段的唯一 ID
LONG lPosition; //用户归档的位置
CHAR szName[UA_MAXLEN_NAME+1]; // 归档名称最多可以有 20 个字符
CHAR szAlias[UA_MAXLEN_ALIAS+1]; // 别名最多可以有 50 个字符
LONG lType; //归档类型
LONG lLength; /* 数据域为字符串类型时的最大字符数；否则不使用此参数 */
LONG lPrecision; // 内部使用；无需填充
CHAR szMinValue[UA_MAXLEN_VALUE+1]; /* 数据域不是字符串或日期类型时的最小字符数；否则不使用此参数 */
CHAR szMaxValue[UA_MAXLEN_VALUE+1]; /* 数据域不是字符串或日期类型时的最大字符数；否则不使用此参数 */
CHAR szStartValue[UA_MAXLEN_VALUE+1]; // 起始值
CHAR szDMVarName[UA_MAXLEN_DMVARNAME+1]; /* 数据管理器中的变量（用于通过 WinCC 变量进行通信的归档）*/
DWORD dwReadRight; // 读访问权限
DWORD dwWriteRight; // 写访问权限
DWORD dwFlags; // 上次访问
} UACONFIGFIELD;
```

使用标准函数组态用户归档的脚本编写思路如下所述：

1）建立到用户归档组件（组态）的连接 uaQueryConfiguration()。

2）执行需要的操作。

3）断开到用户归档组件的连接 uaReleaseConfiguration()。

例如，下面的脚本是在用户归档中创建"ua01"的归档及其下面的 10 个域（类型为双精度）。

```
#include "apdefap.h"
void OnLButtonDown(char* lpszPictureName, char* lpszObjectName, char* lpszPropertyName, UINT nFlags, int x, int y)
{
UAHCONNECT   hConnect;
      UAHARCHIVE   hArchive;
```

```c
            UAHCONFIG      hConfig;
            UACONFIGARCHIVEA   uaNewA;
            UACONFIGFIELDA    uaField;
            LONG          lArchiveId;
            LONG          lFeldId;
            BYTE          byArcType;
            short int i ;
            char ValueFieldName[255] ;
// ======== 建立到用户归档组件（组态）的连接 ========
            if (uaQueryConfiguration(&hConfig) == FALSE)
    {
    printf("Error calling uaQueryConfiguration: %d", uaGetLastError());
                        return;
    }
        //======== 添加新的归档 ================================
    sprintf(uaNewA.szName,"ua01") ;//归档名称
    uaNewA.lType = 1;//归档类型 UA_ARCHIVETYPE_UNLIMITED ;
    uaNewA.lNumRecs = 0;
    uaNewA.lCommType = 3;//通信类型 UA_COMMTYPE_NONE;
    uaNewA.dwFlags = 0; // UA_ARCHIVEFLAG_ACCESS | UA_ARCHIVEFLAG_USER ;
    uaNewA.dwReadRight = 0 ; //读权限
    uaNewA.dwWriteRight = 0 ;//写权限
            // ======== 添加归档 ========
            lArchiveId = uaAddArchive( hConfig, &uaNewA);
            if (lArchiveId == -1)
            {
                    printf("Error calling uaAddArchive: %d", uaGetLastError() );
    // 如果添加失败，断开和组态环境的连接
    uaReleaseConfiguration(hConfig, FALSE);
                return;
            }
        //======== 添加域 ================================
        for( i = 1; i<=10; i++)
        {
        sprintf(ValueFieldName,"Value_%03d",i) ;//域名称
        strcpy (uaField.szName, ValueFieldName);
        strcpy (uaField.szAlias, "");//域的别名
        uaField.lType  = UA_FIELDTYPE_DOUBLE;//域的类型是双精度
        // 添加域
        lFeldId = uaAddField(hConfig, lArchiveId, &uaField);
        if (lFeldId == -1)
        {
```

```
                    uaReleaseConfiguration(hConfig, FALSE);
                    return;
            }
        }
    uaReleaseConfiguration(hConfig,TRUE);    // 释放和组态环境的连接
    }
```

脚本执行结果如图 10-15 所示，通过脚本创建了用户归档"ua01"及其域。

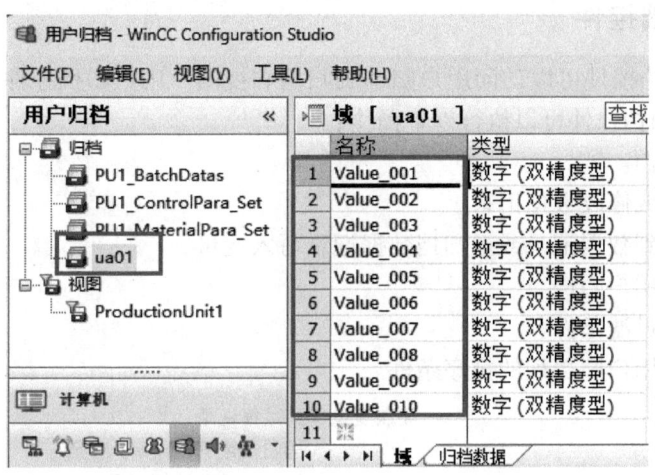

图 10-15　脚本执行结果

10.2.3　组态数据的导入/导出

将归档和视图的组态数据导出为一个 .txt 或 Excel 文件。导出的文件可以打开编辑，可以被导入本项目也可以导入其他项目里。

导入/导出菜单如图 10-16 所示，通过菜单"编辑 > 导入/导出"来导入/导出所有归档数据。只有组态数据被导出（归档、视图、域、列），导出结果如图 10-17 所示。

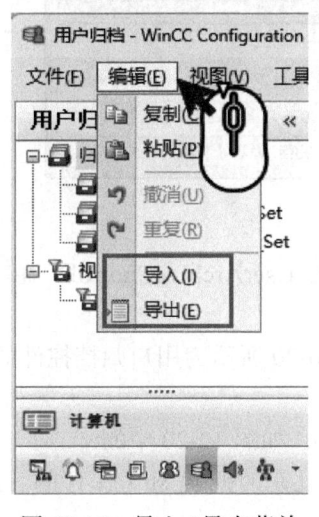

图 10-16　导入/导出菜单　　　　　　　　　图 10-17　导出结果

10.3 访问 WinCC 用户归档的运行数据

WinCC 提供了多种方法来访问用户归档的运行数据（数据记录）。可以通过用户归档控件、控制变量、用户归档函数、原始数据（RawData）类型变量来访问用户归档的数据记录，也可以通过直接访问 SQL Server 的方法来实现对用户归档数据记录的操作。其中用户归档控件支持把用户归档的数据记录导出到文件以及从文件导入用户归档。

10.3.1 用户归档控件

WinCC 用户归档控件可以访问用户归档的归档和视图。用户归档控件如图 10-18 所示，在运行系统中，用户归档控件可以执行以下操作：

1）浏览用户归档。
2）创建、删除或修改数据记录。
3）读取变量值到数据记录或把归档数据记录写入变量。
4）导入和导出用户归档。
5）定义或选择过滤条件。
6）定义所显示用户归档列的排序条件。

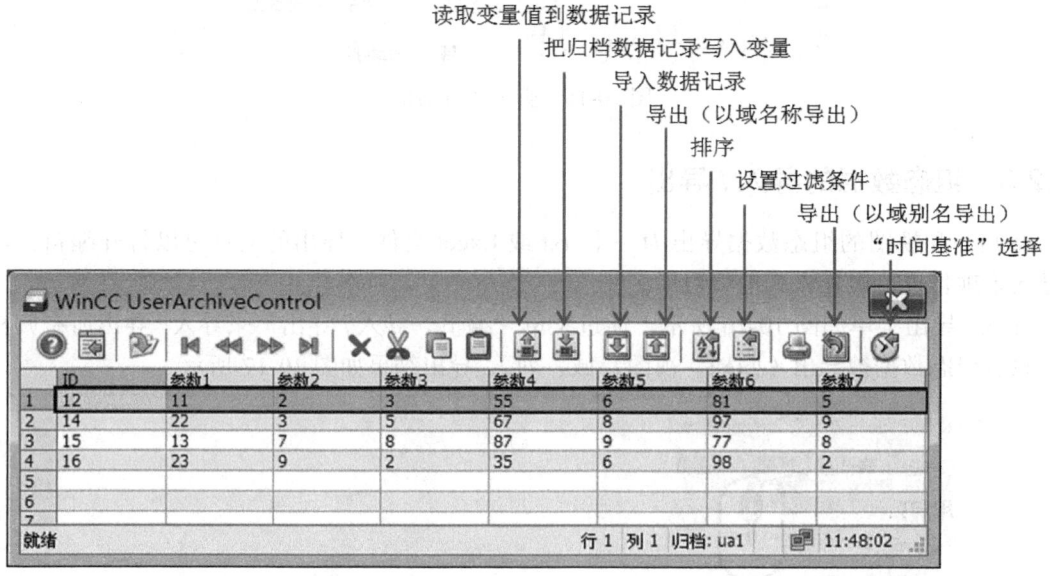

图 10-18 用户归档控件

ActiveX 控件如图 10-19 所示，用户归档控件"WinCC UserArchiveControl"在"ActiveX 控件"下，可以通过拖拽的方式把它添加到画面中。

可以调整用户归档控件的属性，以满足各种要求。图 10-20 所示为用户归档控件的属性。

1）控件链接的用户归档名称，如图 10-20 中的①。
2）设置控件编辑用户归档的权限（修改、插入和删除），如图 10-20 中的②。
3）用户归档中"日期/时间"是以格林尼治时间（比北京时间晚 8h）保存的。此处可以选择时间基准，如图 10-20 中的③。

第10章 用户归档 415

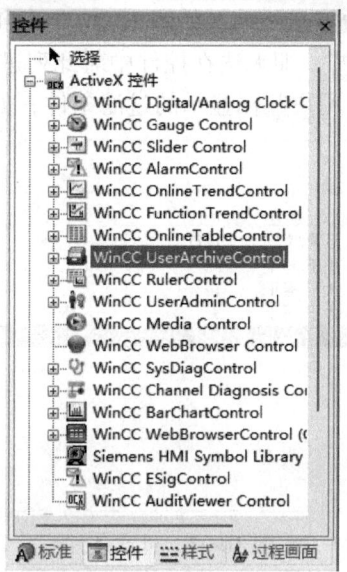

图 10-19 ActiveX 控件

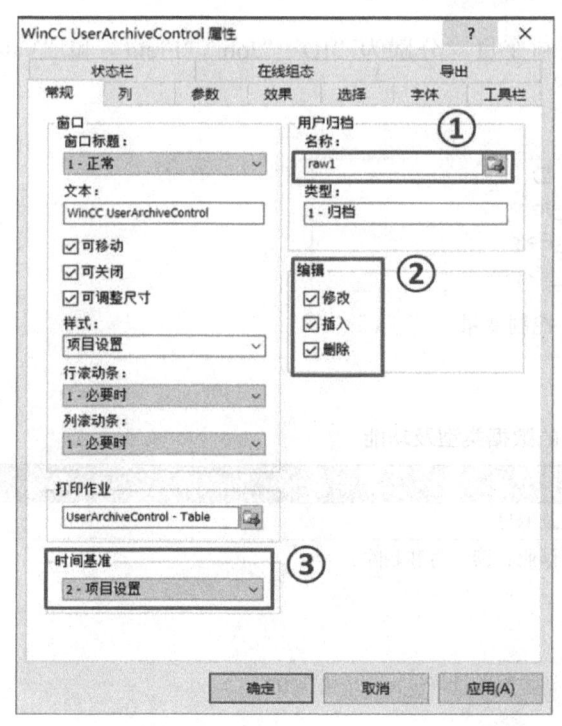 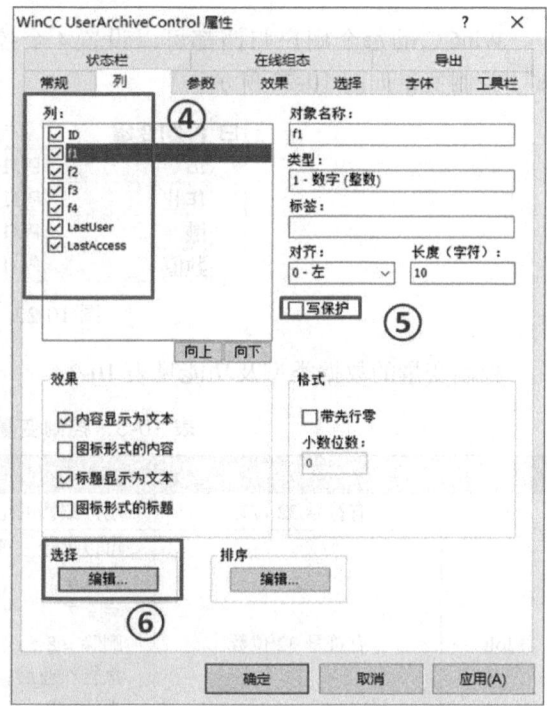

图 10-20 用户归档控件的属性

① 本地时间：用户归档中"日期/时间"会转换为本地时间显示。例如，本地时间为北京时间，用户归档中"日期/时间"加上 8h 再显示在控件中。

② 世界协调时间：用户归档中"日期/时间"不做转换。

③ 项目设置：在 WinCC 的"计算机属性"下"参数"栏"运行时时间显示的基准"中设置。

4）选择要在用户归档控件中显示的列，如图 10-20 中的④。

5）对选择的列进行"写保护"，即无法在控件中对此列进行编辑，如图 10-20 中的⑤。

6）在图 10-20 中的⑥处定义用户归档显示的过滤条件，如图 10-21 所示。

条件	运算域	设置	逻辑运…
ID	小于/等于	60	和
ID	大于/等于	10	和
1号生产单元原料1设定	大于/等于	5	或
1号生产单元原料2设定	等于	55	和

图 10-21　过滤条件

10.3.2　控制变量

WinCC 的每个用户归档都可以设置 4 个控制变量，分别为"ID""Job""Field"和"Value"，控制变量如图 10-22 所示。

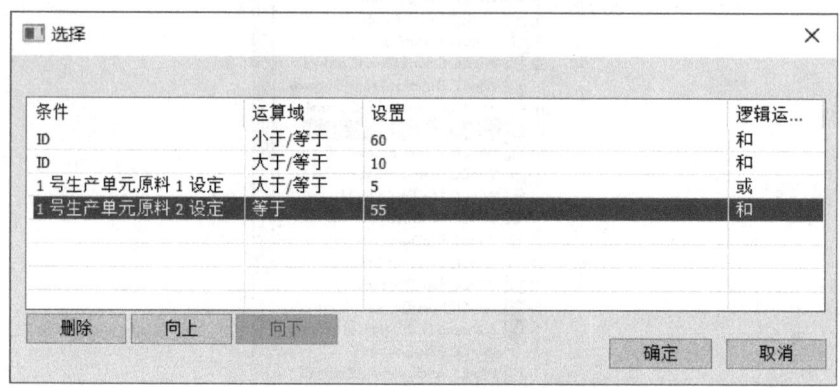

控制变量	
ID	PU1_ID
作业	PU1_Job
域	PU1_Field
数值	PU1_Value

图 10-22　控制变量

控制变量的数据类型及功能见表 10-3。

表 10-3　控制变量的数据类型及功能

变量	数据类型	功能
ID	有符号 32 位数	用户归档的记录编号
Job	有符号 32 位数	可以进行三种作业：读、写和删除： 读 = 6 写 = 7 删除 = 8 执行作业后，该控制变量将包含一个错误 ID： 无错 = 0 错误 = -1
Field	文本变量，8 位	归档域
Value	文本变量，8 位	归档域值

可实现读、写、删除三种动作。Job=6，读；Job=7，写；Job=8，删除。

使用 ID、Job 组合控制，ID 是用户归档的 ID，对应于记录编号，也可以设置为某些特殊值，例如 -1、-6（最低 ID）、-9（最高 ID）。控制变量组合的功能表见表 10-4。

表 10-4 控制变量组合的功能表

ID	Job = 6	Job = 7	Job = 8
-1	添加数据记录	—	删除带最低 ID 的数据记录
-6	读取带最低 ID 数据记录	写入带最低 ID 数据记录	删除带最低 ID 的数据记录
-9	读取带最高 ID 数据记录	写入带最高 ID 数据记录	删除带最高 ID 的数据记录

也可以使用 Job、Field、Value 组合实现用户归档数据的控制功能。

1）Field 必须输入域名，不能用别名。

2）需使 ID=0，Field、Value 组合才生效。

3）用 Field、Value 组合不能实现添加新数据记录到归档，只能读取 PLC 数据，或者将已存在的记录写入 PLC，或者删除记录。

ID 号的唯一性

1）一旦删除记录，ID 号即作废，每个 ID 号仅能使用一次。

2）创建新纪录条目的 ID 号自动增加 1，不能手动修改。

3）使用记事本可以修改导出数据记录的 ID 号，并可导回到用户归档。

10.3.3 原始数据类型变量

（1）报文

用户归档使用原始数据类型变量就相当于用户归档定义了一种特定的协议，可以在 PLC 中与用户归档的数据记录进行数据交换。

PLC 请求报文见表 10-5。一个报文中可以执行一个或多个动作。

表 10-5 PLC 请求报文表

报文类型	字节编号	内容	注释
通信报头	0	报头长度 _ 第一个字节	报头长度占 4 个字节 最大长度为 4091（字节）
	1	报头长度 _ 第二个字节	
	2	报头长度 _ 第三个字节	
	3	报头长度 _ 第四个字节	
	4	传送类型	1 为从 WinCC，2 为从 PLC
	5	保留	
	6	消息帧中作业的数量 _ 第一个字节	数量占 2 个字节
	7	消息帧中作业的数量 _ 第二个字节	
	8	PLCID 第 1 个字符	PLCID，占 8 个字节
	9	PLCID 第 2 个字符	
	10	PLCID 第 3 个字符	
	11	PLCID 第 4 个字符	
	12	PLCID 第 5 个字符	
	13	PLCID 第 6 个字符	
	14	PLCID 第 7 个字符	
	15	PLCID 第 8 个字符	

（续）

报文类型	字节编号	内容	注释
作业 1 的报头	16	作业长度	本作业字节的长度
	17	作业长度	
	18	作业类型	4：检查用户归档是否存在 5：删除用户归档中的所有记录 6：读取数据集 7：写入数据记录 8：删除记录 9：读取数据记录域 10：写入数据记录域
	19	保留	
	20	字段编号	域编号
	21	字段编号	
	22	数据记录编号	数据记录编号
	23	数据记录编号	
	24	数据记录编号	
	25	数据记录编号	
	26	选择标准	
	27	选择标准	
作业 1 的数据		域 1 的数据	
		域 2 的数据	
		域 3 的数据	
		…	
作业 2 的报头 （如果有）			
作业 2 的数据 （如果有）			
作业 n（如果有）			

写入数据记录的报文如图 10-23 所示，是往第一个数据记录中写入数据（JobType=16#07，RecordNumber=16#1000000），数据分别为 1、2、3、4，报文中的 PLCID 为 "raw12345"。

关于归档数据的格式，需要注意以下两个方面：

1）数字必须以 Intel 格式传送（首先传送 LSB，最后传送 MSB）。

2）整型域的长度为 4 个字节，浮点域为 4 个字节，双精度域为 8 个字节。

"Intel" 格式中，首先存储最低有效字节，最后存储最高有效字节。

例如，"Intel" 格式中，十进制数 300 的存储格式见表 10-6。

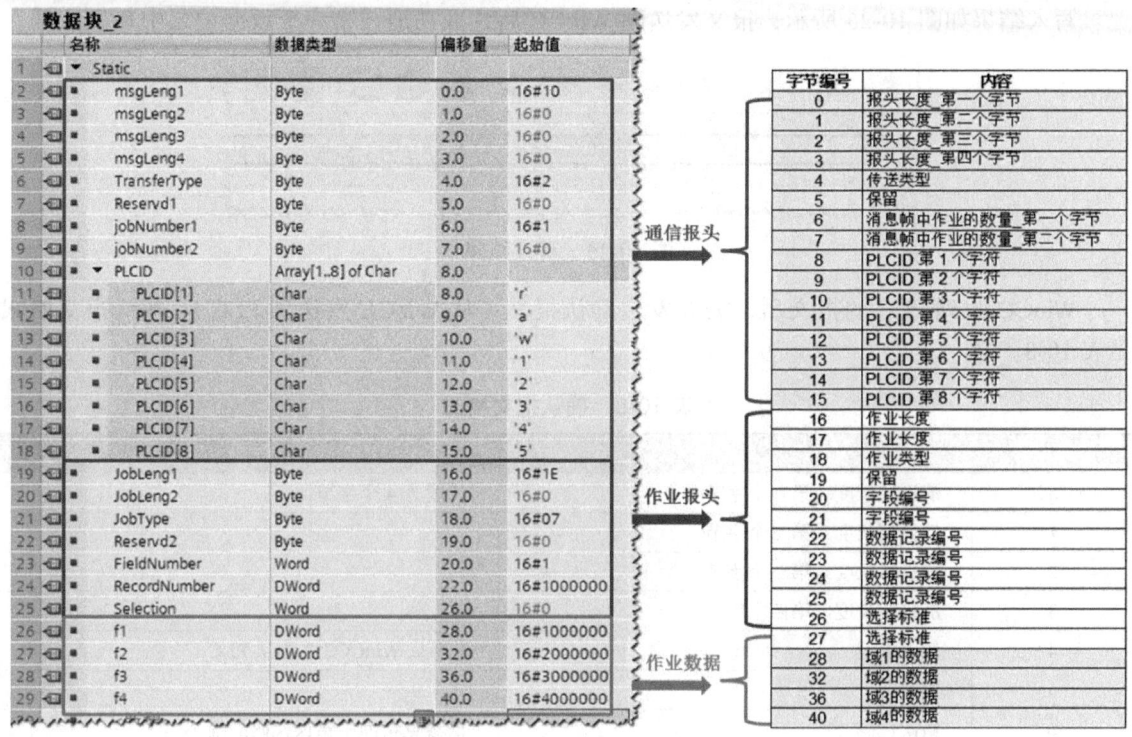

图 10-23 写入数据记录的报文

表 10-6 十进制数 300 的存储格式（一）

十六进制	0				1				2				C			
二进制	0	0	0	0	0	0	0	1	0	0	1	0	1	1	0	0
位	15	14	13	12	11	10	9	8	7	6	5	4	3	2	1	0

SIMATIC 格式中，最低有效字节存储于最高有效位置上。
SIMATIC 格式中，十进制数 300 的存储格式见表 10-7。

表 10-7 十进制数 300 的存储格式（二）

十六进制	2				C				0				1			
二进制	0	0	1	0	1	1	0	0	0	0	0	0	0	0	0	1
位	15	14	13	12	11	10	9	8	7	6	5	4	3	2	1	0

报文中的 PLCID 和用户归档"PLCID"属性中的设定值要一致，这样归档才能判断出报文发送的目标。用户归档"PLCID"属性设定如图 10-24 所示。

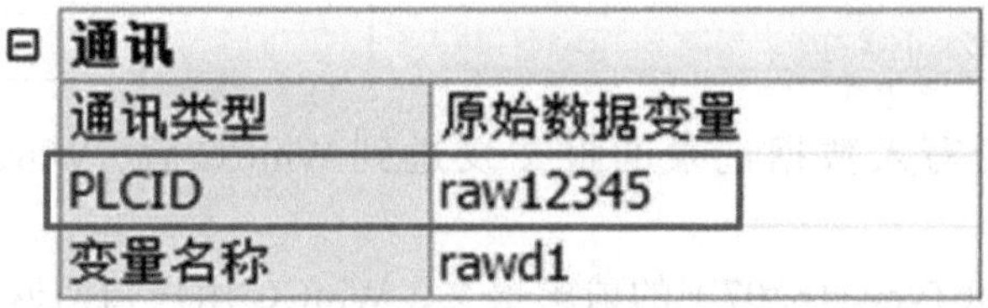

图 10-24 用户归档"PLCID"属性设定

写入结果如图 10-25 所示,报文发送到 WinCC 后,成功地往第一个数据记录中写入数据。

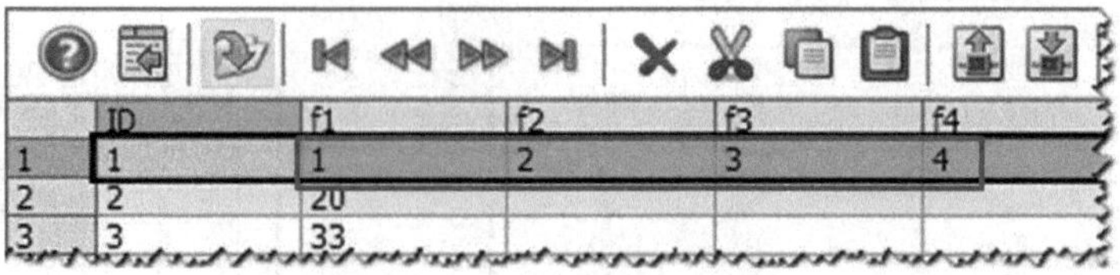

图 10-25　写入结果

WinCC 收到 PLC 的报文后,需要发送确认报文(从 WinCC 发送到 PLC)。确认报文格式见表 10-8。

表 10-8　确认报文格式

字节编号	内容	注释
0	消息帧长度_第一个字节	长度为 4 个字节
1	消息帧长度_第二个字节	
2	消息帧长度_第三个字节	
3	消息帧长度_第四个字节	
4	传送类型	1 为从 WinCC,2 为从 PLC
5	保留	
6	错误代码	请参见帮助中错误代码的描述
7	作业类型	与表 10-5 相同
8	保留	
9	保留	
10	字段编号_第一个字节	长度为 2 个字节
11	字段编号_第二个字节	
12	数据记录编号_第一个字节	长度为 4 个字节
13	数据记录编号_第二个字节	
14	数据记录编号_第三个字节	
15	数据记录编号_第四个字节	
16	PLCID 第 1 个字符	ASCII 格式的名称,字段长度为 8 个字节
17	PLCID 第 2 个字符	
18	PLCID 第 3 个字符	
19	PLCID 第 4 个字符	
20	PLCID 第 5 个字符	
21	PLCID 第 6 个字符	
22	PLCID 第 7 个字符	
23	PLCID 第 8 个字符	

例如,图 10-23 的写入数据记录的报文发送到 WinCC 后,WinCC 返回的确认报文如图 10-26 所示。

如果是读操作(JobType=16#07)的请求报文,WinCC 用户归档返回的读数据记录返回的报文如图 10-27 所示。

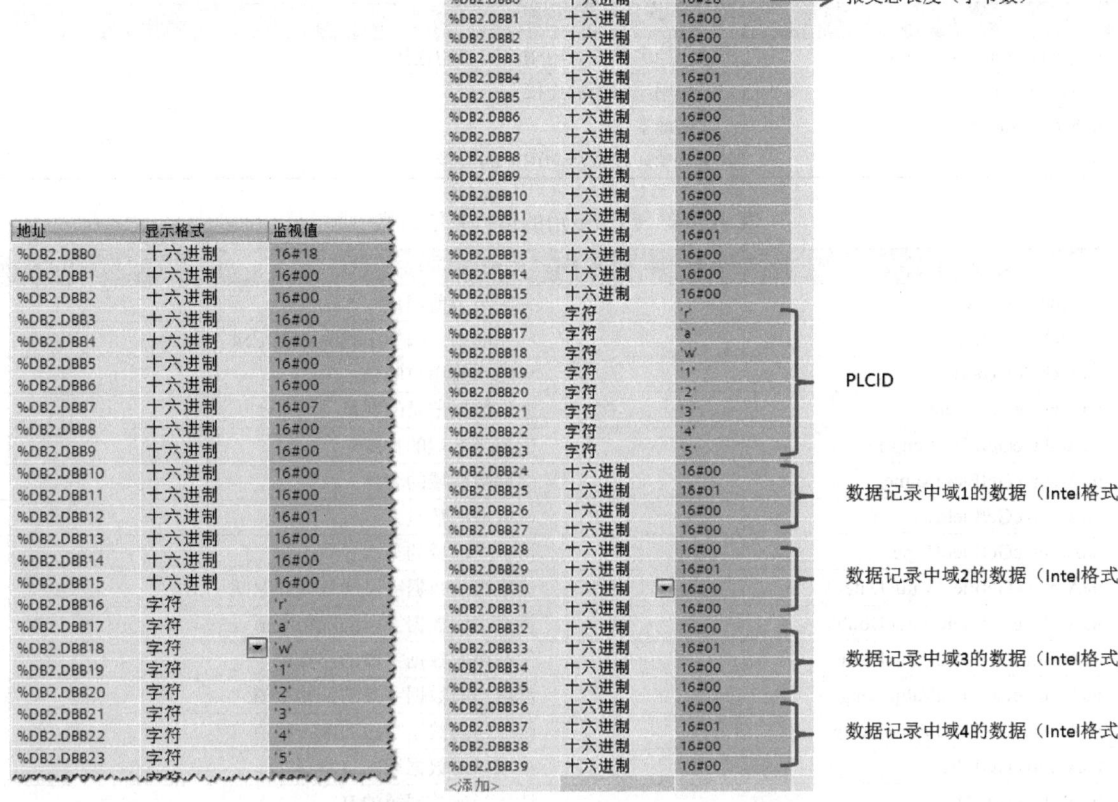

图 10-26　WinCC 返回的确认报文　　　　图 10-27　读数据记录返回的报文

（2）PLC 程序处理

PLC 侧需要调用"BSEND/BRCV"功能块来进行数据的发送和接收。关于利用 BSEND/BRCV 功能实现 S7-300/400 与 WinCC 进行数据量交换的详细的使用步骤请参考条目 ID 79551652。

10.3.4　运行系统中操作归档的标准函数

WinCC 提供了一组标准函数，可以访问用户归档的数据，这些函数位于 C 脚本下的"标准函数 >userarc"下。用户归档的常规运行系统函数见表 10-9，用于在运行系统中打开和关闭用户归档及视图。归档专用的运行系统函数见表 10-10，用于在 WinCC 运行系统中访问用户归档的数据记录。

表 10-9　用户归档的常规运行系统函数

函数	描述
uaConnect	建立与用户归档的连接。该连接对运行系统中的所有用户归档均有效
uaDisconnect	关闭与用户归档的连接
uaGetLocalEvents	读取本地事件
uaIsActive	确定运行系统是否为活动状态
uaOpenArchives	确定打开的用户归档的数量
uaOpenViews	确定打开的视图的数量
uaQueryArchive	建立与用户归档的连接

（续）

函数	描述
uaQueryArchiveByName	通过归档名称建立与用户归档的连接
uaReleaseArchive	关闭与用户归档的连接
uaSetLocalEvents	设置本地事件
uaUsers	查找活动连接或活动用户的数量

表 10-10 归档专用的运行系统函数

函数	描述
uaArchiveClose	关闭与当前用户归档的连接
uaArchiveDelete	从当前用户归档中删除数据记录
uaArchiveExport	导出当前用户归档
uaArchiveGetCount	读取数据记录的数量
uaArchiveGetFieldLength	读取当前域的长度
uaArchiveGetFieldName	读取当前域的名称
uaArchiveGetFields	读取域的数量
uaArchiveGetFieldType	读取当前域的类型
uaArchiveGetFieldValueDate	读取当前数据字段的日期和时间
uaArchiveGetFieldValueDouble	读取当前数据字段的双精度值
uaArchiveGetFieldValueFloat	读取当前数据字段的浮点值
uaArchiveGetFieldValueLong	读取当前数据字段的长整型值
uaArchiveGetFieldValueString	读取当前数据字段的字符串值
uaArchiveGetFilter	读取当前数据域的过滤器
uaArchiveGetID	读取当前数据域的 ID
uaArchiveGetName	读取当前数据域的名称
uaArchiveGetSort	读取当前数据域的排序
uaArchiveImport	导入用户归档
uaArchiveInsert	将新数据记录插入用户归档中
uaArchiveMoveFirst	跳转到第一条数据记录
uaArchiveMoveLast	跳转到最后一条数据记录
uaArchiveMoveNext	跳转到下一条数据记录
uaArchiveMovePrevious	跳转到前一条数据记录
uaArchiveOpen	建立与当前用户归档的连接
uaArchiveReadTagValues	读取变量值
uaArchiveReadTagValuesByName	根据名称读取变量值
uaArchiveRequery	新查询
uaArchiveSetFieldValueDate	写入当前数据域
uaArchiveSetFieldValueDouble	写入当前数据字段的双精度值
uaArchiveSetFieldValueFloat	写入当前数据字段的浮点值
uaArchiveSetFieldValueLong	写入当前数据字段的长整型值
uaArchiveSetFieldValueString	写入当前数据字段的字符串值
uaArchiveSetFilter	设置过滤器
uaArchiveSetSort	设置排序标准
uaArchiveUpdate	更新打开的用户归档
uaArchiveWriteTagValues	将当前数据记录的值写入变量中

要在运行系统中访问用户归档的数据记录，必须先调用"uaConnect"函数。"uaConnect"用于创建打开用户归档所需的"UAHCONNECT"句柄。操作完成后必须使用"uaDisconnect"函数关闭与"用户归档"的连接。

"uaQueryArchiveByName"用于与指定归档名的用户归档建立连接。函数语法为：

```
uaQueryArchiveByName (UAHCONNECT hConnect, LPCSTR pszName, UAHARCHIVE* phArchive)
```

其中参数 pszName 为归档名称。注意，归档名称要区分大小写。

表 10-10 中 uaArchiveSetFieldValue***（*** 和域类型相关）函数用于将数值 dValue 写入 hArchive 指向的数据记录中编号为 lField 的域中。语法为：

```
uaArchiveSetFieldValue***(UAHARCHIVE hArchive, LONG lField, double dValue)
```

在数值写入域之后，必须调用 uaArchiveUpdate 更新当前用户归档，才能写入数据库。

> **提示**
> uaArchiveUpdate 函数只是将数值写入域而不写入 PLC。如果要写入 PLC，应使用 uaArchiveWriteTagValues 函数将当前数据记录的数值写入变量。

使用运行系统函数访问用户归档的数据记录的脚本编写步骤如下：

1）首先建立到用户归档组件（运行）的连接 uaConnect()。
2）然后连接到某个用户归档 uaQueryArchiveByName()。
3）打开归档 uaArchiveOpen()。
4）执行必要的操作。
5）关闭归档 uaArchiveClose()。
6）释放与指定归档的连接 uaReleaseArchive()。
7）断开到用户归档组件的连接 uaDisconnect()。

例如，下面的脚本是往用户归档"ua01"中插入一条数据记录。

```c
#include "apdefap.h"
void OnLButtonDown(char* lpszPictureName, char* lpszObjectName, char* lpszPropertyName, UINT nFlags, int x, int y)
{
  UAHCONNECT hConnect;
  UAHARCHIVE hArchive2;
  int i;
  //================ 建立到用户归档组件（运行）的连接 ====================
  if ( uaConnect( &hConnect ) == FALSE )
  {
  printf( "uaConnect error: %d\n", "uaGetLastError()" );
  }
  if ( hConnect == NULL )
  {
  printf("Handle UAhConnect1 equals 0\n" );
```

```
    }
    //===================== 连接到"ua01"归档 =====================
    if (uaQueryArchiveByName( hConnect, "ua01", &hArchive2) == FALSE )
    {
    printf( "uaQueryArchiveByName Error: %d\n", "uaGetLastError()" );
    }
    //===================== 打开归档 =====================
    if ( uaArchiveOpen( hArchive2) == FALSE )
    {
    printf( "uaArchiveOpen Error: %d\n", "uaGetLastError()" );
    }
    //===================== 插入数据记录 =====================
    for( i = 1; i<=10; i++)
    {
     if ( uaArchiveSetFieldValueDouble(hArchive2, i,i) == FALSE )
     {
     printf("uaArchiveSetFieldValueLong(hArchive2,i,6);Err:%d\n", "aGetLastError()" );
     }
    }
    uaArchiveInsert(hArchive2);
    //===================== 关闭归档 =====================
    if ( uaArchiveClose ( hArchive2) == FALSE )
    {
    printf( "uaArchiveClose Error: %d\n", "uaGetLastError()" );
    }
    //===================== 释放与指定"ua01"归档的连接 =====================
    if(uaReleaseArchive(hArchive2)==FALSE)
    {
    printf("error on releasing archive1!\n");
    }
    //===================== 断开到用户归档组件的连接 =====================
    if(uaDisconnect(hConnect)==FALSE)
    {
    printf("error on disconnection\n");
    }
}
```

脚本执行后成功地插入一条数据记录,用户归档函数插入数据记录的结果如图 10-28 所示。

ID	Value_001	Value_002	Value_003	Value_004	Value_005	Value_006	Value_007	Value_008	Value_009	Value_010
1	4	1	2	3	4	5	6	7	8	9	10
2											

图 10-28 用户归档函数插入数据记录的结果

10.3.5 数据库访问脚本

可以使用 SQL OLE DB 来访问用户归档。用户归档的运行数据库和项目的运行数据库在一起，用户归档的运行数据库表名称为 UA#<ArchiveName>。

SQL OLE DB 访问用户归档连接的字符串：

```
"Provider=SQLOLEDB.1; Integrated Security=SSPI; Persist Security
Info=false; Initial Catalog=***;Data Source=.\WinCC".
```

用户归档的查询语句和标准 SQL 查询语句相同。

读取值语句：

```
SELECT * FROM UA#<ArchiveName>[WHERE <Condition>...., optional]
```

写入值语句：

```
UPDATE UA#<ArchiveName> SET UA#<ArchiveName>.<Column_n> = <Value> [WHERE
<Condition>...., optional]
```

插入数据集语句：

```
INSERT INTO UA#<ArchiveName> (ID,<Column_1>,<Column_2>,<Column_n>)
VALUES (<ID_Value>, Value_1,Value_2,Value_n)
```

删除数据集语句：

```
DELETE FROM UA#<ArchiveName> WHERE ID = <ID_Number>
```

10.3.6 运行数据的导入/导出

可以通过用户归档控件工具栏上的"导入/导出"工具来导入/导出用户归档的数据记录，"导入/导出"选项如图 10-29 所示。

图 10-29 "导入/导出"选项

1. 导出数据记录

将用户归档控件中的全部或选定的数据记录导出到"CSV"文件。导出数据如图 10-30 所示，导出的文件名可以自定义，导出的存储路径为项目文件下的"UA"目录。

导出的文件建议用记事本打开修改。用 Excel 打开保存后格式会发生变化，从而无法导入。

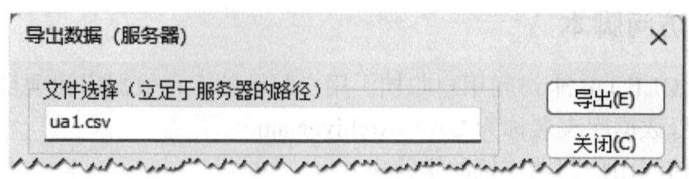

图 10-30　导出数据

2. 导入数据记录

当执行数据导入时，将要导入的归档记录的 ID 不能和已经存在的 ID 相同，否则会出错。可以在 < 项目文件夹 >\UA\UALogFile.txt 中查看导入的错误信息，也可以在归档组态编辑器中，右键单击某个归档"归档数据 > 保存到文件 / 从文件中加载"来导出 / 导入归档数据。单个归档数据的导出 / 导入如图 10-31 所示。

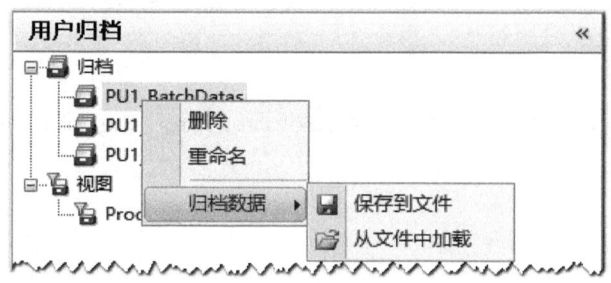

图 10-31　单个归档数据的导出 / 导入

10.4　使用 WinCC 用户归档的注意事项

本节列出了几个在使用 WinCC 用户归档时需要注意的地方。

10.4.1　用户归档中的时间

1. 时间的存储

用户归档数据库中"日期 / 时间"是以世界协调时间（UTC）（比北京时间晚 8h）存储的。

在用户归档编辑器、用户归档控件中输入的"日期 / 时间"会自动转换为 UTC，使用控制变量设置的"日期 / 时间"也会自动转换为 UTC，需要在写入数据库之前进行时区的转换。例如计算机为北京时区，在用户归档控件中输入时间"2024-6-8 10:00:00"，用户归档会将其转换为 UTC"2024-6-8 2:00:00"记录下来。

直接操作数据库的方法设置的"日期 / 时间"不会被自动转换为 UTC。

2. 时间的显示

相应的用户归档数据记录中的"日期 / 时间"在用户归档控件中显示时也会自动根据控件的时间基准进行转换。若时间基准选择"本地时间"，则用户归档中"日期 / 时间"会转换为本地时间显示；若时间基准选择"世界协调时间"，则用户归档中"日期 / 时间"不做转换。

但对于通过直接查询数据库的方法读取的"日期 / 时间"则不会自动转换，需要在脚本中进行转换处理。

10.4.2 用户归档中的权限

在用户归档编辑器中可以分别为归档和域设置读写权限,权限定义如图 10-32 所示。

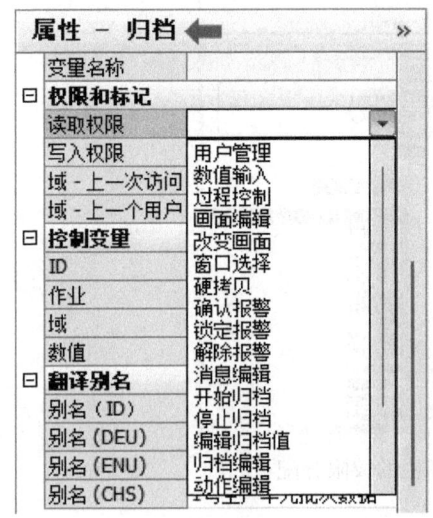 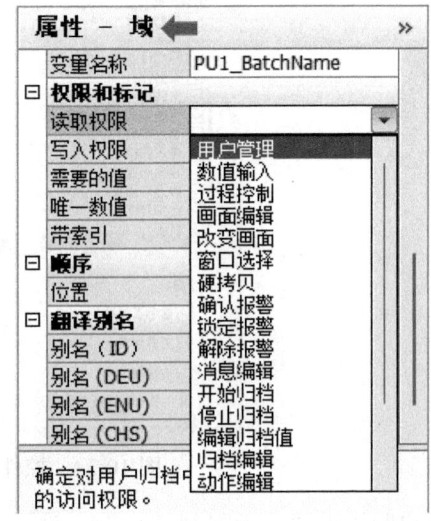

图 10-32 权限定义

若没有读取权限,则用户归档控件中不显示相应的归档和域。使用控制变量可以正常读取用户归档的数据。

若没有写入权限,则在用户归档控件中无法修改、插入以及删除归档或列的数据。使用控制变量可以正常操作用户归档。

这里设置的读写权限不会影响用户归档控件上的"读取"和"写入"工具,用户归档控件如图 10-33 所示。

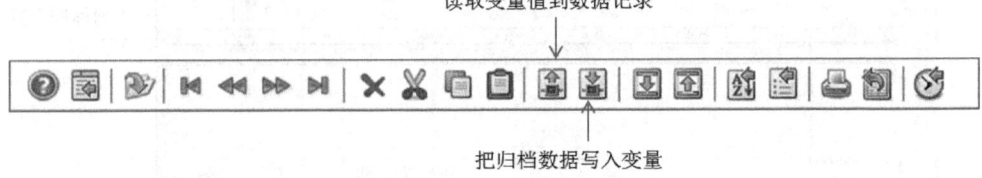

图 10-33 用户归档控件

用户归档控件上的工具栏按钮可以单独分配权限,控件工具栏的权限分配如图 10-34 所示。

> **提示**
> 视图及其列没有权限定义,继承使用归档和域的权限。

10.4.3 用户归档的使用限制

WinCC V8.0 中用户归档的性能如下:
1)归档总数:无限制。
2)用户归档域:500。
3)用户归档数据记录:10000。

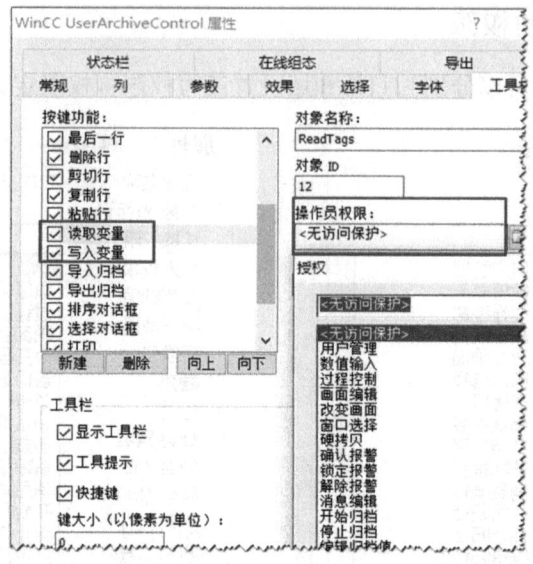

图 10-34 控件工具栏的权限分配

4) 用户归档视图：无限制。

另外，域的数目和数据记录的数目的乘积不得超过 1000000。例如，使用 100 个域时最多可以创建 10000 个数据记录，使用 500 个域时最多可以创建 2000 个数据记录。"编号"列和"ID"列会占用两个域，"列标题"占用一个数据记录数。域和数据记录乘积计算如图 10-35 所示。

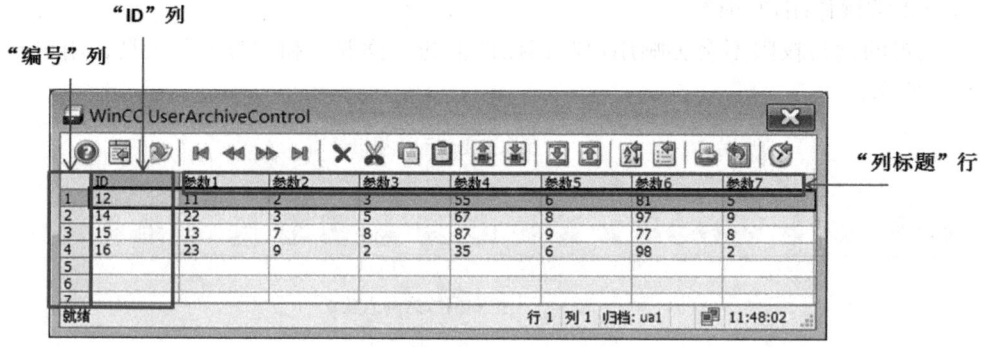

图 10-35 域和数据记录乘积计算

10.5 WinCC 用户归档应用示例

用户归档常用于配方的管理以及批次生产数据的记录。本节中的配方就是指用户归档。

10.5.1 配方数据记录的手动 / 自动下载

模拟的生产工艺如图 10-36 所示。模拟简单生产工艺描述：由两个原料罐按照"原料参数配方"设定输出原料到搅拌罐进行搅拌，搅拌罐按照"控制参数配方"设定参数控制搅拌泵的搅拌方向和搅拌速度。

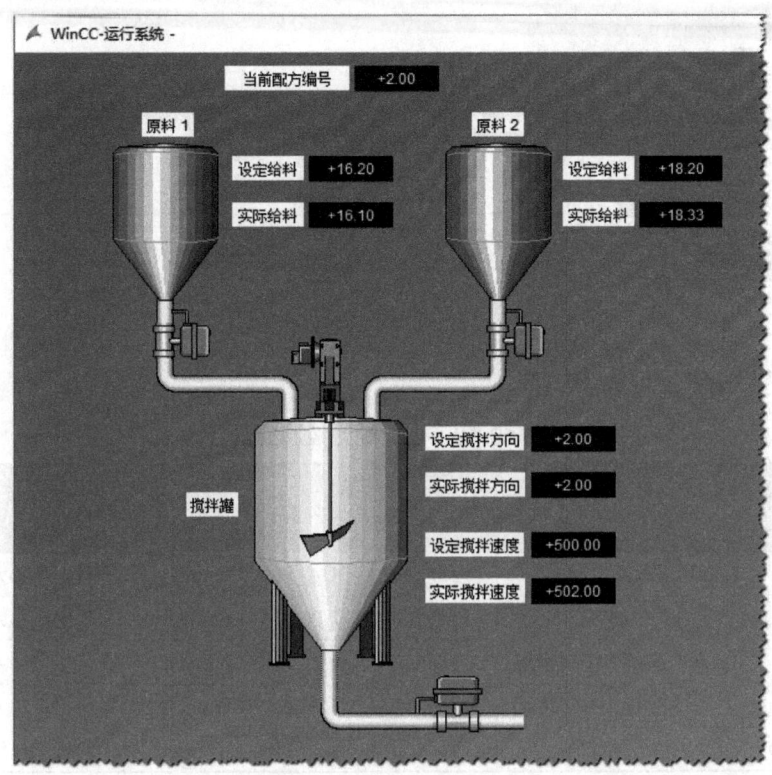

图 10-36 模拟的生产工艺

步骤 1：创建"原料参数配方"变量，如图 10-37 所示。为便于仿真运行，本示例将全部采用内部变量进行模拟。

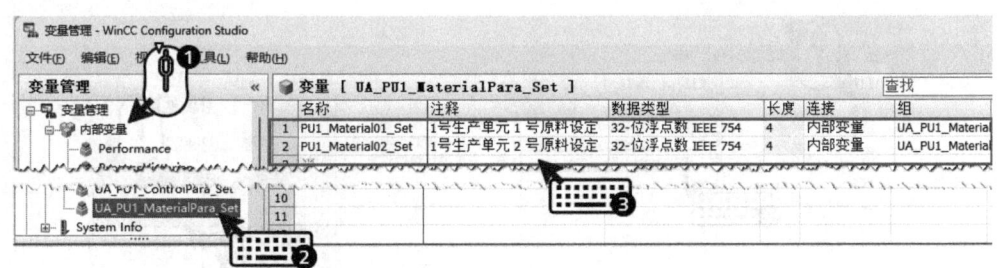

图 10-37 创建"原料参数配方"变量

创建"原料参数配方"的变量，见表 10-11。

表 10-11 创建"原料参数配方"的变量

变量名称	属性			
	数据类型	连接	组	注释
PU1_Material01_Set	32 位浮点数	内部变量	UA_PU1_MaterialPara_Set	1 号生产单元 1 号原料设定
PU1_Material02_Set	32 位浮点数	内部变量	UA_PU1_MaterialPara_Set	1 号生产单元 2 号原料设定

步骤 2：创建配方控制变量，如图 10-38 所示。

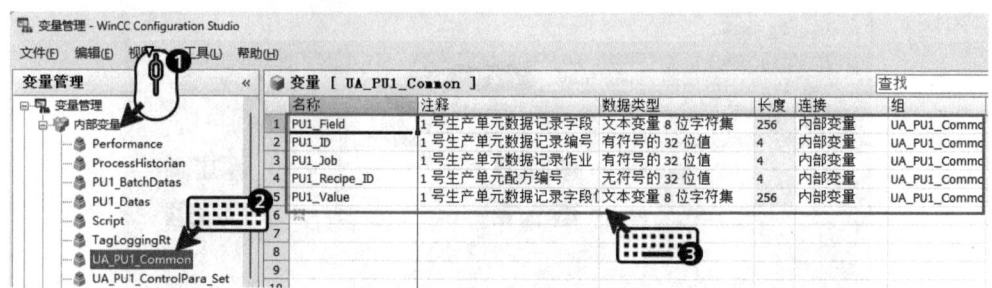

图 10-38 创建配方控制变量

创建配方控制变量,见表 10-12。

表 10-12 创建配方控制变量

变量名称	属性			
	数据类型	连接	组	注释
PU1_ID	有符号的 32 位值	内部变量	UA_PU1_Common	1 号生产单元数据记录编号
PU1_Job	有符号的 32 位值	内部变量	UA_PU1_Common	1 号生产单元数据记录作业
PU1_Field	文本变量 8 位字符集	内部变量	UA_PU1_Common	1 号生产单元数据记录字段
PU1_Value	文本变量 8 位字符集	内部变量	UA_PU1_Common	1 号生产单元数据记录字段值
PU1_Recipe_ID	无符号的 32 位值	内部变量	UA_PU1_Common	1 号生产单元配方编号

步骤 3:创建"原料参数配方"归档,如图 10-39 所示。创建的归档名为"PU1_MaterialPara_Set",通信类型选择"数据管理器变量"。然后关联控制变量,"ID"关联变量"PU1_ID";"作业"关联变量"PU1_Job";"域"关联变量"PU1_Field";"数值"关联变量"PU1_Value"。

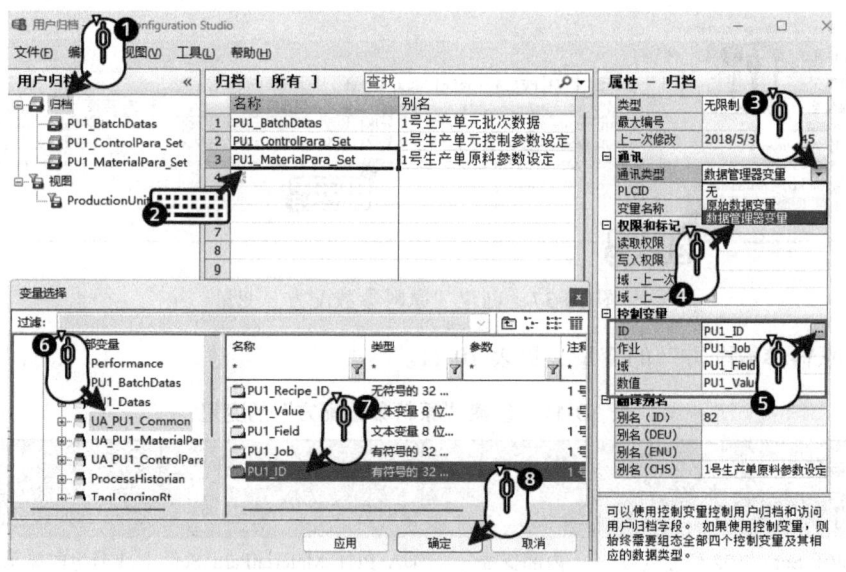

图 10-39 创建"原料参数配方"归档

步骤 4:为归档"PU1_MaterialPara_Set"创建域并关联变量,如图 10-40 所示。选择"PU1_MaterialPara_Set"归档,在域列表中创建"PU1_Material01_Set"域,输入域的别名"1 号生

产单元1号原料设定";选择域的数据类型为"数字(浮点型)",这里选择的数据类型需要与所关联变量的数据类型保持一致;然后关联变量"PU1_Material01_Set"。参考上述步骤继续创建"PU1_Material02_Set"域和"PU1_Recipe_ID"域,并关联对应的变量。最后设置域"PU1_Recipe_ID"的"唯一数值"属性。

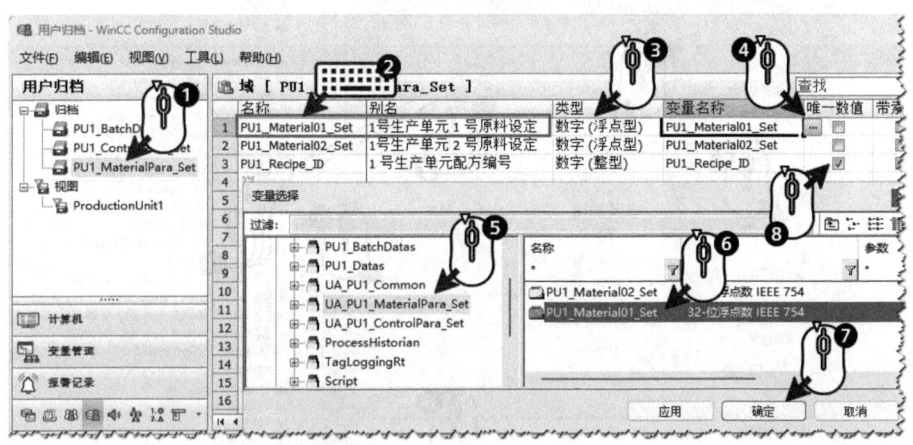

图 10-40 创建域并关联变量

步骤5:组态编辑仿真画面,如图10-41所示。在画面中添加三个"输入/输出域"分别关联当前配方编号变量"PU1_Recipe_ID"、原料1设定变量"PU1_Material01_Set"和原料2设定变量"PU1_Material02_Set"。

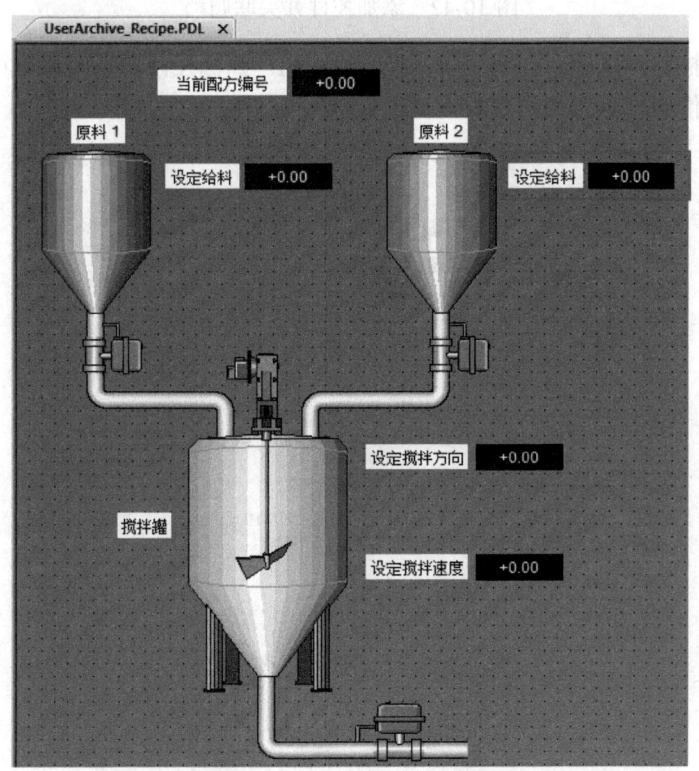

图 10-41 组态编辑仿真画面

步骤 6：添加控件并关联归档，如图 10-42 所示。添加"WinCC UserArchiveControl"控件到画面，鼠标左键双击控件，弹出控件属性对话框，在控件"常规"选项中关联归档"PU1_MaterialPara_Set"。

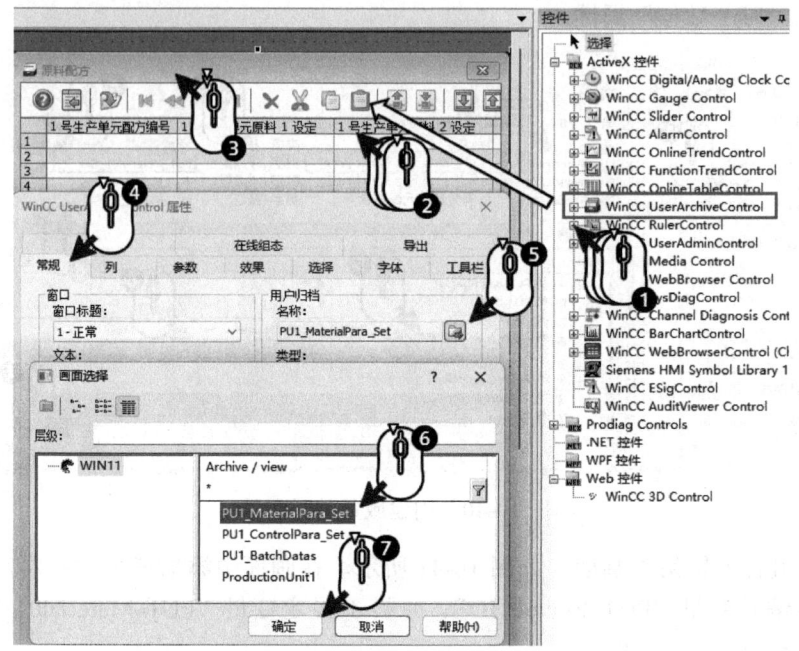

图 10-42　添加控件并关联归档

步骤 7：更改控件列选项，如图 10-43 所示。在用户归档控件属性对话框中选择"列"选项，取消"ID"列。控件中域对应的列名默认显示为域的"别名"。

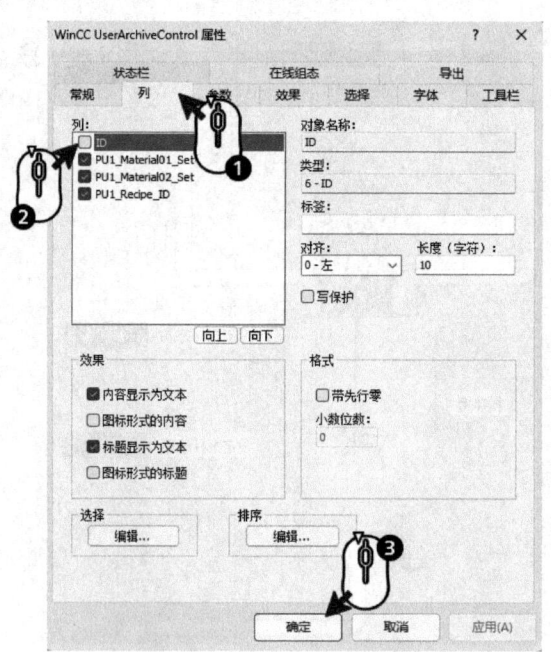

图 10-43　更改控件列选项

运行测试手动下载 / 上传更新或生成新配方数据记录

如图 10-44 所示，在 WinCC 计算机属性中的"启动"选项中勾选"用户归档"，然后激活 WinCC 运行系统。

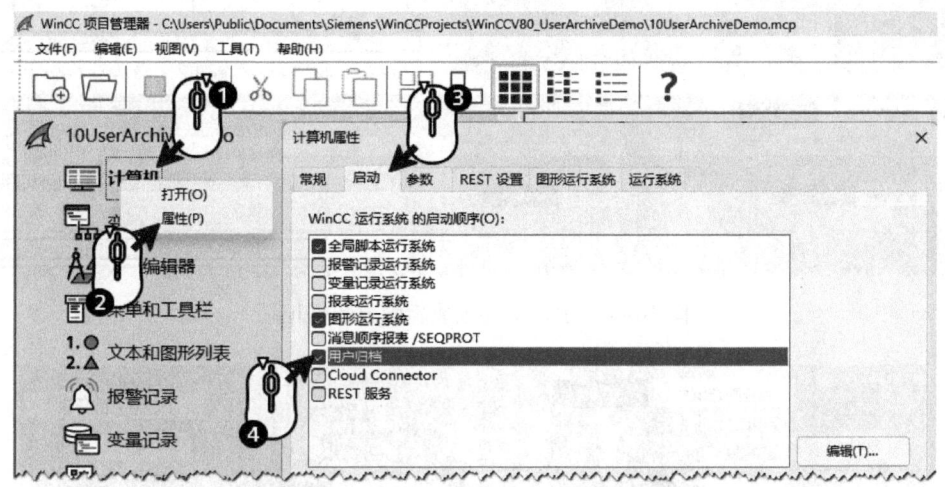

图 10-44　在启动列表中激活用户归档

手动下载配方数据记录，如图 10-45 所示。在配方控件中双击空白行添加并输入三组配方参数，选中配方编号为 2 的配方数据记录，单击配方控件工具栏中的"写入变量"按钮后，配方编号、原料 1 设定值、原料 2 设定值被同时写入 WinCC 变量中。

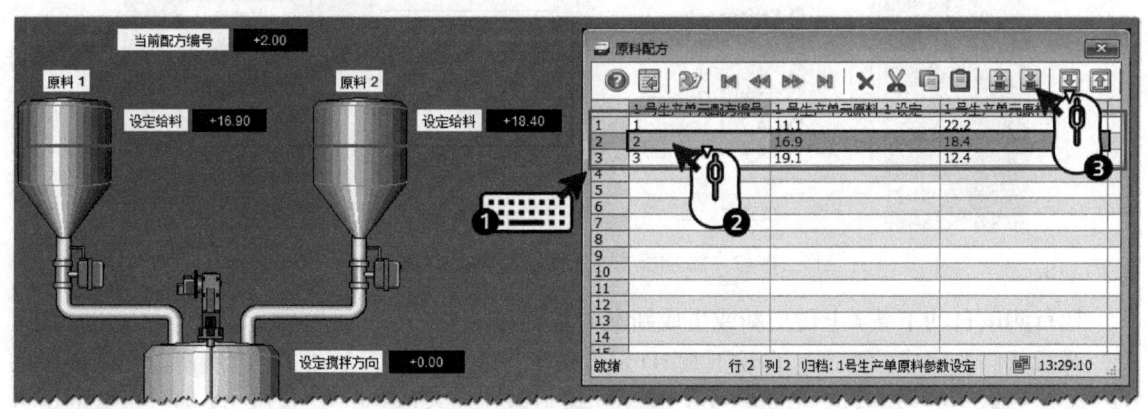

图 10-45　手动下载配方数据记录

手动上传生成新配方数据记录，如图 10-46 所示。在画面中的当前配方编号"输入 / 输出域"中输入值"4"（由于设置了配方编号的"唯一数值"属性，因此要想生成新的配方数据记录则该变量值必须唯一，否则手动生成时会弹出错误提示"添加数据记录时出错"）。在原料 1 和原料 2 设定给料"输入 / 输出域"中分别手动输入设定值。在配方控件中选中最下方的空白行，单击配方控件工具栏中的"读取变量"按钮后，配方编号为 4 的数据记录值生成。

步骤 8：组态编辑仿真画面。添加配方控制变量"输入 / 输出域"，如图 10-47 所示。在画面中添加 四个"输入 / 输出域"分别关联配方控制变量"PU1_ID""PU1_Job""PU1_Field"和"PU1_Value"，保存画面。

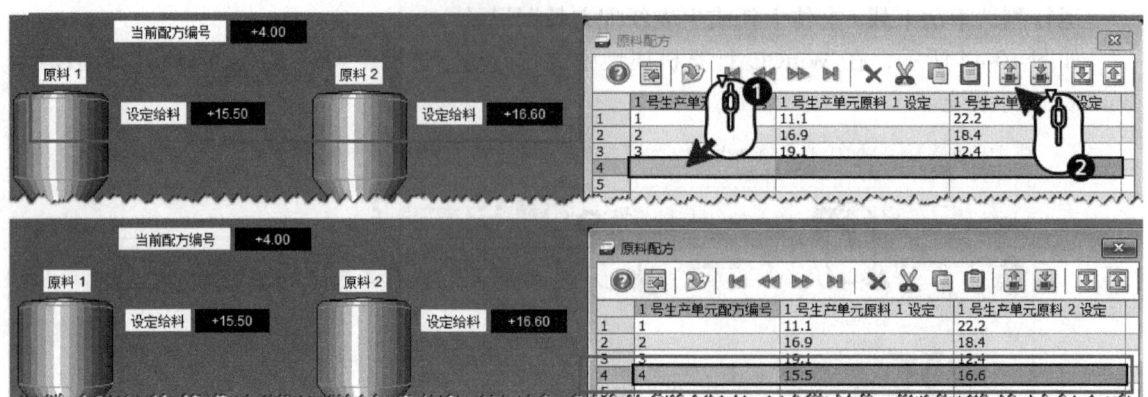

图 10-46 手动上传生成新配方数据记录

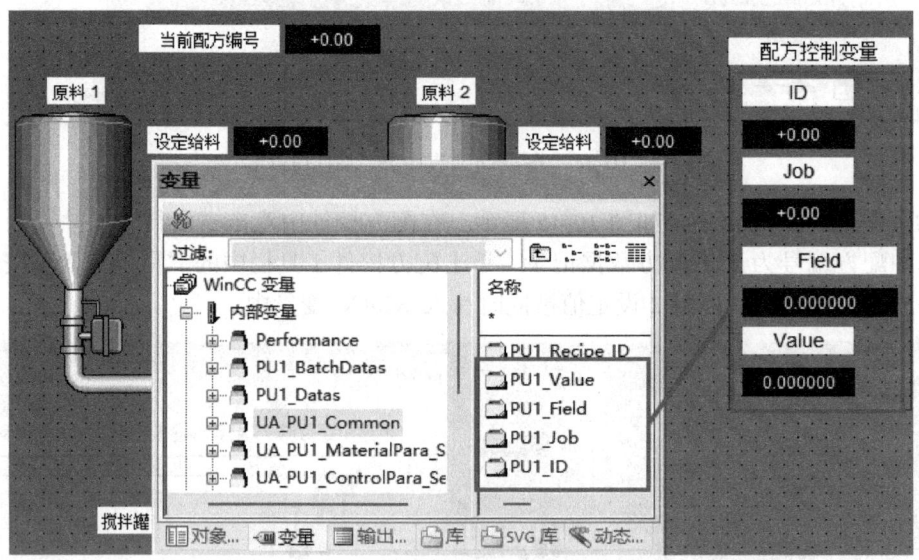

图 10-47 添加配方控制变量"输入/输出域"

运行测试自动下载/上传更新或生成新配方数据记录

激活新修改完成的画面，自动下载 ID 最低的配方数据记录，如图 10-48 所示。在画面中的 ID "输入/输出域"输入值 −6.00，Job "输入/输出域"输入值 +7，回车后 ID 编号最低的配方数据记录值被同时写入了变量当中。

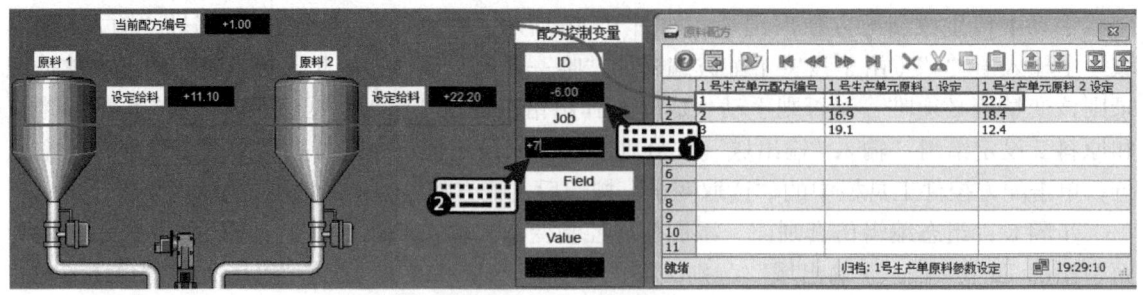

图 10-48 自动下载 ID 最低的配方数据记录

ID"输入/输出域"输入值 –9.00,Job"输入/输出域"输入值 +7,回车后 ID 编号最高的配方数据记录值被同时写入了变量当中。

也可以通过配方编号选择指定配方数据记录进行自动下载。自动下载指定 ID 的配方数据记录如图 10-49 所示,在画面中的 Field"输入/输出域"输入值 PU1_Recipe_ID,Value"输入/输出域"输入值 3,Job"输入/输出域"输入值 +7,回车后 ID 编号为 3 的配方数据记录值被同时写入了变量当中。

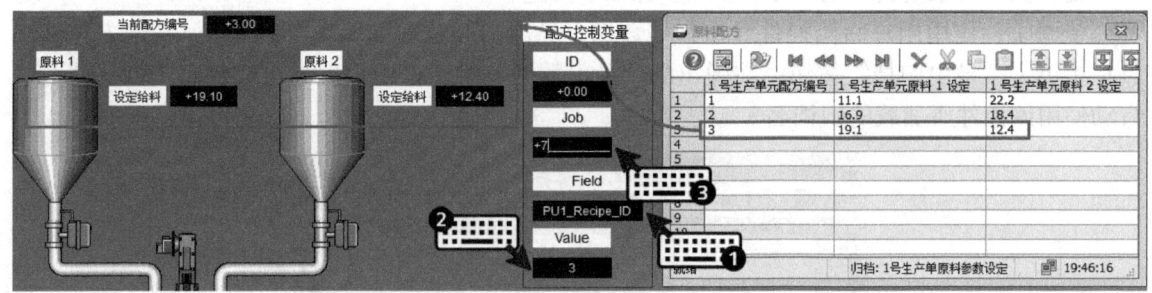

图 10-49　自动下载指定 ID 的配方数据记录

还可以自动上传更新指定 ID 编号的配方数据记录,如图 10-50 所示。在画面中的 Field"输入/输出域"输入值 PU1_Recipe_ID,Value"输入/输出域"输入值 3,Job"输入/输出域"输入值 +6,回车后 ID 编号为 3 的配方数据记录值被变量值更新。

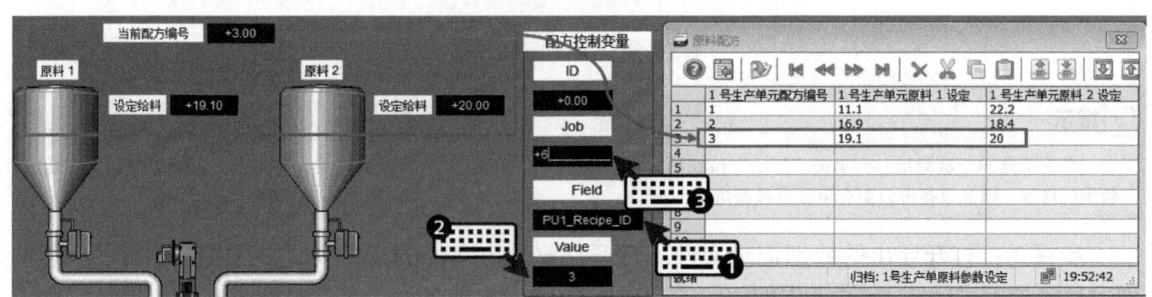

图 10-50　自动上传更新指定 ID 编号的配方数据记录

最后是自动上传生成新配方数据记录,如图 10-51 所示。在画面中的 Field"输入/输出域"清空输入值,Value"输入/输出域"清空输入值,当前配方编号"输入/输出域"输入值 +5.00(或配方数据记录中不存在的配方编号值),ID"输入/输出域"输入值 –1.00,Job"输入/输出域"输入值 +6,回车后配方数据记录新增加了一条配方编号为 5 的新数据记录。

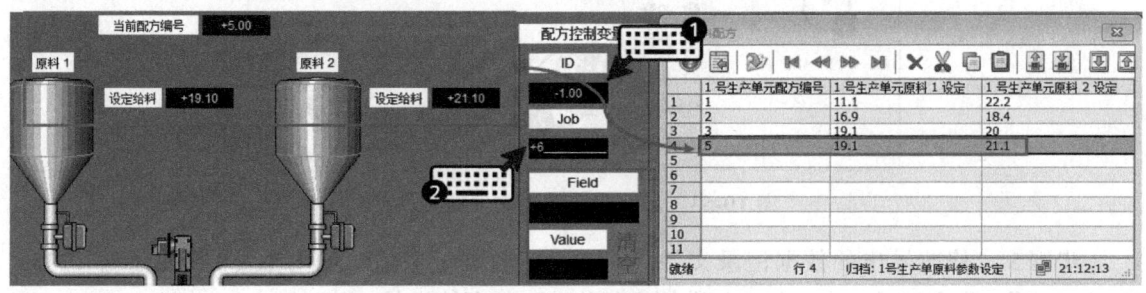

图 10-51　自动上传生成新配方数据记录

> **提示**
> 由于本例采用的均为内部变量,因此采取手动为控制变量赋值进行测试。实际本例中所要说明的"自动"指的是可以通过 PLC 自动为控制变量赋值,或后台通过脚本自动为控制变量赋值,以实现自动地下载 / 上传配方数据记录。

10.5.2 配方数据记录运行时的导出 / 导入

配方数据记录运行时的导出 / 导入步骤如下所述:

步骤 1:使用用户归档控件导出归档数据。导出归档数据如图 10-52 所示,在配方控件工具栏中单击"导出归档"按钮,在弹出的"导出数据"对话框中设置导出文件名(默认情况下自动使用该控件所加载的归档名)。

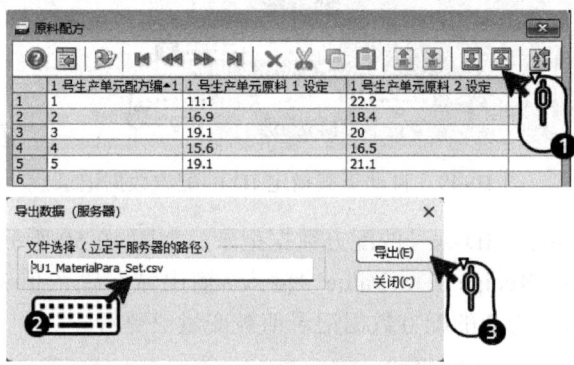

图 10-52 导出归档数据

> **提示**
> 如果不是第一次导出,则单击"导出"按钮后会提示"文件已存在,是否要覆盖现有文件?",如果已对该文件做过数据的修改,请加以备份以免有用数据被覆盖。

步骤 2:打开导出的数据记录文件。打开存放导出文件的文件夹,如图 10-53 所示。浏览到项目路径下"UA"文件夹中的 .csv 文件,右键单击文件名称,在"打开方式"中选择"记事本"程序打开导出文件。

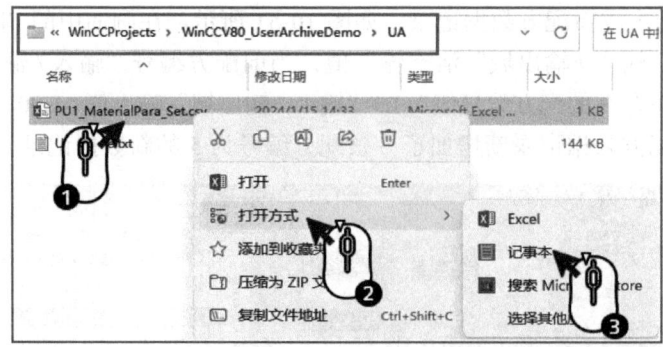

图 10-53 打开存放导出文件的文件夹

步骤 3:修改导出的数据记录文件。编辑修改数据记录值,如图 10-54 所示。对"PU1_Recipe_ID"(配方编号)为 1 和 5 的数据进行修改,保存该文件。

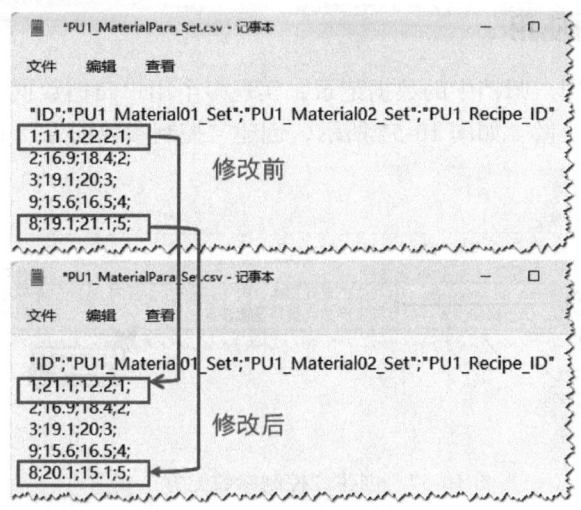

图 10-54　编辑修改数据记录值

步骤 4：删除原有的数据记录条目，如图 10-55 所示。鼠标左键选中左上第一个单元格，直接拖拽到右下最后一个单元格，选中全部的数据。然后单击工具栏中的"删除行"按钮，所有数据记录将被删除。

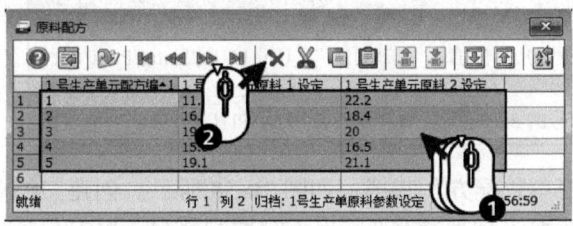

图 10-55　删除原有的数据记录条目

步骤 5：导入归档，如图 10-56 所示。单击工具栏中的"导入归档"按钮，在导入数据窗口选择"导入"，可以看到修改过的数据记录全部成功导入。

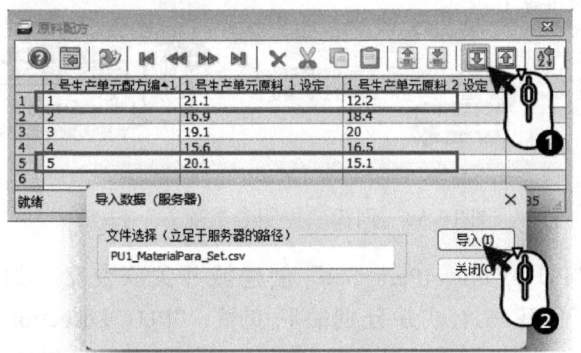

图 10-56　导入归档

提示

　　这里的导入操作，逻辑上不支持删除或者修改，只能是增加。如果导入的数据已存在数据记录中，则导入操作将不能执行。

10.5.3 配方视图的使用

通过视图加载多个用户归档中的数据记录,实现多个用户归档数据记录同时下载/上传。

步骤1:创建配方变量。如图10-57所示,创建"控制参数配方"变量。

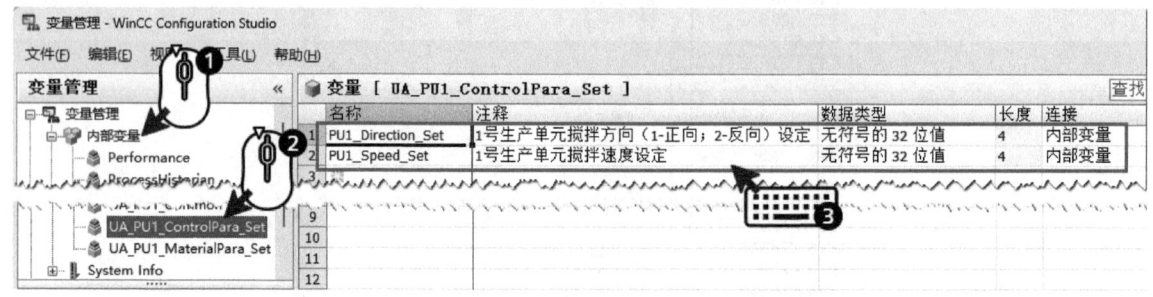

图10-57 创建"控制参数配方"变量

创建"控制参数配方"变量属性见表10-13。

表10-13 创建"控制参数配方"变量属性

变量名称	属性			
	数据类型	连接	组	注释
PU1_Direction_Set	无符号的32位值	内部变量	UA_PU1_ControlPara_Set	1号生产单元搅拌方向(1—正向;2—反向)
PU1_Speed_Set	无符号的32位值	内部变量	UA_PU1_ControlPara_Set	1号生产单元搅拌速度设定

步骤2:创建"控制参数配方"归档,如图10-58所示。创建归档名为"PU1_ControlPara_Set"。通信类型选择"数据管理器变量",并关联控制变量,"ID"关联"PU1_ID""作业"关联"PU1_Job""域"关联"PU1_Field""数值"关联"PU1_Value"。

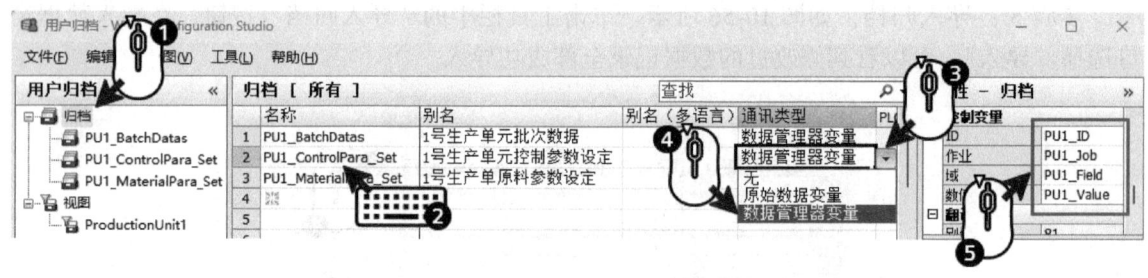

图10-58 创建"控制参数配方"归档

步骤3:为归档"PU1_ControlPara_Set"创建域并关联变量,如图10-59所示。为归档"PU1_ControlPara_Set"创建三个域并分别关联变量,"PU1_Direction_Set"关联变量"PU1_Direction_Set""PU1_Speed_Set"关联变量"PU1_Speed_Set""PU1_Recipe_ID"关联变量"PU1_Recipe_ID",并设置域"PU1_Recipe_ID"的"唯一数值"属性。

步骤4:创建视图,如图10-60所示。创建新视图"ProductionUnit1",并输入关系表达式"~ PU1_ControlPara_Set.PU1_Recipe_ID = ~ PU1_MaterialPara_Set.PU1_Recipe_ID"。

步骤5:为新视图创建列,如图10-61所示。

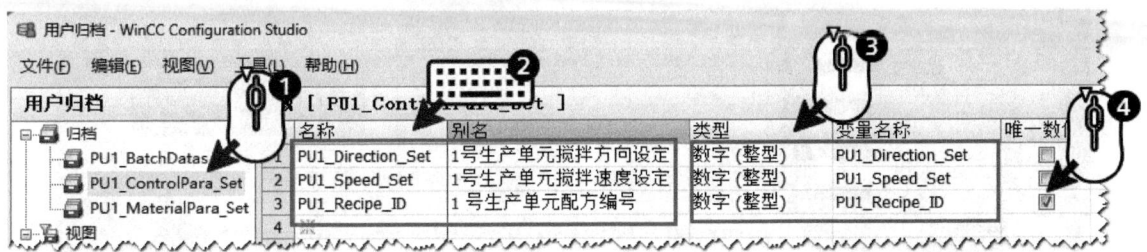

图 10-59　创建域并关联变量

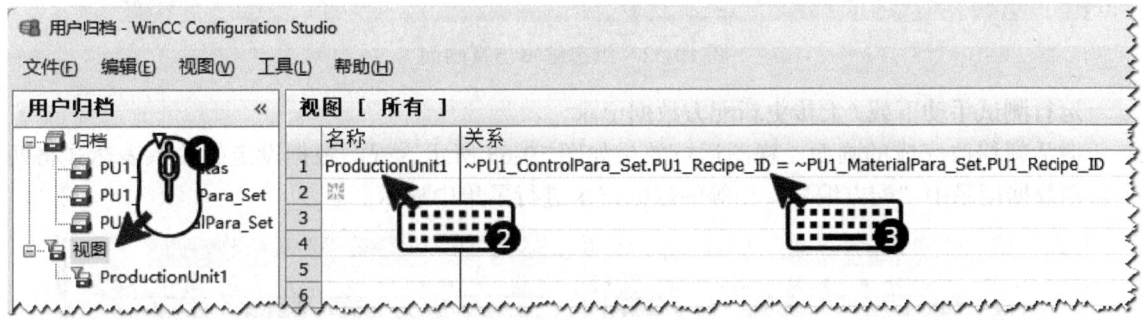

图 10-60　创建视图

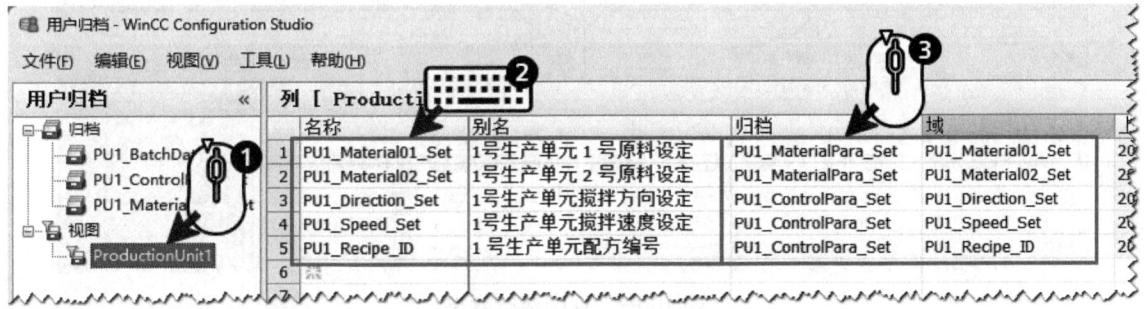

图 10-61　为新视图创建列

创建的列关联归档和域，创建视图的列见表 10-14。

表 10-14　创建视图的列

列名称	关联	
	归档	域
PU1_Material01_Set	PU1_MaterialPara_Set	PU1_Material01_Set
PU1_Material02_Set	PU1_MaterialPara_Set	PU1_Material02_Set
PU1_Direction_Set	PU1_ControlPara_Set	PU1_Direction_Set
PU1_Speed_Set	PU1_ControlPara_Set	PU1_Speed_Set
PU1_Recipe_ID	PU1_ControlPara_Set	PU1_Recipe_ID

步骤 6：组态编辑仿真画面，如图 10-62 所示。在画面中添加两个"输入/输出域"，分别关联设定搅拌方向变量"PU1_Direction_Set"和设定搅拌速度变量"PU1_Speed_Set"。再添加两个"WinCC UserArchiveControl"控件，分别关联归档"PU1_ControlPara_Set"和视图"ProductionUnit1"。

图 10-62 组态编辑仿真画面

运行测试手动下载/上传更新配方数据记录

激活新修改完成的画面。视图运行效果如图 10-63 所示，视图根据设定的关系表达式将两个归档数据记录中"配方编号"相等的数据记录进行了集中显示。

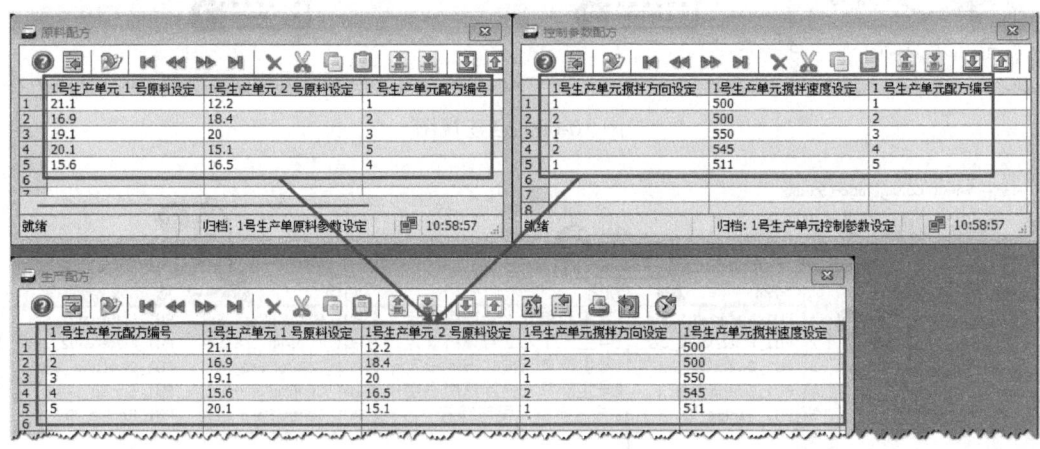

图 10-63 视图运行效果

通过视图可以下载/上传更新配方数据记录，如图 10-64 所示。在视图中选中某条数据记录，单击工具栏中的"写入变量"按钮，将会同时把归档"PU1_MaterialPara_Set"和"PU1_ControlPara_Set"中的所有参数下载传送到变量中。

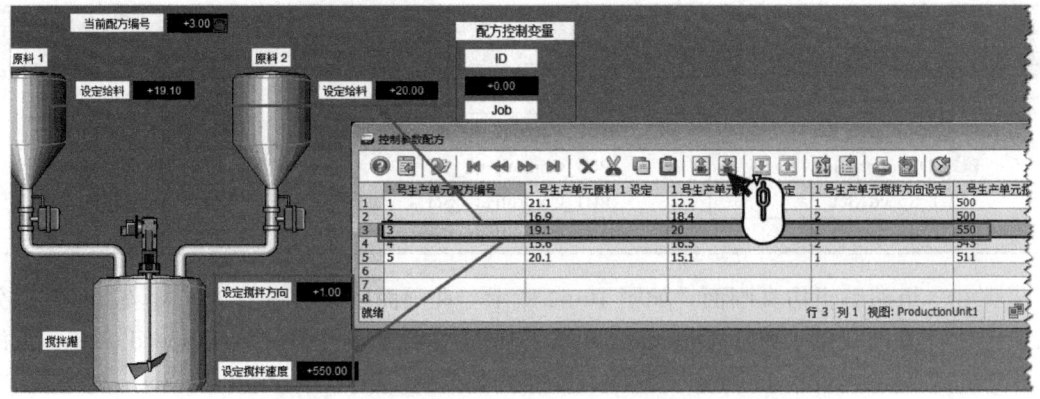

图 10-64 通过视图可以下载/上传更新配方数据记录

> **提示**
> 在视图中可通过"读取变量"按钮上传更新已有数据记录,但无法上传生成新的数据记录。

10.5.4 批次生产数据的自动记录

通过用户归档实现基于批次的数据记录功能。

步骤1:如图10-65所示,创建批次相关变量,以及系统信息变量"Min"(地址为"分钟")。

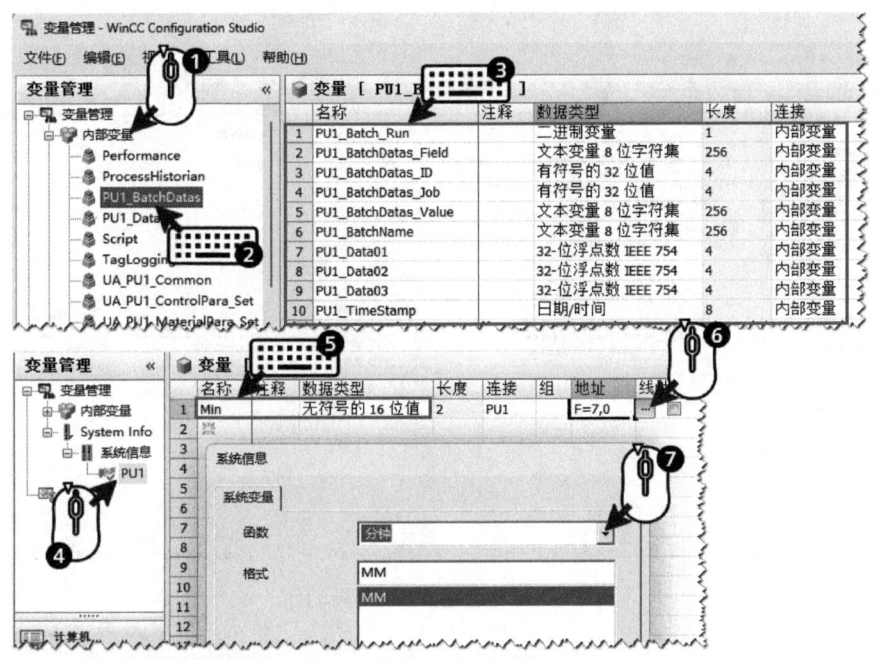

图10-65 创建批次相关变量

步骤2:创建批次数据记录用户归档"PU1_BatchDatas",如图10-66所示。通信类型选择"数据管理器变量",并关联控制变量。

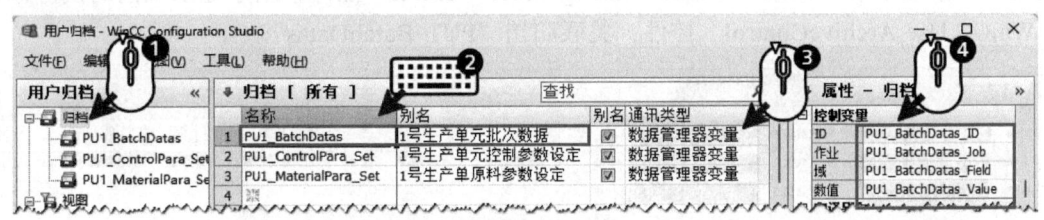

图10-66 创建批次数据记录用户归档"PU1_BatchDatas"

步骤3:创建批次归档的域,如图10-67所示。为批次数据记录用户归档"PU1_BatchDatas"创建域,为每个域关联变量,并设置域"PU1_BatchName"的"需要的值"属性。

步骤4:如图10-68所示,创建VBS全局动作并设置变量触发器为变量"Min"有变化时。此全局动作用于批次生产开始后每分钟触发一次批次数据的自动记录,记录中的时间戳为北京时间转换的UTC时间。

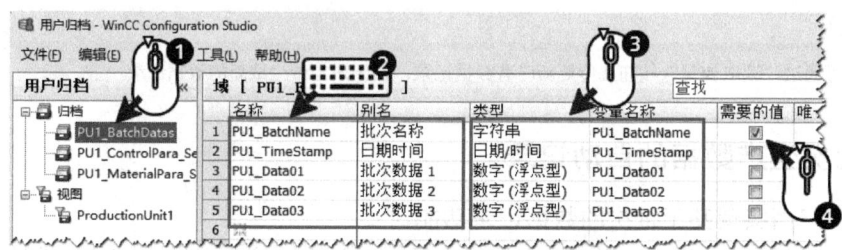

图 10-67 创建批次归档的域

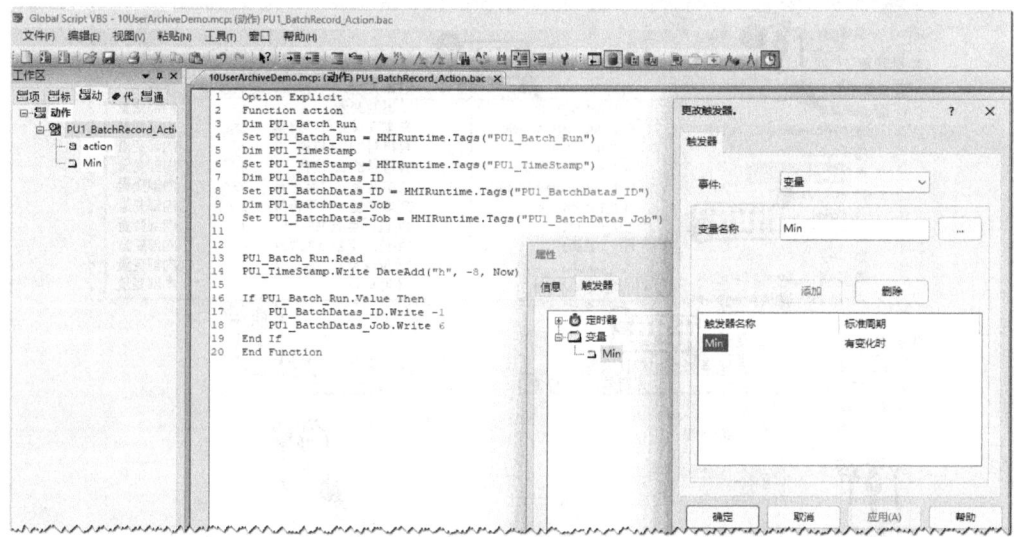

图 10-68 创建 VBS 全局动作

> **提示**
> 关于 VBS 全局动作的创建、触发、运行等详细组态信息，请参考第 14 章。

步骤 5：编辑仿真画面，如图 10-69 所示。在画面中再添加五个"输入/输出域"并关联相关变量。添加 1 个"WinCC Digital/Analog Clock Control"控件，用于显示当前时间。添加 1 个"WinCC UserArchiveControl"控件，关联归档"PU1_BatchDatas"。

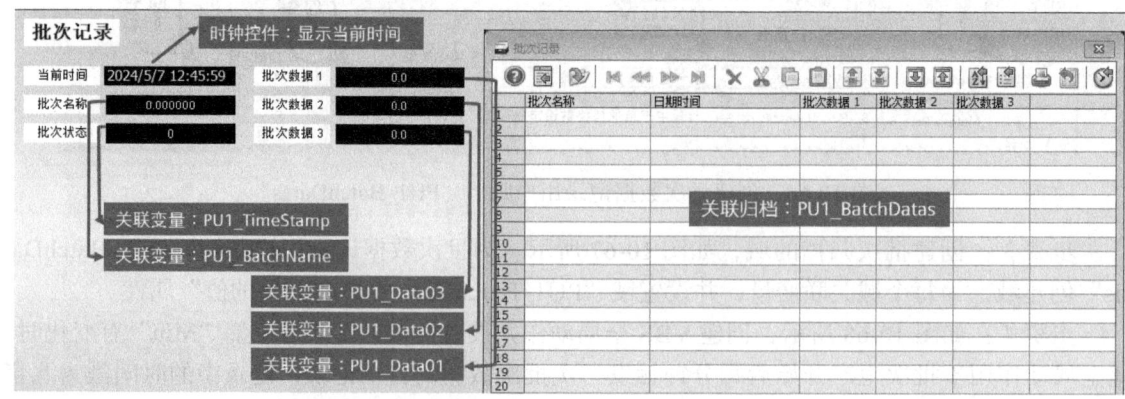

图 10-69 编辑仿真画面

运行测试自动记录批次数据

激活新修改完成的画面，自动记录的批次数据记录如图 10-70 所示。首先输入批次名称，然后将批次状态值设置为"1"，代表批次生产开始。VBS 全局动作在后台即开始了每分钟记录 1 条批次数据记录。

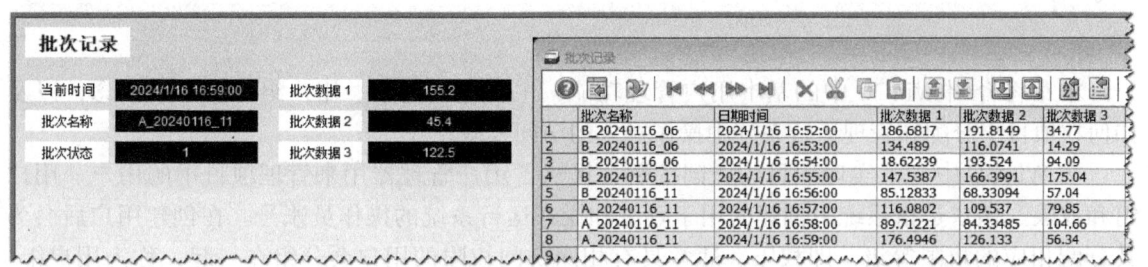

图 10-70　自动记录的批次数据记录

> **提示**
> 可以通过打开"WinCC TAG Simulator"变量仿真器对批次数据 1~3 进行仿真。本示例中数据全部由变量仿真器提供。

可以通过过滤条件单独查询某一批次的所有数据。过滤批次数据如图 10-71 所示，通过单击工具栏中的"选择对话框"按钮，在过滤条件设置中选择"批次名称"为条件，运算域选择"等于"，设置值为"*_11"。单击"应用"按钮后，控件将仅显示批次名称包含"_11"的相关数据。

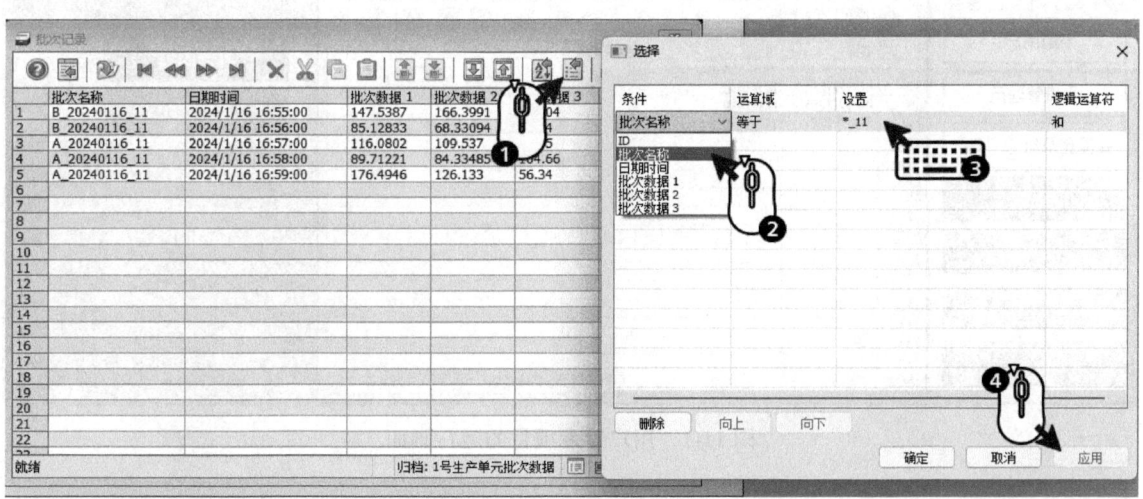

图 10-71　过滤批次数据

第11章 用户管理

本章将介绍 WinCC 中的基本用户管理功能，主要包括用户、用户组和权限的概念，以及如何在项目中分配和管理运行系统中操作对象的访问权限。

在 WinCC 中为了实现项目的访问控制，提供了用户管理器用来管理项目中的用户、用户组和权限。用户是指系统中创建的用于登录和操作运行系统的操作员账号。在创建用户后会为其分配相应的权限等级，即权限。通常具有相同访问权限的用户会分组在一起，称为用户组。WinCC 运行系统中可操作的对象都支持设置访问"授权"。项目中的用户只有具备和被操作对象相同的权限时，才可以操作该对象。否则，当用户试图操作不具备权限的对象时，系统会弹出"无操作员权限"的提示信息。

通过本章的学习，将可以掌握 WinCC 中基本的用户管理功能。在任务实现环节，能够创建一个具有用户管理功能的 WinCC 项目，在该项目中可以实现多种方式的用户登录/注销操作。当不同的用户登录项目时，可实现不同的操作效果，并且能够在 WinCC 项目运行的情况下实现对系统用户的管理。用户管理项目的运行画面如图 11-1 所示。

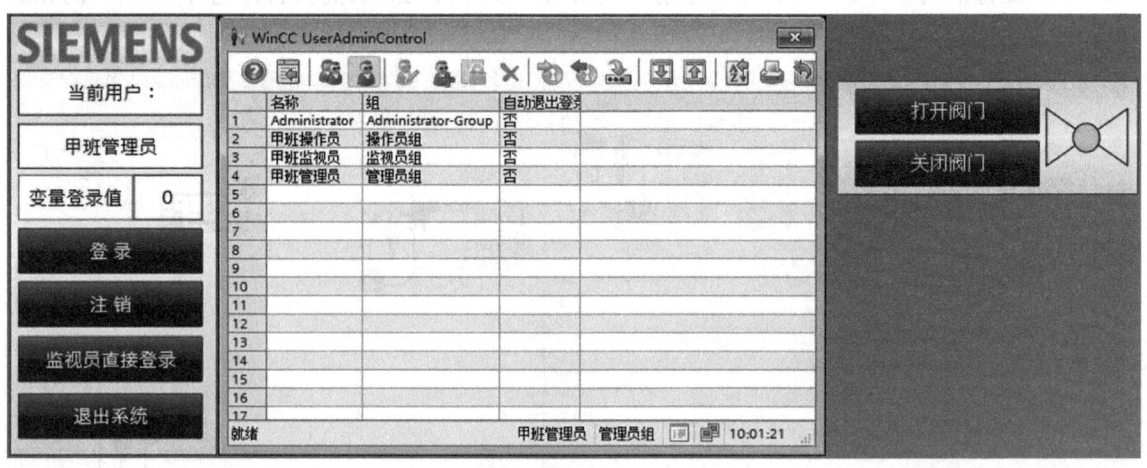

图 11-1　用户管理项目的运行画面

11.1 用户管理器

WinCC 中通过"用户管理器"实现项目中用户的管理和用户权限的分配。用户管理器可用来分配和管理运行系统中用户的访问权限，也可配置系统中组态的访问权限。并且，WinCC C/S 系统中操作员站的用户管理和 B/S 架构中 Web 访问的用户管理也需要通过用户管理器来实现。

此外，WinCC 也支持通过 SIMATIC Logon 实现集中式的用户管理功能。SIMATIC Logon 软件作为 SIMATIC 系列产品中的一员，其主要功能是为整个工厂的 SIMATIC 应用程序提供集中的访问保护。该软件可基于 Windows 系统进行用户管理和系统访问控制。利用该软件可方便地满足 FDA 21 CFR Part 11 中规定的验证要求。有关 SIMATIC Logon 使用方法的详细介绍请参考第 15 章。

最后，在当前的 WinCC 版本中，通过用户管理器的属性画面不但能够组态用户的登录方式，还支持用户密码复杂度的设置。用户管理器属性画面如图 11-2 右侧所示。

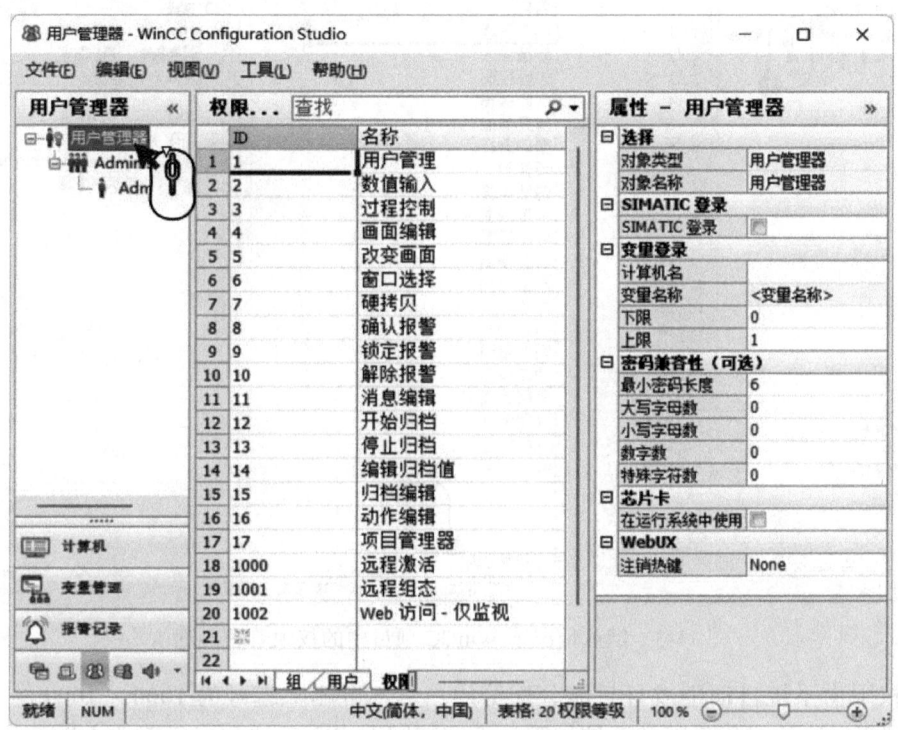

图 11-2　用户管理器属性画面

11.1.1　管理权限

WinCC 项目中用户的权限是通过权限等级进行定义的。缺省情况下，用户管理器中提供了预定义的默认权限和系统权限。用户管理器中所显示的权限数量和类型取决于是否安装了 WinCC 的"基本过程控制"（Basic Process Control）选项。打开 WinCC 的用户管理器，选中 WinCC 用户管理器编辑器中的"用户管理器"，切换到"权限等级"选项卡。默认情况下 WinCC 项目中的权限管理画面如图 11-3 所示（没有安装"基本过程控制"选项）。

> **提示**
> 关于 WinCC 的"基本过程控制"（Basic Process Control）选项的详细说明请参考 WinCC 在线帮助"选件 > 过程控制选件"部分的介绍。

WinCC 中各权限等级之间相互独立，没有任何隶属关系，也就是说编号较大的权限中并不包括编号较小的权限。

默认权限在项目运行时生效。各权限等级的名称仅用于描述权限，但是这些名称并未指出权限的实际用法和作用范围。用户可以删除或编辑除"用户管理"之外的所有默认权限。即权限的功能仅和编号相关，和名称无关。例如 ID 为 2、名称为"数值输入"的权限并不代表"数值输入"，该权限等级的名称是可以修改的。

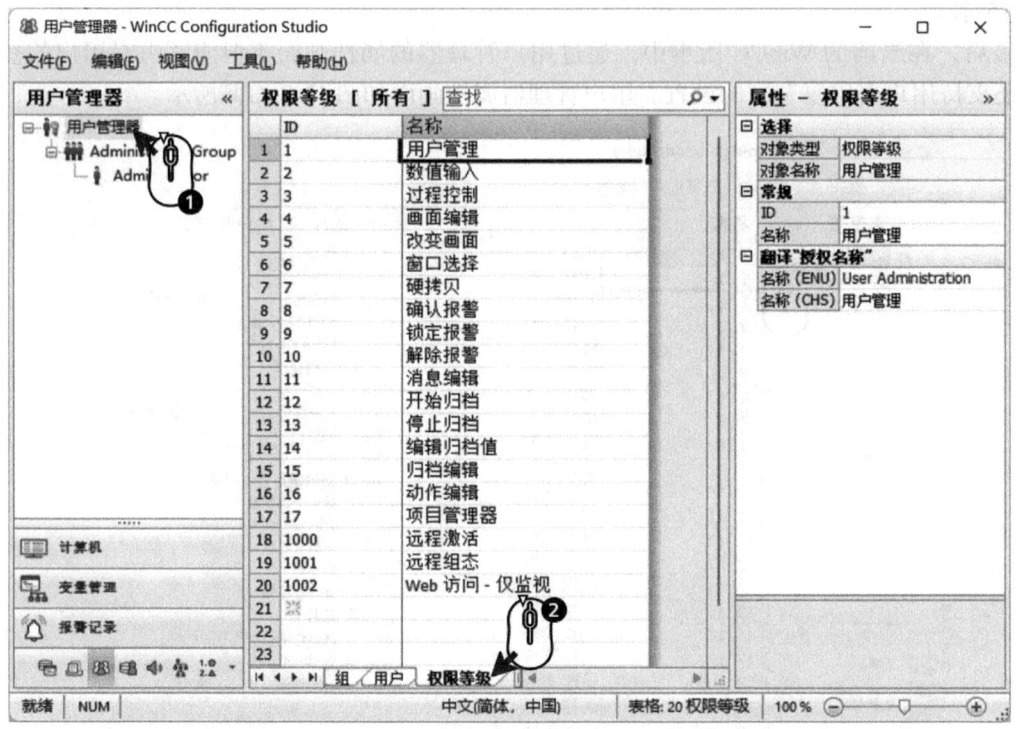

图 11-3　默认情况下 WinCC 项目中的权限管理画面

系统权限由系统自动生成且只能分配给用户。不可删除编号为 1000～1099 的系统权限。用户无法编辑、删除或创建新的系统权限，系统权限在组态系统和运行系统中生效。WinCC 中的系统权限见表 11-1，由表可知，每个系统权限都具有特定的功能。在第 12 章中会介绍编号为 1000 和 1001 的系统权限功能。在第 13 章中会介绍系统权限 1002"Web 访问 – 仅监视"的作用。

表 11-1　WinCC 中的系统权限

编号	名称	功　能
1000	远程激活	用户可通过另一台计算机启动和终止运行系统
1001	远程组态	用户可通过另一台计算机组态和编辑项目
1002	Web 访问 – 仅监视	在 B/S 架构中用户可通过另一台计算机访问项目，但是无法更改或操作项目

在项目组态过程中，可以根据需要在用户管理器中添加自定义的权限或者删除不必要的权限。WinCC 中最多可以创建 999 个权限等级，权限等级的名称不可大于 70 个字符。

11.1.2　管理用户

用户管理器通过用户组和用户实现对项目中用户的管理。用户管理器仅允许一个组级别，不可创建任何子组。首次在组中创建用户时，新创建的用户会自动继承用户组的权限，但是用户不会继承用户组权限的更改。因此当创建好用户后，如需调整用户的权限，需要选中相应的用户在其"权限"页进行调整。WinCC 默认用户组的画面如图 11-4 所示。

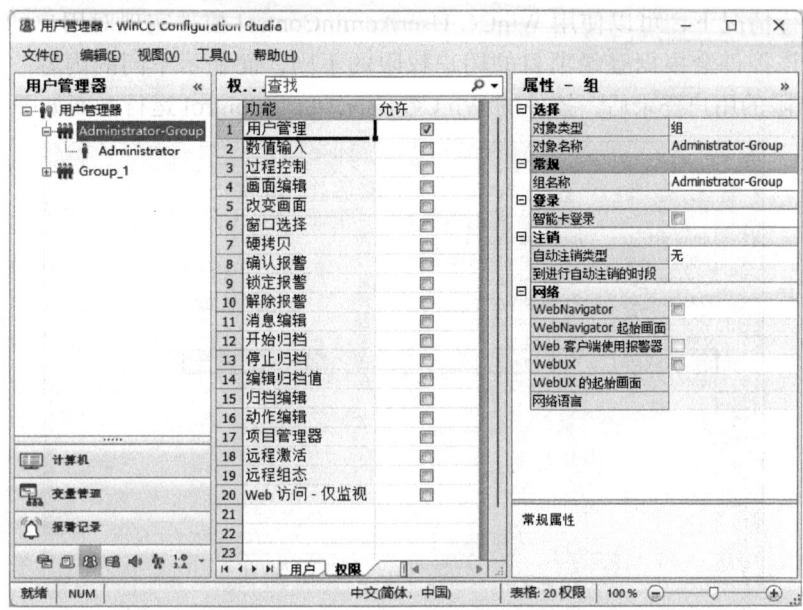

图 11-4 WinCC 默认用户组的画面

系统中最多可以创建 128 个用户和 128 个用户组。用户必须隶属于某个特定的用户组，用户组的名称和用户的名称都必须唯一，并且用户名的长度不能超过 24 个 Unicode 字符。如果要在消息中显示用户名，则用户名的长度不能超过 16 个字符。

在用户的属性中除了可以设置用户的名称、隶属的用户组外，还可以设置密码、登录方式和注销方式等参数。如果涉及网络应用，则同时也支持定义用户的网络选项。WinCC 默认的用户属性画面如图 11-5 所示。

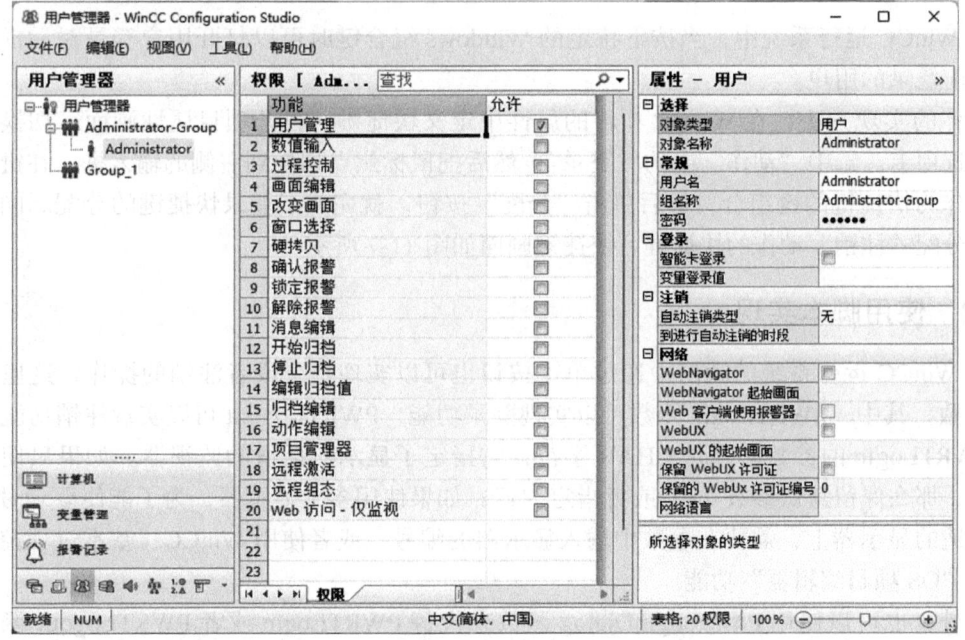

图 11-5 WinCC 默认的用户属性画面

在项目运行情况下，可以使用 WinCC UserAdminControl 控件实现对用户的添加、删除和编辑等操作。该控件会根据登录项目的用户权限的不同，而显示不同的内容。当项目中具有"用户管理"权限的用户登录后，控件的 WinCC UserAdminControl 运行画面如图 11-6 所示。

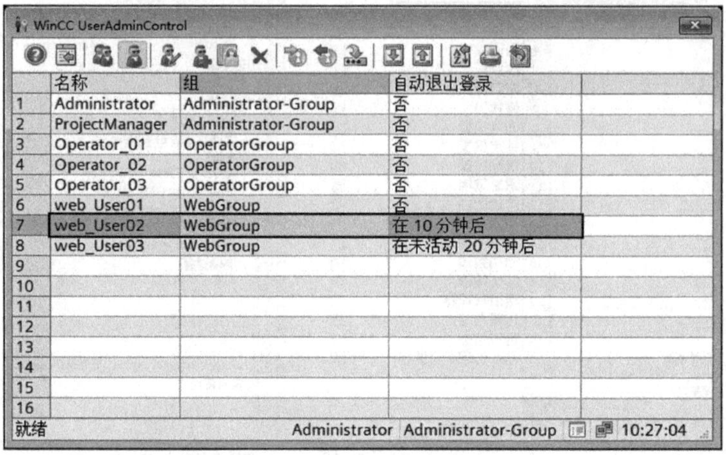

图 11-6　控件的 WinCC UserAdminControl 运行画面

11.2　用户的登录和注销

WinCC 提供了多种用户登录和注销方式。当项目运行后，可以灵活地实现登录和注销操作，例如使用快捷键实现、使用脚本实现和使用变量实现等。接下来将分别进行介绍。

11.2.1　使用快捷键实现

在 WinCC 运行系统中，当按下特定的 Windows 组合键时可以打开用户登录对话框，或者注销当前登录的用户。

具体的实现方法：在 WinCC 项目的属性中定义快捷键。打开项目属性画面，切换到"快捷键"选项卡。选中"动作"中的"登录"，然后把鼠标焦点切换到右侧的输入框。在键盘上按下希望作为快捷键的键组合，最后单击"分配"按钮，就完成了登录快捷键的分配。同样的方法可以分配"注销"动作的快捷键。快捷键画面如图 11-7 所示。

11.2.2　使用脚本实现

在 WinCC 运行系统的画面中通过单击按钮也可以实现登录或者注销的操作，这里需要调用 C 函数。其中，PWRTLogin 函数可以实现登录功能，PWRTLogout 可以实现注销功能。

PWRTLogin 的参数必须是 CHAR 字符，它指定了显示对话框的监视器。如果只使用一个监视器，那么保留默认参数"c"或者指定"1"；如果使用多个显示器，为了能使登录对话框显示在合适的显示器上，需要在参数中输入显示器的编号，或者使用 WinCC"基本过程控制"选项中的"OS 项目编辑器"功能。

另外，也可以使用 PASSLoginDialog 函数来代替 PWRTLogin 或者 PWRTLogout 函数。这个函数和 PWRTLogin 具有相同的参数设置。

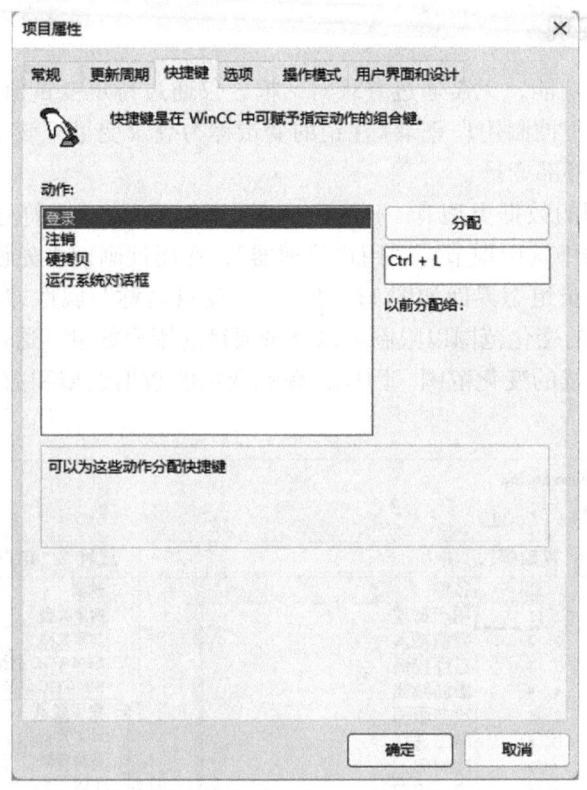

图 11-7 快捷键画面

此外，通过调用 PWRTSilentLogin 函数也可以实现登录功能。该函数包括两个参数：第一个参数是用户名，第二个参数是密码。使用该函数在 WinCC 项目启动后，不使用登录对话框就可以完成一个默认用户的自动登录。或者当一个操作员退出后，希望有默认用户自动登录也可以通过调用此函数实现。详细的信息请参考条目 ID19141675。登录脚本如图 11-8 所示，说明如何使用 C 函数调用登录对话框（以 PWRTLogin 为例）。

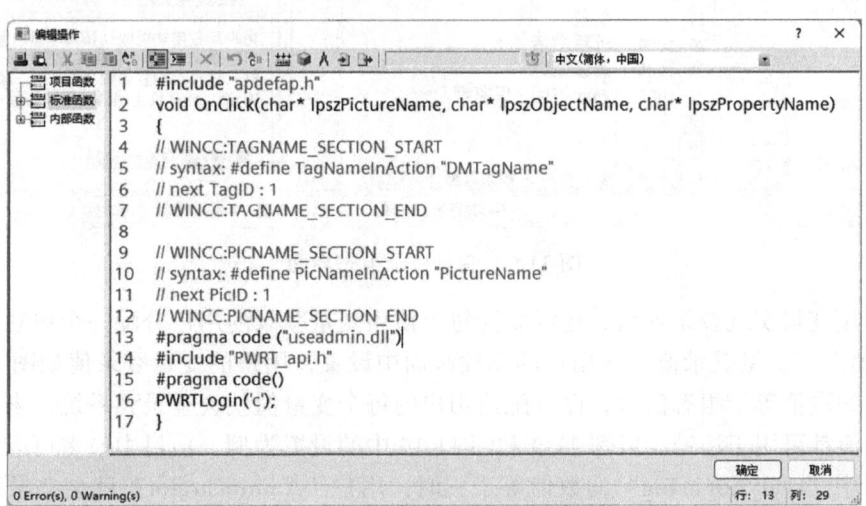

图 11-8 登录脚本

11.2.3 使用变量实现

使用"变量登录"功能，无需通过登录对话框，仅通过特定变量值的改变就可实现用户的登录或者注销操作。用于控制用户登录/注销的变量称为登录变量，该变量可以是 WinCC 项目中的内部变量也可以是外部变量。

登录变量允许使用的数据类型有二进制、无符号的 8 位值、无符号的 16 位值和无符号的 32 位值。在用户管理器中选中根节点"用户管理器"，在属性画面中先设定"计算机名"，然后组态登录变量。变量登录组态界面如图 11-9 所示，"变量名称"属性即为设定的登录变量。通常还需要指定登录变量的变化范围以限制可以登录项目的用户数量。通过属性画面中的"上限"和"下限"设置登录变量的变化范围。因此，登录变量的数据类型和数值变化范围决定了可以登录项目的用户数量。

图 11-9 变量登录组态界面

为了使用变量实现登录项目，还需要为每个使用变量登录的用户分配一个单独的数值，即"变量登录值"。"变量登录值"在用户的属性画面中设置，用户的变量登录值如图 11-10 所示。当登录变量的数值等于组态值时，已分配给用户的每个变量值就会登录到系统，未分配给用户的每个变量值都可用于注销。以图 11-9 和图 11-10 中的设置为例，项目中最多可以登录三个用户，当项目中"Uad_LoginTag"的数值等于三时，用户"Administrator"就会登录到系统；当"Uad_LoginTag"的数值在限制值以外时，系统就会自动注销当前登录的用户。

图 11-10　用户的变量登录值

> **提示**
> 如果用户已经使用变量方式登录到系统，那么该项目将不再支持通过登录对话框方式登录到同一台计算机。如果使用 SIMATIC Logon 实现用户登录，也无法使用变量方式登录系统。因此，建议项目中始终使用相同的方式实现用户的登录和注销操作。

11.2.4　登录用户的显示

如果需要在 WinCC 项目中的过程画面或报表中显示登录的用户，则可以使用 @CurrentUser 或者 @CurrentUserName 两个内部变量，如图 11-11 所示。

图 11-11　内部变量

根据不同的登录情况，系统变量见表 11-2。

表 11-2　系统变量

	WinCC 中的用户名称	Windows 中的用户名称
@CurrentUser	用户名	用户名
@CurrentUserName	用户名	完整的名称（全名）

在 Windows 系统中创建新用户的画面上会有"用户名"和"全名"的输入框。例如，如果 WinCC 系统中启用了 SIMATIC Logon，那么这两个变量会分别显示 Windows 用户管理中设置的用户名和全名。

11.3 任务实现

创建一个具有用户管理功能的 WinCC 项目，用户能够通过组合键、脚本和变量实现登录和注销操作。当不同的用户登录项目时，可以实现不同的操作，并且能够在运行情况下完成对系统中用户的管理。

主要的组态内容有创建权限、创建用户组、创建用户、为画面上的对象设置"授权"以及组态登录方式等。详细步骤如下：

步骤 1：打开 WinCC 用户管理器，如图 11-12 所示。右键单击"用户管理器"，在弹出的菜单中选择"打开"。

步骤 2：管理权限。在打开的"用户管理器"画面中切换到"权限等级"页，分别创建"操作"和"监视"两个权限。管理权限等级如图 11-13 所示。

步骤 3：创建用户组。右键单击"用户管理器"，在弹出的菜单中选择打开"添加新组"对话框。分别创建操作员组、监视员组和管理员组，并参照表 11-3 分配相应的用户权限。添加新组画面如图 11-14 所示，为用户组分配权限如图 11-15 所示。

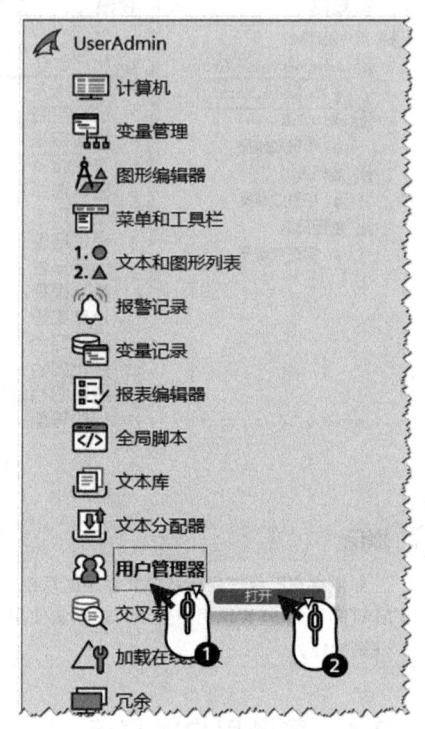

图 11-12 打开 WinCC 用户管理器

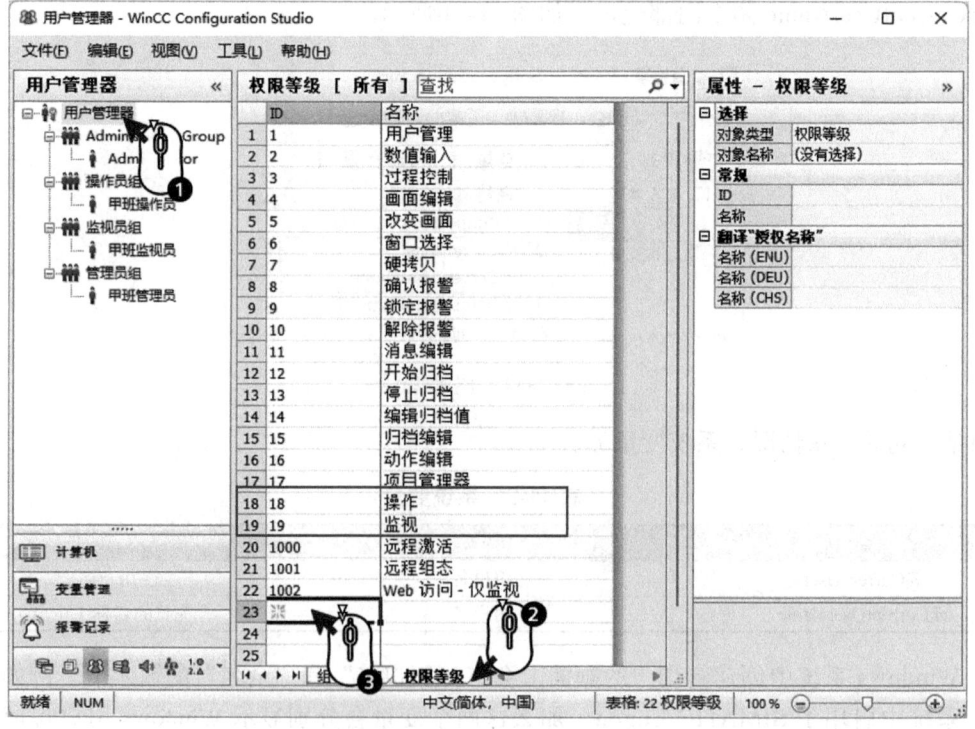

图 11-13 管理权限等级

表 11-3　用户组权限分配

名称	权限分配
操作员组	编号 18：操作
监视员组	编号 19：监视
管理员组	编号 1、18、19：用户管理、操作、监视

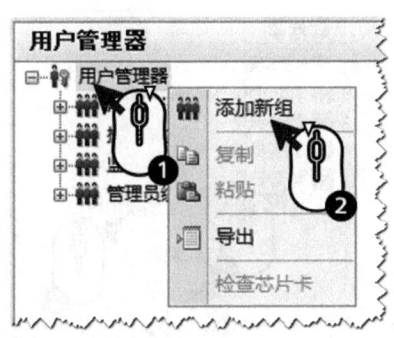

图 11-14　添加新组画面

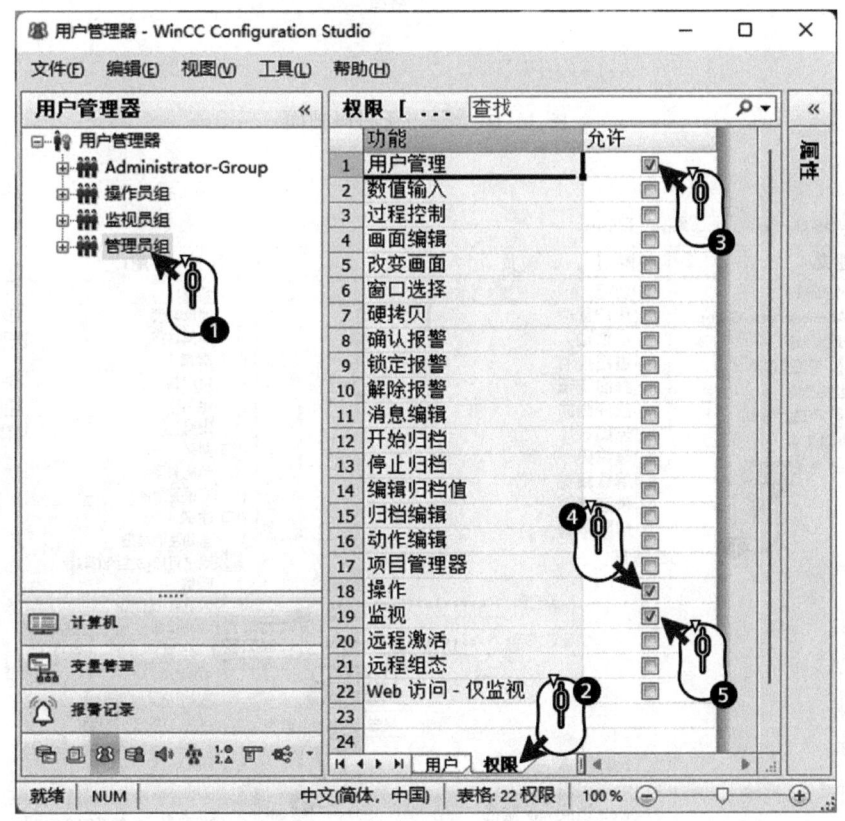

图 11-15　用户组分配权限

步骤 4：创建用户。参照表 11-4 在相应的用户组下添加新用户并设置密码。添加新用户画面如图 11-16 所示，设置用户密码如图 11-17 所示。

表 11-4 新建用户列表

用户名称	隶属于的用户组	密码
甲班操作员	操作员组	MyPassword
甲班监视员	监视员组	MyPassword
甲班管理员	管理员组	MyPassword

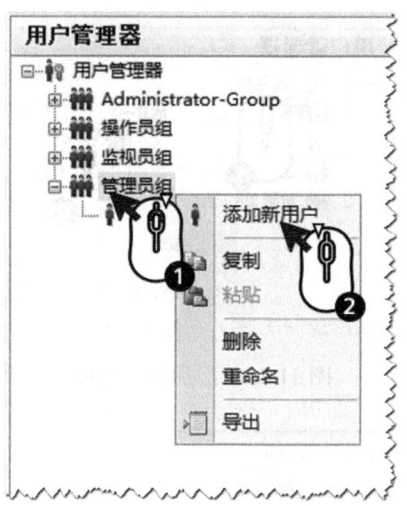

图 11-16 添加新用户画面

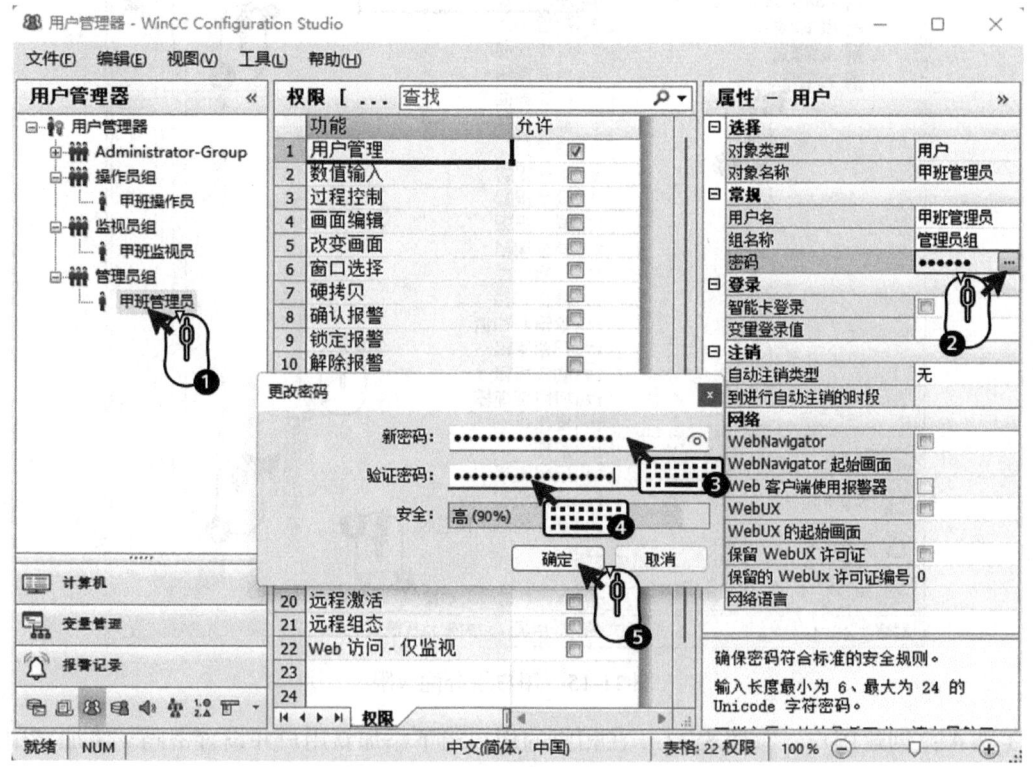

图 11-17 设置用户密码

步骤 5：设置画面上对象的权限，即"授权"属性。为了演示效果，项目中创建了一个 BOOL 型的内部变量"Uad_阀门开关"。画面中设计两个按钮和一个阀门图标，其中按钮用于控制阀门的开或者关，阀门图标用于反馈运行的结果。操作对象如图 11-18 所示。

图 11-18　操作对象

画面中对象详细属性和事件的设置见表 11-5。

表 11-5　画面中对象详细属性和事件的设置

对象	名称	属性	事件
按钮	打开阀门	其它 > 授权 > "操作"	鼠标 > 单击鼠标 > 直接连接（为阀门开关赋值为 1）
按钮	关闭阀门	其它 > 授权 > "监视"	鼠标 > 单击鼠标 > 直接连接（为阀门开关赋值为 0）
阀门		颜色 > 背景颜色 > "动态对话框"，组态红色代表关，绿色代表开	

其中，阀门对象的属性设置方法如图 11-19 所示，阀门对象的动态对话框画面如图 11-20 所示。

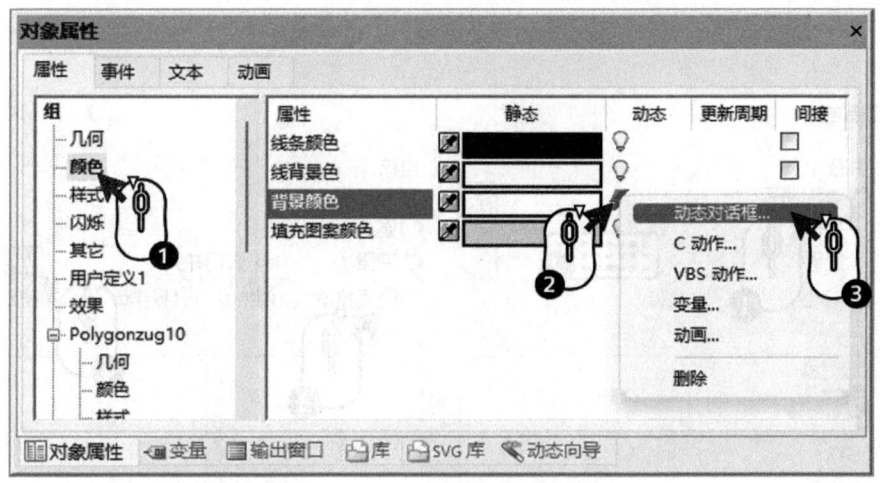

图 11-19　阀门对象的属性设置方法

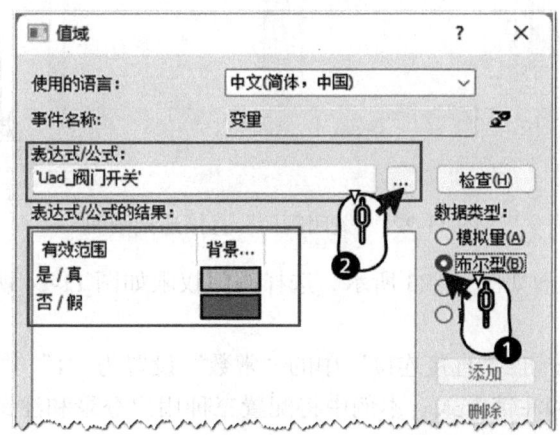

图 11-20　阀门对象的动态对话框画面

"关闭阀门"鼠标事件如图 11-21 所示,"关闭阀门"直接连接画面如图 11-22 所示(以"关闭阀门"按钮为例)。

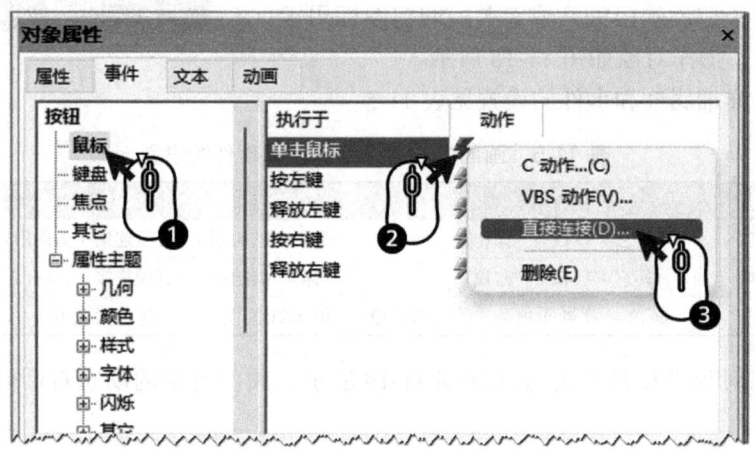

图 11-21 "关闭阀门"鼠标事件

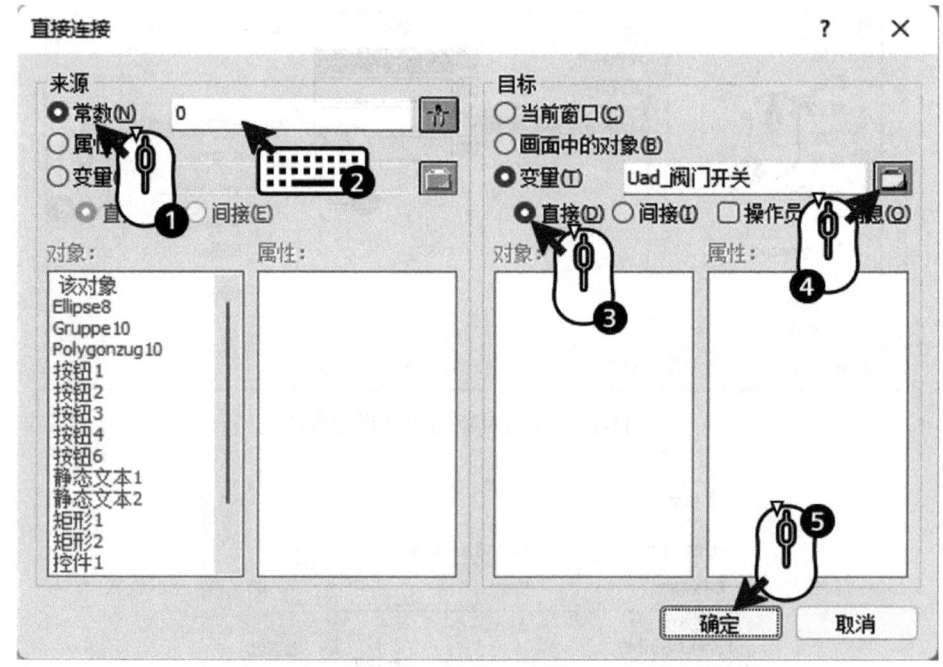

图 11-22 "关闭阀门"直接连接画面

"关闭阀门"属性画面如图 11-23 所示,选择阀门权限如图 11-24 所示(以"关闭阀门"按钮为例)。

对于"打开阀门"按钮,"直接连接"中的"常数"设置为"1","授权"选择为"操作"。

步骤 6:设置登录和注销方式。本例中将配置三种用户登录和注销的方法。下面将分别进行详细的说明。

第 11 章　用户管理

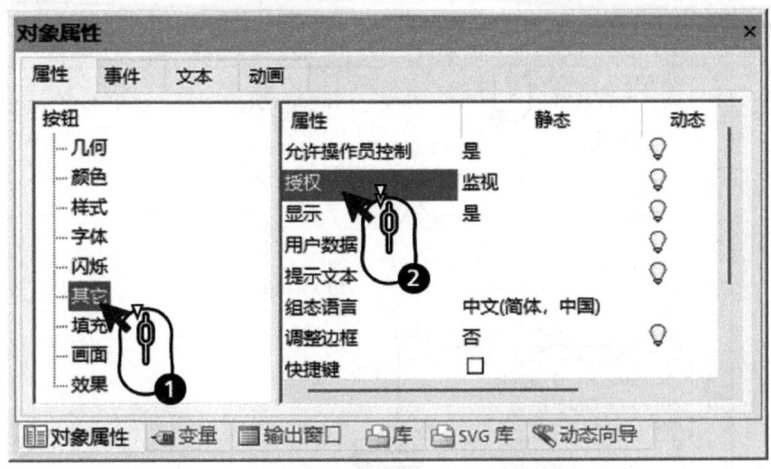

图 11-23　"关闭阀门"属性画面

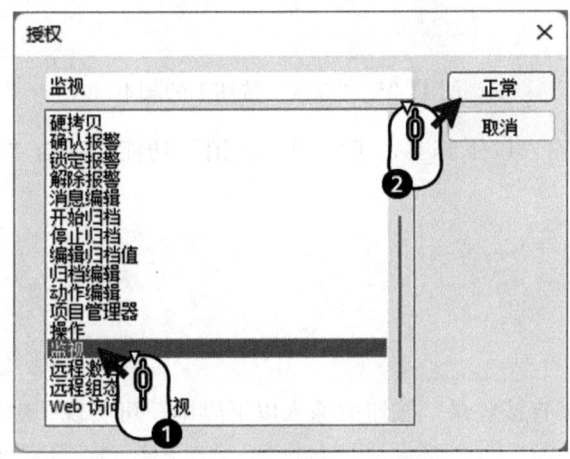

图 11-24　选择阀门权限

方法 1：用脚本登录和注销。

画面中添加三个按钮，分别是"登录""注销"和"监视员直接登录"。其中，"登录"按钮用于调用用户登录对话框，"注销"按钮用于注销系统的当前用户，"监视员直接登录"按钮可以实现无对话框情况下，特定用户直接登录项目。对象设置见表 11-6，分别在各按钮下添加 C 动作，并调用相应的函数。

表 11-6　对象设置

对象类型	名称	事件	函数
按钮	登录	鼠标 > 单击鼠标 >C 动作	PWRTLogin（'c'）
按钮	注销	鼠标 > 单击鼠标 >C 动作	PWRTLogout()
按钮	监视员直接登录	鼠标 > 单击鼠标 >C 动作	PWRTSilentLogin()

具体的操作步骤：首先在脚本编辑器中输入相应的脚本，然后单击工具栏的"编译"检查脚本是否正确，最后单击"确定"按钮关闭对话框。"登录"按钮下的脚本如图 11-25 所示，列出了"登录"按钮的脚本截图和编译后的效果。

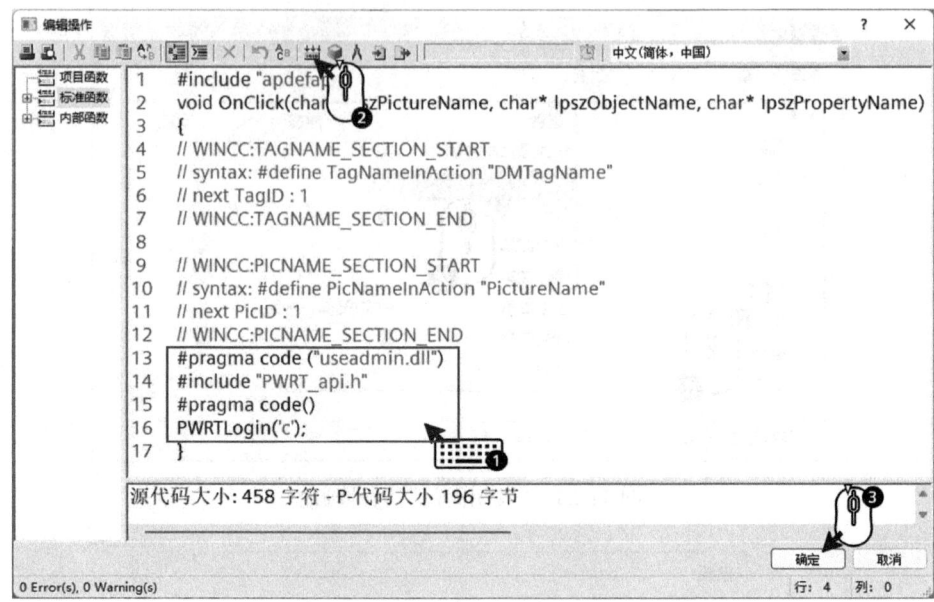

图 11-25 "登录"按钮下的脚本

在"注销"按钮中输入以下脚本,可实现"注销"功能,这与"登录"按钮的操作方法相同。

```
#pragma code("useadmin.dll")
#include"PWRT_api.h"
#pragma code()
PWRTLogout();
```

同样地,在"监视员直接登录"按钮中输入以下脚本,可实现一键登录功能。

```
#pragma code("useadmin.dll")
#include"PWRT_api.h"
#pragma code()
PWRTSilentLogin("甲班监视员","MyPassword");
```

方法 2:用快捷键登录和注销的组态步骤。右键单击项目名称,打开项目属性对话框,如图 11-26 所示。

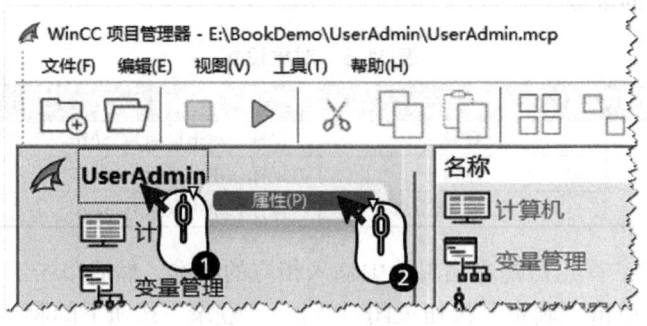

图 11-26 打开项目属性对话框

在打开的属性画面中，切换到"快捷键"选项卡。分配快捷键如图 11-27 所示，将鼠标焦点切换到右侧的输入框后，在键盘上按下相应的组合键，此处就会显示相应的快捷键信息。然后单击"分配"按钮，"确定"并退出组态界面，即完成了快捷键的分配。本例中，分别为"登录"和"注销"配置快捷键"Ctrl+L"和"Ctrl+G"。

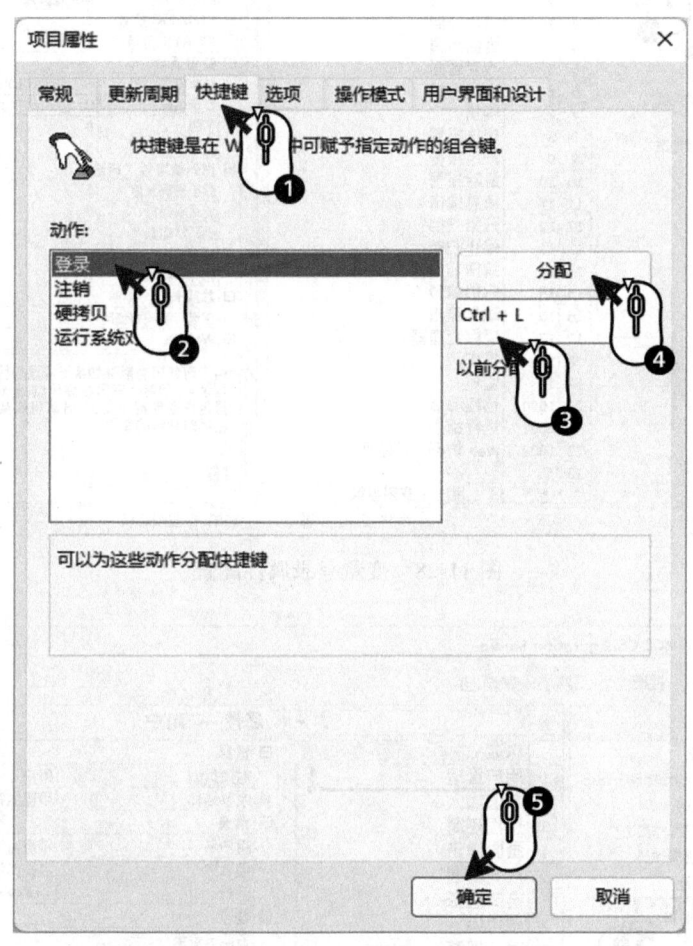

图 11-27　分配快捷键

方法 3：使用"登录变量"的组态步骤。创建一个用于登录的内部变量"Uad_LoginTag"，此处设置数据类型为"无符号的 16 位值"。在用户管理器属性中分别设置变量登录的"计算机名""变量名称""下限"和"上限"。变量登录属性配置如图 11-28 所示。

为特定的用户分配变量登录值。此处在用户管理器选择为"甲班监视员"，分配变量登录值为"1"。为用户设置登录变量的值如图 11-29 所示。

在画面上添加输入/输出域并关联登录变量"Uad_LoginTag"，用于控制用户的登录和注销。输入/输出域的属性配置画面如图 11-30 所示。

步骤 7：在运行状态下显示和编辑登录用户。

在画面中添加输入/输出域并关联内部变量 @CurrentUser，用于显示当前系统登录的用户名称。需要设置输入/输出域的数据格式为"字符串"。@CurrentUser 对应的输入/输出域格式如图 11-31 所示。

图 11-28　变量登录属性配置

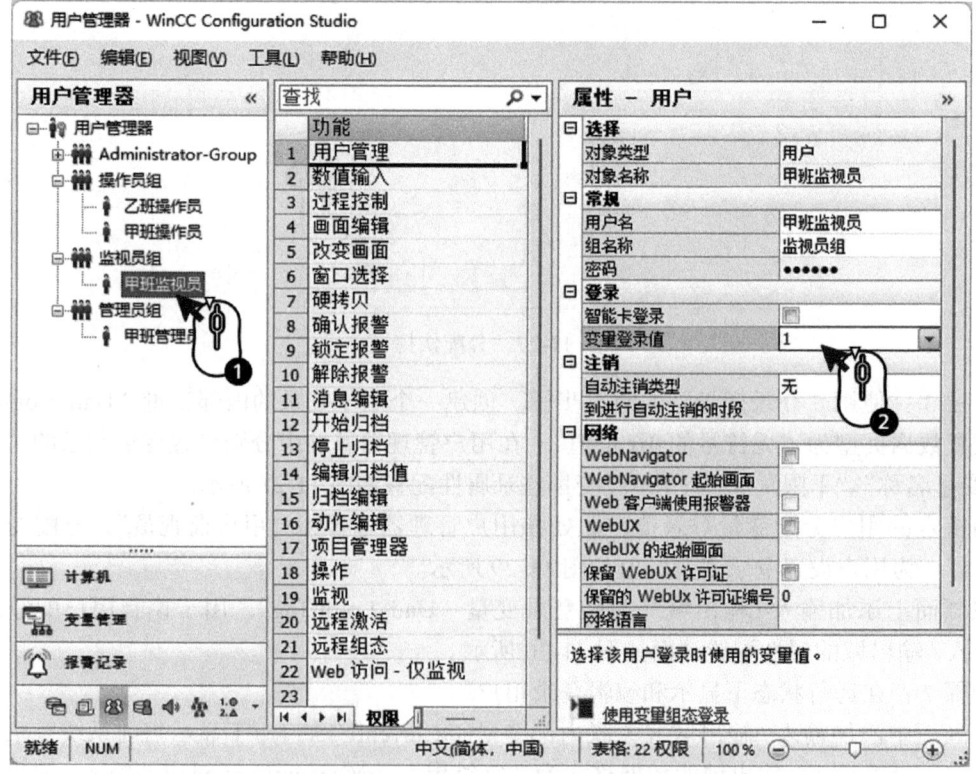

图 11-29　为用户设置登录变量的值

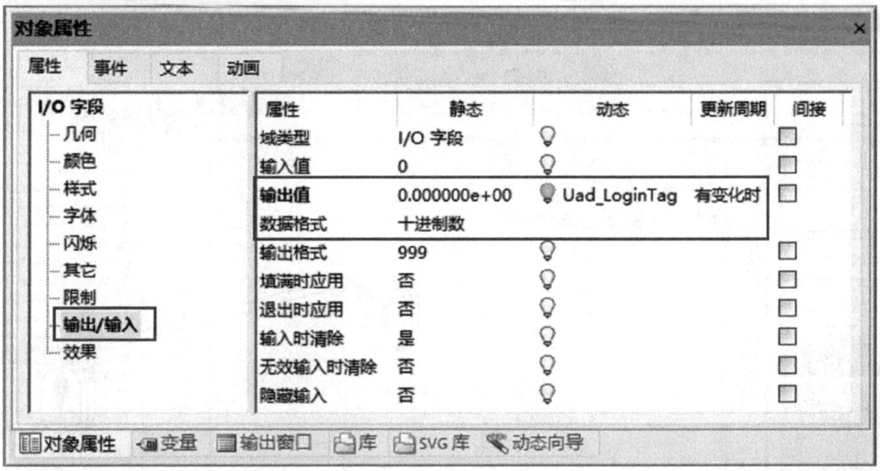

图 11-30　输入 / 输出域的属性配置画面

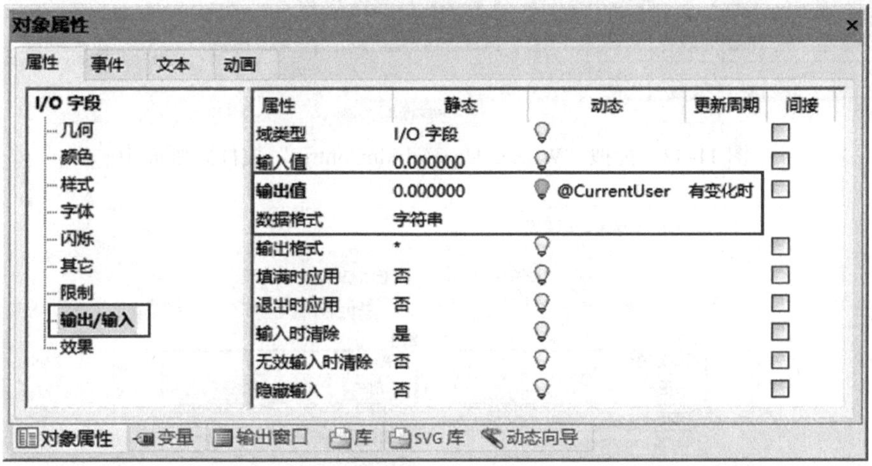

图 11-31　@CurrentUser 对应的输入 / 输出域格式

从 "控件 >ActiveX 控件" 中拖拽 "WinCC UserAdminControl" 控件到画面中，用于在运行状态下管理系统的用户信息。拖拽 "WinCC UserAdminControl" 控件到画面中如图 11-32 所示，"WinCC UserAdminControl" 属性画面如图 11-33 所示，最终用户画面如图 11-34 所示。

步骤 8：在运行状态下登录系统。根据 "步骤 6" 组态的登录方法的不同，可以选择使用脚本登录、快捷键登录或者变量登录。当使用 "登录变量" 登录了系统后，只有使用 "登录变量" 注销当前用户后，才能通过快捷键或者脚本方式调用登录对话框。系统激活后，项目可以实现以下功能。

按下登录快捷键 "Ctrl+L" 或者单击 "登录" 按钮，调出用户登录对话框，如图 11-35 所示。输入正确的用户名和密码完成登录。

按下 "监视员直接登录" 按钮，可以以脚本中默认的用户 "甲班监视员" 直接登录运行系统。单击画面上的 "注销" 按钮就可以注销当前用户。

在 "变量登录值" 对话框中，输入数值 "1"，和数值对应的 "甲班监视员" 就会直接登录到系统。

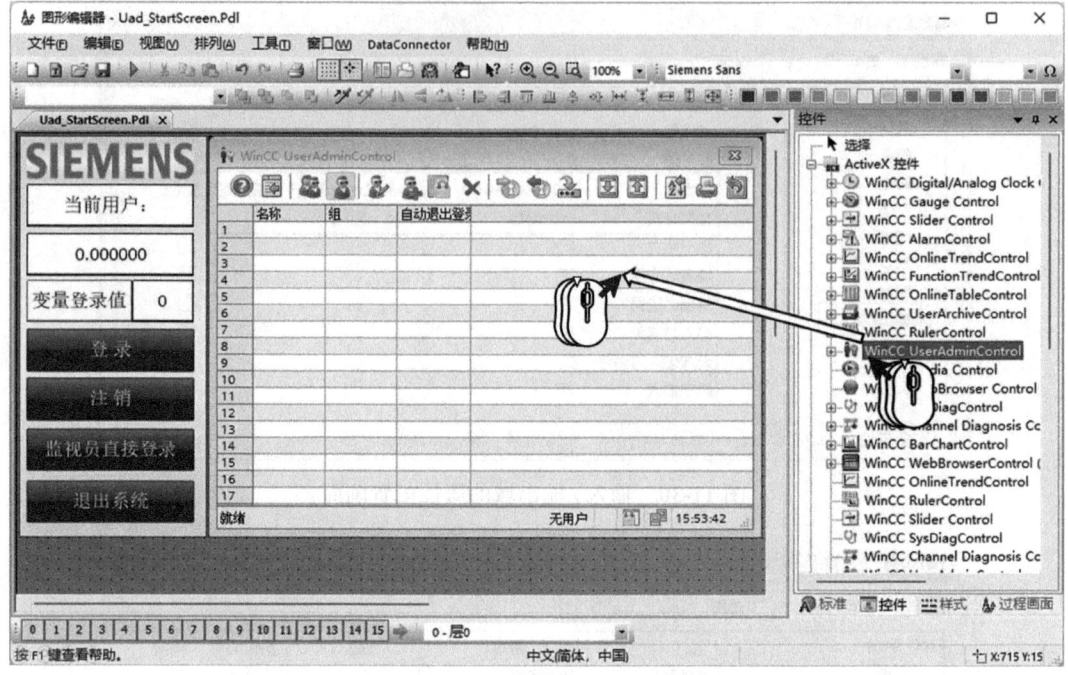

图 11-32 拖拽"WinCC UserAdminControl"控件到画面中

图 11-33 "WinCC UserAdminControl"属性画面

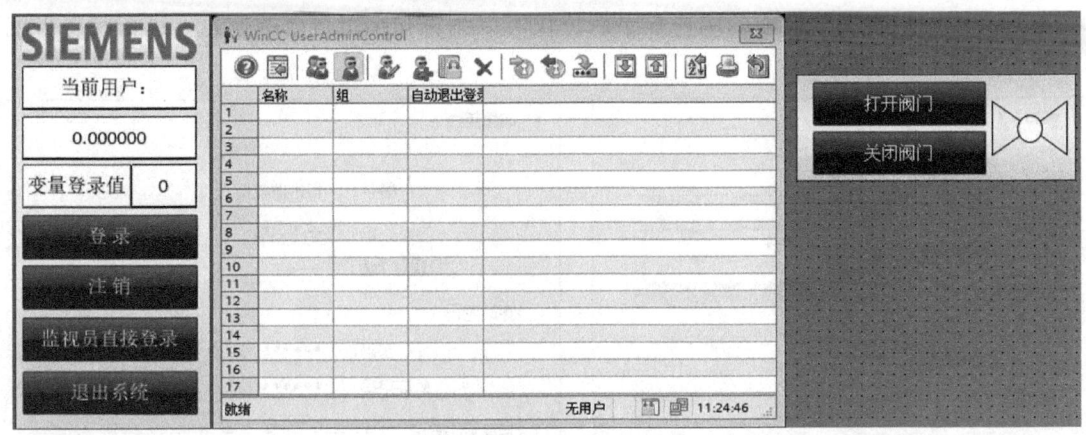

图 11-34 最终用户画面

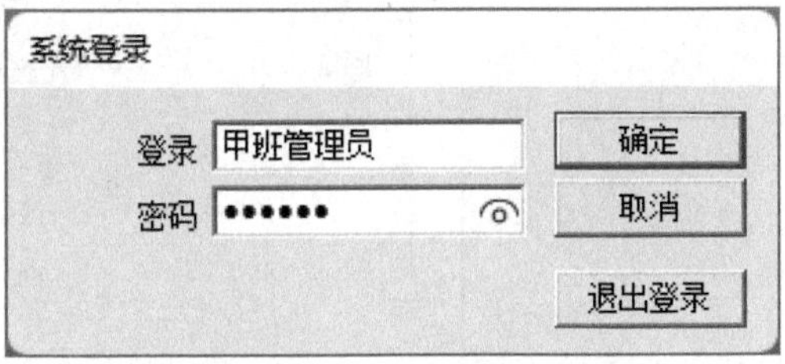

图 11-35 用户登录对话框

单击"登录"按钮，使用"甲班管理员"登录系统。在"WinCC UserAdminControl"中会列出当前系统中所有的用户。通过该控件可以实现在运行状态下对用户的管理。例如选中控件中相应的用户，单击"编辑"菜单，就可以编辑该用户。管理员登录后的画面如图 11-36 所示。

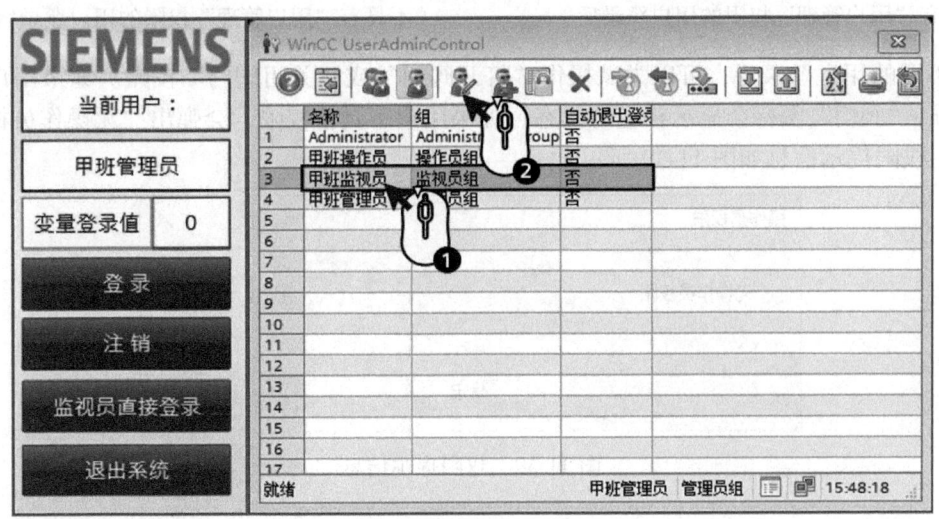

图 11-36 管理员登录后的画面

在打开的"编辑用户"对话框中，可以修改用户的属性。根据登录用户的权限的不同，会显示不同的"编辑用户"画面。其中具有"用户管理"权限的用户登录后，可以浏览和编辑所有的用户信息。运行状态下编辑用户画面如图 11-37 所示。

不具有"用户管理"权限的用户登录后，仅可以浏览和编辑自己的信息。运行状态下编辑用户画面如图 11-38 所示。

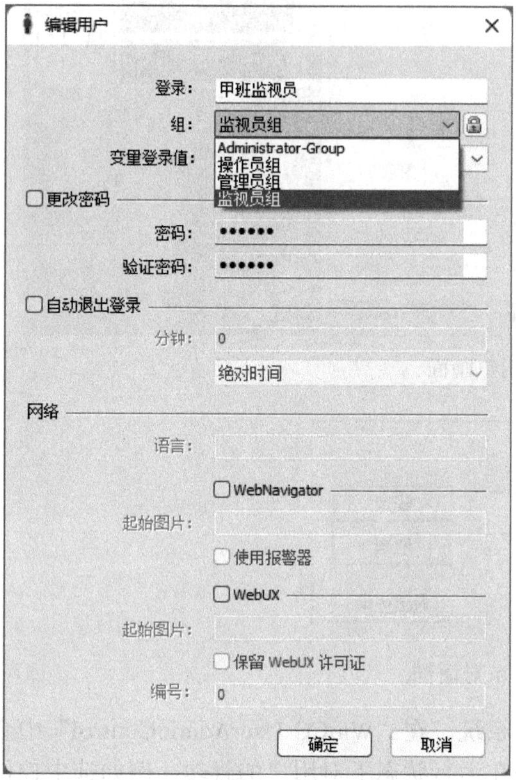

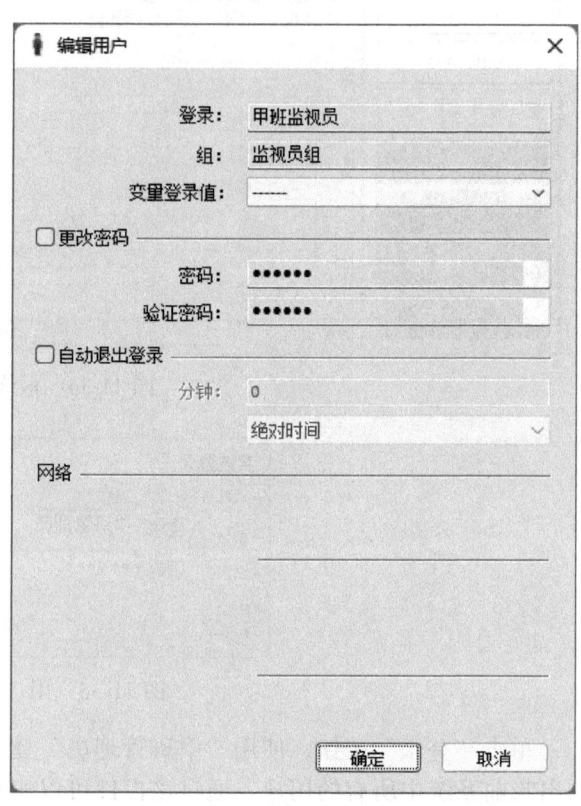

图 11-37　运行状态下编辑用户画面
（具有"用户管理"权限的用户登录后）

图 11-38　运行状态下编辑用户画面
（不具有"用户管理"权限的用户登录后）

当不同的用户登录后，可以尝试操作"打开阀门"或"关闭阀门"按钮。如果用户具有相应的权限，"阀门"图标会显示相应的状态；如果用户不具备权限，会弹出"无操作员权限"的提示框。权限提示信息如图 11-39 所示。

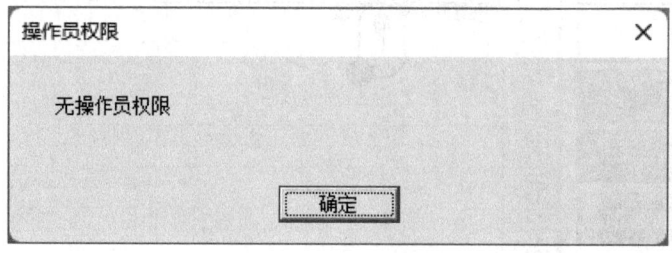

图 11-39　权限提示信息

第12章 系统架构

本章将介绍 WinCC 系统架构，还将详细介绍 WinCC 不同架构的一些实用组态实现过程。

作为 SCADA 系统软件，WinCC 可以通过不同的系统架构以满足实际应用中的不同需求。因此，合理地选择 WinCC 架构能够最经济且合理地实现从小型、中型到大型的监控系统。WinCC 既可以实现最小的单站监控系统，也可以实现复杂的客户机/服务器（C/S）架构监控系统。除此之外，WinCC 还可以实现浏览器/服务器（B/S）系统架构。本章将介绍 C/S 系统架构，B/S 系统架构将在第 13 章进行详细的介绍。

通过本章的学习，读者最终将能够熟练完成系统架构的设计和实现。主要包括以下几类：
1）WinCC C/S 多用户系统架构。
2）WinCC C/S 分布式系统架构。
3）WinCC 客户机/冗余服务器系统架构。

12.1 系统架构介绍

WinCC 作为 SCADA 上位监控平台软件，其功能设计中包含了以不同的架构组合方式来搭建不同的系统架构。并且从功能扩展以及保证用户利益的方面，WinCC 能够随着需求的升级从简单的架构逐步扩展升级为复杂的架构，如图 12-1 所示。

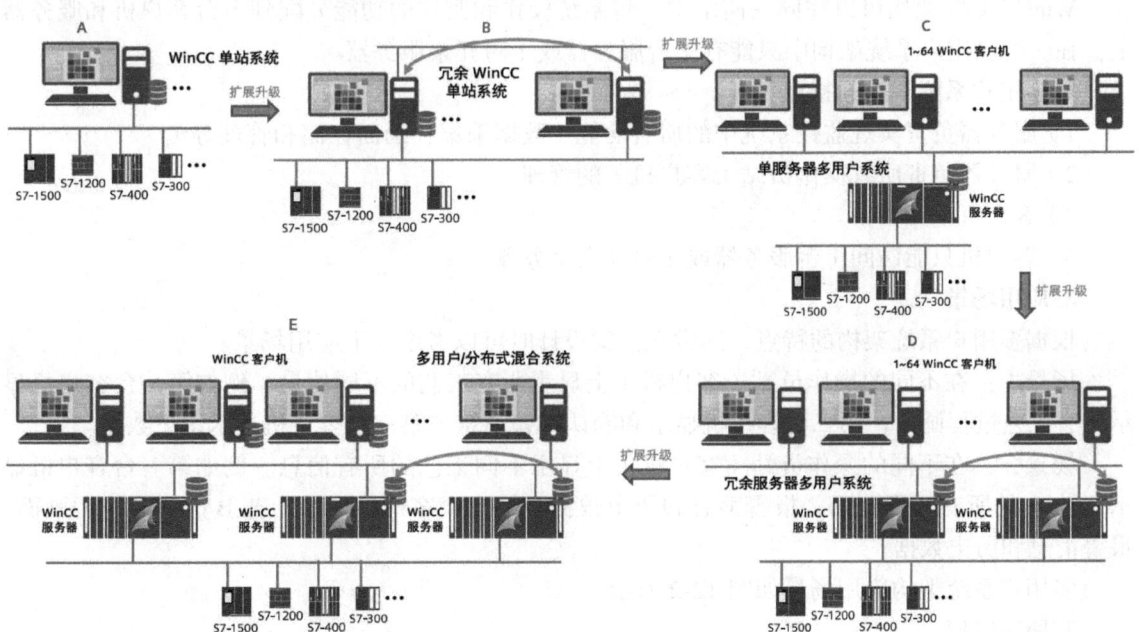

图 12-1 可扩展升级为复杂的架构

12.1.1 单站系统架构

WinCC 最简单的架构为 WinCC 单站系统。在 SCADA 层可以部署多个相互独立的 WinCC 站连接现场控制层的 PLC 以实现多个工艺监控，如图 12-1 中 A 所示。

每个 WinCC 站都可以通过不同的通信连接方式与现场 PLC 进行通信连接，例如 MPI、Profibus 或者以太网等。在 WinCC 基本系统中提供了多个主流 PLC 厂商的驱动程序用以建立与 PLC 的通信连接，具体信息可参考第 5 章。在方案设计期间，只需要充分考虑 WinCC 单站所需连接 PLC 的数量是否符合 WinCC 性能指标。

在 WinCC 单站中除了基本的通信功能之外，通常还包括画面监控、报警、变量记录、用户管理等。因此，即使只有 1 台 WinCC 单站的系统也是一个完整的监控系统。在同一系统中也可以部署多台 WinCC 单站，所有 WinCC 单站相互独立并且各自具备所需功能。方案设计时，可以设计为多个单站负责针对不同工艺进行监控，也可以设计为多个单站均监控相同工艺。前者的优势在于每个 WinCC 单站的工作负荷以及与 PLC 通信负荷较小，劣势在于当某个 WinCC 单站出现异常时则无法对相应工艺进行监控。后者的优势在于即使某个 WinCC 单站出现异常，其他单站仍然可以担负监控功能，劣势在于每个 WinCC 单站的工作负荷以及与 PLC 通信负荷较大。

为了增加系统的高可用性，在一些重要的工艺场合，可以将 1 台 WinCC 单站扩展升级为 2 台 WinCC 冗余单站系统，如图 12-1 中 B 所示。

部署 WinCC 单站系统，需要参考 WinCC 与 Windows 操作系统以及相关软件的兼容性要求，并且为每一个单站购买相应点数的 RT 或 RC 授权。单站的项目组态可参考第 3 章。

12.1.2 C/S 多用户系统架构

WinCC C/S 架构可以在同一网络中，将系统操作和监控的功能分配到多台客户机和服务器上。在一个多用户系统架构中只能有 1 台服务器或 1 对冗余服务器。

1. 多用户系统架构的特点

1) 服务器负责实现监控系统中的所有功能（数据采集、画面存储和管理等）。
2) 服务器负责所有操作员站（客户机）的管理。
3) 客户机上无项目。
4) 客户机只能访问 1 台服务器或 1 对冗余服务器。

2. 应用场景

根据多用户系统架构的特点，通常在方案设计时可以考虑如下应用场景。

场景 1：在不同的操作员站（客户机）上显示所有工艺的不同信息。例如第一台客户机显示所有工艺过程画面，第二台客户机显示和确认报警消息，第三台客户机显示历史数据。

场景 2：在不同的操作员站（客户机）上显示不同工艺的所有信息。例如第一台客户机显示工艺 A 的所有过程画面、报警消息和历史数据，第二台客户机显示工艺 B 的所有过程画面、报警消息和历史数据。

多用户系统架构应用场景如图 12-2 所示。

3. 所需授权

无论采用何种设计方案实施多用户系统架构，所需 WinCC 软件授权如下：

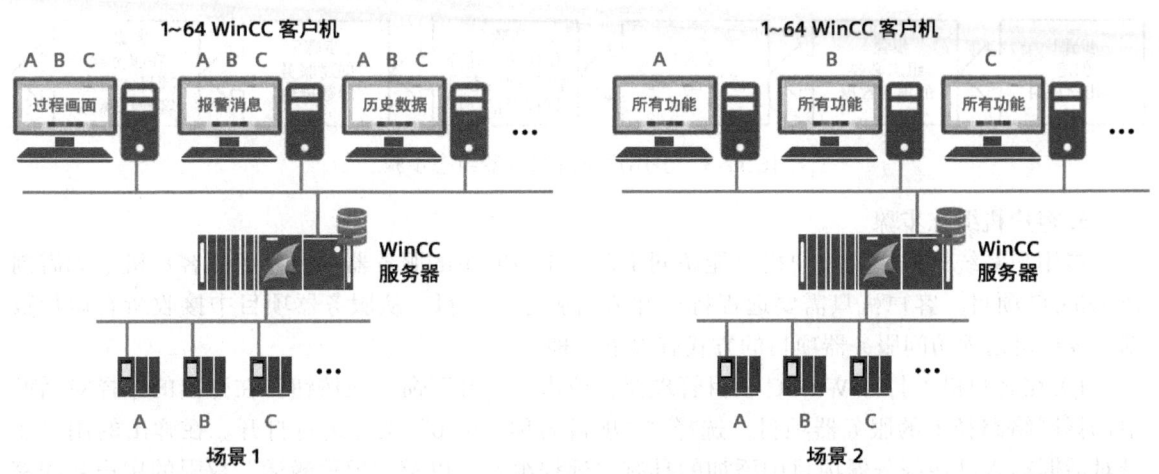

图 12-2　多用户系统架构应用场景

1）服务器：WinCC RC 或 RT ××× PowerTags×1；WinCC Server×1（××× 为外部变量数，根据实际项目选择相应点数授权即可）。

2）每台客户机：WinCC RT 128 PowerTags×1（所有客户机均选择最小点数授权即可）。

4. 服务器组态步骤

步骤 1：创建类型为"多用户项目"的新项目。可以在服务器中直接创建并组态，也可以在工程师站中创建并组态。待所有工作完成后通过 WinCC 项目复制器通过单击"另存为（S）…"按钮进行项目备份后再复制到服务器中运行。

步骤 2：在项目中组态必要的项目数据（例如变量通信、画面、报警和归档等）。

步骤 3：添加需要访问服务器数据的客户机。在 WinCC 项目管理器中选择"计算机"，然后右键单击选择"添加新计算机"后在计算机名称中输入客户机的计算机名。

步骤 4：为客户机分配操作权限。为了使客户机可以远程或在运行时打开并编辑服务器项目，必须在服务器项目中组态适当的客户机操作员权限。因此，服务器上提供以下操作员权限。

1）"远程组态"：可从远程工作站打开一个服务器项目，并对其进行完全访问。

2）"远程激活"：客户机可在运行系统中加载并激活服务器项目。

> **提示**
> 所组态的操作员权限只与用户相关，而与计算机无关。因此，无论在哪台客户机上使用该用户进行登录均可与服务器建立互连。

步骤 5：创建服务器数据包。

1）在 WinCC 项目管理器中选择"服务器数据"，右键单击选择"创建"。

2）在数据包属性对话框中，指定符号计算机名称和物理计算机名称。默认的符号计算机名称由项目名称和物理计算机名称组合而成，可以根据需要更改（建议使用项目名加物理计算机名称）。物理计算机名称默认为当前组态该项目的计算机名称，如果当前组态该项目的为工程师站，应将物理计算机名称改为将来要运行该项目的服务器计算机名称。数据包创建成功后存储于项目文件夹下的"< 计算机名称 >\Packages\"路径中，文件扩展名为 .pck。

步骤 6：在服务器项目中组态客户机属性（例如起始画面、锁定组合键等）。

以上多用户系统服务器组态步骤如图 12-3 所示。

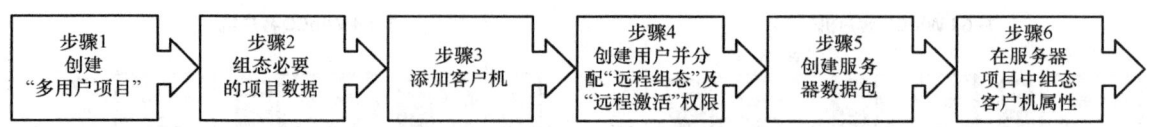

图 12-3　多用户系统服务器组态步骤

5. 客户机组态步骤

多用户系统架构中的客户机只能访问 1 台或 1 对冗余的服务器项目，因此客户机上无需创建 WinCC 项目。客户机只需要远程打开并激活服务器项目，从服务器项目中接收所有运行数据。客户机远程访问服务器项目的方式有以下三种。

1）在客户机上打开 WinCC 项目管理器，单击"打开"命令或按钮。在弹出的选择对话框中选择网络路径下的服务器项目，选择"< 项目名称 >.mcp"文件进行打开。在弹出的用户登录对话框输入已在服务器项目中添加的具有"远程组态"以及"远程激活"权限的用户名和密码后，项目将被加载到客户机的 WinCC 项目管理器中。单击项目管理器中的"激活"按钮即可完成项目的激活。

> **提示**
> ①在客户机项目管理器打开服务器项目之前，项目必须已在服务器端打开；②在客户机项目管理器中激活项目时，如果服务器端仍处于未激活状态，则会首先自动在服务器端激活项目；③如果在客户机中使用的是 RT 许可证，则在项目打开后会提示缺少 RC 许可证。

2）通过 Simatic Shell 打开服务器项目。打开 Windows 资源管理器，选择"此电脑"后，在"设备和驱动器"项中可以看到 Simatic Shell（系统文件夹）。双击该文件夹后可看到如图 12-4 所示的画面。选择需要连接的服务器，则可看到服务器中所有已存在的项目，以及当前已处于打开状态的项目。

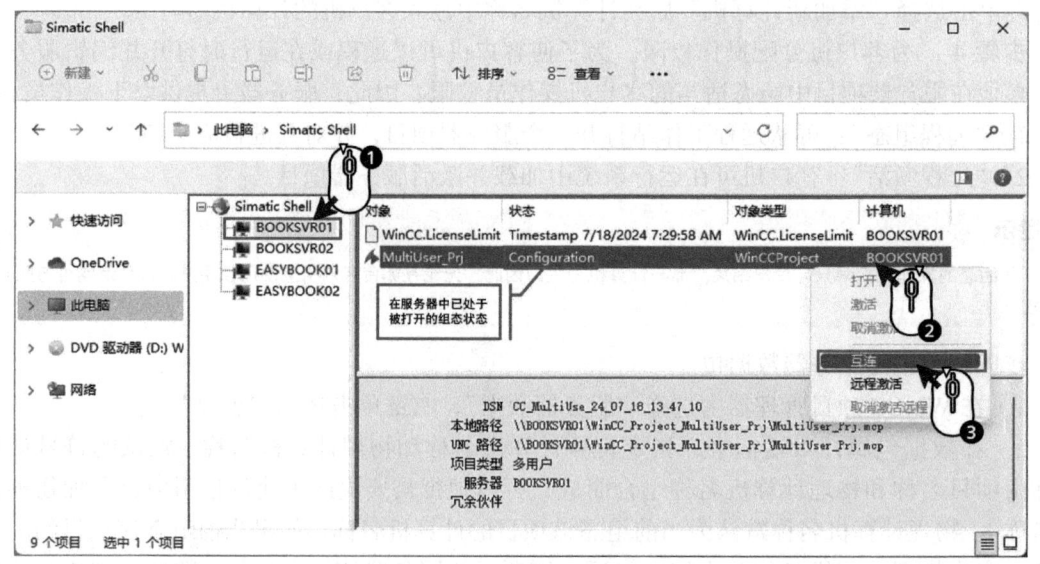

图 12-4　通过 Simatic Shell 远程打开服务器项目

选择已处于组态状态的需要连接的服务器项目，右键单击"互连"，在弹出的用户登录对话框输入已在服务器项目中添加的具有"远程组态"以及"远程激活"权限的用户名和密码后，项目将被加载到客户机的 WinCC 项目管理器中。单击项目管理器中的"激活"按钮即可完成项目的激活。

3)通过 WinCC Autostart 应用程序自动加载并激活服务器项目。单击 Windows"开始"菜单并输入"Autostart"即可找到该应用程序,按回车键或鼠标单击即可打开。打开程序后可通过网络路径加载需要连接的服务器项目,如图 12-5 所示。

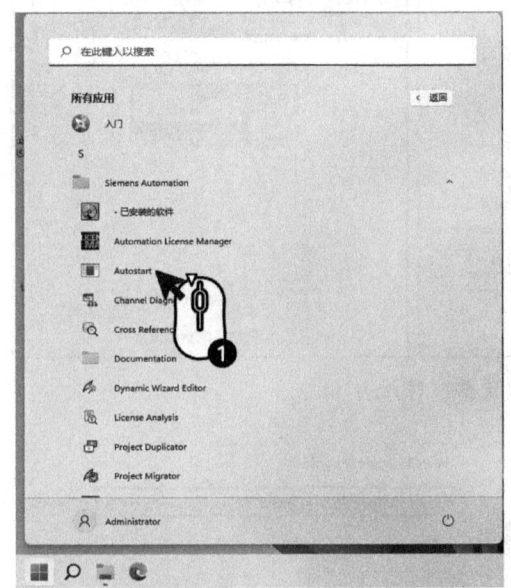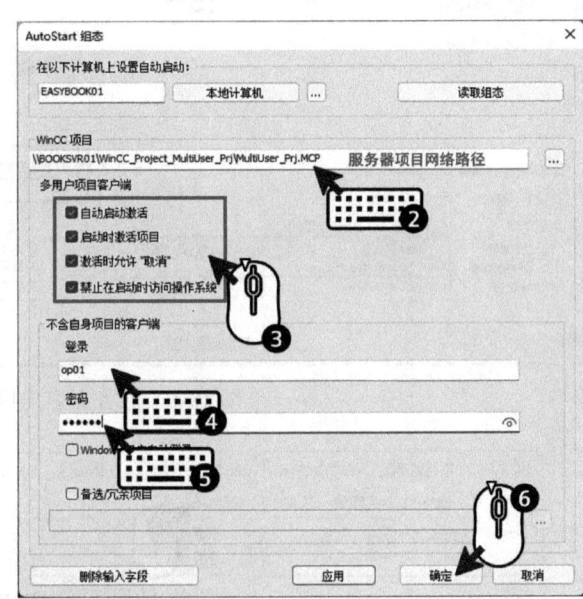

图 12-5　通过 Autostart 自动加载并激活服务器项目

由图 12-5 可知,在程序组态界面中可通过网络路径选择需要加载的服务器项目(也可以手动输入)。使能自动启动激活并根据需要选择是否使能激活时允许"取消"。在登录和密码输入域中输入已在服务器项目中添加的具有"远程组态"以及"远程激活"权限的用户名和密码,单击"确定"按钮。设置完成后,一旦客户机操作系统重新启动登录 Windows 后,Autostart 将会自动加载服务器项目并激活。

当项目激活后,可分别在服务器和客户机端查看连接状态。服务器客户机连接状态查看方法如图 12-6 所示。

6. 多用户系统组态注意事项

1)确保 WinCC 服务器和客户机中所使用的 WinCC 版本一致,包括已安装的更新包一致。WinCC 软件版本检查如图 12-7 所示,K8.0.0.5 为具体版本号,最后一位为更新包编号,图中所示的版本为已安装更新包 5(Update5)的版本。

2)确保服务器和客户机之间能够通过 Windows 操作系统的"ping"命令相互"ping"通计算机名称。

3)Windows 登录用户必须有密码,否则会造成用户权限的限制。

4)服务器和客户机使用相同的 Windows 用户名和密码(推荐)。如果使用不同的用户名,则需要在服务器上添加客户机上所使用的用户名和密码,并将该用户添加到"SIMATIC HMI"用户组中。

5)禁用来宾(Guest)用户。

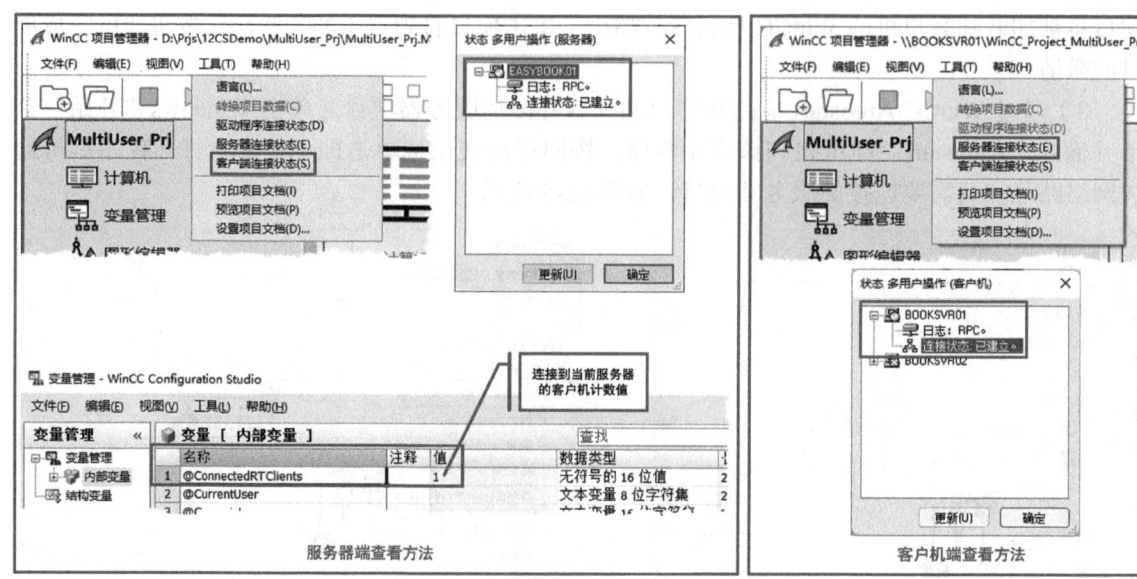

图 12-6　服务器客户机连接状态查看方法

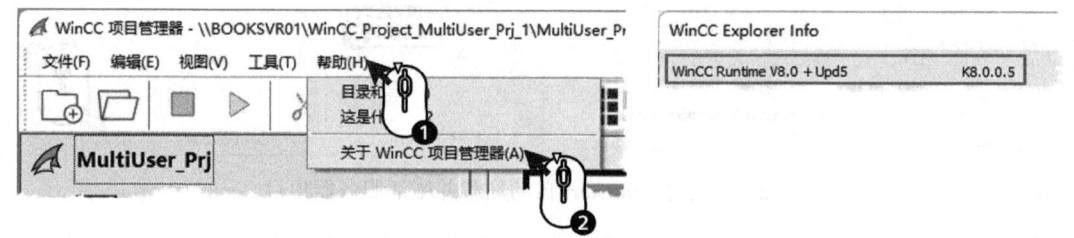

图 12-7　WinCC 软件版本检查

12.1.3　C/S 分布式系统架构

WinCC C/S 分布式系统架构可以在同一网络中,将系统操作和监控的功能分配到多台客户机和服务器上。

1. 分布式系统架构的特点

1)服务器负责实现监控系统中的所有功能(例如数据采集、画面存储和管理等)。
2)客户机上需要创建客户机项目。
3)如果客户机无需远程组态服务器项目,则无需在服务器的项目中添加该客户机。
4)一台客户机最多可以访问 18 台服务器或 18 对冗余服务器。

2. 应用场景

根据分布式系统架构的特点,通常在方案设计时可以考虑如下应用场景。

场景 1:在不同的操作员站(客户机)上通过画面窗口同时显示来自于不同服务器的不同工艺画面。

场景 2:在不同的操作员站(客户机)上组态各自的客户机画面,在画面中通过画面对象加载来自不同服务器的变量,从而进行不同工艺的监控。

分布式系统架构的应用场景如图 12-8 所示。

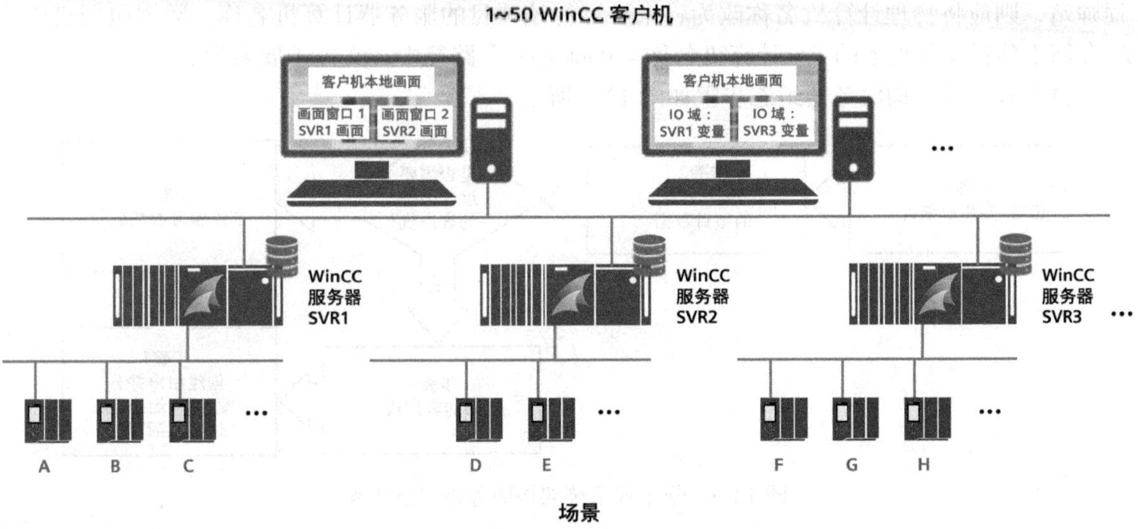

图 12-8 分布式系统架构的应用场景

3. 所需授权

实施分布式系统架构，所需 WinCC 软件授权如下：

1）服务器：WinCC RC 或 RT ××× PowerTags × 1；WinCC Server × 1（××× 为变量数，根据实际项目选择相应点数授权即可）。

2）每台客户机：WinCC RT 128 PowerTags × 1（所有客户机均选择最小点数授权即可）。

4. 服务器组态步骤

步骤 1：创建类型为"多用户项目"的新项目。可以在服务器中直接创建并组态，也可以在工程师站中创建并组态。待所有工作完成后通过 WinCC 项目复制器通过单击"另存为（S）…"按钮进行项目备份后再复制到服务器中运行。

步骤 2：在项目中组态必要的项目数据（例如变量通信、画面、报警、归档等）。

步骤 3（可选步骤）：添加需要远程组态服务器项目的客户机。在 WinCC 项目管理器中选择"计算机"，然后右键单击选择"添加新计算机"，在计算机名称中输入客户机的计算机名称。

步骤 4（可选步骤）：为客户机分配操作权限。为了使客户机可以远程或在运行时打开并编辑服务器项目，必须在服务器项目中组态适当的客户机操作员授权。因此，服务器上提供以下操作员授权：

1)"远程组态"：可从远程工作站打开一个服务器项目，并对其进行完全访问。

2)"远程激活"：客户机可在运行系统中加载并激活服务器项目。

> **提示**
> 所组态的操作员授权只与用户相关，而与计算机无关。因此，无论在哪台客户机上使用该用户进行登录均可与服务器建立互连。

步骤 5：创建服务器数据包。在 WinCC 项目管理器中选择"服务器数据"，右键单击选择"创建"。在数据包属性对话框中，指定符号计算机名称和物理计算机名称。默认的符号计算机名称由项目名称和物理计算机名称组合而成，可以根据需要更改（建议使用项目名称加物理计算机名称）。物理计算机名称默认为当前组态该项目的计算机名称，如果当前组态该项目的为工程师站，则应将物理计算机名称改为将来要运行该项目的服务器计算机名称。数据包创建成功后存储于项目文件夹下的"<计算机名称>\Packages\"路径中，文件扩展名为 .pck。

分布式系统架构服务器组态步骤如图 12-9 所示。

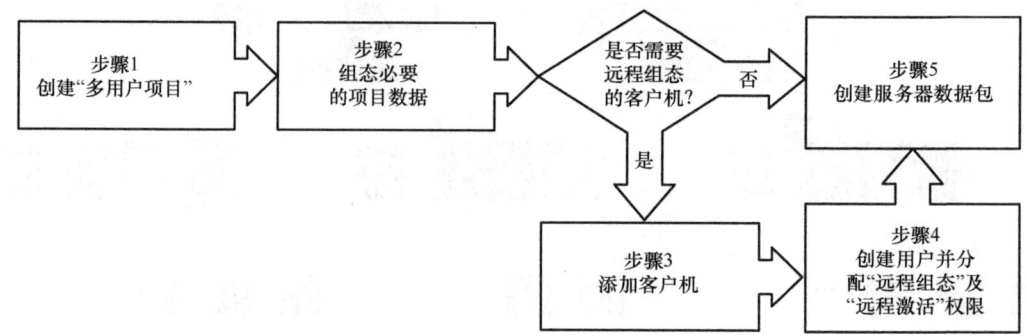

图 12-9　分布式系统架构服务器组态步骤

5. 客户机组态步骤

分布式系统架构中的客户机能够访问 18 台或 18 对冗余的服务器项目，因此客户机上需要创建 WinCC 客户机项目。组态步骤如下。

步骤 1：在客户机上打开 WinCC 项目管理器，单击"新建"命令或按钮，在弹出的选择对话框中选择新建客户机项目。

步骤 2：加载需要连接的服务器数据包。首次进行的数据包加载都是手动完成的。服务器和客户机中数据包的所有进一步更新都可以自动执行，可以设置更新的执行时间和触发方式。

1）手动加载服务器数据包：在客户机项目中选择"服务器数据"项，右键单击选择"正在加载…"，在弹出的对话框中通过网络路径选择需要连接的服务器中的项目文件夹。服务器数据包以名称"<项目名称_计算机名称>*.pck"存储在目录"...\\<服务器项目名称>\<计算机名称>\Packages\"中，选择后单击"打开"进行加载。如果需要连接多台服务器，则重复该步骤加载多个服务器数据包即可。

2）组态隐含数据包更新：在首次手动加载服务器数据包成功后，便可右键单击"服务器数据"项选择"隐含更新…"，根据需要进行选择即可实现服务器数据包更新后在客户机上自动进行更新。

步骤 3：在客户机项目中组态必要的项目数据。客户机上可以组态的项目数据包括变量管理、画面、菜单和工具栏等。本书主要介绍客户机画面的组态。

由于分布式客户机可以加载多个服务器数据包，因此也就意味着在一台客户机上可以显示来自于多台服务器的画面或过程数据。通常有两种方式来进行组态，客户机画面组态方式如图 12-10 所示。

1）客户机画面通过画面窗口间接显示服务器数据。

步骤 1：在客户机项目中创建主画面。

步骤 2：在主画面中添加画面窗口。

步骤 3：在画面窗口属性中选择需要显示的服务器数据包中的画面名称。

2）客户机画面中的画面对象直接关联带有服务器前缀的服务器变量。

步骤 1：在客户机项目中创建画面。

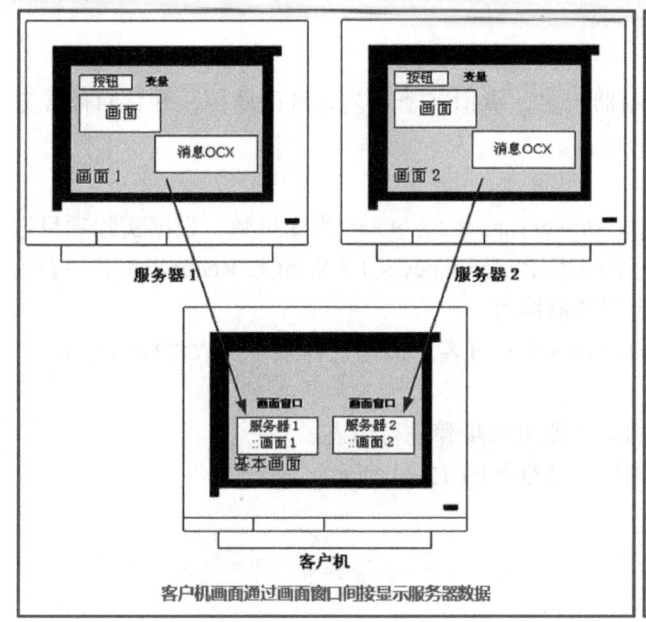

图 12-10　客户机画面组态方式

步骤 2：在画面中添加所需画面对象，例如输入 / 输出域。

步骤 3：将输入 / 输出域关联服务器数据包中的变量，关联的变量名称为"＜服务器前缀 1＞::＜变量名称＞"。

6. 分布式系统组态注意事项

1）确保 WinCC 服务器和客户机中所使用的 WinCC 版本一致，包括已安装的更新包一致。

2）确保服务器和客户机之间能够通过 Windows 操作系统的"ping"命令相互"ping"通计算机名称。

3）Windows 登录用户必须有密码。

4）服务器和客户机使用相同的 Windows 用户名和密码（推荐）。如果使用不同的用户名，则需要在服务器上添加客户机上所使用的用户名和密码，并将该用户添加到"SIMATIC HMI"用户组中。

5）禁用来宾（Guest）用户。

12.1.4　WinCC 客户机 / 冗余服务器系统架构

WinCC 客户机 / 冗余服务器系统架构可以在同一网络中，并行运行两台互连的服务器。并在故障发生时自动切换客户机所连接的服务器，以增强监控系统的容错性。

1. 客户机 / 冗余服务器系统架构的特点

1）当服务器或过程连接出现故障时，客户机自动切换连接的服务器。

2）故障服务器恢复后或过程连接故障消除后，自动同步消息归档、过程值归档和用户归档。

3）在线同步内部消息。

4）在线同步激活变量同步的内部变量。

5）在线同步用户归档。

2. 应用场景

通常应用在监控系统服务器连接的控制器较多，承担多个工艺系统的监控，并且对监控系统的依赖程度较高，对数据存储要求较高的场合。

3. 所需授权

1）两台服务器：WinCC RC 或 RT ××× PowerTags×2（××× 为变量数，根据实际项目选择相应点数授权即可）；WinCC Server×2；WinCC Redundancy×1（WinCC Redundancy 一套为两个独立冗余授权，分别将授权传送至两台服务器即可）。

2）每台客户机：WinCC RT 128 PowerTags×1（所有客户机均选择最小点数授权即可）。

4. 服务器组态步骤

步骤 1：参考 C/S 多用户系统架构中的服务器组态步骤进行组态。

步骤 2：启用并配置冗余。冗余配置编辑对话框如图 12-11 所示。

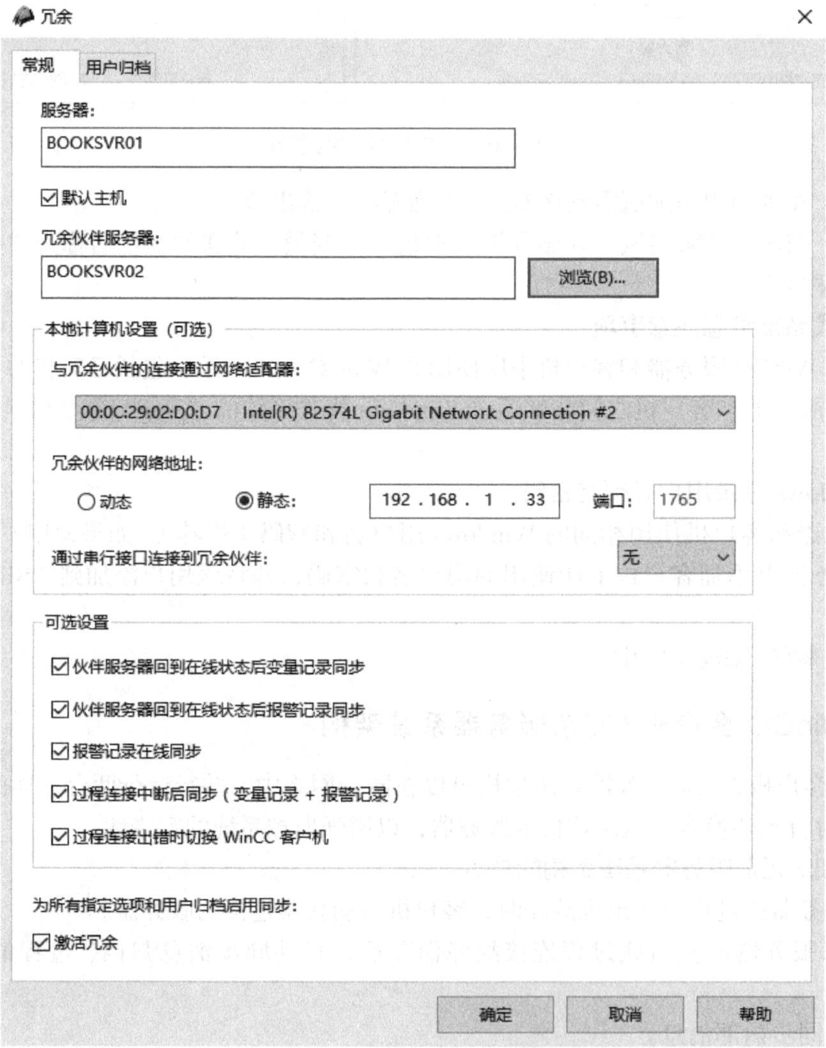

图 12-11 冗余配置编辑对话框

1)勾选"激活冗余"选项。
2)单击"浏览"按钮选择冗余伙伴服务器(或手动填写冗余伙伴服务器计算机名称)。
3)勾选"默认主机"。也可以选择不勾选。如果不勾选则当前服务器为备用服务器,当项目复制到伙伴服务器后会在伙伴服务器上自动勾选。

> **提示**
> 确保只对两台冗余服务器中的一台勾选"默认主机"选项。否则,客户端进行冗余切换期间可能会出现问题。

4)为状态监视指定是否通过网络适配器与冗余伙伴相连。在网络适配器连接和串口连接中,首选网络适配器连接。在选择网络适配器时,请勿选择系统总线或终端总线所使用的网络适配器而是选择专门用于状态监视的网络适配器。如果要使用串口连接,请选择相应的串口。

> **提示**
> 该连接仅用于两台服务器之间进行状态监视,并不用于故障后的数据同步。如果选择为网络适配器,则该适配器的 IP 地址不能与终端总线存在于相同的子网中。

5)在可选设置部分,激活系统恢复在线状态或排除故障后要执行的同步操作。

步骤 3:通过时间同步编辑器设置时间同步。

步骤 4:创建服务器数据包。

步骤 5:通过项目复制器将项目从主服务器复制到备用服务器上指定可访问的共享文件夹。进行项目复制时,备用服务器上的项目必须完全关闭。主服务器不同项目状态的不同结果见表 12-1。

表 12-1 主服务器不同项目状态的不同结果

项目状态	组态数据	运行数据
关闭的项目	复制	复制
打开且并未激活的项目	复制	不复制
正在运行的项目	复制	不复制

项目被成功复制到备用服务器后,可以在备用服务器上直接打开并激活运行。无需更改服务器计算机名称,计算机名称在项目复制过程中已自动更改为备用服务器计算机名称。

> **提示**
> 必须通过项目复制器将项目传送到备用服务器,不能使用 Windows 资源管理器进行复制传送。

步骤 6:备用服务器组态。要监视冗余的状态,仍然需要通过冗余配置编辑对话框在备用服务器上设置与主服务器的附加连接。

5. 客户机组态步骤

步骤 1:参考 C/S 多用户系统架构中客户机组态步骤进行组态。

步骤 2:在服务器项目的"服务器数据"项中组态"客户机特定设置"。客户机首选服务器设置如图 12-12 所示。

可单独为每台客户机选择首选服务器,以便在冗余服务器中分配客户机。如果在连接到组态的服务器期间出现网络中断,客户机将切换到冗余伙伴服务器。当首选服务器再次可用时,客户机将切换回到首选服务器。并且通过为多台客户机平均选择不同的首选服务器,可对负载进行均衡分配,并改进整个系统的性能。

图 12-12　客户机首选服务器设置

6. 冗余系统组态的注意事项

1）对于带有多用户操作的 WinCC 冗余服务器，只能使用装有 Windows 服务器操作系统的计算机。

2）两台冗余服务器上的用户名和密码必须完全相同。

3）两台服务器上都必须安装 WinCC 冗余选件。冗余服务器上必须安装 WinCC 冗余许可证。

4）必须为两台冗余服务器组态完全相同的功能。

5）这两台服务器的时间必须同步。建议整个系统都采用时间同步。可使用 WinCC 中的"时间同步"选项组态时间同步。

6）冗余服务器之间必须存在以下附加连接之一：

① 网络适配器。

② 串行连接。

7）确保备用服务器中的项目是在主服务器项目完全组态完成后通过项目复制器复制而来，任何修改都应在主服务器上进行后再复制到备用服务器上。

8）在项目未最终完成的调试期间，建议禁用冗余功能。否则项目调试期间的重复启动都会触发归档同步，从而可能导致 WinCC 运行系统的性能明显下降。

7. 冗余如何工作

1）冗余服务器的标识：在两台服务器激活之后，两台服务器中的一台已组态为默认主机。

运行系统将该服务器的系统变量"@RM_MASTER"设置为"1"。如果变量的状态发生变化（例如，由于计算机发生故障），客户机将切换连接至备用计算机，备用计算机则变为主服务器计算机。

2）正常运行期间的 WinCC 归档：运行系统中两台服务器通常完全同步。每台服务器均有其自己的过程驱动程序连接，并有其自己的数据归档。自动化系统将过程数据和消息发送到两台冗余服务器，再由这两台服务器进行相应的处理。

3）服务器故障：如果其中一台服务器出现故障，客户机将自动从故障服务器切换到冗余伙伴服务器。这样可确保所有的客户机都始终可用于对过程进行监视和操作。当出现故障时，处于活动状态的服务器将继续对 WinCC 项目的所有消息和过程数据进行归档。在故障服务器恢复在线状态后，所有消息归档、过程值归档和用户归档的内容都将自动同步到已恢复的服务器。这将填补故障服务器的归档数据空白。

> **提示**
> 由于技术原因，在冗余服务器系统中，两个系统自动同步前的故障时间必须至少为 69s。

4）触发客户机切换的因素：与当前所连接的服务器之间出现网络中断、所连接的服务器出现故障、所连接的服务器上的过程连接出现故障或所连接的服务器项目被取消激活，都会触发客户机切换连接至另外一台冗余服务器。

8. 冗余系统变量

WinCC 中一组 @ 开头的系统变量可用于获取冗余相关的状态信息，系统变量见表 12-2。

表 12-2 系统变量

系统变量	说明
@LocalMachineName	包含本地计算机名称
@RedundantServerState	显示服务器的冗余状态： 0：未定义状态或初始值 1：服务器为主服务器（主站） 2：服务器为备用服务器 3：服务器处于"FAULT"（故障）状态 4：服务器独立或无冗余操作
@RM_MASTER	变量值 = 1：标识主服务器。如果服务器成为备用服务器，则"@RM_MASTER"的值为"0"。可通过脚本或其他方式更改变量值
@RM_MASTER_NAME	主服务器的名称
@RM_SERVER_NAME	与客户端相连的服务器的名称

12.2 系统架构应用示例

为应对实际现场的应用场景，在掌握 SIMATIC WinCC 的系统架构知识之后就可以合理地选择出对应的架构方案并实施。

12.2.1 C/S 多用户系统架构的实现

通过组态实现 C/S 单服务器多用户系统架构。单服务器多用户系统如图 12-13 所示。在该实现过程中还将介绍内部变量的本地计算机更新和项目范围内更新的差异。在掌握了两种不同内部变量的更新范围后,可以更好地在 C/S 多用户系统架构中利用内部变量。本节还会介绍脚本全局动作的执行范围,以便于更好地分配脚本的作用范围。

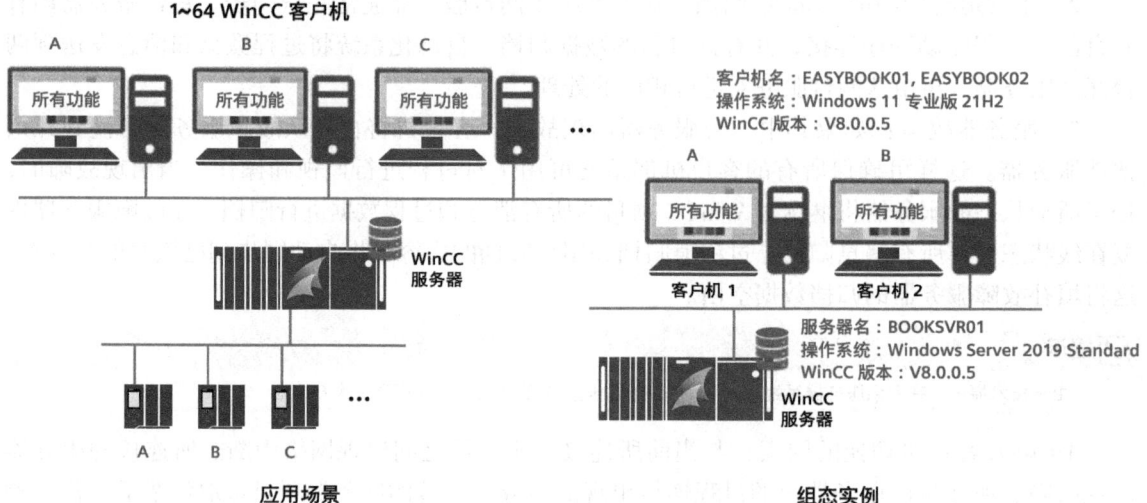

图 12-13 单服务器多用户系统

1. 服务器组态步骤

步骤 1:在服务器上创建"多用户项目",如图 12-14 所示。

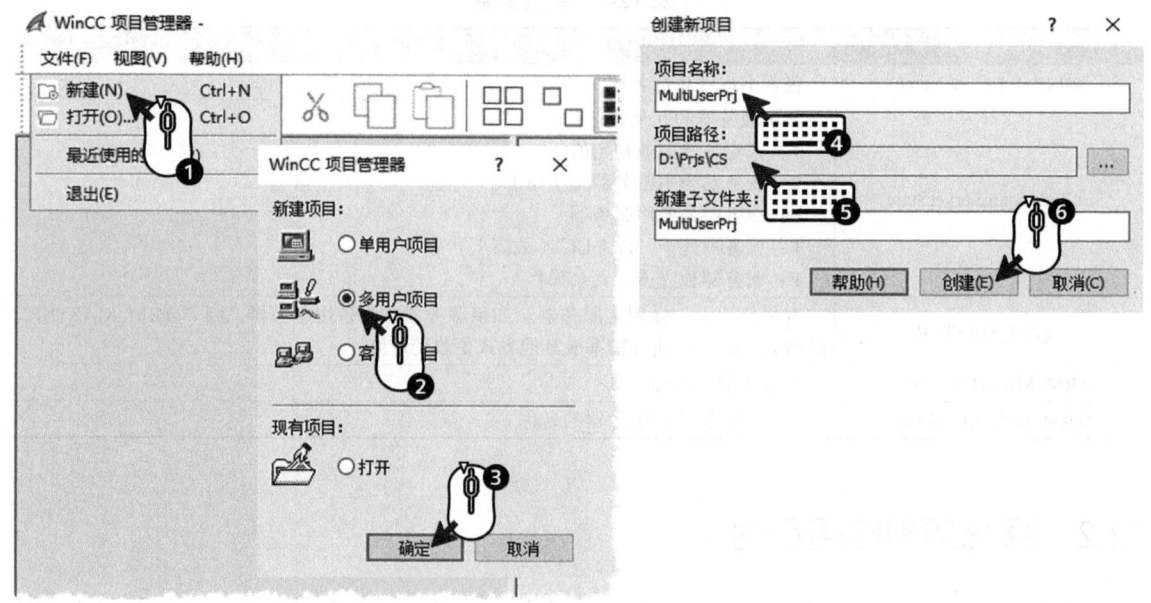

图 12-14 在服务器上创建"多用户项目"

步骤 2:组态项目数据(例如变量通信、画面、报警、归档等),本节只介绍部分组态。

1)内部变量组态:创建两个内部变量组"TagLocalUpdate"和"TagProjectUpdate"。在两个组内分别创建变量"TagLocalUpdate01"和"TagProjectUpdate01"。勾选"TagLocalUpdate01"变量属性"本地计算机"。内部变量组态如图 12-15 所示。

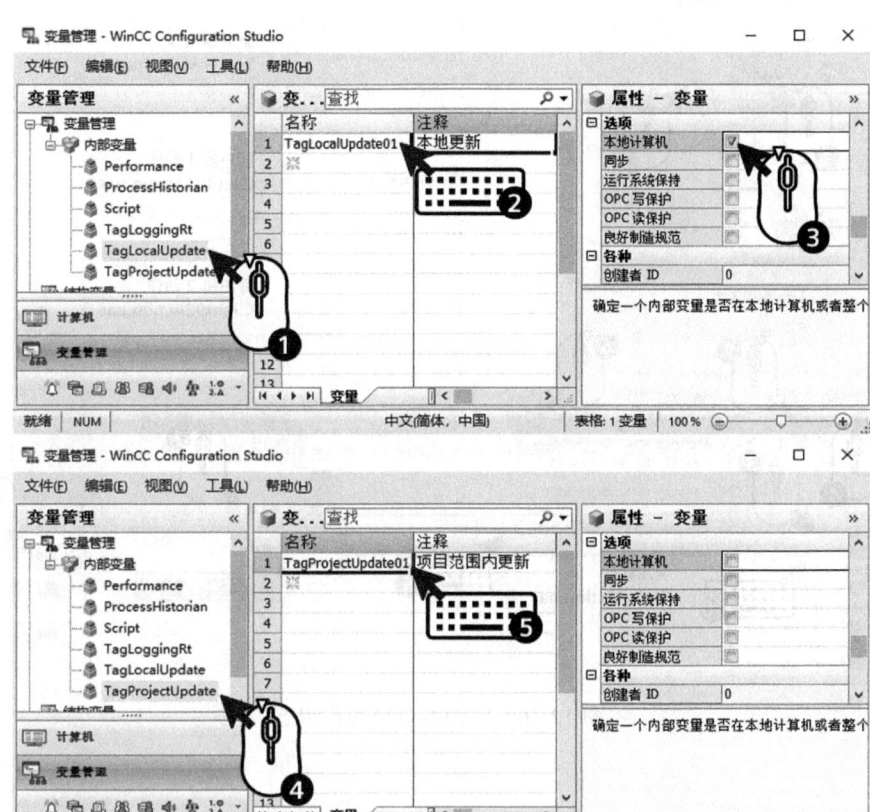

图 12-15　内部变量组态

2）全局 C 动作组态：打开全局脚本 C-Editor，分别创建全局动作"GlobalAction.pas"、服务器动作"ServerAction.pas"、客户机 1 动作"Client01Action.pas"和客户机 2 动作"Client02Action.pas"。将所有动作设置相同的触发器为变量"TagProjectUpdate01"有变化时，并分别编写代码。C 脚本全局动作组态如图 12-16 所示。

步骤 3：添加需要访问服务器数据的客户机。组态两台可用于访问服务器项目的客户机。添加客户机如图 12-17 所示。

重复该步骤可添加更多需要访问该服务器项目的客户机。

步骤 4：为客户机分配操作权限。打开"用户管理器"，添加用户并分配"远程激活"和"远程组态"权限，如图 12-18 所示。

可为不同的客户机添加多个用户，C/S 多用户系统架构中的用户管理完全在服务器项目中进行组态。关于用户管理的详细内容可参考第 11 章。

步骤 5：创建服务器数据包，如图 12-19 所示。

该项目在服务器上创建和组态，因此生成服务器数据包时的"物理计算机名称"和"符号计算机名称"自动获取了服务器计算机名称，保持默认设置即可。但是如果项目是在工程师站上创建和组态，建议手动更改为实际运行该项目的服务器计算机名称。

步骤 6：在服务器项目中组态客户机属性，如图 12-20 所示。

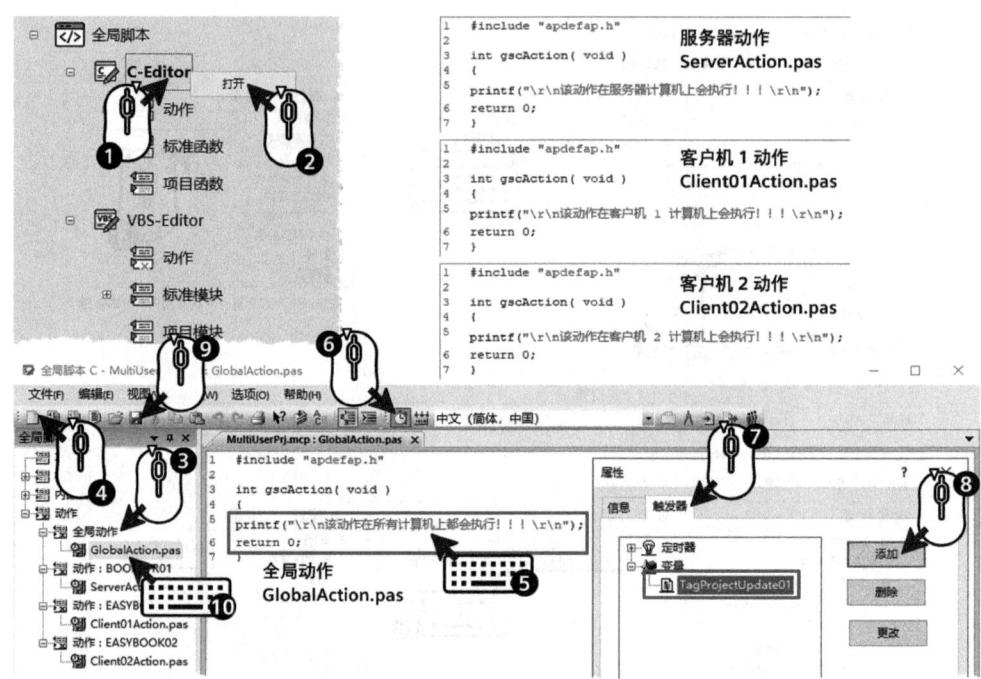

图 12-16　C 脚本全局动作组态

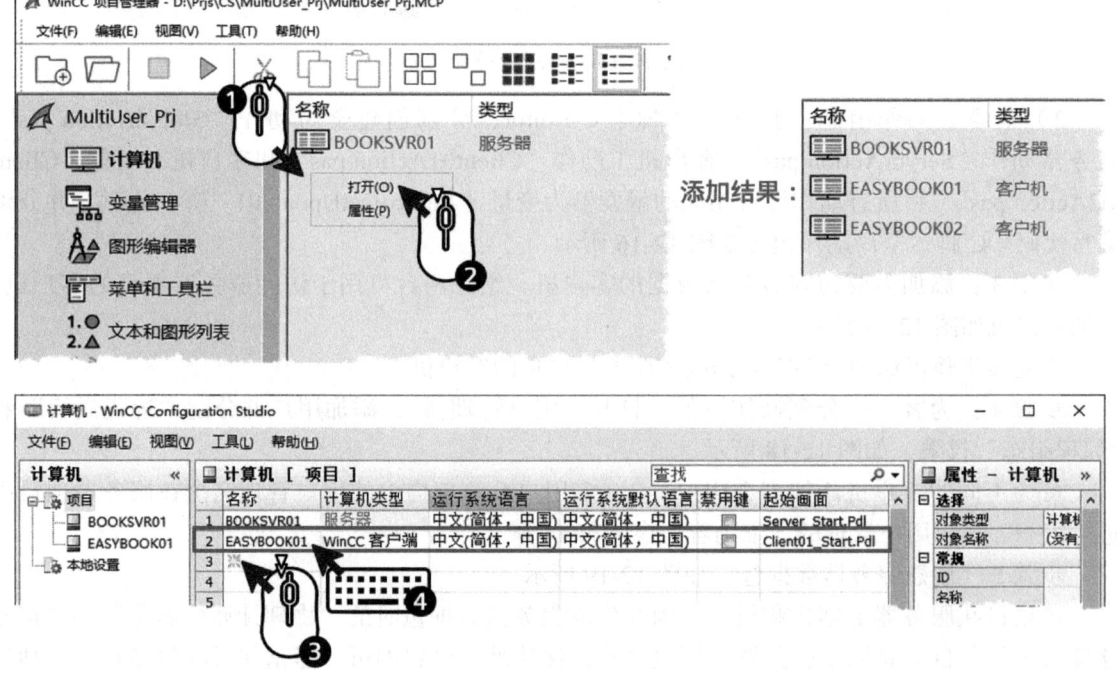

图 12-17　添加客户机

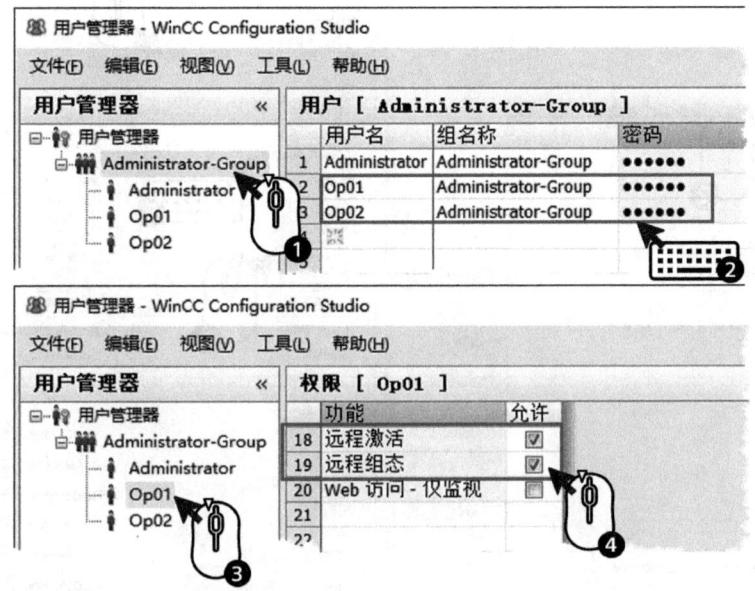

图 12-18　添加用户并分配"远程激活"和"远程组态"权限

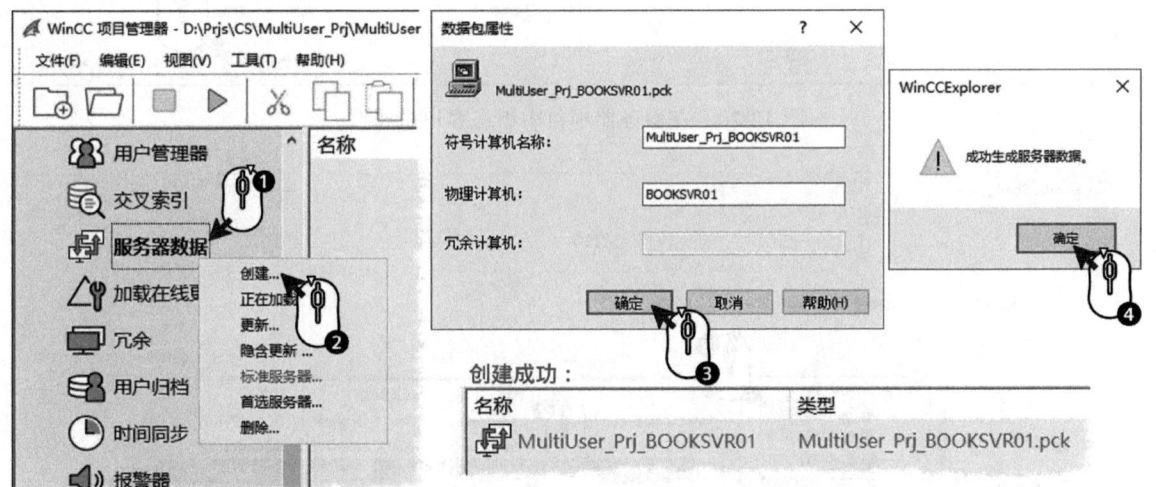

图 12-19　创建服务器数据包

1）在"启动"选项卡中勾选"全局脚本运行系统"和"图形运行系统"（客户机 1 和客户机 2 做相同的设置）。

2）在"图形运行系统"选项卡中，客户机 1 和客户机 2 起始画面分别选择为"Client01_Start.Pdl"和"Client02_Start.Pdl"。窗口属性根据需要进行选择设置即可。组态完成后在服务器上激活项目。

2. 客户机组态步骤

调试阶段选择通过 Simatic Shell 与服务器项目进行互连。客户机连接服务器项目如图 12-21 所示。

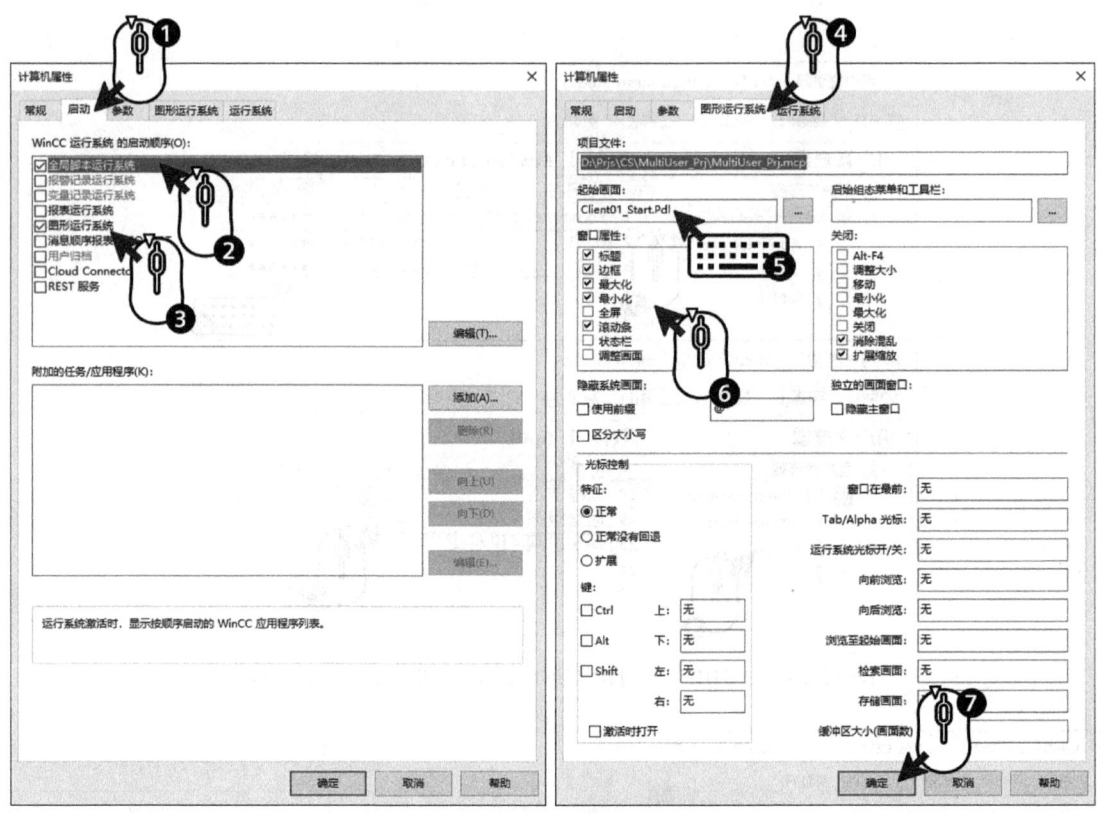

图 12-20　在服务器项目中组态客户机属性

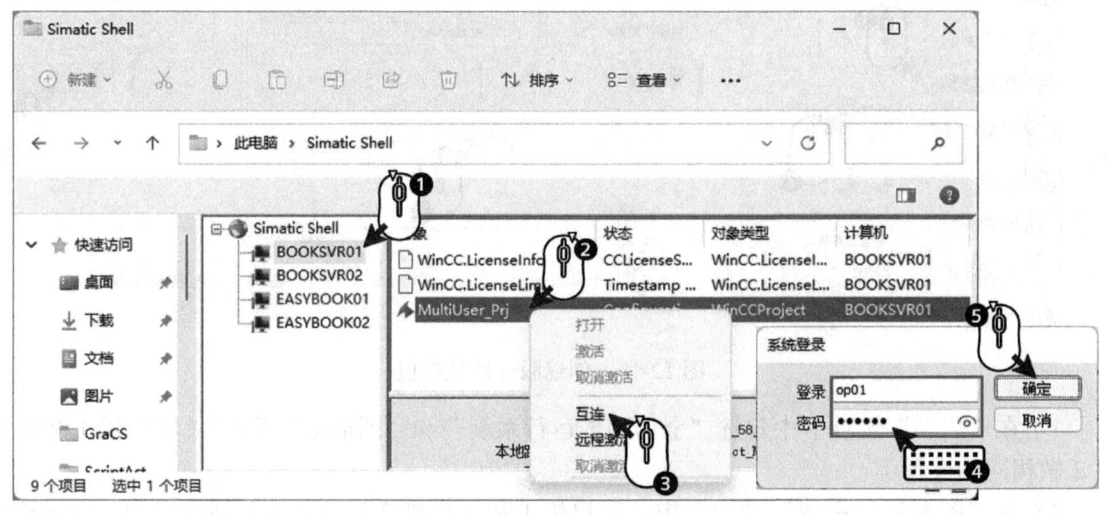

图 12-21　客户机连接服务器项目

服务器上的项目必须处于已打开的状态。如果服务器上的项目处于已打开且激活状态，则客户机将会自动进入激活状态；如果服务器上的项目处于已打开未激活状态，则客户机上将只会在 WinCC 项目管理器中打开项目。当在客户机上单击"激活"按钮后，服务器上的项目会自动进入激活状态，随后客户机项目进入激活状态。

客户机 2 采用相同的方式进行服务器项目互连。3 台计算机的 WinCC 项目都进入激活运行状态后，服务器上 WinCC 的起始画面如图 12-22 所示，客户机 1 上 WinCC 的起始画面如图 12-23 所示，客户机 2 上 WinCC 的起始画面如图 12-24 所示。

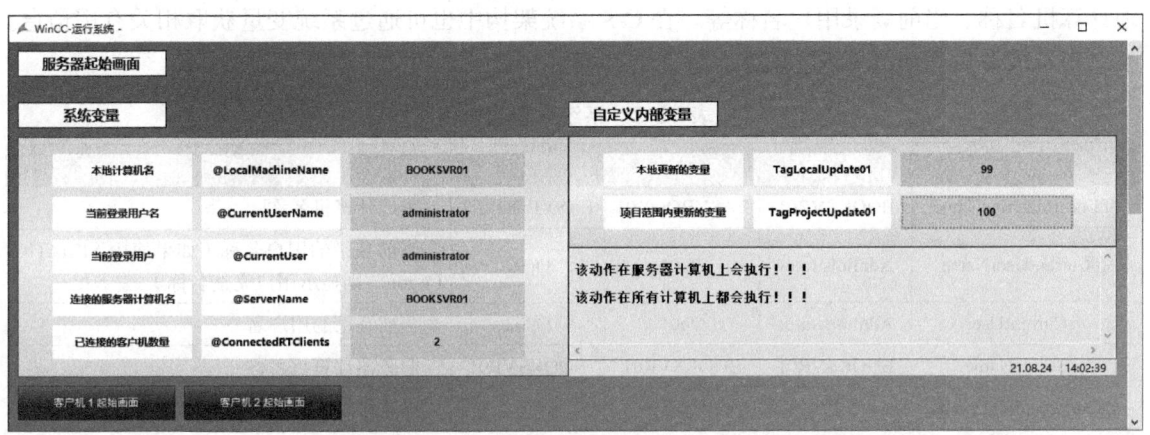

图 12-22　服务器上 WinCC 的起始画面

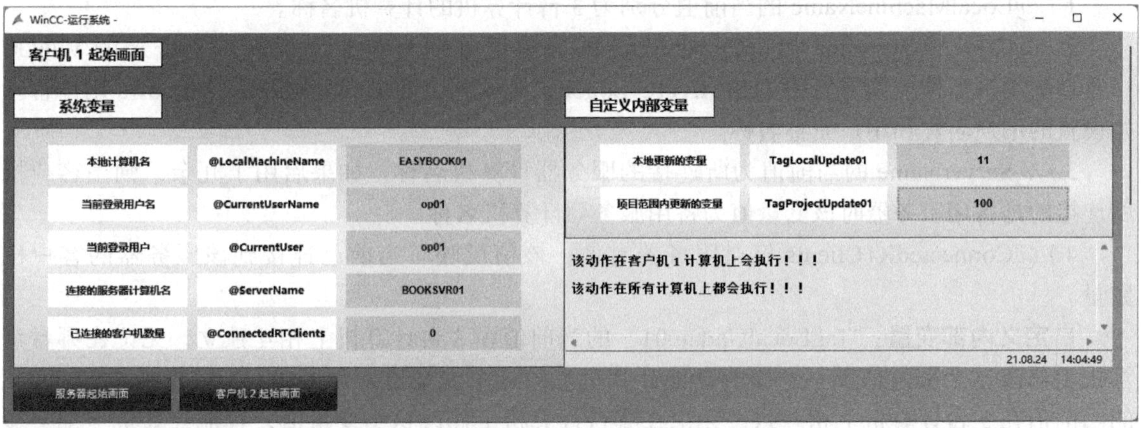

图 12-23　客户机 1 上 WinCC 的起始画面

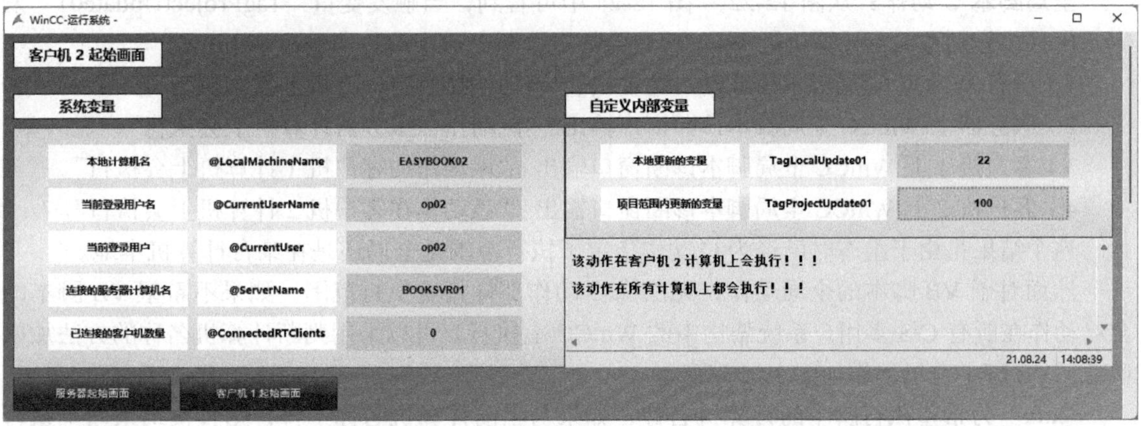

图 12-24　客户机 2 上 WinCC 的起始画面

由图 12-22 ~ 图 12-24 可知，在 3 台计算机上激活运行后的 WinCC 分别自动加载了已分配的不同起始画面。

系统变量：@ 开头的系统变量在 WinCC 运行系统激活后可提供一些有用的信息，例如本地计算机名称、当前登录用户名称等。在 C/S 系统架构中也可通过系统变量获取相关有用信息。本例中系统变量当前值见表 12-3。

表 12-3 系统变量当前值

系统变量	服务器	客户机 1	客户机 2	说明
@LocalMachineName	BOOKSVR01	EASYBOOK01	EASYBOOK02	本地计算机名称
@CurrentUserName	Administrator	Op01	Op02	当前登录的用户名称（如果使用 SIMATIC Logon，则显示用户完整名称）
@CurrentUser	Administrator	Op01	Op02	当前登录的用户名
@ServerName	BOOKSVR01	BOOKSVR01	BOOKSVR01	服务器计算机名称
@ConnectedRTClients	2	0	0	已连接的客户机数量

从表 12-3 中可看到：

1) @LocalMachineName 的当前值分别为 3 台计算机的计算机名称。

2) @CurrentUserName 和 @CurrentUser 的当前值分别为在 3 台 WinCC 上登录的 WinCC 中管理的用户名称。如果启用了 SIMATIC Logon，则这两个变量会分别显示 Windows 用户管理中设置的用户名称和用户完整名称。

3) @ServerName 的当前值为所连接的服务器计算机名称。如果启用了冗余，则当客户机所连接的是备用服务器时该变量值为备用服务器计算机名称。

4) @ConnectedRTClients 仅对服务器有效，该值反映了当前已连接到该服务器的客户机数量。

自定义内部变量： "TagLocalUpdate01" 的当前值在 3 台计算机上相互独立，无论在哪台计算机上修改这个变量值都不会影响其他计算机上的这个变量值；而变量 "TagProjectUpdate01" 的当前值在 3 台计算机上相一致，无论在哪台计算机上修改这个变量值，其他计算机上都会显示相同值。

全局脚本 C 动作： 从图 12-22 ~ 图 12-24 中可看到，当触发变量 "TagProjectUpdate01" 发生变化时，分别在 3 台计算机的 WinCC 全局脚本诊断窗口中的打印输出如下：

1) 所有 WinCC 全局脚本诊断窗口均输出："该动作在所有计算机上都会执行"。

2) 服务器上 WinCC 全局脚本诊断窗口输出："该动作在服务器计算机上会执行"。

3) 客户机 1 上 WinCC 全局脚本诊断窗口输出："该动作在客户机 1 计算机上会执行"。

4) 客户机 2 上 WinCC 全局脚本诊断窗口输出："该动作在客户机 2 计算机上会执行"。

这个结果是由于组态时已经为 C 动作指定了执行范围是全局还是在某台计算机本地。

然而对于 VB 脚本的全局动作，无法像 C 动作那样指定执行范围。如果不希望 VB 脚本的全局动作在所有 C/S 多用户系统架构中的 WinCC 上执行，可以采用判断计算机名称的方法加以避免。VB 脚本全局动作如图 12-25 所示。

"xxx" 为希望执行脚本的计算机名称，如果与当前计算机名称不符，则直接结束而不执行具体脚本。

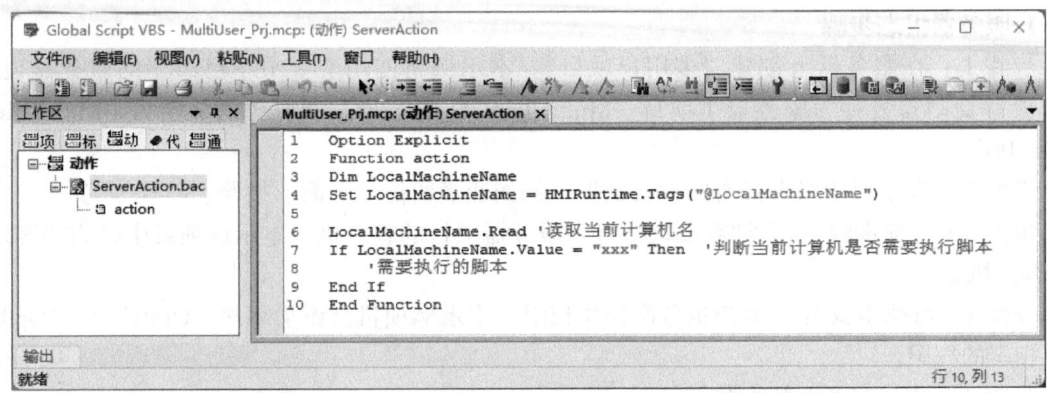

图 12-25 VB 脚本全局动作

3. 运行系统中的系统特性

在这个 C/S 多用户系统架构实现过程中，共有 1 台服务器，2 台客户机。其中服务器也激活了"图形运行系统"使得其也作为一个操作员站使用，因此能连接此服务器的客户机数量会减少到 4 个。如果此服务器不作为操作员站使用，则能连接此服务器的客户机数量为 64 个。

图形：当客户端在运行系统中调用画面时，图形运行系统最初将搜索本地存储的画面。如果本地没有发现具有相应名称的任何画面，则将在服务器的项目文件夹中进行搜索并加载。

> **提示**
> 将服务器上的画面文件复制到客户机上后，客户机上的画面加载将更快。具体操作方法可参考第 4 章。但是如果在服务器项目中修改了画面，则必须通过将所修改的画面手动复制到客户机本地目录来更新数据。

12.2.2 C/S 分布式系统架构的实现

通过组态实现 C/S 分布式系统架构，如图 12-26 所示。在该实现过程中还将介绍通过画面窗口同时显示来自于不同服务器的不同工艺画面，以及在客户机画面中通过画面对象加载来自于不同服务器的变量，从而进行不同工艺的监控。

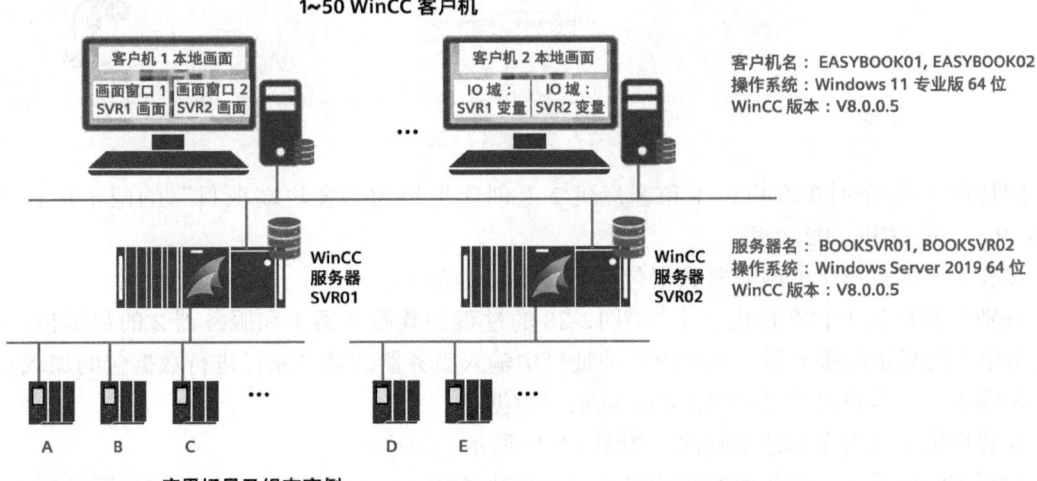

图 12-26 通过组态实现 C/S 分布式系统架构

1. 服务器组态步骤

步骤1：在服务器上创建"多用户项目"。本示例将使用上一节中已组态的服务器项目。通过项目复制器另存为服务器1项目"MultiClient_Svr01_Prj"和服务器2项目"MultiClient_Svr02_Prj"。

步骤2：在项目中组态必要的项目数据（例如变量通信、画面、报警、归档等）。

步骤3（可选步骤）：添加需要远程组态服务器项目的客户机。本示例项目中已添加客户机1和客户机2。

步骤4（可选步骤）：为客户机分配操作权限。本示例项目已添加用户"Op01"和"Op02"，具有相应的权限。

步骤5：创建服务器数据包。

组态完成后激活服务器1项目和服务器2项目。

2. 客户机组态步骤

步骤1：新建客户端项目，如图12-27所示。

图12-27　新建客户端项目

同样的步骤分别在客户机1和客户机2上创建类型为"客户端项目"的两个项目"Client01_Prj"和"Client02_Prj"。

步骤2：加载连接的服务器数据包，如图12-28所示。

分别在客户机1和客户机2上按图12-28的过程加载服务器1和服务器2的数据包。如果在网络中未能显示出服务器，也可以在地址栏中输入服务器的共享路径进行数据包的加载。

步骤3：在客户机项目中组态必要的项目数据。

在客户机1上组态本地主画面，如图12-29所示。

如图12-29所示，在新建的客户机1主画面中添加2个画面窗口，分别加载服务器1和服务器2数据包中的"Server_Start.Pdl"画面。

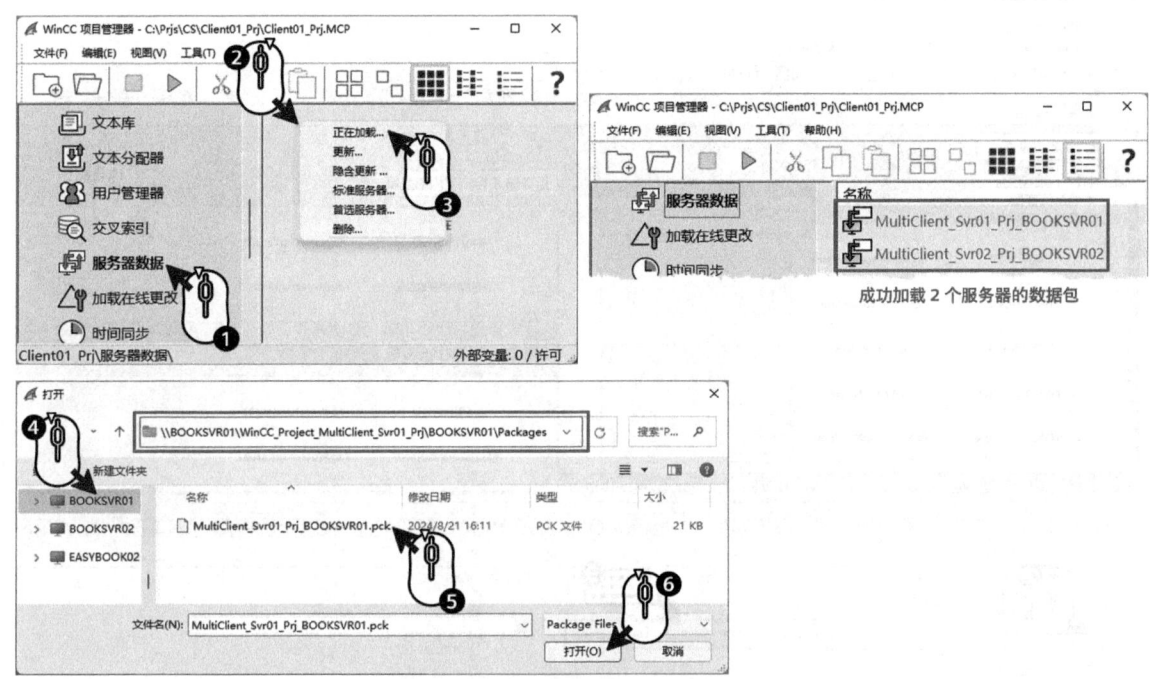

图 12-28 加载连接的服务器数据包

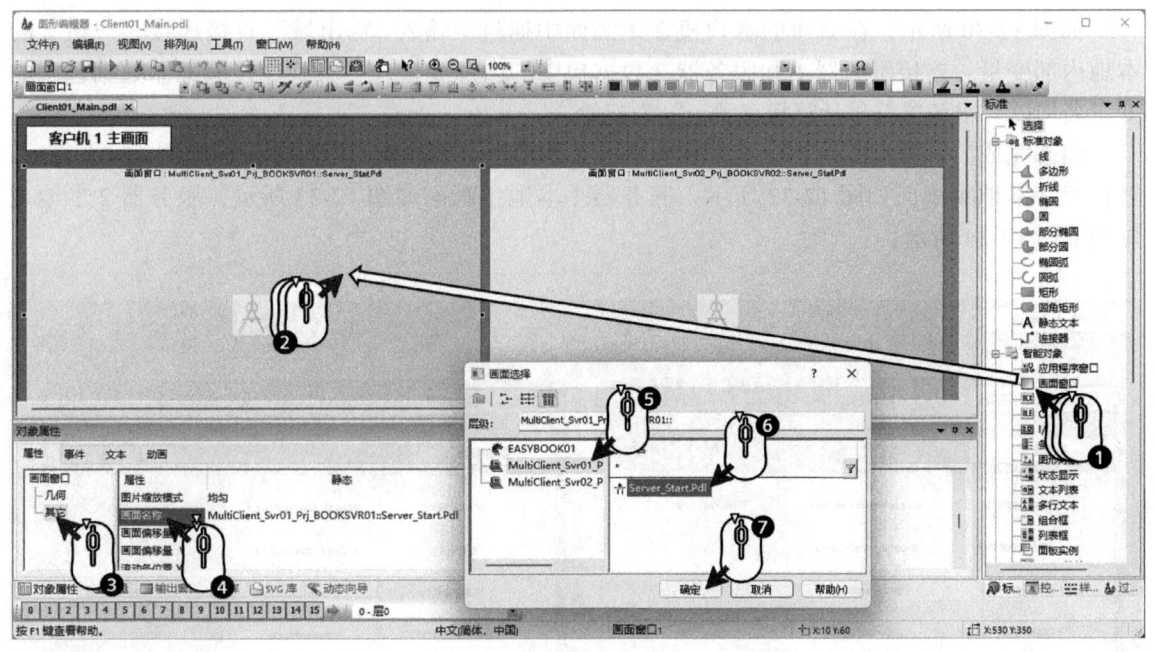

图 12-29 在客户机 1 上组态本地主画面

在客户机 2 上组态本地主画面，通过"输入/输出域"连接客户机 2 本地以及服务器 1 和服务器 2 的变量。在客户机 2 上组态本地主画面如图 12-30 所示。

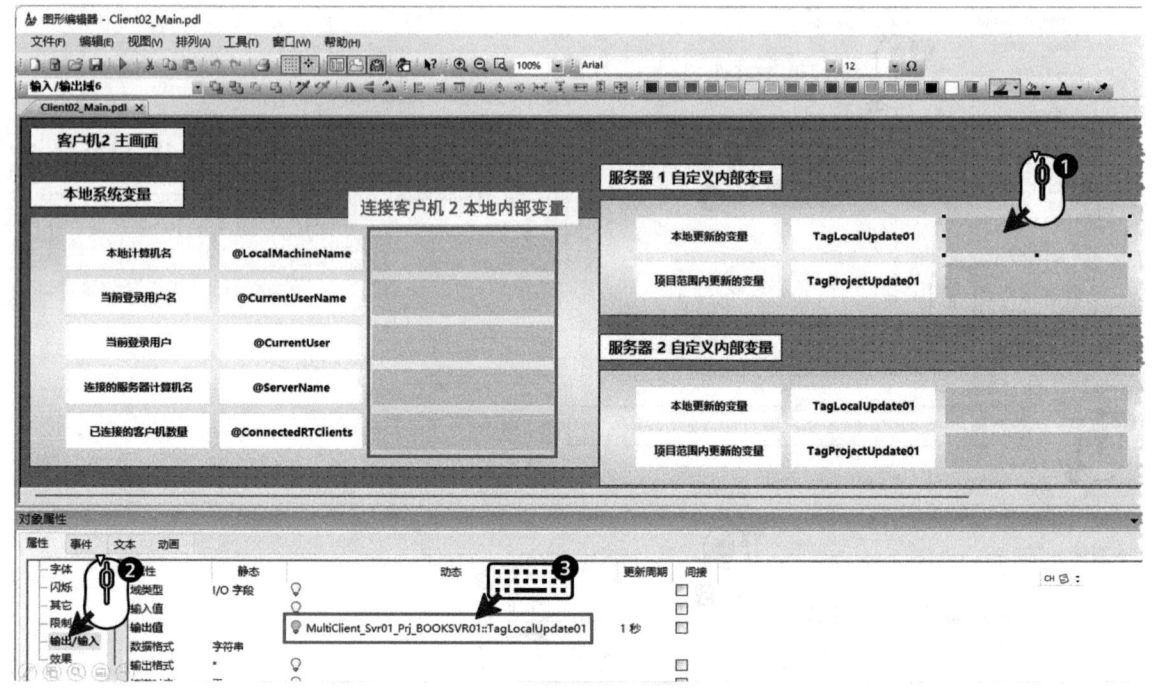

图 12-30 在客户机 2 上组态本地主画面

如图 12-30 所示,在新建的客户机 2 主画面中通过"输入/输出域"直接连接客户机 2 的本地内部变量。连接服务器 1 和服务器 2 数据包中的内部变量,可看到连接服务器数据包中的变量名均以"服务器符号计算机名称::"为起始。

组态完成后,分别激活客户机 1 和客户机 2 的项目。客户机 1 本地主画面如图 12-31 所示,客户机 2 本地主画面如图 12-32 所示,服务器 1 本地主画面如图 12-33 所示,服务器 2 本地主画面如图 12-34 所示。

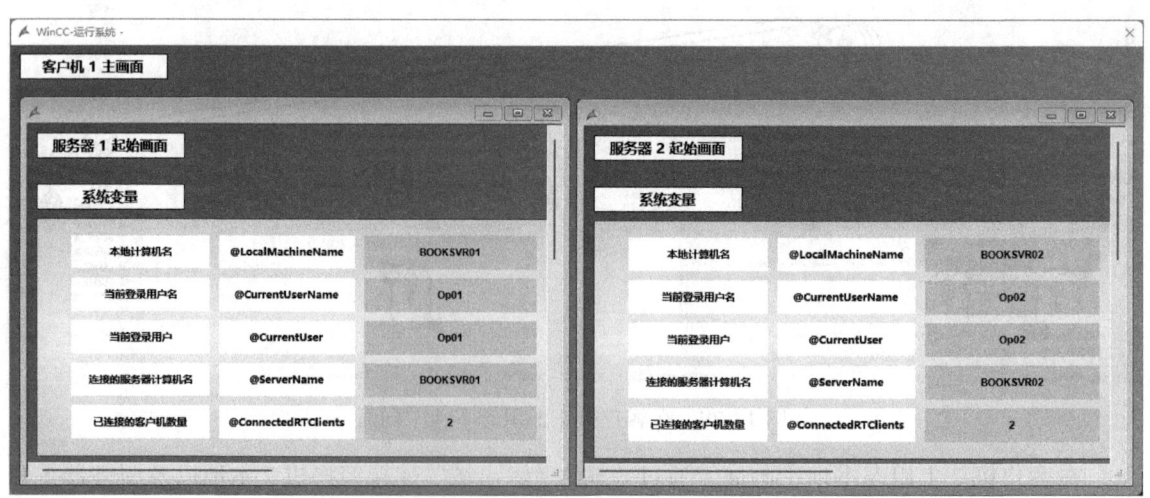

图 12-31 客户机 1 本地主画面

图 12-32　客户机 2 本地主画面

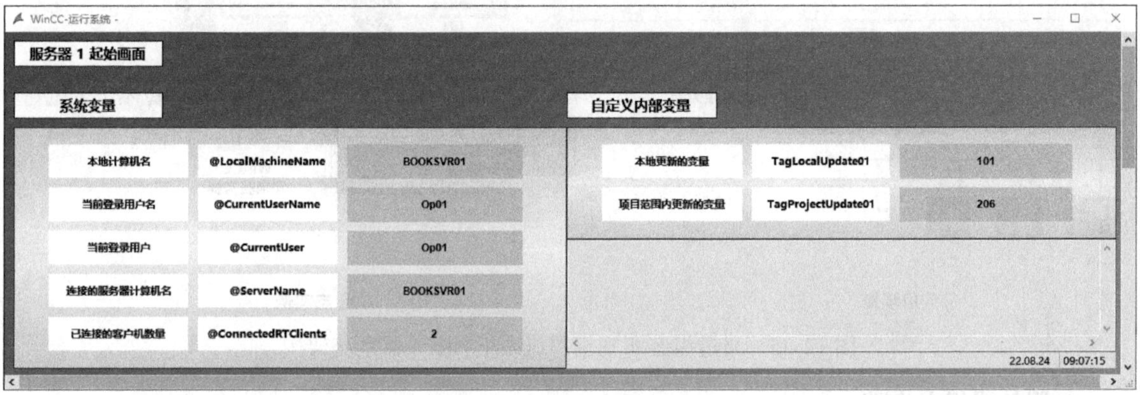

图 12-33　服务器 1 本地主画面

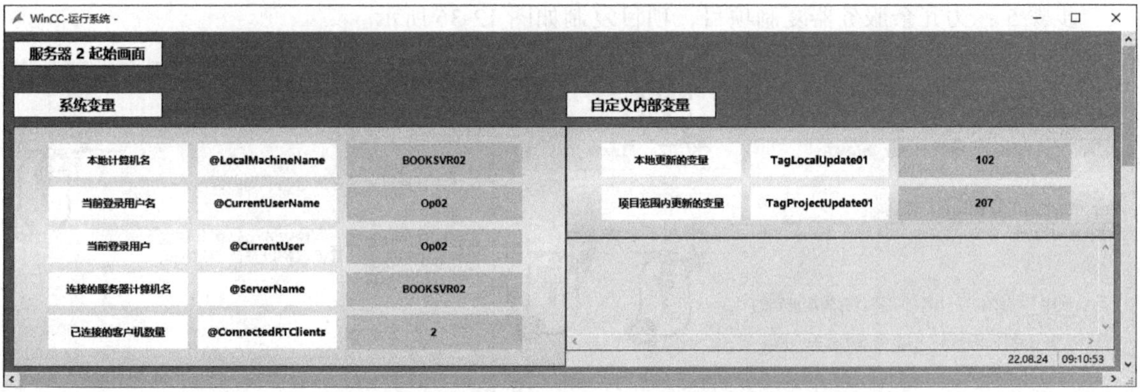

图 12-34　服务器 2 本地主画面

如图 12-31 所示，在客户机 1 的主画面上可看到 2 个画面窗口同时显示了来自于服务器 1 和服务器 2 的起始画面。画面中的所有变量值与服务器 1 和服务器 2 上的一致。如图 12-32 所示，在客户机 2 的主画面上可看到本地系统变量所显示的均为客户机 2 本地的变量值，本地"输入/输出域"所连接的服务器 1 和服务器 2 数据包中的变量值与服务器上一致。

3. 运行系统中的系统特性

分布式系统架构中的用户管理为计算机本地管理，在服务器上组态用户并分配权限后，还需要在客户机上组态用户并分配权限。为了便于管理以及减少工作量，建议在所有服务器以及客户机上组态相同的用户并分配相同的权限。

12.2.3 客户机 / 冗余服务器系统架构的实现

通过组态实现客户机 / 冗余服务器系统架构，如图 12-35 所示。在该实现过程中还将介绍如何通过系统变量以及系统消息查看冗余状态。

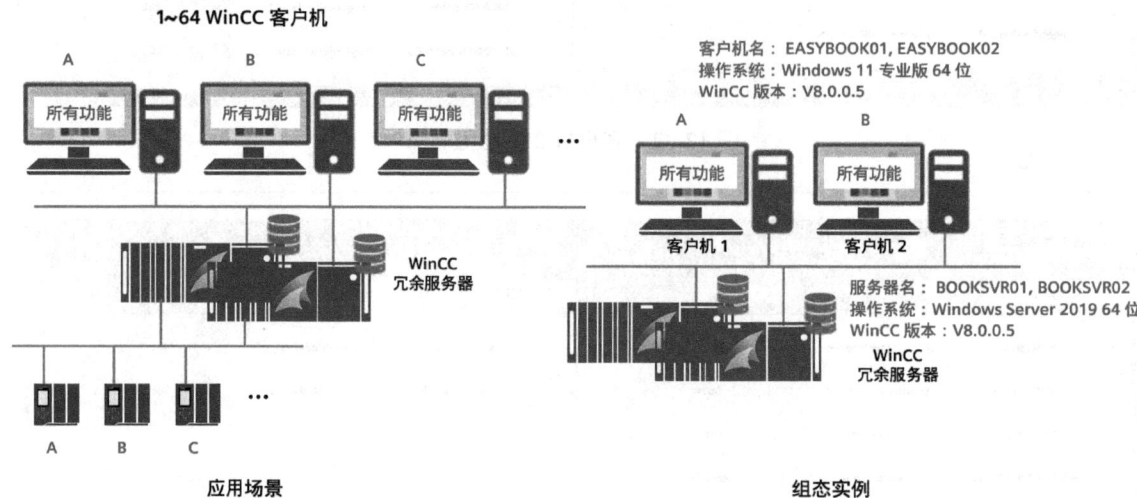

图 12-35　通过组态实现客户机 / 冗余服务器系统架构

1. 服务器组态步骤

步骤 1～4 可参考 12.1.4 节。

步骤 5：为冗余服务器复制项目，项目复制如图 12-36 所示。

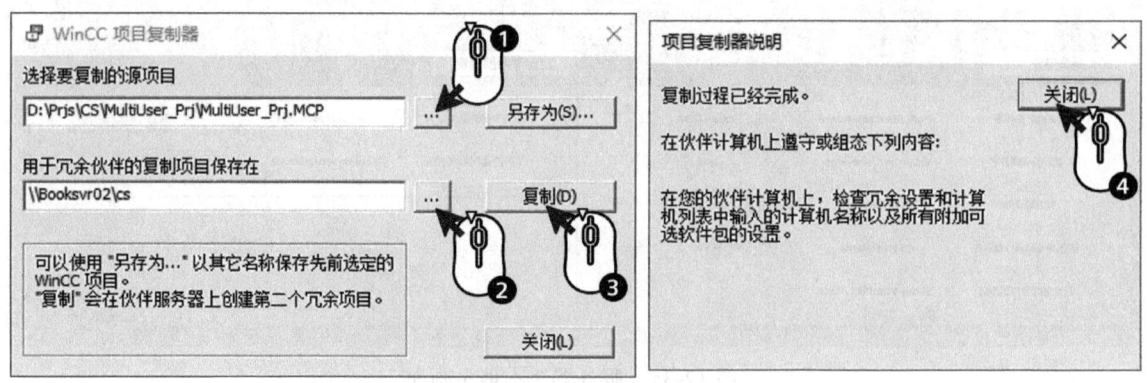

图 12-36　项目复制

复制前必须在冗余伙伴服务器上设置好允许指定用户完全控制的共享文件夹。

WinCC 的冗余功能提供了一系列系统消息可用于对冗余状态的记录和诊断，但必须在报警管理器的系统消息中手动选择才能使用。勾选冗余相关系统消息如图 12-37 所示。

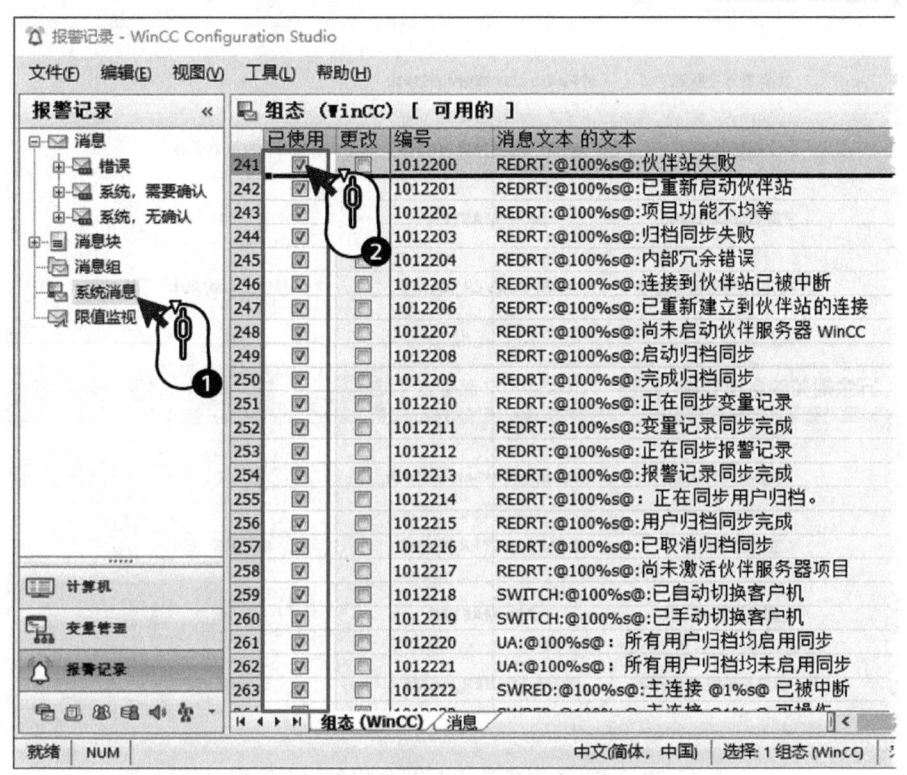

图 12-37　勾选冗余相关系统消息

2. 客户机组态步骤

可参考 12.1.4 节。

组态完成后，首先激活服务器 1，然后激活分配首选服务器为服务器 1 的客户机 1，激活完成后以同样的顺序激活服务器 2 和客户机 2。激活完成后，主/备服务器上与冗余相关的系统变量值如图 12-38 所示。

结合客户机 1 和客户机 2 上的变量值见表 12-4。

其中"@RM_MASTER"为可读写变量，其余均为只读变量。当需要手动切换两台服务器的主备状态时，则在主服务器上将变量"@RM_MASTER"复位或在备用服务器上将变量"@RM_MASTER"置位均可实现。主/备状态更改后的系统变量值见表 12-5。

主/备服务器上的系统消息也可提供冗余状态的记录和诊断。主/备服务器上的冗余相关系统消息如图 12-39 所示。

3. 运行系统中的系统特性

对于 C/S 多用户系统架构而言，所有 WinCC 用户管理都在服务器项目中进行。而服务器一旦升级为冗余后，主/备服务器上的 WinCC 用户管理的更改是不会自动同步的。这也包括在 WinCC 画面中使用"WinCC UserAdminControl"控件进行用户管理的更改。因此，无论是在主/备服务器上或是在客户机上通过控件进行了更改，都需要手动进行同步更改。

当系统架构中的客户机数量较多，并且同时启动这些客户机与一台服务器进行连接时，可能会导致过载。在这种情况下，客户机将无法正确连接服务器，因此建议依次启动客户机。

冗余相关的系统变量 BOOKSVR01 服务器 1

项目	变量	值
服务器冗余状态	@RedundantServerState	1
主服务器名称	@RM_MASTER_NAME	BOOKSVR01
主服务器状态标识	@RM_MASTER	1
客户机连接的服务器名称	@RM_SERVER_NAME	BOOKSVR01

冗余相关的系统变量 BOOKSVR02 服务器 2

项目	变量	值
服务器冗余状态	@RedundantServerState	2
主服务器名称	@RM_MASTER_NAME	BOOKSVR01
主服务器状态标识	@RM_MASTER	0
客户机连接的服务器名称	@RM_SERVER_NAME	BOOKSVR02

图 12-38　主/备服务器上与冗余相关的系统变量值

表 12-4　结合客户机 1 和客户机 2 上的变量值

系统变量	服务器 1	服务器 2	客户机 1	客户机 2	说明
@RedundantServerState	1	2	0	0	服务器 1 为主服务器 服务器 2 为备用服务器
@RM_MASTER_NAME	BOOKSVR01	BOOKSVR01	BOOKSVR01	BOOKSVR01	当前主服务器计算机名称
@RM_MASTER	1	0	0	0	主服务器标识为 1
@RM_SERVER_NAME	BOOKSVR01	BOOKSVR02	BOOKSVR01	BOOKSVR02	客户机 1 已连接服务器 1 客户机 2 已连接服务器 2
@ConnectedRTClients	1	1	0	0	主/备服务器各连接了 1 台客户机

表 12-5　主/备状态更改后的系统变量值

系统变量	服务器 1	服务器 2	客户机 1	客户机 2	说明
@RedundantServerState	2	1	0	0	服务器 2 为主服务器 服务器 1 为备用服务器
@RM_MASTER_NAME	BOOKSVR02	BOOKSVR02	BOOKSVR02	BOOKSVR02	当前主服务器计算机名称
@RM_MASTER	0	1	0	0	主服务器标识为 1
@RM_SERVER_NAME	BOOKSVR01	BOOKSVR02	BOOKSVR01	BOOKSVR02	客户机 1 已连接服务器 1 客户机 2 已连接服务器 2
@ConnectedRTClients	1	1	0	0	主/备服务器各连接了 1 台客户机

图 12-39　主 / 备服务器上的冗余相关系统消息

12.3　系统架构性能数据

WinCC C/S 多用户系统架构中最多只能有 1 台或 1 对 WinCC 服务器，可实现 64 台客户机的连接。多用户系统架构性能数据如图 12-40 所示。

WinCC C/S 分布式系统架构中最多能有 18 台 / 对 WinCC 服务器，最多可实现 50 台客户机的连接。分布式系统架构性能数据如图 12-41 所示。

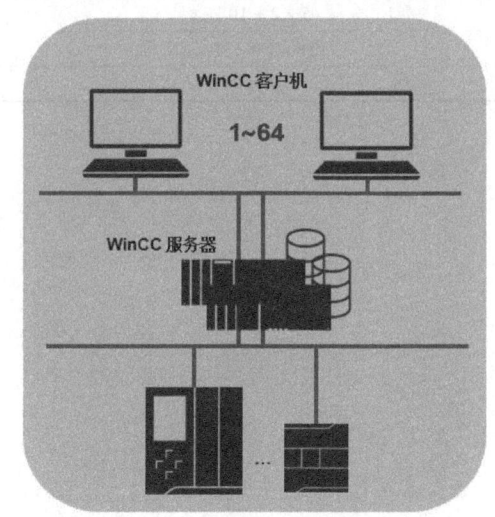

图 12-40　多用户系统架构性能数据

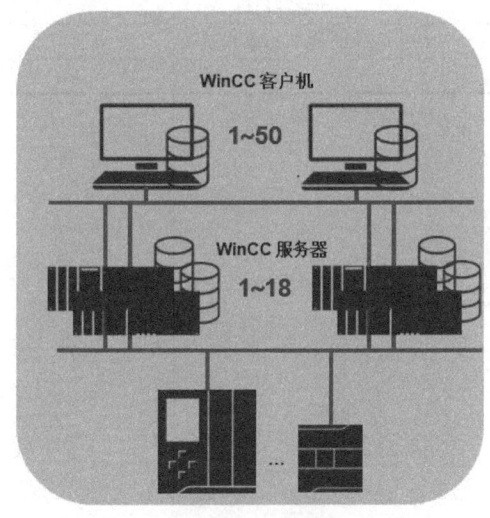

图 12-41　分布式系统架构性能数据

复杂混合系统架构需要遵循以下经验规则,以获得最大的数量结构。所有客户机数值的总和不应超过 160。

在组态混合系统架构时,为客户机类型定义了以下值:

1)Web 客户机/瘦客户机 = 1。

2)客户机 = 2。

3)具有"远程组态"功能的客户机 = 4。

混合系统架构性能数据如图 12-42 所示。

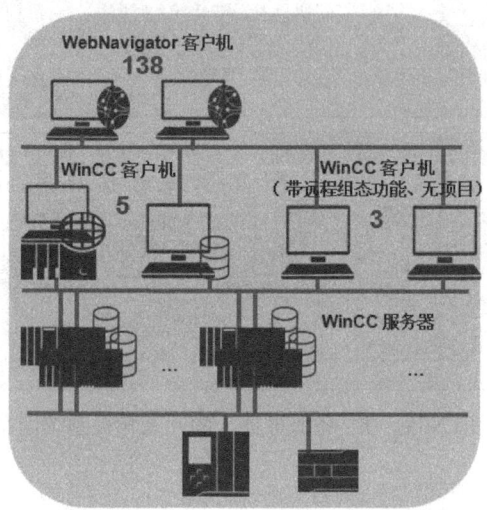

图 12-42　混合系统架构性能数据

数量结构计算表见表 12-6。

表 12-6　数量结构计算表

组态	含义
3 台具有"远程组态"功能的客户机	3 × 4 = 12
5 台客户机	5 × 2 = 10
138 台 Web 客户机	138 × 1 = 138
总和	160

第13章 浏览器/服务器系统架构

浏览器/服务器系统架构，即通常说的 B/S（Browser/Server）系统架构，是指客户端使用浏览器通过 Internet/Intranet 访问 WinCC 项目的一种应用场，也是通常说的 SCADA 的 Web 应用架构。

在 WinCC 的基本安装包中提供了三个选件，用于实现浏览器/服务器系统架构。分别是 WebNavigator、WebUX 和 DataMonitor。WebNavigator 是最先出现的 Web 应用架构。实现了以网页浏览器作为客户端，访问 WinCC 运行系统画面的功能。在此基础上推出的 DataMonitor 是 WinCC 数字化工厂的一个组件。可使用 DataMonitor 在办公计算机上通过 Intranet/Internet 实现显示和评估当前的生产过程状态与历史数据，借助于网页浏览器或者 Excel 等标准的工具就能够完成对生产数据的访问和分析。DataMonitor 更侧重于生产数据的访问和分析。WebUX 提供了一套独立于设备和浏览器的自动化系统操作员监控解决方案。它完全基于最新的 HTML5 技术，不像 WebNavigator 依赖于 IE 及 ActiveX 技术。三个选件都是通过互联网信息服务（Internet Information Services，IIS）来搭建 Web 服务器的。IIS 是由微软提供的运行于 Windows 操作系统上的互联网基本服务。

本章首先介绍三个选件的基本功能，以便对这些选件的应用建立基本的概念。然后介绍服务端上软件的安装及功能配置方法，客户端的访问方法。同时会介绍几个重要的概念，包括安全证书管理及许可证。

通过本章的学习，读者可以掌握 WinCC 关于 Web 应用的相关概念，并可以独立完成 Web 应用项目的搭建。

13.1 功能介绍

对于第一次使用 WinCC 来创建 Web 应用的读者，建议阅读本节内容。建立 WinCC 软件实现 Web 应用的概念及基本架构，可以避免在创建应用项目时走弯路。

如果对 WinCC 的 Web 应用已经具备相关的概念，打算快速搭建 Web 应用，可以跳过本节。

三个选件都是在服务端创建服务，客户端对服务端进行访问来实现相应功能。由于所有功能都是基于 WinCC 进行发布的，因此 WinCC Web 服务的选件版本必须和 WinCC 的版本相一致。WinCC Web 应用示意图如图 13-1 所示。

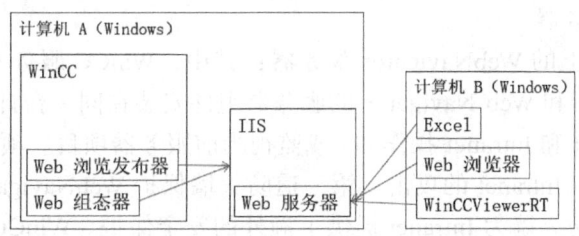

图 13-1　WinCC Web 应用示意图

WinCC 通过 Web 组态器在 IIS 中创建站点，并进行相应的配置。通过 Web 浏览发布器将 WinCC 的画面发布到站点。在其他计算机上的 Excel、Web 浏览器或者 WinCCViewerRT 就可以通过 Internet/Intranet 来访问 IIS 创建的 Web 服务器，从而实现不同的 Web 应用功能。在具体应用中，Web 服务器既可以和 WinCC 位于同一台计算机，也可以位于不同的计算机。不同的客户端软件实现的功能也会有差异。在接下来的内容中会具体说明。

> **提示**
> WinCCViewerRT 是 WebNavigator 客户端软件提供的组件。关于该组件的详细说明，参见 13.5 节客户端配置。

13.1.1 WebNavigator 介绍

WebNavigator 包含三个主要的组件，即 WebNavigator 服务器、WebNavigator 客户端及 WebNavigator 诊断客户端。

WebNavigator 服务器，顾名思义用来提供 Web 服务的计算机。既支持 HTTP 通信，也支持基于安全的 HTTPS 通信。WebNavigator 客户端和 WebNavigator 诊断客户端都是用来访问 Web 服务器的组件。

普通客户端主要用于满足常规的 Web 画面访问。诊断客户端主要用于诊断目的。诊断客户端提供了简单的途径来实现一个客户端访问多台 WebNavigator 服务器的功能。普通客户端架构如图 13-2 所示，诊断客户端架构如图 13-3 所示。

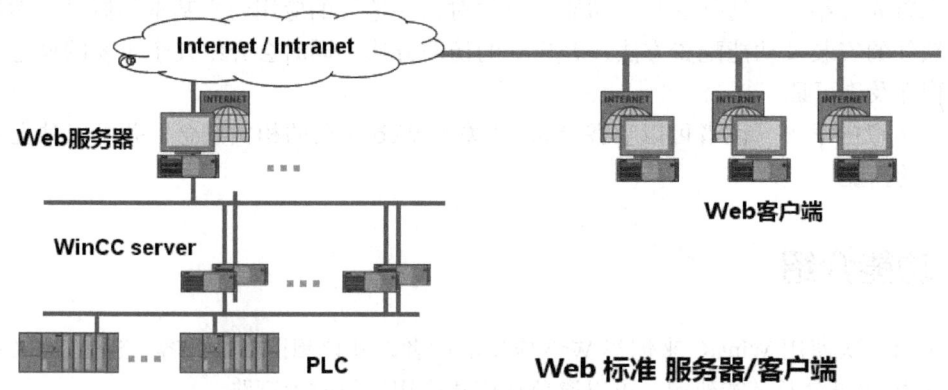

图 13-2　普通客户端架构

对于 WebNavigator 服务器，根据不同的应用场景，支持如下几种部署形式：

1）WinCC 服务器上的 WebNavigator 服务器。

2）分离 WinCC 服务器和 WebNavigator 服务器。

3）专用的 Web 服务器。

1）WinCC 服务器上的 WebNavigator 服务器：其中，WinCC 服务器上的 WebNavigator 服务器是指 WinCC 服务器和 Web Navigator 的服务器组件安装在同一台计算机上。WebNavigator 客户端可以通过 Internet 和 Intranet 操作和 / 或监视当前服务器项目。项目中部署两道防火墙以保护其免遭来自 Internet/Intranet 的攻击。第一道防火墙保护 WebNavigator 服务器免遭来自 Internet 的攻击。第二道防火墙为 Intranet 提供了额外的安全保护。WinCC 服务器上的 WebNavigator 服务器如图 13-4 所示。

第13章 浏览器/服务器系统架构

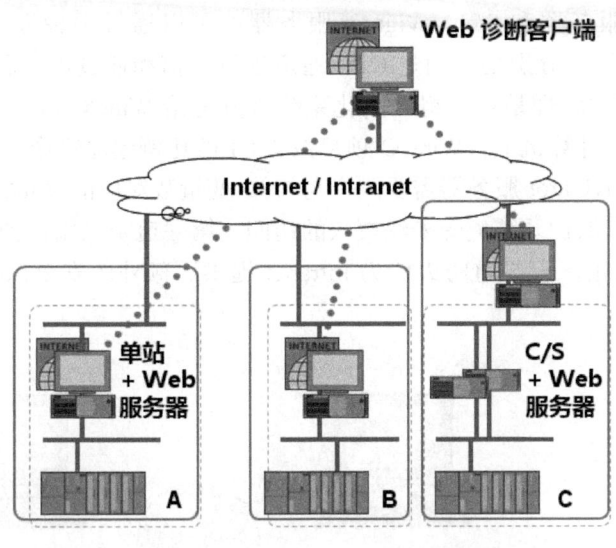

图 13-3　诊断客户端架构

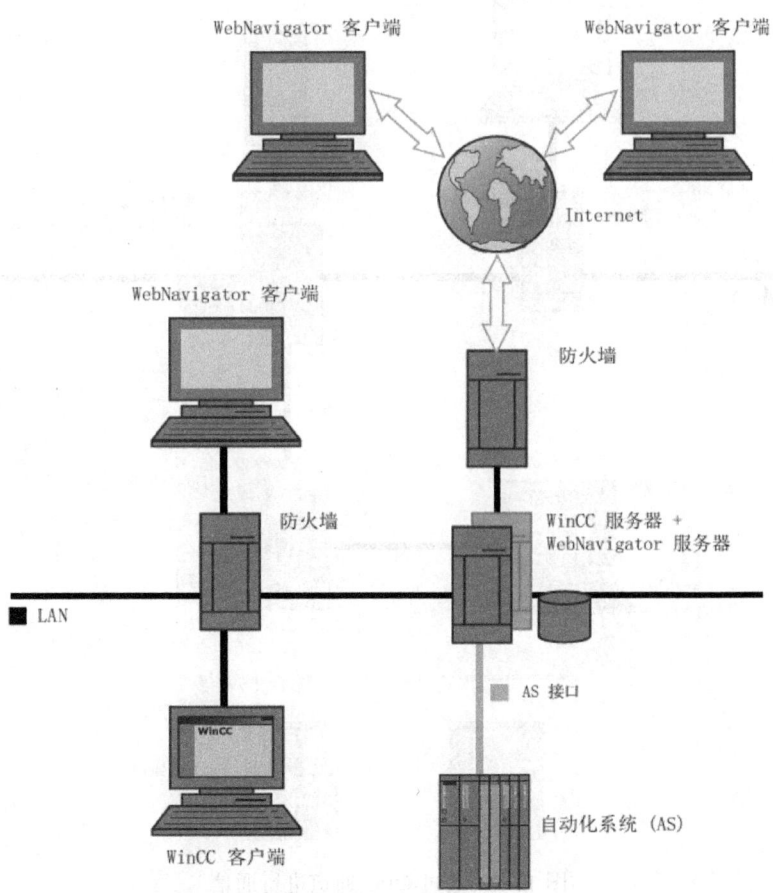

图 13-4　WinCC 服务器上的 WebNavigator 服务器

2）分离 WinCC 服务器和 WebNavigator 服务器：可以通过两种方式分离 WinCC 服务器和 WebNavigator 服务器。分别是：通过 OPC 通道进行通信和通过过程总线进行通信。其中通过 OPC 通道进行通信的原理是：一组自动化系统被分配给 WinCC 服务器。在包含 WinCC 和 WebNavigator 服务器的计算机上，WinCC 项目按 1∶1 的比例建立镜像，数据通过 OPC 通道进行同步。为此，WebNavigator 服务器需要一个与 OPC 变量数对应的 WinCC 许可证。

布署两道防火墙以保护系统免受未经授权的访问。第一道防火墙保护 WebNavigator 服务器免遭来自 Internet 的攻击。第二道防火墙为 Intranet 提供了额外的安全保护。通过 OPC 通道进行通信如图 13-5 所示。

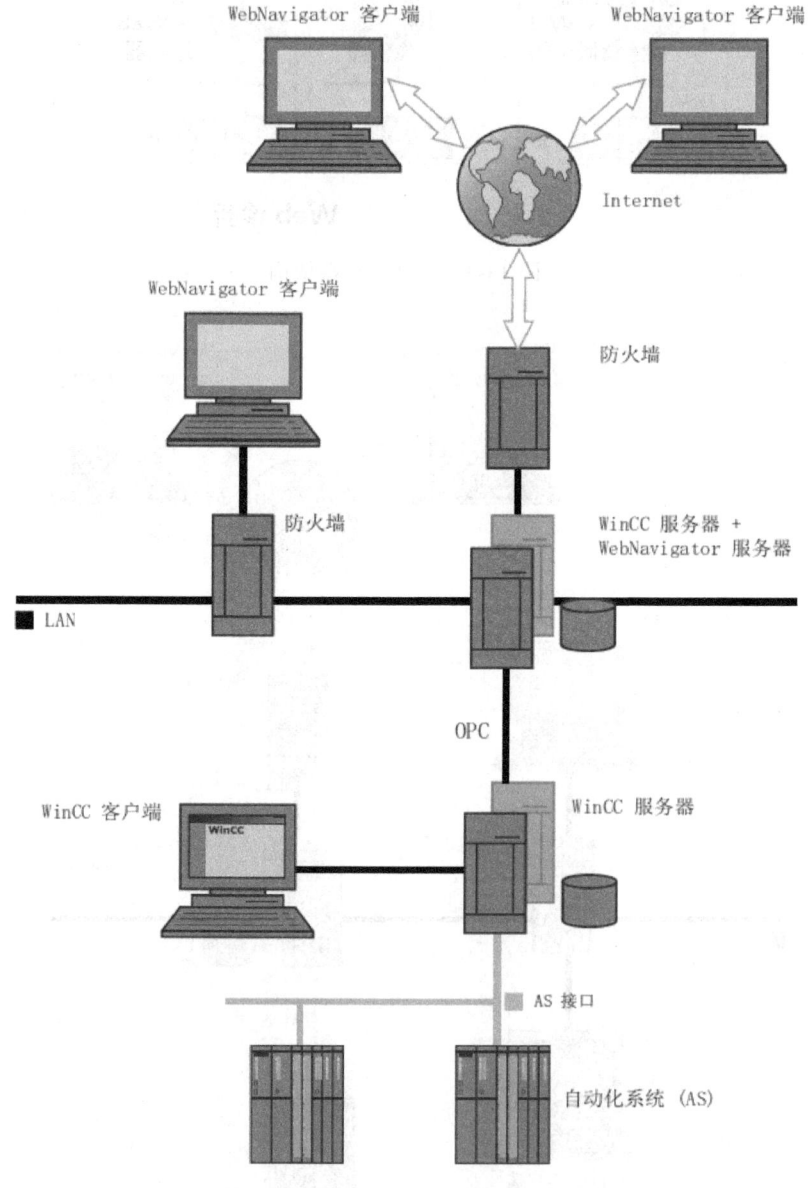

图 13-5　通过 OPC 通道进行通信

通过过程总线进行通信的原理是：在包含 WinCC 和 WebNavigator 服务器的计算机上，WinCC 项目按 1∶1 的比例建立镜像。数据通过过程总线进行同步。部署两道防火墙以保护系统免遭未经授权的访问。通过过程总线进行通信，如图 13-6 所示。

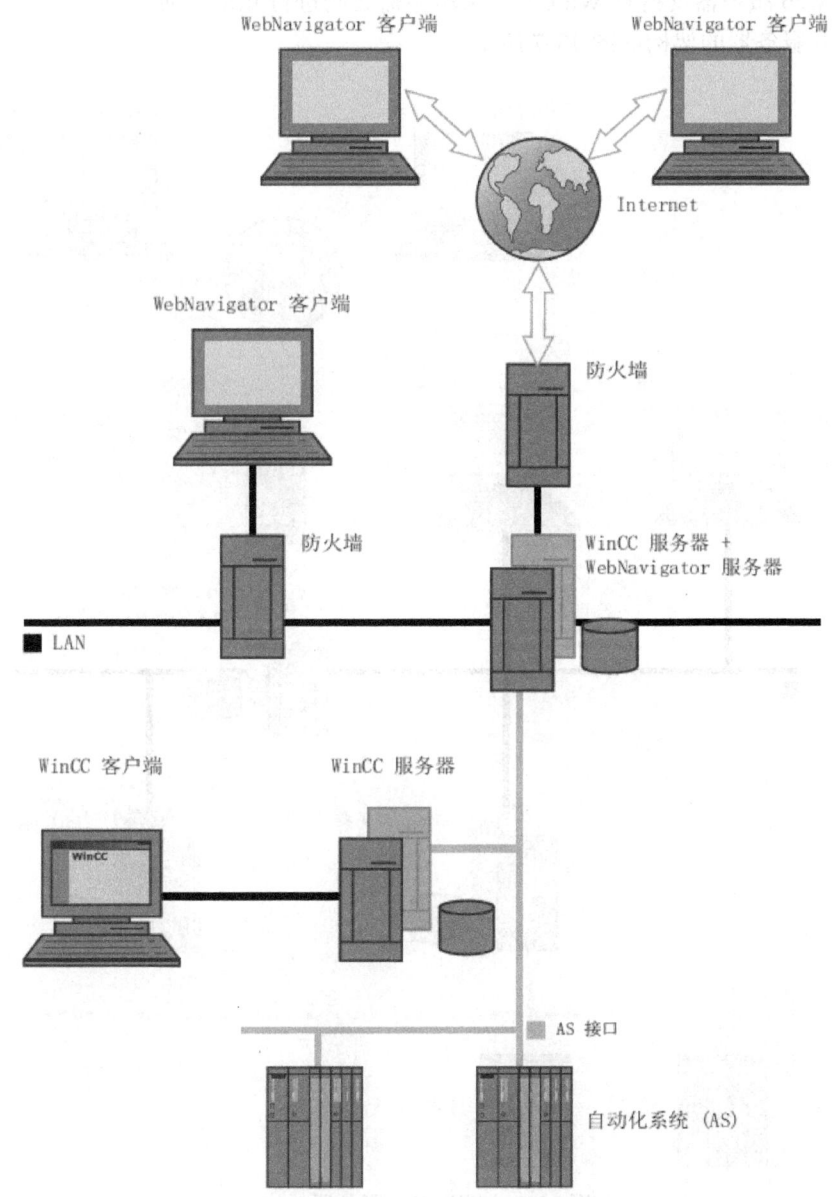

图 13-6　通过过程总线进行通信

3）专用的 Web 服务器：将 WebNavigator 服务器安装在 WinCC 客户端上，可以作为专用的 Web 服务器使用。在大型系统中向 WebNavigator 客户端集中提供数据时，安装专用的 Web 服务器会发挥明显作用。使用专用 Web 服务器的优势在于：

① 可以将负载分散到多个专用 Web 服务器中，以提高整个系统的性能。
② 将专用 Web 服务器和 WinCC 服务器物理分隔在不同计算机上，增加了安全性。

③ 在不同站点上操作服务器也便于运营职能的分离，例如，工厂支持和 IT 部门。

④ 专用 Web 服务器能够实现同时访问多个下位 WinCC 服务器。登录到专用 Web 服务器的用户无需分别登录到每个项目，即可访问多个 WinCC 项目。

⑤ 专用 Web 服务器支持在 WinCC 冗余服务器之间进行冗余切换。

专用 Web 服务器的架构如图 13-7 所示。

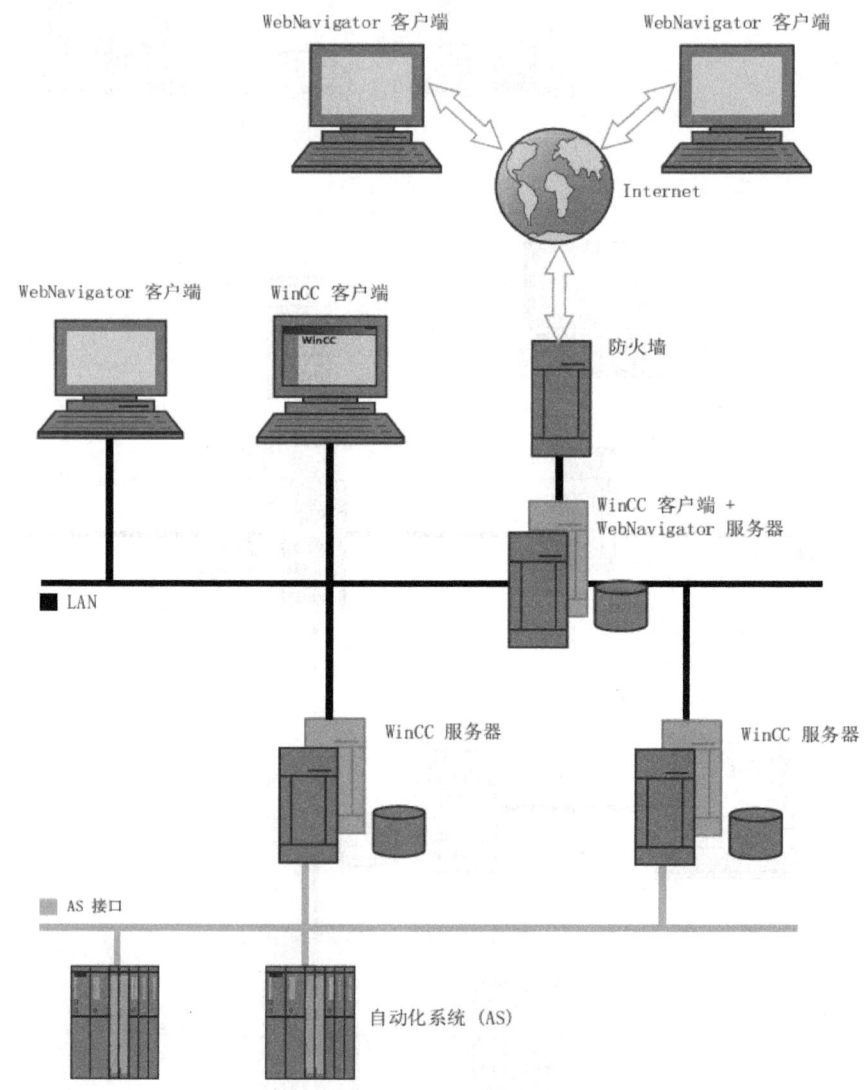

图 13-7　专用 Web 服务器的架构

13.1.2　WebUX 介绍

WebUX 服务器运行在 Windows 操作系统，使用基于 IIS 技术及 iisnode、node.js 等技术来实现网站服务。WebUX 客户端并没有操作系统限制，可在各种各样的设备上运行（例如：平板计算机、计算机和智能手机等），只需保证设备中可以使用支持 HTML5 的浏览器即可。客户端实现的功能主要是对服务器画面的监视和操作。

为了保证通信安全，仅支持需要 SSL 证书的 HTTPS 连接方式。与前述的 WebNavigator 进行对比，WebUX 和 WebNavigator 比较见表 13-1。

表 13-1 WebUX 和 WebNavigator 比较

WebUX	WebNavigator
基于普遍适用的 Web 标准	基于 Microsoft 的 ActiveX 技术
只要支持 HTML5，无论什么浏览器均可使用	仅支持 Internet Explorer
没有操作系统限制，可在各种各样的设备上运行	仅可在 Windows 计算机上运行
不需要安装客户端	需要安装客户端
默认的用户权限即可	需要安装管理员权限

13.1.3 DataMonitor 介绍

DataMonitor 由服务器组件和客户端组件组成。DataMonitor 服务器为客户端提供了用来分析和显示数据的各种功能，并且可实现访问权限的控制。DataMonitor 服务器和 WebNavigator 服务器共用相同的站点基础地址（包括站点名称或 IP 地址及端口号）和站点配置。DataMonitor 客户端包括 Web 浏览器和 WinCCViewerRT。

DataMonitor 主要包括以下几部分功能：

1) WinCCViewerRT：用于监视 WinCC 的过程画面。仅具有只读权限。

2) Excel Workbook：在 Excel 表格中显示和处理过程值和归档数据。同时支持通过 Web 方式进行发布和显示，或作为报表的打印模板。

3) 报表：基于时间触发和事件控制的报表生成功能。通过 WinCC 打印作业或发布的 Excel 工作簿来创建报表。报表以 PDF 或者 Excel 格式创建，如有需要还可以作为电子邮件附件发送。

4) WebCenter：Web 中心是通过 Intranet/Internet 访问 WinCC 数据的中央信息门户。用户通过特定的视图来访问 WinCC 数据。用户还可根据自己的权限对这些 Web 中心画面进行读取、写入和创建等操作。

5) 趋势与报警：基于 IE 方式显示及分析归档过程值和报警。数据以表格和图表的形式显示在预定义的 Web 中心画面中。

以上功能在 DataMonitor 中分为两个功能组，两个功能组的说明如下所示：

1) 画面监视和 EXCEL 工作簿功能组包括：过程画面监视和 Excel 工作簿。要访问此部分功能，系统需要验证 WinCC 中的用户。

2) WebCenter 功能包括：WebCenter、趋势和报警、报表。要访问此部分功能，系统需要验证 Windows 中的用户。

13.2 证书介绍

如果需要建立 HTTPS 安全通信，那么建议阅读本节。如果只是创建 HTTP 非安全通信，那么可以暂时跳过本节的学习。

本节首先介绍 SSL 证书（以下简称证书）应用的一些基本概念，然后将详细说明使用 WinCC 证书管理器创建及应用证书的方法。最后会介绍证书在 Windows 中的安装及查看方法。

13.2.1 概述

Web 客户端与服务器为了实现安全的 HTTPS 通信，简单来说，有两个关键的问题需要解决。第一个就是客户端怎么确定正在访问的 Web 服务器是自己要访问的服务器，而不是假冒的网站。第二个就是二者通信时网络上传输的数据包必须进行加密，以保证数据安全。

解决第一个问题的方法是使用证书技术。客户端和服务器在建立正式的数据通信前，通过使用证书技术中的公钥和私钥的非对称加密机制，通过加密的通信方式，协商出一个对称密钥。然后使用这个对称密钥对后续的所有通信数据进行加密，来保证数据的安全。之所以要协商出一个对称密钥，是因为非对称加密方式的加密解密速度比对称加密解密的速度慢很多。

证书有两种生成方式：一种是自签名的证书，另一种是由专门的 CA 证书授权机构来颁发。通常第二种证书的获取是需要付费的。对于面向大众的网站应用，通常都需要采用第二种方式。对于测试或者内部应用，第一种方式由于没有费用，也被广泛使用。

对于自签名证书，也称根证书。根据是否需要创建 CA 证书，分为不需要 CA 证书的自签名证书及需要 CA 证书的自签名证书。前者创建的各个证书，相互之间没有信任关系，相互独立。后者创建的证书，首先会创建一个 CA 证书。然后由该 CA 证书来颁发各个应用证书。在验证应用证书是否有效时，只需要验证 CA 证书的有效性。这在规模的内部应用场景下，会简化证书的验证过程。而且应用证书的更新也很方便。这两种方式，在 WinCC 中都是支持的，推荐使用第二种方式。

Windows 操作系统集成了证书管理的功能。键入快捷键 Windows 徽标键 + R，打开运行窗口。输入 certmgr.msc 并回车，就可以打开当前用户的证书管理窗口。在 Windows 的证书库中有多个文件夹，用于存放不同类型的证书。其中，存储在"受信任的根证书颁发机构"文件夹中的 CA 证书，Windows 会信任它们的真实有效性。Windows 已经在该文件夹中存储了多个常用的受信任的第三方 CA 证书。Windows 证书管理如图 13-8 所示。

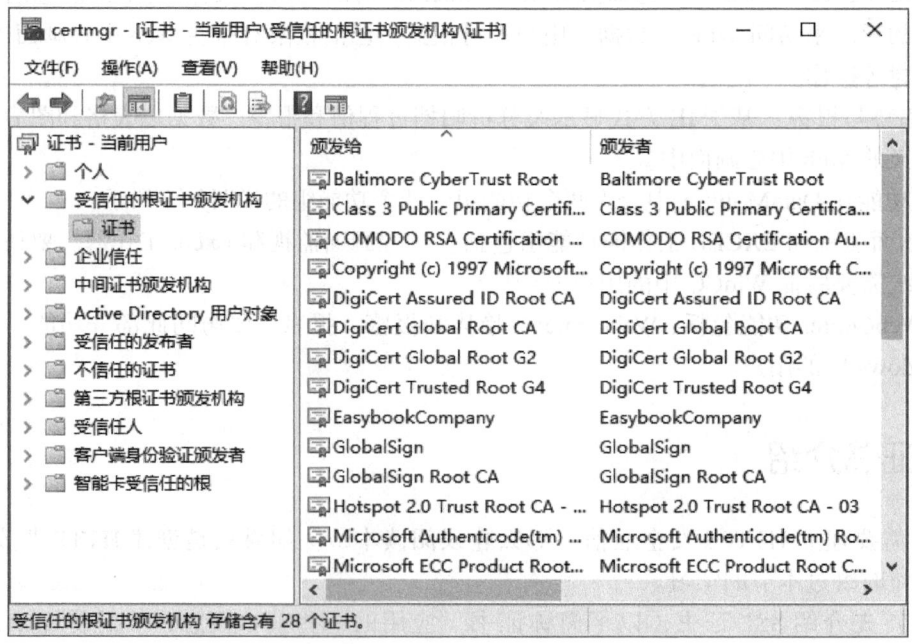

图 13-8　Windows 证书管理

如果希望访问网站的证书由这些受信任的 CA 证书机构颁发，那么就会通过客户端程序的证书验证。例如，对于 Edge 网页浏览器，就会在浏览器地址左侧显示小锁图标 https://cc8web:4430 。这表示当前访问的网站的证书是受信任的，可以安全访问。

对于自签名证书，为了让 Windows 通过该证书的验证，可以采取如下做法：如果证书没有 CA 证书关联，那么将该证书直接安装到"受信任的根证书颁发机构"文件夹中，就表示 Windows 信任该证书。如果证书是由自建的 CA 证书颁发的，那么只需要将自建的 CA 证书安装到"受信任的根证书颁发机构"文件夹中。例如，在图 13-8 中的 EasybookCompany 证书就是本章使用的自签名的 CA 证书。

13.2.2 证书管理器

WinCC 支持创建自签名的 CA 证书（CA = 证书颁发机构）。相当于在 WinCC 项目范围内，创建了一个证书颁发机构，用来统一维护管理所有应用证书。

从 WinCC V8 开始，可以通过"WinCC 证书管理器"（WinCC Certificate Manager）应用程序，在网络中集中创建 WinCC 证书颁发机构以及 PC 所需的 WinCC 证书。然后将证书分发给 PC 并在其中进行安装。可以更新现有证书，也可以导入/导出证书。

WinCC V8 在安装时，会自动安装 WinCC Certificate Manager 应用程序，程序图标为 WinCC Certificate Manager 。启动该应用程序，WinCC 证书管理器初始画面如图 13-9 所示。

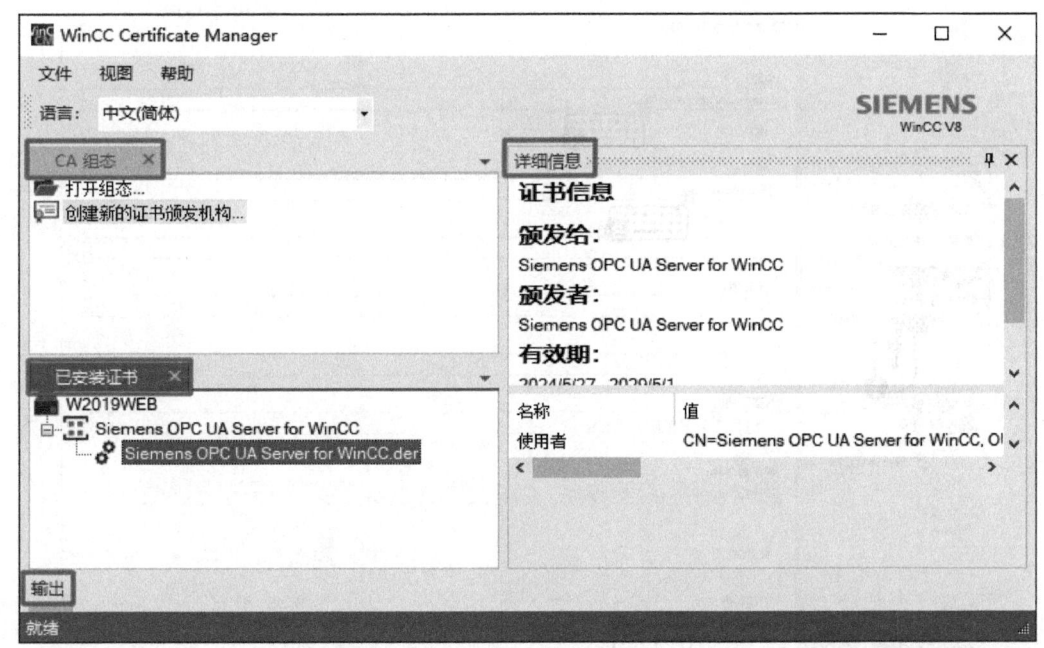

图 13-9 WinCC 证书管理器初始画面

程序画面包含 4 个主要区域：CA 组态、已安装证书、详细信息及输出。

1）CA 组态：创建 CA 证书颁发机构，添加 PC 并为 PC 添加应用证书。证书的安装、更新、删除、导入导出等操作都是在这个区域进行。

2）已安装证书：此区域显示当前计算机上已经安装的证书。证书会按照不同的应用分组显示。此处只是显示不同的应用证书。

3）详细信息：当在 CA 组态或已安装证书区域选择了某个证书后，会在此区域显示该证书的相关信息。

4）输出：当在 CA 组态区域进行证书的相关操作时，如果出错了，会在此区域显示错误信息。

在图 13-9 中可以看到默认已经安装了一个 OPC UA Server 证书。在详细信息中显示的关于该证书的信息，"颁发者"和"颁发给"的名称完全相同。说明这是一个没有 CA 证书关联的自签名证书。

13.2.3　创建证书

一个实际的 WinCC 应用系统，可能需要多个证书。这种情况下，先创建 CA 证书，再使用该证书来创建各个应用证书是比较方便的做法。下面就详细说明，采用这种方式创建 WebNavigator 及 WebUX 服务器证书的操作步骤。

WinCC 证书管理器与 WinCC WebServer 位于同一台计算机上。

1. 创建 CA 证书

在 WinCC 证书管理器中，双击"创建新的证书颁发机构..."。在弹出的窗口中，输入"名称"为 EasybookCompany，"组织"为 Easybook。在"密码"中为 CA 证书设置自己的密码。其他参数使用默认值即可，然后单击"创建"按钮。创建 CA 证书如图 13-10 所示。

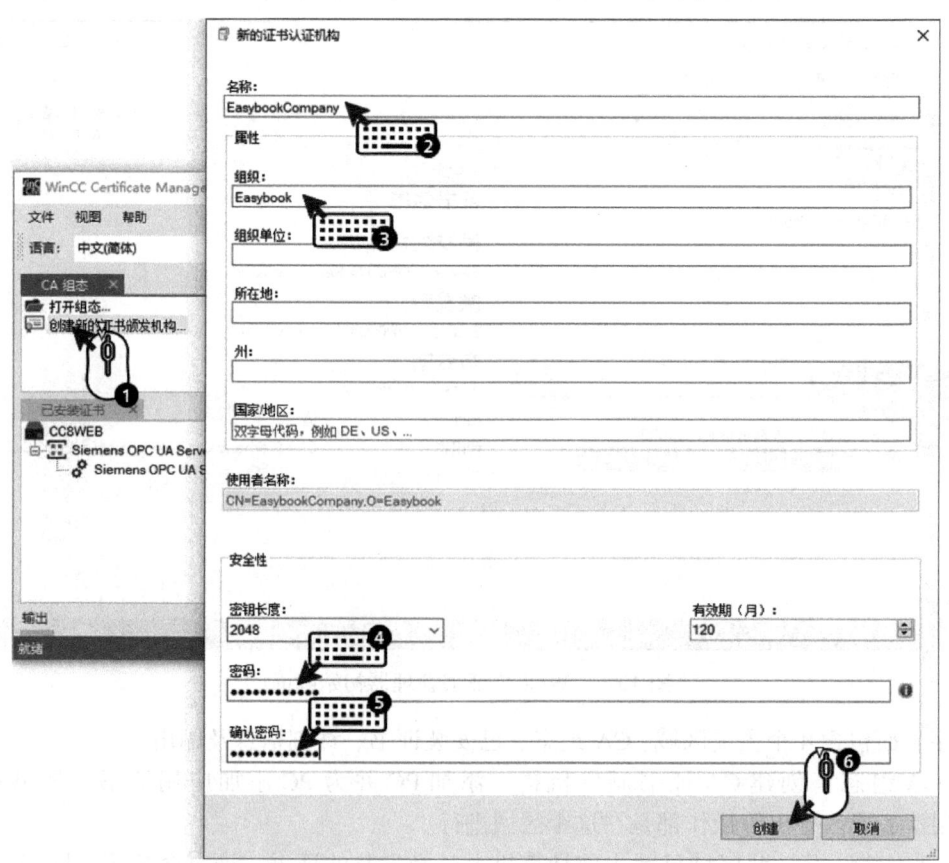

图 13-10　创建 CA 证书

2. 添加 PC 设备

在已经创建的 CA 证书名称 EasybookCompany 上右键单击，选择"添加设备…"。然后在弹出的窗口中输入设备的名称及 IP 地址。添加设备如图 13-11 所示。

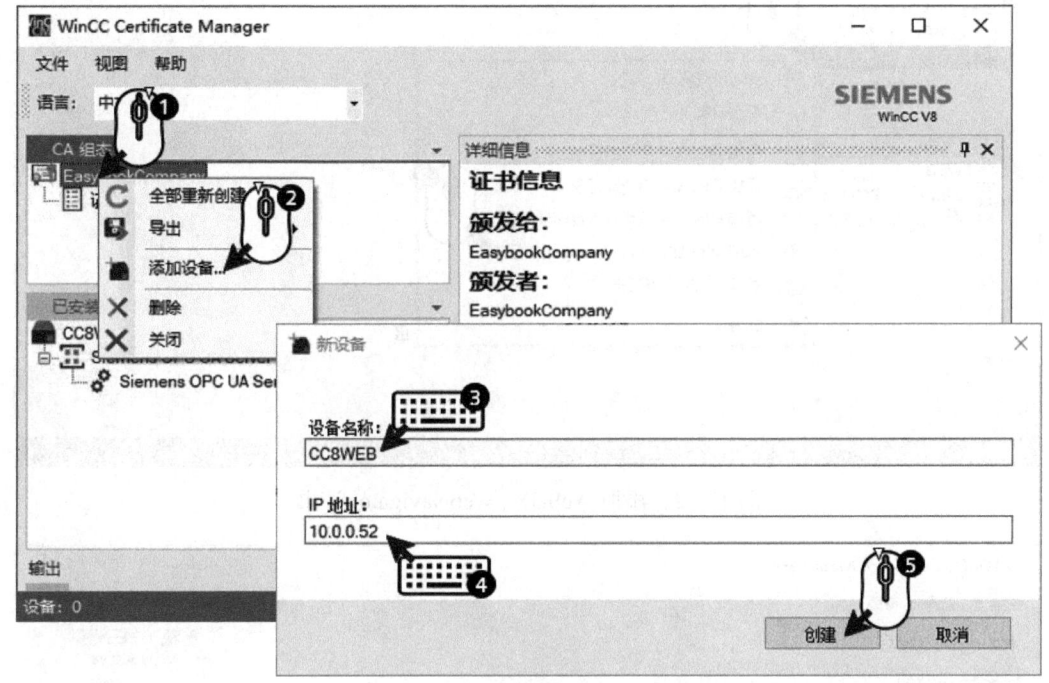

图 13-11　添加设备

设备名称及 IP 地址是 Web 服务器的计算机名称 CC8WEB 及 IP 地址 10.0.0.52。设备名称是必须要输入的。如果希望通过 IP 地址来访问 Web 服务器，那么必须设置 IP 地址。

3. 添加 WebUX | WebNavigator 证书

在已添加的设备名称 CC8WEB[10.0.0.52] 上右键单击，然后单击"添加 WebUX | WebNavigator 证书…"。添加 WebUX | WebNavigator 证书如图 13-12 所示。

然后在弹出的"新证书"窗口中保持默认参数，单击"创建"按钮，就可以看到在设备下面创建好的 WinCC WebServer 证书。已创建的 WebUX | WebNavigator 证书如图 13-13 所示。单击该证书，在详细信息区域可以看到，颁发者是 EasybookCompany，就是刚刚创建的 CA 证书机构。颁发给是 CC8WEB，就是 WebServer 使用的计算机。

4. 安装 WebUX | WebNavigator 证书

如果已经在服务端配置了 WebUX 或者 WebNavigator 网站，那么可以执行这一步来安装相应的证书。如果还未配置 WebUX 或者 WebNavigator 网站，那么无需执行这步操作。当在服务端配置 WebUX 或者 WebNavigator 网站时，只要选择前述创建的"WinCC WebServer 10.0.0.52"证书即可自动完成安装过程。

在 WinCC WebServer 证书名称上右键单击，单击"安装"菜单来安装证书到 CC8WEB 计算机上。安装 WinCC WebServer 证书如图 13-14 所示。

然后，就可以在已安装证书区域看到已经安装的证书。已安装的 WinCC WebServer 证书如图 13-15 所示。

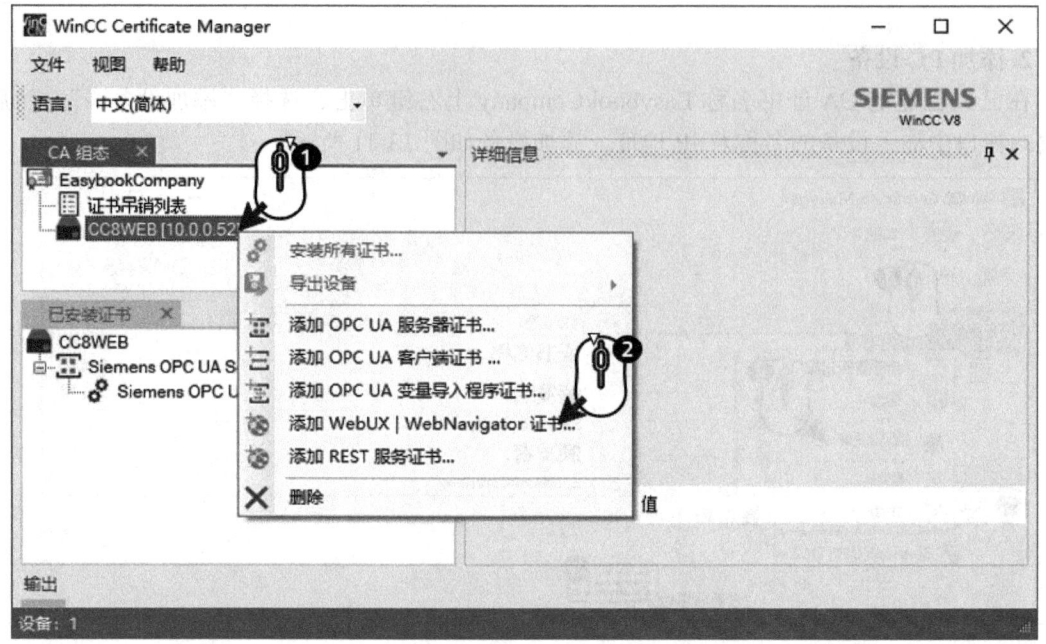

图 13-12　添加 WebUX | WebNavigator 证书

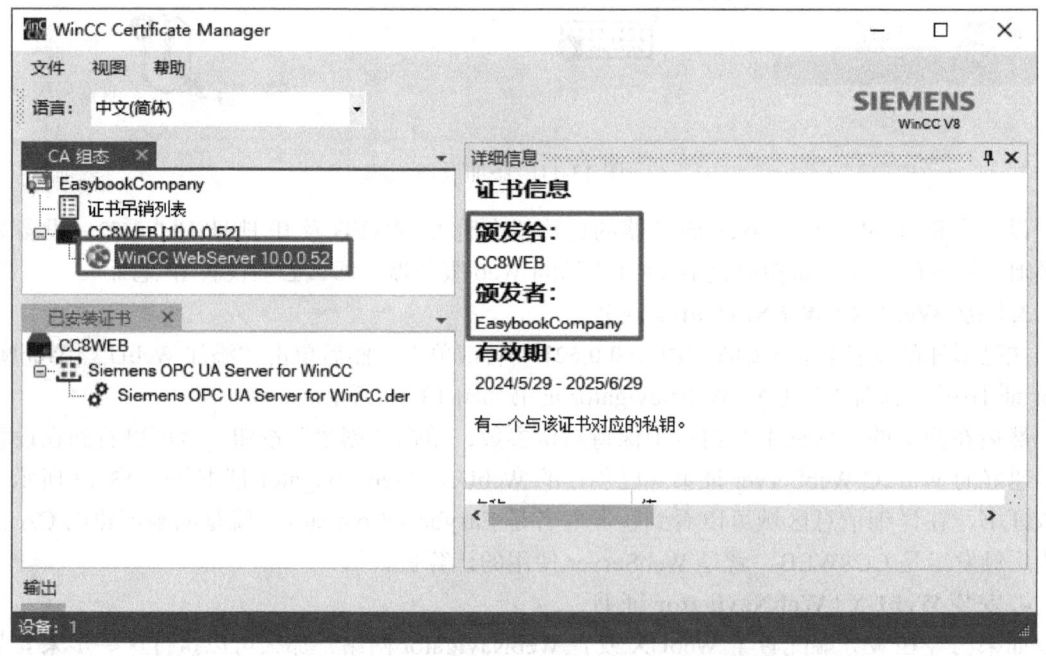

图 13-13　已创建的 WebUX | WebNavigator 证书

因为在 CC8WEB 这台计算机上已经安装了 WebNavigator Server 和 WebUX Server 两个选件，并且已经执行了 Web 网站配置，所以可以看到两个证书分组。如果计算机上只安装并配置了其中一个选件，那么将只能看到配置过的选件的证书分组。如果这两个选件都没有进行过 Web 网站配置，那么在执行证书安装操作时，将在输出区域显示相关信息。如图 13-16 所示为安装 WinCC WebServer 证书相关信息的错误信息。

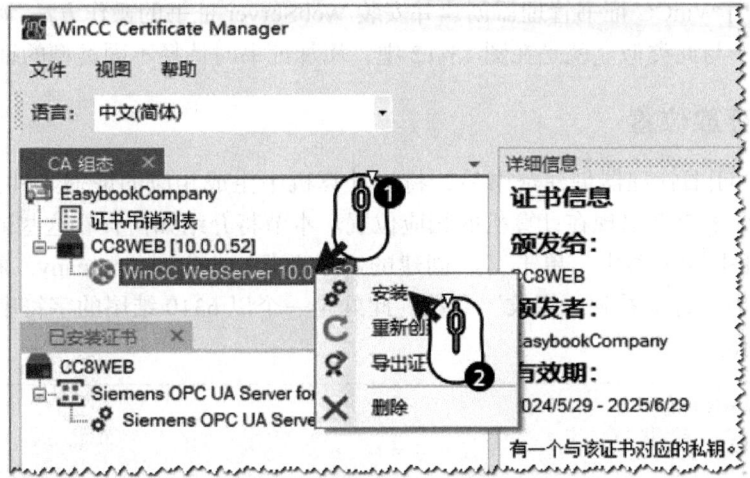

图 13-14　安装 WinCC WebServer 证书

图 13-15　已安装的 WinCC WebServer 证书

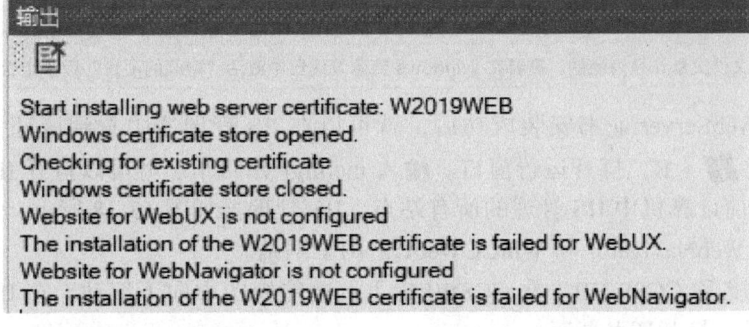

图 13-16　安装 WinCC WebServer 证书相关信息的错误信息

以上就是使用 WinCC 证书管理器创建并安装 WebServer 证书的操作方法。对于其他类型应用证书的操作方法与此类似。就是在图 13-12 中，添加证书时选择不同类型的证书即可。

13.2.4 证书存放位置

使用 WinCC 证书管理器创建证书后，将在计算机中生成相应的证书文件。当完成证书的安装后，相应的证书也会出现在计算机的相应位置。本节将介绍如何查看这些证书。

在 WinCC 证书管理器中，单击已经创建的 CA 证书 EasybookCompany。在详细信息区域单击向下滚动箭头，直至看到"指纹"参数。此处是一个以 6310 结尾的字符串。CA 证书指纹值如图 13-17 所示。

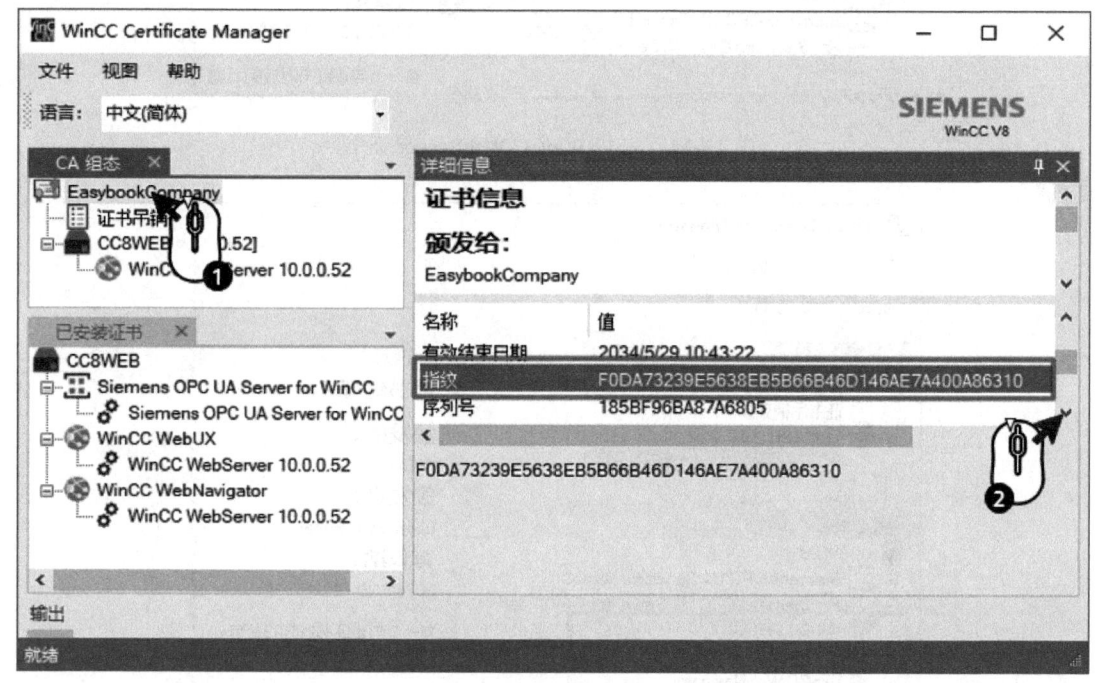

图 13-17　CA 证书指纹值

打开 Windows 资源管理器，浏览到 C:\ProgramData\SCADAProjects\certmgr\private 文件夹。可以看到名称为 WinCCCA_F0DA73239E5638EB5B66B46D146AE7A400A86310.pfx 的文件。该文件名称中含有前述的证书指纹字符串，就是 EasybookCompany 对应的 CA 证书文件。

> **提示**
> ProgramData 文件夹默认是隐藏的。需要在 Windows 资源管理器中激活"隐藏的项目"后才能看到。

当 WinCC WebServer 证书安装成功后，就可以在 IIS 管理器中看到该证书。键入快捷键 Windows 徽标键 ⊞ + R，打开运行窗口。输入 inetmgr 并回车，就可以打开 IIS 管理器。在管理器中会列出当前计算机中 IIS 管理的所有站点。IIS 管理器如图 13-18 所示，可以看到网站分组下已经配置了 WebNavigator 和 WinCCWebUX 两个网站。

单击计算机名称 CC8WEB。在 CC8WEB 主页功能视图中向下滚动，在 IIS 分支下面，双击"服务器证书"，打开证书画面。

图 13-18　IIS 管理器

在服务器证书的功能视图中可以看到名称为 WinCC WebServer 10.0.0.52 的证书。就是前述在 WinCC 证书管理器中安装的证书。Web 服务器证书如图 13-19 所示。

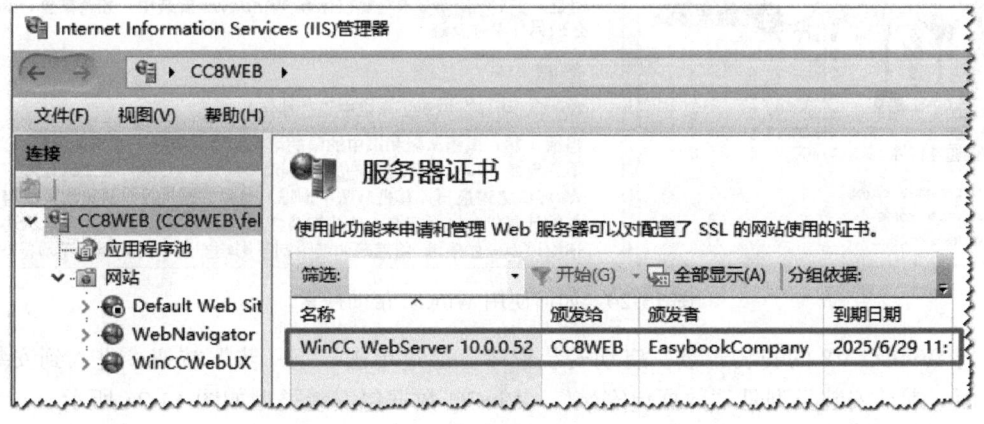

图 13-19　Web 服务器证书

13.3　服务端安装及配置

本节是浏览器 / 服务器应用必读内容。涉及如何安装服务器软件，如何进行组态等，都是创建 Web 应用必须掌握的知识。

由于 WinCC/WebNavigator、WinCC/WebUX 及 WinCC/DataMonitor 三个选件的服务端安装及组态非常类似，所以统一来介绍。对于存在差异的地方，会单独加以说明。

13.3.1 安装

WinCC/WebNavigator、WinCC/WebUX 及 WinCC/DataMonitor 三个选件的安装程序都包含在 WinCC 基本安装包中。从 WinCC V8 开始，在安装这些 WinCC 选件时，将会自动安装 Windows 消息队列服务（MSMQ）及需要的 IIS 组件。

对于之前的版本，包括 WinCC V7.5，仍然需要在安装前手动安装 Windows 消息队列服务及相应的 IIS 组件。具体安装方法，不在此处赘述。在 WinCC V7.5 帮助系统中可以找到详细说明。

打开 WinCC 帮助系统，在搜索框中输入"如何安装 MS 消息队列"，即可检索到安装 Windows 消息队列服务的操作说明。如何使用 WinCC 帮助搜索如图 13-20 所示。类似地，搜索"安装 Internet 信息服务（IIS）"即可检索到安装 IIS 组件的操作说明。

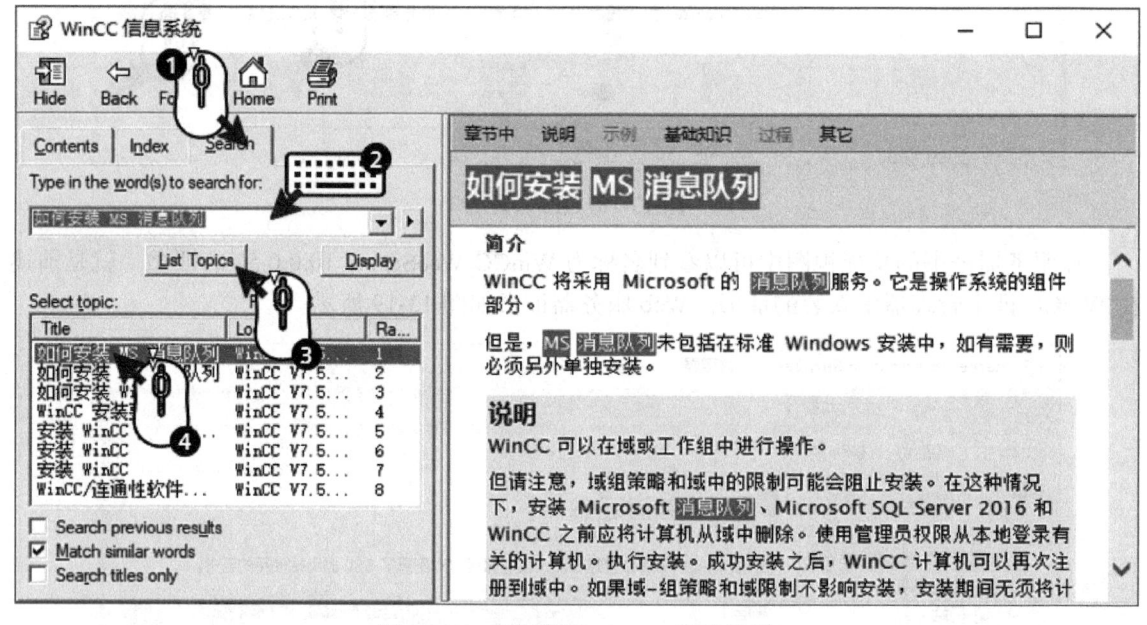

图 13-20　如何使用 WinCC 帮助搜索

运行 WinCC V8 的安装光盘，启动安装程序。通过单击"下一步"按钮，进入到安装类型选择画面。默认安装类型是"数据包安装"。WinCC 数据包安装类型如图 13-21 所示。

单击"下一步"按钮，进入程序数据包选择的画面。WinCC 程序数据包选择画面如图 13-22 所示。

默认进入该安装画面时，所有选项都是未勾选的状态。用户根据自己需要的功能来勾选相应的组件即可。本章为了同时演示三个选件的应用，所以勾选了图 13-22 中所示的三个选项。然后单击"下一步"按钮，陆续会出现"许可证协议""系统设置"等确认画面，勾选接受的选择框即可。直至出现带有"安装"按钮的画面。单击"安装"按钮就开始软件安装了。后续安装过程无需交互操作，大约需要 30min 时间。

安装完成后，选择重启计算机。重启计算机后，会弹出两个窗口。分别是通信设置窗口及 WinCC Web Configurator 窗口。

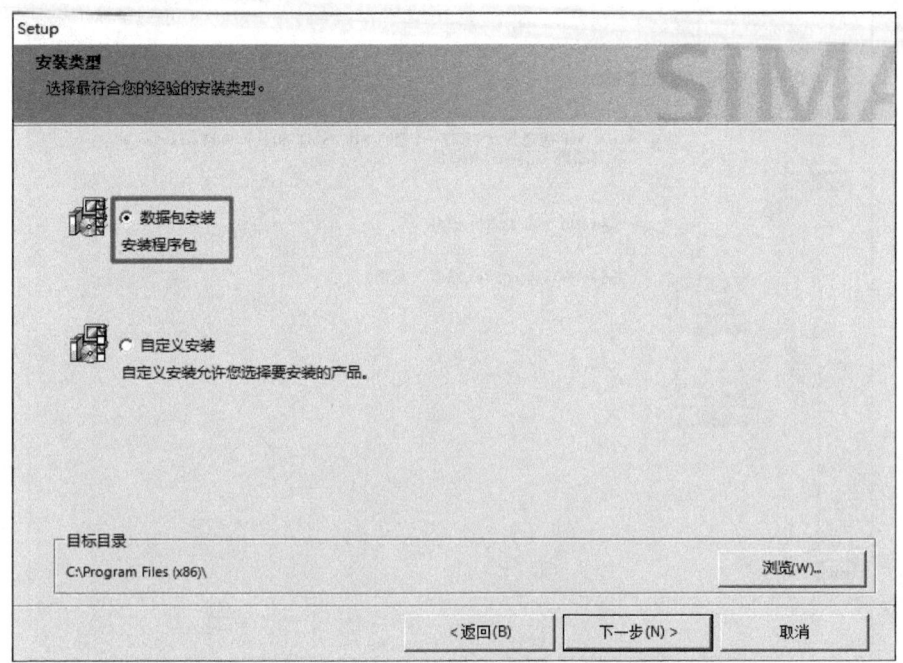

图 13-21　WinCC 数据包安装类型

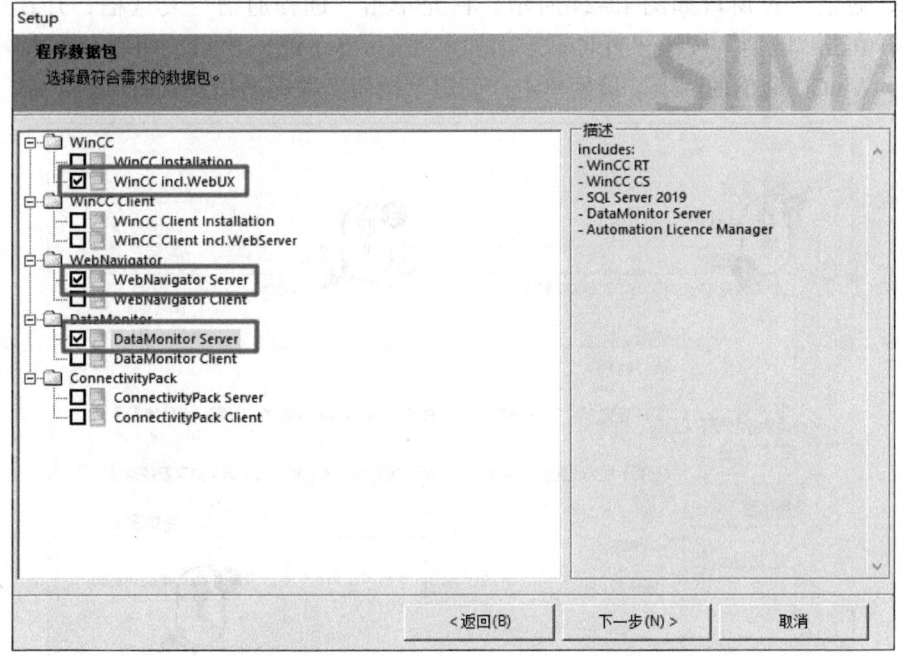

图 13-22　WinCC 程序数据包选择画面

WinCC Web Configurator 窗口如图 13-23 所示，是 WinCC Web Configurator 窗口。窗口中两个选项是否有效，取决于图 13-22 中的选择。该程序用来配置 WebNavigator、WebUX 及 DataMonitor 站点。关于站点的配置在下一节中说明。这里单击"取消"按钮，暂时取消该配置窗口。

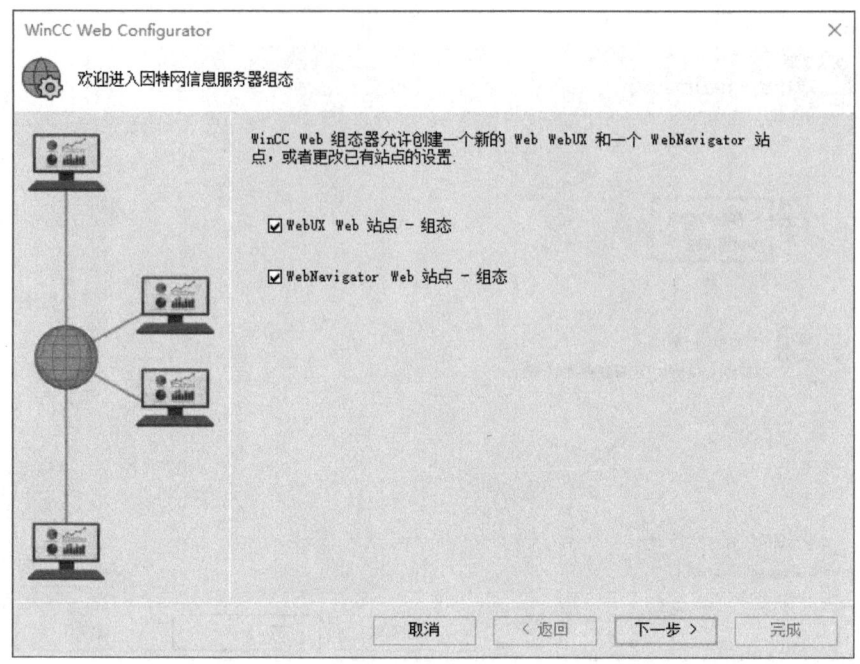

图 13-23　WinCC Web Configurator 窗口

WinCC 通信设置窗口如图 13-24 所示。首先单击"远程通信"复选框，并在弹出的 Set PSK 窗口中单击"取消"按钮。暂时不采用加密通信。Set PSK 窗口关闭后，单击网络适配器列表中用于 WinCC 通信的网卡。最后单击"确定"按钮，关闭通信设置窗口。

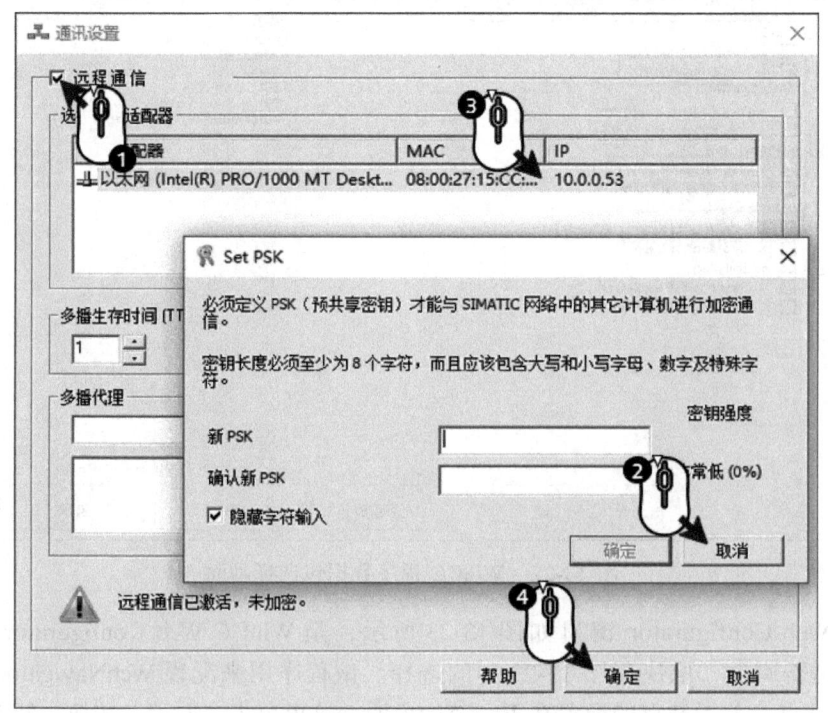

图 13-24　WinCC 通信设置窗口

为了进行 WinCC 跨计算机的通信测试，"远程通信"必须勾选。如果存在多个网络适配器，一定要勾选 WinCC 使用的那块网卡。

此时双击计算机桌面上的 图标，打开 WinCC 项目管理器。创建一个项目后，在项目树的最底部可以看到 WebNavigator 图标 Web Navigator。这说明安装已经完成。

13.3.2 组态

WinCC/WebNavigator、WinCC/WebUX 及 WinCC/DataMonitor 三个选件在安装后，还需要一些组态操作，才能正常使用这些 Web 相关功能。

首先需要创建一个 WinCC 的应用项目，三个选件的 Web 功能是基于项目来进行发布配置的。配置包括 Web 服务器的配置，Web 画面、脚本功能的发布配置及一些个性化运行参数的配置。配置操作涉及的程序组件或工具包括 Web 组态器、Web 浏览发布器、Web 设置、用户管理器及 Windows 中的 IIS 管理器。具体的组态步骤如下：

1. Web 站点搭建

三个选件的 Web 站点都使用 Web 组态器来进行搭建。运行 Web 组态器有两种方法：

一种是在 WinCC 项目管理器的浏览视图中，在 Web Navigator 图标上右键单击，选择"Web 组态器"。Web 组态器打开方式如图 13-25 所示。

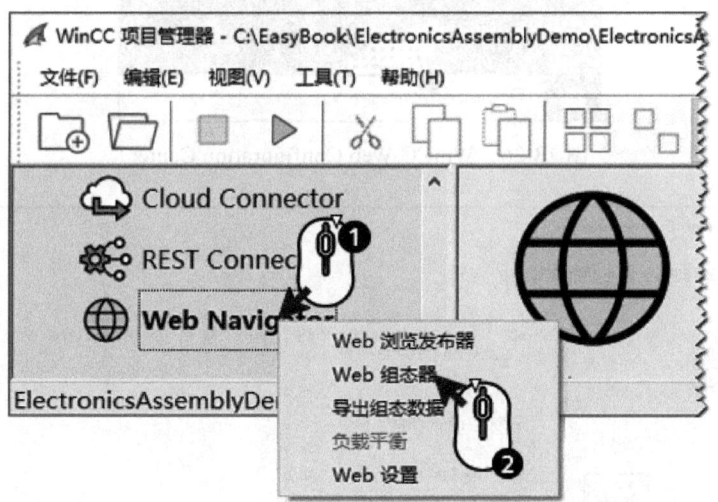

图 13-25　Web 组态器打开方式

另一种方法是在 Windows 搜索框中输入"wincc"。在自动列出的多个 WinCC 相关的应用程序中，单击 WinCC Web Configuration Center 应用程序即可，如图 13-26 所示。

（1）Web 组态器配置过程

打开的 Web 组态器程序如图 13-27 所示。可以看到"WebUX Web 站点 – 组态"和"Web-Navigator Web 站点 – 组态"两个复选框。分别对应 WebUX 选件的 Web 站点和 WebNavigator 选件的 Web 站点的发布。需要发布哪个站点就勾选哪个。DataMonitor 与 WebNavigator 共用同一个站点基地址，所以发布 DataMonitor 站点就勾选第二个复选框。如果某个复选框呈现灰色不可选的状态，说明其对应的程序包没有安装。

图 13-26　WinCC Web Configuration Center

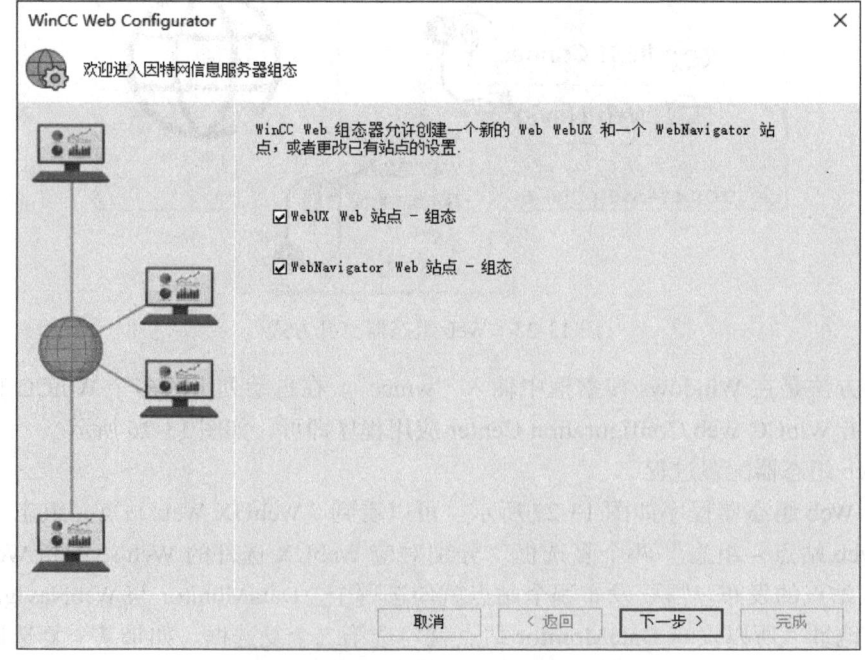

图 13-27　WinCC Web 组态器画面

保持选中两个选项,单击"下一步"按钮,开始站点的配置。WinCC WebUX 配置如图 13-28 所示。首先配置的是 WebUX 站点。大部分参数使用默认参数即可。单击"SSL 证书"下拉列表框,列出三个选项,分别是"稍后安装证书""创建新证书"及"WinCC WebServer 10.0.0.52"。可以直接选择第三项,就是在 13.2 节证书介绍那一节中创建的 WebServer 证书。如果打算后期安装证书,就选择第一项。如果不想使用列出的证书,打算创建新的证书,就选择"创建新证书"。创建的新证书是无 CA 证书关联的自签名证书。

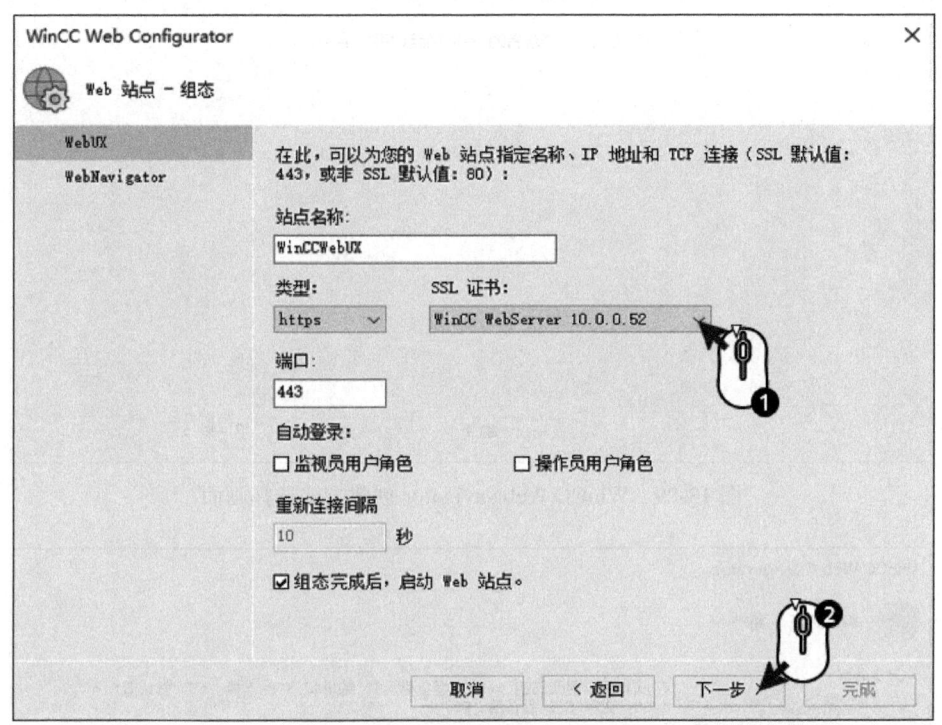

图 13-28　WinCC WebUX 配置

单击"下一步"按钮后,将看到 WebNavigator 站点的创建方式选择画面,如图 13-29 所示。默认是创建一个新的 Web 站点,通常会选择这种方式,相当于为 WebNavigator 创建一个独立的站点。如果希望将 WebNavigator 站点合并到其他现有站点中,则选择第二个选项。

单击"下一步"按钮后,将进入 WebNavigator 站点的配置画面,如图 13-30 所示。几个重要的参数设置说明如下。未列出的参数使用默认值即可。

1)类型:有 http 和 https 两个选项,对应普通通信与安全通信类型。出于通信安全原因,建议选择 https。

2)SSL 证书:如果"类型"选择了 https,则会显示此选择列表。与 WebUX 配置类似,选择在 13.2 节证书介绍中创建的"WinCC WebServer 10.0.0.52"证书即可。

3)端口:HTTPS 安全通信默认端口是 443,已经被 WebUX 占用了。这里给出的默认值是 4430,可以根据自己计算机上可用的端口号进行设置。对于这些非标准端口,必须在防火墙中设置访问规则。具体参见后续说明。

4)IP 地址:该选项可以保持默认值"全部"。如果在 Web 浏览器中希望通过 IP 地址来访问服务器,则可以在这里指定服务器的 IP 地址。

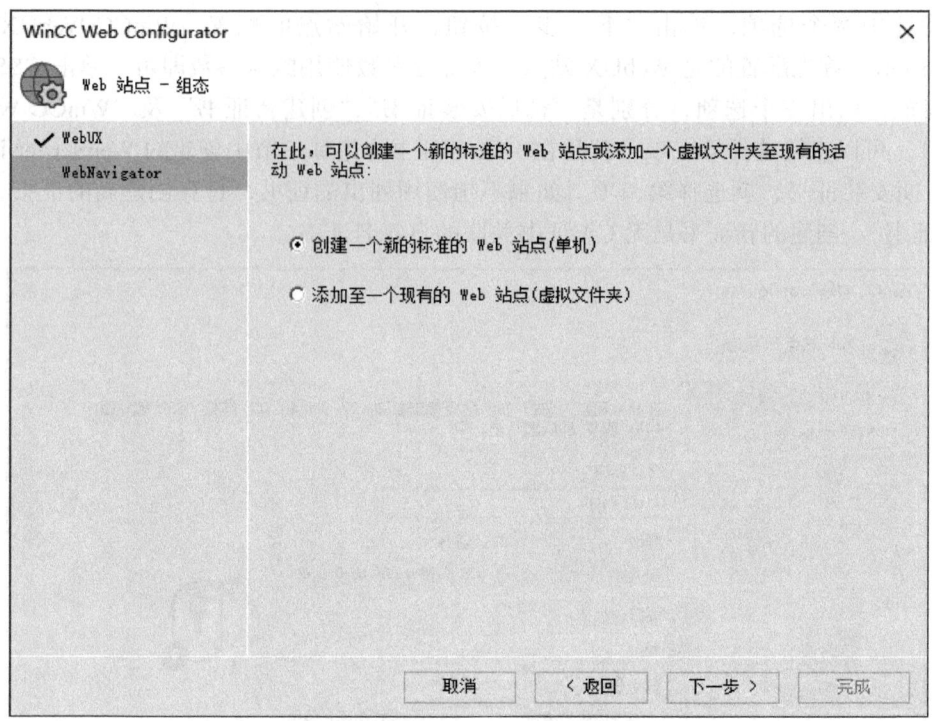

图 13-29　WinCC WebNavigator 创建方式选择画面

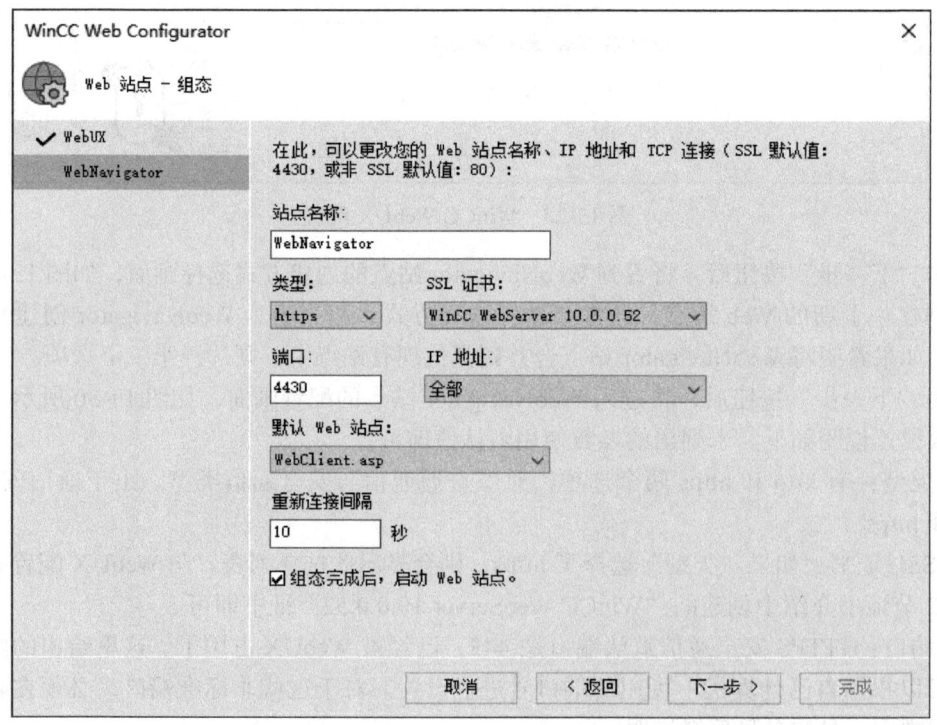

图 13-30　WinCC WebNavigator 配置画面

5）默认 Web 站点：WebNavigator 站点配置后的基地址可以用于 WebNavigator 及 Data-

Monitor 两种功能的访问。该选项决定访问网站基地址时默认访问的功能。有三个选项，分别为"WebClient.asp""MainControl.asp"及"DataMonitor.asp"。WebClient 选项对应访问 WebNavigator 功能，MainControl 选项对应访问站点相关信息功能，DataMonitor 选项对应访问 DataMonitor 功能。当实际要访问的网站不是默认站点时，可以在浏览器的 URL 中指定要访问的画面名称。例如 https://cc8web:4430/webclient.asp 表示要访问 WebNavigator 画面。https://cc8web:4430/datamonitor.asp 表示要访问 DataMonitor 网页功能。

单击"下一步"按钮，将进入防火墙配置画面。如图 13-31 所示。可以按照画面中的提示信息，单击画面中的"Windows 防火墙"按钮进行防火墙的配置。然后再单击"完成"按钮。由于防火墙配置是 Windows 的功能配置，接下来单独说明。此处直接单击"完成"按钮，结束配置即可。

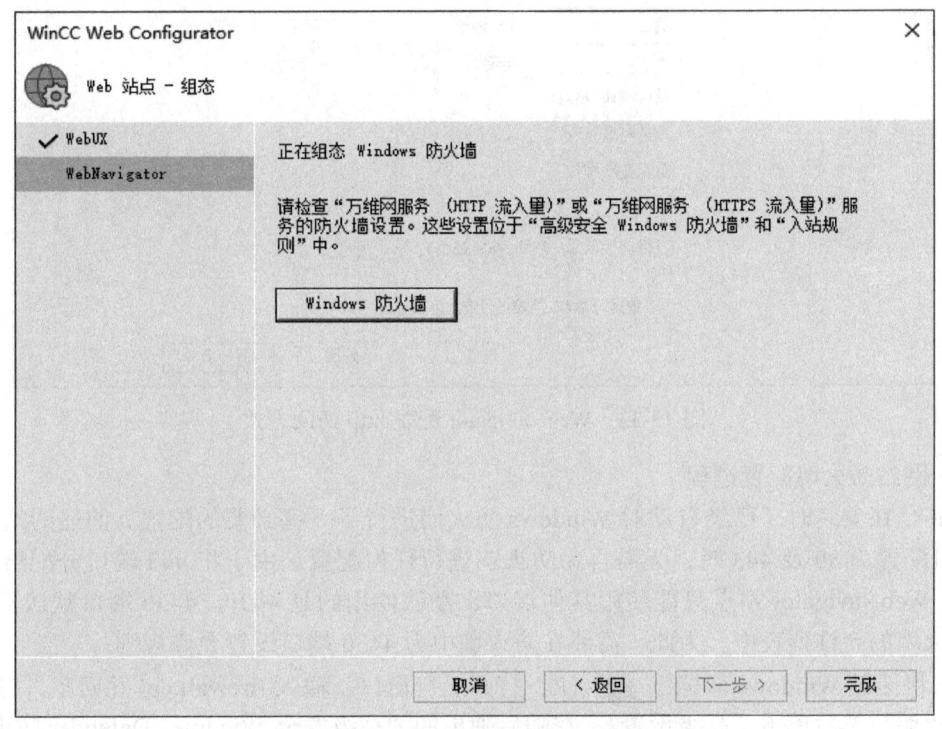

图 13-31　WinCC WebNavigator 配置画面

单击"完成"按钮结束配置后，直至弹出提示框，WinCC Web 配置完成提示窗口如图 13-32 所示，说明站点配置已经成功。单击"是"，可以查看配置日志文件。单击"否，关闭窗口即可。随着提示窗口的关闭，WinCCWeb 组态器也自动关闭。

这样就完成了 WebNavigator 及 WebUX 站点的配置。WebNavigator 站点支持 https 和 http 两种访问方式。前述介绍的是 https 通信方式的配置。如果希望 WebNavigator 站点同时支持 http 方式的访问，必须重新运

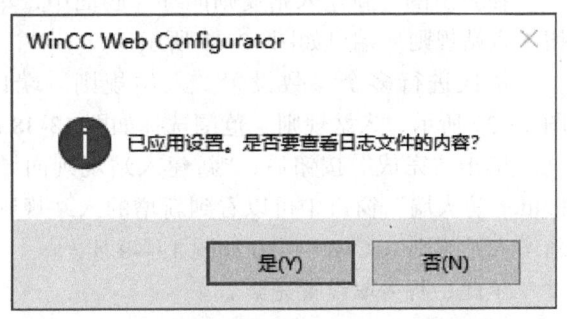

图 13-32　WinCC Web 配置完成提示窗口

行一次 Web 组态器。然后在 WebNavigator 配置中，将"类型"选择为 http，再完成一遍配置过程。WebNavigator 配置 http 访问方式如图 13-33 所示。

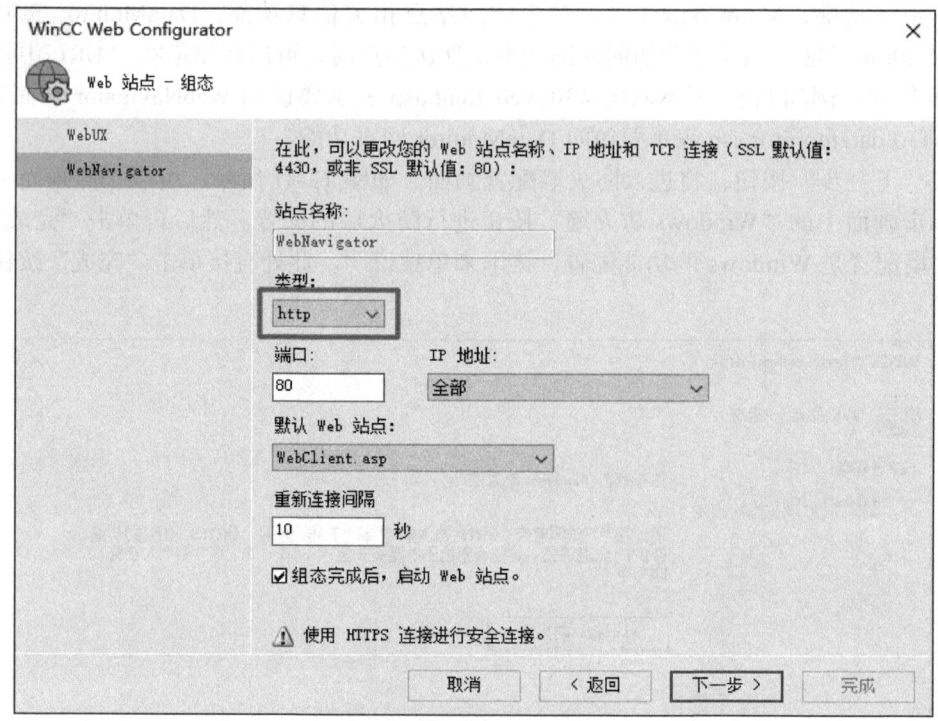

图 13-33　WebNavigator 配置 http 访问方式

（2）网站防火墙配置过程

WinCC 在安装时，已经自动对 Windows 防火墙进行了一些必要的配置。前述的站点配置，对于端口配置为 80 及 443 时，无需再为防火墙进行任何配置。由于将 443 端口分配给 WebUX 站点了，WebNavigator 站点只能使用其他端口，默认使用的是 4430。4430 端口默认不在 Windows 防火墙的允许列表中。为此，需要在防火墙中为 4430 端口设置允许规则。

键入快捷键 Windows 徽标键 ⊞ + R，打开运行窗口。输入 firewall.cpl 并回车，打开 Windows 防火墙，然后单击"高级设置"，在随后弹出的"高级安全 Windows Defender 防火墙"窗口中，右键单击"入站规则"，并单击"新建规则（N）…"菜单命令。Windows 防火墙高级设置画面如图 13-34 所示。

在弹出的"新建入站规则向导"画面中，单击选择"端口"选项，然后单击"下一步"按钮。入站规则 - 端口如图 13-35 所示。

依次进行多个参数设置。入站规则 - 端口号如图 13-36 所示，入站规则 - 允许连接如图 13-37 所示，入站规则 - 范围选择如图 13-38 所示，入站规则 - 名称如图 13-39 所示。

单击"完成"按钮后，"新建入站规则向导"窗口自动关闭。在"高级安全 Windows Defender 防火墙"窗口中可以看到新增的入站规则"CCWeb4430"，名称左侧带有绿色对钩图标。新增入站规则 -CCWeb4430 如图 13-40 所示。

至此，防火墙设置完毕。

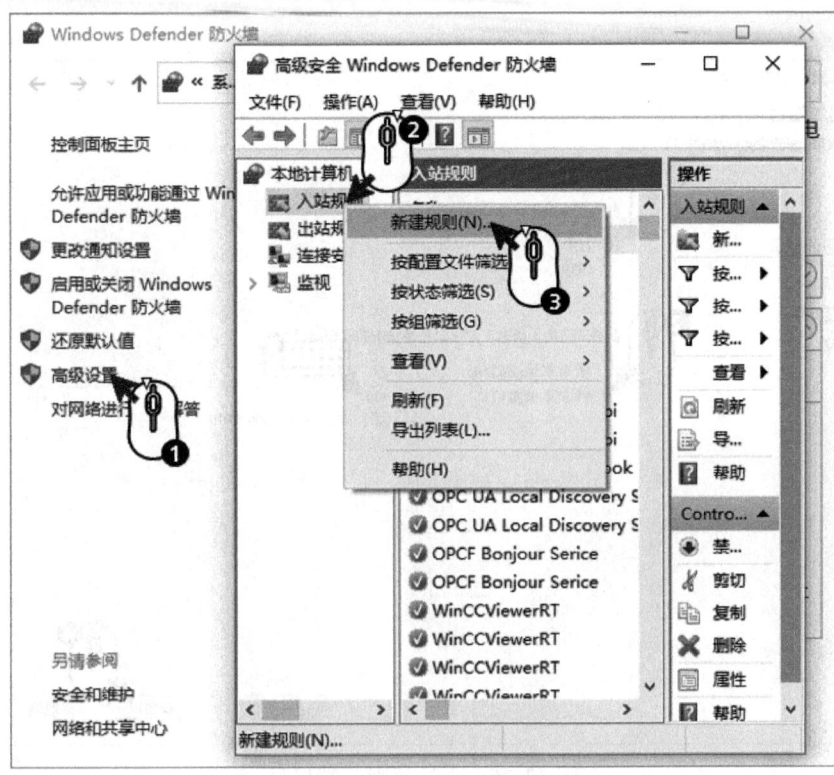

图 13-34　Windows 防火墙高级设置画面

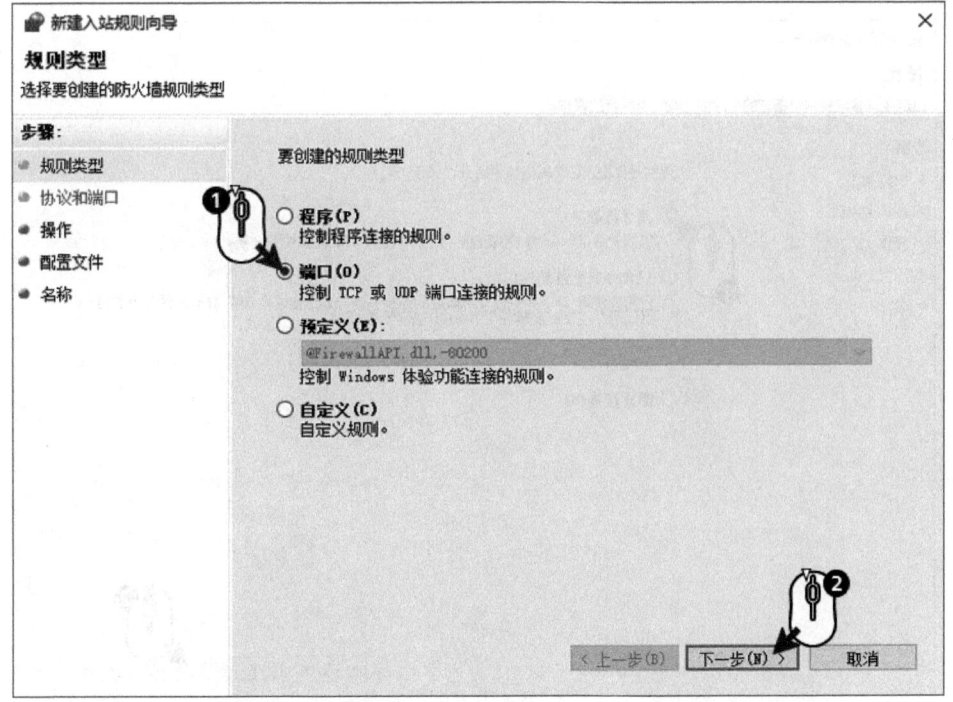

图 13-35　入站规则 – 端口

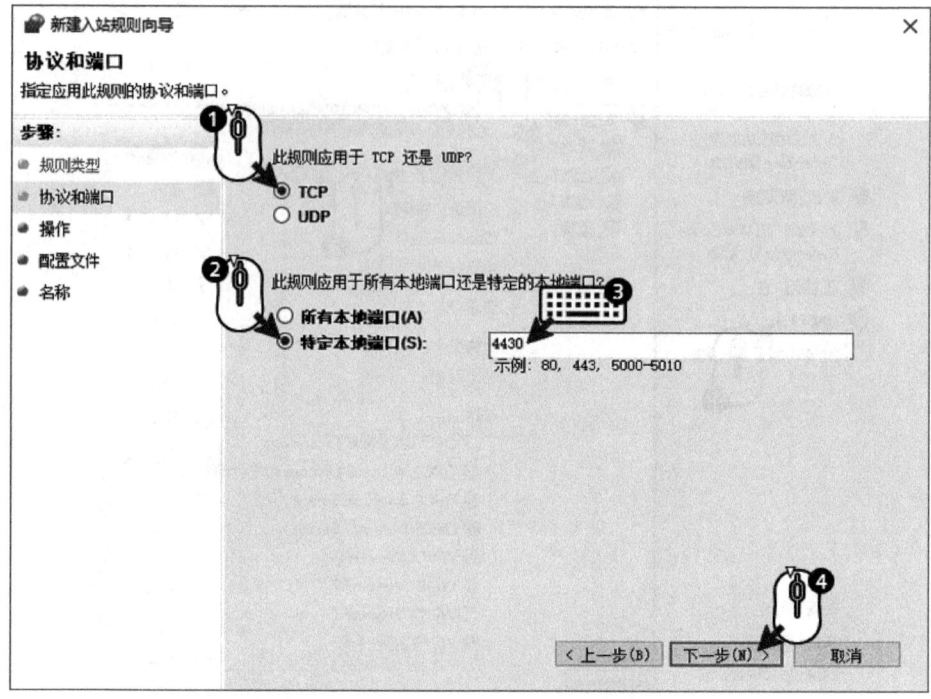

图 13-36　入站规则 – 端口号

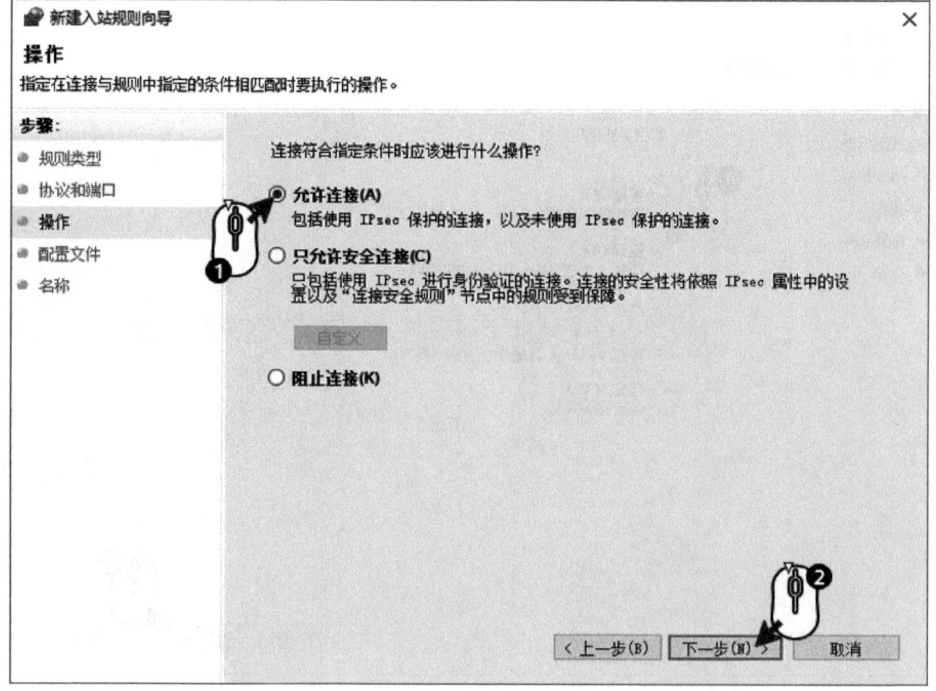

图 13-37　入站规则 – 允许连接

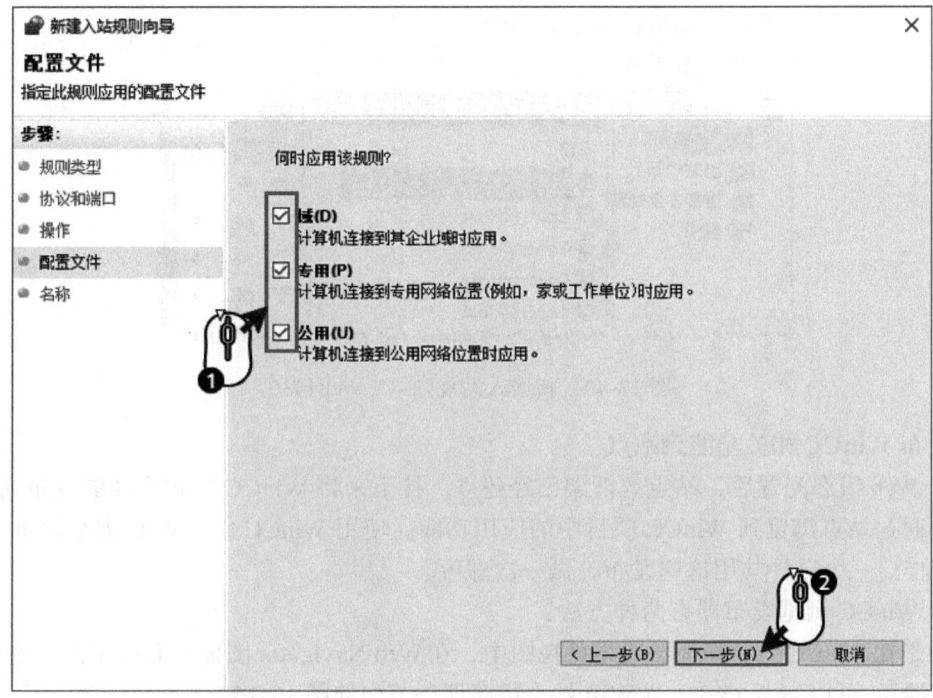

图 13-38　入站规则 – 范围选择

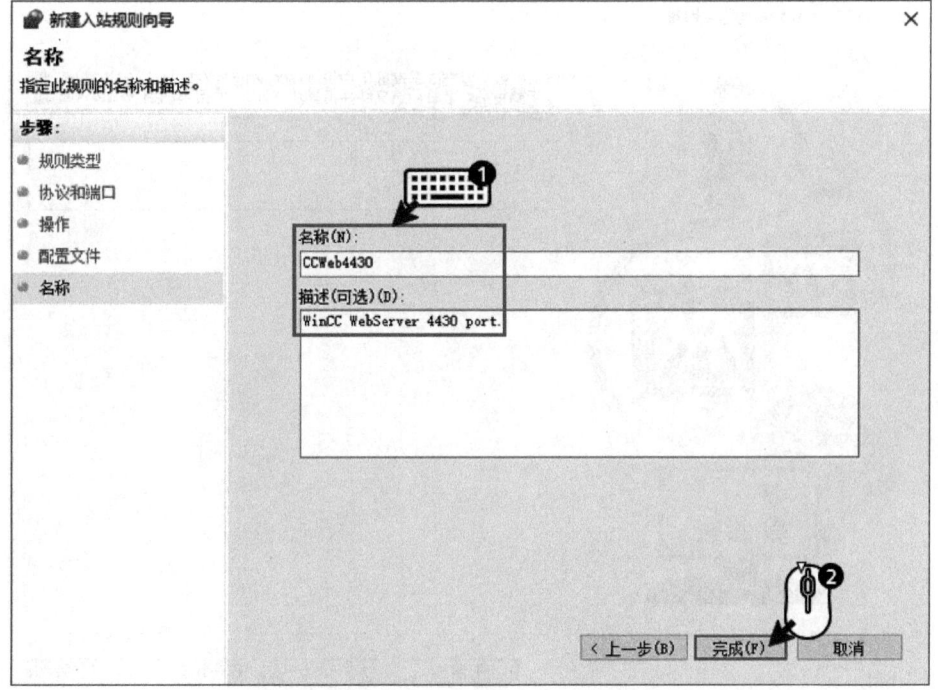

图 13-39　入站规则 – 名称

图 13-40　新增入站规则 -CCWeb4430

2. 发布 WinCC 相关功能到站点

完成 Web 组态配置后，站点的框架已经建立。接下来将 WinCC 的相应功能发布到站点上，这样才能通过站点浏览到 WinCC 项目中的应用功能。使用 WinCC 的"Web 浏览发布器"来完成这些操作。三个选件共用这些发布，做一次即可。

运行 WinCC 浏览发布器有两种方法：

一种是在 WinCC 项目管理器的浏览视图中，在 Web Navigator 图标上右键单击，选择"Web 浏览发布器"。可以参考 13.3.2 节 Web 站点搭建那一节中的图 13-25。

另一种方法是在 Windows 搜索框中输入"pub"。然后单击自动列出的 WinCC 应用程序"PublishingWizard"，即可打开 Web 浏览发布器。Web 浏览发布器菜单如图 13-41 所示。

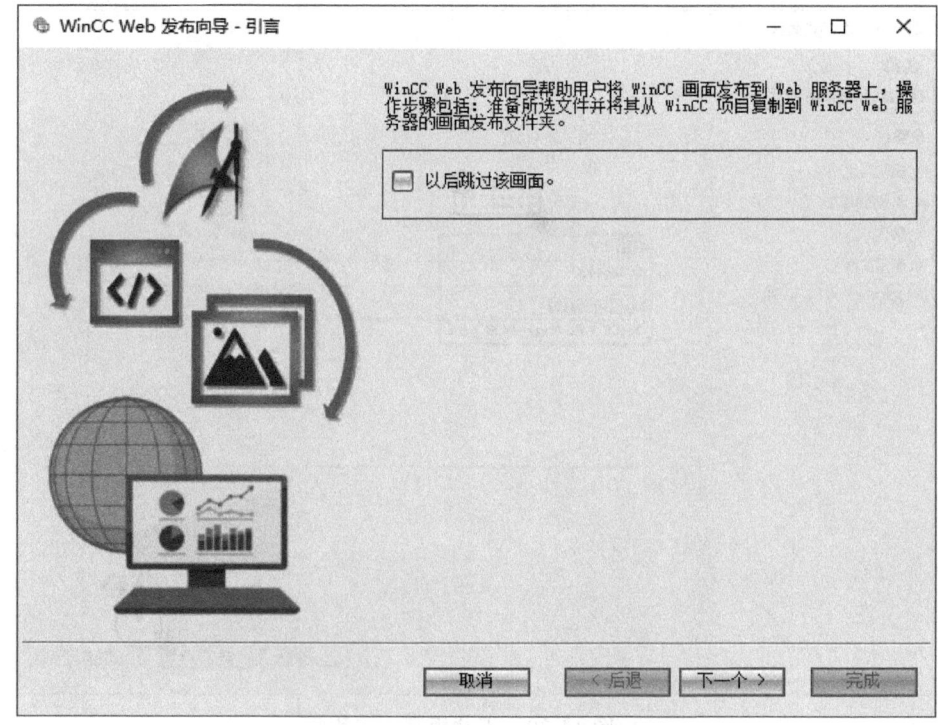

图 13-41　Web 浏览发布器菜单

Web 浏览发布器采用向导的方式来完成各项配置。单击"下一个"按钮，可以切换不同的配置参数。直至"完成"按钮变成可操作状态后，单击"完成"按钮即可完成配置过程。配置向导主要包括"选择目录""选择图片""选择功能"及"引用的图形"几个主要的操作画面：

1) 选择目录：选择项目路径及发布文件夹。使用默认值即可。

2) 选择图片：选择将哪些 WinCC 画面发布到站点。左侧列表是 WinCC 项目中的画面，右侧列表是待发布的 WinCC 画面。在左侧列表中选择画面后，单击 > 按钮可以将其放到待发布画面列表中，单击 >> 按钮可以将所有画面都放到待发布画面列表中。按钮 < 和 << 的作用正好相反，是取消待发布画面。

3) 选择功能：项目中存在的一些脚本函数，可以在这里选择是否发布到站点。操作方法与选择图片类似。

4) 引用的图形：项目中存在的一些图片、矢量图等，可以在这里选择是否发布到站点。操作方法与选择图片类似。

最终完成配置向导后，会弹出如图 13-42 所示的 Web 浏览发布完成提示。说明 Web 浏览发布已经完成。

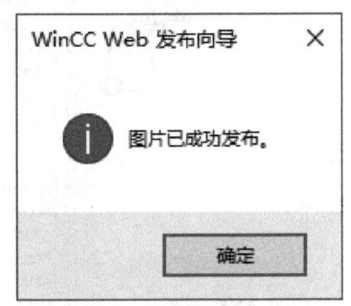

图 13-42　Web 浏览发布完成提示

3. 创建 Web 用户

三个选件的功能，在客户端访问时都需要进行用户的身份验证，以提高安全性。WebNavigator 和 WebUX 的用户设置基本相同，一并说明。DataMonitor 的用户设置稍微复杂些，单独说明。

（1）创建 WebNavigator 和 WebUX 用户

WebNavigator 和 WebUX 站点，主要用于实现对 WinCC 画面的远程监视和操作功能。

打开 WinCC 的用户管理器，为指定用户分配 Web 访问权限。在画面左侧选中需要配置的用户，在画面右侧会显示该用户的属性。勾选属性"网络"分组下面的"WebNavigator"复选框，表示允许该用户访问 WebNavigator 服务。在"WebNavigator 起始画面"中可以配置该用户访问网页的起始画面。

类似地，如果需要用户访问 WebUX 服务，则勾选"WebUX"复选框。然后在"WebUX 的起始画面"中配置该用户访问网页的起始画面。在"网络语言"中可以配置访问 Web 画面时使用的语言。根据需要还可以设置用户的其他功能和注销方式等。用户管理画面如图 13-43 所示。

（2）创建 DataMonitor 用户

根据使用到的功能不同，DataMonitor 会验证不同的用户。此处分别介绍如何在 WinCC 和 Windows 中创建用于访问和管理 DataMonitor 的用户。

首先介绍在 WinCC 中创建在客户端访问 WebNavigator 画面用户的方法。

打开 WinCC 的用户管理器。在画面左侧选中需要配置的用户，在画面的中间部分除了激活使用到的权限外，还需为该用户激活 ID 为 1002 的权限（默认的功能描述为"Web 访问 – 仅监视"）。在用户的属性画面中，"网络"分组下配置"WebNavigator 起始画面"和"网络语言"等参数。DataMonitor 的用户管理画面如图 13-44 所示。

> 💡 **提示**
> 在配置用户前，需要先执行 Web 发布。否则无法选择 WebNavigator 起始画面。

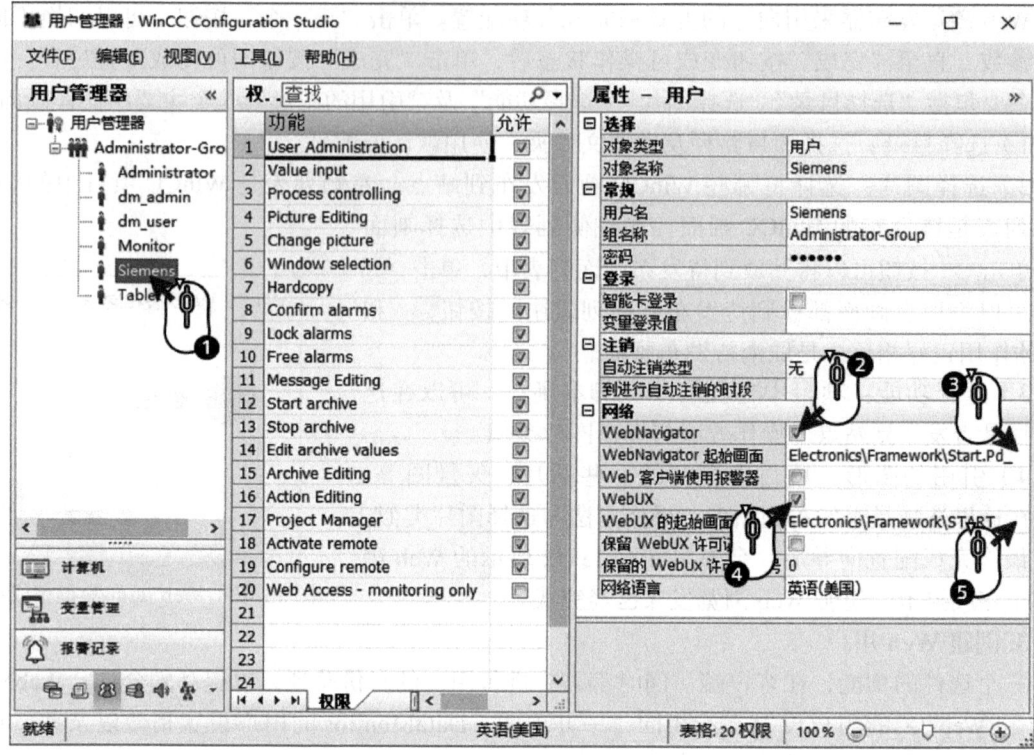

图 13-43 用户管理画面

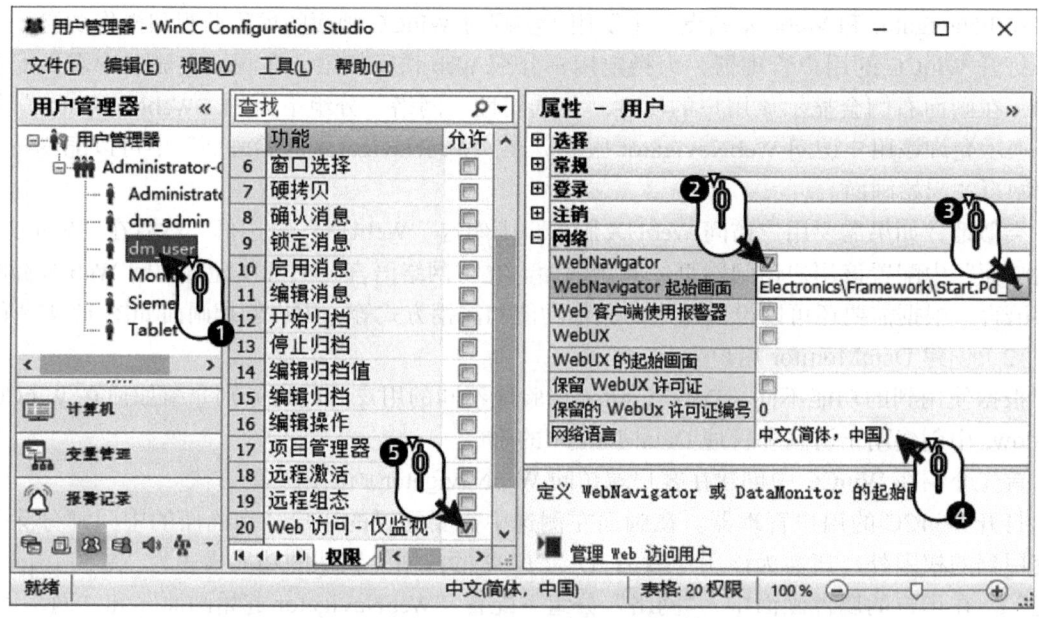

图 13-44 DataMonitor 的用户管理画面

这个用户 dm_user 用于 DataMonitor 客户端,使用 WinCCViewerRT 访问 WebNavigator 画面时的登录用户。该用户对于 WebNavigator 画面的操作权限为只读。

接下来在 Windows 中创建在客户端查看和管理 DataMonitor 网页应用的用户。

键入快捷键 Windows 徽标键 ⊞ + R，打开运行窗口。输入 compmgmt.msc 并回车，打开计算机管理窗口。然后右键选择"系统工具→本地用户和组→用户"，在弹出菜单中选择"新用户"。新建 Windows 用户如图 13-45 所示。

在弹出的对话框中输入用户名和密码等必要的选项。双击新创建的用户，在弹出的属性画面中设置用户"隶属于"的组别。用户隶属于不同的组，将具有不同的权限。接下来会新建两个 Windows 用户，对应不同的 DataMonitor 访问权限。

首先创建的用户需要管理 DataMonitor 服务器，DataMonitor 管理用户隶属于的组如图 13-46 所示。

这样就建立了一个具有"SIMATIC Report Administrators""SIMATIC HMI"和"SIMATIC HMIVIEWER"用户组成员资格的用户"web_admin"。该用户现在可在 Web 中心进行创建目录以及建立与 WinCC 数据库的连接等操作。具有管理 DataMonitor 服务的权限。

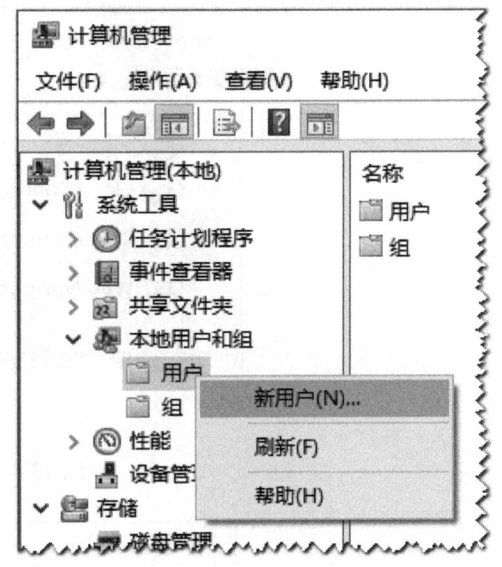

图 13-45　新建 Windows 用户

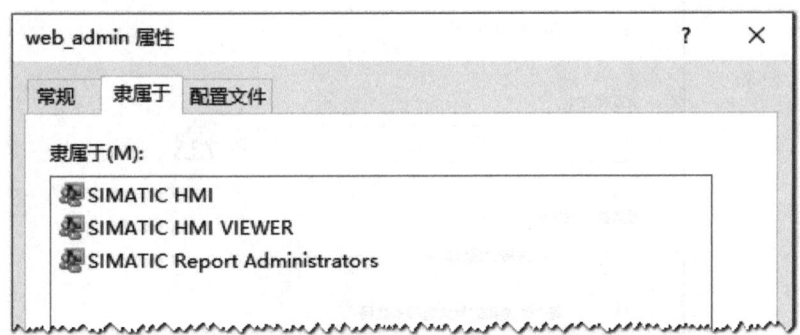

图 13-46　DataMonitor 管理用户隶属于的组

再创建一个 Windows 用户，用于查看 DataMonitor 服务相关数据画面，不具有管理权限。该用户的名称为"web_user"，隶属于"SIMATIC Report Users""SIMATIC HMI"和"SIMATIC HMI VIEWER"三个权限组。创建步骤与用户"web_admin"类似，只是权限组不同，不再赘述。

这样就创建了两个 Windows 用户 web_user 和 web_admin。后续在 DataMonitor 客户端应用时将使用这两个用户。

13.3.3　附加信息

除了安装和组态章节中必须的配置外，还可以对 Web 应用进行一些附加配置。这可以通过"Web 设置"来完成。

右键单击"Web Navigator"图标，在弹出的菜单中选择"Web 设置"，就可以打开 Web 设置面面。"Web 设置"中可以定义一些附加的设置。例如服务器的负载情况、是否启用 WinCC

系统消息等。并且还可以指定是否允许 WebUX 使用 WebNavigator 许可证。Web 设置菜单如图 13-47 所示，WinCC Web 设置画面如图 13-48 所示。

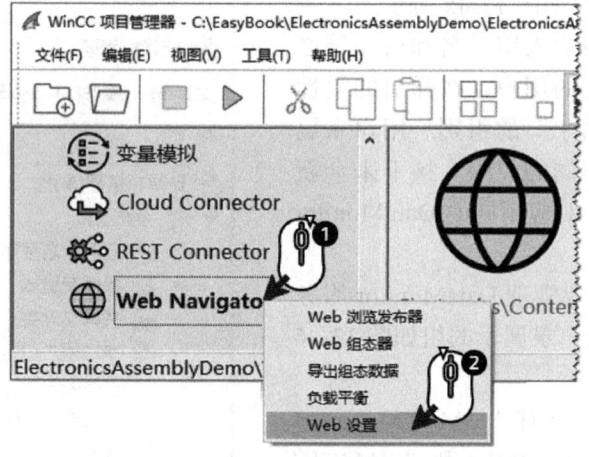

图 13-47　Web 设置菜单

图 13-48　WinCC Web 设置画面

在网络环境中，可能会发生连接故障、延迟和通信波动。如果 WebNavigator 客户端和服务器之间的通信中断，客户端随后将尝试自动建立连接，以便恢复连接。通过"Web 组态器"可以设置两次连接尝试之间的等待时间，参见图 13-30 WinCC WebNavigator 配置画面中的"重新连接间隔"参数。

如果在 Web 发布期间出现警告或错误，会弹出"部分画面和函数没有成功发布"的提示窗口。受影响的过程画面在结果列表的"状态"中将被标记。尽管如此，该错误的画面仍然会被发布。这种情况下，运行系统中就可能会发生错误。因此发布过程中遇到警告或者错误时，可在 Web 浏览发布器中启动"PdlPad"工具，用以检查和调试所发布的画面。在 Web 浏览发布器的结果列表中双击相应的对象，就能直接打开"PdlPad"工具。在打开的工具中将显示该对象的脚本信息。同时此画面也支持调试功能。发布向导和 pdlPad 画面如图 13-49 所示。

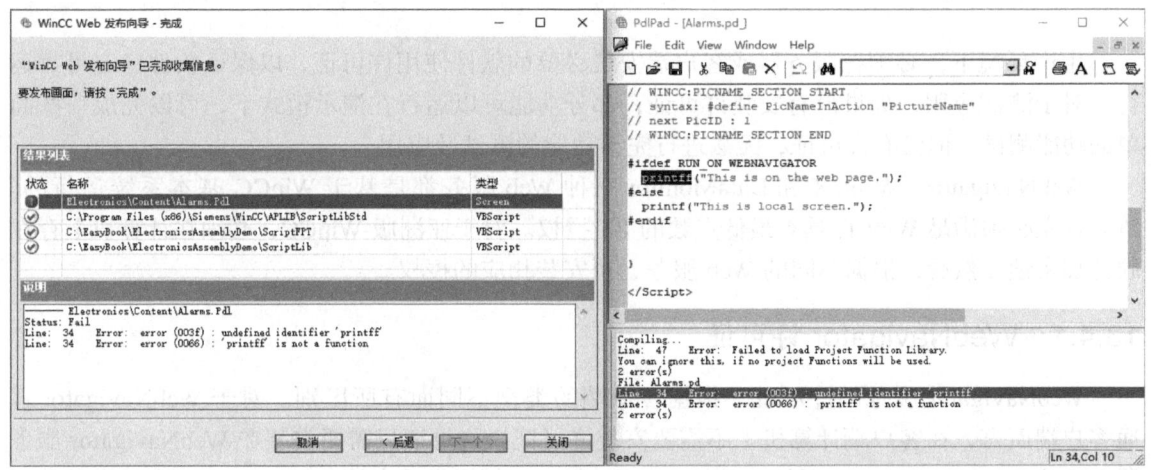

图 13-49　发布向导和 pdlPad 画面

出错的原因是画面 Alarms.pdl 中的 printf 函数拼写错误。通过 PdlPad 诊断信息可以发现，脚本中使用了 RUN_ON_WEBNAVIGATOR 这个宏。该宏可以指定某段脚本只在本地或者浏览器端执行。对于指定在浏览器端运行的那段脚本，在画面组态编译时不会对其进行语法检查，而是在执行 Web 浏览发布器时才检查。

要在互联网中发布 WebNavigator 服务器，需要满足以下条件：

1）来自 Internet 服务供应商（ISP）的 Internet 连接与 IP 地址。只有拥有 Internet 的连接（由 ISP 提供）时，才能在 Internet 中发布信息。有了 Internet 上的 IP 地址才能标识 WebNavigator 服务器的位置。

2）适用于连接到 Internet 的网络适配器。

3）用于 IP 地址的 DNS 注册。此为可选项。该步骤允许用户在连接到服务器时可使用"别名"代替 IP 地址。

与在局域网内发布相比，只要把发布的 IP 地址修改为互联网上的 IP 地址（如图 13-30 所示），就能实现在 Internet 范围内对 WebNavigator 服务器的访问。当然也可以使用路由器通过网址映射等技术，实现内网和外网之间桥接，从而实现通过 Internet 访问内网发布的 WebNavigator 服务器。

对于 WebUX 服务器，其并发连接的客户端数量，除了取决于授权外，还受 Windows 操作系统的限制。其中，Windows 7、Windows 10 及 Windows 11 上的 IIS 支持最多 10 个连接。因为 WebUX 的一个客户端会占用多个连接。所以最多有 3 个 WebUX 客户端可以同时连接到这些系统上的 WebUX 服务器。如果超出该限制，则无法正常操作已经连接的实例。对于涉及多个 WebUX 客户端的应用，建议使用 Server 类型的 Windows 操作系统。

WebUX 目前还不能支持所有的 WinCC 功能。相对于 WinCC 运行系统存在一些限制。例如支持 ANSI-C 和 VBScript，但是有一些限制。不支持部分 ActiveX 控件或功能等。对于不支持的图形对象，WebUX 中将会做隐藏处理。详细的信息建议参考 WinCC 帮助。在 WinCC 帮助系统中，搜索"WebUX 支持的功能"即可找到。

13.4　许可证

生产环境下，必须在服务器或客户端安装必要的软件使用许可证，以保证软件稳定可靠运行。对于测试应用，如果没有安装许可证，部分功能可以运行在演示模式下，可以完成一些简单的功能测试。但没有许可证，无法进行完整功能的测试及应用。

WebNavigator、WebUX 和 DataMonitor 三种 Web 服务都是基于 WinCC 基本系统运行的。所以首先必须满足 WinCC 具有最低点数的 RT 授权。对于亚洲版 WinCC，必须在计算机上存在硬件加密锁。然后，根据不同的 Web 服务，再安装相应的授权。

13.4.1　WebNavigator 许可证

WebNavigator 服务的许可证，根据客户端的类型不同而有所区别。对于 WebNavigator 普通客户端而言，在客户端计算机上不需要安装许可证。许可证只需要安装在 WebNavigator 服务器上。从 WinCC V7.4 SP1 开始，包括 WinCC V8.0，都提供了支持 1/3/10/30/100 个并发的普通客户端许可证。这些许可证是可以累加的。一台服务器最多支持 150 个普通客户端的同时访问。对于 WebNavigator 诊断客户端而言，需要在诊断客户端所在的计算机上安装许可证，而且安装的是诊断客户端专用的许可证。

如果修改了 WebNavigator 服务器上的许可证，那么在每台相连的 WebNavigator 客户端上必须重新启动浏览器，并且客户端必须重新登录。否则，WebNavigator 客户端将切换至演示模式。

如果没有 WebNavigator 许可证，则 WebNavigator 会处于演示模式。演示模式下最多可运行从软件安装之日起开始计时的 30 天。一旦到达安装后的 30 天期限，只有在安装许可证后才能正常使用 WebNavigator 功能。

13.4.2　WebUX 许可证

WebUX 包含两种许可证：Monitor 和 Operate。并且，WinCC 基本包中已经包含了一个集成的 Monitor 许可证。WebUX 提供了支持 1/3/10/30 和 100 个并发客户端的许可证。这些许可证是可以累加的。如果是从 WebUX V7.3 升级的系统，系统中还会包括支持 5/25/50/150 个客户端的许可证。

WebUX 许可证安装在 WinCC WebUX 服务器上。客户端设备上不需要安装许可证。WebUX 也可以使用 WebNavigator 的许可证。具体设置画面参考本章图 13-48。WebUX 和

WebNavigator 许可证之间的区别见表 13-2。三种授权的功能间存在包含的关系,WebNavigator 和 WebUX 许可证之间的关系如图 13-50 所示。

表 13-2 WebUX 和 WebNavigator 许可证之间的区别

许可证	功能	说明
WebUX Monitor	用户仅具有只读访问权限	已在 WinCC 用户管理器中为该用户组态了授权级别 1002 "Web 访问 – 仅监视" 如果可用的 "Monitor" 许可证已分配完,则 "Operate" 许可证或 WebNavigator 许可证也可分配给 WebUX 客户端以实现读访问
WebUX Operate	用户具有读写访问权限	如果可用 "Operate" 许可证已分配,那么 WebNavigator 许可证也可分配给 WebUX 客户端以实现读写访问
WebNavigator	用户的授权决定了除了读访问权限外是否可能有写访问权限。该功能取决于项目的组态情况	如果 WebNavigator 许可证已安装到 WinCC 系统中,则 WebNavigator 许可证也可分配给 WebUX 客户端。不过,系统首先会使用所有可用的 WebUX 许可证

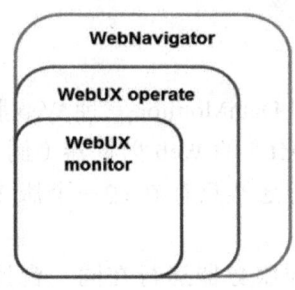

图 13-50 WebNavigator 和 WebUX 许可证之间的关系

13.4.3 DataMonitor 许可证

DataMonitor 许可证安装在 WinCC DataMonitor 服务器上。运行 DataMonitor 客户端的计算机上不需要安装许可证。WinCC V8 的 DataMonitor 中仍然提供了支持 1/3/10/30 个并发的客户端的许可证。这些许可证是可以累加的,但是最多支持 50 个客户端同时访问一台服务器。根据功能组不同,DataMonitor 检测许可证的方式有所区别,说明如下:

1)画面监视和 EXCEL 工作簿功能组与许可证相关的是客户端数,即每连接一台客户端,在服务器计算机上就需要一个 DataMonitor 许可证。

2)WebCenter 功能与许可证计数相关的是应用的连接数而不是客户端数。

表 13-3 中基于功能组显示了每个许可证支持的最多客户端数和最大连接数。

表 13-3 DataMonitor 许可证和连接数的关系

许可证	画面监视和 EXCEL 工作簿功能组	WebCenter 功能组
1 个客户端	1	3
3 个客户端	3	6
10 个客户端	10	20
30 个客户端	30	60

以上许可证的计算方法,同样适用于累计许可证。

见表 13-4 的例子中所示,"1 个客户端"和"3 个客户端"的两个许可证都安装在 DataMonitor 服务器上。根据所选功能组不同,同时登录的用户数也不同。

表 13-4 许可证计算方法

例如画面监视和 EXCEL 工作簿		
已安装许可证	功能组	最多同时登录用户
1 个客户端 +3 个客户端	画面监视和 EXCEL 工作簿	4 个用户
例如 WebCenter、趋势和报警、报表		
已安装许可证	功能组	最多同时登录用户
1 个客户端 +3 个客户端	WebCenter、趋势和报警、报表	8 个用户

如果用户关闭 DataMonitor 开始画面,但未使用"退出"按钮退出,系统仍将维持相应连接一段时间。该许可证将会保持已分配状态,在约 20min 后才会被释放。系统中只有在安装许可证后才能正常使用 DataMonitor 的所有功能。

13.5 客户端配置

访问 WebNavigator、WebUX 和 DataMonitor 三种 Web 服务器时,使用的客户端软件存在一些差异。这些软件包括基于 HTML5 的 Web 浏览器(例如 Edge 浏览器、Chrome 浏览器)、WinCCViewerRT、IE11(现在 IE 浏览器只存在这一个版本可用)及 Excel 等。针对不同的应用,需要使用不同的客户端软件。

这些 Web 服务都支持客户端与服务器运行在同一台计算机上,或者运行在不同的计算机上。

13.5.1 WebNavigator 客户端

WinCC 提供多种方式访问 WebNavigator 服务器画面。包括客户端软件 WinCCViewerRT、IE11 浏览器、Edge 浏览器的 IE 模式及 Edge/Chrome 浏览器的间接访问。推荐使用 WinCCViewerRT 作为客户端软件访问 WebNavigator 服务器。下面分别介绍这些访问方式。

鉴于网络安全越来越重要,现在主流的网络访问都是 HTTPS 的访问方式,所以后续仅对 HTTPS 的访问方式进行说明。对于 HTTP 的访问方式,在选择 HTTPS 或者 HTTP 时选择 HTTP,同时忽略证书即可,不再单独说明。

1. WinCCViewerRT 访问

WinCCViewerRT 是一个 Web 画面查看程序,需要安装 WebNavigator 客户端软件。

> **提示**
> 关于 WebNavigator 客户端连接其他版本 WebNavigator Server 的要求请参考条目 ID 17204272。

运行 WinCC 安装程序,选择"数据包"的安装方式,然后勾选"WebNavigator Client"即可安装此软件。安装 WebNavigator 客户端软件如图 13-51 所示。

使用 WinCCViewerRT 可以访问 WebNavigator 服务器上发布的 Web 画面。WinCCViewerRT 是一个独立的应用程序,不需要运行网页浏览器,从而可以保护系统免受网络病毒或木马的攻击。

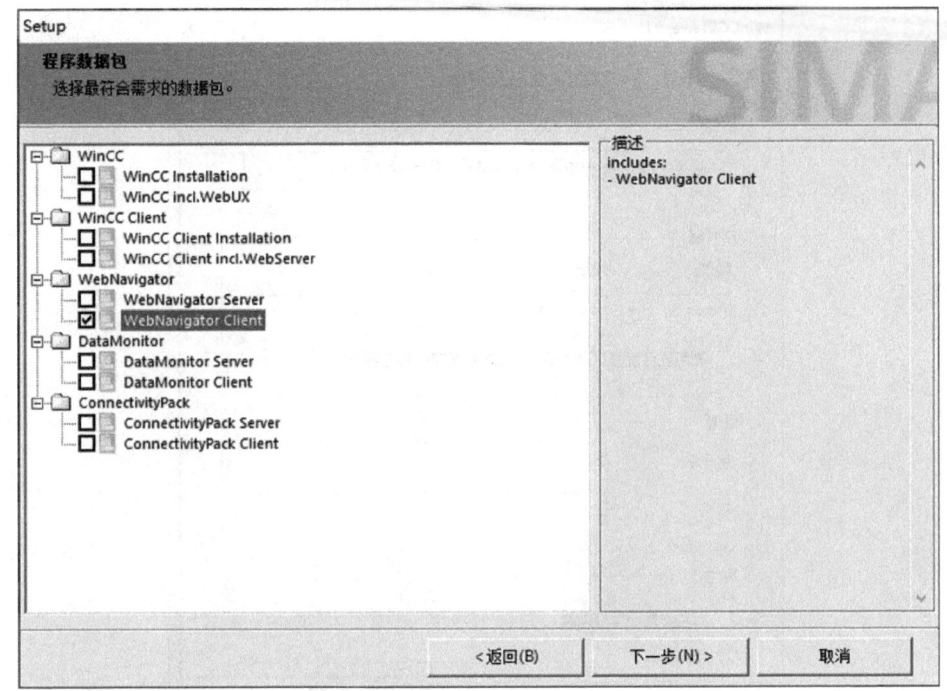

图 13-51　安装 WebNavigator 客户端软件

当客户端计算机上安装了 WebNavigator Client 后，会在桌面上出现程序图标 。通过 Windows 开始菜单也可以启动该程序 WinCCViewer RT。还可以在 WebNavigator 的默认安装路径下的 "WebNavigator\Client\bin" 文件夹中找到 "WinCCViewerRT.exe" 程序。

首次打开 WinCCViewerRT 的默认画面如图 13-52 所示。

在"常规"选项卡中输入登录信息，包括如下内容：

1）服务器：选择类型为 https 或 http。地址中输入服务器名称或者 IP 地址。如果端口号不是 443 或者 80，则需要指定端口号。例如 cc8web:4430。

2）证书：此为可选项。用于设置默认登录项目的用户名和密码。如果在此填写了用户名和密码，则每次访问时都将默认通过该处的用户名和密码登录项目。系统不会弹出登录对话框，除非用户信息验证错误。

3）如果启用"使用项目设置"选项，将激活在用户管理器中组态的用户设置。

在"参数"选项卡中指定运行系统语言。根据需要，可以禁用用于切换到其他程序的所有组合键，也可以修改预置的用于打开 WinCCViewerRT 组态对话框的 "Ctrl+Alt+P" 组合键。项目运行状态下，只能使用此组合键打开 WinCCViewer RT 配置画面。WinCCViewerRT 参数画面如图 13-53 所示。

在"图形运行系统"选项卡中，指定 WinCC Runtime WinCCViewerRT 图形运行系统，如图 13-54 所示。

1）起始画面。

2）用户定义的菜单和工具栏的组态文件。

3）窗口属性。

4）用户操作限制。

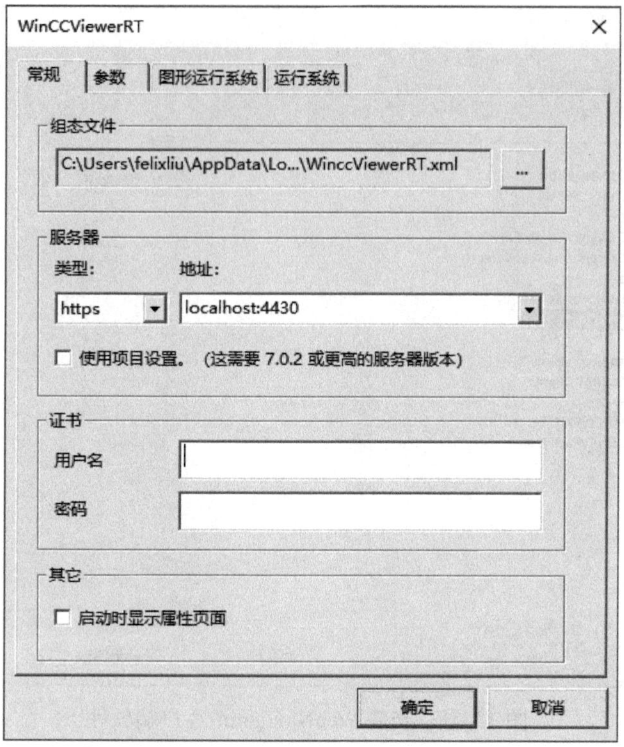

图 13-52　WinCCViewerRT 的默认画面

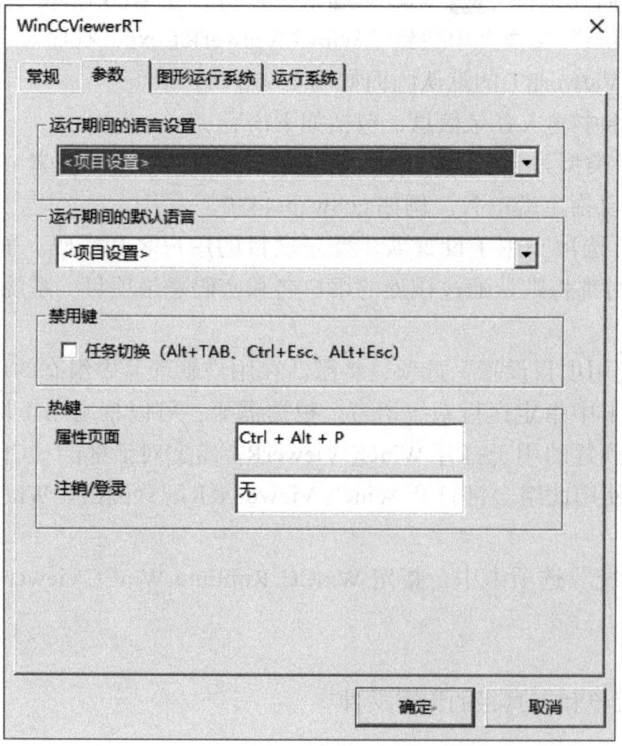

图 13-53　WinCCViewerRT 参数画面

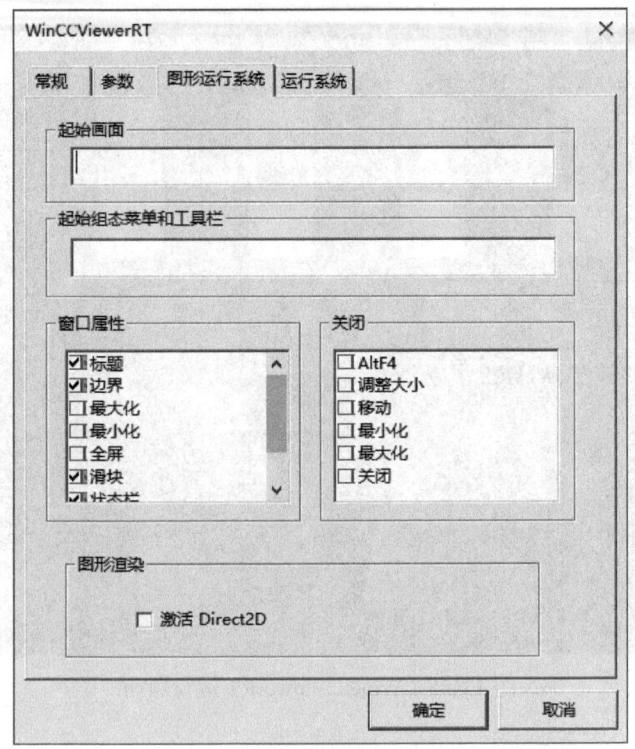

图 13-54　WinCCViewerRT 图形运行系统

WinCCViewer RT 组态完毕。单击"确定"按钮，设置将被保存到"WinCCViewerRT.xml"组态文件中。组态文件的配置将在下一次启动 WinCCViewerRT 时自动加载。用户也可对文件进行重命名，例如重命名为"User1.xml"。

运行状态下可以通过默认热键"Ctrl+Alt+P"再次打开组态界面。如果 WinCCViewerRT 激活时找不到默认的 XML 配置文件，则启动时会自动打开 WinCCViewerRT 组态对话框。重新组态 WinCCViewerRT 或选择其他不同的组态文件即可。在项目中，还可以通过脚本组合命令行与用户特定的组态文件来启动 WinCCViewerRT，例如"WinCCViewerRT.exe User1.xml"。WinCCViewerRT 程序运行后的画面风格和 WinCC 本地的风格完全一致。WinCCViewerRT 运行画面如图 13-55 所示，也可以设置为全屏运行。

2. IE 访问

这种访问方式包含两种情况。一种是使用 IE11 浏览器来访问 WebNavigator 服务器画面。在 Windows 10 早期版本中，还支持 IE11 浏览器，可以直接运行 IE11 浏览器来访问。另一种是使用 Microsoft Edge 浏览器的 IE 访问模式来访问 WebNavigator 服务器画面。从 Windows 11 开始，IE11 软件已经被移除。这种情况下，如果需要使用 IE 模式来访问 Web 服务器，可以开启 Edge 浏览器的 IE 访问模式。

（1）使用 IE11 浏览器访问

打开 IE11 浏览器，在地址栏中输入 WebNavigator 站点的链接地址：https://cc8web:4430。IE11 浏览器地址如图 13-56 所示。

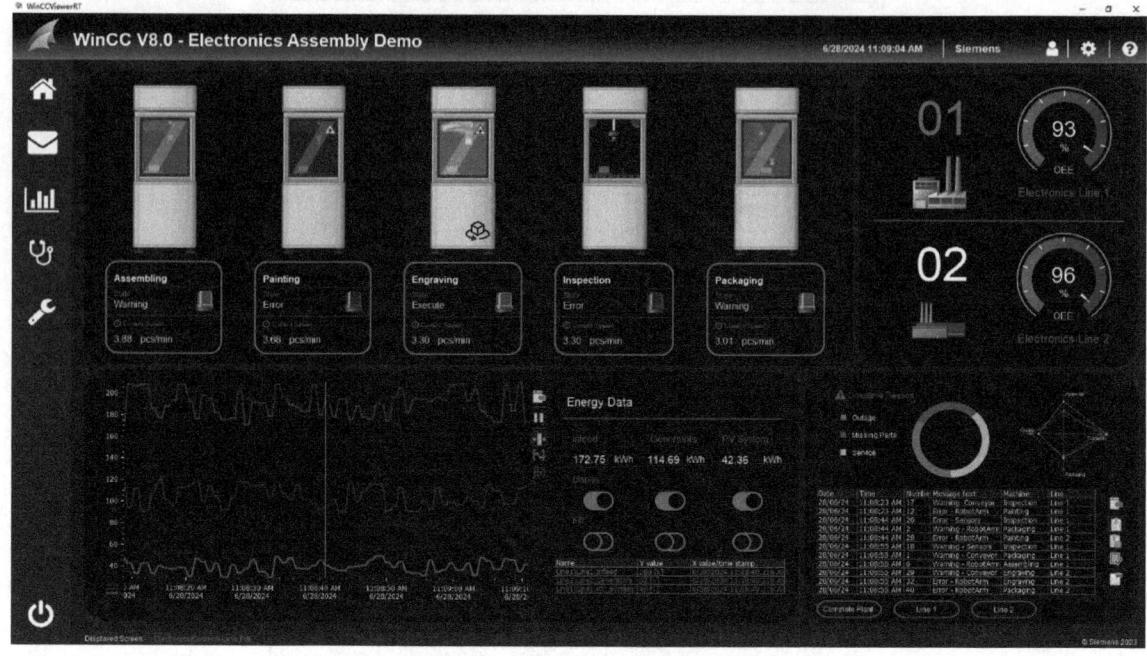

图 13-55　WinCCViewerRT 运行画面

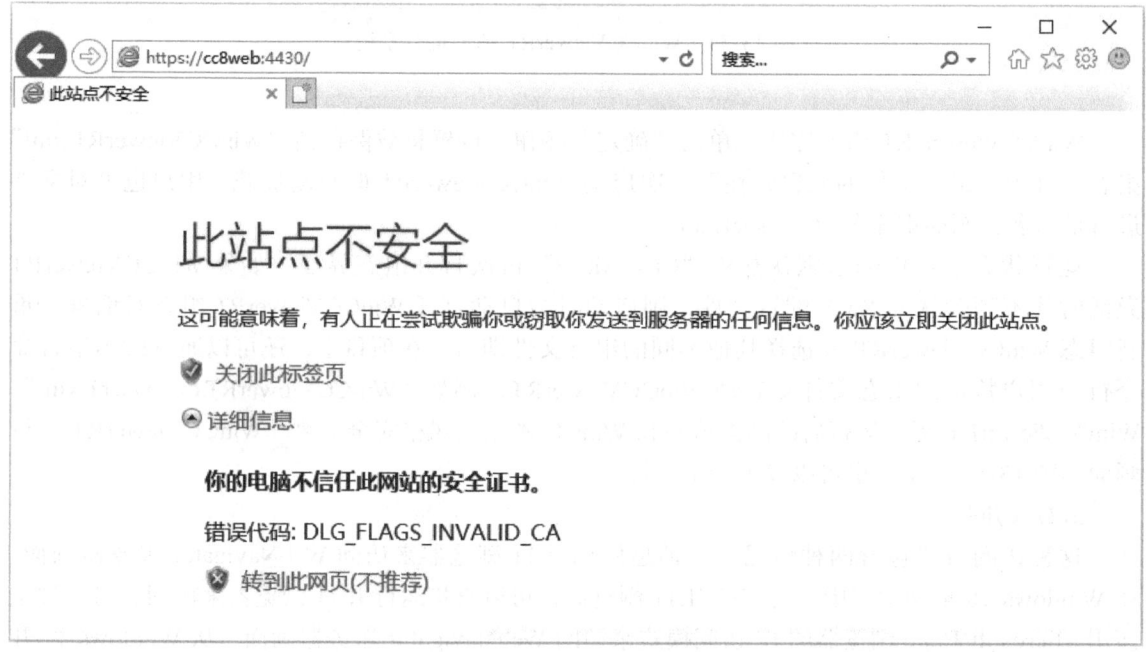

图 13-56　IE11 浏览器地址

浏览器提示站点不安全。单击"详细信息",然后单击"转到此网页(不推荐)",将弹出 WebNavigator 服务器的登录画面。IE11 访问登录画面如图 13-57 所示。

输入已经创建的 WinCC 用户 Siemens 及其密码,并单击"确定"按钮。IE11 将显示如图 13-58 所示的 DataMonitor 插件安装提示画面。

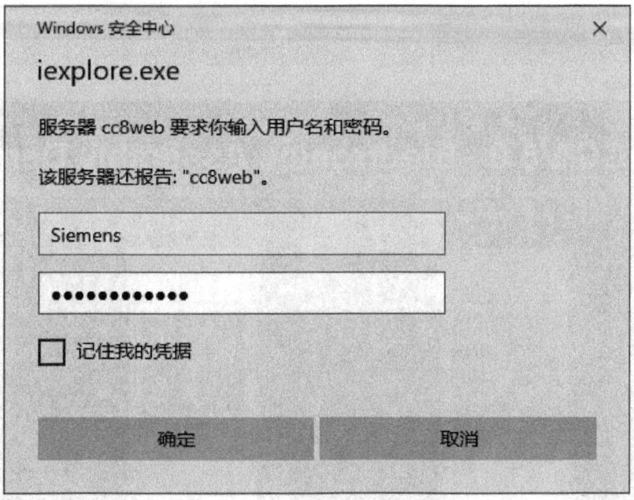

图 13-57　IE11 访问登录画面

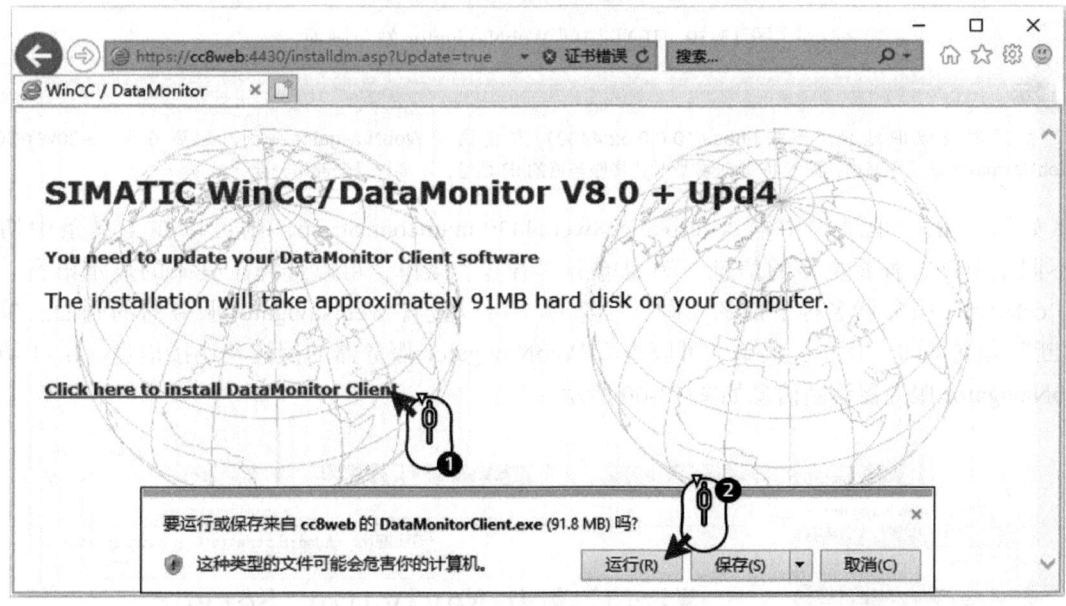

图 13-58　IE11 加载 DataMonitor 插件安装提示画面

在图 13-58 中，单击"Click here to install DataMonitor Client"链接后，下方会弹出提示窗口。单击其中的"运行"按钮，随后在弹出的提示窗口中单击"是"，会弹出 DataMonitorClient.exe 安装程序画面。按照画面中的提示完成安装。

> **提示**
>
> 上述 IE11 安装插件的步骤，是在安装了 WebNavigator Client 软件包之后进行的，并且 URL 中使用的是计算机名称。如果没有安装过 WebNavigator Client 软件包，或者 URL 中使用的是 IP 地址，则操作步骤及看到的提示会略有差异。无论如何，只要 IE11 提示需要安装的插件或者弹出提示窗口需要安装的组件，都执行安装即可。

此时，重新启动 IE11 浏览器，地址栏中输入 https://cc8web:4430，即可访问 WebNavigator 站点的画面，如图 13-59 所示。

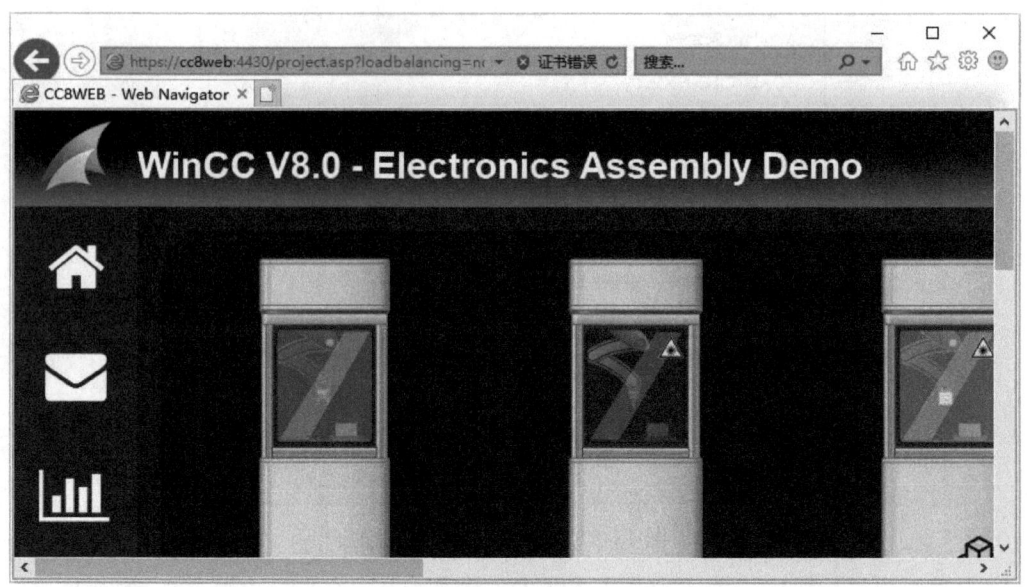

图 13-59　IE11 访问 WebNavigator 站点画面

> **提示**
> 如果需要以 IP 地址（例如 https://10.0.0.52:4430）方式访问 WebNavigator 画面，需要在图 13-30WinCC WebNavigator 配置画面中，配置 IP 地址参数时选择服务器的 IP 地址，不要选择全部未分配。

如果在 IE11 地址栏中输入 https://cc8web:4430/maincontrol.asp，则可以在工具条中切换到不同菜单项，查看更多的信息。例如单击"语言"菜单，可以选择工具条的显示语言。单击"cc8web"服务器名称下面的"画面"菜单，可以查看 WebNavigator 服务器的画面。单击"诊断"分支下的"状态"菜单，可以查看 WebNavigator 服务器的授权及连接信息。IE11 访问 WebNavigator 服务器诊断信息如图 13-60 所示。

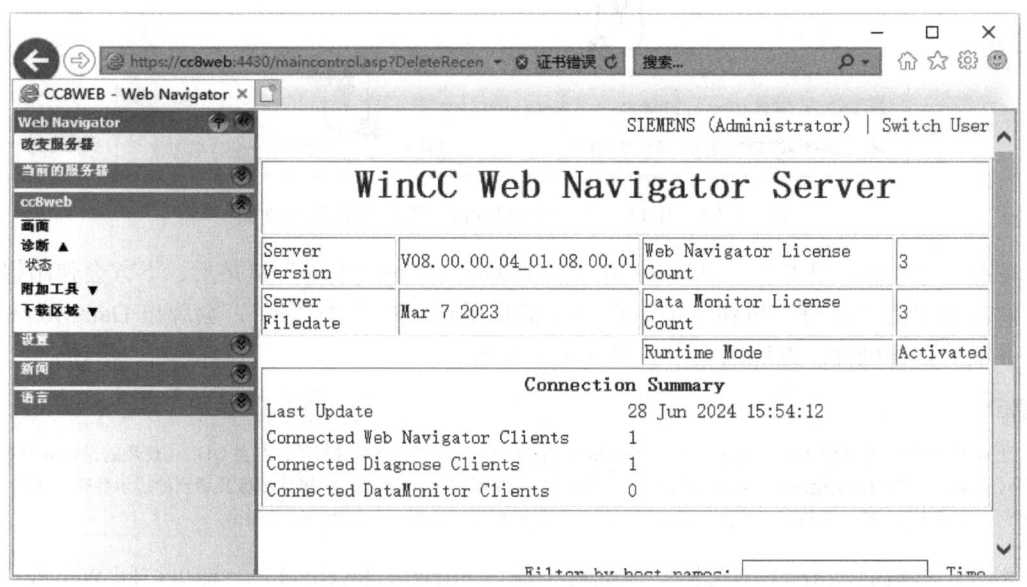

图 13-60　IE11 访问 WebNavigator 服务器诊断信息

在 IE11 的地址栏中，一直可以看到 ⊗ 证书错误 的安全提示。这是因为 IE11 现在是 HTTPS 的安全访问方式。由于它无法验证 WebNavigator 服务器证书的有效性，故有此提示。

在 13.2.3 节创建证书那一节中，已经为计算机名称为 cc8web 的 WebNavigator 服务器创建了 WebNavigator Server 证书，名称为"WinCC WebServer 10.0.0.52"。该证书是由那一节中创建的名称为"EasybookCompany"的 CA 签发。按照证书链的信任规则，只要在 IE11 所在的客户端计算机中安装该 CA 证书，并信任该 CA 证书。那么由该 CA 机构签发的证书都会自动信任。接下来，介绍在 IE11 所在计算机中安装该 CA 证书的具体步骤。

在 cc8web 这台计算机上，打开 WinCC 证书管理器，在已经创建的 CA 证书"Easybook-Company"上右键单击，选择"导出→CA 证书 ..."命令。WinCC 证书管理器导出 CA 证书如图 13-61 所示。

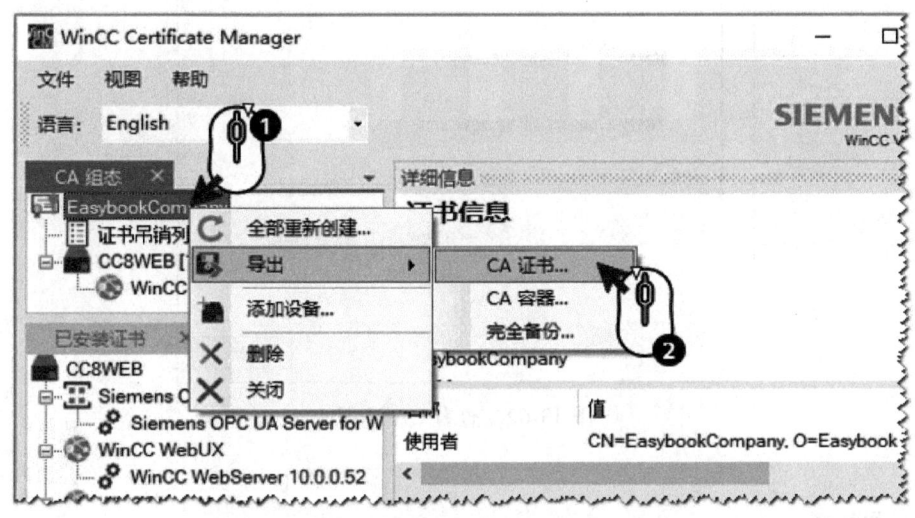

图 13-61　WinCC 证书管理器导出 CA 证书

选择 DER 格式。导出后，会得到两个文件，名称分别为 EasybookCompany.der 和 EasybookCompany.crl。将这两个文件复制到 IE11 所在的客户端计算机上，然后双击 EasybookCompany.der 文件。Windows 将自动弹出该文件的证书信息窗，查看 CA 证书如图 13-62 所示。

单击"安装证书（I）..."按钮，将弹出证书导入向导窗口，按照提示逐步操作，在"证书存储"选择时，将证书存储到"受信任的根证书颁发机构"中。设置 CA 证书存储位置如图 13-63 所示。

单击"下一步（N）"按钮继续。当弹出安全警告窗口时，一定要选择"是"。安全警告窗口如图 13-64 所示。

关闭图 13-62 所示的证书窗口。这样，就完成了证书的安装与信任操作。

此时重新打开 IE11 浏览器，并访问 WebNavigator 服务器。⊗ 证书错误 的安全提示将消失，图标也切换为一个锁图标🔒。证书安全指示如图 13-65 所示。此图标表示现在访问的网站是证书安全的。

（2）使用 Edge 浏览器的 IE 模式访问

对于 Windows11 操作系统，IE11 已经不再可用。如果需要使用 Edge 浏览器来访问 WebNavigator 服务器画面，需要将 Edge 浏览器切换为 IE 模式。

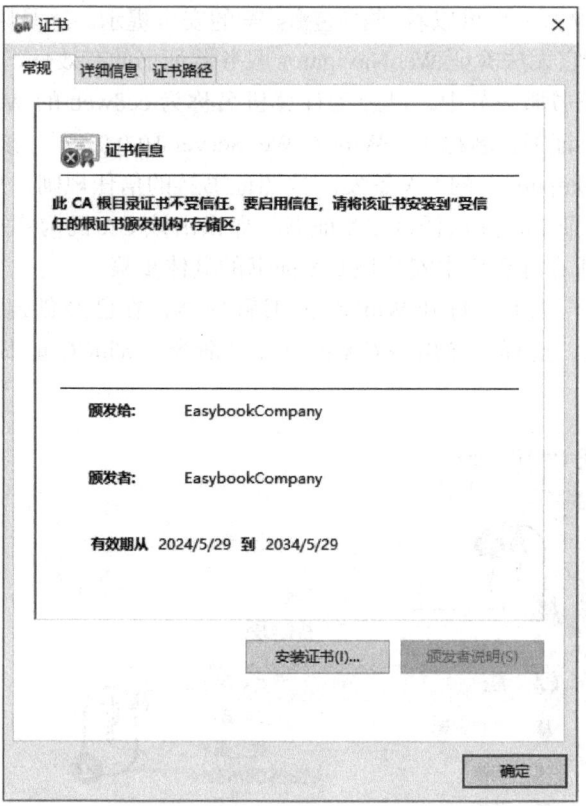

图 13-62　查看 CA 证书

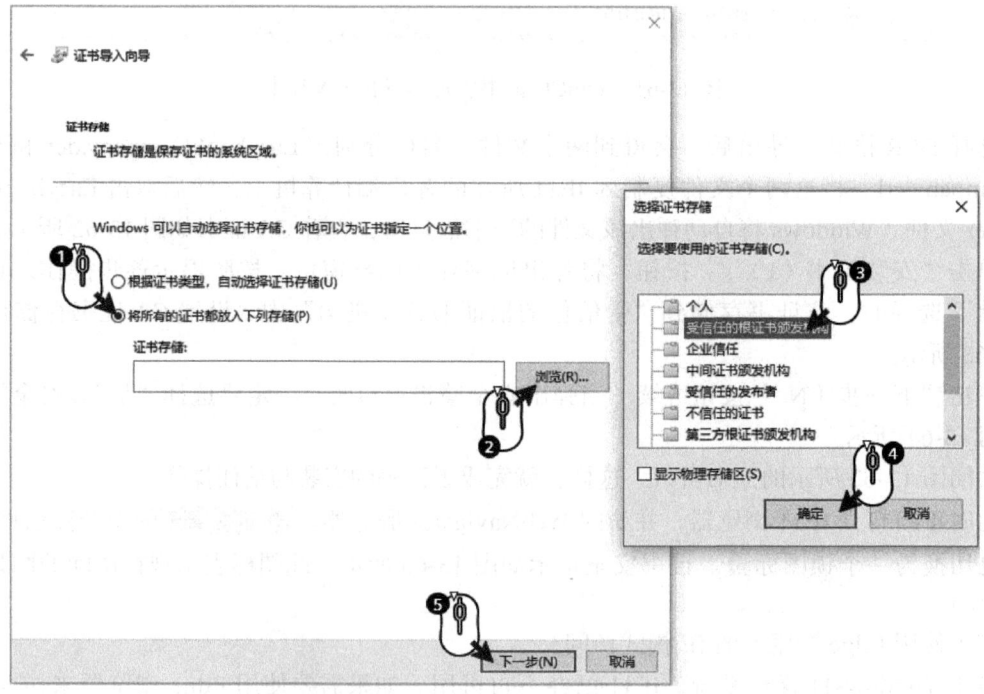

图 13-63　设置 CA 证书存储位置

图 13-64　安全警告窗口

图 13-65　证书安全指示

在 Windows 11 中打开 Edge 浏览器,在地址栏中输入"edge://settings/defaultbrowser",然后回车。将进入 Edge 浏览器的默认浏览器设置画面,如图 13-66 所示。

将"允许在 Internet Explorer 模式下重新加载网站(IE 模式)"设置为"允许"。单击"添加"按钮,添加 WebNavigator 服务器的 URL 地址 https://cc8web:4430。启用 Edge 浏览器的 IE 模式如图 13-67 所示。

Edge 浏览器添加 IE 模式网址如图 13-68 所示。

然后,单击"Internet 选项"右侧的跳转链接 图标,打开浏览器的 Internet 属性设置窗口。在窗口中单击"安全"页签,然后将 WebNavigator 服务器的 URL 添加到受信任的站点中。Edge 浏览器添加 IE 模式网址如图 13-69 所示。

完成以上设置后,重启 Edge 浏览器。在地址栏中输入 https://cc8web:4430,接下来的具体操作步骤就与前述的使用 IE11 浏览器访问完全相同,不再赘述。

图 13-66 Edge 浏览器默认浏览器设置画面

图 13-67 启用 Edge 浏览器的 IE 模式

图 13-68　Edge 浏览器添加 IE 模式网址

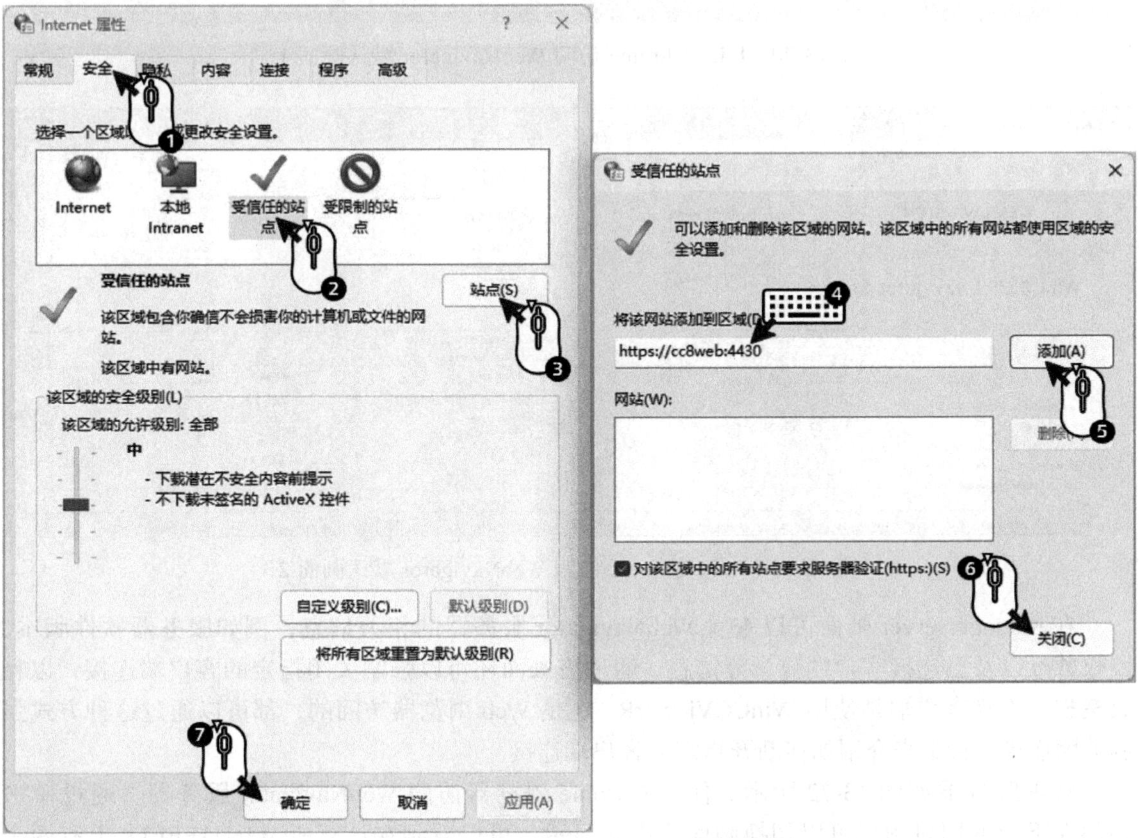

图 13-69　Edge 浏览器添加 IE 模式网址

3. Edge/Chrome 访问

使用 Edge/Chrome 浏览器打开 WebNavigator 服务器网址时，并不能直接浏览 WebNavigator 服务器画面，只能通过打开 WinCCViewerRT 程序实现间接访问。

当使用 Edge 浏览器或者 Chrome 浏览器访问 WebNavigator 服务器时（例如 URL 为 https://cc8web:4430），显示的是包含 Download Hub 及 Manage server 两个菜单项的 Web 画面。Edge/Chrome 访问 WebNavigator 默认画面 1 如图 13-70 所示。Edge/Chrome 访问 WebNavigator 默认画面 2 如图 13-71 所示。

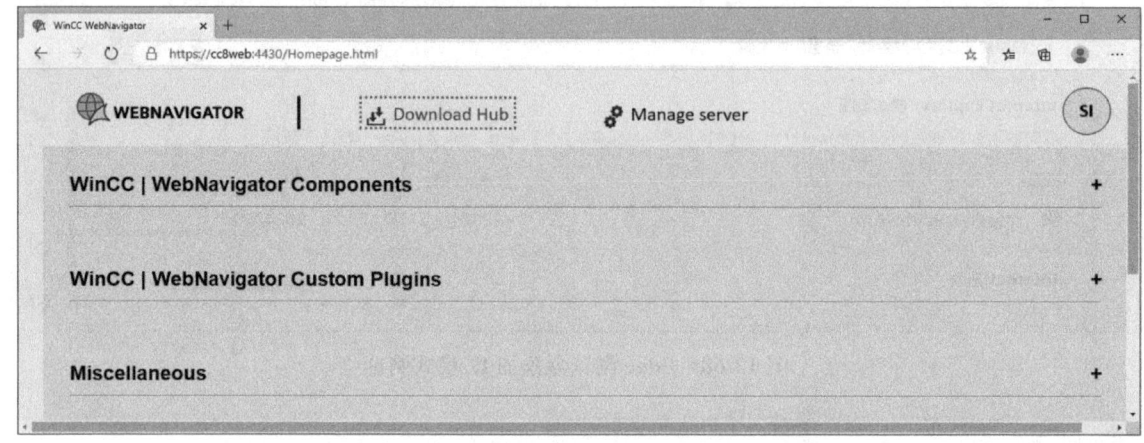

图 13-70　Edge/Chrome 访问 WebNavigator 默认画面 1

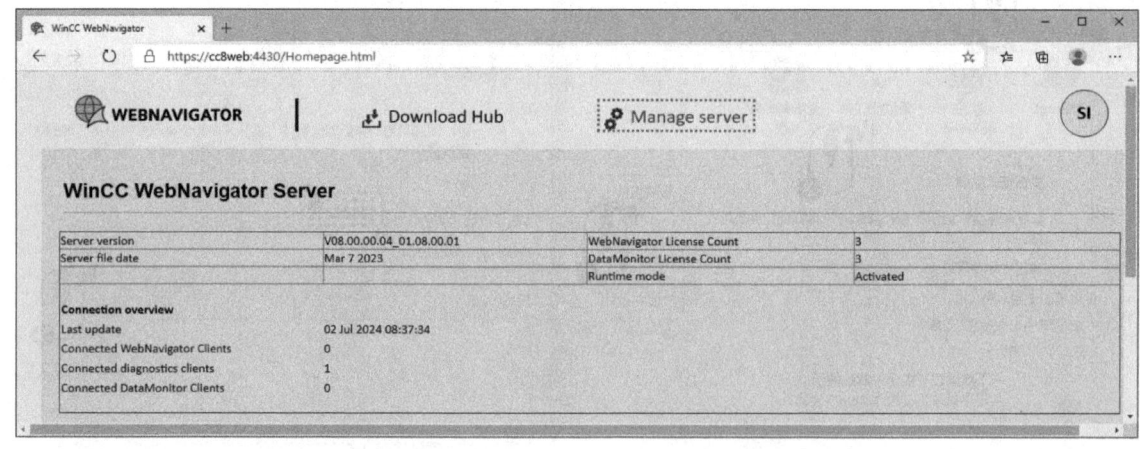

图 13-71　Edge/Chrome 访问 WebNavigator 默认画面 2

在 Manage server 画面可以查看 WebNavigator 服务器的相关信息，例如服务器软件版本、授权数量以及已连接客户端数量等信息。通过该画面还可以强制关闭指定的客户端连接，以释放授权。不管客户端是使用 WinCCViewerRT 还是 Web 浏览器访问的，都可以通过这种方式强制关闭连接。接下来介绍如何断开指定的客户端连接。

管理服务器如图 13-72 所示。使用 Chrome 浏览器访问 WebNavigator 服务器。通过单击画面左下角的国旗图标可以切换画面为中文显示。可以看到在计算机 WIN11FELIX 上有两个 WebNavigator 客户端连接。服务器上的授权计数是 3。连接的 WebNavigator 客户端数量是 2。

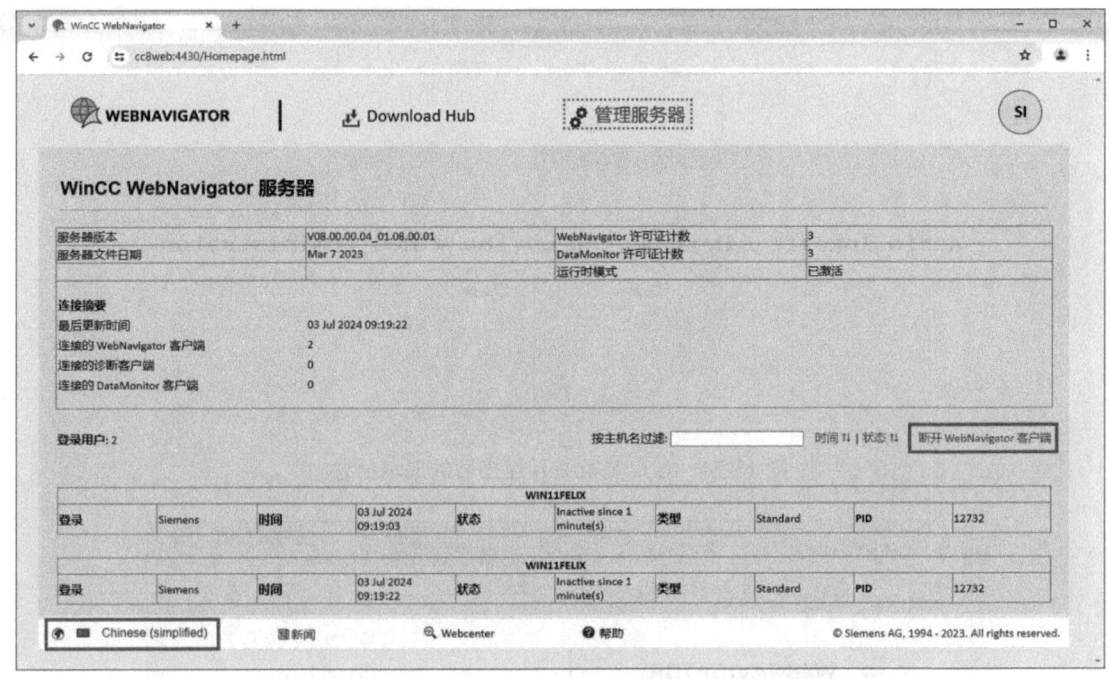

图 13-72 管理服务器

单击图 13-72 画面中的"断开 WebNavigator 客户端"按钮，打开管理服务器 – 断开客户端的画面，如图 13-73 所示。此时可以通过单击每个连接右侧的 ✕ 图标关闭相应的连接，也可以通过勾选每个连接右侧的 ☐ 图标来选择多个连接，然后通过单击右上角的"断开"按钮来关闭选中的多个连接。

图 13-73 管理服务器 – 断开客户端

当客户端被强制关闭连接之后，客户端的 WebNavigator 画面将显示如图 13-74 所示的提示信息。此时可以选择关闭或者重新登录的操作。

在 Download Hub 画面可以下载客户端的一些应用组件。将 Download Hub 画面中的 WinCC | WebNavigator Components 条目展开，可以看到具体的组件信息，如图 13-75 所示。

与 WebNavigator 客户端访问相关的几个组件，说明如下：

1）WinCC WebNavigator Client：该组件用于实现对 WebNavigator 服务器画面的访问。单击组件名称左侧的 ⬇ 下载图标，可以将该组件下载到本地计算机。安装该组件后，将会在本地计算机安装 WinCCViewerRT 应用程序。为了使该应用程序可以正常运行，还需要下载 Microsoft Visual C++ 2015-2022 Redistributable 组件并安装在本地计算机。

图 13-74 客户端被断开连接后的提示信息

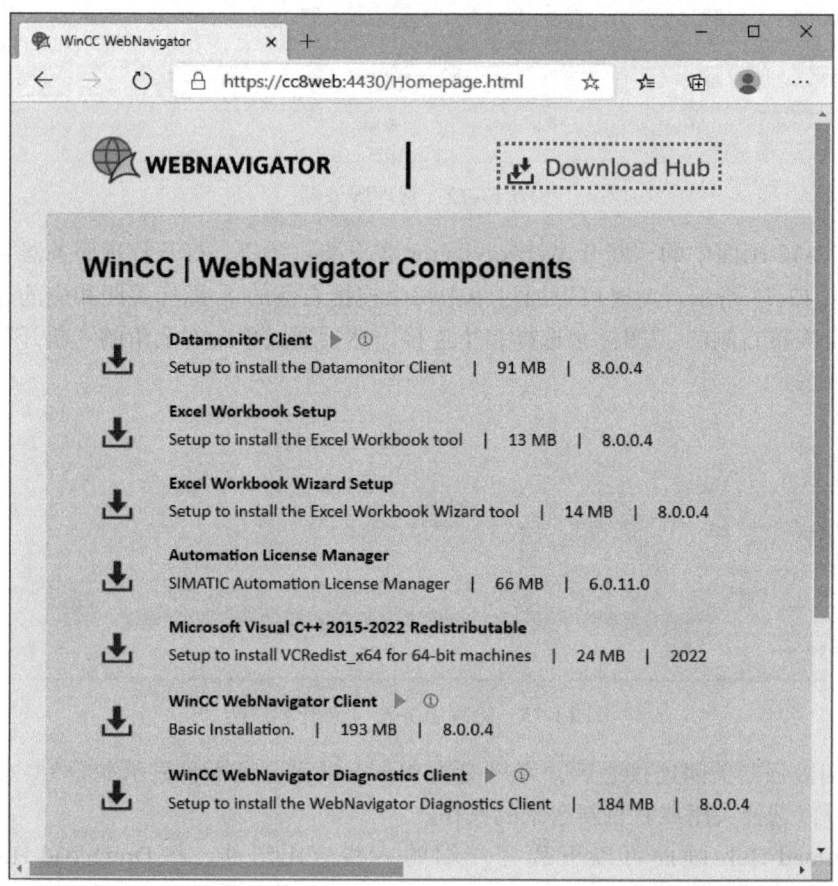

图 13-75 WebNavigator Components 介绍

然后单击组件名称右侧的 ▶ 运行图标，即可打开 WinCCViewerRT 程序，并自动访问 https://cc8web:4430 链接中的 WebNavigator 服务器画面。

2）WinCC WebNavigator Diagnostics Client：当客户端计算机作为 WebNavigator 诊断客户端时，需要安装该组件。为了在单击 ▶ 运行图标后，可以使用 WinCCViewerRT 访问 Web-

Navigator 服务器画面，同样需要下载并安装 Microsoft Visual C++ 2015-2022 Redistributable 组件。另外，WebNavigator 诊断客户端授权是安装在客户端计算机上的，所以还需要下载并安装 Automation License Manager 组件。

13.5.2 WebUX 客户端

只要 Web 浏览器支持 HTML5，都可以正常访问 WebUX 服务器。例如 Windows 计算机中常用的微软 Edge 浏览器及谷歌 Chrome 浏览器。手机上支持 HTML5 的浏览器同样可以正常访问 WebUX 服务器。同时 WebUX 服务器仅支持 HTTPS 的安全访问方式。另外，微软 IE 浏览器无法正常访问 WebUX 服务器。

1. 计算机上 Web 浏览器访问

在 13.3.2 节中，已经在名称为 cc8web、IP 地址为 10.0.0.52 的计算机中创建了 WebUX 服务器，端口号是 443。打开 Edge 浏览器，输入 WebUX 服务器地址 https://cc8web，弹出登录对话框。WebUX 客户端登录画面如图 13-76 所示。

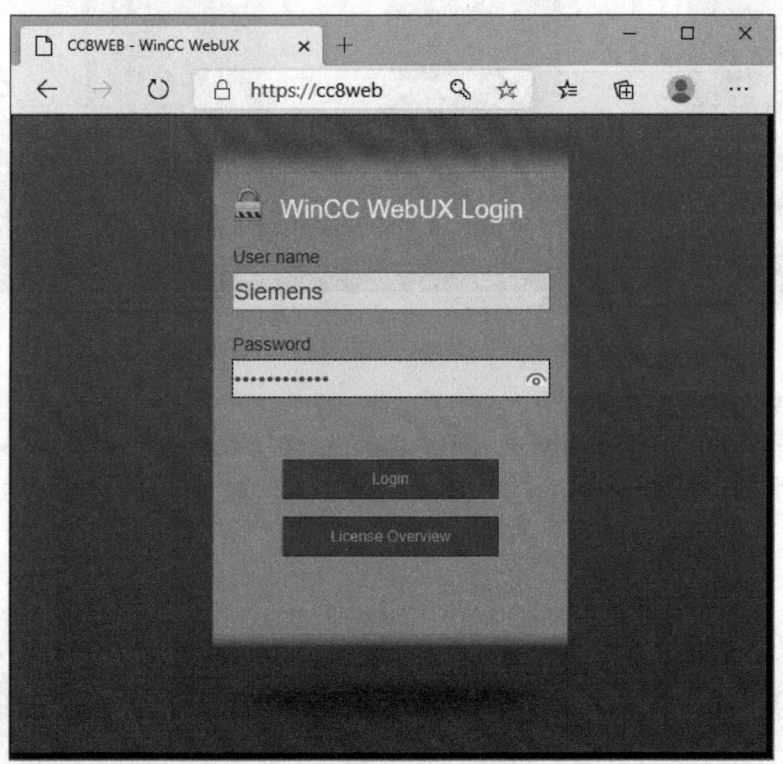

图 13-76　WebUX 客户端登录画面

输入用户名及密码后，就可以访问 WebUX 服务器画面了。WebUX 客户端显示画面如图 13-77 所示。

WebUX 客户端浏览器测试和上一节 WebNavigator 客户端测试是在同一台计算机上。由于 EasybookCompany CA 证书已经安装完毕，所以 WebUX 客户端浏览器在访问时，证书验证是直接通过的。如果在一台全新的并未安装过证书的计算机上访问 WebUX 服务器，则浏览器同样会报"站点不安全"及"证书错误"等安全提示。此时同样需要证书的导出与安装验证操作。

具体的操作方法与 WebNavigator 客户端 IE 访问时的操作方法相同，不再赘述。相关内容请参考 13.5.1 节 WebNavigator 客户端中 IE 访问相关内容。

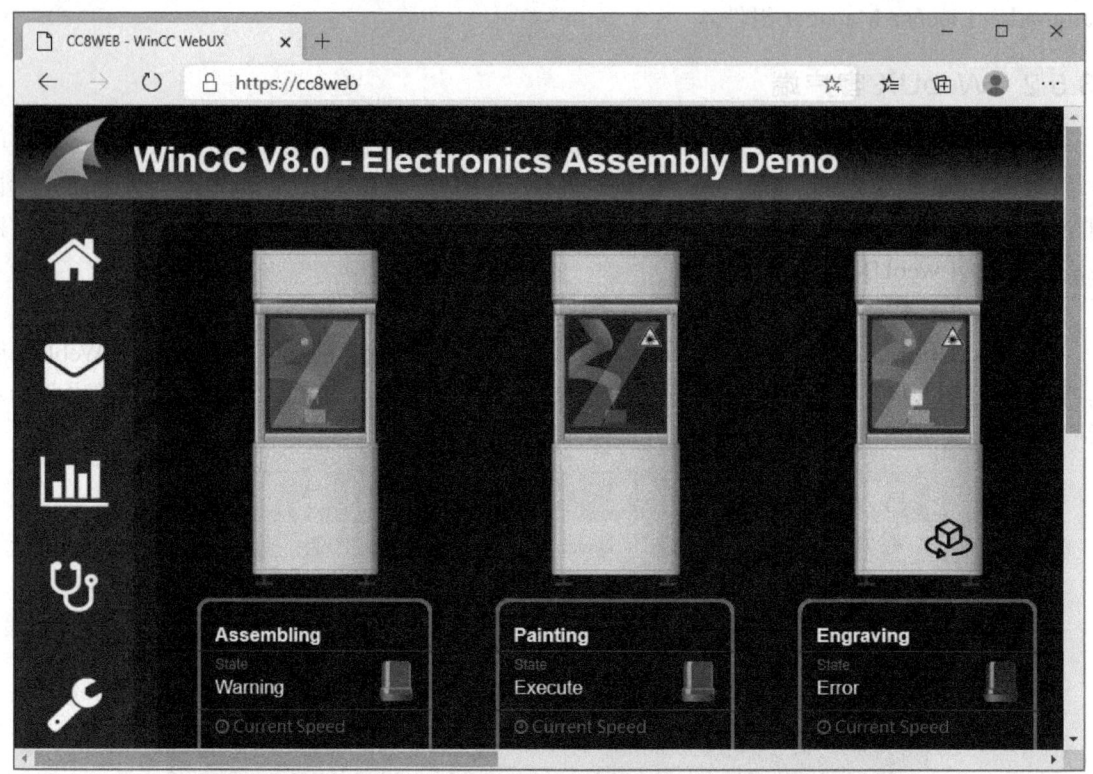

图 13-77　WebUX 客户端显示画面

2. 手机上 Web 浏览器访问

使用手机同样可以正常访问 WebUX 服务器画面。在手机上也需要安装 EasybookCompany CA 证书并执行信任操作。WebUX 手机 Safari 浏览器访问画面如图 13-78 所示。WebUX 手机 Chrome 浏览器访问画面如图 13-79 所示，是在苹果手机上使用 Safari 浏览器和 Chrome 浏览器的访问效果。

图 13-78　WebUX 手机 Safari 浏览器访问画面

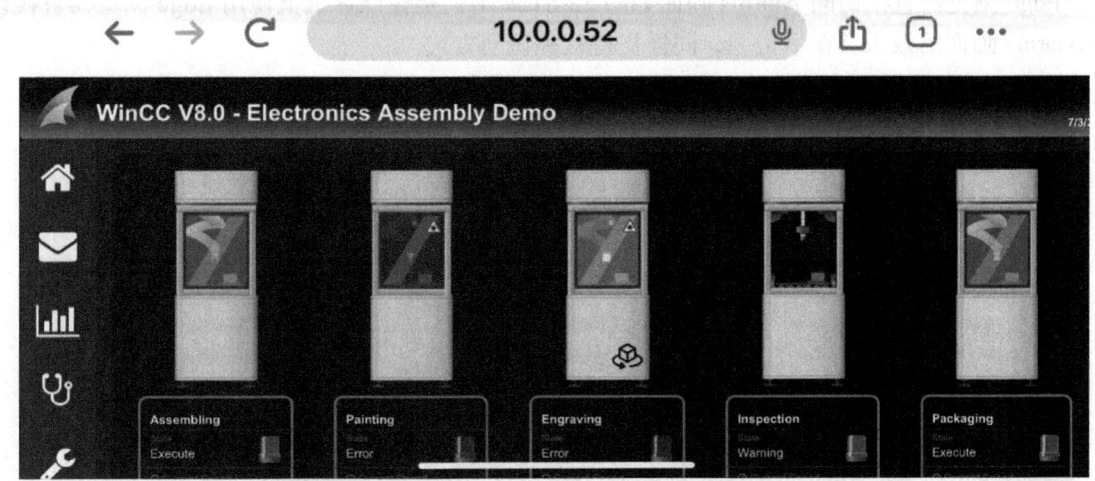

图 13-79　WebUX 手机 Chrome 浏览器访问画面

3. 浏览器直接访问指定画面

浏览器通过基地址访问 WebUX 服务器，默认访问的是在用户设置中指定的 WebUX 起始画面。如果希望直接访问其他指定的画面，则可以使用 WebUX 的 deep link 功能。该功能需要 WinCC V8.0 Update4 及以上版本才支持。

如图 13-80 所示，Alarms.Pdl 画面位于 Electronics\Content 文件夹下面。

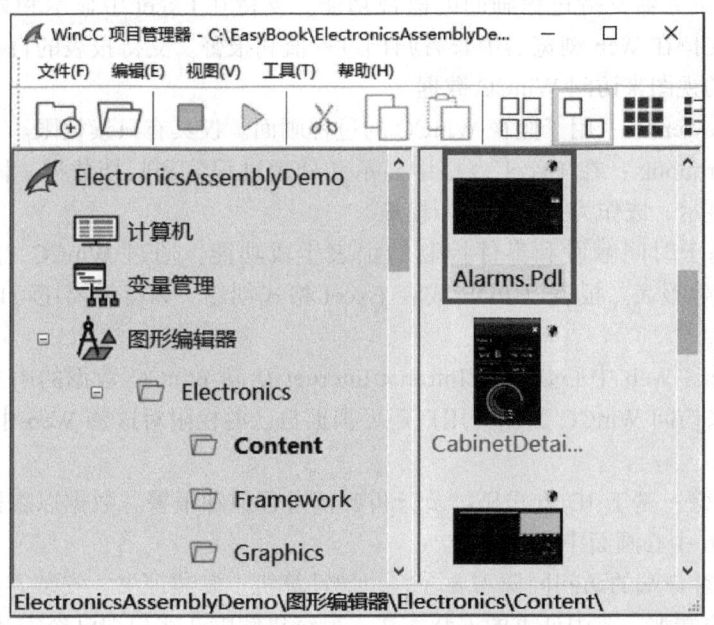

图 13-80　Alarms.Pdl 层级关系

如果希望在浏览器中直接访问该画面，可以使用如下的 URL 链接：https://cc8web/?StartScreen = Electronics\content\alarms。即在 WebUX 服务器基地址后面使用 /?StartScreen = 关键词，后面是带路径的画面名称。关键词区分大小写。画面名称及路径不区分大小写。画面如果不是位于图形编辑器根目录下，必须使用路径。画面名称不包含 Pdl 扩展名。

Edge 浏览器直接访问 Alarms 画面如图 13-81 所示，是在计算机上使用 Edge 浏览器直接访问 Alarms 画面的效果。在手机上，同样支持这种访问方式。

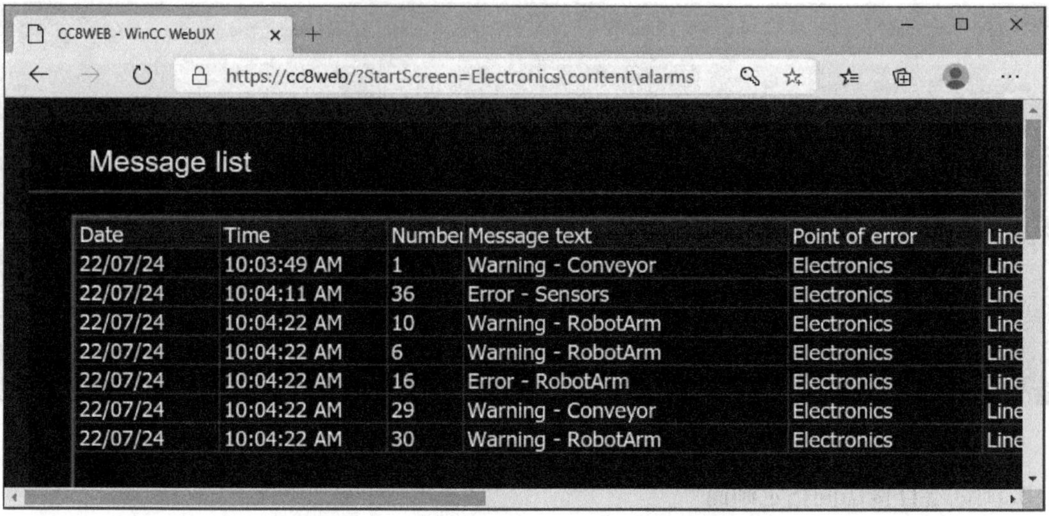

图 13-81　Edge 浏览器直接访问 Alarms 画面

13.5.3　DataMonitor 客户端

DataMonitor 服务器支持过程画面的监视功能。支持在 Excel 中显示和处理过程数据的实时值和归档值。支持在 Web 浏览器中查看归档过程值和报警。支持报表的自动生成，以及定制 Web 画面以不同的视图来访问 WinCC 数据。

1）WinCCViewerRT：用于监视 WinCC 的过程画面。仅具有只读权限。

2）Excel Workbook：在 Excel 表格中显示和处理过程值和归档数据。同时支持通过 Web 方式进行发布和显示，或作为报表的打印模板。

3）报表：基于时间触发和事件控制的报表生成功能。通过 WinCC 打印作业或发布的 Excel 工作簿来创建报表。报表以 PDF 或者 Excel 格式创建。如有需要还可以作为电子邮件附件发送。

4）WebCenter：Web 中心是通过 Intranet/Internet 访问 WinCC 数据的中央信息门户。用户通过特定的视图来访问 WinCC 数据。用户还可根据自己的权限对这些 Web 中心画面进行读取、写入和创建等操作。

5）趋势与报警：基于 IE 方式显示及分析归档过程值和报警。数据以表格和图表的形式显示在预定义的 Web 中心画面中。

DataMonitor 客户端的访问同样需要在客户端计算机上安装证书。安装方法请参考 13.5.1 节 WebNavigator 客户端那一节中证书的安装方法。后续讲解默认客户端已经安装好证书。

1. DataMonitor 画面监视

DataMonitor 服务器支持过程画面的监视功能。与访问 WebNavigator 画面的差别是仅支持监视功能，不能修改过程值。客户端访问使用的是 WinCCViewerRT 应用程序。

安装 DataMonitor Client 软件有两种方式，即通过运行 WinCC 软件安装光盘或者通过浏览器访问服务器的方式来安装。

第一种方式。运行 WinCC 软件安装光盘。在安装类型窗口中选择"数据包安装"类型，然后选择 DataMonitor Client 软件包进行安装。DataMonitor Client 安装包选择如图 13-82 所示。

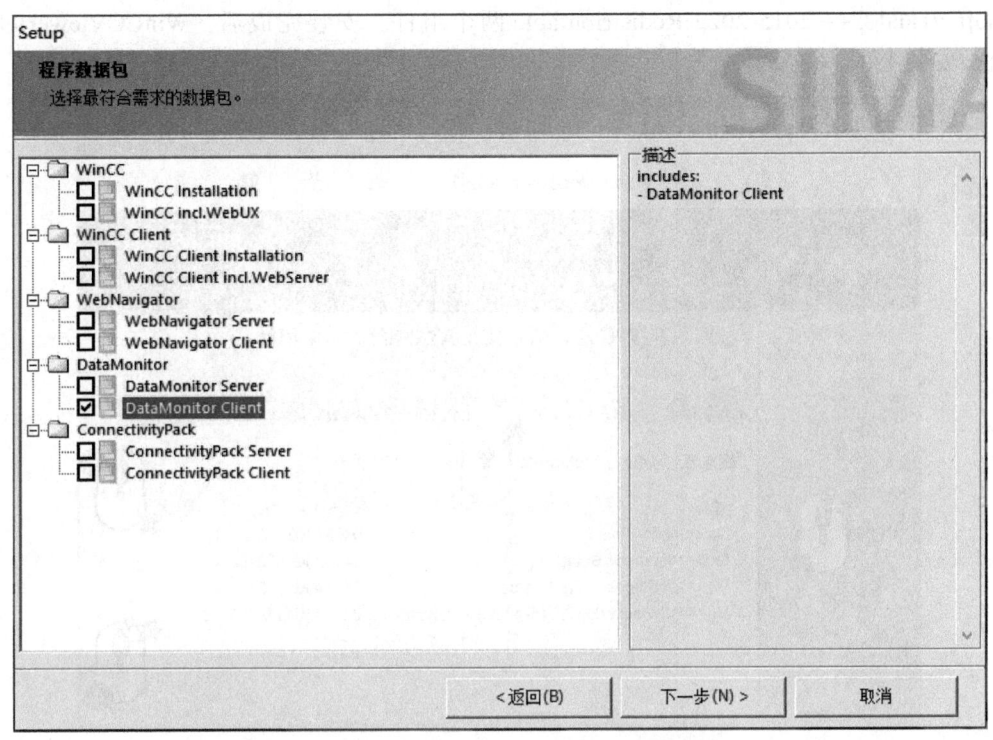

图 13-82　DataMonitor Client 安装包选择

安装完 DataMonitorClient 之后，WinCCViewerRT 程序就会一起安装。注意安装 DataMonitor Client 的安装包版本要与 DataMonitor Server 安装包的版本一致，包括 Update 版本号。

第二种方式。打开 Edge 或 Chrome 浏览器，输入服务器地址 https://cc8web:4430。弹出登录对话框时，输入在 13.3.2 节组态那一节中创建 Web 用户中创建的 Windows 用户 web_user 或者 web_admin 及密码。一定不要输入 WinCC 用户 dm_user。以 web_user 用户登录服务器如图 13-83 所示。

图 13-83　以 web_user 用户登录服务器

登录后，浏览器将打开 DataMonitor 画面。DataMonitor 客户端软件下载画面如图 13-84 所示。依次单击"报表""软件下载"菜单项。然后单击 ➡ 图标，依次安装 DataMonitor Client 及 Microsoft Visual C++ 2015-2022 Redistributable 两个组件。安装完成后，WinCCViewerRT 应用程序就被安装上了。

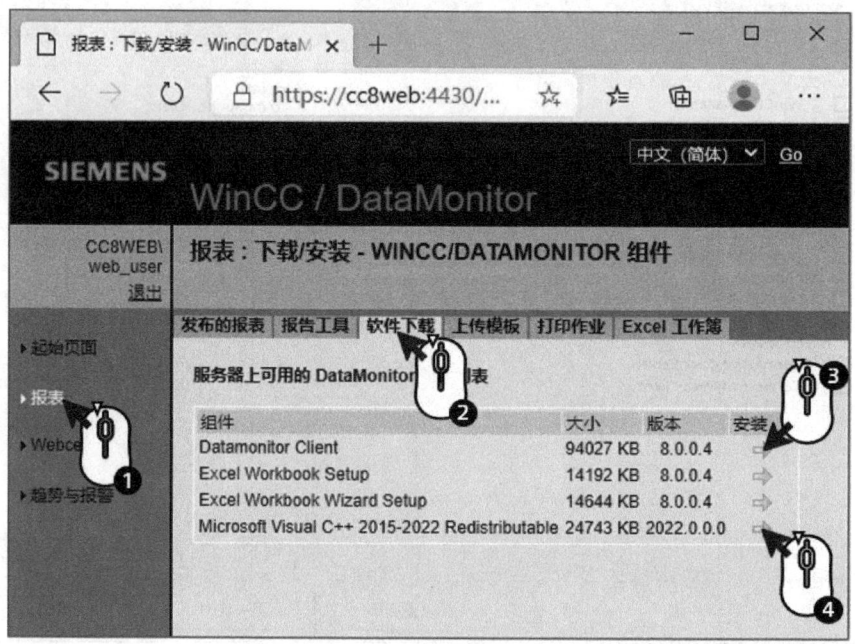

图 13-84　DataMonitor 客户端软件下载画面

运行 WinCCViewerRT 应用程序，并设置好服务器地址 https://cc8web:4430。在弹出登录对话框时，一定要输入已经创建的 WinCC 用户 dm_user 及密码。DataMonitor 客户端浏览服务器画面如图 13-85 所示。注意此时的光标会显示为 NO INPUT 的字样。表明此时只能进行监视及切换 WebNavigator 画面等操作，但不能执行过程相关的操作（例如不能给过程变量赋值等）。

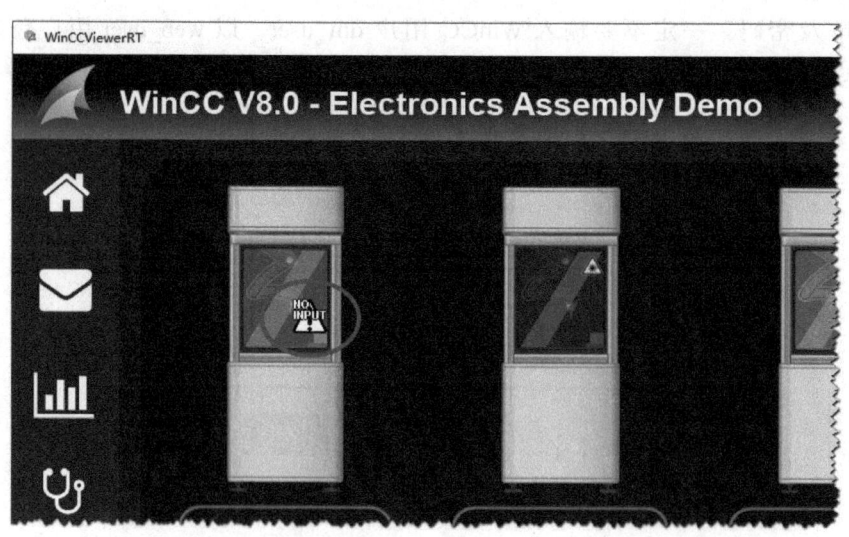

图 13-85　DataMonitor 客户端浏览服务器画面

光标样式支持自定义。可以参考 13.3.3 节附加信息那一节中的图 13-48，通过 WinCC Web 设置器来设置"仅监视光标"参数。

2. Excel 工作簿的使用

DataMonitor 的 Excel 工作簿包含 Excel Workbook Wizard 和 Excel Workbook 两个功能组件。这两个功能组件需要进行安装。安装这两个组件之前，计算机上必须已经安装了 32 位版本的 Office 软件。支持如下三种版本的 Office 软件：

1）Microsoft Office 2019。

2）Microsoft Office 2021。

3）Microsoft Office 365。

安装 DataMonitor Excel 工作簿组件同样支持 WinCC 软件安装光盘及浏览器两种方式。

第一种安装方式。运行 WinCC 软件安装光盘。在安装类型窗口中选择"自定义安装"类型，然后依次勾选 DataMonitor Client、Excel Workbook 及 Excel WorkbookWizard 三个组件，然后进行安装。Excel Workbook 安装选项如图 13-86 所示。

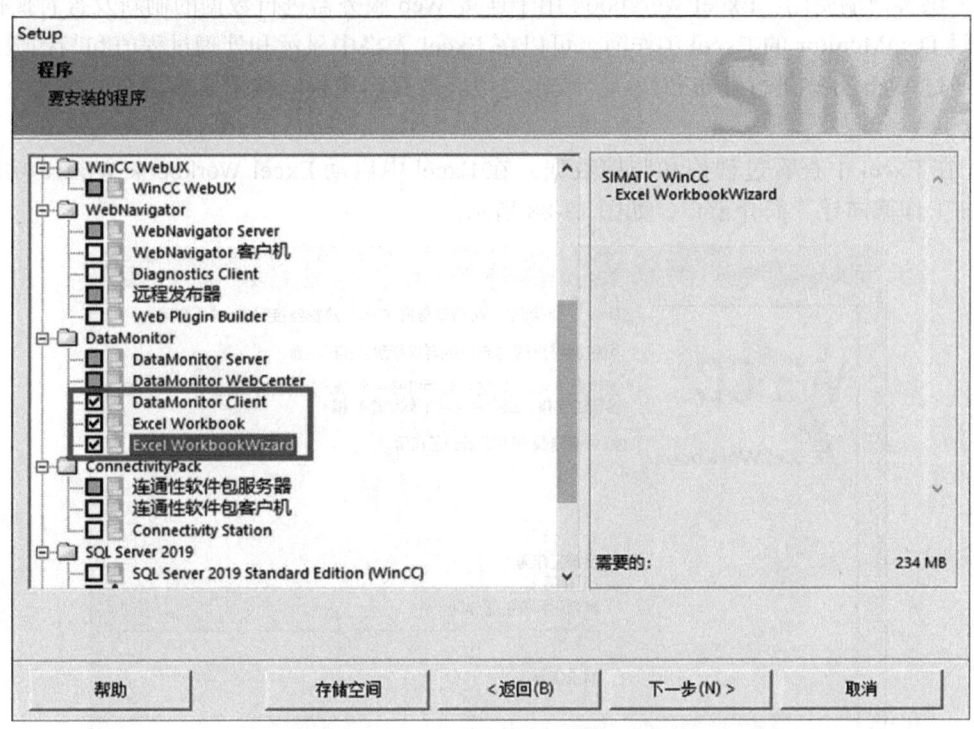

图 13-86　Excel Workbook 安装选项

第二种安装方式。通过浏览器安装的步骤与 1.DataMonitor 画面监视中浏览器安装步骤相同，如图 13-84 所示。只需要在安装完 DataMonitor Client 及 Microsoft Visual C++ 2015-2022 Redistributable 两个组件之后，再安装 Excel Workbook Setup 及 Excel Workbook Wizard Setup 两个组件即可。

安装完成后，打开 Excel，切换到"加载项"菜单，就可以看到已经安装的 DataMonitor 的两个组件 Excel Workbook Wizard 及 Excel Workbook。DataMonitor 在 Excel 中的加载项如图 13-87 所示。

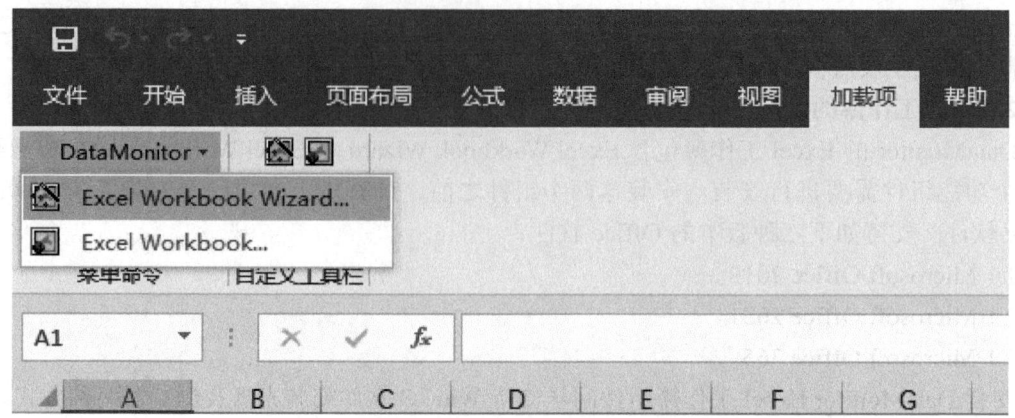

图 13-87　DataMonitor 在 Excel 中的加载项

其中 Excel Workbook Wizard 用于配置 Excel 中将要显示的内容，并确定是否发布此工作簿到网络上供客户端使用。Excel Workbook 用于连接 Web 服务器进行数据的刷新及查看操作。

通过 DataMonitor 的 Excel 工作簿，可以在 Excel 表格中显示和处理过程值和归档数据。同时支持通过 Web 方式进行发布和显示，或作为报表的打印模板。接下来分别介绍这几个功能的实现要点：

1）在 Excel 中查看过程值和归档数据：在 Excel 中启动 Excel Workbook Wizard 功能。打开 Excel 工作簿向导 – 简介窗口，如图 13-88 所示。

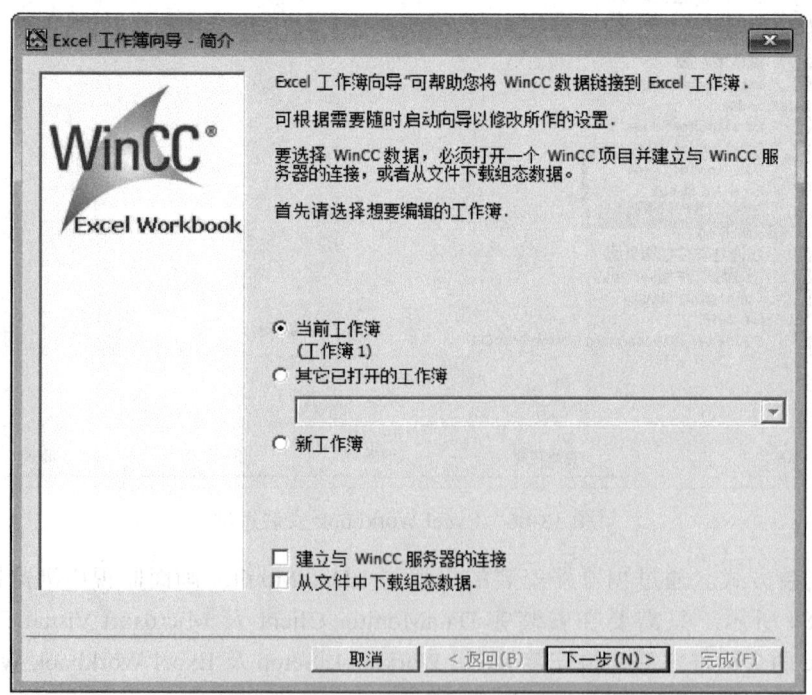

图 13-88　Excel 工作簿向导 – 简介窗口

图 13-88 中上面的三个单选框，用于选择显示数据的工作簿。默认使用当前的工作簿。下面两个复选框用于指定工作簿中的数据来源。下面分别说明这两种方式下的操作步骤：

第一种方式，在线获取 WinCC 服务器的数据。勾选"建立与 WinCC 服务器的连接"选项，然后单击"下一步（N）>"按钮后，弹出"添加/删除变量"窗口。Excel 工作簿向导 – 添加/删除变量窗口如图 13-89 所示。在 Web 服务器右侧的输入框内输入 DataMonitor 服务器的 Web 地址及端口号 https://cc8web:4430 并按回车键。然后单击右侧的"连接"按钮。

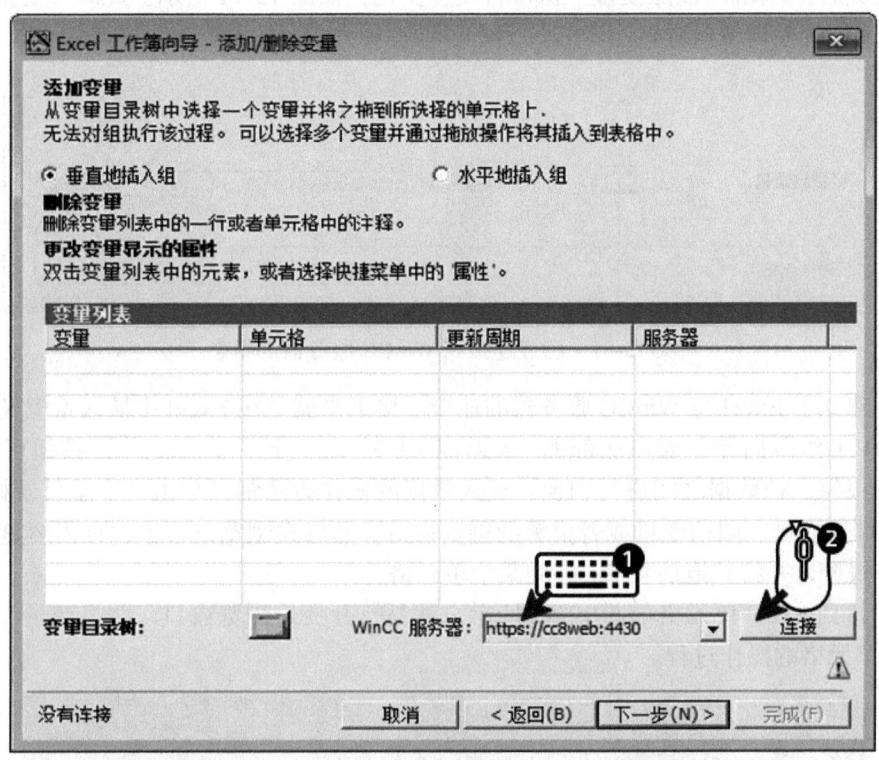

图 13-89　Excel 工作簿向导 – 添加/删除变量窗口

在弹出的登录窗口中输入前述为 DataMonitor 创建的 WinCC 用户 dm_user 及其密码，如图 13-90 所示。

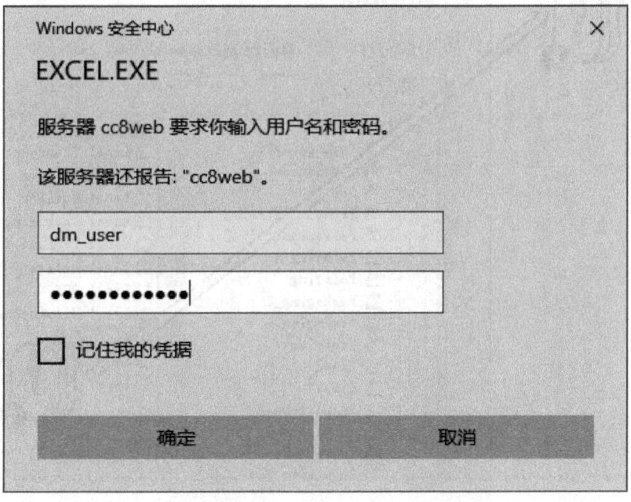

图 13-90　登录验证窗口

> **提示**
> 如果 Excel 所在计算机还没有配置好 DataMonitor 服务器的证书。登录后，将弹出两个安全提示窗口，单击"确定"按钮确认即可。

登录完成后，"添加 / 删除变量"窗口将发生变化，如图 13-91 所示。此时"变量目录树："右侧的 图标将变为黄色背景。

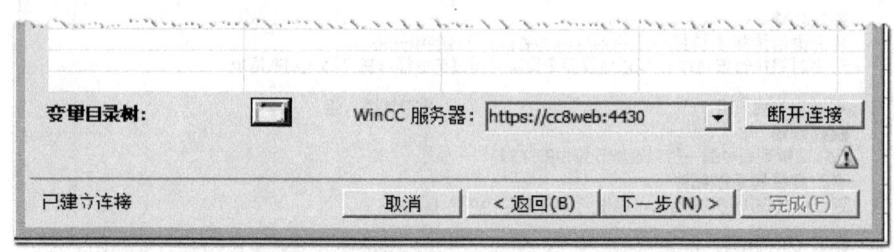

图 13-91　已经连接到 WinCC 服务器的状态

这样就建立了 Excel 与 WinCC 服务器的连接。接下来就是在 Excel 中插入希望显示的数据。通过 "Excel 工作簿向导" 窗口底部的 "< 返回（B）" 及 "下一步（N）>" 按钮可以在变量、归档变量及报警三种数据之间进行切换。插入数据的操作方法都是单击 "变量目录树" 右侧的 图标，打开变量、归档变量或者报警的浏览窗口。然后在浏览窗口中选择需要显示的变量、归档变量或报警，并将其拖拽到 Excel 的某个单元格。

拖拽变量到 Excel 单元格如图 13-92 所示。就是打开变量浏览窗口，并将变量 Line1.Infeed 拖放到 A1 单元格的操作过程。

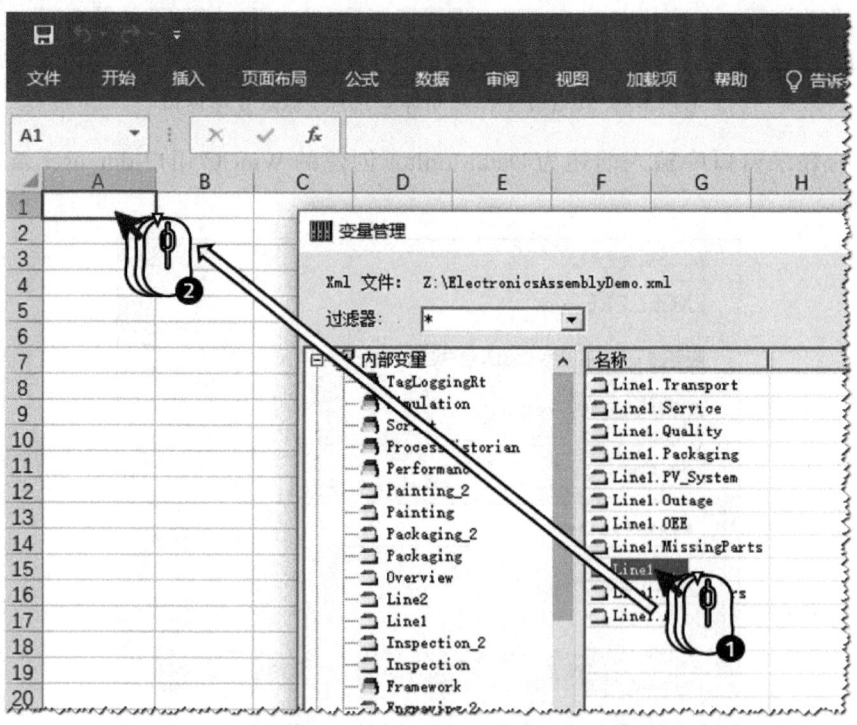

图 13-92　拖拽变量到 Excel 单元格

完成拖拽后，Excel 单元格将显示如图 13-93 所示的外观。

此时关闭变量浏览窗口。"Excel 工作簿向导 – 添加/删除变量"窗口将出现已经添加的变量，如图 13-94 所示。如果要删除某个变量在 Excel 中的连接，可以在变量列表中右键单击变量名称所在行，然后选择删除命令。在 Excel 单元格中无法直接删除已组态的变量连接。

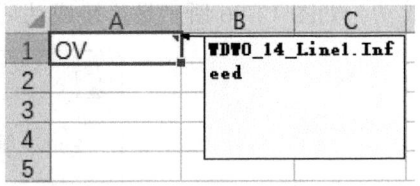

图 13-93　完成变量拖拽的 Excel 单元格

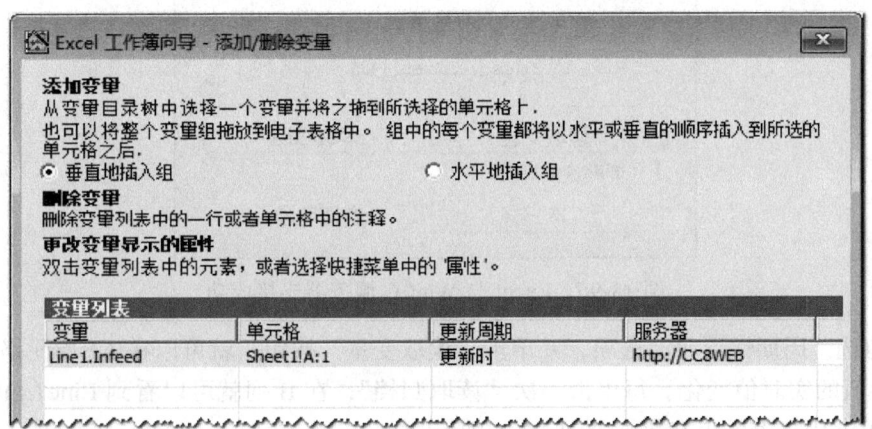

图 13-94　已经创建关联的变量列表

使用类似的操作方法，在 Excel 中插入需要的归档变量和报警。添加完成后，进入向导的最后一步，直接单击"完成"按钮就完成了 Excel 工作簿的配置。接下来介绍如何在 Excel 中刷新数据。

通过 Excel 的菜单，打开 Excel 的 Workbook 加载项。启动 Excel Workbook，如图 13-95 所示。

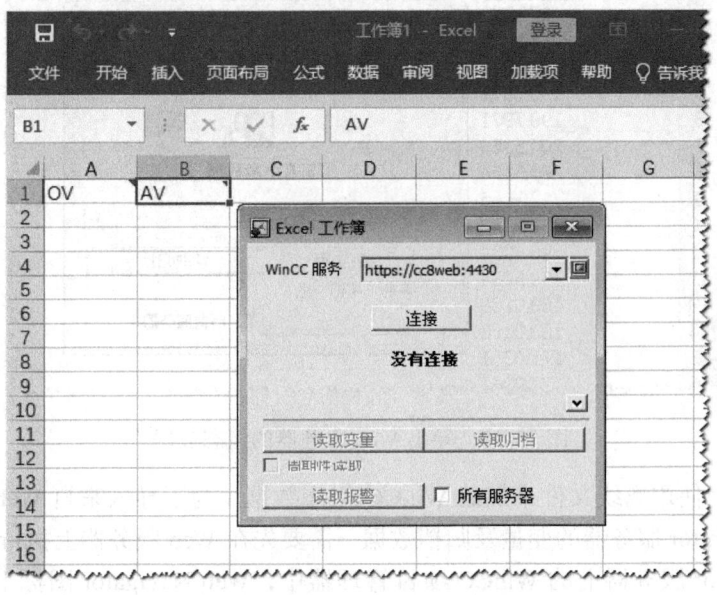

图 13-95　启动 Excel Workbook

单击"连接"按钮，Excel 将尝试连接 WinCC Web 服务器。Excel 与 WinCC 服务器连接成功，如图 13-96 所示是连接成功后的 Excel 工作簿窗口。

图 13-96　Excel 与 WinCC 服务器连接成功

此时勾选"周期性读取"选项，并单击"读取变量"按钮，就可以在 A1 单元格看到 Line1.Infeed 变量值的实时值变化。每单击一次"读取归档"，在 B 列就可以看到 Line1.Infeed 的归档值。导出 Web 服务器的组态数据如图 13-97 所示。

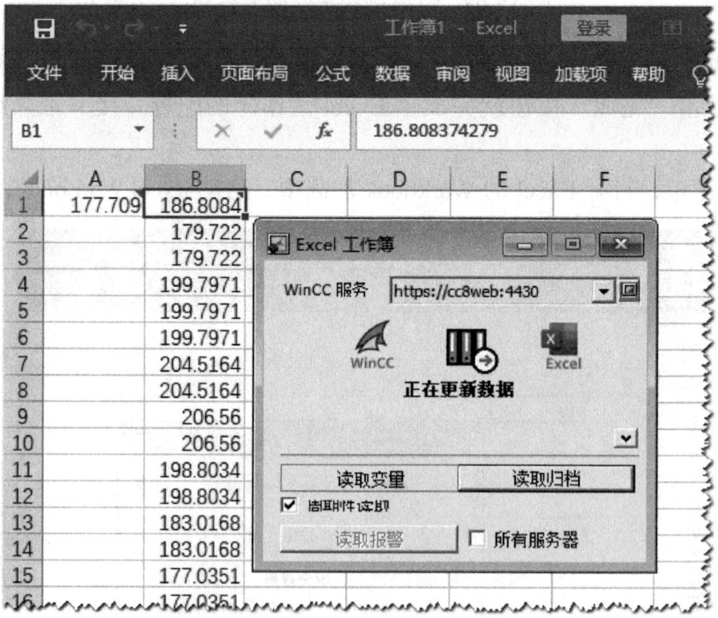

图 13-97　导出 Web 服务器的组态数据

第二种方式，使用离线文件来加载 WinCC 组态数据。为了导入来自 Web 服务器的配置文件来加载 DataMonitor 服务器的变量及归档数据，需要先在 Web 服务器上执行导出操作。

在 DataMonitor 服务器上的 WinCC 项目管理器中，Web Navigator 图标上右键单击，选择"导出组态数据"命令。导出 Web 服务器的组态数据如图 13-98 所示。

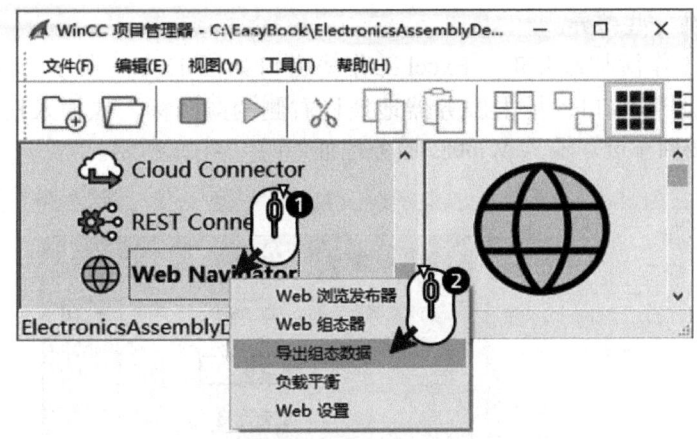

图 13-98　导出 Web 服务器的组态数据

执行导出命令后，会得到项目的组态数据文件 ElectronicsAssemblyDemo.xml，将该文件传输到 Excel 软件所在的客户端计算机中。

在图 13-88 中，勾选"从文件中下载组态数据"选项，然后单击"下一步（N）>"按钮。在弹出的"组态数据"窗口中选择前述导出的组态数据文件，如图 13-99 所示。

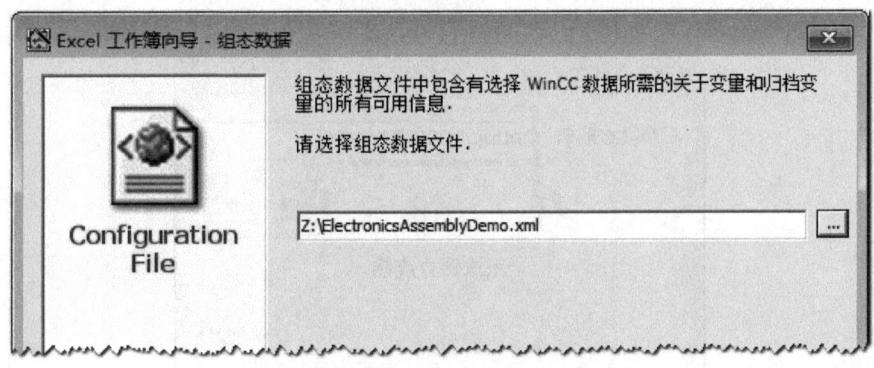

图 13-99　导入组态数据

然后单击"下一步（N）>"按钮，将弹出"添加/删除变量"窗口，完成组态数据的导入，如图 13-100 所示。此时"变量目录树："右侧的 图标将变为黄色背景。

图 13-100　完成组态数据的导入

这样就完成了离线方式下服务器组态数据的导入。接下来在 Excel 中插入变量、归档变量及报警的操作方法与前述的第一种方式类似，不再赘述。当完成向导的配置后，数据刷新的操作与第一种方式存在一些差异。

当启动 Excel 工作簿加载项时，Excel 工作簿窗口如图 13-101 所示。首先修改服务器地址为希望访问的地址和端口，单击服务器地址栏右侧的图标，在输入框中输入 https://CC-8WEB：4430，并按回车键。输入 WinCC 服务地址如图 13-102 所示。

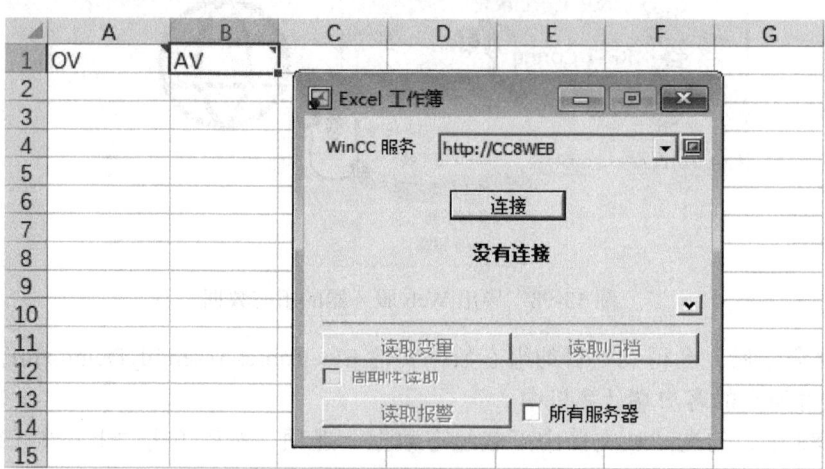

图 13-101　Excel 工作簿窗口

图 13-102　输入 WinCC 服务地址

然后单击"连接"按钮，并在弹出的登录对话框中输入用户名 dm_user 及密码。成功连接之后，如图 13-96 所示。后续的读取操作就与第一种方式的操作步骤完全一样了。

更多组态步骤请参考西门子全球技术资源库中的文档，条目 ID 为 77485347。

此外，使用 Excel 功能之前需要确保 Windows 系统的"更改文本、应用等项目的大小"设置为"100%（推荐）"，在 Windows 10 中设置，如图 13-103 所示。

2）发布报告工具及模板：可以直接在 Excel Workbook Wizard 的配置中，将已经组态好的 Excel 文件发布到 DataMonitor 服务器上，作为报告工具来使用。也可以直接将其设置为 DataMonitor 创建 Excel 报告的模板文件。为此，在配置的最后一个配置窗口中，单击"发布"按钮即可完成发布操作。单击"模板"按钮即可完成模板操作。发布及模板如图 13-104 所示。

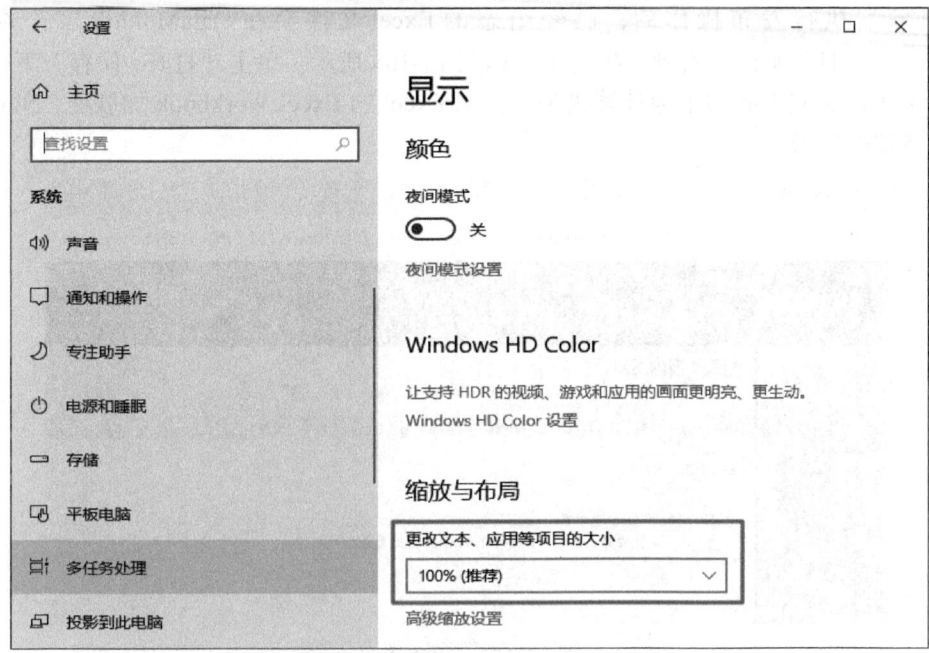

图 13-103　Windows 10 显示设置

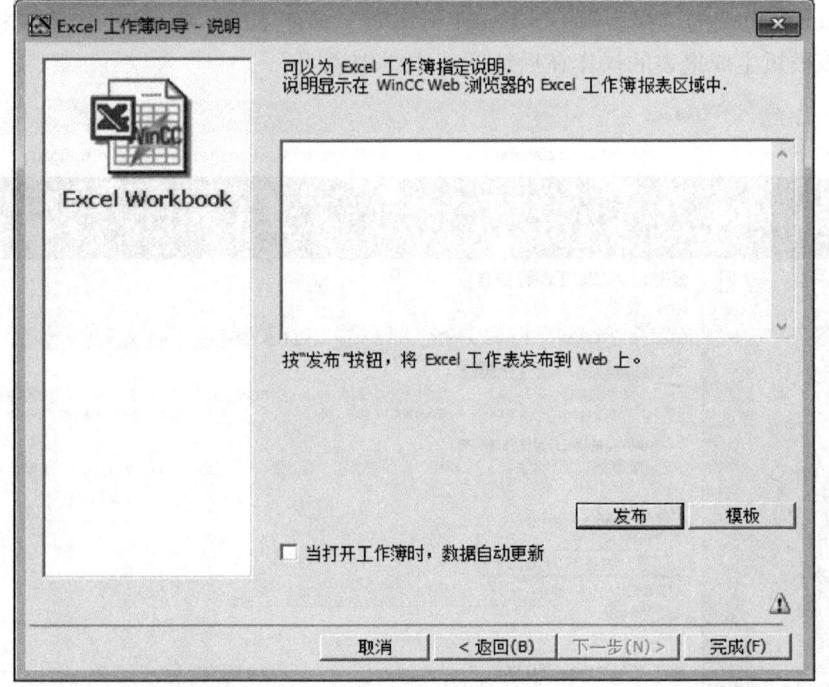

图 13-104　发布及模板

> **提示**
> 　　发布和模板这两个功能只能在安装了 DataMonitor Server 的 Excel Workbook Wizard 中进行配置。在客户端上，这两个按钮是灰色不可用状态。也就是说，这两个功能只能在 DataMonitor 服务器上做，客户端不支持。

在服务端执行发布操作后,已经组态的 Excel 文件会在 DataMonitor 客户端的"报表"→"报告工具"画面下看到。报告工具如图 13-105 所示。单击"打开/保存"下面的图标,客户端可以将其下载到本地计算机中。使用 Excel 的 Excel Workbook 加载项,就可以在本地查看服务器的数据。

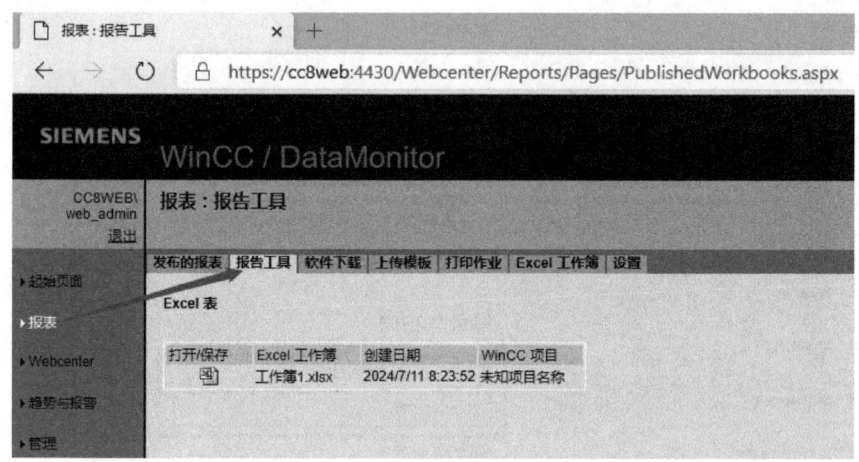

图 13-105　报告工具

在服务器端执行模板功能后,已经组态的 Excel 文件会生成 Excel 报告的模板文件,出现在 DataMonitor 客户端的"报表"→"Excel 工作簿"画面下面。Excel 工作簿模板如图 13-106 所示。使用该模板生成报表的操作在后续章节中详细说明。

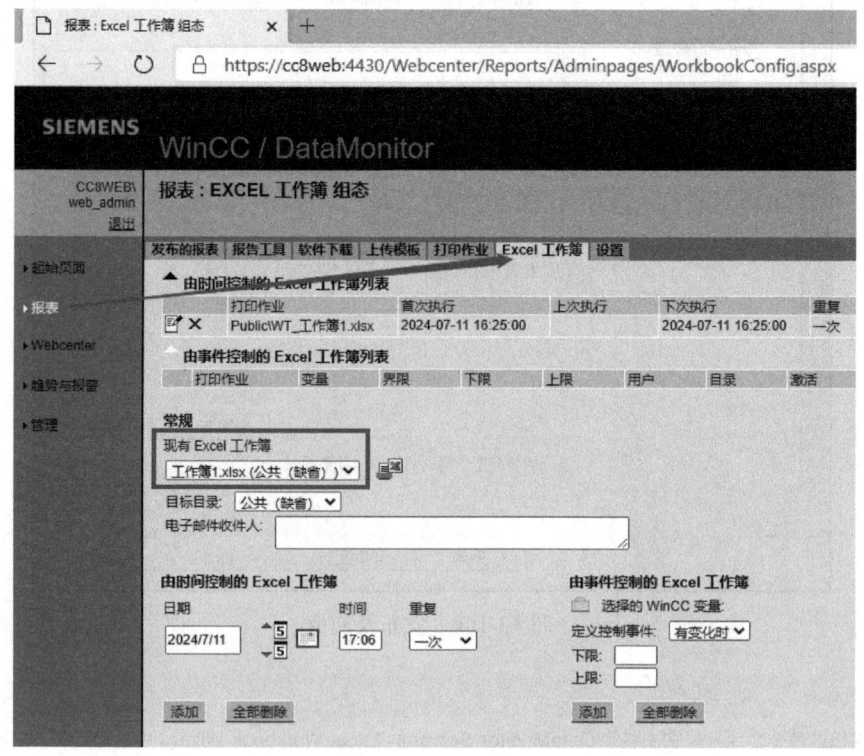

图 13-106　Excel 工作簿模板

3. 报表、WebCenter 及趋势与报警

首先介绍一下这三种功能的基本描述及应用涉及的菜单项。功能及菜单项关联示意图如图 13-107 所示，是应用的功能与浏览器菜单项的关联示意图。图中的虚线及虚线框表示各种功能及数据传递关系。带有背景的图片及文字是浏览器访问 DataMonitor 服务器时的 Web 画面树形主菜单及 4 个主菜单关联的子菜单项。三种功能对应三个主菜单项，管理对应一个主菜单项。这些功能其实都是在服务器端运行的，客户端只是进行远程的配置及查看操作。相关的功能位于对应的子菜单项下面。通过相应的子菜单项来配置相应的功能。

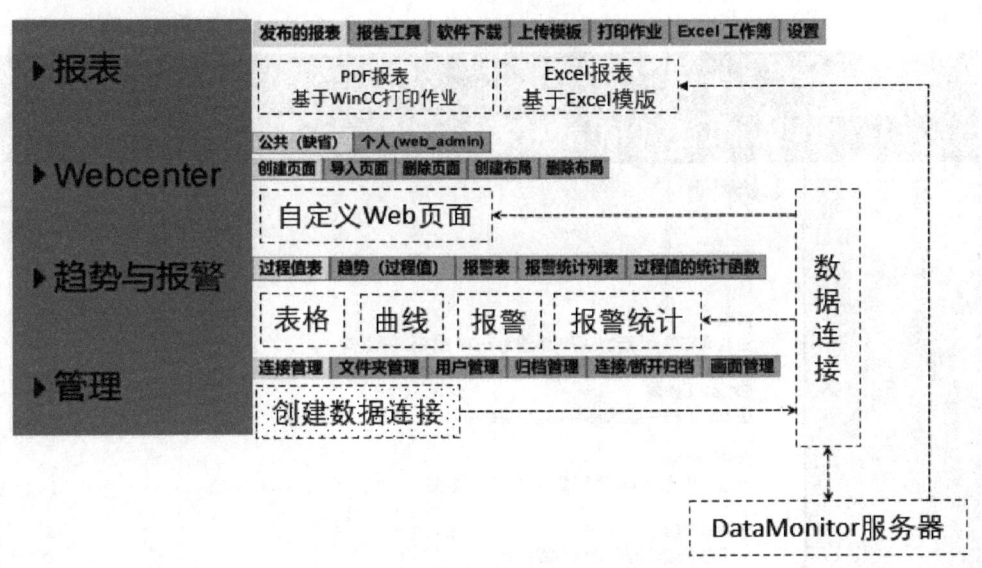

图 13-107　功能及菜单项关联示意图

对于 WebCenter 和趋势与报警两个功能的使用，首先需要在管理画面中，执行"创建数据连接"的操作。之后，这两个功能会使用创建好的数据连接从 DataMonitor 服务器获取相应的变量及报警数据。在趋势与报警功能中，可以组态表格或者曲线形式的变量展示画面。可以组态报警显示表格，还可以实现对报警的统计分析的显示。在 WebCenter 功能中，用户可以将各种数据显示形式组合成一个 Web 画面，实现自定义的 Web 画面展示效果。

对于报表功能应用，数据将直接从 DataMonitor 服务器获取，无需"创建数据连接"的操作。生成的报表包括 PDF 及 Excel 两种文件格式，支持基于时间控制或者事件控制的自动生成功能。对于 PDF 报表输出，数据模板使用的是 WinCC 报表编辑器组态生成的打印作业。在"打印作业"子菜单项中，可以选择希望输出的打印作业，以及配置时间控制或事件控制的参数。生成的 PDF 文件还支持自动发送邮件。对于 Excel 报表输出，数据模板来自于 Excel 工作簿。该模板既可以在服务器端运行 Excel 工作簿向导时，在最后一步单击"模板"来自动生成，也可以在子菜单项"上传模板"中，从客户端手动上传到服务器。当生成了模板后，就可以在"Excel 工作簿"子菜单项中查看到这些 Excel 模板文件，并为其配置基于时间或事件控制的报表自动生成功能。支持将报表自动发送邮件的功能。

接下来就介绍实现这些功能在浏览器中的一些操作要点：

（1）登录 DataMonitor 服务器

这三种功能都是使用浏览器来进行配置及访问。不需要安装额外的软件。客户端支持

Edge、Chrome、Edge 的 IE 模式及 IE11 等浏览器。

在浏览器地址栏输入 https://cc8web:4430/datamonitor.asp。在弹出的登录对话框中输入之前创建的 web_user 或者 web_admin 用户名及密码。如果需要执行管理相关操作，例如，要执行"创建数据连接"的操作，则需要使用 web_admin 用户登录，否则使用 web_user 登录即可。DataMonitor 客户端起始画面如图 13-108 所示，是使用 Edge 浏览器登录后的起始画面。

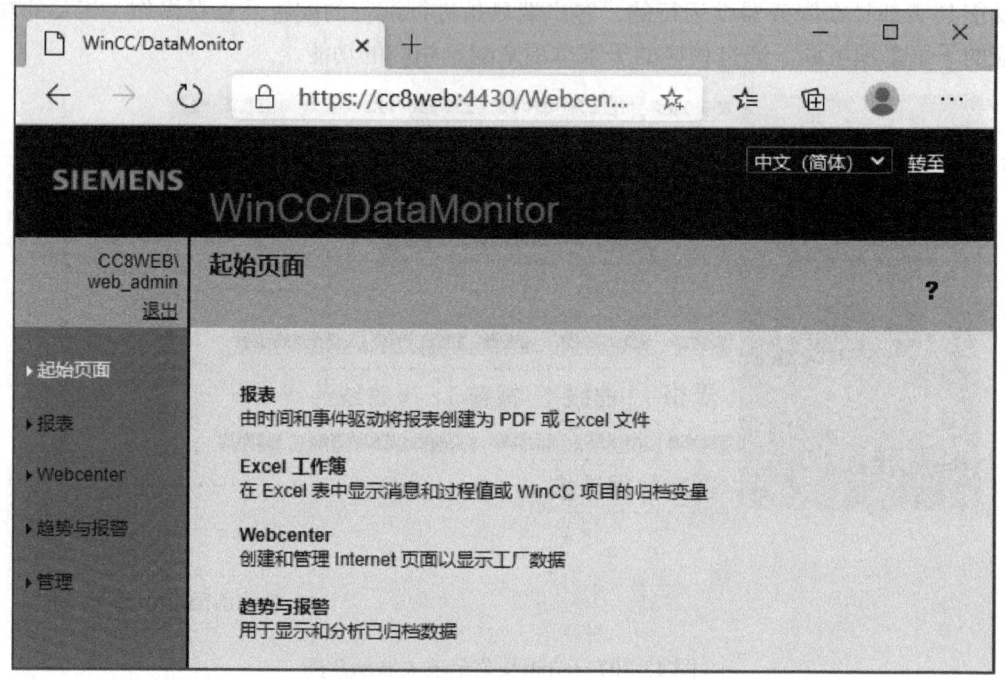

图 13-108　DataMonitor 客户端起始画面

界面左上角显示当前登录的服务器名称为 CC8WEB，登录用户名为 web_admin。左侧下方是 4 个功能主菜单项。单击主菜单项，将在右上方显示相应的子菜单项。画面右上角是语言切换区。单击下拉列表框选择语言后，单击"转至"链接即可切换画面显示语言。单击右上方的 ? 图标，可以在图标左侧显示授权信息，例如 。

（2）自动生成报表

自动创建报表包括 PDF 及 Excel 两种类型，下面分别介绍。

1）PDF 类型报表创建：首先需要创建布局，然后创建打印作业，并与布局建立关联。关于布局和打印作业的具体创建方法，请参考第 9 章报表系统。打印作业和布局如图 13-109 所示，已经创建了一个打印作业，名称为"打印作业 001"，并关联到了布局文件 NewRPL0.RPL 上。在布局文件中，组态了一个表格控件，名称为"CCAxOnlineTableControl. 表格"，并关联到 Line1.Infeed 归档变量。

然后需要在 WinCC 启动项中激活"报表运行系统"。

以 DataMonitor 管理员账户 web_admin 登录 DataMonitor 服务器。单击主菜单"报表"，然后单击子菜单"设置"。PDF 打印参数设置如图 13-110 所示。选择"Microsoft Print to PDF"选项，并勾选"启用 API 打印"，然后保存。

然后进入"打印作业"子菜单画面，如图 13-111 所示。

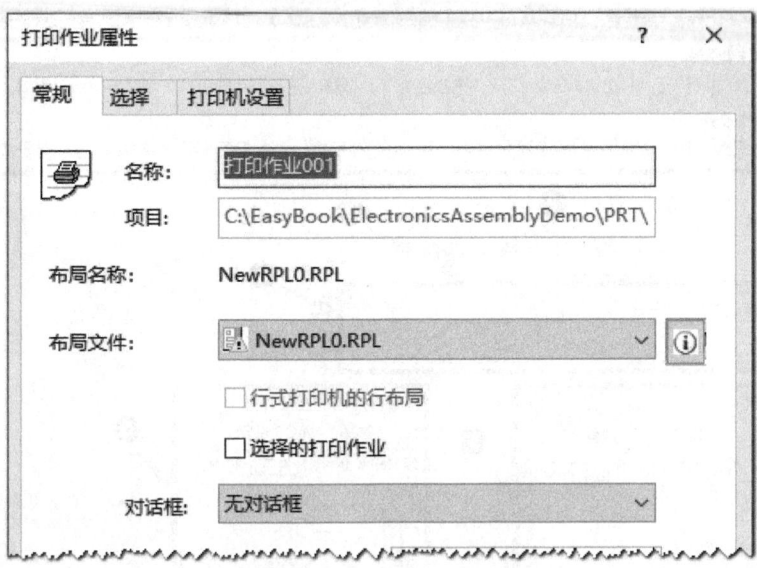

图 13-109　打印作业和布局

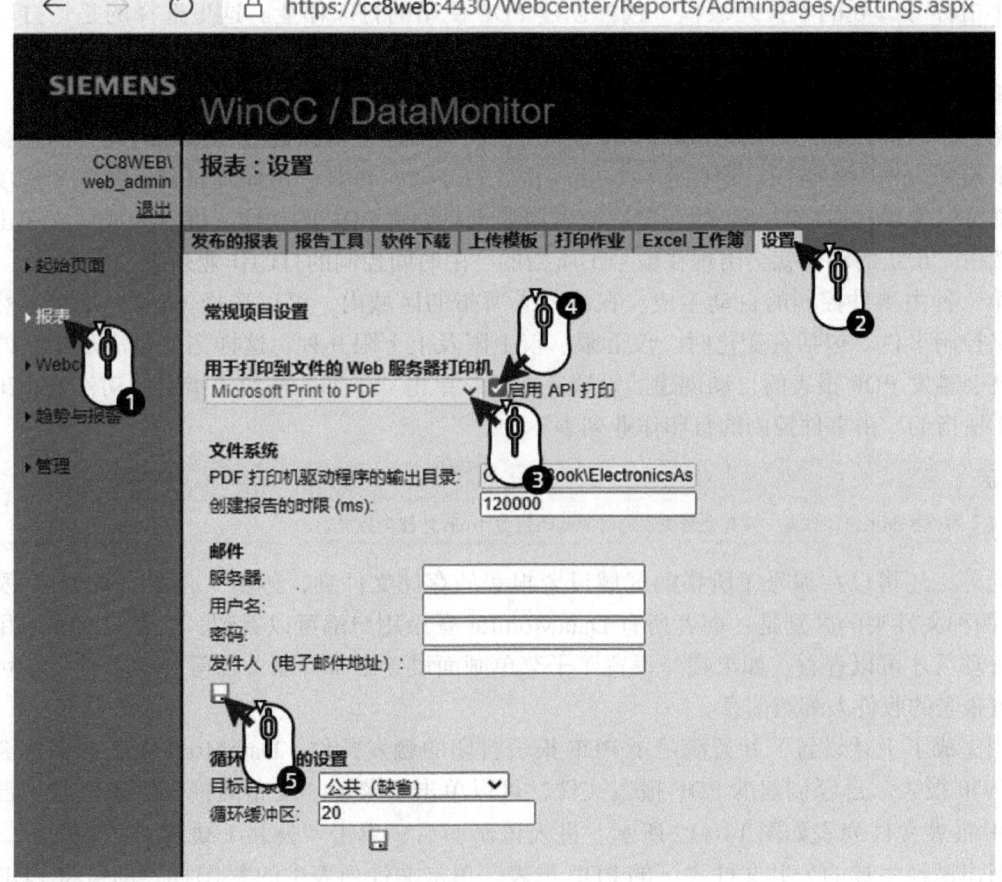

图 13-110　PDF 打印参数设置

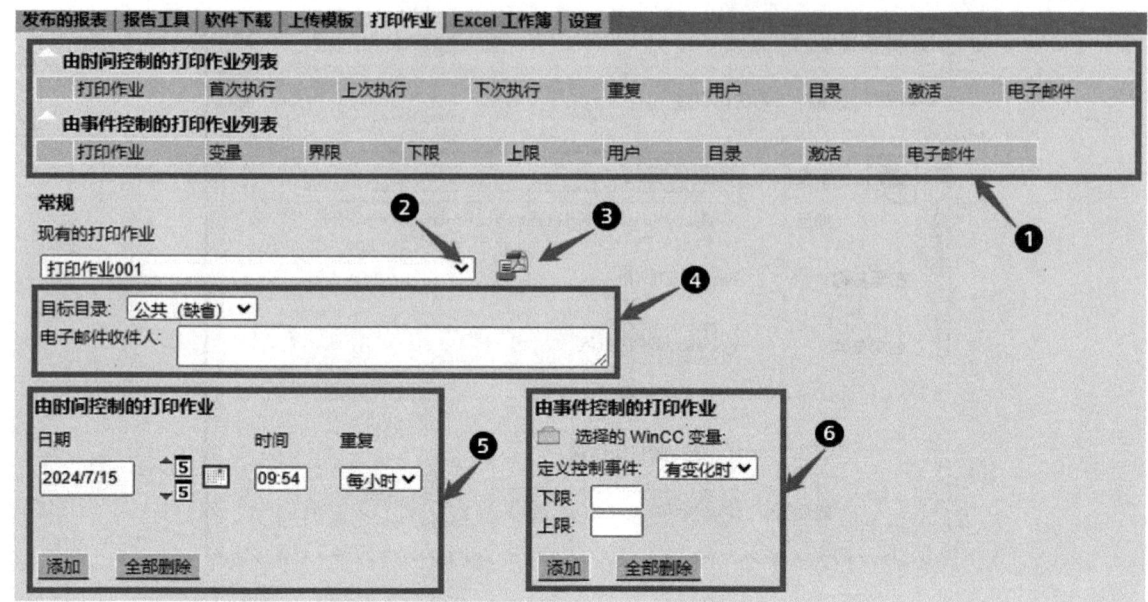

图 13-111　PDF 打印作业设置画面

单击标号②处的下拉列表框，选择创建 PDF 使用的打印作业。这里选择的是"打印作业001"。基于这个打印作业，可以有三种生成 PDF 的方式：

第一种手动立即生成。如果单击标号③所指的 图标，可以立即创建 PDF 文件。

第二种时间控制的自动生成。在编号⑤所指的区域内，可以设置日期和时间，并选择"重复"下拉列表框中的选项。这些选项包括一次、每小时、每日、每周及每月，共 5 个选项。这样，就可以实现在指定时间，执行单次或者周期重复创建 PDF 的动作。设置完成后，单击"添加"按钮。指定的动作就会出现在编号①所指的"由时间控制的打印作业列表"中。

第三种由事件控制的自动生成。在编号⑥所指的区域内，可以选择 WinCC 变量。然后选择定义控制事件，包括有变化时、仅下限、仅上限及上下限几种。这样当变量满足指定的条件时，就会触发 PDF 报表的自动创建。设置完成后，单击"添加"按钮。指定的动作就会出现在编号①所指的"由事件控制的打印作业列表"中。

> **提示**
> 基于事件控制的打印作业，只有变量更改的时间间隔超过 1min 才能创建成功。

此外，还可以在编号④所指的区域设置报表的存储文件夹，包括"公共（缺省）"及"个人"。两种文件夹的区别是：前者所有 DataMonitor 登录用户都可以看到，后者只有登录用户本人及管理员才可以查看。如果在"设置"子菜单画面设置了邮件服务器等相关参数，也可以在此设置报表的收件人邮箱信息。

当完成了上述设置，并且满足了 PDF 报表打印的触发条件，DataMonitor 服务器就会自动创建 PDF 报表。已经创建的 PDF 报表文件，可以单击子菜单"发布的报表"来查看。已发布的 PDF 报表文件列表如图 13-112 所示。进入该画面后，单击"公共（缺省）" 图标，界面将刷新出已经生成的公共文件夹下的 PDF 报表。单击文件列表中的 图标，即可将 PDF 文件下载到本地计算机进行查看。查看已发布的 PDF 报表如图 13-113 所示。

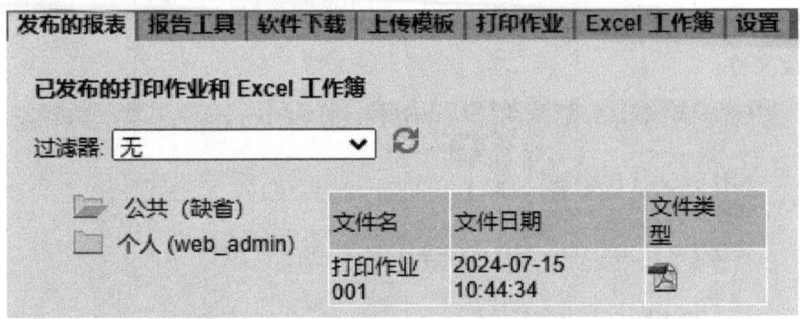

图 13-112　已发布的 PDF 报表文件列表

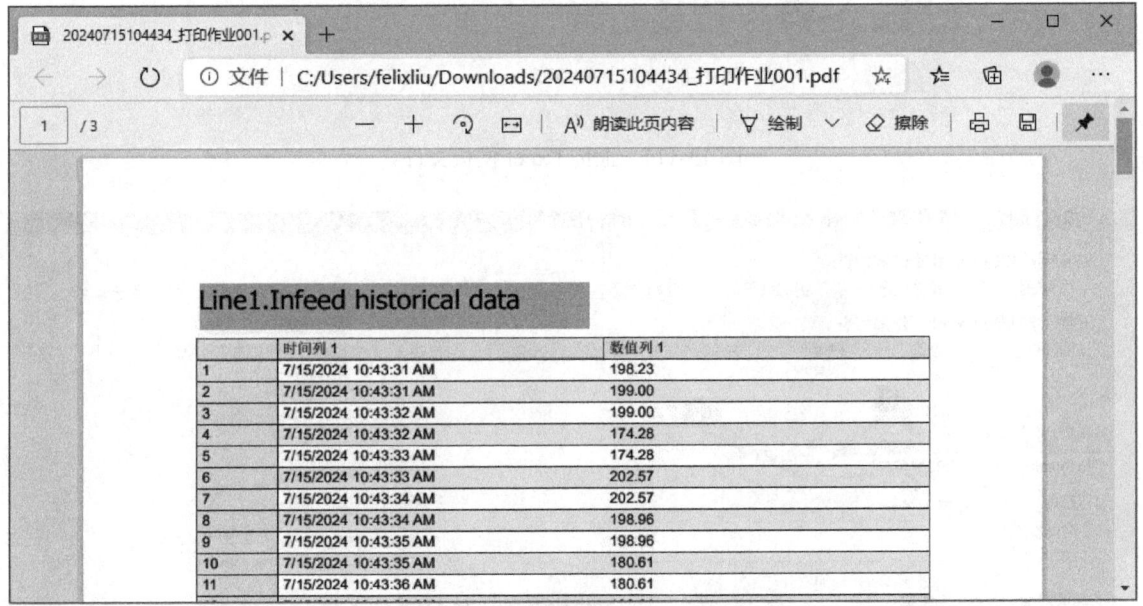

图 13-113　查看已发布的 PDF 报表

2）接下来介绍 Excel 类型报表的创建：自动创建 Excel 报表，首先需要在 DataMonitor 服务器上生成 Excel 模板文件。生成 Excel 模板文件有两种方式：第一种是在 DataMonitor 服务器上，通过 Excel 工作簿向导，在最后一个配置页中单击"模板"按钮来自动生成。这种方法已经在 Excel 工作簿的使用章节中详细介绍过。第二种是在 DataMonitor 服务器或者客户端上，通过在浏览器中，将使用 Excel 工作簿向导创建好的 Excel 文件上传到 DataMonitor 服务器，来作为 Excel 模板文件。

上传模板时如果使用 DataMonitor 管理员账户，可以将模板上传到公共文件夹。非管理员账户登录，只能上传到个人文件夹。例如，以 web_admin 登录 DataMonitor 服务器，进入"上传模板"画面。上传 Excel 模板文件如图 13-114 所示。在"加载 Excel 工作簿模板"区域，单击"选择文件"按钮，浏览到作为模板的 Excel 文件，图中为"DMTemplate01.xlsx"，然后单击"上传"按钮。

成功上传后，进入"Excel 工作簿"子菜单画面，就可以在"现有 Excel 工作簿"下拉列表中看到"DMTemplate01.xlsx（公共（缺省））"这个 Excel 模板，如图 13-115 所示。在列表中，

"工作簿 1.xlsx（公共（缺省））"这个模板文件，就是通过 Excel 工作簿向导自动创建的模板文件。

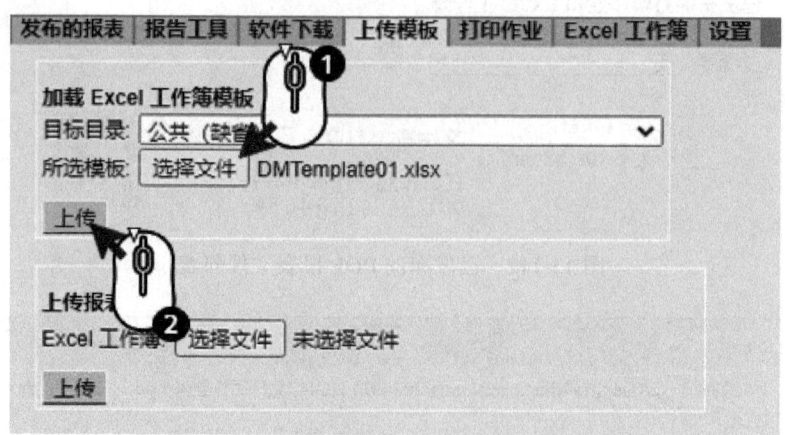

图 13-114　上传 Excel 模板文件

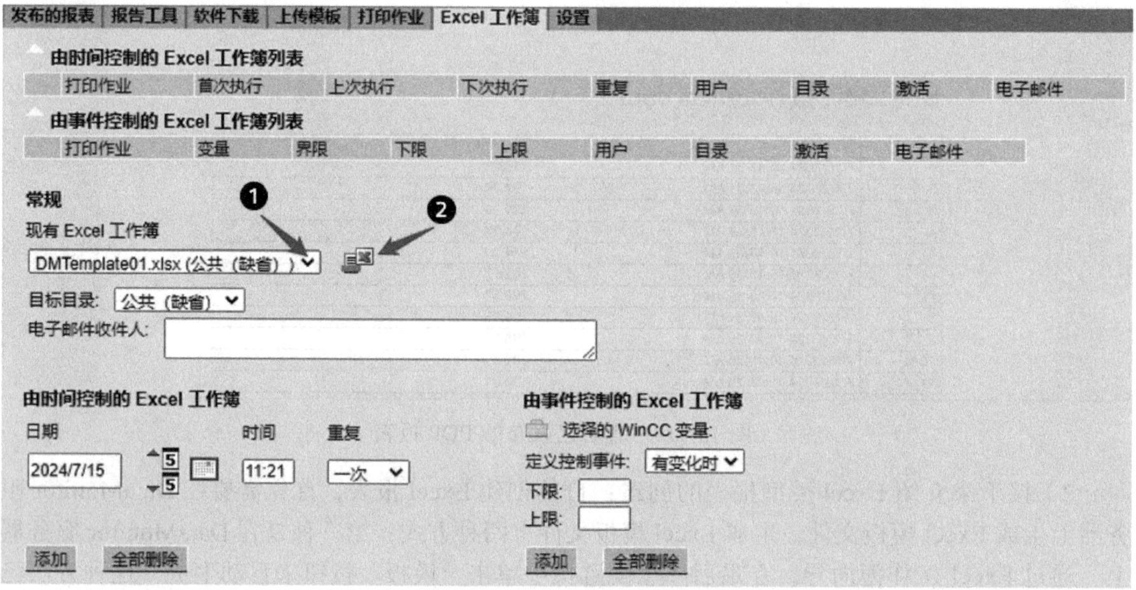

图 13-115　Excel 报表创建

在图 13-115 中，单击编号①所指的"现有 Excel 工作簿"右侧的下拉列表框，可以选择要配置的模板。单击编号②所指的图标可以基于已选择的模板立即创建 Excel 报表。同样可以配置基于时间控制或者事件控制的 Excel 报表创建方式。已经创建的动作都会显示在画面顶部的列表中。已经自动生成的 Excel 报表文件都可以在"发布的报表"画面中查看。配置及查看的操作步骤与 PDF 类型报表完全一致，不再赘述。

（3）创建数据连接

此操作对浏览器登录 DataMonitor 服务器的用户有要求。用户必须是 Windows 用户组"SIMATIC Report Administrators"的成员。要通过 DataMonitor 访问 WinCC 数据库，还必须是隶属于"SIMATIC HMI VIEWER"用户组具有密码的 Windows 用户。因此，使用前文创建的

web_admin 用户登录。

在浏览器画面中"管理→连接管理"中创建与所要访问 WinCC 项目数据库的连接。每个需要访问的数据源都需要建立一个连接。首先输入用户自定义的"连接名称"。然后单击计算机名称对应的"查找"按钮，可以查询出当前可访问的计算机。选择需要访问的计算机，接下来输入"用户"和"密码"，web_user、web_admin 都可以。设置"连接类型"和"语言"项。最后勾选"自动调整 RT 数据库"，并单击数据库后面的"查找"按钮，就能查找出可供访问的数据库。单击"创建"按钮，就完成了 DataMonitor 到要访问对象之间的数据连接。详细步骤如图 13-116 所示。

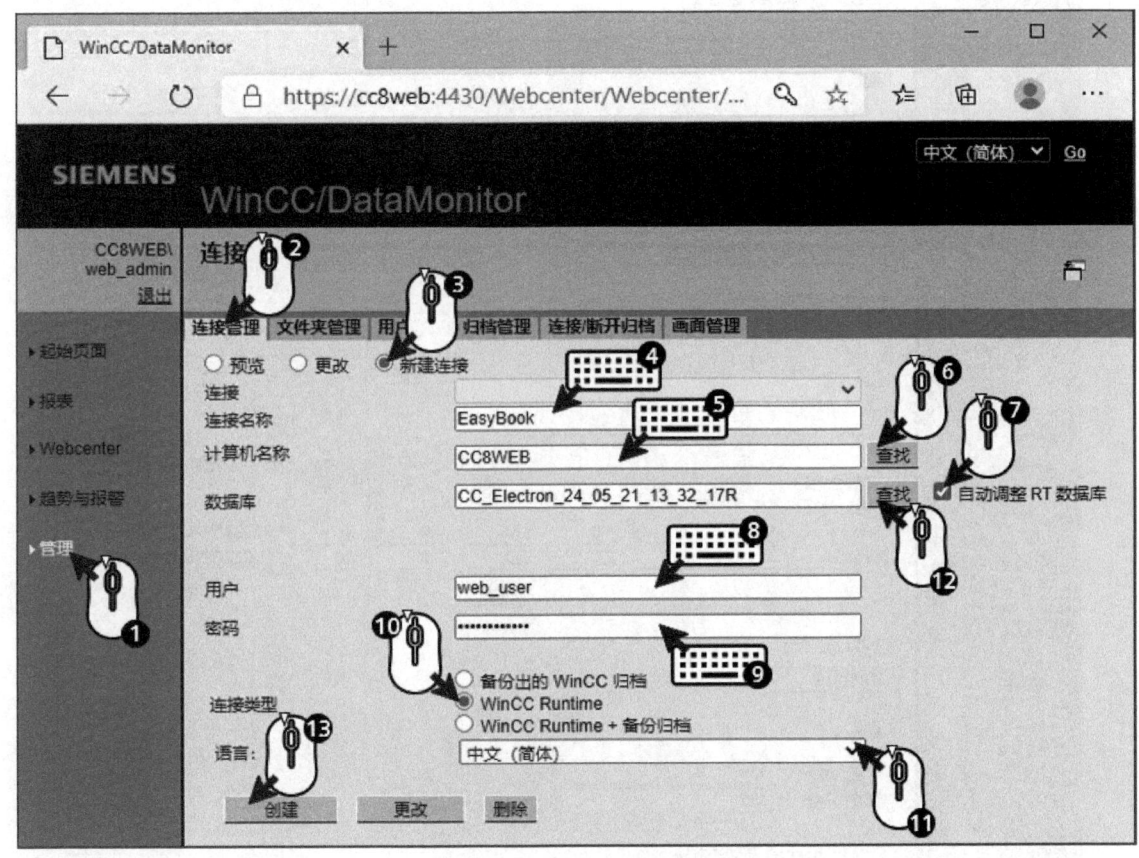

图 13-116 新建数据连接

DataMonitor 可访问的连接类型包括以下几种：
1)"备份出的 WinCC 归档"。已换出归档的数据。
2)"WinCC Runtime"。只能使用运行系统数据库里打开的单个分段。
3)"WinCC Runtime + 备份归档"。使用运行系统数据库打开的单个分段和所有其他连接的分段。

（4）趋势与报警显示

当建立好连接后，就可以使用"趋势与报警"显示归档过程值和消息。通过浏览器登录后，在左侧导航栏中单击"趋势与报警→过程值表"进入过程值表画面。单击 图标，"过程值表"画面切换为组态内容。在此画面中设置标题、选择连接 EasyBook、变量、时间范围和表大小等参数。然后单击"确定"按钮，就可以生成过程值表画面。过程值配置画面如图13-117所示。过程值表画面如图13-118所示。单击预览时间范围旁边的❓图标，可以查看时间范围的设置说明。

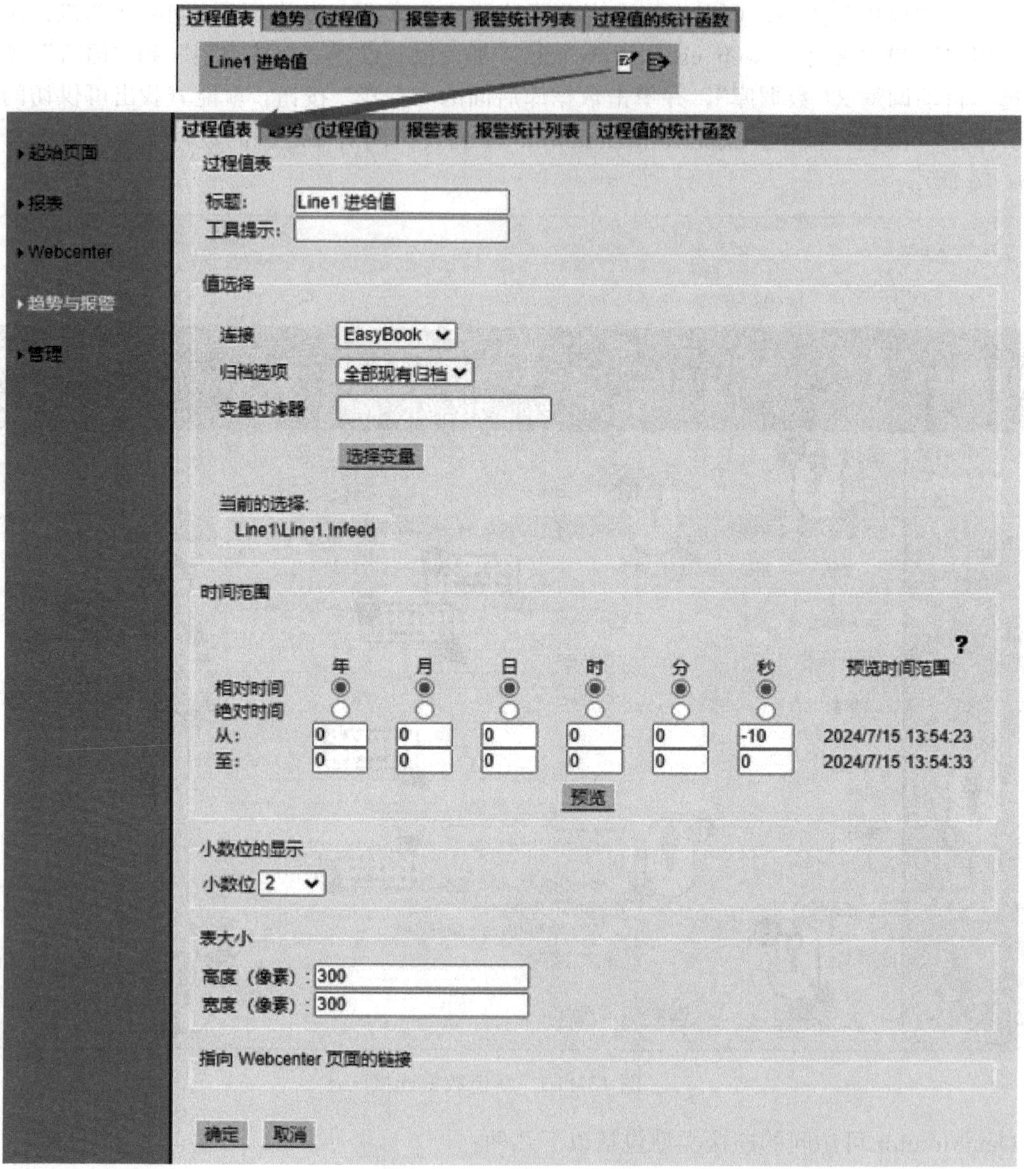

图 13-117　过程值配置画面

在过程值表画面中，可以进行的操作参见表13-5。

类似的方法，可以组态"趋势（过程值）""报警表""报警统计列表"和"过程值的统计函数"等。

（5）配置 WebCenter 自定义画面

DataMonitor 中使用 Web 中心画面和 Web 部件来编译和保存 WinCC 项目的视图。以此实现定制化的画面发布，供用户通过浏览器进行访问。

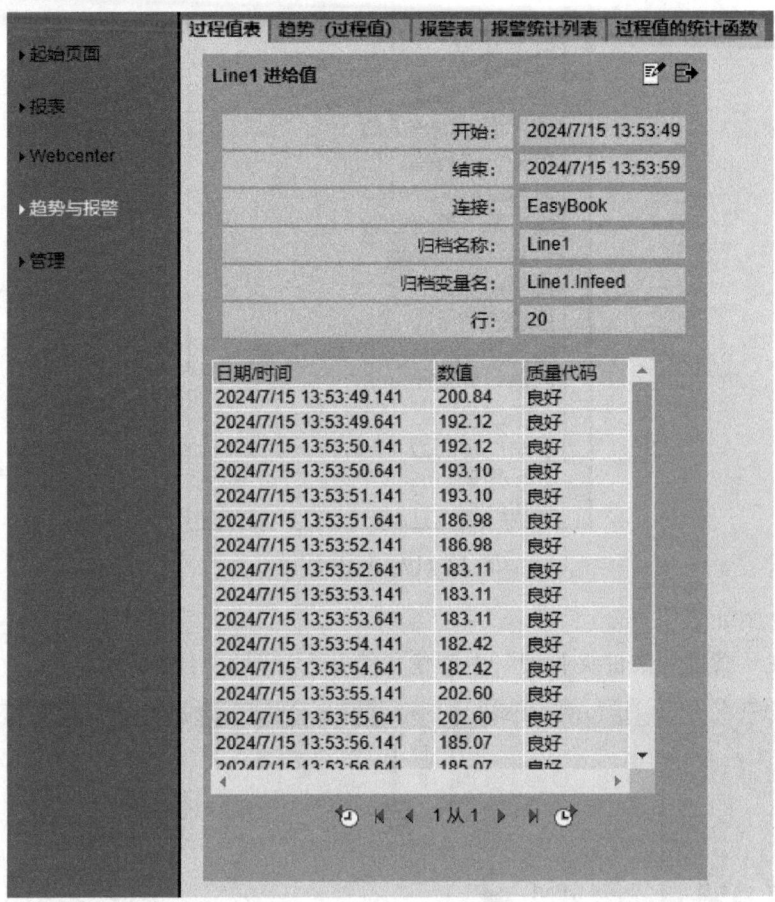

图 13-118　过程值表画面

表 13-5　过程值表操作说明

◐◑	在选定时间范围内以所需的绝对时间向前或向后滚动
箭头按钮	在多页表格中向前或向后滚动
📝	更改 Web 部件的设置
⇥	以 CSV 格式导出归档值

　　在 Webcenter 中通过 Web 部件来编译定制化的 Web 画面。所谓 Web 部件就是系统中用于在 Web 画面中显示数据的功能组件。系统中可以使用的 Web 部件如图 13-119 所示。

　　在一个画面视图中最多可组合 15 个 Web 部件。在定制化的画面中，主要是通过 Web 部件编辑画面的显示内容和效果。

　　创建定制化的 Web 中心画面。首先需要选择或者创建布局模板，其次使用布局模板创建自定义画面，然后在画面中添加 Web 部件并设置参数。最后实现定制化的画面输出。基本的操作步骤包括如下内容：首先为 Web 中心画面创建文件夹，并分配访问权限；然后为 Web 中心画面创建布局模板，并创建 Web 中心画面；最后在 Web 中心画面中插入 Web 部件，并组态 Web 画面内的 Web 部件。

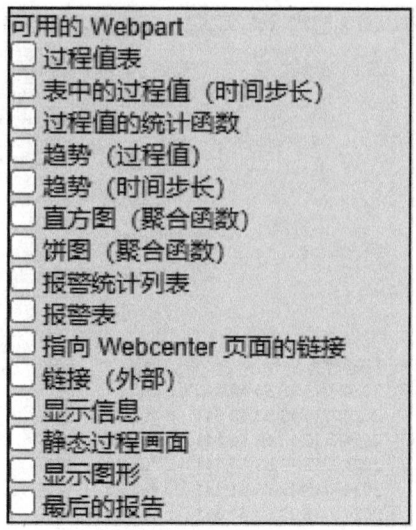

图 13-119　Web 部件

详细步骤介绍如下：

步骤 1：在"管理→文件夹管理"中创建文件夹，如图 13-120 所示。

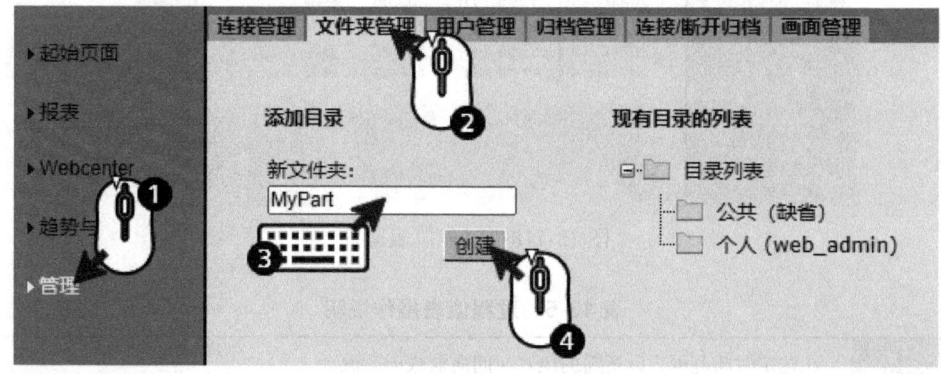

图 13-120　创建文件夹

步骤 2：分配文件夹权限。用户管理中会列出当前 Windows 系统中的所有用户组。根据需要设置相应的权限。分配文件夹权限如图 13-121 所示。权限设置列表有两页需要设置，第二页内容如图 13-122 所示。

步骤 3：创建用户自定义的布局模板。创建布局如图 13-123 所示。系统安装期间已安装了预定义的布局模板。用户可以选择系统预定义的模板，也可以创建自定义布局。

根据需要可以选择是否组合表格。单击图形中的箭头，即可将箭头方向的相邻单元格进行合并。单击"复位"按钮可以撤销合并。表格合并画面如图 13-124 所示。

单击"继续"按钮，在接下来的画面中安排 Web 部件的排列顺序。Web 部件如图 13-125 所示。

所有功能组态结束后，单击"保存"按钮。

步骤 4：基于模板创建画面。切换到"创建画面"选项卡下，此处选择使用"MyLayout"作为模板，创建名称为"MyWeb"的画面。创建画面如图 13-126 所示。

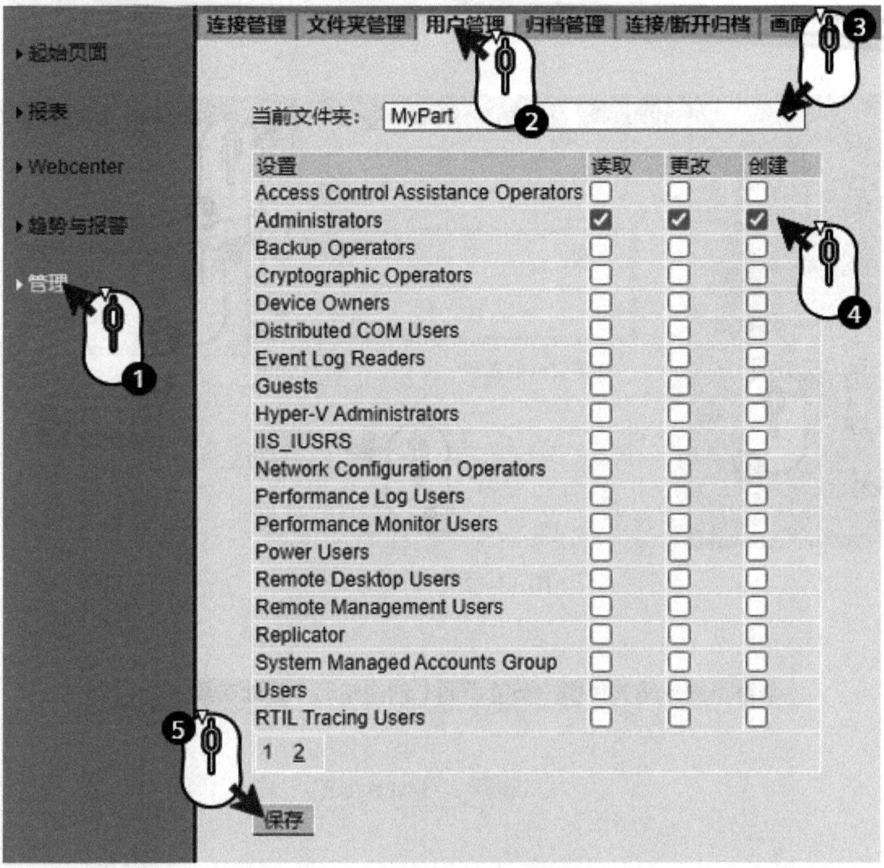

图 13-121　分配文件夹权限

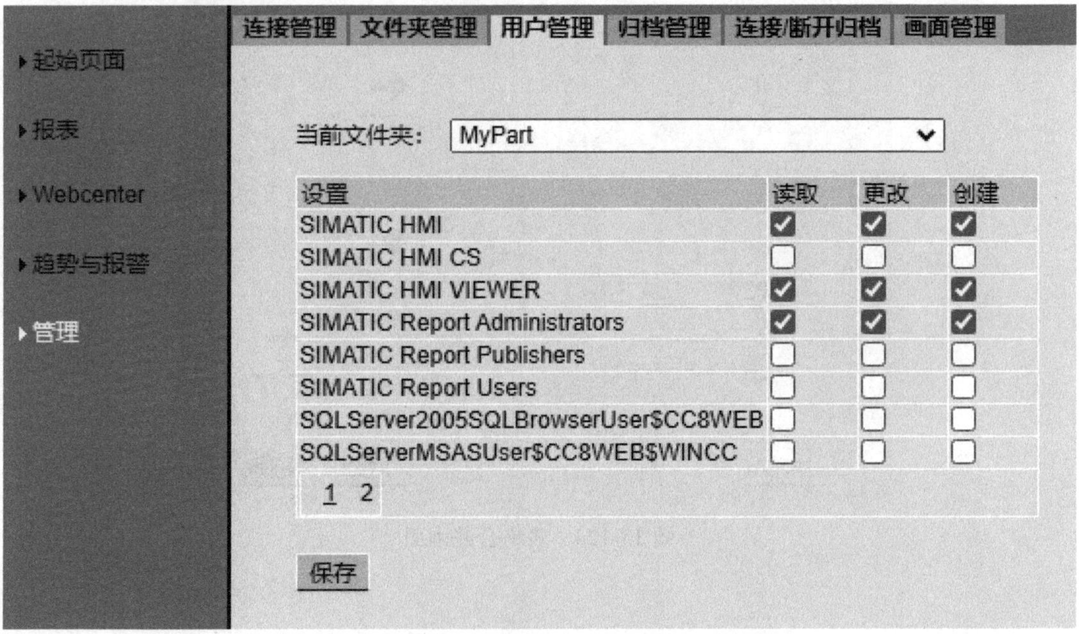

图 13-122　第二页权限设置

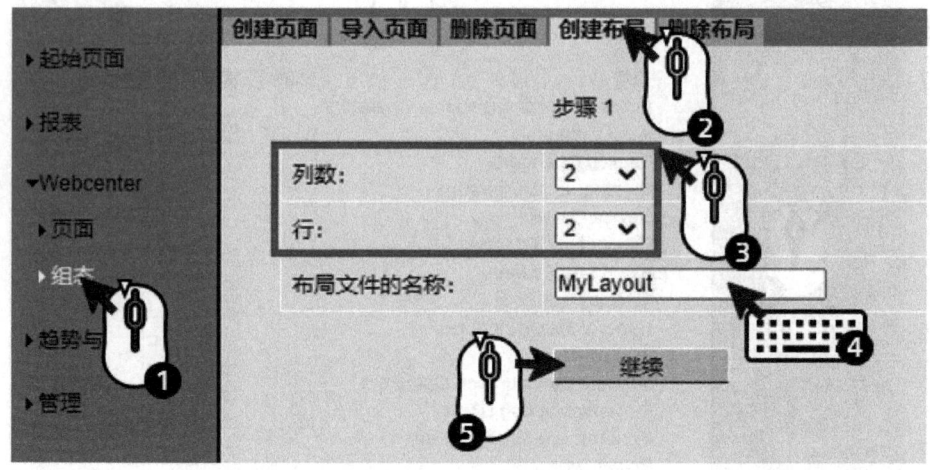

图 13-123　创建布局

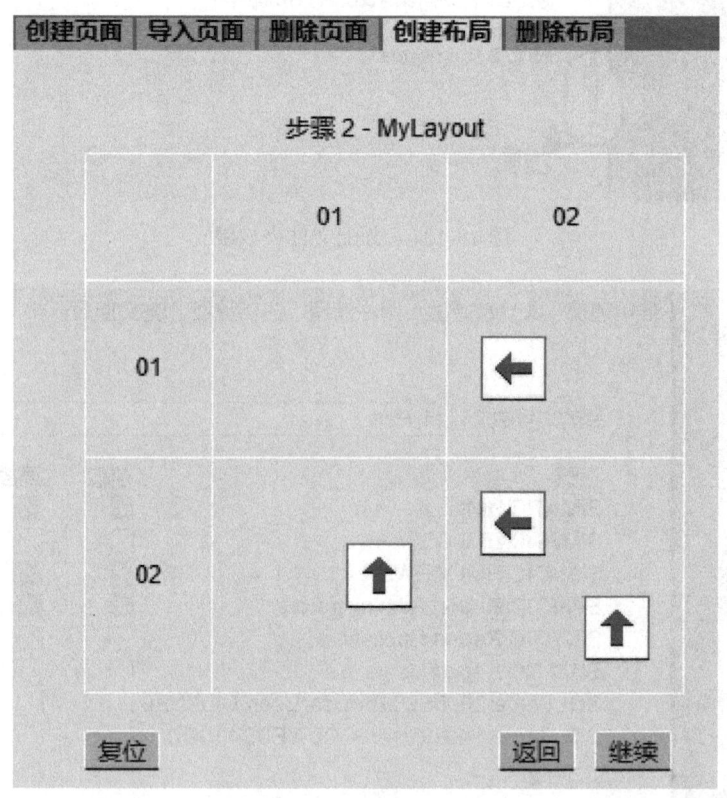

图 13-124　表格合并画面

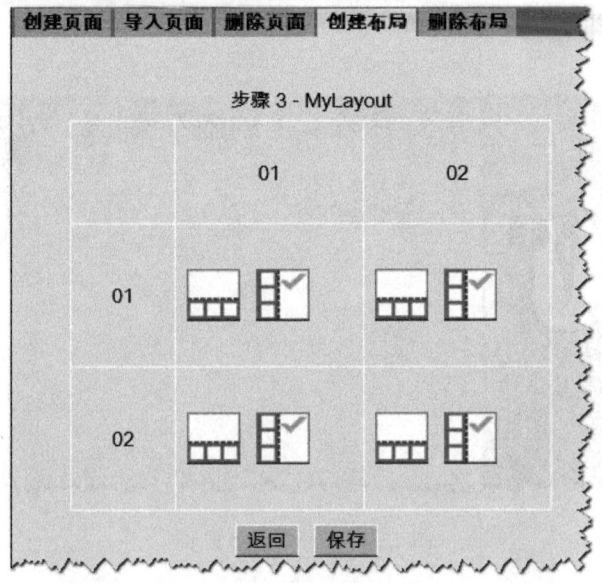

图 13-125　Web 部件

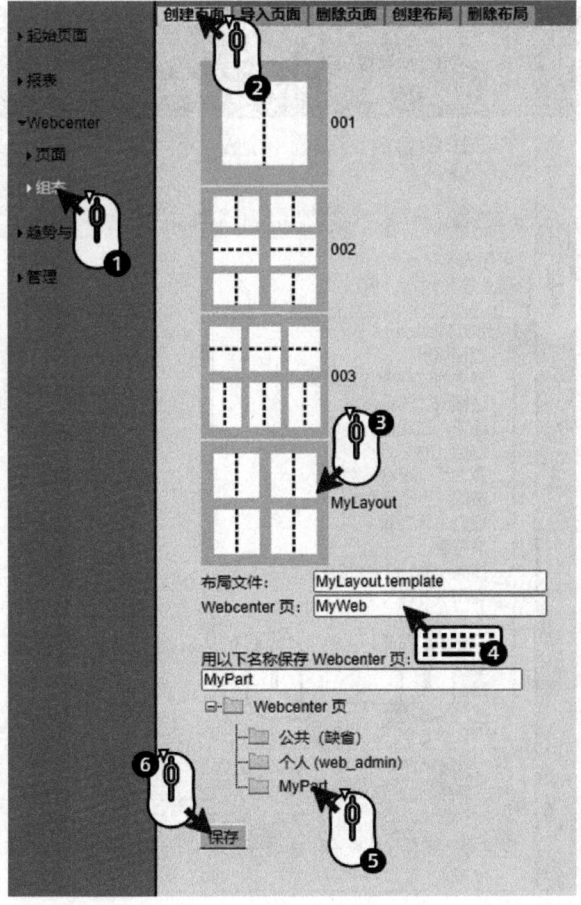

图 13-126　创建画面

切换到"Webcenter→画面→MyPart"下,就可以看到创建的画面"MyWeb"。MyWeb 画面如图 13-127 所示。

图 13-127　MyWeb 画面

步骤 5：添加需要显示的 Web 部件。单击"MyWeb",可以根据需求为"MyWeb"添加画面中要显示的对象。添加 Web 部件对象如图 13-128 所示。为画面左上区域添加一个过程值表。

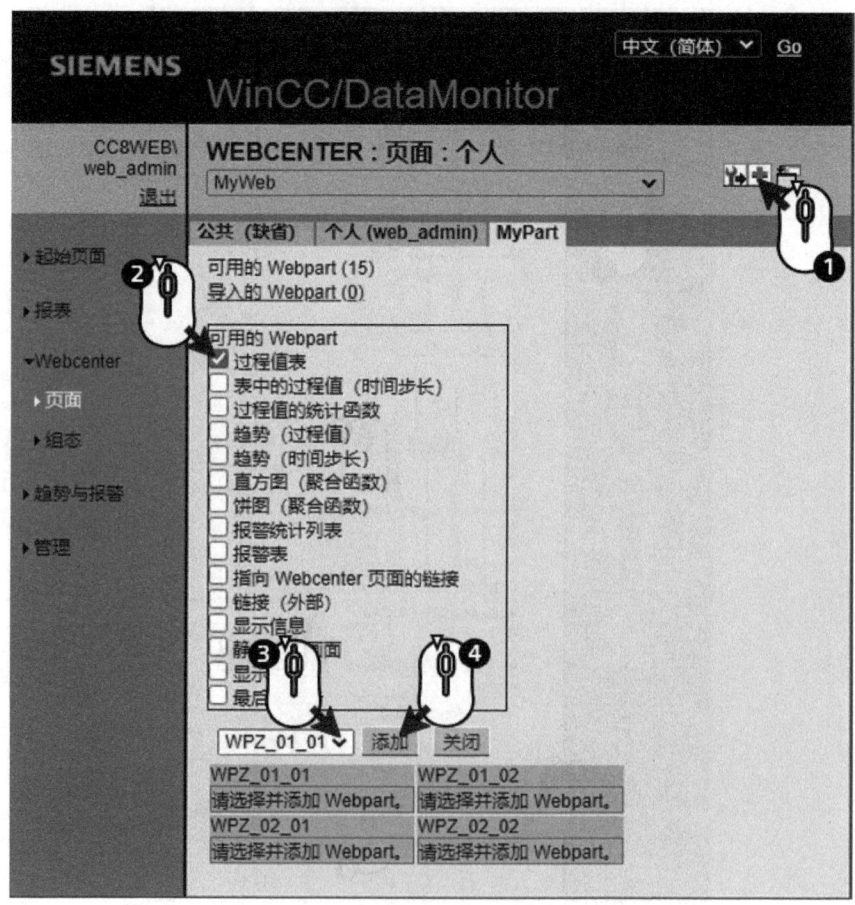

图 13-128　添加 Web 部件对象

步骤 6：根据项目需要，为画面各个区域配置期望显示的 Web 组件。并设置每个 Web 部件对象的属性，以优化画面显示效果。图 13-129 是完成后的画面效果，仅供参考。

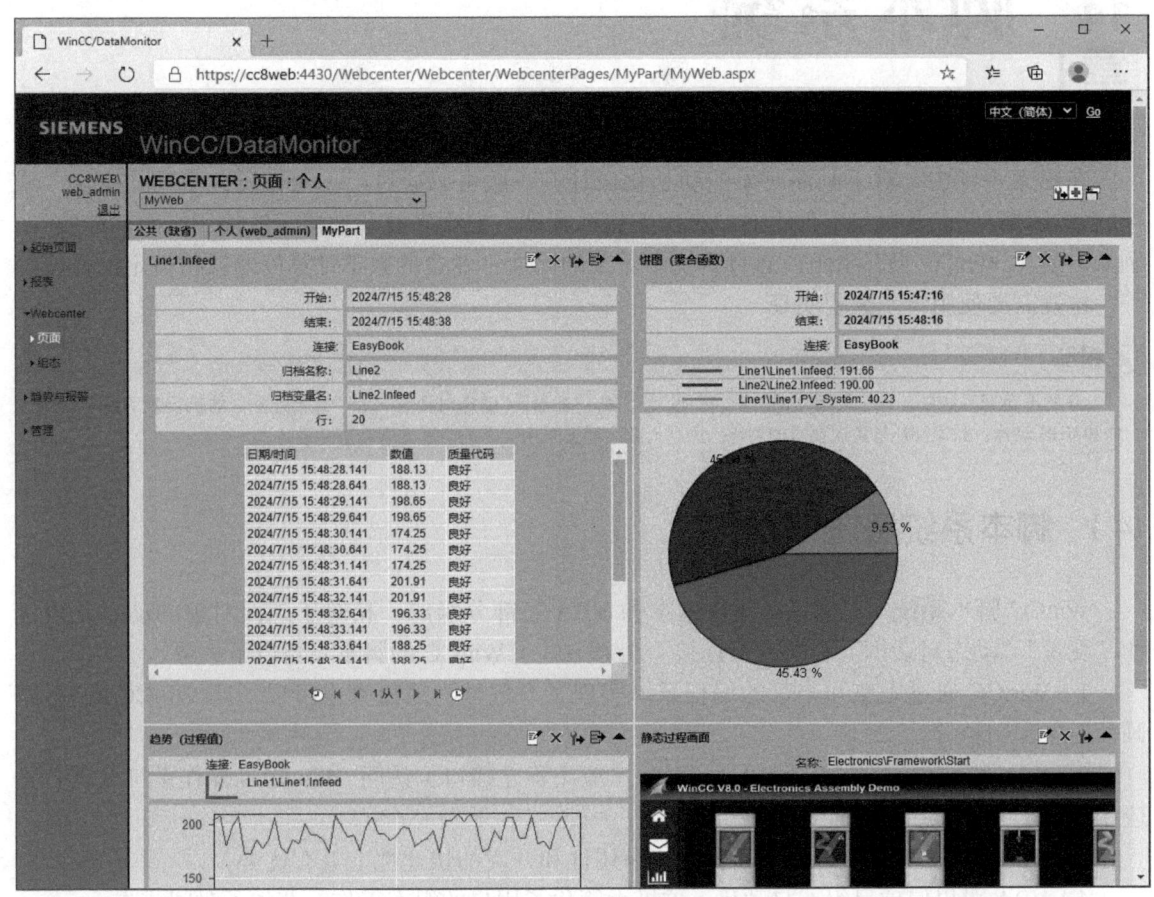

图 13-129　运行效果参考图

第14章 脚本系统

在组态系统中，对于画面对象的动态化设计，一般可以通过组态对象属性中的"变量"或"动态对话框"，以及对象事件中的"直接连接"实现。但很多复杂功能无法使用组态功能实现，例如，读写 WinCC 组态系统或运行系统中对象的属性、专业的数学计算以及执行特定的操作等等，这就需要使用脚本编程实现。

> **提示**
> 在图形运行系统中，对于画面对象的动态化设计而言，"变量""动态对话框"和"直接连接"的执行效率高于 C 动作和 VBS 动作。如果都能够实现要求的功能，原则上建议尽量采用组态的方式实现动态化设计。

14.1 脚本系统概述

WinCC 脚本系统由 C 脚本、VB 脚本和 VBA 三部分组成。相对于画面对象的动态化设计的"变量""动态对话框"和"直接连接"组态方式，WinCC 的脚本具备以下优势：

1）WinCC 通过完整和丰富的编程系统实现了开放性，通过脚本可以访问 WinCC 的变量、画面对象和归档等。

2）WinCC 借助 C 脚本，可以通过 API（应用程序接口）访问 Windows 操作系统及其各种应用程序。

3）VB 脚本（相对于 C 脚本而言）从易用性和开发的快速性上具有优势。

4）VBA 可以使项目组态自动化。这极大简化了用户的组态工作，节省了时间成本。

WinCC 脚本系统的应用范围包括 WinCC 组态环境和运行环境。VB 脚本和 C 脚本应用于 WinCC 的运行环境。对于大部分功能而言，C 脚本和 VB 脚本都可以实现，例如读写变量；但个别功能仅能使用 C 脚本或 VB 脚本实现。例如，在 WinCC 运行系统中调用外部 DLL 函数只能使用 C 脚本，而用户自定义菜单和工具栏的组态过程仅支持 VB 脚本。无论采用何种方式编程，开发者都要根据自身能力和项目需求进行选择。与 VB 脚本和 C 脚本不同，VBA 应用于 WinCC 的组态环境。

在画面中组态基于对象属性动态化或事件的 C 脚本和 VB 脚本，分别在图形运行系统进程（pdlrt.exe）中进行处理；在全局脚本中组态的基于全局动作的 C 脚本和 VB 脚本，分别在全局脚本运行系统进程（gscrt.exe）中进行处理。由此可见，在 WinCC 的脚本系统中，共有 7 个 C 脚本和 VB 脚本的进程队列，分别处理对象属性动态化和事件，以及全局动作。脚本系统的进程队列如图 14-1 所示。

在每个进程窗口的处理过程中，系统是通过触发条件和队列来管理脚本的执行顺序的。先行触发的脚本优先进入队列，先执行；后续触发的脚本依次进入队列，后执行，先进先出，以此类推。因此在不同的进程窗口中合理、平衡地分配 C 脚本和 VB 脚本，有助于提高项目运行的效率。

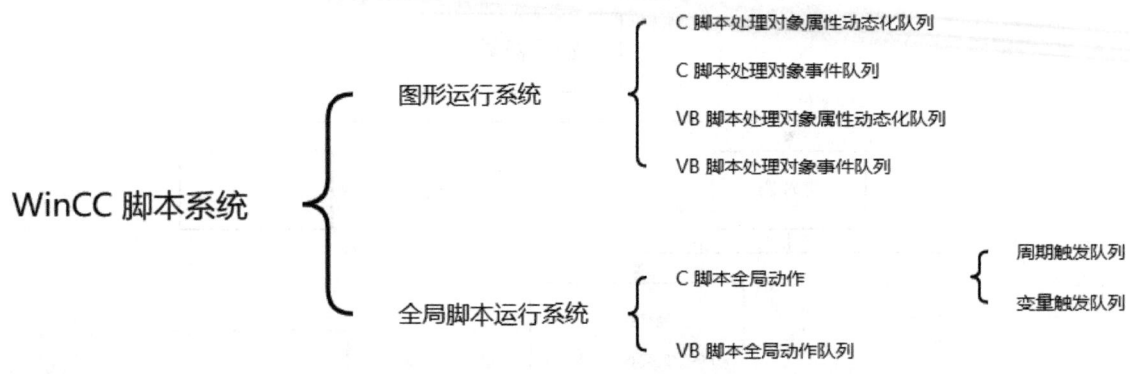

图 14-1　脚本系统的进程队列

触发条件是脚本执行的前提，不满足触发条件，脚本是不会执行的。触发条件包括事件和触发器，事件指对象属性的改变（例如颜色的更改）和对象事件的触发（例如鼠标单击），而触发器指定时器（周期和非周期）触发和变量触发（周期检测或有变化时）。

在后续介绍中，将着重从原理和结构上阐述 C 脚本、VB 脚本和 VBA 的功能和作用。关于代码编程的语法说明和在脚本编辑器中的具体操作将不做过多描述，具体信息可以参考 WinCC 在线帮助中的说明。

14.2　C 脚本

相对于 VB 脚本的简单易学，C 脚本需要更高的编程基础，可以通过 API（应用程序接口）访问 Windows 操作系统及其各种应用程序。例如，在 WinCC 运行系统中需要调用外部 DLL 函数来扩展功能时，只能使用 C 脚本。

14.2.1　C 脚本系统介绍

WinCC 提供的 C 脚本是基于 ANSI-C 的编程语言。与 VB 脚本不同的是，C 脚本是使用函数访问整个运行系统的，例如消息系统、报表和记录系统等。

C 脚本的核心是 C 函数和 C 动作，C 动作由触发器激活，也就是触发事件，在 C 动作中可以调用一个或多个 C 函数，C 动作和 C 脚本的关系如图 14-2 所示，而 C 函数没有触发器。

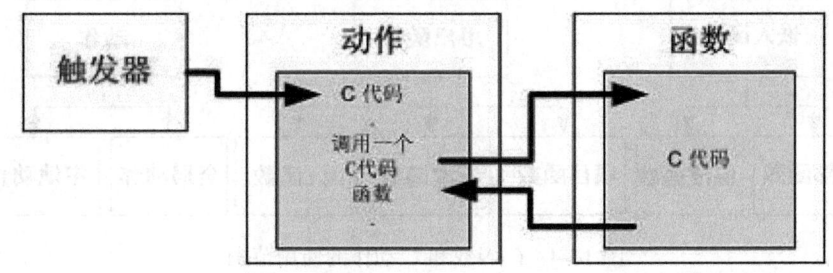

图 14-2　C 动作和 C 脚本的关系

触发器包括"定时器"触发和"变量"触发两种类型，如图 14-3 所示。

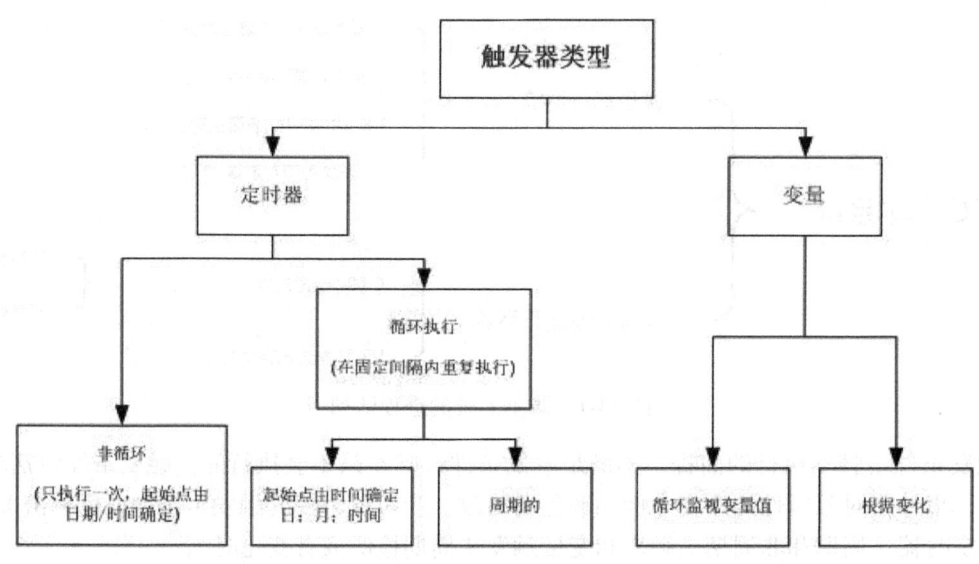

图 14-3　触发器类型

定时器触发可以定时触发一次，也可以周期触发。变量触发是指触发变量的数值发生变化时执行触发器相关联的动作。变量触发可以通过预定义的标准周期循环监视变量值，也可以根据变化进行触发。在 WinCC 的全局脚本动作中，只要定时触发和变量触发这两者中任一条件满足，触发动作都将执行；如果变量触发关联了多个变量，只要其中一个变量值发生了变化，触发动作也将执行。

> **提示**
>
> 定时器的周期时间对项目性能具有较大的影响，画面的所有动作都必须在其周期时间内完成。以从 PLC 读取数据为例，除了动作的运行时间以外，请求变量值所需要的时间以及 PLC 的反应时间也必须考虑。如果为了查询快速变化的变量，而将触发器事件的周期时间设置在 1s 以内，则将加重运行系统的负荷。

C 函数和 C 动作的使用范围如图 14-4 所示。

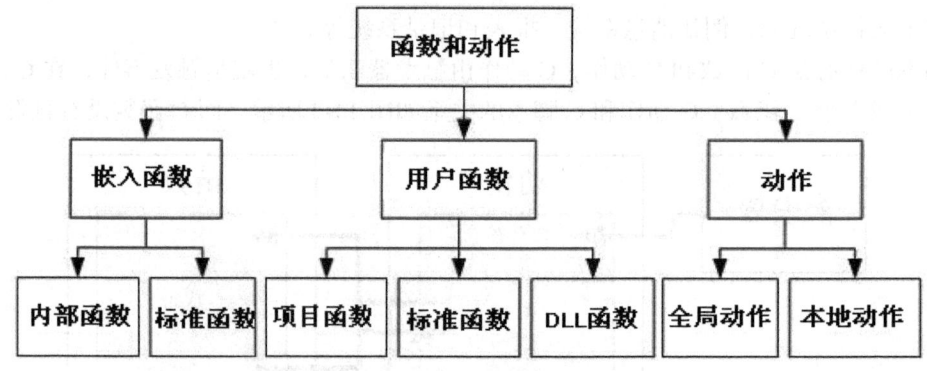

图 14-4　C 函数和 C 动作的使用范围

函数是一段代码，可在多处使用，但只能在一个地方定义。WinCC 包括许多函数，包括"嵌入函数"和"用户函数"。"嵌入函数"又包括"内部函数"和"标准函数"。"用户函数"包括"项目函数""标准函数"和"DLL 函数"。"嵌入函数"和"用户函数"的主要区别在于，

"嵌入函数"是 WinCC 系统默认提供的，可以直接调用；而"用户函数"可以由用户进行创建或编辑。"嵌入函数"中的"内部函数"仅供直接调用，不能编辑；"嵌入函数"中的"标准函数"既可以直接调用，也可以编辑，如果经过编辑就不再属于"嵌入函数"，而属于"用户函数"；"DLL 函数"必须在引用后才可以直接调用。

> **提示**
> 内部函数和标准函数存储在 WinCC 的安装路径的 aplib 目录下，如果标准函数经过编辑，则会影响本地计算机上所有使用了该标准函数的 WinCC 项目中的 C 脚本。

函数一般由特定的动作来调用，动作通常用于独立于画面的后台任务，例如打印日常报表、监控变量或执行计算等。动作包含"全局动作"和"本地动作"，将在后续做详细的介绍。动作由触发器启动。

项目函数、标准函数及内部函数的区别见表 14-1。

表 14-1 项目函数、标准函数及内部函数的区别

特征	项目函数	标准函数	内部函数
由用户自己创建	可以	不可以	不可以
由用户自己进行编辑	可以	可以	不可以
重命名	可以	可以	不可以
密码保护	可以	可以	—
使用范围	仅在项目内识别	可在项目之间识别	项目范围内可用
文件扩展名	"*.fct"	"*.fct"	"*.icf"

14.2.2 C 函数

C 函数类似 VB 脚本中的过程，只需创建一次，就可以在项目中多次调用。

1. 内部函数和标准函数的使用

内部函数可用于：项目函数、标准函数、动作、图形编辑器的 C 动作以及动态对话框。
内部函数代码示例如下：

```
SetTagDouble("MyTag", 6 );           // 为变量 MyTag 赋值 6
RT_Language = GetLanguage ();        // 获取 WinCC 运行系统的当前语言
```

标准函数可用于：项目函数、其他标准函数、全局脚本动作、图形编辑器的 C 动作以及动态对话框、报警记录中的报警回路功能、变量记录中的启动/停止归档和换出循环归档事件。
标准函数代码示例如下：

```
ProgramExecute("C:\\Program Files (x86)\\CommonFiles\\Siemens\\Bin\\CCOnScreenKeyboard.exe");        // 调用屏幕键盘工具
OpenPicture("MyPicture");            // 打开界面 "MyPicture"
```

内部函数和标准函数在组态动态对话框、变量记录的起始事件时的调用位置，在动态对话框中选择 C 函数如图 14-5 所示。在变量记录的起始事件中选择 C 函数如图 14-6 所示。

2. 创建和编辑项目函数

用户创建自定义的项目函数可应用于：图形编辑器的 C 动作以及动态对话框、报警记录中的报警回路功能、变量记录中的启动/释放归档和换出循环归档事件。

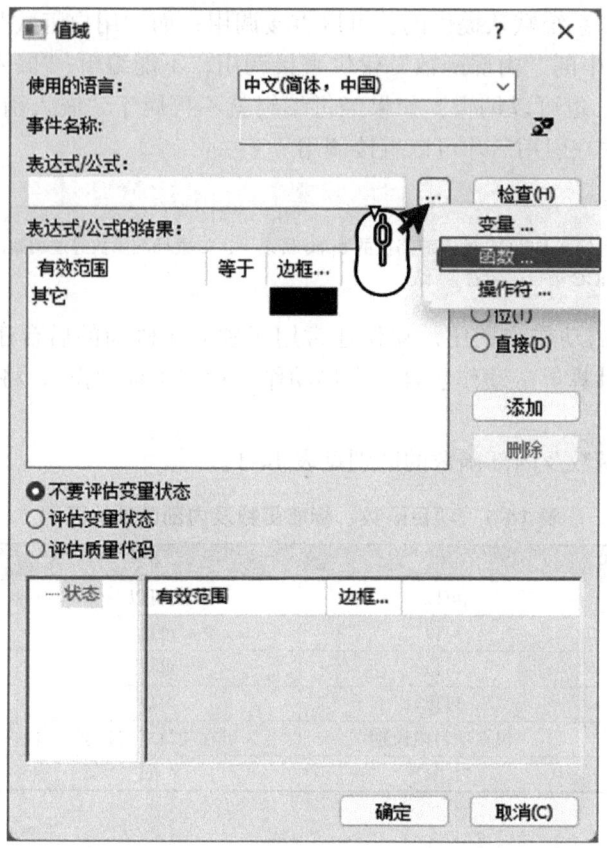

图 14-5　在动态对话框中选择 C 函数

图 14-6　在变量记录的起始事件中选择 C 函数

接下来介绍如何创建和编辑项目函数。在本例中，将创建一个在画面窗口中显示指定画面的项目函数。

步骤 1：打开全局脚本 C 编辑器，如图 14-7 所示。

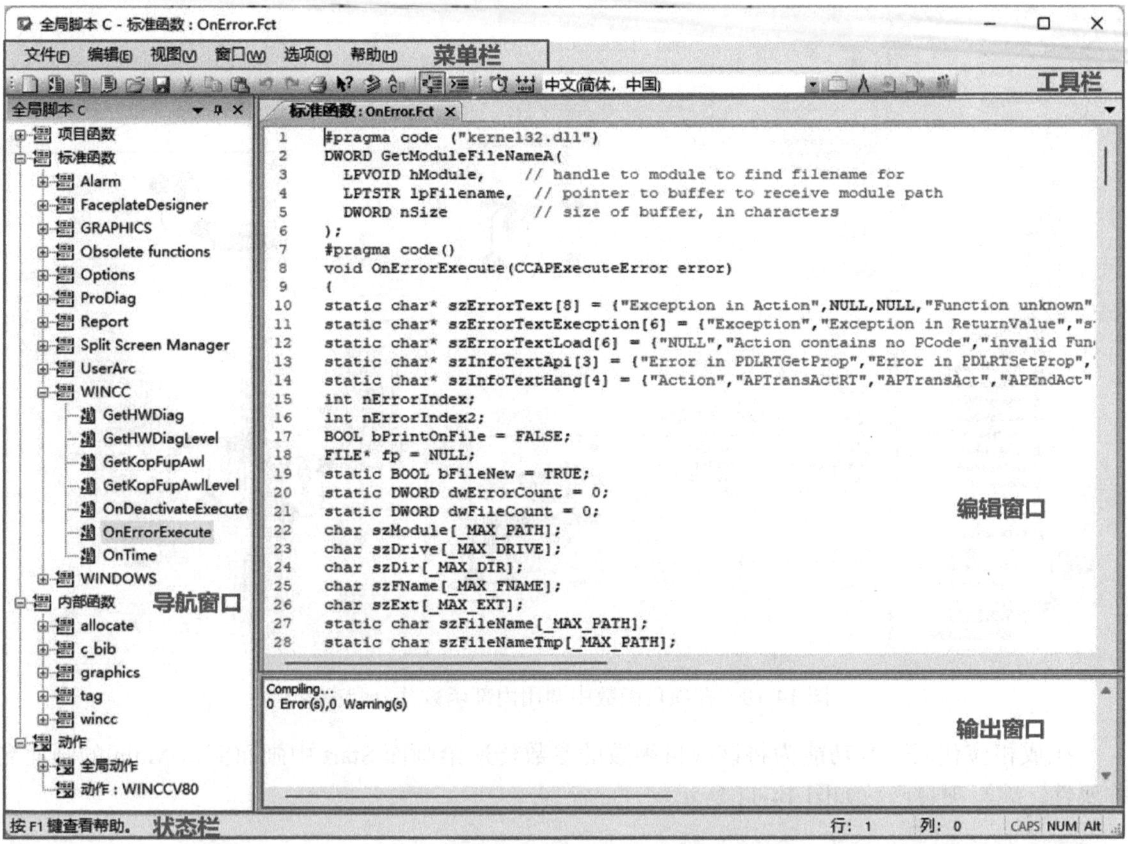

图 14-7　全局脚本 C 编辑器

步骤 2：右键单击导航窗口中的"项目函数"，在快捷菜单中选择"新建"菜单项，新建项目函数，如图 14-8 所示。

步骤 3：在右侧的编辑窗口中修改项目函数名称并添加参数，编写项目函数，如图 14-9 所示。

步骤 4：在项目函数中调用内部函数并分配参数，如图 14-10 所示，在导航窗口的内部函数中浏览到函数 SetPictureName。右键单击该函数，在快捷菜单中选择"提供参数"，为相应的参数选择画面和画面窗口对象。

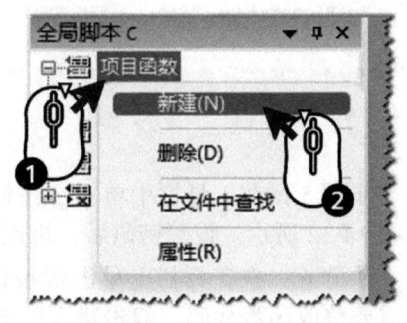

图 14-8　新建项目函数

图 14-9　编写项目函数

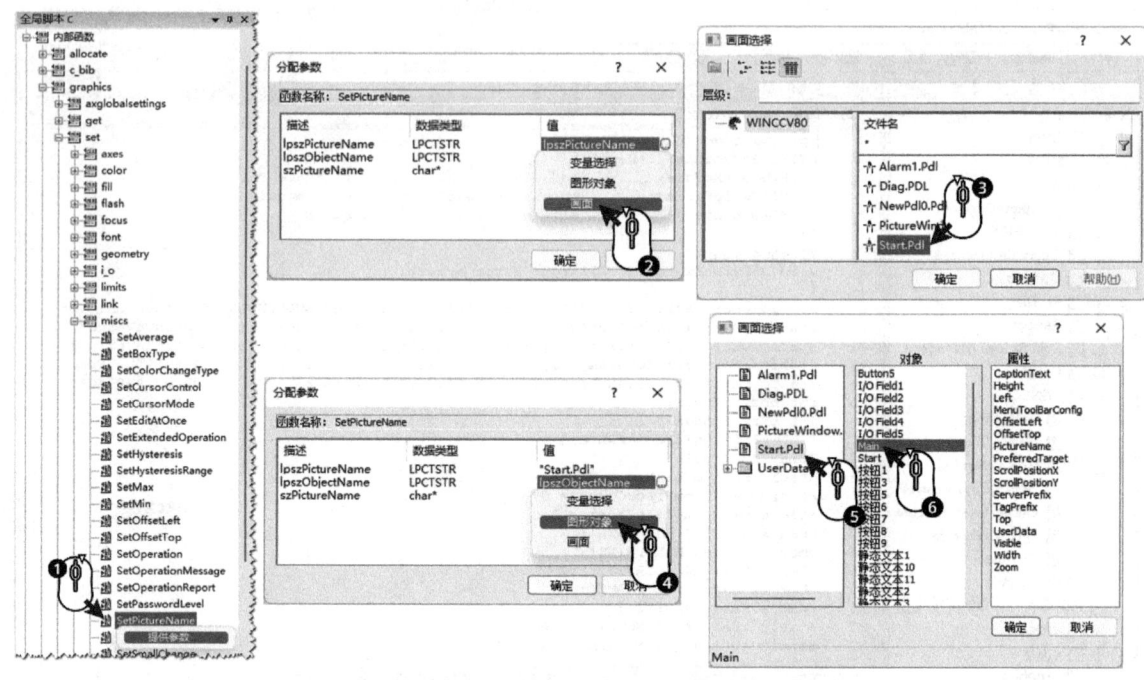

图 14-10　在项目函数中调用内部函数并分配参数

生成相应代码，其功能为将该项目函数的参数传递给画面 Start 中画面窗口 Main 的画面名称属性，编写项目函数如图 14-11 所示。

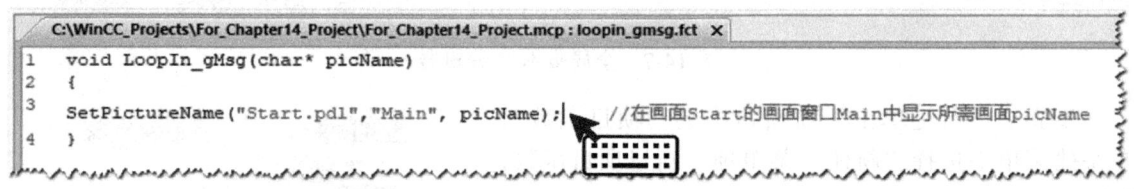

图 14-11　编写项目函数

步骤 5：在工具栏中单击 按钮，打开"属性"对话框，选择"密码"并输入，设置密码如图 14-12 所示。设置密码后，再次打开该函数时需要输入密码，否则不能打开进行编辑。

步骤 6：在工具栏上单击 按钮，编译后保存项目函数。如果输出窗口中出现错误信息，则需要修改函数代码，双击错误信息可以跳转到错误所对应的代码行，输出窗口的错误信息如图 14-13 所示。

> **提示**
> 项目函数默认保存在项目路径下的 Library 目录中。如果需要使用其他项目的项目函数，需要使用脚本编辑器打开该项目函数并另存到本项目路径下的 Library 目录中。

在 C 脚本编辑器中，可以通过单击工具栏上的"禁用 / 激活行号"按钮隐藏或显示代码的行号。这样在语法检查出现错误时，也可以根据编译信息，单击工具栏上的"跳转到行"按钮，快速定位故障代码的位置，定位代码位置如图 14-14 所示。

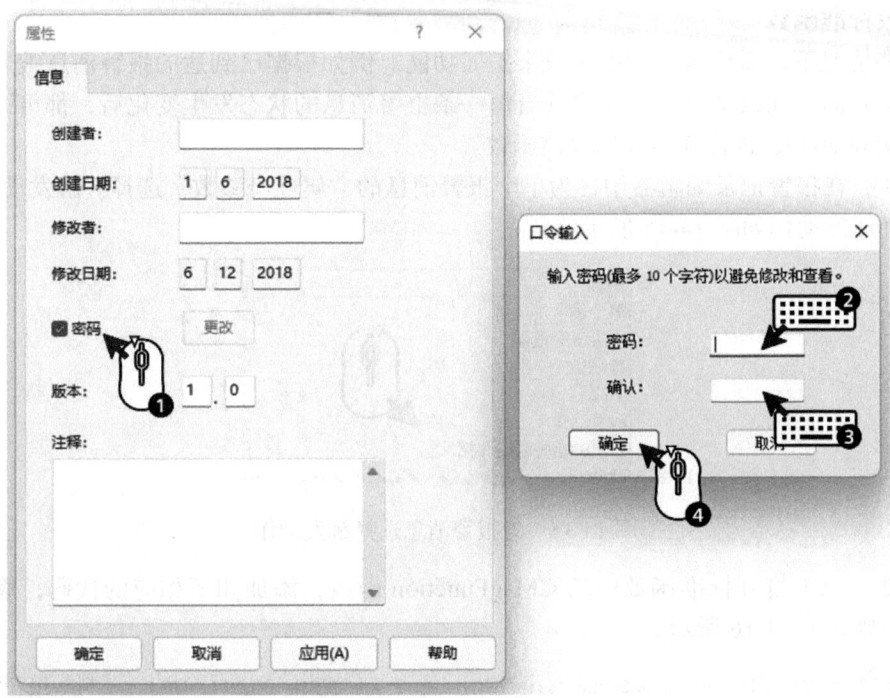

图 14-12 设置密码

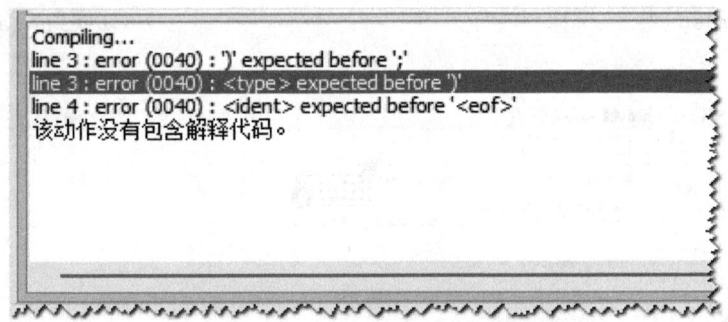

图 14-13 输出窗口的错误信息

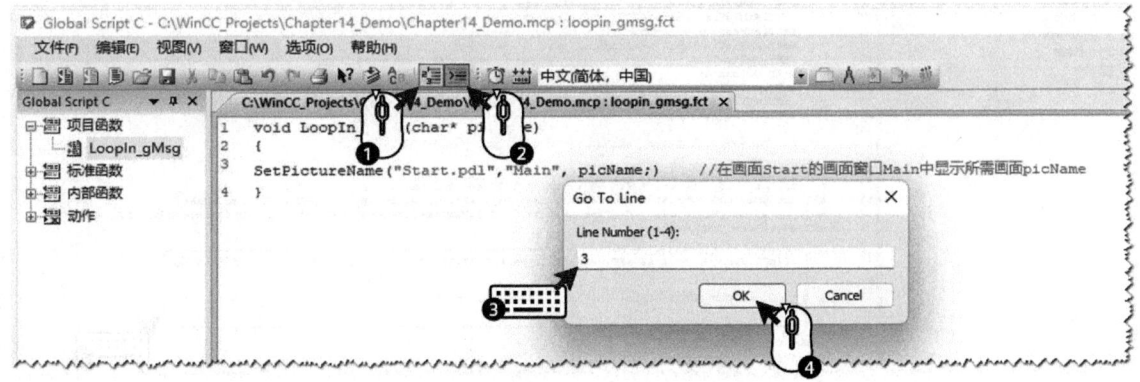

图 14-14 定位代码位置

3. 修改标准函数

在某些情况下，需要修改标准函数来扩展功能。例如根据已到达的报警消息编号来切换画面窗口中的画面。在第 7 章中，介绍过当每一条报警消息的状态发生变化后，都可以触发标准函数 GMsgFunction，这样就需要修改该函数。

步骤 1：在报警记录编辑器中，为单个报警消息的"属性→参数"选择"触发动作"，为报警消息选择触发动作如图 14-15 所示。

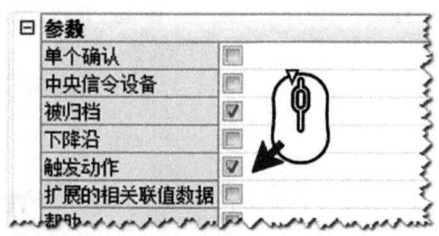

图 14-15 为报警消息选择触发动作

步骤 2：双击打开标准函数中的 GMsgFunction 函数，添加如下相应的代码，修改 GMsgFunction 函数如图 14-16 所示。

```
    if(mRT.dwMsgNr == 1 && mRT.dwMsgState == MSG_STATE_GO) // 判断报警编号为1
且当前状态为到达
    {
      LoopIn_gMsg("Alarm1.pdl");                          // 切换到Alarm1界面
    }
```

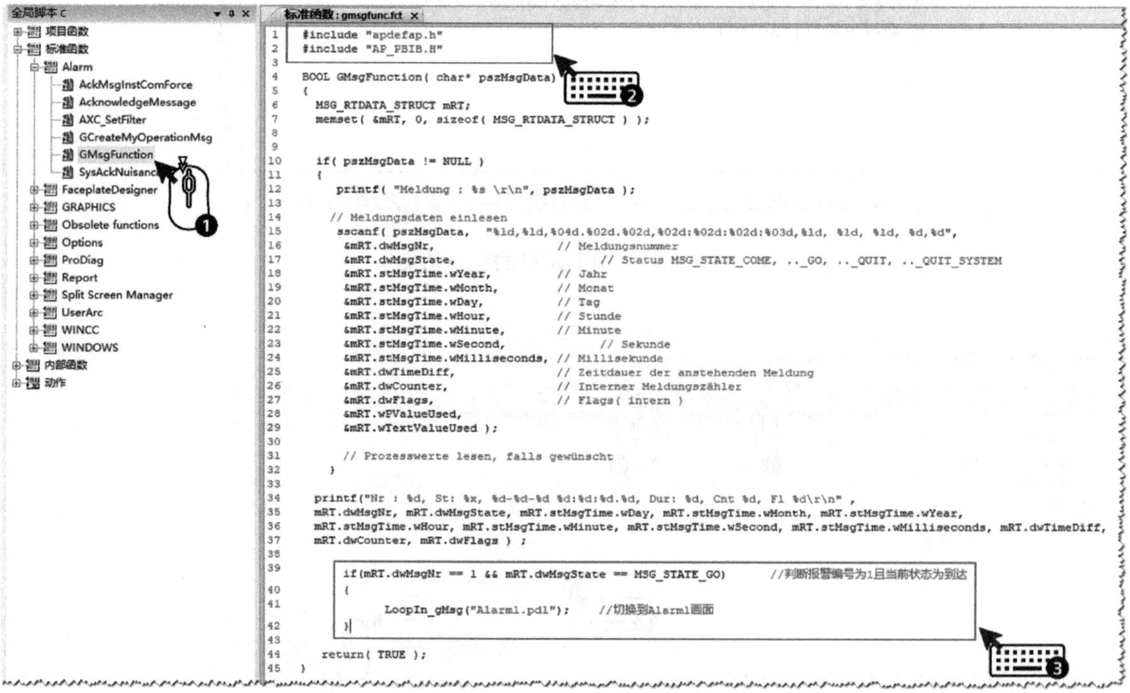

图 14-16 修改 GMsgFunction 函数

14.2.3 C 动作

C 动作和 C 函数之间的区别，除了触发器之外，还有如下不同之处：
1) C 动作可以在不同的项目中直接通过导出 / 导入重复使用。
2) 可为 C 动作分配授权，不具备相应授权的用户登录后 C 动作将不再执行。
3) C 动作可以调用有参数的 C 函数，但自身没有参数。

1. 画面对象的 C 动作

C 动作可以应用于画面对象的"事件"和"属性"的动态化。在图形运行系统进程（pdlrt.exe）中，C 脚本的处理分为两个队列，一个处理"属性"中周期触发和变量触发的 C 动作，另一个处理"事件"中事件触发的 C 动作。

（1）在画面对象的"事件"中添加"C 动作"

例如，用图形编辑器中的按钮事件触发一个 C 动作，这是组态项目的常规操作。

步骤 1：打开图形编辑器，选择画面中的按钮。在画面下部的对象窗口中"对象属性"的"事件"选项卡下选择"鼠标"。右键单击"单击鼠标"右侧的"动作"栏，在快捷菜单上选择"C 动作"，为按钮的"单击鼠标"事件添加"C 动作"，如图 14-17 所示。

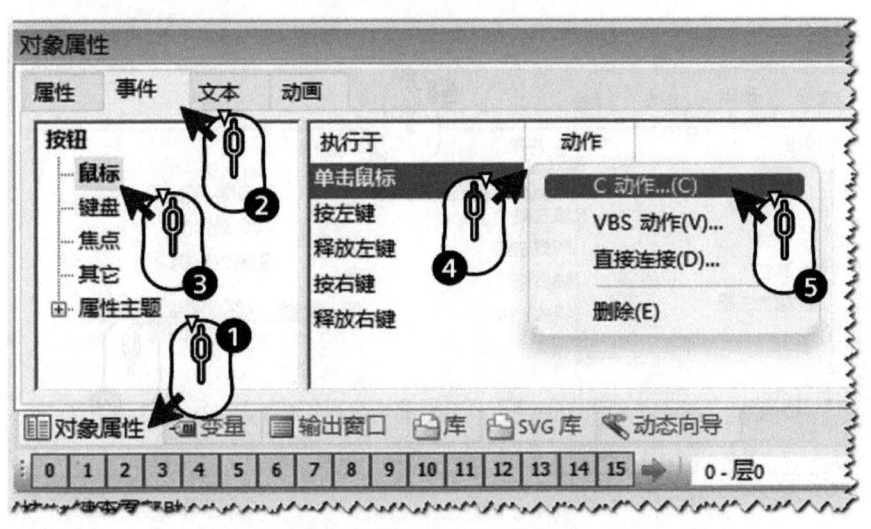

图 14-17 为按钮的"单击鼠标"事件添加"C 动作"

步骤 2：在打开的 C 动作编辑器中输入下面相应的代码，单击"确定"按钮后编译保存 C 动作，如图 14-18 所示。

```
AcknowledgeMessage( GetTagWord(«MsgNr»));// 确认编号值为变量 MsgNr 的报警
```

> **提示**
> 仅限在 { } 之间编写代码。{ } 之外的代码由系统自动生成，不能修改和删除。

添加 C 动作后，事件"单击鼠标"右侧"动作"栏中会出现绿色 ⚡ 标志，表示已组态 C 动作。如果不需要该 C 动作或更换为其他组态方式，可以右键单击 ⚡ 标志，在快捷菜单上选择删除，删除 C 动作如图 14-19 所示。

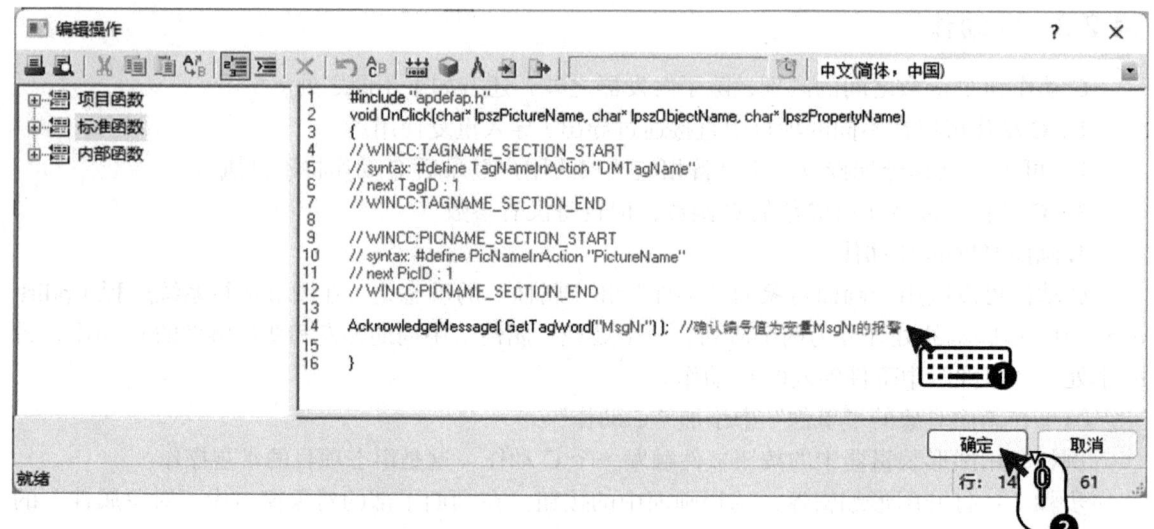

图 14-18　编写 C 动作

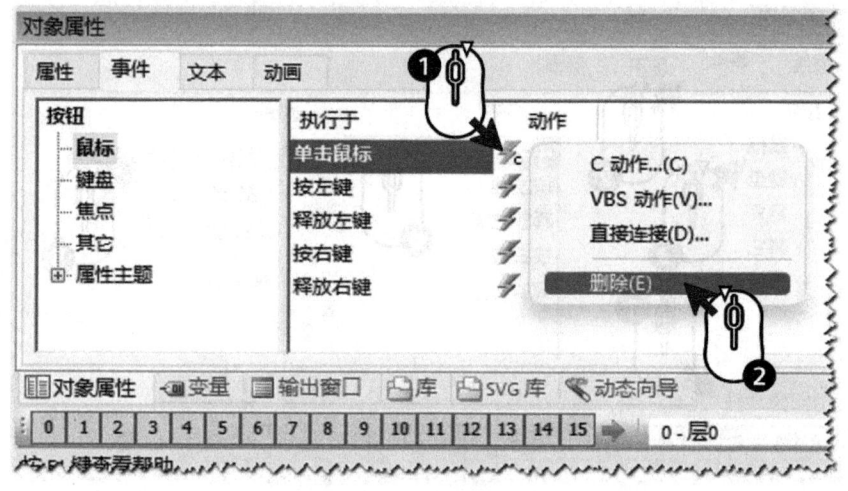

图 14-19　删除 C 动作

（2）在画面对象的"属性"中添加"C 动作"

例如，用图形编辑器中的输入/输出域触发一个 C 动作，触发方式为变量触发。

步骤 1：打开图形编辑器，选择画面中的输入/输出域。在画面下部的对象窗口中的"对象属性"的"属性"选项卡下选择"输出/输入"。右键单击"输出值"右侧的"动态"栏，在快捷菜单上选择"C 动作"，为输入/输出域的"输出值"属性添加"C 动作"，如图 14-20 所示。

步骤 2：在打开的 C 动作编辑器中输入以下相应的代码：

```
#define TAG_1"var_1"
static int a = 0;
a++;       //C动作执行次数 a 累加
```

```
if (a> = 255)a = 0;    //设置C动作执行次数a累加的上限
printf ("    script (var_1)run no.:%d \r\n",a); //输出C动作执行的次数a
return ((unsigned long)GetTagDouble(TAG_1)*2);  //将var_1的2倍返回
```

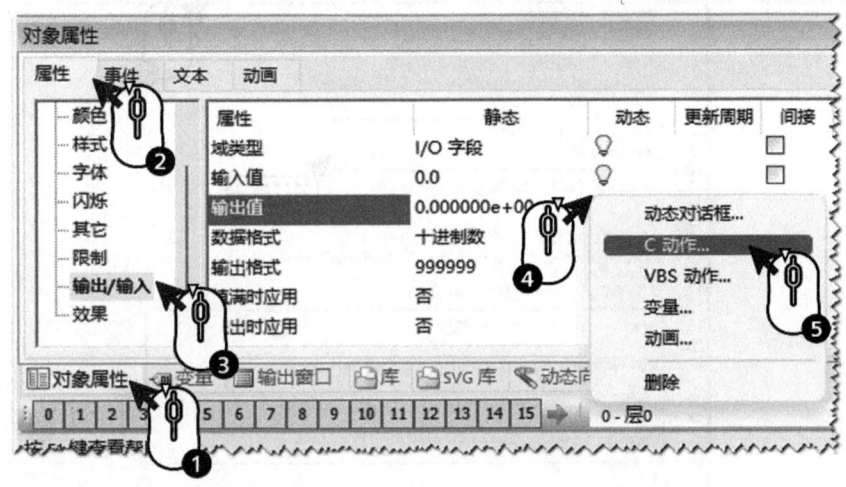

图 14-20 为输入/输出域的"输出值"属性添加"C动作"

设置触发器的触发事件为变量触发。触发变量选择 var_1（默认的更新周期为 2s），单击"确定"按钮后编译保存 C 动作，编写 C 脚本并设置触发器如图 14-21 所示。

在创建画面 C 动作和全局动作时，系统自动生成的代码框架的前 9 行注释用于交叉引用的定义。如果需要使用 WinCC 的交叉索引在画面脚本或全局脚本中搜索内部/外部变量和画面名称，则需要在空行前的第一部分中使用 #define 定义脚本中所使用的全部变量；在空行后的第二部分中使用 #define 定义脚本中所使用的全部画面名称。

> **提示**
> 如果在编辑画面 C 动作和全局动作时，删除了系统自动生成的代码框架的前 9 行注释，可以使用 WinCC 智能工具 Cross Reference Assistant 来统一完成该项工作。具体步骤请参考 WinCC 在线帮助。

在选择触发器的触发事件时，有以下 4 个选项，触发器的触发事件如图 14-22 所示。

触发事件可以选择以下条件：

1）变量：当所选变量值发生变化时触发 C 动作。需选择一定的周期（250ms～1h 之间）检查变量的变化。

2）标准周期：需选择一定的周期（250ms～1h 之间）用作触发器。

3）画面周期：画面周期由组态 C 动作的画面对象所在的画面的对象属性"更新周期"定义。

4）窗口周期：窗口周期由组态 C 动作的画面对象所在的画面窗口的对象属性"更新周期"定义。

> **提示**
> 可以添加一个或多个变量作为触发器，只要有一个变量发生变化时，触发器就会生效。

添加变量后，在"标准周期"栏相应位置上双击，在更新列表中选择相应的周期，为变量触发器选择触发周期，如图 14-23 所示。

588 | 西门子 SIMATIC WinCC 使用指南 下册

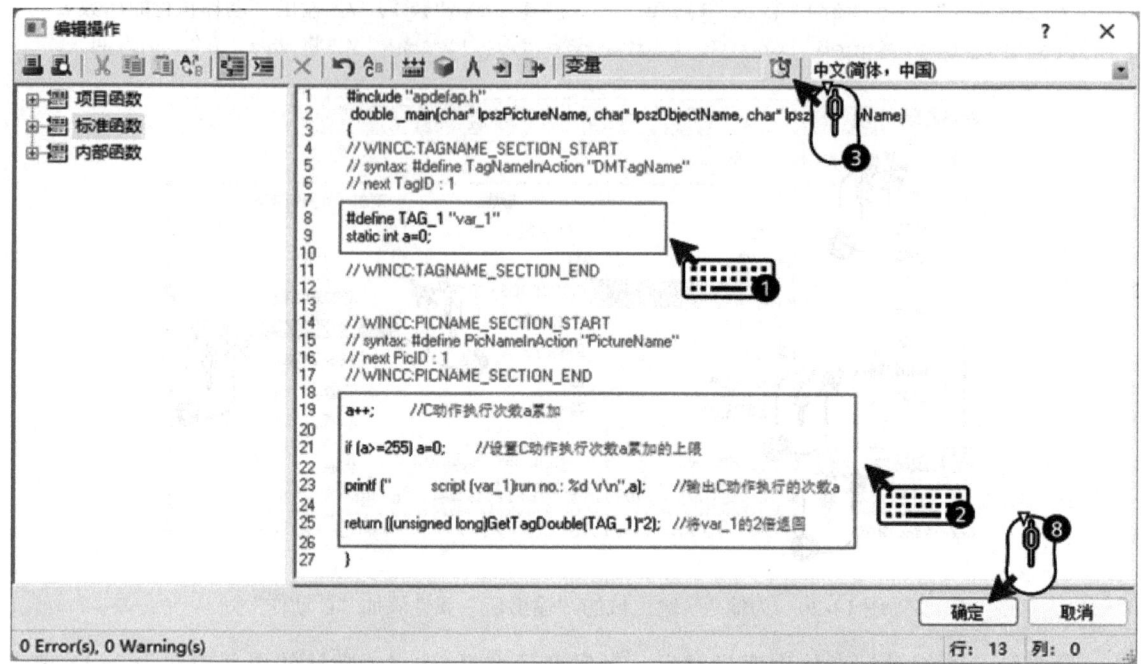

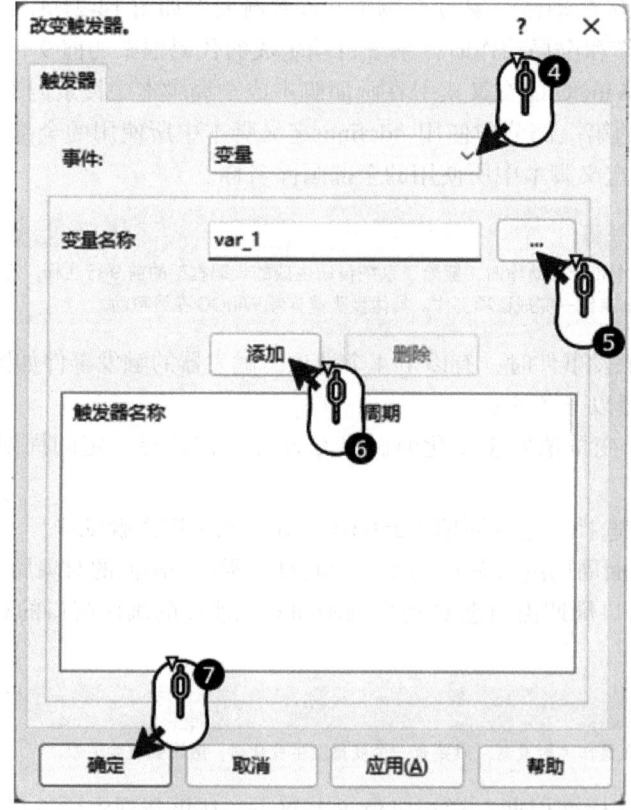

图 14-21 编写 C 脚本并设置触发器

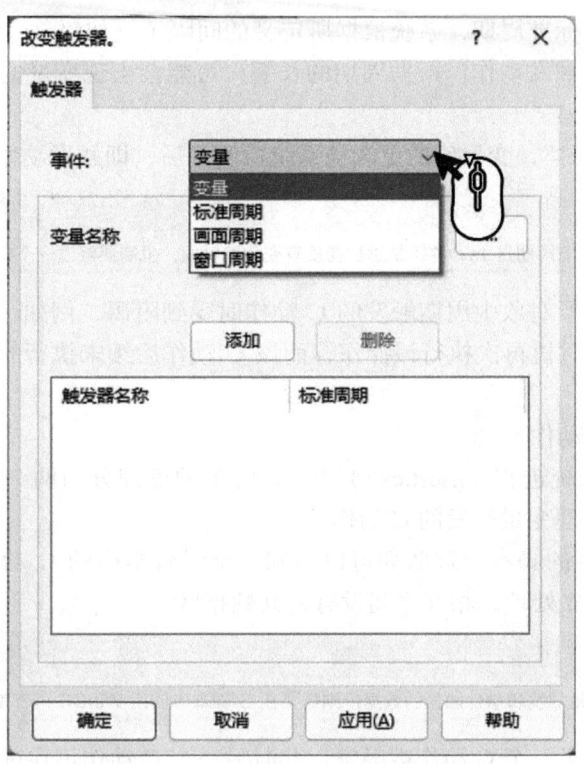

图 14-22 触发器的触发事件

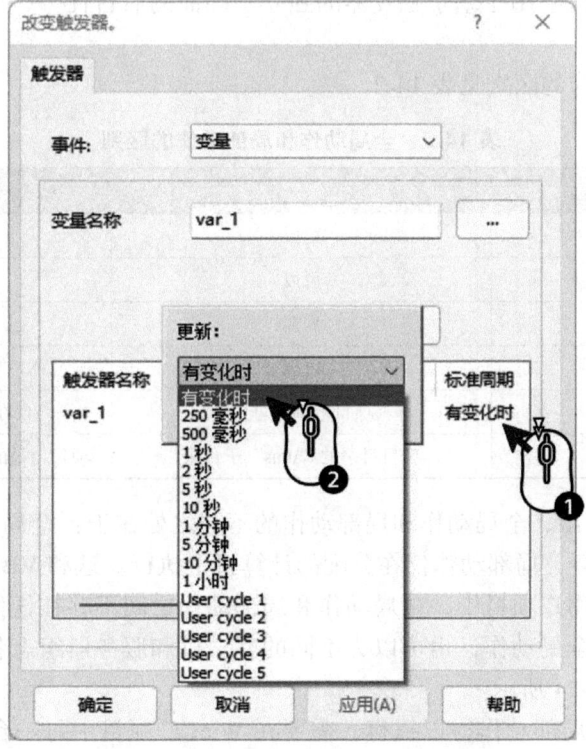

图 14-23 为变量触发器选择触发周期

如果选择的是一个标准周期，系统根据所定义的间隔（例如每 2s）查询变量值。如果检测到变量值发生变化，则触发动作。根据周期的长短，可能会出现变量值发生更改但系统却没有检测到的情况。

如果选择"有变化时"，变量值的更改被系统检测到后，即触发动作。

> **提示**
> "有变化时"的变量的扫描周期是 1s。并不是过程变量有变化即触发，也需要经过一个扫描周期。

如果系统在处理图形对象中周期触发的 C 动作时受到阻碍，例如，由于系统过载或其他原因，则在下一个可能的时机再次执行该操作，而该 C 动作后续未执行的周期处理不会保存在队列中，即被丢弃。

2. 全局动作和局部动作

在全局脚本运行系统进程（gscrt.exe）中，C 脚本的处理分为两个队列：一个处理周期触发的 C 动作，另一个处理变量触发的 C 动作。

通过 14.1 节中介绍的脚本处理队列可以得知，全局脚本中的 C 动作和图形设计器中的 C 动作在运行时，二者独立处理，相互之间没有公共数据区。

> **提示**
> 如果需要同步周期或变量触发和事件触发的数据，则需要在 C 脚本中使用 WinCC 内部变量或过程变量。

在全局脚本中，如果一个 C 动作被触发，此时另一个 C 动作正在进行中，则第二个 C 动作被保持在队列中，直到可以执行。

全局动作和局部动作应用于基于触发器的独立于画面的后台任务，例如打印日常报表、监控变量或执行计算等。

全局动作和局部动作的区别见表 14-2。

表 14-2　全局动作和局部动作的区别

特征	全局动作	局部动作
由用户自己创建	可以	可以
由用户自己进行编辑	可以	可以
触发器	需要	需要
密码保护	可以	可以
使用范围	项目范围内可用	仅在分配的计算机上执行
存储路径	项目目录的"\Pas"子目录	项目目录的"\计算机名\Pas"子目录

从表 14-2 中可以看出，全局动作和局部动作的不同之处在于：全局动作在客户机/服务器项目的所有计算机上执行，局部动作仅在分配的计算机上执行。这和 VBS 的全局动作和局部动作是不一样的。而在单用户项目中，全局动作和局部动作之间不存在任何区别。在浏览窗口的动作目录下，可以组态全局动作，也可以为不同的客户机和服务器组态各自的局部动作，全局动作和局部动作如图 14-24 所示。

为了使全局动作和局部动作得以执行，需要在 WinCC 项目中每一台计算机上的启动列表中都选择全局脚本运行系统。

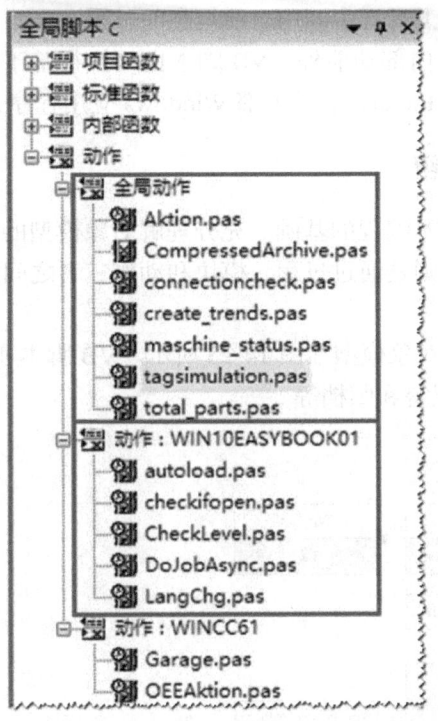

图 14-24 全局动作和局部动作

> **提示**
> 在冗余服务器的架构中，全局动作会同时在冗余的主服务器及备用服务器上执行，因此会造成系统的混乱。在这种情况下，可以借助系统变量 @RM_Master。即在全局动作中使用 if 语句判断 @RM_Master 是否为 1，以此确定全局动作只在主服务器上执行。也可以把全局动作改为只在客户机上执行的局部动作。而如果是分布式客户机，需要把服务器上分配给该客户机的局部动作（.pas 文件）复制到客户机项目的相应目录下。

全局动作的示例将结合调用 DLL（动态链接库）的函数在 14.6.2 节中介绍。

14.3 VB 脚本

在 WinCC 运行环境中，VB 脚本可以访问图形运行系统中的变量和对象，也可以执行独立于画面的功能。

1）可对变量值进行读取和写入操作，例如，可以通过单击鼠标来指定 PLC 的变量值。

2）可在对象属性的动态化中使用动作，并可通过特定的事件来触发动作，例如，对象颜色的周期性更改，或切换对象在运行系统中的显示语言。

3）可周期性触发或根据变量值触发独立于画面的动作。

可在 WinCC 的以下编辑器中使用 VB 脚本：

1）在全局脚本编辑器中组态独立于画面的动作和过程。这些过程可在依赖于画面的动作和独立于画面的动作中使用。

2）在图形编辑器中组态基于画面的动作。使用基于画面的动作可将图形对象的属性动态化，或通过事件的触发执行特定的功能。

3）在用户定义的菜单和工具栏中调用之前组态的过程。

除了执行特定的 WinCC 内部功能外，VB 脚本也可执行基于 Windows 环境的自定义功能。例如，将 WinCC 数据传送到 Excel，启动外部 Windows 应用程序，或创建文件和文件夹等。

14.3.1 VB 脚本系统介绍

VB 的对象模型是 VB 脚本编程的基础。充分理解对象模型的概念后，掌握 VB 脚本的编程就非常容易。VB 脚本的执行则是通过过程、模块和动作三者之间的调用而实现的。

1. VBS 对象模型

WinCC VBS 运行系统的对象模型如图 14-25 所示。VB 脚本通过对象模型来访问 WinCC 运行系统的图形对象、变量、报警和归档等。

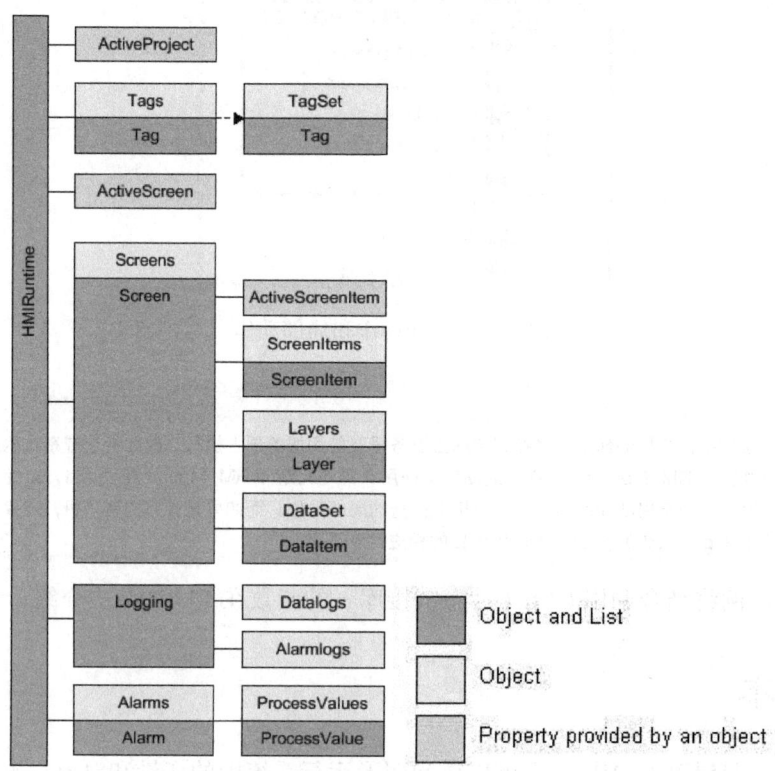

图 14-25　WinCC VBS 运行系统的对象模型

1）通过"对象和列表"（Object and List）以及"对象"（Object）可以访问图形运行系统中的所有对象，例如画面、图形对象、图层和变量等。以下代码示例为定义对象为编号 1000 的报警消息：

```
Dim MyAlarm
Set MyAlarm = HMIRuntime.Alarms(1000)
```

2）通过独立对象的"属性"（Property provided by an object）可以设置图形运行系统中的所有对象和变量的状态。例如，通过每次鼠标动作改变对象的位置或修改变量值以触发对象颜色的变化等。以下代码示例为设置报警消息的属性，包括状态、注释、用户和过程值：

```
MyAlarm.State = 5
MyAlarm.Comment = "MyComment"
MyAlarm.UserName = "Operator1"
MyAlarm.ProcessValues(1) = "Process Value 1"
MyAlarm.ProcessValues(4) = "Process Value 4"
```

3)还可以通过独立对象的"方法"执行图形运行系统中的所有对象的应用,例如,读出变量值用于进一步计算或在运行系统中显示诊断信息等。以下代码示例为生成一个报警:

```
MyAlarm.Create"MyApplication"
```

通过上述"对象""属性"和"方法"的结合,就可以在运行系统中生成一条用户自定义的报警消息,如图14-26所示。

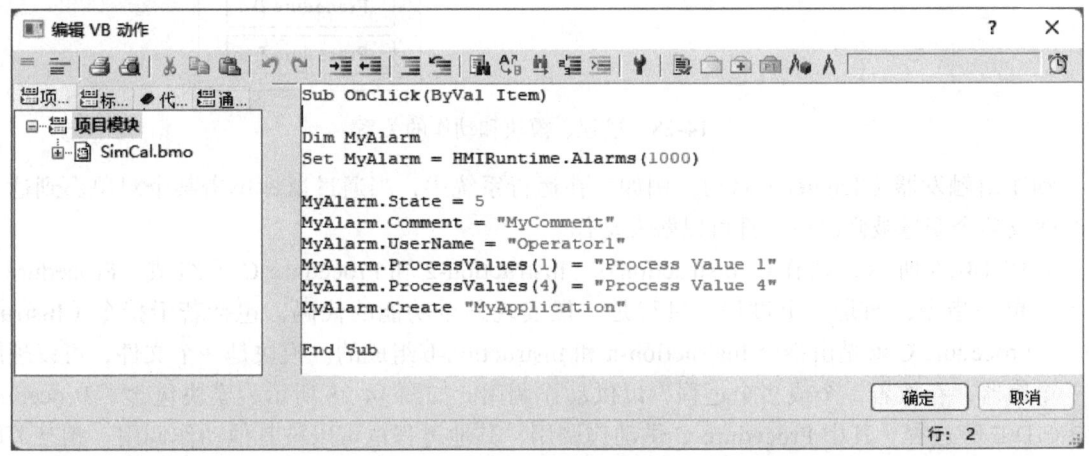

图 14-26 用户自定义报警消息

在VB动作编辑器中,可以通过单击工具栏上的"禁用/激活行号"按钮隐藏或显示代码的行号。这样在语法检查出现错误时,可以根据编译信息,单击工具栏上的"跳转到行"按钮,快速定位故障代码的位置,"激活行号"和"跳转到行"功能如图14-27所示。

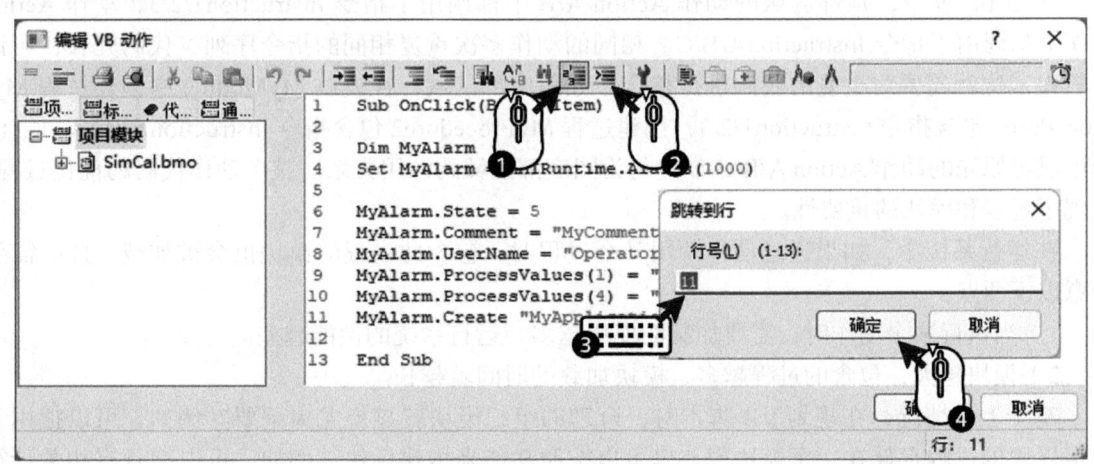

图 14-27 "激活行号"和"跳转到行"功能

2. 过程、模块和动作

WinCC 中的 VB 脚本可以使用过程、模块和动作实现运行环境的动态化。过程（Procedure）、模块（Module）和动作（Action）的关系如图 14-28 所示。

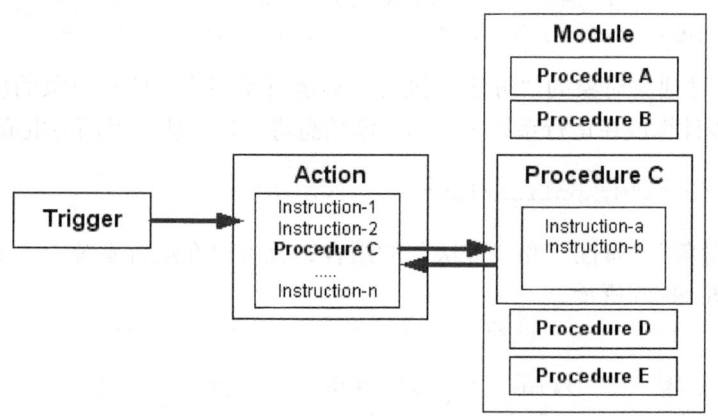

图 14-28　过程、模块和动作的关系

动作由触发器（Trigger）启动。例如，在运行系统中，当通过鼠标单击某个对象、到达某一时间或某个变量被修改后，都可以触发动作。

如图 14-28 所示，动作由 Instruction-1、Instruction-2 和 Procedure C 等组成，Procedure C 并不是单一指令，而是一个过程。过程是一段实现某个功能的代码，包括若干指令（Instruction）。Procedure C 就是由指令 Instruction-a 和 Instruction-b 组成的。模块是一个文件，可以理解为一个容器，存放着一个或多个过程，以供动作调用。如图 14-28 所示，模块包含了 Procedure A/B/C/D/E 等过程。其中 Procedure C 供动作调用，其他过程也可以被其他动作调用。相互关联的过程应该存储在同一模块中。

当系统需要多次实现某个功能时，无需多次输入代码，只需调入相应过程即可。过程的合理使用会有效地降低代码数量，这样的程序结构比较清晰且易于维护。下面以一个动作代码的优化过程为例，介绍如何布置合理的程序结构，如图 14-29 所示。

在图 14-29 中，顶部区域的动作 Action A/B 中都调用了指令 Instruction1/2/3，动作 Action C/D 中都调用了指令 InstructionA/B/C。相同的动作多次重复相同的指令序列，代码冗长，可读性较差。这就需要对重复的代码进行整合。如图中部区域，在模块 MyModule 中创建过程 MyProcedure1 包含指令 Instruction1/2/3，创建过程 MyProcedure2 包含指令 InstructionA/B/C。最终，则可以将原先的动作 Action A/B/C/D 优化为图底部区域的调用关系。整个动作代码的优化过程，体现了过程和模块的重要性。

在运行系统中，如果通过动作调用某个过程时，包含此过程的模块也会被加载。此时需要注意以下两点：

1）当执行某个动作时，需要加载的模块越多，运行系统的性能越差。

2）模块越大，包含的过程越多，模块加载的时间就越长。

基于上述情况，在规划 VB 脚本时，合理的组织模块就显得尤为重要。例如，可以把用于特定界面的过程存储在一个模块中。也可以按照功能来构建模块，例如，可以把具有相关计算功能的过程存储在一个模块中。

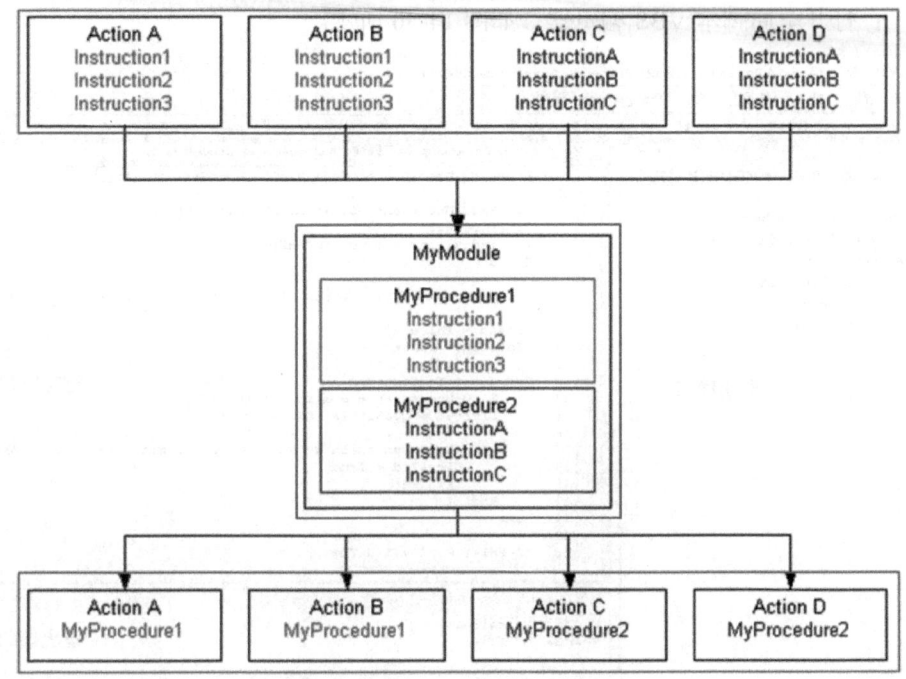

图 14-29 合理的程序结构

14.3.2 VB 脚本的过程和模块

过程是 VB 脚本的基本组成单元，模块是过程的集合。

1. 过程和模块的特征

过程包含以下特征：

1) 由用户创建和修改。
2) 可设置密码保护。
3) 不需要触发器。
4) 存储在模块中。

根据过程的适用范围不同，分为标准过程和项目过程：

1) 标准过程适用于在计算机上创建的所有项目。
2) 项目过程仅适用于创建此过程的项目。

模块包含以下特征：

1) 可设置密码保护。
2) 具有文件扩展名 *.bmo。

模块分为标准模块和项目模块：

1) 标准模块的过程可应用于该计算机的所有项目，存储在 WinCC 系统目录中。
2) 项目模块的过程仅应用于该项目，存储在项目目录中。

2. 创建和编辑过程

接下来将介绍如何创建和编辑过程。在本例中，将创建实现求和与求积功能的项目过程，并为项目模块加密。

步骤1：打开全局脚本 VBS 编辑器，如图 14-30 所示。

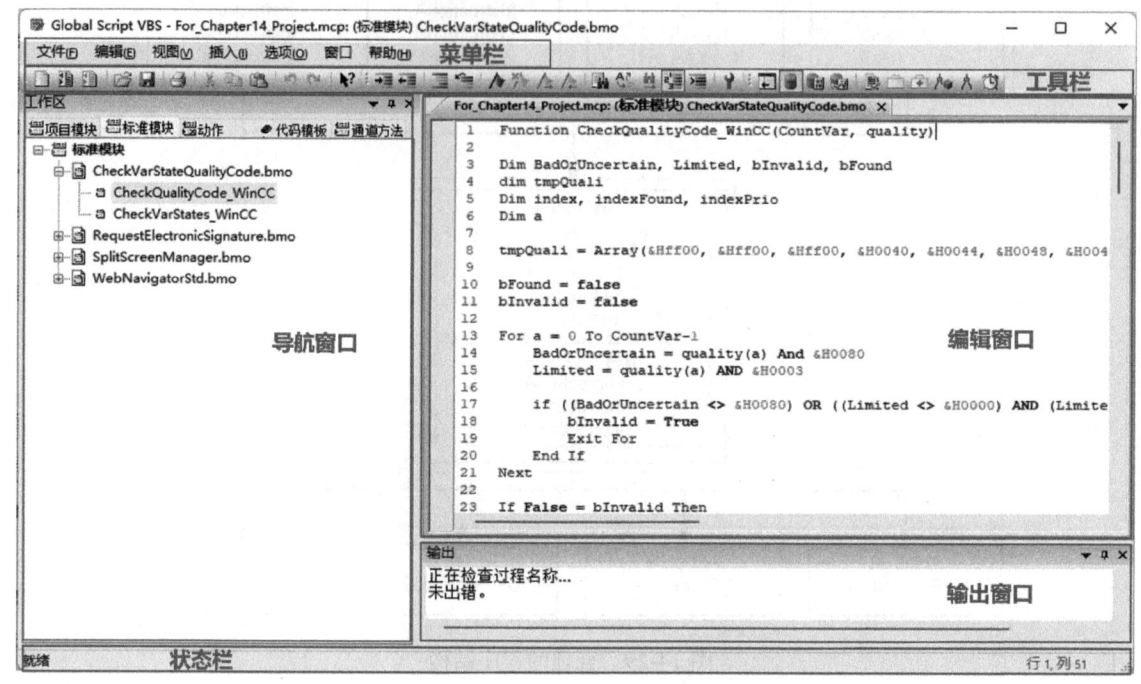

图 14-30　全局脚本 VBS 编辑器

步骤2：选择导航窗口中的"项目模块"选项卡。在下面的"项目模块"上右键单击，在快捷菜单中选择"新建→项目模块"，如图 14-31 所示。

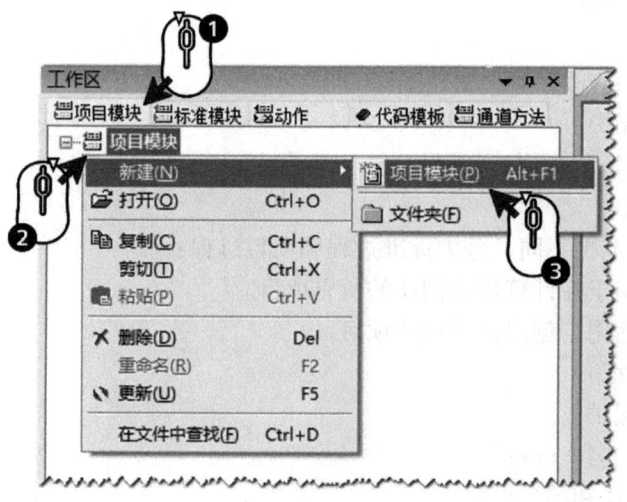

图 14-31　新建项目模块

步骤3：保存该模块后，右键单击该模块，在快捷菜单上选择"添加新过程"，如图 14-32 所示。

步骤4：由于本例中新建的是函数，所以在"新过程"对话框的"过程声明"中输入函数名称，并选择"带有返回的参数"，添加新函数如图 14-33 所示。

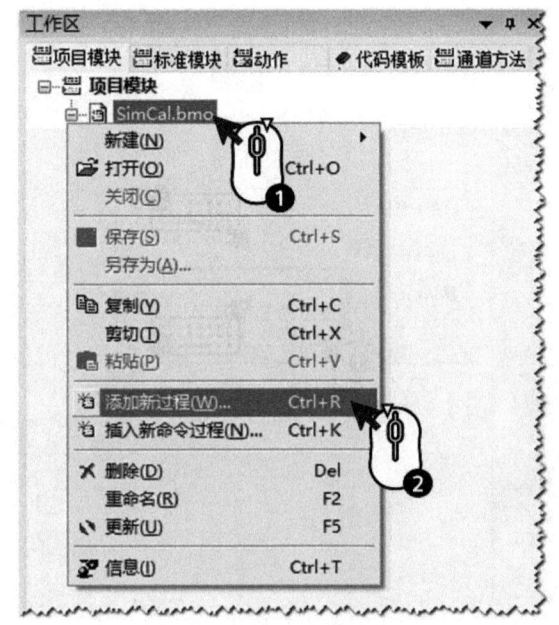

图 14-32 添加新过程

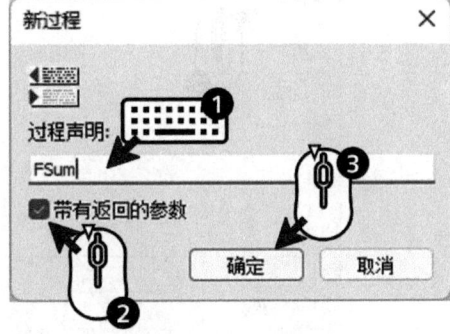

图 14-33 添加新函数

步骤 5：在右侧的编程窗口中删除默认的程序框架，在新添加的函数体内，输入相应的参数和函数代码。本例的模块中共添加了 2 个函数，编写模块中的函数如图 14-34 所示。

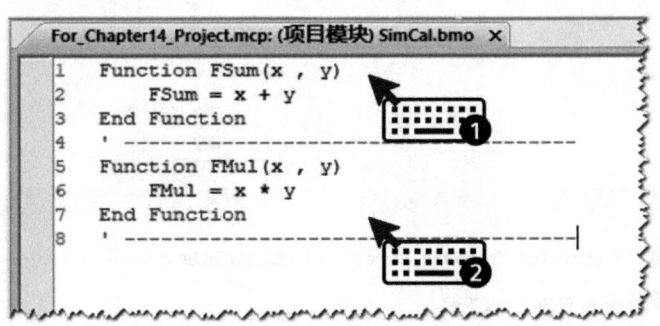

图 14-34 编写模块中的函数

> **提示**
>
> 新建模块时，默认提供的是程序框架 Sub（过程）。如果需要定义函数，在添加时选择"带有返回值的参数"，这样程序框架就会变成 Function（函数）。

步骤 6：如果需要对代码进行保护，可以在工具栏中单击 "信息 / 触发"按钮。打开"属性"对话框，选择"密码"并输入，设置密码如图 14-35 所示。设置密码后，再次打开该过程时需要输入密码，否则不能打开进行编辑。

步骤 7：在工具栏上单击 "语法检查"按钮，编译后保存项目函数。如果语法检查出现错误，编译窗口中则出现错误信息和定位，需要修改函数代码，编译窗口的错误信息如图 14-36 所示。

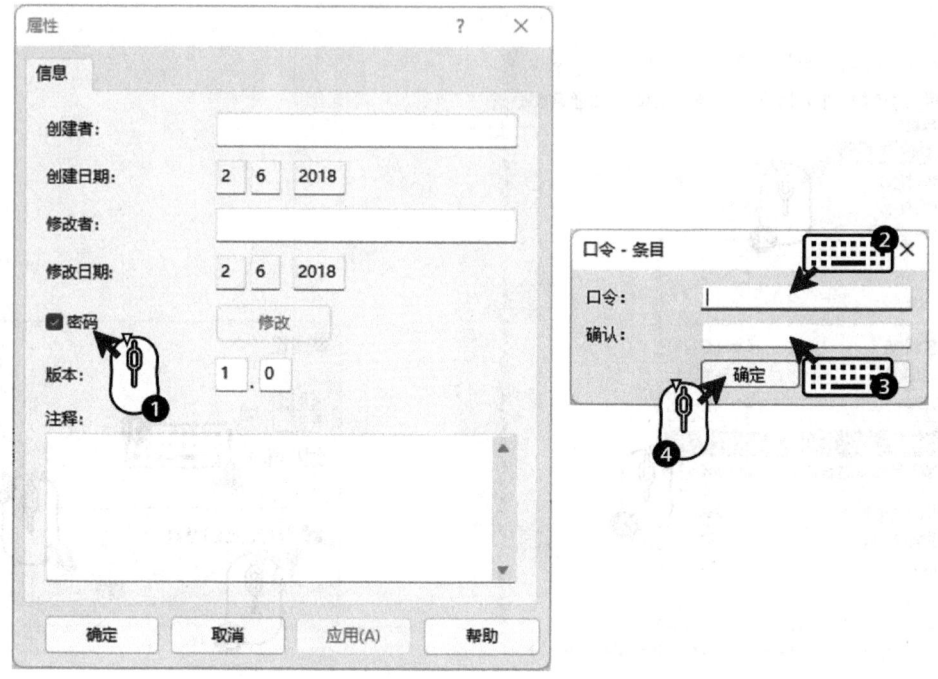

图 14-35 设置密码

图 14-36 编译窗口的错误信息

14.3.3 VB 脚本的动作

VBS 动作应用于运行系统中的图形对象的动态化和独立于画面的全局动作,它包含以下特征:

1)动作由用户创建和修改。
2)可设置密码保护。
3)动作至少具有一个触发器。
4)全局脚本中的动作的文件扩展名 *.bac,存储在 <WinCC 项目路径>\ScriptAct\ 目录中。

1. 画面对象的 VBS 动作

和 C 动作类似，VBS 动作可以应用于画面对象的"属性"和"事件"的动态化。在图形运行系统进程（pdlrt.exe）中，VB 脚本的处理分为两个队列。一部分处理"属性"中周期触发和变量触发的 VBS 动作，另一部分处理"事件"中事件触发的 VBS 动作。

接下来介绍如何创建画面对象的 VBS 动作。在本例中，将为画面对象按钮的鼠标事件组态 VBS 动作，并在动作中调用之前定义的函数。

步骤 1：打开图形编辑器，选择画面中的按钮。在画面下部的对象窗口中选择"对象属性→事件→鼠标"。右键单击"单击鼠标"右侧的"动作"栏，在快捷菜单上选择"VBS 动作"。为按钮添加"VBS 动作"如图 14-37 所示。

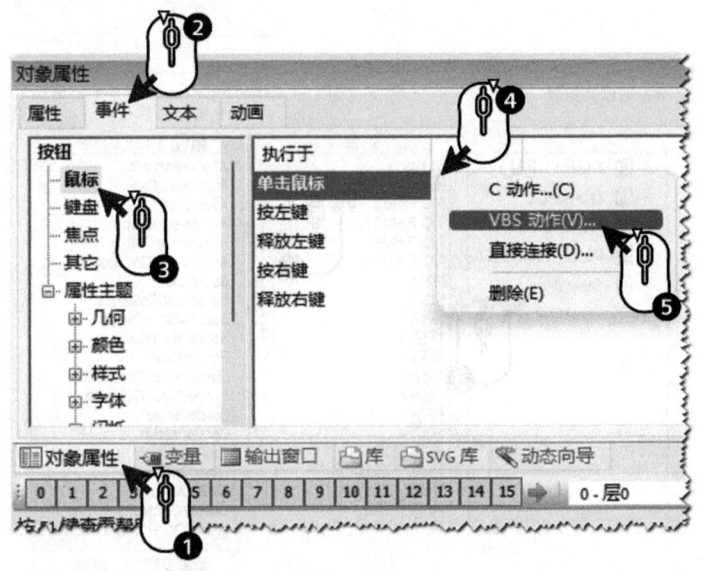

图 14-37 为按钮添加"VBS 动作"

步骤 2：在打开的 VBS 动作编辑器中输入下面的代码。本例中的代码含义为读取 2 个输入/输出域的变量，分别求和与求积后写入到另 2 个输入/输出域。

```
Sub OnClick(ByVal Item)
Dim obj1, obj2, obj3, obj4
Dim x, y
Set obj1 = ScreenItems("I/O Field1")
Set obj2 = ScreenItems("I/O Field2")
Set obj3 = ScreenItems("I/O Field3")
Set obj4 = ScreenItems("I/O Field4")
x = obj1.OutputValue
y = obj2.OutputValue
obj3.OutputValue = FSum(x, y)
obj4.OutputValue = FMul(x, y)
End Sub
```

步骤 3：在调用画面对象时可以单击工具栏上的 "对象选择对话框"按钮，通过"对象浏览器"窗口浏览，调用画面对象如图 14-38 所示。

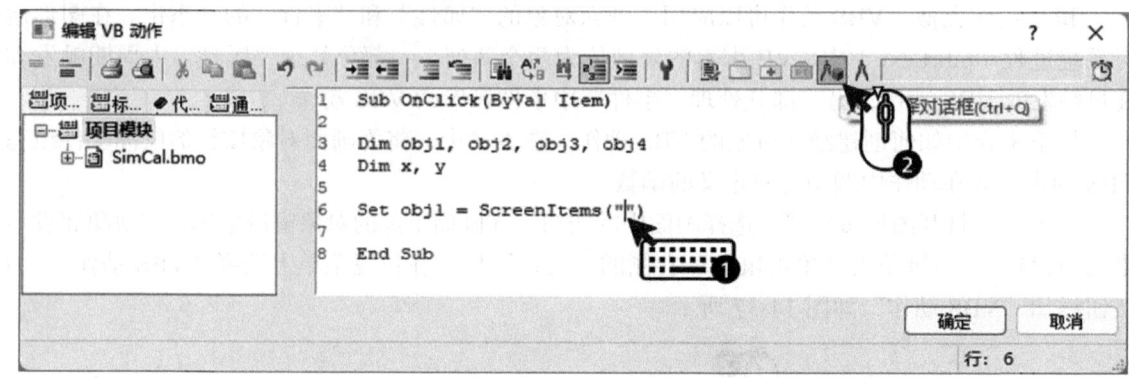

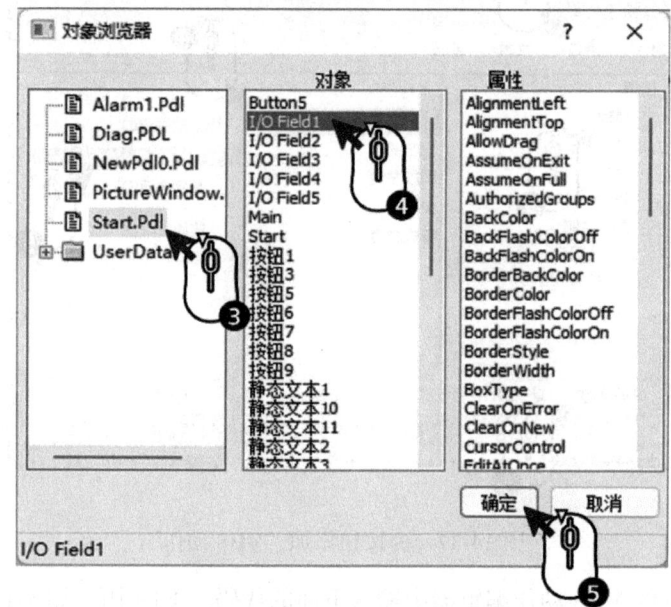

图 14-38　调用画面对象

步骤 4：在画面对象的"."后的智能感知列表框中选择相应的属性，调用对象属性如图 14-39 所示。

步骤 5：调用函数时，可以将导航窗口的项目模块下的函数拖拽到代码中，调用函数如图 14-40 所示。

代码编写中，可以充分利用代码模板、语法提示、对象导航和智能感知等工具，提高编程效率。调用代码模板如图 14-41 所示。

添加 VBS 动作后，事件"单击鼠标"右侧"动作"列中会出现蓝色 标志，表示已组态 VBS 动作。如果不需要该 VBS 动作或更换为其他组态方式，可以右键单击 标志，在快捷菜单中选择"删除"，删除 VBS 动作如图 14-42 所示。

如果系统在处理图形对象中周期触发的 VB 动作时受到阻碍，例如，由于系统过载或其他原因，则在下一个可能的时机再次执行该操作。而该 VB 动作后续未执行的周期处理不会保存在队列中，即被丢弃。

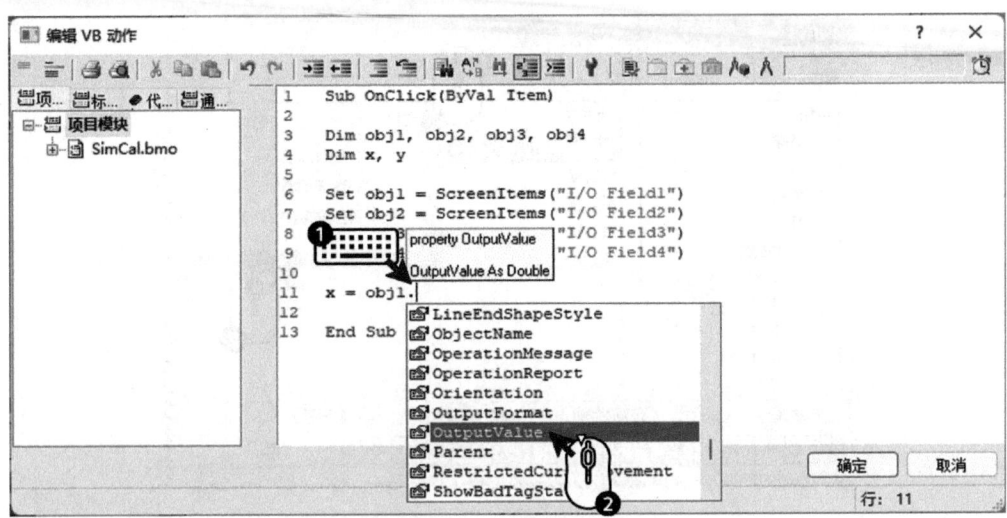

图 14-39　调用对象属性

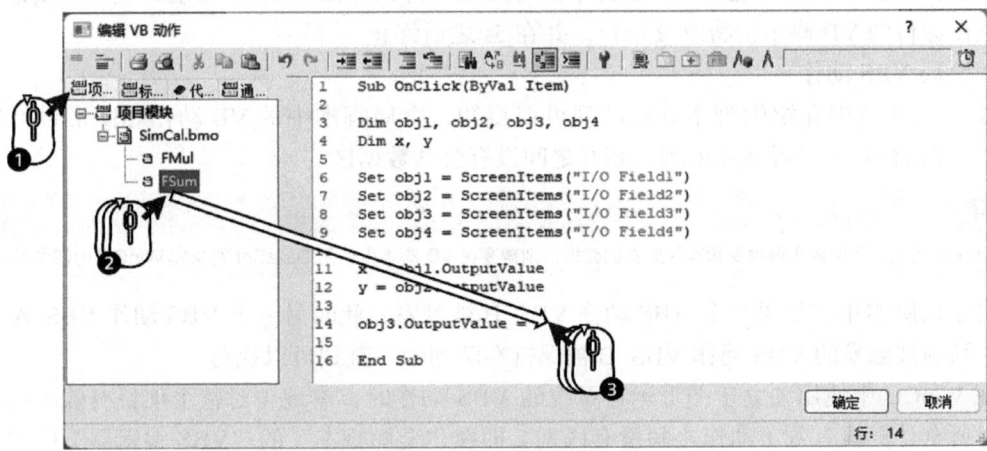

图 14-40　调用函数

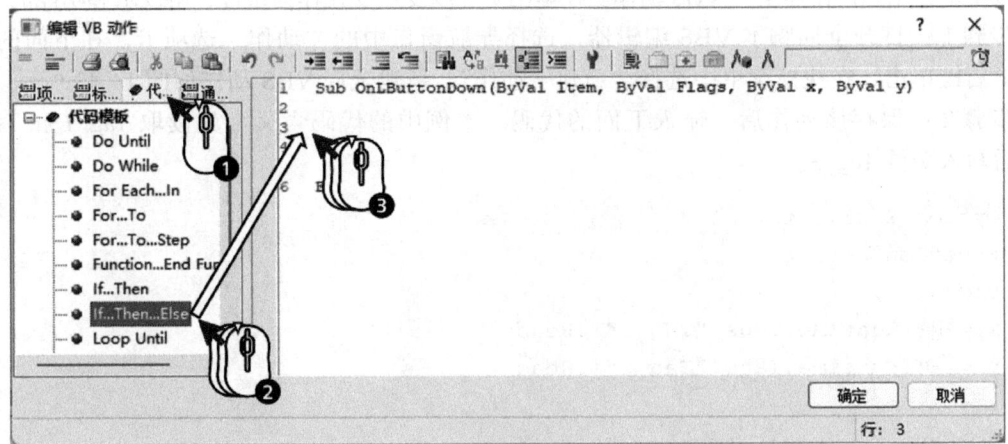

图 14-41　调用代码模板

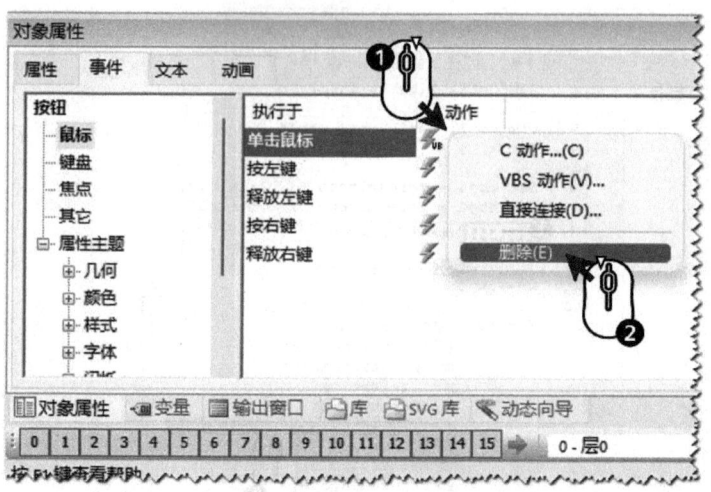

图 14-42 删除 VBS 动作

在画面切换后,正在运行的 VB 脚本仍将继续运行,并在 1min 后自动终止。退出运行系统时,正在运行的 VB 脚本仍将继续运行,并在 5s 之后终止。

2. 全局 VBS 动作

通过 14.1 节中介绍的脚本处理队列可以得知,全局脚本中的 VB 动作和图形设计器中的 VB 动作在运行时,二者独立处理,相互之间没有公共数据区。

> 提示
> 如果需要同步周期或变量触发和事件触发的数据,则需要在 VB 脚本中使用 DataSet 对象或 WinCC 内部变量。

在全局脚本中,如果一个 VBS 动作 VBS_B 被触发,此时另一个 VBS 动作 VBS_A 正在进行中,则刚被触发的 VBS 动作 VBS_B 被保持在队列中,直到可以执行。

在 WinCC 中使用独立于图形运行系统的 VBS 动作时,本地(对整个项目有效)动作和全局(对所有计算机有效)动作之间没有区别。即在"全局脚本"的"VBS 编辑器"中组态的动作始终全局有效。

接下来介绍如何创建全局 VBS 动作。在本例中,以变量变化作为条件,触发求和功能的动作。

步骤 1:打开全局脚本 VBS 编辑器,选择导航窗口中的"动作"选项卡。在下面的"动作"上右键单击,在快捷菜单中选择"新建→动作",新建全局 VBS 动作如图 14-43 所示。

步骤 2:保存该动作后,输入下面的代码。本例中的代码含义为先读取 Tag_1 和 Tag_2,求和后写入变量 Tag_3。

```
Option Explicit
Function action
Dim x, y, z
x = HMIRuntime.Tags("Tag_1").Read
y = HMIRuntime.Tags("Tag_2").Read
z = FSum(x , y)
HMIRuntime.Tags("Tag_3").Write z
End Function
```

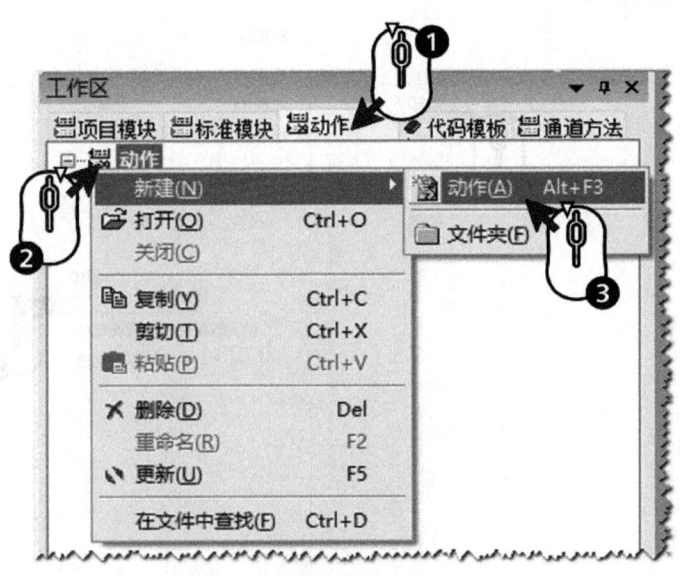

图 14-43　新建全局 VBS 动作

步骤 3：在画面对象的"."后的智能感知列表框中选择相应的方法，调用对象方法如图 14-44 所示。

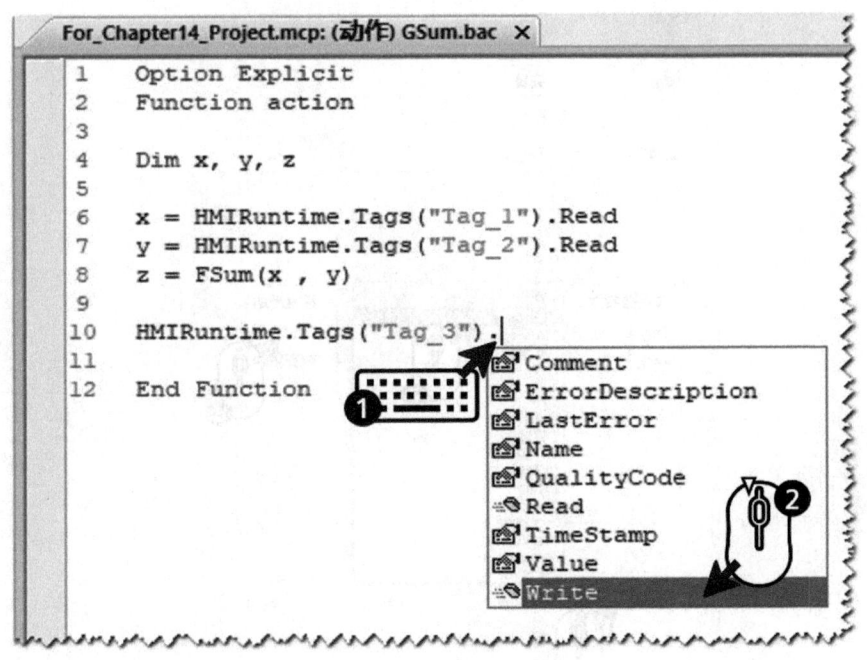

图 14-44　调用对象方法

步骤 4：在工具栏中单击 按钮，打开"属性"对话框。选择"触发器"选项卡，添加变量 Tag_1 和 Tag_2 作为触发变量。在"标准周期"栏相应位置上双击，在更新列表中选择"有变化时"，设置触发器如图 14-45 所示。

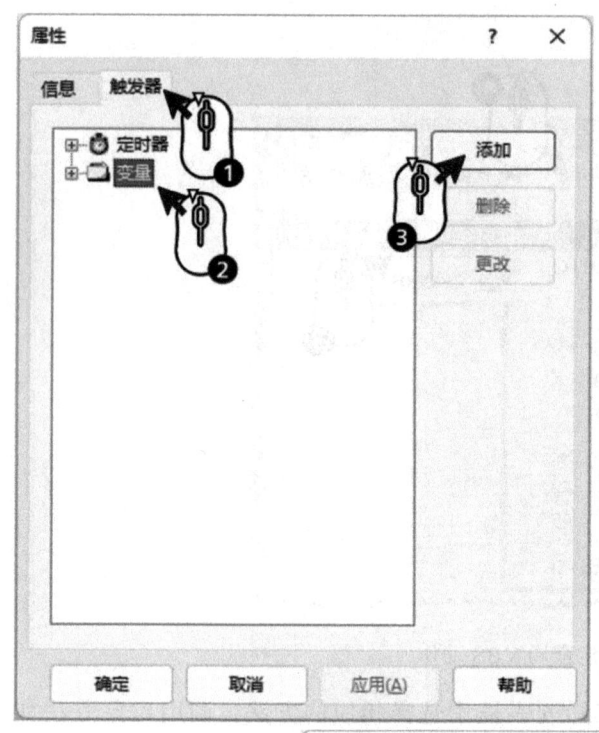
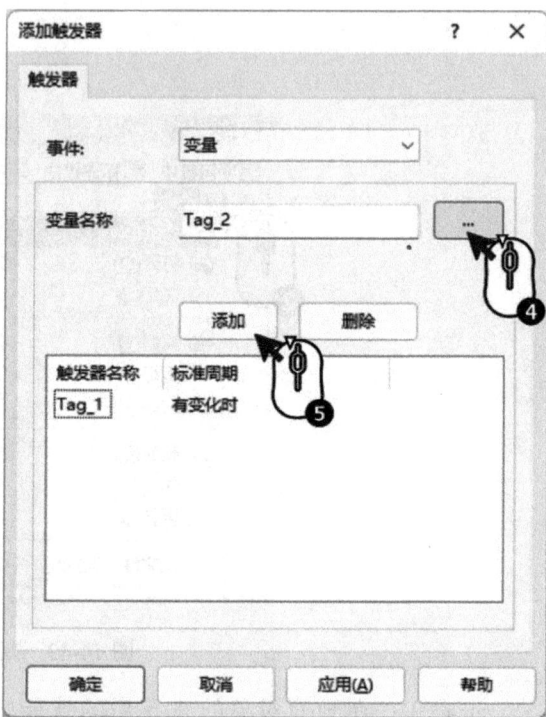
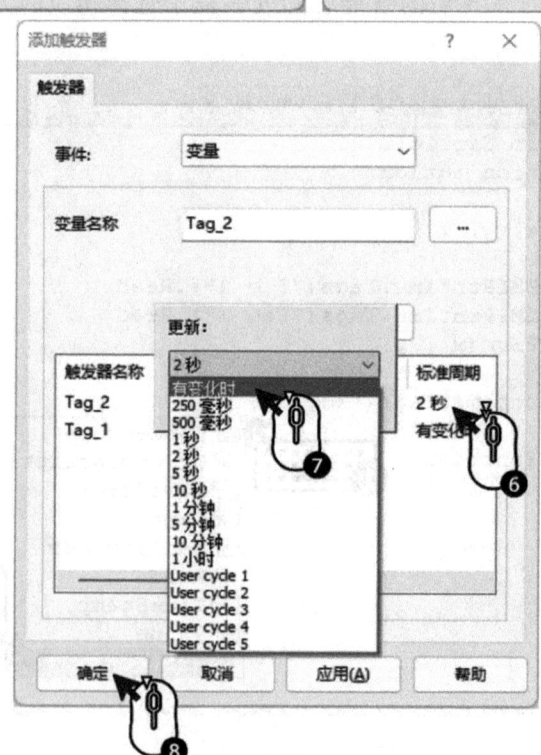

图 14-45 设置触发器

这样,在运行系统中,当变量 Tag_1 或 Tag_2 发生变化,VBS 全局动作将计算求和并将值写入 Tag_3。

除了变量和周期性触发器外，还可以选择非周期触发器。但仅可定义为固定时间发生的单次事件，非周期触发器如图 14-46 所示。

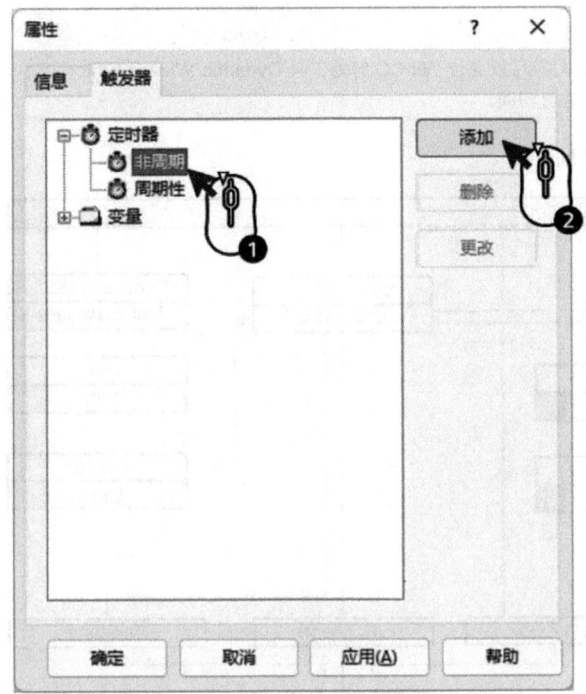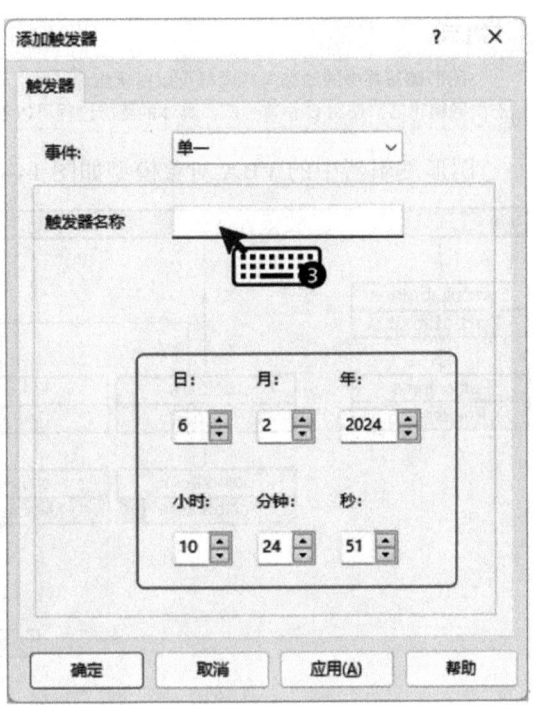

图 14-46　非周期触发器

14.4　VBA

14.4.1　VBA 的介绍

与在 MS Office 办公软件中使用 VBA 类似，VBA 也可以应用于 WinCC 的组态环境。在图形编辑器和 Configuration Studio 中提供 VBA 编辑器以扩展自动化的组态功能。这可以简化用户的组态工作，节省时间成本。但要求 WinCC 项目开发者具有丰富的 VBA 编程经验。

而 WinCC 的选件 ODK（将在第 17 章中介绍）包括一些功能函数。利用这些功能函数可访问组态系统以及运行系统中的所有 WinCC 功能。与 ODK 相比，VBA 仅对组态环境中的图形编辑器和 Configuration Studio 的对象提供面向对象的简单访问。

14.4.2　图形编辑器中的 VBA

在本章节中，主要介绍图形编辑器中的 VBA 的相关功能、对象模型和代码结构。

在图形编辑器中使用 VBA 可以实现如下功能：

1）创建用户定义的菜单和工具栏。
2）创建及编辑标准对象、智能对象和 Windows 对象。
3）为画面属性和对象属性添加动态化。

4）组态界面和对象中的动作。

5）访问支持 VBA 的产品（例如 MS Office 系列产品）。

> **提示**
> 图形编辑器中的动态向导同样可以简化组态工作。动态向导可以通过 WinCC 智能工具 Dynamic Wizard Editor（动态向导编辑器）使用 C 语言生成。具体的组态过程可以参考在线帮助。

图形编辑器中的 VBA 对象模型如图 14-47 所示。

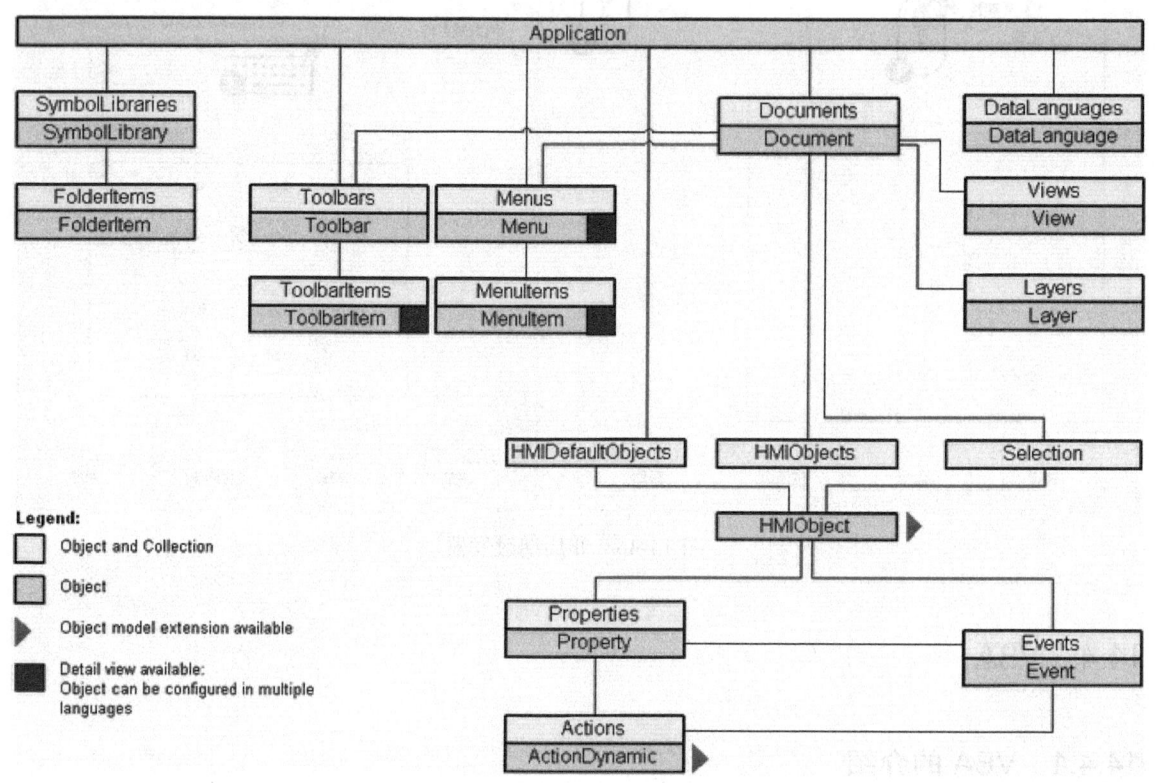

图 14-47　VBA 对象模型

使用图形编辑器的 VBA 访问画面中的对象时，需要使用 HMIObject。HMIObject 对象模型如图 14-48 所示。

除了图形编辑器，通过 VBA 还可以通过带有 HMIGO 类的函数访问以下的编辑器：

1）变量管理。

2）变量记录。

3）文本库。

4）报警记录。

1. 如何创建菜单

为了增加额外的组态功能，可以通过 VBA 在图形编辑器中扩展原有的菜单。在本例中，通过 VBA 函数在图形编辑器的原有菜单上创建新的菜单。

步骤 1：打开图形编辑器，新建一个画面。通过菜单"工具→宏→Visual Basic 编辑器"打开 VBA 编辑器，如图 14-49 所示。

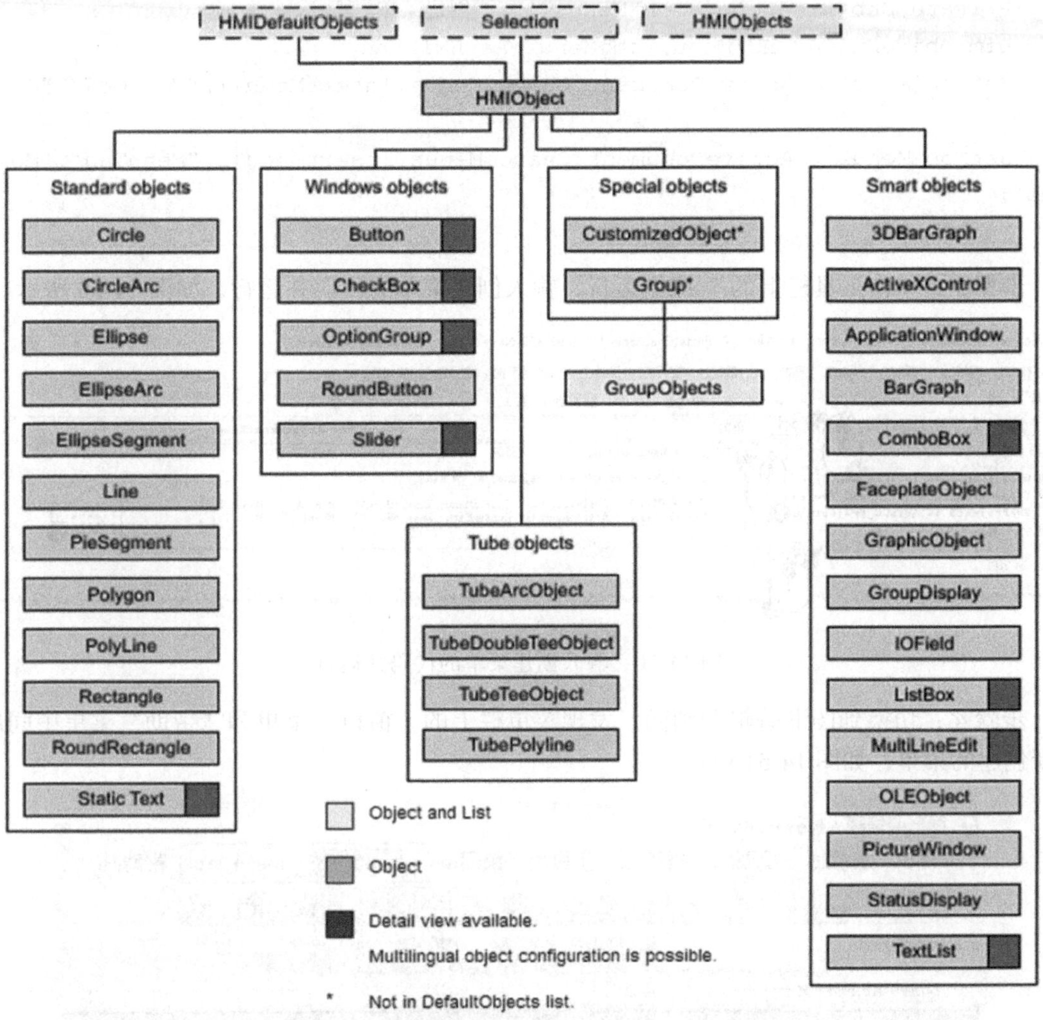

图 14-48 HMIObject 对象模型

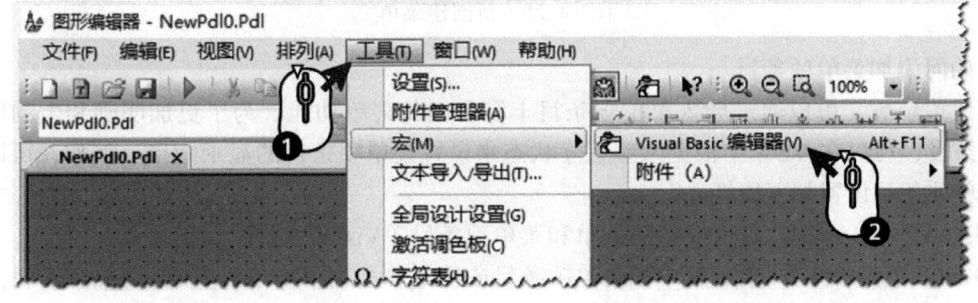

图 14-49 Visual Basic 编辑器

步骤 2：图形编辑器提供的 Visual Basic 编辑器和其他软件提供的界面和功能类似。在左侧工程资源管理器中双击 VBA Project–Graphics Designer–ThisDocument（所属新建画面），在右侧代码窗口输入如下代码：

```
    Private Sub CreateDocumentMenus()    '创建菜单
    Dim objMenu1 As HMIMenu, objMenu2 As HMIMenu
    Set objMenu1 = ActiveDocument.CustomMenus.InsertMenu(1,"MenuObj","Menu_
Obj")
    Set objMenu2 = ActiveDocument.CustomMenus.InsertMenu(2,"MenuTag","Menu_
Tag")
    End Sub
```

步骤3：单击工具栏上的 ▶ 按钮运行，输入创建菜单的代码并运行，如图14-50所示。

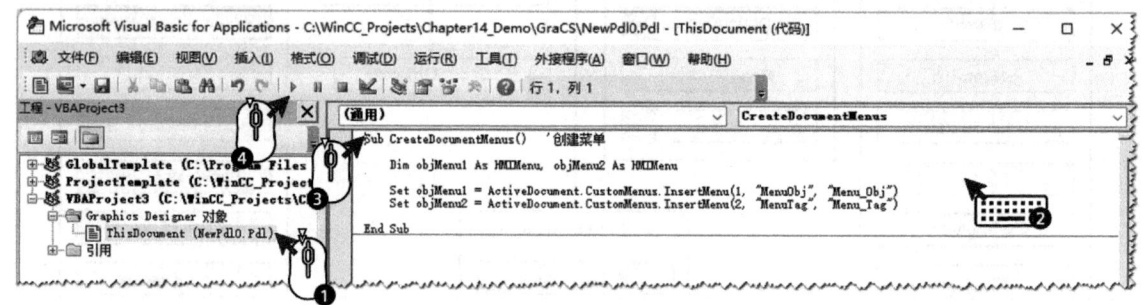

图14-50　输入创建菜单的代码并运行

步骤4：切换到图形编辑器画面，发现菜单栏上的"窗口"菜单和"帮助"菜单中间出现了新创建的菜单，如图14-51所示。

图14-51　新创建菜单

2. 如何添加菜单项条目

创建菜单后，可以通过插入菜单项条目丰富和细化菜单功能。为了更加明确和生动地显示菜单项条目，可以在VBA中根据某些程序状态来设置菜单项条目的显示效果。例如，可以为菜单和菜单项条目设置如下属性：

1）可见（是/否）：显示或隐藏菜单和菜单项条目（Visible属性）。
2）激活（是/否）：激活菜单和菜单项条目或使菜单和菜单项条目变暗（Enabled属性）。
3）复选标记（是/否）：仅对菜单项条目适用（Checked属性）。
4）快捷键：用于调用菜单项条目的组合键（ShortCut属性）。

在本例中，通过VBA函数在图形编辑器的原有菜单上创建新的菜单和菜单项条目。

步骤1：打开图形编辑器，新建一个画面，通过菜单"工具→宏→Visual Basic编辑器"打开VBA编辑器，如图14-49所示。

步骤 2：在 Visual Basic 编辑器中的左侧工程资源管理器中双击 VBA Project-Graphics Designer-ThisDocument（所属新建画面），在右侧代码窗口输入如下代码：

```vb
    Sub CreateDocumentMenus()    '创建菜单和菜单项条目
        Dim objMenu1 As HMIMenu, objMenu2 As HMIMenu
        Dim objMenuItem1 As HMIMenuItem, objMenuItem2 As HMIMenuItem
    Dim objSubMenu1 As HMIMenuItem, objSubMenu2 As HMIMenuItem
        Set objMenu1 = ActiveDocument.CustomMenus.InsertMenu(1,"MenuObj","Menu_Obj")
        Set objMenuItem1 = objMenu1.MenuItems.InsertMenuItem(1,"MenuObj_1", "Menu_Obj_1")
        Application.ActiveDocument.CustomMenus(1).MenuItems("MenuObj_1").Visible = False       '隐藏菜单项条目
        Set objMenuItem1 = objMenu1.MenuItems.InsertMenuItem(2,"MenuObj_2", "Menu_Obj_2")
        Application.ActiveDocument.CustomMenus(1).MenuItems("MenuObj_2").Checked = True        '复选菜单项条目
        Set objMenuItem1 = objMenu1.MenuItems.InsertSeparator(3,"MenuObj_3")
        Set objSubMenu1 = objMenu1.MenuItems.InsertSubMenu(4,"MenuObj_4"," SubMenu_Obj")
        Set objMenuItem1 = objSubMenu1.SubMenu.InsertMenuItem(5,"MenuObj_5", "SubMenu_Obj_1")
        Set objMenuItem1 = objSubMenu1.SubMenu.InsertMenuItem(6,"MenuObj_6", "SubMenu_Obj_X")
        Set objMenu2 = ActiveDocument.CustomMenus.InsertMenu(2,"MenuTag","Menu_Tag")
        Set objMenuItem2 = objMenu2.MenuItems.InsertMenuItem(1,"MenuTag_1", "Menu_Tag_1")
        Application.ActiveDocument.CustomMenus(2).MenuItems("MenuTag_1").Enabled = False          '禁用菜单项条目
        Set objMenuItem2 = objMenu2.MenuItems.InsertMenuItem(2,"MenuTag_2", "Menu_Tag_2")
        Application.ActiveDocument.CustomMenus(2).MenuItems("MenuTag_2").ShortCut = "Ctrl + B"  '设置菜单项条目快捷键
        Set objMenuItem2 = objMenu2.MenuItems.InsertSeparator(3,"MenuTag_3")
        Set objSubMenu2 = objMenu2.MenuItems.InsertSubMenu(4,"MenuTag_4"," SubMenu_Tag")
        Set objMenuItem2 = objSubMenu2.SubMenu.InsertMenuItem(5,"MenuTag_5", "SubMenu_Tag_1")
        Set objMenuItem2 = objSubMenu2.SubMenu.InsertMenuItem(6,"MenuTag_6", "SubMenu_Tag_Y")
    End Sub
```

步骤 3：单击工具栏上的 ▶ 按钮运行，输入创建菜单和菜单项条目的代码并运行，如图 14-52 所示。

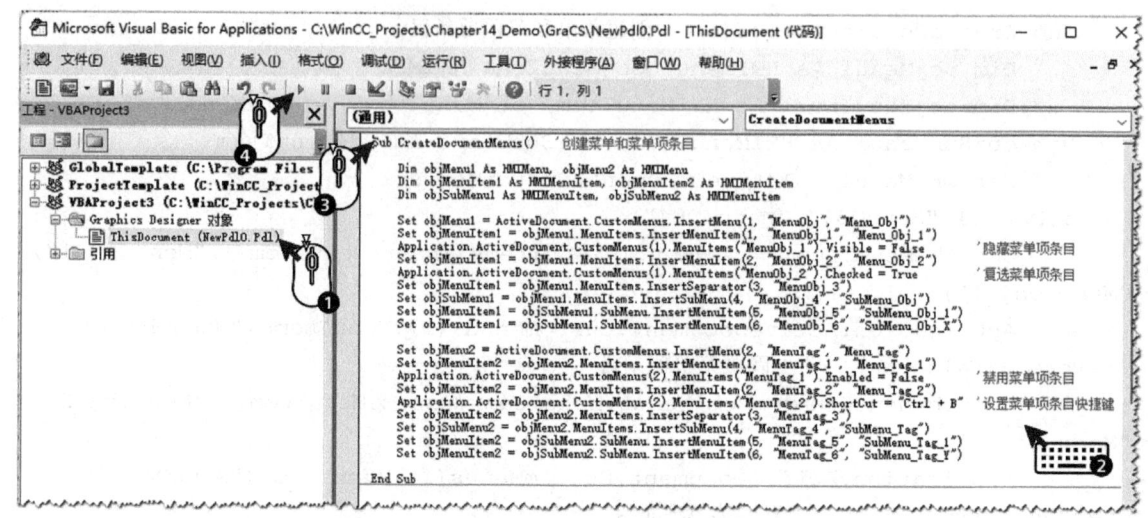

图 14-52　输入创建菜单和菜单项条目的代码并运行

步骤 4：切换到图形编辑器画面，发现菜单栏上的"窗口"菜单和"帮助"菜单中间出现了新创建的菜单和菜单项条目，检查新创建的菜单和菜单项条目 1 如图 14-53 所示。检查新创建的菜单和菜单项条目 2 如图 14-54 所示。

图 14-53　检查新创建的菜单和菜单项条目 1

图 14-54　检查新创建的菜单和菜单项条目 2

3. 使用 VBA 添加画面对象

在本例中，通过 VBA 函数在图形编辑器中为画面添加画面对象。

步骤 1：打开图形编辑器，新建一个画面。通过菜单"工具→宏→ Visual Basic 编辑器"打开 VBA 编辑器，如图 14-49 所示。

步骤 2：在 Visual Basic 编辑器中的左侧工程资源管理器中双击 VBA Project-Graphics Designer-ThisDocument（所属新建画面），在右侧代码窗口输入如下代码：

```
Private Sub AddCircle()'添加圆形对象
    Dim objCircle As HMICircle
    Set objCircle = ActiveDocument.HMIObjects.AddHMIObject("VBA_Circle","HMICircle")
    '设置圆形的颜色、半径和坐标
    objCircle.BackColor = RGB(255, 255, 255)
    objCircle.Radius = 30
    objCircle.Left = 50
    objCircle.Top = 50
End Sub
```

步骤 3：单击工具栏上的 ▶ 按钮运行，输入添加对象的代码如图 14-55 所示。

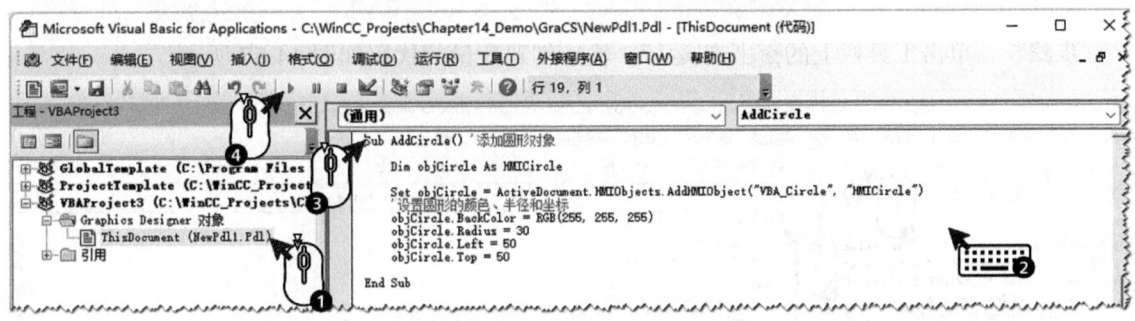

图 14-55　输入添加对象的代码

步骤 4：切换到图形编辑器画面，发现一个圆形对象已经添加到画面中，如图 14-56 所示。

图 14-56　在图形编辑器中检查画面中新添加的对象

4. 使用 VBA 添加变量

在本例中，通过 VBA 函数在图形编辑器中添加变量。

步骤 1：打开图形编辑器，新建一个画面。通过菜单"工具→宏→ Visual Basic 编辑器"打开 VBA 编辑器，如图 14-49 所示。

步骤 2：在 Visual Basic 编辑器中的左侧工程资源管理器中双击 VBA Project-Graphics Designer-ThisDocument（所属新建画面），在右侧代码窗口输入如下代码：

```
Sub CreateTag()  '创建变量
    Dim objHMIGO As HMIGO
    Dim strVariableName As String
    Set objHMIGO = New HMIGO
    strVariableName = "My_Tag"
    '在内部变量的 Create_Tag 组中创建数据类型为有符号 32 位的变量
    objHMIGO.CreateTag strVariableName, TAG_SIGNED_32BIT_VALUE, , ,"Create_Tag"
    Set objHMIGO = Nothing
End Sub
```

步骤 3：单击工具栏上的 ▶ 按钮运行，输入创建变量的代码如图 14-57 所示。

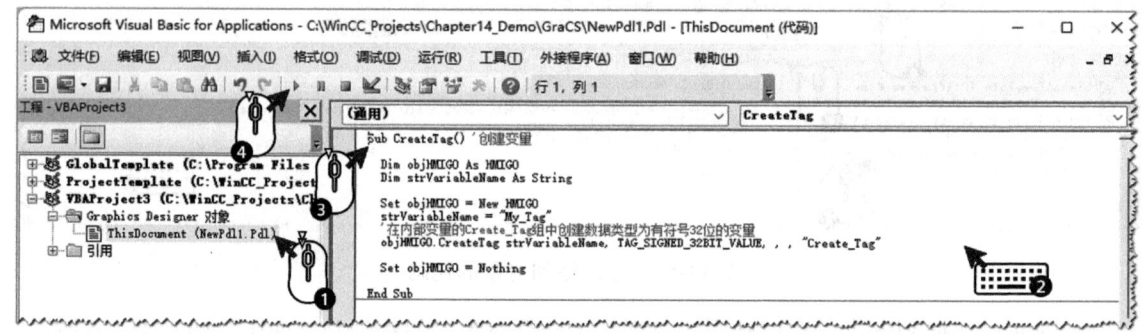

图 14-57　输入创建变量的代码

步骤 4：切换到变量管理 -WinCC Configuration Studio，可看到"My_Tag"变量已创建到"Create_Tag"变量组中，检查新创建的变量组和变量如图 14-58 所示。

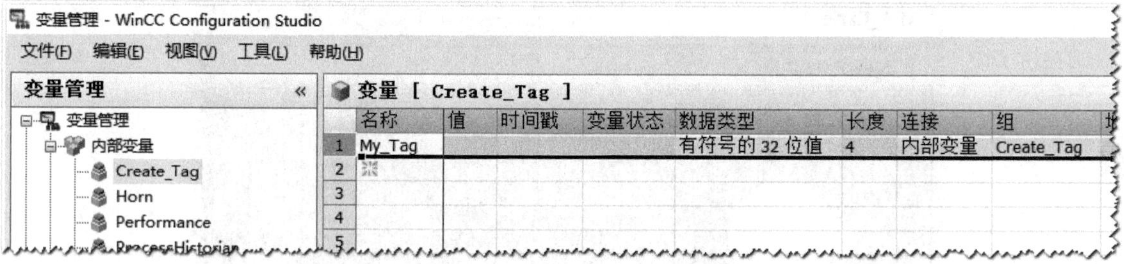

图 14-58　检查新创建的变量组和变量

5. VBA 代码架构

上述示例中的 VBA 代码是基于某个画面的。在 VBA 的浏览窗口中，根据 VBA 代码的位置确定其功能的应用范围，即 VBA 代码是仅在一个画面中可用、在当前项目中可用还是在所有项目中都可用。全局 / 项目 / 画面的 VBA 如图 14-59 所示。

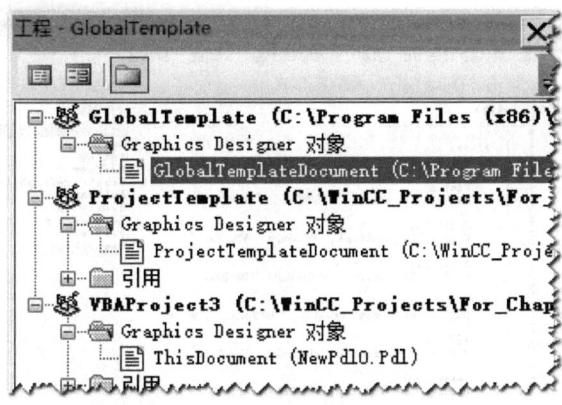

图 14-59 全局 / 项目 / 画面的 VBA

1）全局 VBA 代码：写入到 GlobalTemplateDocument 中的 VBA 代码，应用于当前计算机上的所有 WinCC 项目。该 VBA 代码保存在 <WinCC 安装目录>\Templates\@GLOBAL.PDT 文件中。如果需要移植此 VBA 代码到其他计算机上，可使用 VBA 编辑器中的导出和导入功能。

2）当前项目的 VBA 代码：写入到 ProjectTemplateDocument 中的 VBA 代码，应用于当前 WinCC 项目。该 VBA 代码保存在每个 WinCC 项目根目录下的 @PROJECT.PDT 文件中。@PROJECT.PDT 文件包含 @GLOBAL.PDT 文件的引用，即在 ProjectTemplateDocument 中可以直接调用 @GLOBAL.PDT 文件中的函数和过程。

3）特定画面的 VBA 代码：写入到 ThisDocument 中的 VBA 代码，仅应用于当前特定画面。该 VBA 代码连同该画面一起另存为 PDL 文件。该 PDL 文件包含 @PROJECT.PDT 文件的引用，即在 ThisDocument 文件中可以直接调用 @PROJECT.PDT 文件中的函数和过程，但不能调用 "@GLOBAL.PDT" 文件中的函数或过程。

> **提示**
> 当执行 VBA 代码时，先执行特定画面的 VBA 代码，然后执行当前项目的 VBA 代码。如果您调用了同时包含在 ThisDocument（特定画面）和 ProjectTemplateDocument（当前项目）中的 VBA 代码，则只会执行 ThisDocument（特定画面）的 VBA 代码。这样可防止 VBA 函数执行两次，导致系统出错。

14.4.3 在 Configuration Studio 中应用 VBA

自 WinCC V7.4 起 WinCC Configuration Studio 支持 VBA。在 WinCC Configuration Studio 中可以使用 VBA 来创建、更改和删除所有编辑器和组件的数据。

在 WinCC Configuration Studio 中，通过 "工具→ Visual Basic 编辑器"可以打开 VBA 编辑器。打开后的编辑器如图 14-60 所示。

在 WinCC ConfigurationStudio 的对象 ConfigStudio 的代码中，系统提供了示例代码，在实际的项目组态中可以参考。

可通过名称或索引选择 WinCC Configuration Studio 中的 WinCC 编辑器、对象和数据记录：

1）ConfigStudio.Editors 用于选择编辑器（变量管理、变量记录和报警记录等）。

2）NavigationTree.Nodes 用于选择编辑器左侧的子节点。

3）DataGrid.Tabs 用于枚举编辑器底部的选项卡。

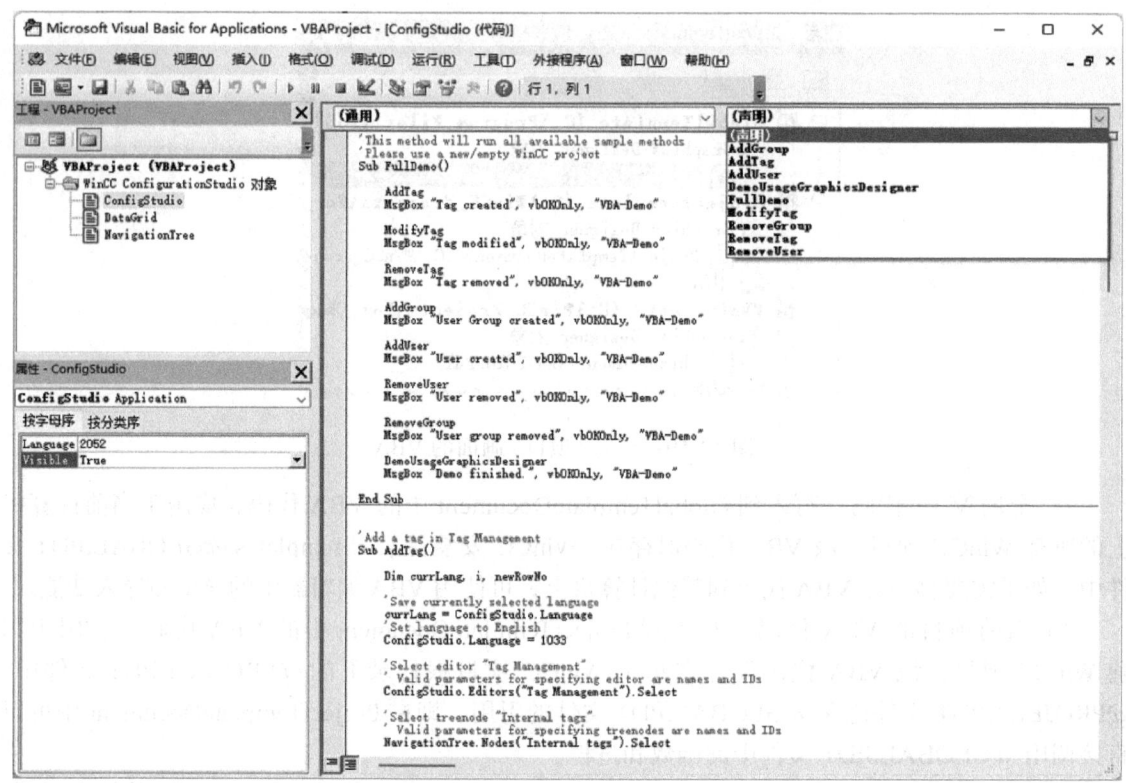

图 14-60　Configuration Studio 的 VBA 编辑器

4）DataGrid.UsedRange 用于检测使用中的数据记录或行的数目。

5）DataGrid.Rows.Name 用于检测 DataGrid 中的对象类型。

> **提示**
> 如果通过 VBA 脚本在 Configuration Studio 中删除单个对象，则与其相关的对象也会被删除。例如，删除某个变量组时，其包含的所有变量都会被删除。

14.5　脚本调试和诊断

作为自动化工程的组态软件，WinCC 并非专用于高级语言开发的编程工具。因此在设计脚本时，必须考虑到脚本执行效率和系统性能之间的关系。

WinCC 脚本系统提供的脚本线程有限，数量过多、功能过于复杂的脚本势必造成线程队列的堵塞。大量脚本在队列里排队等待，逐渐影响 WinCC 运行系统的性能，最终导致宕机。对于过于复杂的功能，建议在 WinCC 中调用动态链接库或使用外部的自定义程序实现。

要善于运用脚本的诊断工具和调试方法。因为脚本通常在后台运行，一旦脚本发生错误，不容易被发现。诊断工具能够及时地发现错误。调试方法能够快速的发现问题所在。

14.5.1　使用 GSC 调试和诊断

在项目运行时，常常会发现脚本编译时没有错误，但却没有执行，或没有按照预期的逻辑执行。如果在运行系统中执行和测试脚本，则可以使用 GSC Diagnostics 和 GSC Run Time 快速显示分析结果。

1. GSC Diagnostics

GSC Diagnostics 用于跟踪显示来自 C 脚本和 VB 脚本的输出结果。

（1）使用变量监控

在 C 脚本中使用 printf 函数输出变量值和提示信息。项目运行后，可以在 GSC Diagnostics 窗口检查运行结果。在 VBS 中使用 HMIRuntime.Trace 函数也可以实现相同功能。

步骤 1：在变量管理器中创建变量 DebugTag1，在画面上添加两个按钮。

步骤 2：在第 1 个按钮的单击鼠标事件中添加 C 动作，输入如下代码：

```
#include"apdefap.h"
void OnClick(char* lpszPictureName, char* lpszObjectName, char* lpszPropertyName)
{
#define DebugTag1 "DebugTag1"
DWORD temp;
temp = GetTagDWord(DebugTag1)+ 1;   //Return-Type:DWORD
SetTagDWord("DebugTag1", temp);     //Return-Type:BOOL
printf("C-Script:DebugTag1 is %d\r\n", temp);
}
```

该按钮的 C 动作如图 14-61 所示。

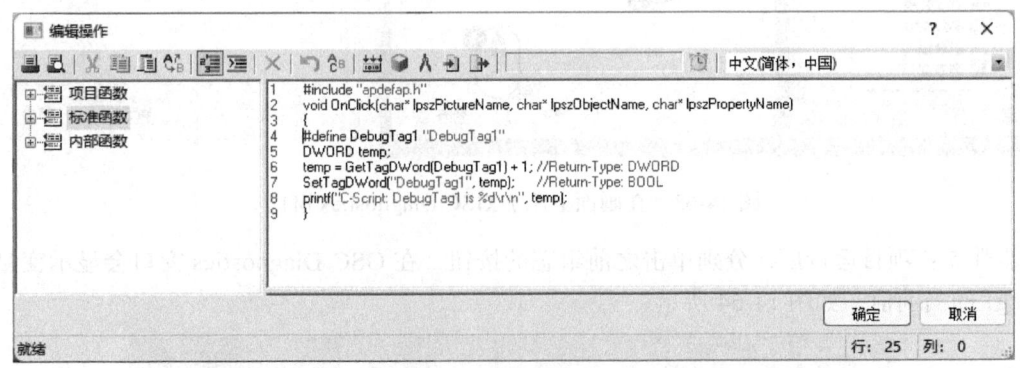

图 14-61　printf 代码

步骤 3：在第 2 个按钮的单击鼠标事件中添加 VBS 动作，输入如下代码：

```
Sub OnClick(ByVal Item)
  Dim DebugTag1
  DebugTag1 = HMIRuntime.Tags("DebugTag1").Read
  DebugTag1 = DebugTag1 + 1
  HMIRuntime.Tags("DebugTag1").Write DebugTag1
  HMIRuntime.Trace"VB-Script:DebugTag1 is" & DebugTag1 & vbNewLine
End Sub
```

该按钮的 VB 动作如图 14-62 所示。

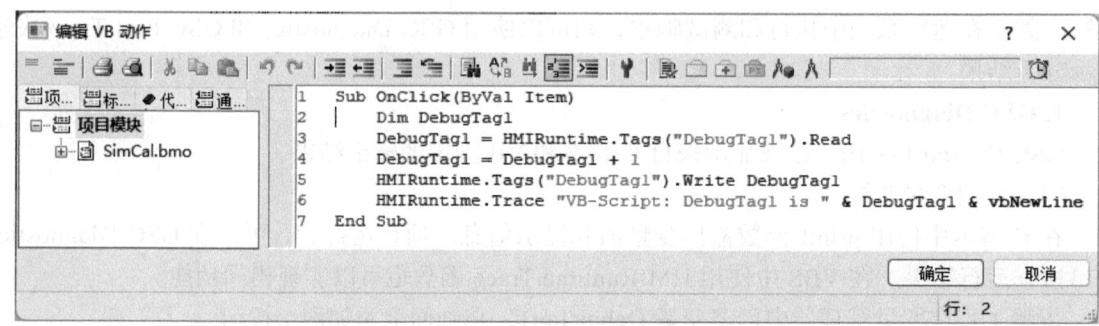

图 14-62　HMIRuntime.Trace 代码

步骤 4：在图形编辑器中右侧的"对象选项板"的"标准"选项卡中，将"智能对象"中的"应用程序窗口"拖拽到画面上。在"窗口内容"对话框中选择"全局脚本"，在"模板"对话框中选择 GSC Diagnostics，如图 14-63 所示。

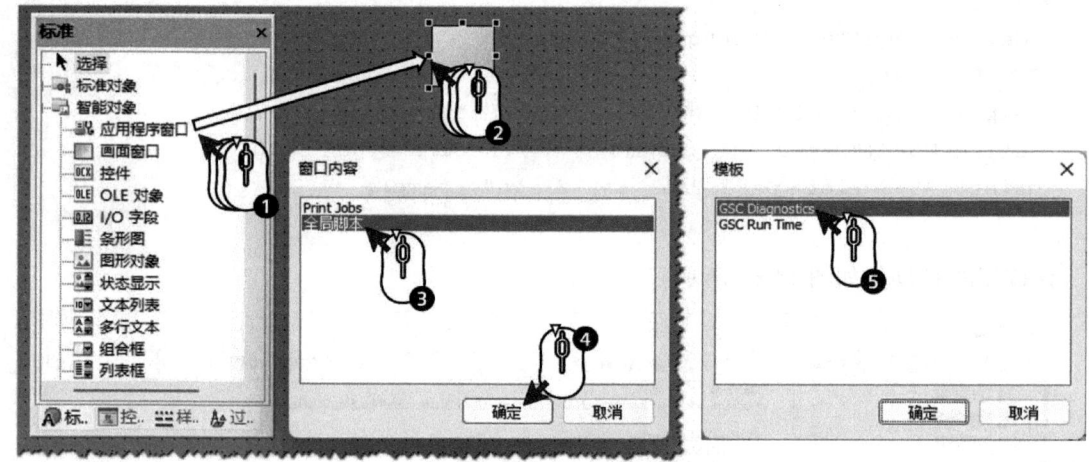

图 14-63　在画面上添加 GSC Diagnostics 窗口

步骤 5：项目运行后，分别单击之前组态的按钮，在 GSC Diagnostics 窗口会显示变量 DebugTag1 的当前值，如图 14-64 所示。

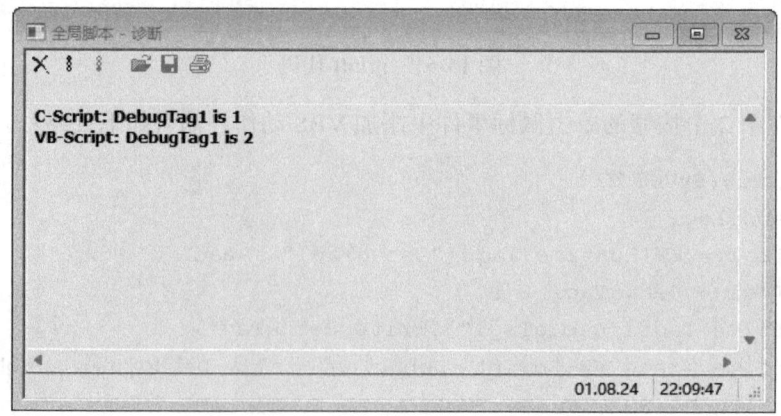

图 14-64　GSC Diagnostics 窗口监控变量

（2）输出诊断错误

当执行 C 动作发生错误时，运行系统将自动调用"OnErrorExecute()"函数，并将错误信息输出到 GSC Diagnostics 窗口中。

例如，在 14.5.1 节使用变量监控中的步骤 2 中，输入第四行引号中的 WinCC 变量时出现错误，即误将"DebugTag1"输入为不存在的变量"DebugTag!"。项目运行后，在 GSC Diagnostics 窗口会显示相关的错误描述，如图 14-65 所示。

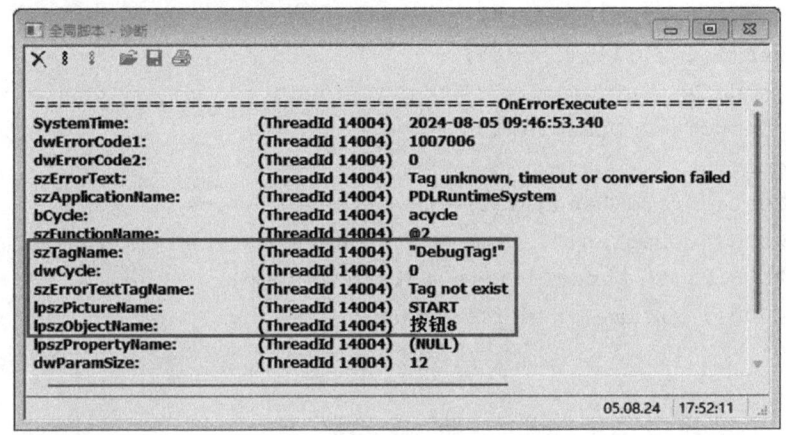

图 14-65　GSC Diagnostics 窗口显示 OnErrorExecute 错误信息

当执行 VBS 动作发生错误时，运行系统也将 MS VBScript 运行时错误信息输出到 GSC Diagnostics 窗口中。

例如，在 14.5.1 节使用变量监控中的步骤 3 中，未输入第三行中变量 DebugTag1 的方法，即 ".read"。项目运行后，在 GSC Diagnostics 窗口会显示 MS VBScript 运行时相关的错误信息，如图 14-66 所示。

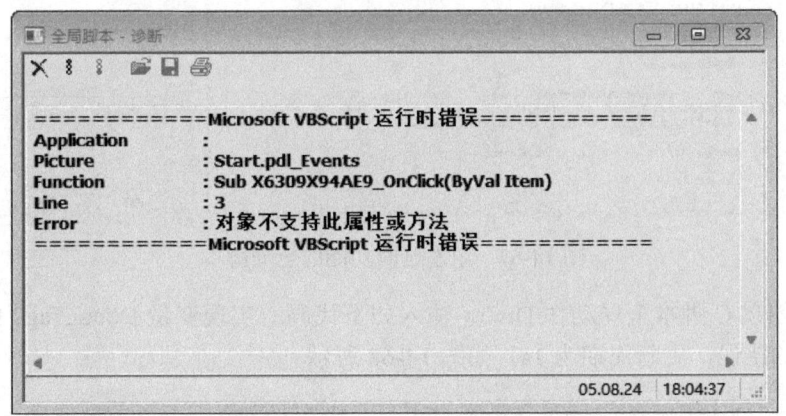

图 14-66　GSC Diagnostics 窗口显示 MS VBScript 运行时错误信息

2. GSC Run Time

GSC Run Time 用于在运行系统中显示所有全局脚本动作的动态行为。此外，还可以在运行期间使用 GSC Run Time 控制每个单独动作的执行并提供对全局脚本编辑器的访问。

经常会发现某些全局动作滞后于更新周期执行，或根本不再执行。通过下面的示例模拟上述现象。

步骤 1：创建 C 脚本全局动作 SleepDelay，输入如下代码，实现变量 DebugTag1 的自加 1 功能。使用函数 Sleep 模拟延时 10s，更新周期为 1s，如图 14-67 所示。

```c
#include"apdefap.h"
int gscAction( void )
{
#pragma code("Kernel32.dll")
void Sleep(int Milliseconds);
#pragma code()
#define DebugTag1"DebugTag1"
DWORD temp;
temp = GetTagDWord(DebugTag1)+ 1;   //Return-Type:DWORD
SetTagDWord("DebugTag1", temp);     //Return-Type:BOOL
printf("C-Script:DebugTag1 is %d\r\n", temp);
Sleep(10000); //time in milliseconds
return 0;
}
```

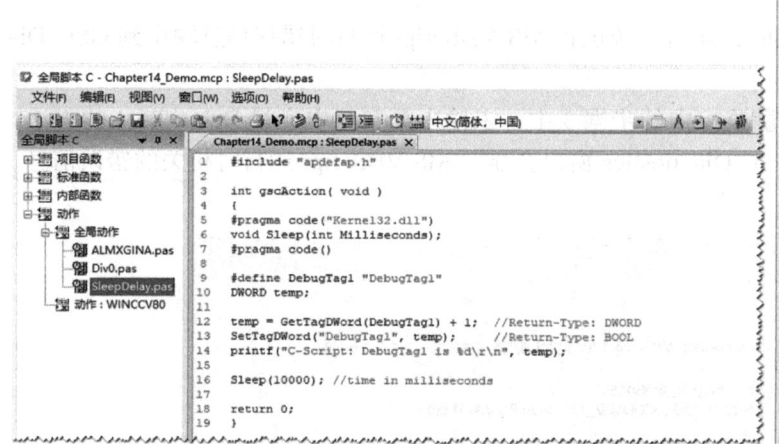
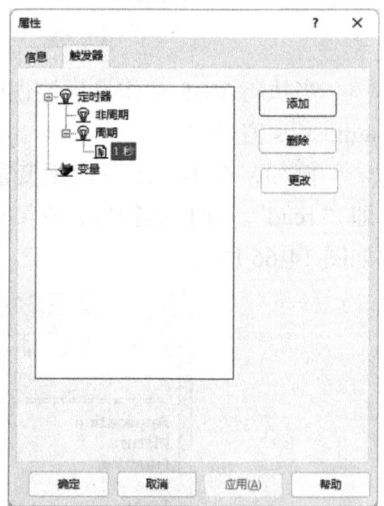

图 14-67　组态延时功能的全局脚本

步骤 2：创建 C 脚本全局动作 Div0，输入如下代码，实现变量 DebugTag2 的自加 1 功能。模拟除数为 0 的错误，更新周期为 1s，如图 14-68 所示。

```c
#include"apdefap.h"
int gscAction( void )
{
#define DebugTag2 "DebugTag2"
DWORD temp;
temp = GetTagDWord(DebugTag2)+ 1;   //Return-Type:DWORD
SetTagDWord("DebugTag2", temp);     //Return-Type:BOOL
```

```
printf("C-Script:DebugTag2 is %d\r\n", temp/0);
return 0;
}
```

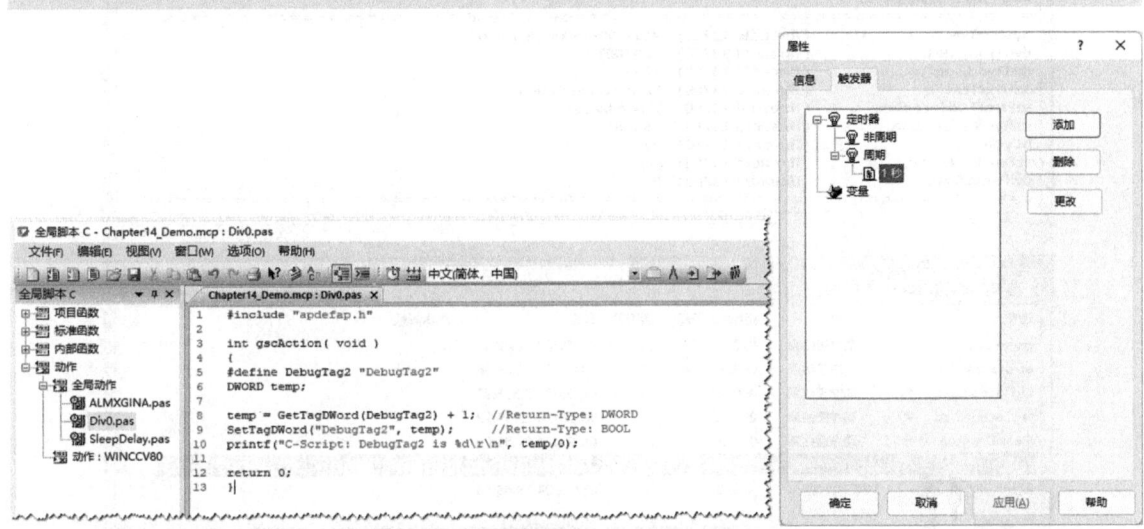

图 14-68　组态除数为 0 的全局脚本

步骤 3：在图形编辑器中右侧的"对象选项板"的"标准"选项卡中，将"智能对象"中的"应用程序窗口"拖拽到画面上。在"窗口内容"对话框中选择"全局脚本"，在"模板"对话框中选择 GSC Run Time，如图 14-69 所示。

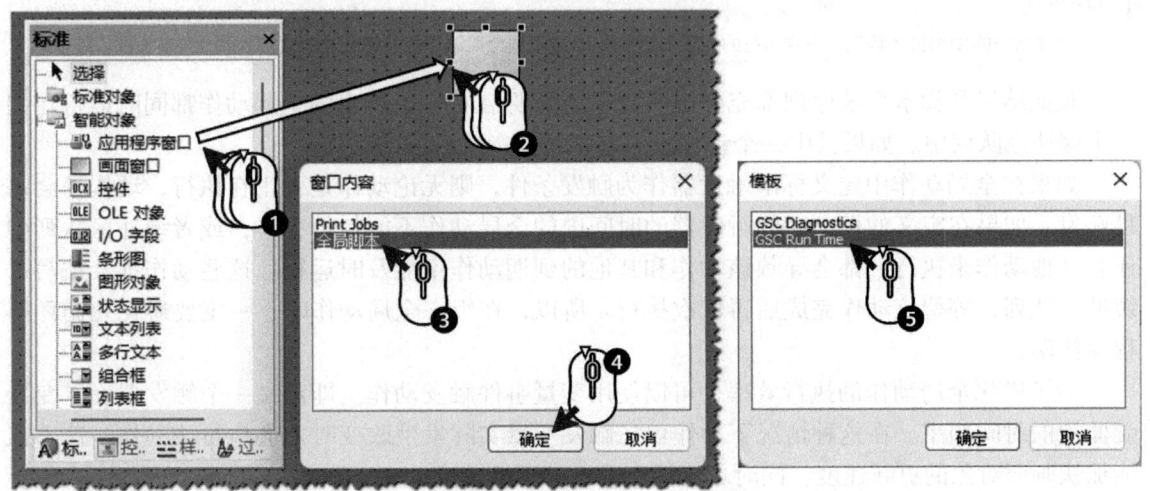

图 14-69　在画面上添加 GSC Run Time 窗口

步骤 4：项目运行后，在 GSC Run Time 窗口会显示全局脚本 SleepDelay 和 Div0 的"激活时间间隔"，即更新周期不再是 1s，而是都大于等于 10s。在 GSC Diagnostics 窗口中出现除数为 0 错误的 szFunctionName 为 @3e。@3e 为全局脚本的 ID。在 GSC Run Time 窗口中，ID 为 @3e 的全局动作对应的是 Div0.pas。右键单击"动作"栏中的全局动作，可以选择编辑该全局动作，也可以手动开始或结束该全局动作，如图 14-70 所示。

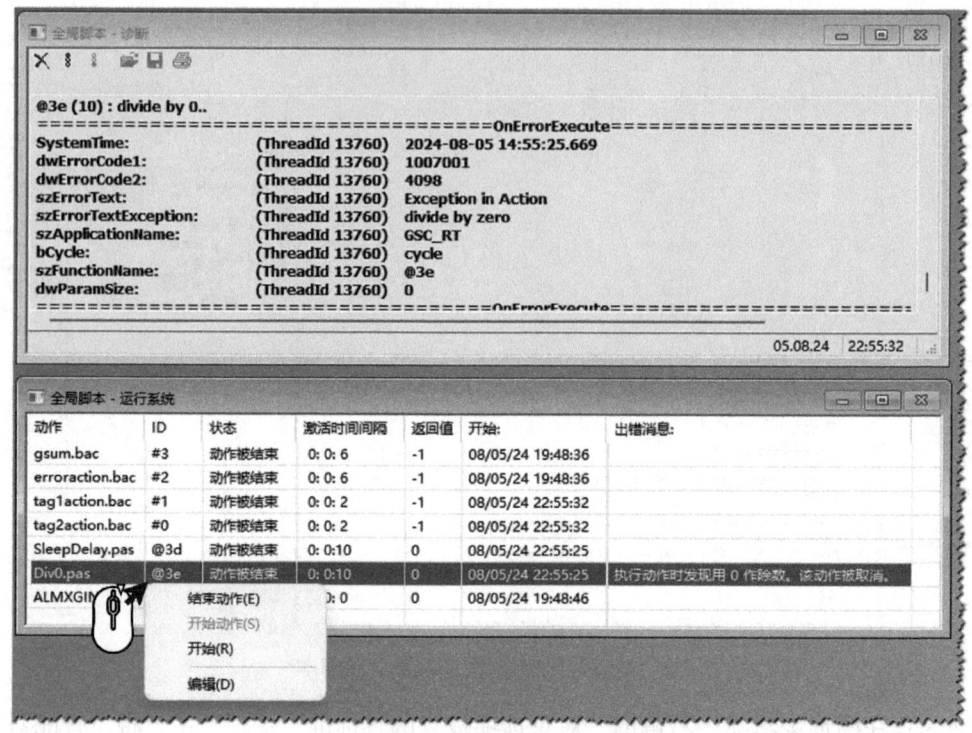

图 14-70　GSC Run Time 窗口显示全局脚本执行状态

> **提示**
> 全局动作的 ID 号并不固定，每次运行的结果不尽相同。C 脚本的全局动作的前缀是 @，VB 脚本的全局动作的前缀是 #。

验证结果和脚本系统原理都充分说明：基于周期触发的 C 脚本的全局动作都同时运行在同一个缓冲区队列中。如果其中一个动作发生堵塞，会影响后续的动作。

如果在全局动作中定义标准触发器作为触发条件，则无论动作是否正在执行，动作都会每秒触发。如果在定义的标准时间触发器的时间内的全局动作不能执行完毕，或者缓冲区队列中还有其他动作未执行，都会导致该动作和其他的到期动作不能及时运行。这些动作都会被写入缓冲区队列，等待该动作完成后再依次执行。所以，在组态全局动作时，一定要避免死循环等程序错误。

为了优化全局动作的执行效率，可以使用变量事件触发动作。即定义一个触发器确定变量受监视的时间频率。在这种情况下动作仅在触发变量实际发生改变时才会执行该动作。这不仅能加快画面对象的更新速度，同时也能提高画面的切换速度。

> **提示**
> 如果类似上述的全局动作循环重复，那么所有不能立刻执行的动作都会进入缓冲区队列，直至到达上限 10000 条时，缓冲区队列溢出，相关的错误信息就会在诊断文件中产生（...\Siemens\ WinCC\diagnose\WinCC_Sys_xx.log）。

14.5.2　ApDiag

诊断工具 ApDiag 支持对 C 脚本的运行故障和性能问题进行分析。ApDiag.exe 主要提供以下功能：

1）监控动作的运行和等待队列的积累情况。

2）提供与系统有关的诊断信息，并设置不同类型诊断信息的输出。

3）设置跟踪条目的等级，并输出诊断过程生成的跟踪条目。

apdiag.exe 位于 WinCC 的安装目录下 "...\Siemens\WinCC\uTools" 文件夹中。WinCC 项目运行后，即可运行 ApDiag 工具进行诊断。使用 ApDiag 工具可以帮助快速分析和定位复杂项目中引起堵塞的脚本函数，接下来介绍三种常用的方法。

1. 监视和检测缓冲区队列中动作的运行和等待的积累

通过内部变量组 Script 中的变量可以监视全局动作的当前执行情况。

1）@SCRIPT_COUNT_TAGS 表示当前通过脚本请求的变量的数量。

2）@SCRIPT_COUNT_REQUESTS_IN_QUEUES 表示当前请求的动作数量。

3）@SCRIPT_COUNT_ACTIONS_IN_QUEUES 表示当前正在等待处理的动作数目。

在 ApDiag 工具中，通过菜单 "Diagnostics → FillTags..."，打开对话框。选择 OnTags on，如图 14-71 所示。

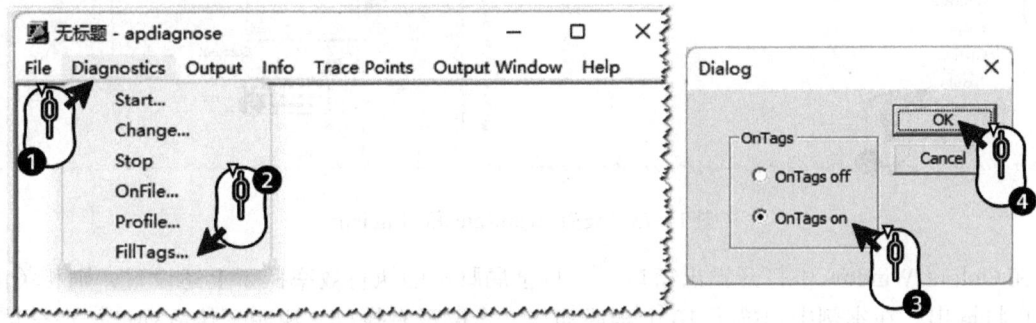

图 14-71　打开监视变量

在 Configuration Studio 中的变量管理器中可以监控上述三个变量，监视变量如图 14-72 所示。

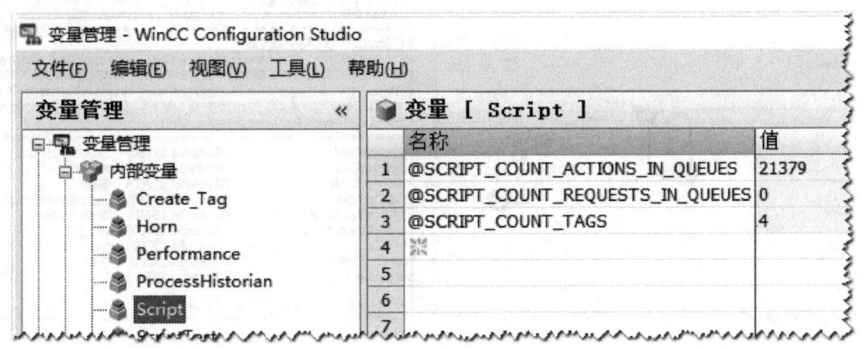

图 14-72　监视变量

如果发现变量 @SCRIPT_COUNT_ACTIONS_IN_QUEUES 的值逐渐增大，则说明缓冲区队列中等待执行的动作数量就越来越多。这时就需要进一步检测缓冲区队列的执行效率。

在 ApDiag 工具中，通过菜单 "Diagnostics → Profile"，打开 Profile 对话框。选择 Profile on。在 Check the Request/ActionQueues 中输入 ScanRate 和 Gradient 的相关值。例如 ScanRate

为 10，Gradient 为 7，即每隔 10 次新增动作请求，将检查等待队列是否以 7 个以上的数目增加。也就是只处理了不到 3 个请求，诊断信息将输出到 Output Window，如图 14-73 所示。

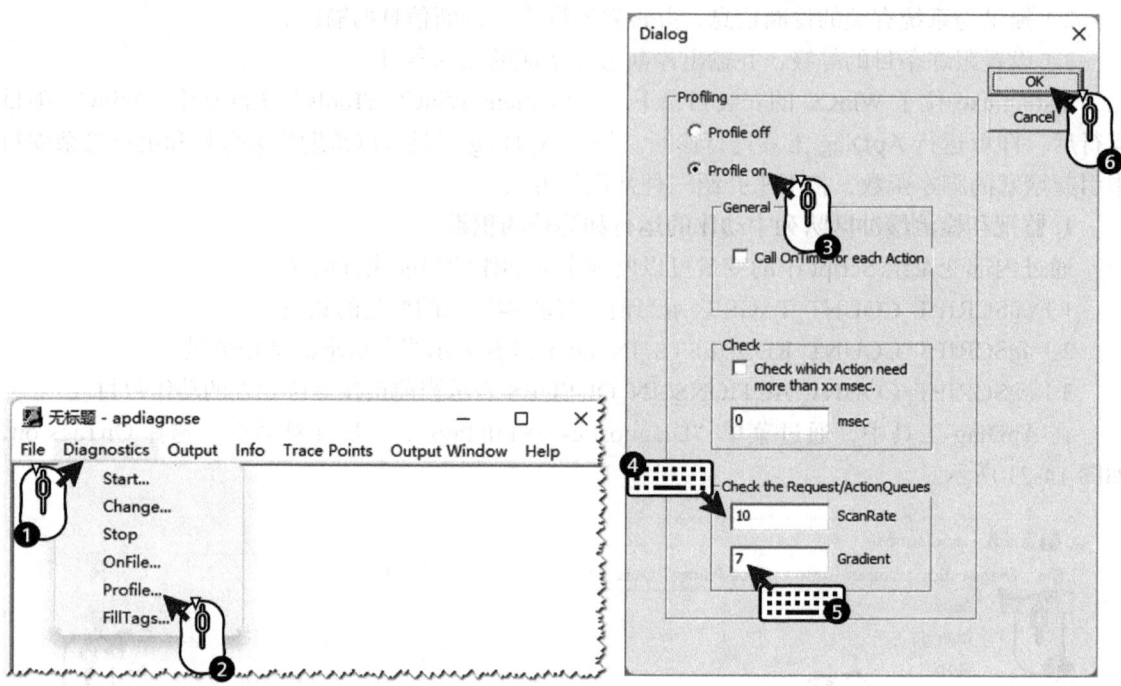

图 14-73　设置 ScanRate 和 Gradient

在 Output Window 中打开输出窗口。一旦全局脚本的执行效率低于上述设置，则相关的报警信息将输出。在本例中扫描了 10 个全局动作，全部没有执行。说明等待队列已经完全堵塞，如图 14-74 所示。

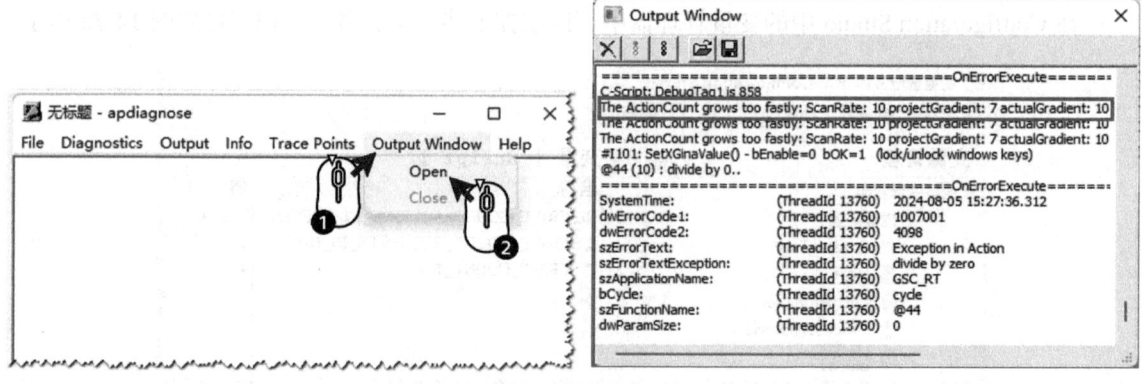

图 14-74　输出窗口

> **提示**
> 除了全局动作之外，界面中周期执行的脚本也在检查的范围内。

2. 定位超时动作

通过上述步骤可以判断缓冲区队列中确实存在堵塞的趋势，这就需要寻找引起堵塞的原因，即定位超时的 C 动作。

在 ApDiag 工具中，通过菜单"Diagnostics → Profile"，打开 Profile 对话框。选择 Profile on 和 Check which Action need more than xx msec，并输入检测的执行时间（以 ms 为单位）为 5000，如图 14-75 所示。

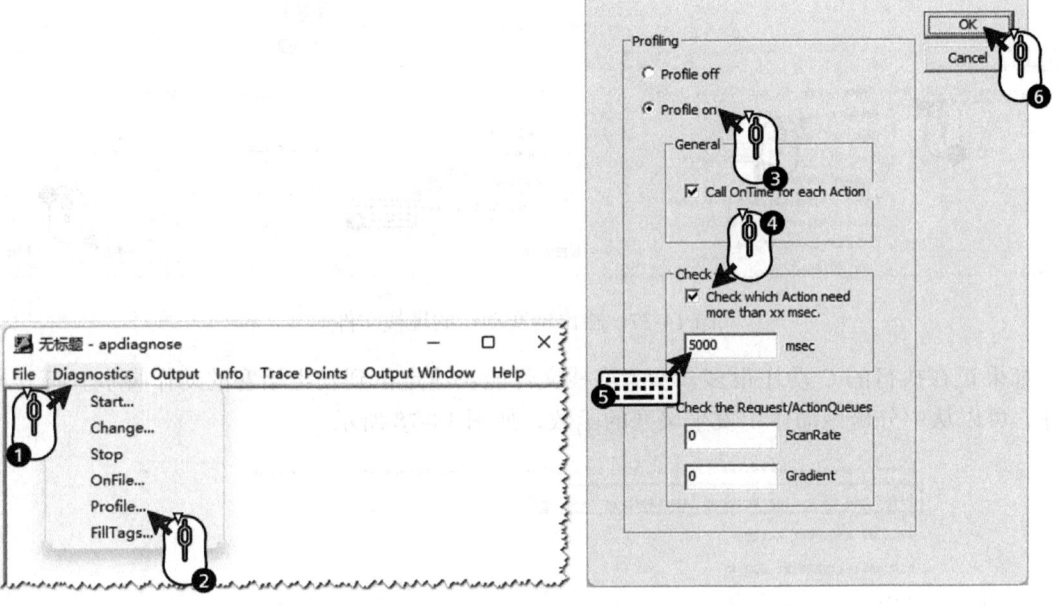

图 14-75　设置检查超过 5s 的 C 动作

在 Output Window 中打开输出窗口，运行时间大于设置时间的所有动作的运行时间均将输出，如图 14-76 所示。

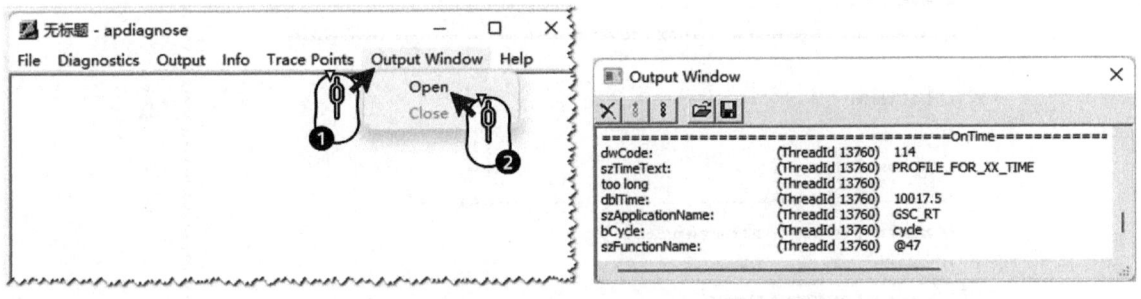

图 14-76　在输出窗口中检查超过 5s 的 C 动作

其中，dblTime 为 10017.5ms，szFunctionName 为 @47。对应于图 14-70，得出结论：全局动作 SleepDelay 超时。

> **提示**
> 如果因缓冲区队列完全堵塞而导致脚本系统宕机，dblTime 很可能没有实际执行时间的输出。

3. 分析超时脚本中引起堵塞的函数

可以将当前正在处理的动作的调用堆栈信息输出到文本文件中。当脚本发生堵塞时，当前正在处理的动作即为正在发生堵塞的动作。该动作堵塞了其他需要处理的动作。

在 ApDiag 工具中，通过菜单"Info → FirstAction"，打开"另存为"对话框。选择相应的存储路径和文件名称，保存堆栈文件（记录该动作的执行信息），如图 14-77 所示。

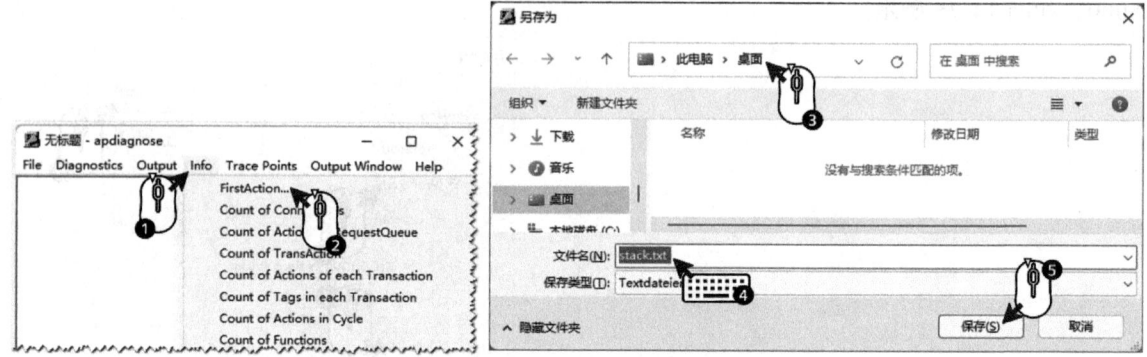

图 14-77　输出堵塞动作的堆栈文件

如果正在执行的 C 动作很多，参考堆栈文件能快速定位到发生堵塞的动作脚本。打开堆栈文件，可以从中分析该动作中发生堵塞的函数，如图 14-78 所示。

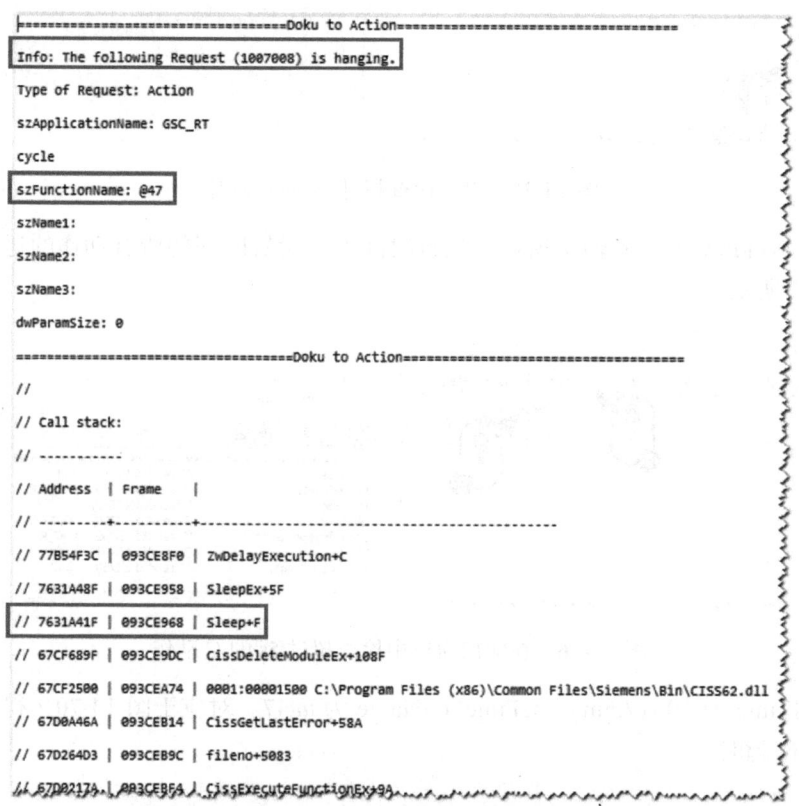

图 14-78　堆栈文件

从堆栈文件的诊断信息可以看出，当前发生堵塞的动作 ID 是"@47"。对应于图 14-70，在 GSC Run Time 中可以查询对应的全局动作的名称为 SleepDelay，并推测发生堵塞的具体函数名称可能为：Sleep。

> **提示**
> 各个诊断功能均可关闭或打开。要及时关闭不用的诊断功能，以避免在运行系统运行期间降低系统性能。

上述介绍的所有用于诊断的代码、对象和相关选项，应该在项目调试结束后移除或禁用，以避免在运行系统运行期间降低系统性能。

14.5.3　VB 脚本的调试和诊断

1. 调试和诊断工具

WinCC V7.2 及以前版本使用如下工具用于 VB 脚本的调试和诊断：

1）Microsoft Script Debugger（可以从微软网站上下载）。

2）InterDev（微软早期的网站应用开发工具）。

3）Microsoft Script Editor（MSE）Debugger（包含于 Microsoft Office 软件中）。

从 WinCC V7.4 开始，使用 Microsoft Visual Studio 作为 VB 脚本的调试和诊断工具。默认情况下，Microsoft Visual Studio 并没有随 WinCC 一起安装。但系统已将安装文件复制到磁盘分区 C 或 D 的 VS 2008 Shell Redist 目录下。

运行安装文件 VS 2008 Shell Redist\Integrated Mode\Vside.enu.exe，如图 14-79 所示。

图 14-79　Visual Studio 2008 的安装

参照说明进行操作，接受默认设置。安装完毕后，在"开始"菜单中将出现 Microsoft Visual Studio 2008，如图 14-80 所示。

> **提示**
> 如果系统已经安装了另一个 Visual Studio 版本，例如 Microsoft Visual Studio 2010，则可以使用该版本，而不必安装 WinCC 自带的 Visual Studio 2008 版本。

调试和诊断工具的功能如下：

1）查看脚本源代码。

2）逐步调试脚本。

3）显示及修改变量和属性值。

4）检查和监视脚本进程。

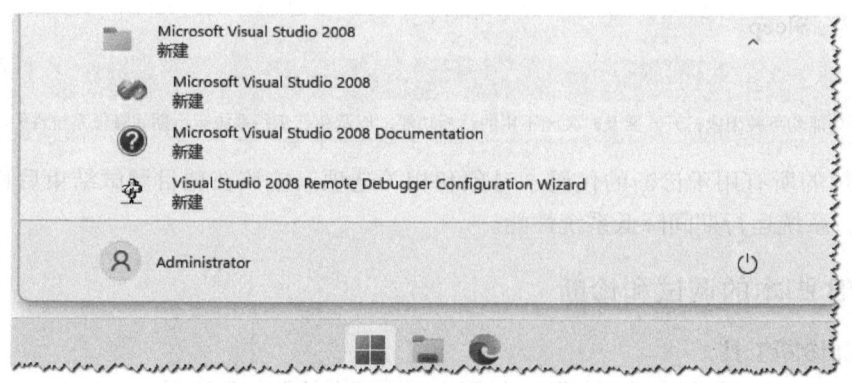

图 14-80　Visual Studio 2008 已安装

2. 使用 Visual Studio 调试 VB 脚本

以 14.3.3 节 VB 脚本的动作那一节的全局 VBS 动作中的示例为例，介绍使用 Visual Studio 的调试方法。

步骤 1：在 WinCC 项目管理器的浏览窗口中，右键单击"计算机"，在快捷菜单中选择"属性"。在"计算机属性"对话框中选择"运行系统"选项卡。在"VBS 调试选项 – 全局脚本"中选择"启动调试程序"，如图 14-81 所示。

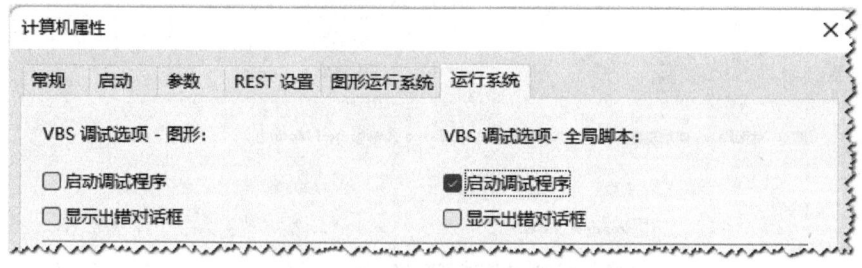

图 14-81　启动 VBS 全局脚本的调试选项

步骤 2：WinCC 项目运行后，如果是首次启动调试程序，"Visual Studio 实时调试器"对话框将打开。选择条目"新实例 Visual Studio 2008"，并指定"Visual Studio 2008"为默认调试程序，如图 14-82 所示。

步骤 3：单击"是"按钮后，Visual Studio 编辑器会自动打开并置于前台。在右侧 Solution Explorer 窗口中双击之前组态的求和的全局动作，其 VB 脚本代码将出现在左侧的 VBScript 窗口。在需要调试的代码的左侧单击，设置断点，如图 14-83 所示。

步骤 4：修改项目中 Tag_1 或 Tag_2 的数值，用于触发 VBS 全局动作的执行。设置断点的代码出现黄色背景，即全局动作已处

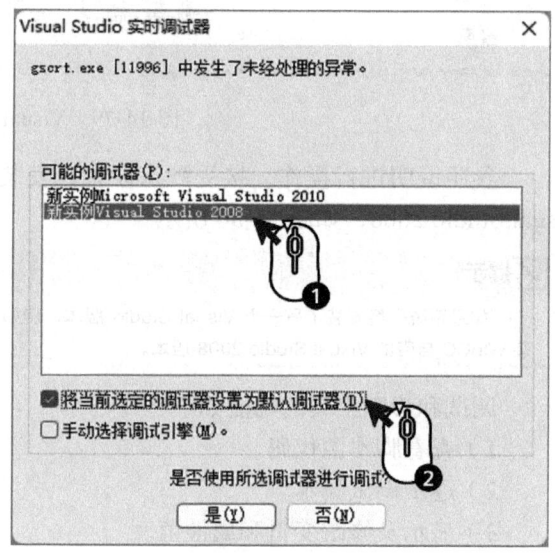

图 14-82　设置 Visual Studio 2008 为默认调试程序

于调试状态。在左下角的调试窗口中选择 Locals 选项卡，选中需要监视数值的变量 x，y，z，右键单击并选择快捷菜单中的 Add Watch，如图 14-84 所示。

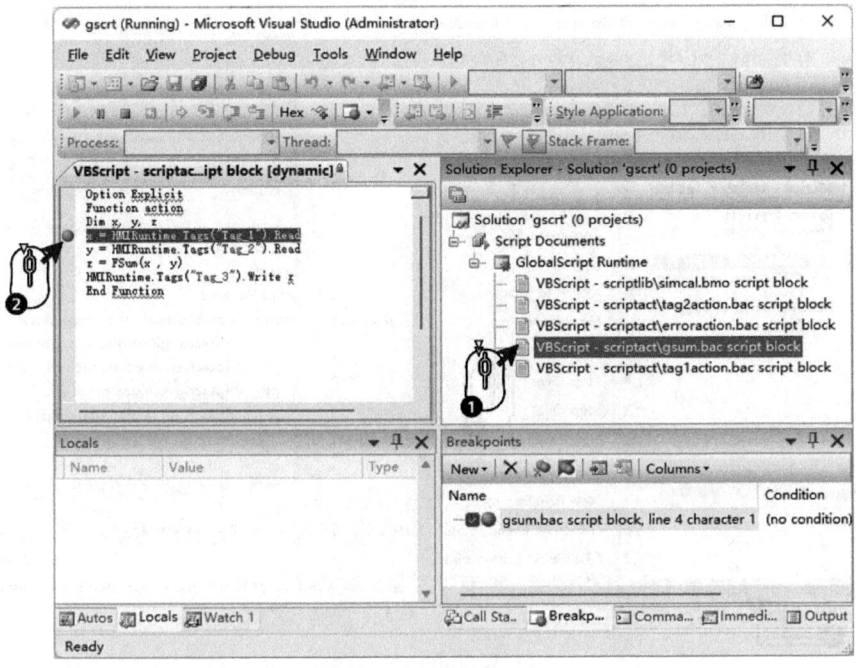

图 14-83 设置断点

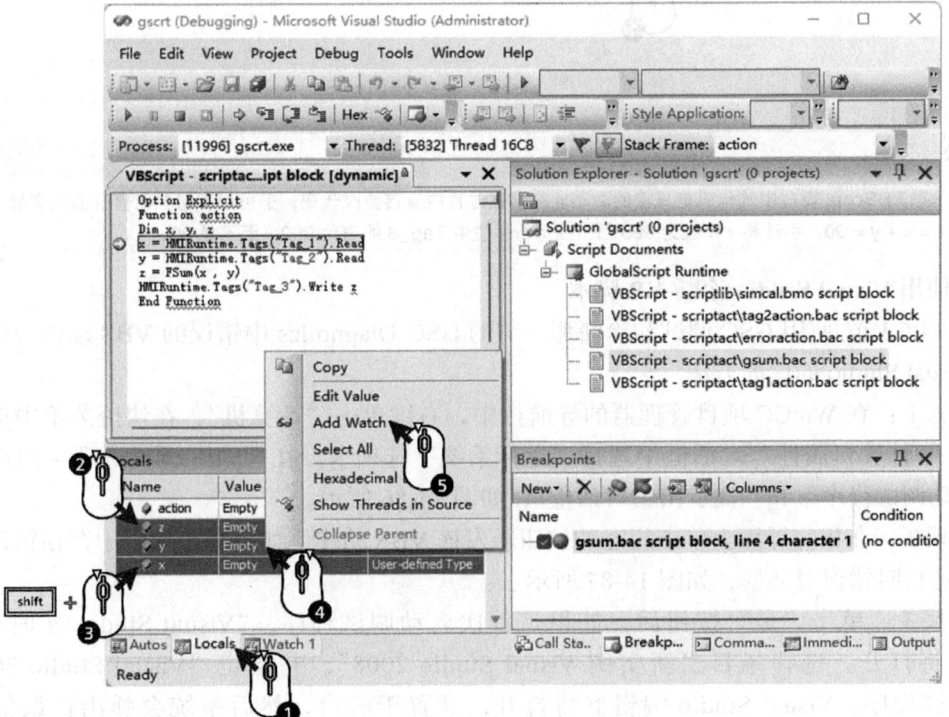

图 14-84 添加监视变量

步骤 5：选择菜单"Debug → Step Into"，或按下快捷键 F11，进行单步调试。可以在调试窗口的 Watch1 选项卡中监视变量值，如图 14-85 所示。

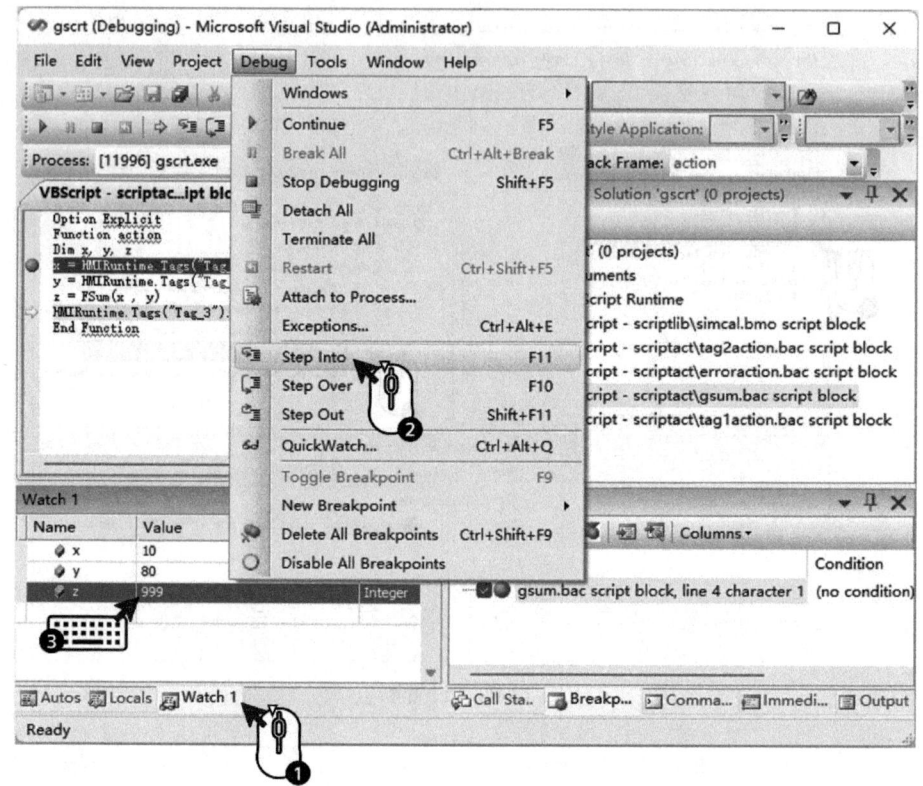

图 14-85　单步调试

> **提示**
> 显示在 VBScript 窗口中的代码是只读的。不能在调试过程中直接更改代码，但可以在必要时修改监视变量。在本例中原本 z = x + y = 90，手动将 z 修改为 999 后，在运行系统中 Tag_3 的值为 999，而不是 90。

3. 使用 Visual Studio 诊断 VB 脚本

以 14.5.1 节 使用 GSC 调试和诊断那一节的 GSC Diagnotics 中错误的 VBS 动作为例，介绍使用 Visual Studio 的诊断方法。

步骤 1：在 WinCC 项目管理器的导航栏中，右键单击"计算机"，在快捷菜单中选择"属性"。在"计算机属性"对话框中选择"运行系统"选项卡。在"VBS 调试选项 – 图形"中选择"启动调试程序"和"显示出错对话框"，如图 14-86 所示。

步骤 2：在相应界面上单击组态的按钮触发该 VBS 动作。如果脚本代码中存在错误，系统会弹出运行时错误对话框，如图 14-87 所示。

步骤 3：单击"是"按钮后，如果是首次启动调试程序，"Visual Studio 实时调试器"对话框将打开。选择条目"新实例 Visual Studio 2008"，并指定"Visual Studio 2008"为默认调试程序。Visual Studio 编辑器将打开，并置于前台，然后系统会弹出错误信息，如图 14-88 所示。

图 14-86　启动 VBS 图形脚本的诊断选项

图 14-87　运行时错误对话框

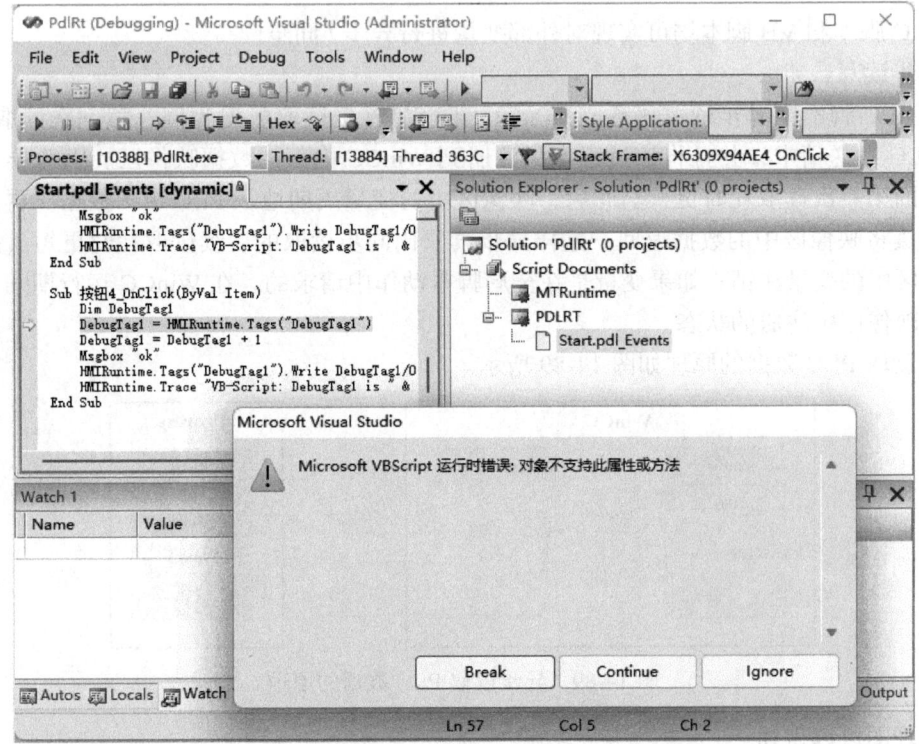

图 14-88　Visual Studio 编辑器诊断选项

步骤 4：单击 "Break" 按钮，开始诊断代码中的错误。

> **提示**
> 单击 Continue 按钮，退出诊断模式。Visual Studio 编辑器将置于后台，项目继续运行；单击 Ignore 按钮，忽略当前错误代码，向后继续执行代码。

14.6 应用示例

在 WinCC 的脚本系统中，读写变量是经常使用的基本功能。同步读写和异步读写有什么区别？如何高效地进行批量变量的读写？

如果需要在 WinCC 中与操作系统或第三方应用进行交互，如何调用相关 DLL（动态链接库）中的 API 函数？

在 WinCC 的变量管理器和图形编辑器中创建批量的变量和对象时，复制和粘贴虽然能够减轻一些工作量，但是否还有更为高效的组态方法？

下面将通过三个示例来进一步介绍 C 脚本、VB 脚本和 VBA 的应用。

1) 在脚本中，变量同步／异步读写的功能和区别。
2) 根据登录用户确定是否禁用 Windows 快捷键。
3) 通过自定义菜单批量定义变量和创建对象，并批量修改对象属性。

14.6.1 变量异步／同步读写的分析和示例

使用 C 脚本和 VB 脚本均可实现对外部变量进行异步／同步读写。

1. 异步读写

以使用 C 脚本中异步读取函数 GetTag×× 向 S7 PLC 读取数据为例。第一次读取变量时，需要向 PLC 发送请求，并且将该过程变量注册到 WinCC 内部的数据映像区。因此异步读取比同步读取的第一次读取耗时更长。此后，映像区中的变量周期地从 PLC 请求数据。再次读取变量时，直接将映像区中的数据返回。这样异步读取比同步读取的后续读取耗时更短。关闭画面时，映像区中的变量注销；如果变量是在全局脚本动作中请求的，在 WinCC 运行期间，变量始终保留在映像区中注册的状态。

异步读取 PLC 数据的原理如图 14-89 所示。

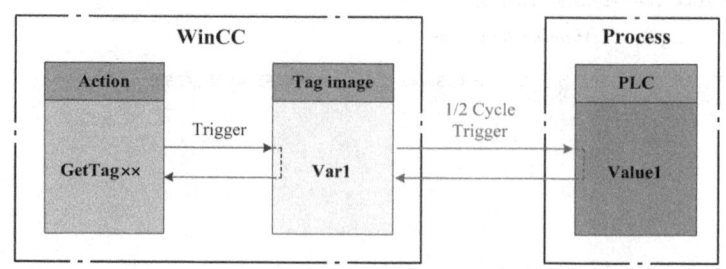

图 14-89　异步读取 PLC 数据的原理

从原理图可以得知：

1) 在画面、全局脚本中循环读取外部变量，使用变量作为触发器，则映像区数据和 PLC

之间的数据更新周期为触发变量采集周期（标准周期）的 1/2。

2）在全局脚本中循环读取外部变量，使用标准周期作为触发器，则映像区数据和 PLC 之间的数据更新周期为全局脚本触发周期的 1/2。

3）映像区中的变量周期性地从 PLC 请求数据，增加了 WinCC 系统的基本负荷。

C 脚本和 VB 脚本中异步读取及写入函数或方法见表 14-3。

表 14-3　C 脚本和 VB 脚本中异步读取及写入函数或方法

编程语言	异步读取	异步写入
C 脚本	GetTag××	SetTag××
VB 脚本	.Read/.Read（0）	.Write/.Write [Value]，[0]

提示
由于异步写入仅把数据写入到缓冲区，且并不通过返回值确认操作是否成功执行，然后继续执行后续脚本，所以有可能出现异步写入操作执行完毕，但 PLC 的数据却没有变化的情况。

2. 同步读写

以使用 C 脚本中同步读取函数 GetTagWait×× 向 S7 PLC 读取数据为例，该方式直接从 AS 系统读取变量值。使用同步方式读取变量时，比异步方式读取将花费更长的时间。所需的时间取决于 PLC 的系统性能和网络通信负荷。

同步读取 PLC 数据的原理如图 14-90 所示。

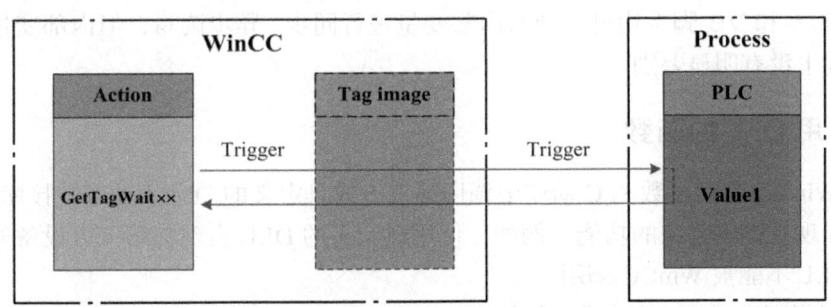

图 14-90　同步读取 PLC 数据的原理

从图 14-90 中可以得知，同步读取和数据缓冲区无关。数据读取为直接的"一问一答"方式。

C 脚本和 VB 脚本中同步读取及写入函数或方法见表 14-4。

表 14-4　C 脚本和 VB 脚本中同步读取及写入函数或方法

编程语言	同步读取	同步写入
C 脚本	GetTagWait××	SetTagWait××
VB 脚本	.Read（1）/.Read 1	.Write（1）/.Write [Value]，[1]

提示
由于同步读写操作执行完毕之后，即同步读写函数或方法的返回值有效之后，脚本才会继续执行，否则就会挂起等待。如果同步读写操作的变量过多，则造成脚本延时以至于堵塞。因此为了避免上述问题，在周期触发的画面动作和全局动作中不要使用同步读写操作。同步读写操作仅用于需要快速读写，以实现某些特定功能。

3. 多个变量的异步读写

为优化编程结构，减少代码数量，C 脚本和 VB 脚本支持一次性读写多个变量。

在 C 脚本中，通过函数 GetTagMulti×× 和 SetTagMulti×× 实现多个变量的异步读写。具体示例可以参考条目 ID 26710242/26712371。

> **提示**
> C 脚本中使用函数 GetTagMulti×× 和 SetTagMulti×× 实现多个变量的异步读写时，建议先调用 SysMalloc 分配内存，而后再调用 SysFree 释放内存。如果未调用 SysFree 函数，会导致程序内存不断上涨，最终可能会引起内存泄漏而导致系统性能的下降。

在 VB 脚本中实现多个变量的异步读写，需要使用集成了多个变量的对象 TagSet，可以参考以下代码：

```
Dim group
Set group = HMIRuntime.Tags.CreateTagSet
group.Add"Motor1"
group.Add"Motor2"
group.Read
HMIRuntime.Trace"Motor1：" & group("Motor1").Value & vbNewLine
HMIRuntime.Trace"Motor2：" & group("Motor2").Value & vbNewLine
group.Read 1
```

使用 C 脚本和 VB 脚本均可实现对内部变量进行同步 / 异步读写，但内部变量的同步和异步读写在性能上没有明显差别。

14.6.2 调用 DLL 的函数

可以在 WinCC 的 C 函数和 C 动作中调用第三方或自定义的 DLL（动态链接库）中的函数，以扩展和增强现有脚本系统的功能。例如，使用自定义的 DLL 实现与第三方设备通信。但使用 VB 创建的 DLL 不能被 WinCC 调用。

接下来以根据登录用户的权限判断是否禁用 Windows 快捷键为例，介绍 C 动作调用 DLL 的方法：

步骤 1：在 WinCC 项目管理器的"计算机属性"的"参数"选项卡中，选择"禁用用于进行操作系统访问的快捷键"。

步骤 2：在用户管理中为具备使用 Windows 快捷键的用户新建并分配权限等级为 18 的权限"操作系统"，如图 14-91 所示。

图 14-91 分配权限等级

步骤 3：在全局脚本的 C 编辑器中创建全局动作，输入如下代码，如图 14-92 所示。

```c
#include"apdefap.h"
int gscAction( void )
{
#pragma code ("UseAdmin.DLL")
#include"pwrt_api.h"
#pragma code()
#pragma code ("ALMXGINA.DLL")
BOOL SetXGinaValue(unsigned int uiKey, BOOL *pbEnable, DWORD dwSize);
#pragma code()
BOOL  bEnable;
BOOL bOK;
#define XGINA_ALLOW_CTL_ALT_DEL     3
bEnable = PWRTCheckPermission(18, TRUE);
bOK = SetXGinaValue(XGINA_ALLOW_CTL_ALT_DEL    , &bEnable , sizeof(bEnable ));
printf("#I101:SetXGinaValue()-bEnable = %d   bOK = %d   (lock/unlock windows keys)\r\n", bEnable, bOK);
return 0;
}
```

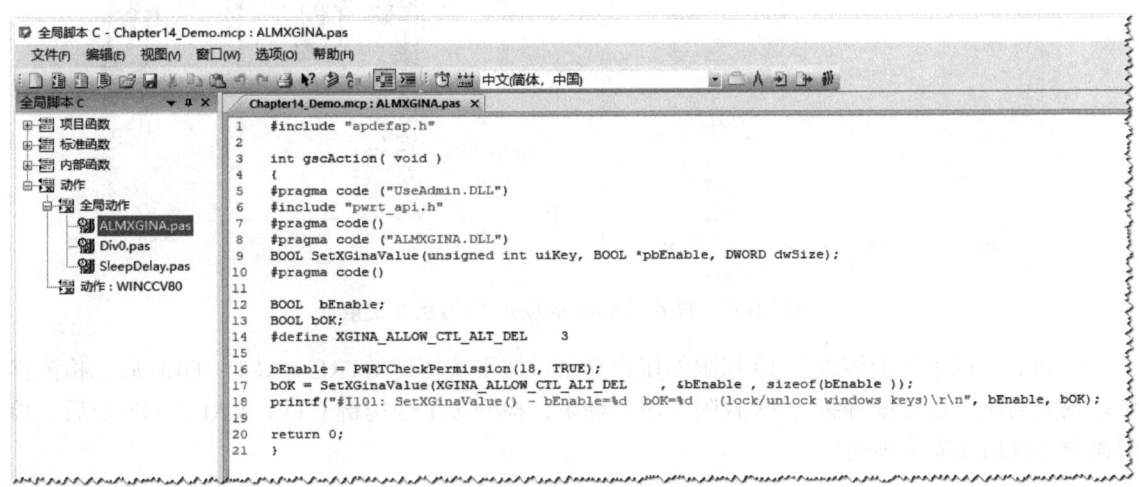

图 14-92　在全局动作中调用 DLL

其中，UseAdmin.DLL 是 WinCC ODK 提供的动态链接库，其包含的 PWRTCheckPermission 用于检测当前用户是否具备相应的权限等级；ALMXGINA.DLL 是 Windows 提供的动态链接库，定义了不同 Windows 快捷键所对应的键值。其包含的函数 SetXGinaValue 用于设置相应键值的 Windows 快捷键是否可用。在本例中，快捷键 CTRL + ALT + DEL 所对应的键值是 3。

在调用 DLL 时，必须熟悉 DLL 所包含的函数的使用。ALMXGINA.DLL 的相应键值见表 14-5。

表 14-5　ALMXGINA.DLL 的相应键值

快捷键	键值	注释
XGINA_ALLOW_SHUTDOWN	1	关闭操作系统
XGINA_ALLOW_LOGOUT	2	注销当前用户
XGINA_ALLOW_CTRL_ALT_DEL	3	切换操作系统管理画面
XGINA_ALLOW_CTRL_ESC	4	打开"开始"菜单（Windows 键）
XGINA_ALLOW_ALT_ESC	5	切换到上一应用程序窗口
XGINA_ALLOW_ALT_TAB	6	切换到其他应用程序窗口

步骤 4：在工具栏中单击 按钮，打开"属性"对话框。选择"触发器"选项卡，添加变量内部变量 @CurrentUser 作为触发变量。在"标准周期"栏相应位置上双击，在更新列表中选择"有变化时"，如图 14-93 所示。

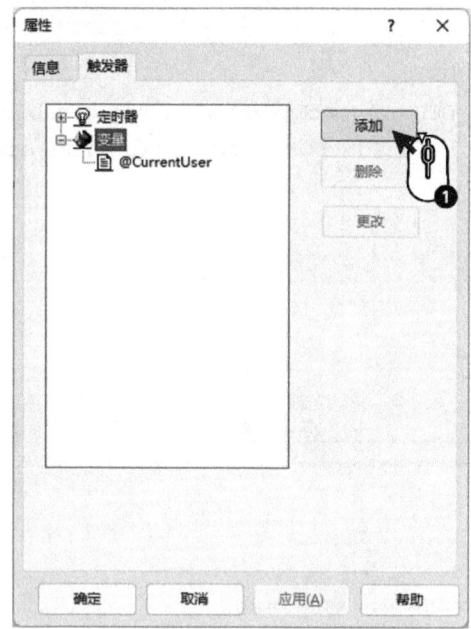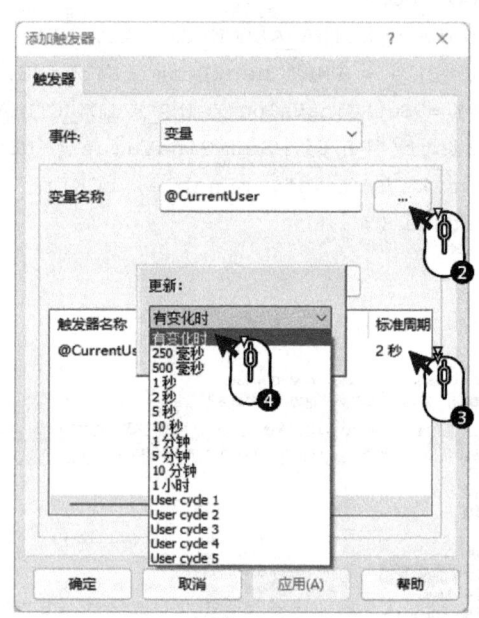

图 14-93　设置 @CurrentUser 作为触发变量

步骤 5：以未分配等级为 18 权限的用户登录，按下快捷键 CTRL + ALT + DEL 后，检测操作系统无响应；以分配等级为 18 权限的用户登录，检测按下快捷键 CTRL + ALT + DEL 后，检测操作系统出现安全画面。

14.6.3　VBA 示例

1. 批量定义变量和创建对象

接下来介绍 VBA 在图形编辑器中的应用。本例中，使用 VBA 在项目中批量定义变量（HMIGO 类）。然后在画面上批量创建输入 / 输出域（HMIObject 对象），并设置这些输入 / 输出域对应显示之前批量定义的变量。

步骤 1：打开变量管理器，添加 SIMATIC S7 Protocol Suite 通道。在 TCP/IP 下新建 Connection1 连接，并新建 Group 组，如图 14-94 所示。

第14章 脚本系统 | 635

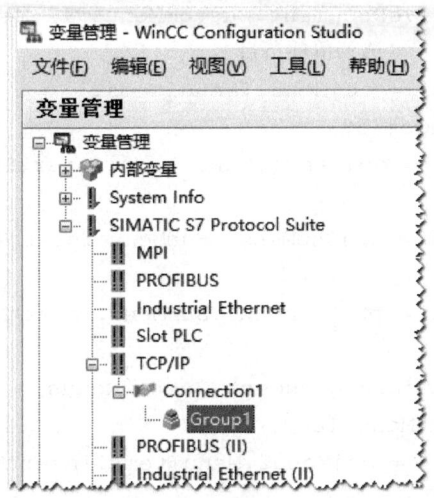

图 14-94　新建连接和变量组

步骤 2：打开图形编辑器，新建一个画面。通过菜单"工具→宏→ Visual Basic 编辑器"打开 VBA 编辑器，如图 14-95 所示。

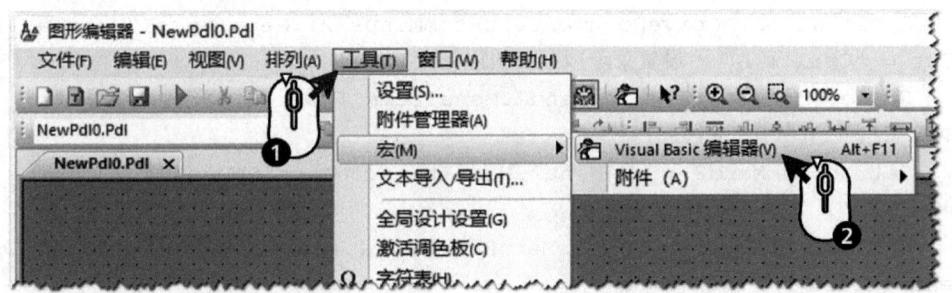

图 14-95　打开 Visual Basic 编辑器

步骤 3：图形编辑器提供的 Visual Basic 编辑器和其他软件提供的画面和功能类似。在左侧工程资源管理器中双击 ThisDocument（所属新建画面），在右侧代码窗口输入如下创建菜单和菜单项条目的代码。

```
Sub CreateDocumentMenus()    '创建菜单和菜单项条目
    Dim objMenu1 As HMIMenu, objMenu2 As HMIMenu
    Dim objMenuItem1 As HMIMenuItem, objMenuItem2 As HMIMenuItem
    Dim objSubMenu1 As HMIMenuItem, objSubMenu2 As HMIMenuItem
    Set objMenu1 = ActiveDocument.CustomMenus.
InsertMenu(1,"MenuObj","Menu_Obj")
    Set objMenuItem1 = objMenu1.MenuItems.InsertMenuItem(1,"MenuObj_1",
"Menu_Obj_1")
    Application.ActiveDocument.CustomMenus(1).MenuItems("MenuObj_1").
Visible = False           '隐藏菜单项条目
    Set objMenuItem1 = objMenu1.MenuItems.InsertMenuItem(2,"MenuObj_2",
"Menu_Obj_2")
```

```
        Application.ActiveDocument.CustomMenus(1).MenuItems("MenuObj_2").
Checked = True              '复选菜单项条目
        Set objMenuItem1 = objMenu1.MenuItems.
InsertSeparator(3,"MenuObj_3")
        Set objSubMenu1 = objMenu1.MenuItems.InsertSubMenu(4,"MenuObj_4",
"SubMenu_Obj")
        Set objMenuItem1 = objSubMenu1.SubMenu.InsertMenuItem(5,"MenuObj_5",
"SubMenu_Obj_1")
        Set objMenuItem1 = objSubMenu1.SubMenu.InsertMenuItem(6,"MenuObj_6",
"SubMenu_Obj_X")
        Set objMenu2 = ActiveDocument.CustomMenus.
InsertMenu(2,"MenuTag","Menu_Tag")
        Set objMenuItem2 = objMenu2.MenuItems.InsertMenuItem(1,"MenuTag_1",
"Menu_Tag_1")
        Application.ActiveDocument.CustomMenus(2).MenuItems("MenuTag_1").
Enabled = False             '禁用菜单项条目
        Set objMenuItem2 = objMenu2.MenuItems.InsertMenuItem(2,"MenuTag_2",
"Menu_Tag_2")
        Application.ActiveDocument.CustomMenus(2).MenuItems("MenuTag_2").
ShortCut = "Ctrl + B"       '设置菜单项条目快捷键
        Set objMenuItem2 = objMenu2.MenuItems.InsertSeparator(3,
"MenuTag_3")
        Set objSubMenu2 = objMenu2.MenuItems.InsertSubMenu(4,"MenuTag_4",
"SubMenu_Tag")
        Set objMenuItem2 = objSubMenu2.SubMenu.InsertMenuItem(5,"MenuTag_5",
"SubMenu_Tag_1")
        Set objMenuItem2 = objSubMenu2.SubMenu.InsertMenuItem(6,"MenuTag_6",
"SubMenu_Tag_Y")
        '为菜单项条目分配宏
        With ActiveDocument.CustomMenus("MenuObj")
            .MenuItems("MenuObj_2").Macro = "Link"
            '.MenuItems("MenuObj_4").SubMenu("MenuObj_6").Macro = "ChangeTrigger"
        End With
        With ActiveDocument.CustomMenus("MenuTag")
            .MenuItems("MenuTag_2").Macro = "CreateTag"
        End With
    End Sub
```

步骤4:在右侧代码窗口输入如下批量创建变量的代码。

```
    Sub CreateTag()              '创建变量
      Dim objHMIGO As HMIGO
      Dim strVariableName As String, strAddr As String
```

```
    Dim i As Long
    Set objHMIGO = New HMIGO
    For i = 0 To 799
            strVariableName = "MyTag"& i          '设置变量的名称
            strAddr = "MW"& (i * 2)               '设置变量的地址
            objHMIGO.CreateTag strVariableName, TAG_SIGNED_16BIT_
VALUE,"Connection1", strAddr,"Group1"           '设置变量的数据类型、所属连接及组
    Next
    Set objHMIGO = Nothing
End Sub
```

步骤5：在右侧代码窗口输入如下批量创建输入/输出域并连接变量的代码。

```
Sub Link()         '添加输入/输出域并连接变量
    Dim objA As HMIIOField
    Dim objEvent As HMIEvent
    Dim objDConnection As HMIDirectConnection
    Dim objVariableTrigger As HMIVariableTrigger
    Dim strHMIIOFieldName As String, strVariableName As String
    Dim i As Long, j As Long, k As Long
    k = 0
    For j = 0 To 19
    For i = 0 To 39
    strHMIIOFieldName = "a"+ Str(j)+ Str(i) '设置输入/输出域的名称
    Set objA = ActiveDocument.HMIObjects.AddHMIObject(strHMIIOFieldName,
"HMIIOField")        '添加输入/输出域
            With objA    '设置输入/输出域的尺寸
                .Top = i * 20
                .Left = 50 * j
                .Height = 20
            End With
            strVariableName = "MyTag"& k
            '连接输入/输出域的输出值到变量
            Set objVariableTrigger = objA.OutputValue.CreateDynamic(hmiDyn-
amicCreationTypeVariableDirect, strVariableName)
            objVariableTrigger.CycleType = hmiVariableCycleType_1s    '设置输
入/输出域的刷新周期
            k = k + 1
            Next
    Next
    Set objA = Nothing
    Set objVariableTrigger = Nothing
End Sub
```

步骤6：单击工具栏上的 ▶ 按钮运行，如图14-96所示。

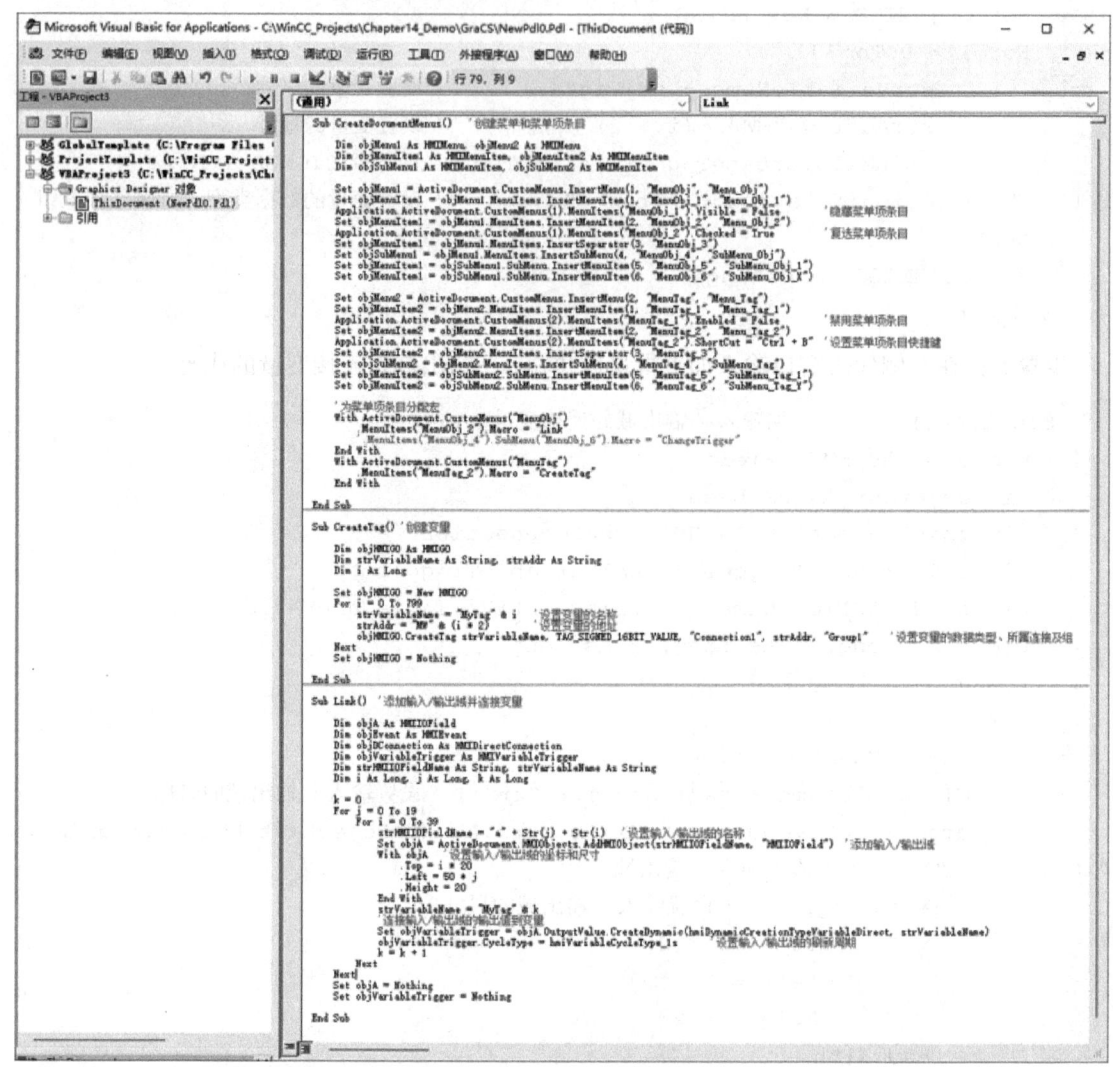

图14-96　编写执行VBA代码

步骤7：在图形编辑器的菜单栏上，单击菜单 Menu_Tag → Menu_Tag_2 或使用快捷键 Ctrl + B，再单击菜单 Menu_Obj → Menu_Obj_2，如图14-97所示。

等待一段时间后，检查执行结果如下：

1）在变量管理器的 Connection1 连接的 Group 变量组中有 800 个变量。变量名称为 MyTag0 ~ MyTag799，类型为有符号16位值，地址为 MW0 ~ MW1598。

2）在新建画面中有 40 行，20 列的输入/输出域矩阵。分别对应变量 MyTag0 ~ MyTag799，更新周期为 1s。

2. 批量修改对象属性

设想以下应用场景。在画面上配置的大量的对象都是采用默认的更新周期，或更新周期各不相同。如果需要进行统一地修改，手动修改费时费力。在这种情况下，VBA 可以轻松实现批量修改。

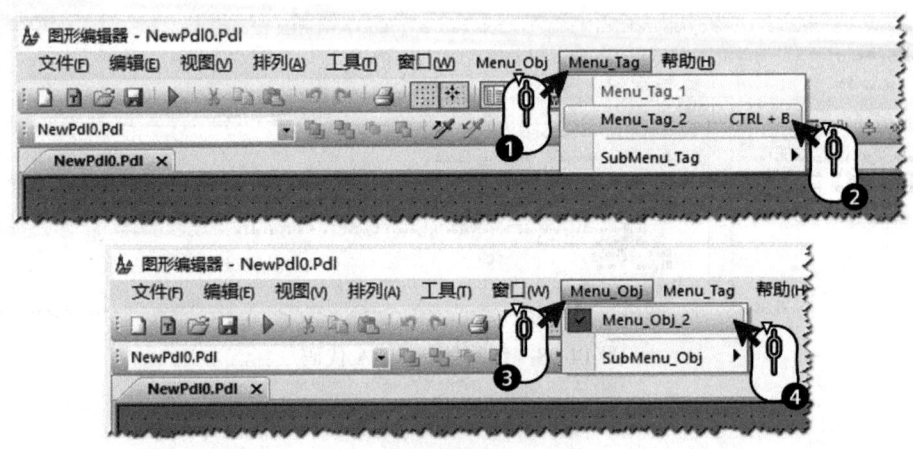

图 14-97 操作 VBA 菜单

步骤 1：在图形编辑器提供的 Visual Basic 编辑器的左侧工程资源管理器中双击 ThisDocument（所属新建画面），在右侧代码窗口输入如下代码。

```
Sub ChangeTrigger()     '修改更新周期
  Dim colSearchResults, objMember, iResult
  Set colSearchResults = ActiveDocument.HMIObjects.Find(ObjectName: = "*", ObjectType: = "HMIIOField")           '查找所有输入/输出域
  iResult = colSearchResults.Count
  MsgBox "Objects: " & CStr(iResult)& vbCrLf
  For Each objMember In colSearchResults   '枚举所有输入/输出域
      objMember.Properties("OutputValue").Dynamic.CycleType = hmi-VariableCycleType_uponchange     '更改刷新周期为有变化时
      objMember.Selected = True
  Next objMember
  MsgBox"Done"
End Sub
```

步骤 2：在批量定义变量和创建对象的代码中，恢复注释代码。

```
'为菜单项条目分配宏
With ActiveDocument.CustomMenus("MenuObj")
  .MenuItems("MenuObj_2").Macro = "Link"
  .MenuItems("MenuObj_4").SubMenu("MenuObj_6").Macro = "ChangeTrigger"
End With
```

步骤 3：单击工具栏上的 ▶ 按钮运行，如图 14-98 所示。

步骤 4：在图形编辑器的菜单栏上，单击菜单 Menu_Obj → Menu_Obj_4 → Menu_Obj_X。

等待一段时间后，检查执行结果。系统弹出消息框，画面中的输入/输出域合计 800 个，如图 14-99 所示。

画面上 800 个输入/输出域的更新周期统一修改为"有变化时"。

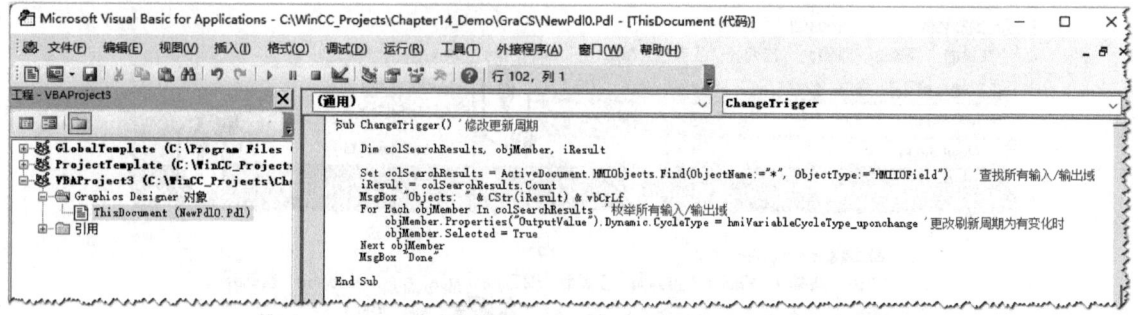

图 14-98 编写执行 VBA 代码

图 14-99 消息框统计结果

第15章 审计追踪

SIMATIC WinCC Audit 作为 WinCC 的选件，其主要用途是使 WinCC 的项目具有操作记录及审计追踪的功能，并且为安全和可追溯的工厂操作提供电子签名功能。通过使用该选件，可以使 WinCC 项目更加方便、快捷地符合 FDA 及 GMP 的相关法律、法规的要求。学习本章内容后，可以按照 15.6 节描述的步骤，制作一个 SIMATIC WinCC Audit 的功能示例项目，从而全面理解 Audit 在 WinCC 项目中的功能和作用。

通过对本章的学习，可以完成一个如图 15-1 所示的 WinCC Audit 示例项目。本示例项目模拟了某化工厂工艺流程的监控系统。在本监控系统中，用户拖动滑块可以设定液位的设定值。同时操作滑块所设定的数值将会记录在 Audit 的数据库中，当液位的实际值发生变化时，变化的新、旧值也将被记录。操作员单击打开阀门的按钮时，需要进行电子签名，签名正确后，阀门才能打开。单击关闭阀门的按钮时，需要输入注释，当操作员修改填充次数时，需要进行电子签名，同时修改前后的新、旧值也将被记录。这些操作和注释都将被记录在 Audit 的数据库中，在另外一个画面可以查看这些记录。

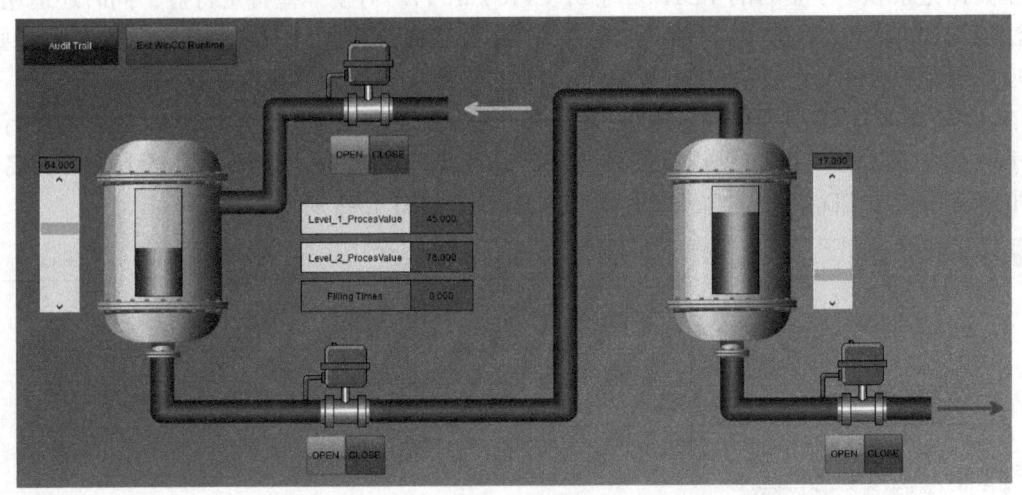

图 15-1 WinCC Audit 示例项目

通过这个项目，读者可以了解到以下内容：
1）Audit 的组态与配置。
2）如何记录 WinCC 项目的组态内容。
3）如何记录 WinCC 项目的运行内容。
4）如何操作文档控制及项目版本化（Document Control & Project Versioning）。
5）如何组态 SIMATIC Logon。
6）如何组态电子签名。
7）如何在 Audit 查看器（Audit Viewer）中查看记录的 Audit 日志（Audit Trail）。

15.1 SIMATIC WinCC Audit

SIMATIC WinCC Audit 是 WinCC 的选件之一，其主要功能是用来记录 WinCC 工程组态的变更以及 WinCC 运行系统的用户操作，记录的内容可以在 Audit 查看器中查看。如果记录的内容被篡改，那么被篡改的条目在 Audit 查看器中会有明显的区分。

15.1.1 相关法规

美国食品药品监督管理局（Food and Drug Administration，FDA）是美国卫生部下属的药品授权许可的权威机构，于 1927 年成立于罗克维尔（马里兰）。FDA 的任务是保护美国公众的健康，它制定了人类和动物医药产品、生物制品、医疗产品、食品及放射性产品安全和效力的相关规则，该规则适用于在美国生产的产品和进口产品。FDA 的标志如图 15-2 所示。

图 15-2　FDA 标志

在许多行业领域，生产数据的可追踪性及其文档变得越加重要，如医药行业、食品和饮料行业以及相关机械工程领域。以电子形式存储生产数据与书面文档相比具有许多优点，如采集和记录数据更方便等。但是，保证数据不被篡改并可以随时阅读也很重要。为此，已经制订了有关产品数据电子文档的行业专用标准和通用标准，其中最重要的一套法规是由 FDA 发布的针对电子数据记录和电子签名的 FDA 准则 21 CFR Part 11。对于一些特定行业，同时还适用各种欧盟法规（如 EU 178/2002）。目前已基于 21 CFR Part 11 制定了针对这些行业的生产系统要求，其相应的规范符合 GMP（优良生产规范）。其他行业也同样必须满足这些要求。

在 1997 年 8 月 20 日，FDA 规则中关于电子记录和签名的 21 CFR Part 11 被强制执行。21 CFR Part 11（简称为 Part 11）规定使用电子记录和电子签名取代在纸张表格上手写签名作为 FDA 的验收标准。FDA 网站中显示的 21 CFR Part 11 如图 15-3 所示。

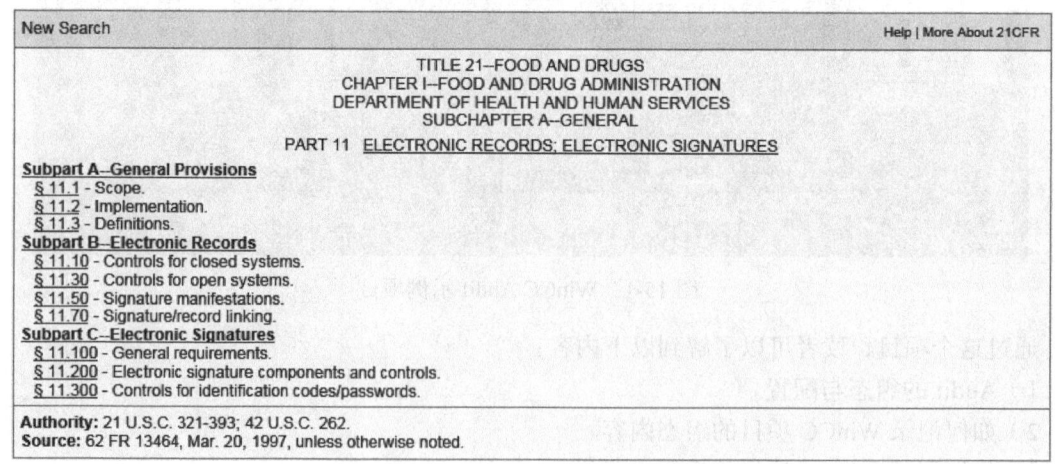

图 15-3　21 CFR Part 11

良好生产规范（Good Manufacture Practice，GMP）被世界卫生组织定义为指导食物、药品、医疗产品生产和质量管理的法规。制药行业大力推行药品 GMP 是为了最大限度地避免药品生产过程中的污染和交叉污染，降低各种差错的发生，这是提高药品质量的重要措施。

国际制药工程协会（International Society for Pharmaceutical Engineering，ISPE）从确保计算机化系统既能满足预定用途又能符合医药行业各项法规要求出发，组织专家编写一套简称为 GAMP 的方法性指南文件。该指南从 1995 年第一版开始到 2008 年，已经更新出版了五版，即为 GAMP 5。

GMP 环境下对计算机化系统的要求如图 15-4 所示，覆盖了整个计算机化系统的生命周期。其主要包括以下内容：

1) 系统设计和规格制定。
2) 访问控制和用户管理。
3) 电子签名。
4) 审计追踪和变更控制。
5) 数据归档。
6) 电子记录。
7) 数据备份。
8) 系统备份恢复。

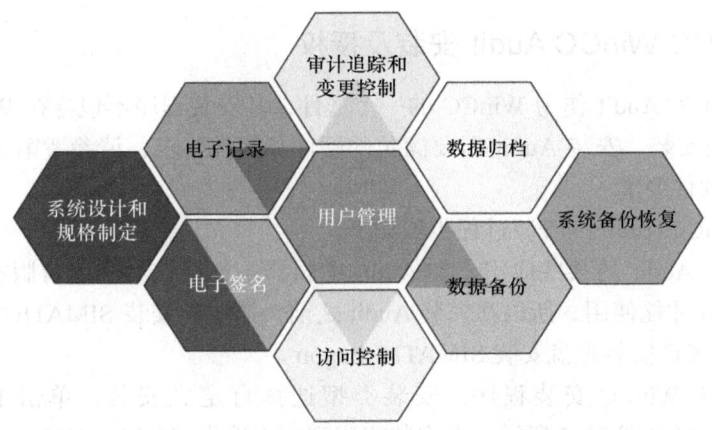

图 15-4　GMP 环境下对计算机化系统的要求

国家食品药品监督管理总局（现为国家药品监督管理局）在 2015 年发布了《药品生产质量管理规范（2010 年修订）》计算机化系统和确认与验证两个附录的公告，作为《药品生产质量管理规范（2010 年修订）》配套文件，自 2015 年 12 月 1 日起施行。

这里需要强调，并不是项目中使用了 Audit，整个项目或系统就可以满足上述相关法律、法规，直接获得相关认证。而是使用了 Audit 后，可以使该项目或系统可以更加方便、快捷地满足相关法律、法规所定义的某些条款。

15.1.2　SIMATIC WinCC Audit 介绍

Audit 的组件见表 15-1。

WinCC 工程组态变更的记录和 WinCC 运行系统用户操作的记录统称为 Audit 日志（Audit Trail），Audit 查看器主要用来查看及分析这些日志。文档控制主要用于诸如 WinCC 画面、C 和 VB 脚本、报表等文档的管理，如锁定、解锁、版本比较和回滚等功能。项目版本化可以用来归档已完成的项目，也可以将项目恢复至之前归档的某个版本。

表 15-1 Audit 的组件

组件	描述	是否需要安装 WinCC
Audit 运行系统（RT）	记录 WinCC 组态过程和运行系统中用户操作的更改并存储在数据库中	是
Audit 查看器	显示数据库中的 Audit 日志	否
Audit 文档控制和项目版本化	保存和版本化 WinCC 的项目数据	是
Audit 编辑器	进行 Audit 的组态及配置	是

SIMATIC WinCC Audit 主要可以应对以下几种需求：

1）制药行业的工厂验证。
2）食品、饮料行业的操作记录和审计追踪。
3）管理拥有不同版本的集中项目。
4）原始设备提供商的项目维护。
5）需要确保操作员操作无间隙记录并可追溯。
6）需要通过 FDA 或 GMP 等验证。

15.1.3　SIMATIC WinCC Audit 安装及授权

SIMATIC WinCC Audit 作为 WinCC 的一个选件，其安装程序不包含在 WinCC 的基本安装光盘中，需要单独安装。安装 Audit 需要满足的硬件和软件要求，请参考第 2 章安装 SIMATIC WinCC 的硬件和软件要求。

SIMATIC WinCC Audit 的安装过程步骤如下：

步骤 1：由于 Audit 的某些应用，如 Audit 编辑器、文档控制和项目版本化等功能需要配合 SIMATIC Logon 才能使用，所以在安装 Audit 之前，需要先安装 SIMATIC Logon。用户可以通过 SIMATIC WinCC 安装光盘安装 SIMATIC Logon。

运行 SIMATIC WinCC 安装程序，安装类型选择自定义安装，单击下一步，SIMATIC WinCC 安装类型选择如图 15-5 所示。在安装程序列表中选中"SIMATIC Logon"，单击下一步，然后按照提示操作，直至安装完成，SIMATIC Logon 安装如图 15-6 所示。

步骤 2：插入 Audit 的安装光盘，鼠标左键双击"Setup.exe"文件，运行"Setup.exe"文件，如图 15-7 所示。

步骤 3：两次单击"Next"后，勾选接受相关条款，然后单击"Next"，同意使用条款如图 15-8 所示。

步骤 4：选择安装类型为"Install"后，选择需要安装的语言，如图 15-9 所示，建议勾选英文和德文。

> **提示**
> Audit 并没有针对亚洲版进行发布，所以这里没有中文选项。

步骤 5：勾选需要安装的组件，如图 15-10 所示，单击"Next"。

> **提示**
> Report（Templates）选项需要先安装 Information Server，如果已安装，则可以勾选这个选项。

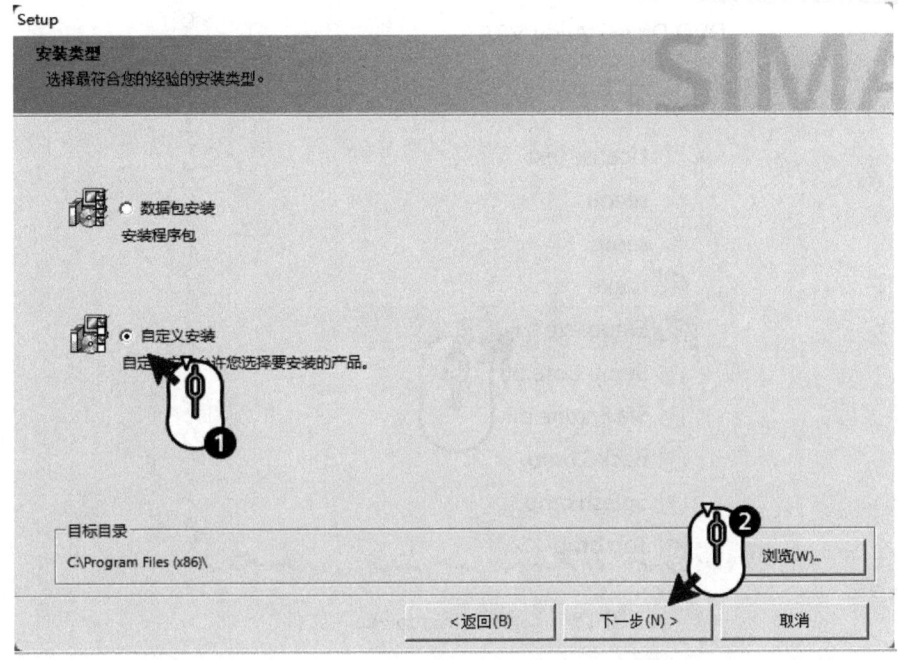

图 15-5　SIMATIC WinCC 安装类型选择

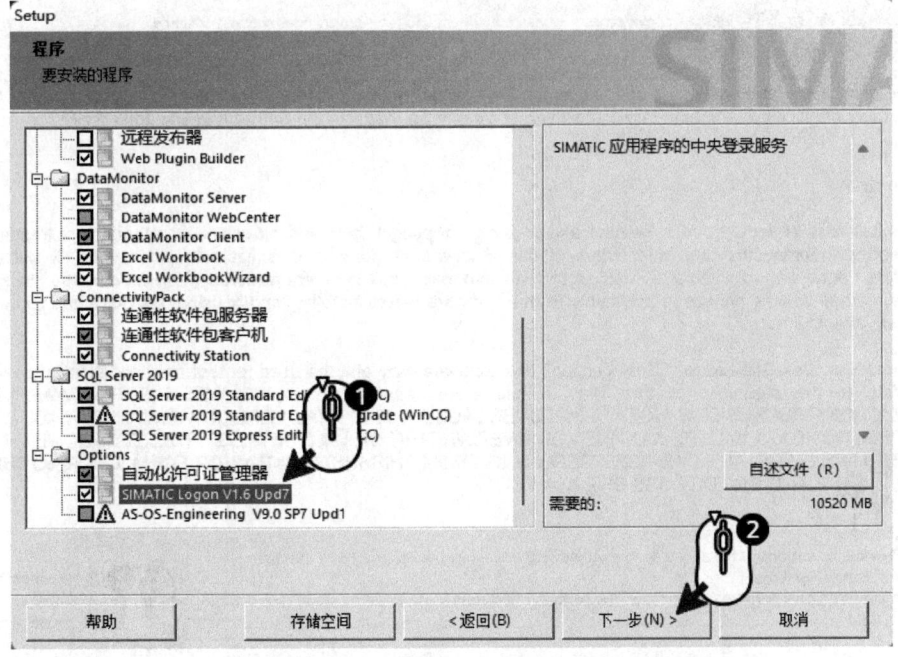

图 15-6　SIMATIC Logon 安装

图 15-7 运行 "Setup.exe" 文件

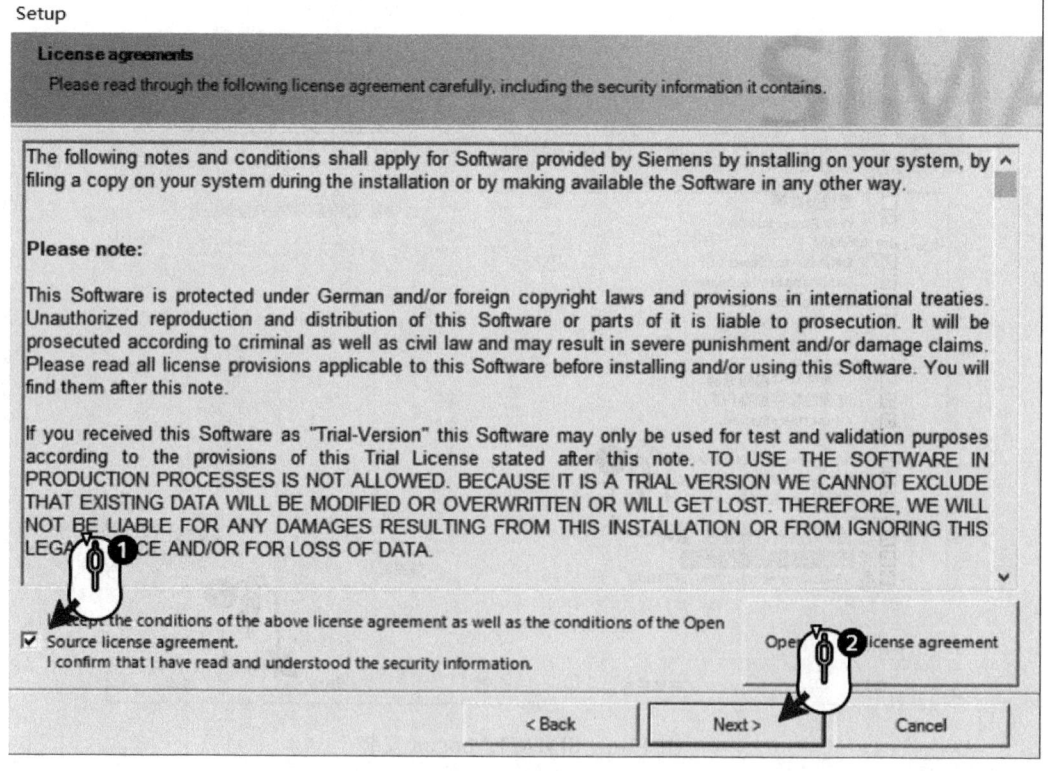

图 15-8 同意使用条款

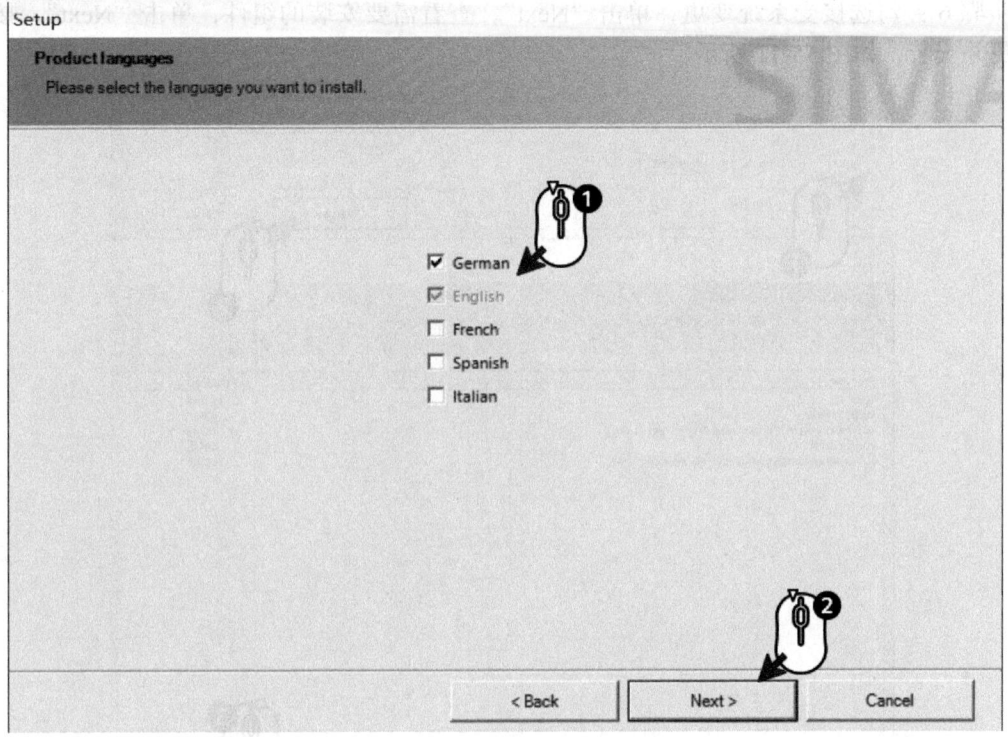

图 15-9　选择需要安装的语言

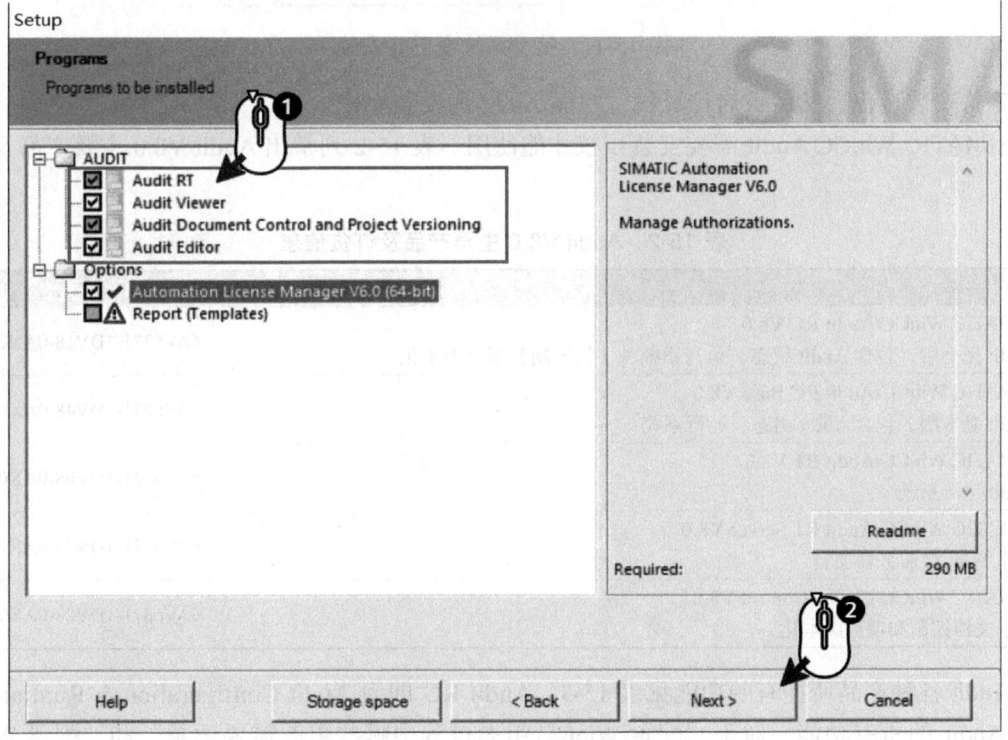

图 15-10　安装组件

步骤 6：勾选接受系统变更，单击"Next"，查看需要安装的组件，单击"Next"，接受系统变更并安装，如图 15-11 所示。

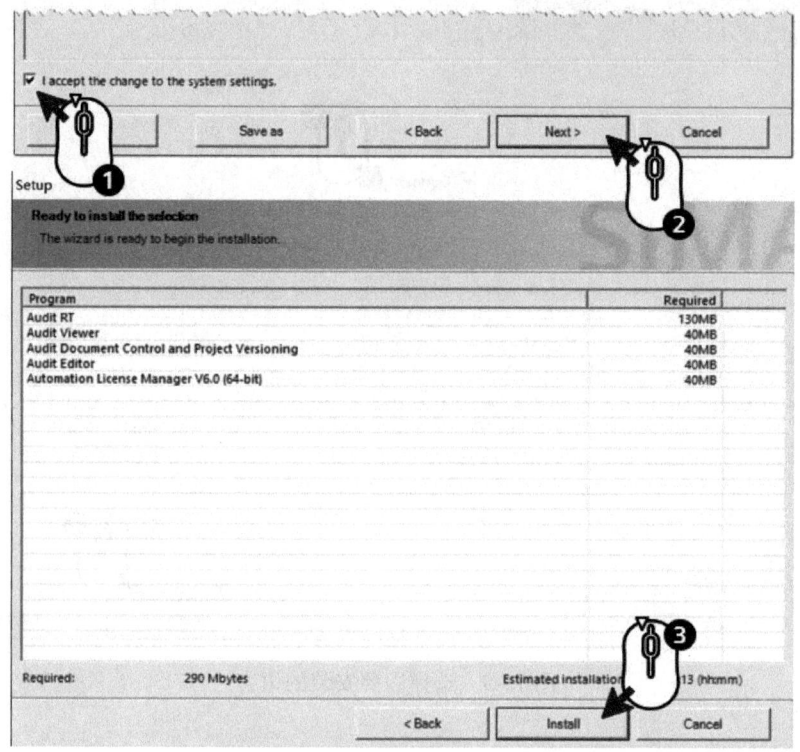

图 15-11　接受系统变更并安装

等待安装过程，然后重启计算机，完成 Audit 的安装操作。

SIMATIC WinCC Audit 需要安装授权才能使用。表 15-2 列举出 Audit V8.0 主要产品及订货信息。

表 15-2　Audit V8.0 主要产品及订货信息

产品	订货号
SIMATIC WinCC/Audit RC V8.0 Audit 完全版，包含 Audit 组态、运行系统、文档控制和项目版本化	6AV6371-1DV18-0AX0
SIMATIC WinCC/Audit RC Base V8.0 Audit 基本版，包含 Audit 组态、运行系统	6AV6371-1DV48-0AX0
SIMATIC WinCC/Audit RT V8.0 Audit 运行系统	6AV6371-1DV08-0AX0
SIMATIC WinCC/Audit RT Server V8.0 用于 WinCC 服务器项目	6AV6371-1DV38-0AX0
SIMATIC WinCC/ChangeControl V8.0 用于文档控制和项目版本化	6AV6371-1DV28-0AX0

Audit 各种产品所拥有的功能见表 15-3。Audit RC 即为 Audit Configuration & Runtime，它包含 Audit 的所有功能。对于"配置 WinCC 组态过程中哪些更改需要记录"和"配置 WinCC 运行系统中哪些操作员更改需要记录"这两项功能，重点在于"配置"这个动作。Audit RC

Base 与 Audit RC 相比,没有"文档控制及项目版本化"功能。Audit RT 即为 Audit Runtime,它包含将 Audit 记录保存到数据库中的功能,重点在于"保存"这个动作。Audit RT Server 用于 WinCC 服务器项目。Change Control 主要应用于 WinCC 项目的组态阶段,所以其包含"文档控制及项目版本化""配置 WinCC 组态过程中哪些更改需要记录"和"将 WinCC 组态过程中的更改保存到数据库中"这三项功能。

表 15-3 Audit 各种产品所拥有的功能

功能	Audit RC	Audit RC Base	Audit RT	Audit RT Server	Change Control
文档控制及项目版本化	√	×	×	×	√
配置 WinCC 组态过程中哪些更改需要记录	√	√	×	×	√
配置 WinCC 运行系统中哪些操作员更改需要记录	√	√	×	×	×
将 WinCC 组态过程中的更改保存到数据库中	√	√	√	√	√
将 WinCC 运行系统中的操作员记录保存到数据库中	√	√	√	√	×

15.1.4 SIMATIC WinCC Audit 支持的系统架构

通过对第 12 章的学习,可以了解到 WinCC 有多种系统架构。Audit 同样支持这些系统架构。接下来,将分别介绍 Audit 在这些系统架构下的特点。

对于 Audit 而言,其记录的 Audit 日志主要有以下三部分:

1)函数记录(InsertAuditEntryNew):使用 C 或 VB 脚本,通过 InsertAuditEntryNew 函数,在 WinCC 运行系统中插入记录。

2)消息记录(Alarms):主要指操作员消息、来自消息编号序列的消息、系统消息和电子签名记录。

3)组态记录(CS):主要指项目组态过程中的记录。

用来存储这些记录的数据库分为本地的多项目库(Local Multi-Project Database)和远程的多项目库(Remote Multi-Project Database)。本地的多项目库存储在本地计算机中,而远程的多项目库存储在与本地计算机位于同一网络的远程计算机上。这台远程计算机也必须安装 Audit RC,同时需要在 Audit 编辑器中创建数据库(在 15.3.2 节中将详细描述数据库的创建过程)。单用户 WinCC 项目中,如图 15-12 所示的 Audit 日志都将存储在本地或远程的多项目库中。

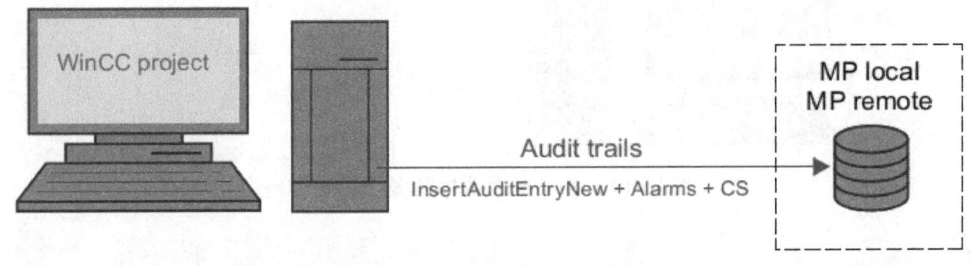

图 15-12 单用户 WinCC 项目

1. 远程组态

WinCC 项目存储在文件服务器中。在工程师站上通过远程的方式打开该项目。所有发生的更改都在工程师站上，但是所有的记录都是通过文件服务器写入数据库中，远程组态如图 15-13 所示。

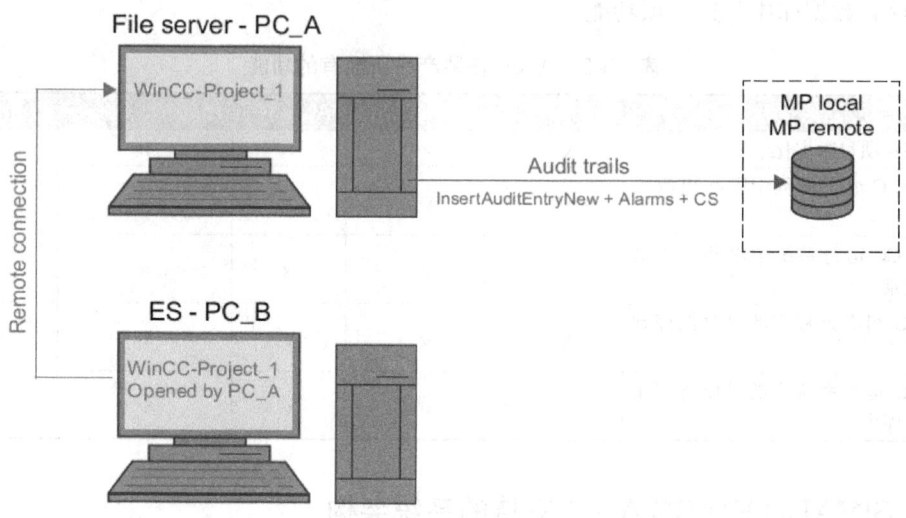

图 15-13　远程组态

2. 客户机无项目的多用户架构

WinCC 项目存储在服务器中，在客户机通过 SIMATIC Shell 的方式打开并运行该项目。所有发生的更改都在客户机上，但是所有的记录都是通过服务器写入数据库中的，客户机无项目的多用户架构如图 15-14 所示。

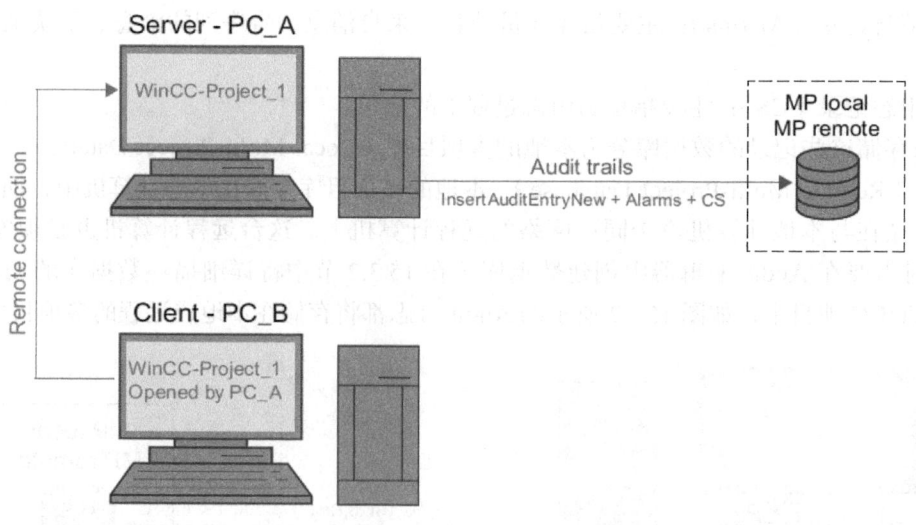

图 15-14　客户机无项目的多用户架构

> **提示**
> 截止 WinCC V8.0，客户机无项目的多用户架构暂不支持文档控制和项目版本化功能。

3. 客户机有项目的分布式架构（见图 15-15）

客户机上运行拥有组态的客户机项目。客户机上通过 InsertAuditEntryNew 事件的触发和组态的更改，通过客户机记录并写入 Audit Trial 数据库中，通过客户机触发的运行系统事件由服务器记录并写入 Audit Trial 数据库中。

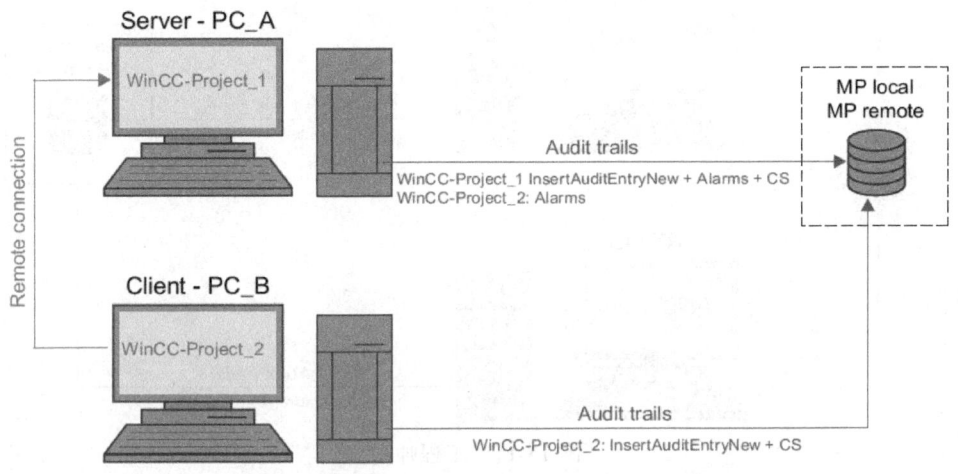

图 15-15　客户机有项目的分布式架构

> **提示**
> 需要在客户机上的服务器数据中选择报警的标准服务器，否则客户机上产生的操作员输入消息将无法记录。

4. 冗余项目

冗余的 WinCC 项目运行在两台计算机上。为了创建冗余，使用项目复制器进行项目复制。每台计算机记录各自的事件并写入 Audit Trail 的数据库中。对于两个 WinCC 项目，推荐使用一个多项目库，远程组态如图 15-16 所示。

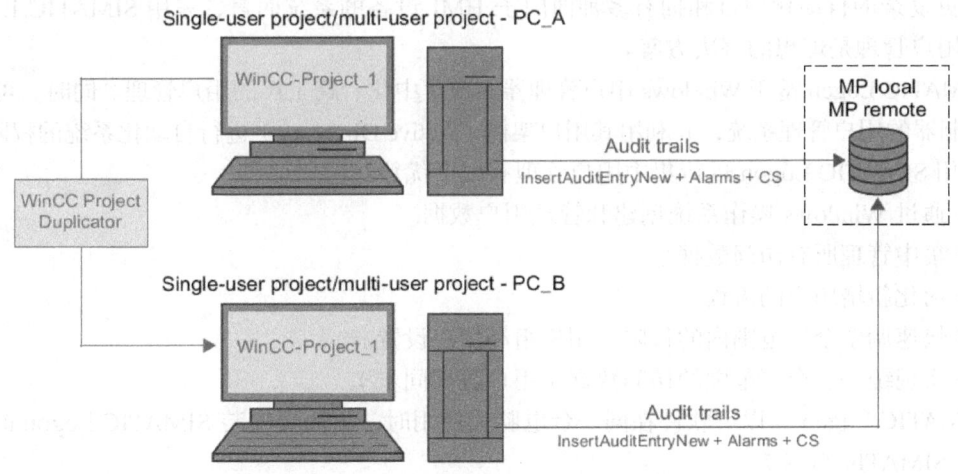

图 15-16　远程组态

5. 工程师站

WinCC 项目运行在工程师站上，项目通过项目复制器复制或在 SIMATIC Manager 中并下载至远程操作员站上。项目组态和运行发生在两台电脑上。工程师站记录所有项目组态的更改，并写入 Audit Trail 的数据库中。操作员站记录通过 InsertAuditEntryNew 触发的事件和运行系统事件，并将其写入 Audit Trail 的数据库中，工程师站如图 15-17 所示。

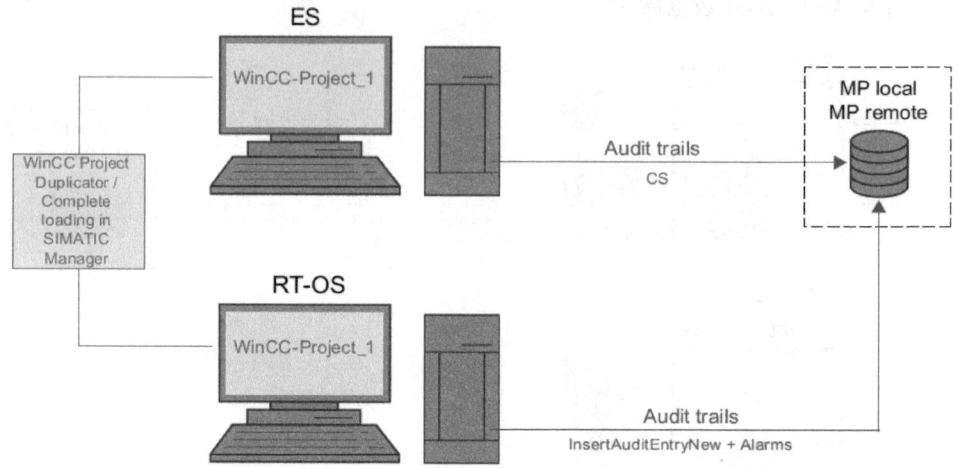

图 15-17　工程师站

15.2　SIMATIC Logon

SIMATIC Logon 作为整个 SIMATIC 系列产品中的一员，其主要功能是为整个工厂的 SIMATIC 应用程序提供集中的访问保护。参考 21 CFR Part 11，这样可以简化访问保护过程的系统验证。

15.2.1　SIMATIC Logon 概述

对更复杂的自动化项目和拥有多种西门子 HMI 设备的系统而言，采用 SIMATIC Logon 进行集中用户管理是理想的解决方案。

SIMATIC Logon 基于 Windows 用户管理器实现集中化、跨工厂的用户管理。同时，可直接接入域控制器的用户管理系统，并利用其用户架构（Active Directory）进行自动化系统的权限管理。

使用 SIMATIC Logon 进行集中用户管理有以下优势：

1）通过 Windows 操作系统创建和管理用户数据。
2）集中管理所有访问数据。
3）简化新增用户的流程。
4）快速调整全厂范围内的权限、用户组和用户设置。
5）实现统一、全厂范围的访问数据（用户数据同步）。

SIMATIC Logon 与以下软件在同一台电脑上使用时，不需要安装 SIMATIC Logon 的授权：

1）SIMATIC PCS 7。
2）SIMATIC WinCC。
3）SIMATIC WinCC flexible 2007 及以上版本。
4）SIMATIC WinCC（TIA Portal 组态软件）。

5）STEP 7。

当 SIMATIC Logon 单独安装时，需要安装授权才可以正常使用。如果触摸屏或 TIA 博途 WinCC 高级版运行系统作为 SIMATIC Logon 的客户机，则需要在 SIMATIC Logon 的服务器上同时安装 Logon Remote Access 的授权，SIMATIC Logon 授权见表 15-4。

表 15-4 SIMATIC Logon 授权

产品	授权
SIMATIC Logon V1.6	6ES7658-7BX61-0YA0
升级至 SIMATIC Logon V1.6	6ES7658-7BX61-0YE0
Logon Remote Access（3 Clients）	6ES7658-7BA00-2YB0
Logon Remote Access（10 Clients）	6ES7658-7BB00-2YB0

15.2.2 使用 SIMATIC Logon 实现集中用户管理

SIMATIC Logon 服务器需要在 Windows 的计算机管理中创建相应的用户和用户组。在 SIMATIC 应用程序（如 WinCC）的用户管理中创建同名的用户组，并为该组分配相应的权限。这样，就可以使用 Windows 中的用户进行访问保护。

SIMATIC Logon Service 是 SIMATIC Logon 实现用户管理的基础。SIMATIC 应用程序使用 SIMATIC Logon 执行登录的流程如图 15-18 所示。

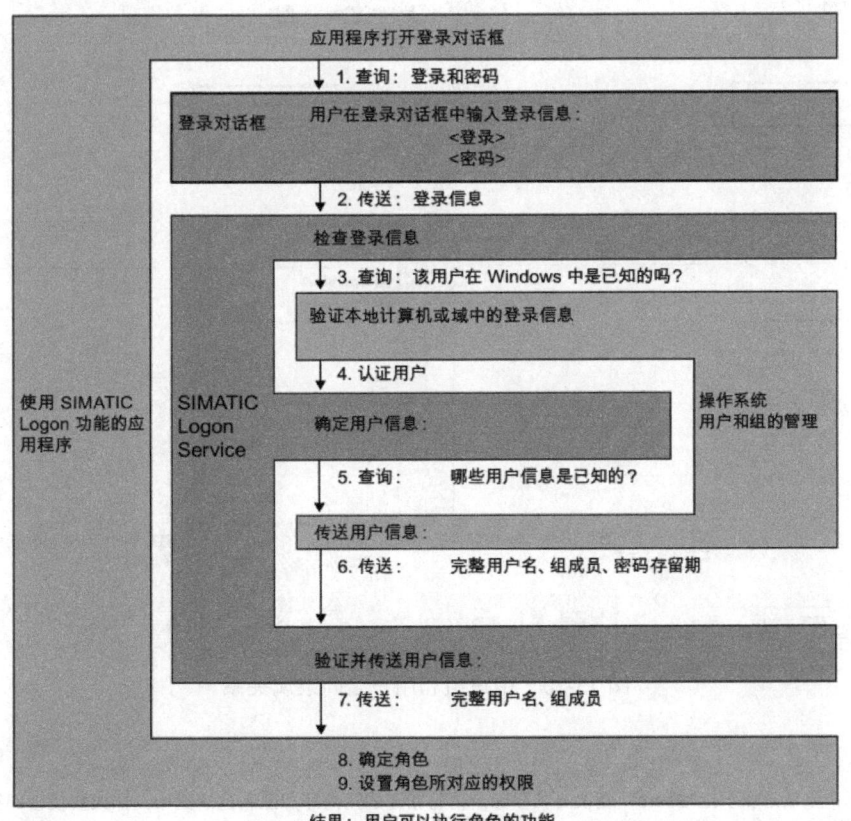

图 15-18 SIMATIC Logon 执行登录的流程

在 SIMATIC Logon 服务器（可以是单独计算机，也可以是同时安装了 SIMATIC Logon 和 WinCC 的计算机）的本地计算机管理中的本地用户和组中创建相应的组和用户。例如，创建组：ForWinCCAdmin，其下创建用户：Admin1，密码：Admin1，用户：Admin2，密码：Admin2；创建组：ForWinCCOperator，其下创建用户：Operator1，密码：Operator1，用户：Operator2，密码：Operator2。Windows 本地用户和组如图 15-19 所示。

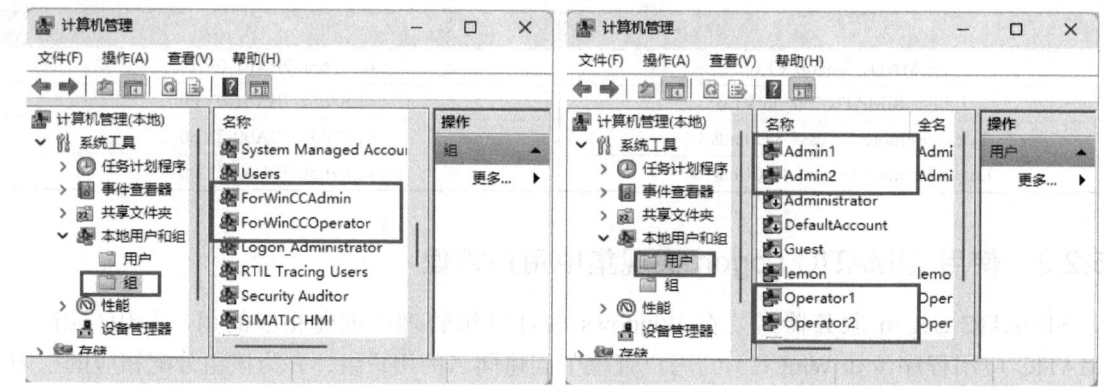

图 15-19　Windows 本地用户和组

用户组和用户之间的隶属关系如图 15-20 所示。

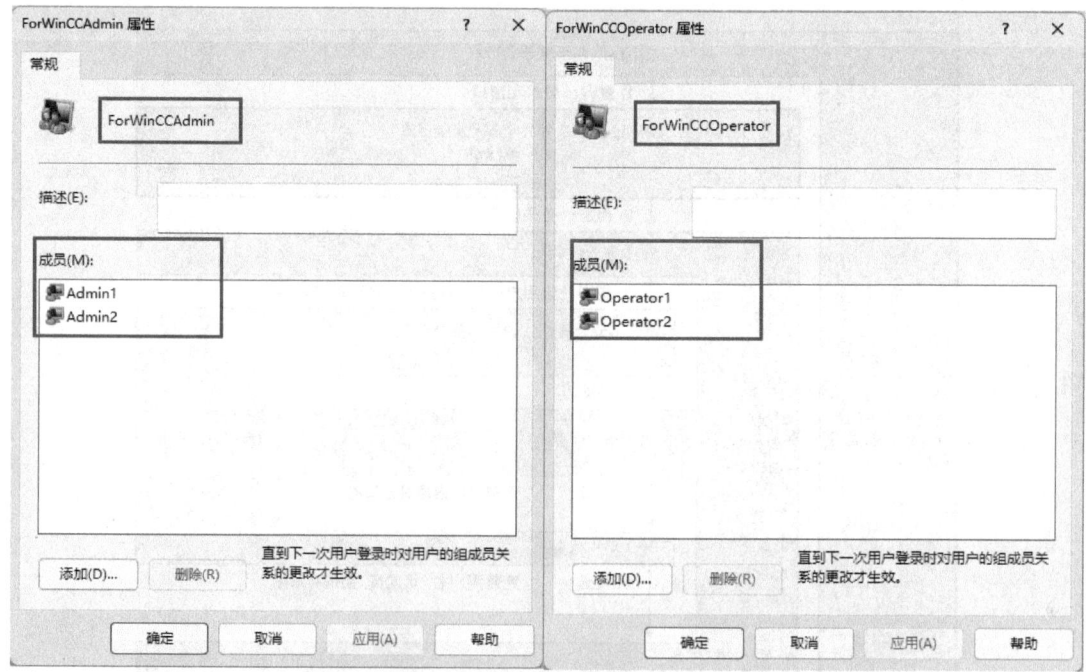

图 15-20　用户组和用户之间隶属关系

> **提示**
>
> 新建的用户默认隶属于组 Users，建议将其移除，再将新建的用户添加至新建的组中。如果要使密码符合复杂性要求，则需要在"控制面板"→"管理工具"→"本地安全策略"→"账户策略"→"密码策略"，将"密码必须符合复杂性要求"设置为启用。

在 WinCC 的用户管理器中单击"用户管理器",然后在右侧属性窗口中勾选"SIMATIC 登录",如图 15-21 所示。

图 15-21　勾选"SIMATIC 登录"

在 WinCC 的用户管理器中创建用户组"ForWinCCAdmin"和"ForWinCCOperator"(这里创建的用户组要与之前在 Windows 中创建的用户组名称完全一致),并为其分配相应的权限。无需在 WinCC 中创建用户,WinCC 中的组及权限如图 15-22 所示。

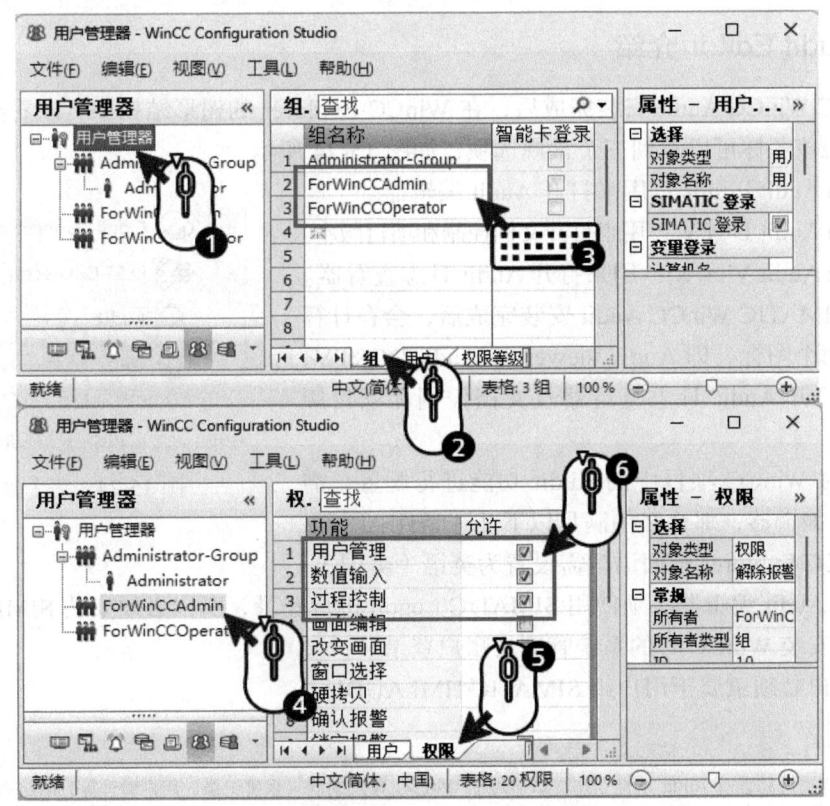

图 15-22　WinCC 中的组及权限

此时,在 WinCC 运行系统中启用登录操作(具体可参考第 11 章),即可用 Windows 中创建的用户 Admin1、Admin2、Operator1 或 Operator2 及相应的密码进行登录和权限分级控制,

WinCC 中的 SIMATIC Logon 登录窗口如图 15-23 所示，其中"登录到"选项应选择 SIMATIC Logon 服务器的计算机名称。

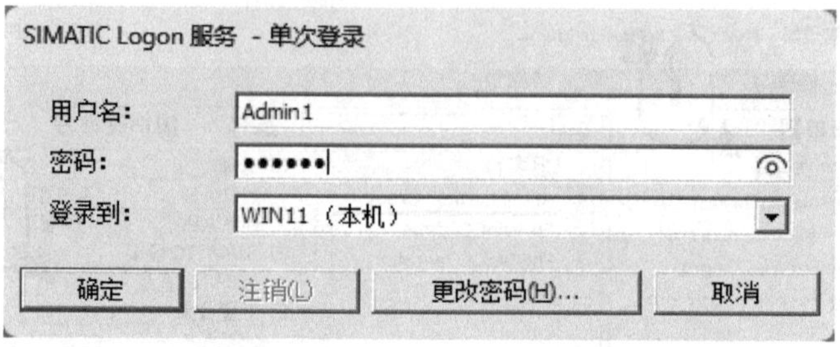

图 15-23　WinCC 中的 SIMATIC Logon 登录窗口

15.3　SIMATIC WinCC Audit 功能组态

组态一个应用了 Audit 选件的 WinCC 项目，往往是从 Audit 编辑器进行第一步配置开始的。Audit 编辑器中如何进行配置将决定启用哪些 Audit 的功能。本节内容将介绍 Audit 编辑器中各个选项的含义以及该如何进行组态。

15.3.1　Audit Editor 介绍

SIMATIC WinCC Audit 安装完成后，在 WinCC Explorer 的树形结构中可以看到 Audit 的图标，右键单击该图标可以看到三个常规选项，如图 15-24 所示。

1）Open Audit Editor：用来打开 Audit 编辑器。
2）Open Audit DCPV：用来打开文档控制和项目版本。
3）Open Audit Viewer：用来打开 Audit 日志查看器。

另外，SIMATIC WinCC Audit 安装完成后，会在计算机桌面生成两个图标，即 Audit Viewer 和 Audit DC&PV，也可以分别打开 Audit 日志查看器及文档控制和项目版本化。

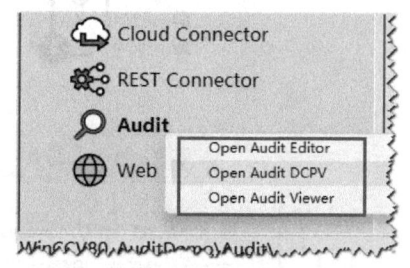

图 15-24　三个常规选项

如果要对 WinCC 项目中的 Audit 功能进行配置，需要打开 Audit 编辑器，那么必须满足以下几个条件：

1）WinCC Explorer 画面语言需设置为英语（美国）。
2）由于 Audit 编辑器必须使用 SIMATIC Logon 进行登录，所以必须安装 SIMATIC Logon。
3）使用安装 WinCC 时的系统管理员账户登录。
4）该账户必须隶属于用户组 SIMATIC HMI AUDIT。

> **提示**
> 为了使读者更容易理解 Audit 功能组态，本节对于 WinCC 常规功能（报警记录、用户管理等）的组态截图，将使用中文软件画面来展示。读者在进行 Audit 组态前，请将 WinCC Explorer 画面语言设置为英语。

Audit V8.0 的编辑器集成在 WinCC Configuration Studio 中，可以很方便地在各种画面之间进行切换，如变量管理器、变量记录、报警记录和用户管理器等。由于 Audit 的配置信息和 Audit 日志均存储在后台的 SQL Server 数据库中，所以在 Audit 编辑器的树形结构中通过 "Select Audit Trail Server" 创建或选择数据库。另外，需要在 Audit 编辑器的树形结构中通过 "Audit Settings" 配置 WinCC 项目所需要使用的 Audit 功能。Audit 编辑器主要可以进行以下配置操作：

1）数据库的创建/选择/归档设置。
2）Audit 日志的导出。
3）是否激活 WinCC 组态更改的记录。
4）是否激活 WinCC 文档更改的记录。
5）是否激活 WinCC 用户归档的记录（运行系统）。
6）是否激活 WinCC 用户操作的记录（运行系统）。
7）是否激活 GMP 变量的记录（运行系统）。
8）是否激活电子签名记录（运行系统）。
9）是否激活 WebNavigator 客户端数据更改的记录（运行系统）。

打开 Audit Editor 后会弹出 SIMATIC Logon 登录对话框。需使用安装 WinCC 时的系统管理员账户登录，如图 15-25 所示。

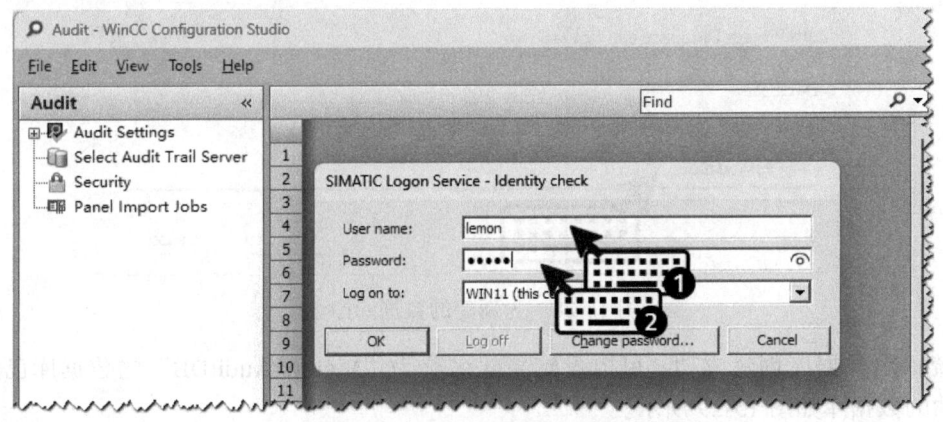

图 15-25　系统管理员账户登录

如果在 WinCC 项目中是第一次使用 Audit 功能，则会弹出激活 Audit 功能对话框。单击"是"以激活此功能，如图 15-26 所示。激活后，WinCC 项目会自动退出，需要再次打开 WinCC 项目，进入 Audit Editor 后才可进行相关组态。

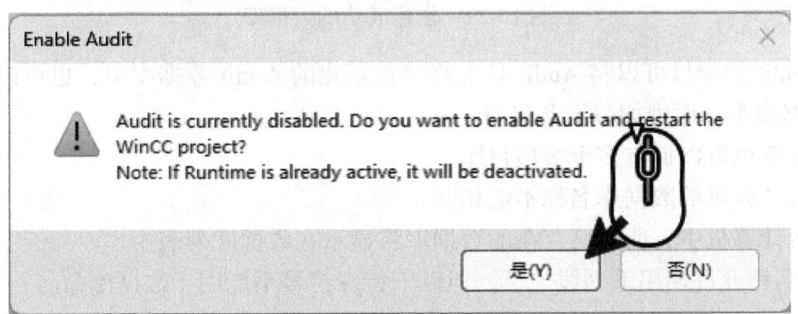

图 15-26　激活 Audit 功能

15.3.2　Audit 数据库创建与设置

在 Audit Editor 中单击"Select Audit Trail Server",然后右键单击计算机名左侧的编号,在弹出的菜单中选择"Select Server",创建数据库如图 15-27 所示。

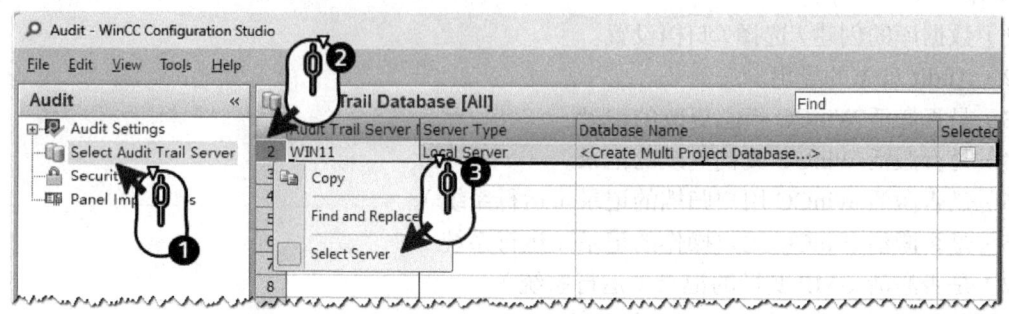

图 15-27　创建数据库

在弹出的对话框中为新建的数据库命名如图 15-28 所示。本例中输入"MyFirstAuditDB",然后单击"OK"按钮。

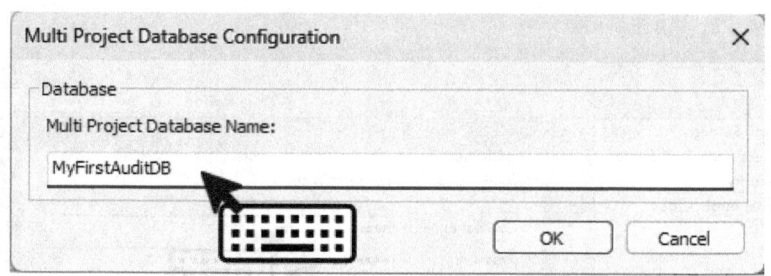

图 15-28　为新建的数据库命名

系统提示数据库创建成功。可以看到新建名称为"MyFirstAuditDB"的数据库已被选择,创建成功的数据库如图 15-29 所示。

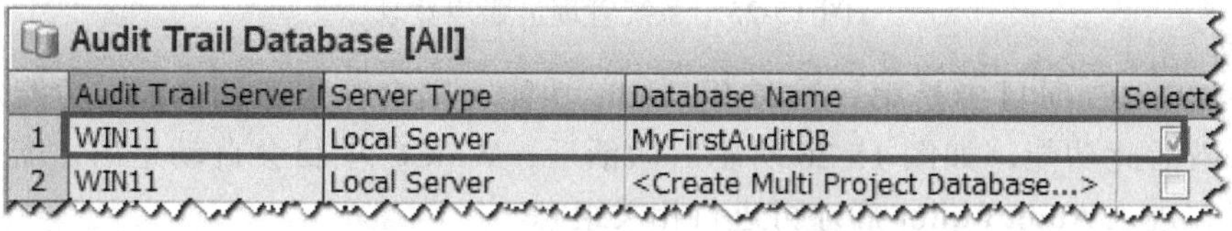

图 15-29　创建成功的数据库

每一个 Audit 的项目可以将 Audit 日志存储在新建的 Audit 数据库中,也可以选择存储在已有的 Audit 数据库中。原则如以下条目所示:

1) 一台计算机可以拥有多个多项目库。
2) 同一台计算机的数据库名称不能相同。
3) 同一台计算机中,所有已存在的数据库将显示在数据库列表中。

数据库的名称允许使用下划线"_",但以下特殊符号不能用于数据库命名:

. , ; : ! ? ' " + = ∧ @ * [ ] { } < > 空格符

Audit 的多项目库位于 SQL Server 安装路径下的 WinCC 实例中。若同一网络中多台计算机

均安装有 Audit，那么每一台计算机上创建的 Audit 数据库将暴露给其他计算机。例如，同一网络中有三台计算机 PC1、PC2 和 PC3，每一台计算机分别创建一个 Audit 数据库，名称为 AuditDB1、AuditDB2 和 AuditDB3。那么在每一台计算机 Audit Editor 的数据库选择列表中，将可以看到三个数据库，一个本地多项目库和两个远程多项目库见表 15-5。

表 15-5 多项目库

	PC1	PC2	PC3
可选数据库	Local_AuditDB1	Local_AuditDB2	Local_AuditDB3
	Remote_AuditDB2	Remote_AuditDB1	Remote_AuditDB1
	Remote_AuditDB3	Remote_AuditDB3	Remote_AuditDB2

如果在 Audit Editor 中选择了远程的多项目库，那么当网络断开时，在一定时间内，Audit 日志不会丢失，而是存储在本地缓存中。直到网络连接重新恢复，Audit 日志将重新传输至默认选择的多项目库中。根据这个特点，专属的 Audit 多项目库如图 15-30 所示。

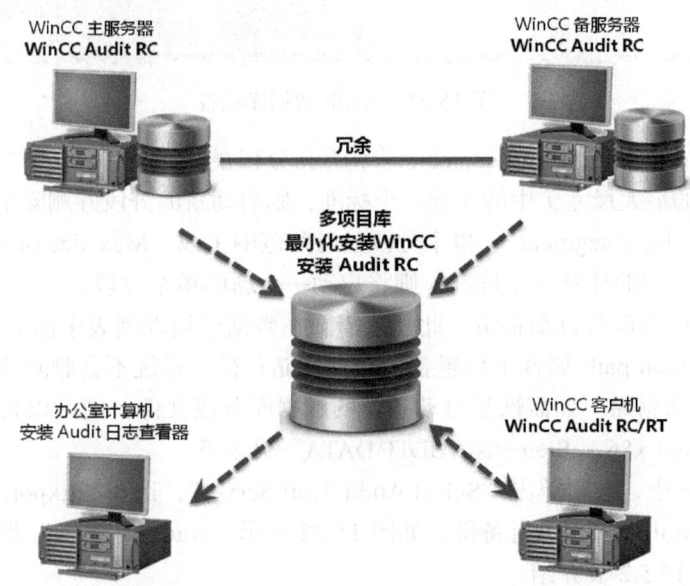

图 15-30 专属的 Audit 多项目库

在一个 WinCC 冗余项目中，采用一台专门的计算机作为 Audit 的中央日志数据库。这台计算机只需要最小化安装 WinCC V8.0，并且安装 Audit RC。简单创建一个 WinCC 项目，然后在 Audit Editor 中创建一个 Audit 的多项目库。WinCC 主、备服务器的 Audit 日志均可记录在该多项目库中，WinCC 客户机的 Audit 日志也可记录在这个多项目库中。如果项目中集成了 Audit 日志查看器，则也可以查看所有的 Audit 日志。如果一台办公室计算机也在这个网络中，并且安装了 Audit 日志查看器，那么这台计算机也可以查看所有的 Audit 日志。

> **提示**
> 如果从一个多项目库切换至另一个多项目库，那么之前记录的 Audit 日志将不会传输至新库。

Audit 数据库（见图 15-31）包含多个片段，在数据库属性中可对数据库的大小/时间以及单个片段的大小/时间进行组态。

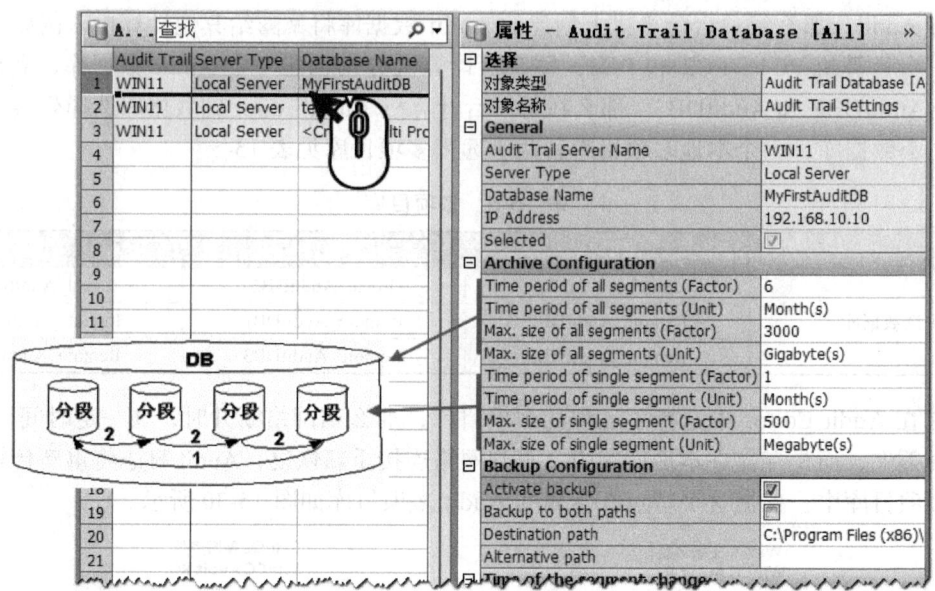

图 15-31 Audit 数据库属性

如果超出 "Time period of all segments"（所有分段的时间范围）或 "Max.size of all segments"（所有分段的最大尺寸）中的任意一个标准，则启动新的分段并删除最旧的分段。如果超出 "Time period of single segment"（单个分段的时间范围）或 "Max.size of single segment"（单个分段的最大尺寸）中的任意一个标准，则将启动一个新的单个分段。

Audit 数据库可以设置自动备份。此功能需要在数据库属性列表中激活 Activate backup 选项，然后在 Destination path 属性下设置备份数据存储路径。系统不会删除备份路径下的数据库分段文件，只能手动删除。如需恢复自动备份的数据库分段文件，则可以将所需文件手动复制到 "C:\Program Files（x86）\Siemens\AUDIT\DATA" 目录下。

在 Audit Editor 中，右键单击 "Select Audit Trail Server"，选择 "Export database"，可以将 Audit 日志导出成 xml 的格式进行备份，如图 15-32 所示。Audit 日志查看器可以打开该 xml 文件，查看方式将在 15.5.2 节介绍。

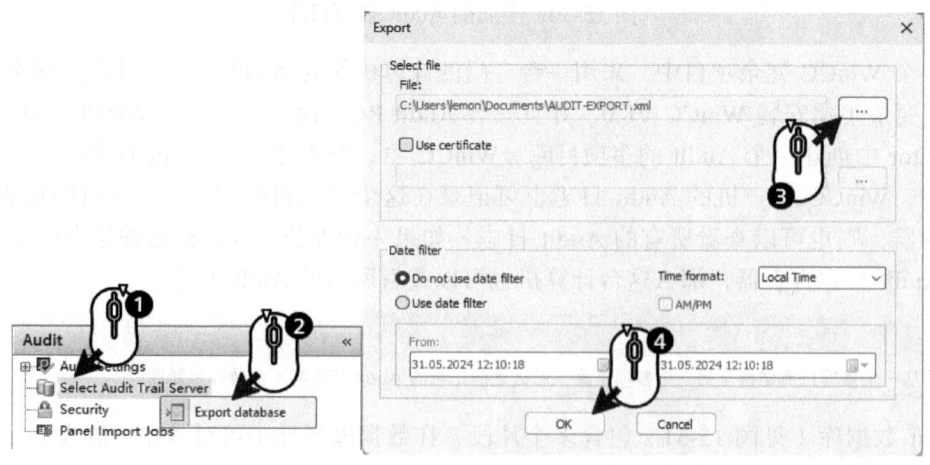

图 15-32 将 Audit 日志导出为 xml 格式

15.3.3 Audit 组态设置

在 Audit 编辑器中创建或选择了数据库后，可以对需要激活 Audit 功能的选项进行勾选。在左边的树形视图中选择 Audit Settings。右侧内容如果需要激活，则可以直接勾选 Audit 功能复选框，如图 15-33 所示。

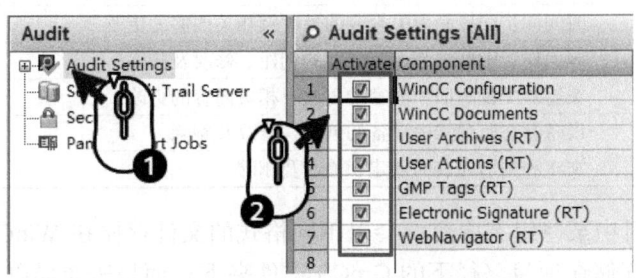

图 15-33　勾选 Audit 功能复选框

在左侧的树形视图中展开"Audit Settings"，选中"WinCC Configuration"。WinCC 项目组态中需要被更改的记录，可以根据需要勾选 WinCC Configuration 功能，如图 15-34 所示。如果需要全部勾选，则也可以右键单击 Activated 列名，选择 Select All。

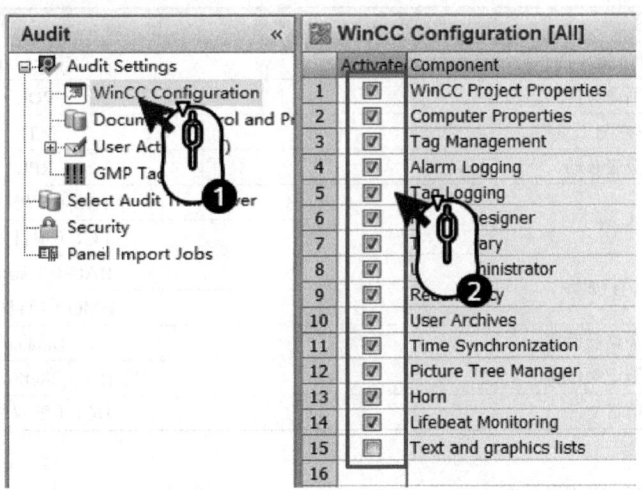

图 15-34　勾选 WinCC Configuration 功能

对于 WinCC 组态过程中哪些内容的更改可以被记录，具体见表 15-6。

表 15-6　Audit 可记录的 WinCC 组态

可记录的 WinCC 组态内容	描　　述
WinCC Project Properties	WinCC 项目属性，如单用户项目、多用户项目等
Computer Properties	WinCC 中的计算机属性，如启动项、启动语言等
Tag Management	变量组、变量的创建、修改及删除
Alarm Logging	消息的创建、修改及删除
Tag Logging	变量记录的创建、修改及删除
Report Designer	打印作业和布局的创建、修改及删除
Text Library	文本库中文本的创建、修改及删除

可记录的 WinCC 组态内容	描述
User Administrator	用户组、用户及权限的创建、修改及删除
Redundancy	冗余配置画面中内容的更改及相关内容的更改
User Archive	用户归档、字段、视图的创建、修改及删除（不包含运行系统中用户归档数据的插入）
Time Synchronization	时间同步配置画面中内容的更改及相关内容的更改
Picture Tree Manager	画面树管理器中节点及容器的创建、修改及删除
Horn	报警器配置画面中内容的更改及相关内容的更改
Lifebeat Monitoring	设备状态监视器中设备的创建、修改及删除
Text and graphics lists	文本和图形列表的创建、修改及删除

对于 WinCC 项目中某些组态内容，会以不同格式的文件存储在 WinCC 的项目路径下。如画面以 *.Pdl 的格式存储在项目路径下的 GraCS 文件夹下；而报表布局以 *.RPL 的格式存储在项目路径下的 RPL 文件夹下；VBS 全局动作以 *.bac 格式存储在项目路径下的 ScriptAct 文件夹下。WinCC Documents 勾选与否，将决定这些文件的新建、重命名、更新和删除等操作是否记录在 Audit 的数据库中。Audit 可记录的 WinCC 组态内容见表 15-7。

表 15-7 Audit 可记录的 WinCC 组态内容

用户文件及配置文件	文件类型及格式
计算机属性	Gracs.ini
画面文件	PDL
菜单栏与工具栏	MTL
报表布局	RPL
C 脚本	PAS（全局动作）
	FCT（项目函数）
VB 脚本	BAC（全局动作）
	BMO（项目模块）
冗余路径设置	Data.cs
报警记录设置	CCAlarmFilterStorage.xml
项目文件	DCF（配置文件）

15.3.4 Audit 运行设置

1. User Archives（RT）

该选项选中与否，表示是否要在运行系统中记录用户归档数据记录的插入、修改或删除。User Archive（RT）记录的内容如图 15-35 所示，该用户归档有三个元素，即 Apple（苹果原浆）、Sugar（糖）和 Water（水）。从下至上，先插入 ID 为 1 的数据记录，数值分别是 Apple = 3，Sugar = 2 和 Water = 1。然后这条数据记录中的苹果原浆加入量由 3 改为 33；随后又插入 ID 为 2 的一组数据记录，数值分别是 Apple = 3，Sugar = 2 和 Water = 1；最后又将 ID 为 2 的这组数据记录删除了。

2. User Actions（RT）

该选项选中与否，表示在 WinCC 项目的运行系统中，一些特定的消息及系统函数 InsertAuditEntryNew 是否被记录在 Audit 日志中。

Category ID	Target Name	Specific Change ID	Modification ID	Old Value	New Value	Date Time (Local time zone)
User Archive (RT)	Juice/Water	Delete Record Value - ID:2	Delete	1	N/A	2024/6/1 18:17:44
User Archive (RT)	Juice/Sugar	Delete Record Value - ID:2	Delete	2	N/A	2024/6/1 18:17:44
User Archive (RT)	Juice/Apple	Delete Record Value - ID:2	Delete	3	N/A	2024/6/1 18:17:44
User Archive (RT)	Juice/Water	Change Record Value - ID:2	Update		1	2024/6/1 18:17:41
User Archive (RT)	Juice/Sugar	Add Record Value - ID:2	Insert	N/A	2	2024/6/1 18:17:38
User Archive (RT)	Juice/Apple	Add Record Value - ID:2	Insert	N/A	3	2024/6/1 18:17:38
User Archive (RT)	Juice/Apple	Change Record Value - ID:1	Update	3	33	2024/6/1 18:17:25
User Archive (RT)	Juice/Water	Add Record Value - ID:1	Insert	N/A	1	2024/6/1 18:17:09
User Archive (RT)	Juice/Sugar	Add Record Value - ID:1	Insert	N/A	2	2024/6/1 18:17:09
User Archive (RT)	Juice/Apple	Add Record Value - ID:1	Insert	N/A	3	2024/6/1 18:17:09

图 15-35　User Archive（RT）记录的内容

（1）标准的操作员输入消息

标准的操作员输入消息主要包含两大类，一类是消息类别为"系统，无确认"、消息类型为"操作员输入消息"的消息。操作员输入消息如图 15-36 所示，当该消息被触发时，也就是消息变量为 1 时，这条消息将会显示在 Audit 日志中。

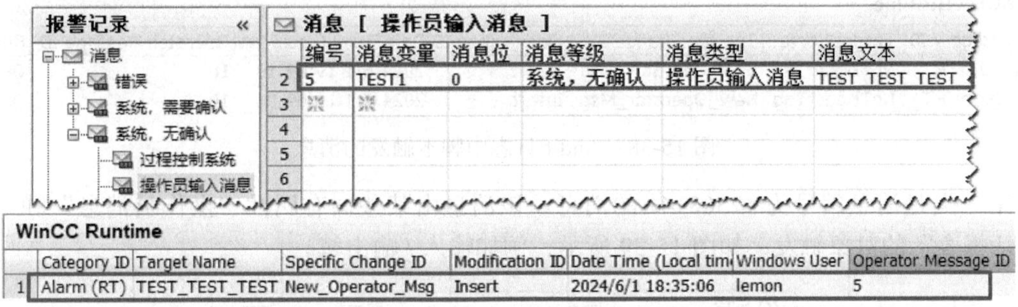

图 15-36　操作员输入消息

对于消息的触发，可以使用消息变量触发，也可以使用脚本触发。图 15-37 所示为编号为 10 的消息，该消息并没有关联任何消息变量。

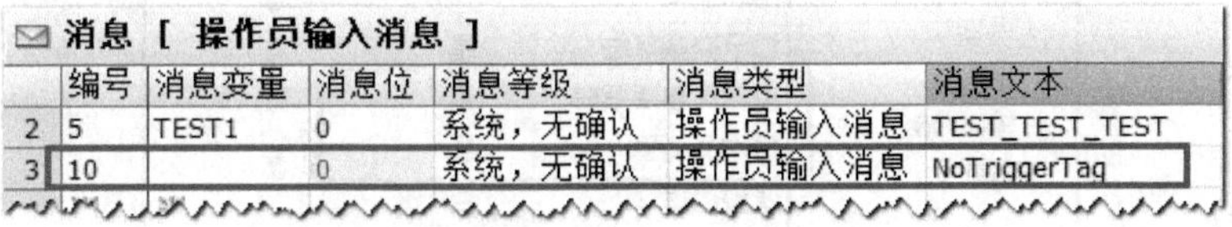

图 15-37　编号为 10 的消息

在 C 脚本中使用函数 GCreateMyOperationMsg 即可触发这条消息，例如在某个按钮的左键单击事件中添加脚本如下：

```
#include"apdefap.h"
void OnLButtonDown(char* lpszPictureName, char* lpszObjectName, char* lpszPropertyName, UINT nFlags, int x, int y)
{
GCreateMyOperationMsg(0x00000001,10,"ProcessScreen","Valve1",10,0,1,"OPEN");
}
```

在 VB 脚本中使用 HMIRuntime.Alarms 也可以触发消息，例如在某个按钮的左键单击事件中添加脚本如下：

```
Sub OnLButtonDown(ByVal Item, ByVal Flags, ByVal x, ByVal y)
    Dim MyAlarm
        Set MyAlarm = HMIRuntime.Alarms(10)
            MyAlarm.State = 5
            MyAlarm.Comment = "OPEN"
            MyAlarm.UserName = "Operator1"
            MyAlarm.ProcessValues(1) = "0"
            MyAlarm.ProcessValues(4) = "1"
            MyAlarm.Create"MyApplication"
End Sub
```

Audit 日志中脚本触发的消息如图 15-38 所示。

WinCC Runtime							
	Category ID	Target Name	Specific Change ID	Modification ID	Date Time (Local tim	Operator Message ID	Reason
1	Alarm (RT)	NoTriggerTag	New_Operator_Msg	Insert	2024/6/1 19:09:10	10	OPEN
2	Alarm (RT)	NoTriggerTag	New_Operator_Msg	Insert	2024/6/1 19:09:06	10	OPEN

图 15-38 Audit 日志中脚本触发的消息

第二类是消息编号为 12508141 的消息。该消息由某些拥有属性"操作员消息"和"操作员激活报表"的对象触发，如图 15-39 所示，例如输入/输出域。

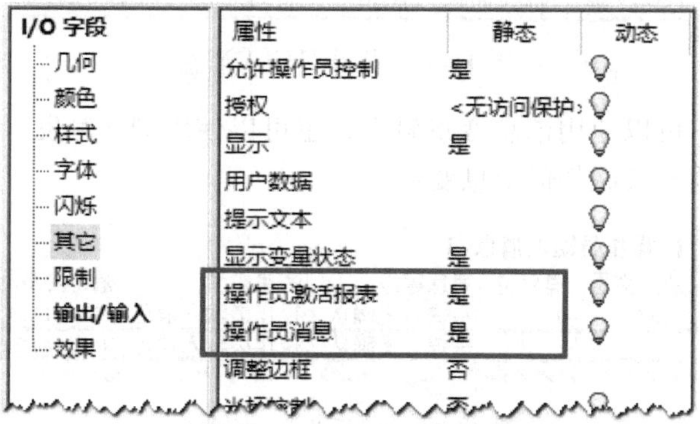

图 15-39 "操作员消息"和"操作员激活报表"的对象触发

拥有"操作员消息"和"操作员激活报表"属性的对象见表 15-8。

表 15-8 拥有"操作员消息"和"操作员激活报表"属性的对象

对象	操作员消息	操作员激活报表
输入/输出域	√	√
文本列表	√	√
组合框	√	√
列表框	√	√
滑块	√	√
复选框	√	
单选框	√	

当只激活属性"操作员消息",操作该对象时,如修改输入/输出域的值、选择复选框等,将会触发编号为 12508141 的消息,同时将会记录在 Audit 日志中。如果激活属性"操作员激活报表",那么属性"操作员消息"将自动激活。这时操作该对象,将会弹出输入注释的对话框。操作员输入注释后,操作才能生效。例如修改输入/输出域的值,这时输入/输出域关联变量的新、旧值及输入的操作员消息将一同被记录在 Audit 日志中,操作员输入消息如图 15-40 所示。

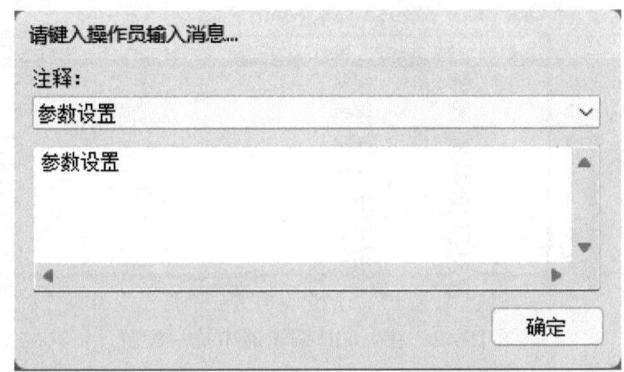

图 15-40 操作员输入消息

操作员注释还可以从预先设置好的文本列表中选择,预定义注释如图 15-41 所示。

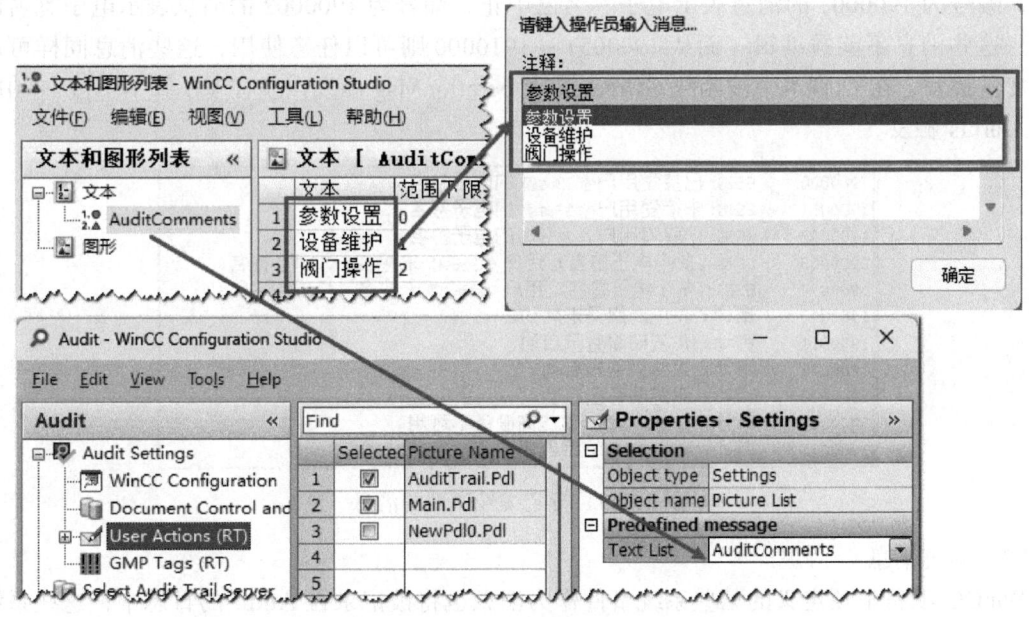

图 15-41 预定义注释

当一个画面已组态完成后,可以在 Audit 编辑器中统一为画面中拥有"操作员消息"和"操作员激活报表"的对象配置该属性,在 Audit 编辑器中统一配置如图 15-42 所示。

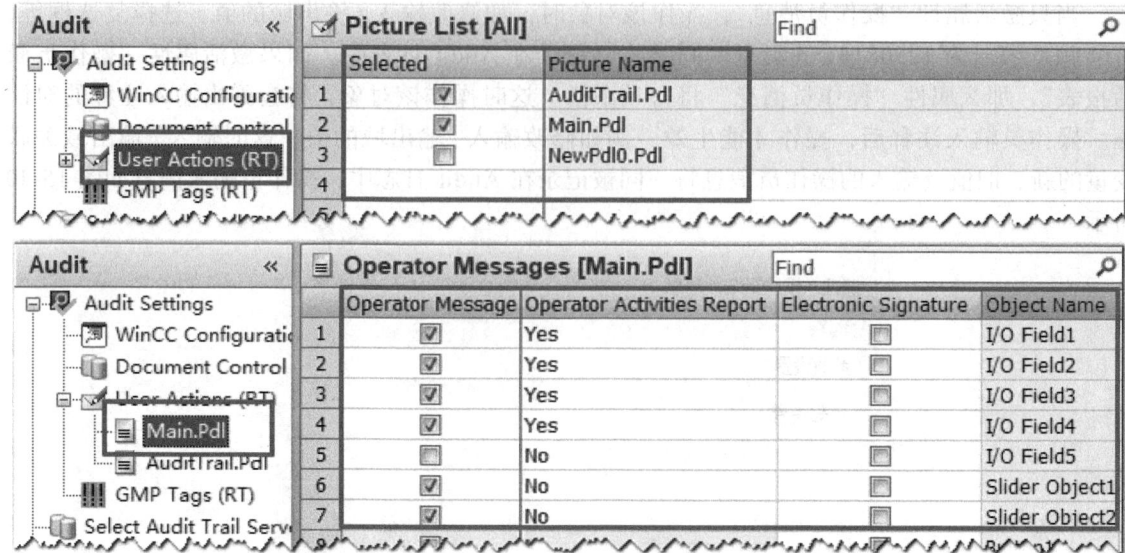

图 15-42　在 Audit 编辑器中统一配置

（2）特定编号序列的消息

有一些特定编号的消息，无论消息类型，只要被触发后，都将进入 Audit 日志。这些特定的编号从 1900000～1910000，其中 1900000～1900050 被 WinCC 的选件和附加件所占用，特定编号序列的消息如图 15-43 所示。消息文本中的 @x%y@ 的含义请参考条目 ID 23549196。这些被系统占用的消息包括电子签名、Audit 诊断等，如编号为 1900000 的消息表示电子签名已被接收，编号为 1900001 的消息表示电子签名已中止，编号为 1900002 的消息表示电子签名已被取消，这些消息不能被编辑。而从 1900051～1910000 则可以任意使用，这些消息同样可以被消息变量触发、在 C 脚本中被函数 GCreateMyOperationMsg 触发以及在 VB 脚本中被 HMIRuntime.Alarms 触发。

1900000	ESIG: 已接受用户 @3%s@ 的电子签名。
1900001	ESIG: 未接受用户 @3%s@ 的电子签名。
1900002	ESIG: 已取消用户 @3%s@ 的电子签名。
1900003	ESIG: 多个电子签名：用户 @3%s@ 未签名，"立即" 签名。
1900004	ESIG: 多个电子签名：用户 @3%s@ 未签名，"追溯" 签名。
1900010	审计：供应商服务未启动。
1900011	审计：供应商服务已启动。
1900012	审计：跟踪服务未启动。
1900013	审计：跟踪服务已启动。
1900014	审计：@100%s@: 供应商服务不可用。
1900015	审计：@100%s@: 跟踪服务不可用。

图 15-43　特定编号序列的消息

（3）系统消息

WinCC 项目中预定义的某些系统事件作为消息也将被记录在 Audit 的日志中，这些系统消息见表 15-9。

提示

如果要将操作员消息记录在 Audit 日志中，则必须在 WinCC 计算机属性的启动列表中激活报警记录运行系统。

表 15-9　进入 Audit 日志的系统消息

编号	消息文本
1008000	USERT：@100%s@：芯片卡终端连接中断
1008001	USERT：@100%s@：无效登录名称/密码
1008002	USERT：@100%s@：芯片卡登录名称/口令无效
1008003	USERT：@100%s@：手动登录
1008004	USERT：@100%s@：芯片卡登录
1008005	USERT：@100%s@：手动注销
1008006	USERT：@100%s@：芯片卡注销
1008007	USERT：@100%s@：超时自动注销
1008008	USERT：@100%s@：服务用户/组 '@102%s@' 的授权有效

（4）函数 InsertAuditEntryNew

在 WinCC 的运行系统中，如果需要将一个操作员动作记录到 Audit 日志中，如单击一个按钮、双击一个阀门等，那么可以使用系统函数 InsertAuditEntryNew。该函数在 C 脚本和 VB 脚本中均可使用。InsertAuditEntryNew 函数有四个参数，分别是"旧值""新值""注释"以及"注释选择"。对于最后一个参数，可以填写 0 或者 1。对于填写 0 或者 1 的解释如下：

1）0：记录脚本中参数"Comment"中的字符并将其记录在 Audit 日志中。
2）1：弹出注释对话框，并将对话框中输入的字符记录在 Audit 日志中。

例如在一个按钮的左键单击事件中插入以下 C 脚本：

```
#include"apdefap.h"
void OnLButtonDown(char* lpszPictureName, char* lpszObjectName, char* lpszPropertyName,
UINT nFlags, int x, int y)
{
  char* szBuf = (char*)SysMalloc(128);
  InsertAuditEntryNew(" 阀门关闭 "," 阀门打开 ", " 阀门操作 ", 0, szBuf);
  SysFree(szBuf );
}
```

当单击这个按钮时，将会在 C 脚本插入 Audit 记录，如图 15-44 所示。

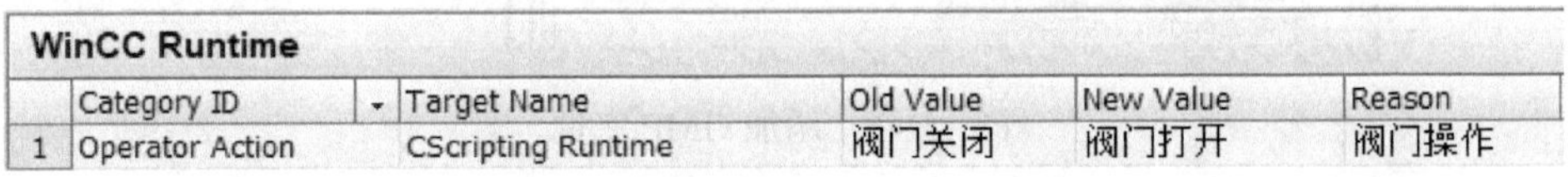

WinCC Runtime				
Category ID	Target Name	Old Value	New Value	Reason
1　Operator Action	CScripting Runtime	阀门关闭	阀门打开	阀门操作

图 15-44　C 脚本插入 Audit 记录

例如在一个按钮的按左键事件中插入以下 VB 脚本：

```
Sub OnLButtonDown(ByVal Item, ByVal Flags, ByVal x, ByVal y)
  InsertAuditEntryNew" 阀门打开 "," 阀门关闭 ","Comment",1
End Sub
```

当鼠标左键按下这个按钮时，将会弹出输入注释的对话框。输入注释后，在 Audit 日志中 VB 脚本插入 Audit 记录，如图 15-45 所示。

WinCC Runtime

	Category ID	Target Name	Old Value	New Value	Reason
1	Operator Action	VBScripting Runtime	阀门打开	阀门关闭	设备维护

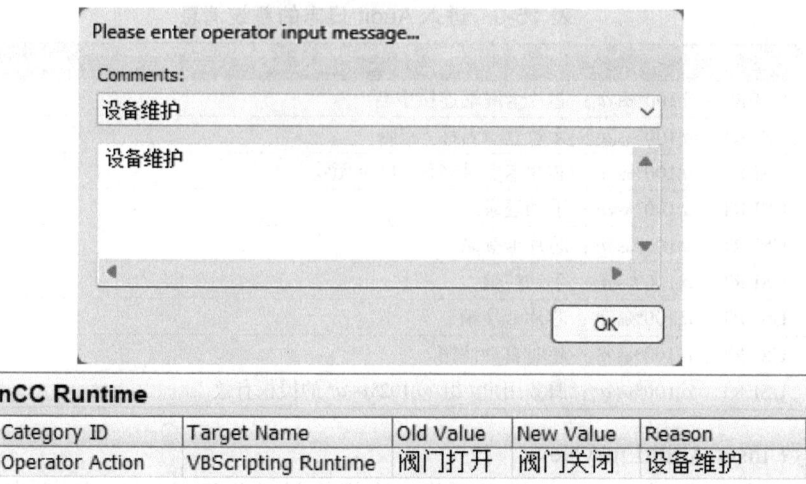

图 15-45　VB 脚本插入 Audit 记录

3. GMP Tags（RT）

在变量管理器中选择需要设置 GMP 的变量，然后在变量属性列表中激活“良好制造规范”选项。在 Audit 编辑器中单击“GMP Tags（RT）”，可看到此变量已被添加到列表中。添加 GMP 变量如图 15-46 所示。

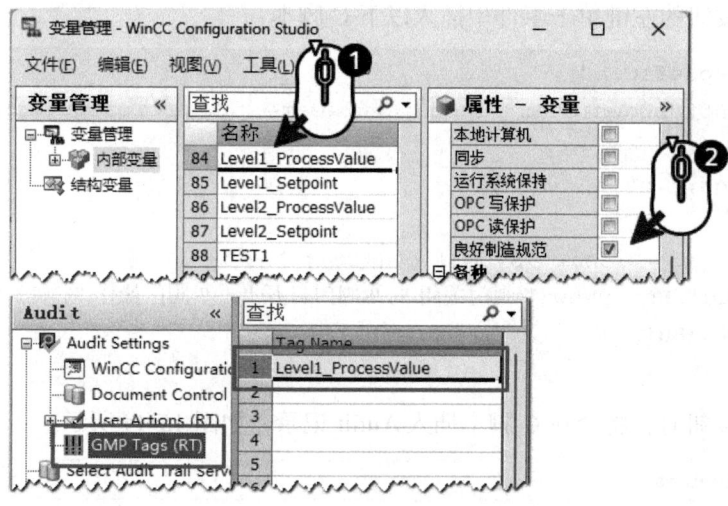

图 15-46　添加 GMP 变量

在 WinCC 运行系统中，如果这些变量的数值发生了变化，那么该数值变化将触发包括变量名称、时间戳、旧值与新值记录在 Audit 日志中，GMP 变量数值更改如图 15-47 所示。

WinCC Runtime

	Category ID	Target Name	Old Value	New Value	Date Time (Local time zone)
1	Data Manager (RT)	Level1_ProcessValue	89	23	2024/6/2 15:16:37
2	Data Manager (RT)	Level1_ProcessValue	56	89	2024/6/2 15:16:34
3	Data Manager (RT)	Level1_ProcessValue	0	56	2024/6/2 15:16:27

图 15-47　GMP 变量数值更改

> **提示**
> 如果某个激活了 GMP 属性的过程值在 PLC 中频繁变化,那么需要在 PLC 中设置一个死区,使其不能频繁变化,否则会在 Audit 日志中增加许多无意义的记录,同时也增加了系统的负担。

15.3.5 电子签名

1. 电子签名介绍

在一些行业中,特别是医药以及食品、饮料行业,某些关键的操作员动作必须通过电子签名来记录授权,例如以下这些操作:

1) 改变设定值。
2) 改变某些切换操作。
3) 开始一段顺控工艺。
4) 开始一个批次。

为了能够记录 WinCC 操作站上的关键操作,一个或多个能够提供电子签名的用户,在电子签名组件的帮助下,不同用户的相应权限被查询。拥有电子签名的用户被分配到不同的组,一旦所需当前权限的签名成立,那么这些数据将作为 Audit 日志被记录到消息系统及 Audit 数据库中。这些数据包括时间、用户、操作员动作、操作员站点。关键操作通过电子签名确认后,签名的结果将被归档,电子签名如图 15-48 所示。

图 15-48 电子签名

通过电子签名这种校验机制,创建电子签名并对其进行归档来满足例如在自动化系统中重要或关键操作员输入的要求。这些校验包含有关操作的信息,例如下列所示内容:

1) 负责执行操作的人员姓名。
2) 执行操作的日期和时间。
3) 签名的意义(如授权)。
4) 创建人(如 Batch 配方创建人)。

使用电子签名组件创建的电子签名必须满足以下要求:

1) 电子签名具有唯一性。
2) 它们由用户名和密码组成。
3) 如果需要不同用户的信息,则会提示这些用户输入他们的用户名和密码。
4) 一旦输入,电子签名就不能重用。
5) 一旦输入,电子签名就不能再分配给他人。

电子签名包含以下内容:

1) 签名人员的姓名。

2)签名的日期和时间。

3)操作员站的名称。

4)注释(可选)。

在组态过程中,管理员可对系统进行设置,只有在输入一个或多个签名(双人监控原则)后才能释放对象。

自 WinCC V7.5 起,WinCC 在部分对象和控件属性中提供了电子签名功能。在此之前由 SIMATIC Logon 提供电子签名功能。WinCC V8.0 中提供电子签名功能的对象和控件见表 15-10。

表 15-10 提供电子签名功能的对象和控件

智能对象	Windows 对象	WinCC 控件
I/O 域	按钮	WinCC 报警控件
文本列表	复选框	WinCC 滚动条控件
多行文本	选项组	WinCC 用户归档控件
组合框	圆形按钮	WinCC 在线表格控件
列表框	滚动条对象	注:在手动输入值的过程中请求获取电子签名

WinCC 电子签名中的用户身份,可以是 WinCC 用户或者 SIMATIC Logon 用户。本节案例中 WinCC 用户管理激活了 SIMATIC Logon,案例中所出现的用户和用户组由 Windows 提供并管理。关于 SIMATIC Logon 组态,请参考 15.2.2 节。

电子签名功能的使用,还必须在 WinCC 系统消息中,激活编号为 1900000~1900004 的消息,Audit 系统消息如图 15-49 所示。

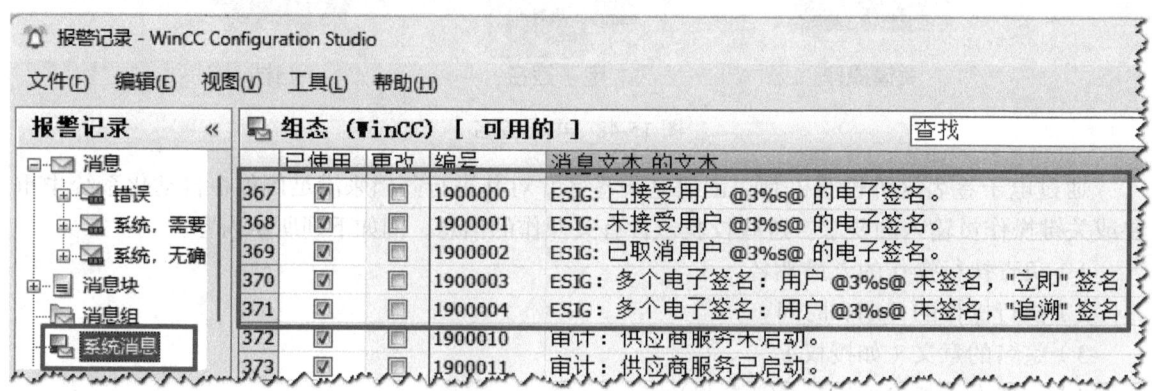

图 15-49 Audit 系统消息

2. 在 Audit 中激活电子签名

在 Audit Editor 中选择 Audit Setting,然后在右边列表中激活"Electronic Signature(RT)"和"User Actions(RT)"两项,激活 Audit 中电子签名如图 15-50 所示。电子签名中的注释也可以从预先设置好的文本列表中选择,设置过程如图 15-41 所示。

3. 单个用户验证

为受保护的操作分配单个用户验证,用户必须使用密码验证身份。如果用户未经授权或输入错误的密码,则不能执行该操作。

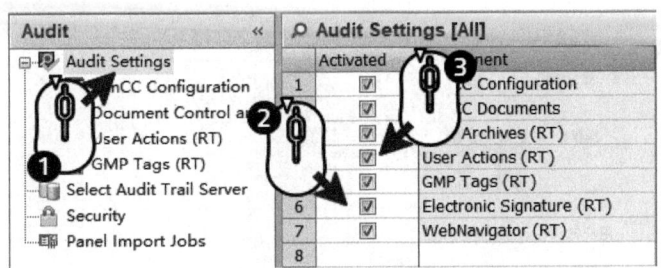

图 15-50　激活 Audit 中电子签名

单用户验证组态如图 15-51 所示，以输入 / 输出域为例。在输入 / 输出域对象列表中选择"其它"，双击"激活电子签名"，设置该属性值为"是"。双击"所需的电子签名"，在弹出的电子签名组态对话框中，双击第一行的"用户"列，在下拉列表中选择所需验证的用户。

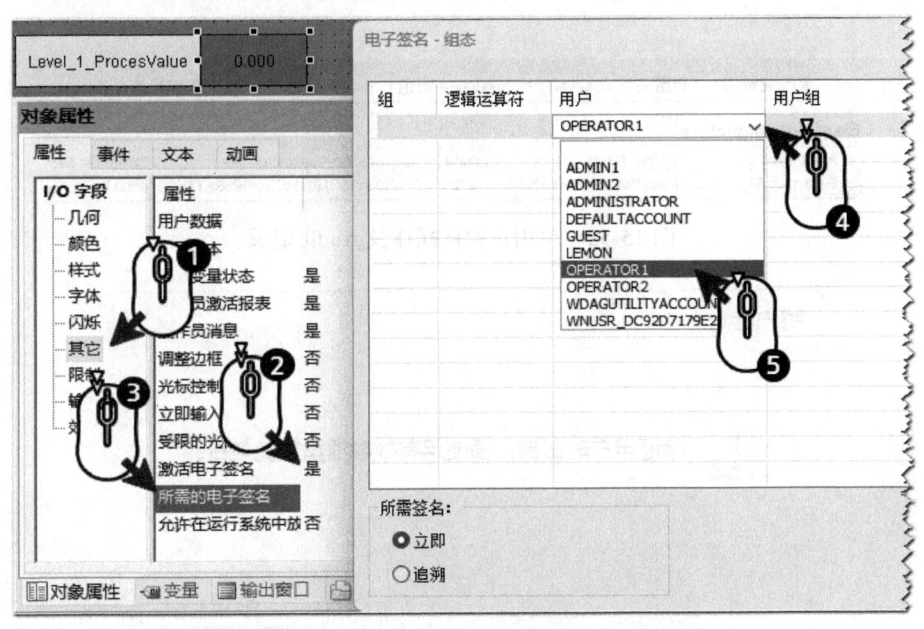

图 15-51　单用户验证组态

在 WinCC 运行系统中，操作输入 / 输出域修改变量值。在弹出的电子签名身份验证对话框中，将显示操作内容以及用户名。输入用户密码和操作注释，单击确认按钮。如果用户输入的密码正确，则变量的数值将被修改，电子签名操作将记录在 Audit 日志中。单用户验证操作及 Audit 记录如图 15-52 所示。

如果用户验证失败，则操作将不会执行，并弹出验证用户出错的提示对话框，单用户验证失败如图 15-53 所示。

在电子签名组态对话框中，还可以选择用户组登录，用户组验证如图 15-54 所示。这意味着只要隶属于此用户组的用户都可以操作此对象。

电子签名身份验证时，可以强制用户必须输入注释。在输入 / 输出域对象列表中，设置"操作员激活报表"属性为"必填项"。这样在做身份验证时，如果注释为空，则"确认"按钮为灰色，不可操作。只有输入注释后，才可操作"确定"按钮。强制注释如图 15-55 所示。

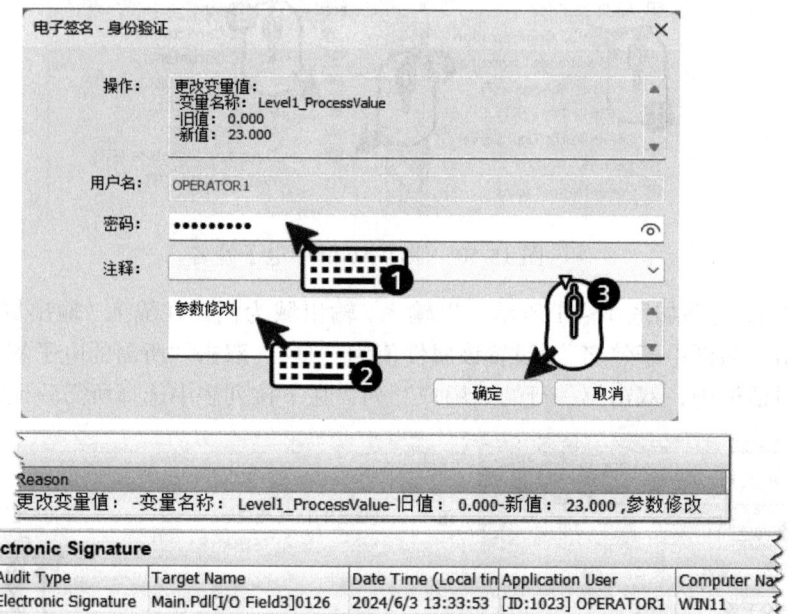

图 15-52　单用户验证操作及 Audit 记录

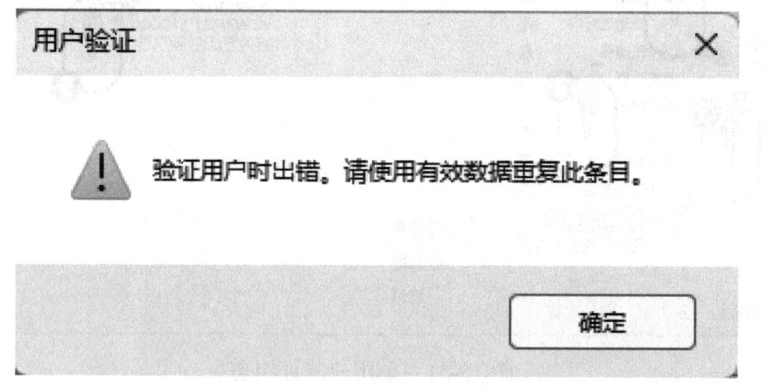

图 15-53　单用户验证失败

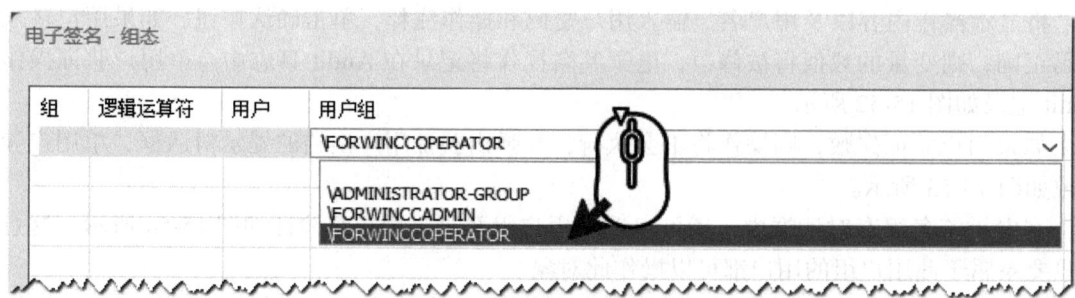

图 15-54　用户组验证

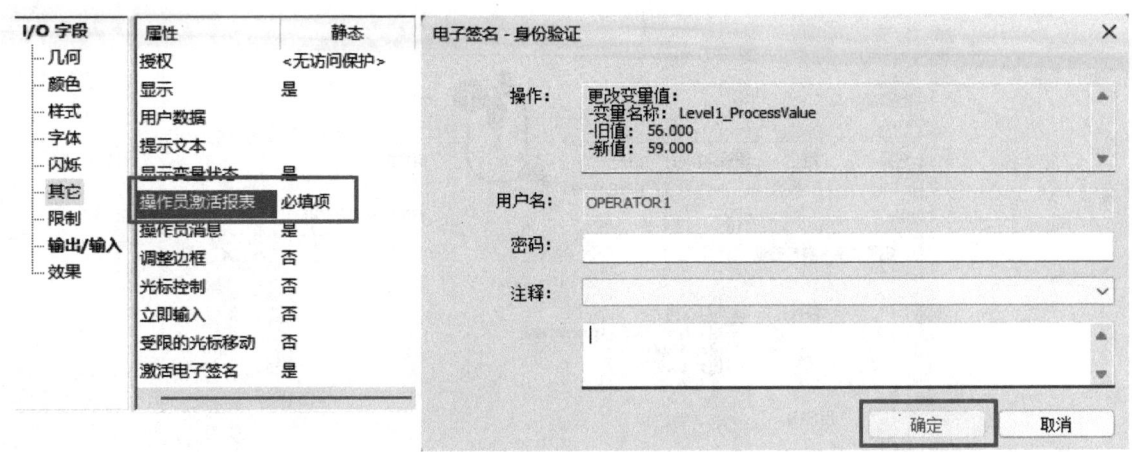

图 15-55　强制注释

4. 多用户验证

可以为受保护的操作分配多个用户验证，这些用户可以隶属于相同组别或不同组别。还可以使用 AND 或 OR 运算符连接用户和用户组用于验证。

以输入/输出域为例，参考单用户验证。在输入/输出域对象列表中选择"其它"，双击"激活电子签名"，设置该属性值为"是"。双击"所需的电子签名"，在弹出的电子签名组态对话框中，双击第一行的"用户"列，选择所需验证的用户；双击第二行的"用户组"列，选择所需验证的用户组；双击第二行"逻辑运算符"列，选择 AND 运算符，如图 15-56 所示。运算符 AND 是"与"的逻辑条件，意味着需要 Operator1 用户和隶属于 FORWINCCADMIN 用户组的用户都通过验证，才可以操作对象。

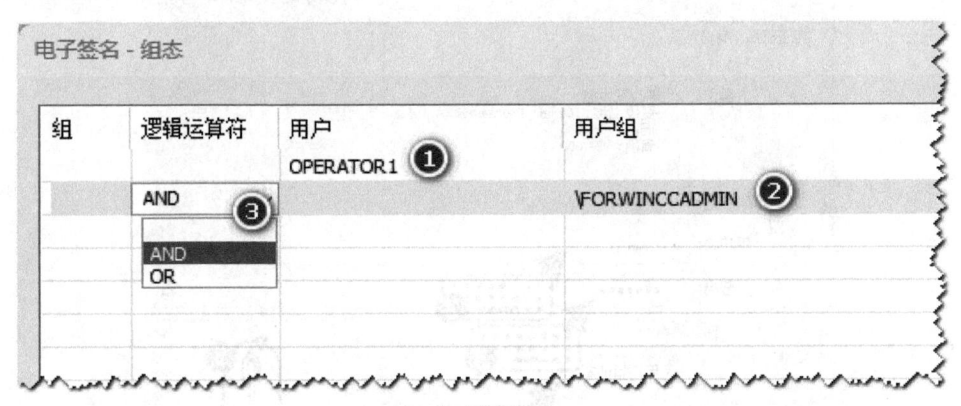

图 15-56　多用户验证组态

在 WinCC 运行系统中，操作输入/输出域修改变量值。在弹出的电子签名对话框中显示两行所需验证的用户信息。双击第一行用户信息，在弹出的身份验证对话框中输入用户密码和注释，然后单击"确定"按钮。多用户验证操作 1 如图 15-57 所示。

验证完第一个用户，再双击第二行用户信息。在弹出的身份验证对话框中，输入隶属于 FORWINCCADMIN 用户组任意一个用户的用户名和密码，然后输入注释，单击"确定"按钮。多用户验证操作 2 如图 15-58 所示。

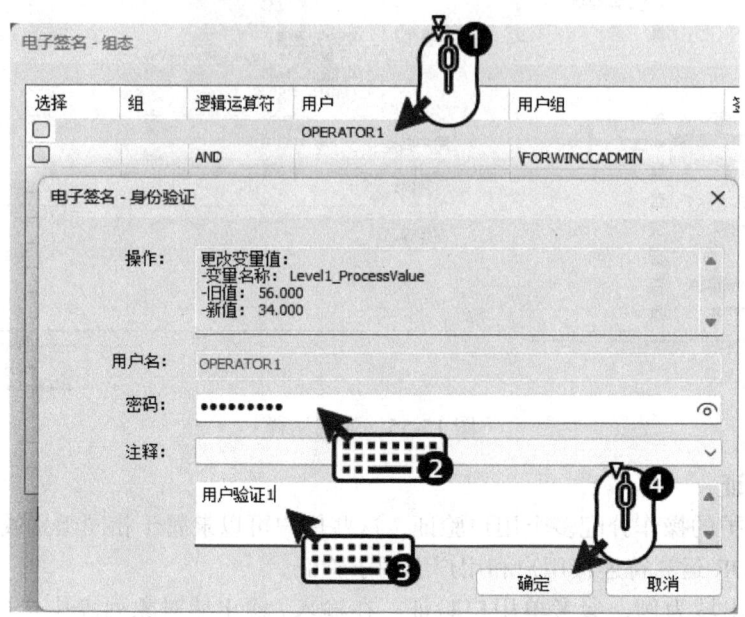

图 15-57　多用户验证操作 1

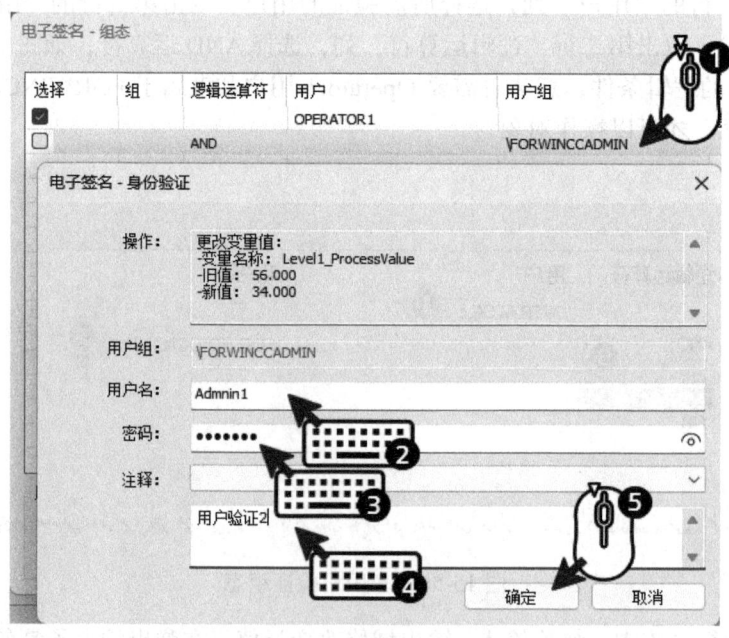

图 15-58　多用户验证操作 2

全部用户验证完成后，会显示每个用户的签署日期。确认后，变量的数值将被修改，电子签名操作将记录在 Audit 日志中。多用户验证 Audit 记录如图 15-59 所示。

如果有一个或者多个用户验证失败，那么操作将不会执行，并弹出权限不足的提示对话框，多用户验证失败如图 15-60 所示。

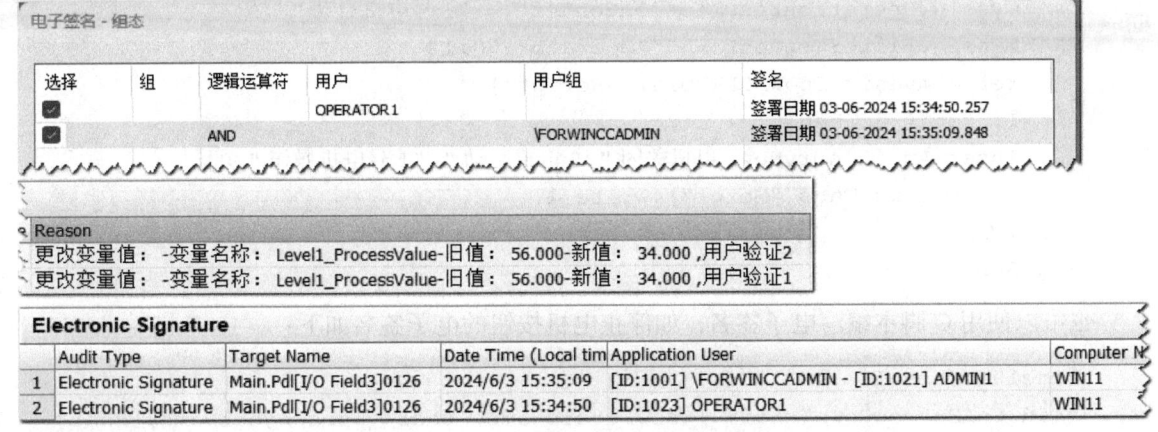

图 15-59　多用户验证 Audit 记录

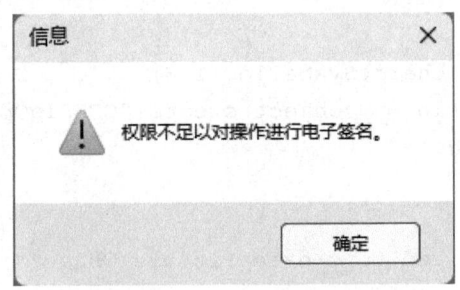

图 15-60　多用户验证失败

5. 通过脚本实现电子签名

在脚本中使用 FilterContent 属性定义验证设置，然后调用 ShowPDLRTDialogScript 函数在运行系统中打开一个对话框。可通过该对话框对用户进行验证，最后根据返回值判断电子签名的结果，见表 15-11。在脚本中，根据返回值的不同，执行不同的结果。

表 15-11　电子签名的返回值

返回值	标识符	描述
0	S_OK	用户成功获得验证
1	E_FAIL	用户登录时出错

例如，要对某个按钮组态电子签名，该按钮用来启动电机。用来控制电机起停的变量为 Motor。当该变量为 0 时，电机停止；当该变量为 1 时，电机起动。只有 Operator1 用户才能对该按钮执行电子签名，只有电子签名成功才能起动电机。还可以结合 InsertAuditEntryNew 函数将此操作记录到操作日志中。为该按钮编写的 VB 脚本如下：

```
Sub OnLButtonDown(Byval Item, Byval Flags, Byval x, Byval y)
Dim myesig
Dim mycomment
Dim ret
Set myesig = CreateObject("CCESigOptionComponent.CCESigOptionCompo-
nent.1")
```

```
            myesig.OperationDescriptionContent = "1 号电机启动 "
            myesig.FilterContent = """Operator1"";1"
            ret = myesig.ShowPDLRTDialogScript()
            If ret = 0 Then
            InsertAuditEntryNew" 电机关闭 "," 电机起动 ","1 号电机操作 ",0
            HMIRuntime.Tags("Motor").Write 1
         End If
      End Sub
```

也可以使用 C 脚本编写电子签名，如停止电机按钮的电子签名如下：

```
    #include"apdefap.h"
    void OnLButtonDown(char* lpszPictureName, char* lpszObjectName, char*
lpszPropertyName, UINT nFlags, int x, int y)
    {
        int nRet = 0;
        char* szBuf = (char*)SysMalloc(128);
        __object* EsigDlg = __object_create("CCESigOptionComponent.CCE-
SigOptionComponent.1");
        if (!EsigDlg)
        {
            printf("Failed to create Picture Object");
            return;
        }
        EsigDlg->OperationDescriptionContent = "1 号电机起动 ";
        EsigDlg->FilterContent = "\"Operator1\";1";
        nRet = EsigDlg->ShowPDLRTDialogScript();
          if(nRet == 0)
         {
            InsertAuditEntryNew(" 电机关闭 "," 电机起动 ","1 号电机操作 ", 0,
szBuf);
            SetTagBit("Motor",0);
         }
        SysFree(szBuf );
        __object_delete(EsigDlg);
    }
```

15.4 Change Control

文档控制和项目版本化（Document Control & Project Versioning，DCPV）功能主要用于 WinCC 的项目组态过程。可以对项目组态过程的更改进行记录。其主要功能如下：

1）文档控制：对项目中以文档形式存在的功能进行以下操作：

① 锁定操作。

② 解锁操作。
③ 历史版本查看。
④ 比较功能。
⑤ 回滚操作。

2）项目版本化：对项目进行阶段性归档。

3）标签功能：在项目组态过程中，为项目进行标签化操作。

如果要对 WinCC 项目中的文档控制和项目版本化功能进行配置，需要打开其编辑器，那么必须满足以下几个条件：

1）WinCC Explorer 画面语言需设置为英语（美国）。

2）由于 DCPV 组态界面必须使用 SIMATIC Logon 进行登录，所以必须安装 SIMATIC Logon。

3）使用安装 WinCC 时的系统管理员账户登录，该账户必须隶属于用户组 SIMATIC HMI AUDIT。

> **提示**
> 为了使读者更容易地理解文档控制和项目版本化功能组态，本节将对于 WinCC 常规功能（图形编辑器等）的组态截图，使用中文软件画面来展示。读者在进行文档控制和项目版本化组态前，请将 WinCC Explorer 画面语言设置为英语。

有三种打开文档控制和项目版本化的方式，如图 15-61 所示。

1）在 WinCC Explorer 中右键单击"Audit"，选择"Open Audit DCPV"。

2）在 Audit 编辑器中右键单击"Document Control and Project Versioning"，选择"Open WinCC Document Control"。

3）在桌面双击图标"Audit DC&PV"。

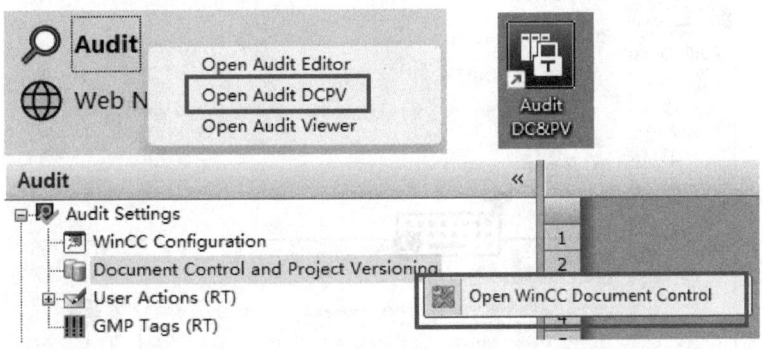

图 15-61　打开文档控制与项目版本化的方式

15.4.1　文档控制

同 Audit 编辑器一样，DCPV 组态界面同样受 SIMATIC Logon 的保护，所以需要通过输入计算机管理员账户和密码才能进入。要使用 DCPV 的功能，首先需要单击工具栏中的"Enable Document Control"按钮，使能文档控制，如图 15-62 所示。

使能文档控制后，将自动弹出版本组态的窗口，可以对后续使用的版本号进行配置。可以选择的版本号有三种，版本号组态如图 15-63 所示。

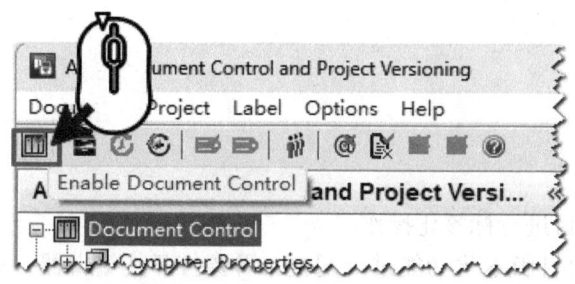
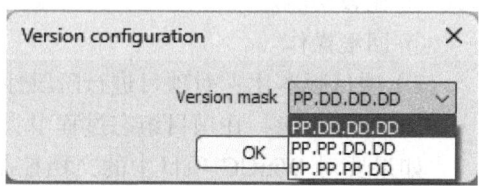

图 15-62 使能文档控制　　　　图 15-63 版本号组态

1) PP.DD.DD.DD：项目版本 _ 文档版本 . 文档版本 . 文档版本，如：1_0.0.2。
2) PP.PP.DD.DD：项目版本 . 项目版本 _ 文档版本 . 文档版本，如：0_1.0.2。
3) PP.PP.PP.DD：项目版本 . 项目版本 . 项目版本 _ 文档版本，如：1_1_1.2。

> **提示**
> 版本号和文档号最多到 99。如果项目版本所有字段号均到达 99，则必须使用项目复制器另存为不同名称的项目。然后使用 DCPV 再次归档项目，这时项目版本号将再次为 1。版本号和文档号对每个 WinCC 项目只配置一次，并且不能更改。

第一次打开 DCPV 后需要先对项目进行版本化操作。单击工具栏上的"Archive Project"按钮，然后在弹出的"Archive Options"窗口中输入注释，单击"Archive"按钮，第一次归档项目如图 15-64 所示。

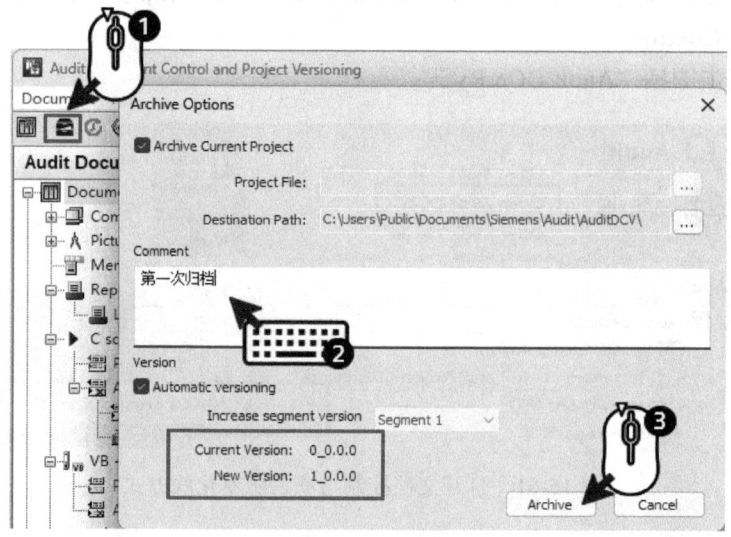

图 15-64　第一次归档项目

在 DCPV 左侧树形视图中，选择"Document Control"下的"Picture files（.pdl）"，可以看到右侧画面列表中画面状态为"Checked in"，画面状态如图 15-65 所示。

当画面 Checked In 后，即该画面被锁定。在图形编辑器中打开"Main.Pdl"画面，可以看到工具栏中的画面保存按钮是灰色的，即未使能的状态，并且标题栏上提示"写保护"，画面写保护如图 15-66 所示。

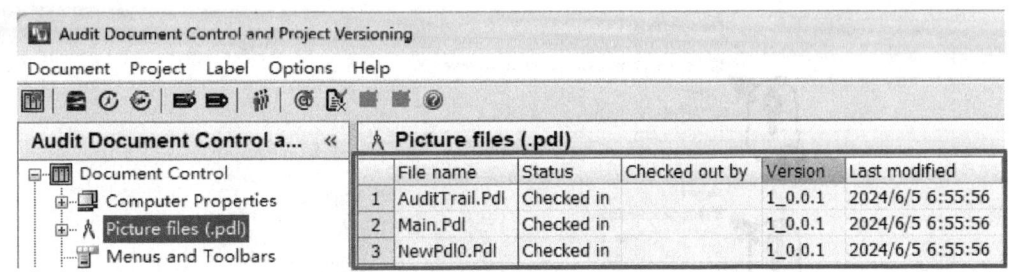

图 15-65　画面状态

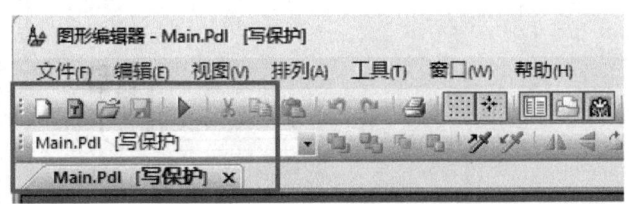

图 15-66　画面写保护

在 DCPV 中右键单击"Main.Pdl"画面左侧的编号，选择"Check Out"，然后填写 Check Out 的原因，Check Out 及填写注释如图 15-67 所示。

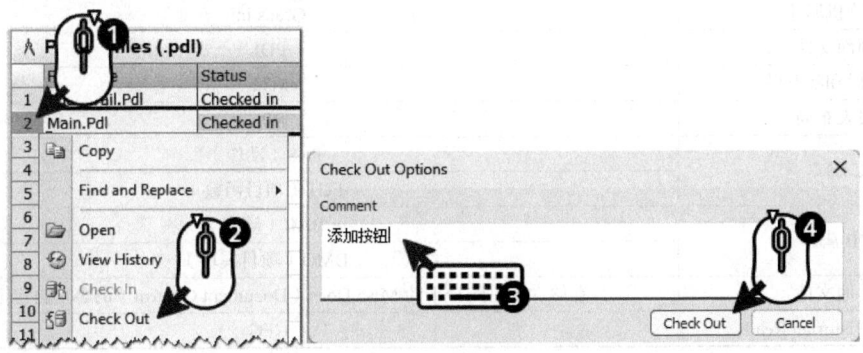

图 15-67　Check Out 及填写注释

此时再次打开这个画面，工具栏上保存按钮已经变成了使能的状态。完成画面编辑后，如添加一个按钮，此时在 DCPV 中右键单击这个画面，选择"Check In"。在弹出的"Check In Options"对话框中，可以选择是否使用 Check Out 时的注释，还是重新填写注释。可以选是增加默认的版本号，还是手动选择某个级别的版本号进行增加。如果按照默认选择"Segment 4"，则版本号将从 1_0.0.1 变成 1_0.0.2。也可以选择 Segment 3，那么版本号将从 1_0.0.1 变成 1_0.1.0。Check In 选项如图 15-68 所示。

可以执行 Check In 和 Check Out 等操作的对象都是以文件形式存储在 WinCC 的项目路径中的对象，Document Control 的对象见表 15-12。

在这些对象的右键菜单中，可以进行的操作如下：

1）Check In：锁定 WinCC 项目文件。Check In 时需要输入注释。在 Check In 的状态下，文件不能被编辑，但是可以被删除及重命名。重命名后相当于新建的文件，为 Unversioned 的状态。

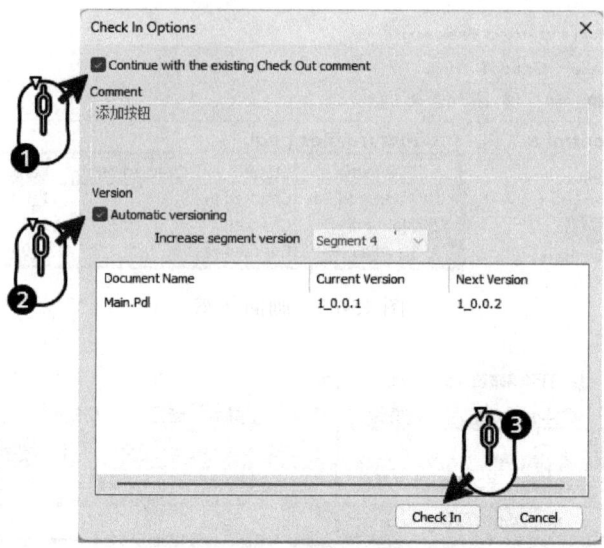

图 15-68 Check In 选项

表 15-12 Document Control 的对象

用户文件和组态文件	描述
计算机属性	Gracs.ini
画面文件	PDL
菜单栏和状态栏	MTL
报表布局	RPL
C 脚本	PAS（动作）
	FCT（项目函数）
VB 脚本	BAC（动作）
	BMO（项目模块）
其他文件	存储在项目路径下的 Misc Docs（Document Control）的客户自定义文件
Process Historian Ready	CFG

2）Check Out：解锁 WinCC 项目文件。Check Out 时需要输入注释。解锁后文件可以进行编辑。再次 Check In 时可以选择 Check Out 的注释，也可以重新输入注释。

3）View History：可以查看该文件所有的历史版本及注释信息。

4）Rollback：回滚至当前选中的版本。如果选中的是最新版本，将不能进行回滚操作。

5）Undo Check Out：撤销 Check Out 的操作。但是撤销后，之前所有的修改将被还原。

6）Check In External Changes：将取消"只读属性"后所做的修改进行 Check In 的操作。

7）Discard External Changes：放弃取消"只读属性"后所做的修改。

8）Restore deleted files：恢复被删除的文件。

9）Check Out and Edit：Check Out 的同时直接打开进行操作的文件。

1. 比较与回滚

在 Audit DCPV 画面，在左侧的树形视图中选择"Picture files（.pdl）"。右键单击"Main.Pdl"画面左侧编号，选择"View History"。可以看到该画面所有的历史版本及相应注释，如图 15-69 所示。

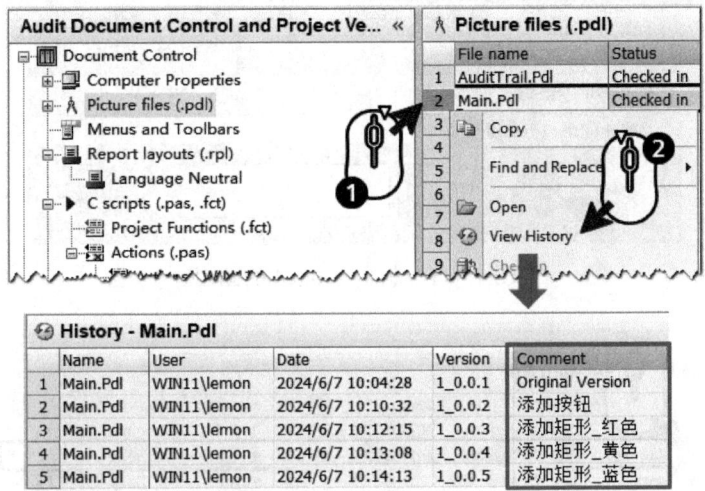

图 15-69　历史版本及相应注释

在 Audit 日志查看器中同样可以看到历史版本的记录，如图 15-70 所示。

WIN11\MyFirstAuditDB - Filter results

	Project Name	Category ID	Target Na	Modification	Old Value	New Value
1	WinCCV80_AuditDemo	Document Versioning	Main.Pdl	Check In	1_0.0.4	1_0.0.5
2	WinCCV80_AuditDemo	Document Versioning	Main.Pdl	Check Out	1_0.0.4	
3	WinCCV80_AuditDemo	Document Versioning	Main.Pdl	Check In	1_0.0.3	1_0.0.4
4	WinCCV80_AuditDemo	Document Versioning	Main.Pdl	Check Out	1_0.0.3	
5	WinCCV80_AuditDemo	Document Versioning	Main.Pdl	Check In	1_0.0.2	1_0.0.3
6	WinCCV80_AuditDemo	Document Versioning	Main.Pdl	Check Out	1_0.0.2	
7	WinCCV80_AuditDemo	Document Versioning	Main.Pdl	Check In	1_0.0.1	1_0.0.2
8	WinCCV80_AuditDemo	Document Versioning	Main.Pdl	Check Out	1_0.0.1	
9	WinCCV80_AuditDemo	Document Versioning	Main.Pdl	Check In		1_0.0.1
10	WinCCV80_AuditDemo	Document Versioning	Main.Pdl	Check Out	1_0.0.2	
11	WinCCV80_AuditDemo	Document Versioning	Main.Pdl	Check In	1_0.0.1	1_0.0.2
12	WinCCV80_AuditDemo	Document Versioning	Main.Pdl	Check Out	1_0.0.1	
13	WinCCV80_AuditDemo	Document Versioning	Main.Pdl	Check Out	1_0.0.1	
14	WinCCV80_AuditDemo	Document Versioning	Main.Pdl	Check In		1_0.0.1

图 15-70　Audit 日志中的历史版本

在历史版本中可以看到，初始版本为 1_0.0.1，最后一个版本为 1_0.0.5。两个版本之间，这个画面分别添加了一个按钮和三个矩形，打开这个画面后，可以看到版本 1_0.0.4 的画面，如图 15-71 所示。

右键单击版本 1_0.0.2，选择“Compare with latest version”。这个版本将与最新的版本进行比较，版本比较结果如图 15-72 所示。

从比较的结果可以看出，版本之间的区别是新添加了三个矩形，版本比较结果如图 15-73 所示。

只有画面（.Pdl）、C 脚本（.PAS 和 .FCT）和 VB 脚本（.BAC 和 .BMO）可以进行细节对比，而其他对象只能对比出两个版本是否相同，大致比较如图 15-74 所示。对于画面与脚本的细节比较见表 15-13。

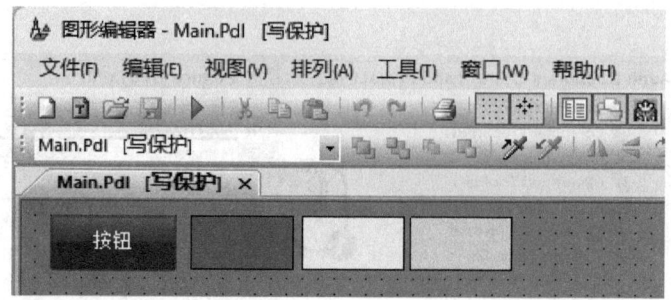

图 15-71　版本 1_0.0.4 的画面

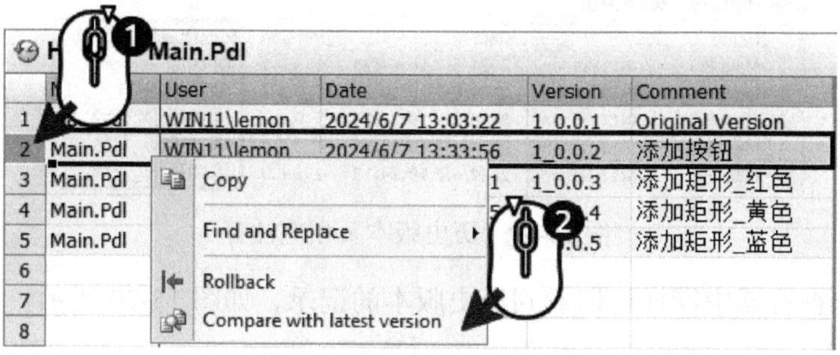

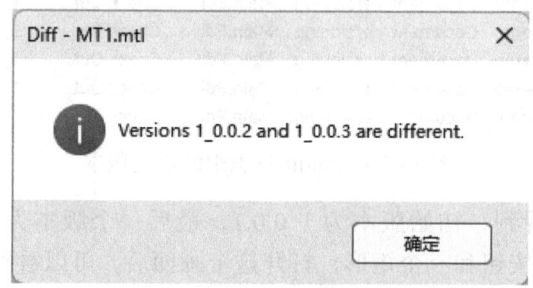

图 15-72　版本比较结果

Compare Result - Main.Pdl (1_0.0.2 , 1_0.0.5)

	Object Name	Change Type	Modification Type	Property Name	Event Name
1	矩形1	HMI 矩形	New		
2	矩形2	HMI 矩形	New		
3	矩形3	HMI 矩形	New		

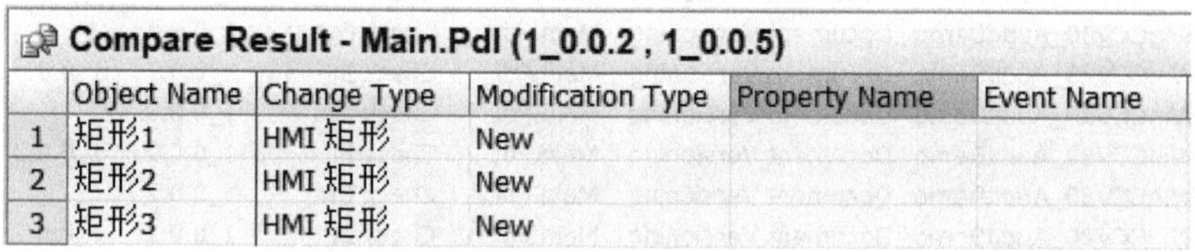

图 15-73　版本比较结果

图 15-74　大致比较

表 15-13　画面与脚本的细节比较

对象	表头	含　义
画面	Object type	更改的对象的类型
	Modification type	执行了什么更改，如 New、Modified、Delete 等
	Property Name	执行更改的对象属性的名称
	Event Name	执行更改的事件名称

对象	表头	含义
画面	Value change	如果该复选框被选中，则说明属性中的数值发生了更改
	Changing the dynamization	如果该复选框被选中，则说明动态化发生了更改
	Trigger types	如果该复选框被选中，则说明触发器类型被使用
脚本	Object type	更改的对象的类型
	Modification type	执行了什么更改
	Action Item	发生更改的动作类型
	Trigger types	如果该复选框被选中，则说明触发器类型被使用

右键单击版本 1_0.0.4，选择"Rollback"，可以将这个版本回滚至最新版本，即 1_0.0.6，回滚操作如图 15-75 所示。

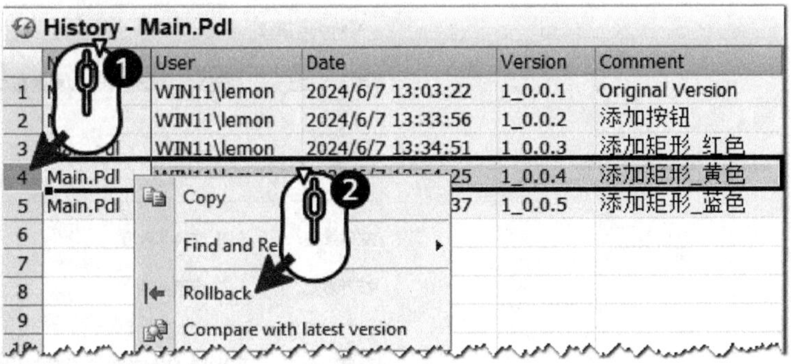

图 15-75 回滚操作

这时，需要对回滚的原因进行注释，也可以选择是否修改新版本的编号级别，回滚注释如图 15-76 所示。

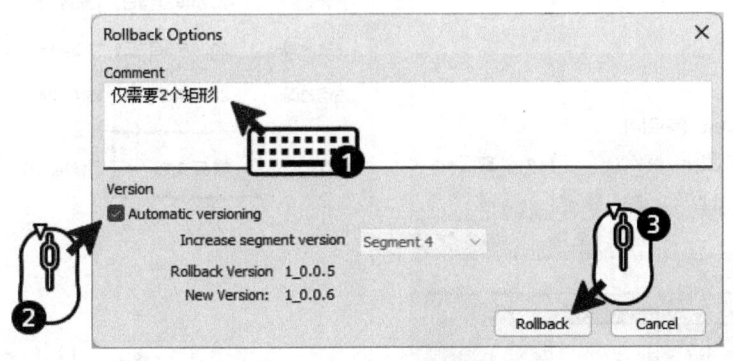

图 15-76 回滚注释

回滚操作完成后，并不是删除后两个版本，而是新建一个版本。注释中将记录回滚至哪个版本和回滚的原因，回滚的版本如图 15-77 所示。

此时，打开"Main.Pdl"画面，可以发现后添加的矩形已经消失了，回滚后的画面如图 15-78 所示。

2. 外部更改

可以进行文档控制的文件其实是存储在 WinCC 项目路径中的文件，如画面文件均存储在

WinCC 项目路径下的 GraCS 文件夹下。如果在 Audit DCPV 画面对某一个画面，如 Main.Pdl 进行了 Check In 的操作，在 GraCS 文件夹下查看 Main.Pdl 的文件属性，则可以看到该文件的只读属性（见图 15-79）被选中。

History - Main.Pdl

	Name	User	Date	Version	Comment
1	Main.Pdl	WIN11\lemon	2024/6/7 13:03:22	1_0.0.1	Original Version
2	Main.Pdl	WIN11\lemon	2024/6/7 13:33:56	1_0.0.2	添加按钮
3	Main.Pdl	WIN11\lemon	2024/6/7 13:34:51	1_0.0.3	添加矩形_红色
4	Main.Pdl	WIN11\lemon	2024/6/7 13:54:25	1_0.0.4	添加矩形_黄色
5	Main.Pdl	WIN11\lemon	2024/6/7 14:19:37	1_0.0.5	添加矩形_蓝色
6	Main.Pdl	WIN11\lemon	2024/6/7 15:37:18	1_0.0.6	Rollback to Version 1_0.0.4：仅需要2个矩形

图 15-77　回滚的版本

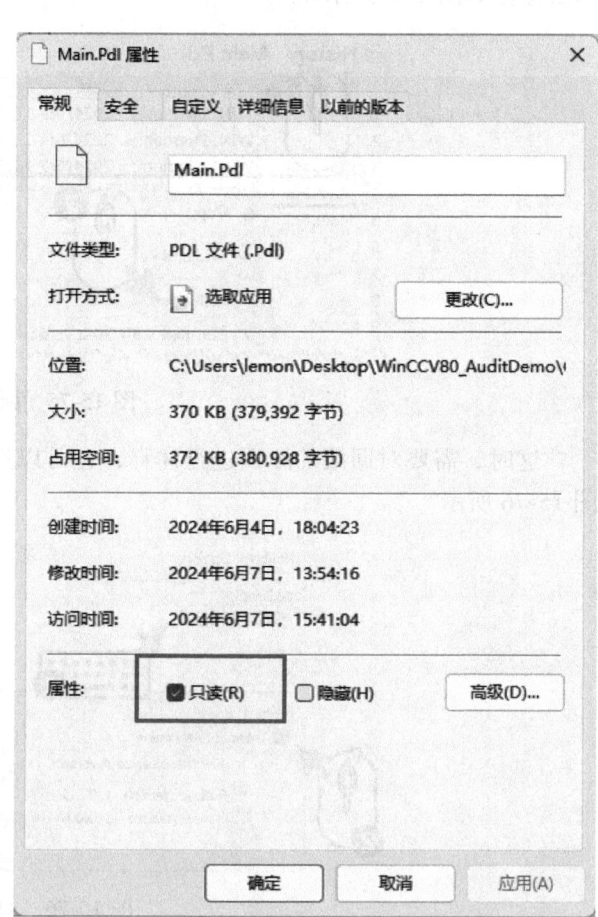

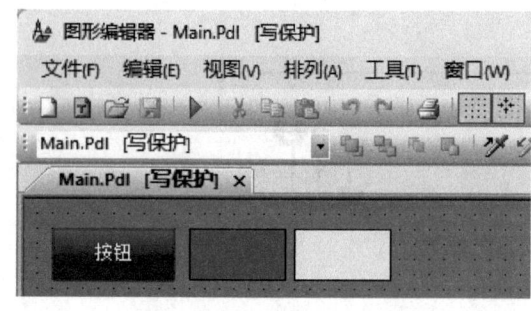

图 15-78　回滚后的画面

图 15-79　只读属性

这时，如果手动取消了只读属性的复选框，则在 WinCC 中打开这个画面时，可以发现这个画面是可以编辑的状态。此时，在画面中添加一个圆，然后单击保存按钮，关闭图形编辑器，画面中添加圆形对象，如图 15-80 所示。

这时，打开 Audit DCPV，可以看到通过取消了只读属性而更改的画面在 Picture files（.pdl）中以红色背景显示，画面中添加圆形对象如图 15-81 所示。说明该画面进行了外部的更改。

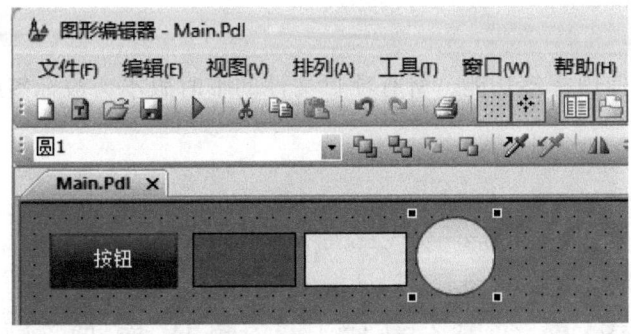

图 15-80　画面中添加圆形对象

Picture files (.pdl)

	File name	Status	Checked out by	Version	Last modified	Size (KB)
1	AuditTrail.Pdl	Checked in		1_0.0.6	2024/6/7 15:37:18	154
2	Main.Pdl	Checked in		1_0.0.5	2024/6/7 19:49:37	374
3	NewPdl0.Pdl	Checked in		1_0.0.1	2024/6/7 13:03:22	618

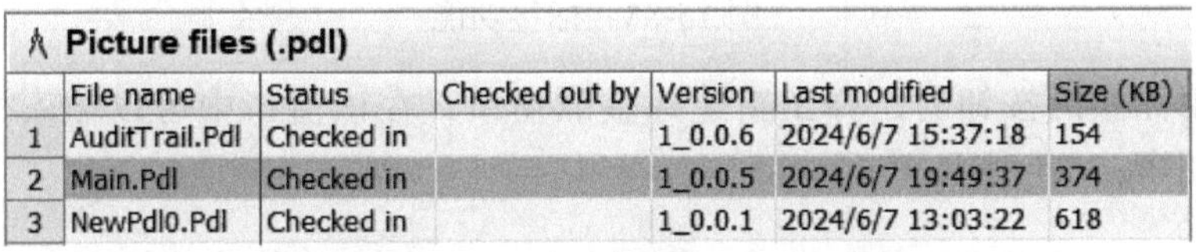

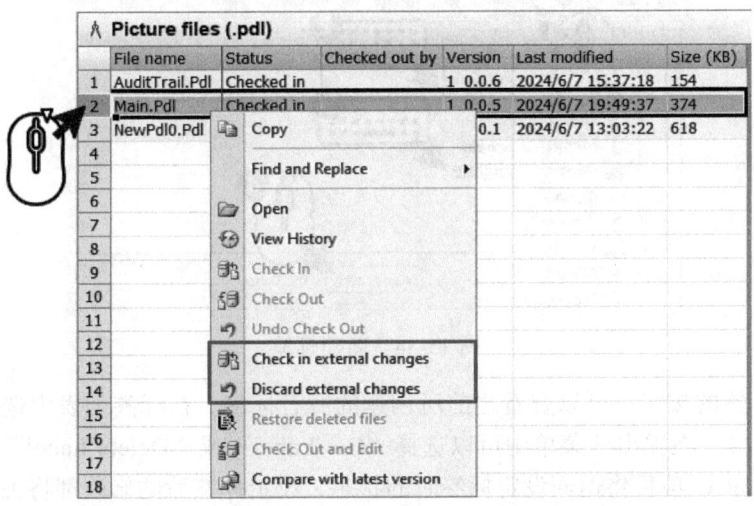

图 15-81　外部更改后的画面数据

对于这种情况，可以有两种选择，外部更改的处理如图 15-82 所示。

图 15-82　外部更改的处理

1）Check in external changes：将取消“只读属性”后所做的修改进行 Check In 的操作。如果执行了该操作，则需要填写注释，并且版本将在原有基础上增加一个版本号，文档控制中的红色背景消失。

2）Discard external changes：放弃取消“只读属性”后所做的修改。如果执行了该操作，将弹出提示“所有未决的更改将会全部丢失，是否继续”。如果选择“是”，则取消“只读属性”后所做的修改将会被放弃，文档控制中的红色背景消失，版本号不变。

提示

执行文档控制的功能时，该文档不能处于正在编辑的状态。如果需要 Check In 或 Check Out 一个画面，那么图形编辑器必须处于关闭的状态。

15.4.2 标签功能

可以对项目文件使用标签功能。所有项目文件的临时版本会被标签所保存，标签功能如图 15-83 所示。

图 15-83　标签功能

当单击应用标签的按钮时，弹出新建标签的窗口，在该窗口中可以输入标签的名称及注释，新建标签如图 15-84 所示。

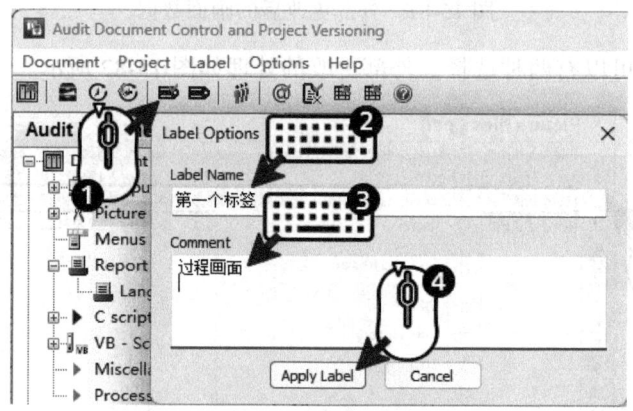

图 15-84　新建标签

单击查看标签的按钮，可以查看之前所创建的所有标签。在标签列表中选择标签，右键单击标签左侧的编号，在弹出的菜单中可以选择"Get Label"或"Delete Label"。如果选择"Get Label"，那么 WinCC 项目将返回设定标签时的状态，设定标签后的修改都将丢失。获取标签如图 15-85 所示。

使用标签功能需满足以下要求：
1）WinCC 项目已经打开。
2）Audit DCPV 已经打开并已正确授权。
3）文档控制已经使能。
4）所有文件均已 Check In。

使用标签功能需要注意以下事项：
1）如果有项目文件正在 Check Out，那么此时执行标签功能，所做的修改将会丢失。
2）Get Label 功能只是使所有的文件恢复到创建标签时的状态，但是版本不会恢复。
3）标签以 xml 文件形式保存，文件位于：项目路径→ Document Control → LabelInfo.xml。

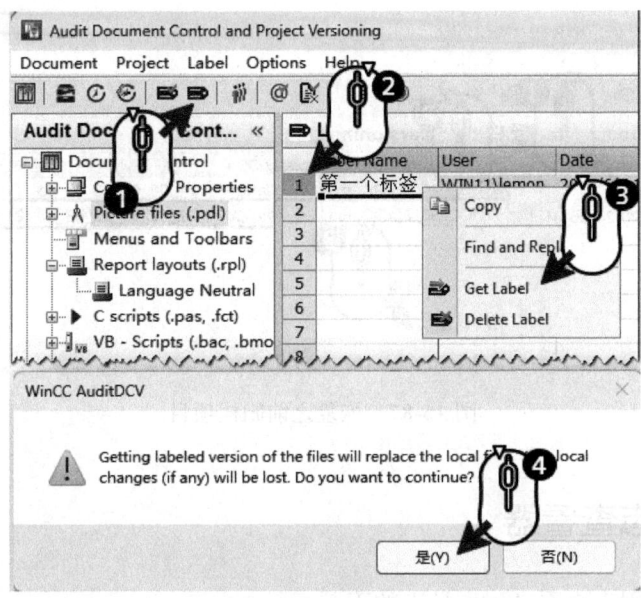

图 15-85 获取标签

15.4.3 项目版本管理

Audit DCPV 除了文档控制的功能外，另一个功能是项目版本归档。在 Audit DCPV 的工具栏上单击 "Archive Project" 的工具，将弹出 "Archive Options" 对话框。在该画面可以选择是否归档当前项目，设定归档文件的存储路径，填写相应注释及设定改变的版本级别（只能更改版本组态中的 P），归档项目如图 15-86 所示。

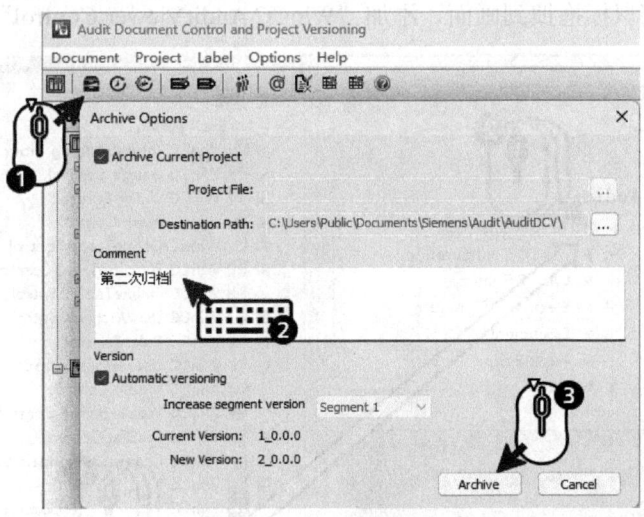

图 15-86 归档项目

在 Project Versioning 画面可以查看本机归档的所有项目，包括不是当前打开的项目。右键单击任何一个已经归档的项目，可以选择 "Restore" 选项。同时设定一个路径，这样就可以在新路径中恢复之前归档的项目，如图 15-87 所示。

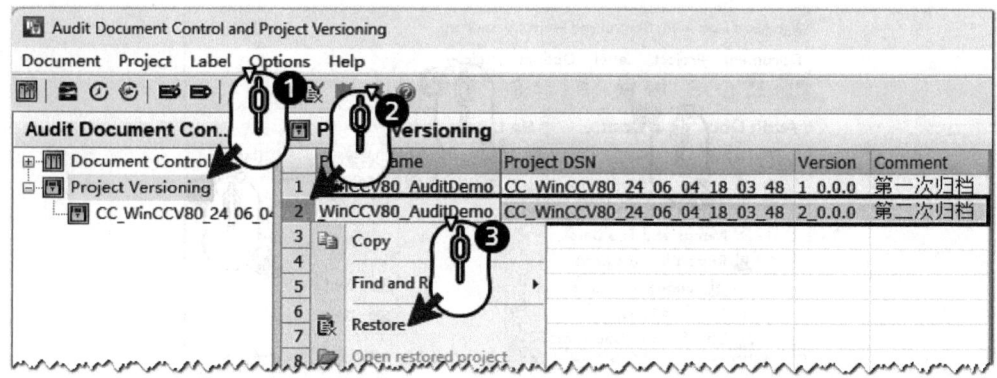

图 15-87 恢复之前归档项目

15.5 Audit 日志查看器

Audit Viewer 是用来查看 Audit 日志的工具。Audit Viewer 可以在 WinCC Explorer 中通过右键单击 "Audit"，在菜单中打开。也可以通过双击桌面上的 "Audit Viewer" 图标打开，如图 15-88 所示。

图 15-88 "Audit Viewer" 图标打开

此外，还可以在 WinCC 画面中添加 WinCC AuditViewer Control，用于在 WinCC 运行系统中查看 Audit 日志。在 WinCC 图形编辑器的控件列表中，选中 "WinCC AuditViewer Control" 控件，使用鼠标拖拽到画面，添加 "WinCC AuditViewer Control" 如图 15-89 所示。

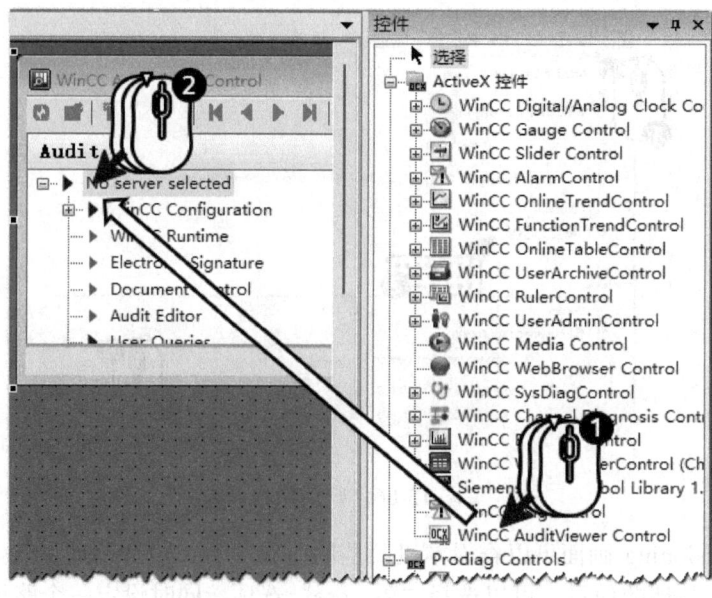

图 15-89 添加 "WinCC AuditViewer Control"

15.5.1 查看 Audit 日志

在 Audit Viewer 中，单击"Audit DB"。右键单击需要查看的数据库的左侧编号，在弹出的菜单中选择"Select Server"，Audit Viewer 选择要查看的库如图 15-90 所示。

图 15-90　Audit Viewer 选择要查看的库

在左侧树形视图中选择"计算机名\数据库名"，即可查看该数据库中所有的 Audit 日志，如图 15-91 所示。

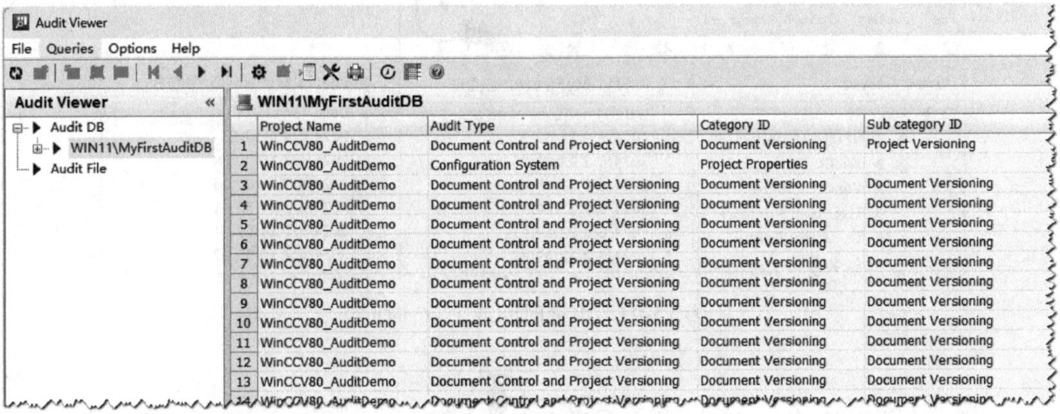

图 15-91　Audit 日志

为了保证打开速度，Audit Viewer 每次将默认加载 100 行日志。单击工具栏上齿轮形状的设置按钮，可以修改加载条数，以及数据刷新间隔时间。建议保持默认设置，Audit Viewer 设置如图 15-92 所示。

单击工具栏上钟表形状的设置按钮，可以在日期时间列切换显示本地时间或 UTC 时间，如图 15-93 所示。

右键选中日志表中的列标题，可以隐藏此列，或者显示指定列，显示/隐藏列如图 15-94 所示。

Audit Viewer 中日志列的描述见表 15-14。

WinCC 画面中添加的 WinCC Audit Viewer Control，其查看窗口以及基本功能和 Audit Viewer 一致。在画面中添加控件后，会弹出控件的属性对话框，或者双击控件对象也能再次打开控件的属性对话框。在属性对话框中选择所需查看的 Audit 数据库，可以设置加载条数以及数据刷新间隔时间，WinCC Audit Viewer Control 属性对话框如图 15-95 所示。

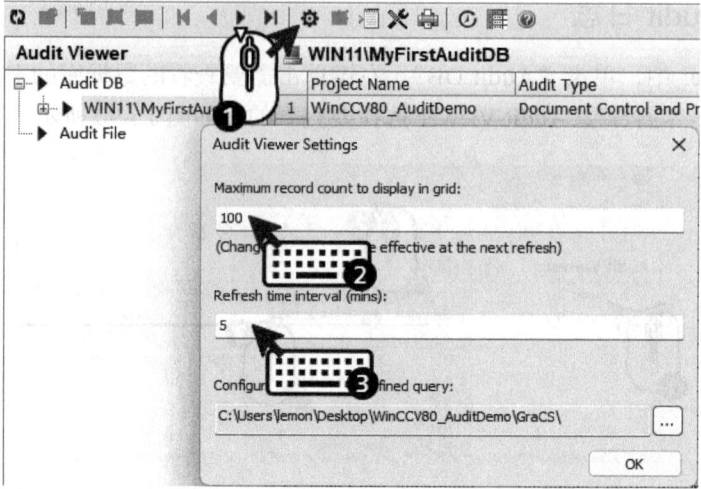

图 15-92　Audit Viewer 设置

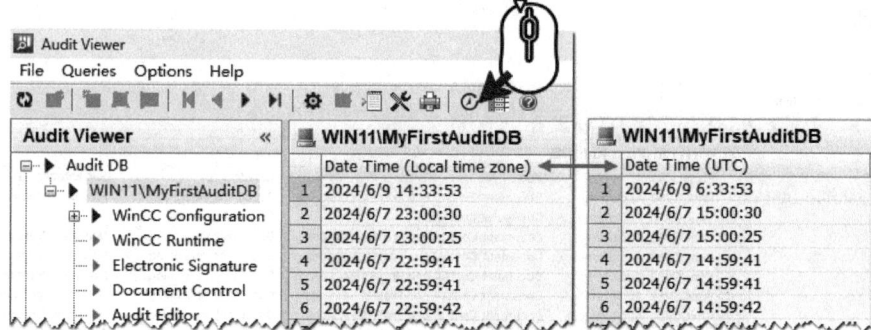

图 15-93　本地时间或 UTC 时间

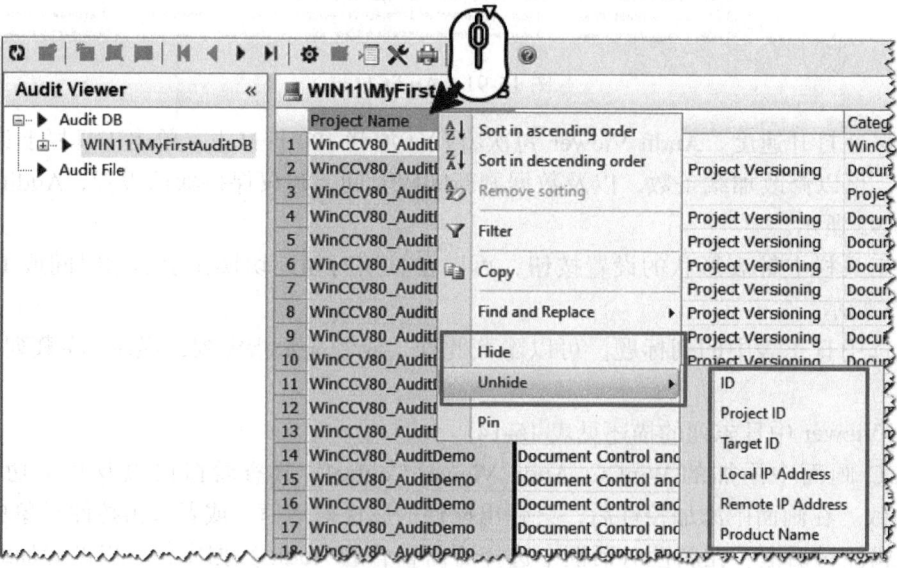

图 15-94　显示 / 隐藏列

表 15-14　Audit Viewer 中日志列的描述

表头	含义
ID	Audit 记录日志的顺序 ID
Project ID	进入 Audit 数据库的 WinCC 项目的 Audit ID
Project Name	进入 Audit 数据库的 WinCC 项目的名称
Audit Type	引起 Audit 事件的区域，如组态系统、Audit 编辑器、WinCC 运行系统等
Category ID	更改的种类，如数据管理器、WinCC 文档、Alarm（RT）等
Subcategory ID	更改的种类的子类，如变量、项目版本、文档版本、启动选项等
Target ID	WinCC 数据库中的 ID
Target Name	发生更改的对象的名称，如 Tag1、Main.Pdl、My First Label 等
Specific Change ID	发生更改的类型，如 New_Operator_Msg、User Archive、Report Runtime 等
Modification ID	执行的更改，如 Insert、Delete、Update、Project Close 等
Old Value	更改前的旧值
New Value	更改后的新值
Date Time	发生更改的日期与时间
Time Zone Offset	与 UTC 相差的时区，如 8
Windows User	执行更改时的计算机登录用户，如 Administrator
Application User	执行更改时的应用程序用户，如 SYSTEM、Admin1 等
Computer Name	执行更改的计算机名称，如 Server1、PC1 等
Operator Message ID	消息编号，如 12508141、1900000 等
Reason	事件的注释信息
Local IP Address	本地计算机的 IP 地址
Remote IP Address	用于访问 WinCC 服务器的计算机 IP 地址
Product Name	产品的名称（WinCC）
Application Name	发生事件的进程名称
Legacy Project GUID	移植后的列，V8.0 之前的 WinCC 项目 ID
Legacy Database Name	移植后的列，V8.0 之前的 WinCC 数据库名称
Legacy Application Name	移植后的列，V8.0 之前的应用程序名称
Legacy Table Name	移植后的列，V8.0 之前的数据库表名
Legacy Field Name	移植后的列，V8.0 之前的字段名称
Legacy Event Type	移植后的列，V8.0 之前的更改类型
Legacy Event Item	移植后的列，V8.01 之前的更改条目

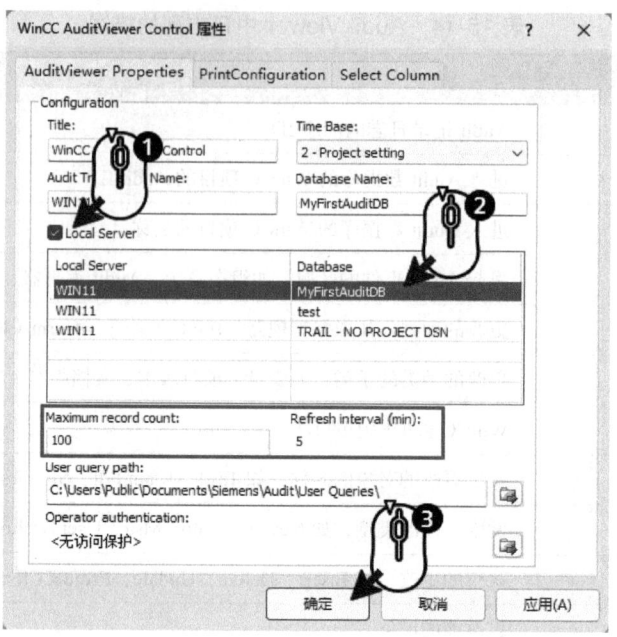

图 15-95　WinCC Audit Viewer Control 属性对话框

15.5.2　查看 Audit 文件

Audit Viewer 不仅能够查看 WinCC 当前的 Audit 日志，还可以查看以下文件：
1）Audit 日志的备份文件（*.xml），要求 Audit V7.2 或更高。
2）WinCC flexible 的日志文件（*.txt 或 *.csv），要求 2008 或以后的版本。
3）RDB 文件（*.rdb），要求 TIA Portal V12 或以后的版本。

在"Audit Viewer"左侧的树形视图中，右键单击"Audit File"，选择"Show Audit file"，即可打开上述其他文件，如图 15-96 所示。

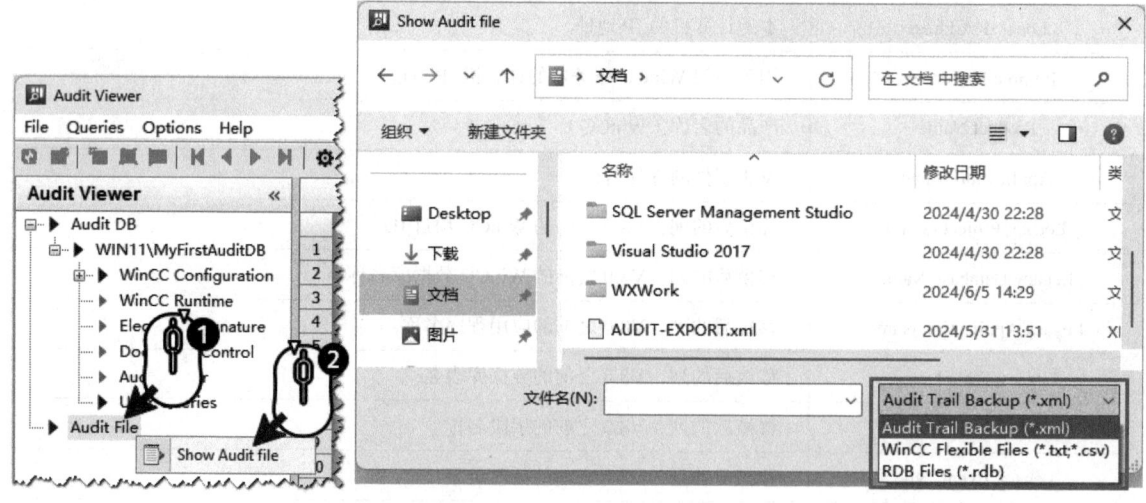

图 15-96　Audit Viewer 打开其他文件

15.5.3 Audit 日志的过滤与校验

1. Audit 日志的过滤

Audit Viewer 显示的 Audit 日志具有过滤功能，包括预定义过滤和自定义过滤。用户可以根据自己的需求选择预定义过滤或自定义过滤。Audit Viewer 预定义过滤如图 15-97 所示。

其中，选择"WinCC Configuration"，将仅显示与组态相关的 Audit 日志。如果选择其中的子项，则只显示与子项相关的日志。选择"WinCC Runtime"，将仅显示与 WinCC 运行系统相关的 Audit 日志。选择"Electronic Signature"，将仅显示与电子签名相关的 Audit 日志。选择"Document Control"，将仅显示文档控制与项目版本化相关的日志。选择"Audit Editor"，将仅显示在 Audit Editor 中所做更改而带来的日志记录。

如果预定义的查询不能满足需求，例如需要查询经操作员的操作，则所有新值大于等于 30 的记录可以选择自定义查询。在"Audit Viewer"左侧的树形视图中右键单击"User Queries"，选择"New Query"。单击新建的查询，在右侧的条件设置画面，选择"Field"字段下拉菜单中的"Category ID"，选择"Operator"为等号，选择"Value"字段下拉菜单中的"Alarm（RT）"，在第二行"And/Or"字段下拉菜单中选择"AND"，选择"Field"

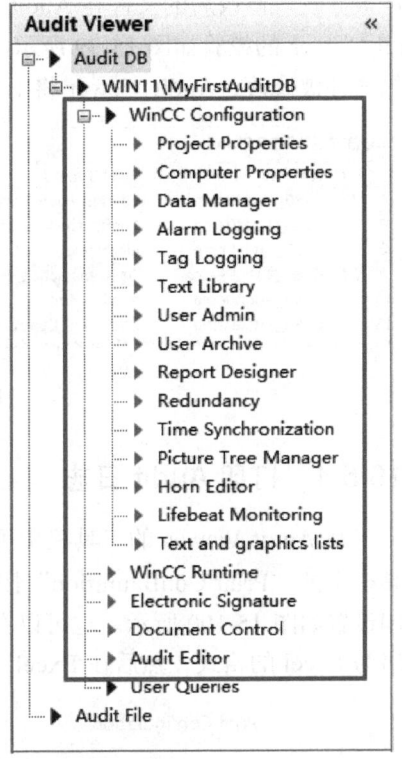

图 15-97 Audit Viewer 预定义过滤

字段下拉菜单中的"New Value"，选择"Operator"为大于或等于，在"Value"字段中填写 30。最后单击工具栏中的运行，得到查询结果，Audit Viewer 自定义过滤如图 15-98 所示。

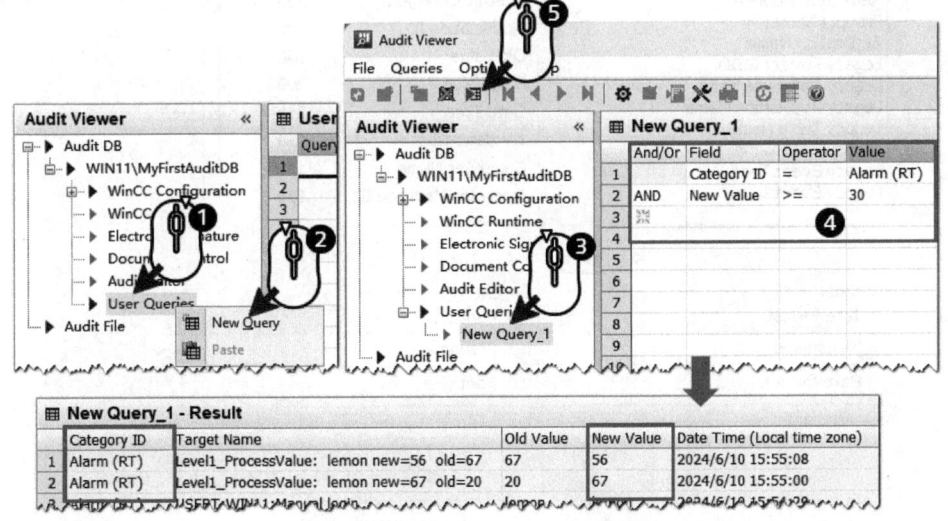

图 15-98 Audit Viewer 自定义过滤

2. Audit 日志的校验

Audit Viewer 具有特殊算法的校验机制。如果从 Audit 编辑器中导出的 xml 格式的备份文件被修改，修改后的文件在 Audit Viewer 中被加载后，则被修改的条目也会显示红色背景。Audit Viewer 的校验如图 15-99 所示。但是，Audit Viewer 加载其他格式的文件，如 txt 或 csv，如果文件被修改，Audit Viewer 将不会判断其校验，修改过的条目也不会产生红色背景。

AUDIT-EXPORT.xml

	Project Name	Audit Type	Target Name	Old Value	New Value	Date Time (Local time zone)
6	WinCCV80_AuditDemo	Configuration System	Main.sav			2024/6/22 22:31:18
7	WinCCV80_AuditDemo	Configuration System	Main.Pdl			2024/6/22 22:31:18
8	WinCCV80_AuditDemo	Electronic Signature	ESIG: 已接受用户 [ID:10			2024/6/22 22:31:35
9	WinCCV80_AuditDemo	Operator actions	CScripting Runtime	电机关闭	电机启动	2024/6/23 6:31:35
10	WinCCV80_AuditDemo	Audit Editor	Simatic Logon		lemon	2024/6/22 22:48:45
11	WinCCV80_AuditDemo	Document Control and P				2024/6/21 9:44:50

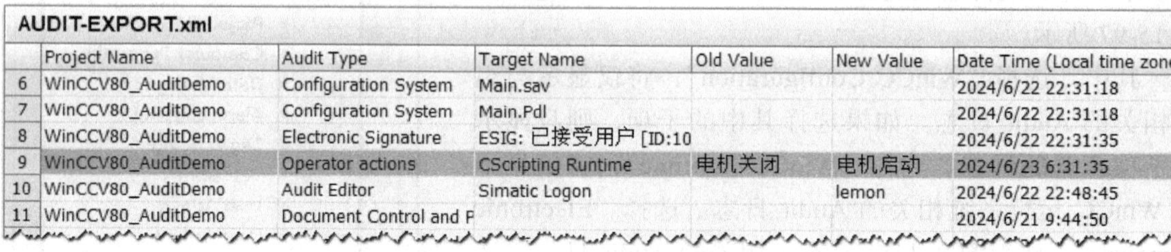

图 15-99 Audit Viewer 的校验

15.5.4 打印 Audit 日志

在 Audit Viewer 的工具栏中可以选择打印按钮，将所选择的 Audit 日志打印输出。单击工具栏上的“Print Configuration”按钮，在弹出的对话框中选择要打印的列，Audit Viewer 打印设置如图 15-100 所示。也可以在 Audit Viewer 的工具栏中单击导出按钮，将 Audit 日志导出为 Excel 的格式，然后在 Excel 中编辑打印。

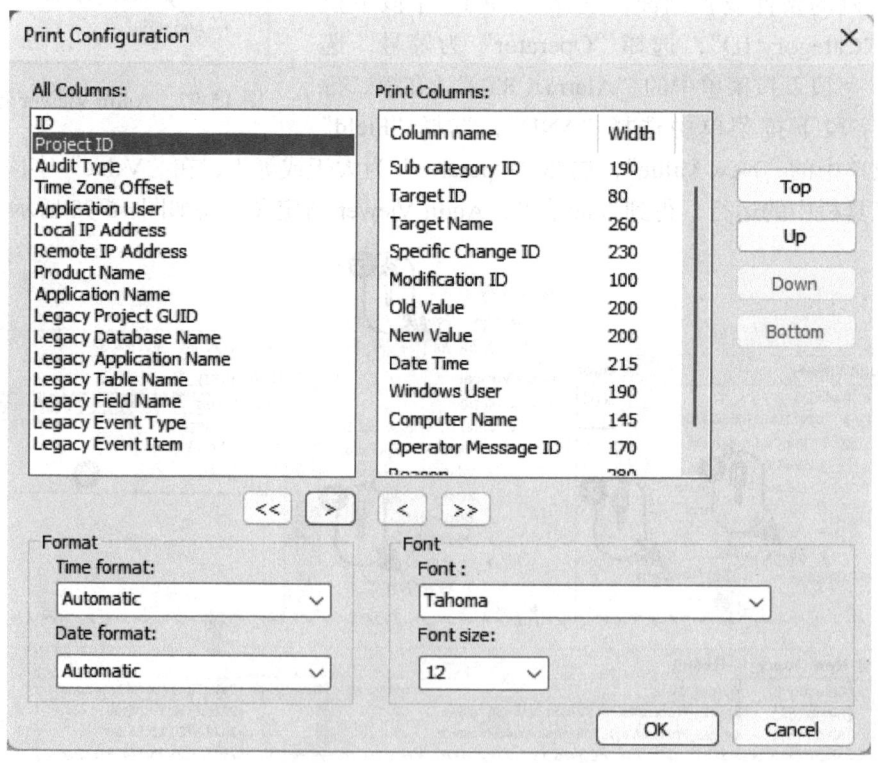

图 15-100 Audit Viewer 打印设置

15.6 应用示例

本节将主要讲述如何一步步实现本章开始所述 WinCC Audit 示例项目。实现过程主要为基础项目创建以及 Audit 功能的组态。最后需要激活示例项目，并测试组态的功能是否满足要求。

15.6.1 创建基础项目

步骤 1：在计算机管理中创建用户组：ForWinCCAdmin，其下创建用户：Admin1，密码：Admin1，用户：Admin2，密码：Admin2；创建用户组：ForWinCCOperator，其下创建用户：Operator1，密码：Operator1，用户：Operator2，密码：Operator2。如图 15-19 所示。

步骤 2：创建一个名为 AuditDemoProject 的单用户项目。

步骤 3：在此项目中创建两个画面，即 Main.Pdl 和 AuditTrail.Pdl。在 Main.Pdl 画面中设置画面大小为本机显示器的分辨率，并组态如图 15-101 所示对象。

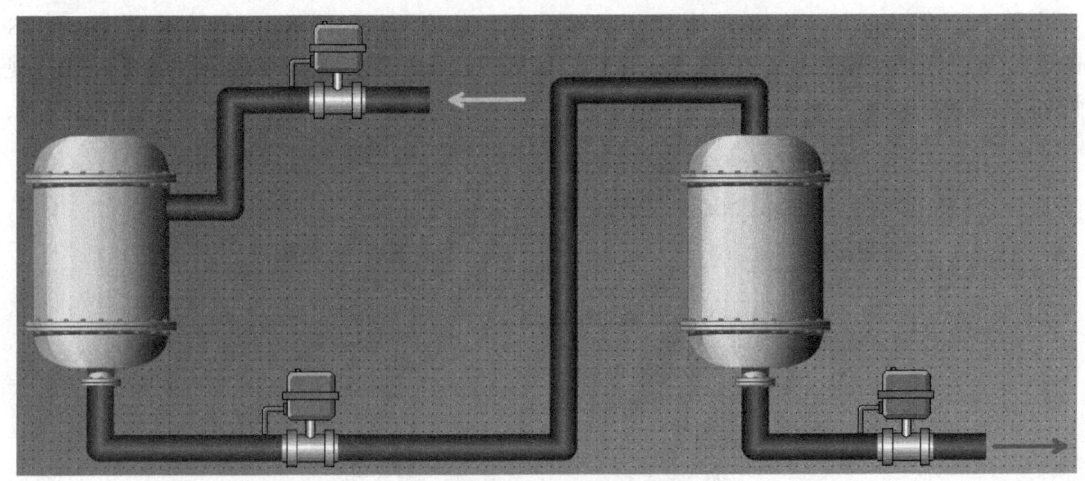

图 15-101　Main.Pdl

步骤 4：在此项目中创建内部变量见表 15-15。

表 15-15　内部变量

变量名	数据类型
Valve_1	Binary Tag
Valve_2	Binary Tag
Valve_3	Binary Tag
Level1_Setpoint	Floating-point number 32-bit IEEE 754
Level1_ProcessValue	Floating-point number 32-bit IEEE 754
Level2_Setpoint	Floating-point number 32-bit IEEE 754
Level2_ProcessValue	Floating-point number 32-bit IEEE 754
FillingTimes	Unsigned 16-bit value

15.6.2 Audit 功能组态

步骤 1：在 WinCC Explorer 中打开用户管理器。在左侧的树形视图中选择用户管理器，在右侧的属性窗口中勾选 SIMATIC 登录。在"Administrator-Group"下方新建组"ForWinCCAdmin",用同样的方式新建组"ForWinCCOperator",然后关闭用户管理器。启用 SIMATIC Logon 如图 15-102 所示。

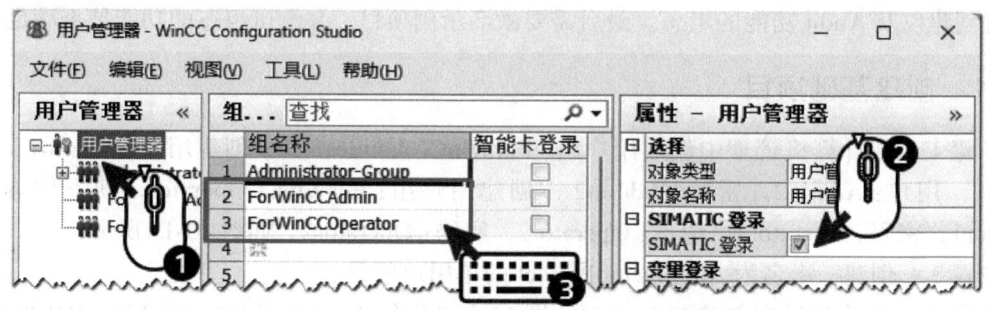

图 15-102　启用 SIMATIC Logon

步骤 2：在 WinCC Explorer 中打开变量管理。选中"Level1_Setpoint"和"Level2_Setpoint"变量,激活变量属性列中的"良好制造规范"选项,然后关闭变量管理,良好制造规范属性如图 15-103 所示。

图 15-103　良好制造规范属性

步骤 3：在 WinCC Explorer 中打开报警记录。在左侧树形视图中选择消息,选择消息变量单元格,单击三个点的按钮。在弹出对话框中选择内部变量"Valve_1",然后单击"确定"按钮。添加本消息的消息文本"Valve1 Open",创建 Valve1 的消息如图 15-104 所示。

步骤 4：再创建一条消息。消息变量为"Valve_2",消息文本为"Valve2 Open"。将消息编号改为 1900051,创建 Valve2 的消息如图 15-105 所示。

步骤 5：在左侧展开"系统,无确认",选择"操作员输入消息"。输入消息编号 10000,输入消息文本"@102%s@：Ack MsgNum：@10%d@ "@1%s@" on @100%s@",创建确认消息如图 15-106 所示。

步骤 6：在左侧选择"系统消息",右键单击"已使用"。在弹出菜单中单击"全选",选择完成后关闭报警记录窗口,如图 15-107 所示。

步骤 7：将 WinCC 项目管理器的画面语言切换成英文,更改项目管理器的画面语言如图 15-108 所示。

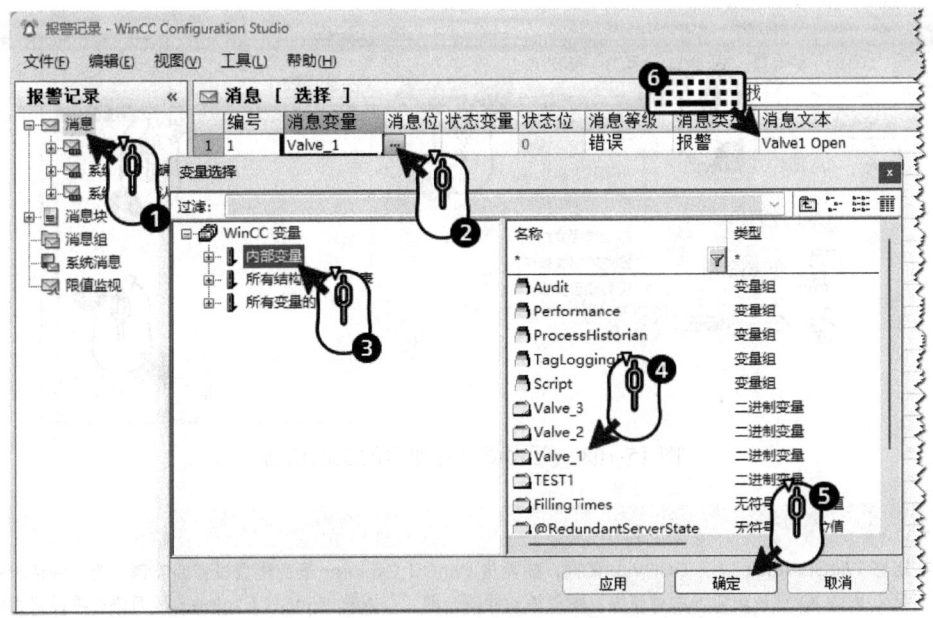

图 15-104 创建 Valve1 的消息

编号	消息变量	消息位	状态变量	状态位	消息等级	消息类型	消息文本
1	1	Valve_1	0		0	错误	报警	Valve1 Open
2	1900051	Valve_2	0		0	错误	报警	Valve2 Open

图 15-105 创建 Valve2 的消息

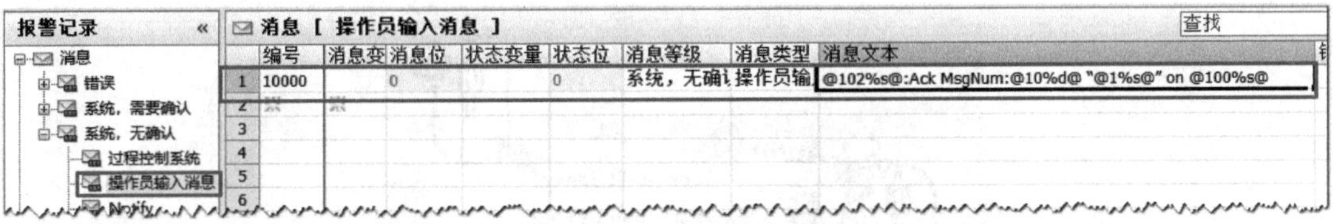

图 15-106 创建确认消息

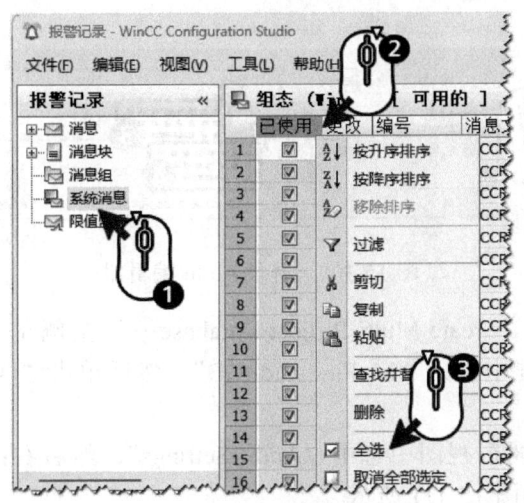

图 15-107 选择系统消息

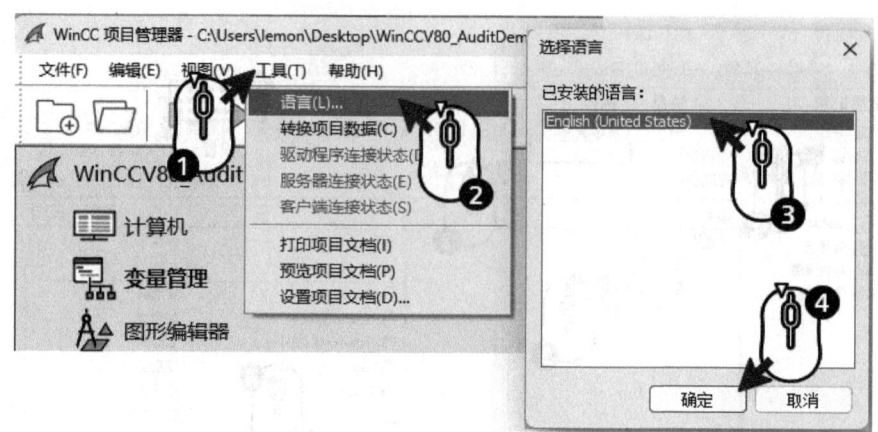

图 15-108 更改项目管理器的画面语言

> **提示**
> 读者在组态 WinCC Audit 以及 DCPV 功能前，需要将 WinCC Explorer 画面语言设置为英语。为了使读者更容易理解组态，在组态 WinCC 常规功能（项目属性、图形编辑器等）前，可以将 WinCC Explorer 画面语言再设置为中文。后续步骤中也将以中文画面来展示 WinCC 常规功能组态。

步骤 8：在 WinCC Explorer 中右键单击"Audit"，选择"Open Audit Editor"。然后在弹出的 SIMATIC Logon 登录对话框中输入计算机的用户名和密码，然后单击"OK"按钮，登录 Audit 编辑器如图 15-109 所示。首次使用 Audit 选件，会弹出激活 Audit 功能对话框，单击"是"以激活此功能，如图 15-26 所示。激活后，WinCC 项目会自动退出，然后再次打开 WinCC 项目，进入 Audit Editor。

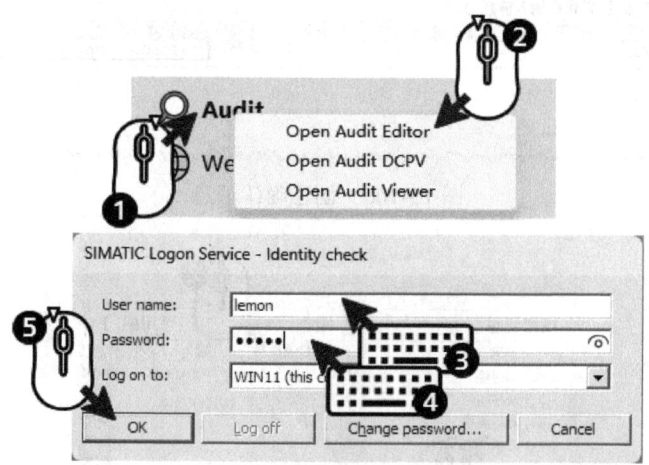

图 15-109 登录 Audit 编辑器

步骤 9：右键单击"Create Multi Project Database…"左侧的编号，然后单击"Select Server"。在弹出的对话框中输入"MyFirstAuditDB"，然后单击"OK"按钮，创建数据库如图 15-110 所示。

步骤 10：在左侧的树形视图中选中"Audit Settings"，然后右键单击"Activated"，选择"Select all"，Audit 配置如图 15-111 所示。

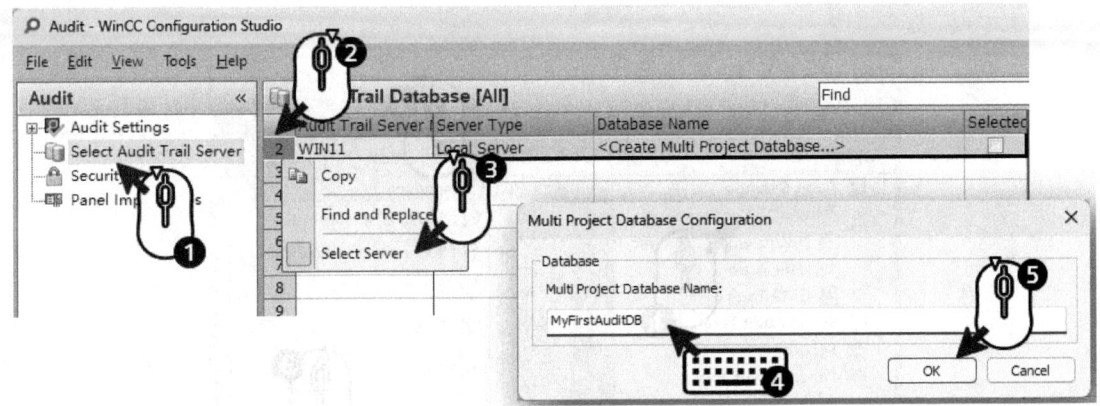

图 15-110　创建数据库

图 15-111　Audit 配置

步骤 11：在左侧的树形视图中选中"WinCC Configuration",然后右键单击"Activated",选择"Select all",WinCC 组态配置如图 15-112 所示。

步骤 12：在 WinCC Explorer 中右键单击"Audit",选择"Open Audit DCPV",在弹出的登录窗口中输入登录计算机的管理员账户及密码,打开 DCPV,如图 15-113 所示。

步骤 13：单击工具栏上的"Enable Document Control"按钮,在弹出的"Version Configuration"窗口中选择"PP.DD.DD.DD",然后单击"OK"按钮,使能文档控制及定义版本编号如图 15-114 所示。

步骤 14：单击工具栏上的"Archive Project"按钮。在弹出的"Archive Options"窗口中输入注释。单击"Archive"按钮,然后在弹出的提示窗口中单击"确定"按钮,归档项目如图 15-115 所示。

步骤 15：在左侧的树形视图中展开"Computer Properties",选中本机的计算机名。在右侧右键单击 GraCS.ini 左侧的编号,在弹出菜单中单击"Check Out",Check Out 计算机属性如图 15-116 所示。

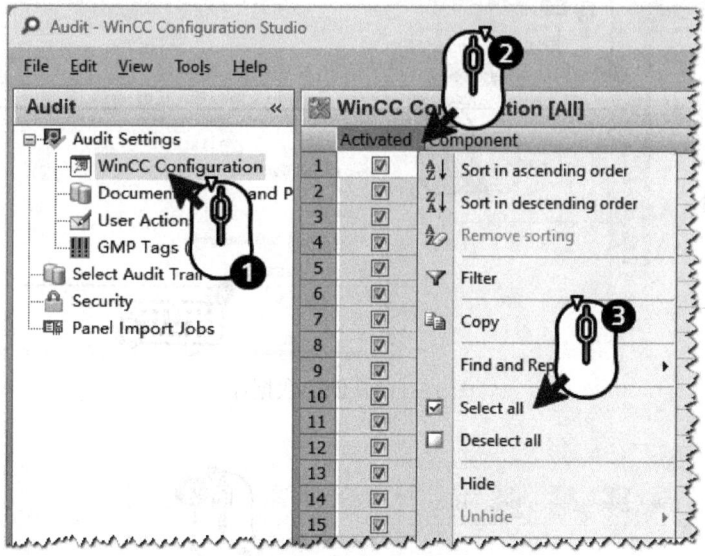

图 15-112　WinCC 组态配置

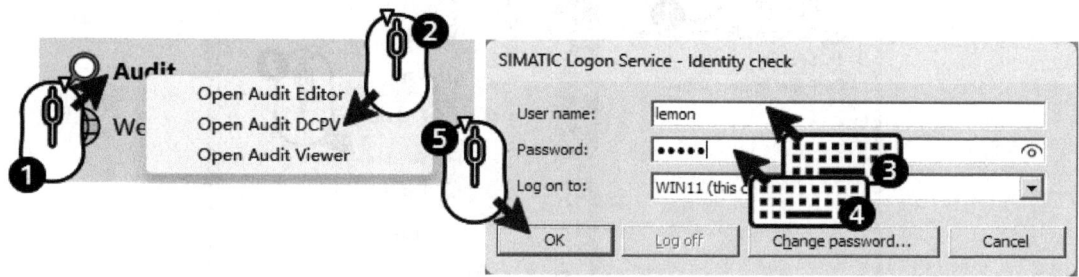

图 15-113　打开 DCPV

图 15-114　使能文档控制及定义版本编号

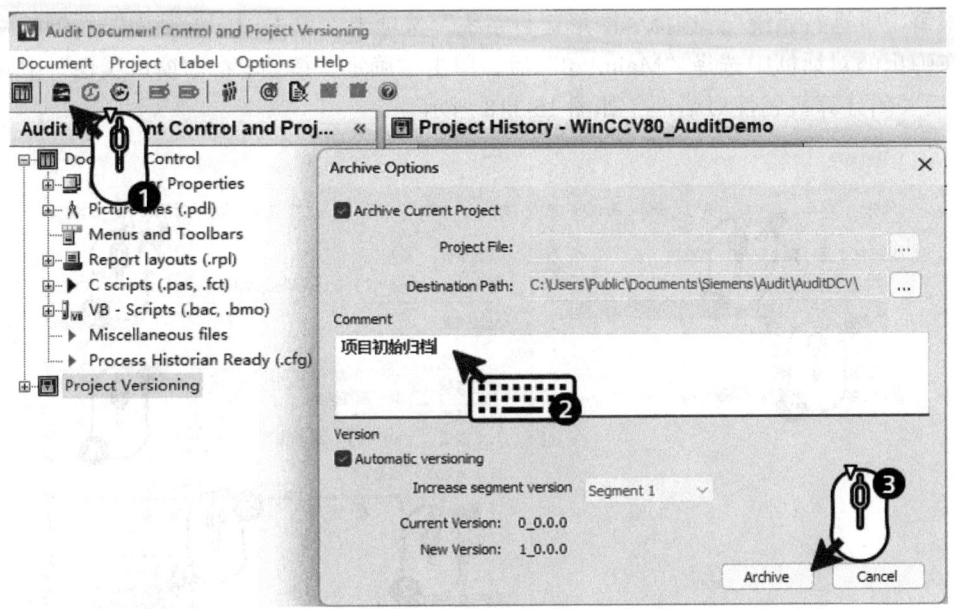

图 15-115 归档项目

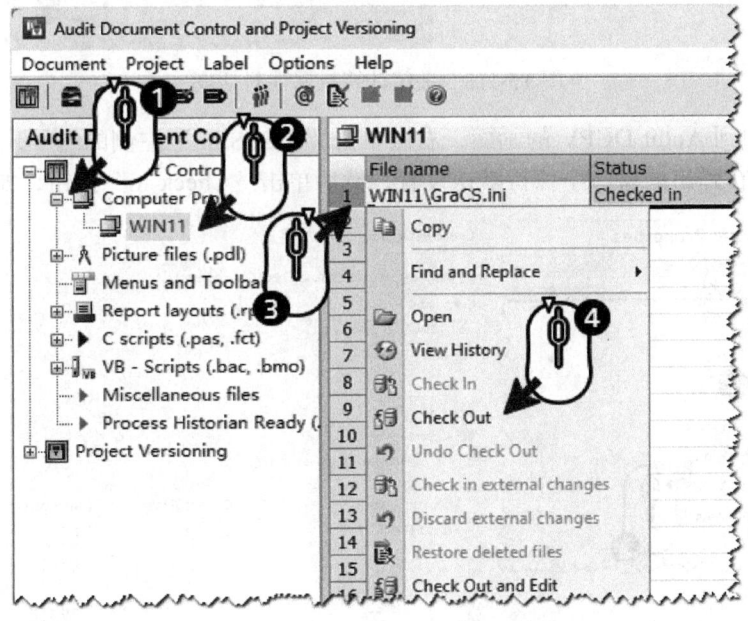

图 15-116 Check Out 计算机属性

步骤 16：在弹出的菜单中输入注释，然后单击"Check Out"按钮，填写 Check Out 计算机属性的注释，如图 15-117 所示。

步骤 17：在 WinCC Explorer 中打开计算机属性，选择"启动"选项卡，

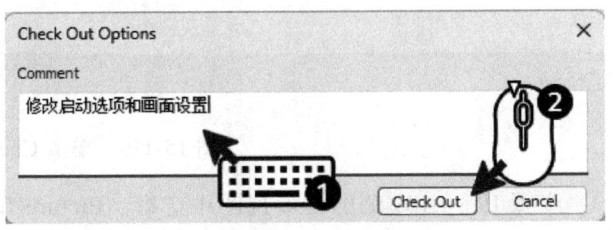

图 15-117 填写 Check Out 计算机属性的注释

勾选"报警记录运行系统";选择"图形运行系统"选项卡,单击"起始画面"右侧的三个点的按钮。在弹出的对话框中选择"Main.Pdl"后,单击"确定"按钮;在"窗口属性"中勾选"全屏",然后关闭计算机属性对话框,如图 15-118 所示。

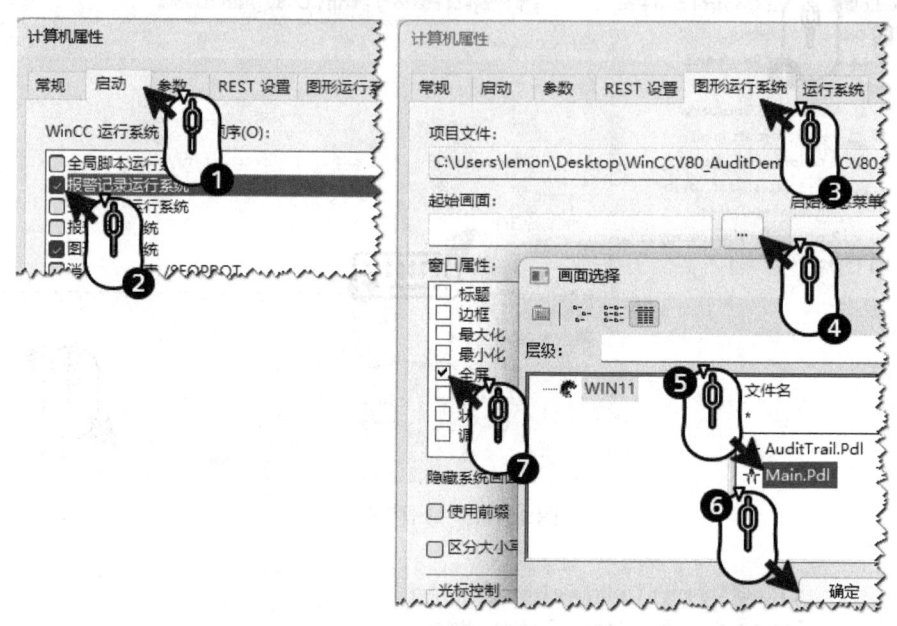

图 15-118　关闭计算机属性对话框

步骤 18：回到 Audit DCPV 的画面,右键单击"GraCS.ini"左侧的编号,在弹出菜单中选择"Check In"。在弹出的窗口中保持默认设置,然后单击"Check In"按钮,如图 15-119 所示。

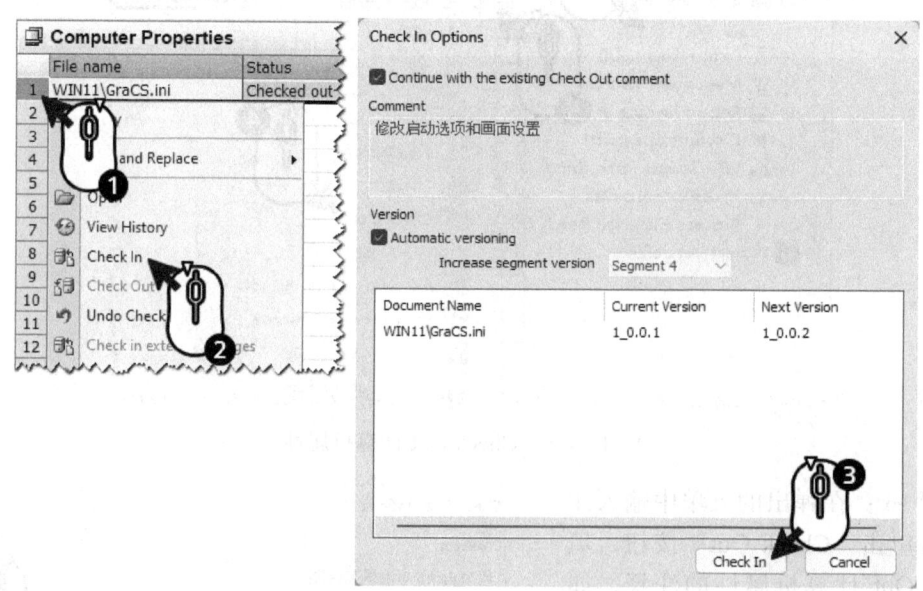

图 15-119　单击 Check In 按钮

步骤 19：在左侧的树形视图中选择"Picture files（.pdl）"。右键单击"Main.Pdl"左侧的编号,在弹出的菜单中选择"Check Out and Edit",Check Out 主画面如图 15-120 所示。

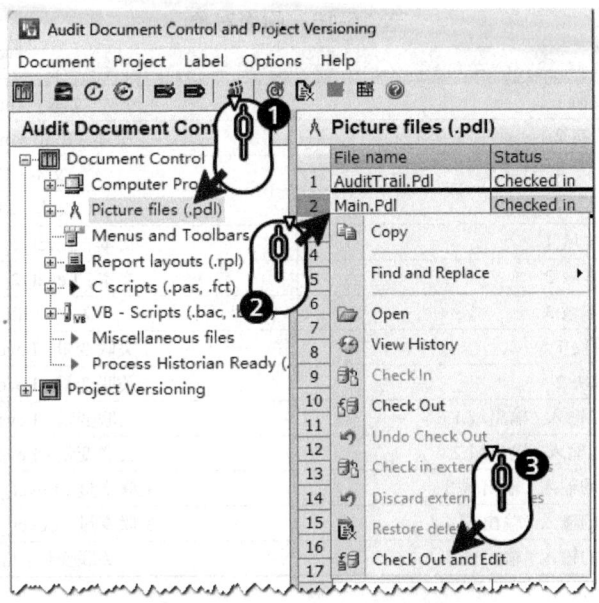

图 15-120 Check Out 主画面

步骤 20：在 "Check Out Options" 对话框中输入注释，单击 "Check Out" 按钮，填写 Check Out 主画面的注释，如图 15-121 所示。

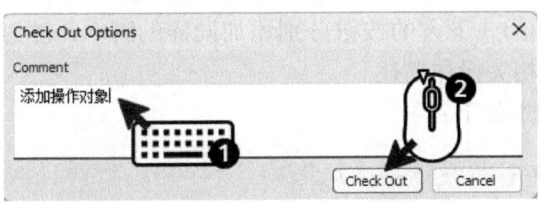

图 15-121 填写 Check Out 主画面的注释

步骤 21：Main.Pdl 画面将自动打开。添加画面对象如图 15-122 所示对象。其画面对象见表 15-16。

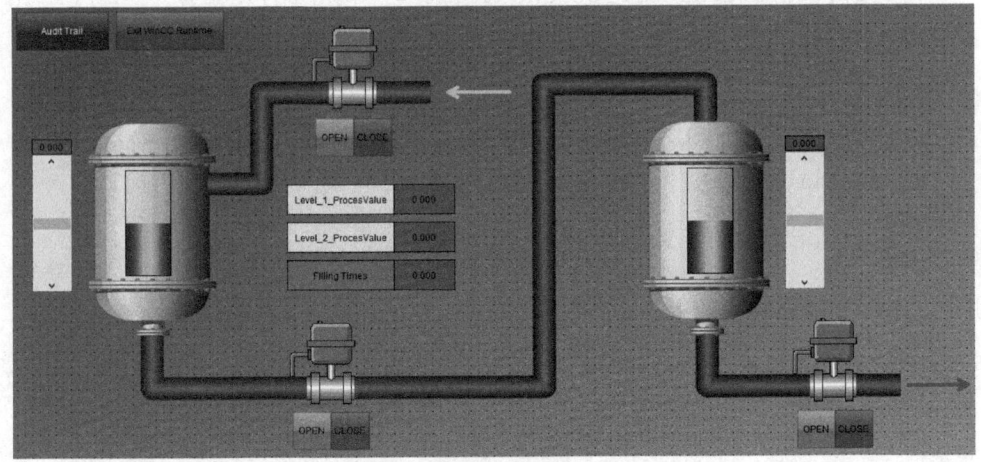

图 15-122 添加画面对象

表 15-16 画面对象

对象名	属性
按钮 1	文本：Audit Trail
按钮 2	文本：Exit WinCC Runtime
按钮 3、4、5	文本：OPEN
按钮 6、7、8	文本：CLOSE
文本域 1	文本：Level_1_ProcessValue
文本域 2	文本：Level_2_ProcessValue
文本域 3	文本：Filling Times
滑块 1	关联变量：Level_1_Setpoint
滑块 2	关联变量：Level_2_Setpoint
滑块 1 上方的 输入/输出域 1	关联变量：Level_1_Setpoint
滑块 2 上方的 输入/输出域 2	关联变量：Level_2_Setpoint
文本域 1 右侧的输入/输出域 3	关联变量：Level_1_ProcessValue
文本域 2 右侧的输入/输出域 4	关联变量：Level_2_ProcessValue
文本域 3 右侧的输入/输出域 5	关联变量：FillingTimes

步骤 22：保存并关闭图形编辑器，在 Audit DCPV 画面 Check In 画面 Main.Pdl。然后再次 Check Out and Edit 画面 Main.Pdl，输入注释"修改对象属性"。在打开的图形编辑器中为按钮 Audit Trail 添加事件"切换至画面 AuditTrail.Pdl"；为按钮"Exit WinCC Runtime"添加事件"退出 WinCC 运行系统"；为阀门 1 下方的"OPEN"按钮及"CLOSE"按钮添加如下"VBS"动作。然后为阀门 2 和阀门 3 下方的按钮分别添加同样的脚本，注意变量分别选择"Valve_2"和"Valve_3"，以及修改相关操作描述。

阀门 1 OPEN 按钮脚本如下：

```
Sub OnLButtonDown(Byval Item, Byval Flags, Byval x, Byval y)
Dim myesig
Dim mycomment
Dim ret
Set myesig = CreateObject("CCESigOptionComponent.CCESigOptionComponent.1")
    myesig.OperationDescriptionContent = "阀门1打开"
    myesig.FilterContent = """Operator1"";1"
    ret = myesig.ShowPDLRTDialogScript()
    If ret = 0 Then
    InsertAuditEntryNew"阀门1关闭","阀门1打开","阀门操作",0
    HMIRuntime.Tags("Valve_1").Write 1
    End If
End Sub
```

阀门 1 CLOSE 按钮脚本如下：

```
Sub OnLButtonDown(ByVal Item, ByVal Flags, ByVal x, ByVal y)
    InsertAuditEntryNew"阀门1打开","阀门1关闭","阀门操作",1
    HMIRuntime.Tags("Valve_1").Write 0
End Sub
```

步骤 23：选中第一个阀门，选择属性中的"控件属性"。左键双击"符号外观"，将其改为"Shaded-1"。右键单击"前景色"右侧的白色灯泡，在弹出的菜单中单击"动态对话框..."，为阀门添加动态对话框如图 15-123 所示。

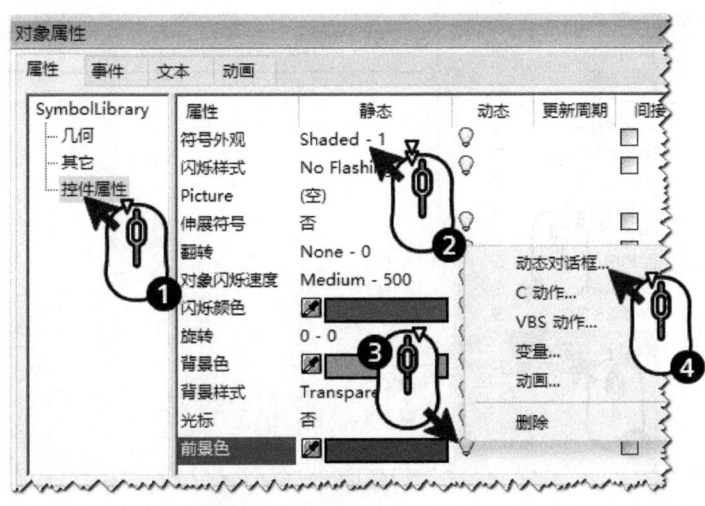

图 15-123　为阀门添加动态对话框

步骤 24：在弹出的动态对话框中选择"Valve_1"变量，设置表达式"真"为绿色，"假"为红色，设置触发器中变量的刷新周期为"有变化时"，阀门动态对话框设置如图 15-124 所示。

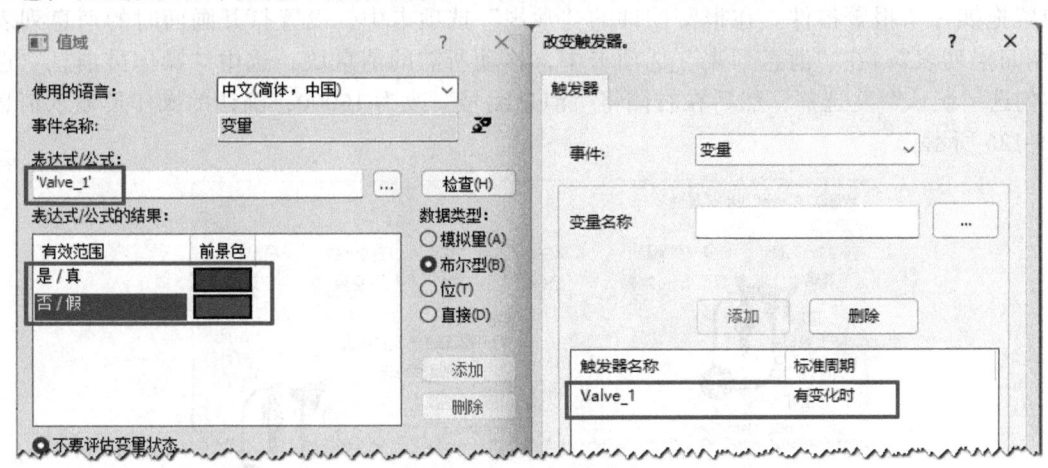

图 15-124　阀门动态对话框设置

步骤 25：重复步骤 23、24，为另外两个阀门添加动态对话框。变量分别使用"Valve_2"和"Valve_3"。

步骤 26：分别设置罐体上的矩形填充属性，填充值分别关联变量"Level_1_ProcessValue"和"Level_2_ProcessValue"。

步骤 27：选择"FillingTimes"的输入/输出域，在其属性窗口左侧选择"其它"。双击"激活电子签名"属性，设置其属性为是。双击"所需的电子签名"属性，在弹出的电子签名组态对话框中，第一行选择用户"Operator1"，第二行选择用户组"FORWINCCADMIN"，第二行逻辑运算符选择"AND"。为 I/O 域设置电子签名，如图 15-125 所示。

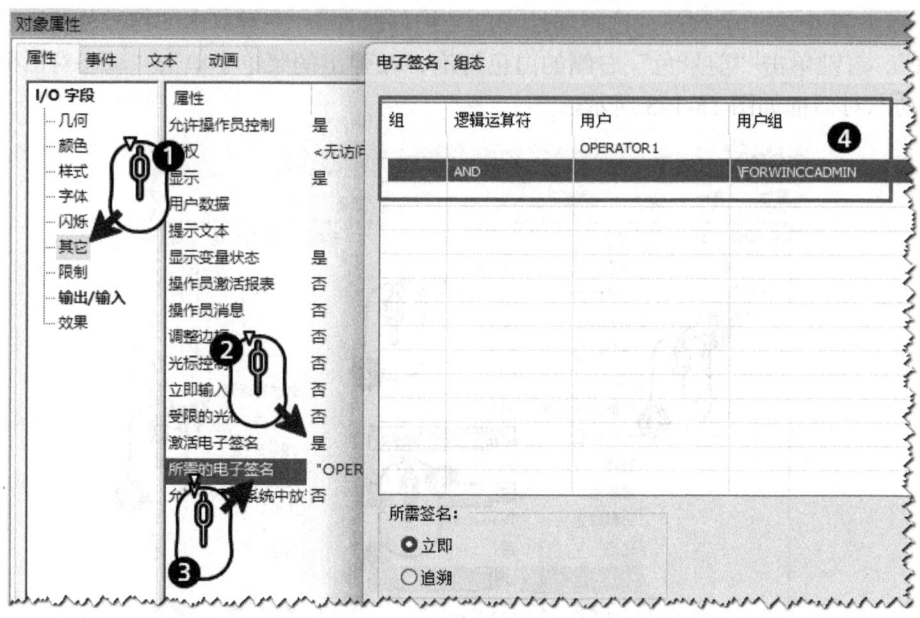

图 15-125 为 I/O 域设置电子签名

步骤 28：保存画面后关闭画面，回到 Audit DCPV 的画面，将画面 Check In。然后再次 Check Out and Edit，输入注释"添加报警控件"，单击"Check Out"按钮。在打开画面的合适位置拖拽一个报警控件。在报警控件的"常规"选项卡中，设置打开画面时的消息列表为"短期归档列表"；在"消息列表"选项卡中，移动所需的消息块；选中"操作员消息"选项卡，勾选"确认"复选框，然后在右侧将"消息编号"改为 10000，确认的操作员输入消息如图 15-126 所示。

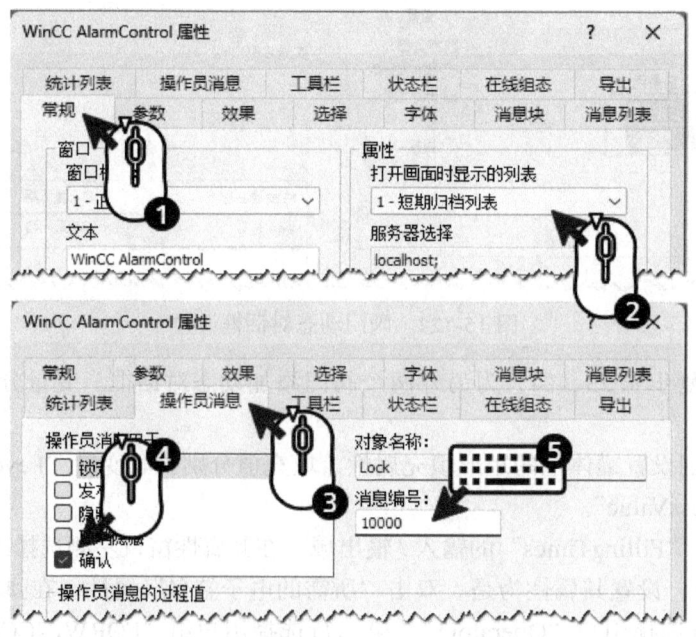

图 15-126 确认的操作员输入消息

步骤 29：保存画面后关闭画面。回到 Audit DCPV 的画面，将画面 Check In。然后右键单击这个画面左侧的编号，选择"View History"，历史版本如图 15-127 所示。

	Name	User	Date	Version	Comment
1	Main.Pdl	WIN11\lemon	2024/6/21 10:57:29	1_0.0.1	Original Version
2	Main.Pdl	WIN11\lemon	2024/6/21 22:19:55	1_0.0.2	添加操作对象
3	Main.Pdl	WIN11\lemon	2024/6/21 23:47:28	1_0.0.3	修改对象属性
4	Main.Pdl	WIN11\lemon	2024/6/22 0:00:37	1_0.0.4	添加报警控件

图 15-127　历史版本

步骤 30：再次将画面 Check Out，打开画面并添加对象。重复步骤 29，选择倒数第二个版本进行回滚测试。

步骤 31：在 Audit DCPV 画面，右键单击画面"AuditTrail.Pdl"，选择"Check Out and Edit"，输入注释添加"Audit Trail"控件，单击"Check Out"按钮。在打开的画面添加一个按钮，名称为"Main"。为此按钮添加事件"切换至画面 Main.Pdl"。

步骤 32：从控件列表中选择"WinCC AuditViewer Control"，拖拽到画面并调整到合适的大小，添加"AuditViewer"控件，如图 15-128 所示。

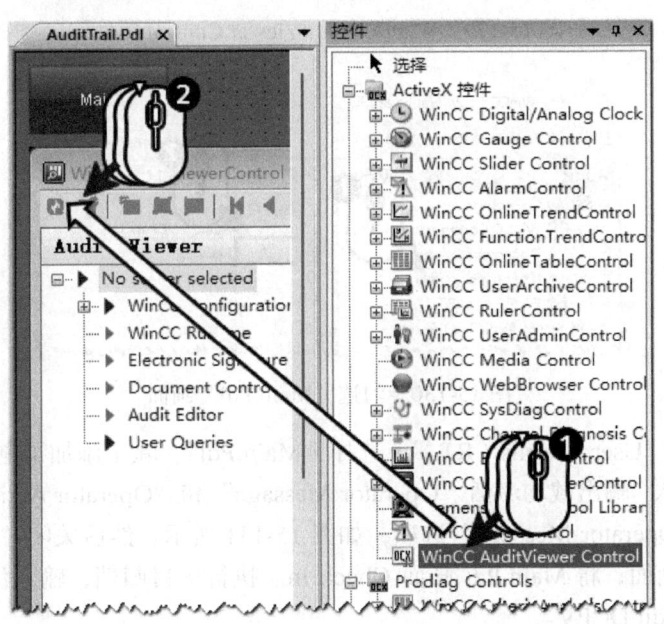

图 15-128　添加"AuditViewer"控件

步骤 33：在弹出的"WinCC AuditViewer Control 属性"对话框中勾选"Local Server"，单击"MyFirstAuditDB"数据库，然后单击确定按钮，WinCC AuditViewer Control 属性如图 15-129 所示。

步骤 34：保存并关闭画面，回到 Audit DCPV 画面，将画面 Check In。右键单击"Main.Pdl"左侧的编号，选择"Check Out"，填写注释"修改操作员消息和操作员激活报表"，单击"Check Out"按钮。打开"Audit Editor"，在左侧选择"User Actions（RT）"，然后勾选"Main.Pdl"画面，如图 15-130 所示。

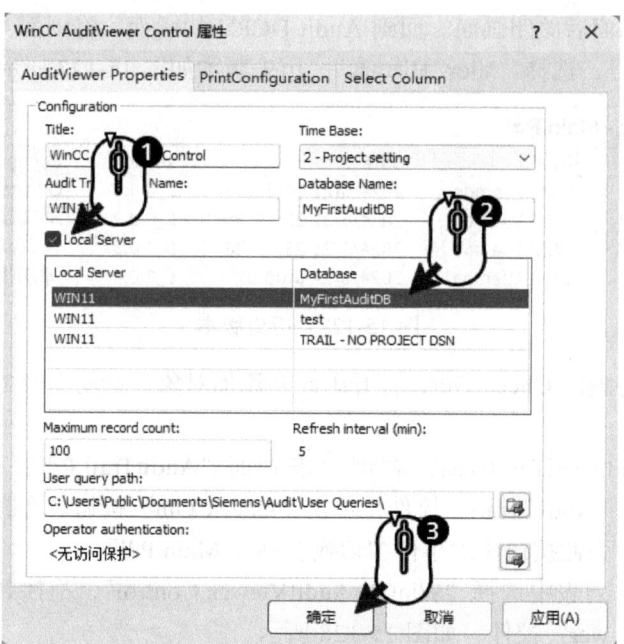

图 15-129　WinCC AuditViewer Control 属性

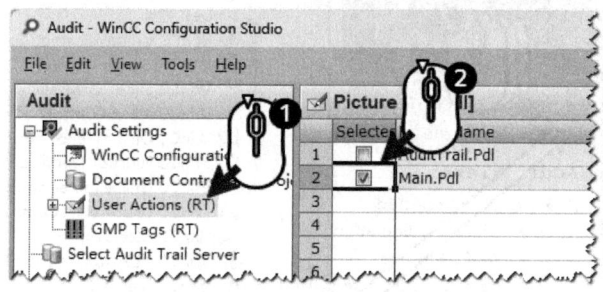

图 15-130　勾选"Main.Pdl"画面

步骤 35：展开"User Actions（RT）",选择"Main.Pdl"。除了添加了电子签名功能的输入/输出域外,其他输入/输出域均激活"Operator Message"和"Operator Activities Report"选项。激活两个滑块的"Operator Message"选项,如图 15-131 所示。然后关闭"Audit Editor",回到"Audit DCPV"的画面,将 Main.Pdl 画面 Check In。执行项目归档,输入注释"Audit Demo",项目完成,关闭 Audit DCPV。

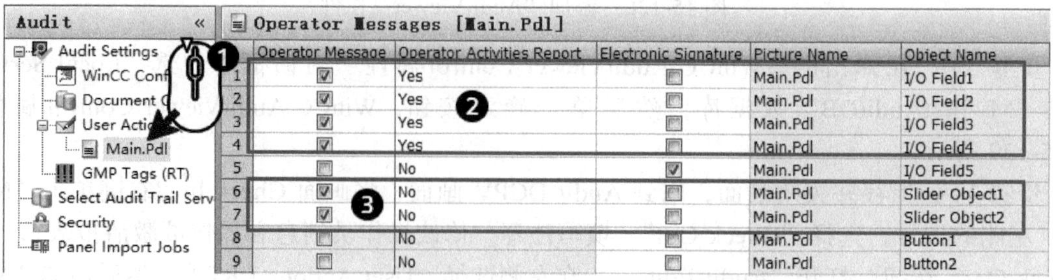

图 15-131　激活"Operator Message"和"Operator Activities Report"

15.6.3 激活测试项目

步骤 1：在 WinCC Explorer 的工具栏中单击激活按钮，激活项目。

步骤 2：拖动滑块修改设定值，在输入 / 输出域中修改过程值，测试各个阀门的打开与关闭按钮，测试 FillingTimes 输入 / 输出域的电子签名。

步骤 3：单击"Audit Trail"按钮，切换至 Audit Trail 画面，查看之前组态和运行的 Audit 日志并进行过滤操作。Audit 日志如图 15-132 所示。

	Document Control - Filter results							
	Project Name	Sub category ID	Target Name	Modification ID	Old Value	New Value	Date Time (Local time zone)	Reason
1	WinCCV80_AuditDemo	Project Versioning	WinCCV80_AuditDemo	Project Archive		2_0.0.0	2024/6/22 1:05:49	Audit Demo 完成
2	WinCCV80_AuditDemo	Document Versioning	Main.Pdl	Check In	1_0.0.4	1_0.0.5	2024/6/22 1:03:48	修改操作消息和操作员激活报表
3	WinCCV80_AuditDemo	Document Versioning	Main.Pdl	Check Out	1_0.0.4		2024/6/22 0:27:57	修改操作员消息和操作员激活报表
4	WinCCV80_AuditDemo	Document Versioning	AuditTrail.Pdl	Check In	1_0.0.1	1_0.0.2	2024/6/22 0:26:52	添加 Audit Trail 控件
5	WinCCV80_AuditDemo	Document Versioning	AuditTrail.Pdl	Check Out	1_0.0.1		2024/6/22 0:09:12	添加 Audit Trail 控件
6	WinCCV80_AuditDemo	Document Versioning	Main.Pdl	Check In	1_0.0.3	1_0.0.4	2024/6/22 0:00:37	添加报警控件
7	WinCCV80_AuditDemo	Document Versioning	Main.Pdl	Check Out	1_0.0.3		2024/6/21 23:50:57	添加报警控件
8	WinCCV80_AuditDemo	Document Versioning	Main.Pdl	Check In	1_0.0.2	1_0.0.3	2024/6/21 23:47:29	修改对象属性

	Electronic Signature					
	Project Name	Target Name	Date Time (Local time	Application User		Reason
1	WinCCV80_AuditDemo	ESIG: 已接受用户 [ID:1023] OPERATOR1 的电子签名。	2024/6/22 1:28:40	[ID:1023] OPERATOR1		阀门1打开 ,出料
2	WinCCV80_AuditDemo	ESIG: 已取消用户 [ID:1023] OPERATOR1 的电子签名。	2024/6/22 1:28:20	[ID:1023] OPERATOR1		
3	WinCCV80_AuditDemo	Main.Pdl[I/O Field5]0130	2024/6/22 1:28:02	[ID:1001] \FORWINCCADMIN - [ID:1021] ADMIN1		更改变量值：-变量名称：FillingTimes-旧值：0.000-新值：12.000 ,参数设置
4	WinCCV80_AuditDemo	Main.Pdl[I/O Field5]0130	2024/6/22 1:27:43	[ID:1023] OPERATOR1		更改变量值：-变量名称：FillingTimes-旧值：0.000-新值：12.000 ,参数设置
5	WinCCV80_AuditDemo	ESIG: 已接受用户 [ID:1023] OPERATOR1 的电子签名。	2024/6/22 1:23:00	[ID:1023] OPERATOR1		阀门1打开 ,进料

	WinCC Runtime					
	Audit Type	Target Name	Old Value	New Value	Date Time (Local time zone)	Reason
1	Operator actions	VBScripting Runtime	阀门3打开	阀门3关闭	2024/6/22 1:28:44	出料结束
2	Operator actions	VBScripting Runtime	阀门3关闭	阀门3打开	2024/6/22 1:28:40	阀门操作
3	Operator actions	VBScripting Runtime	阀门1打开	阀门1关闭	2024/6/22 1:23:04	进料结束
4	Operator actions	VBScripting Runtime	阀门1关闭	阀门1打开	2024/6/22 1:23:01	阀门操作
5	Operator actions	VBScripting Runtime	阀门1打开	阀门1关闭	2024/6/22 1:22:16	
6	Operator actions	VBScripting Runtime	阀门1关闭	阀门1关闭	2024/6/22 1:22:10	
7	Operator actions	Level2_Setpoint: Operator1 新=31 旧=59	59	31	2024/6/22 1:21:53	
8	DM	Level2_Setpoint	59	31	2024/6/22 1:21:53	
9	Operator actions	Level2_Setpoint: Operator1 新=59 旧=0	0	59	2024/6/22 1:21:51	
10	DM	Level2_Setpoint	0	59	2024/6/22 1:21:51	
11	Operator actions	Level1_Setpoint: Operator1 新=70 旧=33	33	70	2024/6/22 1:21:48	
12	DM	Level1_Setpoint	33	70	2024/6/22 1:21:48	

图 15-132　Audit 日志

第16章 数据开放性

在很多场合，WinCC 需要和外部应用程序交换数据，这些数据包括实时数据、变量归档数据、报警归档数据和用户归档数据。WinCC 提供了不同的接口来满足这些开放性需求。

本章主要介绍 WinCC 数据开放性接口以及 WinCC 的两个选件，即工业数据桥（Industrial Data Bridge，IDB）和连通性软件包（Connectivity Pack）。

本章学习完成之后除了能够了解 WinCC 的数据开放性接口外，还能够掌握以下的组态方法。

1）WinCC 画面中使用 Web 浏览器控件。
2）第三方应用通过 REST 接口读取 WinCC 的数据。
3）WinCC 通过云连接器发布数据到华为云。
4）使用 IDB 传送 WinCC 数据到 Excel。
5）使用连通性软件包读取 WinCC 数据到 Excel。

16.1 WinCC 开放性介绍

在信息化时代，需要不同系统之间进行频繁的数据交换，以及各个层级的软件之间相互配合来实现生产信息化和智能化的需要。例如，MES 需要采集 SCADA 的数据，同时也需要把排产计划下传到 SCADA。这就需要了解 WinCC 的开放性接口，了解 WinCC 如何将存储在其他数据库中的数据读出来，同时把自己采集到的数据传送给 MES。

WinCC 开放性包括两方面，一方面可以通过开放性接口对外提供数据，另一方面又可以通过相应接口读取外部数据。

对外提供数据的开放性接口包括 REST API、OPC Server、云连接器、WinCC OLEDB 及 ODK 接口等。第三方程序可以通过这些接口读取 WinCC 的实时数据、归档数据以及组态数据。

WinCC 读取外部数据的方法有 REST Connector、OPC Client、OCX 控件、C 脚本和 VB 脚本。WinCC 可以通过这些方法把外部数据读到 WinCC 中来，例如标准 OPC Server 的数据、文件和数据库中的数据。

关于 WinCC OPC 相关的应用请参考第 5 章。

16.2 REST API

REST API 是一种 RESTFUL Web 服务交互的应用程序接口，REST 是 Representational State Transfer（表述性状态传递）的缩写。它是一种轻量型、面向资源的一种协议，资源由 URI（统一资源定位符）指定，直接通过 HTTP 协议对资源进行操作，获取、创建、修改和删除分别对应 HTTP 协议提供的 GET、POST、PUT 和 DELETE 方法。另外，REST 中的数据描述相对简单，一般通过 JSON 或者 XML 实现数据间的通信。RESTFUL API 架构如图 16-1 所示。

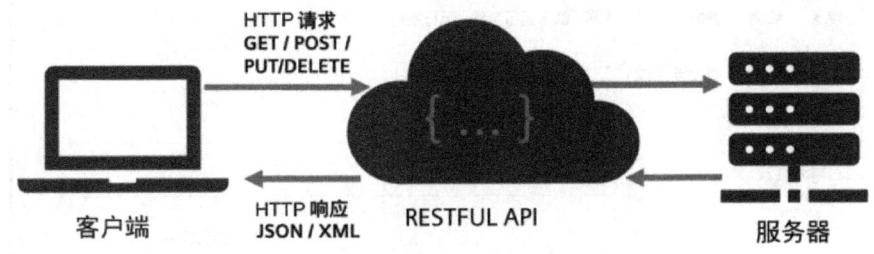

图 16-1　RESTFUL API 架构

WinCC V7.5 开始支持 REST API 服务器接口，也支持 REST API 客户端接口。

WinCC 的 REST API 服务器接口允许其他应用程序向 WinCC 发送 REST 请求，以读取变量管理的组态数据或者读写运行系统中的变量值。从 WinCC V8.0 开始支持通过 REST API 接口访问变量归档系统的组态数据和运行数据。

WinCC 通过"REST Connector"（中文名称为"REST 连接器"）组件实现 REST API 客户端接口的功能。利用 WinCC REST Connector，可将运行系统数据以变量值和消息文本形式发送到外部 REST 接口。可根据外部接口的要求改变 REST 调用主体的组态。

接下来分别介绍 WinCC 的 REST API 服务器接口和 REST Connector 组件的使用方法。

16.2.1　WinCC 的 REST API 服务器接口

1. REST API 服务器接口的启用

启用 WinCC 的 REST API 服务器接口需要在计算机属性启动列表中使能"REST 服务"选项，并设置 REST 接口。首先，打开 WinCC 的计算机属性，在"启动"选项卡中使能"REST 服务"，如图 16-2 所示。

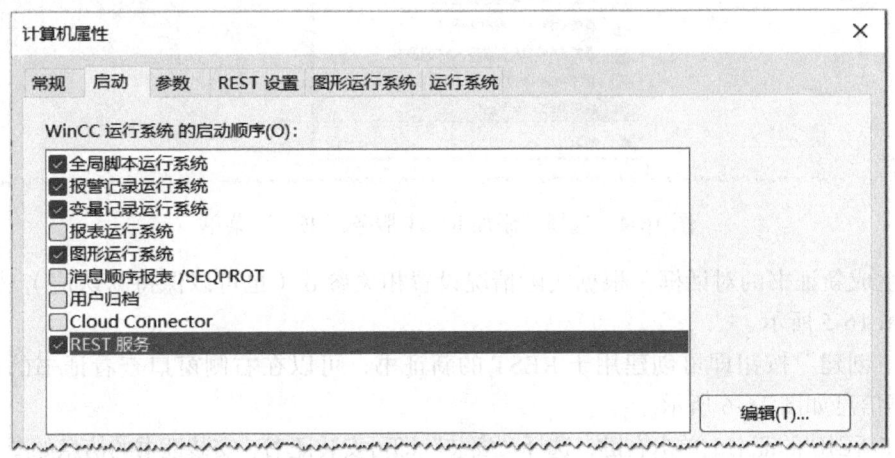

图 16-2　使能"REST 服务"

接着，切换到"REST 设置"选项卡，使能"通过 REST 发送变量值"选项。设置 REST 使用的主机名称和端口，并根据主机名称和端口自动生成 WinCC REST API 服务的 URL。WinCC REST 设置如图 16-3 所示。

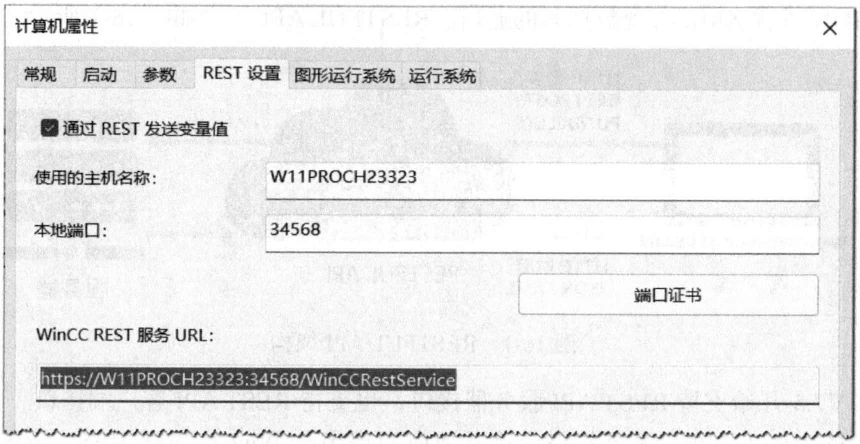

图 16-3 WinCC REST 设置

另外，在图中的"REST 设置"下需要为 REST 选择端口证书。这里的证书可以使用"WinCC Certificate Manager"工具来生成。可以通过 Windows 的"开始→所有程序→ Siemens Automation → WinCC Certificate Manager"菜单打开这个工具。然后，右键单击当前计算机名，选择"添加 REST 服务证书 ..."菜单，如图 16-4 所示。

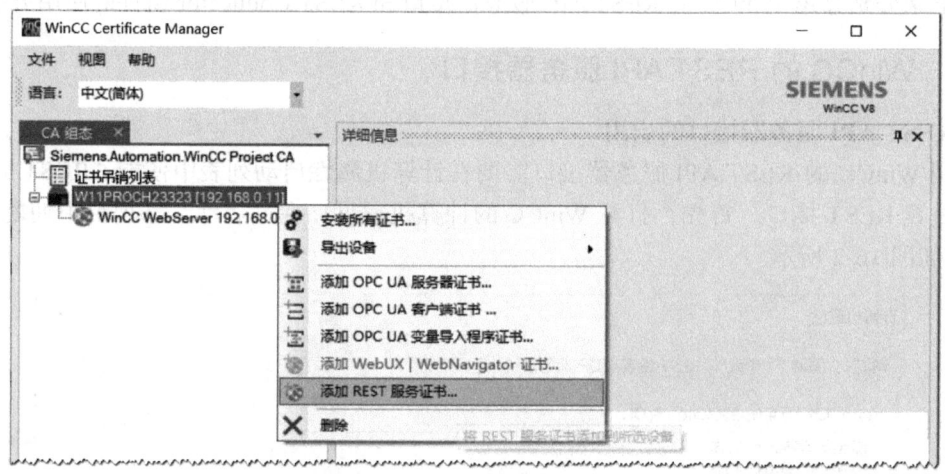

图 16-4 选择"添加 REST 服务证书 ..."菜单

弹出生成新证书的对话框，根据实际情况设置相关参数（也可以保持默认值），生成 REST 证书，如图 16-5 所示。

单击"创建"按钮即可创建用于 REST 的新证书，可以在右侧窗口查看证书的详细信息。REST 证书信息如图 16-6 所示。

接着在新创建的证书上单击右键，选择"安装"即可安装证书。安装证书的信息如图 16-7 所示。

接下来回到计算机属性窗口，为 REST 选择刚才创建的证书。为 REST 接口选择创建的证书如图 16-8 所示。

> **提示**
> 使用 WinCC 的 REST API 服务器接口，需要安装 WinCC/Connectivity Pack 授权。

第 16 章 数据开放性 | 713

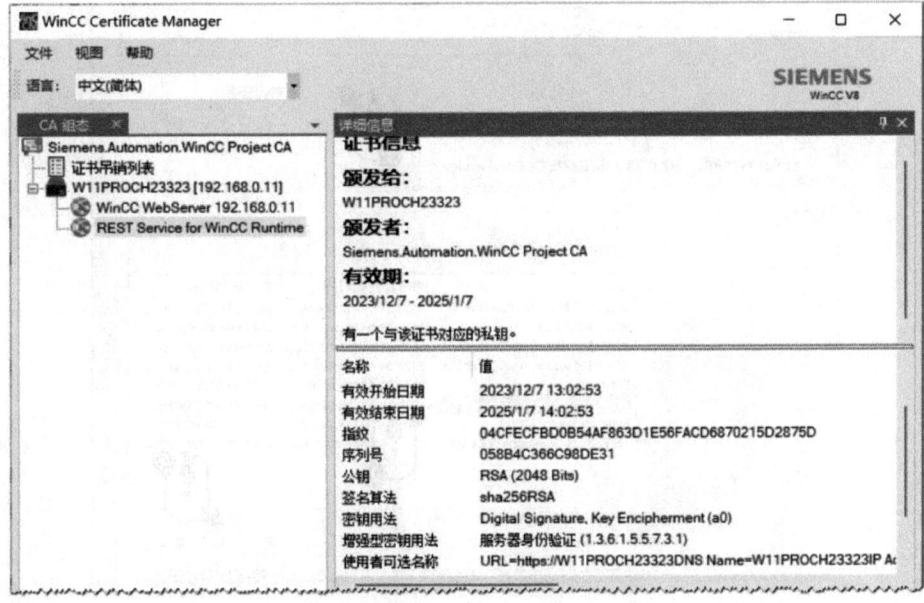

图 16-5 生成 REST 证书

图 16-6 REST 证书信息

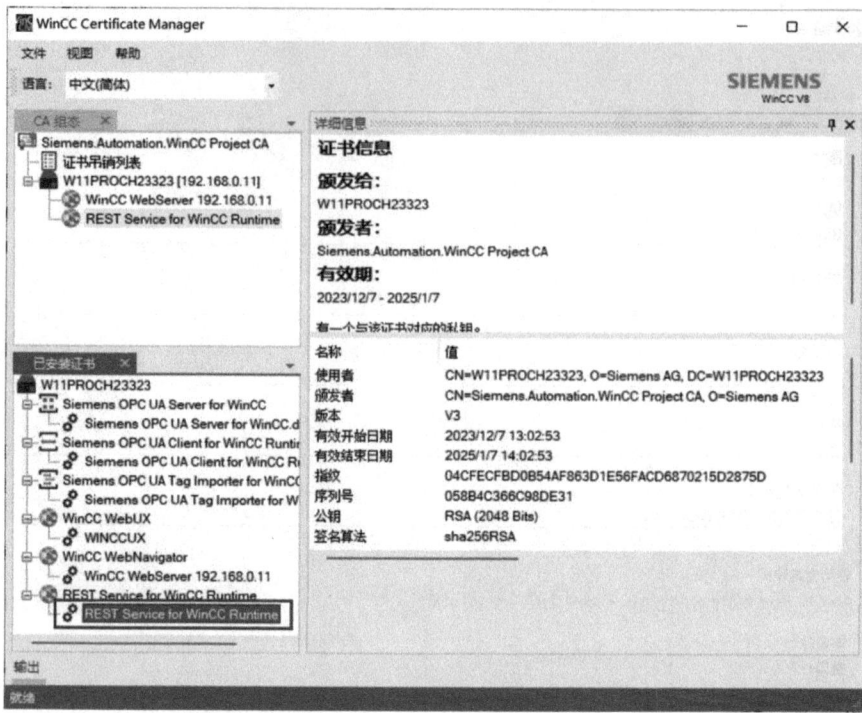

图 16-7　安装证书的信息

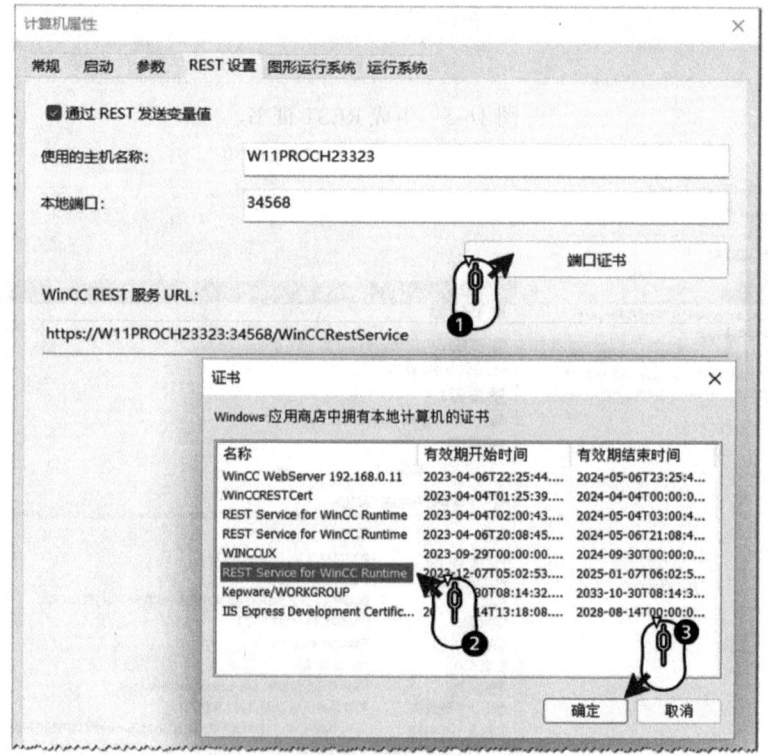

图 16-8　为 REST 接口选择创建的证书

2. REST API 服务器接口的安全管理

WinCC REST API 接口对外提供的是在线变量和归档变量的组态和运行数据。除了上面提到的使用证书来提高数据的安全性之外,WinCC 还可以对每个需要通过 REST API 访问的在线变量和归档变量进行安全设置,可以对读操作和写操作分别进行权限设置。在线变量 REST 权限设置如图 16-9 所示,归档变量 REST 权限设置如图 16-10 所示。

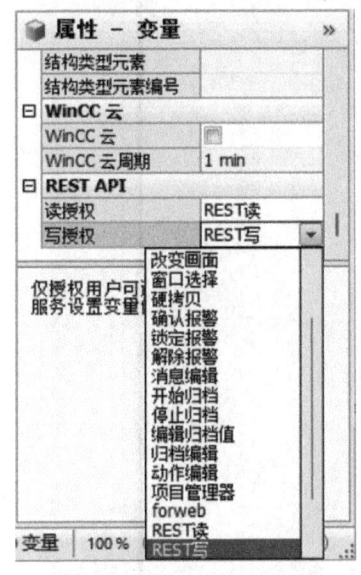

图 16-9　在线变量 REST 权限设置

图 16-10　归档变量 REST 权限设置

> **提示**
> 图 16-9 和图 16-10 中 "REST 读" 和 "REST 写" 权限为自定义权限。

对于在线变量,可在"变量管理"编辑器中,在变量属性的"REST API"组中,为读写操作分别选择所需授权,如图 16-9 所示。

对于每个归档变量,可在"变量记录"编辑器中,在归档变量属性的"REST API"组中,为读取操作选择所需授权,如图 16-10 所示。

通过 WinCC REST API 接口访问 WinCC 变量时,用户需要具有在变量属性中定义的授权。

例如,WinCC 用户 "aaaaaa" 没有被分配 "REST 读" 权限,用户权限如图 16-11 所示。

使用 REST API 测试工具 Postman,按照图 16-12 所示步骤来读取 WinCC 的在线变量 "Value1" 的数值时("Value1"的"读授权"属性为"REST读",见图 16-9),就会提示 "Forbidden" 错误。

3. REST API 服务器接口资源访问的测试方法

前面提到过,REST 是一种面向资源的协议。资源由 URI(统一资源定位符)指定,其中资源标签(访问的内容)由 URL 指定。WinCC REST API 接口同时支持访问在线变量和归档变量的组态内容和运行数据,使用不同的 URL 访问不同的资源。下面就以使用 Postman 测试工具为例介绍每种资源的访问方法。

Postman 是一款接口测试工具,可以直接从其官网下载后安装使用。本书使用 Postman V10.23 免费版,安装后首先要进行注册并登录。Postman 登录如图 16-13 所示。

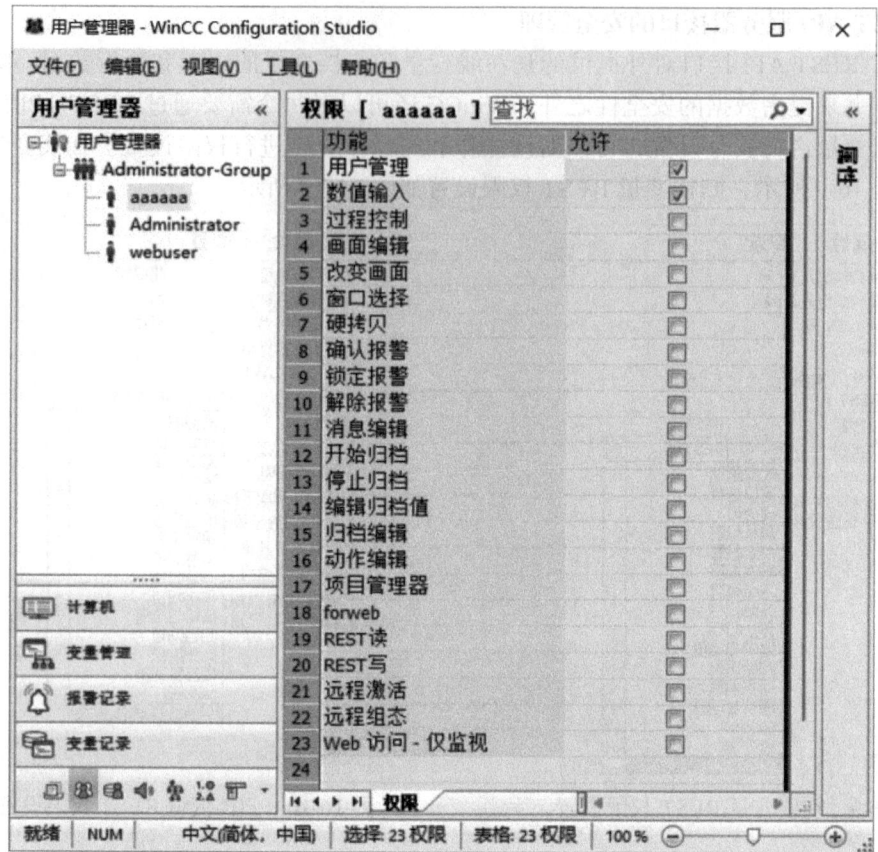

图 16-11　用户权限

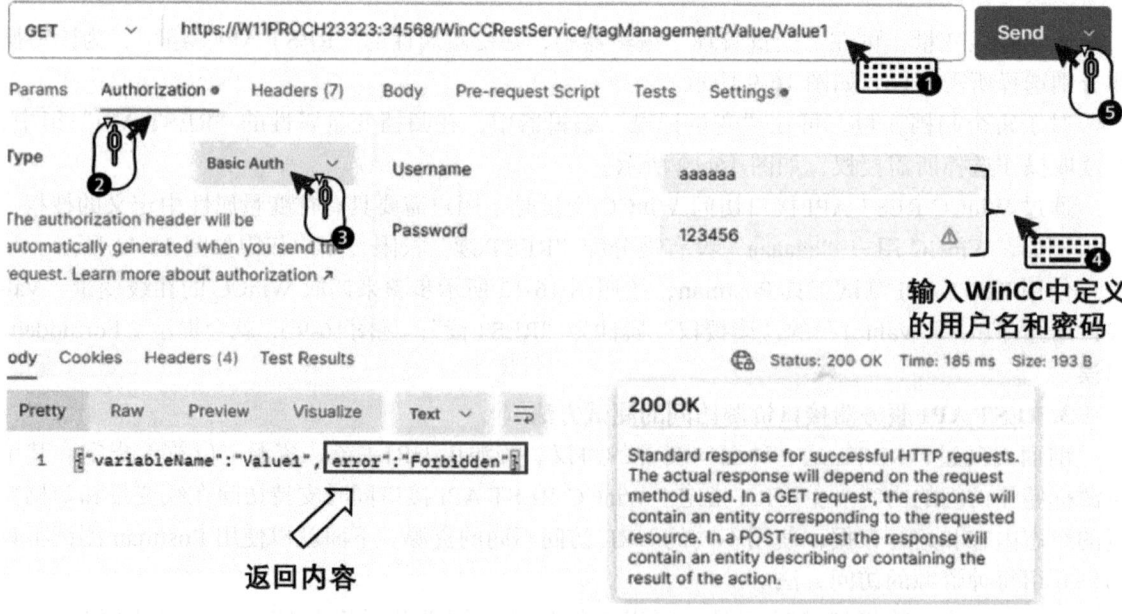

图 16-12　用户没有权限时的提示

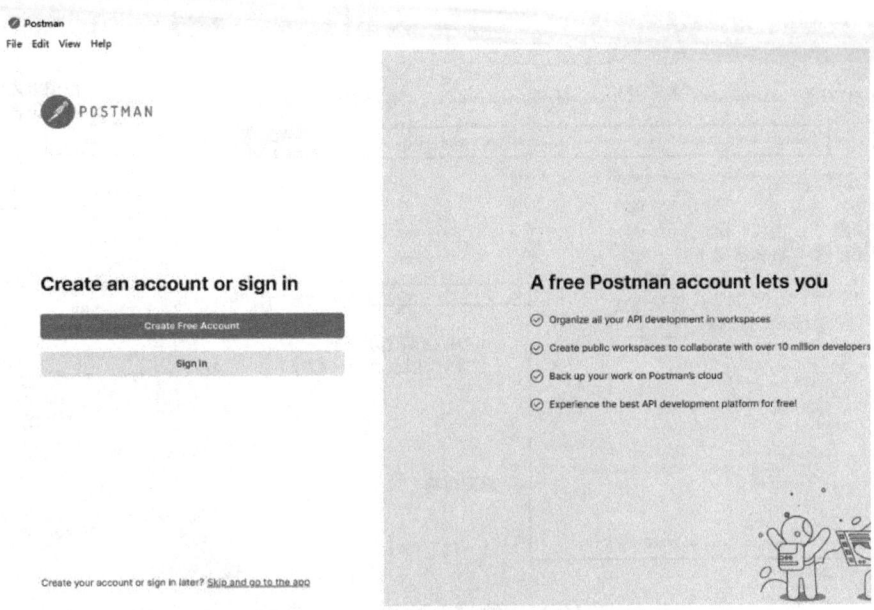

图 16-13 Postman 登录

然后就可以新建测试画面,进行接口请求测试。Postman 新建画面如图 16-14 所示。

图 16-14 Postman 新建画面

测试 Postman 画面参数如图 16-15 所示。

接下来分别介绍使用 Postman 工具访问 WinCC 变量管理(在线变量)和归档变量资源的方法。

> **提示**
> 除非特别说明,下面的介绍中使用的用户都具有相应变量的读取和写入权限。

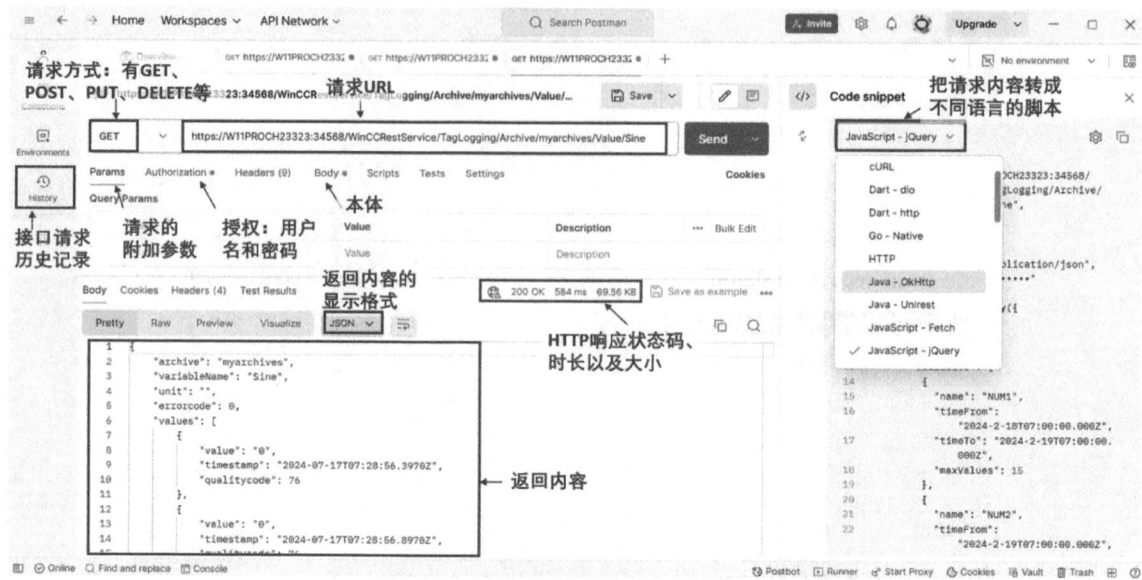

图 16-15　测试 Postman 画面参数

4. WinCC 变量管理的访问方法

可以通过 REST API 接口访问 WinCC 变量管理下的组态数据和运行值。通过 REST API 接口访问 WinCC 变量管理的方法总结见表 16-1。

表 16-1　通过 REST API 接口访问 WinCC 变量管理的方法总结

序号	功能	请求方式	是否需要本体（Body）
	请求 URL		
1	读取一个变量的运行值	GET/POST	不需要
	https://<Host>:<Port>/WinCCRestService/tagManagement/Value/<VariableName>		
2	读取多个变量的实时数值	GET/POST	需要
	https://<Host>:<Port>/WinCCRestService/tagManagement/Values		
3	将值写入到一个变量	PUT	需要
	https://<Host>:<Port>/WinCCRestService/tagManagement/Value/<VariableName>		
4	将值写入到多个变量	PUT	需要
	https://<Host>:<Port>/WinCCRestService/tagManagement/Values		
5	读取一个连接的组态数据	GET/POST	不需要
	https://<Host>:<Port>/WinCCRestService/tagManagement/Connection/<ConnectionName>		
6	读取所有连接的组态数据	GET/POST	不需要
	https://<Host>:<Port>/WinCCRestService/tagManagement/Connections		
7	读取一个变量的组态数据	GET/POST	不需要
	https://<Host>:<Port>/WinCCRestService/tagManagement/variable/<VariableName>		
8	读取所有变量的组态数据	GET/POST	不需要
	https://<Host>:<Port>/WinCCRestService/tagManagement/variables		
9	读取一个变量组的组态数据	GET/POST	不需要
	https://<Host>:<Port>/WinCCRestService/tagManagement/Group/<GroupName>		

(续)

序号	功能	请求方式	是否需要本体（Body）
	请求 URL		
10	读取所有变量组的组态数据	GET/POST	不需要
	https://<Host>:<Port>/WinCCRestService/tagManagement/Groups		
11	读取一个结构类型的组态数据	GET/POST	不需要
	https://<Host>:<Port>/WinCCRestService/tagManagement/StructureType/<StructureName>		
12	读取所有结构类型的组态数据	GET/POST	不需要
	https://<Host>:<Port>/WinCCRestService/tagManagement/StructureTypes		
13	读取一个结构类型的实例	GET/POST	不需要
	https://<Host>:<Port>/WinCCRestService/tagManagement/StructureVariable/<StructureTypeName>		
14	读取多个结构类型的实例	GET/POST	需要
	https://<Host>:<Port>/WinCCRestService/tagManagement/StructureVariables		

其中：

1）读取变量实时数值的方法包括：读取一个变量的运行系统值和读取多个变量的运行系统值。

2）设置变量值的方法包括：为一个变量写入数值和为多个变量写入数值。

3）访问组态数据的方法包括：读取一个连接的组态数据、读取所有连接的组态数据、读取一个变量的组态数据、读取所有变量的组态数据、读取一个变量组的组态数据、读取所有变量组的组态数据、读取一个结构类型的组态数据、读取所有结构类型的组态数据、读取一个结构类型的实例、读取多个结构类型的实例。

首先介绍通过 REST API 接口读取变量实时数值的方法。

（1）读取一个变量的实时数值

读取一个 WinCC 变量的实时数值的 URL 的写法为

https://<Host>:<Port>/WinCCRestService/tagManagement/Value/<VariableName>

其中，Host 和 Port 分别是 WinCC REST 设置中指定的主机名和端口号，如图 16-3 所示。VariableName 为要访问的 WinCC 变量名。例如，要访问 W11PROCH23323 主机上 WinCC 的变量 "power" 的实时数值的 URL 为

https://W11PROCH23323：34568/WinCCRestService/tagManagement/Value/power

它支持 GET 和 POST 调用。

使用 Postman 读取 WinCC 变量 "power" 的在线数值的过程和返回内容如图 16-16 所示。

返回内容包括变量名称、数据类型、数值、更新时间戳、质量代码和错误代码，其中返回的更新时间戳是其对应的 UTC 时间。

（2）读取多个变量的实时数值

读取多个 WinCC 变量的实时数值的 URL 的写法为

https://<Host>:<Port>/WinCCRestService/tagManagement/Values

它需要使用 GET 或 POST 来调用，并且需要本体，本体结构写法为

```
{ "variableNames" :[ "Tag name 1", "Tag name 2", "Tag name 3"] }
```

使用 Postman 读取 WinCC 两个变量（"NUM1" 和 "NUM2"）的实时数值的过程和返回内容如图 16-17 所示。

图 16-16　Postman 通过 REST 接口读取单个 WinCC 变量值

图 16-17　Postman 通过 REST 接口读取多个 WinCC 变量值

返回内容包括所有变量的变量名称、数据类型、数值、更新时间戳、质量代码和错误代码。

下面接着介绍通过 REST API 接口设置变量值的方法。

（3）将值写入一个变量

将数值同步写入 WinCC 变量的 URL 的写法为

https://<Host>:<Port>/WinCCRestService/tagManagement/Value/<VariableName>

它需要使用 PUT 来调用，并且需要本体，本体结构写法为

```
{"value":"text value"}
```

正常返回内容包括变量名称和错误代码。当用户没有相应变量的 REST 写授权或者变量"写授权"属性为空时，通过 REST 接口对此变量进行写操作时将会返回"Forbidden"错误。

（4）将值写入多个变量

向多个变量同步写入数值，需要在本体中指定要为每个变量写入的值。URL 的写法为

https://<Host>:<Port>/WinCCRestService/tagManagement/Values

它需要使用 PUT 来调用，本体结构写法为

```
[
{"variableName":"Tag name 1","value":true},
{"variableName":"Tag name 2","value":6},
{"variableName":"Tag name 3","value":8}
]
```

使用 Postman 设置 WinCC 变量 "NUM1" 的值为 11，变量 "NUM2" 的值为 22 的过程和返回内容如图 16-18 所示。

图 16-18　Postman 通过 REST 接口写入多个 WinCC 变量值

返回内容包括所有的变量名称和错误代码，写入多个变量值的结果如图 16-19 所示。

变量 [forWEB]			
名称	值	时间戳	质量代码
2 NUM1	11	2024/2/19 18:46:38	0x80 - good - ok
3 NUM2	22	2024/2/19 18:46:38	0x80 - good - ok

图 16-19　写入多个变量值的结果

接下来介绍通过 REST API 接口访问组态数据的方法。

（5）读取一个连接的组态数据

读取一个 WinCC 通信连接的组态数据的 URL 的写法为

https://<Host>:<Port>/WinCCRestService/tagManagement/Connection/<ConnectionName>

它支持 GET 和 POST 调用。

返回内容包括连接名称、通道单元、驱动名称和最后修改时间。

（6）读取所有连接的组态数据

读取所有 WinCC 通信连接的组态数据的 URL 的写法为

https://<Host>:<Port>/WinCCRestService/tagManagement/Connections

它支持 GET 和 POST 调用。

使用 Postman 读取 WinCC 的所有过程通信连接的组态数据的过程和返回内容如图 16-20 所示。

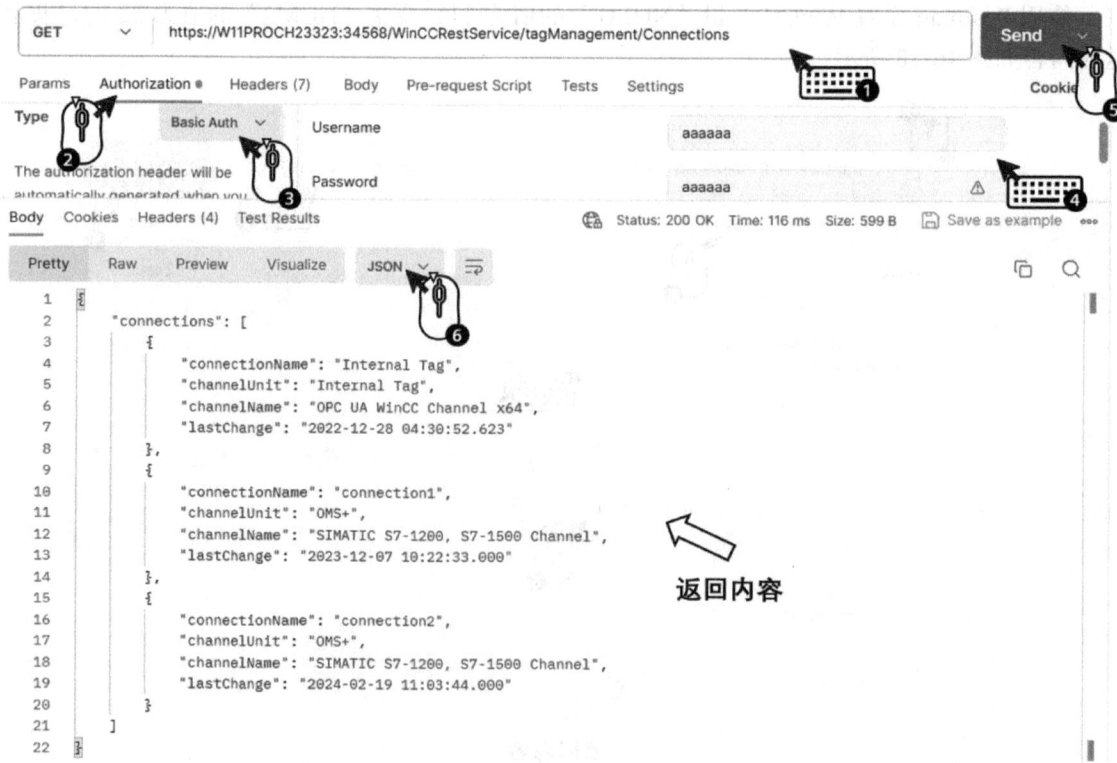

图 16-20　Postman 读取 WinCC 的所有过程通信连接组态信息的方法

返回内容包括所有通信连接的连接名称、通道单元、驱动名称和最后修改时间。

（7）读取一个变量的组态数据

读取一个 WinCC 变量的组态数据的 URL 的写法为

https://<Host>:<Port>/WinCCRestService/tagManagement/variable/<VariableName>

它支持 GET 和 POST 调用。

返回内容包括变量名称、数据类型、可读、可写以及最后修改的时间。

（8）读取所有变量的组态数据

读取 WinCC 所有变量的组态数据的 URL 的写法为

https://<Host>:<Port>/WinCCRestService/tagManagement/variables

它支持 GET 和 POST 调用。

返回内容包括所有变量的变量名称、数据类型、可读、可写以及最后修改的时间。

> **提示**
> 如果需要读取部分变量的组态数据，可以使用方法过滤器。方法过滤器的用法可以在本节"6. 方法过滤器"中找到。

（9）读取一个变量组的组态数据

读取一个 WinCC 变量组的组态数据的 URL 的写法为

https://<Host>:<Port>/WinCCRestService/tagManagement/Group/<GroupName>

它支持 GET 和 POST 调用。

返回内容包括变量组名称、所属通信连接名称和最后修改时间。

（10）读取所有变量组的组态数据

读取所有 WinCC 变量组的组态数据的 URL 的写法为

https://<Host>:<Port>/WinCCRestService/tagManagement/Groups

它支持 GET 和 POST 调用。

返回内容包括所有变量组的名称、所属通信连接名称和最后修改时间。

（11）读取一个结构类型的组态数据

读取一个 WinCC 结构类型的组态数据的 URL 的写法为

https://<Host>:<Port>/WinCCRestService/tagManagement/StructureType/<StructureName>

它支持 GET 和 POST 调用。

返回内容包括结构类型的名称、每个元素的名称、类型和最后修改时间。

（12）读取所有结构类型的组态数据

读取所有 WinCC 结构类型的组态数据的 URL 的写法为

https://<Host>:<Port>/WinCCRestService/tagManagement/StructureTypes

它支持 GET 和 POST 调用。

返回内容包括所有结构类型的名称、每个元素的名称、类型和最后修改时间。

（13）读取一个结构类型的实例

读取在"结构变量"下所创建的一个结构类型的结构变量的 URL 的写法为

https://<Host>:<Port>/WinCCRestService/tagManagement/StructureVariable/<StructureTypeName>

它支持 GET 和 POST 调用。

返回内容包括所有结构变量的名称、数据类型、所属通信连接、注释和最后修改时间。
(14) 读取多个结构类型的实例

读取在"结构变量"下所创建的多个结构类型的结构变量的 URL 的写法为
https://<Host>:<Port>/WinCCRestService/tagManagement/StructureVariables
它支持 GET 和 POST 调用，并且需要本体，本体结构写法为

```
{"typeNames":["NewStructure_1","NewStructure_2"]}
```

例如，使用 Postman 读取数据类型为"motor"或者"fan"的所有结构变量的过程和返回内容，以及 Postman 读取 WinCC 多个结构类型的实例的方法如图 16-21 所示。

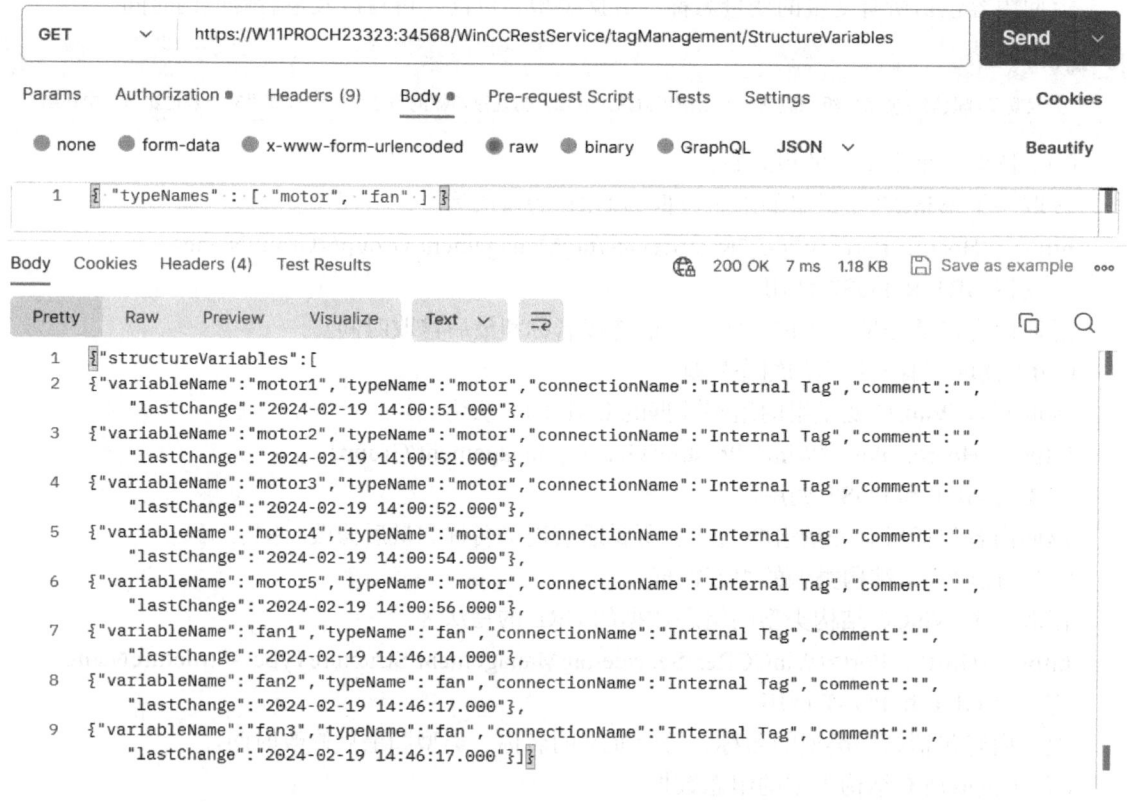

图 16-21　Postman 读取 WinCC 多个结构类型的实例的方法

返回内容包括所有结构变量的名称、数据类型、所属通信连接、注释和最后修改时间。

5. 变量归档访问方法

WinCC V7.5 支持通过 REST API 访问 WinCC 变量管理中的数据。WinCC V8.0 开始进一步支持通过 REST API 访问 WinCC 变量归档中的运行数据和组态数据。通过 REST API 访问 WinCC 变量归档的方法见表 16-2。

其中：

1）读取归档运行数据的方法包括读取一个过程值归档变量的归档数据、读取单个过程值归档下的多个变量的归档数据、从不同过程值归档中读取多个变量的归档数据。

表 16-2　通过 REST API 访问 WinCC 变量归档的方法

序号	功能	请求方式	是否需要本体（Body）
	请求 URL		
1	读取一个过程值归档变量的归档数据	GET/POST	不需要
	https://<Host>:<Port>/WinCCRestService/tagLogging/Archive/<ArchiveName>/Value/<VariableName>		
2	读取单个过程值归档下的多个变量的归档数据	GET/POST	需要
	https://<Host>:<Port>/WinCCRestService/tagLogging/Archive/<ArchiveName>/Values		
3	从不同过程值归档中读取多个变量的归档数据	GET/POST	需要
	https://<Host>:<Port>/WinCCRestService/tagLogging /Values		
4	读取一个过程值归档的组态数据	GET/POST	不需要
	https://<Host>:<Port>/WinCCRestService/tagLogging/Archive/<ArchiveName>		
5	读取所有过程值归档的组态数据	GET/POST	不需要
	https://<Host>:<Port>/WinCCRestService/tagLogging/Archives		
6	读取过程值归档下单个变量的组态数据	GET/POST	不需要
	https://<Host>:<Port>/WinCCRestService/tagLogging/Archive/<ArchiveName>/Variable/<VariableName>		
7	读取过程值归档下所有变量的组态数据	GET/POST	不需要
	https://<Host>:<Port>/WinCCRestService/tagLogging/Archive/<ArchiveName>/Variables		
8	读取一个变量在所有过程值归档中的组态数据	GET/POST	不需要
	https://<Host>:<Port>/WinCCRestService/tagLogging/Variable/<VariableName>		
9	读取归档系统中所有归档变量的组态数据	GET/POST	不需要
	https://<Host>:<Port>/WinCCRestService/tagLogging/Variables		
10	读取归档系统中单个定时器的组态数据	GET/POST	不需要
	https://<Host>:<Port>/WinCCRestService/tagLogging/Timer/<TimerName>		
11	读取归档系统中所有定时器的组态数据	GET/POST	不需要
	https://<Host>:<Port>/WinCCRestService/tagLogging/Timers		

2）读取归档系统的组态数据的方法包括读取一个过程值归档的组态数据、读取所有过程值归档的组态数据、读取单个过程值归档下一个变量的组态数据、读取单个过程值归档下所有变量的组态数据、读取一个变量在所有过程值归档中的组态数据、读取归档系统中所有变量的组态数据、读取归档系统中单个定时器的组态数据、读取归档系统中所有定时器的组态数据。

首先介绍通过 REST API 接口读取归档运行数据的方法。

（1）读取一个过程值归档变量的归档数据

读取 WinCC 一个过程值归档变量的归档运行数据的 URL 的写法为

https://<Host>:<Port>/WinCCRestService/tagLogging/Archive/<ArchiveName>/Value/<VariableName>

其中，ArchiveName 是过程归档名称；VariableName 是归档变量名称，它支持 GET 和 POST 调用。

返回过程值变量的归档数据，包括归档名称、变量名称、单位以及值序列（数值、时间戳和质量代码）。

> **提示**
> 在 URL 中不加过滤条件的情况下，默认返回最近 1000 条历史归档数据。

(2) 读取单个过程值归档下的多个归档变量的归档数据

读取 WinCC 单个过程值归档下的多个归档变量的归档运行数据的 URL 的写法为

https://\<Host\>:\<Port\>/WinCCRestService/tagLogging/Archive/\<ArchiveName\>/Values

它支持 GET 和 POST 调用，并且需要本体，本体结构写法为

```
{
  "variableNames" : ["Tag1","Tag2","Tag3"]
}
```

使用 Postman 读取过程值归档"pva"下的归档变量"NUM1"和"NUM2"的归档记录数据的过程和返回内容。Postman 读取 WinCC 多个归档变量的归档数据 1 如图 16-22 所示；Postman 读取 WinCC 多个归档变量的归档数据 2 如图 16-23 所示。

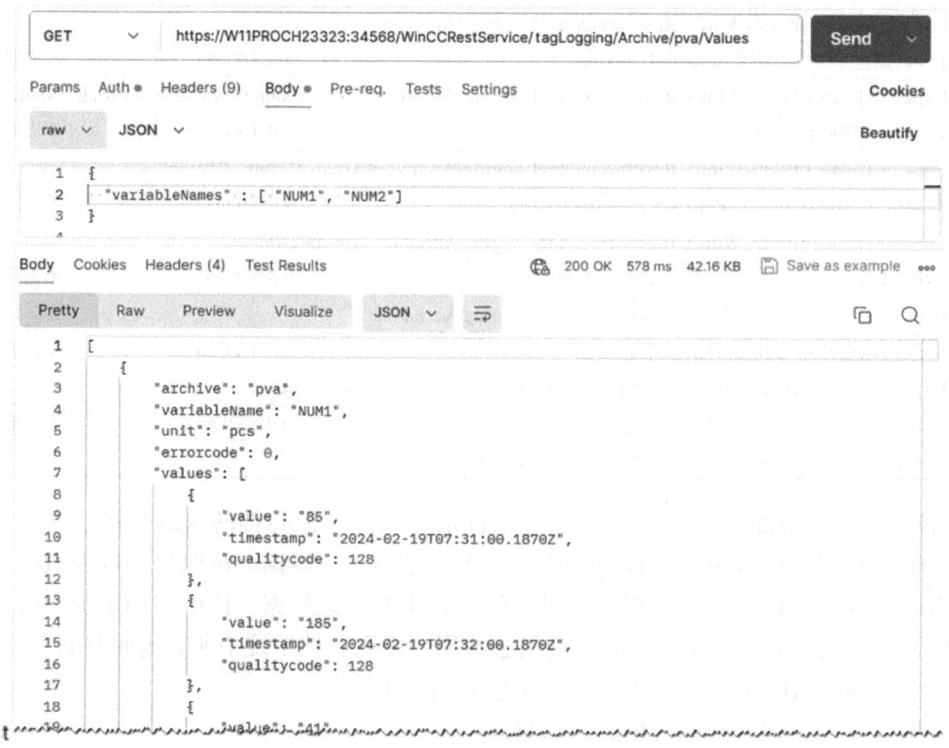

图 16-22　Postman 读取 WinCC 多个归档变量的归档数据 1

返回单个过程值归档下的多个归档变量的归档运行数据，包括归档名称、变量名称、单位以及值序列（数值、时间戳和质量代码）。

(3) 从不同过程值归档中读取多个变量的归档数据

从 WinCC 不同过程值归档中读取多个变量的归档运行数据的 URL 的写法为

https://\<Host\>:\<Port\>/WinCCRestService/tagLogging/Values

它支持 GET 和 POST 调用，并且需要本体。本体中需要包括要查询的归档变量及其所属过程归档名称和查询的时间范围。时间范围可以使用 timeFrom 和 timeTo 指定开始时间和结束时间，也可以使用 range 来以秒为单位指定查询时间长度。同时可以使用 maxValues 来限制返回的数据记录数。

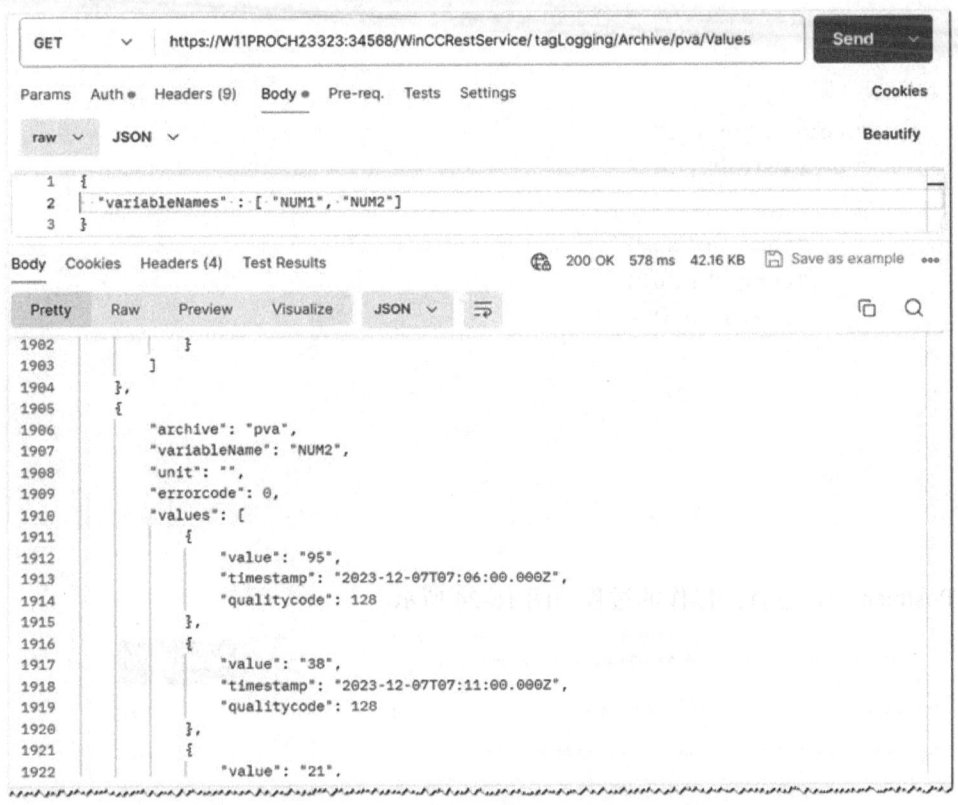

图 16-23　Postman 读取 WinCC 多个归档变量的归档数据 2

下面的本体结构是同时查询过程归档"pva"下的"NUM1"和"NUM2"归档变量，以及过程归档"pva_1"下的"NUM1"归档变量。

```
{
    "archives":[
        {
          "name":"pva",
          "variables":[
            {
              "name":"NUM1",
              "timeFrom":"2024-2-19T10:15:00.000Z",
              "timeTo":"2024-2-20T10:15:00.000Z",
              "maxValues":15
            },
            {
              "name":"NUM2",
              "timeFrom":"2024-2-20T9:15:00.000Z",
              "range":10000,
              "maxValues":5
            }
```

```
              ]
            },
            {
              "name" : "pva_1",
              "variables" : [
                {
                  "name" : "NUM1",
                  "range" : 200,
                  "maxValues" : 15
                }
              ]
            }
          ]
        }
```

在 Postman 中进行查询操作的过程如图 16-24 所示。

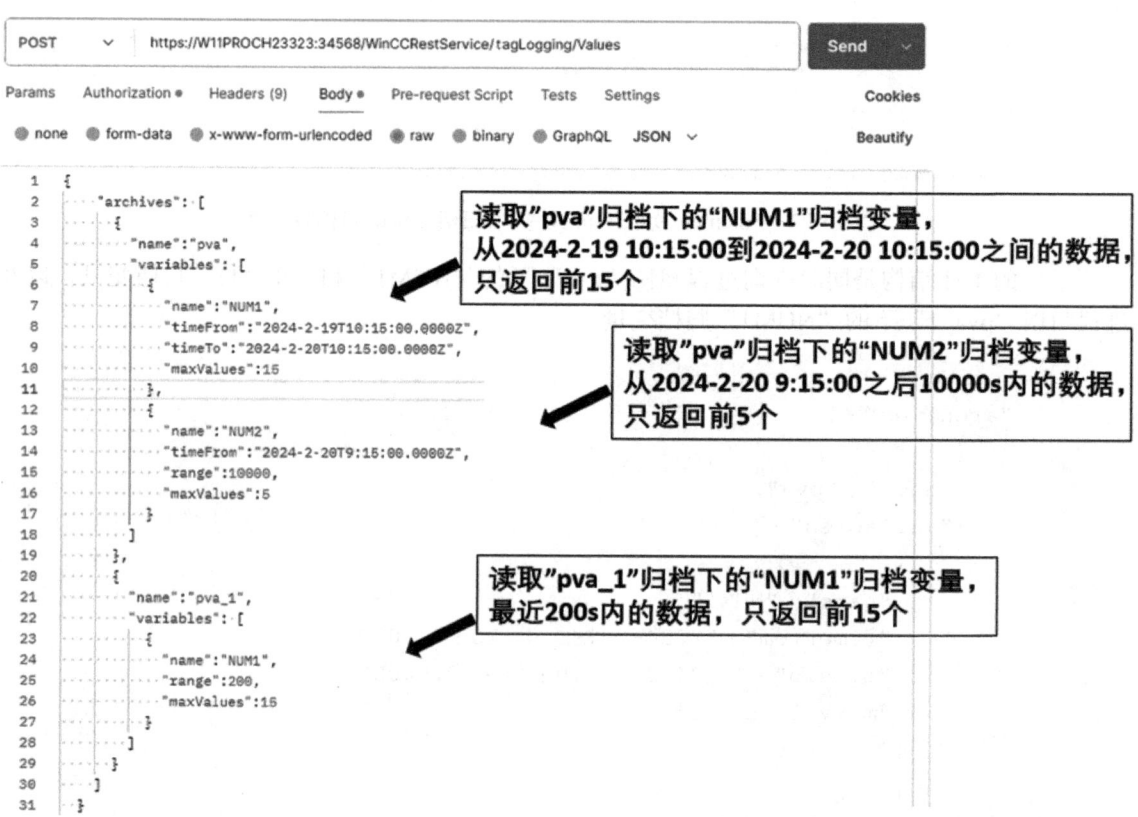

图 16-24　Postman 从 WinCC 不同过程值归档中读取多个变量的归档数据的本体结构

返回不同过程值归档中多个变量的归档运行数据，包括归档名称、变量名称、单位以及值序列（数值、时间戳和质量代码），返回结果如图 16-25 所示。

图 16-25　返回结果

接着介绍通过 REST API 接口读取归档系统的组态数据的方法。

（4）读取一个过程值归档的组态数据

读取 WinCC 变量归档中单个过程值归档的组态数据的 URL 的写法为

https://<Host>:<Port>/WinCCRestService/tagLogging/Archive/<ArchiveName>

其中，ArchiveName 是过程值归档名称，它支持 GET 和 POST 调用。

返回内容包括过程值归档的名称、归档类型、是否允许手动输入、最后修改时间和注释。

（5）读取所有过程值归档的组态数据

读取 WinCC 变量归档中所有过程值归档的组态数据的 URL 的写法为

https://<Host>:<Port>/WinCCRestService/tagLogging/Archives

它支持 GET 和 POST 调用。

返回内容包括所有过程值归档的名称、归档类型、是否允许手动输入、最后修改时间和注释。

（6）读取过程值归档下单个变量的组态数据

读取 WinCC 一个过程值归档下单个变量的组态数据的 URL 的写法为

https://<Host>:<Port>/WinCCRestService/tagLogging/Archive/<ArchiveName>/Variable/<VariableName>

它支持 GET 和 POST 调用。

返回归档变量的组态数据，包括变量名、注释、采集周期、采集类型、归档周期、归档系数以及最后修改时间等。

（7）读取过程值归档下所有变量的组态数据

读取 WinCC 一个过程值归档下所有变量的组态数据的 URL 的写法为

https://<Host>:<Port>/WinCCRestService/tagLogging/Archive/<ArchiveName>/Variables

它支持 GET 和 POST 调用。

返回过程值归档下的所有归档变量的组态数据，包括变量名、注释、采集周期、采集类型、归档周期、归档系数以及最后修改时间等。

（8）读取一个变量在所有过程值归档中的组态数据

当在不同过程值归档下使用同一个过程变量归档时，可以读取这个变量在所有过程值归档中的组态数据，URL 的写法为

https://<Host>:<Port>/WinCCRestService/tagLogging/Variable/<VariableName>

它支持 GET 和 POST 调用。

例如，变量"NUM1"在过程归档"pva"和"pva_1"中都进行了归档，可以使用 Postman 读取变量"NUM1"在所有过程值归档下的组态数据，如图 16-26 所示。

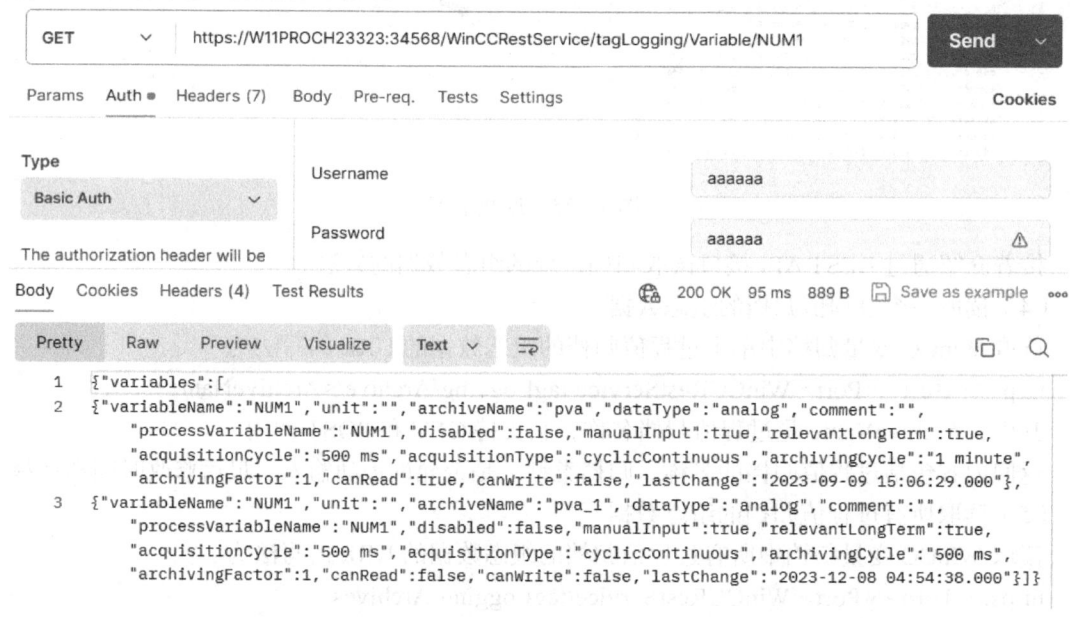

图 16-26　Postman 读取一个 WinCC 变量在所有过程值归档下的组态数据

返回归档变量"NUM1"在过程归档"pva"和"pva_1"下所有的组态数据，包括变量名、过程值归档名、注释、采集周期、采集类型、归档周期、归档系数以及最后修改时间等。

（9）读取归档系统中所有归档变量的组态数据

读取 WinCC 中所有归档变量的组态数据的 URL 的写法为

https://<Host>:<Port>/WinCCRestService/tagLogging/Variables

它支持 GET 和 POST 调用。

使用 Postman 读取归档系统中所有变量的组态数据的过程和返回内容如图 16-27 所示。

返回所有归档变量的组态数据，包括变量名、过程值归档名称、注释、采集周期、采集类型、归档周期、归档系数以及最后修改时间等。

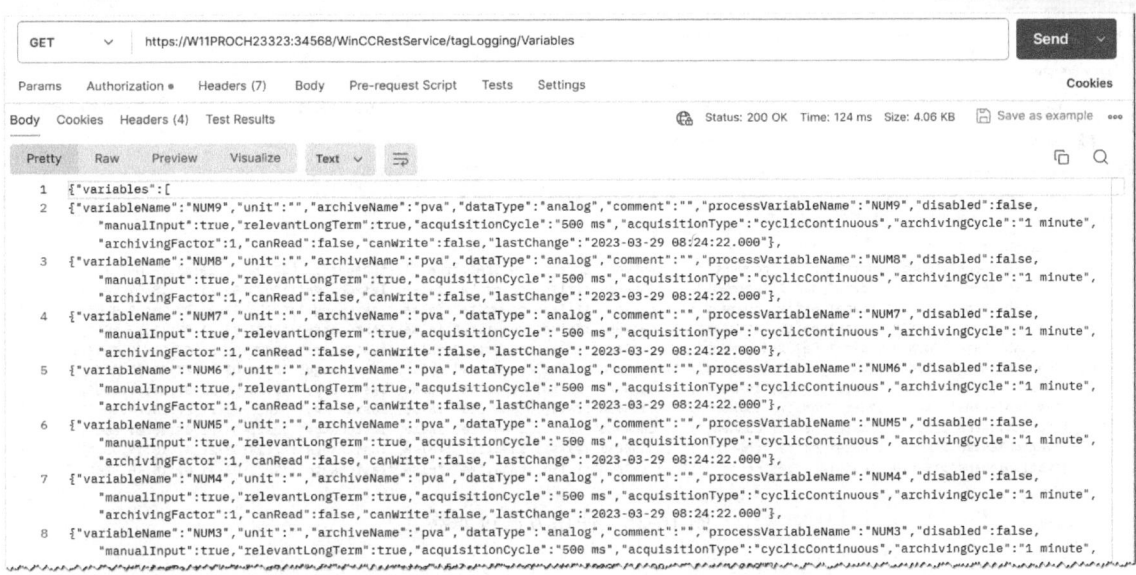

图 16-27　Postman 读取归档系统中所有归档变量的组态数据

（10）读取归档系统中单个定时器的组态数据

读取 WinCC 归档系统中单个定时器的组态数据的 URL 的写法为

https://<Host>:<Port>/WinCCRestService/tagLogging/Timer/<TimerName>

它支持 GET 和 POST 调用。

返回单个定时器的组态数据，定时器名称、定时器类型、时基、时间系数和最后修改时间。

（11）读取归档系统中所有定时器的组态数据

读取 WinCC 归档系统中所有定时器的组态数据的 URL 的写法为

https://<Host>:<Port>/WinCCRestService/tagLogging/Timers

它支持 GET 和 POST 调用。

返回所有定时器的组态数据，定时器名称、定时器类型、时基、时间系数以及最后修改时间。

6. 方法过滤器

方法过滤器可以减少数据传送量。例如，对于读取 WinCC 变量的组态数据，REST API 只提供了读取一个变量的组态数据和读取所有变量的组态数据两种方法。当需要读取 WinCC 部分变量的组态数据时，就可以在使用读取所有变量的组态数据方法的同时加上方法过滤器：https://<Host>:<Port>/WinCCRestService/tagManagement/variables?variableName = *NUM1*，只请求名称中包含"NUM1"的变量的组态数据，"?"后就是过滤器的内容。使用方法过滤器如图 16-28 所示。

过滤器使用的格式为 <URL>?< 过滤条件 >。同时使用多个不同过滤器时，只能使用 & 逻辑运算符，不支持 OR 运算符，格式为 <URL>?[过滤条件 _1]&[过滤条件 _2]&[过滤条件 _3]。

其中，过滤条件可以使用表 16-3 所列的参数。

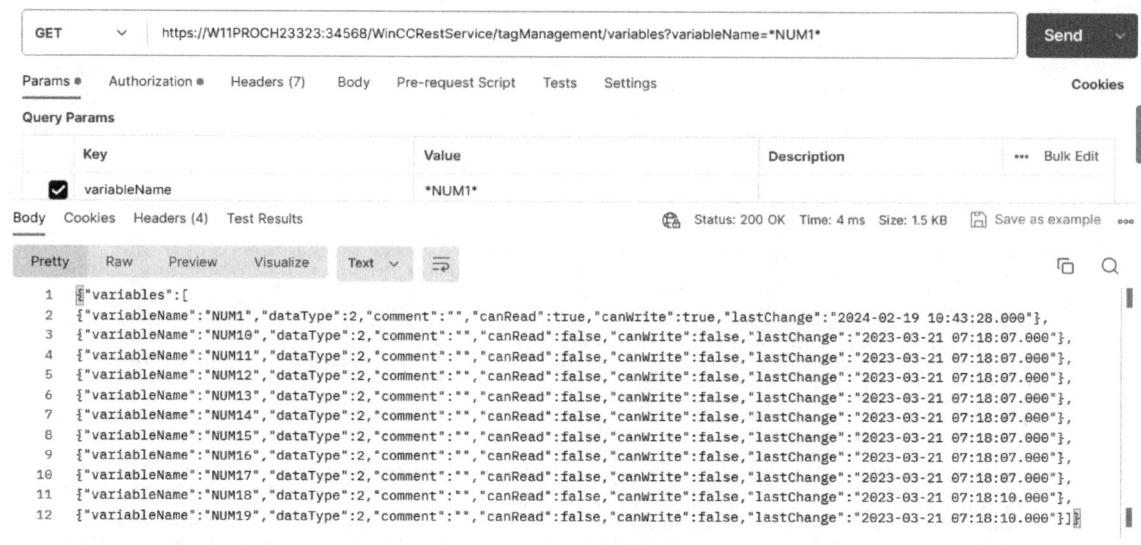

图 16-28　使用方法过滤器

表 16-3　REST API 接口支持的过滤参数

参数	对象	说　　明
canRead	变量	返回已登录用户具有读取权限的变量的名称
canWrite	变量	返回已登录用户具有写入权限的变量的名称
variableName	变量	返回包含所搜索字符串的所有变量的名称
connection	通信连接	提供在创建变量、结构变量或变量组时所用连接的相关信息
structureType	结构变量	返回结构类型的所有结构类型元素的名称
structureVariable	结构变量	返回结构类型的所有结构变量元素的名称
group	变量组	返回变量组中所有变量的名称
channel	通信通道	返回通道下所有连接的名称
archiveName	过程值归档	返回包含所搜索字符串的所有过程值归档
begin	过程值归档	返回过程值归档中变量值的时间范围的起始时间，日期格式为 YYYY-MM-DD hh：mm：ss.ms
end	过程值归档	返回过程值归档中变量值的时间范围的结束时间，日期格式为 YYYY-MM-DD hh：mm：ss.ms
range	过程值归档	返回过程值归档中变量值的时间范围，单位为秒。如果使用时未关联到"begin"或"end"参数，则会将过程值归档的最后几秒设为时间范围
maxValues	过程值归档	返回的最大变量值数，最多返回 1000 个变量值
changed_After	组态数据	返回在指定日期后更改的组态数据，日期格式为 YYYY-MM-DD hh：mm：ss.ms
itemLimit	组态数据	限制返回元素的数量
continuationPoint	组态数据	继续执行通过"itemLimit"限制的请求。如果找到的元素数量大于通过"item-Limit"设置的值，则将在达到最大值时停止输出。可通过再次请求继续输出，直至返回所有已找到的元素

关于过滤条件需要注意以下几点：

每个过滤器参数只能在一个请求中使用一次。例如，下面的过滤器由于使用了两次"variableName"参数：variables?variableName = mot*&variableName = !motor，因此无效。

在过滤变量名称（variableName）时可以使用通配符"*"和"?"，"?"代表字符串中的任意单个字符，"*"代表字符串开头或末尾的任意数量的字符。例如，请求变量名称中包含"motor"的变量：/variables?variableName = *motor*，请求变量名称以"parfum"或"perfum"开头的变量：/variables?variableName = p?rfum*。

支持取反操作数"!"，但是对每个请求只能使用一个取反过滤器。

16.2.2　WinCC REST 连接器

WinCC REST 连接器可以主动连接其他 REST API 接口。通过 REST 调用可以从外部 REST 服务器中读取数据，也可以主动将运行数据发送给外部 REST 服务器。可以在 WinCC 项目管理器的浏览视图中找到并打开"REST Connector"，如图 16-29 所示。

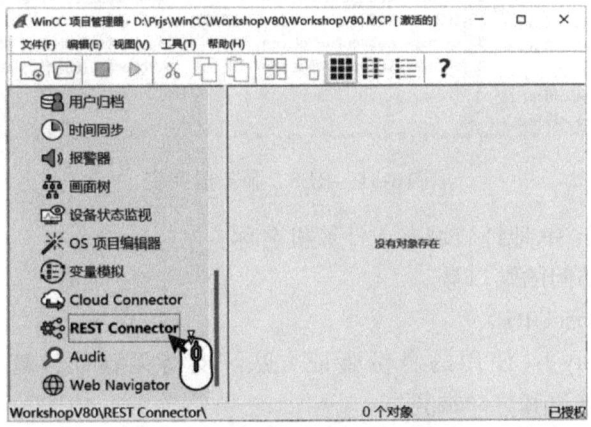

图 16-29　打开"REST Connector"

> **提示**
> 使用"REST Connector"也需要在计算机的启动列表中激活"REST 服务"应用程序。

打开后的"REST Connector"编辑器如图 16-30 所示。

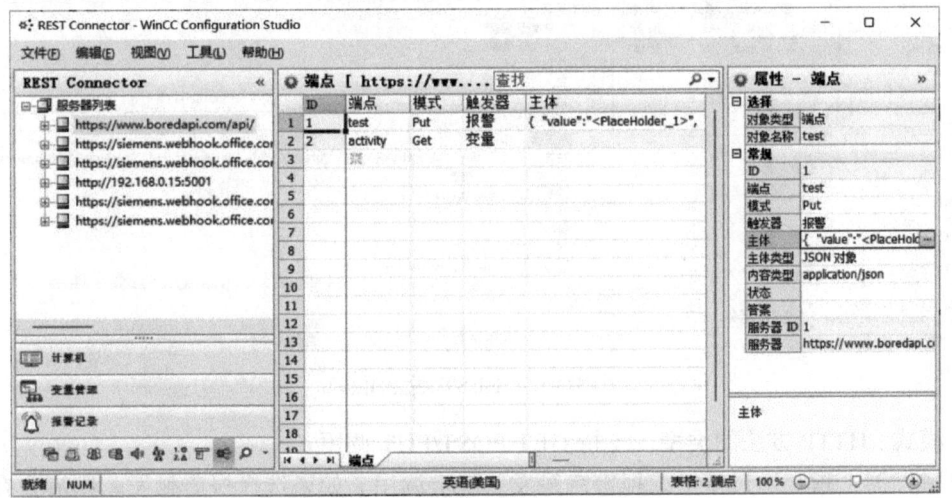

图 16-30　"REST Connector"编辑器

需要在"REST Connector"编辑器中组态外部 REST 服务器及其端点。对于外部 REST 服务器，需要指定服务器的地址、路径和安全性验证方法。对于每个端点，可组态调用模式（GET/POST/PUT）、触发器（变量/报警）和 JSON 主体的结构。JSON 主体包含要发送的数据的占位符。

1. 组态外部 REST 服务器

在服务器列表中可以新建服务器。对于外部 REST 服务器需要指定服务器的地址、路径和安全性验证方法，REST 服务器列表如图 16-31 所示。

图 16-31　REST 服务器列表

1）地址（Address）：IP 地址、域名或计算机名称。
2）端口（Port）：访问的端口号。
3）路径（Path）：BaseURL。
4）安全性（Security）：使用的身份验证方法。支持无验证、基本验证、持有人令牌、JSON Web 令牌、验证代码和客户端凭据。

2. 组态外部 REST 服务器的端点

对于每个端点，可组态调用模式（GET/POST/PUT）、触发器（变量/报警）和 JSON 主体的结构。JSON 主体包含要发送的数据的占位符，REST 端点组态如图 16-32 所示。

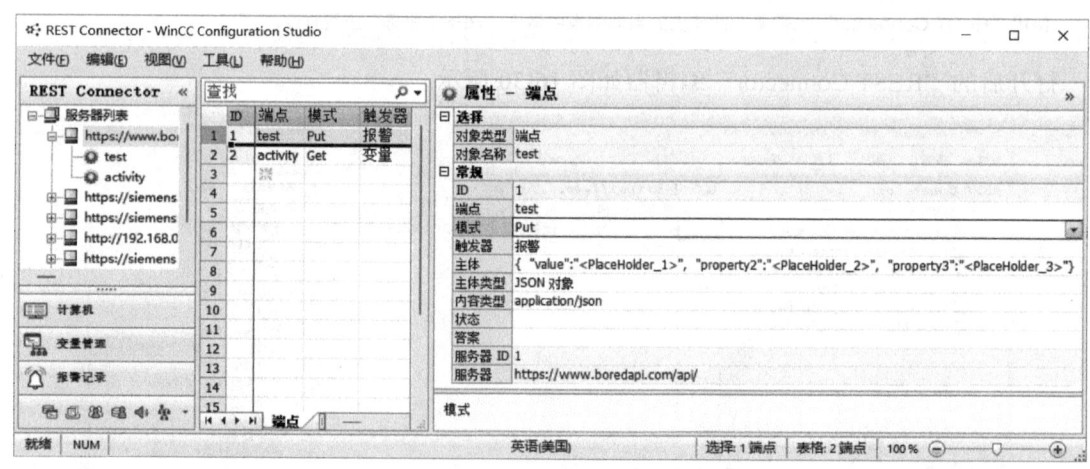

图 16-32　REST 端点组态

1）模式：HTTP 方法的类型，支持 GET/POST/PUT 调用。
2）触发器：指定通过变量或报警来触发 REST 调用。如果选择报警触发，则需要在端点中的报警触发器中创建报警过滤条件，当条件满足时就会触发 REST 的调用。报警触发器组态过程如图 16-33 所示。

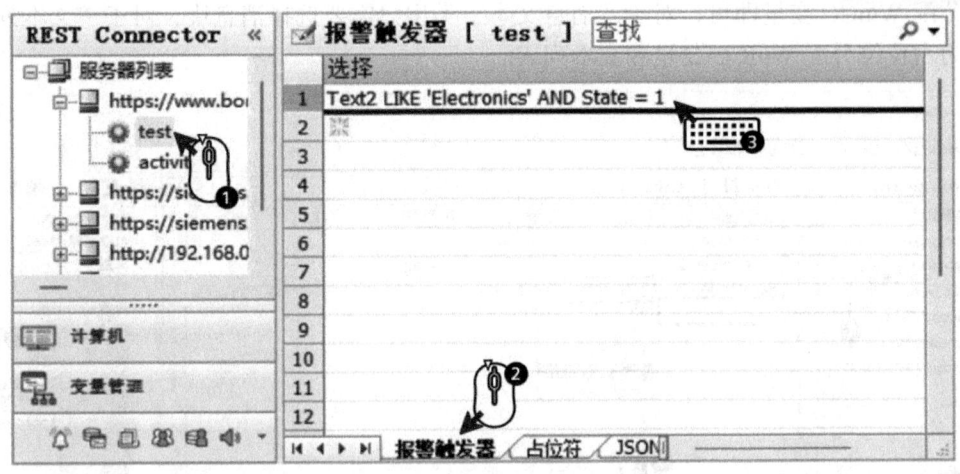

图 16-33　报警触发器组态过程

如果选择变量触发，则需要在端点中的变量触发器中选择变量。当变量值发生变化时就会触发 REST 调用。变量触发器组态过程如图 16-34 所示，图中周期是变量的刷新周期，也就是判断变量是否发生变化的周期。

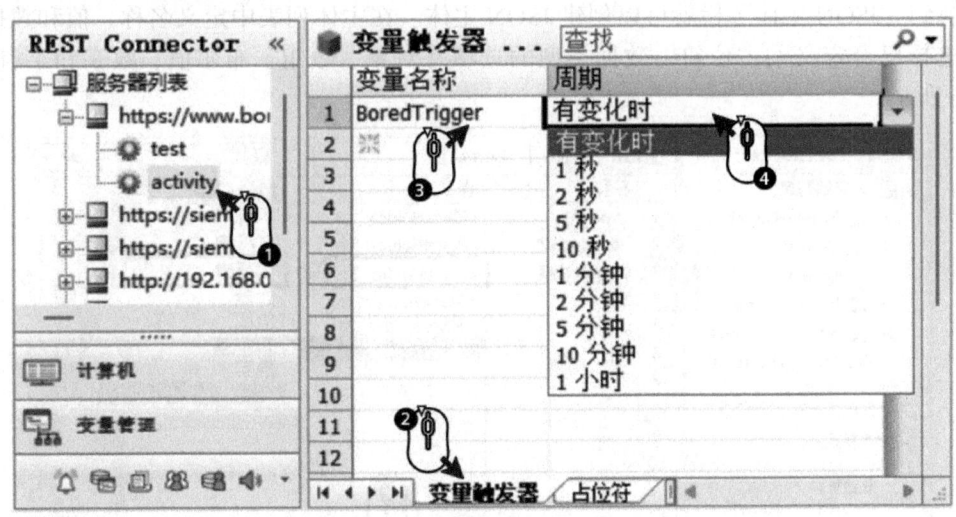

图 16-34　变量触发器组态过程

3）主体：REST 调用的主体，根据主体类型的设定而有所不同。

4）主体类型：JSON 主体的结构和占位符通过编辑器建模。在"用户自定义"设置中，需要手动填写主体内容。

5）内容类型：REST 调用的用户数据格式。支持四种格式，即 text/plain、text、text/json 和 application/json。

主体、主体类型和内容类型决定了发送的内容。例如，选择主体类型为"JSON 对象"，之后就可以通过创建的占位符和 JSON 主体来自动生成主体。选择对应的端点，在中间编辑器中选择"占位符"栏，就可以创建占位符。占位符组态如图 16-35 所示，创建了三个占位符，分别是"值""消息文本"和"文本列表"。不同类型分配的内容不同,对于"值"类型只需要为占位符分配 WinCC 变量即可,对于"消息文本"类型只需要选择消息块,对于"文本列表"类型需要为占位符分配 WinCC 变量和文本列表。

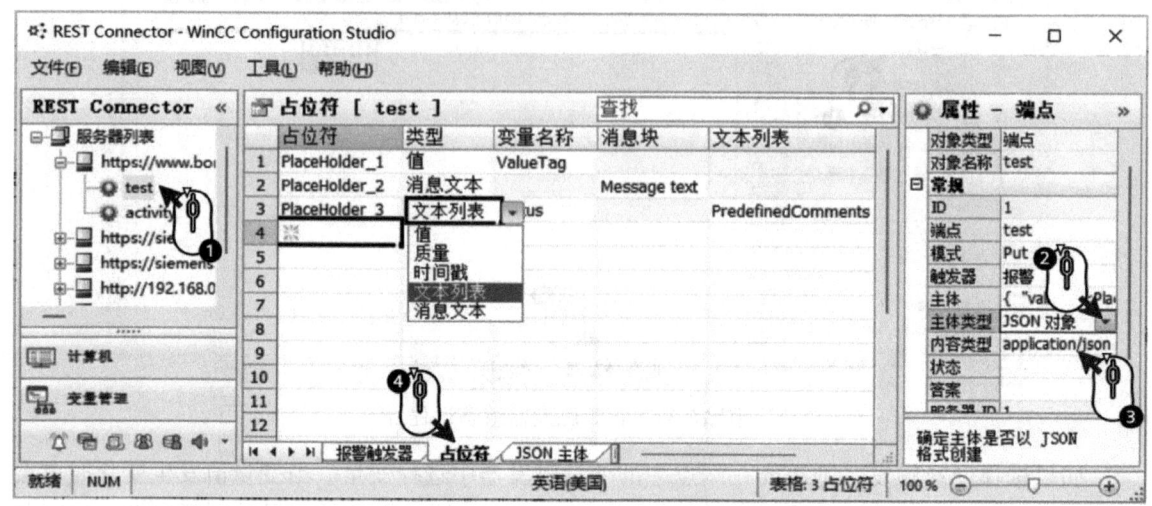

图 16-35　占位符组态

切换到"JSON 主体"栏就可以创建 JSON 主体。在主体列表中定义名称、值和数据类型。值可以选择已经定义的占位符,数据类型的选项有对象、数组、布尔值、数字和字符串,如图 16-36 所示。

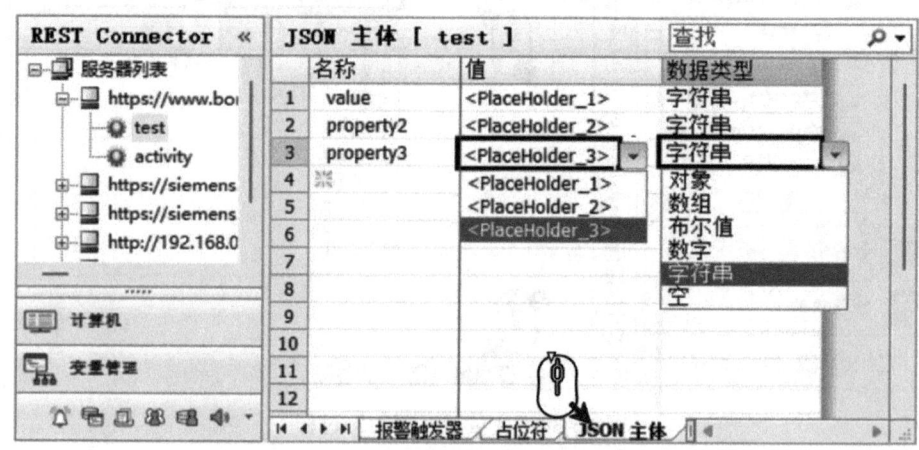

图 16-36　JSON 主体组态

最终根据创建的占位符和 JSON 主体来自动生成主体,端点主体如图 16-37 所示。

图 16-37　端点主体

6)状态:选择一个 WinCC 变量,REST 服务器响应的状态代码写入到这个变量。

7)答案:选择一个 WinCC 变量,REST 服务器响应的主体信息写入到这个变量。

> **提示**
>
> 第三方系统通过 REST 接口访问 WinCC 数据的组态步骤,请参考以下链接:
> http://www.wincc.com.cn/xxym.aspx?id = 12803
> WinCC 通过 REST 接口发送数据至 IT 系统(以 MS-Teams & 企业微信为例)的组态步骤,请参考以下链接:http://www.wincc.com.cn/xxym.aspx?id = 12804

16.3 云连接器

自 WinCC V7.5 起,利用 WinCC/Cloud Connector,可以将变量从 WinCC 站传送到云端。通过消息队列遥测传输(Message Queue Telemetry Transport,MQTT)协议,WinCC V7.5 支持 Amazon AWS 云和 Microsoft Azure 云。WinCC V7.5 SP1 开始支持"Siemens MindSphere-MindConnect IoT Extension"云提供商,并且支持使用性能变量进行系统监控及诊断。

从 WinCC V7.5 SP1 起,WinCC 支持与 MindSphere 的通信(MQTT 协议),支持的云服务器包括以下几种:

1)Siemens MindSphere-MindConnect IoT Extension。

2)Siemens MindSphere-MindConnect EU1。

3)Amazon:AWS。

4)Microsoft:Azure。

5)通用 MQTT。

支持的云提供商如图 16-38 所示。

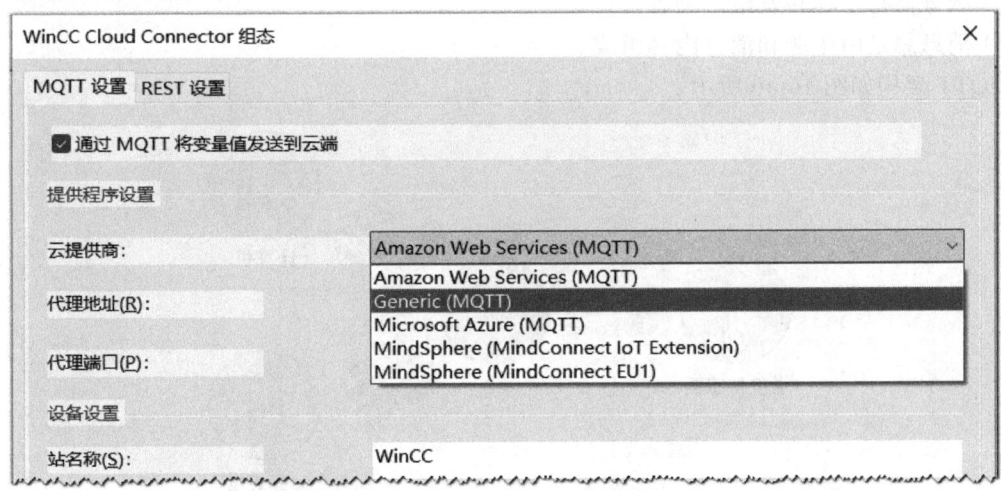

图 16-38 支持的云提供商

WinCC V7.5 SP2 的 Cloud Connector 开始支持通过 REST 进行数据传输,除了 MQTT,WinCC/CloudConnector 还支持 REST 协议传送变量值。云连接器 REST 设置画面如图 16-39 所示。

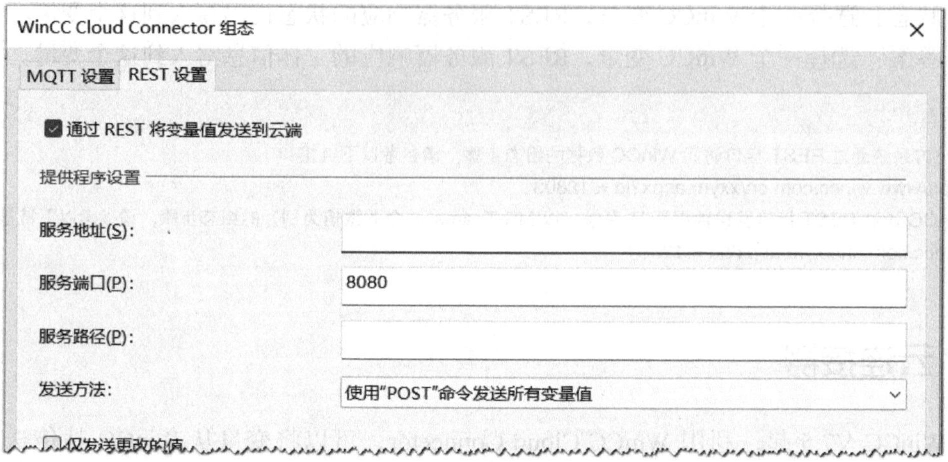

图 16-39 云连接器 REST 设置画面

截至 V8.0.0.5 版本的 WinCC，只能通过 Cloud Connector 发送数据到云端，不能在 WinCC 中接收云端的数据。

1. MQTT 设置

MQTT 协议是基于发布/订阅原理进行通信的协议，工作在 TCP/IP 协议上。它适用于硬件性能低、网络状况不稳定情况下的数据传输。这种标准特别适用于物联网环境下设备和设备之间的通信，具有以下特点：

1）是一种客户机–服务器协议。
2）连接建立之后，客户端向服务器（Broker）发送带有主题（topic）的消息。
3）客户端可以订阅这些主题。
4）服务器将主题转发给订阅者。
5）消息总是由主题和消息内容组成。

MQTT 架构如图 16-40 所示。

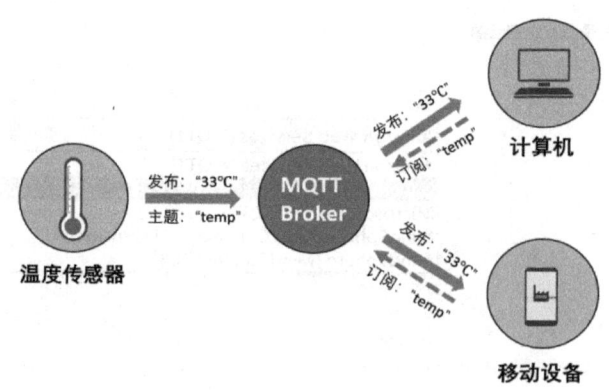

图 16-40 MQTT 架构

WinCC 使用云连接器的前提条件是在 WinCC 启动列表中使能 "Cloud Connector" 选项，之后 WinCC 激活时将自动启动 "CCCloudConnect" 服务。在启动列表中启动云连接器如图 16-41 所示。

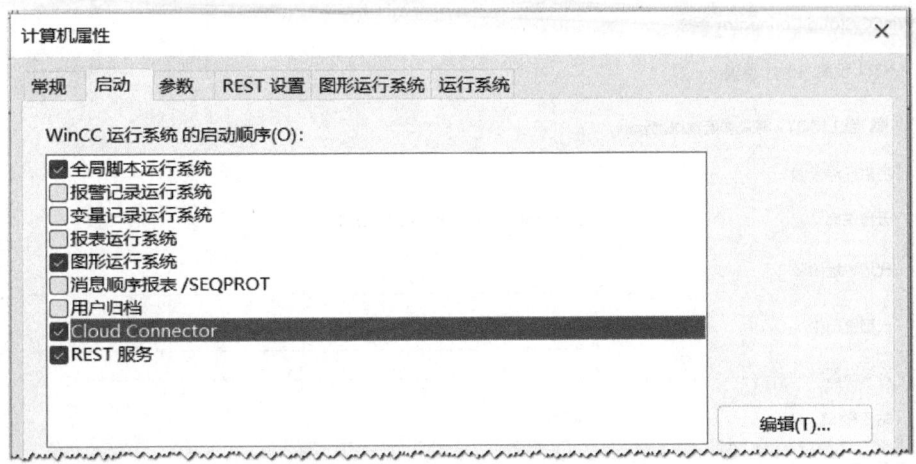

图 16-41　在启动列表中启动云连接器

CCCloudConnect 服务用于在 WinCC 项目和云系统之间建立连接，它是一个 MQTT 客户端，可连接到云的 MQTT 代理，以通过标准端口 8883 或 443 发送数据。在 WinCC 中，CCCloud-Connect 服务会记录 WinCC 变量的数值更改，数值会被写入云端。如果 CCCloudConnect 从变量管理接收值更改，则该服务将创建消息。服务会将此消息传送给 MQTT 代理。WinCC 云连接器结构如图 16-42 所示。

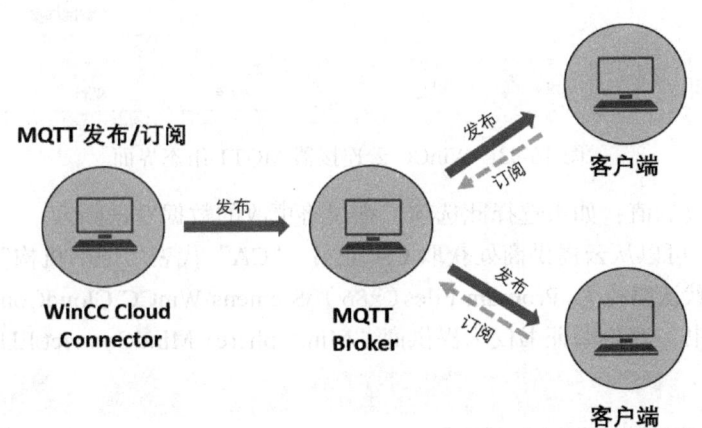

图 16-42　WinCC 云连接器结构

WinCC 连接云服务器的参数是在 Cloud Connector 编辑器中的 "MQTT 设置" 选项卡下设置的，WinCC 云连接器 MQTT 组态界面如图 16-43 所示。

1）云提供商：选择 "通用 MQTT"（Generic MQTT）或提供商。
2）代理地址：MQTT 代理地址由云提供商提供。
3）代理端口：支持标准端口 8883 和 443。
4）站名称：为客户端分配唯一的名称。在变量传送期间，客户端的名称将用作 MQTT 主题的路径。将为每个被送至 MQTT 代理的变量创建单独的 MQTT 主题。WinCC 变量的命名约定为 <站名称>/<WinCC 项目名称>/<变量名称>。想要接收这些值的 MQTT 客户端必须使用适当的路径来订阅 MQTT 主题。

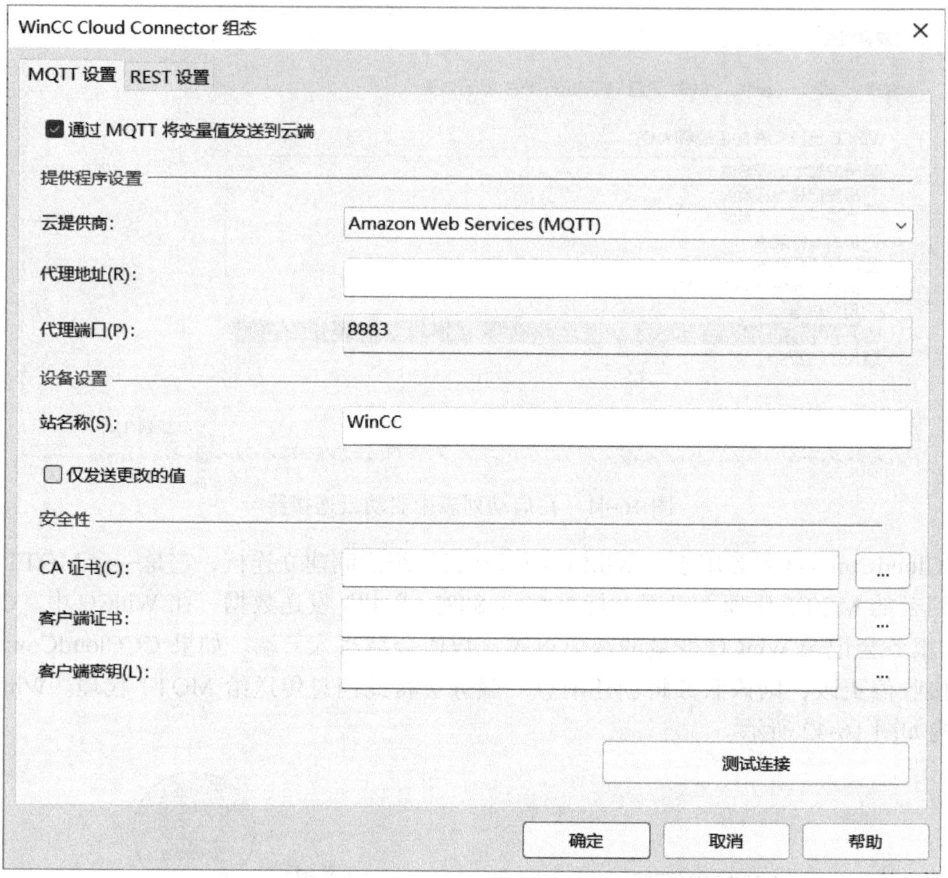

图 16-43 WinCC 云连接器 MQTT 组态界面

5）仅发送更改的值：如果选择此选项，则仅将更改的数据发送到云。

6）CA 证书：可以从云提供商处获取 CA 证书。"CA"代表"证书机构"。将证书本地保存在 WinCC 站上。默认路径为 \Program Files（x86）\Siemens\WinCC\CloudConnector\Certificate。

7）客户端证书：客户端证书仅为提供商"MindSphere（MindConnect EU1）"组态。

> **提示**
> WinCC 云连接器只支持使用证书连接云服务器。
> WinCC 连接 AWS 云，详细的组态步骤请参考条目 ID 109766962。
> WinCC 连接 MindSphere 云，详细的组态步骤请参考条目 ID 109778853。

2. REST 设置

WinCC 云连接器也支持使用 REST 协议向云服务器发送数据。与通过 MQTT 协议向云服务器发送数据不同，REST 连接是通过 HTTP 或 HTTPS 建立的，因此不需要启动 CCCloudConnect 服务。在"WinCC Cloud Connector"编辑器中指定所用云的 URL 和访问设置。与 REST Connector 不同的是 REST Connector 调用主体的组态是可组态的，而 WinCC 云连接器的调用主体是不可变的。

在"WinCC Cloud Connector"编辑器的"REST 设置"选项卡下指定所用云的 URL 和访问设置，WinCC 云连接器 MQTT 组态界面如图 16-44 所示。

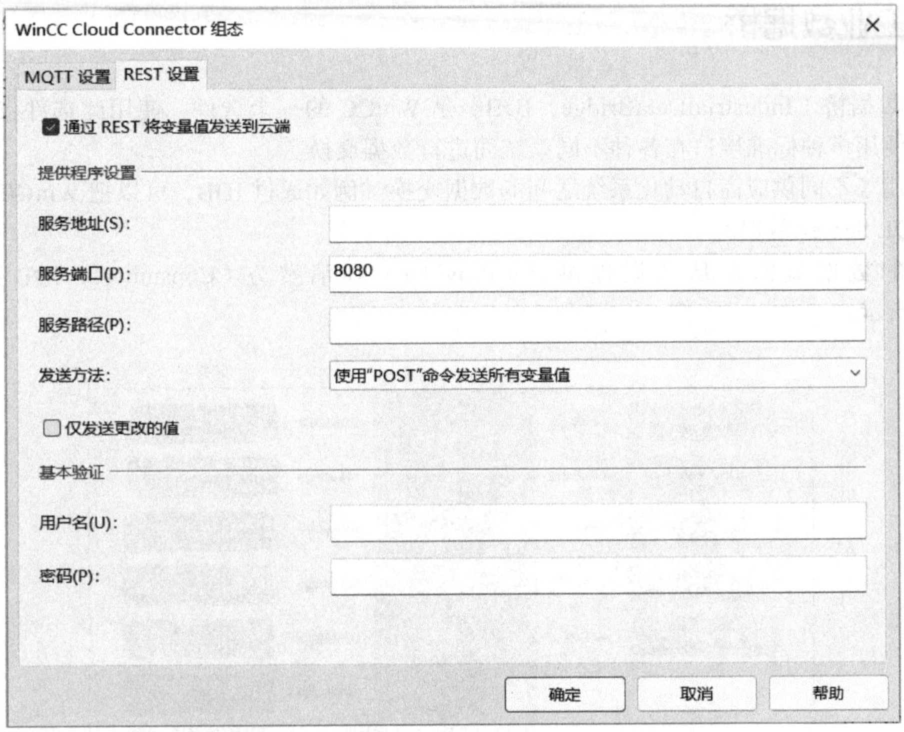

图 16-44　WinCC 云连接器 MQTT 组态界面

1）服务地址：提供商的 HTTP 地址。

2）服务端口：用于访问的端口号，默认情况下会设置 HTTP 端口"8080"。

3）服务路径：服务器目录路径。

4）发送方法："PUT"是发送一个变量的所有值，"POST"是发送所有变量的变量值。

5）基本验证：在 REST 服务器中组态用于访问保护的用户名和密码。

3. 变量设置

可以选择将哪些 WinCC 变量传送到云服务器，使能变量属性"WinCC 云"的变量都会按照设定的周期被传送到云端，WinCC 变量的云属性如图 16-45 所示。

如果"通过 MQTT 将变量值发送到云端"和"通过 REST 将变量值发送到云端"同时被激活，那么所有使能"WinCC 云"属性的变量会同时通过 MQTT 和 REST 协议发送数据到云服务器。

4. 云连接授权

使用 WinCC/Cloud Connector 需要 WinCC Cloud Connect 授权。没有授权的情况下，最多可以传送五个变量。

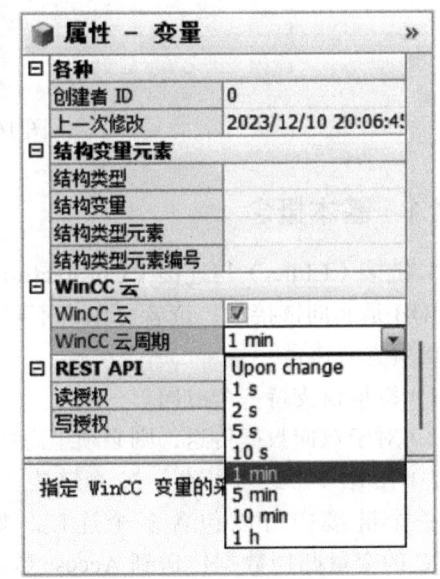

图 16-45　WinCC 变量的云属性

16.4 工业数据桥

工业数据桥（IndustrialDataBridge，IDB）是 WinCC 的一个选件。使用此选件仅需简单的组态便可使用多种标准接口在各种不同系统间进行数据交换。

IDB 用于不同供应商自动化系统之间的数据交换。例如通过 IDB，可以把 WinCC 归档数据传送到 SQL Server 数据库。

IDB 的数据流向是从数据提供方（Provider）到消费方（Consumer），IDB 数据流如图 16-46 所示。

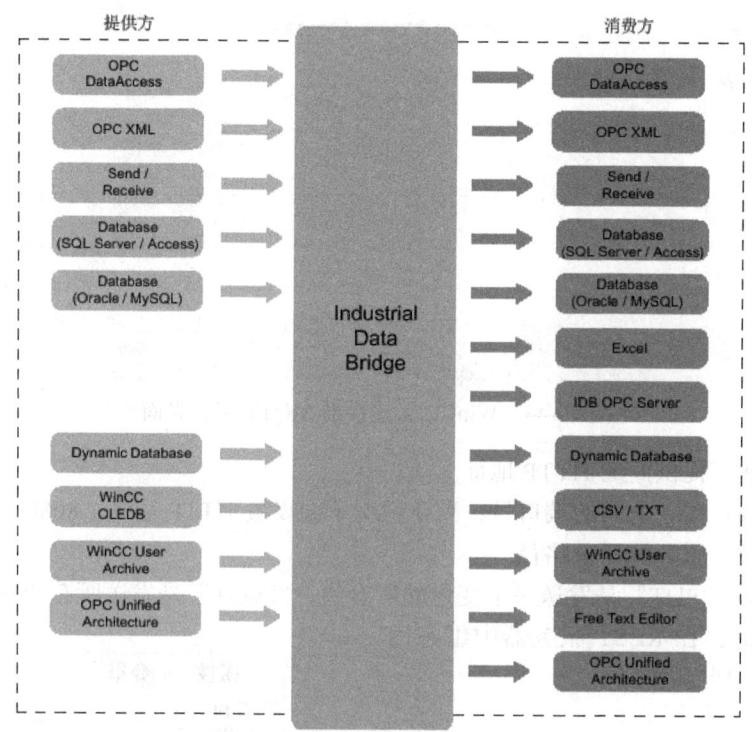

图 16-46　IDB 数据流

16.4.1　基本概念

1. 链接（Links）与连接（Connections）

IDB 是面向链接的，读者可以将不同的提供方和消费方链接在一起，从而实现数据从提供方到消费方的传送。

1）链接仅支持一个方向。

2）对于双向数据传送，则必须组态两个链接。

3）在 IDB 中最多可建立 32 个链接。

一个链接中可以包含多个连接。如图 16-47 中链接"WinCCOLEDB_to_Access"是将 WinCC 的变量归档数据传送到 Access 数据库中，包括三个连接（Connections）分别用来传送时间戳（TimeStamp）、变量名称（ValueName）和变量值（RealValue）。

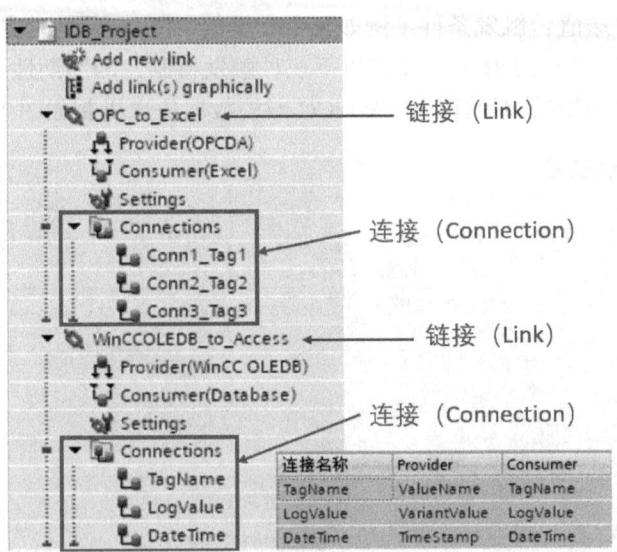

图 16-47　链接"WinCCOLEDB_to_Access"

IDB V8.0 支持的提供方（Provider）和消费方（Consumer）如下：

1）提供方：OPC Data Access、OPC XML、OPC UA、WinCC OLEDB、数据库、动态数据库、发送/接收（Send/Receive）、WinCC 用户归档。

2）消费方：OPC Data Access、OPC UA、IDB OPC 服务器、OPC XML、数据库、动态数据库、CSV/TXT、Excel、发送/接收（Send/Receive）、WinCC 用户归档、自由文本编辑器。

> **提示**
> 发送/接收（Send/Receive）可以在 IDB 和 S7 PLC（S7-300/400、S7-1500）之间直接交换数据。详细的组态步骤请参考条目 ID 104117374。

2. IDB 触发机制

触发机制是指触发数据传送的方法，不同的提供方所对应的触发机制也有所不同。

例如，当提供方为 OPC Server 或数据库时，支持以下三种触发机制，即仅发送已更改的值、始终发送所有值和通过触发器发送值，OPC 数据传送机制如图 16-48 所示。

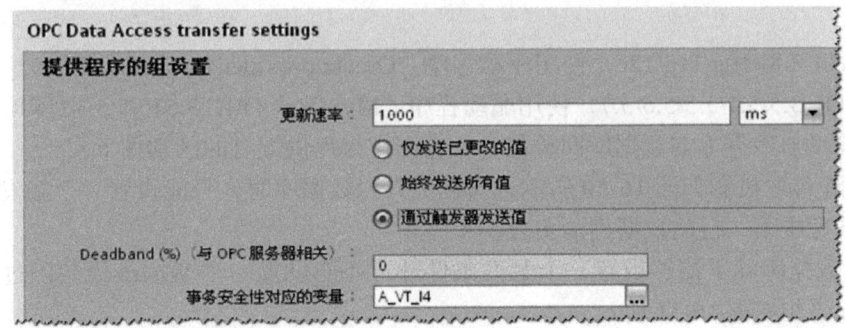

图 16-48　OPC 数据传送机制

1）仅发送已更改的值：每当已组态的变量数值改变时就传送数据。

2）始终发送所有值：按照设定的周期进行数据传送。

3）通过触发器发送值：触发条件（例如某个变量值 >100）满足时将传送所有变量的值。

当提供方为 WinCC OLE DB 时，支持以下三种触发机制，即周期性数据传送、事件触发数据传送以及设定时间范围内数据的传送，WinCC 归档数据传送机制如图 16-49 所示。

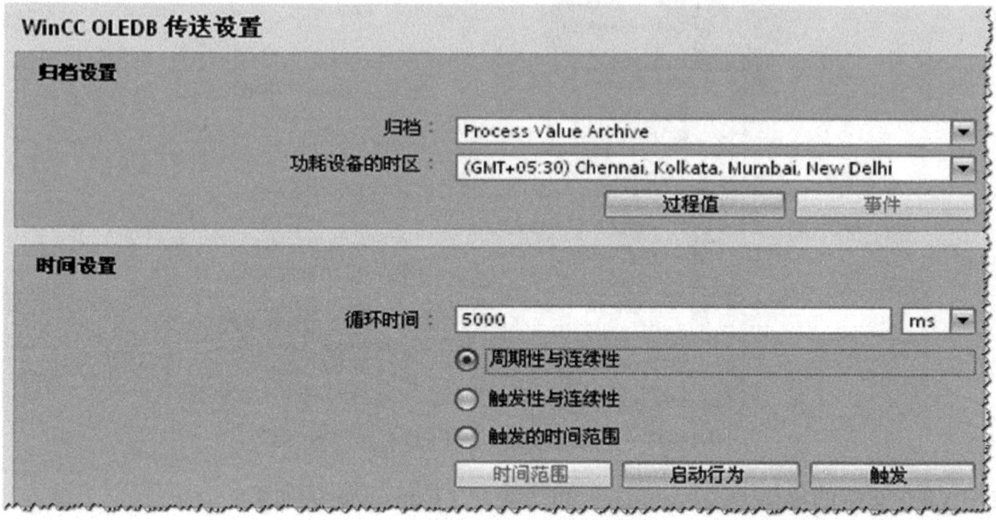

图 16-49　WinCC 归档数据传送机制

1）周期性与连续性：IDB Runtime 运行后，就按照设定的更新周期连续传送数据。

2）触发性与连续性：以固定更新周期检测用 OPC 变量定义的触发变量是否满足条件，若满足条件则按照设定的周期连续传送数据。

3）触发的时间范围：以固定更新周期检测用 OPC 变量定义的触发变量是否满足条件，若满足条件则传送设定时间范围内的归档数据。时间范围由两个 OPC 变量指定。

3. 动态数据库与数据库

不同版本的 IDB 支持的数据库版本有所不同，IDB V8.0 支持以下版本的数据库。

1）MS Access 2003/2007/2010/2013/2016，使用驱动程序"MS ACE 12.0 OLE DB Provider"。

2）MS SQL Server 2005/2008/2012/2014/2016，使用驱动程序"MS OLE DB Provider for SQL"。

3）ORACLE 8i/10g/11g/12c，使用驱动程序"Oracle provider for OLE DB"。

4）MySQL 3.5/5.1/5.5/5.6/5.7，使用驱动程序"MySQL ODBC 3.51 和 5.3 UNICODE"。

IDB 支持动态数据库与数据库两种接口，它们作为提供方时的区别如下：

1）数据库传送机制如图 16-50 所示，当提供方为数据库时，只能设置一个触发条件，并且只能传送数据库中第一行的数据到消费方。

2）动态数据库除了能够设置一个触发条件外，还能设置一个 Where 语句以过滤要传送的内容，Where 语句如图 16-51 所示。

并且还可以选择传送内容，动态数据库传送内容如图 16-52 所示。

3）动态数据库除了能够传送数据库的内容之外，还可以同时将 OPC 变量的值传送到消费方，动态数据库 OPC 变量如图 16-53 所示。

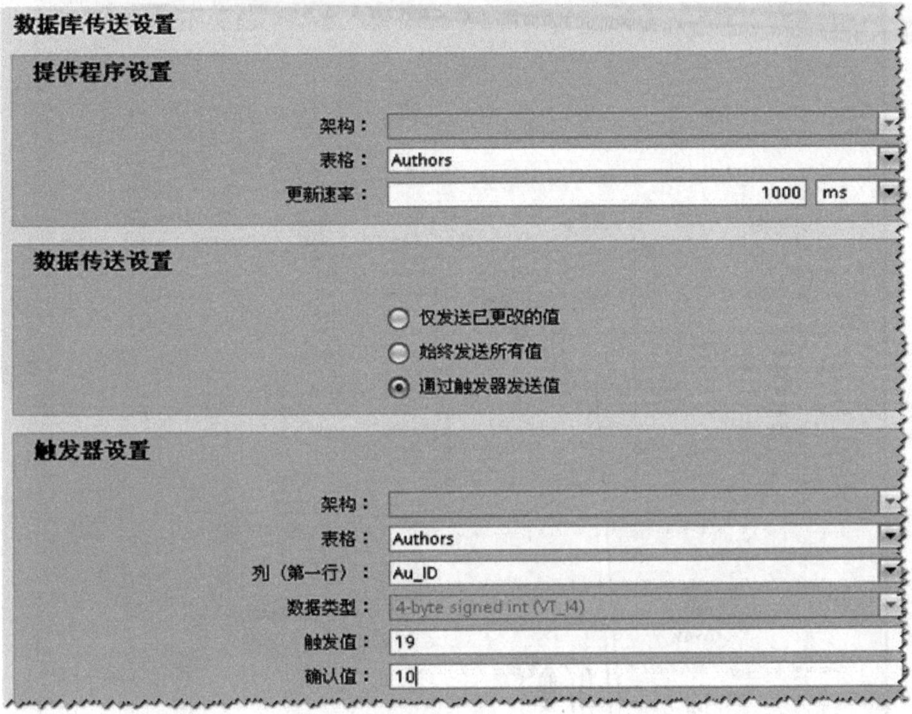

图 16-50　数据库传送机制

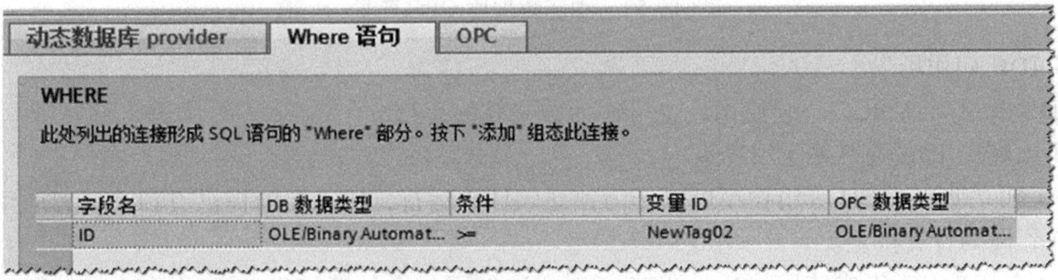

图 16-51　Where 语句

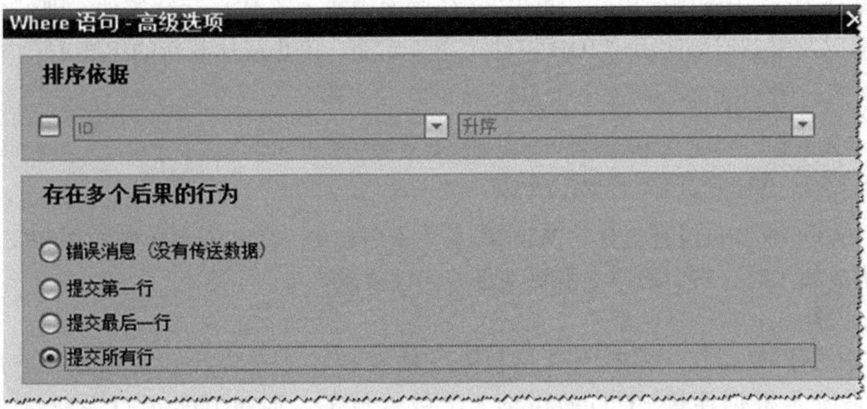

图 16-52　动态数据库传送内容

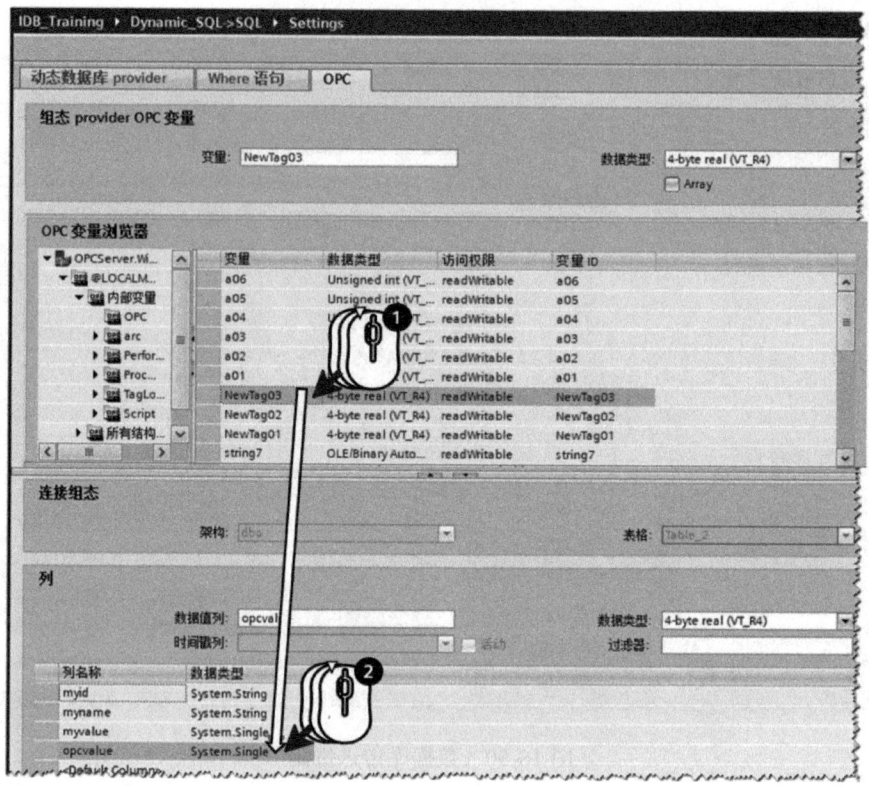

图 16-53 动态数据库 OPC 变量

4. IDB 应用场景

IDB 既可与 WinCC 一起使用，也可作为独立软件运行。

下面列出 IDB 的三种应用场景：

1）独立使用：IDB 应用程序可以作为独立软件来运行，所连接的提供方和消费方应用程序可以在不同的计算机上。

2）与 WinCC 集成使用：IDB 和 WinCC 安装在同一台计算机上，可以通过 IDB 集中访问其他 WinCC 系统的数据，支持 WinCC 单站、分布式客户端、服务器。

3）在 Web Navigator 中使用：如果 WinCC 画面中嵌入了 IDB 运行控件，则可在 Web Navigator 客户端以及服务器端使用该 IDB 控件（用于启动、停止或加载新的组态）。

> **提示**
> 访问数据需要相关接口，例如，访问 WinCC 归档数据就需要 WinCC OLEDB 接口。在没有安装 WinCC 或 DataMonitor 的情况下就要安装 Connectivity Pack。

另外，IDB 的安装包没有包含在 WinCC 基本安装包中，IDB 需要单独购买和安装。当 IDB 和 WinCC 集成使用时，它们的版本需要满足兼容性要求。

5. 授权计算

组态 IDB 不需要授权，只有 IDB 运行系统需要授权（安装后可以激活一个月的试用授权）。运行系统是根据连接（Connections）个数授权的，通过 IDB 运行系统的"Options → License 菜单可以查看项目中的连接个数，IDB 授权信息如图 16-54 所示。

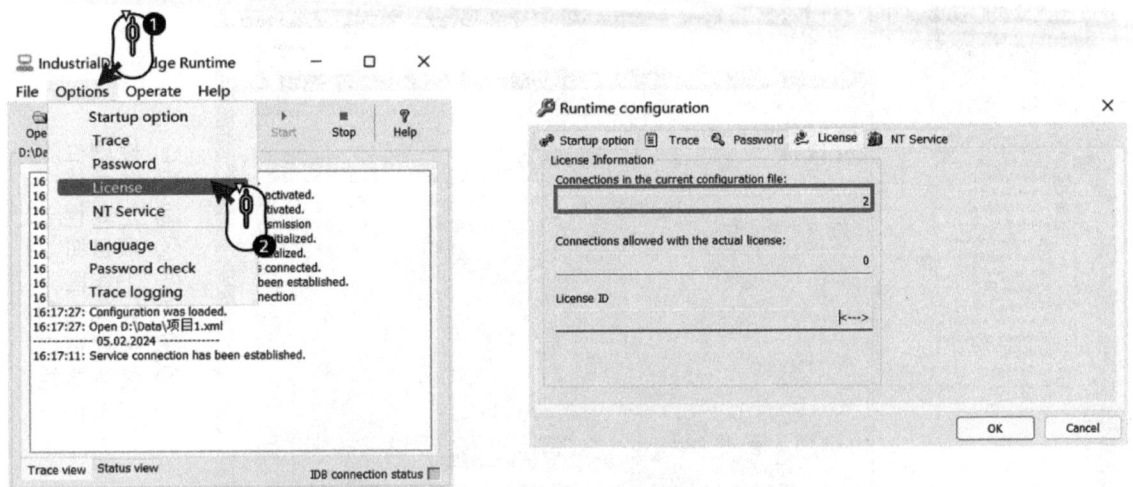

图 16-54　IDB 授权信息

16.4.2　组态与运行

IDB 包含组态系统和运行系统两部分，IDB 组件如图 16-55 所示。其中组态系统包含一个功能全面的用户组态界面，用于组态 IDB 链接（Links）及其连接（Connections）。配置完成后在组态系统生成 .XML 格式的配置文件（可直接打开 .XML 文件查看或修改组态配置）。

运行系统用于执行组态系统生成的 .XML 配置文件。借助 IDB 运行系统，用户可访问过程数据，并按所加载的组态文件中的定义来进行数据交换。

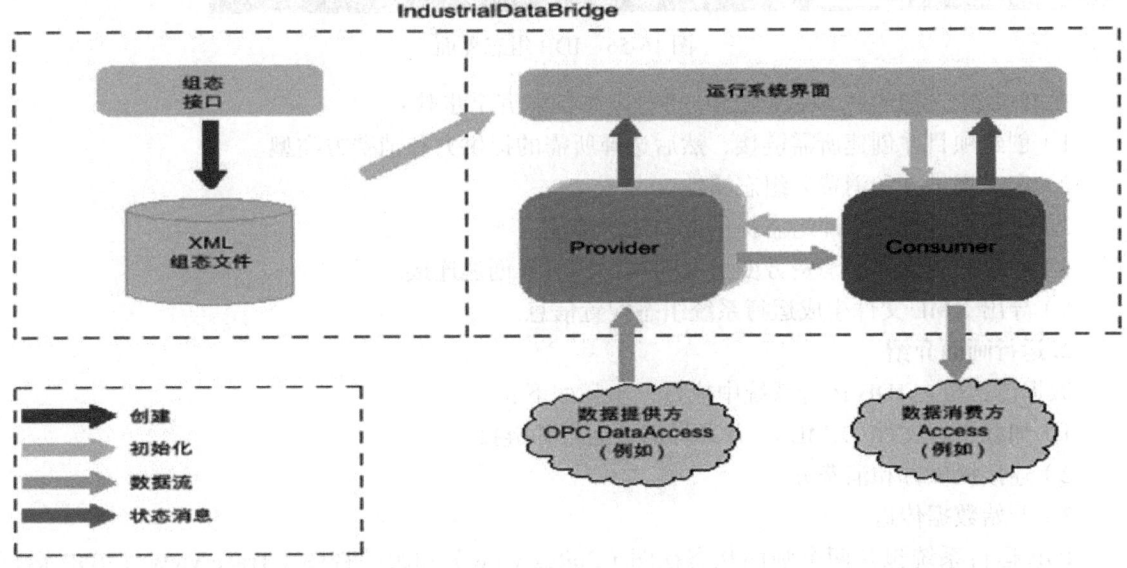

图 16-55　IDB 组件图

1. 组态界面介绍

IDB 组态系统用于创建和管理提供方/消费方组态、数据连接以及传送设置，IDB 组态界面如图 16-56 所示。

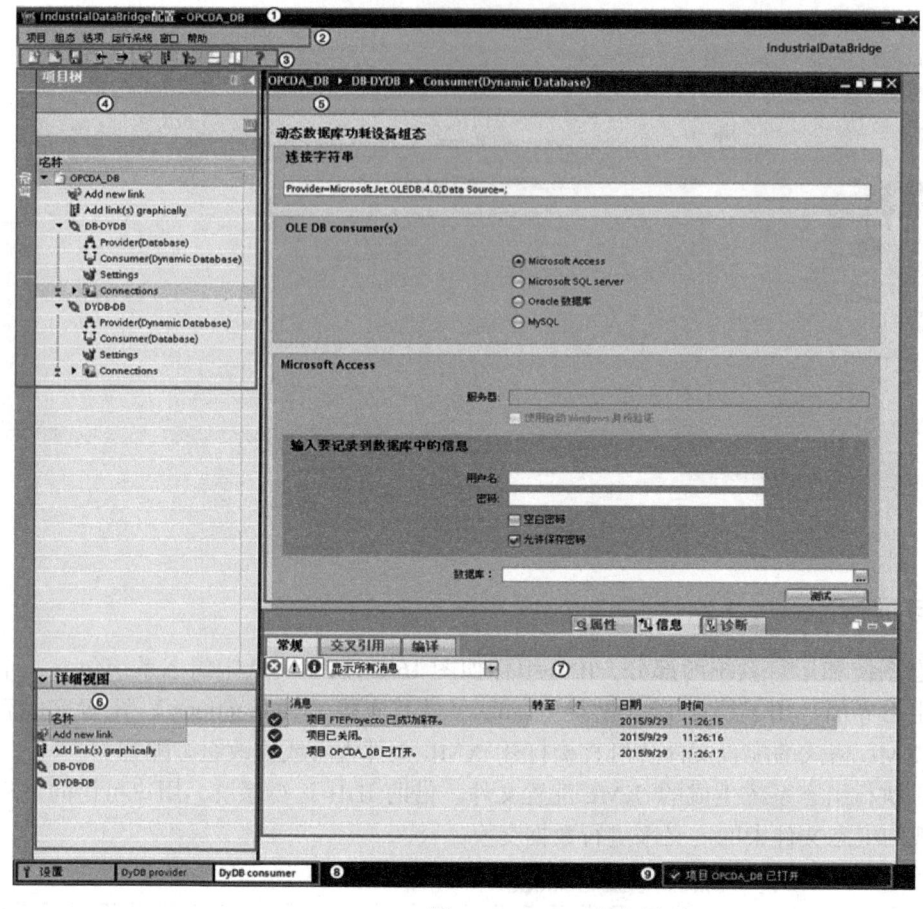

图 16-56　IDB 组态界面

在 IDB 组态系统中，对数据连接进行组态仅需五个步骤：

1）创建项目并创建所需链接，然后选择所需的提供方和消费方类型。
2）定义提供方和消费方组态属性。
3）进行连接设置，即组态提供方的传送选项。
4）通过在提供方和消费方变量之间执行映射来创建连接。
5）导出 XML 文件生成运行系统组态配置信息。

2. 运行画面介绍

数据传送可在 IDB 运行系统中执行，步骤如下：

1）加载组态文件（XML），并选择需要运行的链接。
2）连接提供方和消费方。
3）开始数据传送。

IDB 运行系统包含两个画面状态视图（Status view）和跟踪视图（Trace view），IDB 运行画面如图 16-57 所示。

在状态视图中显示连接中数据提供方和数据消费方的状态以及最后一条连接消息和相应的时间戳。

数据提供方和数据消费方的状态以彩色点表示。

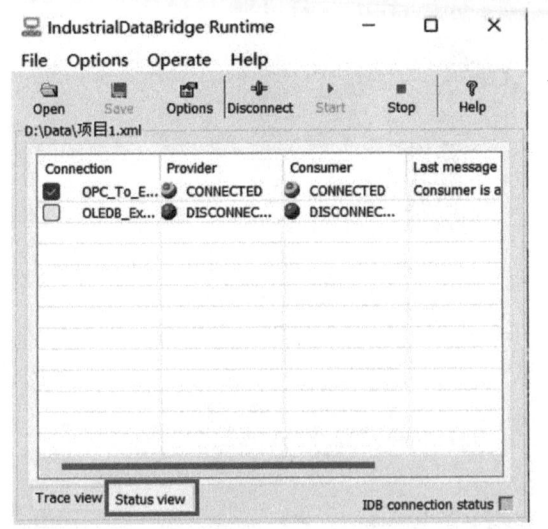 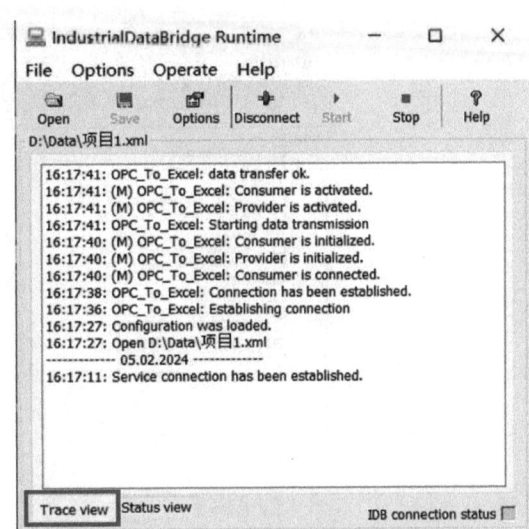

图 16-57　IDB 运行画面

1）红色点：DISCONNECTED（未连接）。

2）黄色点：TRYCONNECTED（正在建立连接）。

3）绿色点：CONNECTED（已连接）。

在跟踪视图中，可以查看关于在运行系统中执行的各操作的当前消息，包括提供方和消费方类型的数据传送状态和错误消息，可以以此作为错误诊断的依据。

16.5　连通性软件包

当一个第三方的软件（如使用 C# 开发的应用程序）需要去读取 WinCC 的归档数据（变量归档和报警归档）时就要使用到 WinCC 的连通性软件包（Connectivity Pack）提供的数据接口。

> **提示**
>
> 虽然 WinCC 后台数据库是 SQL Server，但使用标准的 SQL Server 的接口只能读取 WinCC 项目中的用户归档的数据，无法读取 WinCC 的变量归档和报警归档的数据。

连通性软件包（Connectivity Pack）是 WinCC 的一个选件，提供以下功能：

1）在本地或远程通过 OPC 接口或 WinCC OLE DB 接口访问 WinCC 归档数据。

2）提供以下授权：OPC A&E、OPC HDA、OPC XML、OPC UA 及 WinCC OLE DB。

3）归档连接器：可把备份出去的 WinCC 归档数据连接到 SQL Server 或从 SQL Server 断开。

4）WinCC DataConnector：用于在过程画面中组态和访问过程值和报警归档。

16.5.1　安装

连通性软件包（Connectivity Pack）的安装包包含在 WinCC 基本安装包中，可以在安装 WinCC 的过程中选择是否安装，Connectivity Pack 的安装如图 16-58 所示。

连通性软件包安装分为服务器端和客户机端。客户机只提供了 WinCC OLE DB 的接口，服务器端相比客户机端多了两个组件，即归档连接器和 WinCC DataConnector。

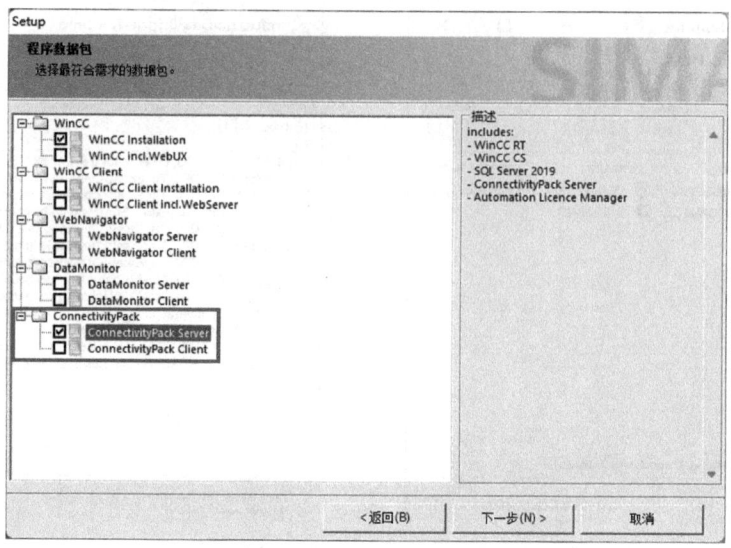

图 16-58　Connectivity Pack 的安装

16.5.2　WinCC OLE DB 接口

连通性软件包（Connectivity Pack）包含 WinCC OLE DB 接口，使用 WinCC OLE DB 接口可以直接访问 WinCC 归档数据。

使用 WinCC OLE DB 接口而不是 SQL 的 OLE DB 接口的原因有以下两点：

1) WinCC 变量归档数据以压缩的形式存储在数据库中。压缩的归档数据如图 16-59 所示，在数据库中看到的全是压缩过的二进制数（BinValues），需要通过 WinCC OLE DB 才能够解压并读取这些数据。

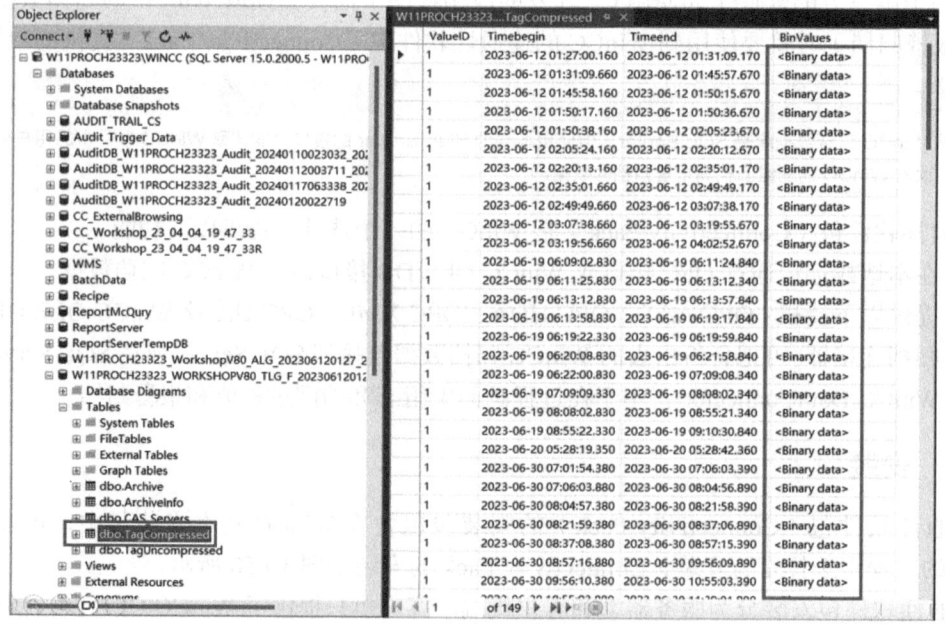

图 16-59　压缩的归档数据

2）WinCC 运行数据并不是存在一个数据库中，而是分散在多个小数据库当中，归档数据片断如图 16-60 所示。使用 WinCC OLE DB 能够透明地访问这些归档数据，也就是通过访问 WinCC 的运行数据库就可以获取 WinCC 项目下所有的归档数据。

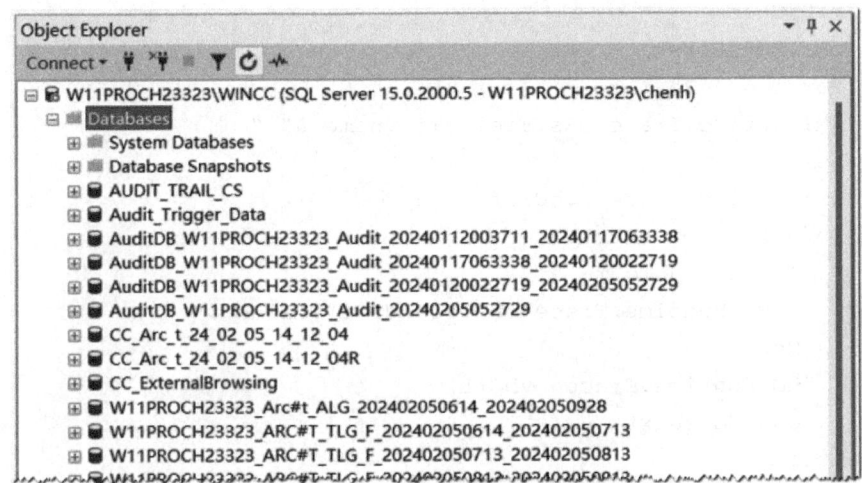

图 16-60　归档数据片断

16.5.3　WinCC OLE DB 语法

1. 变量归档的查询

下面是一个使用 WinCC OLE DB 接口查询变量归档数据的示例。

```
Sub OnLButtonDown(ByVal Item, ByVal Flags, ByVal x, ByVal y)
    Dim sCon, sSql
    Dim conn, oRs, oCom
    Dim m,i
    '------ 连接字符串 ------
    sCon = "Provider = WinCCOLEDBProvider.1;Catalog = CC_WINCC_
DA_16_12_05_00_21_09R;
            Data Source = WINC02\WinCC"
    '------ 查询语句（查询最近 10s 的数据）------
    sSql = "Tag:R,('pva\NewTag01';'pva\NewTag02'),'0000-00-00 00:00:
10.000', '0000-00-00 00:00:00.000','Where Realvalue<100'"
    Set conn = CreateObject("ADODB.Connection")
    conn.ConnectionString = sCon
    conn.CursorLocation = 3
    conn.Open
    Set oRs = CreateObject("ADODB.Recordset")
    Set oCom = CreateObject("ADODB.Command")
    oCom.CommandType = 1
    Set oCom.ActiveConnection = conn
```

```
        oCom.CommandText = sSql
        Set oRs = oCom.Execute
        m = oRs.Fields.Count
        '------ 输出结果 ------
        If (m>0)Then
            oRs.MoveFirst
            For i = 0 To m-1
            HMIRuntime.Trace oRs.Fields(i).name &" "
            Next
            HMIRuntime.Trace  vbCrLf
            Do While Not oRs.EOF
               For i = 0 To m-1
                  HMIRuntime.Trace oRs.Fields(i).Value &" "
               Next
               HMIRuntime.Trace  vbCrLf
               oRs.MoveNext
            Loop
            oRs.Close
        Else
            MsgBox"oRs.Fields.Count = 0"
        End If
        Set oRs = Nothing
        Set conn = Nothing
    End Sub
```

上述脚本是查询计算机名为"WINC02"上的 WinCC 项目中的数据,并使用下面的过滤条件。

1)时间范围:10s 之前至现在。

2)查询变量:变量归档"pva"下的归档变量"NewTag01"和"NewTag02"。

3)其他条件:变量值 <100。

脚本中"sCon"为连接字符串,"sSql"为查询语句。

数据查询结果如图 16-61 所示。

ValueID	Timestamp	RealValue	Quality	Flags
12	2024/2/5 5:46:00	155	128	8392768
12	2024/2/5 5:47:00	77	128	8392704
12	2024/2/5 5:48:00	17	128	8392704
12	2024/2/5 5:49:00	197	128	8392704
12	2024/2/5 5:50:00	163	128	8392704
12	2024/2/5 5:51:00	132	128	8392704
12	2024/2/5 5:52:00	138	128	8392704
12	2024/2/5 5:53:00	10	128	8392704
12	2024/2/5 5:54:00	91	128	8392704
13	2024/2/5 5:46:00	180	128	8392768
13	2024/2/5 5:47:00	80	128	8392704
13	2024/2/5 5:48:00	156	128	8392704
13	2024/2/5 5:49:00	62	128	8392704

图 16-61 数据查询结果

下面分别介绍 WinCC OLE DB 的连接字符串和查询语句。

（1）连接字符串

WinCC OLE DB 作为 ActiveX 数据对象（ADO），是通过连接对象建立应用程序和归档数据库之间连接的。其中一个重要参数就是连接字符串（Connection String）。连接字符串包含使用 OLE DB 提供程序访问数据库的所有必需信息。

连接字符串的组成如下：

"Provider = WinCCOLEDBProvider.1；Catalog = ***；Data Source = ***"

其中"Catalog"是 WinCC 运行数据库的名称，它是由项目名称以及 WinCC 项目创建日期组成的。并且当修改项目名称或在其他计算机上打开此项目时，这个数据库名称会发生变化。

WinCC 提供系统变量"@DatasourceNameRT"用来保存当前的 WinCC 运行数据库名称。因此建议在脚本中使用这个变量来获得当前项目的 Catalog，@DatasourceNameRT 变量如图 16-62 所示。

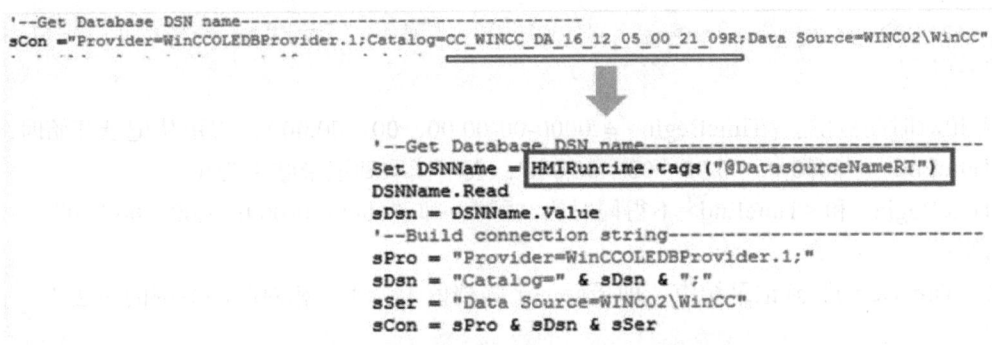

图 16-62　@DatasourceNameRT 变量

> **提示**
>
> 第三方软件可以通过 OPC 读取 WinCC 系统变量"@DatasourceNameRT"来获得项目的 Catalog。

"Data Source"是服务器名称。

当应用程序和 WinCC 在同一台计算机时，Data Source 写法为".\WinCC"或者"<WinCC 计算机名称>\WinCC"。

当应用程序和 WinCC 不在同一台计算机时，Data Source 写法为"<WinCC 计算机名称>\WinCC"。

WinCC OLE DB 是集成 Windows 认证来实现安全访问的，需要将客户机当前登录的 Windows 用户在 WinCC 服务器所在的计算机上注册，并隶属于 SIMATIC HMI 组。

（2）查询语句

```
TAG:R,<ValueID or ValueName>,<TimeBegin>,<TimeEnd>[,<SQL_clause>]
[,<TimeStep>]
```

或者

```
TAG_EX:R,<ValueID or ValueName>,<TimeBegin>,<TimeEnd>[,<SQL_clause>]
[,<TimeStep>]
```

可以使用变量 ID 或者归档变量名称来查询，其中"ValueName"的格式为"ArchiveName\Value_Name"。同时查询多个归档变量的查询语法如下：

```
"TAG:R,('ArchiveName\ValueName _1';'ArchiveName\ValueName _2'),……"
```

> **提示**
> 对变量归档的查询，最多支持同时查询 20 个归档变量。

查询语句用"TimeBegin"和"TimeEnd"来设定时间范围，格式为"YYYY-MM-DD hh : mm : ss.msc"。

"TimeBegin"和"TimeEnd"支持绝对时间范围和相对时间范围。

1）绝对时间范围。从开始时间 <TimeBegin> 开始读取，到结束时间 <TimeEnd> 为止。例如：

```
<TimeBegin> = '2018-06-11 11:00:00.000', <TimeEnd> = '2018-06-11 12:00:00.000'
```

2）相对时间范围。<TimeBegin> = '0000-00-00 00:00:00.000'，表示从记录开始时读取。<TimeEnd> = '0000-00-00 00:00:00.000'，表示读取到记录结束为止。
<TimeBegin> 和 <TimeEnd> 不得同时为"零"，即"0000-00-00 00:00:00.000"。
例如：
从"TimeBegin"到记录结束（即最后一个归档值）为止，相对时间范围的写法为

```
<TimeBegin> = '2018-06-11 12:00:00.000', <TimeEnd> = '0000-00-00 00:00:00.000'
```

从"TimeBegin"开始之后的 10 秒，相对时间范围的写法为

```
<TimeBegin> = '2018-06-11 12:00:00.000', <TimeEnd> = '0000-00-00 00:00:10.000'
```

从"TimeEnd"往前的 10 秒，相对时间范围的写法为

```
<TimeBegin> = '0000-00-00 00:00:10.000', <TimeEnd> = '2018-06-11 12:00:00.000'
```

从最后一个归档值开始，读取最后一小时的归档值，相对时间范围的写法为

```
<TimeBegin> = '0000-00-00 01:00:00.000', <TimeEnd> = '0000-00-00 00:00:00.000'
```

查询语句中的"SQL_Clause"为 SQL 语法中的过滤条件，格式为 [WHERE search_condition] [ORDER BY {order_expression [ASC|DESC] }]。

（3）查询结果

表 16-4 是 WinCC V7.4 SP1（包括不带 Update、带 Update1 和 Update2 的版本）返回的记录集。不同版本 WinCC 返回的记录集结果可能会有所不同。

表 16-4 WinCC V7.4 SP1 返回的记录集

域名称	类型	注释
ValueID	整型（4字节）或整型（8字节）	值的唯一标识
TimeStamp	日期时间	变量值对应的 UTC 时间戳
TimeStampExt	日期时间	变量值最近一次发生变化的时间戳
VariantValue	实型（8字节）	变量值
Quality	整型（4字节）	值的质量代码（例如"好"或"劣"）
Flags	整型（4字节）	内部控制参数

WinCC V7.4 及以前版本返回的记录集和表 16-4 有所不同，其返回的查询结果见表 16-5。

表 16-5 WinCC V7.4 及以前版本返回的记录集

域名称	类型	注释
ValueID	整型（4字节）或整型（8字节）	值的唯一标识
TimeStamp	日期时间	变量值对应的 UTC 时间戳
RealValue	实型（8字节）	变量值
Quality	整型（4字节）	值的质量代码
Flags	整型（4字节）	内部控制参数

WinCC V7.4 SP1 Update3 及以后的版本（目前最新版本为 WinCC V8.0 Update5）同时支持表 16-2 及表 16-3 两种记录集。当使用"Tag_EX：R..."查询语句时返回表 16-4 的记录集；当使用"Tag：R..."查询语句时返回表 16-5 的记录集。

例如，在 WinCC V8.0 中使用查询三个变量最近 10s 的归档数据，使用查询语句"Tag:R,(1;2;3),'0000-00-00 00:00:10.000','0000-00-00 00:00:00.000'"，"Tag:R..." 查询结果如图 16-63 所示。

ValueID	Timestamp	RealValue	Quality	Flags
1	5/31/2018 11:00:14 AM	5	128	8392704
1	5/31/2018 11:00:19 AM	5	128	8392704
2	5/31/2018 11:00:14 AM	3	128	8392704
2	5/31/2018 11:00:19 AM	3	128	8392704
3	5/31/2018 11:00:14 AM	1	128	8392704
3	5/31/2018 11:00:19 AM	1	128	8392704

图 16-63 "Tag:R..."查询结果

使用查询语句"Tag_EX:R,(1;2;3),'0000-00-00 00:00:10.000','0000-00-00 00:00:00.000'"，"Tag_EX:R..."查询结果如图 16-64 所示。

ValueID	Timestamp	TimestampExt	VariantValue	Quality	Flags
1	5/31/2018 10:57:49 AM	5/31/2018 10:54:40 AM	5	128	8392704
1	5/31/2018 10:57:54 AM	5/31/2018 10:54:40 AM	5	128	8392704
2	5/31/2018 10:57:49 AM	5/31/2018 10:54:37 AM	3	128	8392704
2	5/31/2018 10:57:54 AM	5/31/2018 10:54:37 AM	3	128	8392704
3	5/31/2018 10:57:49 AM	5/31/2018 10:54:35 AM	1	128	8392704
3	5/31/2018 10:57:54 AM	5/31/2018 10:54:35 AM	1	128	8392704

图 16-64 "Tag_EX:R..."查询结果

提示

当查询变量中存在字符串变量时必须使用"Tag_EX：R…"查询。

2. 报警归档的查询

1）连接字符串和变量归档查询相同。

2）查询语句为

```
ALARMVIEWEX:SELECT * FROM <ViewName>[WHERE <Condition>...., optional]
```

ViewName：数据库表的名称（与语言相关）。
　　　　　AlgViewExENU：英文；
　　　　　AlgViewExCHS：中文（简体）。
Condition：过滤条件，例如：
　　　　　DateTime>'2016-06-01' AND DateTime<'2016-07-01'
　　　　　MsgNr = 5
　　　　　MsgNr in (4, 5)
　　　　　State = 2

例如，查询编号为 5 的消息在 2016 年 12 月 5 号之后产生的所有英文报警消息的语句为

```
"ALARMVIEWEX:SELECT * FROM ALGVIEWEXENU WHERE MsgNr = 5 AND DateTime>'2016-12-05'"
```

3. 用户归档的查询

1）连接字符串。操作 WinCC 项目中用户归档的数据可以使用标准 SQL Server 的 OLE DB 接口。连接字符串为

```
"Provider = SQLOLEDB.1; Integrated Security = SSPI; Persist Security Info = false; Initial Catalog = CC_WINCC_DA_16_12_05_00_21_09R;Data Source = .\WinCC"
```

其中"CC_WINCC_DA_16_12_05_00_21_09R"是当前 WinCC 项目的运行数据库名称。

2）查询语句。用户归档的查询语句和标准 SQL Server 查询语句相同。
读取值语句为

```
SELECT * FROM UA#<ArchiveName>[WHERE <Condition>...., optional]
```

更新值语句为

```
UPDATE UA#<ArchiveName> SET UA#<ArchiveName>.<Column_n> = <Value> [WHERE <Condition>...., optional]
```

插入数据集语句为

```
INSERT INTO UA#<ArchiveName> (ID,<Column_1>,<Column_2>,<Column_n>)VALUES (<ID_Value>, Value_1,Value_2,Value_n)
```

删除数据集语句为

```
DELETE FROM UA#<ArchiveName> WHERE ID = <ID_Number>
```

16.5.4 其他接口及功能

1. 归档连接器

连通性软件包中还包括工具归档连接器，用于组态数据库访问，如图 16-65 所示。通过该工具，可将备份出去的 WinCC 归档重新连接到 SQL Server，从而使归档数据再次可用。可通过"Windows 开始菜单 > Siemens Automation > WinCC Archive Connector"打开归档连接器。

通过归档连接器，可实现以下功能：

1）手动连接：手动选择归档文件，然后通过"连接"按钮将归档文件连接到本地 SQL Server。

2）手动断开：手动选择归档文件，然后通过"断开"按钮断开与 SQL Server 的连接。

3）自动连接：归档连接器监视存储换出归档的文件夹，归档文件在复制进来时将被自动连接到 SQL Server。

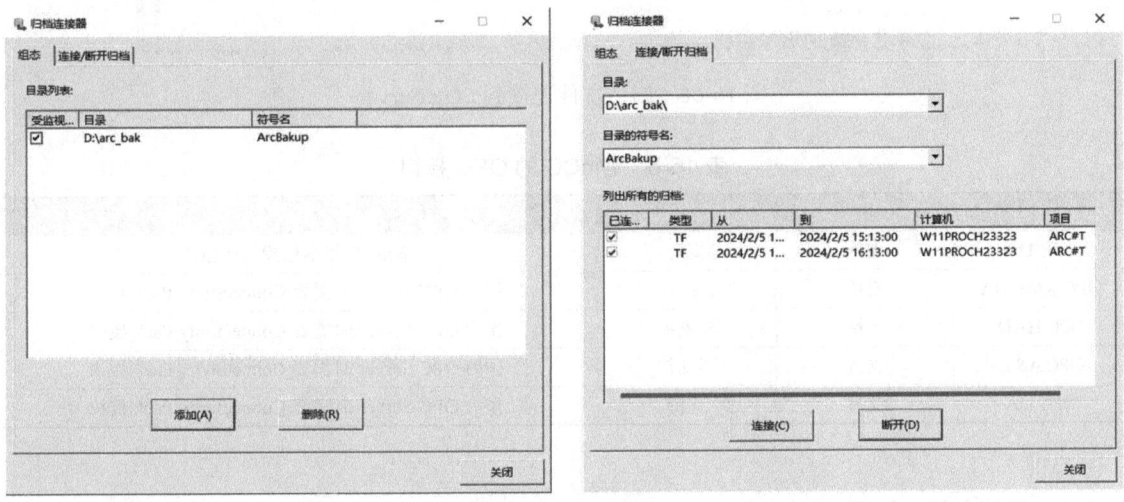

图 16-65　归档连接器

运行 WinCC 归档连接器的前提是计算机已经安装了 SQL Server，并安装了连通性软件包的授权。WinCC 归档文件连接到 SQL Server 数据库后，打开 Microsoft SQL Server Management Studio，可以看到创建了在图 16-65 中指定的符号名作为数据库名称的数据库"ArcBackup"，归档文件连接到 SQL Server，如图 16-66 所示。通过 WinCC OLE DB 访问此数据库，可以获取其所关联的所有归档片段中的数据。

使用 WinCC OLE DB 接口可以访问归档连接器生成的 Catalog，例如图 16-66 中的"ArcBakup"。

2. WinCC 的 OPC 接口

WinCC 支持 OPC DA（可以作为服务器和客户机）、OPC A&E（只能作为服务器）、OPC HDA（只能作为服务器）、OPC XML（可以作为服务器和客户机）以及 OPC UA（可以作为服务器和客户机）。除了 OPC DA（WinCC 基本授权包含 OPC DA Server 的授权）之外，当 WinCC 作为 OPC 服务器时，需要 Connectivity Pack 的授权。WinCC 的 OPC 接口见表 16-6。

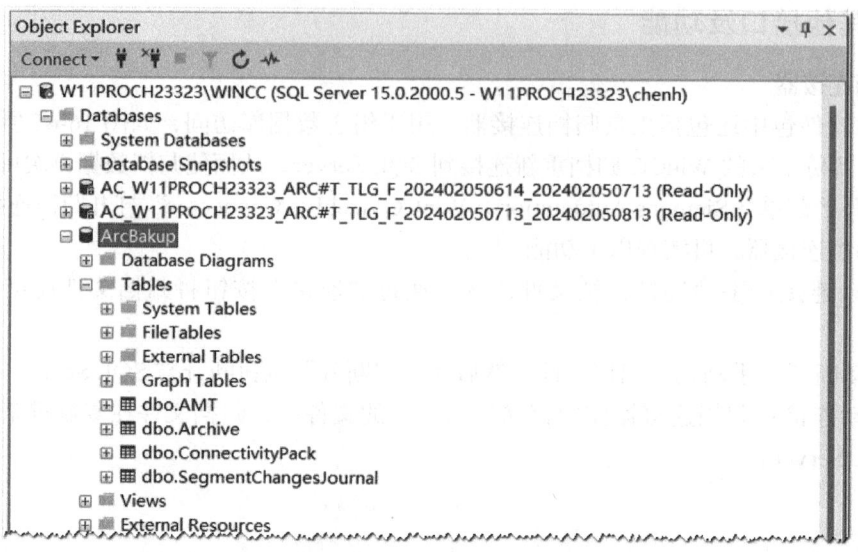

图 16-66 归档文件连接到 SQL Server

表 16-6 WinCC 的 OPC 接口

名称	OPC Server	OPC Client	授权
OPC DA	支持	支持	WinCC 基本包授权已包括
OPC XML DA	支持	支持	作为 OPC Server 时需要 Connectivity Pack 授权
OPC HAD	支持	不支持	作为 OPC Server 时需要 Connectivity Pack 授权
OPC A&E	支持	不支持	作为 OPC Server 时需要 Connectivity Pack 授权
OPC UA	支持	支持	作为 OPC Server 时需要 Connectivity Pack 授权

16.6 开放性应用示例

本章使用的软件版本如下（其他版本会有一些区别）：
1）WinCC V8.0 Update4。
2）IndustrialDataBridge V8.0。
3）Connectivity Pack V8.0。
4）Office 2019。

16.6.1 WinCC 画面中使用 Web 浏览器控件（对比新老两种浏览器）

WinCC 支持标准的 OCX 控件。OCX 是 "OLE Control Extension" 的缩写，是为 Microsoft Windows 操作系统设计的一种动态链接库文件，用于实现可重复使用的组件。

WinCC 安装后会自带一些 OCX 控件。这些控件位于画面工具箱下"控件"中的"ActiveX 控件下"，WinCC 控件列表如图 16-67 所示，这些控件可以直接拖拽到画面中使用。

例如，可以直接拖拽 WinCC WebBrowserControl（Chromium）控件到画面中来显示网页或文件（html、htm、pdf 等格式）。

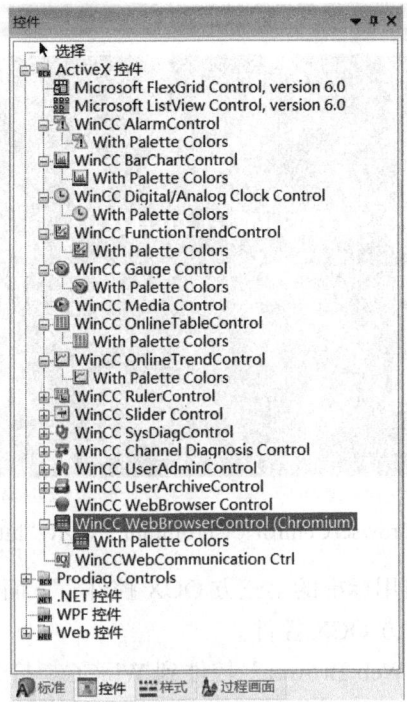

图 16-67　WinCC 控件列表

相比于 WinCC WebBrowserControl 控件只能显示静态 Web 内容或 CHM 文档，新的 WinCC WebBrowserControl（Chromium）控件是基于 Chromium 引擎的 WebBrowser 控件。它支持 HTML5 标准语言，支持显示包含动态内容的网页。可以在 WinCC Runtime 中直接显示 pdf 文件或直接播放视频文件，并允许通过项目指定的文件夹浏览打开画面/文件。例如，访问包括动态脚本的网页，WinCC WebBrowserControl 会提示有不支持的内容，显示"https://www.siemens.com"，如图 16-68 所示。

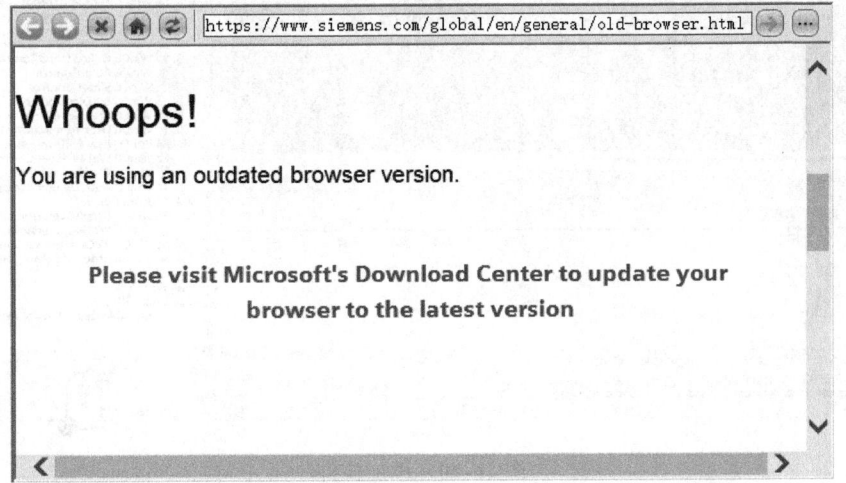

图 16-68　WinCC WebBrowserControl 显示"https://www.siemens.com"

使用 WinCC WebBrowserControl（Chromium）控件就可以正常显示，如图 16-69 所示。

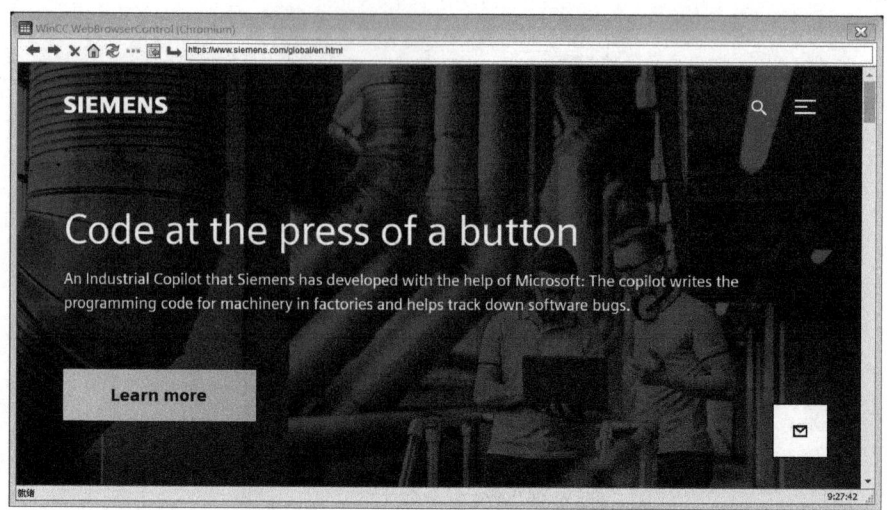

图 16-69　WinCC WebBrowserControl（Chromium）显示"https://www.siemens.com"

同时在 WinCC 中还可以引用标准的第三方 OCX 控件，下面以 Microsoft Web Brower 为例，说明如何在 WinCC 中使用第三方 OCX 控件。

步骤 1：添加"Microsoft Web Brower"控件到 WinCC。打开 WinCC 图形编辑器，切换到"控件"栏。在"ActiveX 控件"上单击右键，在弹出菜单中选择"添加 / 删除"，添加控件如图 16-70 所示。

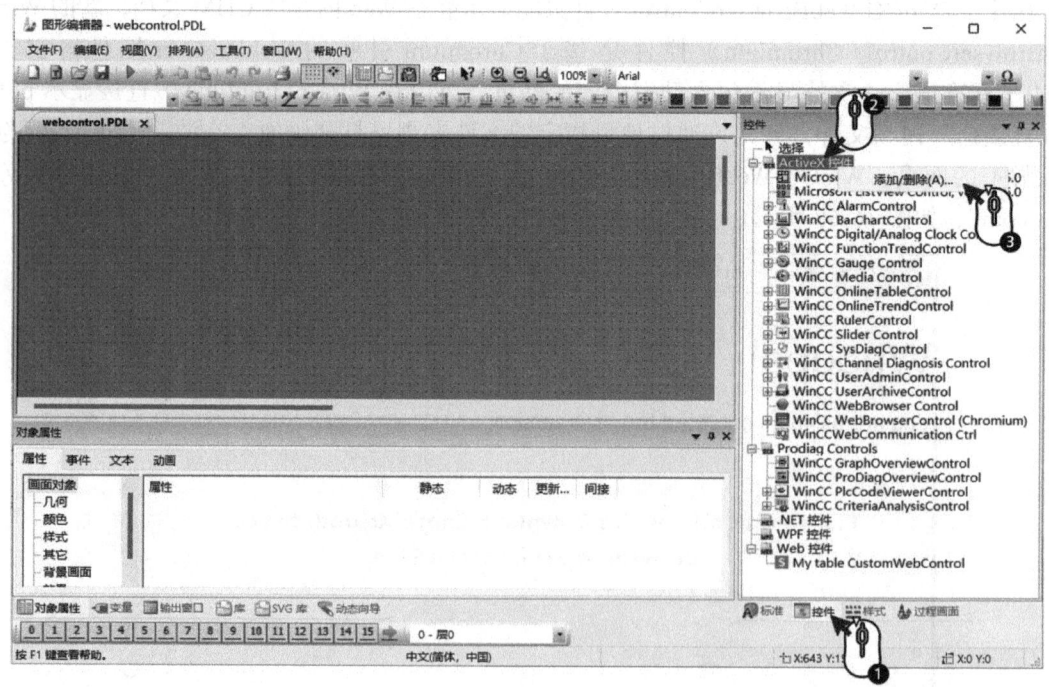

图 16-70　添加控件

然后选择"Microsoft Web Brower"后单击"确定"，选择控件如图 16-71 所示。

这样"Microsoft Web Brower"控件就添加进 WinCC "ActiveX 控件"列表中，"Microsoft

第 16 章 数据开放性 | 761

Web Browcr"控件如图 16-72 所示。

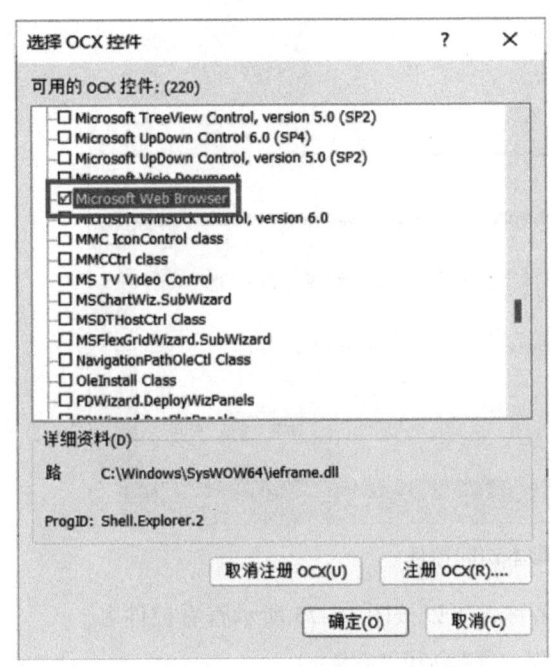

图 16-71 选择控件

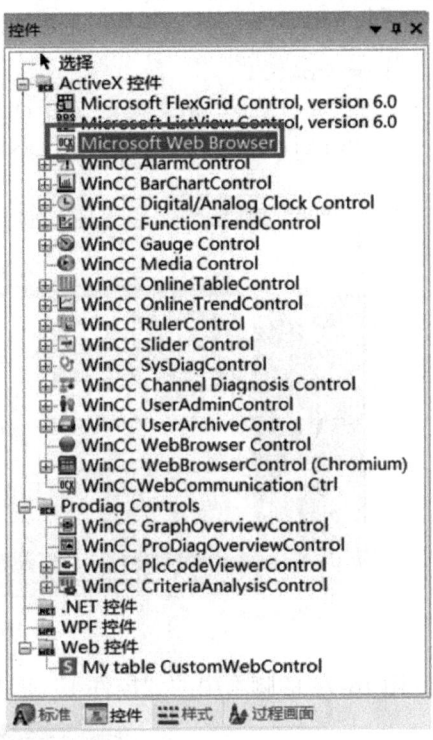

图 16-72 "Microsoft Web Brower"控件

步骤 2：画面引用控件。将"Microsoft Web Brower"控件拖放到 WinCC 画面中，在画面中引用控件如图 16-73 所示。

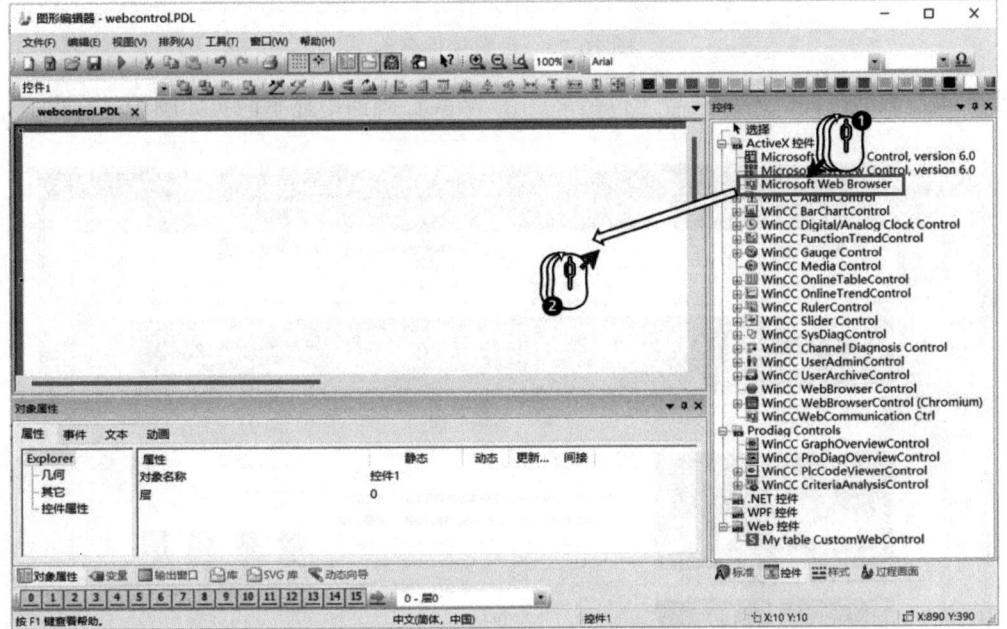

图 16-73 在画面中引用控件

步骤 3：脚本访问控件接口。在画面打开事件或者按钮事件中添加 VBS 脚本访问控件，如图 16-74 所示。

```
Dim wbCtrl
Set wbCtrl = ScreenItems("Web 控件名")
wbCtrl.Navigate"http://xxxx"
```

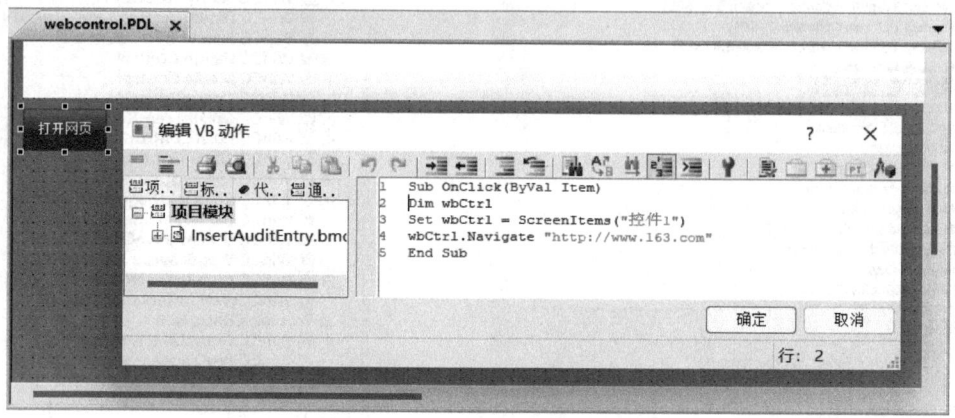

图 16-74　VBS 脚本访问控件

图 16-74 的脚本中的"控件 1"是 Web 控件名称，可以按图 16-75 所示查看控件名。

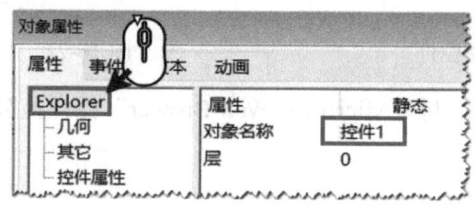

图 16-75　设置控件名称

步骤 4：激活画面，即可查看运行结果。在 WinCC 画面中显示网页如图 16-76 所示。

图 16-76　在 WinCC 画面中显示网页

> **提示**
> 使用来自第三方供应商的 ActiveX 控件可能会导致错误、降低性能或阻塞系统。用户负责自行解决因采用外部 ActiveX 控件所引起的问题。

"Microsoft Web Brower"控件显示带有动态脚本的画面效果也不是很好，Microsoft Web Brower 显示"https://www.siemens.com"如图 16-77 所示。

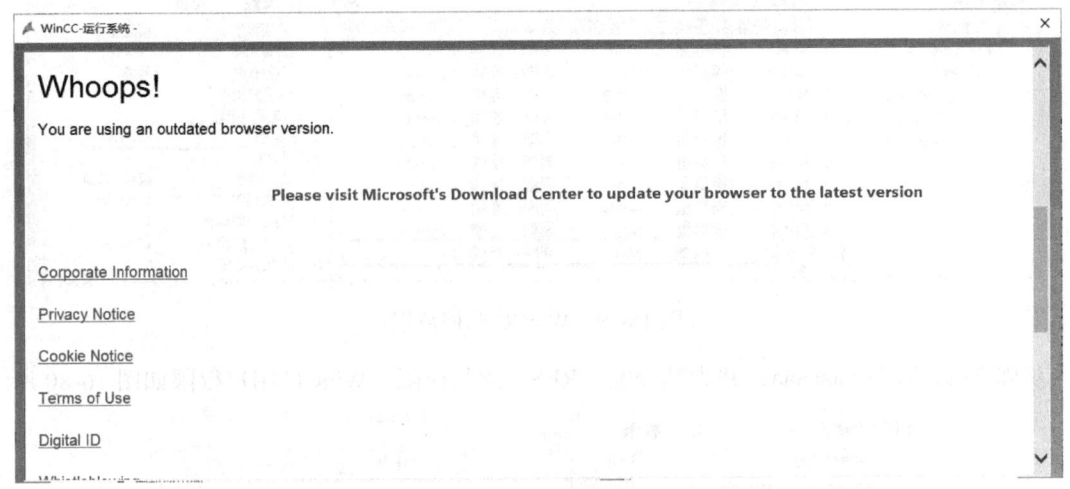

图 16-77　Microsoft Web Brower 显示"https://www.siemens.com"

因此，建议使用"WinCC WebBrowserControl（Chromium）"控件来显示带有动态内容的网页。

16.6.2　WinCC 数据通过 REST 接口与 ECharts 结合应用

本节以 ECharts（ECharts 是一款基于 JavaScript 的开源数据可视化图表库）通过 REST API 请求 WinCC 的变量归档数据为例来介绍 WinCC 的 REST API 接口的实际应用。

任务：图 16-78 所示为一个显示当天用电量分布的 EChart。WinCC 中对电能数据每 15min 归档一次，然后 ECharts 使用数据的间隔是 75min，因此要对 WinCC 变量归档的数据进行过滤后显示在这个 ECharts 中，ECharts 读取 WinCC 归档数据后的显示效果如图 16-78 所示。

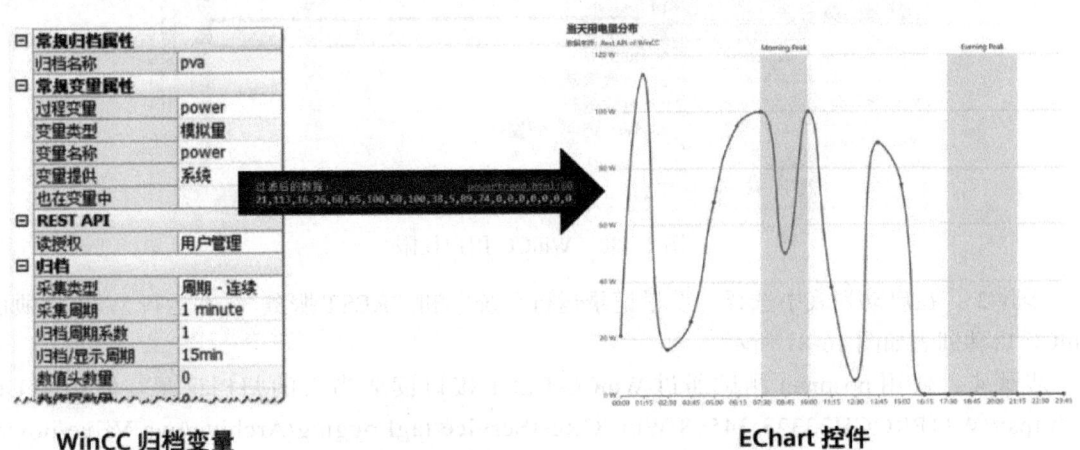

图 16-78　ECharts 读取 WinCC 归档数据后的显示效果

步骤 1：新建项目"16_WinCC_DataAccess"。在项目中创建用于测试的内部变量"power"，并创建归档变量。如图 16-79 所示，归档周期为 15min。REST API 的读授权选择"REST 读"（"REST 读"为自定义权限）。

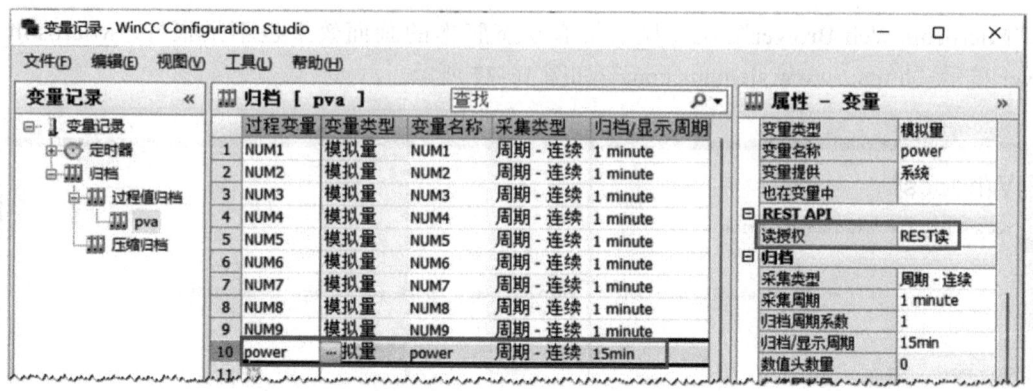

图 16-79 WinCC 归档数据

步骤 2：新建用户 aaaaaa，并为其分配"REST 读"权限。WinCC 用户权限如图 16-80 所示。

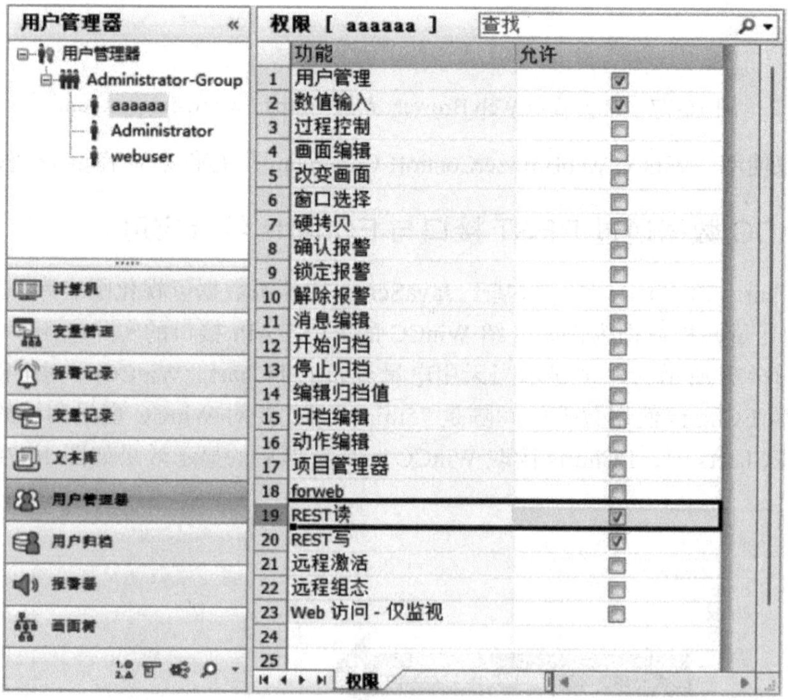

图 16-80 WinCC 用户权限

步骤 3：在启动列表中选择"变量记录运行系统"和"REST 服务"，并运行 WinCC 项目。WinCC 启动列表如图 16-81 所示。

步骤 4：使用 postman 测试通过 WinCC REST 接口读取当天的归档记录。使用的 URL 为 https://W11PROCH23323:34568/WinCCRestService/tagLogging/Archive/pva/Value/power? begin = 2024-2-21 16:00:00.000 & end = 2024-2-22 15:59:00.000。

第16章 数据开放性 | 765

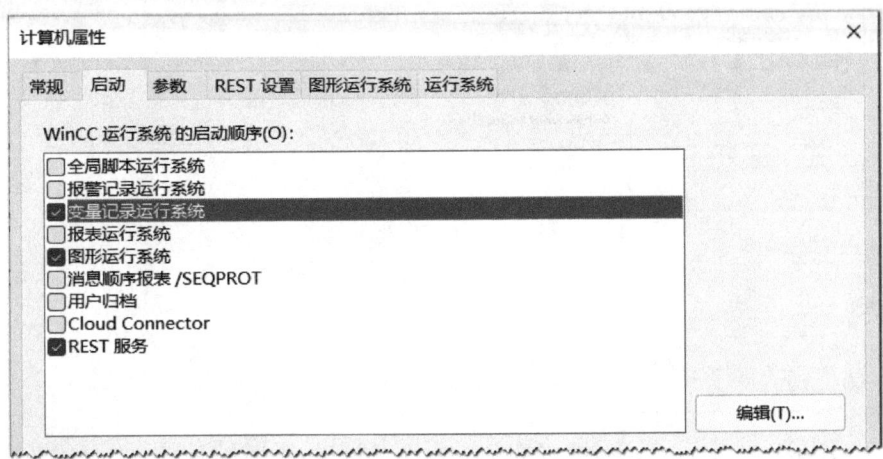

图 16-81 WinCC 启动列表

使用的用户为步骤 2 中创建的 "aaaaaa" 用户。读取成功后在 Code snippet 部分切换代码为 "JaveScript-jQuery"，并复制代码。在 Postman 测试读取 WinCC 归档数据如图 16-82 所示。

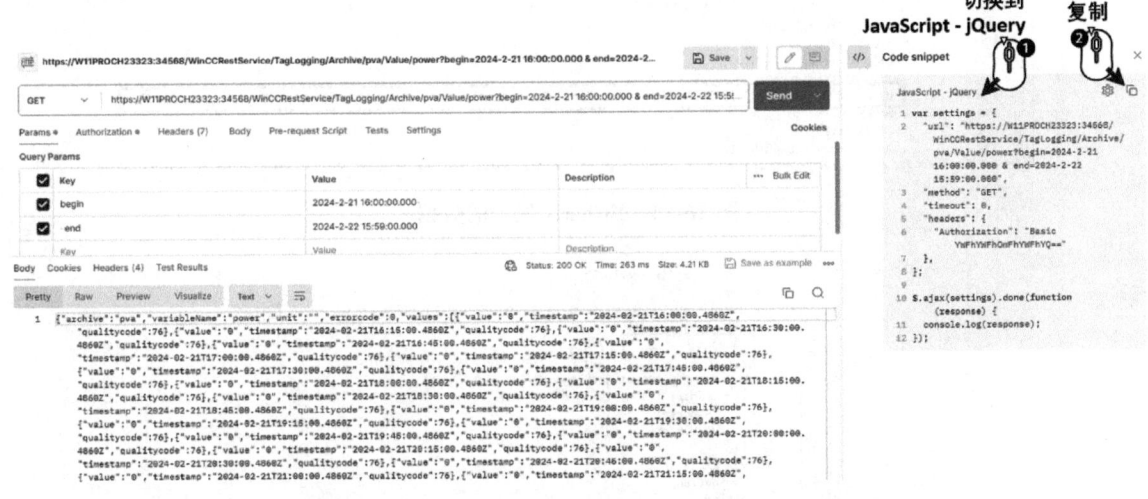

图 16-82 在 Postman 测试读取 WinCC 归档数据

步骤 5：从 ECharts 官网找到 "Distribution of Electricity"，下载 ECharts 代码或者直接下载 DEMO 网页，如图 16-83 所示。

用记事本或其他工具打开下载的 html 文件，可以看到在 ECharts 的 JavaScript 脚本中，ECharts 显示的数据如图 16-84 框中数组的数值来生成的曲线。

因此，接下来通过 REST API 接口读取 WinCC 的数据，替代这个数据数值数组就可以了。

> 提示
>
> 本书只是使用 ECharts 进行测试，如使用 ECharts 用于商业行为，请遵守 ECharts 相关要求。

步骤 6：接下来对源代码进行简单修改，图 16-85 框部分是进行修改的三个地方。

① 添加了使用 ajax 通过 REST API 接口读取 WinCC 的归档数据。

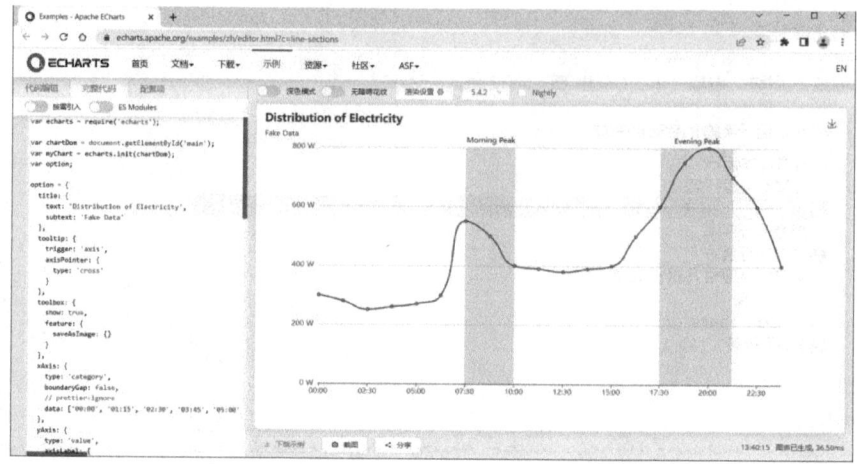

图 16-83　下载 ECharts

图 16-84　ECharts 显示的数据

图 16-85　ECharts 代码修改总览

② 使用读到的数据生成曲线，"nums2" 是在 ajax 这里生成的一个数组。
③ 周期读取数据。

图 16-86 所示为第一部分详细的脚本。

```
<script type="text/javascript">
    var nums;
    var nums2 = [0, 0, 0, 0, 0, 0, 0, 0, 0, 0, 0, 0, 0, 0, 0, 0, 0, 0, 0, 0];
    function echart_ref() {
        var today = new Date();                                              ①
        var t = today.getTime() - 1000 * 60 * 60 * 24;
        var yesterday = new Date(t);
        var urlstr = "begin=" + yesterday.getFullYear() + "-" + (yesterday.getMonth() + 1) + "-" + yesterday.getDate() +
            " 16:00:00.000 & end=" + today.getFullYear() + "-" + (today.getMonth() + 1) + "-" + today.getDate() + " 15:59:00.000";
        console.info("转换后的UDT时间范围：" + urlstr);
        $.ajax({
            "url": "https://W11PROCH23323:34568/WinCCRestService/TagLogging/Archive/pva/Value/power?" + urlstr,
            "method": "GET",
            "timeout": 0,                                                    ②
            "headers": {
                "Authorization": "Basic YWFhYWFhOmFhYWFhYQ=="
            },
            async: true,
            success: function (datas) {
                console.info("从WinCC Rest API读取的原始数据：" + datas);
                nums = JSON.parse(datas);
                var j = 0;
                for (let i = 0; i < nums.values.length; i++) {
                    if (i % 5 == 0) {
                        nums2[j] = nums.values[i].value;
                        j++;
                    }
                }
                console.info("过滤后的数据：" + nums2);              ③
            },
```

图 16-86　ECharts 读取 WinCC 归档数据并进行清洗

① 是设置时间范围，也就是现在往前推一天的时间范围。需要转成 UTC 时间，当天时间转成 UTC 时间就是前一天的 16 点到今天的 16 点。

② 是使用 ajax 通过 REST API 接口读取 WinCC 归档数据的代码。这一部分代码可以直接从步骤 4 的 postman 复制过来。从 Postman 复制连接字符如图 16-87 所示。

```
</> Code snippet                                                    ×

JavaScript - jQuery ∨                                            ⚙ ⧉

1  var settings = {
2    "url": "https://W11PROCH23323:34568/WinCCRestService/TagLogging/Archive/pva/Value/power?
       begin=2024-2-21 16:00:00.000 & end=2024-2-22 15:59:00.000",
3    "method": "GET",
4    "timeout": 0,
5    "headers": {
6      "Authorization": "Basic YWFhYWFhOmFhYWFhYQ=="
7    },
8  };
```

图 16-87　从 Postman 复制连接字符

③ 对读到的归档数据进行过滤，也就是每五个数据取第一个。因为电量在 WinCC 里 15min 归档一次，所以这个 ECharts 是每隔 75min 取一个数据。然后把过滤后的数据组合成一个数组就可以了。

具体代码如下：

```
<!--
此示例下载自 https://echarts.apache.org/examples/zh/editor.html?c = line-sections
```

```html
-->
<!DOCTYPE html>
<html lang = "zh-CN"style = "height:100%">
<head>
  <meta charset = "utf-8">
</head>
<body style = "height:100%; margin:0">
    <div id = "container"style = "height:100%"></div>
    <script type = "text/javascript"src = "echarts.min.js"></script>
    <script type = "text/javascript"src = "jquery-3.5.1.min.js"></script>
    <script type = "text/javascript">
        var nums;
        var nums2 = [0, 0, 0, 0, 0, 0, 0, 0, 0, 0, 0, 0, 0, 0, 0, 0, 0, 0, 0, 0];
        function echart_ref(){
            var today = new Date();
            var t = today.getTime()-1000 * 60 * 60 * 24;
            var yesterday = new Date(t);
            var urlstr = "begin = " + yesterday.getFullYear()+"-"+ (yesterday.getMonth()+1)+"-"+ yesterday.getDate()+" 16:00:00.000 & end = "+ today.getFullYear()+"-"+ (today.getMonth()+1)+"-"+ today.getDate()+"15:59:00.000";//UDT 时间范围
            console.info(" 转换后的 UDT 时间范围:"+ urlstr);
            $.ajax({
                "url":"https://W11PROCH23323:34568/WinCCRestService/TagLogging/Archive/pva/Value/power?"+ urlstr,//"https://W11PROCH23323:34568/WinCCRestService/TagLogging/Archive/pva/Value/power?begin = 2023-9-11 16:00:00.000&end = 2023-9-12 15:59:00.000",
                "method":"GET",
                "timeout":0,
                "headers":{
                    "Authorization":"Basic YWFhYWFhOmFhYWFhYQ == "
                },
                async:true,
                success:function (datas){
                    console.info(" 从 WinCC Rest API 读取的原始数据:"+ datas);
                    nums = JSON.parse(datas);
                    var j = 0;
                    for (let i = 0; i < nums.values.length; i++){
                        if (i % 5 == 0){
                            nums2[j] = nums.values[i].value;
                            j++;
```

```
            }
        }
        console.info("过滤后的数据:"+ nums2);
    },
    error:function(e){
        console.info("err:"+ e);
        console.log(e);
    }
}
)
var dom = document.getElementById('container');
var myChart = echarts.init(dom, null, {
    renderer:'canvas',
    useDirtyRect:false
});
var app = {};
var option;
option = {
    title:{
        text:'当天用电量分布',
        subtext:'数据来源:Rest API of WinCC'
    },
    tooltip:{
        trigger:'axis',
        axisPointer:{
            type:'cross'
        }
    },
    toolbox:{
        show:true,
        feature:{
            saveAsImage:{}
        }
    },
    xAxis:{
        type:'category',
        boundaryGap:false,
        // prettier-ignore
        data:['00:00', '01:15', '02:30', '03:45', '05:00', '06:15', '07:30', '08:45', '10:00', '11:15', '12:30', '13:45', '15:00', '16:15', '17:30', '18:45', '20:00', '21:15', '22:30', '23:45']
    },
    yAxis:{
```

```
                    type : 'value',
                    axisLabel : {
                        formatter : '{value} W'
                    },
                    axisPointer : {
                        snap : true
                    }
                },
                visualMap : {
                    show : false,
                    dimension : 0,
                    pieces : [
                        {
                            lte : 6,
                            color : 'green'
                        },
                        {
                            gt : 6,
                            lte : 8,
                            color : 'red'
                        },
                        {
                            gt : 8,
                            lte : 14,
                            color : 'green'
                        },
                        {
                            gt : 14,
                            lte : 17,
                            color : 'red'
                        },
                        {
                            gt : 17,
                            color : 'green'
                        }
                    ]
                },
                series : [
                    {
                        name : 'Electricity',
                        type : 'line',
                        smooth : true,
                        // prettier-ignore
```

```
                        data:nums2,// 来源与 WinCC 的数据
                        markArea:{
                            itemStyle:{
                                color:'rgba(255, 173, 177, 0.4)'
                            },
                            data:[
                                [
                                    {
                                        name:'Morning Peak',
                                        xAxis:'07:30'
                                    },
                                    {
                                        xAxis:'10:00'
                                    }
                                ],
                                [
                                    {
                                        name:'Evening Peak',
                                        xAxis:'17:30'
                                    },
                                    {
                                        xAxis:'21:15'
                                    }
                                ]
                            ]
                        }
                    }
                ]
            };
            if (option && typeof option == = 'object'){
                myChart.setOption(option);
            }
            window.addEventListener('resize', myChart.resize);
        }
        setInterval(function (){
            echart_ref();
        }, 2000);
    </script>
</body>
</html>
```

步骤 7：在浏览器中查看显示效果及过滤过程。首先需要将修改后的 html 文件以及需要的源文件放到同一个文件夹，ECharts 文件如图 16-88 所示。

图 16-88　ECharts 文件

然后在 IIS 中创建一个新网址并连接上面的 html 文件，IIS 网站设置如图 16-89 所示。

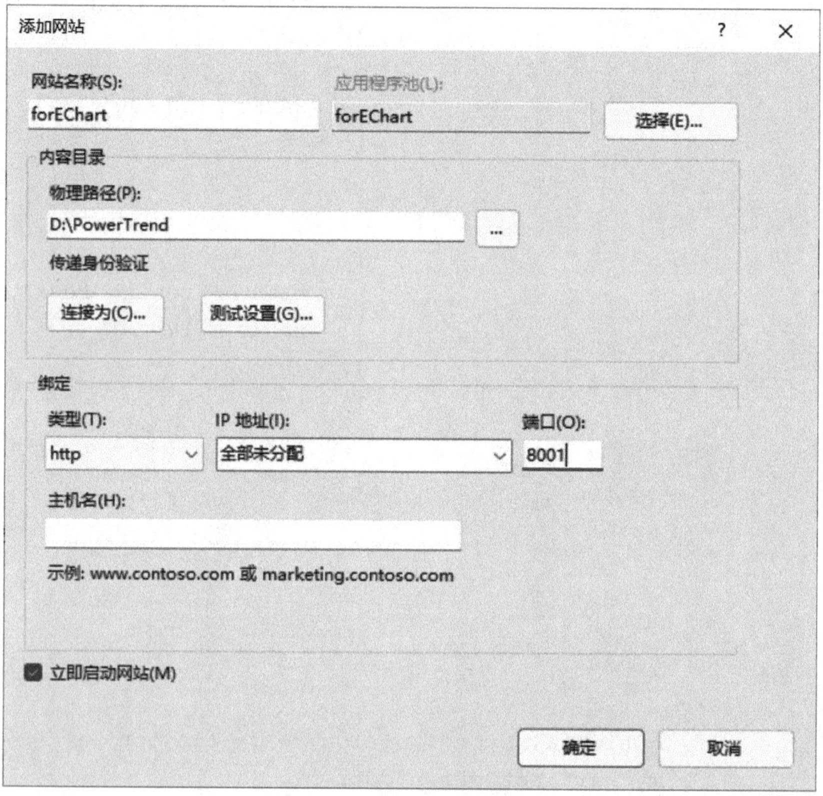

图 16-89　IIS 网站设置

接下来在浏览器（推荐使用 Chrome）中访问上面创建的网址中的 html 网页，并打开 Chrome 的控制台，在 Chrome 中访问 ECharts 如图 16-90 所示。

可以看到网页中的 ECharts 控件可以正确地读取并显示 WinCC 的归档数据，从浏览器的控制台中可以看到详细的数据过滤过程。

> **提示**
>
> 使用 ajax 的方式读取 WinCC REST API 的数据，需要 REST API 支持"CORS"机制，跨域资源共享机制。但是 WinCC 7.5 SP2 Update13、WinCC 8.0 Update2 之前的版本都不支持"CORS"，使用 ajax 读取时会一直报错，如图 16-91 所示。直到 WinCC 7.5 SP2 Update13、WinCC 8.0 Update2 才支持"CORS"机制。跨域指的是在 Web 开发中，当一个网页试图访问另一个域名下的资源时，就会发生跨域问题。跨域仅仅是针对浏览器而言的，服务端之间执行 http 请求的则不属于跨域。

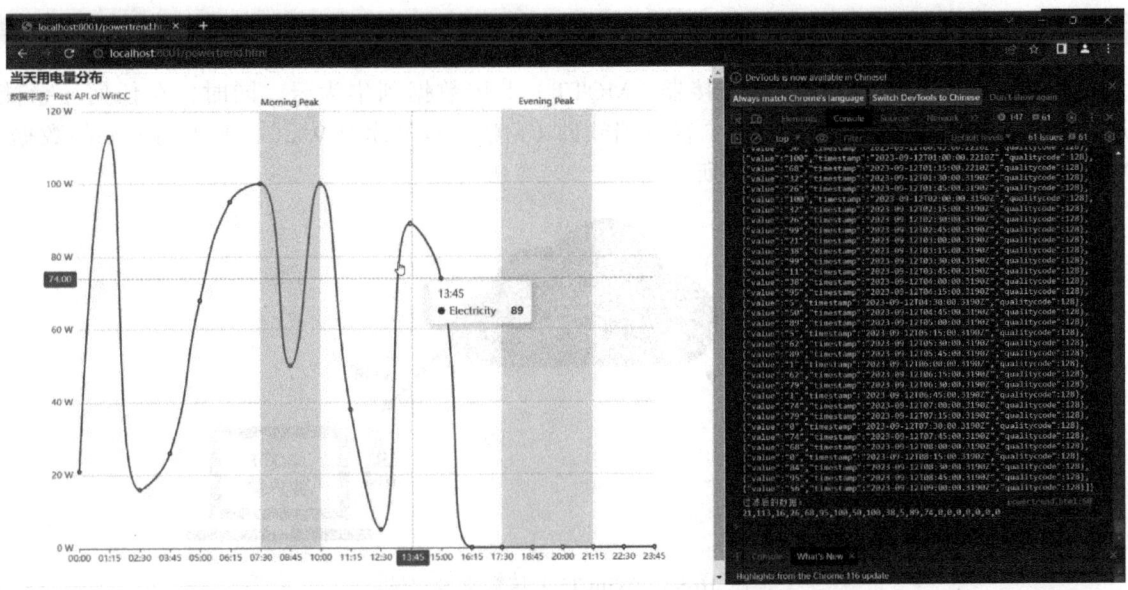

图 16-90　在 Chrome 中访问 ECharts

图 16-91　"CORS" 错误

步骤 8：在 WinCC 画面添加 WinCC WebBrowserControl（Chromium）控件，访问步骤 7 中的网页，并在画面中添加在线表格控件。两个控件同时显示相同的数据，结果如图 16-92 所示。

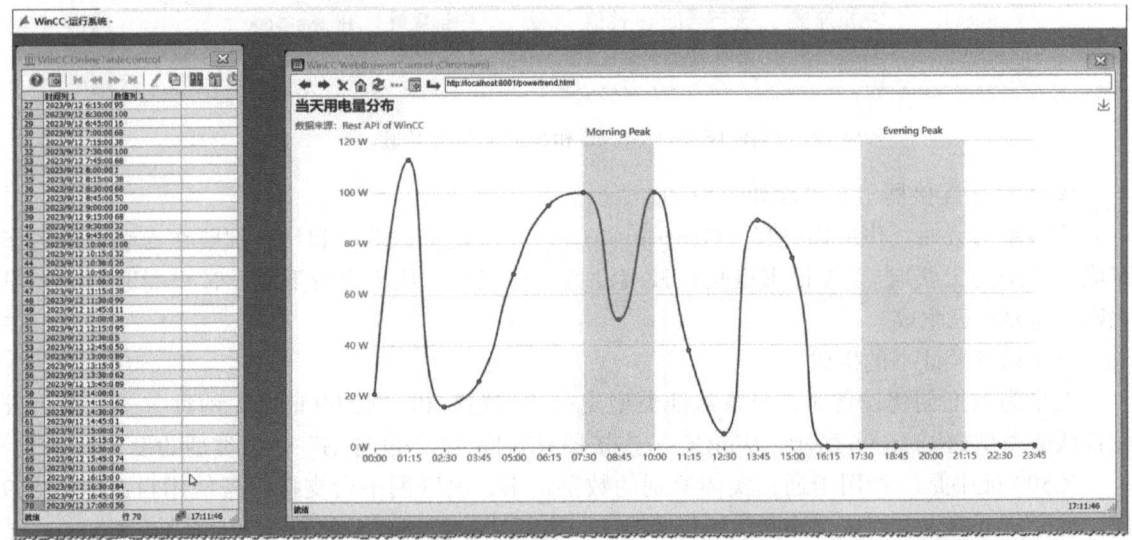

图 16-92　在 WinCC 中显示 ECharts

16.6.3　WinCC 数据传送到华为云

本节将介绍 WinCC 通过云连接器（MQTT）上传数据到华为云。同时，在任何一台能连接互联网的计算机上使用 MQTT 客户端软件（MQTT.fx）读取 WinCC 上传到云端的数据。WinCC 上传数据及订阅如图 16-93 所示。

图 16-93　WinCC 上传数据及订阅

下面分 WinCC 上传（发布）数据到华为云和 MQTT.fx 读取（订阅）华为云数据两部分介绍具体的组态过程。

需要注意，在进行华为云的配置时，需要满足的前提条件如下：

1）已注册华为云官方帐号。

2）已完成实名制认证否则无法使用设备接入功能。

3）已开通设备接入服务。

1. WinCC 通过云连接器上传数据到华为云

WinCC 中的 Speed 和 Status 两个变量，如图 16-94 所示，需要传送到华为云物联网平台。

名称	注释	数据类型	长度	连接	组	地址
1 Speed	电机速度	无符号的 16 位值	2	内部变量	HuaweiCloud	
2 Status	电机状态	二进制变量	1	内部变量	HuaweiCloud	
3						

图 16-94　Speed 和 Status 两个变量

WinCC 云连接器组态界面如图 16-95 所示。

连接华为云时，供应商选择 "Generic（MQTT）"。地址、端口和站名称要在云端设备组态完成后从华为云获取。CA 证书也是在云端设备组态完成后从华为云下载，客户端证书和客户端密钥需要自己生成。

（1）认证及证书的生成

在华为云上创建设备时，设备认证类型支持 "密钥" 和 "X.509 证书" 两种方式。华为云设备认证类型如图 16-96 所示。WinCC 云连接器只支持 "X.509 证书" 认证类型的设备。

X.509 证书是一种用于通信实体鉴别的数字证书，物联网平台支持设备使用自己的 X.509 证书进行认证鉴权。使用 X.509 认证技术时，设备无法被仿冒，避免了密钥泄露的风险。

可以在华为云的在线文档中查到证书双向认证的业务流程，如图 16-97 所示。

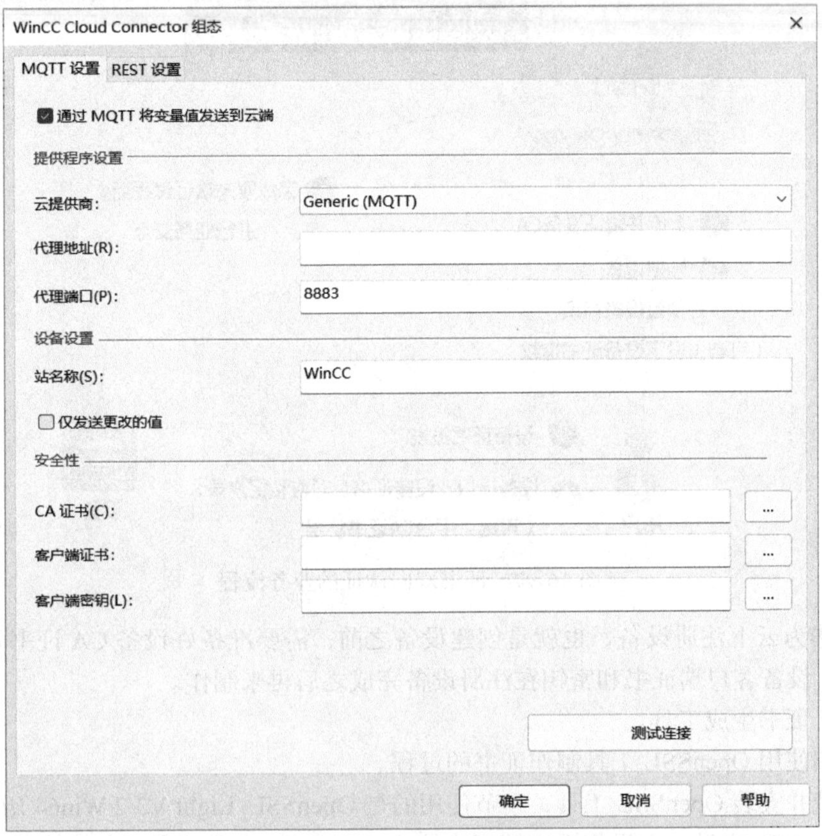

图 16-95　WinCC 云连接器组态界面

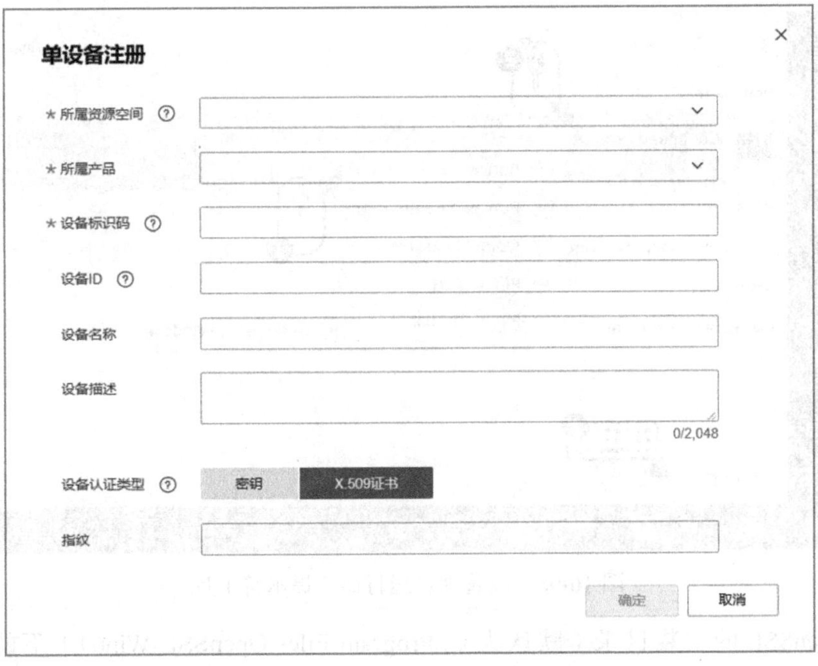

图 16-96　华为云设备认证类型

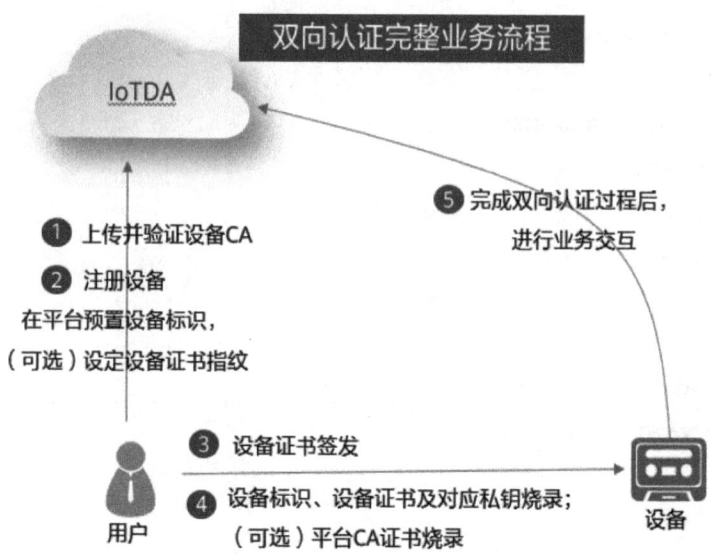

图 16-97 证书双向认证的业务流程

因此在华为云上注册设备,也就是创建设备之前,需要准备好设备 CA 证书及验证证书并上传到云端。设备客户端证书和密钥在注册设备完成之后再来制作。

步骤 1:证书生成工具。

下面介绍使用 OpenSSL 工具制作证书的过程。

首先下载并安装 OpenSSL 工具,本节使用的是 OpenSSL_Light V3.2 Win64 版本。

安装 OpenSSL 之后,在操作系统搜索中输入"CMD",以管理员运行命令提示符工具,如图 16-98 所示。

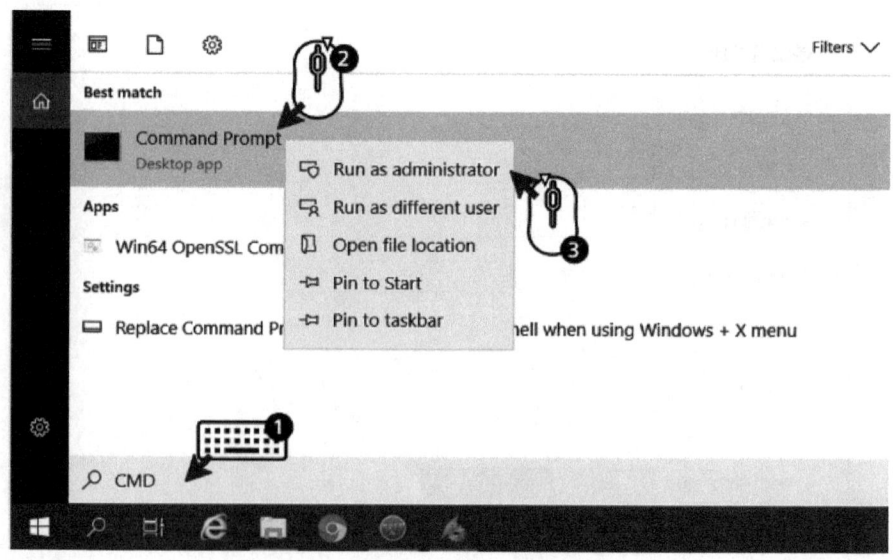

图 16-98 以管理员运行命令提示符工具

进入 OpenSSL 的安装目录(默认为 C:\Program Files\OpenSSL-Win64)下的 bin 文件夹。进入 OpenSSL 的安装目录如图 16-99 所示。

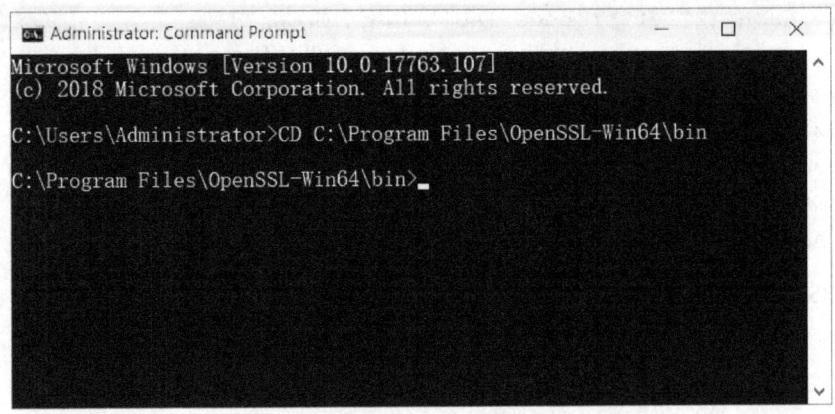

图 16-99　进入 OpenSSL 的安装目录

接下来就可以使用 OpenSSL 命令来生成密钥和证书。

步骤 2：CA 证书的制作。

执行以下命令生成创建 CA 证书的私钥"rootCA.key"。

```
openssl genrsa -out rootCA.key 2048
```

执行以下命令创建 CA 证书，创建过程中需要根据提示填写一些基本信息。生成的 rootCA.pem 为 CA 证书文件，如图 16-100 所示。

```
openssl req -x509 -new -nodes -key rootCA.key -sha256 -days 1024 -out rootCA.pem
```

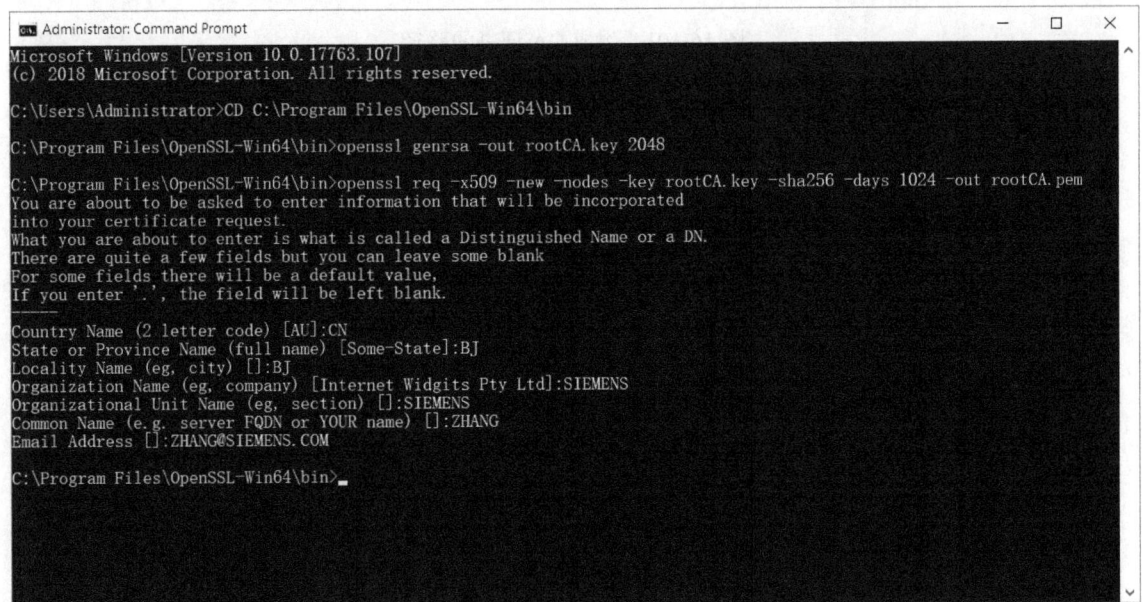

图 16-100　CA 证书文件

系统提示输入以下信息，所有参数可以自定义。

```
Country Name (2 letter code)[AU]：国家，如 CN。
State or Province Name (full name)[]：省份，如 BJ。
Locality Name (for example, city)[]：城市，如 BJ。
Organization Name (for example, company)[]：组织，如 SIEMENS。
Organizational Unit Name (for example, section)[]：组织单位，如 SIEMENS。
Common Name (e.g. server FQDN or YOUR name)[]：名称，如 zhang。
Email Address []：邮箱地址，如 zhang@siemens.com。
```

在 OpenSSL 安装目录的 bin 文件夹下，可以看到生成 CA 证书的路径，如图 16-101 所示。

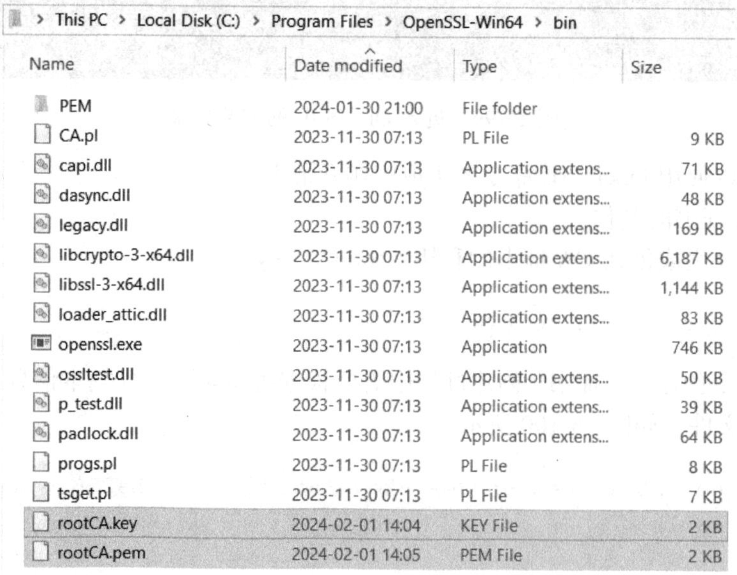

图 16-101　生成 CA 证书的路径

步骤 3：CA 证书上传。

打开华为云网页如图 16-102 所示，并登录。

图 16-102　华为云网页

单击图 16-102 的控制台，进入控制台。然后在控制台中单击左上角的■图标，华为云控制台如图 16-103 所示，选择相关的服务。

图 16-103　华为云控制台

选择"IOT 物联网"–>"设备接入 IoTDA"，如图 16-104 所示。

图 16-104　设备接入 IoTDA

进入设备接入画面之后，选择"设备"–>"设备 CA 证书"，即可使用右上角的"上传证书"按钮来上传生成的 CA 证书，如图 16-105 所示。

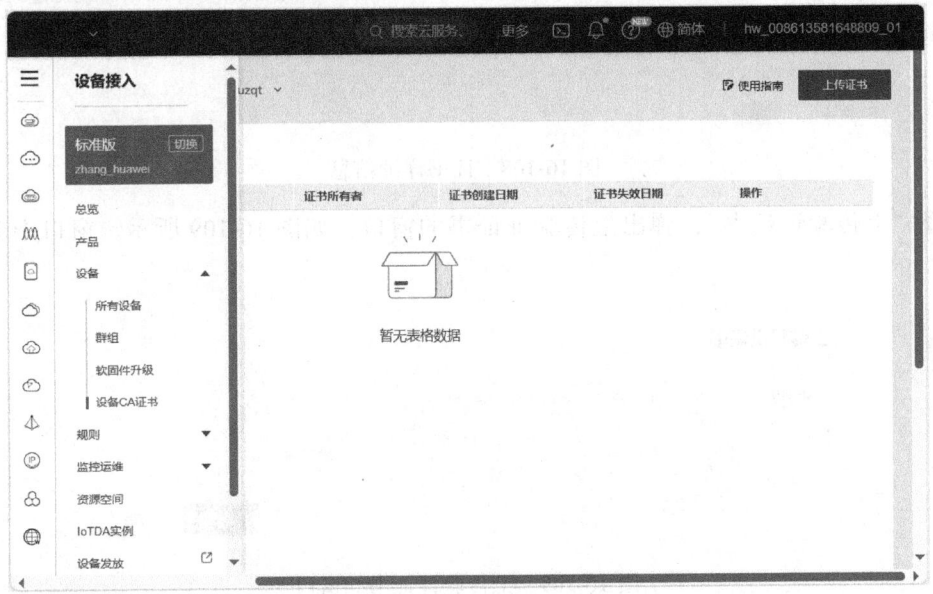

图 16-105　上传生成的 CA 证书

单击"上传证书"按钮，选择生成的 rootCA.pem 文件，如图 16-106 所示，单击"确定"上传证书。

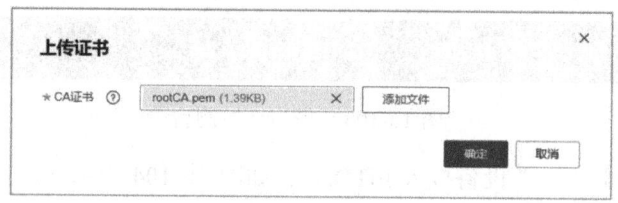

图 16-106　上传证书选择生成的 rootCA.pem 文件

上传完成后，证书状态显示为"未验证"，如图 16-107 所示。需要上传验证证书来完成验证。

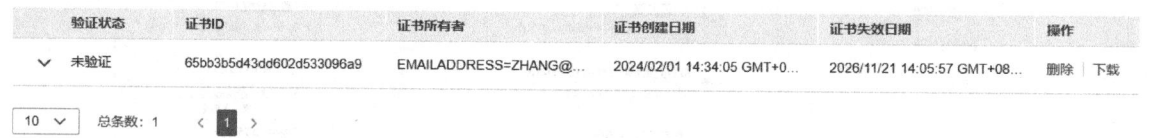

图 16-107　证书状态显示为"未验证"

步骤 4：CA 证书的验证。

在制作验证证书之前，需要先选择上传验证证书来获取验证证书的验证码。

单击图 16-107 的 ∨ 图标，会显示证书详细信息，如图 16-108 所示。

图 16-108　证书详细信息

选择"上传验证证书"，弹出上传验证证书的窗口，如图 16-109 所示，窗口中会显示验证码。

图 16-109　上传验证证书的窗口

记下验证码，在下面制作验证证书过程中会用到这个验证码。

执行以下命令为私有密钥验证证书生成密钥对。

```
openssl genrsa -out verificationCert.key 2048
```

执行以下命令为私有密钥验证证书创建 CSR（Certificate Signing Request）。

```
openssl req -new -key verificationCert.key -out verificationCert.csr
```

系统提示输入信息，需要注意的是 Common Name 需要填写验证证书的验证码，其他参数可自定义。

```
Country Name (2 letter code)[AU]：国家，如 CN。
State or Province Name (full name)[]：省份，如 BJ。
Locality Name (for example, city)[]：城市，如 BJ。
Organization Name (for example, company)[]：组织，如 SIEMENS。
Organizational Unit Name (for example, section)[]：组织单位，如 SIEMENS。
Common Name (e.g. server FQDN or YOUR name)[]：验证证书的验证码。
Email Address []：邮箱地址，如 1234567@163.com。
Password []：密码，如 123456。
Optional Company Name []：公司名称，如：SIEMENS。
```

执行以下命令使用 CSR 创建私有密钥验证证书。生成验证证书如图 16-110 所示。

```
openssl x509 -req -in verificationCert.csr -CA rootCA.pem -CAkey root-
CA.key -CAcreateserial -out verificationCert.pem -days 500 -sha256
```

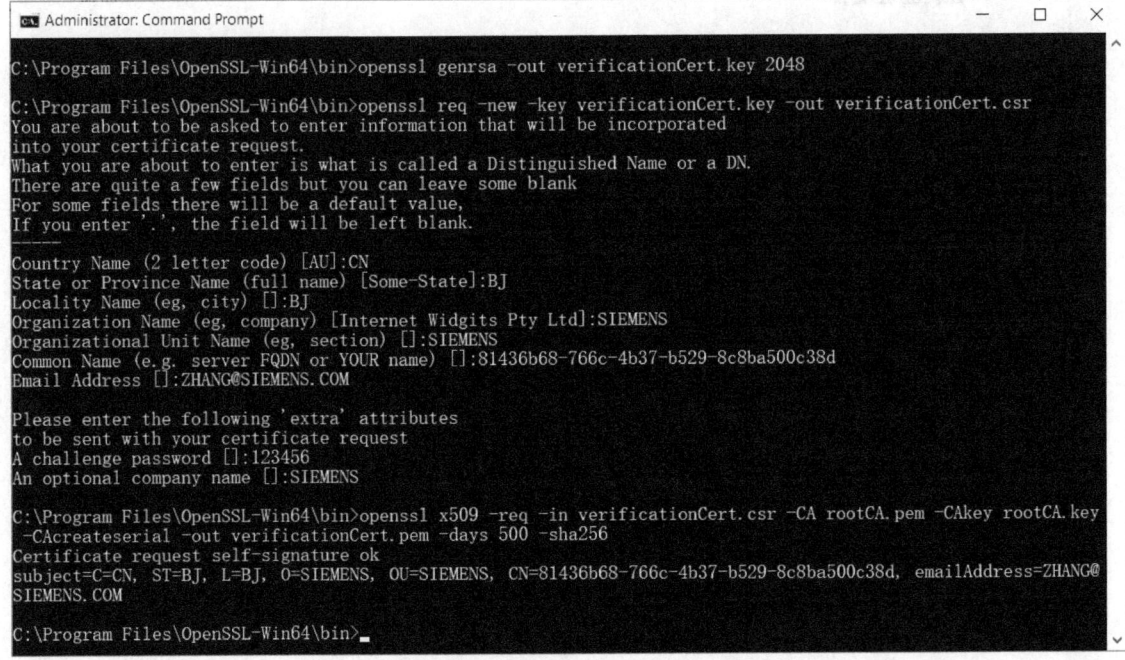

图 16-110　生成验证证书

在 OpenSSL 安装目录的 bin 文件夹下，获取生成的验证证书（verificationCert.pem）。验证证书路径如图 16-111 所示。

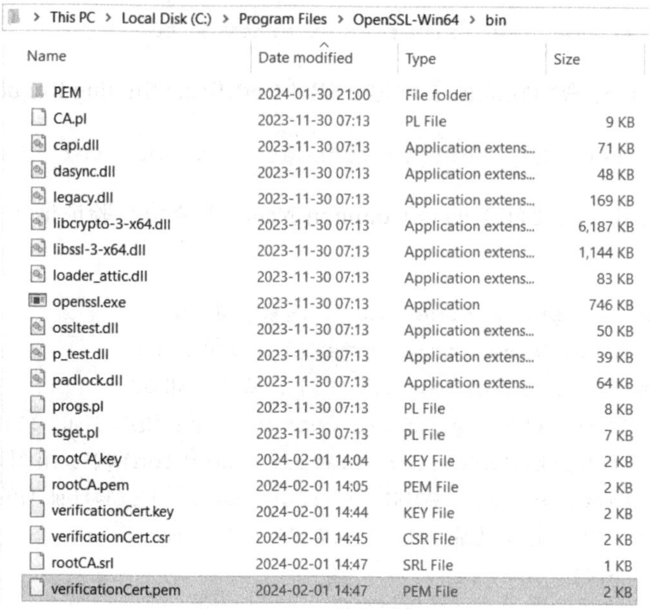

图 16-111　验证证书路径

回到华为云画面的上传验证证书窗口，选择生成的验证证书，如图 16-112 所示，单击"确定"。

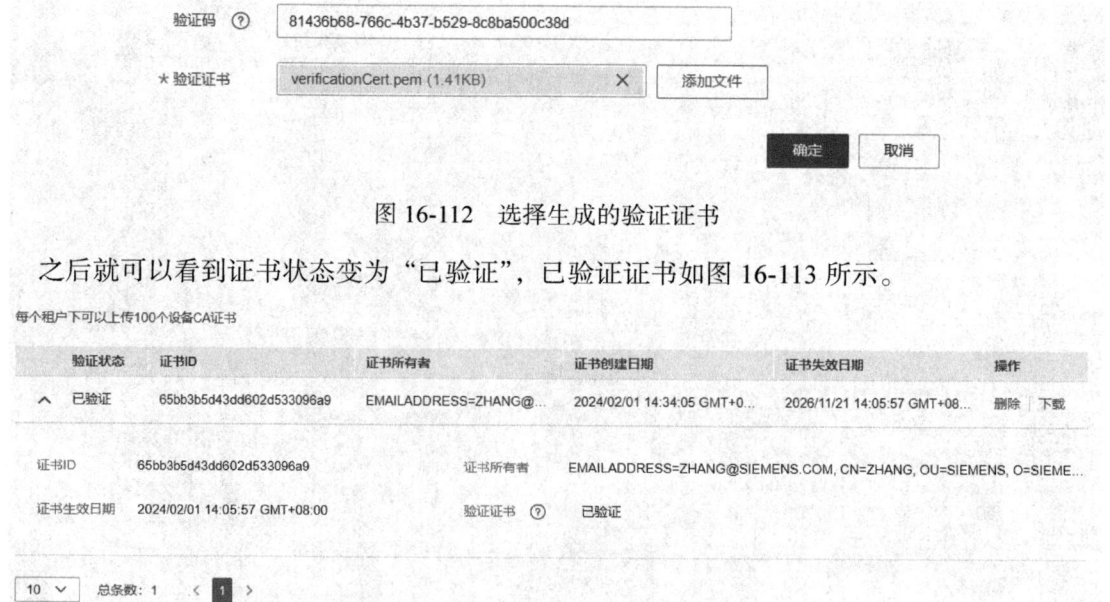

图 16-112　选择生成的验证证书

之后就可以看到证书状态变为"已验证"，已验证证书如图 16-113 所示。

图 16-113　已验证证书

设备客户端证书及密钥的制作过程中需要设备的 ID。由于这个 ID 是在云端创建设备之后生成的，因此设备客户端证书及密钥的制作过程将在后面 WinCC 云连接器的组态部分进行介绍。

（2）华为云的组态

WinCC 云连接器发送数据到华为云，接收数据的是云端的设备。在华为物联网云上，设备是产品的实例，产品是模型，因此需要先创建产品再创建设备。

在设备接入画面下选择产品，进入产品管理画面，产品画面如图 16-114 所示。

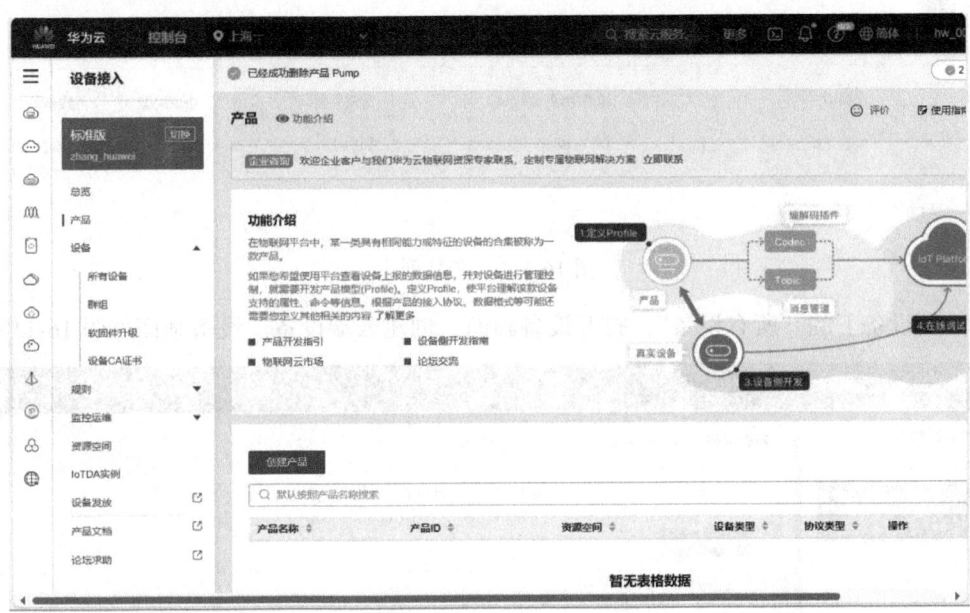

图 16-114　产品画面

单击"创建产品"按钮创建产品，如图 16-115 所示。

图 16-115　创建产品

所属资源空间根据实际情况选择，产品名称可以自定义，协议类型选择"MQTT"，数据格式选择"JSON"。图 16-115 中的设备类型主要是定义产品的属性接口，类似 WinCC 中 Faceplate 的接口。由于本例中不在云端对产品数据进行展示，只进行转发，因此这里的类型可以随便选择。

单击"确定"，创建产品成功，产品列表如图 16-116 所示。

图 16-116　产品列表

切换到设备下的"所有设备"，打开设备画面，创建云端设备。设备画面如图 16-117 所示。

图 16-117　设备画面

单击"注册设备"按钮，弹出"单设备注册"窗口。创建设备如图 16-118 所示。

1）所属资源空间：选择产品所在的资源空间。

2）所属产品：选择上面创建的产品。

3）设备标识码：可以自定义，系统会自动根据设备标识码生成设备 ID，WinCC 云连接器中的站点使用的就是这里的设备 ID。

4）设备名称、描述：可以自定义。

5）设备认证类型：选择"X.509 证书"，指纹可以为空。

第 16 章 数据开放性

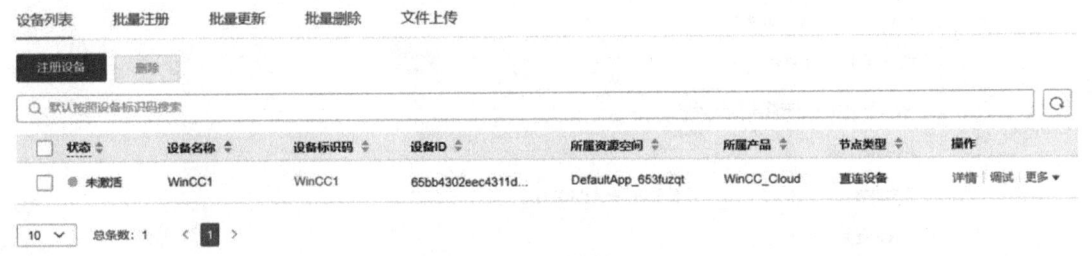

图 16-118 创建设备

创建设备完成，可以看到此时设备是"未激活"状态，设备列表如图 16-119 所示。WinCC 云连接器正常连接后，设备就会变成激活状态。

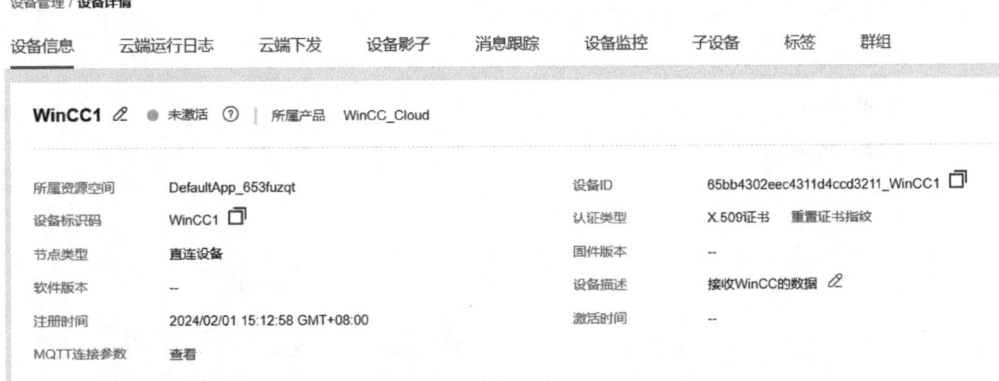

图 16-119 设备列表

可以通过单击图 16-119 中设备列表中的"详情"来查看设备的详细信息，设备详细信息如图 16-120 所示。

图 16-120 设备详细信息

可以单击"MQTT 连接参数"右侧的"查看"来查看 MQTT 连接参数。
设备创建完成，下面就使用 WinCC 云连接器向这个设备传送数据。
（3）WinCC 云连接器组态
在 WinCC 项目管理器中如图 16-121 所示。双击"Cloud Connector"，打开云连接器。

图 16-121　WinCC 项目管理器

WinCC 云连接器的组态界面如图 16-122 所示。

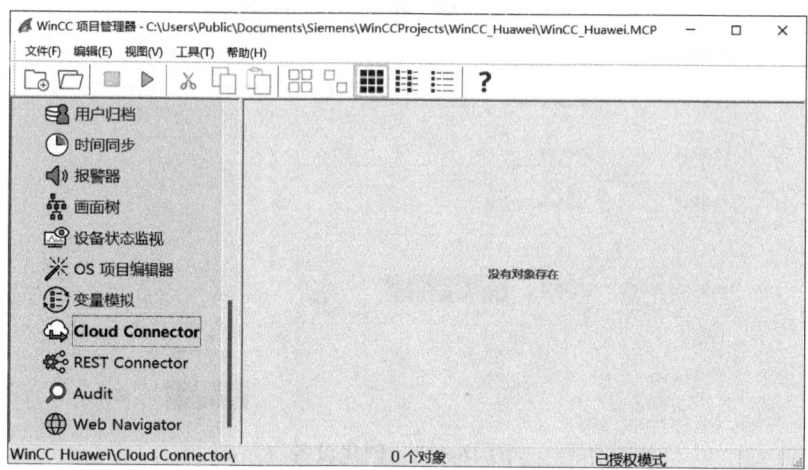

图 16-122　WinCC 云连接器的组态界面

步骤 1：提供程序设置。云提供商使用通用 MQTT 协议，这里选择"Generic（MQTT）"。

代理地址及端口可以在云端设备的详情里获得，单击"MQTT 连接参数"后面的"查看"，使用其 hostname 地址。MQTT 连接参数如图 16-123 所示。

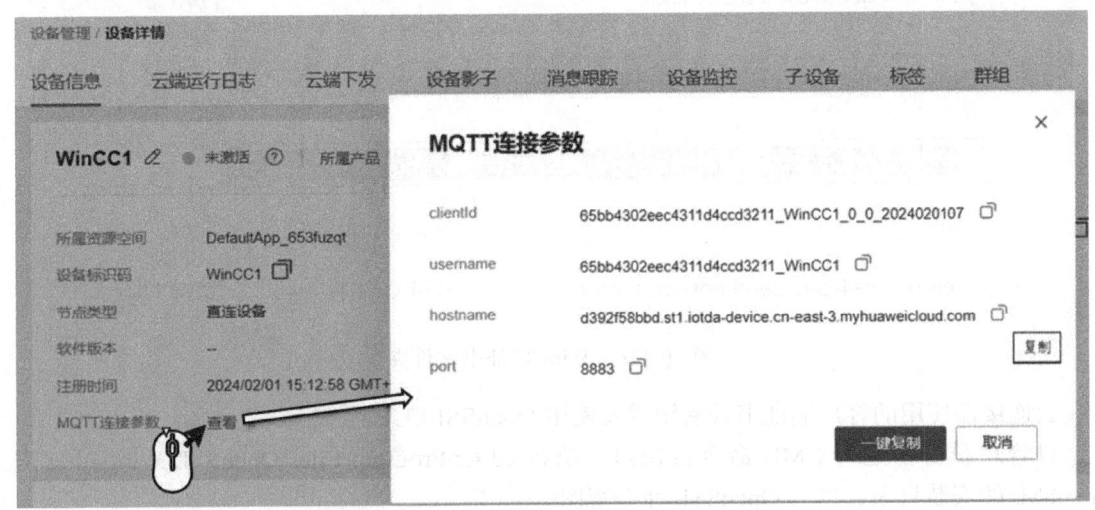

图 16-123　MQTT 连接参数

步骤 2：设备设置。站名称使用图 16-123 的 username 后的名称。

步骤 3：安全性。云连接器使用的 CA 证书需要从云端下载。单击"产品文档"，在开发指南下找到资源获取，证书资源如图 16-124 所示。找到证书资源，下载用于设备校验平台身份的证书文件。

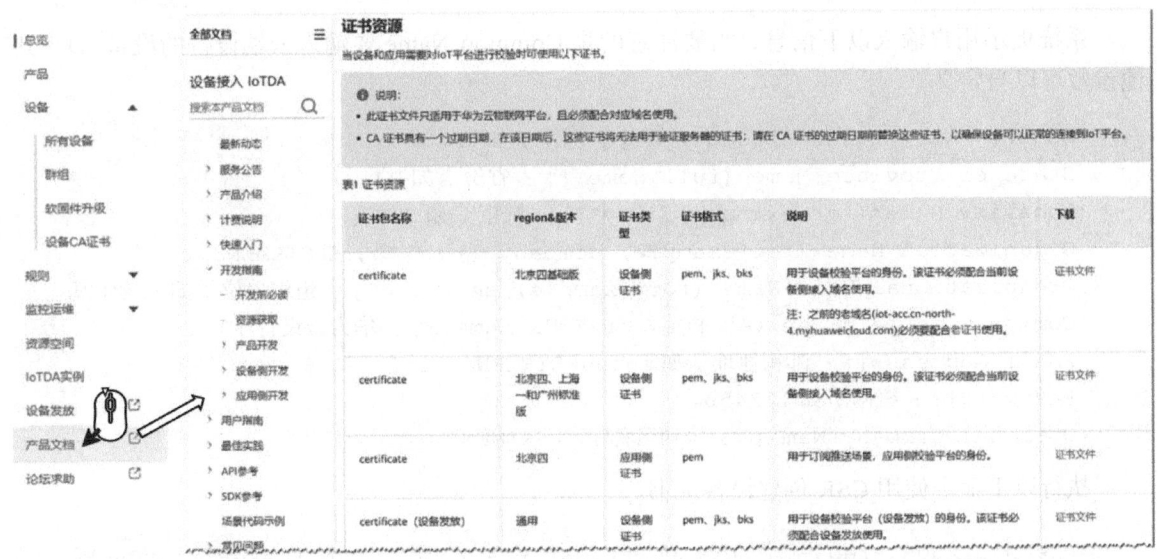

图 16-124　证书资源

将下载的证书文件解压，进入其下面的 c 文件夹，把 pem 证书复制到 C:\Program Files (x86)\Siemens\WinCC\CloudConnector\Certificate 文件夹下，证书文件夹如图 16-125 所示，WinCC 证书文件夹如图 16-126 所示。

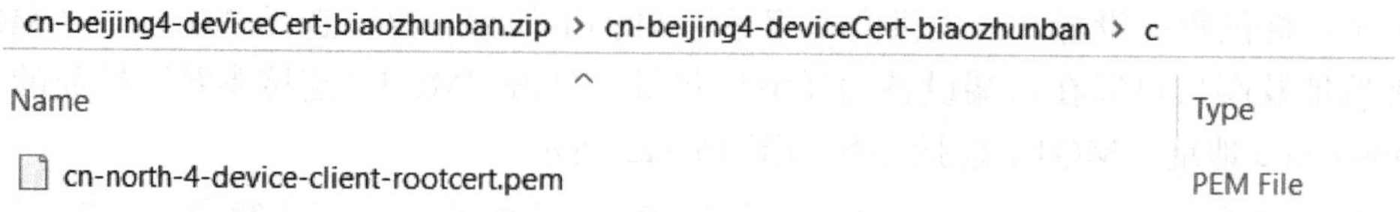

```
cn-beijing4-deviceCert-biaozhunban.zip  >  cn-beijing4-deviceCert-biaozhunban  >  c

Name                                          Type
  cn-north-4-device-client-rootcert.pem       PEM File
```

图 16-125 证书文件夹

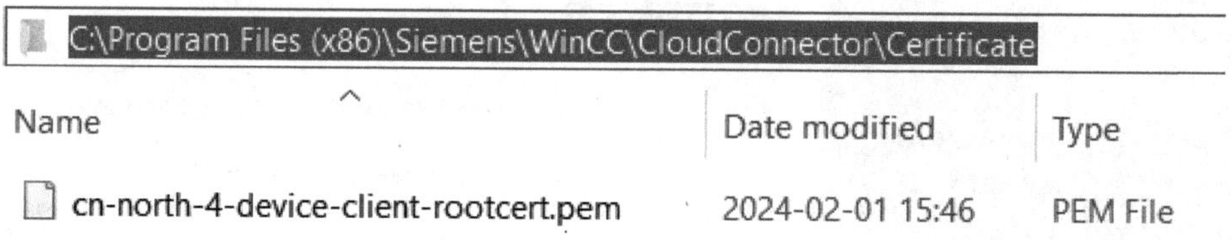

```
C:\Program Files (x86)\Siemens\WinCC\CloudConnector\Certificate

Name                                      Date modified        Type
  cn-north-4-device-client-rootcert.pem   2024-02-01 15:46     PEM File
```

图 16-126 WinCC 证书文件夹

云连接器使用的客户端证书及密钥需要使用 OpenSSL 工具生成。

以管理员身份运行 CMD 命令行窗口，执行 cd C:\Program Files\OpenSSL-Win64\bin 进入 OpenSSL 的安装目录，进入 OpenSSL 命令视图。

执行以下命令生成密钥对。

```
openssl genrsa -out deviceCert.key 2048
```

执行以下命令为设备证书创建 CSR（Certificate Signing Request）。

```
openssl req -new -key deviceCert.key -out deviceCert.csr
```

系统提示用户输入以下信息，需要注意的是 Common Name 要输入云端设备的设备 ID，其他参数可以自定义。

```
Country Nae (2 letter code)[AU]：国家，如 CN。
State or Province Name (full name)[]：省份，如 BJ。
Locality Name (for example, city)[]：城市，如 SZBJ。
Organization Name (for example, company)[]：组织，如 SIEMENS。
Organizational Unit Name (for example, section)[]：组织单位，如 SIEMENS。
Common Name (e.g. server FQDN or YOUR name)[]：华为云设备 ID。
Email Address []：邮箱地址，如 zhang@SIEMENS.com。
Password[]：密码，如 123456。
Optional Company Name[]：公司名称，如 SIEMENS。
```

执行以下命令使用 CSR 创建设备证书。

```
openssl x509 -req -in deviceCert.csr -CA rootCA.pem -CAkey rootCA.key -CAcreateserial -out deviceCert.pem -days 500 -sha256
```

制作设备证书如图 16-127 所示。

在 OpenSSL 安装目录的 bin 文件夹下，获取生成的设备证书文件（deviceCert.pem）和密钥文件（deviceCert.key）。设备证书路径如图 16-128 所示。

图 16-127 制作设备证书

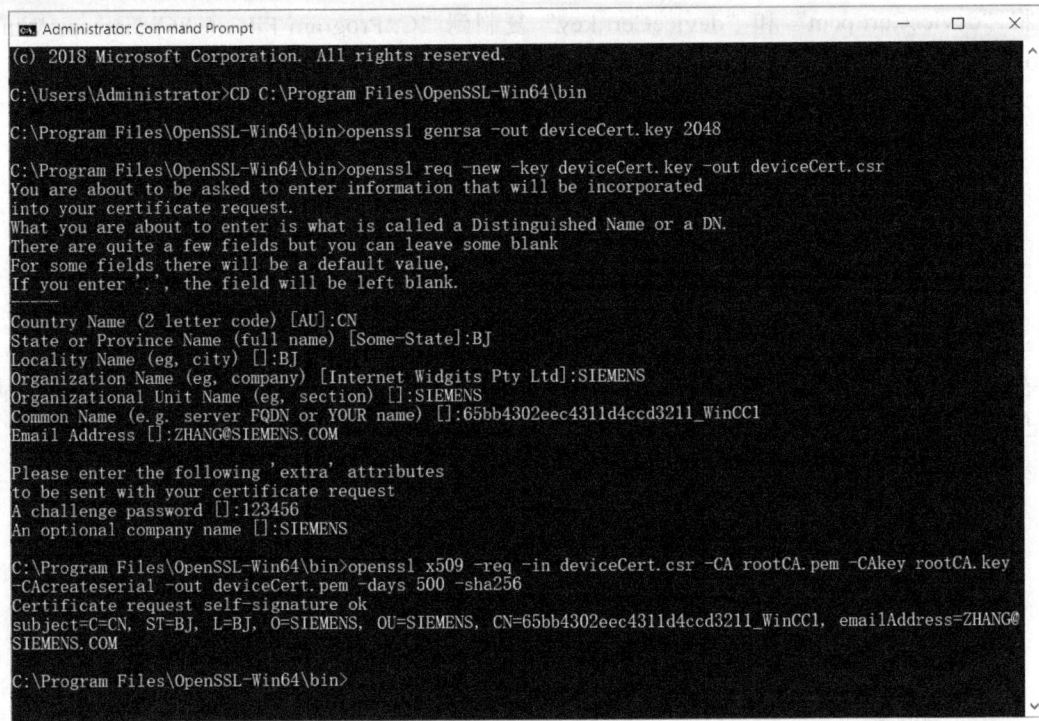

图 16-128 设备证书路径

将"deviceCert.pem"和"deviceCert.key"复制到"C:\Program Files (x86)\Siemens\WinCC\CloudConnector\Certificate"文件夹下,WinCC 证书路径如图 16-129 所示。

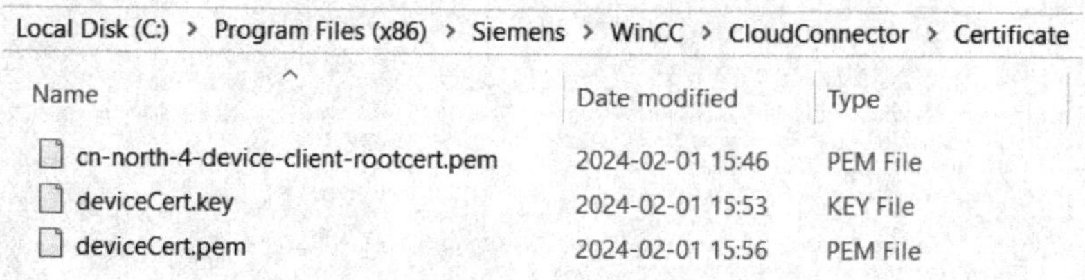

Name	Date modified	Type
cn-north-4-device-client-rootcert.pem	2024-02-01 15:46	PEM File
deviceCert.key	2024-02-01 15:53	KEY File
deviceCert.pem	2024-02-01 15:56	PEM File

图 16-129 WinCC 证书路径

在 WinCC 云连接器中,客户端证书选择"C:\Program Files (x86)\Siemens\WinCC\CloudConnector\Certificate"下的"deviceCert.pem",客户端密钥选择"deviceCert.key"。

步骤 4:测试连接。WinCC 云连接器组态结果如图 16-130 所示。

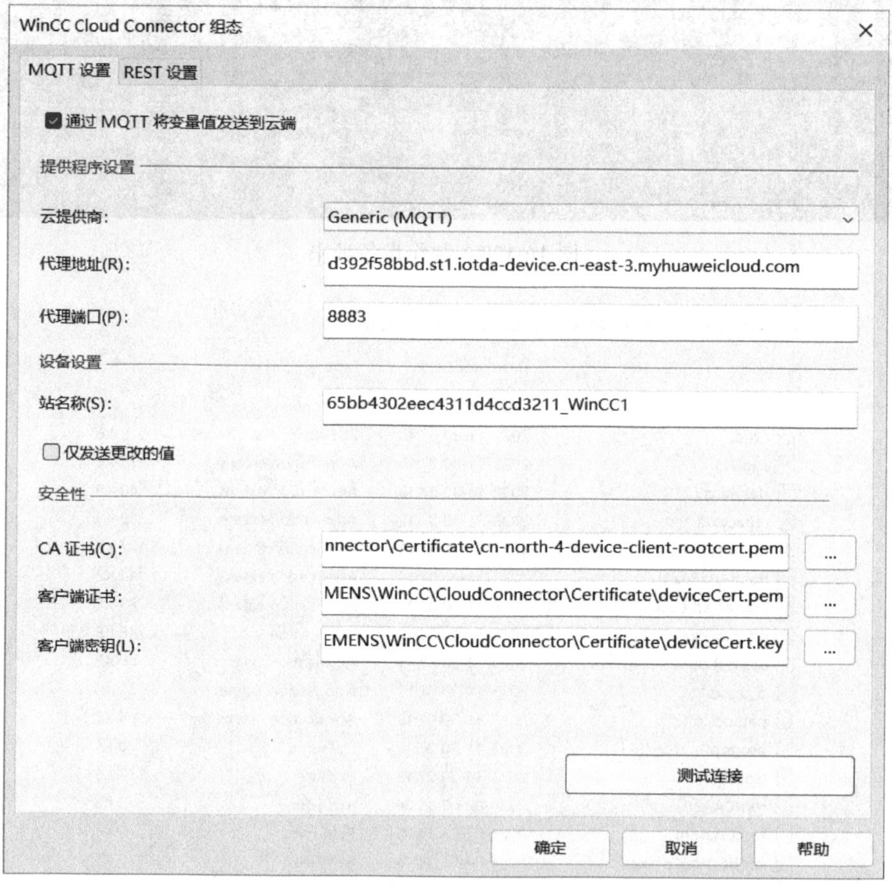

图 16-130 WinCC 云连接器组态结果

单击"测试连接",如果参数都正确,则会提示"连接成功"。测试成功如图 16-131 所示。

单击云连接器的"确定"按钮,会提示在 WinCC 启动列表中添加 WinCC "Cloud Connector"应用。添加云连接至启动列表,如图 16-132 所示,单击"是"。

WinCC 启动列表如图 16-133 所示。

图 16-131 测试成功

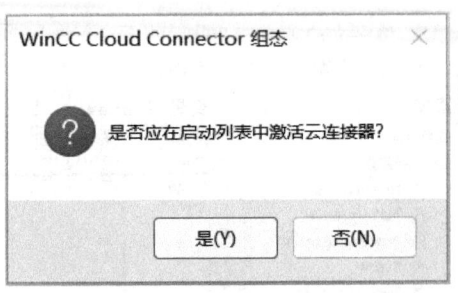
图 16-132 添加云连接至启动列表

图 16-133 WinCC 启动列表

（4）WinCC 变量组态

WinCC 云连接器负责将需要上传到云端的变量按照设定周期发布到云端设备。对于 WinCC 变量，需要指定是否需要上传到云端以及上传周期。

在变量属性下，使能"WinCC 云"属性后就可以按照"WinCC 云周期"属性设定的周期将变量数据（包括变量名称、变量值、变量质量代码和时间戳）发布到云端。

本例中，"Speed"和"Status"变量的"WinCC 云周期"属性都设置为"Upon change"，WinCC 变量管理器如图 16-134 所示。这样当变量值或者变量质量发生变化时，WinCC 云连接器会把变量数据发送到云端。

（5）WinCC 通过云连接器上传数据到云端

激活 WinCC 运行系统，在 WinCC 画面上可以设置变量"Speed"和"Status"的数值，WinCC 运行画面如图 16-135 所示。

如果 WinCC 云连接器参数设置正确，那么可以看到云端设备的状态已经变为"在线"，如图 16-136 所示。

单击图 16-136 所示设备列表中的设备标识码，进入设备详情画面。切换到"消息跟踪"栏，查看消息跟踪，如图 16-137 所示。

此时，分别修改变量"Speed"和"Status"的数值，修改变量值如图 16-138 所示。

在云端设备的消息跟踪下就可以收到两条消息，分别是上传的变量"Speed"和"Status"的数据，设备消息列表如图 16-139 所示。

图 16-134　WinCC 变量管理器

图 16-135　WinCC 运行画面

图 16-136　变为"在线"

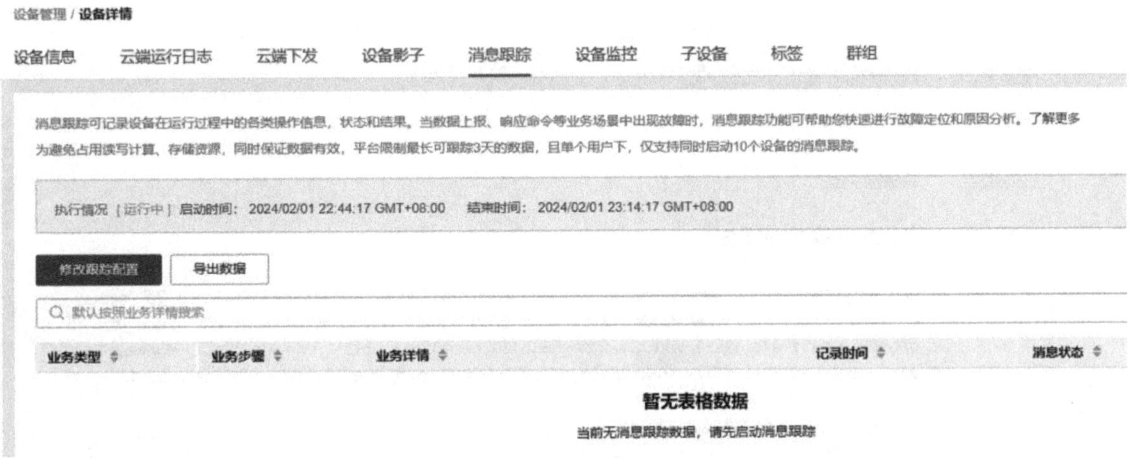

第 16 章　数据开放性　793

图 16-137　消息跟踪

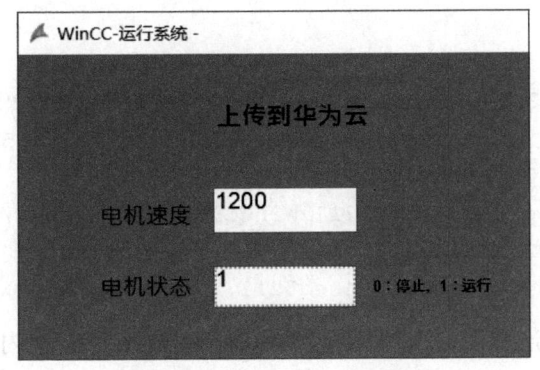

图 16-138　修改变量值

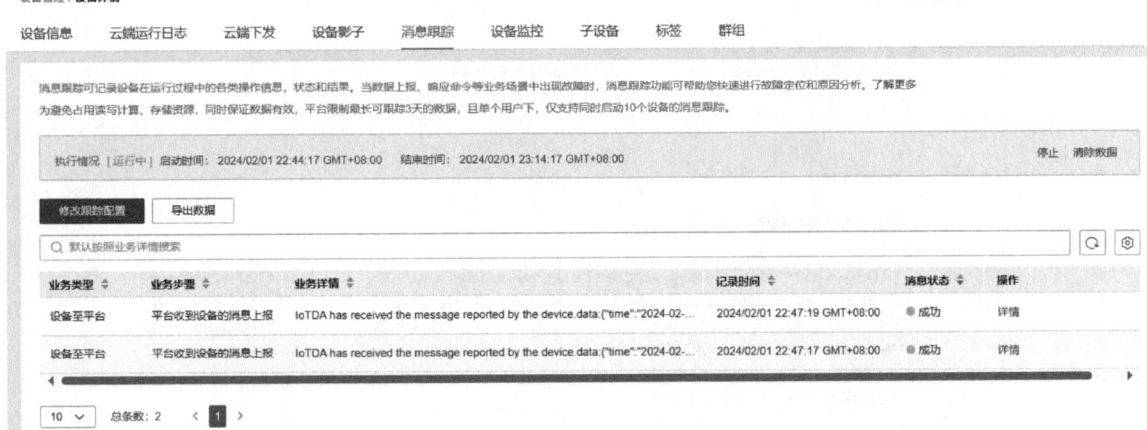

图 16-139　设备消息列表

第一条消息是 WinCC 云连接器上传的变量"Status"的数据，单击列表后面的"详情"可以查看消息内容。消息详细信息 1 如图 16-140 所示。

图 16-140　消息详细信息 1

上传的数据格式如下：

```
data:{"time":"2024-02-01T14:47:19.349Z","name":"Status","value":
true,"qualityCode":128}, app_id:5700318dab284b748980d5fbb28eb40a,
device_id:65bb4302eec4311d4ccd3211_WinCC1,
topic:65bb4302eec4311d4ccd3211_WinCC1/WinCC_Huawei/Status,
request_id:22e028fb-6087-4bdd-a004-0ffc557df4f4,
product_id:65bb4302eec4311d4ccd3211.
```

同样也可以查看云连接器上传的变量"Speed"的数据消息内容，消息详细信息 2 如图 16-141 所示。

图 16-141　消息详细信息 2

2. 定义云端转发规则

WinCC 发布数据到华为云后，为了使 MQTT 客户端能够订阅这些数据，就需要在华为云上定义消息转发规则。将收到的数据使用新的 Topic 进行转发，然后 MQTT 客户端才能进行订阅。在华为云设备接入网页，单击"规则"下的"数据转发"，进入数据转发画面。使用"创建规则"按钮来创建数据转发规则。数据转发如图 16-142 所示。

图 16-142 数据转发

首先设置转发的来源和事件。数据来源选择"设备消息"，触发事件选择"设备消息上传"。这样当有新的消息发布之后，云端会自动把消息转发到后面定义的新的 Topic 中。规则名称可以自定义，设置完之后单击"创建规则"。转发数据的基本信息如图 16-143 所示。

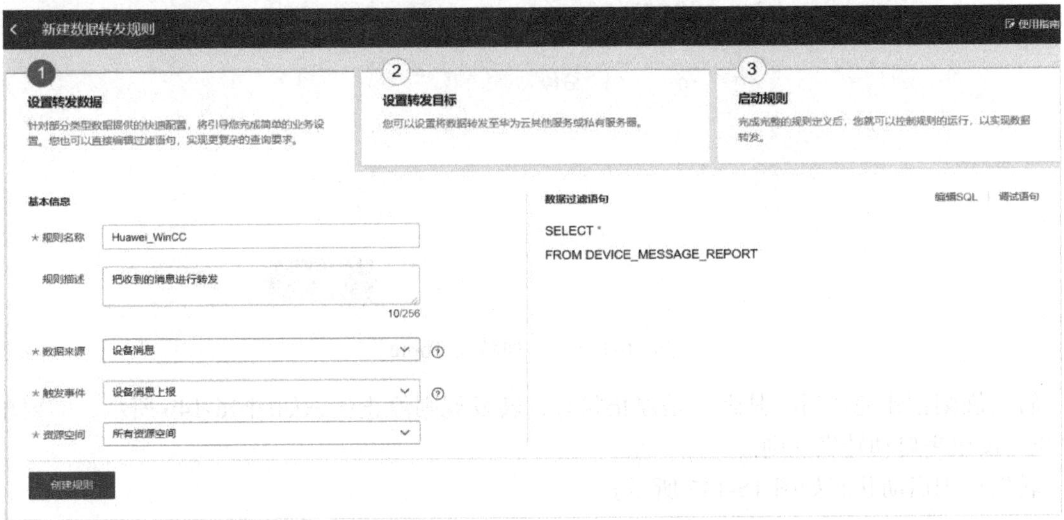

图 16-143 转发数据的基本信息

然后，需要设置转发目标，需要定义转发的 Topic。转发目标如图 16-144 所示。

图 16-144　转发目标

单击"添加"来定义转发 Topic。转发目标选择"设备"，Topic 名称可以自定义，添加转发 Topic 如图 16-145 所示。

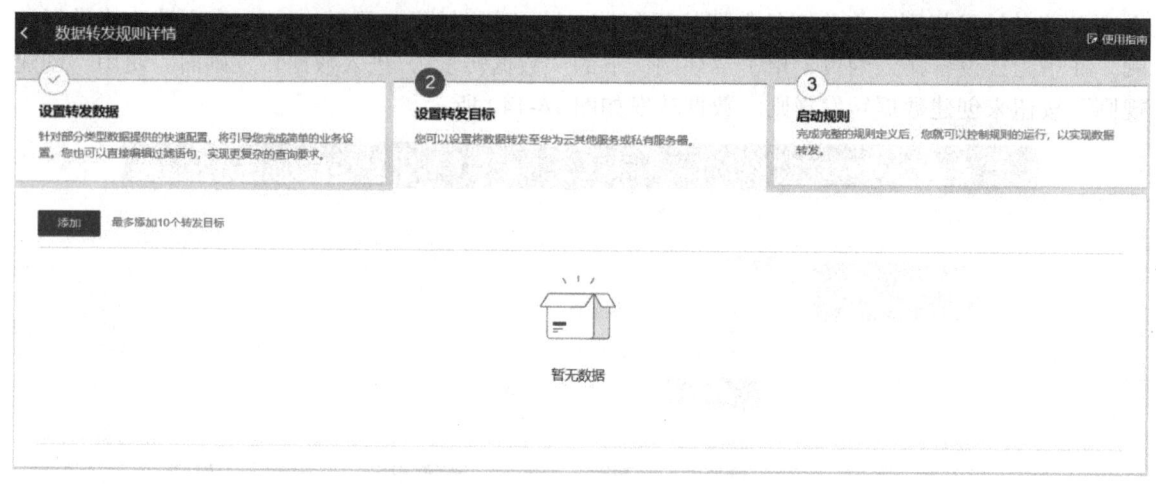

图 16-145　添加转发 Topic

转发规则创建完成后，其默认是停止状态，转发规则停止状态如图 16-146 所示，需要单击"停止"按钮来启动转发规则。

转发规则启动状态如图 16-147 所示。

图 16-146　转发规则停止状态

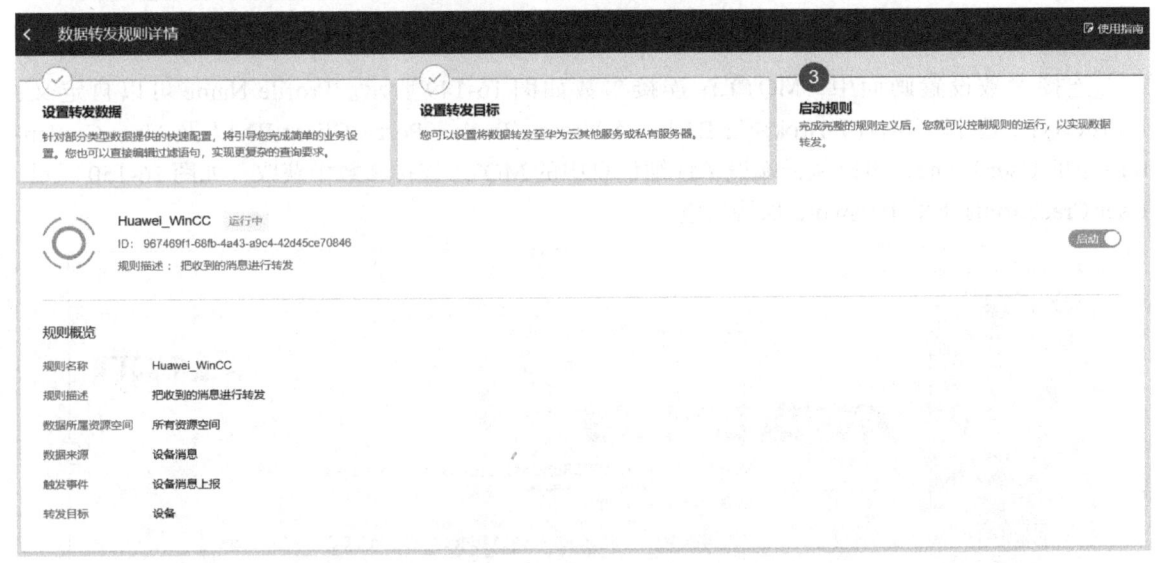

图 16-147　转发规则启动状态

3. 消息订阅

WinCC 发布数据到华为云并定义了相应的消息转发规则之后，下面需要考虑如何使用这些数据。

接下来以 MQTT.fx 为例，介绍 MQTT 客户端如何以 MQTT 协议连接华为物联网平台并使用 WinCC 上传的数据。MQTT.fx 是目前主流的 MQTT 客户端，可以快速验证是否可以与物联网平台服务交互发布或订阅消息。

下面是使用 MQTT.fx 来连接华为云上的设备，并订阅上面新创建的 Topic。

首先下载并安装 MQTT.fx，本例使用的是 MQTT.fx V1.7.1。打开 MQTT.fx 主画面，如图 16-148 所示，单击齿轮图标 来设置连接参数。

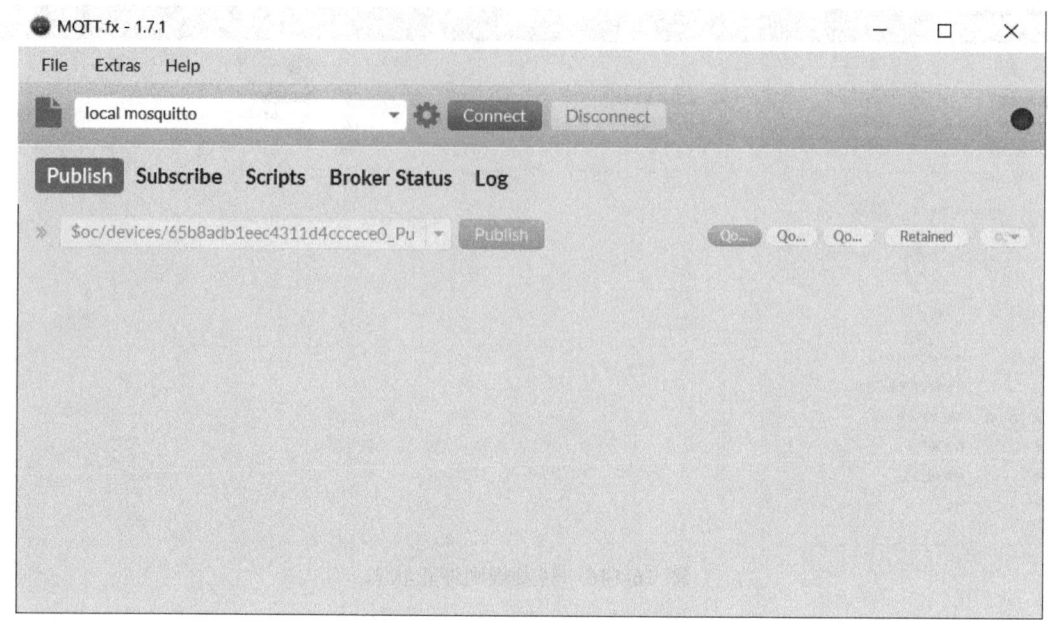

图 16-148　MQTT.fx 主画面

连接参数设置画面中，MQTT.fx 连接参数如图 16-149 所示。Profile Name 可以自定义；Profile Type 选择"MQTT Broker"；Broker Address、Broker Port、Client ID 以及 User Credentials 下的 User Name，可以从云端设备详细信息中的 MQTT 连接参数中获取，如图 16-150 所示。User Credentials 下的 Password 保持为空。

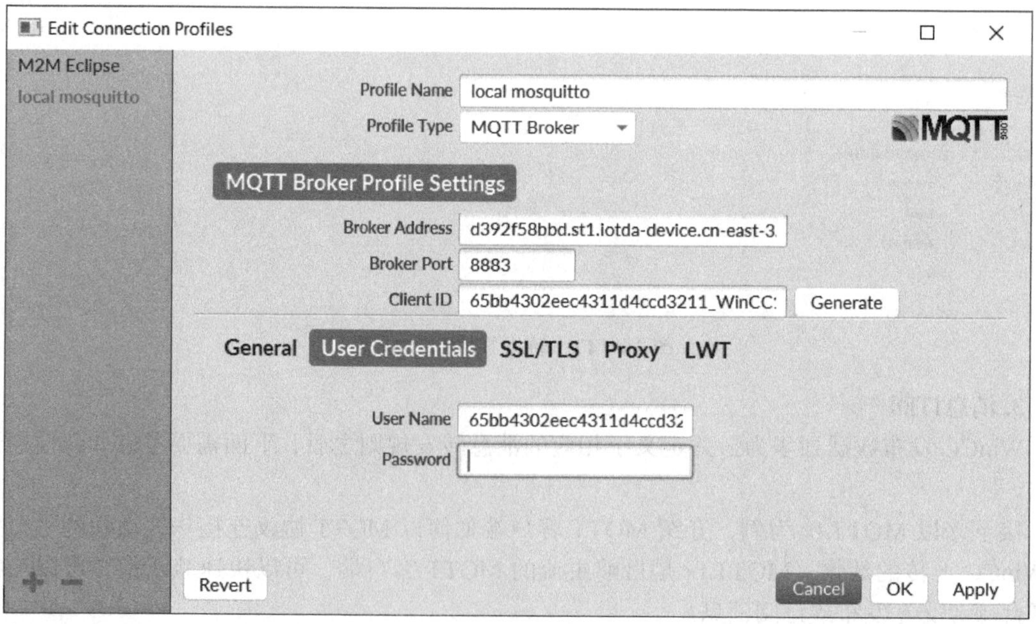

图 16-149　MQTT.fx 连接参数

切换到 MQTT.fx 的"SSL/TLS"栏，设置 MQTT.fx 使用的证书，MQTT.fx SSL/TLS 设置如图 16-151 所示。

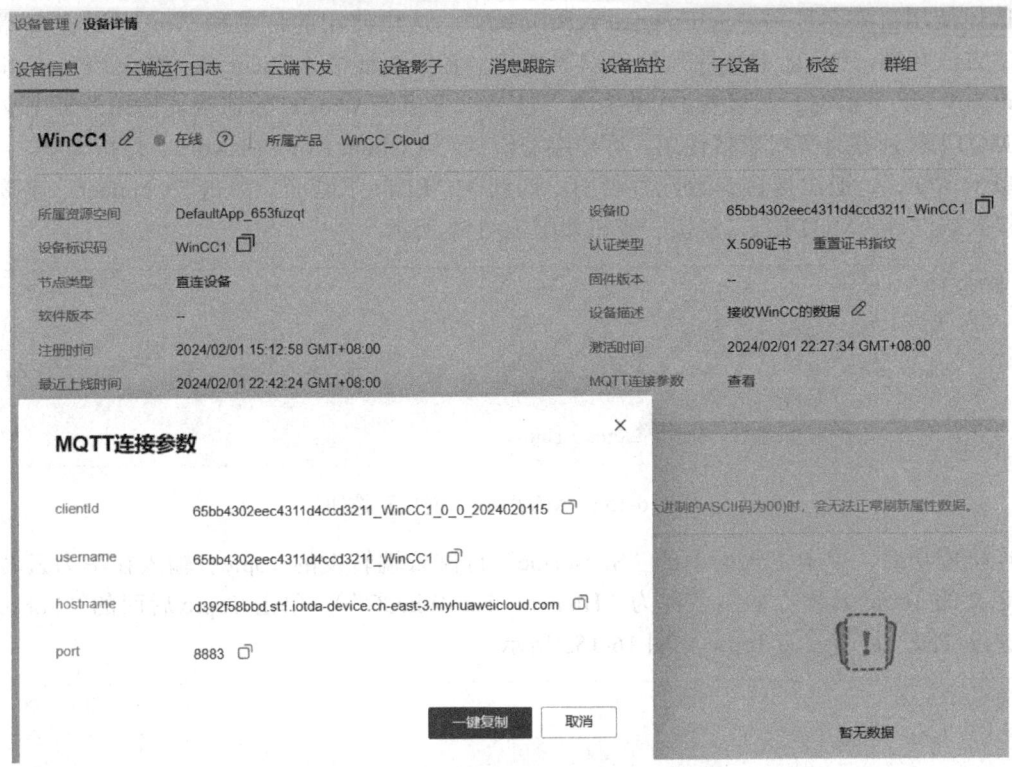

图 16-150　云端设备的 MQTT 连接参数

图 16-151　MQTT.fx SSL/TLS 设置

选择使用自签名证书"Self signed certificates",这里使用的证书和 WinCC 云连接器获取证书的方法相同。CA 证书文件是从云端下载的,客户端证书(Client Certificate File)和密钥(Client key File)根据云端设备 ID 来生成,也可以直接把 WinCC 云连接器使用的证书文件复制到 MQTT.fx 所在计算机直接使用。客户端密钥密码(Client Key Password)保持为空。

单击"OK",退出连接参数配置画面。回到 MQTT.fx 主画面,单击"Connect"连接按钮来连接云端设备,MQTT.fx"连接"按钮如图 16-152 所示。

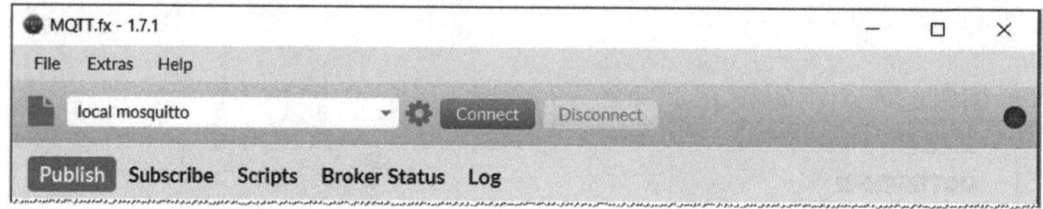

图 16-152　MQTT.fx"连接"按钮

连接成功后,单击主画面上的"Subscribe"订阅云端转发的 Topic。输入在华为云转发规则下定义的 Topic 名称(本例名称为"Huawei_fromWinCC"),单击 Topic 后面的"Subscribe"按钮进行订阅,订阅云端 Topic 如图 16-153 所示。

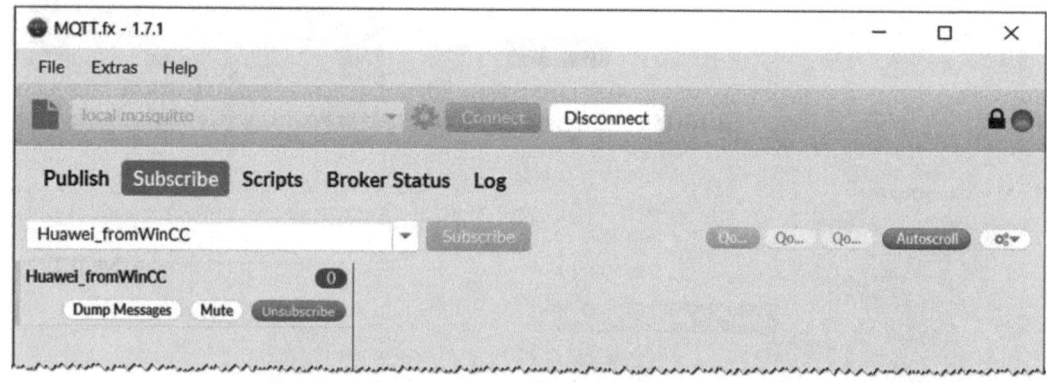

图 16-153　订阅云端 Topic

此时,分别修改 WinCC 变量"Speed"和"Status"的数据,如图 16-154 所示。WinCC 云连接器发布消息到云端,从而触发云端的消息转发。

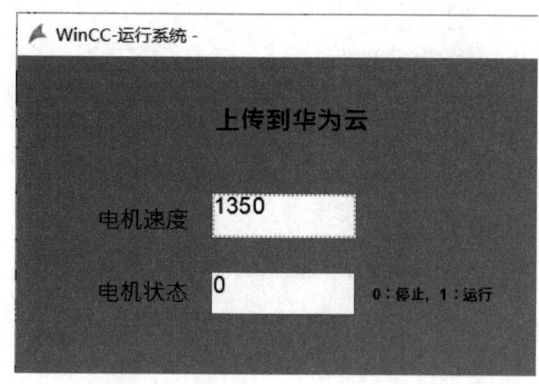

图 16-154　修改 WinCC 变量"Speed"和"Status"的数据

在 MQTT.fx 可以看到已经收到云端转发的 WinCC 数据。第一条消息为 {"time":"2024-02-01T15:22:51.207Z","name":"Speed","value":1350,"qualityCode":128}，是速度值修改为 1350 的消息，订阅消息 1 如图 16-155 所示。

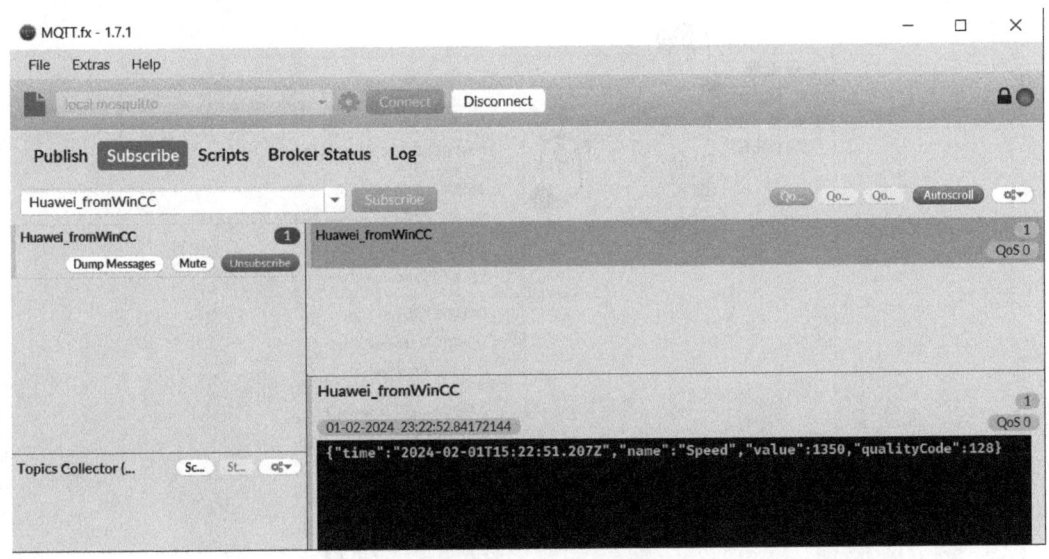

图 16-155　订阅消息 1

第二条消息为 {"time":"2024-02-01T15:24:56.815Z","name":"Status","value":false,"qualityCode":128}，是单击状态修改为停止的消息，订阅消息 2 如图 16-156 所示。

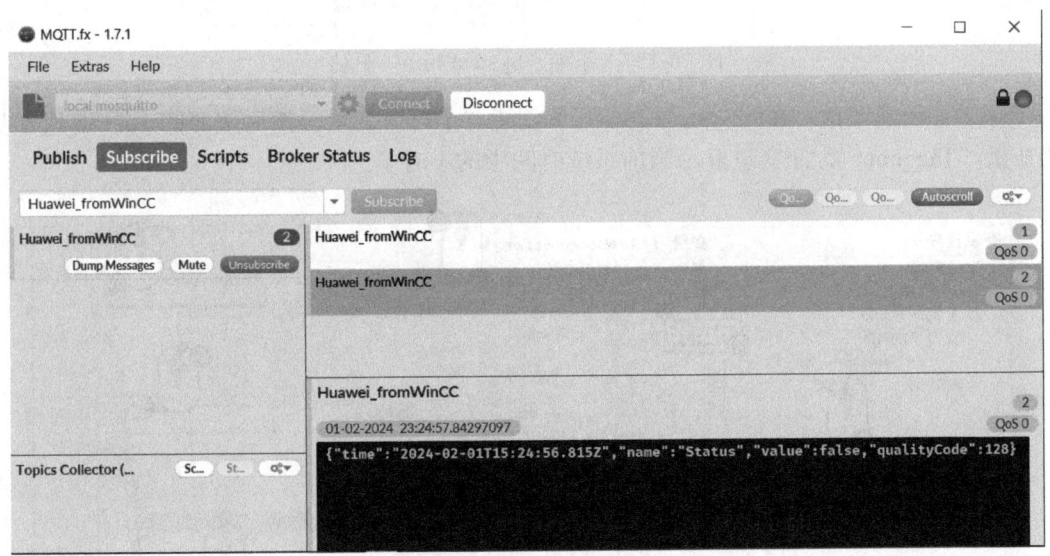

图 16-156　订阅消息 2

16.6.4　使用 IDB 传送 WinCC 数据到 Excel

本节将以 WinCC OLE DB 到 Excel 的数据传送为例（提供方为 WinCC OLE DB，消费方为 Excel）来说明 IDB 的使用。

任务：把 WinCC 三个变量的归档数值按照设定的时间范围写到 Excel 中。

步骤 1：新建项目"16_WinCC_DataAccess"，并在项目中添加"System Info"驱动，如图 16-157 所示。

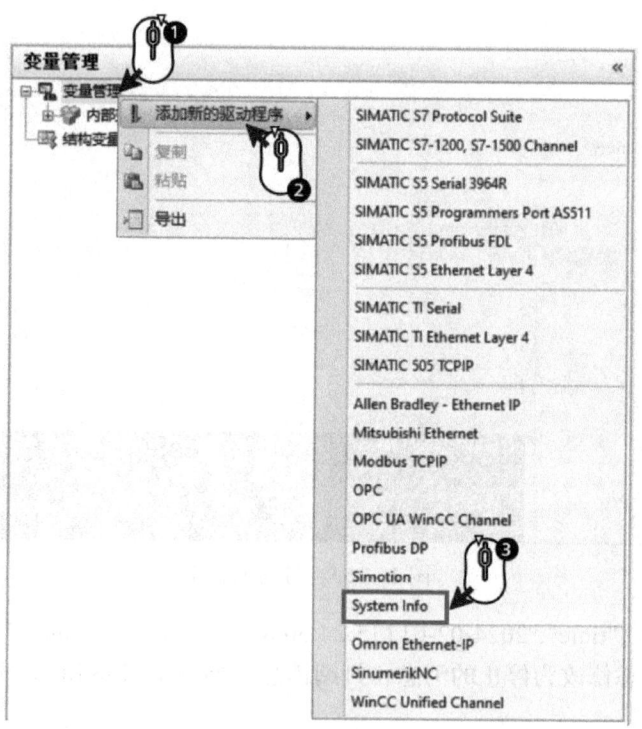

图 16-157　添加"System Info"驱动

步骤 2：创建变量。在"System Info"下创建"小时"变量，然后按照图 16-158 所示步骤创建变量"Tag_hour"，此变量显示当前系统时间中的小时。

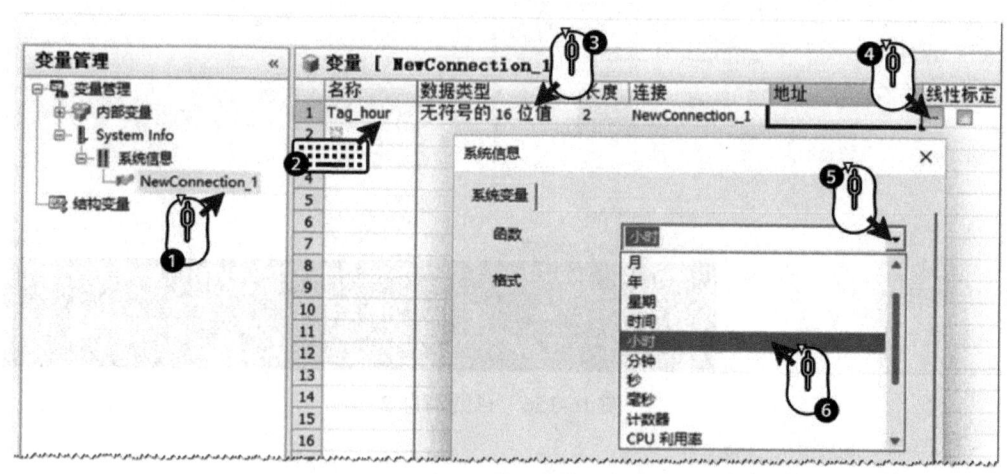

图 16-158　创建"小时"变量

用同样的方法分别创建变量"Tag_min"和"Tag_sec"，用来显示当前系统时间的分钟和秒，结果如图 16-159 所示。

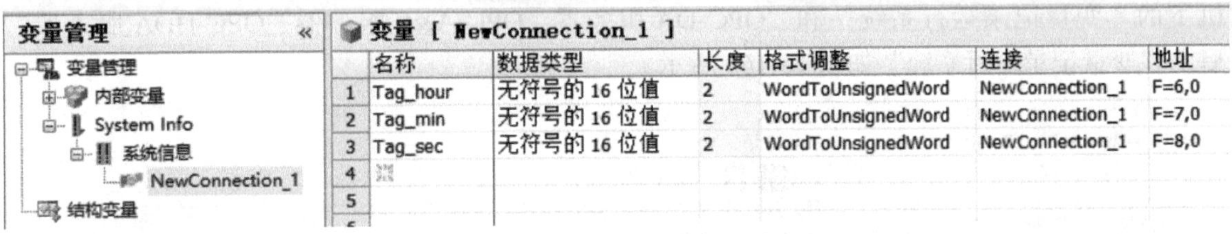

图 16-159 "分钟"和"秒"变量

内部变量下创建变量组 ForIDB 及变量"BeginTime""EndTime""Trans_Trigger",创建内部变量如图 16-160 所示。分别用来设定传送数据的时间范围及触发数据传送。

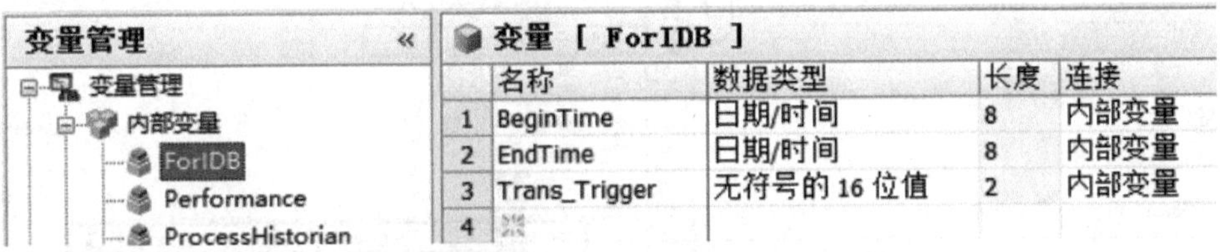

图 16-160 创建内部变量

步骤 3:创建归档。在 WinCC 变量记录下创建过程值归档"pva",并添加"System Info"驱动下的三个变量到"pva"归档下,WinCC 变量归档如图 16-161 所示。

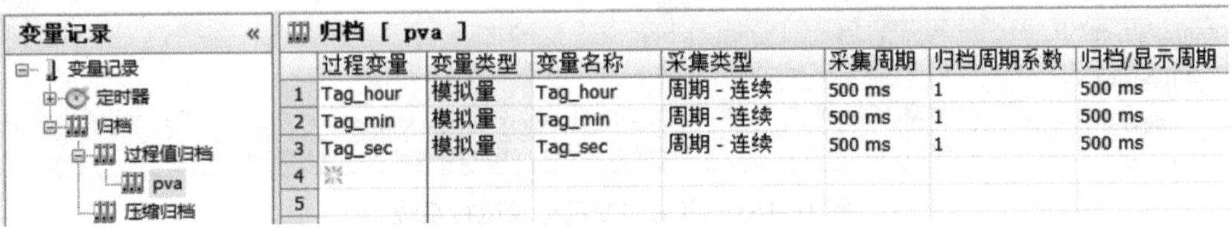

图 16-161 WinCC 变量归档

步骤 4:组态画面。在画面中添加"WinCC OnlineTable Control"控件,用来显示归档数值。添加"输入/输出域"分别关联变量"BeginTime"、"EndTime"和"Trans_Trigger",用来设定传送数据的时间范围及触发条件。结果如图 16-162 所示。

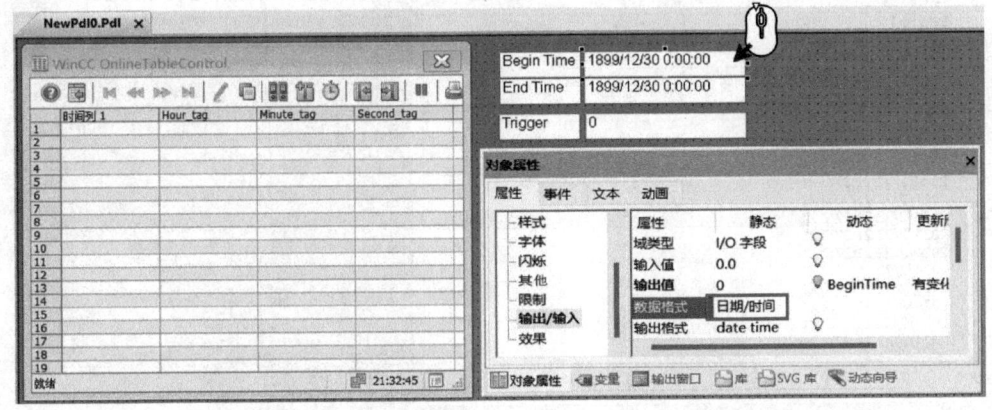

图 16-162 结果

步骤 5:启动项目。双击 WinCC"计算机",打开 WinCC Configuration Studio,选中计算

机下的"变量记录运行系统"和"OPC-DA 服务器、OPC-A&E 服务器、OPC-HDA 服务器",启动"变量记录运行系统"如图 16-163 所示。

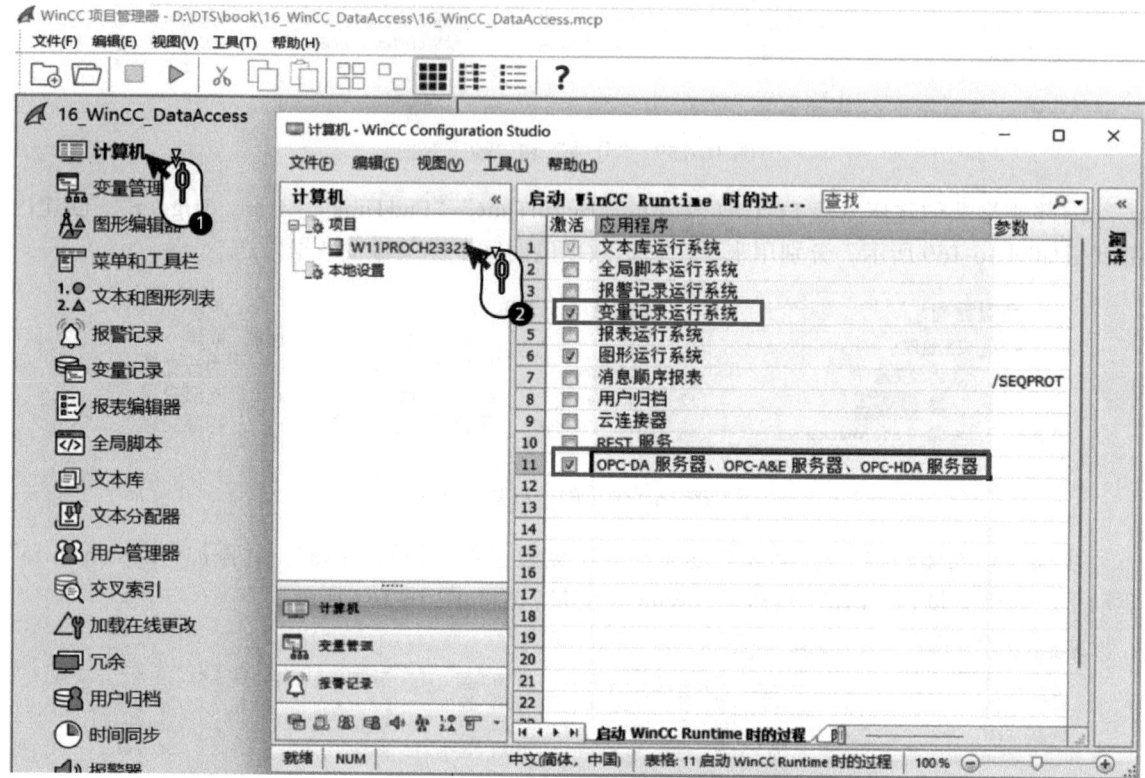

图 16-163　启动"变量记录运行系统"

然后启动 WinCC 运行系统,运行结果如图 16-164 所示。

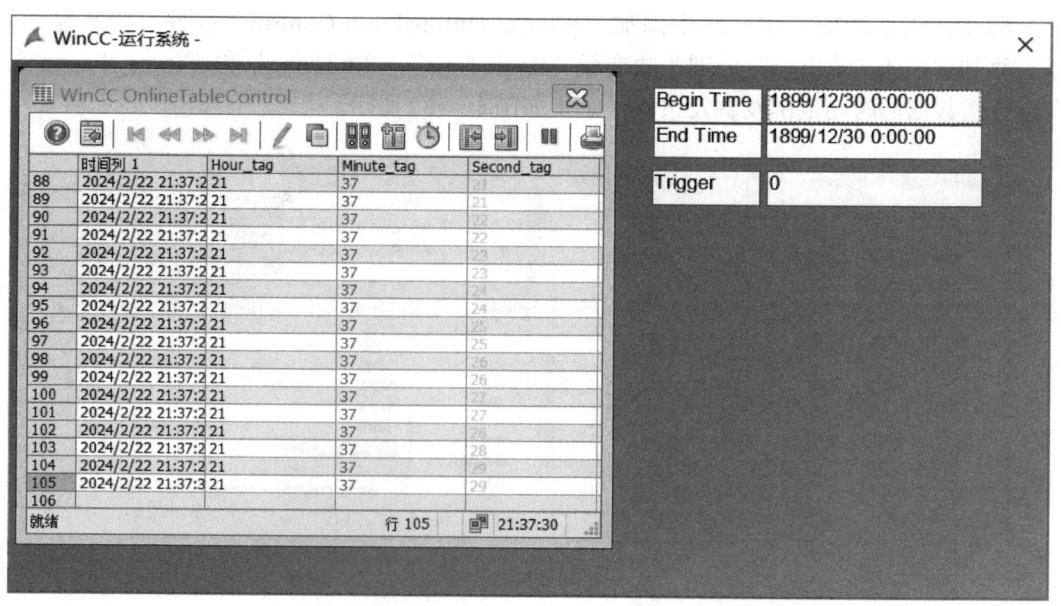

图 16-164　运行结果

步骤 6：导出 WinCC 项目的 XML 文件。按照图 16-165 所示的步骤导出 WinCC 项目的 XML 配置文件。这里导出的 XML 文件包含 WinCC 项目组态的变量、归档和报警等信息。

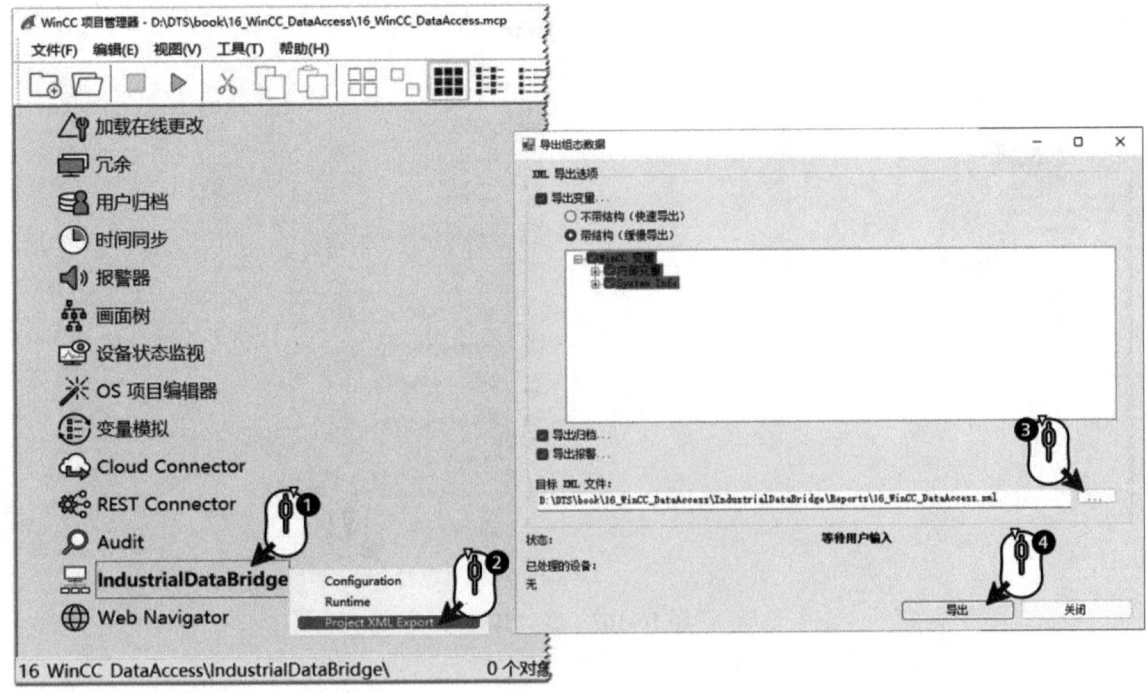

图 16-165　导出 WinCC 项目的 XML 配置文件

步骤 7：创建 Excel 模板。读者可以根据项目具体的要求去创建 Excel 模板。此处只需新建一个空白的 Excel 文件并命名为 "report" 即可，Excel 模板如图 16-166 所示。

图 16-166　Excel 模板

步骤 8：新建 IDB 项目。启动 IDB 如图 16-167 所示，从桌面快捷方式或从 Windows "开始"菜单打开 IDB 组态环境。

新建 IDB 项目，此处为项目命名为 "WinCCOLEDB_to_Excel"。创建 IDB 项目如图 16-168 所示。

选择 Provider 和 Consumer 如图 16-169 所示，在项目中添加链接（Link），并选择 Provider 为 "WinCC OLE DB"，Consumer 为 "Excel"。

步骤 9：组态 Provider。在链接下选择 Provider（WinCC OLEDB）为 WinCC OLEDB。选择在步骤 6 中导出的 XML 文件，并选择 WinCC 站名称，组态 Provider 如图 16-170 所示。

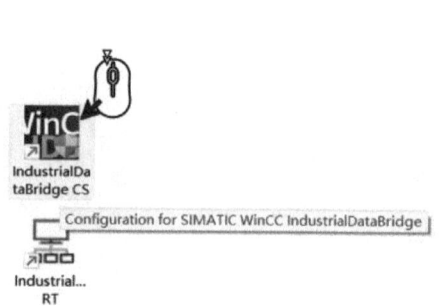
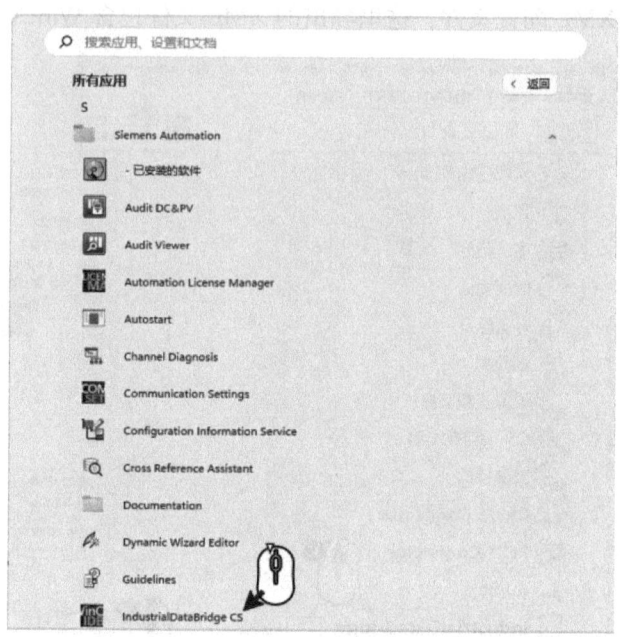

图 16-167 启动 IDB

图 16-168 创建 IDB 项目

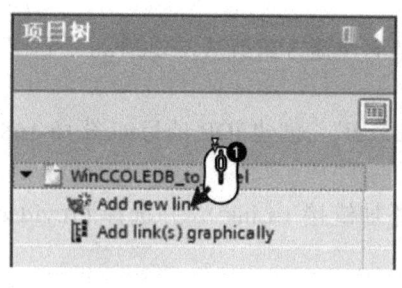
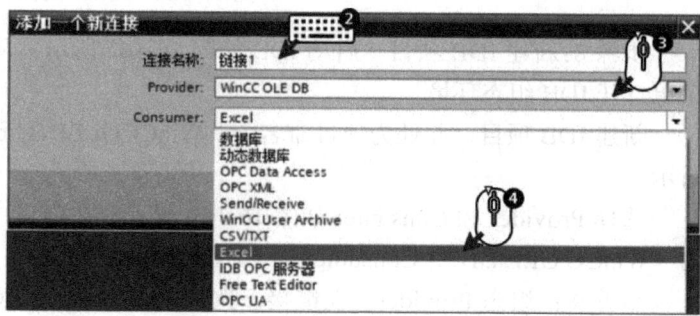

图 16-169 选择 Provider 和 Consumer

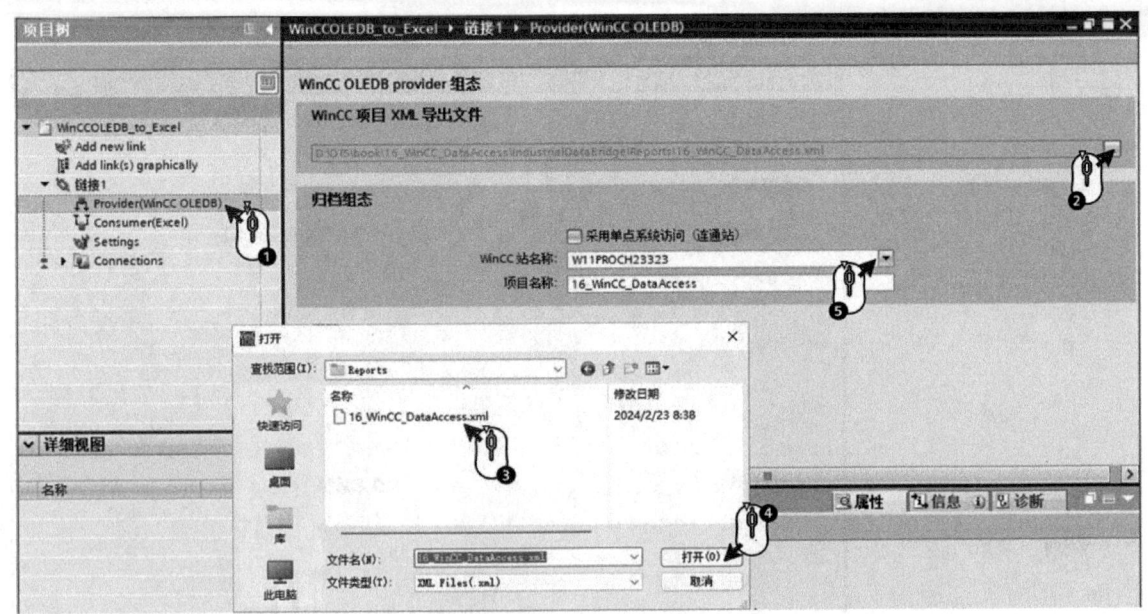

图 16-170　组态 Provider

步骤 10：组态 Consumer。组态 Consumer 如图 16-171 所示，为"Consumer"选择 excel 模板。

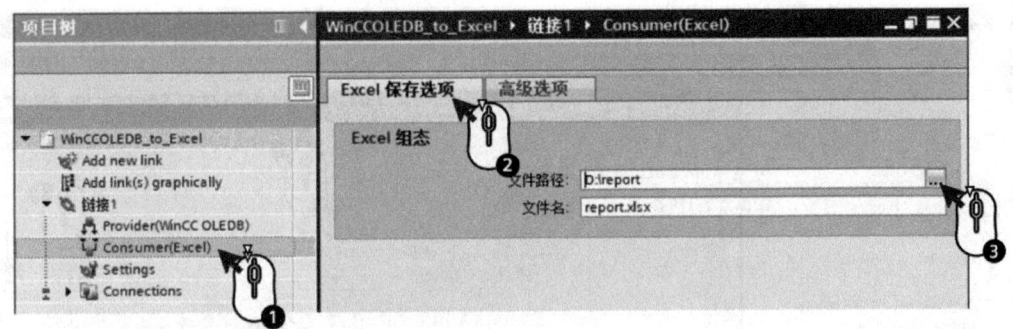

图 16-171　组态 Consumer

切换到"高级选项"选项卡，为 Excel 文件名选择"日期/时间"后缀，高级选项如图 16-172 所示。

步骤 11：组态连接（Connection）。

1）在链接下选择"Settings"，切换到"传送选项"选项卡。选择"Process Value Archive"归档，单击"过程值"选择归档变量，组态连接如图 16-173 所示，选择归档变量如图 16-174 所示。

2）在"时间设置"下选择"触发的时间范围"。单击"时间范围"按钮选择时间范围变量，如图 16-175 所示。

> **提示**
> 如果这里无法浏览变量，请读者先操作下一步，然后再返回来选择时间范围变量。

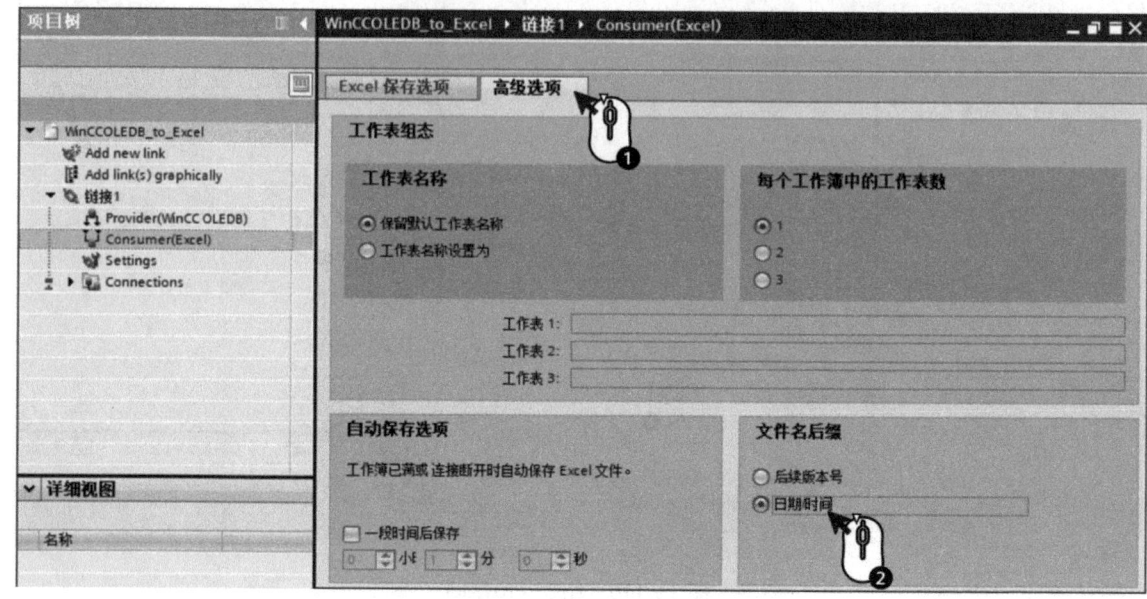

图 16-172　高级选项

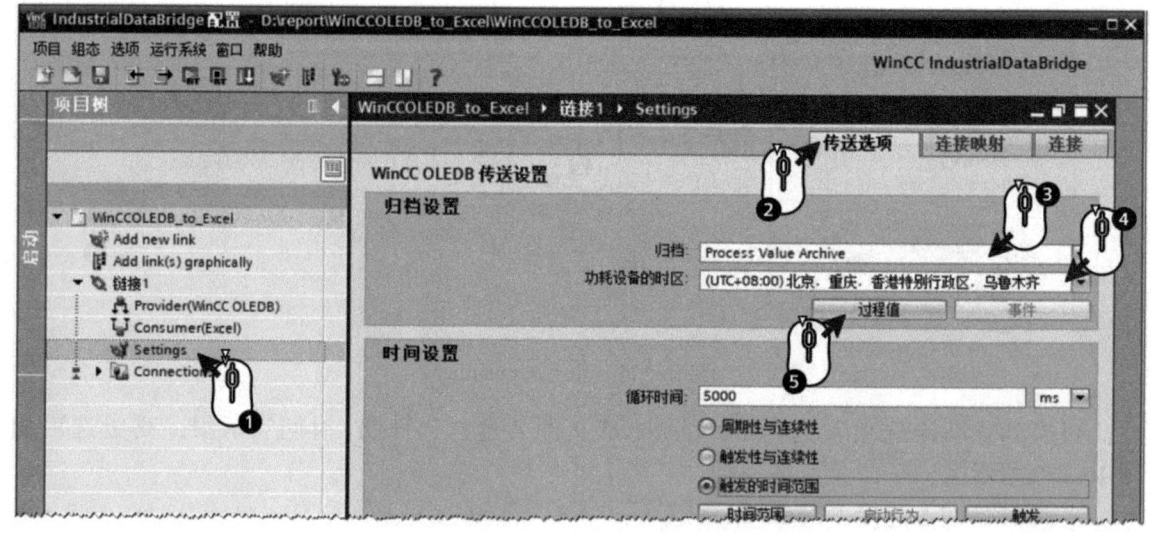

图 16-173　组态连接

3）单击"触发"按钮选择触发条件。触发机制如图 16-176 所示，是当变量"Trans_Trigger">0 时触发数据的传送。数据传送完成后 IDB 将会自动将触发变量（"Trans_Trigger"）设置为 0。

4）切换到"连接映射"栏，选中 Provider 的某一列拖拽到 Consumer 中相应的列，连接映射如图 16-177 所示。

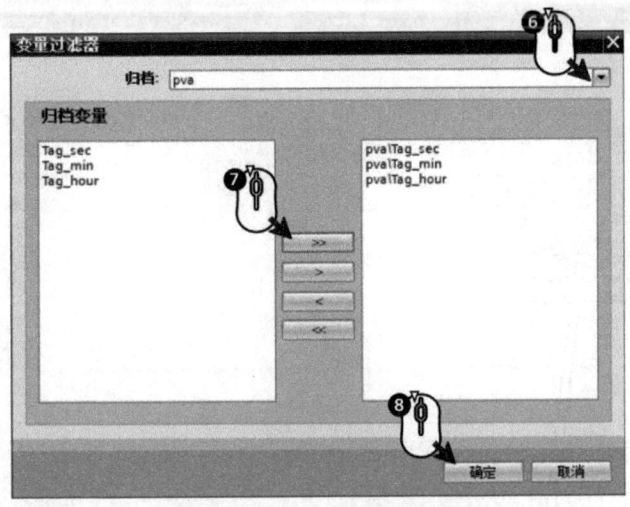

图 16-174　选择归档变量

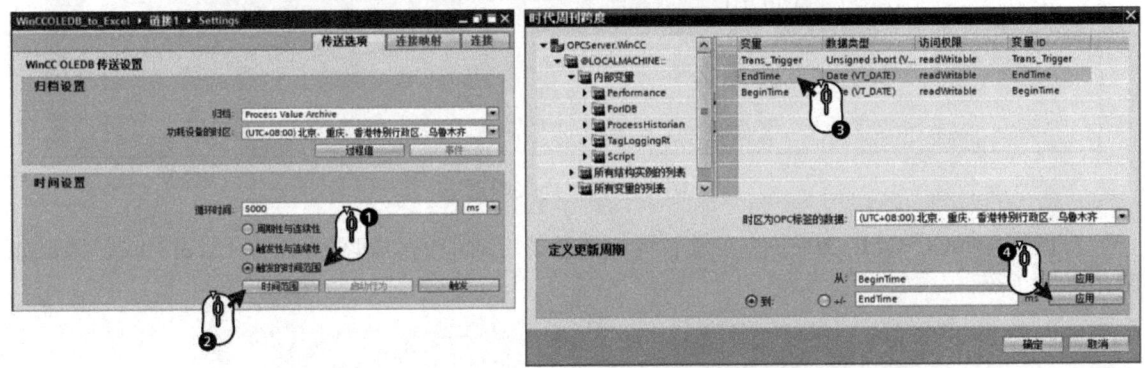

图 16-175　时间范围设置

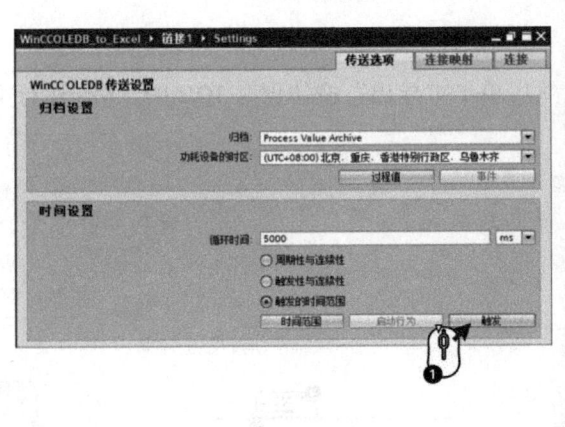

图 16-176　触发机制

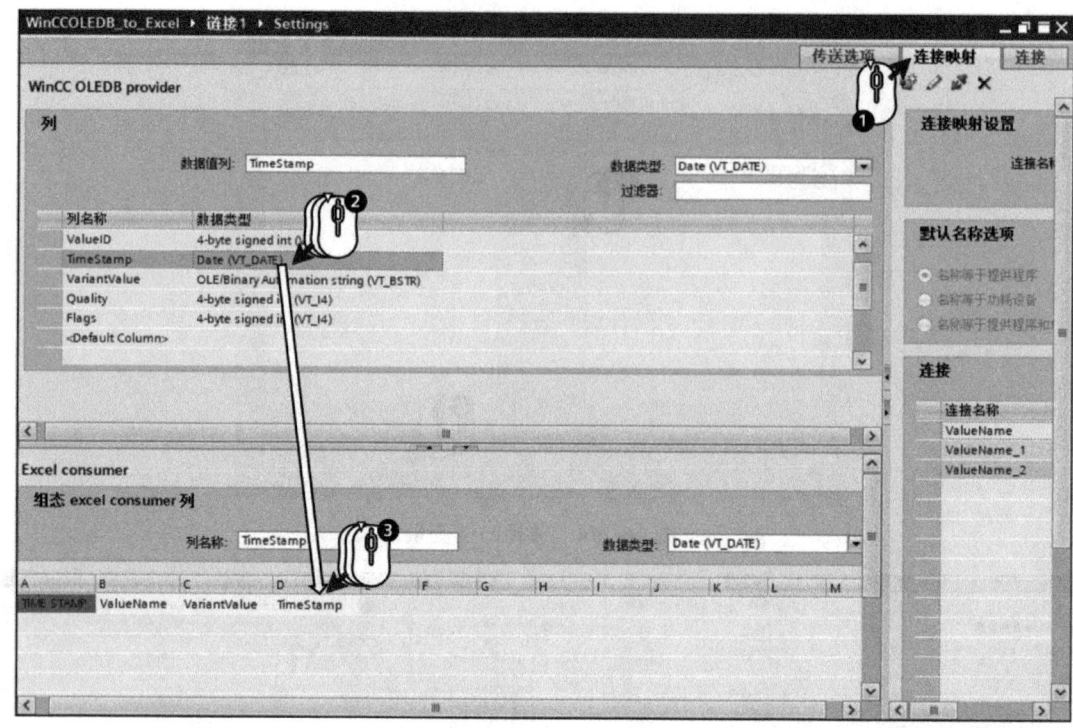

图 16-177 连接映射

本例把 WinCC OLE DB 中的变量名称、变量值、对应的时间戳导出到 Excel，映射结果如图 16-178 所示。

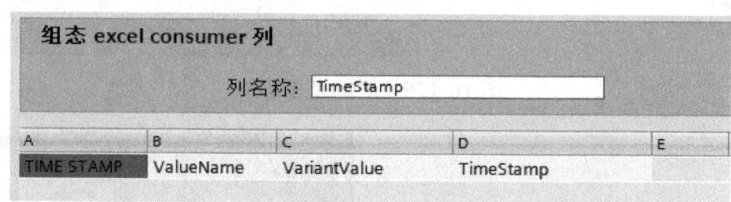

图 16-178 映射结果

步骤 12：生成运行文件。保存项目配置，然后单击"导出"按钮保存 IDB 的 XML 运行文件，导出运行文件如图 16-179 所示。

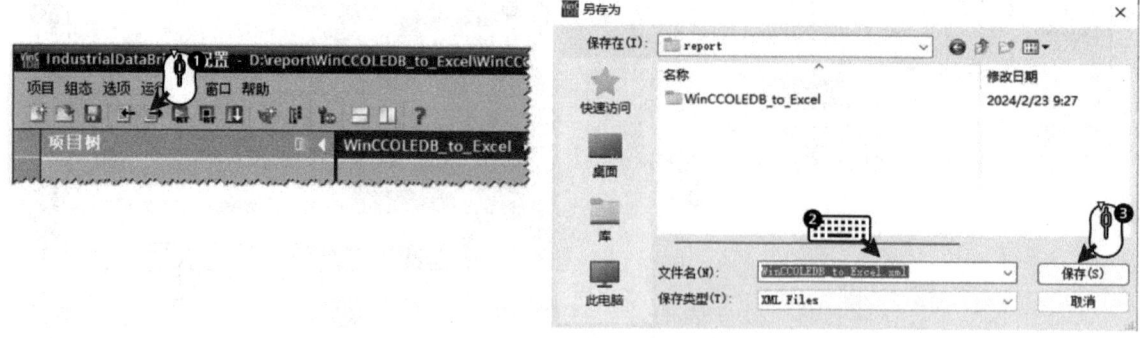

图 16-179 导出运行文件

步骤 13：启动"IDB Runtime"服务。"IndustrialDataBridge Runtime"服务默认是没有启动的，需要手动启动。

在计算机"服务"中找到"IndustrialDataBridge Runtime"。双击打开，设为自动启动，启动"IDB Runtime"服务如图 16-180 所示。

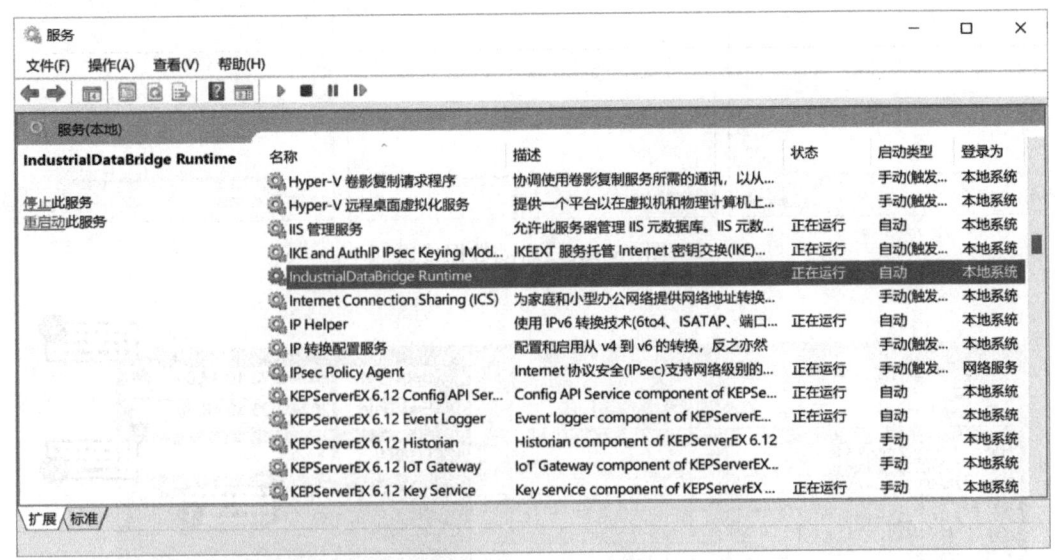

图 16-180　启动"IDB Runtime"服务

步骤 14：设置运行系统。

1）打开 XML 文件如图 16-181 所示，启动 IDB 运行系统，并打开 XML 文件。

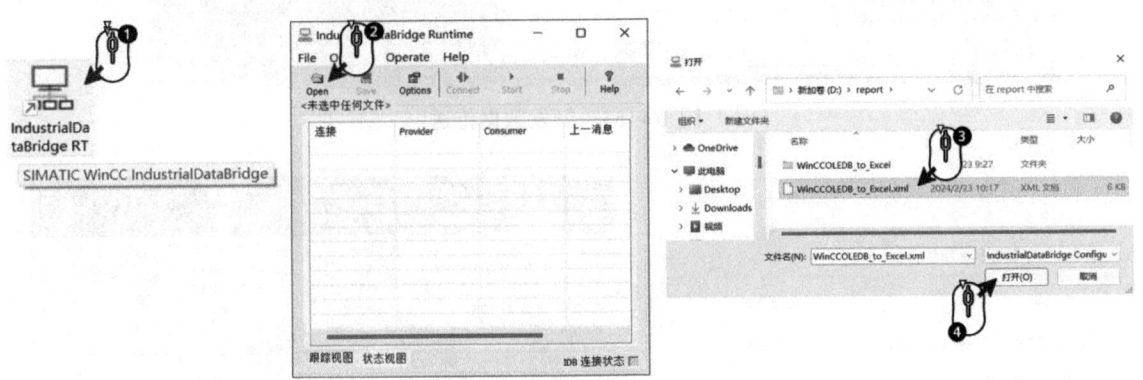

图 16-181　打开 XML 文件

2）先后单击"Connect"及"Start"按钮启动项目的运行，启动数据传送如图 16-182 所示。

3）在 WinCC 运行系统中设置时间范围。设置"Trans_Trigger"变量为一个大于 0 的数值（此处设置为 3），从而触发数据传送，如图 16-183 所示。

步骤 15：运行结果。"Trans_Trigger"变量自动被复位时，说明数据传送已经完成。此时，停止 IDB 运行，可以看到生成的文件名称为"模板文件名＋日期时间后缀"。打开文件，设定时间范围内的数据都已经被导入 Excel 文件中，运行结果如图 16-184 所示（第一列 Timestamp 为导出执行时间，第四列 Timestamp 为数据对应的时间戳）。

图 16-182　启动数据传送

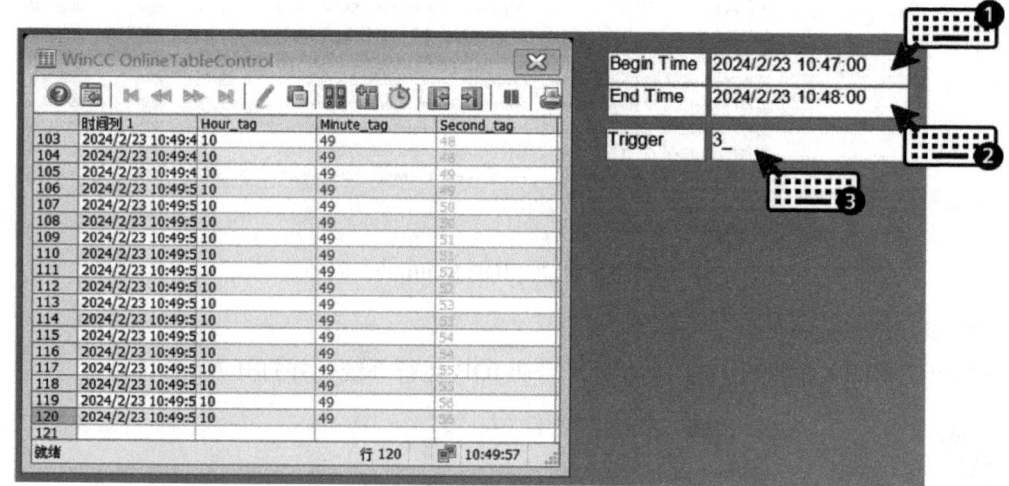

图 16-183　触发数据传送

图 16-184　运行结果

16.6.5 使用连通性软件包读取 WinCC 数据到 Excel

本例使用 Connectivity Pack 的 OLEDB 接口，通过编程的方法读取 WinCC 的归档数据，并将这些数据写入到 Excel 中。

步骤 1：紧接着 16.6.4 节的步骤，在画面中放入按钮，并在按钮的"单击鼠标"事件中加入 VB 脚本，按钮事件如图 16-185 所示。

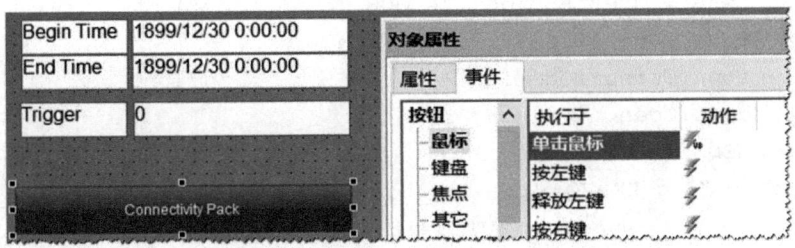

图 16-185 按钮事件

VB 脚本如下：

```
Sub OnClick(ByVal Item)
  Dim sPro, sDsn, sSer, sCon, conn, sSql, oRs, oCom
  Dim tagDSNName
  Dim m, i
  Dim LocalBeginTime, LocalEndTime, UTCBeginTime, UTCEndTime, sVal
  Dim objExcelApp, objExcelBook, objExcelSheet, sheetname
  Item.Enabled = False
  On Error Resume Next
'获取数据源,@DatasourceNameRT 是系统变量
    Set tagDSNName = HMIRuntime.Tags("@DatasourceNameRT")
      tagDSNName.Read
'开始时间和结束时间
    Set LocalBeginTime = HMIRuntime.Tags("BeginTime")
      LocalBeginTime.Read
    Set LocalEndTime = HMIRuntime.Tags("EndTime")
      LocalEndTime.Read
    UTCBeginTime = LocalBeginTime.Value
    UTCEndTime = LocalEndTime.Value
    UTCBeginTime = Year(UTCBeginTime)&"-"& Month(UTCBeginTime)&"-"&
                    Day(UTCBeginTime)&"" & Hour(UTCBeginTime)&":"&
                    Minute(UTCBeginTime)&":"& Second(UTCBeginTime)
    UTCEndTime = Year(UTCEndTime)&"-"& Month(UTCEndTime)&"-"&
                    Day(UTCEndTime)&"" & Hour(UTCEndTime)&":"&
                    Minute(UTCEndTime)&":"& Second(UTCEndTime)
```

```
                    HMIRuntime.Trace"UTC Begin Time:" & UTCBeginTime & vbCrLf
                    HMIRuntime.Trace"UTC end Time:" & UTCEndTime & vbCrLf
'WinCC OLEDB 连接字符串
        sPro = "Provider = WinCCOLEDBProvider.1;"
        sDsn = "Catalog = "&tagDSNName.Value&";"
        sSer = "Data Source = .\WinCC"
        sCon = sPro + sDsn + sSer
        Set conn = CreateObject("ADODB.Connection")
            conn.ConnectionString = sCon
            conn.CursorLocation = 3
            conn.Open
'WinCC OLEDB 查询语句
        sSql = "Tag_EX:R,('pva\Tag_hour';'pva\Tag_min';'pva\Tag_sec'),'"&_
                        UTCBeginTime &"','"& UTCEndTime &"'"
        Set oRs = CreateObject("ADODB.Recordset")
        Set oCom = CreateObject("ADODB.Command")
            oCom.CommandType = 1
        Set oCom.ActiveConnection = conn
            oCom.CommandText = sSql
' 执行查询
        Set oRs = oCom.Execute
            m = oRs.RecordCount
        If (m > 0)Then
        sheetname = "Sheet1"
' 查询结果存储到 excel
        Set objExcelApp = CreateObject("Excel.Application")
            objExcelApp.Visible = False
            objExcelApp.Workbooks.Open"D:\report\report.xlsx"
            objExcelApp.Worksheets(sheetname).Activate
            objExcelApp.Worksheets(sheetname).Cells(2, 1).Value = oRs.Fields(0).Name
            objExcelApp.Worksheets(sheetname).Cells(2, 2).Value = oRs.Fields(1).Name
            objExcelApp.Worksheets(sheetname).Cells(2, 3).Value = oRs.Fields(3).Name
            objExcelApp.Worksheets(sheetname).Cells(2, 4).Value = oRs.Fields(4).Name
            oRs.MoveFirst
            i = 3
            Do While Not oRs.EOF
                objExcelApp.Worksheets(sheetname).Cells(i, 1).Value = oRs.Fields(0).Value
                objExcelApp.Worksheets(sheetname).Cells(i, 2).Value =
```

```
oRs.Fields(1).Value
            objExcelApp.Worksheets(sheetname).Cells(i, 3).Value = oRs.Fields(3).Value
            objExcelApp.Worksheets(sheetname).Cells(i, 4).Value = oRs.Fields(4).Value
            oRs.MoveNext
            i = i + 1
        Loop
        oRs.Close
    Else
        MsgBox" 设定时间范围没有数据！ "
        Item.Enabled = True
        Set oRs = Nothing
        conn.Close
        Set conn = Nothing
        objExcelApp.Workbooks.Close
        objExcelApp.Quit
        Set objExcelApp = Nothing
        Exit Sub
    End If

    Set oRs = Nothing
    conn.Close
    Set conn = Nothing

'Excel 另存
    Dim patch, filename
    filename = CStr(Year(Now))&"."& CStr(Month(Now))&"."& CStr(Day(Now))
                                        &"_"& CStr(Hour(Now))&"."& CStr(Minute(Now))
                                        &"."& CStr(Second(Now))
    patch = "D:\report\CP_report_"&filename&".xlsx"
    objExcelApp.ActiveWorkbook.SaveAs patch
    objExcelApp.Workbooks.Close
    objExcelApp.Quit
    Set objExcelApp = Nothing
    MsgBox" 报表已生成！"
    Item.Enabled = True
End Sub
```

步骤2：运行结果。在 WinCC 运行系统中，设定开始时间和结束时间之后，单击画面中的按钮，执行脚本如图 16-186 所示。

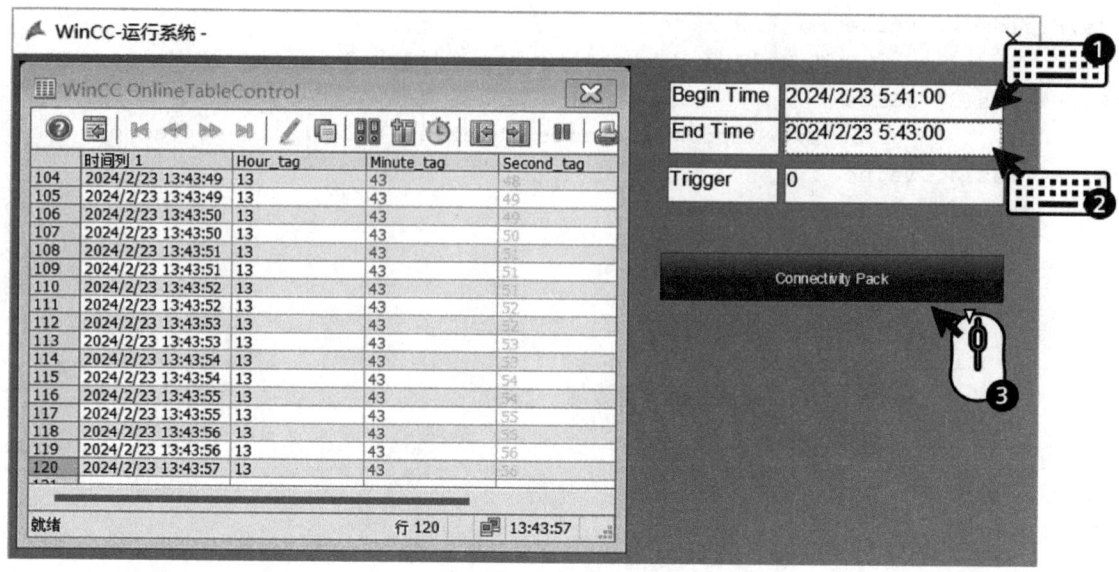

图 16-186　执行脚本

可以看到生成的文件名为"CP+模板文件名+日期时间后缀"（文件名在脚本中定义）。打开文件，设定时间范围内的数据都已经被写入 Excel 文件中，运行结果如图 16-187 所示。

图 16-187　运行结果

第17章 选件及附加件介绍

本书前面的章节主要介绍的是 WinCC 基本系统和常用选件。除此之外，针对不同的应用领域，WinCC 还有很多扩展功能的选件和附加件。本章将简单介绍这些选件和附加件的应用场景和功能。它们都提供了相应的光盘，除了 WinCC ODK 之外都需要安装。

17.1 SIMATIC Process Historian

17.1.1 概述

SIMATIC Process Historian（以下简称 Process Historian）是基于 Microsoft SQL Server 数据库的中央长期归档的系统解决方案，用于在一个中央数据库中实时存储整个工厂范围内的所有 WinCC 的实时数据，即过程值和消息。Process Historian 具有极高的存储性能和强大的可扩展性，可连接任意多个 WinCC 系统（单站、服务器或冗余服务器对）。Process Historian 单机系统架构如图 17-1 所示。

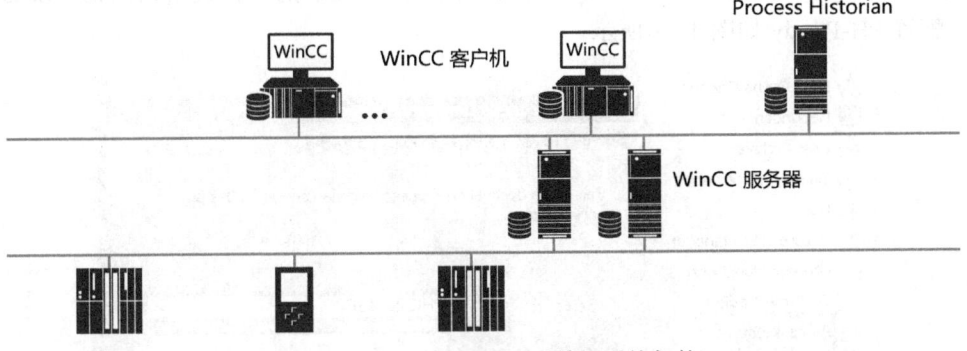

图 17-1 Process Historian 单机系统架构

> **提示**
> SIMATIC Process Historian 是 WinCC CAS（Centre Archive Server）的替代产品。

17.1.2 优势和功能

1）是 SIMATIC 全集成自动化的大数据归档解决方案。

2）可归档任意多个 WinCC 系统中的过程数据和消息。组态工作在 WinCC 的归档系统中完成，无需在 SIMATIC Process Historian 中进行重复的组态。

3）冗余模式采用了 Microsoft SQL Server 的镜像技术，提高了系统的可用性，Process Historian 单机系统架构如图 17-2 所示。

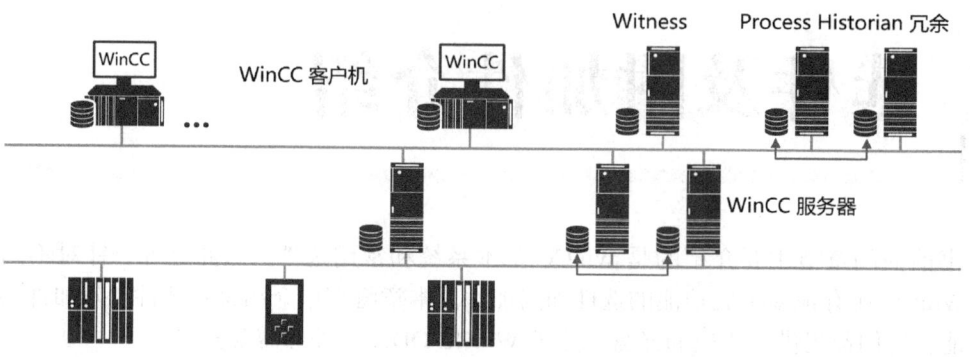

图 17-2 Process Historian 单机系统架构

> **提示**
> Witness 作为 Process Historian 的组件，需要安装在独立的监视计算机上，用于检查 Process Historian 冗余的可用性。

4）项目扩展无需中断生产过程，WinCC 系统无需停机。

5）通过集成的备份机制，显著提高归档数据的安全性。

6）可按时间或事件对 WinCC 系统中指定的过程值或消息进行长期归档。

7）可在 WinCC 客户机上无痕地访问历史数据，无论历史数据来源于 WinCC 服务器还是 Process Historian。

8）在安装之初即完成了数据库的初始化设置。

9）在 WinCC 系统上部署 PH-Ready 组件，用于将 WinCC 的过程数据归档到 Process Historian 中，配置 PH-Ready 如图 17-3 所示。

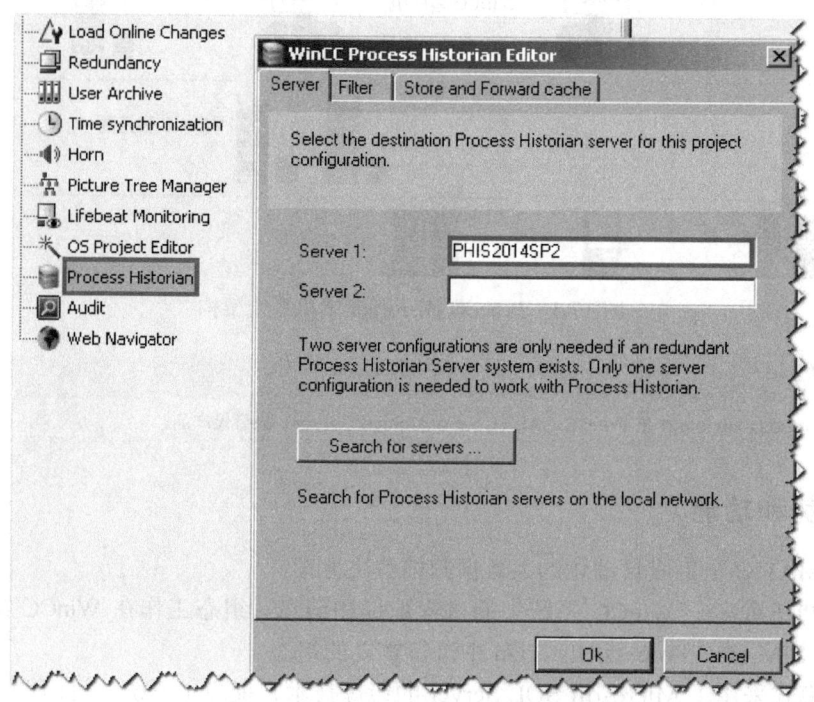

图 17-3 配置 PH-Ready

10）Process Historian 通过 PH-Ready 组件可自动检测到所有连接的 WinCC 服务器项目。

11）Process Historian 组态工具显著提高了工程组态的速度与易用性，可通过"Process Historian Management"仪表盘进行数据诊断、数据源显示、数据库更改和分段、备份和恢复等操作，Process Historian 管理仪表盘如图 17-4 所示。

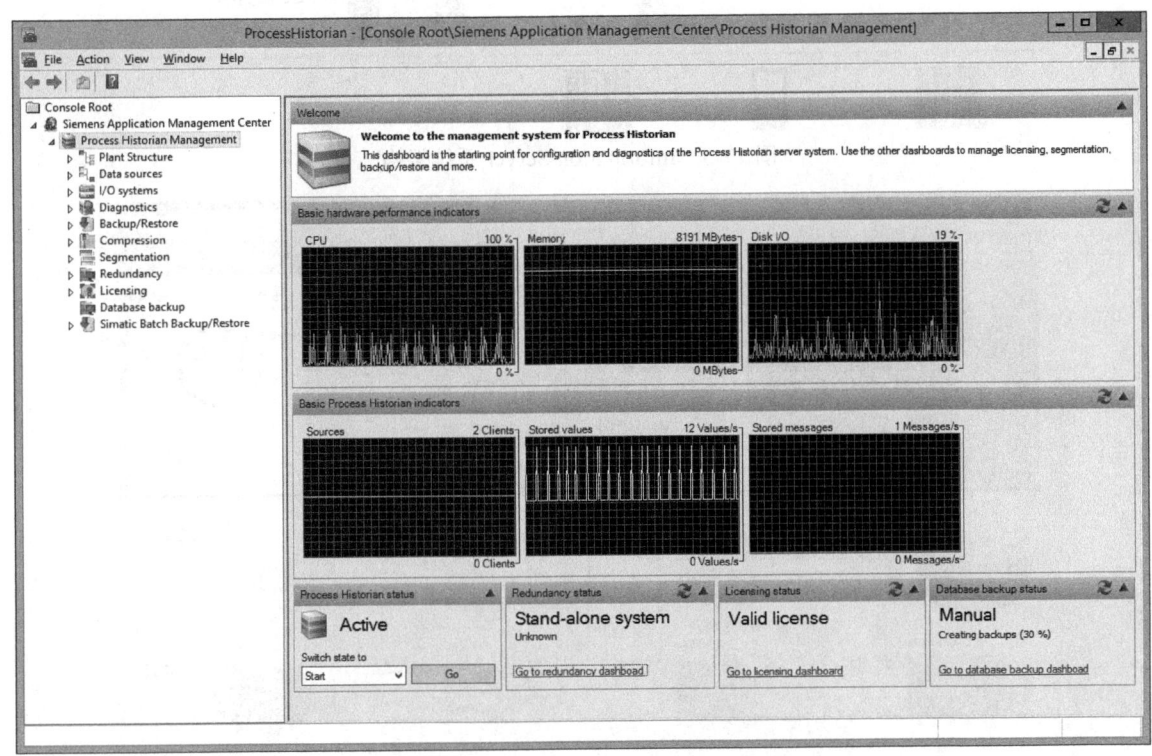

图 17-4　Process Historian 管理仪表盘

17.2　SIMATIC Information Server

17.2.1　概述

SIMATIC Information Server（以下简称 Information Server）是 WinCC 和 Process Historian 的基于 Web 的开放式报表系统。该系统使用了强大的 MS SQL Server Reporting Services（SSRS）技术创建和生成交互式报表。

Information Server 通过诸如 Word 和 Excel 以及 PowerPoint 等 Microsoft Office 应用组件可无痕访问 WinCC 和 Process Historian 的数据库中归档的过程值和消息数据，并清晰直观地显示在办公计算机上。Information Server 的系统架构和 Web 客户机展现形式如图 17-5 所示，Information Server 的客户机展现形式如图 17-6 所示。

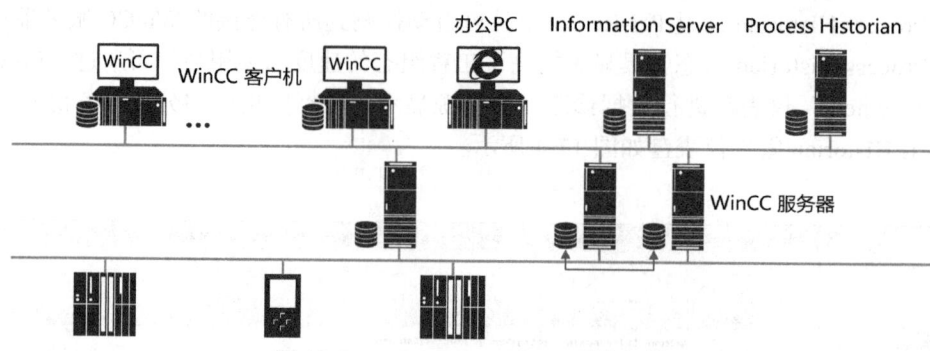

图 17-5 Information Server 系统架构

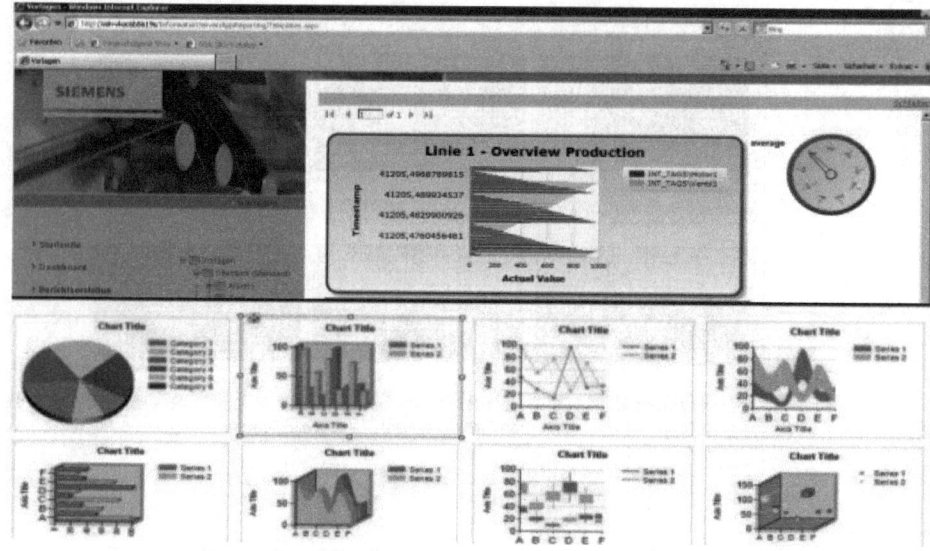

图 17-6 Information Server 的客户机展现形式

17.2.2 优势和功能

与 Data Monitor 相比，Information Server 具备更强大的功能，Data Monitor 和 Information Server 的功能对比见表 17-1。

表 17-1 Data Monitor 和 Information Server 的功能对比

功能	Data Monitor	Information Server
报表	较为单一	更为丰富（基于 MS SQL Server Report Builder）
可扩展性	无	可以部署在云端（Azure）
Office 组件应用	Excel	Excel、Word 和 PowerPoint
适用 WinCC 版本	WinCC V6.0 及以上	WinCC V7.2 及以上
数据源	WinCC/CAS	WinCC/Process Historian/Performance Monitor
WinCC 画面监视	有	无

1）基于 Web 的中央报表系统，整合所有数据源，为管理层在内的所有部门集中提供所需数据。

2）用户定制化 Web 画面的创建与设计更为简单便捷。

3)无需掌握 HTML 和 ASP 相关的网页编程知识。
4)支持订阅功能,自动生成报表并通过电子邮件进行发送。
5)可用于 10.5in 以上支持 HTML5 功能浏览器的平板电脑。
6)可通过 Web 客户机实现相应的报表管理、组态和可视化功能。
7)提供常用的报表模板集。
8)开放式报表系统,可创建存储任意多个新报表模板。
9)报表可导出为常规文档格式。
10)瘦客户机,无需在 Web 客户机上安装额外软件。

17.3 WinCC/ProAgent

17.3.1 概述

WinCC/ProAgent(以下简称 ProAgent)为 SIMATIC S7 PLC 提供标准化的诊断方案。当工厂中的设备出现过程故障时,ProAgent 的过程错误诊断功能可为操作人员快速地提供有关故障位置和原因的精确信息,并完成故障查找。ProAgent 在汽车行业有着广泛的应用。

ProAgent 可以直接访问 PLC 程序并将其导入 WinCC 项目内。在 WinCC 中无需为实现诊断功能进行额外的组态。诊断操作所需要的 ProAgent 标准画面会自动生成,并通过画面控件显示 PLC 的程序逻辑以及执行状态,ProAgent 画面显示如图 17-7 所示。

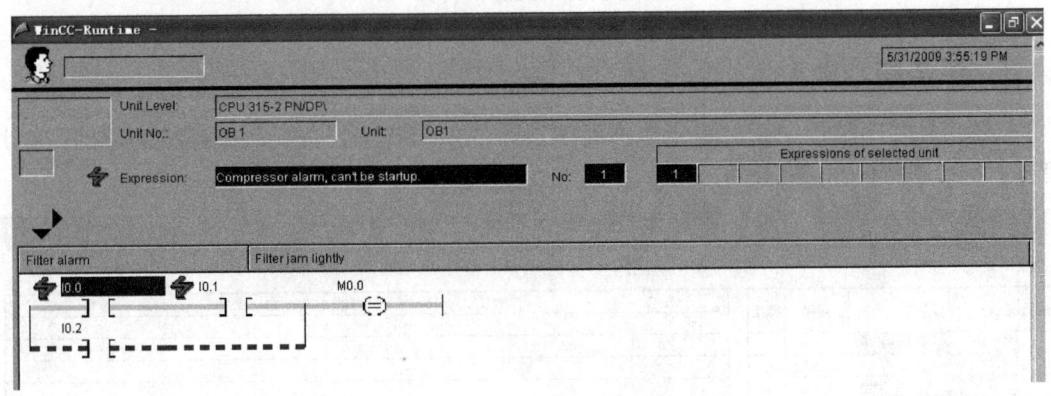

图 17-7 ProAgent 画面显示

ProAgent 应用于 S7-300/400 PLC 时,需要与 STEP 7 的选件 S7-PDIAG 或 S7-GRAPH 结合使用。

17.3.2 优势和功能

1)基于 STEP 7 和 WinCC 集成的组态方式,PLC 报警不需要进行 Alarm_S 的手动编程,HMI 报警通过编译自动生成。
2)当短期内连续发生错误时,仍然会以正确的时间顺序进行显示。
3)具有标准显示结构,在运行期间自动更新过程数据。

17.4 WinCC/PerformanceMonitor

17.4.1 概述

SIMATIC PerformanceMonitor（以下简称 PerformanceMonitor）可对工厂特定的关键绩效指标（KPI）进行灵活计算和高效分析。基于这些绩效指标的透明化来对各种优化潜能进行推断，从而显著提升生产效率。OEE（整体设备效率）作为重要的 KPI，OEE 的含义如图 17-8 所示。

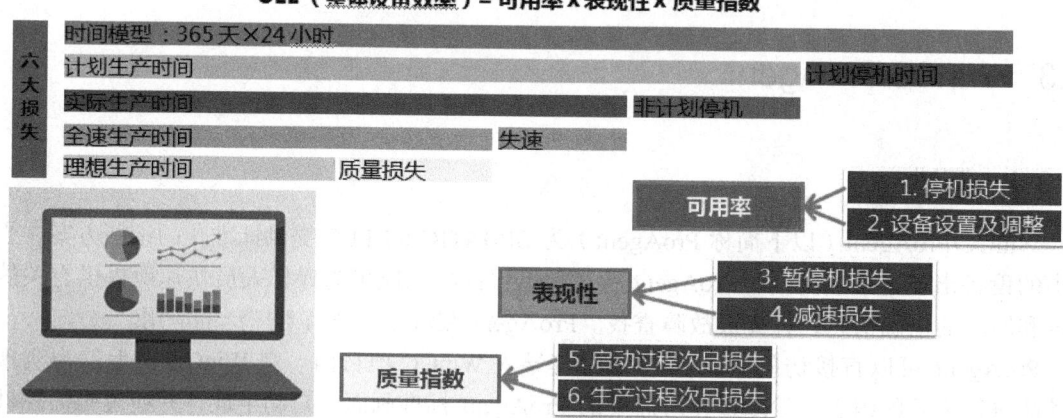

图 17-8　OEE 的含义

17.4.2 优势和功能

1）采用甘特图控件记录并显示生产时间顺序的生产状态，查找故障停机的原因所在并监控设备运行效率，PerformanceMonitor 的甘特图控件如图 17-9 所示。

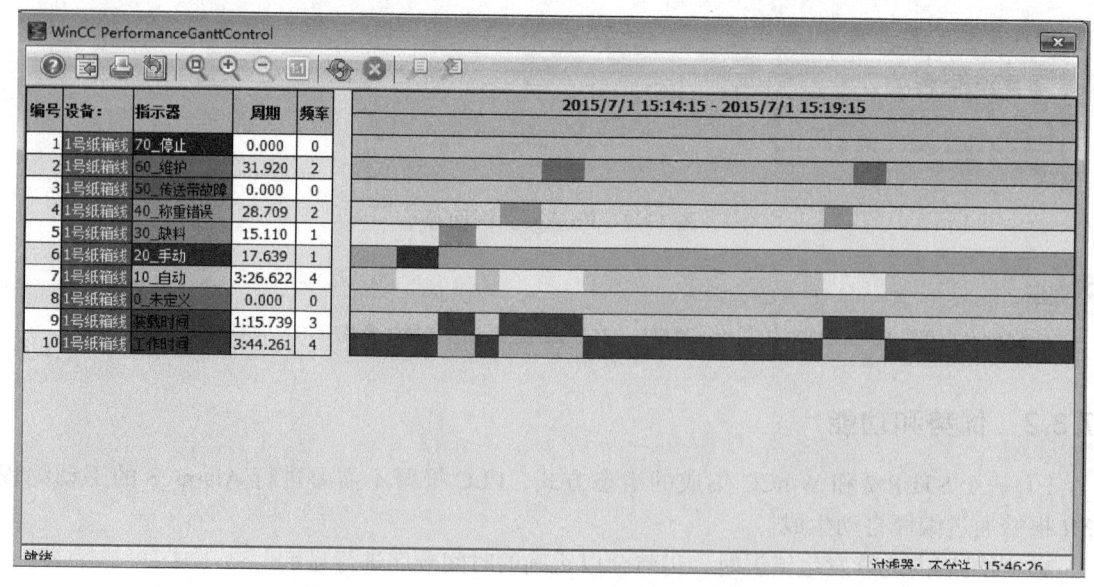

图 17-9　PerformanceMonitor 的甘特图控件

2）采用视图控件循环计算或事件触发计算 KPI，显示 KPI 与生产数据值的关系，并可通过操作数进行相应的数据挖掘，分析故障原因，PerformanceMonitor 的视图控件如图 17-10 所示。

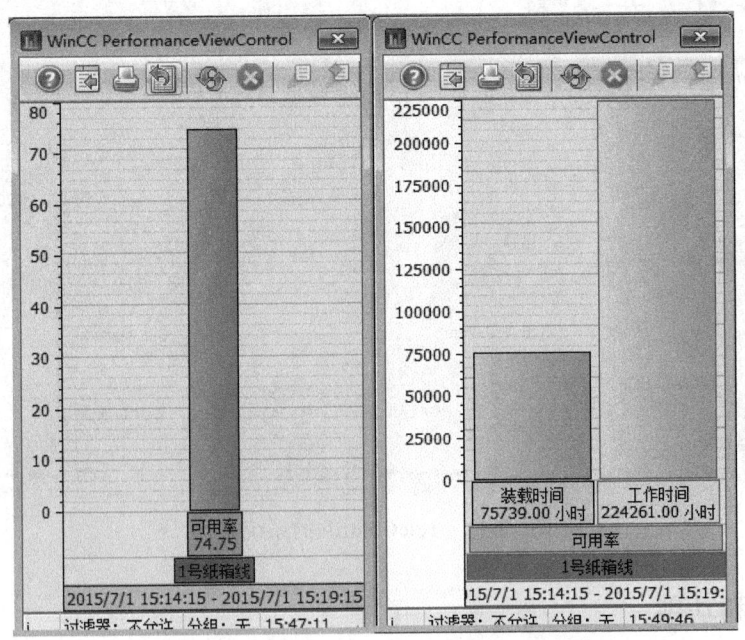

图 17-10　PerformanceMonitor 的视图控件

3）在 WinCC 的组态界面中使用了标准工具，极大简化了操作和组态过程。无需为实现 KPI 的计算进行复杂的编程。

4）通过关联的上下文信息（如所用的物料）的分析，准确识别其与生产的相关性。

5）采用类型 / 实例机制，将组态成本降至最低。

6）支持 WinCC 单站、C/S 架构和 B/S 架构（Web Navigator）。

7）通过 Information Server 生成基于 Web 的工厂特定报表（预定义、可扩展型报表）。

PerformanceMonitor 的产品发布信息请参考条目 ID 109816599。

17.5　WinCC/TeleControl

17.5.1　概述

WinCC/TeleControl（以下简称 TeleControl）是 WinCC 通过远程控制协议在广域网中连接远程站（远程终端设备 RTU）的选件。广域网的远程通信在很大程度上是由已经具备的通信基础设施决定的。传输介质包括专用线路、模拟或数字电话网络、无线网络（GSM 或私网）、DSL 和 GPRS。

为了在低带宽和低传输速率的广域网上可靠地传输过程数据，TeleControl 采用了特殊的数据传输协议为报文进行有效的保护。远程控制协议包括 IEC 60870-9-101/104、DNP3 和 SINAUT S7。TeleControl 主要应用在淡水 / 污水处理，石油 / 天然气的输送管线和钻井平台，以及电力等行业中。TeleControl 的系统架构如图 17-11 所示。

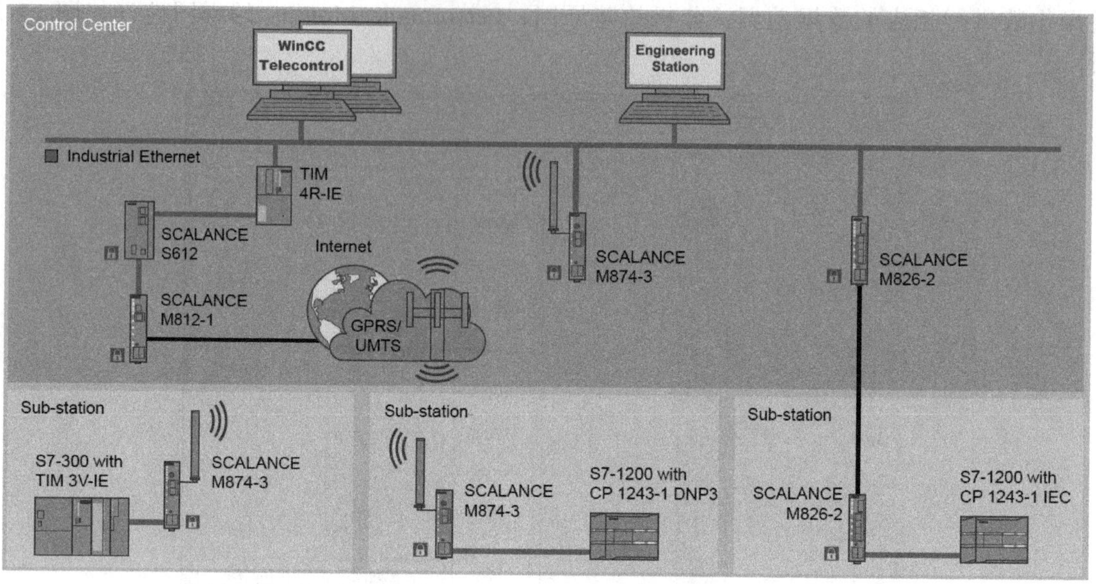

图 17-11　TeleControl 的系统架构

17.5.2　优势和功能

1）适用于低带宽、高延迟或缺乏可靠性通信线路。
2）在 RTU 中通过数据备份防止通信故障造成的数据丢失。
3）通过事件触发的通信机制来传输报警和控制测量值信息，以减少传输的数据量。通过时钟同步校正 RTU 的数据的时间戳。
4）通用串行接口支持通信介质（专用线路、模拟电话线路和 ISDN 线路的拨号连接）、各种无线电设备（标准、扩频调制）、微波和 GSM。
5）基于广域网的 TCP/IP 的支持，如 DSL 或 GPRS 无线网络。
6）支持冗余通信连接。
7）具备用于 RTU 通信链路的扩展通信诊断功能。
8）具备 RTU 远程编程功能。
9）不同的通信拓扑结构，即点对点支持、多点（多模式）和分层网络结构。
10）高质量的服务器冗余方案确保服务器宕机时无数据丢失。
TeleControl 的产品发布信息请参考条目 ID 109814522。

17.6　WinCC/Calendar Scheduler

17.6.1　概述

WinCC/Calendar Scheduler（以下简称 Calendar Scheduler）是基于日历的事件管理的选件。用于在日历中定义和执行相关的事件，即在预定义时间内设置 WinCC 变量或启动脚本。

17.6.2 优势和功能

1）在 Calendar Scheduler 中设置 WinCC 变量和启动脚本不占用 WinCC 脚本系统的进程，而是使用单独的服务进行处理。

2）采用 Microsoft Office 日历模式，事件的操作、组态和规划极为简单便捷。

通过参数设置快速组态操作（在特定时间执行 WinCC 脚本或写入 WinCC 变量）。配置定期执行的时间如图 17-12 所示，配置定期执行的动作图 17-13 所示。

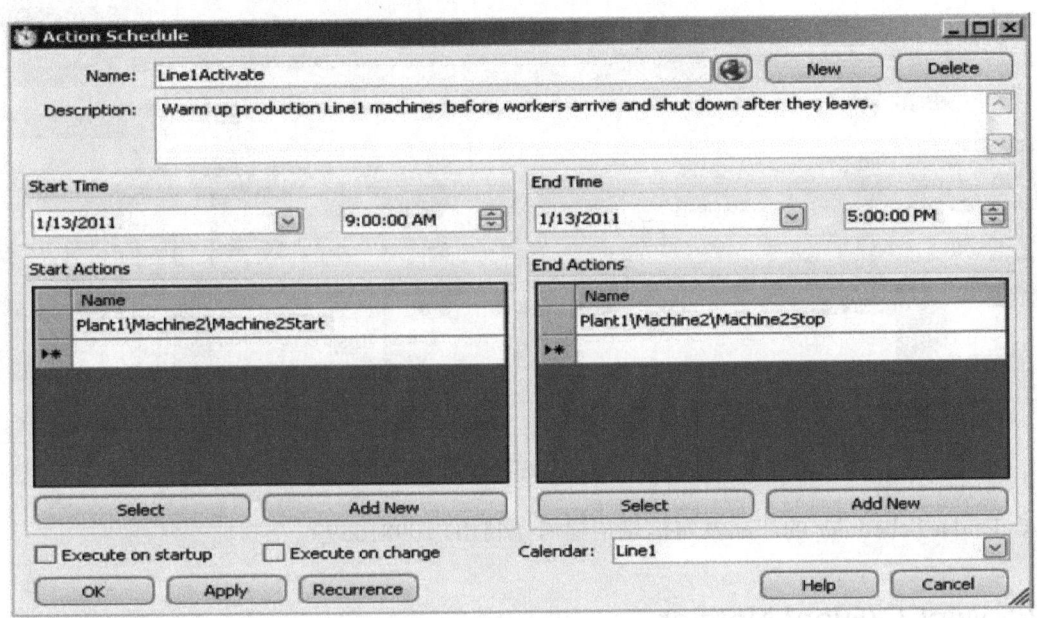

图 17-12　配置定期执行的时间

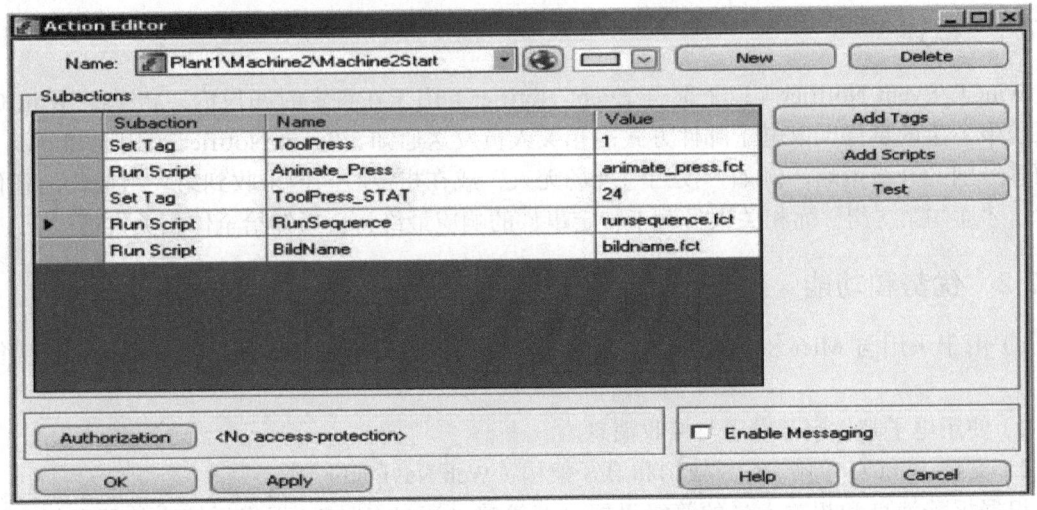

图 17-13　配置定期执行的动作

3）组态重复发生的事件时，可设置例外的公共假日、假期和设备维护期。

4）支持 WinCC 单站、C/S 架构和 B/S 架构（Web Navigator）。

5）在画面中使用 Calendar Scheduler 控件根据时间的显示区间显示所有事件的执行情况，在组态和运行过程中均可直观便捷地操作（支持拖拽功能），在日历控件中根据时间范围组态和查看动作的执行情况如图 17-14 所示。

图 17-14　在日历控件中根据时间范围组态和查看动作的执行情况

Calendar Scheduler 的产品发布信息请参考条目 ID 109816599。

17.7　WinCC/Event Notifier

17.7.1　概述

WinCC/Event Notifier（以下简称 Event Notifier）用于在特定时间段内，将基于 WinCC 报警系统中发生的事件，以电子邮件方式向相关人员发送通知。Event Notifier 采用通知分级，并使用多级别的升级策略。例如，仅当"现场无人"或在指定时间内未收到第一组成员的任何响应时，才通知第二组。而相关人员对于特定事件的响应最终将会通知给全体相关人员。

17.7.2　优势和功能

1）由于采用与 Microsoft Office 类似的日历模式，因此消息的操作、组态和设计极为简单便捷。

2）使用电子邮件服务发送与接收消息。

3）支持 WinCC 单站、C/S 架构和 B/S 架构（Web Navigator）。

根据报警消息和相关人员的等级设置升级策略，通过 WinCC 报警系统中的消息组态选择通知消息，通过消息块的选择组态邮件的内容。设置通知邮件的升级策略如图 17-15 所示，设置通知邮件的消息内容图 17-16 所示。

基于 WinCC 用户管理中的预设定人员选择消息接收方，如图 17-17 所示。

> **提示**
> Event Notifier 不直接支持发送短信的功能,除非所应用的邮件服务器具备短信提醒功能。

Event Notifier 的产品发布信息请参考条目 ID 109816599。

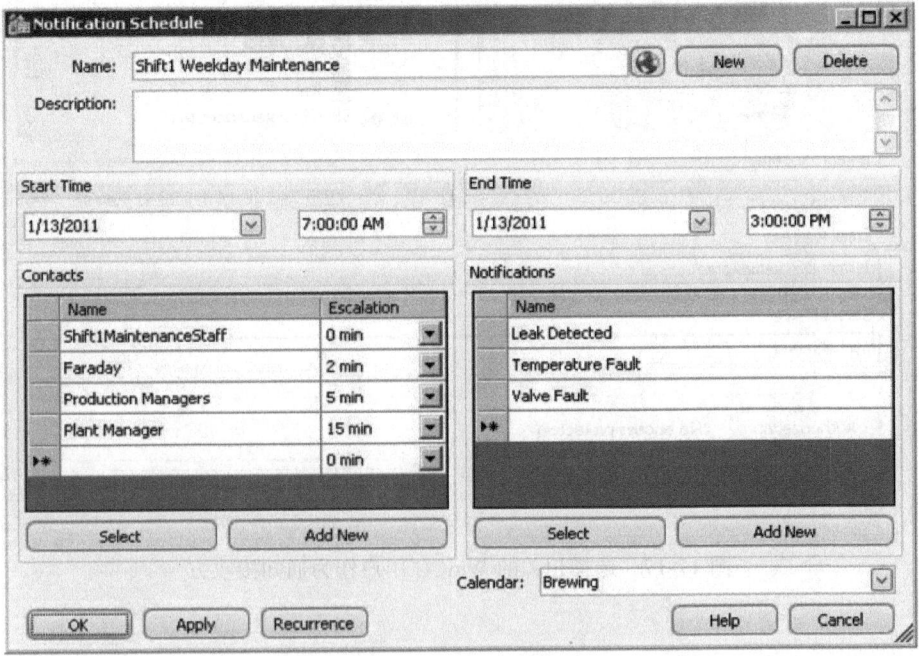

图 17-15　设置通知邮件的升级策略

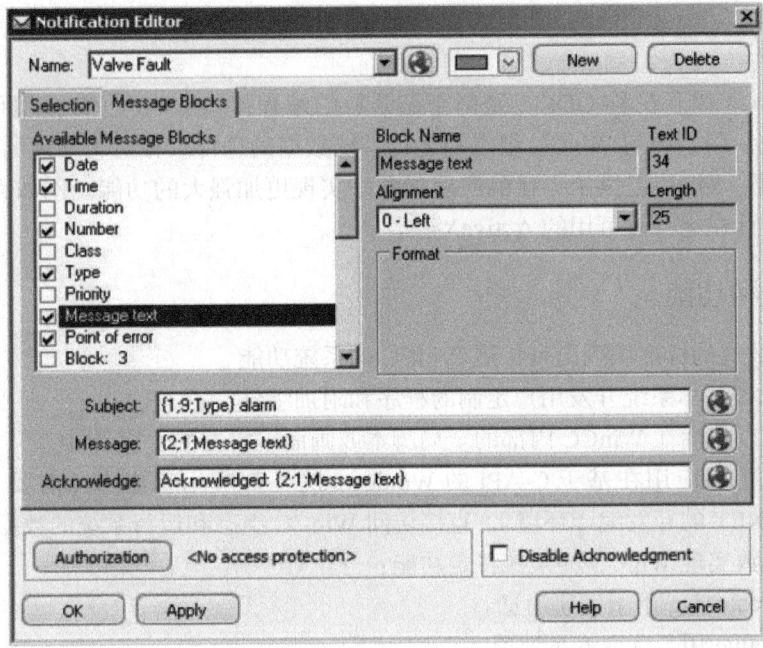

图 17-16　设置通知邮件的消息内容

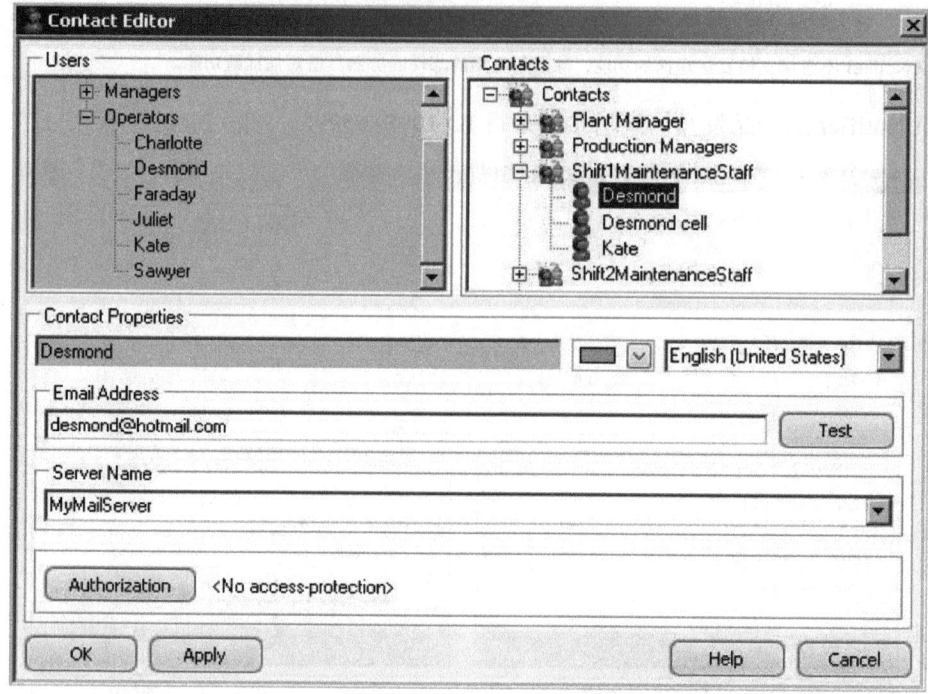

图 17-17　选择相关的 WinCC 用户作为通知接收方

17.8　WinCC/ODK

17.8.1　概述

WinCC/ODK（以下简称 ODK）是基于已开放的编程接口 C-API（C 应用程序接口）的开放式开发工具包，用于访问 WinCC 组态和运行系统数据的选件。相对于常规的 C 函数、VB 函数和 WinCC 函数，ODK 提供了大量的底层函数来实现更加强大的功能。例如直接编辑 WinCC 的用户管理和设计在运行时可用的 ActiveX 控件等。

17.8.2　优势和功能

1）通过开放式的标准编程语言扩展 WinCC 的系统功能。
2）为 WinCC 基本系统开发用户定制的程序和附加组件。
3）ODK 可以应用在 WinCC 内部的全局脚本或画面编辑器的 C 动作中。
4）ODK 也可以应用在基于 C-API 的 Windows 的外部应用程序中（需要 MS Visual C++/C#/Visual Basic.NET 的开发编译环境），直接访问 WinCC 组态和运行系统的数据和对象。例如，可以通过下列函数实现 WinCC 的某些特定功能：
① MSRTCreateMsg 用于创建消息。
② DMGetValue 用于读取变量数值。
③ PDLRTSetProp 用于设置运行画面中显示对象的属性。

> 📝 **提示**
> ODK 提供的光盘仅包括 ODK 的函数说明和示例，无需安装。

ODK 的产品发布信息请参考条目 ID 109816599。

17.9 ProDiag

17.9.1 概述

作为 TIA Portal 的选件 ProDiag，可以在设备或工厂发生故障时对 PLC 进行监控和干预。针对各种故障可以生成监控信息，提供关于监控模式、故障位置和原因的具体信息。此外，还可以提供故障排除的信息。操作员不仅可以识别故障，还可以提前预判潜在危险，并采取适当的措施。ProDiag 在 WinCC 中的应用如图 17-18 所示。

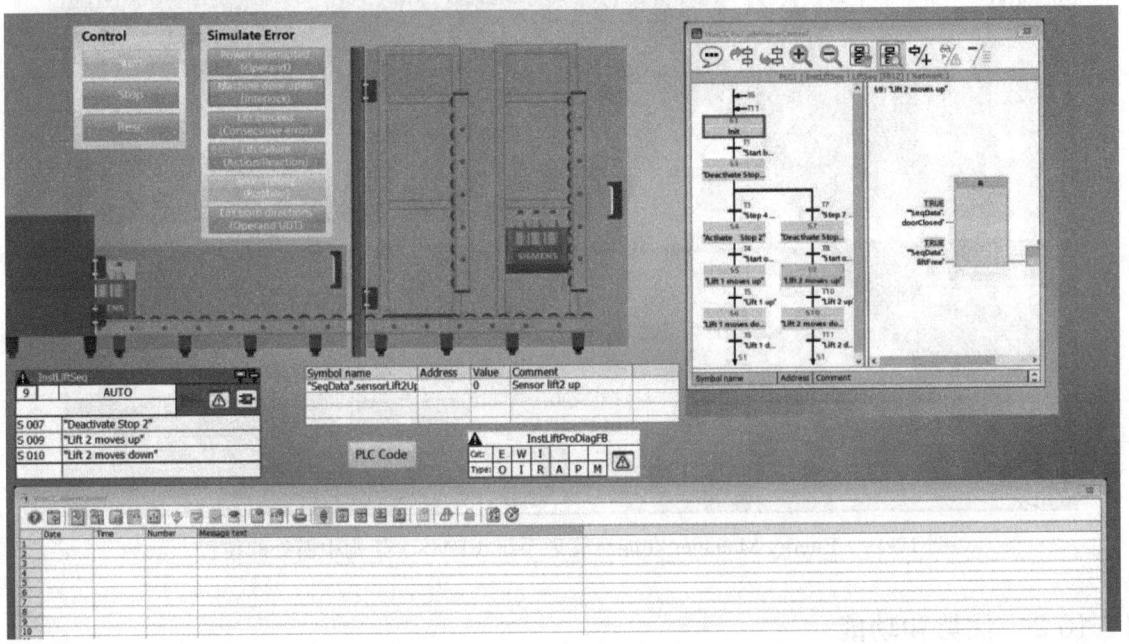

图 17-18 ProDiag 在 WinCC 中的应用

> 📝 **提示**
> ProDiag 应用于 S7-1500/ET200SP PLC。

17.9.2 优势和功能

1）ProDiag 是基于设备和工厂诊断的 TIA 全集成解决方案。在 CPU 中无需进行编程诊断，并在 HMI 上提供故障排除功能。

2）在 STEP 7 中创建和组态操作监控，自动生成 ProDiag 功能块以及监控报警信息。

3）在 WinCC 中可视化 ProDiag 功能。通过画面对象显示设备当前状态预览，并在发生故障时显示受影响的 PLC 代码或 GRAPH 顺序控制步骤序列。

ProDiag 的产品发布信息请参考条目 ID 109821307。

17.10 Energy Manager

17.10.1 概述

Energy Manager 是 B.Data 的替代产品。作为 SIMATIC 能源管理系统的重要组成部分，Energy Manager 自动采集和处理能源数据，计算能耗的 KPI。通过能源计价的评估和能耗费用的分摊实现能耗成本的透明化。同时结合生产计划和历史能耗数据为能源预测和采购提供数据支持。Energy Manager 具有 ISO 50001 和 GB/T 23331—2020 的认证，主要应用于食品饮料、汽车、水泥和电厂等行业。Energy Manager 在能源管理系统（EMS）架构中所处的位置如图 17-19 所示。

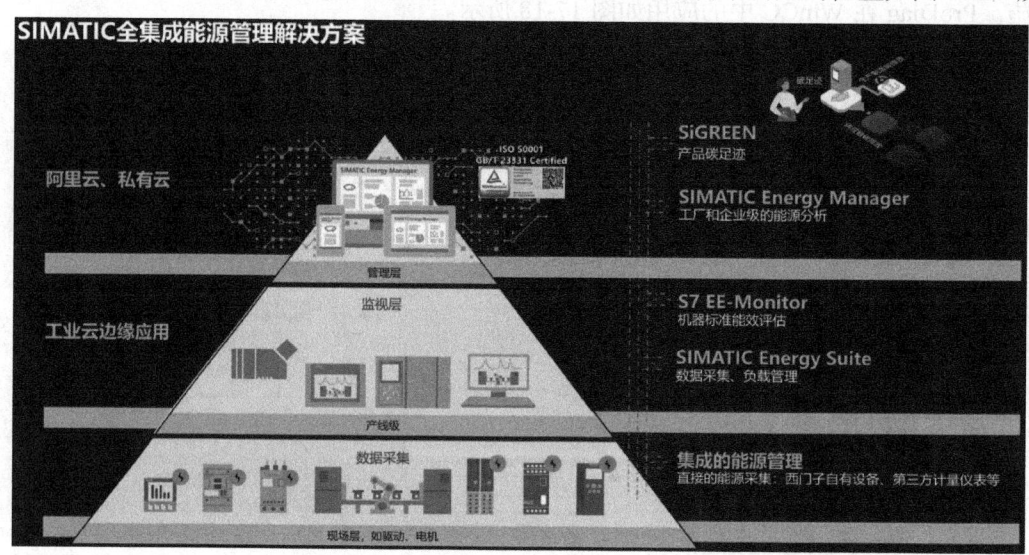

图 17-19 Energy Manager 在能源管理系统（EMS）架构中所处的位置

17.10.2 优势和功能

1）除直接连接 WinCC 的历史数据外，还提供 OPC、Modbus、OLEDB 等数据接口连接测量系统，实现灵活的数据采集和监视。

2）集成大量的测量值算法和基于 MS Excel 的模块，用于计算 KPI 和生成统计数据，自动生成和发布报表。

3）集成的 Dashboard 和 Widget 可以对在线数据和历史数据进行图形化分析。

4）基于峰、谷、平的不同时间区间精确展示价格模型。

5）节约或消耗的能源最终换算为提供二氧化碳排放的监测数据报表。

6）能源数据可集成到更高层级的管理系统中，如 SAP 系统。

Energy Manager 以 WEB 画面的形式展现能源数据和报表，Energy Manager 的展现形式如图 17-20 所示。

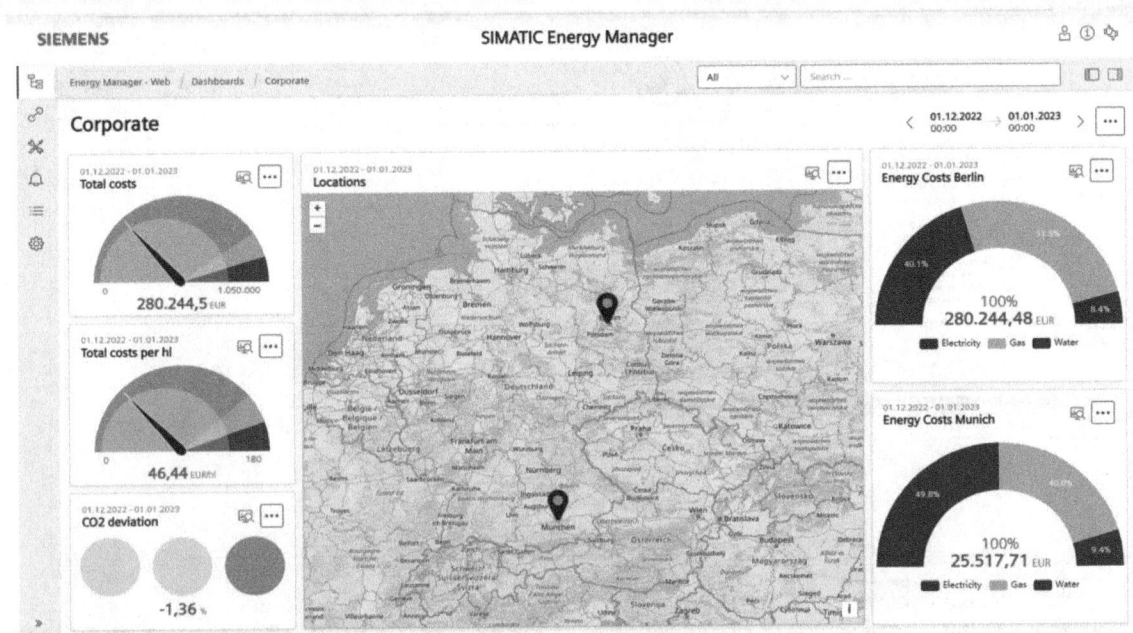

图 17-20　Energy Manager 的展现形式

Energy Manager 的产品发布信息请参考条目 ID 109826722。

17.11　PM-CONTROL

17.11.1　概述

PM-CONTROL 作为 WinCC 的过程管理附加件，用于生产单元的柔性化配方（程序化配方）和生产数据管理，以及作业控制，即动态调用配方并自动分配作业到生产单元，实现复杂的自动化任务。PM-CONTROL 主要应用于批量生产行业，例如精细化工、食品饮料和药品等。

17.11.2　优势和功能

1）相比于传统的参数化配方，PM-CONTROL 的柔性化配方可以更紧密地结合生产工艺，不但能够灵活地组合配方参数，而且能够智能地调整配方的装载顺序。

2）集成的作业控制可根据计划产量和排产计划自动修改和编排配方数据。

3）良好的开放性允许其在操作和生产控制层与更上一层系统（如 MRP 制造资源系统）进行无缝连接。

4）满足 FDA 21 CFR Part11 关于审计追踪和电子签名方面的需求。

5）作业控制可以根据实际生产单元的状态进行正常生产、暂停生产、取消生产和重新生产（包括跳步和回退）。PM-CONTROL 的生产作业调度如图 17-21 所示。

6）对于参数化配方和作业调度的修改和调整，可以通过电子签名（包括二次签名批准）的方式进行追溯。在内部系统审核跟踪中，变更记录包括时间戳、登录用户、参数名称以及每个批次的旧值和新值。

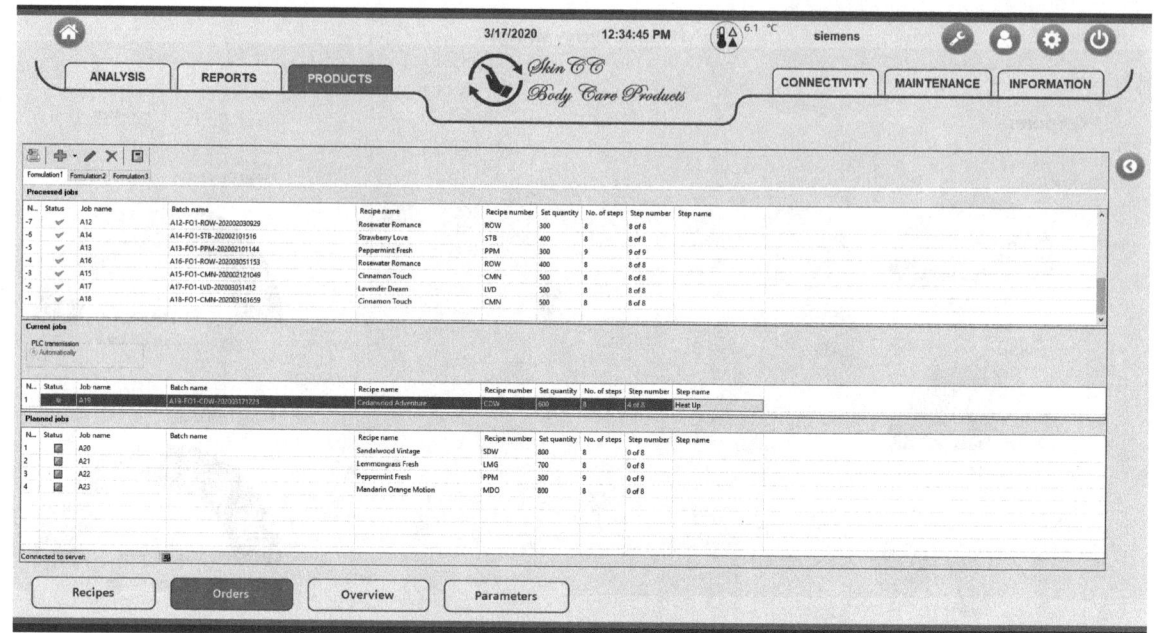

图 17-21　PM-CONTROL 的生产作业调度

17.12　PM-QUALITY

17.12.1　概述

PM-QUALITY 作为 WinCC 的过程管理附加件，提供了以批次生产或作业控制为导向的模块化的生产信息归档系统。生产过程和产品数据、设备故障和操作信息，以及实验和分析数据可根据需求保存在批次的归档系统中。PM-QUALITY 主要应用于基于批次的生产行业，例如精细化工、食品饮料和药品等。

17.12.2　优势和功能

1）PM-QUALITY 完整地记录、处理和批处理等相关数据的趋势，生产设定值和实际生产值等数据归档。基于批次生产参数的高度透明化，对质量控制和验证意义重大，满足了 FDA 对于质量管理的要求。

2）通过图形化计算规则，使用系统提供的数学模型简化复杂的 KPI 计算，无需额外编程。KPI 计算如图 17-22 所示。

3）可以将生产数据以订单和批次号的形式，通过批次趋势曲线或批次报表灵活进行展示。

4）可以在趋势中显示生产状态和不同生产阶段的持续时间，显示生产状态和持续时间的趋势图如图 17-23 所示。

5）可以在趋势中对比不同批次的生产数据以实现对标功能，对比不同生产批次数据的趋势图如图 17-24 所示。

KPI – Performance（表现性）

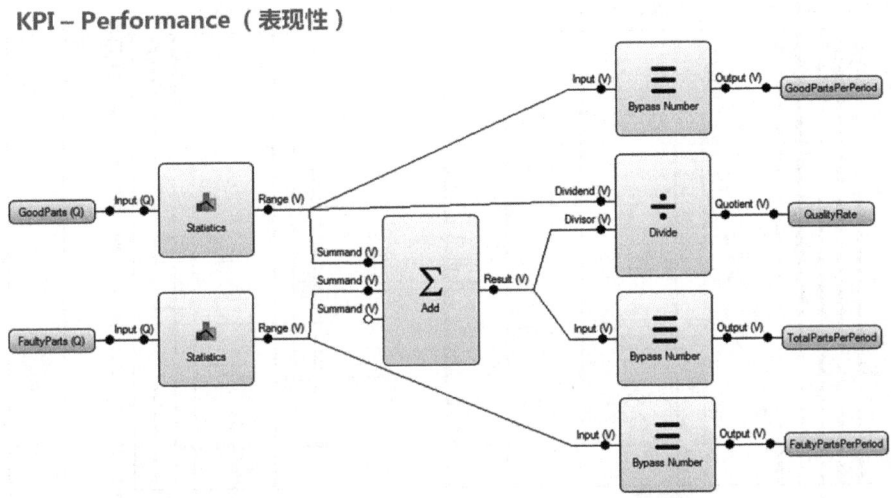

图 17-22　KPI 计算

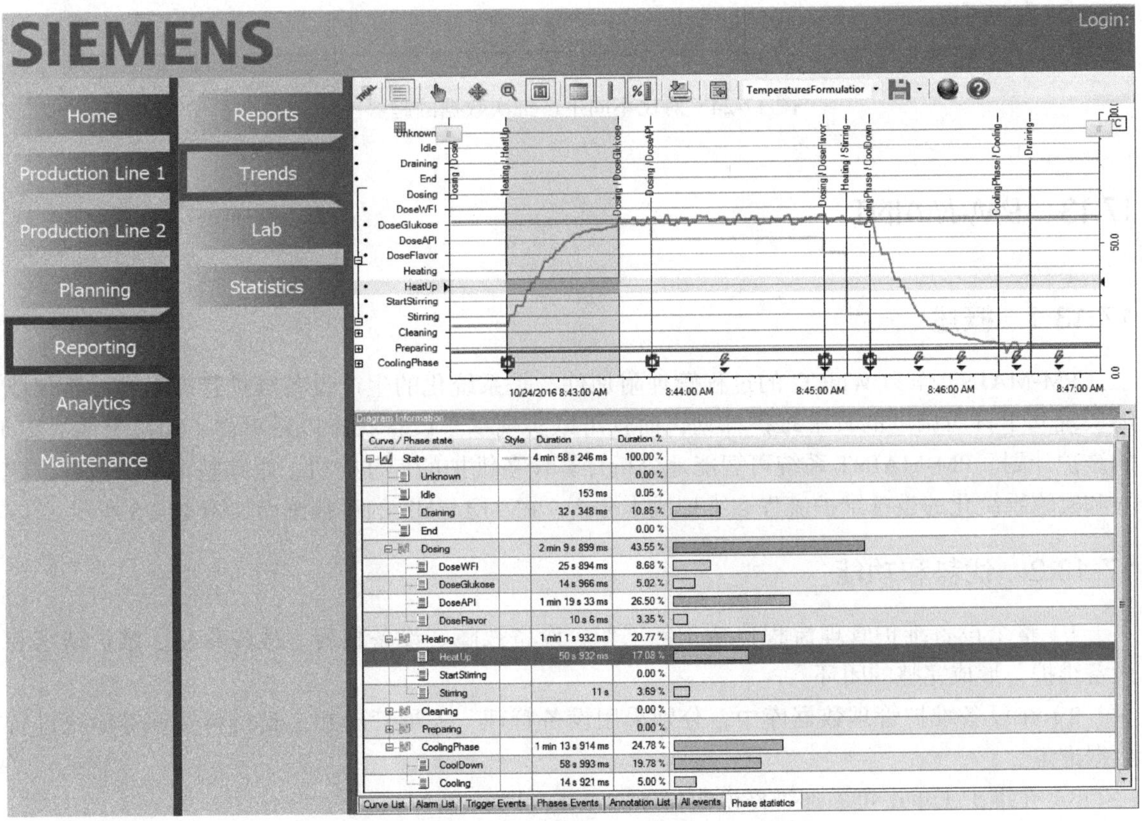

图 17-23　显示生产状态和持续时间的趋势图

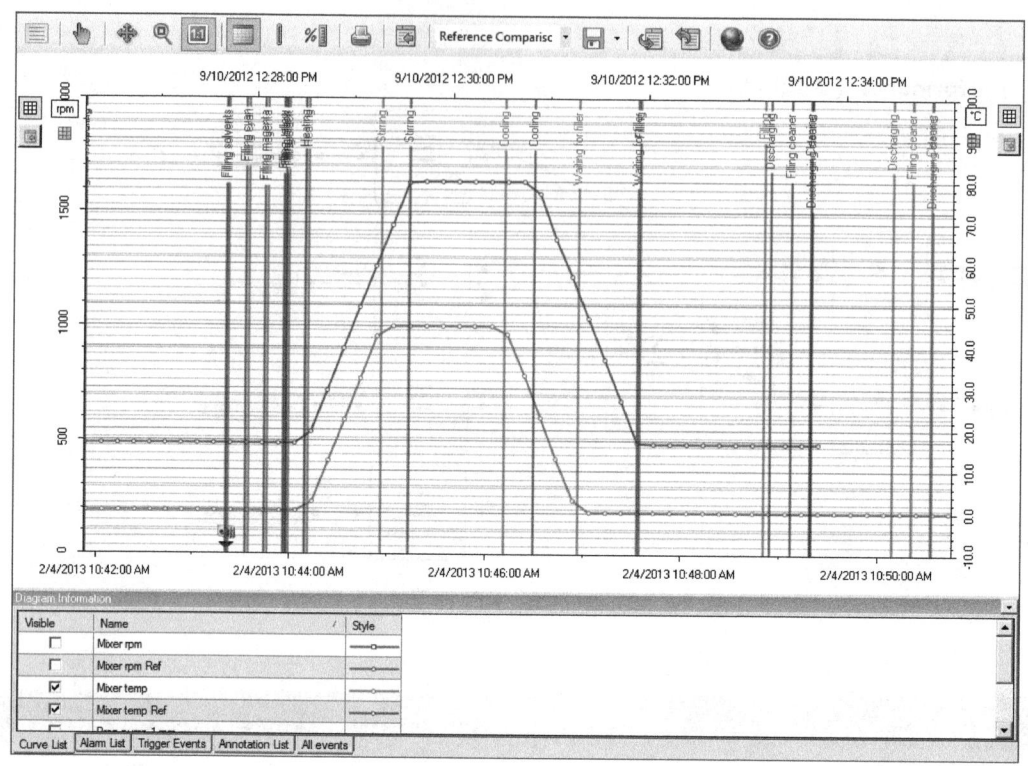

图 17-24　对比不同生产批次数据的趋势图

17.13　PM-MAINT

17.13.1　概述

PM-MAINT 作为 WinCC 的过程管理附加件，是系统化的生产设备维护管理平台。不仅能够实现基于日历调度的日常维护计划，而且可以实现基于设备状态以及事件（如报警或故障）的维护计划。PM-MAINT 系统可智能地分析计算设备维护的最佳时机，跟踪整个维护过程，建立和实施系统化的设备维护流程和维护成本分析。PM-MAINT 的运行画面如图 17-25 所示。

17.13.2　优势和功能

1）整个设备维护管理流程包括正常工作、设备故障、设备报警、故障诊断、维护请求和设备维护，形成完整的闭环。

2）在设备维护管理数据库中，分别采用设备管理、人员管理和工具材料管理等模块进行数据准备。

3）在维护工单中可添加维修说明指导。

4）优化处理过程报警信号、工作时间/运转周期和日程表等参数，设置设备维护的触发条件，自动/手动生成维修工单。

5）实时显示设备状态和维修工单执行情况，在维修工单完成并确认后，自动生成报表。

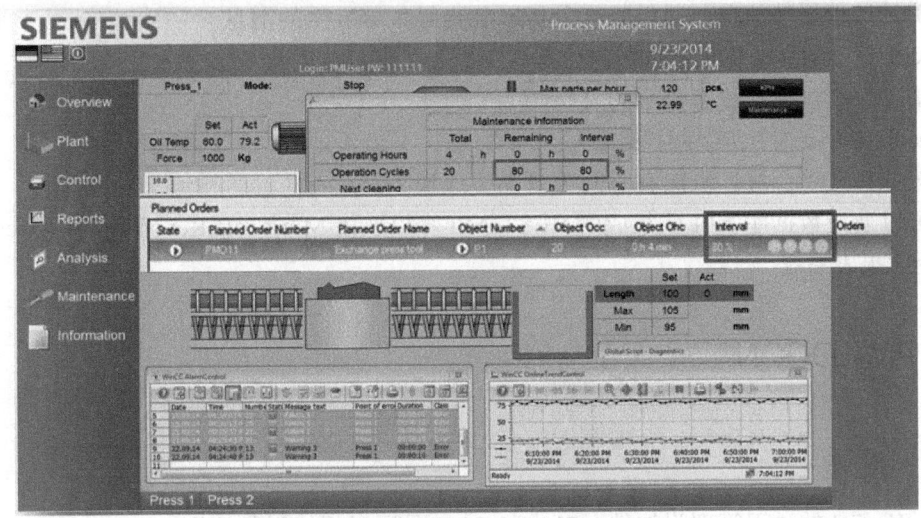

图 17-25　PM-MAINT 的运行画面

17.14　PM-ANALYZE

17.14.1　概述

PM-ANALYZE 作为 WinCC 的过程管理附加件，可以对一个或多个 WinCC 系统的生产状态、归档数据、报警消息和审计追踪进行集中分析。例如，故障出现频率分析、故障持续时间分析等。以帮助工厂提高设备生产力和产品质量。PM-ANALYZE 的运行画面如图 17-26 所示。

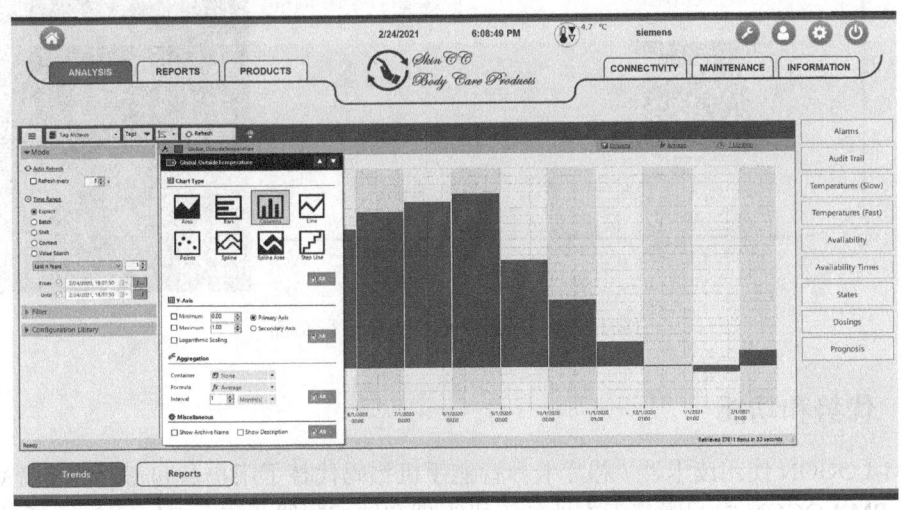

图 17-26　PM-ANALYZE 的运行画面

17.14.2　优势和功能

1）灵活地搜索和过滤审计追踪日志。

2）统计过程报警信息，通过频度分析以确定最频繁发生的消息。

3）KPI（关键绩效指标）的聚合计算。

4）基于生产过程的状态显示的甘特图。

5）易于在 Excel 中访问归档数据。

6）按照日、周、月、班次和时间等自动生成报表。

7）可以通过数据库 API 或集成的 REST API 轻松连接 Microsoft Reporting Services 或 Power BI 的企业报表系统。

17.15 PM-LOGON

17.15.1 概述

作为 WinCC 的过程管理附加件，PM-LOGON 是通过无线射频识别（Radio Frequency Identification, RFID）技术或智能手机，维护和管理计算机和 WinCC 用户的智能工具。PM-LOGON 的运行画面如图 17-27 所示。

图 17-27 PM-LOGON 的运行画面

17.15.2 优势和功能

1）PM-LOGON 使用读卡器/芯片卡和智能手机扫码代替了用户名和密码的传统登录方式。

2）在 PM-LOGON 中配置基于本地计算机管理和域控制器 Active Directory（活动目录）的用户账号和密码。

3）在 PM-LOGON 中配置的用户账号可以通过 SIMATIC Logon 登录 WinCC Runtime，也可以使用 WinCCViewerRT 登录 WinCC Web Navigator。